대표 개념
51 개
+
대표 유형
176 개

본책 유사문항
497문항 수록
워크북 PDF 파일 제공

2022 개정 교육과정

수학의 바이블

개념 ON

본책

ON [켜다]
실력의 불을 켜다

온 [모두의]
모든 개념을 담다

중학 1·2

이투스북

· STAFF

발행인 정선욱

퍼블리싱 총괄 남형주

개발 김태원 김한길 이유미 김윤희 박문서 남은희 권오은

기획·디자인·마케팅 조비호 김정인 에딩크

유통·제작 서준성 김경수

수학의 바이블 개념ON 중학수학 1-2 │ 202411 제4판 1쇄 202504 제4판 2쇄
펴낸곳 이투스에듀㈜ 서울시 서초구 남부순환로 2547
고객센터 1599-3225 **등록번호** 제2007-000035호 **ISBN** 979-11-389-2396-5 [53410]

· 이 책은 저작권법에 따라 보호받는 저작물이므로 무단전재와 무단복제를 금합니다.
· 잘못 만들어진 책은 구입처에서 교환해 드립니다.

서정환	아이디수학	윤재현	윤수학학원	이지연	브레인리그	정재경	산돌수학학원

서정환 아이디수학
서지은 지은쌤수학
서효언 아이콘수학
서희원 함께하는수학 학원
설성환 설샘수학학원
설성희 설쌤수학
성기주 이젠수학과학학원
성인영 정석 공부방
성지희 snt 수학학원
손동학 자호수학학원
손정현 참교육
손지영 엠베스트에스이프라임학원
손진아 포스엠수학학원
송빛나 원수학학원
송치호 대치명인학원
송태원 송태원1프로수학학원
송혜빈 인재와고수 학원
송호석 수학세상
신경성 한수학전문학원
신수연 동탄 신수연 수학과학
신일호 바른수학교육 한 학원
신정임 정수학학원
신정화 SnP수학학원
신준효 열정과의지 수학보습학원
심은지 고수학학원
심재현 웨이메이커 수학학원
안대호 독강수학학위
안하성 안쌤수학
안현경 전문과외
안효자 진수학
안효정 수학상상수학교습소
안희애 에이엔 수학학원
양병철 우리수학학원
양유열 고수학전문학원
양은진 수플러스 수학교습소
어성웅 어쌤수학학원
엄은희 엄은희스터디
염승호 전문과외
염철호 하비투스학원
오종숙 함께하는 수학
오지혜 ◆수톡수학학원
용다혜 에듀플렉스 동백점
우선혜 HSP수학학원
원준희 수학의 아침
유기정 STUDYTOWN 수학의신
유남기 의치한학원
유대호 플랜지 에듀
유소현 웨이메이커수학학원
유현종 SMT수학전문학원
유혜리 유혜리수학
유호애 지윤 수학
윤고은 윤고은수학
윤덕환 여주비상에듀기숙학원
윤도형 PST CAMP 입시학원
윤명희 사랑셈교실
윤문성 평촌 수학의 봄날 입시학원
윤미영 수주고등학교
윤여태 103수학
윤재은 놀이터수학교실

윤재현 윤수학학원
윤지영 의정부수학공부방
윤채린 전문과외
윤혜워 고수학전문학원
윤 희 희쌤수학과학학원
윤희용 매트릭스 수학학원
이건도 아론에듀학원
이경민 차앤국수학국어전문학원
이광후 수학의 아침 광교 캠퍼스
　　　　특목 자사관
이규상 유클리드 수학
이근표 정진학원
이나래 토리103수학학원
이나현 엠브릿지 수학
이다정 능수능란 수학전문학원
이대훈 밀알두레학교
이동희 이쌤 최상위수학교습소
이명환 다산 더원 수학학원
이무송 유투엠수학학원주엽점
이민아 민수학학원
이민영 목동 엘리엔학원
이민하 보듬교육학원
이보형 매쓰코드1학원
이봉주 분당성지수학
이상윤 엘에스수학전문학원
이상일 캔디학원
이상준 E&T수학전문학원
이상철 G1230 옥길
이상형 수학의이상형
이서령 더바른수학전문학원
이서윤 곰수학 학원 (동탄)
이성희 피타고라스 셀파수학교실
이세복 퍼스널수학
이수동 부천 E&T수학전문학원
이수정 매쓰투미수학학원
이슬기 대치깊은생각
이승진 안중 호연수학
이승환 우리들의 수학원
이승훈 알찬교육학원
이아현 전문과외
이애경 M4더메타학원
이연숙 최상위권수학영어 수지관
이연주 수학연주수학교습소
이영덕 대치명인학원
이영훈 펜타수학학원
이예빈 아이콘수학
이우선 효성고등학교
이원녕 대치명인학원
이유림 수학의 아침
이은미 봄수학교습소
이은아 이은아 수학학원
이은지 수학대가 수지캠퍼스
이재욱 KAMI
이재환 칼수학학원
이정은 이루다영수전문학원
이정희 JH영어수학학원
이종익 분당파인만 고등부
이주혁 수학의아침(플로우교육)
이 준 준수학고등관학원

이지연 브레인리그
이지영 GS112 수학 공부방
이지예 대치명인 이매캠퍼스
이지은 리쌤앤탑경시수학학원
이지혜 이자경수학학원 권선관
이진주 분당 원수학학원
이창수 와이즈만 영재교육 일산화정 센터
이창훈 나인에듀학원
이채원 하제입시학원
이철호 파스칼수학
이태희 펜타수학학원 청계관
이한솔 더바른수학전문학원
이현 함께하는수학
이현희 폴리아에듀
이형강 HK수학학원
이혜민 대감학원
이혜수 송산고등학교
이혜진 S4국영수학원고덕국제점
이화원 탑수학학원
이회현 이엠원학원
임길홍 셀파우등생학원
임동진 S4 고덕국제점학원
임명진 서연고학원
임소미 Sem 영수학원
임율인 탑수학교습소
임은정 마테마티카 수학학원
임재현 임수힉교습소
임정혁 하이엔드 수학
임지원 누나수학
임찬혁 차수학동삭캠퍼스
임현주 온수학교습소
임현지 위너스 하이
임형석 전문과외
장미선 하우투스터디학원
장민수 신미주수학
장종민 열정수학학원
장찬수 전문과외
장혜련 푸른나비수학 공부방
장혜민 수학의 아침
전경진 M&S 아카데미
전미영 영재수학
전 일 생각하는수학공간학원
전지원 원프로교육
전진우 플랜지에듀
전희나 대치명인학원 이매캠퍼스
정금재 혜윰수학전문학원
정다해 에픽수학
정미숙 쑥쑥수학교실
정미윤 함께하는수학 학원
정민정 정쌤수학 과외방
정승호 이프수학
정양진 올림피아드학원
정연순 탑클래스 영수학원
정영진 공부의자신감학원
정예철 수이학원
정용석 수학마녀학원
정유정 수학VS영어학원
정은선 아이원수학
정장선 생각하는 황소 동탄점

정재경 산돌수학학원
정지영 SJ대치수학학원
정지훈 수지최상위권수학영어학원
정진욱 수원메가스터디학원
정하준 2H수학학원
정한울 경기도 포천
정해도 목동혜윰수학교습소
정현주 삼성영어쎈수학은계학원
정혜정 JM수학
조기민 일산동고등학교
조민석 마이엠수학학원 철산관
조병욱 PK독학재수학원 미금
조상숙 수학의 아침
조성철 매트릭스수학학원
조성화 SH수학
조연주 YJ수학학원
조 은 전문과외
조은정 최강수학
조의상 메가스터디
조이정 필탑학원
조현웅 추담교육컨설팅
조현정 깨단수학
주소연 알고리즘 수학 연구소
주정례 청운학원
주태빈 수학을 권하다
지슬기 지수학학원
진동준 시트에듀케이션 중등관
진민하 인스카이학원
차동희 수학전문공감학원
차무근 차원이다른수학학원
차일훈 대치엠에스학원
채준혁 인재의 창
천기분 이지(EZ)수학교습소
최경희 최강수학학원
최근정 SKY영수학원
최다혜 싹수학학원
최동훈 고수학 전문학원
최명길 우리학원
최문채 문산 열린학원
최범균 유투엠수학학원 부천옥길점
최보람 꿈꾸는수학연구소
최서현 이룸수학
최소영 키움수학
최수지 싹수학학원
최수진 재밌는수학
최승권 스터디올킬학원
최영성 에이블수학영어학원
최영식 수학의신학원
최영철 고밀도학원
최용희 대치명인학원
최웅용 유타스 수학학원
최유미 분당파인만교육
최윤형 청운수학전문학원
최은혜 전문과외
최재원 하이탑에듀 고등대입전문관
최재원 이지수학
최정아 딱풀리는수학 다산하늘초점
최종찬 초당필탑학원

최주영 옥쌤 영어수학 독서논술 전문학원
최지윤 와이즈만 분당영재입시센터
최한나 수학의아침
최호순 관찰과추론
표광수 풀무질 수학전문학원
하정훈 하쌤학원
하창형 오늘부터수학학원
한경태 한경태수학전문학원
한규욱 대치메이드학원
한기언 한스수학학원
한동훈 고밀도학원
한문수 성빈학원
한미정 한쌤수학
한상훈 동탄수학과학학원
한성필 더프라임학원
한세은 이지수학
한수민 SM수학학원
한유호 에듀셀파 독학 기숙학원
한은기 참선생 수학 동탄호수
한지희 이음수학학원
한혜숙 창의수학 플레이팩토
함민호 에듀매쓰수학학원
함영호 함영호고등전문수학클럽
허지현 최상위권수학학원
홍성미 부천옥길홍수학
홍성민 해법영어 셀파우등생 일월 메디 학원
홍세정 인투엠수학과학학원
홍유진 평촌 지수학학원
홍의찬 원수학
홍재욱 켈리윙즈학원
홍재화 아론에듀학원
홍정욱 코스매쓰 수학학원
홍지윤 HONGSSAM창의수학
홍훈희 MAX 수학학원
황두연 전문과외
황민지 수학하는날 입시학원
황선아 서나수학
황애리 애리수학학원
황영미 오산일신학원
황은지 멘토수학과학학원
황인영 더올림수학학원
황지훈 명문JS입시학원

◇— 경남 —◇
강경희 TOP Edu
강도윤 강도윤수학컨설팅학원
강지혜 강선생수학학원
고병옥 옥쌤수학과학학원
고성대 math911
고은정 수학은고쌤학원
권영애 권쌤수학
김가령 킴스아카데미
김경문 참진학원
김미양 오렌지클래스학원
김민석 한수위 수학학원
김민정 창원스키마수학

김선희 책벌레국영수학원
김송은 은쌤 수학
김수진 수학의봄수학교습소
김양준 이룸학원
김연지 하이퍼업수학원
김옥경 다온수학전문학원
김재현 타임영수학원
김정두 해성고등학교
김진형 수풀림 수학학원
김치남 수나무학원
김해성 AHHA수학(아하수학)
김형균 칠원채움수학
김형신 대치스터디 수학학원
김혜영 프라임수학
김혜인 조이매쓰
김혜정 올림수학 교습소
노현석 비코즈수학전문학원
문소영 문소영수학관리학원
문주란 장유 올바른수학
민동록 민쌤수학
박규태 에듀탑영수학원
박소현 오름수학전문학원
박영진 대치스터디수학학원
박우열 앤즈스터디메이트 학원
박임수 고탑(GO TOP)수학학원
박정길 아쿰수학학원
박주연 마산무학여자고등학교
박진현 박쌤과외
박혜인 참좋은학원
배미나 경남진주시
배종우 매쓰팩토리 수학학원
백은애 매쓰플랜수학학원
성민지 베스트수학교습소
송상윤 비상한수학학원
신동훈 수과람학원
신욱희 창익학원
안성휘 매쓰팩토리 수학학원
안지영 모두의수학학원
어다혜 전문과외
유인영 마산중앙고등학교
유준성 시퀀스영수학원
윤영진 유클리드수학과학학원
이근영 매스마스터수학전문학원
이나영 TOP Edu
이선미 삼성영수학원
이아름 애시앙 수학맛집
이유진 멘토수학교습소
이진우 전문과외
이현주 즐거운 수학 교습소
장초향 이룸플러스수학학원
전창근 수과원학원
정승엽 해냄학원
정주영 다시봄이룸수학학원
조소현 in수학전문학원
조윤호 조윤호수학학원
주기호 비상한수학국어학원
차민성 율하차쌤수학
최소현 펠릭스 수학학원
하윤석 거제 정금학원

황진호 타임수학학원
황혜숙 합포고등학교

◇— 경북 —◇
강경훈 예천여자고등학교
강혜연 BK 영수전문학원
권오준 필수학영어학원
권호준 위너스터디학원
김대훈 이상렬입시단과학원
김동수 문화고등학교
김동욱 구미정보고등학교
김명훈 김민재수학
김보아 매쓰킹공부방
김수현 꿈꾸는 I
김윤정 더채움영수학원
김은미 매쓰그로우 수학학원
김재경 필즈수학영어학원
김태웅 에듀플렉스
김형진 닥터박수학전문학원
남병준 아르베수학전문학원
문소연 조쌤보습학원
박다현 최상위해법수학학원
박명훈 수학행수학학원
박우혁 예천연세학원
박유건 닥터박 수학학원
박은영 esh수학의달인
박진성 포항제철중학교
방성훈 매쓰그로우 수학학원
배재현 수학만영어도학원
백기남 수학만영어도학원
성세현 이투스수학두호장량학원
손나래 이든샘영수학원
손주희 이루다수학과학
송미경 이로지오 학원
송종진 김천고등학교
신광섭 광 수학학원
신승규 영남삼육고등학교
신승용 유신수학전문학원
신지헌 문영수 학원
신채윤 포항제철고등학교
안지훈 강한수학
염성군 근화여자고등학교
예보경 피타고라스학원
오선민 수학만영어도학원
윤장영 윤쌤아카데미
이경하 안동 풍산고등학교
이다례 문매쓰달쌤수학
이상원 전문가집단 영수학원
이상현 인투학원
이성국 포스카이학원
이송제 다올입시학원
이영성 영주여자고등학교
이재광 생존학원
이준호 이준호수학교습소
이혜민 영남삼육중학교
이혜은 김천고등학교
장아름 이름수학학원
정은미 수학의봄학원

정재훈 현일고등학교
조진우 늘품수학학원
조현정 올댓수학
진성은 전문과외
천경훈 천강수학전문학원
최수영 수학만영어도학원
최진영 구미시 금오고등학교
추민지 닥터박수학학원
추호성 필즈수학영어학원
표현석 안동 풍산고등학교
하홍민 홍수학
홍영준 하이맵수학학원

◇— 광주 —◇
강민결 광주수피아여자중학교
강승완 블루마인드아카데미
곽웅수 카르페영수학원
권용식 와이엠 수학전문학원
김국진 김국진짜학원
김국철 풍암필즈수학학원
김대균 김대균수학학원
김동희 김동희수학학원
김미경 임팩트학원
김성기 원픽 영수학원
김안나 풍암필즈수학학원
김원진 메이블수학전문학원
김은석 만문제수학전문학원
김재광 디투엠 영수학원
김종민 퍼스트수학학원
김태성 일곡지구 김태성 수학
김현진 에이블수학학원
나혜경 고수학학원
마채연 마채연 수학 전문학원
박서정 더강한수학전문학원
박용우 광주 더샘수학학원
박주홍 KS수학
박충현 본수학과학전문학원
박현영 KS수학
변석주 153유클리드수학 학원
빈선욱 빈선욱수학전문학원
선승연 MATHTOOL수학교습소
소병효 새움수학전문학원
손광일 송원고등학교
손동규 툴즈수학교습소
송승용 송승용수학학원
신성호 신성호수학공화국
신예준 JS영재학원
신현석 프라임 아카데미
심여주 웅진 공부방
양동식 A+수리수학원
어흥범 매쓰피아
위광복 우산해라클래스학원
이만재 매쓰로드수학
이상혁 감성수학
이승현 본(本)영수학원
이창현 알파수학학원
이채연 알파수학학원
이충현 전문과외

이현기 보문고등학교
임태관 매쓰멘토수학전문학원
장광현 장쌤수학
장민경 일대일코칭수학학원
장영진 새움수학전문학원
전주현 전문과외
정다원 광주인성고등학교
정다희 다희쌤수학
정수인 더최선학원
정원섭 수리수학학원
정인용 일품수학학원
정종규 에스원수학학원
정태규 가우스수학전문학원
정형진 BMA롱맨영수학원
조일양 서안수학
조현진 조현진수학학원
조형서 조형서 수학교습소
채소연 마하나임 영수학원
천지선 고수학학원
최지웅 미라클학원
최혜정 이루다전문학원

◇ 대구 ◇
강민영 매씨지수학학원
고민정 전문과외
곽미선 좀다른수학
구정모 제니스클래스
구현태 대치깊은생각수학학원 시지본원
권기현 이렇게좋은수학교습소
권보경 학문당입시학원
권혜진 폴리아수학2호관학원
김기연 스텝업수학
김대운 그릿수학831
김도영 땡큐수학학원
김동영 통쾌한 수학
김득채 차수학 교습소 사월 보성점
김명서 샘수학
김미경 풀린다수학교습소
김미랑 랑쌤수해
김미소 전문과외
김미정 일등수학학원
김상우 에이치투수학교습소
김선영 수학학원 바른
김성무 김성무수학 수학교습소
김수영 봉덕김쌤수학학원
김수진 지니수학
김연정 유니티영어
김유진 S.M과외교습소
김재홍 경북여자상업고등학교
김정우 이룸수학학원
김종희 학문당 입시학원
김지연 찐수학
김지영 김지영수학교습소
김지은 정화여자고등학교
김채영 전문과외
김태진 스카이루트 수학과학학원
김태환 로고스수학학원(성당원)
김해은 한상철수학과학학원 상인원

김현숙 메타매쓰
남인제 미쓰매쓰수학학원
노현진 트루매쓰 수학학원
민병문 선택과 집중
박경득 파란수학
박도희 전문과외
박민석 아크로수학학원
박민정 빡쎈수학교습소
박산성 Venn수학
박수연 쌤통수학학원
박순찬 찬스수학
박옥기 매쓰플랜수학학원
박장호 대구혜화여자고등학교
박정욱 연세스카이수학학원
박지훈 더엠수학학원
박태호 프라임수학교습소
박현주 매쓰플래너
방소연 대치깊은생각수학학원
        시지본원
백승대 백박사학원
백승환 수학의봄 수학교습소
백재규 필즈수학공부방
백태민 학문당입시학원
백현식 바른입시학원
변용기 라온수학학원
서경도 서경도수학교습소
서재은 절대등급수학
성웅경 더빡쎈수학학원
소현주 정S과학수학학원
손승연 스카이수학
손태수 트루매쓰 학원
송영배 수학의정원
신묘숙 매쓰매티카 수학교습소
신수진 폴리아수학학원
신은경 황금라온수학
신은주 하이매쓰학원
양강일 양쌤수학과학학원
양은실 제니스 클래스
오세욱 IP수학과학학원
윤기호 샤인수학학원
이규철 좋은수학
이남희 이남희수학
이만희 오르라수학전문학원
이명희 잇츠생각수학 학원
이상훈 명석수학학원
이수현 하이매쓰 수학교습소
이원경 엠제이통수학영어학원
이인호 본투비수학교습소
이일균 수학의달인 수학교습소
이종환 이꼼수학
이준우 깊을준수학
이지민 아이플러스 수학
이진영 소나무학원
이진욱 시지이룸수학학원
이창우 강철FM수학학원
이태형 가토수학과학학원
이한조 닥터엠에스
이효진 진선생수학학원
임신옥 KS수학학원

임유진 박진수학
장두영 바움수학학원
장세완 장선생수학학원
장시현 전문과외
전동형 땡큐수학학원
전수민 전문과외
전준현 매쓰플랜수학학원
전지영 전지영수학
정민호 스테듀입시학원
정재현 율사학원
조미란 엠투엠수학 학원
조성애 조성애세움학원
조연호 Cho is Math
조유정 다원MDS
조인혁 루트원수학과학 학원
조지연 연쌤영수학원
주기헌 송현여자고등학교
진수정 마틸다수학
최대진 엠프로수학학원
최은미 수학다움 학원
최정이 탑수학교습소(국우동)
최현정 MQ멘토수학
최현희 다온수학학원
하태호 팀하이퍼 수학학원
한원기 한쌤수학
홍은아 탄탄수학교실
황가영 루나수학
황지현 위드제스트수학학원

◇ 대전 ◇
강유식 연세제일학원
강흥규 최강학원
고지훈 고지훈수학 지적공감입시학원
김 일 더브레인코어 학원
김근아 닥터매쓰205
김근하 엠씨스터디수학학원
김남홍 대전종로학원
김덕한 더칸수학학원
김동근 엠투오영재학원
김민지 (주)청명에페보스학원
김복응 더브레인코어 학원
김상현 세종입시학원
김수빈 제타수학전문학원
김승환 청운학원
김윤혜 슬기로운수학교습소
김주성 양영학원
김지현 파스칼 대덕학원
김 진 발상의전환 수학전문학원
김진수 김진수학
김태형 청명대입학원
김하은 전문과외
김한솔 시대인재 대전
김해찬 전문과외
김휘식 양영학원 고등관
나효명 열린아카데미
류재원 양영학원
박가와 마스터플랜 수학전문학원
박솔비 매쓰톡수학 교습소

박주희 빡쌤의 빡센수학
박지성 엠아이큐수학학원
배용제 굿티쳐강남학원
백승정 오르고 수학학원
서동원 수학의중심 학원
서영준 힐탑학원
선진규 로하스학원
송규성 하이클래스학원
송다인 더브라이트학원
송인석 송인석수학학원
송정은 바른수학전문교실
신성철 도안베스트학원
신성호 수학과학하다
신원진 공감수학학원
신익주 신 수학 교습소
심훈흠 일인주의학원
양지연 자람수학
오우진 양영학원
우현석 EBS 수학우수학원
유수림 수림수학학원
유준호 더브레인코어 학원
윤석주 윤석주수학전문학원
윤찬근 오르고 수학학원
이국빈 케이플러스수학
이규영 쉐마수학학원
이민호 매쓰플랜수학학원 반석지점
이성재 알파수학학원
이소현 바칼로레아영수학원
이수진 대전관저중학교
이용희 수림학원
이일녕 양영학원
이재옥 청명대입학원
이준희 전문과외
이희도 전문과외
인승열 신성 수학나무 공부방
임병수 모티브
임현호 전문과외
장용훈 프라임수학
전병전 더브레인코어 학원
전하윤 전문과외
정순영 공부방,여기
정지윤 더브레인코어 학원
조용호 오르고 수학학원
조창희 시그마수학교습소
조충현 로하스학원
차영진 연세언더우드수학
차지훈 모티브에듀학원
홍진국 저스트학원
황은실 나린학원

◇ 부산 ◇
고경희 대연고등학교
권병국 케이스학원
권순석 남천다수인
권영린 과사람학원
김건우 4퍼센트의 논리 수학
김경희 해운대영수전문y-study
김대현 해운대중학교
김도현 해신수학학원

박명훈 김샘학원 성북캠퍼스
박미라 매쓰몽
박민정 목동 깡수학과학학원
박상길 대길수학
박상후 강북 메가스터디학원
박설아 수학을삼키다학원 흑석2관
박성재 매쓰플러스수학학원
박소영 창동수학
박소윤 제이커브학원
박수견 비채수학원
박연주 물댄동산
박연희 박연희깨침수학교습소
박연희 열방수학
박영규 하이스트핏 수학 교습소
박영욱 태산학원
박용진 푸름을말하다학원
박정아 한신수학과외방
박정훈 전문과외
박종선 스터디153학원
박종원 상아탑학원 / 대치오르비
박종태 일타수학학원
박주현 장훈고등학교
박준하 전문과외
박진희 박선생수학전문학원
박 현 상일여자고등학교
박현주 나는별학원
박혜진 강북수재학원
박혜진 진매쓰
박흥식 송파연세수보습학원
방정은 백인대장 훈련소
방효건 서준학원 지혜관
배재형 배재형수학
백아름 아름쌤수학공부방
서근환 대진고등학교
서다인 수학의봄학원
서민국 시대인재
서민재 서준학원
서수연 수학전문 순수
서승희 딥브레인수학
서용준 와이제이학원
서원준 잠실 시그마 수학학원
서은애 하이탑수학학원
서중은 블루플렉스학원
서하나 라엘수학학원
석현욱 잇올스파르타
선 철 일신학원
설세령 뉴파인 용산중고등관
손권민경 원인학원
손민정 두드림에듀
손전모 다원교육
손정화 4퍼센트수학원
손충모 공감수학
송경호 스마트스터디 학원
송동인 송동인수학명가
송재혁 엑시엄수학전문학원
송준민 송수학
송진우 도진우 수학 연구소
송해선 불곰에듀
신연우 개념폴리아 삼성청담관

신은숙 마곡펜타곤학원
신은진 상위권수학학원
신정훈 STEP EDU
신지영 아하 김일래 수학 전문학원
신지현 대치미래탐구
신채민 오스카 학원
신현수 현수쌤의 수학해설
심창섭 피앤에스수학학원
심혜진 반포파인만학원
안나연 전문과외
안도연 목동정도수학
안주은 채움수학
양원규 일신학원
양지애 전문과외
양창진 수학의 숲 수림학원
양해영 청출어람학원
엄시온 올마이티캠퍼스
엄유빈 유빈쌤 수학
엄지희 티포인트에듀학원
엄태웅 엄선생수학
여혜연 성북미래탐구
염승훈 이가 수학학원
오명석 대치 미래탐구 영재 경시
　　　　특목센터
오재경 성북 학림학원
오재현 강동파인만 고덕 고등관
오종택 에이원수학학원
오한별 광문고등학교
우동훈 헤파학원
위명훈 대치명인학원(마포)
위성웅 시대인재수학스쿨
위형채 에이치앤제이형설학원
유가영 탑솔루션 수학 교습소
유시준 목동깡수학과학학원
유정연 장훈고등학교
유환승 강북청솔학원
윤상문 청어람수학원
윤석원 공감수학
윤여균 전문과외
윤영숙 윤영숙수학학원
윤인영 전문과외
윤형중 씨알학당
은 현 목동 cms 입시센터
　　　　과고대비반
이경복 매스타트 수학학원
이경용 열공학원
이경주 생각하는 황소수학 서초학원
이경환 전문과외
이광락 펜타곤학원
이규만 수퍼매쓰학원
이동규 형설학원
이동훈 PGA
이루마 김샘학원
이명진 ◆대치위더스
이민호 강안교육
이상영 대치명인학원 은평캠퍼스
이상훈 골든벨수학학원
이서경 엘리트탑학원
이성용 수학의원리학원

이성재 지앤정 학원
이소윤 목동선수학
이수지 전문과외
이수호 준토에듀수학학원
이슬기 예친에듀
이시현 SKY미래연수학학원
이어진 신목중학교
이영하 키움수학
이용우 올림피아드 학원
이원용 필과수 학원
이원희 수학공작소
이유예 스카이플러스학원
이윤주 와이제이수학교습소
이은경 신길수학
이은숙 포르테수학 교습소
이은영 은수학교습소
이재봉 형설에듀이스트
이재용 이재용the쉬운수학학원
이정석 CMS서초영재관
이정섭 은지호 영감수학
이정호 정샘수학교습소
이제현 막강수학
이종혁 유인어스 학원
이종호 MathOne수학
이종환 카이수학전문학원
이주연 목동 하이씨앤씨
이준석 이가수학학원
이지연 단디수학학원
이지우 제이 앤 수 학원
이지혜 세레나영어수학학원
이지혜 대치파인만
이지훈 백향목에듀수학학원
이 진 수박에듀학원
이진덕 카이스트수학학원
이진희 서준학원
이창석 핵수학 수학전문학원
이채윤 전문과외
이충안 ◆채움수학
이충훈 QANDA
이학송 뷰티풀마인드 수학학원
이 혁 강동메르센수학학원
이현주 그레잇에듀
이형수 피앤아이수학영어학원
이혜림 다오른수학학원
이혜림 대동세무고등학교
이혜수 대치수학원
이호준 형설학원
이효근 다원교육
이효진 올토 수학학원
이희선 브리스톨
임규철 원수학 대치
임기호 대치 원수학
임다혜 시대인재 수학스쿨
임민정 전문과외
임상혁 임상혁수학학원
임소영 123수학
임영주 송파 세빛학원
임정빈 임정빈수학
임지혜 위드수학교습소

임현우 선덕고등학교
장석진 이덕재수학이미선국어학원
장성훈 미독수학
장세영 스펀지 영어수학 학원
장승희 명품이앤엠학원
장영신 송례중학교
장은영 목동깡수학과학학원
장지식 피큐브아카데미
장희준 대치 미래탐구
전기열 유니크학원
전상현 뉴클리어 수학 교습소
전성식 맥스전성식수학학원
전은나 상상수학학원
전지수 전문과외
전진남 지니어스 논술 교습소
전진아 메가스터디
정광조 로드맵수학
정다운 정다운수학교습소
정대영 대치파인만
정명련 유니크 수학학원
정무웅 강동드림보습학원
정문정 연세수학원
정민교 진학원
정민준 사과나무학원(양천관)
정수정 대치수학클리닉 대치본점
정슬기 티포인트에듀학원
정승희 뉴파인
정연화 풀우리수학
정영아 정이수학교습소
정유미 휴브레인압구정학원
정은경 제이수학
정은영 CMS
정재윤 성덕고등학교
정진아 정선생수학
정찬민 목동매쓰원수학학원
정화진 진화수학학원
정환동 씨앤씨0.1%의대수학
정효석 최상위하다학원
조경미 레벨업수학(feat.과학)
조병훈 꿈을담는수학
조아라 유일수학
조아라 수학의시점
조아람 서울 양천구 목동
조원해 연세YT학원
조재묵 천광학원
조정은 조수학교습소
조한진 새미기픈수학
조햇봄 너의일등급수학
조현탁 전문가집단
주용호 아찬수학교습소
주은재 주은재수학학원
주정미 수학의꽃수학교습소
지명훈 선덕고등학교
지민경 고래수학교습소
진임진 전문과외
진혜원 더올라수학교습소
차민준 이투스수학학원 중계점
차성철 목동깡수학과학학원
차슬기 사과나무학원 은평관

◇— 전북 —◇

강원택 탑시드 수학전문학원
고혜련 성영재수학학원
권정욱 권정욱 수학
김상호 휴민고등수학전문학원
김선호 혜명학원
김성혁 S수학전문학원
김수연 전선생수학학원
김윤빈 쿼크수학영어전문학원
김재순 김재순수학학원
김준형 성영재 수학학원
나승현 나승현전유나 수학전문학원
노기한 포스 수학과학학원
박광수 박선생수학학원
박미숙 전문과외
박미화 엄쌤수학전문학원
박선미 박선생수학학원
박세희 멘토이젠수학
박소영 황규종수학전문학원
박은미 박은미수학교습소
박재성 올림수학학원
박재홍 예섬학원
박지유 박지유수학전문학원
박철우 익산 청운학원
배태익 스키마아카데미 수학교실
서영우 서영우수학교실
성영재 성영재수학전문학원
송지연 아이비리그데칼트학원
신영진 유나이츠학원
심우성 오늘은수학학원
양은지 군산중앙고등학교
양재호 양재호카이스트학원
양형준 대들보 수학
오혜진 YMS부송
유현수 수학당
윤병오 이투스247익산
이가영 마루수학국어학원
이보근 미라클입시학원
이송심 와이엠에스입시전문학원
이인성 우림중학교
이지원 긱매쓰
이한나 전문과외
이혜상 S수학전문학원
임승진 이터널수학영어학원
장재은 YMS입시학원
정두리 전문과외
정용재 성영재수학전문학원
정혜승 샤인학원
정환희 릿지수학학원
조세진 수학의길
조영신 성영재 수학전문학원
채승희 채승희수학전문학원
최성훈 최성훈수학학원
최영준 최영준수학학원
최 윤 엠투엠수학학원
최형진 수학본부
황규종 황규종수학전문학원

◇— 제주 —◇

강경혜 강경혜수학
강나래 전문과외
김기한 원탑학원
김대환 The원 수학
김보라 라딕스수학
김연희 whyplus 수학교습소
김장훈 프로젝트M수학학원
류혜선 진정성영어수학노형학원
박 찬 찬수학학원
박대희 실전수학
박승우 남녕고등학교
박재현 위더스입시학원
박진석 진리수
백민지 가우스수학학원
양은석 신성여자중학교
여원구 피드백수학전문학원
오가영 ◆메타수학학원
오재일 터닝포인트영어수학학원
이민경 공부의마침표
이상민 서이현아카데미학원
이선혜 STEADY MATH
이영주 전문과외
이현우 전문과외
장영환 제로링수학교실
편미경 편쌤수학
하혜림 제일아카데미
허은지 Hmath학원
현수진 학고제입시학원

◇— 충남 —◇

최소영 빛나는수학
강민주 수학하다 수학교습소
강범수 전문과외
강 석 에이커리어
고영지 전문과외
권순필 권쌤수학
권오운 광풍중학교
김경원 한일학원
김명은 더하다 수학학원
김미경 시티자이수학
김태화 김태화수학학원
김한빛 한빛수학학원
김현영 마루공부방
남기용 전문과외
박유진 제이홈스쿨
박재혁 명성수학학원
박지화 MATH1022
박혜정 전문과외
서봉원 서산SM수학교습소
서승우 담다수학
서유리 더배움영수학원
서정기 시너지S클래스 불당
송은선 전문과외
신경미 Honeytip
신유미 무한수학학원
유정수 천안고등학교
유창훈 시그마학원

윤보희 충남삼성고등학교
윤재웅 베테랑수학전문학원
이봉이 더수학교습소
이아람 퍼펙트브레인학원
이연지 하크니스 수학학원
이예진 명성학원
이은아 한다수학학원
이재장 깊은수학학원
이하나 에메트수학
이현주 수학다방
장다희 개인과외교습소
전혜영 타임수학학원
정광수 혜윰국영수단과학원
최원석 명사특강학원
최지원 청수303수학
추교현 더웨이학원
한호선 두드림영어수학학원
허유미 전문과외

◇— 충북 —◇

고정균 엠스터디수학학원
구강서 상류수학 전문학원
김가흔 루트 수학학원
김경희 점프업수학학원
김대호 온수학전문학원
김미화 참수학공간학원
김병용 동남수학하는사람들학원
김영은 연세고려E&M
김재광 노블가온수학학원
김정호 생생수학
김주희 매쓰프라임수학학원
김하나 하나수학
김현주 루트수학학원
문지혁 수학의 문 학원
박연경 전문과외
안진아 전문과외
윤성길 엑스클래스 수학학원
윤성희 윤성수학
윤정화 페르마수학교습소
이경미 행복한수학공부방
이연수 오창로뎀학원
이예나 수학여우정철어학원
주니어 옥산캠퍼스
이예찬 입실론수학학원
이윤성 블랙수학 교습소
이지수 일신여자고등학교
전병호 이루다 수학 학원
정수연 모두의수학
조병교 에르매쓰수학학원
조원미 원쌤수학과학교실
조형우 와이파이수학학원
최윤아 피티엠수학학원

수학의
바이블
개념 ON
본책
중학 1·2

Structure

00

1

쉽게 이해할 수 있는
수학적 원리와 함께 정확한 개념을
학습할 수 있습니다.

수학의 바이블 개념ON은 쉬운 개념 설명과 바이블
POINT, Bible Says를 통해 개념을 이해할 수 있는
수학적 원리를 쉽게 풀어 설명하였습니다.

2

교과서를 기반으로 한 예제와
유제로 문제를 해결하는 방법을
깨칠 수 있습니다.

교과 내용을 기준으로 한 개념ON과 유형ON의 연계
학습! 개념을 다지고 유형으로 문제 해결력을 키울
수 있도록 단원 구성, 개념의 흐름을 통일하였습니다.

3

본책과 유사한 형태의 워크북
으로 수학의 바이블만의 철저한
예복습 시스템 !!!

본책과 유사한 형태의 워크북을 제공하여 본책으로
학습한 개념을 워크북으로 한 번 더 체크함으로 개
념을 정확히 이해했는지 확인할 수 있습니다.

※ 워크북은 PDF로 제공됩니다.

개념ON 본책

1 개념 이해하기

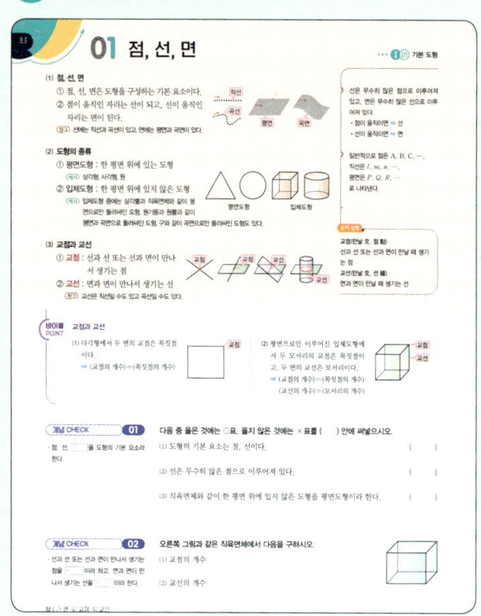

- **개념 설명** 바이블만의 체계적이고 자세한 설명으로 개념의
  원리와 공식을 쉽게 이해할 수 있습니다.
- **바이블 POINT** 중요 개념 및 공식, 성질이 성립하는 과정을
  설명하고 핵심 내용을 도식화하여 개념을 더 쉽게 이해할 수
  있습니다.
- **개념 CHECK** 개념이 직접적으로 적용된 문제를 풀어 봄으
  로써 개념이 문제에 어떻게 적용되는지 확인할 수 있습니다.

개념ON 워크북   PDF로 제공

1 스스로 확인하기, 배운 개념 연습하기

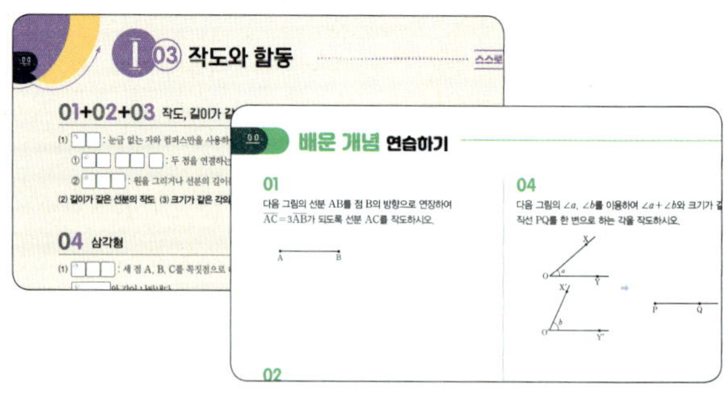

- **스스로 확인하기** 중요한 개념은 한 번 더 복습할 수 있도록 스스로 확인하
  기 코너를 만들었습니다.
- **배운 개념 연습하기** 연산 연습이 필요한 단원의 경우 충분히 연습할 수 있
  는 문항을 배운 개념 연습하기에 구성하였습니다.

❷ 대표 유형 학습하기

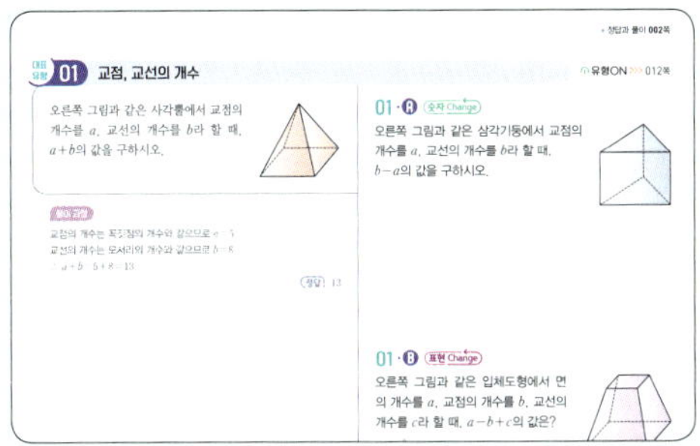

- **대표 유형** 개념을 이해하고 적용시키기에 가장 적합한 핵심 문항을 대표 유형으로 선정하였습니다.
- **숫자 Change** 대표 유형 문항에서 숫자만 바꾼 유사 문제입니다. 대표 유형 복습!
- **표현 Change** 대표 유형 문항에서 표현까지 바꾼 변형 문제 또는 개념 확장 문제입니다.

❸ 배운대로 학습하기

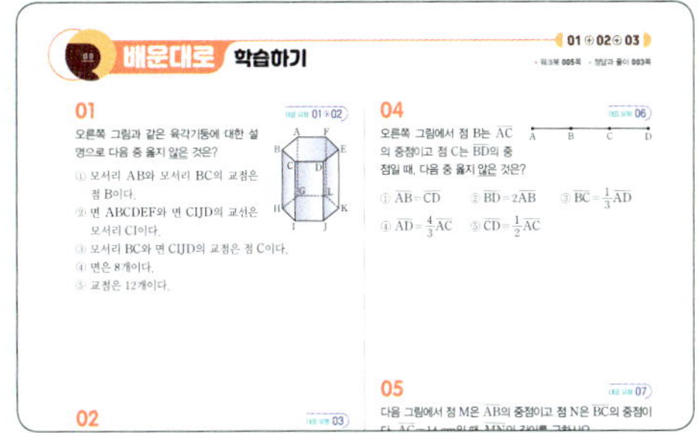

- 앞에서 배운 내용을 완벽하게 이해했는지 확인할 수 있는 대표 유형의 유사 문항과 개념을 확장시킨 문항을 제공하고 있습니다.
- 학습의 완성도를 확인할 수 있도록 링크를 걸어 틀린 문항의 경우 대표 유형을 다시 확인할 수 있도록 활용도를 높였습니다.

❹ 서술형 훈련하기

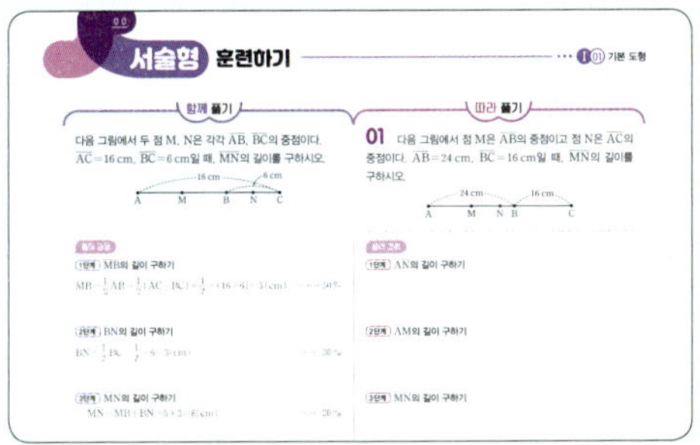

- 학교 시험에서 높은 비중을 차지하고 있는 서술형 문항에 대한 훈련을 위한 단계별 풀이 방법을 제시! 유사 문항과 변형 문항을 풀어 봄으로써 서술형 문항을 완벽하게 대비할 수 있도록 구성하였습니다.

❺ 중단원 마무리하기

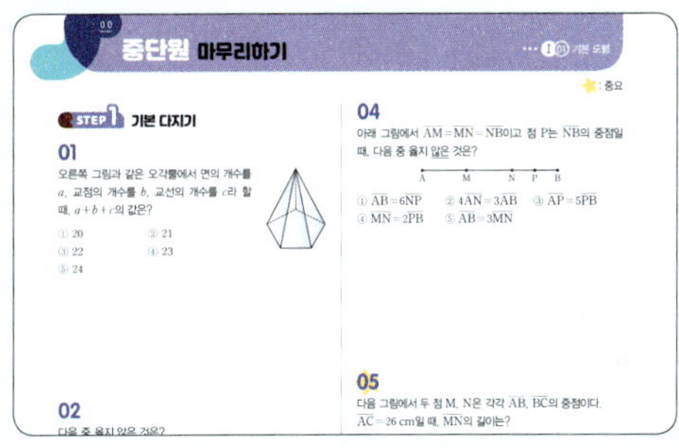

- 중단원에서 학습한 다양한 문제를 풀어 봄으로써 중단원 학습 내용을 최종 점검할 수 있도록 구성하였습니다.
- **STEP 1** 기본 다지기 , **STEP 2** 실력 다지기 두 레벨로 나누어 난이도별 학습이 가능하도록 구성하였습니다.

❷ 배운대로 복습하기, 서술형 훈련하기

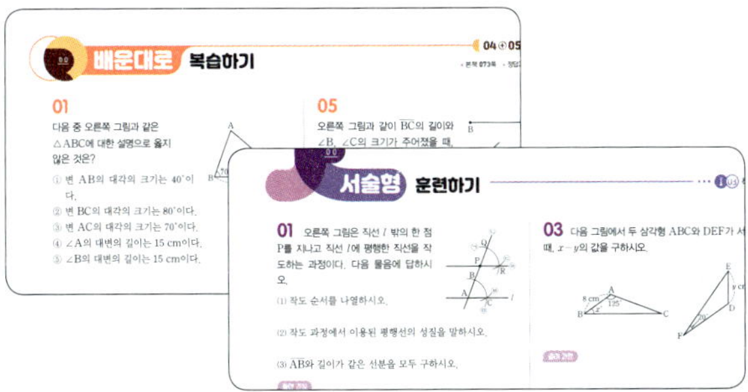

- **배운대로 복습하기** 본책의 배운대로 학습하기와 유사 문항으로 구성하였습니다.
- **서술형 훈련하기** 본책의 서술형 훈련하기와 유사 문항으로 구성하여 완벽한 서술형 훈련이 가능하도록 구성하였습니다.

❸ 중단원 마무리하기

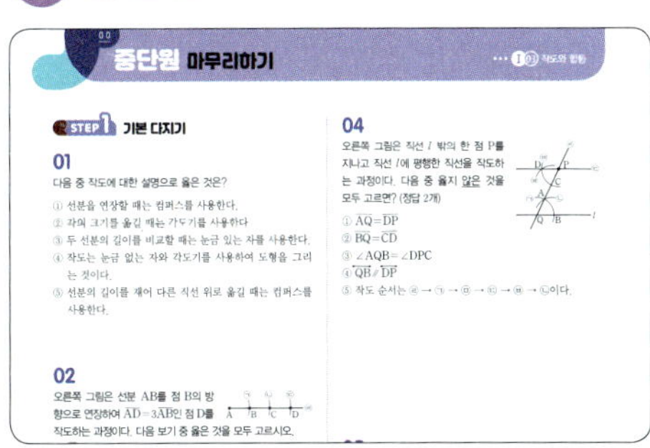

- 중단원에서 학습한 다양한 문제를 유형 구분 없이 풀어 봄으로써 유형 학습으로 체화되어 모르고 넘어갈 수 있는 부족한 부분을 파악할 수 있도록 구성! 효과적인 학습이 가능합니다.

Contents 차례

기본 도형

평면도형

기본 도형

이 단원에서는

도형을 이루는 기본 요소인 점, 선, 면, 각을 이해하고, 두 직선, 직선과 평면, 두 평면의 위치 관계에 대해 배웁니다.
또한 삼각형을 작도하고, 삼각형의 합동 조건을 이용하여 두 삼각형이 합동인지 판별하는 것에 대해 배웁니다.

이 단원에서의 내용

I

01

기본 도형

01 점, 선, 면

(1) 점, 선, 면

① 점, 선, 면은 도형을 구성하는 기본 요소이다.

② 점이 움직인 자리는 선이 되고, 선이 움직인 자리는 면이 된다.

(참고) 선에는 직선과 곡선이 있고, 면에는 평면과 곡면이 있다.

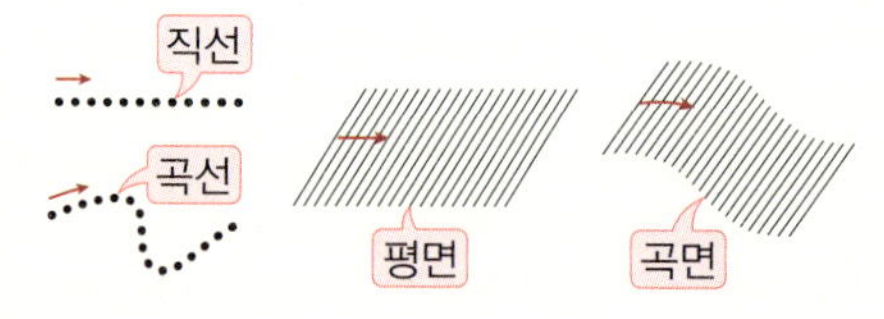

> 선은 무수히 많은 점으로 이루어져 있고, 면은 무수히 많은 선으로 이루어져 있다.
> - 점이 움직이면 ➡ 선
> - 선이 움직이면 ➡ 면

(2) 도형의 종류

① 평면도형 : 한 평면 위에 있는 도형

(예시) 삼각형, 사각형, 원

② 입체도형 : 한 평면 위에 있지 않은 도형

(예시) 입체도형 중에는 삼각뿔과 직육면체와 같이 평면으로만 둘러싸인 도형, 원기둥과 원뿔과 같이 평면과 곡면으로 둘러싸인 도형, 구와 같이 곡면으로만 둘러싸인 도형도 있다.

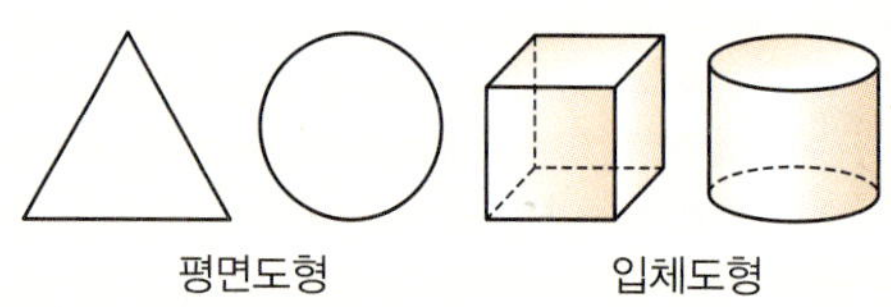

> 일반적으로 점은 A, B, C, ⋯,
> 직선은 l, m, n, ⋯,
> 평면은 P, Q, R, ⋯
> 로 나타낸다.

(3) 교점과 교선

① **교점** : 선과 선 또는 선과 면이 만나서 생기는 점

② **교선** : 면과 면이 만나서 생기는 선

(참고) 교선은 직선일 수도 있고 곡선일 수도 있다.

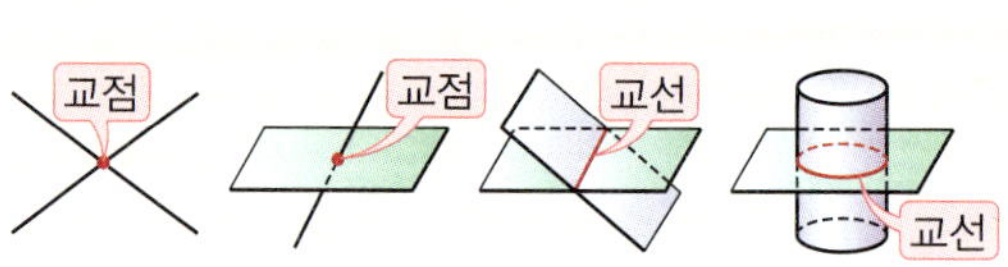

용어 설명

교점(만날 交, 점 點)
선과 선 또는 선과 면이 만날 때 생기는 점

교선(만날 交, 선 線)
면과 면이 만날 때 생기는 선

바이블 POINT **교점과 교선**

(1) 다각형에서 두 변의 교점은 꼭짓점이다.

➡ (교점의 개수)=(꼭짓점의 개수)

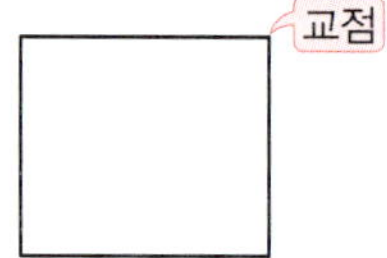

(2) 평면으로만 이루어진 입체도형에서 두 모서리의 교점은 꼭짓점이고, 두 면의 교선은 모서리이다.

➡ (교점의 개수)=(꼭짓점의 개수)
　　(교선의 개수)=(모서리의 개수)

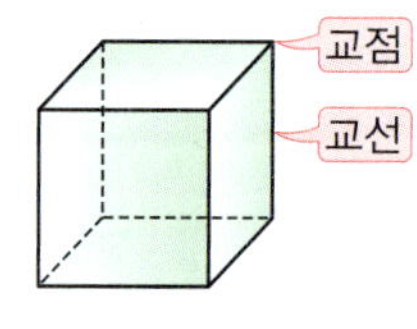

개념 CHECK 01

- 점, 선, ㉠ 을 도형의 기본 요소라 한다.

다음 중 옳은 것에는 ○표, 옳지 않은 것에는 ×표를 ( ) 안에 써넣으시오.

(1) 도형의 기본 요소는 점, 선이다. ( )

(2) 선은 무수히 많은 점으로 이루어져 있다. ( )

(3) 직육면체와 같이 한 평면 위에 있지 않은 도형을 평면도형이라 한다. ( )

개념 CHECK 02

- 선과 선 또는 선과 면이 만나서 생기는 점을 ㉡ 이라 하고, 면과 면이 만나서 생기는 선을 ㉢ 이라 한다.

오른쪽 그림과 같은 직육면체에서 다음을 구하시오.

(1) 교점의 개수

(2) 교선의 개수

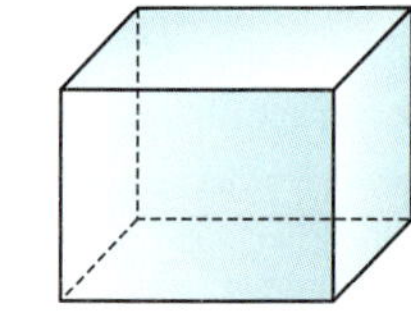

답 | ㉠ 면 ㉡ 교점 ㉢ 교선

대표유형 **01** 교점, 교선의 개수

유형ON >>> 012쪽

오른쪽 그림과 같은 사각뿔에서 교점의 개수를 a, 교선의 개수를 b라 할 때, $a+b$의 값을 구하시오.

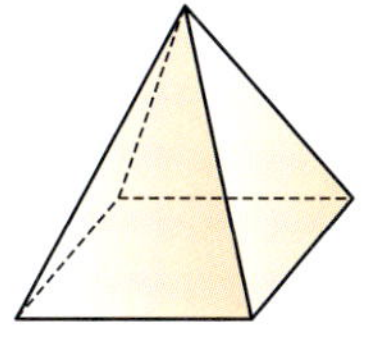

풀이 과정

교점의 개수는 꼭짓점의 개수와 같으므로 $a=5$
교선의 개수는 모서리의 개수와 같으므로 $b=8$
$\therefore a+b=5+8=13$

정답 13

01 · A 숫자 Change

오른쪽 그림과 같은 삼각기둥에서 교점의 개수를 a, 교선의 개수를 b라 할 때, $b-a$의 값을 구하시오.

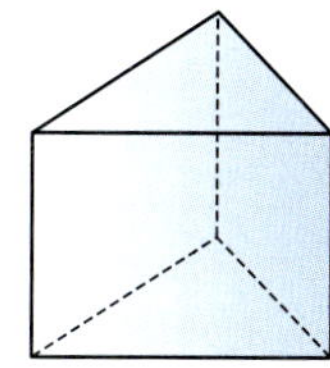

01 · B 표현 Change

오른쪽 그림과 같은 입체도형에서 면의 개수를 a, 교점의 개수를 b, 교선의 개수를 c라 할 때, $a-b+c$의 값은?

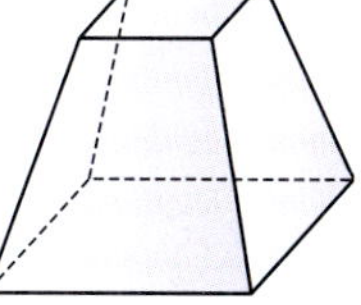

① 8 　　② 9
③ 10 　　④ 11
⑤ 12

BIBLE SAYS　입체도형에서 교점과 교선

평면으로만 둘러싸인 입체도형에서 교점은 꼭짓점을, 교선은 모서리를 뜻한다.

대표유형 **02** 도형의 이해

유형ON >>> 012쪽

다음 보기 중 옳은 것을 모두 고른 것은?

보기
ㄱ. 점이 연속하여 움직인 자리는 선이 된다.
ㄴ. 선과 면이 만나면 교선이 생긴다.
ㄷ. 입체도형은 한 평면 위에 있는 도형이다.
ㄹ. 육각형에서 교점의 개수는 꼭짓점의 개수와 같다.

① ㄱ, ㄴ　　② ㄱ, ㄹ　　③ ㄴ, ㄷ
④ ㄴ, ㄹ　　⑤ ㄷ, ㄹ

풀이 과정

ㄴ. 선과 면이 만나면 교점이 생긴다.
ㄷ. 입체도형은 한 평면 위에 있지 않은 도형이다.
따라서 옳은 것은 ㄱ, ㄹ이다.

정답 ②

02 · A 숫자 Change

다음 중 옳지 <u>않은</u> 것은?

① 점, 선, 면을 도형의 기본 요소라 한다.
② 면은 무수히 많은 선으로 이루어져 있다.
③ 선은 무수히 많은 점으로 이루어져 있다.
④ 교선은 항상 직선이다.
⑤ 삼각뿔에서 교선의 개수는 모서리의 개수와 같다.

02 직선, 반직선, 선분

(1) 직선이 정해질 조건 : 한 점 A를 지나는 직선은 무수히 많지만 서로 다른 두 점 A, B를 지나는 직선은 오직 하나뿐이다.
  └→ 서로 다른 두 점은 직선 하나를 결정한다.

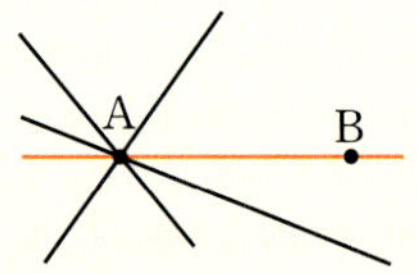

(2) 직선, 반직선, 선분

① **직선 AB :** 서로 다른 두 점 A, B를 지나는 직선
  (기호) $\overleftrightarrow{AB}$ → $\overleftrightarrow{AB}$와 $\overleftrightarrow{BA}$는 서로 같은 직선이다. 즉, $\overleftrightarrow{AB}=\overleftrightarrow{BA}$

② **반직선 AB :** 직선 AB 위의 점 A에서 시작하여 점 B의 방향으로 한없이 뻗어 나가는 직선 AB의 부분
  (기호) $\overrightarrow{AB}$ → $\overrightarrow{AB}$는 A→B , $\overrightarrow{BA}$는 A←B 이므로 서로 다른 반직선이다. 즉, $\overrightarrow{AB}\neq\overrightarrow{BA}$
  (주의) 두 반직선이 서로 같으려면 시작점과 방향이 모두 같아야 한다.

③ **선분 AB :** 직선 AB 위의 두 점 A, B를 포함하여 점 A에서 점 B까지의 부분
  (기호) $\overline{AB}$ → $\overline{AB}$와 $\overline{BA}$는 서로 같은 선분이다. 즉, $\overline{AB}=\overline{BA}$
  (주의) 선분은 양 끝 점을 반드시 포함한다.

$\overleftrightarrow{AB}$	A ——— B
$\overrightarrow{AB}$	A ——— B
$\overline{AB}$	A ——— B

시작점 →┐ ┌← 뻗어 나가는 방향
반직선 AB($\overrightarrow{AB}$)의 구분
두 반직선이 서로 같으려면 시작점과 방향이 모두 같아야 한다.

용어 설명
직선(곧을 直, 선 線)
곧게 뻗은 선
선분(선 線, 나눌 分)
직선을 나눈 일부분

바이블 POINT 서로 다른 두 반직선

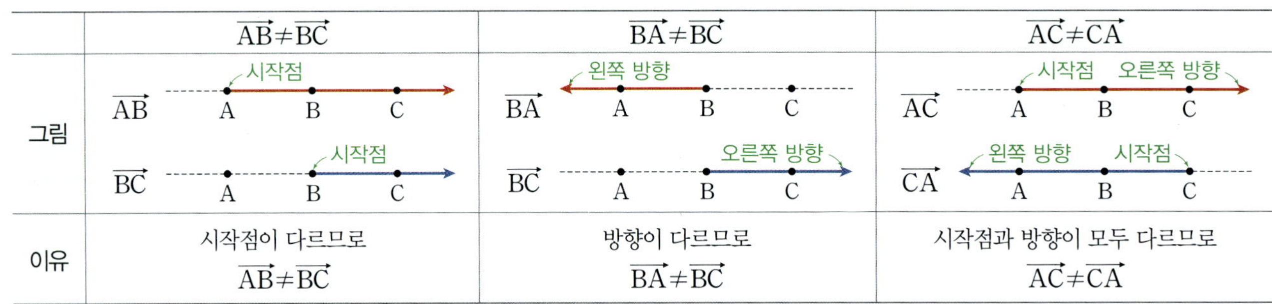

	$\overrightarrow{AB}\neq\overrightarrow{BC}$	$\overrightarrow{BA}\neq\overrightarrow{BC}$	$\overrightarrow{AC}\neq\overrightarrow{CA}$
그림	$\overrightarrow{AB}$: 시작점 A B C $\overrightarrow{BC}$: 시작점 A B C	$\overrightarrow{BA}$: 왼쪽 방향 A B C $\overrightarrow{BC}$: 오른쪽 방향 A B C	$\overrightarrow{AC}$: 시작점 오른쪽 방향 A B C $\overrightarrow{CA}$: 왼쪽 방향 시작점 A B C
이유	시작점이 다르므로 $\overrightarrow{AB}\neq\overrightarrow{BC}$	방향이 다르므로 $\overrightarrow{BA}\neq\overrightarrow{BC}$	시작점과 방향이 모두 다르므로 $\overrightarrow{AC}\neq\overrightarrow{CA}$

개념 CHECK 01

• 직선 AB, 반직선 AB, 선분 AB를 기호로 나타내면 차례대로 ㉠ , ㉡ , ㉢ 이다.

다음 도형을 기호로 나타내시오.

(1) ←●———●→ P Q

(2) ----●———●→ P Q

(3) ←●———●---- P Q

(4) ●———● P Q

개념 CHECK 02

• 두 반직선이 서로 같으려면 시작점과 ㉣ 이 모두 같아야 한다.

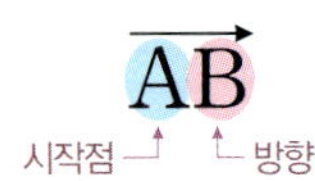

시작점 →┐ ┌← 방향

다음 기호를 주어진 그림 위에 나타내고, □ 안에 = 또는 ≠ 중 알맞은 것을 써넣으시오.

(1) ----●—●—●---- A B C   ----●—●—●---- A B C ➡ $\overrightarrow{AC}$ □ $\overrightarrow{CA}$

(2) ----●—●—●---- A B C   ----●—●—●---- A B C ➡ $\overrightarrow{AB}$ □ $\overrightarrow{AC}$

(3) ----●—●—●---- A B C   ----●—●—●---- A B C ➡ $\overrightarrow{AB}$ □ $\overrightarrow{BC}$

답 | ㉠ $\overleftrightarrow{AB}$ ㉡ $\overrightarrow{AB}$ ㉢ $\overline{AB}$ ㉣ 방향

대표유형 **03** 직선, 반직선, 선분

유형ON >>> 012쪽

오른쪽 그림과 같이 직선 l 위에 세 점 A, B, C가 있을 때, 다음 중 옳지 <u>않은</u> 것을 모두 고르면? (정답 2개)

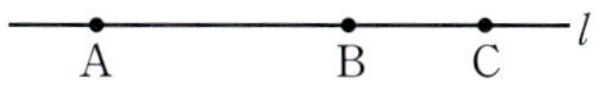

① $\overrightarrow{AB}=\overrightarrow{BC}$　② $\overrightarrow{AB}=\overrightarrow{BA}$　③ $\overrightarrow{AB}=\overleftarrow{BA}$
④ $\overrightarrow{CA}=\overrightarrow{CB}$　⑤ $\overline{AB}=\overline{AC}$

풀이 과정

③ $\overrightarrow{AB}$와 $\overrightarrow{BA}$는 시작점과 방향이 모두 다르므로 $\overrightarrow{AB}\neq\overrightarrow{BA}$

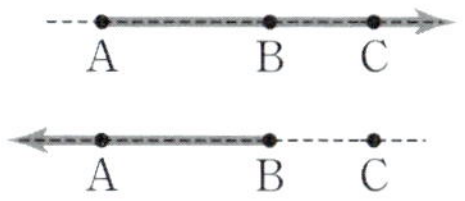

⑤ $\overline{AB}$와 $\overline{AC}$는 한쪽 끝 점이 다르므로 $\overline{AB}\neq\overline{AC}$

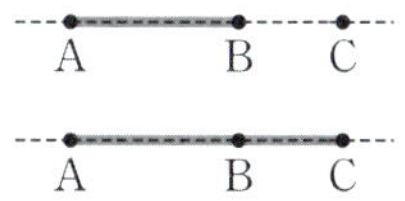

정답　③. ⑤

03·🅐 (숫자 Change)

오른쪽 그림과 같이 직선 l 위에 네 점 A, B, C, D가 있을 때, 다음 중 옳은 것을 모두 고르면? (정답 2개)

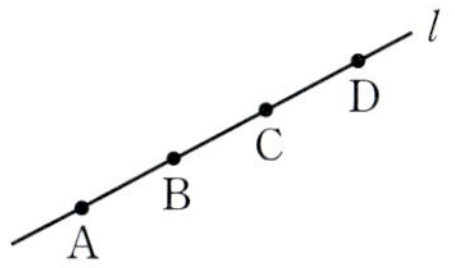

① $\overrightarrow{AC}=\overrightarrow{BD}$　② $\overrightarrow{AC}=\overrightarrow{BD}$
③ $\overrightarrow{AC}=\overrightarrow{BC}$　④ $\overline{BD}=\overline{DB}$
⑤ $\overleftarrow{CB}=\overrightarrow{CD}$

03·🅑 (표현 Change)

오른쪽 그림과 같이 직선 l 위에 네 점 A, B, C, D가 있을 때, 다음 보기 중 $\overrightarrow{AC}$와 같은 것은 모두 몇 개인지 구하시오.

보기

$\overrightarrow{AB}$, $\overrightarrow{BA}$, $\overrightarrow{AD}$, $\overrightarrow{CD}$, $\overrightarrow{BC}$, $\overrightarrow{AC}$, $\overleftarrow{CD}$, $\overrightarrow{DA}$, $\overrightarrow{AB}$

대표유형 **04** 직선, 반직선, 선분의 개수 (1)

유형ON >>> 013쪽

오른쪽 그림과 같이 한 직선 위에 있지 않은 세 점 A, B, C가 있다. 이 중 두 점을 이어서 만들 수 있는 서로 다른 직선, 반직선, 선분의 개수를 각각 구하시오.

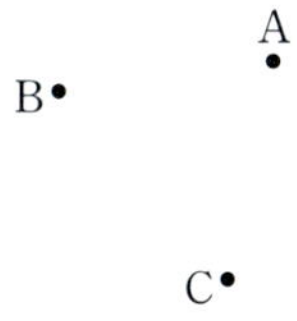

풀이 과정

직선은 $\overleftrightarrow{AB}$, $\overleftrightarrow{AC}$, $\overleftrightarrow{BC}$의 3개이다.
반직선은 $\overrightarrow{AB}$, $\overrightarrow{AC}$, $\overrightarrow{BA}$, $\overrightarrow{BC}$, $\overrightarrow{CA}$, $\overrightarrow{CB}$의 6개이다.
선분은 $\overline{AB}$, $\overline{BC}$, $\overline{CA}$의 3개이다.

정답　직선의 개수 : 3, 반직선의 개수 : 6, 선분의 개수 : 3

BIBLE SAYS 　직선, 반직선, 선분의 개수

어느 세 점도 한 직선 위에 있지 않은 n개의 점 중 두 점을 이어서 만들 수 있는 직선, 반직선, 선분의 개수는 다음과 같다.

(1) (직선의 개수)$=\dfrac{n(n-1)}{2}$

(2) (반직선의 개수)$=n(n-1)$

(3) (선분의 개수)$=\dfrac{n(n-1)}{2}$

04·🅐 (숫자 Change)

오른쪽 그림과 같이 어느 세 점도 한 직선 위에 있지 않은 네 점 A, B, C, D가 있다. 이 중 두 점을 이어서 만들 수 있는 서로 다른 직선, 반직선, 선분의 개수를 각각 구하려고 한다. 다음을 구하시오.

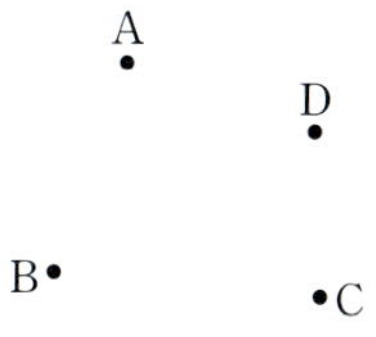

(1) 직선의 개수

(2) 반직선의 개수

(3) 선분의 개수

오른쪽 그림과 같이 직선 l 위에 세 점 A, B, C가 있다. 이 중 두 점을 이어서 만들 수 있는 서로 다른 직선의 개수를 a, 반직선의 개수를 b, 선분의 개수를 c라 할 때, $a+b+c$ 의 값은?

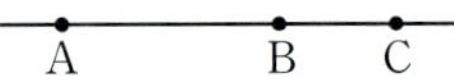

① 5　　　　② 6　　　　③ 7
④ 8　　　　⑤ 9

풀이 과정

직선은 $\overleftrightarrow{AB}$의 1개이므로 $a=1$
반직선은 $\overrightarrow{AB}$, $\overrightarrow{BA}$, $\overrightarrow{BC}$, $\overrightarrow{CB}$의 4개이므로 $b=4$
선분은 $\overline{AB}$, $\overline{AC}$, $\overline{BC}$의 3개이므로 $c=3$
∴ $a+b+c=1+4+3=8$

정답 ④

참고 (1) 한 직선 위에 세 점 A, B, C가 있을 때, 이 세 점을 지나는 직선을 기호로 나타내면 $\overleftrightarrow{AB}$, $\overleftrightarrow{AC}$, $\overleftrightarrow{BC}$로 나타낼 수 있다.

즉, $\overleftrightarrow{AB}$, $\overleftrightarrow{AC}$, $\overleftrightarrow{BC}$는 모두 같은 직선이다.
(2) 한 직선 위에 있는 점들로 만들 수 있는 직선은 오직 하나뿐이다.

05·A 숫자 Change

아래 그림과 같이 직선 l 위에 네 점 A, B, C, D가 있다. 이 중 두 점을 이어서 만들 수 있는 서로 다른 직선의 개수를 a, 반직선의 개수를 b, 선분의 개수를 c라 할 때, $a+b+c$의 값을 구하려고 한다. 다음을 구하시오.

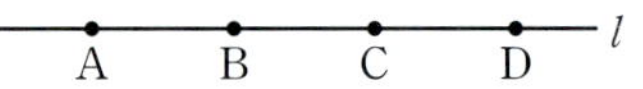

(1) a의 값

(2) b의 값

(3) c의 값

(4) $a+b+c$의 값

05·B 숫자 Change

오른쪽 그림과 같이 직선 l 위에 있는 세 점 A, B, C와 직선 l 위에 있지 않은 한 점 P가 있다. 이 중 두 점을 이어서 만들 수 있는 서로 다른 직선, 반직선, 선분의 개수를 각각 구하려고 한다. 다음을 구하시오.

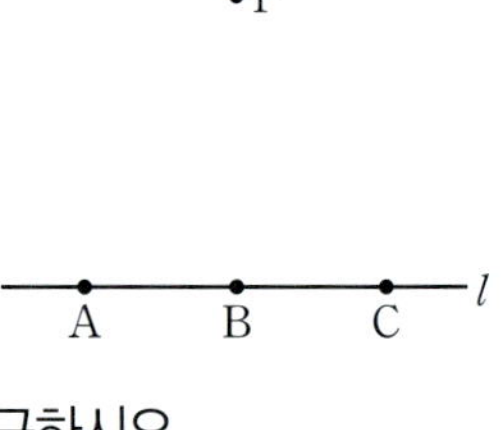

(1) 직선의 개수

(2) 반직선의 개수

(3) 선분의 개수

03 두 점 사이의 거리

(1) 두 점 사이의 거리

① 서로 다른 두 점 A, B를 잇는 무수히 많은 선 중에서 길이가 가장 짧은 선인 **선분 AB의 길이**를 **두 점 A, B 사이의 거리**라 한다.

② $\overline{AB}$는 선분을 나타내기도 하고 그 선분의 길이를 나타내기도 한다.

예시 ① 선분 AB의 길이가 3 cm이다. ➡ $\overline{AB}=3$ cm
② 두 선분 AB와 선분 CD의 길이가 같다. ➡ $\overline{AB}=\overline{CD}$

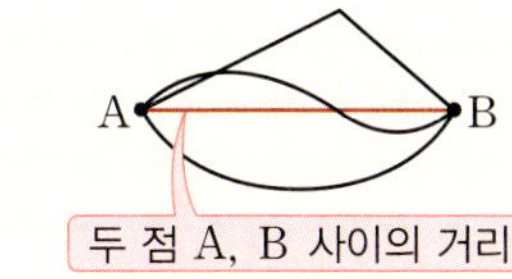

(2) 선분의 중점

선분 AB 위의 한 점 M에 대하여 $\overline{AM}=\overline{MB}$일 때, 점 M을 선분 AB의 **중점**이라 한다.

➡ $\overline{AM}=\overline{MB}=\dfrac{1}{2}\overline{AB}$ → $\overline{AB}=2\overline{AM}=2\overline{MB}$

예시 오른쪽 그림에서 점 M이 $\overline{AB}$의 중점이고 $\overline{AB}=4$ cm일 때,
$\overline{AM}=\overline{MB}=\dfrac{1}{2}\overline{AB}=\dfrac{1}{2}\times4=2\,(\text{cm})$

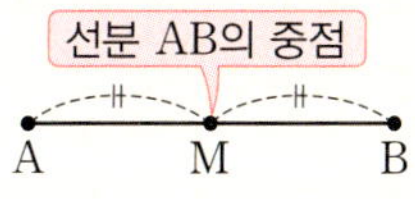

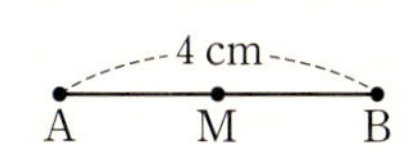

중점은 선분의 길이를 이등분한다.

용어 설명

중점(가운데 中, 점 點)
선분의 가운데 점
중점 M에서 M은 Midpoint(중점)의 첫 글자이다.

바이블 POINT **선분 AB를 삼등분하는 점**

오른쪽 그림에서 두 점 M, N이 $\overline{AB}$를 삼등분하는 점이면

(1) $\overline{AM}=\overline{MN}=\overline{NB}=\dfrac{1}{3}\overline{AB}$ —— $\overline{AB}=3\overline{AM}=3\overline{MN}=3\overline{NB}$

(2) $\overline{AN}=\overline{MB}=\dfrac{2}{3}\overline{AB}$

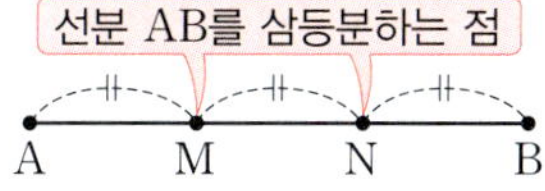

개념 CHECK **01**

· 두 점 A, B 사이의 거리는 두 점 A, B를 양 끝 점으로 하는 선 중에서 길이가 가장 짧은 선인 ㉠ AB의 길이와 같다.

오른쪽 그림과 같은 사각형 ABCD에서 다음을 구하시오.

(1) 두 점 A, B 사이의 거리

(2) 두 점 B, C 사이의 거리

(3) 두 점 C, D 사이의 거리

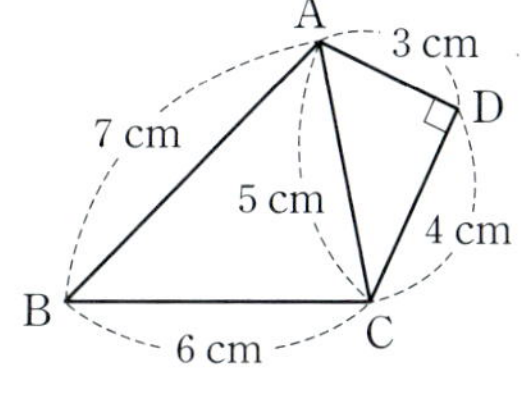

개념 CHECK **02**

· 다음 그림에서 점 M이 $\overline{AB}$의 중점일 때

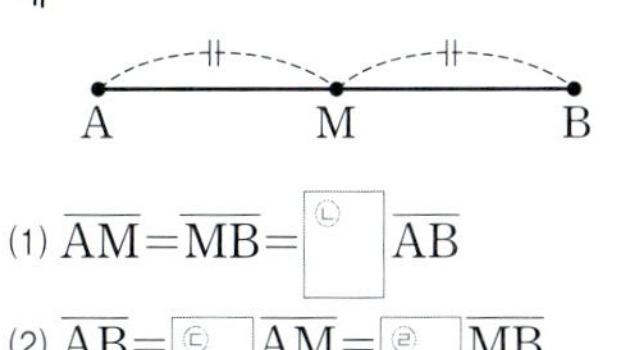

(1) $\overline{AM}=\overline{MB}=$ ㉡ $\overline{AB}$

(2) $\overline{AB}=$ ㉢ $\overline{AM}=$ ㉣ $\overline{MB}$

오른쪽 그림에서 점 M은 $\overline{AB}$의 중점이고 점 N은 $\overline{AM}$의 중점이다. $\overline{AB}=8$ cm일 때, □ 안에 알맞은 수를 써넣으시오.

(1) $\overline{AB}=\square\,\overline{AM}=\square\,\overline{MB}$

(2) $\overline{AM}=\overline{MB}=\square\,\overline{AB}=\square\,(\text{cm})$

(3) $\overline{AN}=\overline{NM}=\square\,\overline{AM}=\square\,(\text{cm})$

답 | ㉠ 선분 ㉡ $\dfrac{1}{2}$ ㉢ 2 ㉣ 2

대표유형 06 선분의 중점

오른쪽 그림에서 점 M은 $\overline{AB}$의 중점이고 점 N은 $\overline{AM}$의 중점이다. 다음 중 옳지 <u>않은</u> 것은?

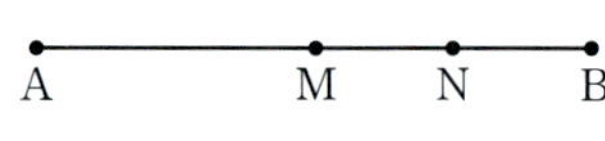

① $\overline{AM}=\overline{MB}$ ② $\overline{MB}=2\overline{AN}$ ③ $\overline{AB}=4\overline{AN}$

④ $\overline{AN}=\dfrac{1}{2}\overline{AM}$ ⑤ $\overline{NM}=\dfrac{1}{3}\overline{AB}$

풀이 과정

② $\overline{MB}=\overline{AM}=2\overline{AN}$

③ $\overline{AB}=2\overline{AM}=2\times2\overline{AN}=4\overline{AN}$

⑤ $\overline{NM}=\dfrac{1}{2}\overline{AM}=\dfrac{1}{2}\times\dfrac{1}{2}\overline{AB}=\dfrac{1}{4}\overline{AB}$

따라서 옳지 않은 것은 ⑤이다.

정답 ⑤

06·🅐 숫자 Change

오른쪽 그림에서 점 M은 $\overline{AB}$의 중점이고 점 N은 $\overline{MB}$의 중점이다. 다음 중 옳지 <u>않은</u> 것은?

① $\overline{AM}=2\overline{NB}$ ② $\overline{AN}=4\overline{MN}$ ③ $\overline{MB}=\dfrac{1}{2}\overline{AB}$

④ $\overline{NB}=\dfrac{1}{2}\overline{AM}$ ⑤ $\overline{MN}+\overline{NB}=\overline{AM}$

06·🅑 표현 Change

오른쪽 그림에서 $\overline{AB}=\overline{BC}=\overline{CD}$이고 점 M은 $\overline{CD}$의 중점이다. 다음 중 옳지 <u>않은</u> 것은?

① $\overline{AB}=2\overline{MD}$ ② $\overline{AD}=3\overline{AB}$ ③ $\overline{AC}=3\overline{CM}$

④ $\overline{CD}=\dfrac{1}{3}\overline{AD}$ ⑤ $\overline{BD}=\dfrac{2}{3}\overline{AD}$

대표유형 07 두 점 사이의 거리 (1)

다음 그림에서 점 M은 $\overline{AB}$의 중점이고 점 N은 $\overline{AM}$의 중점이다. $\overline{AB}=16$ cm일 때, $\overline{NB}$의 길이는?

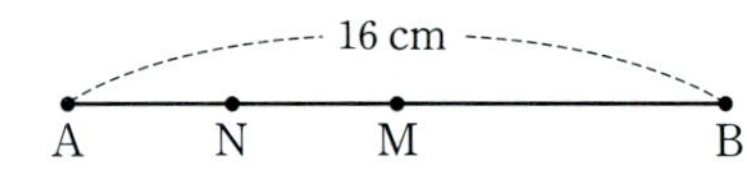

① 9 cm   ② 10 cm   ③ 11 cm

④ 12 cm   ⑤ 13 cm

풀이 과정

점 M이 $\overline{AB}$의 중점이므로 $\overline{AM}=\overline{MB}=\dfrac{1}{2}\overline{AB}=\dfrac{1}{2}\times16=8\,(\text{cm})$

점 N이 $\overline{AM}$의 중점이므로 $\overline{NM}=\dfrac{1}{2}\overline{AM}=\dfrac{1}{2}\times8=4\,(\text{cm})$

∴ $\overline{NB}=\overline{NM}+\overline{MB}=4+8=12\,(\text{cm})$

정답 ④

07·🅐 숫자 Change

다음 그림에서 점 M은 $\overline{AB}$의 중점이고 점 N은 $\overline{MB}$의 중점이다. $\overline{AB}=24$ cm일 때, $\overline{AN}$의 길이는?

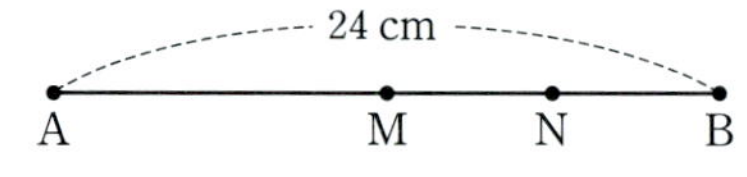

① 16 cm   ② 17 cm   ③ 18 cm

④ 19 cm   ⑤ 20 cm

대표유형 08 두 점 사이의 거리 (2)

유형ON >>> 016쪽

다음 그림에서 점 M은 $\overline{AB}$의 중점이고 점 N은 $\overline{BC}$의 중점이다. $\overline{MN}=14$ cm일 때, $\overline{AC}$의 길이를 구하시오.

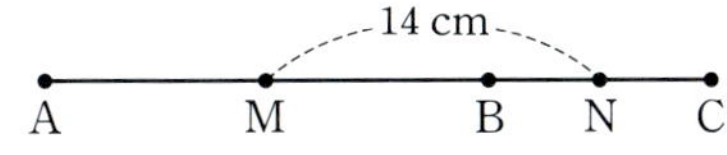

풀이 과정

두 점 M, N은 각각 $\overline{AB}$, $\overline{BC}$의 중점이므로
$\overline{AB}=2\overline{MB}$, $\overline{BC}=2\overline{BN}$
$\therefore \overline{AC}=\overline{AB}+\overline{BC}=2\overline{MB}+2\overline{BN}=2(\overline{MB}+\overline{BN})$
$\qquad =2\overline{MN}=2\times14=28(\text{cm})$

정답 28 cm

BIBLE SAYS

오른쪽 그림에서 두 점 M, N이 각각
$\overline{AB}$, $\overline{BC}$의 중점일 때

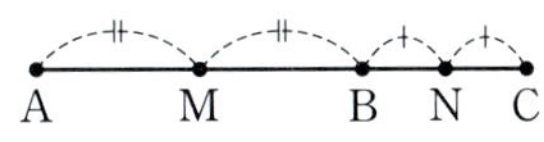

(1) $\overline{AM}=\overline{MB}$, $\overline{BN}=\overline{NC}$
(2) $\overline{AB}=2\overline{MB}$, $\overline{BC}=2\overline{BN}$
(3) $\overline{AC}=\overline{AB}+\overline{BC}=2(\overline{MB}+\overline{BN})=2\overline{MN}$

08·Ⓐ 숫자 Change

다음 그림에서 점 M은 $\overline{AB}$의 중점이고 점 N은 $\overline{BC}$의 중점이다. $\overline{MN}=10$ cm일 때, $\overline{AC}$의 길이를 구하시오.

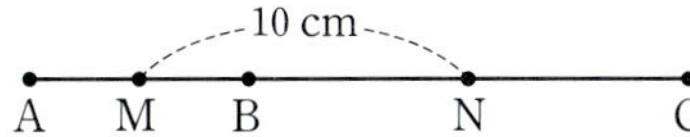

대표유형 09 두 점 사이의 거리 (3)

유형ON >>> 016쪽

다음 그림에서 점 M은 $\overline{AB}$의 중점이고 점 N은 $\overline{BC}$의 중점이다. $\overline{MN}=4$ cm, $3\overline{AB}=\overline{BC}$일 때, $\overline{BC}$의 길이를 구하시오.

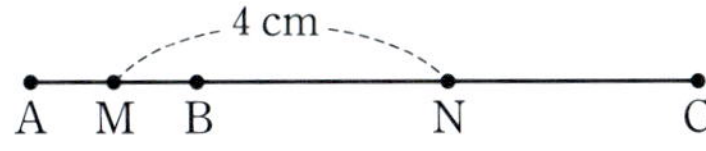

풀이 과정

점 M이 $\overline{AB}$의 중점이므로 $\overline{AB}=2\overline{MB}$
점 N이 $\overline{BC}$의 중점이므로 $\overline{BC}=2\overline{BN}$
$\therefore \overline{AC}=\overline{AB}+\overline{BC}=2\overline{MB}+2\overline{BN}=2(\overline{MB}+\overline{BN})$
$\qquad =2\overline{MN}=2\times4=8(\text{cm})$
$3\overline{AB}=\overline{BC}$이므로 $\overline{AB}:\overline{BC}=1:3$
$\therefore \overline{BC}=\dfrac{3}{4}\overline{AC}=\dfrac{3}{4}\times8=6(\text{cm})$

정답 6 cm

참고 $3\overline{AB}=\overline{BC}$이면 $\overline{AB}:\overline{BC}=1:3$이므로
$\qquad \overline{AB}=\dfrac{1}{1+3}\overline{AC}=\dfrac{1}{4}\overline{AC}$, $\overline{BC}=\dfrac{3}{1+3}\overline{AC}=\dfrac{3}{4}\overline{AC}$

09·Ⓐ 숫자 Change

다음 그림에서 점 M은 $\overline{AB}$의 중점이고 점 N은 $\overline{BC}$의 중점이다. $\overline{MN}=8$ cm, $3\overline{AB}=\overline{BC}$일 때, $\overline{BC}$의 길이를 구하시오.

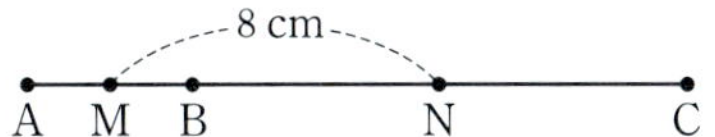

09·Ⓑ 표현 Change

다음 그림에서 점 M은 $\overline{AB}$의 중점이고 점 N은 $\overline{BC}$의 중점이다. $\overline{AC}=6$ cm, $\overline{AB}:\overline{BC}=1:2$일 때, $\overline{MC}$의 길이를 구하시오.

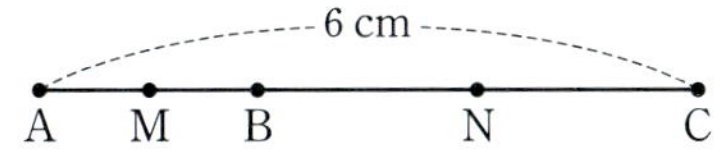

01

대표 유형 **01 ⊕ 02**

오른쪽 그림과 같은 육각기둥에 대한 설명으로 다음 중 옳지 <u>않은</u> 것은?

① 모서리 AB와 모서리 BC의 교점은 점 B이다.
② 면 ABCDEF와 면 CIJD의 교선은 모서리 CI이다.
③ 모서리 BC와 면 CIJD의 교점은 점 C이다.
④ 면은 8개이다.
⑤ 교점은 12개이다.

02

대표 유형 **03**

오른쪽 그림과 같이 직선 l 위에 네 점 A, B, C, D가 있을 때, 다음 보기에서 서로 같은 것끼리 짝 지으시오.

> **보기**
>
> $\overleftrightarrow{AC}$, $\overleftrightarrow{BC}$, $\overrightarrow{CD}$, $\overrightarrow{AD}$, $\overrightarrow{BD}$, $\overrightarrow{DB}$, $\overrightarrow{DC}$, $\overrightarrow{DA}$

03

대표 유형 **04**

오른쪽 그림과 같이 원 위에 5개의 점 A, B, C, D, E가 있다. 이 중 두 점을 이어서 만들 수 있는 서로 다른 직선의 개수를 구하시오.

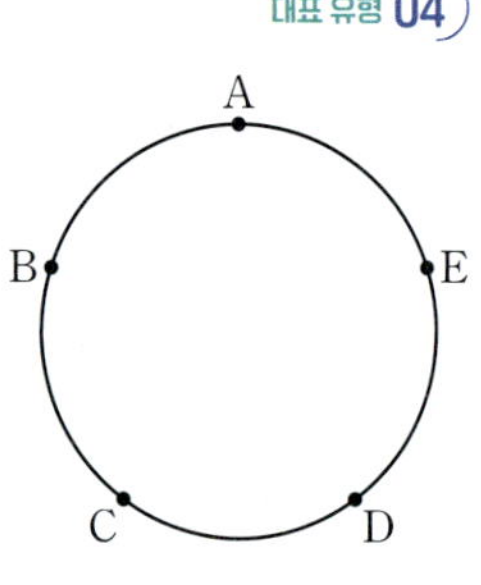

04

대표 유형 **06**

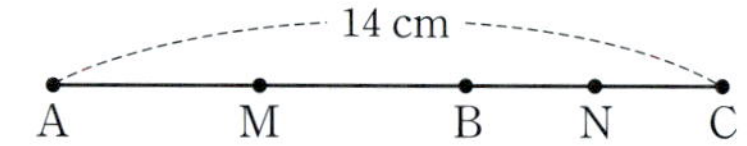

오른쪽 그림에서 점 B는 $\overline{AC}$의 중점이고 점 C는 $\overline{BD}$의 중점일 때, 다음 중 옳지 <u>않은</u> 것은?

① $\overline{AB}=\overline{CD}$ ② $\overline{BD}=2\overline{AB}$ ③ $\overline{BC}=\dfrac{1}{3}\overline{AD}$
④ $\overline{AD}=\dfrac{4}{3}\overline{AC}$ ⑤ $\overline{CD}=\dfrac{1}{2}\overline{AC}$

05

대표 유형 **07**

다음 그림에서 점 M은 $\overline{AB}$의 중점이고 점 N은 $\overline{BC}$의 중점이다. $\overline{AC}=14$ cm일 때, $\overline{MN}$의 길이를 구하시오.

── 14 cm ──
A   M   B   N   C

06 생각이 쑥쑥

대표 유형 **09**

다음 그림에서 점 M은 $\overline{AB}$의 중점이고 점 N은 $\overline{BC}$의 중점이다. $\overline{AB}=3\overline{BC}$, $\overline{AM}=9$ cm일 때, $\overline{MN}$의 길이는?

① 10 cm   ② 11 cm   ③ 12 cm
④ 13 cm   ⑤ 14 cm

04 각

(1) 각

① 각 AOB : 한 점 O에서 시작하는 두 반직선 OA, OB로
이루어진 도형 └→ 또는 선분

(기호) ∠AOB, ∠BOA, ∠O, ∠a

각의 꼭짓점은 항상 가운데에 쓴다.

(참고) 각 AOB에서 점 O를 각의 꼭짓점이라 하고, 두 반직선 OA, OB를
각의 변이라 한다.

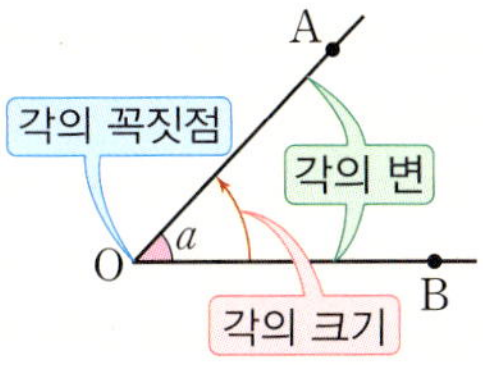

② 각 AOB의 크기 : 꼭짓점 O를 중심으로 변 OB가 변 OA까지 회전한 양

(참고) 각 AOB의 크기가 60°일 때, ∠AOB=60°와 같이 나타낸다.

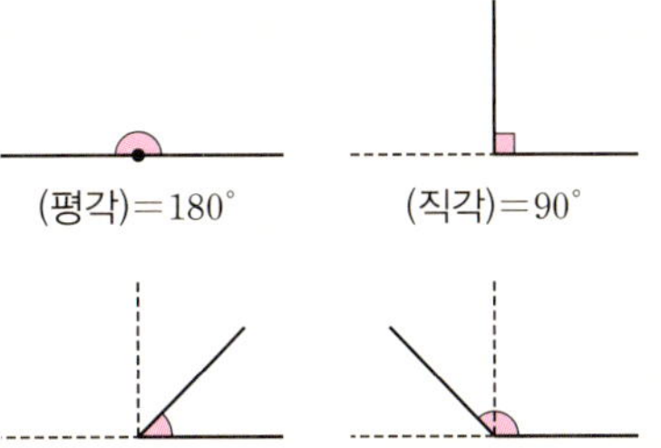

∠AOB는 도형으로서 각 AOB를 나타내기도 하고, 그 각의 크기를 나타내기도 한다.

(2) 각의 분류

① **평각** : 각의 두 변이 꼭짓점을 중심으로 서로 반대쪽에 있고 한 직선을 이룰 때의 각, 즉 크기가 180°인 각

② 직각 : 크기가 평각의 $\frac{1}{2}$인 각, 즉 크기가 90°인 각

③ 예각 : 크기가 0°보다 크고 90°보다 작은 각

④ 둔각 : 크기가 90°보다 크고 180°보다 작은 각

(평각)=180°　　(직각)=90°

0°<(예각)<90°　　90°<(둔각)<180°

∠AOB의 크기는 60° 또는 300°로 생각할 수 있다. 그러나 각의 크기는 보통 작은 쪽의 각, 즉 60°를 나타낸다.

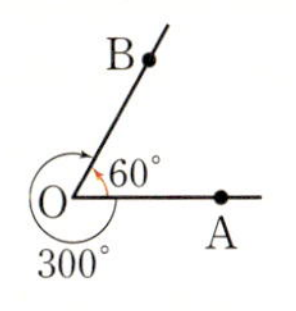

➡ ∠AOB=60°

개념 CHECK 01

오른쪽 그림에서 다음 각을 세 점 A, B, C를 이용하여 나타내시오.

(1) ∠x

(2) ∠y

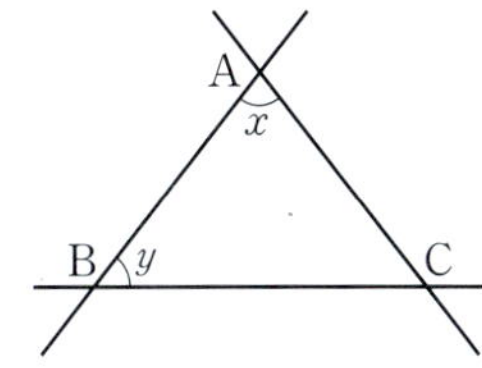

개념 CHECK 02

다음 각을 보기에서 모두 고르시오.

• 각의 분류

(1) ⑦ : 크기가 0°보다 크고 90°보다 작은 각

(2) ⓒ : 크기가 90°인 각

(3) ⓒ : 크기가 90°보다 크고 180°보다 작은 각

(4) ⓔ : 크기가 180°인 각

(보기)

120°,　37°,　90°,　89°,　172°,　180°,　10°

(1) 예각

(2) 직각

(3) 둔각

(4) 평각

개념 CHECK 03

다음 그림에서 ∠x의 크기를 구하시오.

• 오른쪽 그림에서 평각의 크기는 ⑩ °이므로
∠a+∠b=ⓗ °

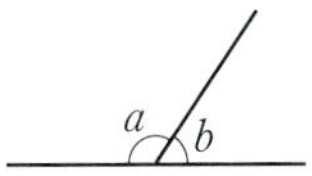

a b

(1)

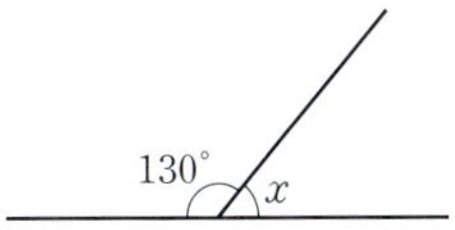

130° x

(2)

x 50°

답 | ⑦ 예각　ⓒ 직각　ⓒ 둔각　ⓔ 평각
ⓜ 180　ⓗ 180

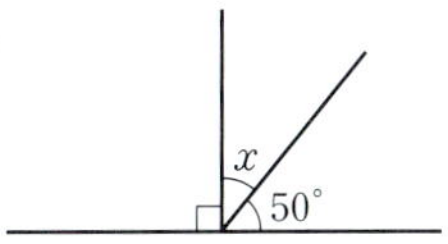

대표유형 01 직각을 이용하여 각의 크기 구하기

오른쪽 그림에서 $\angle x$의 크기는?

① 15° ② 20°
③ 25° ④ 30°
⑤ 35°

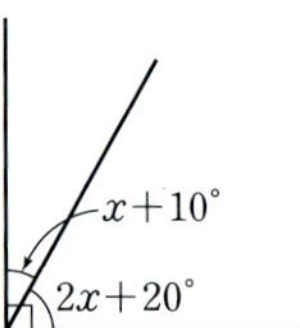

풀이 과정

$(\angle x+10°)+(2\angle x+20°)=90°$이므로

$3\angle x+30°=90°$, $3\angle x=60°$ ∴ $\angle x=20°$

정답 ②

01·Ⓐ 숫자 Change

오른쪽 그림에서 $\angle x$의 크기는?

① 16° ② 17°
③ 18° ④ 19°
⑤ 20°

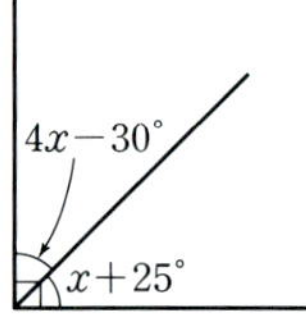

01·Ⓑ 표현 Change

오른쪽 그림과 같이
$\angle AOC=\angle BOD=90°$이고
$\angle AOB=35°$일 때, $\angle x$, $\angle y$의
크기를 각각 구하시오.

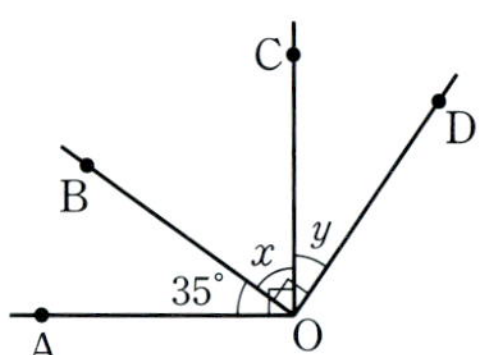

대표유형 02 평각을 이용하여 각의 크기 구하기

오른쪽 그림에서 $\angle x$의 크기는?

① 30° ② 31°
③ 32° ④ 33°
⑤ 34°

풀이 과정

$2\angle x+(3\angle x-20°)+40°=180°$이므로

$5\angle x+20°=180°$, $5\angle x=160°$ ∴ $\angle x=32°$

정답 ③

02·Ⓐ 숫자 Change

오른쪽 그림에서 $\angle x$의 크기는?

① 13° ② 14°
③ 15° ④ 16°
⑤ 17°

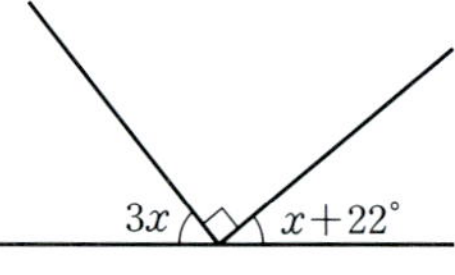

02·Ⓑ 표현 Change

오른쪽 그림에서 $\angle x$의 크기를 구
하시오.

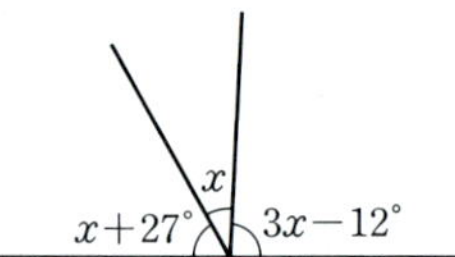

 03 각의 크기 사이의 조건이 주어진 경우 각의 크기 구하기

유형ON >>> 019쪽

오른쪽 그림에서
$\angle AOC = \angle COD$,
$\angle DOE = \angle EOB$
일 때, $\angle COE$의 크기는?

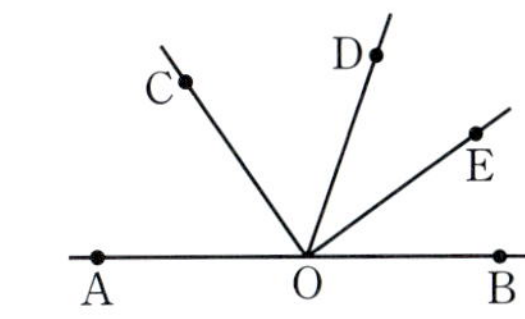

① 70° ② 75° ③ 80°
④ 85° ⑤ 90°

풀이 과정

$\angle AOC + \angle COD + \angle DOE + \angle EOB = 180°$이므로
$\angle COD + \angle COD + \angle DOE + \angle DOE = 180°$
$2(\angle COD + \angle DOE) = 180°$, $2\angle COE = 180°$
$\therefore \angle COE = 90°$

정답 ⑤

03·Ⓐ 숫자 Change

오른쪽 그림에서
$\angle AOC = 2\angle COD$,
$\angle EOB = 2\angle DOE$
일 때, $\angle COE$의 크기는?

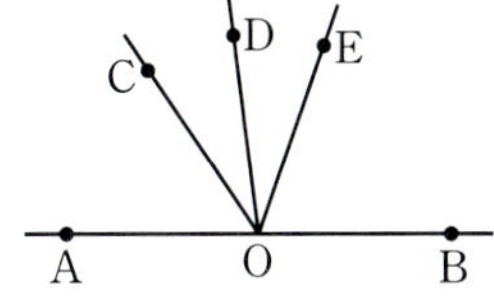

① 58° ② 60° ③ 62°
④ 64° ⑤ 66°

03·Ⓑ 표현 Change

오른쪽 그림에서
$\angle AOC = \angle COD$,
$\angle DOE = \angle EOF$이고
$\angle FOB = 40°$일 때, $\angle COE$의 크기를 구하시오.

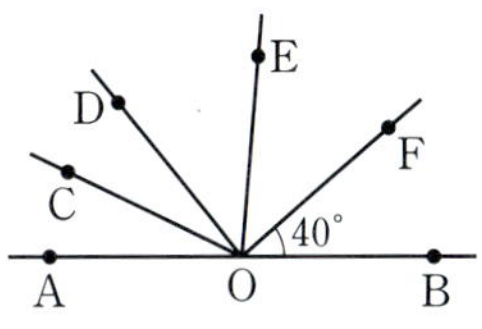

04 각의 크기의 비가 주어진 경우 각의 크기 구하기

유형ON >>> 018쪽

오른쪽 그림에서
$\angle x : \angle y : \angle z = 2 : 3 : 4$
일 때, $\angle x$의 크기는?

① 20° ② 30°
③ 40° ④ 50°
⑤ 60°

풀이 과정

$\angle x = 180° \times \dfrac{2}{2+3+4} = 180° \times \dfrac{2}{9} = 40°$

정답 ③

BIBLE SAYS 각의 크기의 비가 주어질 때, 각의 크기 구하기

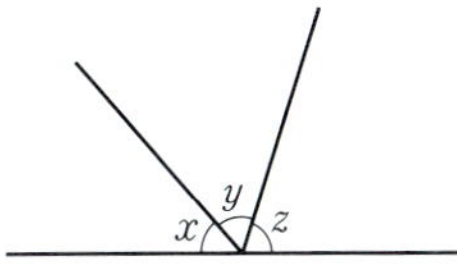

$\angle x : \angle y : \angle z = a : b : c$
➡ $\angle x = 180° \times \dfrac{a}{a+b+c}$
$\angle y = 180° \times \dfrac{b}{a+b+c}$
$\angle z = 180° \times \dfrac{c}{a+b+c}$

04·Ⓐ 숫자 Change

오른쪽 그림에서
$\angle x : \angle y : \angle z = 4 : 5 : 6$
일 때, $\angle y$의 크기는?

① 48° ② 54° ③ 60°
④ 66° ⑤ 72°

04·Ⓑ 표현 Change

오른쪽 그림에서
$\angle AOB : \angle BOC = 3 : 2$일 때,
$\angle AOB$, $\angle BOC$의 크기를 각각 구하시오.

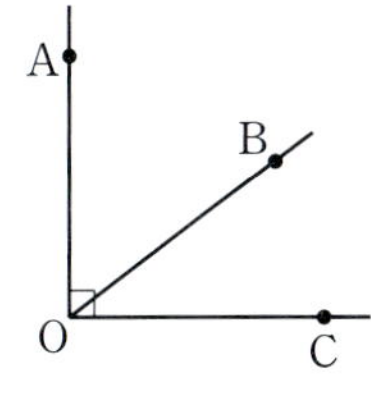

05 맞꼭지각

(1) **교각** : 서로 다른 두 직선이 한 점에서 만날 때 생기는 네 개의 각
➡ $\angle a$, $\angle b$, $\angle c$, $\angle d$

(2) **맞꼭지각** : 교각 중에서 서로 마주 보는 두 각
➡ $\angle a$와 $\angle c$, $\angle b$와 $\angle d$

(3) **맞꼭지각의 성질** : 맞꼭지각의 크기는 서로 같다.
➡ $\angle a = \angle c$, $\angle b = \angle d$

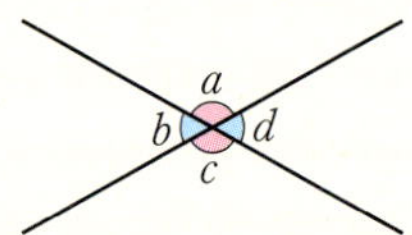

서로 다른 두 직선이 한 점에서 만날 때 생기는 맞꼭지각은 모두 2쌍이다.

맞꼭지각의 표현
• $\angle a$와 $\angle c$는 서로 맞꼭지각이다.
• $\angle a$의 맞꼭지각은 $\angle c$이다.

용어 설명

교각(만날 交, 각 角)
두 직선이 만날 때 생기는 각

바이블 POINT

맞꼭지각의 성질 설명하기

$\angle a + \angle b = 180°$, $\angle b + \angle c = 180°$
$\angle a + \angle b = \angle b + \angle c$
$\therefore \angle a = \angle c$
같은 방법으로 $\angle b = \angle d$

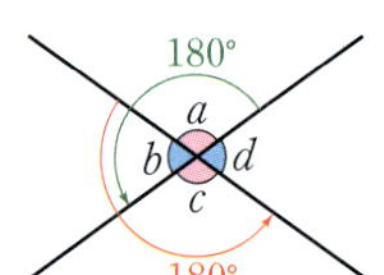

맞꼭지각이 되지 않는 경우

맞꼭지각은 두 직선이 한 점에서 만날 때에만 생기는 각이다.
오른쪽 그림에서 $\angle a$와 $\angle c$, $\angle b$와 $\angle d$ 는 두 직선이 한 점에서 만날 때 생기는 각이 아니므로 맞꼭지각이 아니다.

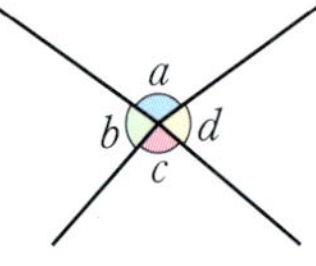

개념 CHECK 01

• 서로 다른 두 직선이 한 점에서 만날 때 생기는 네 개의 각 중에서 서로 마주 보는 두 각을  이라 한다.

오른쪽 그림과 같이 세 직선이 한 점 O에서 만날 때, 다음 각의 맞꼭지각을 구하시오.

(1) $\angle AOB$　　　　(2) $\angle BOC$

(3) $\angle COD$　　　　(4) $\angle BOD$

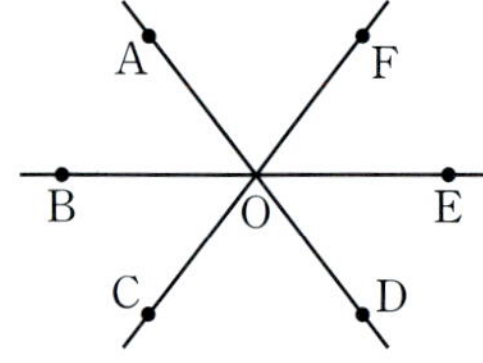

개념 CHECK 02

• 오른쪽 그림에서 맞꼭지각의 크기는 서로 같으므로
$\angle a = \boxed{ⓒ}$, $\boxed{ⓒ} = \angle d$

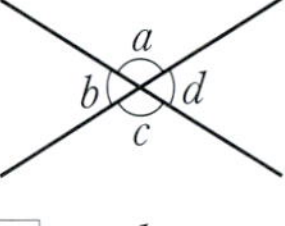

다음 그림에서 $\angle x$의 크기를 구하시오.

(1) 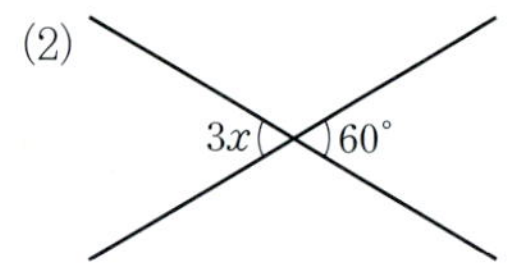

(2)

(3)

개념 CHECK 03

다음 그림에서 $\angle x$, $\angle y$의 크기를 각각 구하시오.

(1) 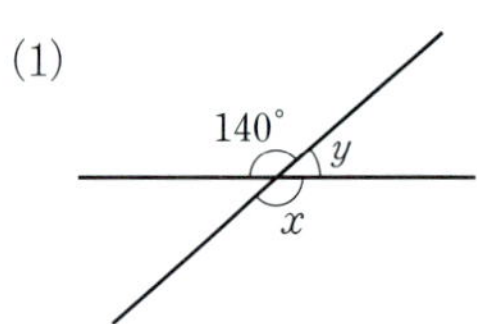

(2) 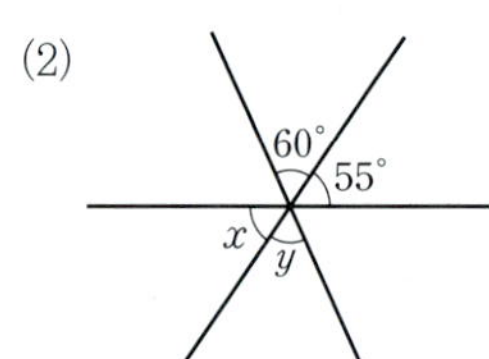

(3) 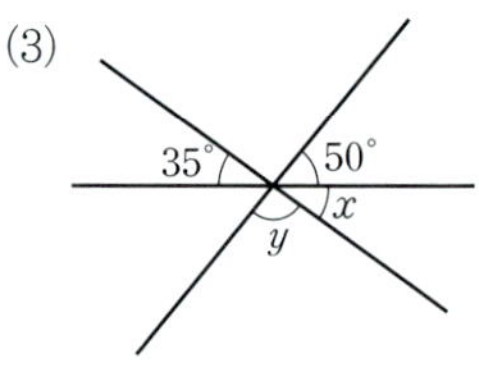

답 | ⓐ 맞꼭지각　ⓑ $\angle c$　ⓒ $\angle b$

대표유형 **05** 맞꼭지각의 성질 (1)

유형ON >>> 020쪽

오른쪽 그림에서 $\angle x$의 크기는?

① 16°　　② 18°
③ 20°　　④ 22°
⑤ 24°

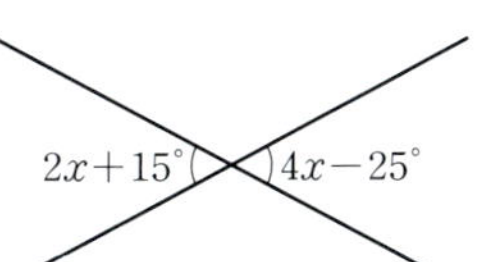

풀이 과정

$2\angle x+15°=4\angle x-25°$이므로
$2\angle x=40°$　　∴ $\angle x=20°$

정답 ③

05·Ⓐ 숫자 Change

오른쪽 그림에서 $\angle x$의 크기는?

① 6°　　② 7°
③ 8°　　④ 9°
⑤ 10°

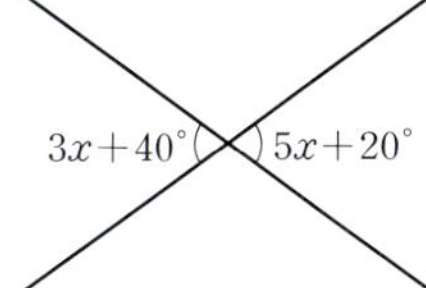

05·Ⓑ 표현 Change

오른쪽 그림에서 $\angle x$의 크기를 구
하시오.

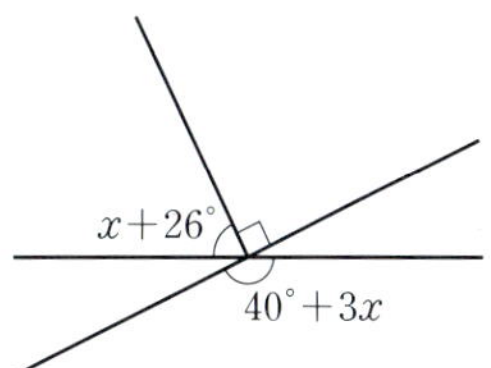

대표유형 **06** 맞꼭지각의 성질 (2)

유형ON >>> 020쪽

오른쪽 그림에서 $\angle x$의 크기는?

① 21°　　② 22°
③ 23°　　④ 24°
⑤ 25°

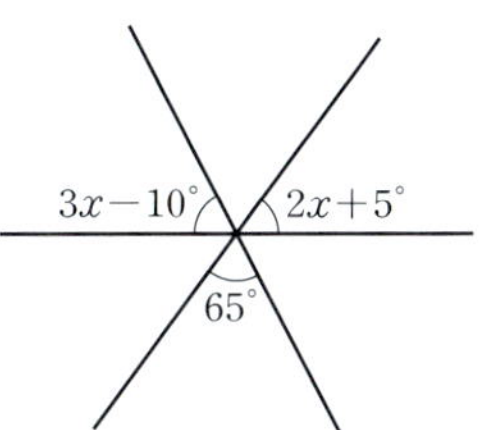

풀이 과정

오른쪽 그림에서
$(3\angle x-10°)+65°+(2\angle x+5°)=180°$
이므로
$5\angle x+60°=180°$, $5\angle x=120°$
∴ $\angle x=24°$

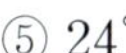

정답 ④

06·Ⓐ 숫자 Change

오른쪽 그림에서 $\angle x$의 크기는?

① 16°　　② 18°
③ 20°　　④ 22°
⑤ 24°

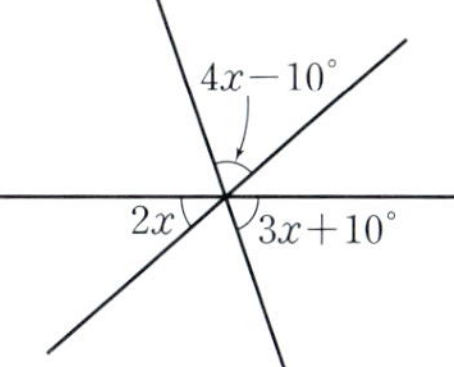

06·Ⓑ 표현 Change

오른쪽 그림에서 $\angle x$, $\angle y$의 크기
를 각각 구하시오.

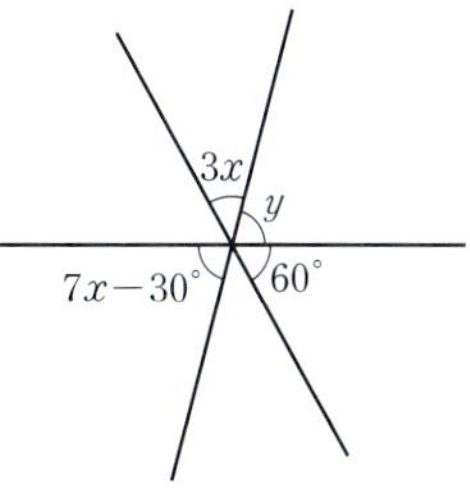

BIBLE SAYS 맞꼭지각의 성질을 이용하여 각의 크기 구하기

맞꼭지각의 크기는 서로 같으므로
$\angle a+\angle b+\angle c=180°$

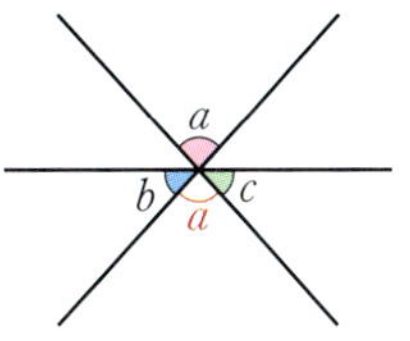

06 수직과 수선

(1) 직교

① **직교** : 두 직선 AB와 CD의 교각이 직각일 때, 이 두 직선은 **직교**한다고 한다. (기호) $\overleftrightarrow{AB} \perp \overleftrightarrow{CD}$

② **수직과 수선** : 직교하는 두 직선을 서로 수직이라 하고 한 직선을 다른 직선의 수선이라 한다.
(예시) $\overleftrightarrow{AB}$는 $\overleftrightarrow{CD}$의 수선이다.

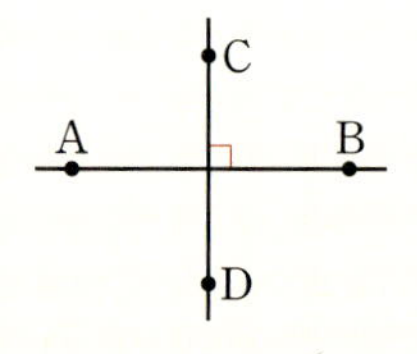

(2) 수직이등분선 : 직선 l이 선분 AB의 중점 M을 지나고 선분 AB에 수직일 때, 직선 l을 선분 AB의 **수직이등분선**이라 한다.

➡ 직선 l이 선분 AB의 수직이등분선이면
$$l \perp \overline{AB}, \ \overline{AM} = \overline{BM}$$

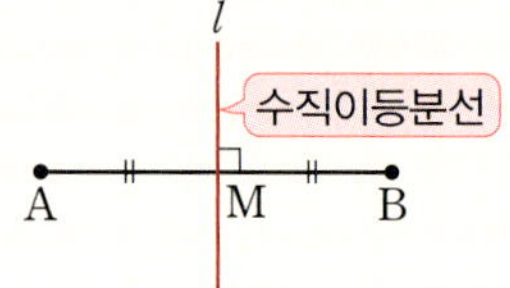

(3) 수선의 발

① **수선의 발** : 직선 l 위에 있지 않은 한 점 P에서 직선 l에 그은 수선과 직선 l의 교점 H를 점 P에서 직선 l에 내린 **수선의 발**이라 한다.

② **점과 직선 사이의 거리** : 점 P와 직선 l 위의 점을 이은 무수히 많은 선분 중에서 길이가 가장 짧은 선분인 $\overline{PH}$의 길이
➡ 점 P에서 직선 l에 내린 수선의 발 H까지의 거리

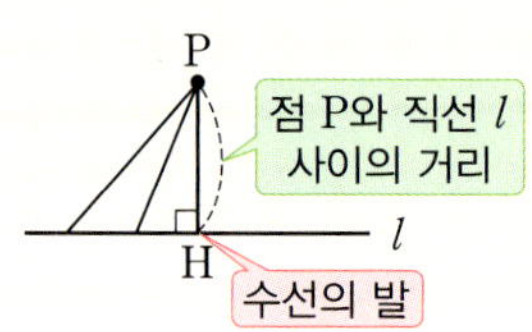

두 직선 l, m이 직교할 때에도 기호로 $l \perp m$과 같이 나타낸다.

$\overleftrightarrow{AB}$, $\overleftrightarrow{CD}$가 만나고 $\overleftrightarrow{AB} \perp \overleftrightarrow{CD}$일 때, $\overleftrightarrow{AB}$, $\overleftrightarrow{CD}$는 직교한다고 하고, 이것을 기호로 $\overleftrightarrow{AB} \perp \overleftrightarrow{CD}$와 같이 나타낸다.

용어 설명
직교(곧을 直, 만날 交)
직각으로 만난다.

개념 CHECK 01

• 오른쪽 그림에서
(1) l ㉠ $\overline{PH}$
(2) 점 P에서 직선 l에 내린 수선의 발은 점 ㉡ 이다.
(3) 점 P와 직선 l 사이의 거리는 ㉢ 의 길이이다.

오른쪽 그림에 대하여 다음 □ 안에 알맞은 것을 써넣으시오.

(1) $\overleftrightarrow{AB}$와 $\overleftrightarrow{CD}$의 교각이 직각이므로 $\overleftrightarrow{AB}$ □ $\overleftrightarrow{CD}$이다.

(2) $\overleftrightarrow{AB}$는 $\overleftrightarrow{CD}$의 □ 이다.

(3) 점 C에서 $\overleftrightarrow{AB}$에 내린 수선의 발은 점 □ 이다.

(4) 점 C와 $\overleftrightarrow{AB}$ 사이의 거리는 □ 의 길이이다.

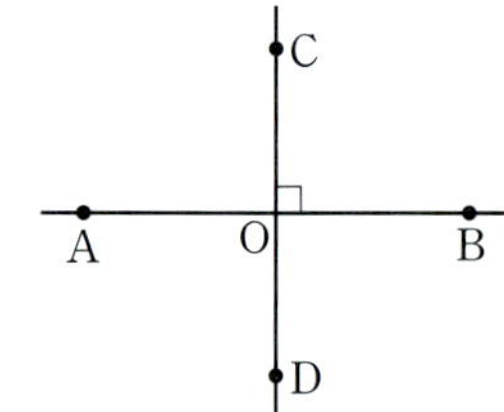

개념 CHECK 02

오른쪽 그림과 같은 사다리꼴 ABCD에서 다음을 구하시오.

(1) 변 BC와 직교하는 변

(2) 점 C에서 $\overline{AB}$에 내린 수선의 발

(3) 점 A와 $\overline{BC}$ 사이의 거리

(4) 점 D와 $\overline{AB}$ 사이의 거리

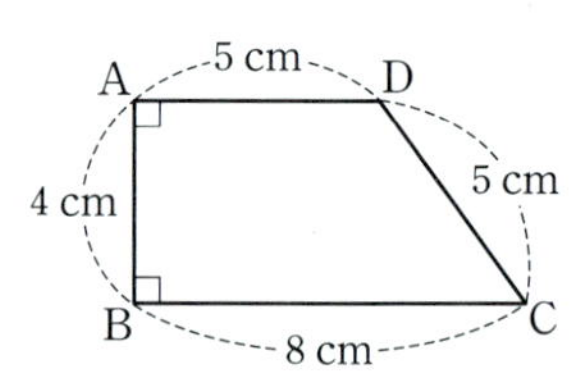

답 | ㉠ ⊥ ㉡ H ㉢ $\overline{PH}$

대표유형 **07** 수직과 수선

⋒ 유형ON >>> 021쪽

오른쪽 그림과 같이 직선 AB와 직선 CD가 서로 수직으로 만나고 $\overline{AM}=\overline{BM}$일 때, 다음 중 옳지 <u>않은</u> 것은?

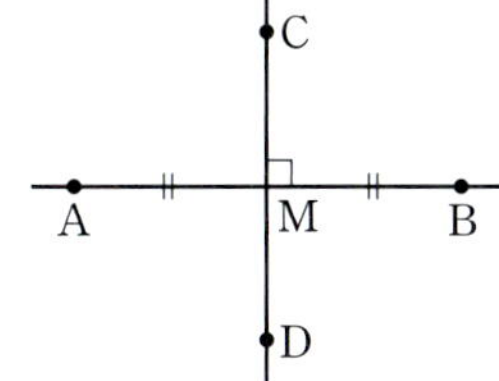

① $\angle AMC=90°$
② $\overleftrightarrow{AB}\perp\overleftrightarrow{CD}$
③ 직선 CD는 선분 AB의 수직이등분선이다.
④ 점 D에서 직선 AB에 내린 수선의 발은 점 C이다.
⑤ 점 A와 직선 CD 사이의 거리는 $\overline{AM}$의 길이이다.

풀이 과정

④ 점 D에서 직선 AB에 내린 수선의 발은 점 M이다.

⟮정답⟯ ④

07·Ⓐ 표현 Change

오른쪽 그림과 같은 직사각형 ABCD에 대한 설명으로 옳은 것을 다음 보기에서 모두 고르시오.

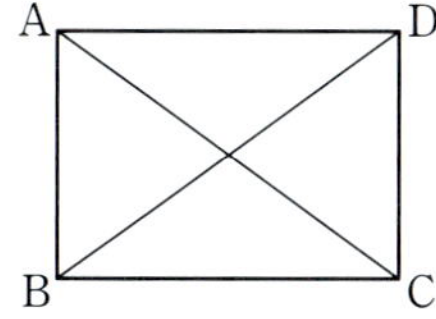

보기

ㄱ. $\overline{AB}$와 $\overline{BC}$는 직교한다.
ㄴ. $\overleftrightarrow{AC}$는 $\overline{BC}$의 수선이다.
ㄷ. 점 C에서 $\overline{AD}$에 내린 수선의 발은 점 D이다.
ㄹ. 점 B와 $\overline{CD}$ 사이의 거리는 $\overline{BD}$의 길이이다.

대표유형 **08** 점과 직선 사이의 거리

⋒ 유형ON >>> 021쪽

오른쪽 그림에서 점 B와 $\overline{CD}$ 사이의 거리를 x cm, 점 D와 $\overline{BC}$ 사이의 거리를 y cm라 할 때, $x+y$의 값을 구하시오.

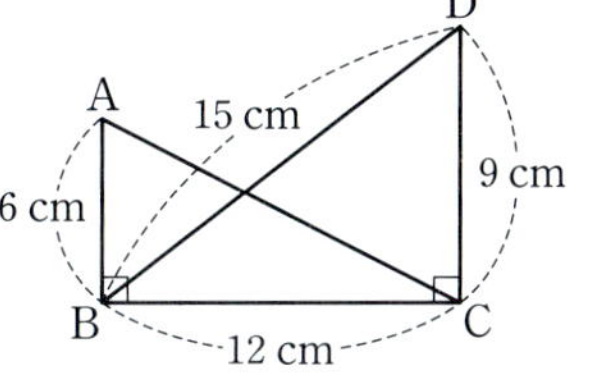

풀이 과정

점 B와 $\overline{CD}$ 사이의 거리는 $\overline{BC}$의 길이와 같으므로 $x=12$
점 D와 $\overline{BC}$ 사이의 거리는 $\overline{DC}$의 길이와 같으므로 $y=9$
∴ $x+y=12+9=21$

⟮정답⟯ 21

08·Ⓐ 숫자 Change

오른쪽 그림과 같은 삼각형 ABC에서 점 A와 $\overline{BC}$ 사이의 거리를 x cm, 점 C와 $\overline{AB}$ 사이의 거리를 y cm라 할 때, $x+y$의 값을 구하시오.

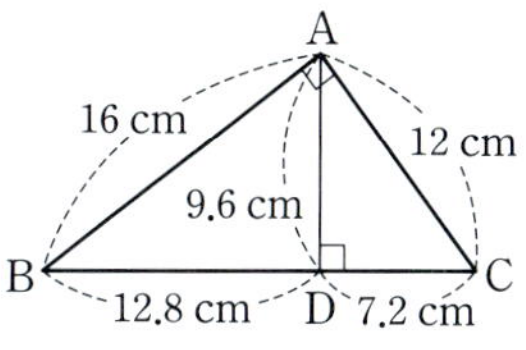

08·Ⓑ 표현 Change

오른쪽 그림과 같은 사다리꼴 ABCD에서 점 A와 $\overline{BC}$ 사이의 거리는?

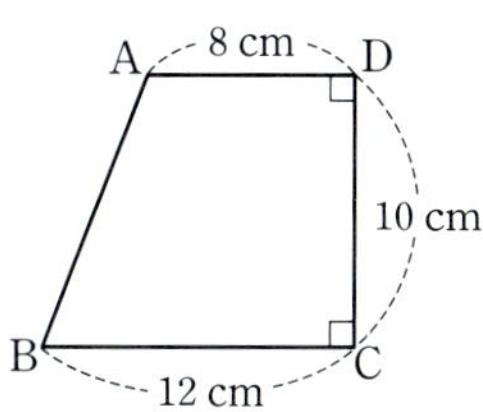

① 8 cm　　② 9 cm
③ 10 cm　　④ 11 cm
⑤ 12 cm

배운대로 학습하기

01

대표 유형 01

오른쪽 그림과 같이 $\angle AOC=\angle BOD=90^\circ$, $\angle AOB=48^\circ$일 때, $\angle y-\angle x$의 크기는?

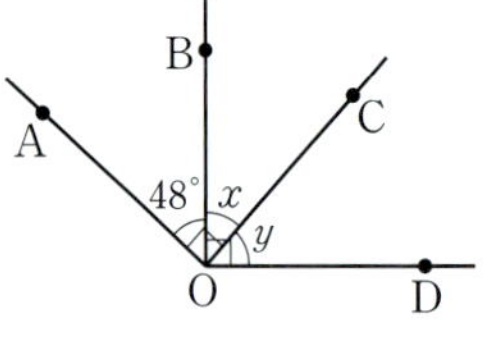

① 4° ② 6° ③ 8°
④ 10° ⑤ 12°

02

대표 유형 02

오른쪽 그림에서 $\angle x$의 크기는?

① 25° ② 26°
③ 27° ④ 28°
⑤ 29°

03

대표 유형 03

오른쪽 그림에서

$\angle AOC=\angle COD=\angle DOE$
$=\angle EOF$

이고 $\angle FOB=72^\circ$일 때, $\angle COD$의 크기를 구하시오.

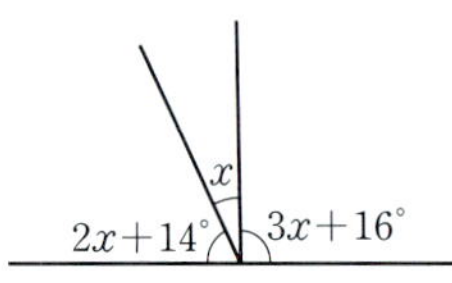

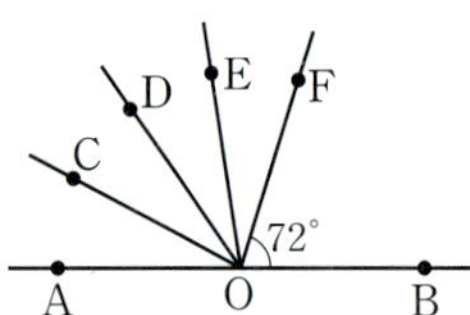

04 생각이 쑥쑥

대표 유형 03

오른쪽 그림에서 $\angle COD=3\angle AOC$, $\angle DOE=3\angle EOB$일 때, $\angle COE$의 크기는?

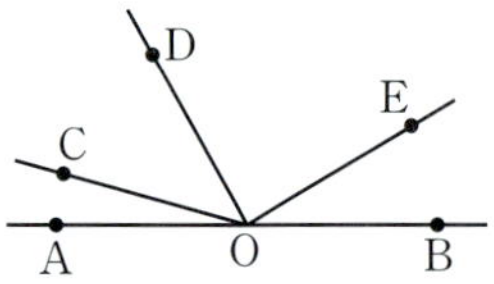

① 120° ② 125°
③ 130° ④ 135°
⑤ 140°

05

대표 유형 04

오른쪽 그림에서

$\angle x:\angle y:\angle z=5:7:8$

일 때, $\angle z$의 크기는?

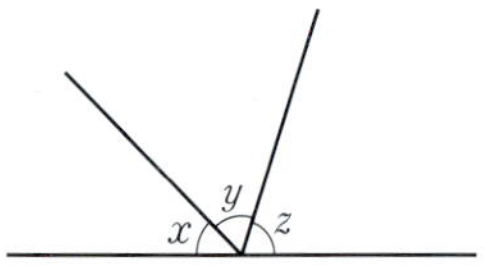

① 45° ② 54°
③ 63° ④ 72°
⑤ 81°

06 생각이 쑥쑥

대표 유형 05

오른쪽 그림과 같이 세 직선이 한 점 O에서 만날 때 만들어지는 맞꼭지각은 모두 몇 쌍인지 구하시오.

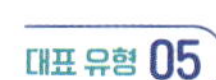

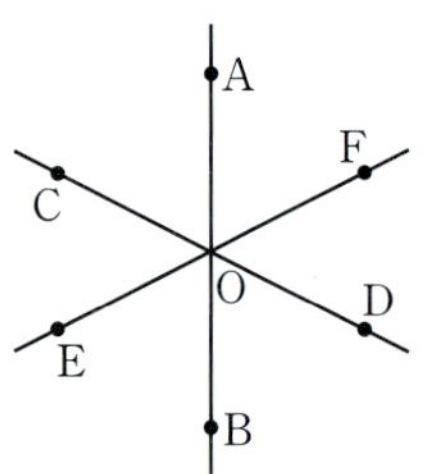

07

오른쪽 그림에서 $\angle x + \angle y$의 크기를 구하시오.

대표 유형 **05**

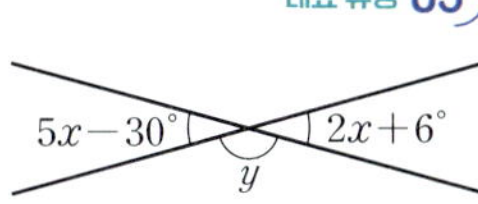

08

오른쪽 그림에서 $\angle x + \angle y$의 크기는?

대표 유형 **05**

① 55° ② 56°
③ 57° ④ 58°
⑤ 59°

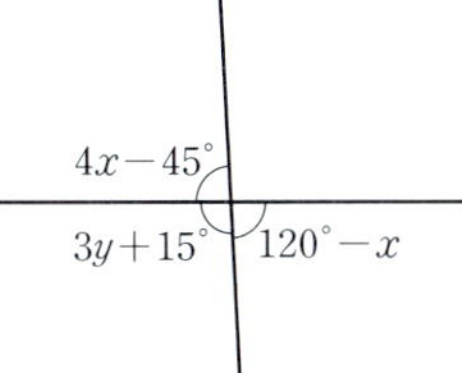

09

오른쪽 그림에서 $\angle y$의 크기를 구하시오.

대표 유형 **05**

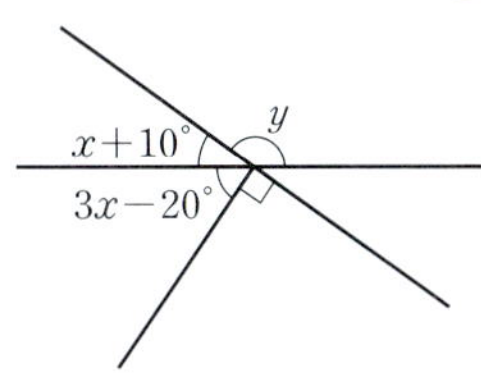

10

오른쪽 그림에서 $\angle x$의 크기는?

대표 유형 **06**

① 10° ② 15°
③ 20° ④ 25°
⑤ 30°

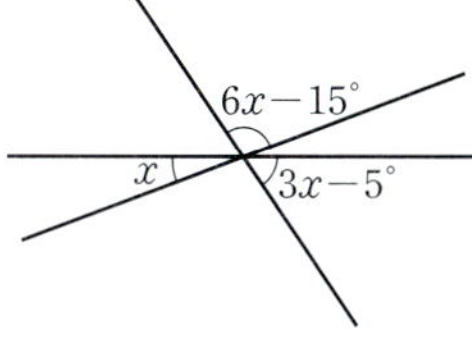

11

오른쪽 그림과 같은 사다리꼴 ABCD에 대한 설명으로 다음 보기 중 옳은 것을 모두 고르시오.

대표 유형 **07**

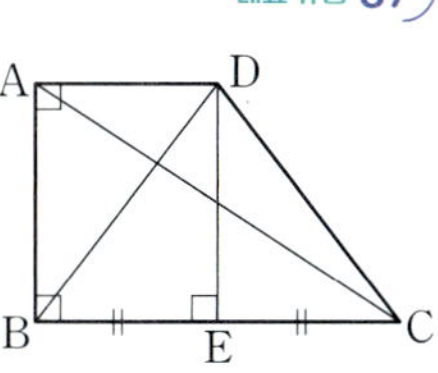

보기

ㄱ. $\overline{AB} \perp \overline{BC}$
ㄴ. $\overleftrightarrow{AD}$는 $\overleftrightarrow{AB}$의 수선이다.
ㄷ. $\overleftrightarrow{BC}$는 $\overline{DE}$의 수직이등분선이다.
ㄹ. 점 C에서 $\overline{AB}$에 내린 수선의 발은 점 B이다.
ㅁ. 점 D와 $\overline{BC}$ 사이의 거리는 $\overline{BD}$의 길이이다.

12

오른쪽 그림과 같이 직선 l은 $\overline{AB}$의 수직이등분선이다. $\overline{AB}=10$ cm, $\overline{AP}=9$ cm, $\overline{AQ}=7$ cm일 때, 점 A와 직선 l 사이의 거리를 구하시오.

대표 유형 **08**

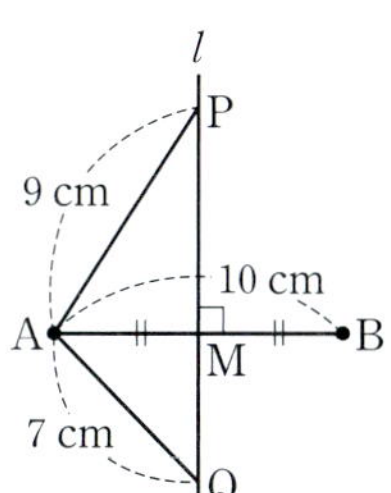

서술형 훈련하기

함께 풀기

다음 그림에서 두 점 M, N은 각각 $\overline{AB}$, $\overline{BC}$의 중점이다. $\overline{AC}=16$ cm, $\overline{BC}=6$ cm일 때, $\overline{MN}$의 길이를 구하시오.

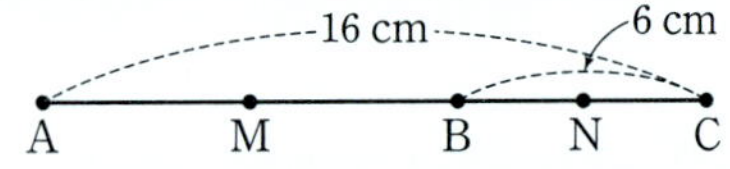

풀이 과정

1단계 $\overline{MB}$의 길이 구하기

$\overline{MB}=\dfrac{1}{2}\overline{AB}=\dfrac{1}{2}(\overline{AC}-\overline{BC})=\dfrac{1}{2}\times(16-6)=5\,(\text{cm})$ ······ 50 %

2단계 $\overline{BN}$의 길이 구하기

$\overline{BN}=\dfrac{1}{2}\overline{BC}=\dfrac{1}{2}\times6=3\,(\text{cm})$ ······ 30 %

3단계 $\overline{MN}$의 길이 구하기

$\therefore \overline{MN}=\overline{MB}+\overline{BN}=5+3=8\,(\text{cm})$ ······ 20 %

정답 ___8 cm___

따라 풀기

01 다음 그림에서 점 M은 $\overline{AB}$의 중점이고 점 N은 $\overline{AC}$의 중점이다. $\overline{AB}=24$ cm, $\overline{BC}=16$ cm일 때, $\overline{MN}$의 길이를 구하시오.

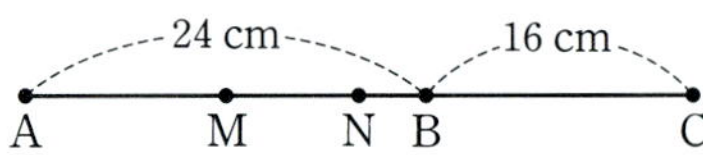

풀이 과정

1단계 $\overline{AN}$의 길이 구하기

2단계 $\overline{AM}$의 길이 구하기

3단계 $\overline{MN}$의 길이 구하기

정답 _______________

함께 풀기

오른쪽 그림과 같이 $\angle AOC=90°$, $\angle BOD=90°$, $\angle COD=50°$일 때, $\angle x-\angle y$의 크기를 구하시오.

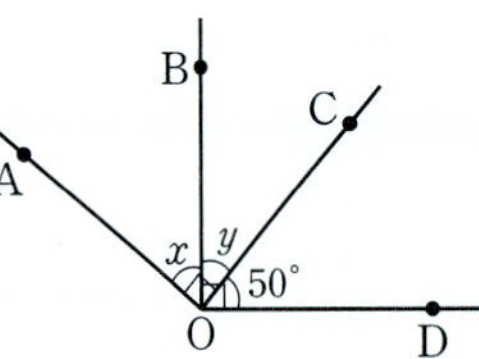

풀이 과정

1단계 $\angle y$의 크기 구하기

$\angle y+50°=90°$이므로 $\angle y=40°$ ······ 40 %

2단계 $\angle x$의 크기 구하기

$\angle x+\angle y=90°$이므로

$\angle x+40°=90°$ $\therefore \angle x=50°$ ······ 40 %

3단계 $\angle x-\angle y$의 크기 구하기

$\therefore \angle x-\angle y=50°-40°=10°$ ······ 20 %

정답 ___10°___

따라 풀기

02 오른쪽 그림과 같이 $\overrightarrow{OC}\perp\overrightarrow{OE}$이고 $\angle COD=24°$, $\angle DOB=109°$일 때, $\angle x-\angle y$의 크기를 구하시오.

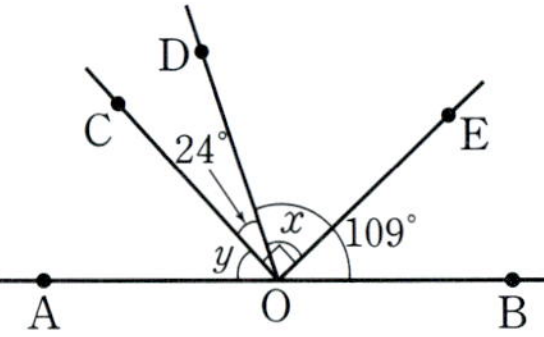

풀이 과정

1단계 $\angle x$의 크기 구하기

2단계 $\angle y$의 크기 구하기

3단계 $\angle x-\angle y$의 크기 구하기

정답 _______________

03 오른쪽 그림과 같이 직선 l 위에 있는 네 점 A, B, C, D와 직선 l 위에 있지 않은 한 점 E가 있다. 이 중 두 점을 지나는 서로 다른 직선의 개수를 a, 반직선의 개수를 b 라 할 때, $a+b$의 값을 구하시오.

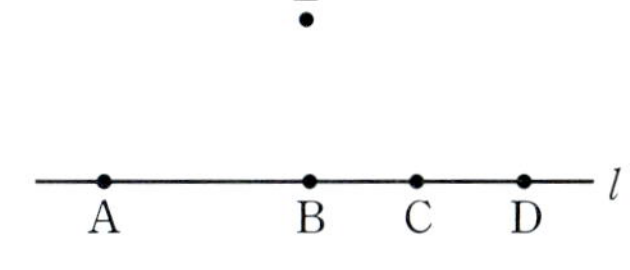

풀이 과정

정답 ________________

04 다음 그림에서 점 M은 $\overline{AB}$의 중점이고 점 N은 $\overline{BC}$의 중점이다. $\overline{AB} : \overline{BC} = 3 : 2$, $\overline{MN} = 10$ cm일 때, $\overline{AB}$의 길이를 구하시오.

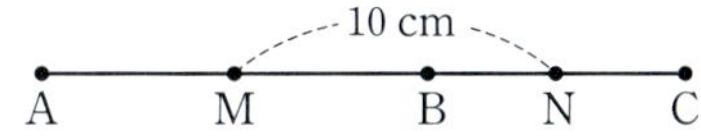

풀이 과정

정답 ________________

05 오른쪽 그림에서 $\angle AOC = \angle COD = \angle DOB$, $3\angle DOE = \angle EOB$일 때, $\angle COE$의 크기를 구하시오.

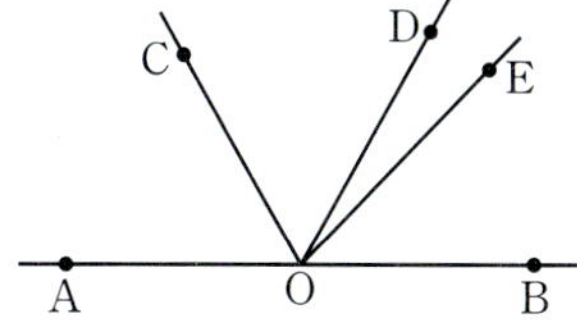

풀이 과정

정답 ________________

06 오른쪽 그림에서 $\angle a$의 크기를 구하시오.

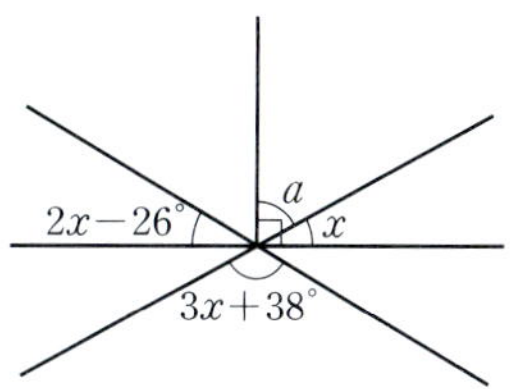

풀이 과정

정답 ________________

⭐ : 중요

STEP 1 기본 다지기

01

오른쪽 그림과 같은 오각뿔에서 면의 개수를 a, 교점의 개수를 b, 교선의 개수를 c라 할 때, $a+b+c$의 값은?

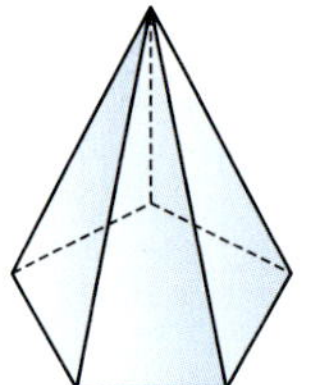

① 20 ② 21
③ 22 ④ 23
⑤ 24

02

다음 중 옳지 <u>않은</u> 것은?

① 선과 선이 만나면 교점이 생긴다.
② 두 점 A, B 사이의 거리는 $\overline{AB}$의 길이이다.
③ 한 점을 지나는 직선은 무수히 많다.
④ 한 직선 위에는 무수히 많은 점이 있다.
⑤ 서로 다른 두 점을 지나는 직선은 무수히 많다.

03

오른쪽 그림과 같이 직선 l 위에 네 점 A, B, C, D가 있을 때, 다음 중 옳지 <u>않은</u> 것을 모두 고르면? (정답 2개)

① $\overrightarrow{AB}=\overrightarrow{CD}$ ② $\overline{AC}=\overline{BC}$ ③ $\overline{BC}=\overline{CB}$
④ $\overrightarrow{BA}=\overrightarrow{BC}$ ⑤ $\overrightarrow{DA}=\overrightarrow{DC}$

04

아래 그림에서 $\overline{AM}=\overline{MN}=\overline{NB}$이고 점 P는 $\overline{NB}$의 중점일 때, 다음 중 옳지 <u>않은</u> 것은?

① $\overline{AB}=6\overline{NP}$ ② $4\overline{AN}=3\overline{AB}$ ③ $\overline{AP}=5\overline{PB}$
④ $\overline{MN}=2\overline{PB}$ ⑤ $\overline{AB}=3\overline{MN}$

05

다음 그림에서 두 점 M, N은 각각 $\overline{AB}$, $\overline{BC}$의 중점이다. $\overline{AC}=26\ cm$일 때, $\overline{MN}$의 길이는?

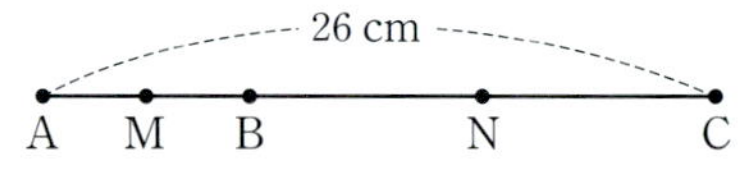

① 11 cm ② 12 cm ③ 13 cm
④ 14 cm ⑤ 15 cm

06

다음 그림에서 $\overline{AB}:\overline{BC}=3:1$, $\overline{AC}:\overline{CD}=2:1$이고 $\overline{AD}=30\ cm$일 때, $\overline{BC}$의 길이를 구하시오.

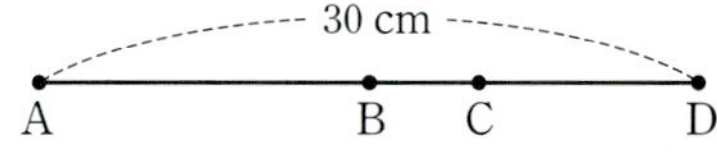

07

오른쪽 그림에서
$\angle AOC = \angle BOD = 90°$,
$\angle AOB + \angle COD = 50°$일 때,
$\angle BOC$의 크기를 구하시오.

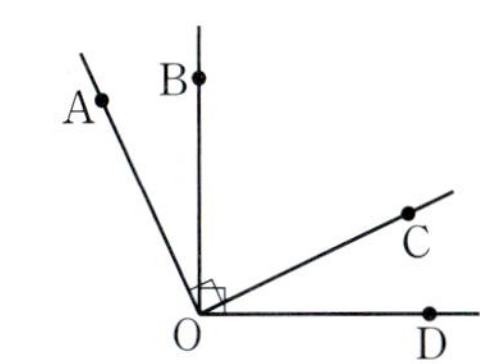

08

오른쪽 그림에서 $\angle DOB$의 크기는?

① 62° ② 66°
③ 70° ④ 74°
⑤ 78°

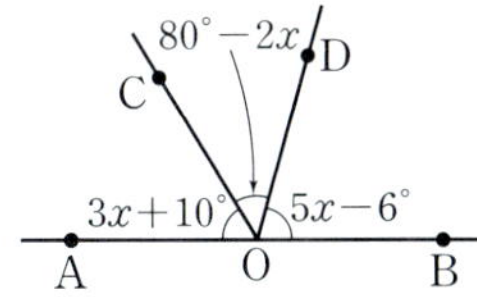

09

오른쪽 그림에서
$\angle COD = \dfrac{1}{4} \angle AOD$,
$\angle DOE = \dfrac{1}{4} \angle DOB$일 때,
$\angle COE$의 크기는?

① 25° ② 30° ③ 35°
④ 40° ⑤ 45°

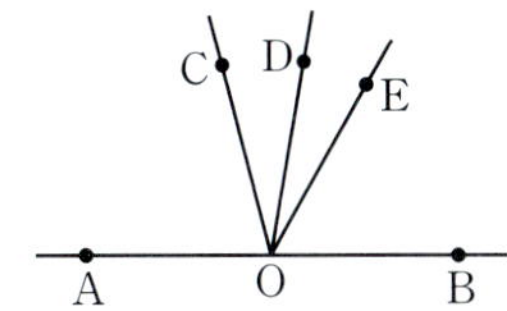

10

오른쪽 그림에서 $\angle x + \angle y$의 크기는?

① 55° ② 60°
③ 65° ④ 70°
⑤ 75°

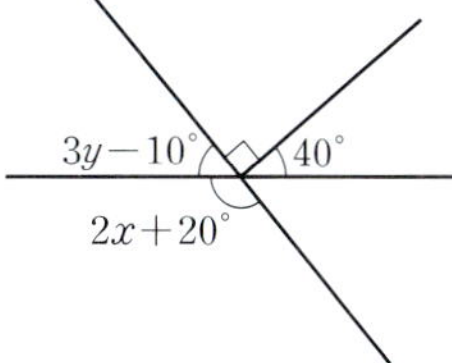

11

오른쪽 그림에서 $\angle y$의 크기는?

① 8° ② 9°
③ 10° ④ 11°
⑤ 12°

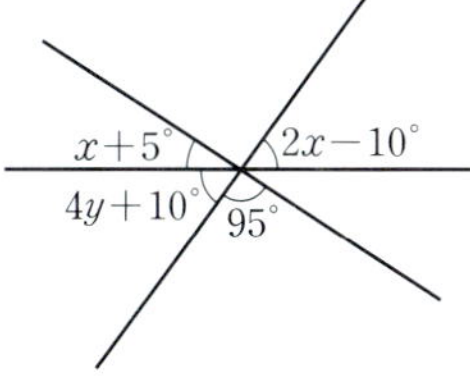

12

오른쪽 그림과 같은 평행사변형 ABCD에서 점 A와 $\overline{BC}$ 사이의 거리를 x cm, 점 C와 $\overline{AB}$ 사이의 거리를 y cm라 할 때, $x+y$의 값을 구하시오.

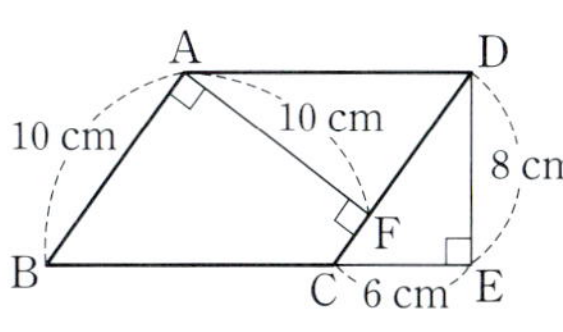

STEP 2 실력 다지기

13

오른쪽 그림과 같이 반원 위에 있는 5개의 점 A, B, C, D, E 중 두 점을 이어 만들 수 있는 서로 다른 직선의 개수를 a, 반직선의 개수를 b라 할 때, $b-a$의 값을 구하시오.

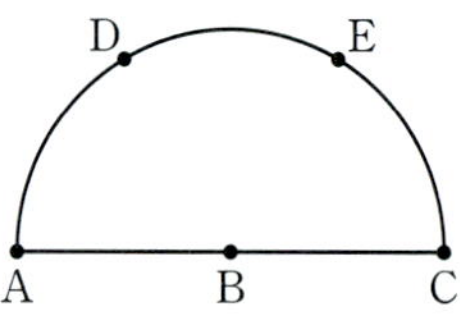

14

다음 그림에서 네 점 B, C, D, E는 $\overline{AF}$를 5등분하는 점이고 점 M은 $\overline{CF}$의 중점이다. $\overline{PF}=48$ cm, $\overline{PF}=6\overline{PA}$일 때, $\overline{AM}$의 길이를 구하시오.

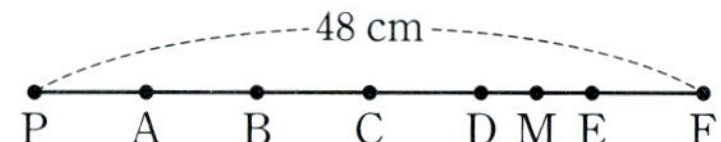

15

다음 그림에서 두 점 P, Q는 $\overline{AB}$를 삼등분하는 점이고, 세 점 L, M, N은 $\overline{AB}$를 4등분하는 점이다. $\overline{LP}=3$ cm일 때, $\overline{AB}$의 길이를 구하시오.

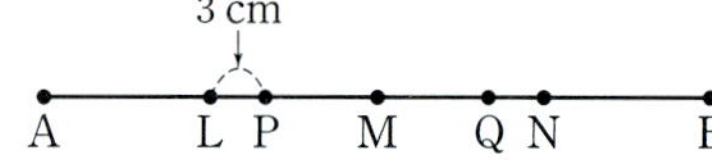

16

오른쪽 그림에서 $\angle AOC=90°$이고 $\angle AOD=7\angle COD$, $\angle DOB=3\angle DOE$일 때, $\angle COE$의 크기를 구하시오.

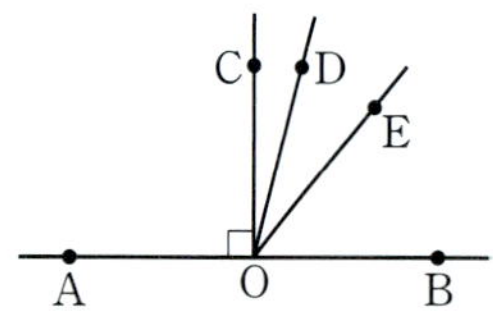

17

오른쪽 그림에서 세 직선 AE, BF, DG의 교점이 O이고 $\angle BOC=3\angle AOB$, $\angle DOE=\dfrac{1}{4}\angle COE$일 때, $\angle GOF$의 크기를 구하시오.

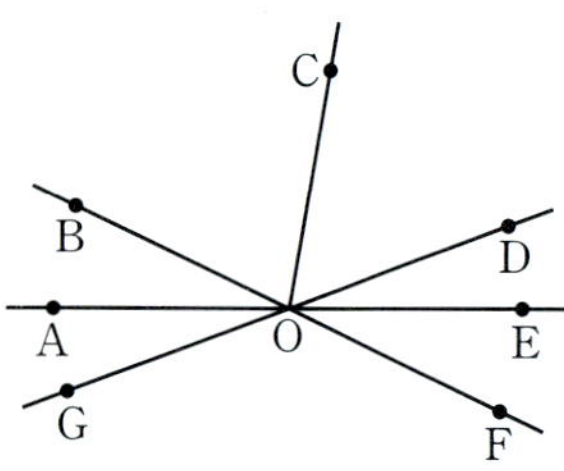

18

오른쪽 그림과 같이 시계가 4시 40분을 가리킬 때, 시침과 분침이 이루는 각 중 작은 쪽의 각의 크기를 구하시오. (단, 시침, 분침의 두께는 생각하지 않는다.)

자기 평가

정답을 맞힌 문항에 ○표를 하고 결과를 점검한 다음, 이 단원의 내용을 얼마나 성취했는지 확인하세요.

문항 번호																	
1	2	3	4	5	6	7	8	9	10	11	12	13	14	15	16	17	18

1개 ~**9**개 개념 학습이 필요해요!　→　**10**개 ~**12**개 부족한 부분을 검토해 봅시다!　→　**13**개 ~**15**개 실수를 줄여 봅시다!　→　**16**개 ~**18**개 훌륭합니다!

02

위치 관계

이 단원의 학습 계획	공부한 날		학습 성취도
개념 01 평면에서 위치 관계	월	일	● ● ● ● ●
개념 02 공간에서 두 직선의 위치 관계	월	일	● ● ● ● ●
배운대로 **학습하기**	월	일	● ● ● ● ●
개념 03 공간에서 직선과 평면의 위치 관계	월	일	● ● ● ● ●
개념 04 공간에서 두 평면의 위치 관계	월	일	● ● ● ● ●
배운대로 **학습하기**	월	일	● ● ● ● ●
개념 05 동위각과 엇각	월	일	● ● ● ● ●
개념 06 평행선의 성질	월	일	● ● ● ● ●
배운대로 **학습하기**	월	일	● ● ● ● ●
서술형 **훈련하기**	월	일	● ● ● ● ●
중단원 **마무리하기**	월	일	● ● ● ● ●

01 평면에서 위치 관계

(1) 점과 직선의 위치 관계

① 점 A가 직선 l 위에 있다. ➡ 직선 l이 점 A를 지난다.

② 점 B가 직선 l 위에 있지 않다. ➡ 직선 l이 점 B를 지나지 않는다.
└→ 점 B가 직선 l 밖에 있다.

> 점이 직선 위에 있지 않을 때 '점이 직선 밖에 있다.'라고도 한다.

(2) 점과 평면의 위치 관계

① 점 A가 평면 P 위에 있다. ➡ 평면 P가 점 A를 포함한다.

② 점 B가 평면 P 위에 있지 않다.
➡ 평면 P가 점 B를 포함하지 않는다.

> 평면은 일반적으로 오른쪽 그림과 같이 평행사변형 모양으로 그리고 대문자 P, Q, R, …을 사용하여 나타낸다.

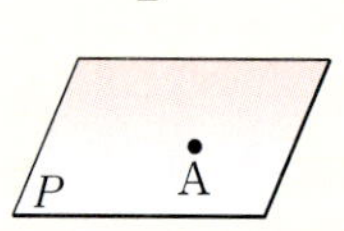

(3) 두 직선의 평행

: 한 평면 위의 두 직선 l, m이 서로 만나지 않을 때, 두 직선 l, m은 평행하다고 하고, 이것을 기호로 $l \parallel m$과 같이 나타낸다.

➡ 평행한 두 직선 l, m을 평행선이라 한다.

(4) 평면에서 두 직선의 위치 관계

두 직선이 일치하는 경우에는 하나의 직선으로 생각한다.

① 한 점에서 만난다.

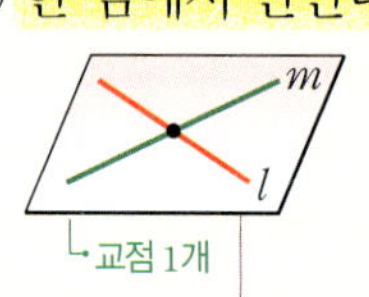

└ 교점 1개 ── 만난다.

② 일치한다.

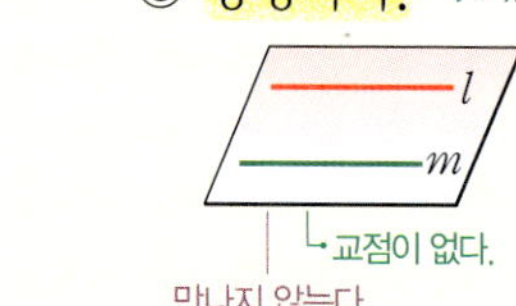

└ 교점이 무수히 많다.

③ 평행하다. →$l \parallel m$

└ 교점이 없다.
만나지 않는다.

> 두 선분의 연장선이 평행할 때 두 선분은 평행하다고 한다.

개념 CHECK 01

· 점과 직선의 위치 관계

(1) 점이 직선 위에 있다.
➡ 직선이 점을 ㉠ .

(2) 점이 직선 ㉡ .
➡ 직선이 점을 지나지 않는다.

오른쪽 그림에서 다음을 구하시오.

(1) 직선 l 위에 있는 점

(2) 직선 l 위에 있지 않은 점

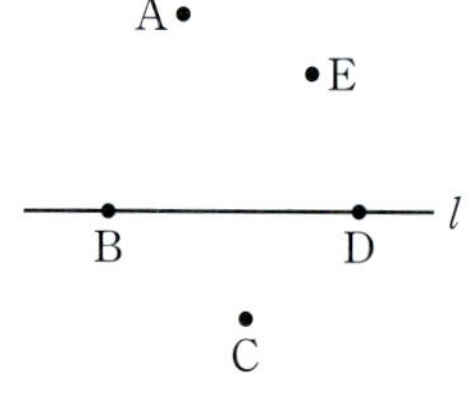

개념 CHECK 02

· 점과 평면의 위치 관계

(1) 점이 평면 위에 있다.
➡ 평면이 점을 ㉢ .

(2) 점이 평면 위에 있지 않다.
➡ 평면이 점을 포함하지 않는다.

오른쪽 그림에서 다음을 구하시오.

(1) 평면 P 위에 있는 점

(2) 평면 P 위에 있지 않은 점

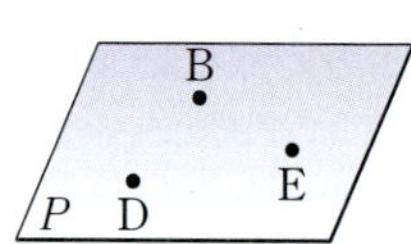

개념 CHECK 03

· 평면에서 두 직선의 위치 관계

(1) 한 점에서 만난다.

(2) 일치한다.

(3) ㉣ 하다.

오른쪽 그림과 같은 평행사변형 ABCD에서 다음을 구하시오.

(1) 변 AB와 한 점에서 만나는 변

(2) 변 BC와 평행한 변

(3) 교점이 D인 두 변

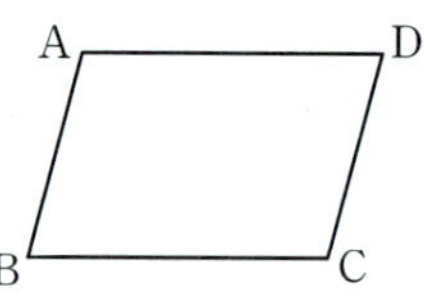

답 | ㉠ 지난다 ㉡ 위에 있지 않다
　 ㉢ 포함한다 ㉣ 평행

대표유형 **01** 점과 직선, 점과 평면의 위치 관계

유형ON >>> 032쪽

다음 중 오른쪽 그림에 대한 설명으로 옳지 <u>않은</u> 것은?

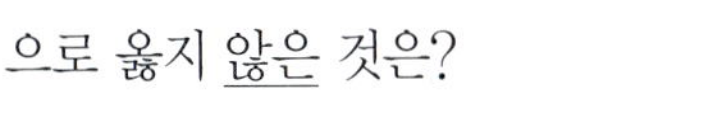

① 점 A는 직선 l 위에 있지 않다.
② 점 B는 직선 l 위에 있다.
③ 직선 l은 점 C를 지나지 않는다.
④ 직선 l은 점 D를 지나지 않는다.
⑤ 두 점 B, C는 같은 직선 위에 있다.

풀이 과정

③ 직선 l은 점 C를 지난다.

정답 ③

01·Ⓐ 숫자 Change

다음 중 오른쪽 그림에 대한 설명으로 옳은 것을 모두 고르면?
(정답 2개)

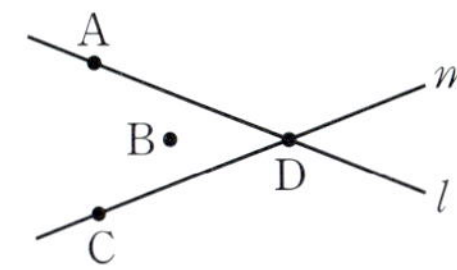

① 점 A는 직선 m 위에 있다.
② 점 B는 직선 m 위에 있지 않다.
③ 직선 l은 점 D를 지나지 않는다.
④ 두 점 A, D는 한 직선 위에 있지 않다.
⑤ 점 D는 두 직선 l과 m의 교점이다.

01·Ⓑ 표현 Change

다음 보기 중 오른쪽 그림에 대한 설명으로 옳은 것을 모두 고르시오.

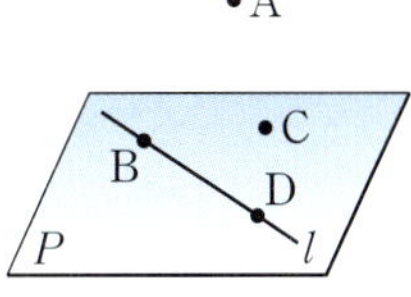

보기

ㄱ. 점 B는 평면 P 위에 있다.
ㄴ. 점 C는 평면 P 위에 있지 않다.
ㄷ. 직선 l 위에 있지 않은 점은 2개이다.
ㄹ. 평면 P 위에 있는 점은 2개이다.

대표유형 **02** 평면에서 두 직선의 위치 관계

유형ON >>> 032쪽

다음 중 오른쪽 그림에 대한 설명으로 옳지 <u>않은</u> 것은?

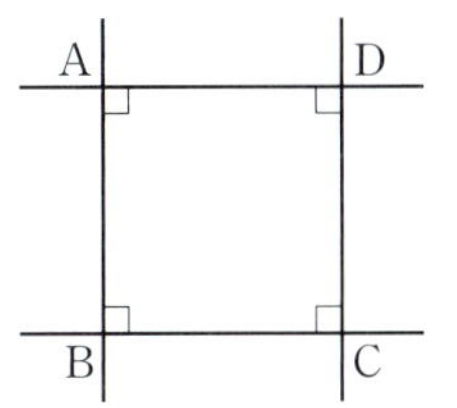

① $\overleftrightarrow{AB} /\!/ \overleftrightarrow{DC}$
② $\overleftrightarrow{AB} \perp \overleftrightarrow{AD}$
③ $\overleftrightarrow{AB}$와 $\overleftrightarrow{BC}$는 한 점에서 만난다.
④ $\overleftrightarrow{AD}$와 $\overleftrightarrow{CD}$의 교점은 점 D이다.
⑤ $\overleftrightarrow{AD}$와 $\overleftrightarrow{BC}$는 수직으로 만난다.

풀이 과정

③ $\overleftrightarrow{AB}$와 $\overleftrightarrow{BC}$는 점 B에서 만난다.
⑤ $\overleftrightarrow{AD}$와 $\overleftrightarrow{BC}$는 평행하므로 만나지 않는다.
따라서 옳지 않은 것은 ⑤이다.

정답 ⑤

02·Ⓐ 숫자 Change

다음 중 오른쪽 그림과 같은 사다리꼴 ABCD에 대한 설명으로 옳지 <u>않</u>은 것은?

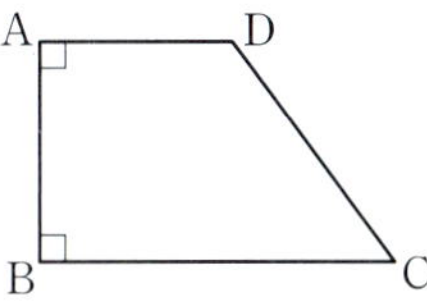

① $\overleftrightarrow{AD} /\!/ \overleftrightarrow{BC}$
② $\overleftrightarrow{AD} \perp \overleftrightarrow{AB}$
③ $\overleftrightarrow{AB}$와 $\overleftrightarrow{DC}$는 만나지 않는다.
④ $\overleftrightarrow{BC}$와 한 점에서 만나는 변은 $\overline{AB}$, $\overline{CD}$이다.
⑤ 점 C는 $\overleftrightarrow{BC}$와 $\overleftrightarrow{CD}$의 교점이다.

02·Ⓑ 표현 Change

오른쪽 그림과 같은 정육각형에서 각 변을 연장한 직선 중 $\overleftrightarrow{AB}$와 한 점에서 만나는 직선의 개수를 구하시오.

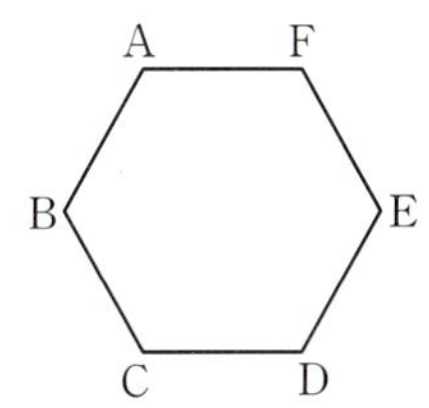

02 공간에서 두 직선의 위치 관계

(1) **꼬인 위치** : 공간에서 두 직선이 만나지도 않고 평행하지도 않을 때, 두 직선은 **꼬인 위치** 에 있다고 한다.

(2) **공간에서 두 직선의 위치 관계**

① 한 점에서 만난다.　② 일치한다.　③ 평행하다. →$l /\!/ m$　④ 꼬인 위치에 있다.

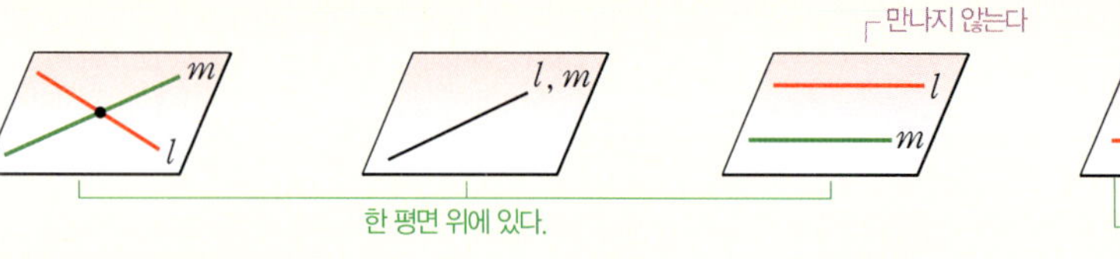
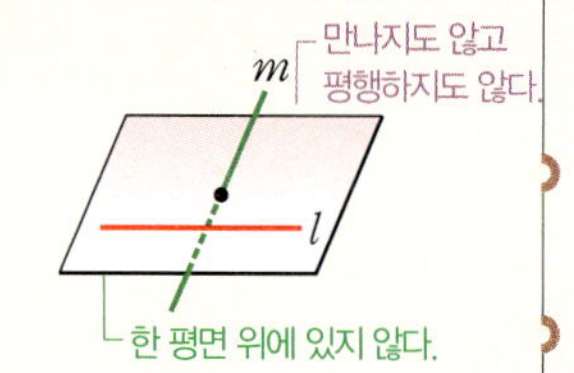

[참고] 평면이 하나로 정해질 조건

(1) 한 직선 위에 있지 않은 서로 다른 세 점이 주어질 때	(2) 한 직선과 그 직선 밖의 한 점이 주어질 때	(3) 한 점에서 만나는 두 직선이 주어질 때	(4) 서로 평행한 두 직선이 주어질 때

- 꼬인 위치는 공간에서 두 직선의 위치 관계에서만 존재한다.
- **입체도형에서 꼬인 위치에 있는 모서리를 찾는 방법** : 평행한 모서리와 한 점에서 만나는 모서리를 모두 제외한 나머지 모서리를 찾는다.
- 꼬인 위치에 있는 두 직선은 한 평면 위에 있지 않다.
- 두 점을 지나는 평면은 무수히 많다. 이때 두 점은 하나의 직선을 정하므로 한 직선을 지나는 평면도 무수히 많다.

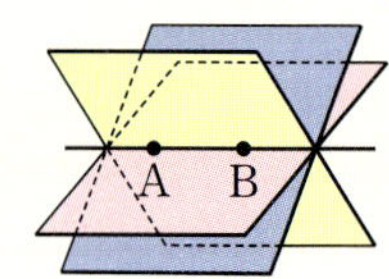

바이블 POINT

직육면체에서 두 직선의 위치 관계 파악하기

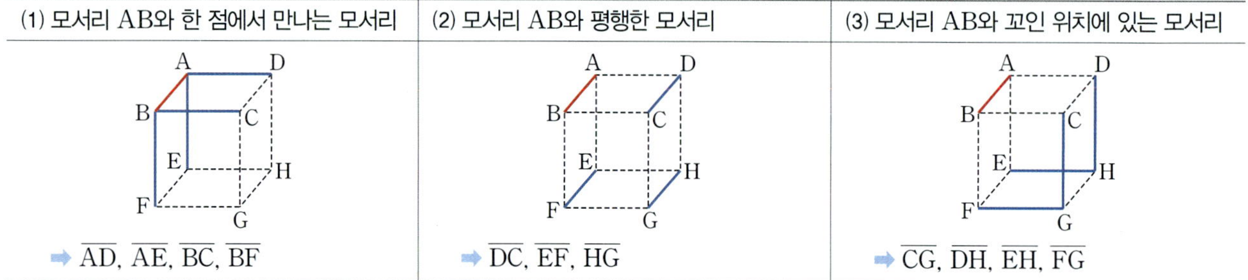

(1) 모서리 AB와 한 점에서 만나는 모서리	(2) 모서리 AB와 평행한 모서리	(3) 모서리 AB와 꼬인 위치에 있는 모서리
➡ $\overline{AD}$, $\overline{AE}$, $\overline{BC}$, $\overline{BF}$	➡ $\overline{DC}$, $\overline{EF}$, $\overline{HG}$	➡ $\overline{CG}$, $\overline{DH}$, $\overline{EH}$, $\overline{FG}$

개념 CHECK 01

- 공간에서 두 직선이 만나지도 않고 평행하지도 않을 때, 두 직선은 [　㉠　]에 있다고 한다.

- 공간에서 두 직선의 위치 관계
  (1) 한 점에서 만난다.
  (2) [　㉡　]한다.
  (3) 평행하다.
  (4) [　㉢　]에 있다.

오른쪽 그림과 같은 직육면체에서 다음 두 모서리의 위치 관계를 말하시오.

(1) 모서리 AD와 모서리 BF

(2) 모서리 BC와 모서리 FG

(3) 모서리 EF와 모서리 EH

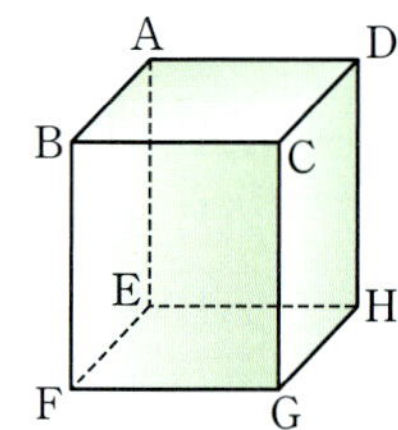

개념 CHECK 02

오른쪽 그림과 같은 삼각기둥에서 다음을 구하시오.

(1) 모서리 AB와 한 점에서 만나는 모서리

(2) 모서리 AB와 평행한 모서리

(3) 모서리 AB와 꼬인 위치에 있는 모서리

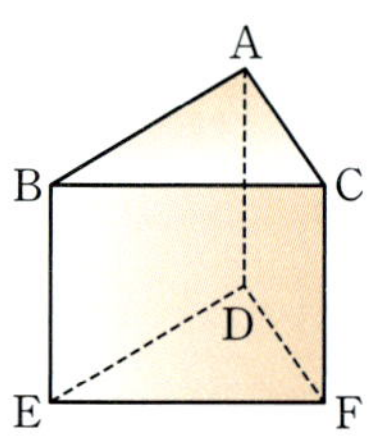

답 | ㉠ 꼬인 위치　㉡ 일치　㉢ 꼬인 위치

오른쪽 그림과 같은 삼각뿔에서 모서리 AD와 꼬인 위치에 있는 모서리는?

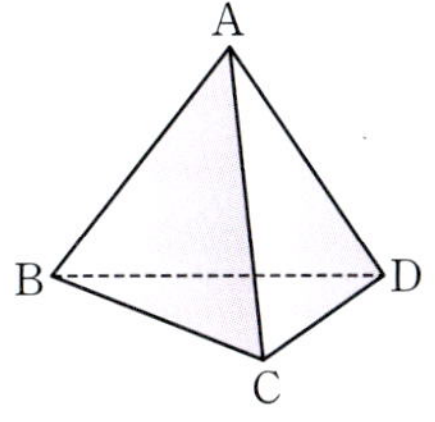

① $\overline{AB}$　　　② $\overline{AC}$
③ $\overline{BC}$　　　④ $\overline{BD}$
⑤ $\overline{CD}$

풀이 과정

모서리 AD와 꼬인 위치에 있는 모서리는 $\overline{BC}$이다.

정답 ③

03 · A 숫자 Change

오른쪽 그림과 같은 직육면체에서 모서리 EH와 꼬인 위치에 있는 모서리가 아닌 것은?

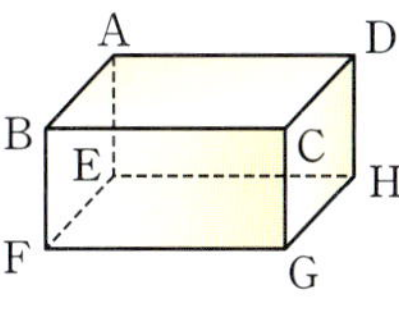

① $\overline{AB}$　　　② $\overline{BF}$
③ $\overline{CD}$　　　④ $\overline{CG}$
⑤ $\overline{FG}$

03 · B 표현 Change

오른쪽 그림과 같은 직육면체에서 $\overline{BD}$와 꼬인 위치에 있는 모서리의 개수는?

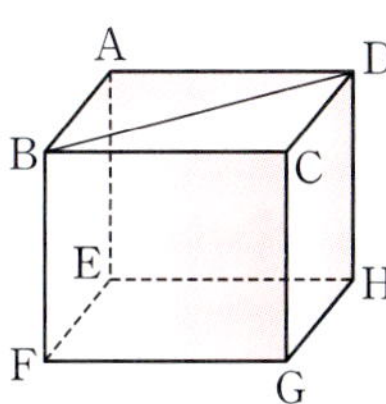

① 3　　　② 4
③ 5　　　④ 6
⑤ 7

다음 중 평면이 하나로 정해지지 <u>않는</u> 것은?

① 한 직선 위에 있지 않은 서로 다른 세 점이 주어질 때
② 한 점에서 만나는 두 직선이 주어질 때
③ 서로 평행한 두 직선이 주어질 때
④ 한 직선과 그 직선 밖의 한 점이 주어질 때
⑤ 꼬인 위치에 있는 두 직선이 주어질 때

풀이 과정

⑤ 꼬인 위치에 있는 두 직선은 한 평면 위에 있지 않으므로 평면이 하나로 정해지지 않는다.

정답 ⑤

04 · A 표현 Change

오른쪽 그림과 같이 직선 l 위에 세 점 A, B, C가 있고, 직선 l 밖에 한 점 D가 있다. 네 점 A, B, C, D 중 세 점으로 정해지는 서로 다른 평면의 개수를 구하시오.

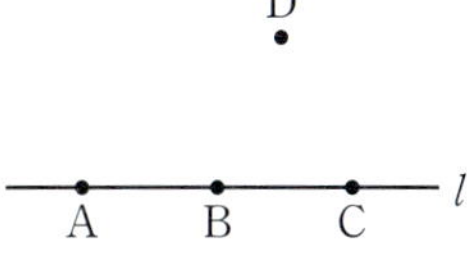

04 · B 표현 Change

오른쪽 그림과 같이 평면 P 위에 한 직선 위에 있지 않은 세 점 B, C, D가 있고, 평면 P 밖에 점 A가 있다. 네 점 A, B, C, D 중 세 점으로 정해지는 서로 다른 평면의 개수는?

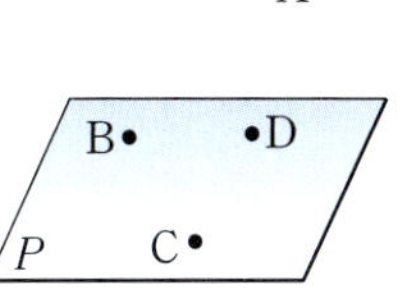

① 2　　　② 3　　　③ 4
④ 5　　　⑤ 6

대표유형 05 공간에서 두 직선의 위치 관계 (1)

⌂ 유형ON >>> 034쪽

오른쪽 그림과 같은 직육면체에서 모서리 AE와 평행한 모서리의 개수를 a, 모서리 CD와 꼬인 위치에 있는 모서리의 개수를 b라 할 때, $a+b$의 값을 구하시오.

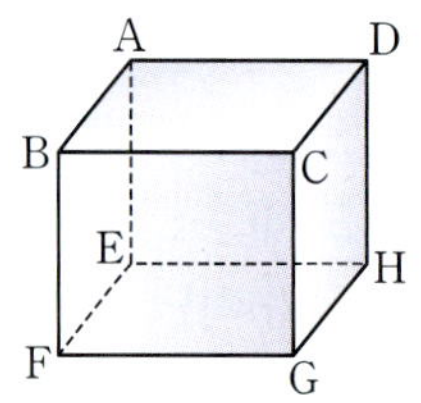

풀이 과정

모서리 AE와 평행한 모서리는 $\overline{BF}$, $\overline{CG}$, $\overline{DH}$의 3개이므로 $a=3$
모서리 CD와 꼬인 위치에 있는 모서리는 $\overline{AE}$, $\overline{BF}$, $\overline{FG}$, $\overline{EH}$의 4개이므로 $b=4$
$\therefore a+b=3+4=7$

정답 7

05·A 숫자 Change

오른쪽 그림과 같이 밑면이 정오각형인 오각기둥에서 모서리 AF와 평행한 모서리의 개수를 a, 모서리 AE와 꼬인 위치에 있는 모서리의 개수를 b라 할 때, $a+b$의 값을 구하시오.

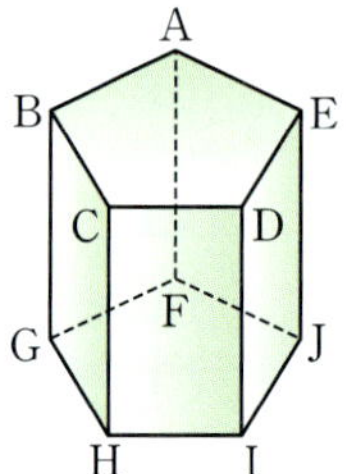

대표유형 06 공간에서 두 직선의 위치 관계 (2)

⌂ 유형ON >>> 034쪽

다음 중 오른쪽 그림과 같은 직육면체에 대한 설명으로 옳지 <u>않은</u> 것은?

① 모서리 AE와 모서리 BF는 평행하다.
② 모서리 AD와 모서리 BC는 평행하다.
③ 모서리 BC와 모서리 DH는 꼬인 위치에 있다.
④ 모서리 CD와 모서리 FG는 한 점에서 만난다.
⑤ 모서리 FG와 모서리 GH는 수직으로 만난다.

풀이 과정

④ 모서리 CD와 모서리 FG는 꼬인 위치에 있다.

정답 ④

06·A 숫자 Change

다음 중 오른쪽 그림과 같은 직육면체에 대한 설명으로 옳지 <u>않은</u> 것은?

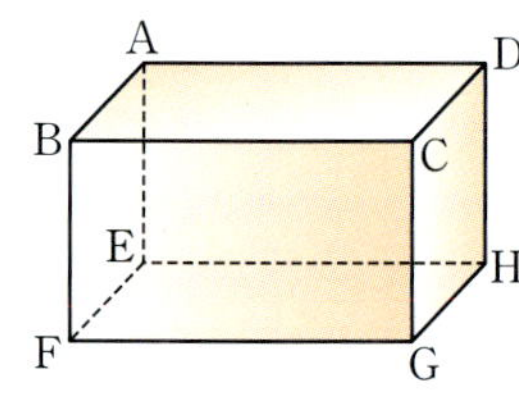

① 모서리 AB와 모서리 CD는 평행하다.
② 모서리 AB와 모서리 BF는 한 점에서 만난다.
③ 모서리 AB와 모서리 FG는 꼬인 위치에 있다.
④ 모서리 AB와 모서리 CG는 수직으로 만난다.
⑤ 모서리 EH와 모서리 DH의 교점은 점 H이다.

06·B 표현 Change

다음 중 오른쪽 그림과 같은 삼각기둥에 대한 설명으로 옳지 <u>않은</u> 것을 모두 고르면? (정답 2개)

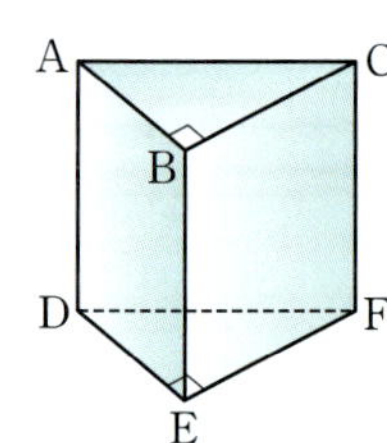

① 모서리 AB와 모서리 DE는 만나지 않는다.
② 모서리 AC와 모서리 DF는 평행하다.
③ 모서리 AD와 모서리 EF는 꼬인 위치에 있다.
④ 모서리 BE와 모서리 DF는 수직으로 만난다.
⑤ 모서리 DE와 수직으로 만나는 모서리는 2개이다.

BIBLE SAYS 공간에서 두 직선의 위치 관계

(1) 한 점에서 만난다. ⎱ 만난다.
(2) 일치한다.

(3) 평행하다. ⎱ 만나지 않는다.
(4) 꼬인 위치에 있다.

01

대표 유형 01

다음 중 오른쪽 그림에 대한 설명으로 옳지 <u>않은</u> 것은?

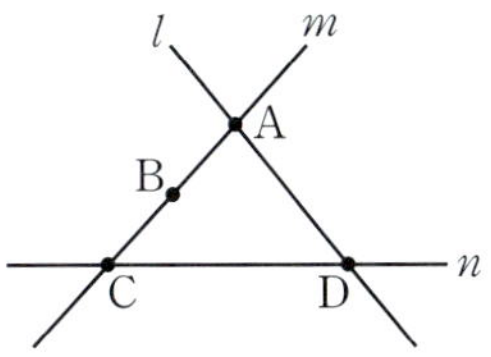

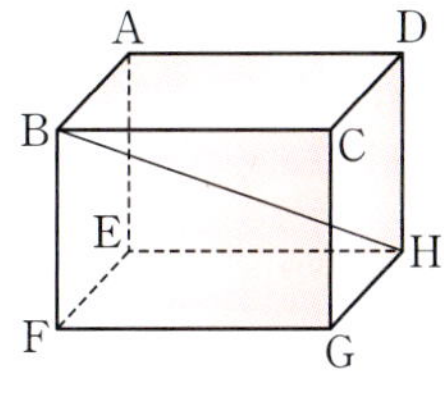

① 점 B는 직선 m 위에 있다.
② 점 C는 두 직선 m과 n의 교점이다.
③ 두 점 C, D를 지나는 직선은 직선 n이다.
④ 직선 l은 두 점 A, D를 지난다.
⑤ 두 직선 l과 n의 교점은 2개이다.

02

대표 유형 02

오른쪽 그림과 같은 정팔각형에서 각 변을 연장한 직선 중 $\overleftrightarrow{AH}$와 한 점에서 만나는 직선의 개수를 구하시오.

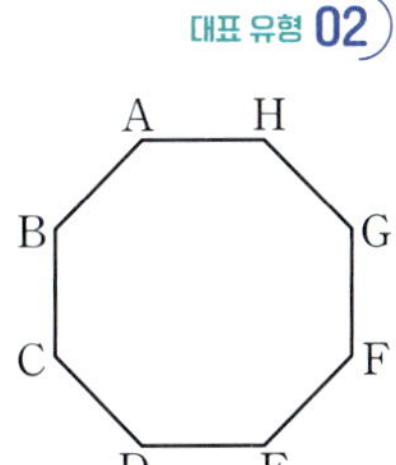

03

대표 유형 02

다음 보기 중 한 평면 위에 있는 서로 다른 세 직선 l, m, n의 위치 관계에 대한 설명으로 옳은 것을 모두 고른 것은?

보기
ㄱ. $l /\!/ m$, $m /\!/ n$이면 $l /\!/ n$이다.
ㄴ. $l /\!/ m$, $l \perp n$이면 $m /\!/ n$이다.
ㄷ. $l \perp m$, $l \perp n$이면 $m /\!/ n$이다.

① ㄱ
② ㄴ
③ ㄱ, ㄷ
④ ㄴ, ㄷ
⑤ ㄱ, ㄴ, ㄷ

04

대표 유형 03

다음 중 오른쪽 그림과 같은 직육면체에서 $\overline{BH}$와의 위치 관계가 나머지 넷과 <u>다른</u> 하나는?

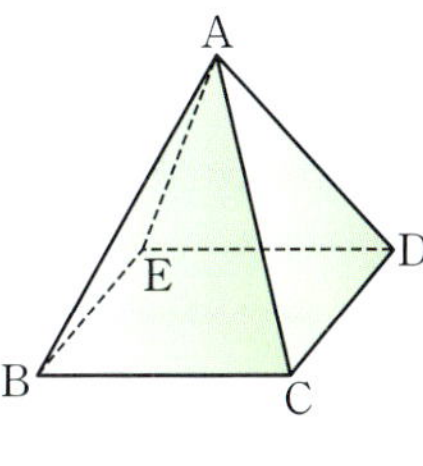

① $\overline{AB}$
② $\overline{BF}$
③ $\overline{CG}$
④ $\overline{DH}$
⑤ $\overline{HG}$

05

생각이 쑥쑥

대표 유형 03 ⊕ 05

오른쪽 그림과 같이 밑면이 정사각형인 사각뿔에서 모서리 BC와 만나는 모서리의 개수를 a, 평행한 모서리의 개수를 b, 꼬인 위치에 있는 모서리의 개수를 c라 할 때, $a-b+c$의 값을 구하시오.

06

대표 유형 03 ⊕ 05 ⊕ 06

다음 중 오른쪽 그림과 같이 밑면이 정육각형인 육각기둥에 대한 설명으로 옳지 <u>않은</u> 것은?

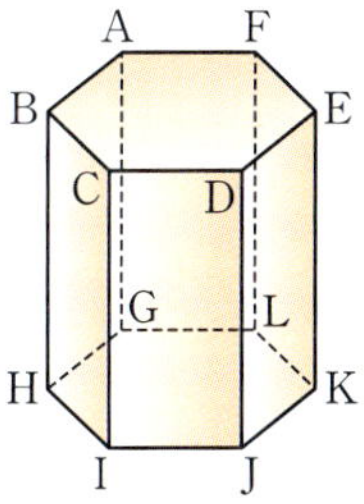

① 모서리 AF와 모서리 AG는 수직으로 만난다.
② 모서리 BC와 모서리 CD는 한 점에서 만난다.
③ 모서리 DE와 수직으로 만나는 모서리는 2개이다.
④ 모서리 DE와 평행한 모서리는 4개이다.
⑤ 모서리 AF와 모서리 JK는 꼬인 위치에 있다.

(1) 공간에서 직선과 평면의 위치 관계

① 한 점에서 만난다.　② 직선이 평면에 포함된다.　③ 평행하다. → $l /\!/ P$

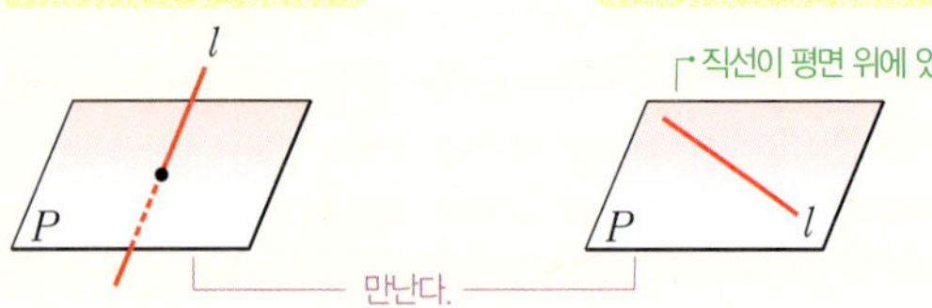
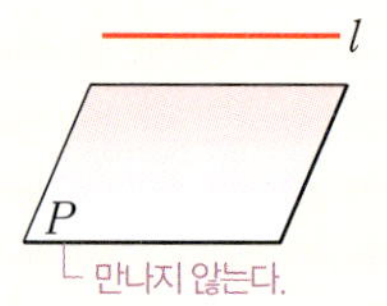

(2) 직선과 평면의 수직 : 직선 l이 평면 P와 한 점 H에서 만나고 점 H를 지나는 평면 P 위의 모든 직선과 수직일 때, 직선 l과 평면 P는 수직이다 또는 직교한다고 하고, 이것을 기호로 $l \perp P$와 같이 나타낸다. 이때 직선 l은 평면 P의 수선, 점 H는 직선 l 위의 한 점에서 평면 P에 내린 수선의 발이라 한다.

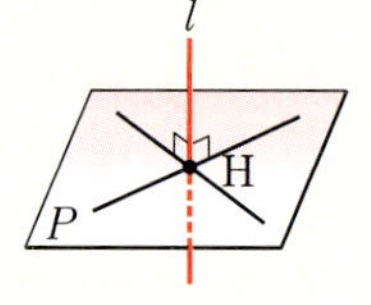

(참고) 점 A와 평면 P 사이의 거리
➡ (점 A에서 평면 P에 내린 수선의 발 H까지의 거리) = ($\overline{\mathrm{AH}}$의 길이)

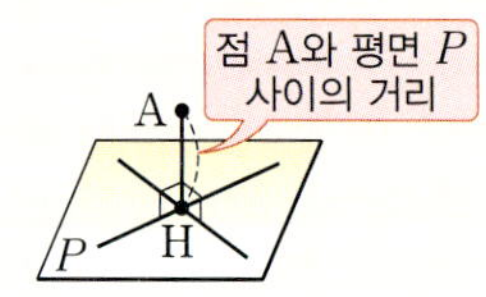

> 공간에서 직선 l과 평면 P가 만나지 않을 때, 직선 l과 평면 P는 평행하다고 하고, 이것을 기호로 $l /\!/ P$와 같이 나타낸다.
>
> 직선 l이 평면 P와 수직인지 알아보려면 직선 l과 평면 P의 교점 H를 지나는 평면 P 위의 서로 다른 두 직선이 직선 l과 수직인지를 알아보면 된다.

바이블 POINT　직육면체에서 직선과 평면의 위치 관계 파악하기

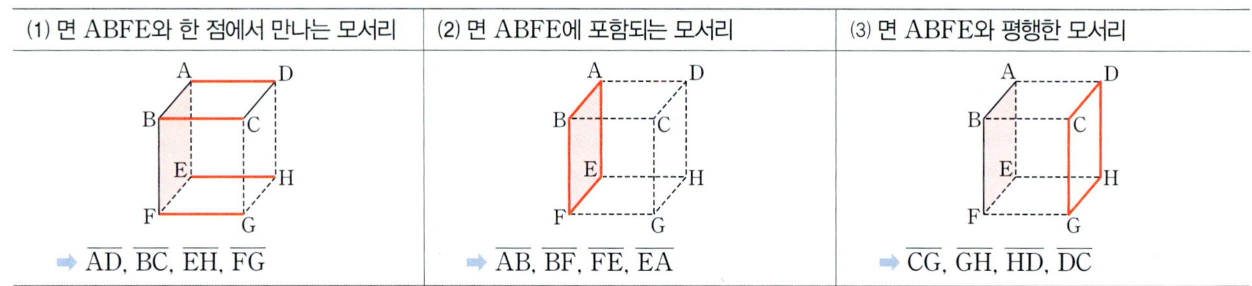

(1) 면 ABFE와 한 점에서 만나는 모서리	(2) 면 ABFE에 포함되는 모서리	(3) 면 ABFE와 평행한 모서리
➡ $\overline{\mathrm{AD}}$, $\overline{\mathrm{BC}}$, $\overline{\mathrm{EH}}$, $\overline{\mathrm{FG}}$	➡ $\overline{\mathrm{AB}}$, $\overline{\mathrm{BF}}$, $\overline{\mathrm{FE}}$, $\overline{\mathrm{EA}}$	➡ $\overline{\mathrm{CG}}$, $\overline{\mathrm{GH}}$, $\overline{\mathrm{HD}}$, $\overline{\mathrm{DC}}$

(개념 CHECK)　**01**

오른쪽 그림과 같은 직육면체에서 다음을 구하시오.

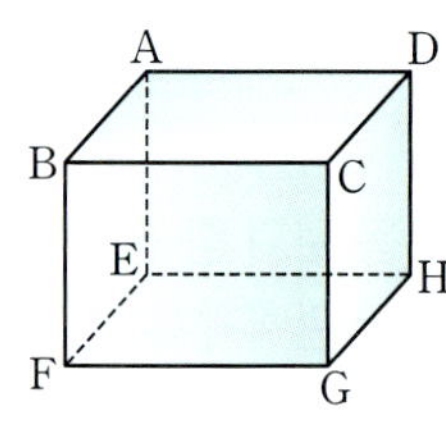

• **공간에서 직선과 평면의 위치 관계**
　(1) 한 점에서 만난다.
　(2) 직선이 평면에 ⊙ 된다.
　(3) ⊙ 하다.

(1) 면 ABCD에 포함되는 모서리

(2) 면 ABCD와 평행한 모서리

(3) 면 ABCD와 수직인 모서리

(4) 모서리 BF를 포함하는 면

(5) 모서리 BF와 평행한 면

(6) 모서리 BF와 수직인 면

답 | ⊙ 포함 ⓛ 평행

02 위치 관계

대표유형 01 공간에서 직선과 평면의 위치 관계

유형ON >>> 036쪽

다음 중 오른쪽 그림과 같은 직육면체에 대한 설명으로 옳은 것을 모두 고르면? (정답 2개)

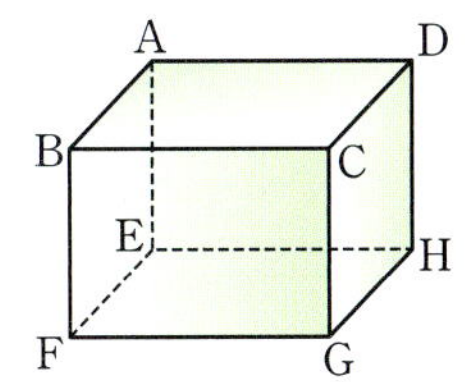

① 면 ABFE와 모서리 EH는 평행하다.
② 면 AEHD와 모서리 FG는 한 점에서 만난다.
③ 면 BFGC와 모서리 CD는 수직이다.
④ 면 CGHD와 평행한 모서리는 4개이다.
⑤ 면 EFGH와 수직인 모서리는 6개이다.

풀이 과정

① 면 ABFE와 모서리 EH는 수직이다. (또는 한 점에서 만난다.)
② 면 AEHD와 모서리 FG는 평행하다.
④ 면 CGHD와 평행한 모서리는 $\overline{AB}$, $\overline{BF}$, $\overline{FE}$, $\overline{EA}$의 4개이다.
⑤ 면 EFGH와 수직인 모서리는 $\overline{AE}$, $\overline{BF}$, $\overline{CG}$, $\overline{DH}$의 4개이다.
따라서 옳은 것은 ③, ④이다.

정답 ③, ④

01 · A 숫자 Change

다음 중 오른쪽 그림과 같은 삼각기둥에 대한 설명으로 옳지 <u>않은</u> 것은?

① 모서리 BC와 모서리 DF는 꼬인 위치에 있다.
② 모서리 CF는 면 ADFC에 포함된다.
③ 면 ABC와 모서리 DE는 평행하다.
④ 면 ADEB와 평행한 모서리는 1개이다.
⑤ 면 DEF와 수직인 모서리는 4개이다.

01 · B 표현 Change

오른쪽 그림과 같은 육각기둥에서 면 GHIJKL과 평행한 모서리의 개수를 a, 모서리 AG와 수직인 면의 개수를 b라 할 때, $a+b$의 값을 구하시오.

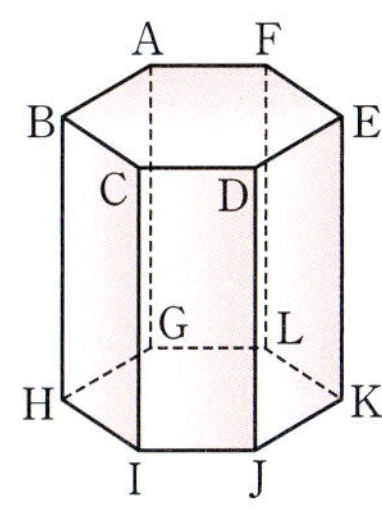

대표유형 02 점과 평면 사이의 거리

유형ON >>> 037쪽

오른쪽 그림과 같은 삼각기둥에서 점 B와 면 DEF 사이의 거리를 a cm, 점 D와 면 BEFC 사이의 거리를 b cm라 할 때, $a+b$의 값을 구하시오.

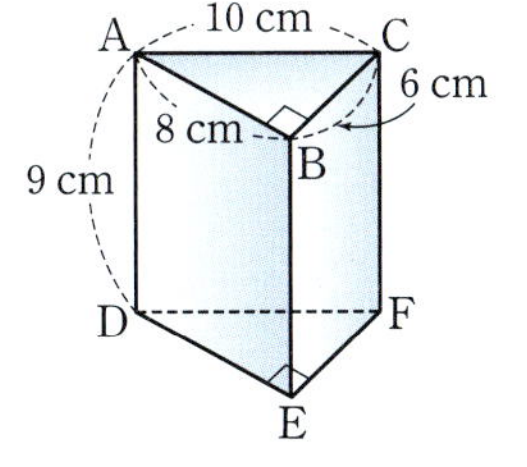

풀이 과정

점 B에서 면 DEF에 내린 수선의 발이 점 E이므로 점 B와 면 DEF 사이의 거리는 $\overline{BE}=\overline{AD}=9\,(\mathrm{cm})$ ∴ $a=9$
점 D에서 면 BEFC에 내린 수선의 발이 점 E이므로 점 D와 면 BEFC 사이의 거리는 $\overline{DE}=\overline{AB}=8\,(\mathrm{cm})$ ∴ $b=8$
∴ $a+b=9+8=17$

정답 17

02 · A 숫자 Change

오른쪽 그림과 같은 직육면체에서 점 A와 면 CGHD 사이의 거리를 a cm, 점 F와 면 ABCD 사이의 거리를 b cm라 할 때, $a+b$의 값을 구하시오.

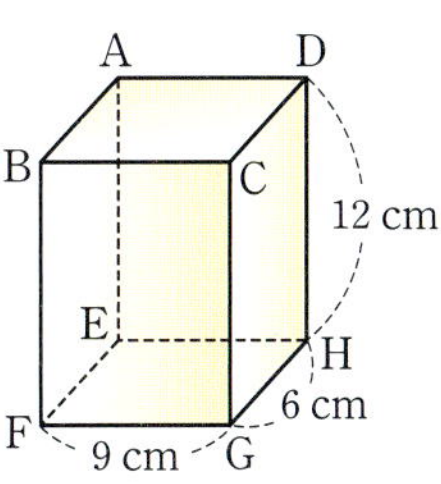

04 공간에서 두 평면의 위치 관계

(1) 공간에서 두 평면의 위치 관계

① 한 직선에서 만난다.　② 일치한다.　③ 평행하다. →$P /\!/ Q$

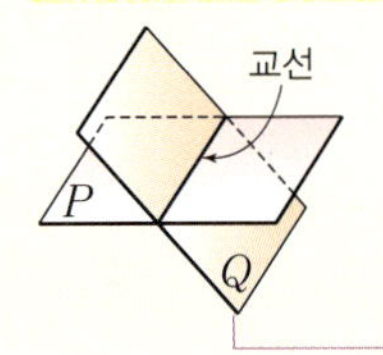
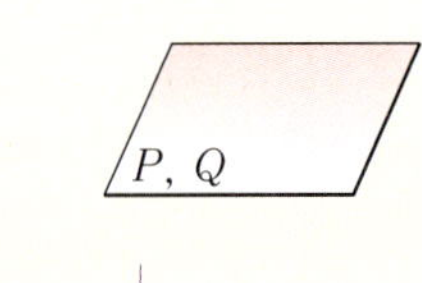
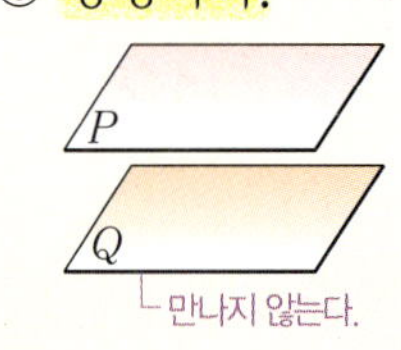

> 공간에서 두 평면 P, Q가 만나지 않을 때, 두 평면 P, Q는 평행하다고 하고, 이것을 기호로 $P /\!/ Q$와 같이 나타낸다.

(2) 두 평면의 수직 : 평면 P가 평면 Q에 수직인 직선 l을 포함할 때, 평면 P와 평면 Q는 서로 수직이다 또는 직교한다고 하고, 이것을 기호로 $P \perp Q$와 같이 나타낸다.

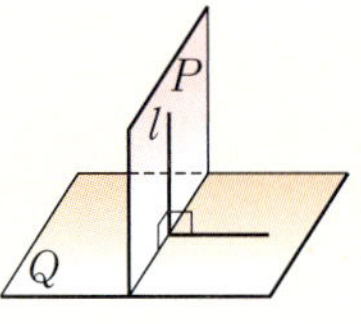

(참고) 평행한 두 평면 P, Q 사이의 거리
➡ (평면 P 위의 한 점 A에서 평면 Q에 내린 수선의 발 H까지의 거리)
　= ($\overline{AH}$의 길이)

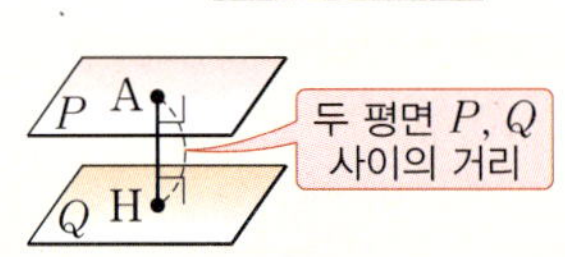

바이블 POINT　**직육면체에서 두 평면의 위치 관계 파악하기**

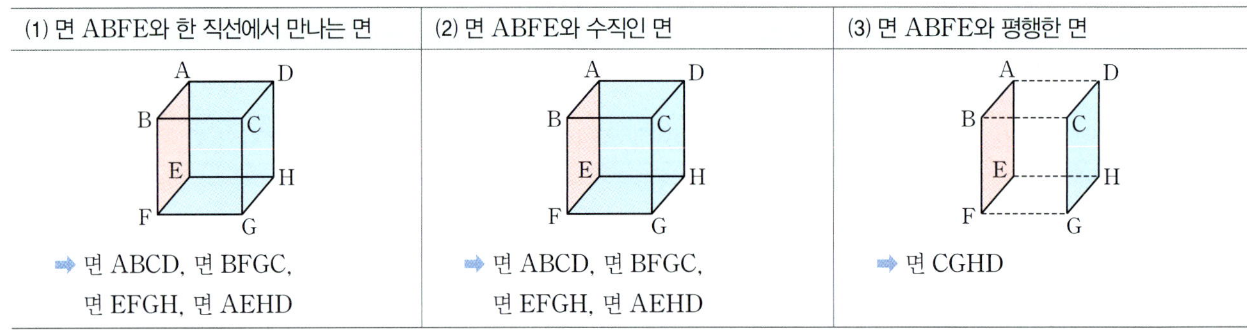

(1) 면 ABFE와 한 직선에서 만나는 면	(2) 면 ABFE와 수직인 면	(3) 면 ABFE와 평행한 면
➡ 면 ABCD, 면 BFGC, 면 EFGH, 면 AEHD	➡ 면 ABCD, 면 BFGC, 면 EFGH, 면 AEHD	➡ 면 CGHD

개념 CHECK　01

· 공간에서 두 평면의 위치 관계
　(1) 한 ⓐ 에서 만난다.
　(2) 일치한다.
　(3) ⓑ 하다.

오른쪽 그림과 같은 직육면체에서 다음을 구하시오.

(1) 면 ABCD와 한 모서리에서 만나는 면

(2) 면 ABCD와 평행한 면

(3) 면 AEHD와 수직인 면

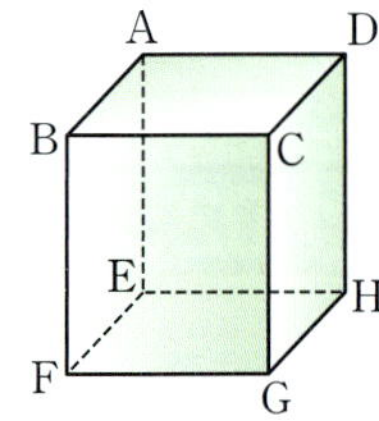

개념 CHECK　02

오른쪽 그림과 같은 삼각기둥에서 다음을 구하시오.

(1) 면 ABC와 한 모서리에서 만나는 면의 개수

(2) 면 ABED와 수직인 면의 개수

(3) 면 DEF와 평행한 면의 개수

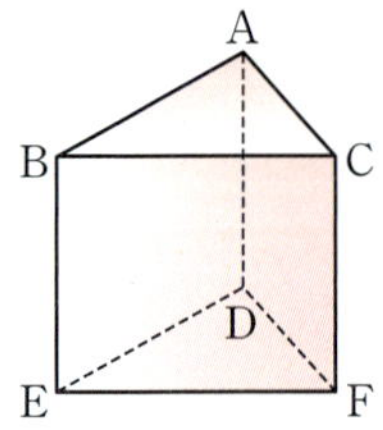

답 | ⓐ 직선　ⓑ 평행

대표유형 **03** 공간에서 두 평면의 위치 관계

유형ON >>> 038쪽

오른쪽 그림과 같은 직육면체에서 면 AEGC와 수직인 면을 모두 고르면? (정답 2개)

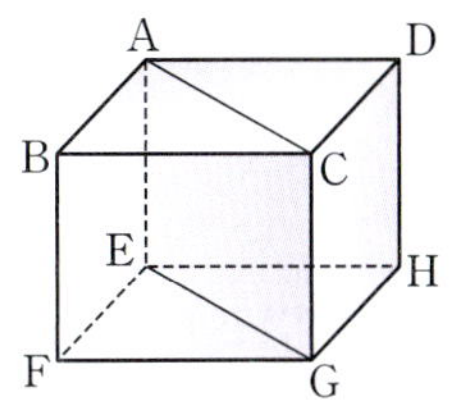

① 면 ABCD　　② 면 ABFE
③ 면 AEHD　　④ 면 CGHD
⑤ 면 EFGH

풀이 과정

면 AEGC와 수직인 면은 면 ABCD, 면 EFGH이다.

정답 ①, ⑤

참고 ②, ③ 면 AEGC와 모서리 AE에서 만난다.
④ 면 AEGC와 모서리 CG에서 만난다.

03 · Ⓐ 숫자 Change

오른쪽 그림과 같은 정육면체에서 면 BFGC와 수직인 면이 <u>아닌</u> 것은?

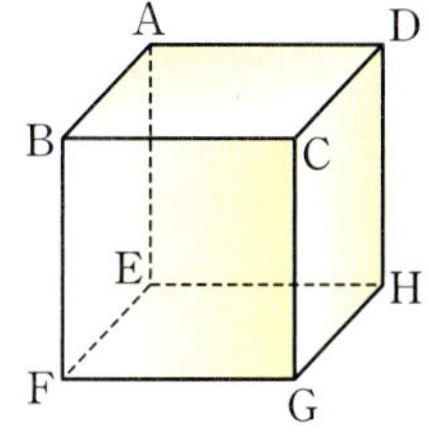

① 면 ABCD　　② 면 ABFE
③ 면 AEHD　　④ 면 CGHD
⑤ 면 EFGH

03 · Ⓑ 표현 Change

다음 보기 중 오른쪽 그림과 같이 밑면이 정오각형인 오각기둥에 대한 설명으로 옳은 것을 모두 고르시오.

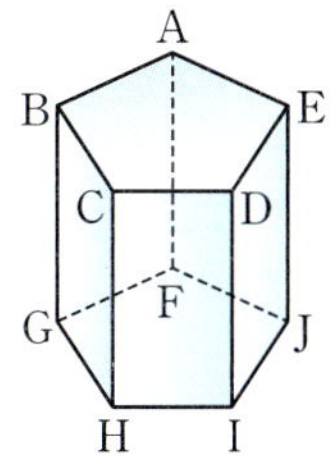

보기
ㄱ. 면 ABCDE와 면 FGHIJ는 평행하다.
ㄴ. 면 ABGF와 면 BGHC는 수직이다.
ㄷ. 면 CHID와 면 FGHIJ의 교선은 없다.
ㄹ. 면 AFJE와 수직인 면은 2개이다.

대표유형 **04** 일부가 잘린 입체도형에서의 위치 관계

유형ON >>> 039쪽

오른쪽 그림은 직육면체를 세 꼭짓점 B, C, F를 지나는 평면으로 잘라내고 남은 입체도형이다. 다음 중 면 CFG와 수직인 모서리는?

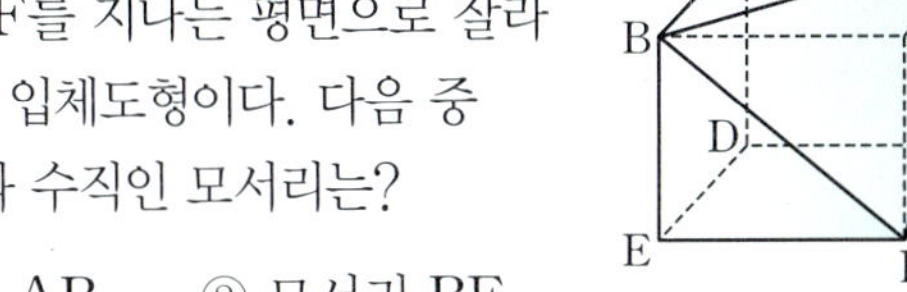

① 모서리 AB　　② 모서리 BF
③ 모서리 CF　　④ 모서리 CG
⑤ 모서리 DG

풀이 과정

면 CFG와 수직인 모서리는 $\overline{AC}$, $\overline{DG}$, $\overline{EF}$이다.

정답 ⑤

참고 ① 면 CFG와 평행하다.
② 면 CFG와 한 점에서 만나지만 수직은 아니다.
③, ④ 면 CFG에 포함된다.

04 · Ⓐ 숫자 Change

오른쪽 그림은 정육면체를 네 꼭짓점 A, B, C, D를 지나는 평면으로 잘라내고 남은 입체도형이다. 이때 모서리 AB와 꼬인 위치에 있는 모서리를 모두 구하시오.

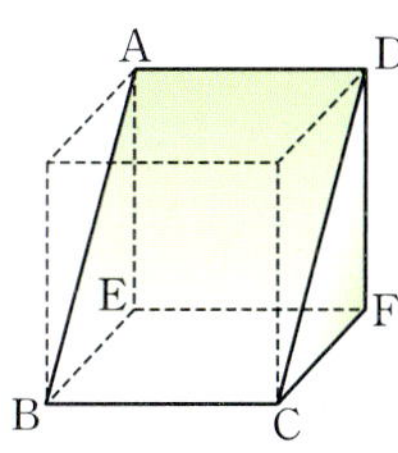

04 · Ⓑ 표현 Change

오른쪽 그림은 $\overline{AD}=\overline{BC}$가 되도록 직육면체를 잘라 만든 입체도형이다. 모서리 AD와 평행한 면의 개수를 a, 모서리 BC와 꼬인 위치에 있는 모서리의 개수를 b라 할 때, $a+b$의 값을 구하시오.

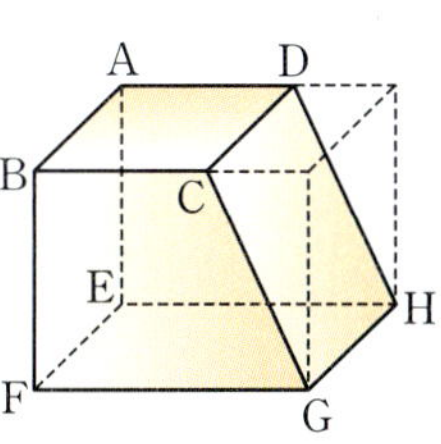

대표유형 **05** 전개도가 주어진 입체도형에서의 위치 관계

⌂ 유형ON >>> 040쪽

오른쪽 그림과 같은 전개도를
접어서 만든 정육면체에서 모
서리 BC와 평행한 모서리가
<u>아닌</u> 것을 모두 고르면?

(정답 2개)

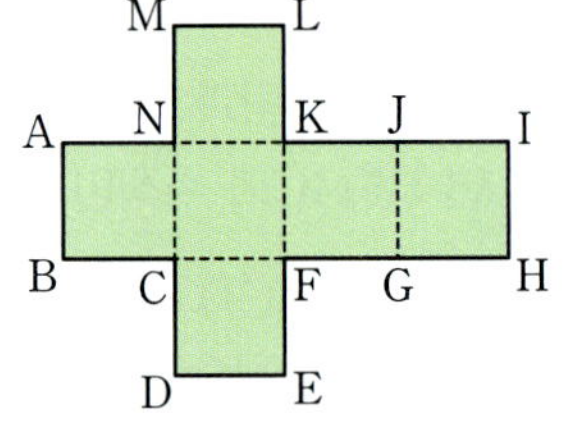

① $\overline{AN}$ ② $\overline{EF}$ ③ $\overline{GH}$
④ $\overline{LK}$ ⑤ $\overline{ML}$

풀이 과정

주어진 전개도를 접어서 만든 정육면체는 오
른쪽 그림과 같다.
③ 모서리 BC와 $\overline{GH}$는 한 점에서 만난다.
⑤ 모서리 BC와 $\overline{ML}$은 꼬인 위치에 있다.

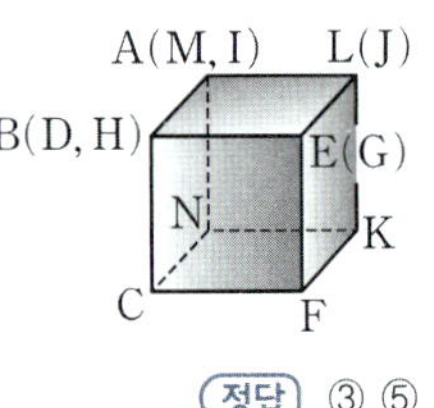

정답 ③, ⑤

05·A (숫자 Change)

오른쪽 그림과 같은 전개도를
접어서 만든 정육면체에서 모서
리 GH와 모서리 JK의 위치 관
계를 말하시오.

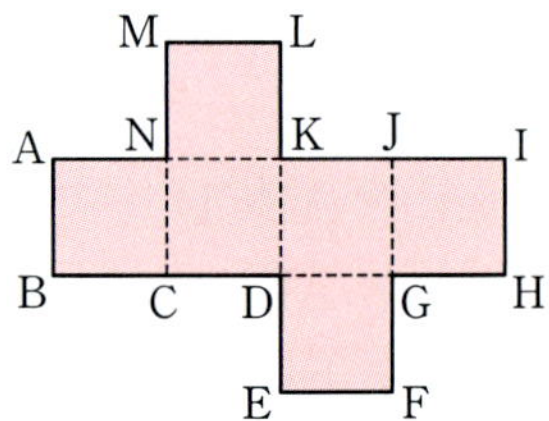

05·B (숫자 Change)

오른쪽 그림과 같은 전개도로 만든
삼각뿔에서 모서리 AB와 꼬인 위치
에 있는 모서리는?

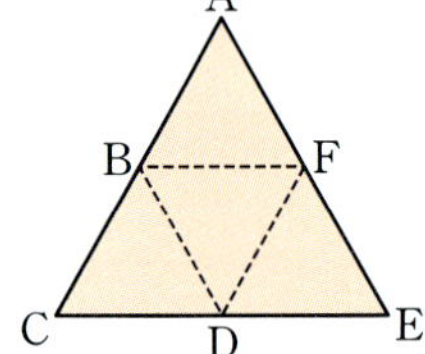

① $\overline{AF}$ ② $\overline{BD}$
③ $\overline{BF}$ ④ $\overline{CD}$
⑤ $\overline{DF}$

대표유형 **06** 공간에서 여러 가지 위치 관계

⌂ 유형ON >>> 041쪽

다음 보기 중 공간에서 서로 다른 세 직선 l, m, n에 대한
설명으로 항상 옳은 것을 모두 고르시오.

보기

ㄱ. $l \,/\!/\, m$, $m \perp n$이면 $l \perp n$이다.
ㄴ. $l \,/\!/\, m$, $m \,/\!/\, n$이면 $l \,/\!/\, n$이다.
ㄷ. $l \perp m$, $m \perp n$이면 $l \,/\!/\, n$이다.

풀이 과정

직육면체를 이용하여 각 조건에 맞는 모서리를 찾아본다.
ㄱ. 오른쪽 그림과 같이 $l \,/\!/\, m$, $m \perp n$이면
   두 직선 l과 n은 한 점에서 만나거나
   꼬인 위치에 있다.

ㄴ. 오른쪽 그림과 $l \,/\!/\, m$, $m \,/\!/\, n$이면
   두 직선 l과 n은 평행하다.
   즉, $l \,/\!/\, n$이다.

ㄷ. 다음 그림과 같이 $l \perp m$, $m \perp n$이면 두 직선 l과 n은 한 점에서 만나
   거나 평행하거나 꼬인 위치에 있다.

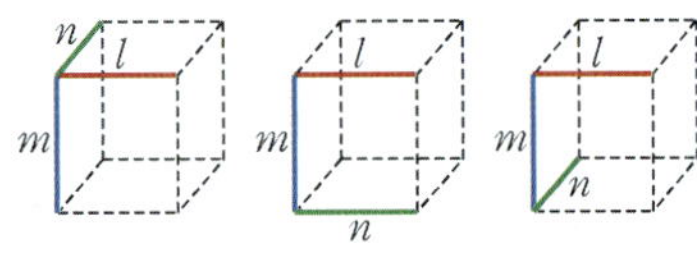

따라서 옳은 것은 ㄴ이다.

정답 ㄴ

06·A (숫자 Change)

다음 보기 중 공간에서 서로 다른 두 직선 l, m과 서로 다
른 두 평면 P, Q에 대한 설명으로 항상 옳은 것을 모두 고
른 것은?

보기

ㄱ. $l \,/\!/\, P$, $l \,/\!/\, Q$이면 $P \,/\!/\, Q$이다.
ㄴ. $l \perp P$, $m \,/\!/\, P$이면 $l \,/\!/\, m$이다.
ㄷ. $l \perp P$, $P \,/\!/\, Q$이면 $l \perp Q$이다.

① ㄱ ② ㄷ ③ ㄱ, ㄴ
④ ㄱ, ㄷ ⑤ ㄱ, ㄴ, ㄷ

공간에서 항상 평행한 위치 관계, 항상 수직인 위치 관계

직육면체를 이용하여 위치 관계를 나타내어 볼 수 있다.

(1) 항상 평행한 위치 관계

① 한 직선에 평행한 서로 다른 두 직선은 항상 평행하다. ➡ $l /\!/ m$, $l /\!/ n$이면 $m /\!/ n$

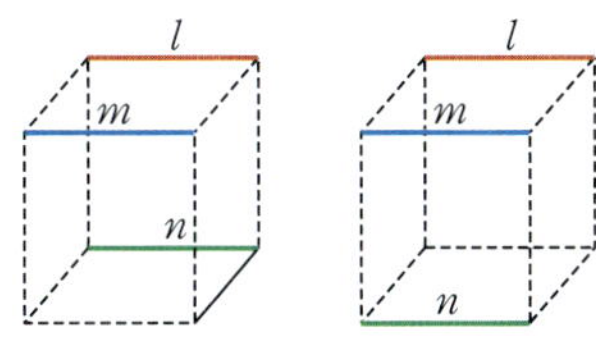

② 한 평면에 수직인 서로 다른 두 직선은 항상 평행하다. ➡ $P \perp l$, $P \perp m$이면 $l /\!/ m$

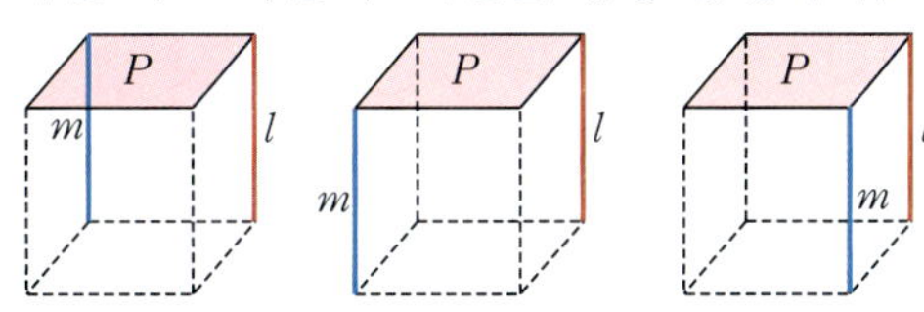

③ 한 평면에 평행한 서로 다른 두 평면은 항상 평행하다. ➡ $P /\!/ Q$, $P /\!/ R$이면 $Q /\!/ R$

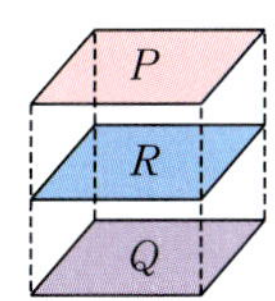

④ 한 직선에 수직인 서로 다른 두 평면은 항상 평행하다. ➡ $l \perp P$, $l \perp Q$이면 $P /\!/ Q$

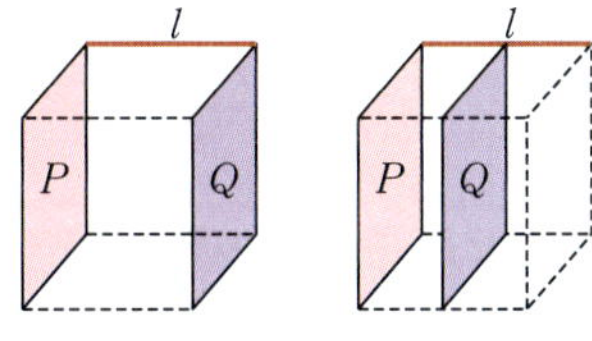

(2) 항상 수직인 위치 관계

① 한 평면에 수직인 평면과 평행한 평면은 항상 수직이다. ➡ $P \perp Q$, $P /\!/ R$이면 $Q \perp R$

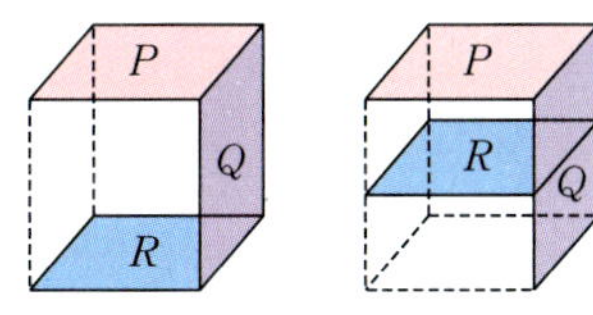

② 한 평면에 평행한 평면과 수직인 직선은 항상 수직이다. ➡ $P /\!/ Q$, $P \perp l$이면 $Q \perp l$

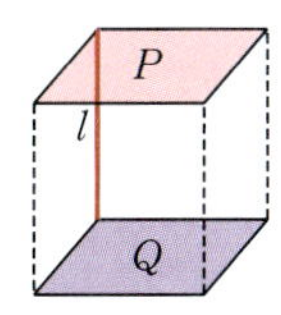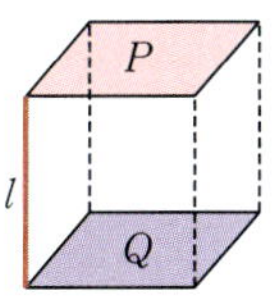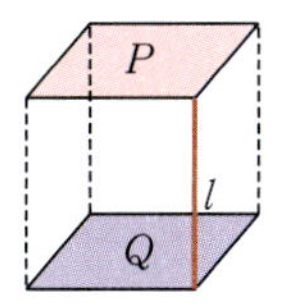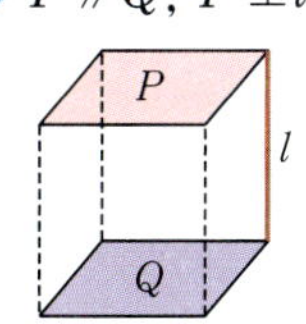

01

대표 유형 01

다음 중 오른쪽 그림과 같은 직육면체에 대한 설명으로 옳지 않은 것은?

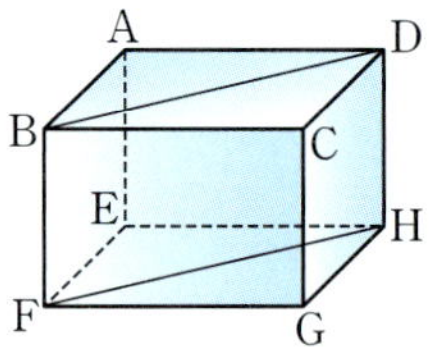

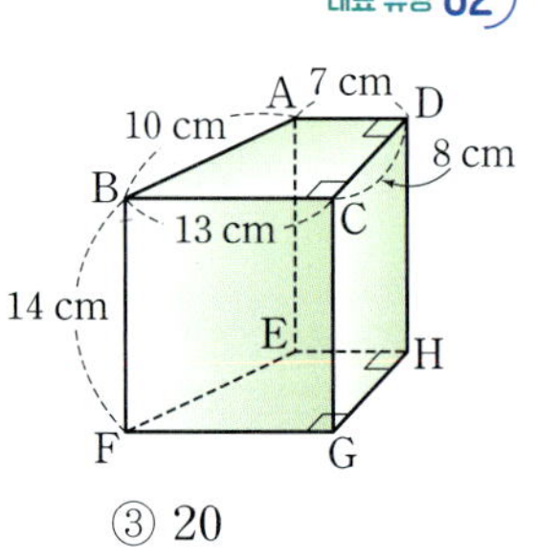

① 대각선 BD와 평행한 면은 1개이다.
② 모서리 BC와 수직인 면은 2개이다.
③ 면 BFHD와 평행한 모서리는 1개이다.
④ 면 EFGH와 수직인 모서리는 4개이다.
⑤ 대각선 FH와 꼬인 위치에 있는 모서리는 6개이다.

02

대표 유형 02

오른쪽 그림과 같이 밑면이 사다리꼴인 사각기둥에서 점 A와 면 EFGH 사이의 거리를 a cm, 점 E와 면 CGHD 사이의 거리를 b cm라 할 때, $a+b$의 값은?

① 15 ② 17 ③ 20
④ 21 ⑤ 24

03

대표 유형 03

오른쪽 그림과 같이 밑면이 정육각형인 육각기둥에서 면 BHIC와 평행한 면의 개수를 a, 수직인 면의 개수를 b라 할 때, $b-a$의 값을 구하시오.

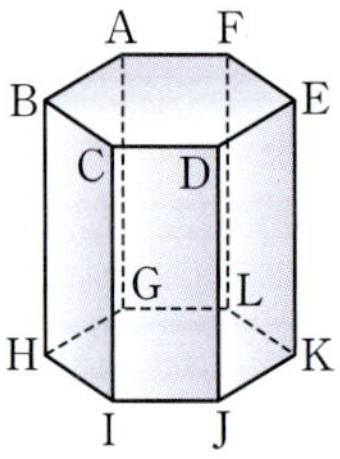

04

생각이 쑥쑥

대표 유형 04

다음 중 오른쪽 그림과 같이 직육면체를 세 꼭짓점 A, B, C를 지나는 평면으로 잘라 내고 남은 입체도형에 대한 설명으로 옳지 않은 것을 모두 고르면? (정답 2개)

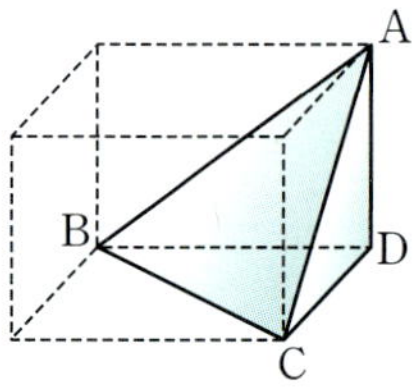

① 모서리 AB와 모서리 CD는 평행하다.
② 모서리 AD와 모서리 BC는 꼬인 위치에 있다.
③ 면 ABC와 모서리 AD는 수직이다.
④ 면 ABD는 모서리 BD를 포함한다.
⑤ 면 BCD와 면 ACD는 수직이다.

05

대표 유형 05

오른쪽 그림과 같은 전개도를 접어서 만든 삼각기둥에서
면 CDE와 한 점에서 만나는 모서리의 개수를 a, 모서리 AB와 평행한 면의 개수를 b라 할 때, $2a+b$의 값은?

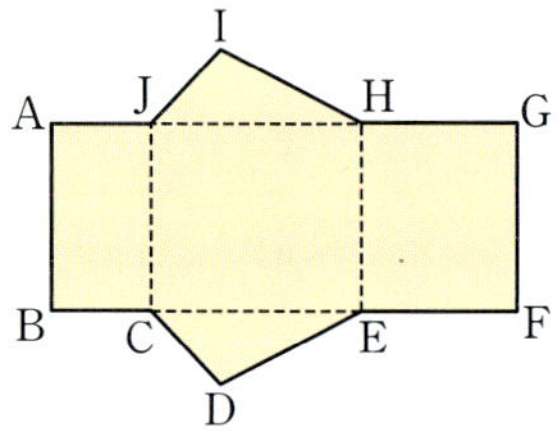

① 6 ② 7 ③ 8
④ 9 ⑤ 10

06

대표 유형 05

오른쪽 그림과 같은 전개도를 접어서 정육면체를 만들 때, 다음 중 모서리 AB와 꼬인 위치에 있는 모서리는?

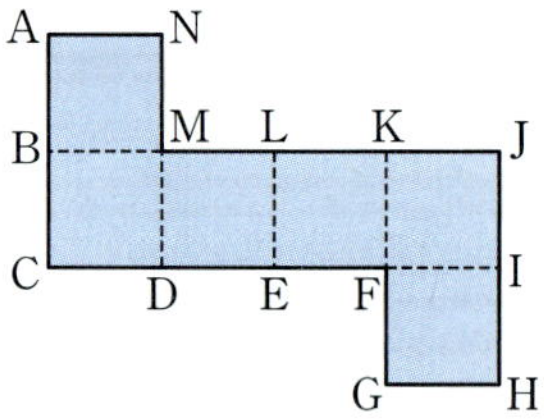

① $\overline{CD}$ ② $\overline{FI}$
③ $\overline{GH}$ ④ $\overline{IJ}$
⑤ $\overline{KL}$

05 동위각과 엇각

한 평면 위의 서로 다른 두 직선 l, m이 다른 한 직선 n과 만나서 생기는 8개의 각 중에서

(1) 동위각 : 서로 **같은 위치**에 있는 각

➡ $\angle a$와 $\angle e$, $\angle b$와 $\angle f$, $\angle c$와 $\angle g$, $\angle d$와 $\angle h$

(2) 엇각 : 서로 **엇갈린 위치**에 있는 각

➡ $\angle b$와 $\angle h$, $\angle c$와 $\angle e$

[주의] 엇각은 두 직선 l, m 사이에 있는 각이므로 $\angle a$, $\angle d$, $\angle f$, $\angle g$의 엇각은 존재하지 않는다.

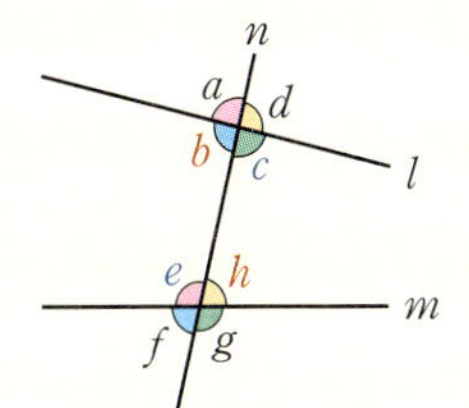

서로 다른 두 직선이 다른 한 직선과 만나면 8개의 교각이 생긴다. 이 중에서 동위각은 4쌍, 엇각은 2쌍이다. 동위각과 엇각은 위치와 관계가 있고 각의 크기와는 관계가 없다.

용어 설명

동위각(같을 同, 위치 位, 각 角) 서로 같은 위치에 있는 각

바이블 POINT 동위각과 엇각 찾기

| (1) 동위각 ➡ 알파벳 F를 찾는다. | (2) 엇각 ➡ 알파벳 Z를 찾는다. |

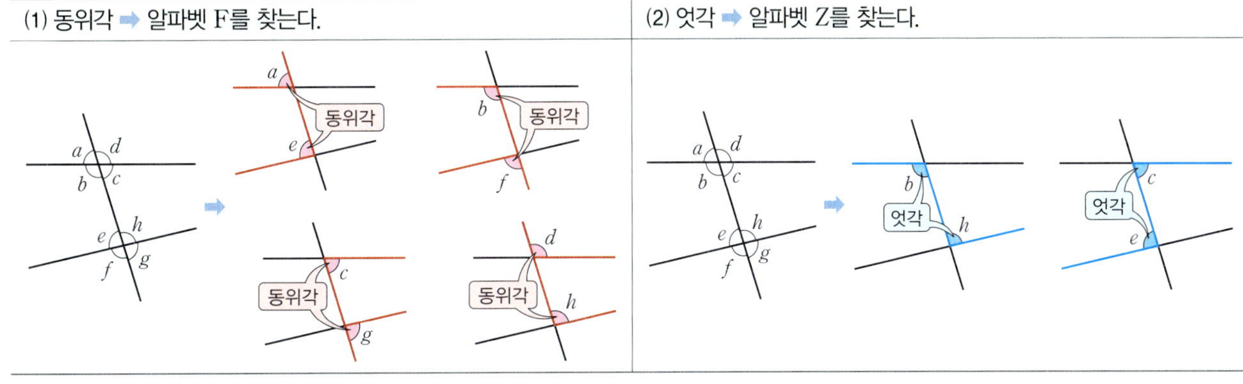

개념 CHECK **01**

• 서로 다른 두 직선이 다른 한 직선과 만나서 생기는 각 중에서

(1) ⓐ ______ : 서로 같은 위치에 있는 각

(2) ⓑ ______ : 서로 엇갈린 위치에 있는 각

오른쪽 그림과 같이 두 직선 l, m이 직선 n과 만날 때, 다음을 구하시오.

(1) $\angle a$의 동위각

(2) $\angle g$의 동위각

(3) $\angle c$의 엇각

(4) $\angle f$의 엇각

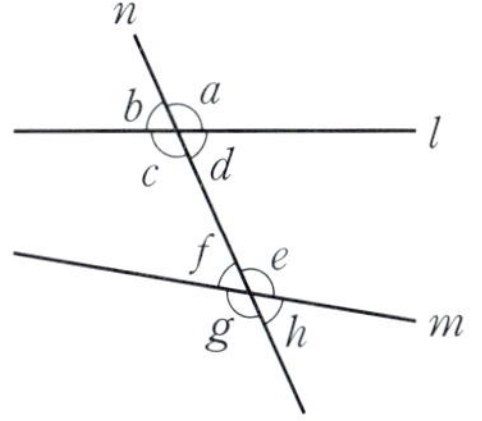

개념 CHECK **02**

오른쪽 그림과 같이 두 직선 l, m이 직선 n과 만날 때, 다음 각의 크기를 구하시오.

(1) $\angle b$의 동위각

(2) $\angle c$의 동위각

(3) $\angle b$의 엇각

(4) $\angle d$의 엇각

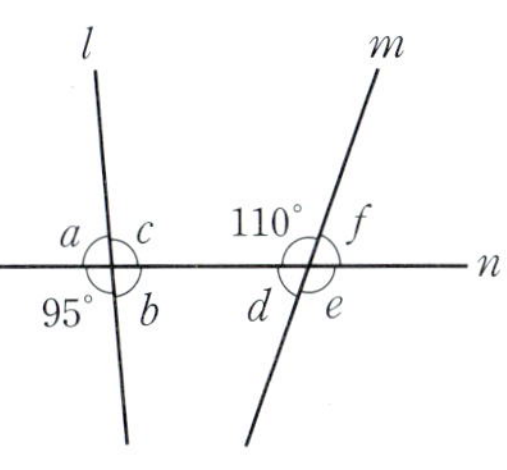

답 | ⓐ 동위각 ⓑ 엇각

대표유형 **01**   동위각과 엇각 찾기

⋒ 유형ON >>> 048쪽

오른쪽 그림과 같이 세 직선이 만날 때, 다음 중 동위각끼리 짝 지어진 것으로 옳은 것은?

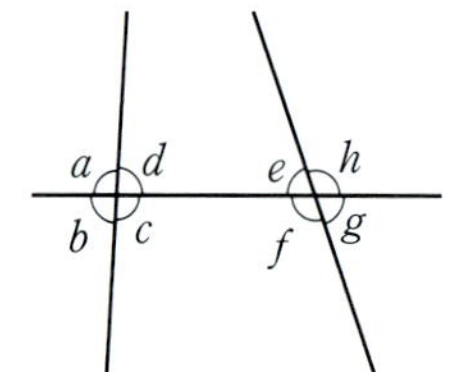

① ∠a와 ∠h　　② ∠b와 ∠f

③ ∠c와 ∠e　　④ ∠d와 ∠f

⑤ ∠e와 ∠g

풀이 과정

① ∠a의 동위각은 ∠e이다.

③ ∠c와 ∠e는 엇각이다.

④ ∠d와 ∠f는 엇각이다.

⑤ ∠e와 ∠g는 맞꼭지각이다.

정답 ②

01·Ⓐ 숫자 Change

오른쪽 그림과 같이 네 직선이 만날 때, 다음 중 엇각끼리 짝 지어진 것으로 옳은 것을 모두 고르면?

(정답 2개)

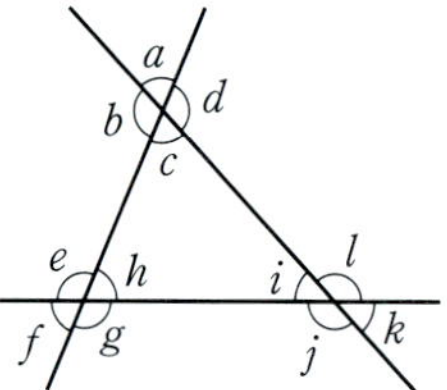

① ∠a와 ∠f　　② ∠b와 ∠l

③ ∠c와 ∠h　　④ ∠g와 ∠i

⑤ ∠h와 ∠k

01·Ⓑ 표현 Change

오른쪽 그림과 같이 세 직선이 만날 때, 다음 보기 중 옳은 것을 모두 고르시오.

보기

ㄱ. ∠a와 ∠l은 동위각이다.

ㄴ. ∠b와 ∠e는 동위각이다.

ㄷ. ∠d와 ∠i는 엇각이다.

ㄹ. ∠h와 ∠k는 엇각이다.

대표유형 **02**   동위각과 엇각의 크기

⋒ 유형ON >>> 048쪽

오른쪽 그림과 같이 세 직선이 만날 때, 다음 중 옳지 <u>않은</u> 것은?

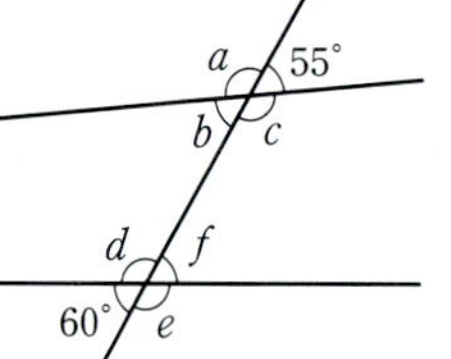

① ∠a의 동위각의 크기는 120°이다.

② ∠b의 엇각의 크기는 60°이다.

③ ∠d의 엇각의 크기는 125°이다.

④ ∠e의 동위각의 크기는 55°이다.

⑤ ∠f의 엇각의 크기는 55°이다.

풀이 과정

① ∠a의 동위각은 ∠d이고 ∠$d=180°-60°=120°$

② ∠b의 엇각은 ∠f이고 ∠$f=60°$ (맞꼭지각)

③ ∠d의 엇각은 ∠c이고 ∠$c=180°-55°=125°$

④ ∠e의 동위각은 ∠c이고 ∠$c=180°-55°=125°$

⑤ ∠f의 엇각은 ∠b이고 ∠$b=55°$ (맞꼭지각)

따라서 옳지 않은 것은 ④이다.

정답 ④

02·Ⓐ 숫자 Change

오른쪽 그림과 같이 세 직선이 만날 때, 다음 중 옳지 <u>않은</u> 것은?

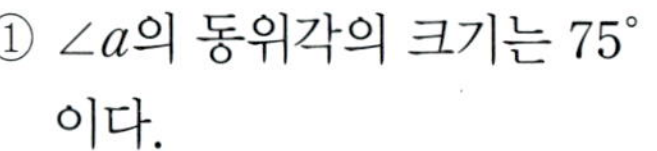

① ∠a의 동위각의 크기는 75°이다.

② ∠b의 동위각의 크기는 105°이다.

③ ∠c의 동위각의 크기는 105°이다.

④ ∠d의 엇각의 크기는 130°이다.

⑤ ∠f의 엇각의 크기는 50°이다.

02·Ⓑ 표현 Change

오른쪽 그림에서 ∠x의 엇각의 크기와 ∠y의 동위각의 크기의 합을 구하시오.

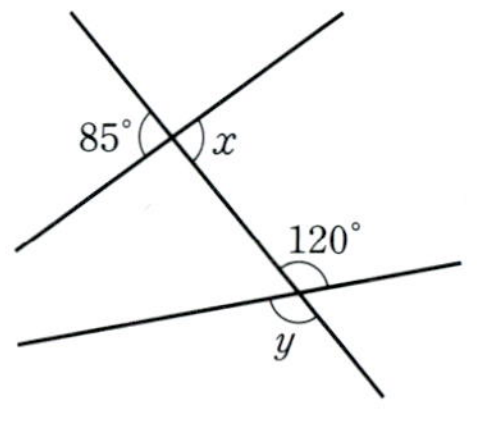

06 평행선의 성질

(1) 평행선의 성질

서로 다른 두 직선이 다른 한 직선과 만날 때
① 두 직선이 평행하면 **동위각의 크기는 서로 같다.**
  ➡ $l /\!/ m$이면 $\angle a = \angle b$
② 두 직선이 평행하면 **엇각의 크기는 서로 같다.**
  ➡ $l /\!/ m$이면 $\angle c = \angle d$

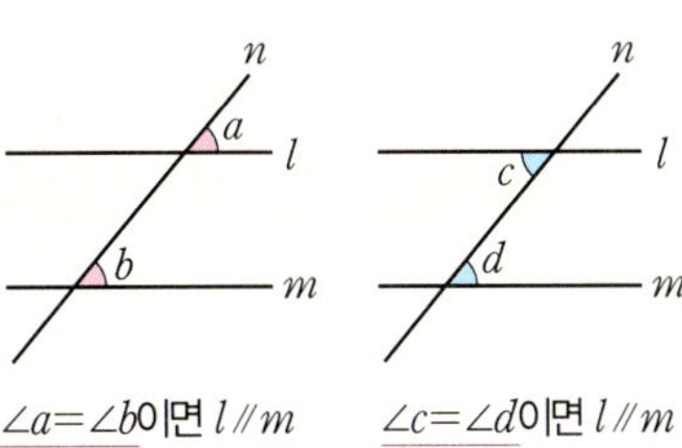

$l /\!/ m$이면 $\angle a = \angle b$
동위각

$l /\!/ m$이면 $\angle c = \angle d$
엇각

(2) 두 직선이 평행하기 위한 조건

서로 다른 두 직선이 다른 한 직선과 만날 때
① **동위각의 크기가 서로 같으면** 두 직선은 **평행**하다. ➡ $\angle a = \angle b$이면 $l /\!/ m$
② **엇각의 크기가 서로 같으면** 두 직선은 **평행**하다. ➡ $\angle c = \angle d$이면 $l /\!/ m$

$\angle a = \angle b$이면 $l /\!/ m$
동위각

$\angle c = \angle d$이면 $l /\!/ m$
엇각

맞꼭지각의 크기는 항상 같지만 동위각과 엇각의 크기는 두 직선이 평행할 때만 같다.

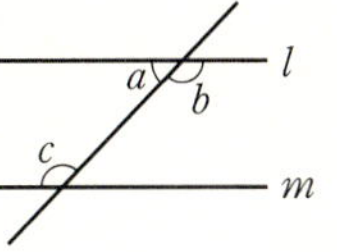

위의 그림에서 $l /\!/ m$이면
$\angle b = \angle c$ (엇각)이므로
$\angle a + \angle c = \angle a + \angle b = 180°$

바이블 POINT · 두 직선이 평행할 때, 엇각의 크기가 같음을 확인하기

오른쪽 그림에서 $l /\!/ m$이면 동위각의
크기가 서로 같으므로
$\angle a = \angle b$ ...... ㉠
또한 $\angle a$와 $\angle c$는 맞꼭지각이므로
$\angle a = \angle c$ ...... ㉡
㉠, ㉡에서 $\angle b = \angle c$
따라서 $l /\!/ m$이면 $\angle b = \angle c$

평행선 사이에 꺾인 부분이 있을 때, 각의 크기 구하기

다음 그림과 같이 평행한 두 직선 l, m 사이에 꺾인 부분이 있을 때는 꺾인 부분을 지나면서 두 직선 l, m에 평행한 직선 n을 그은 후 평행선의 성질을 이용하여 각의 크기를 구한다.

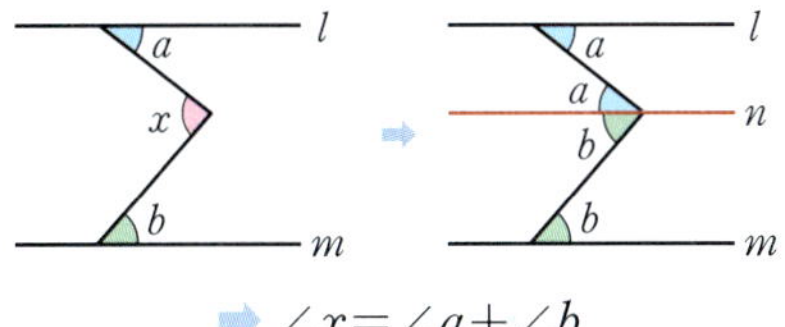

➡ $\angle x = \angle a + \angle b$

개념 CHECK 01

• 평행한 두 직선이 다른 한 직선과 만날 때
 (1) ㉠ [ ]의 크기는 같다.
 (2) 엇각의 크기는 같다.

다음 그림에서 $l /\!/ m$일 때, $\angle x$, $\angle y$의 크기를 각각 구하시오.

(1)
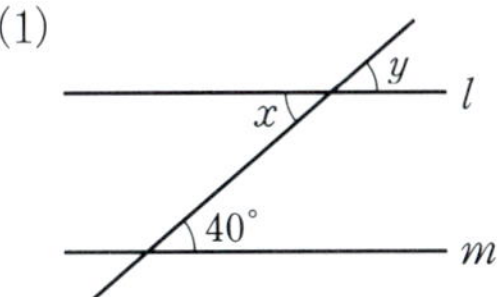

(2)
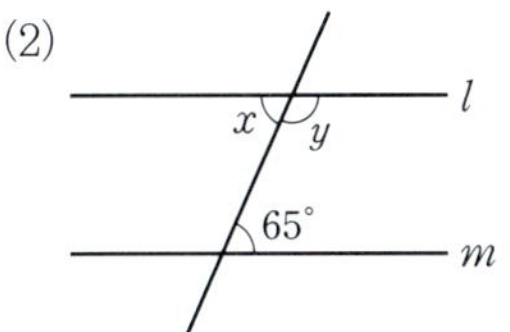

개념 CHECK 02

• 서로 다른 두 직선이 다른 한 직선과 만날 때
 (1) 동위각의 크기가 같으면 두 직선은 ㉡ [ ]하다.
 (2) 엇각의 크기가 같으면 두 직선은 ㉢ [ ]하다.

다음 그림에서 □ 안에 알맞은 수를 써넣고, 옳은 표현에 ○표를 하시오.

(1)
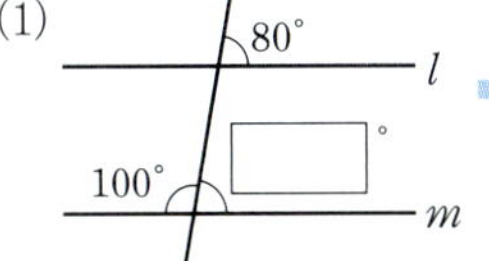
➡ 왼쪽 그림에서 동위각의 크기가 [같다, 같지 않다].
 따라서 두 직선 l, m은 [평행하다, 평행하지 않다].

(2)
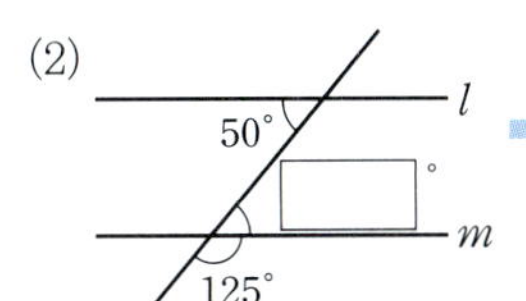
➡ 왼쪽 그림에서 엇각의 크기가 [같다, 같지 않다].
 따라서 두 직선 l, m은 [평행하다, 평행하지 않다].

답 | ㉠ 동위각 ㉡ 평행 ㉢ 평행

다음 중 두 직선 l, m이 평행하지 <u>않은</u> 것은?

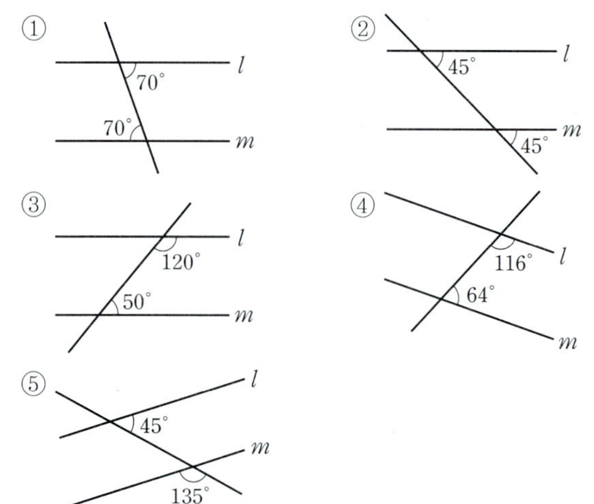

03 · A (숫자 Change)

다음 보기 중 두 직선 l, m이 평행한 것을 모두 고른 것은?

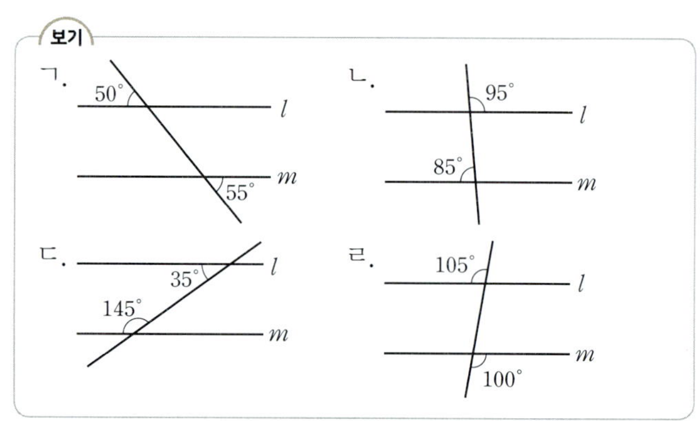

① ㄱ, ㄴ   ② ㄱ, ㄷ   ③ ㄴ, ㄷ
④ ㄴ, ㄹ   ⑤ ㄷ, ㄹ

풀이 과정

③ 오른쪽 그림에서 동위각의 크기가 같지 않으므로 두 직선 l, m은 평행하지 않다.

④ 오른쪽 그림에서 동위각의 크기가 같으므로 $l /\!/ m$

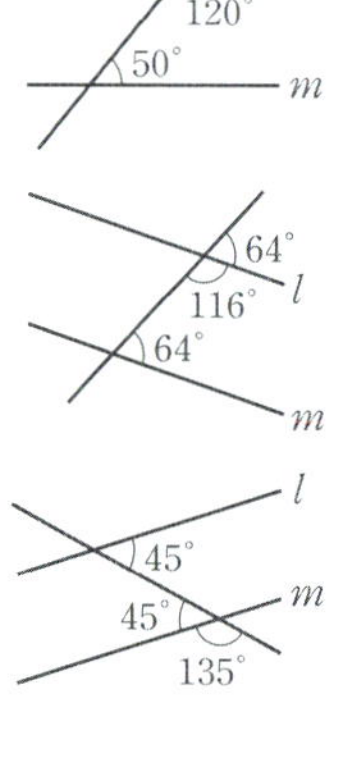

⑤ 오른쪽 그림에서 엇각의 크기가 같으므로 $l /\!/ m$

따라서 두 직선 l, m이 평행하지 않은 것은 ③이다.

(정답) ③

03 · B (표현 Change)

오른쪽 그림에서 서로 평행한 두 직선을 모두 찾아 기호 $/\!/$를 사용하여 나타내시오.

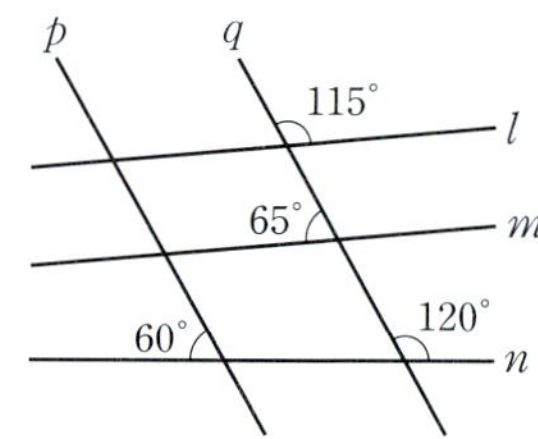

오른쪽 그림에서 $l /\!/ m$일 때, $\angle x - \angle y$의 크기를 구하시오.

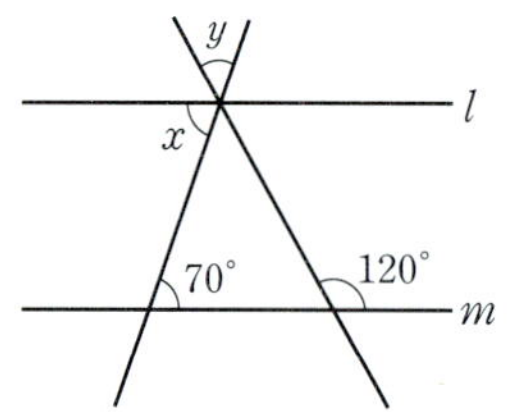

04 · A (표현 Change)

오른쪽 그림에서 $l /\!/ m$일 때, x의 값은?

① 15   ② 20
③ 25   ④ 30
⑤ 35

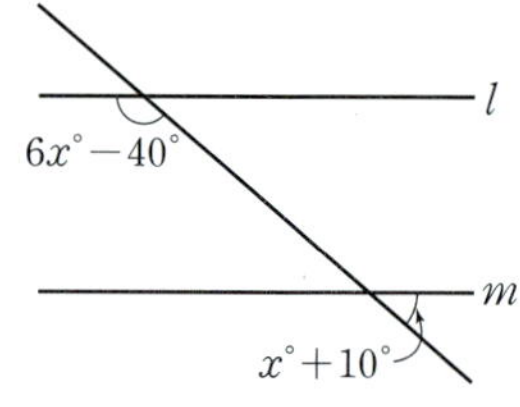

풀이 과정

오른쪽 그림에서 $l /\!/ m$이므로
$\angle x = 70°$ (동위각)
$\angle x + \angle y = 120°$ (동위각)이므로
$\angle y = 120° - 70° = 50°$
$\therefore \angle x - \angle y = 70° - 50° = 20°$

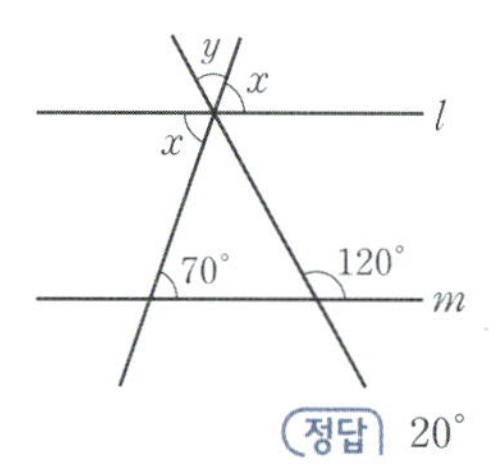

(정답) 20°

대표유형 **05** 평행선에서 각의 크기 구하기 (2) – 삼각형의 성질 이용하기

유형ON >>> 051쪽

오른쪽 그림에서 $l/\!/m$일 때,
$\angle x$의 크기를 구하시오.

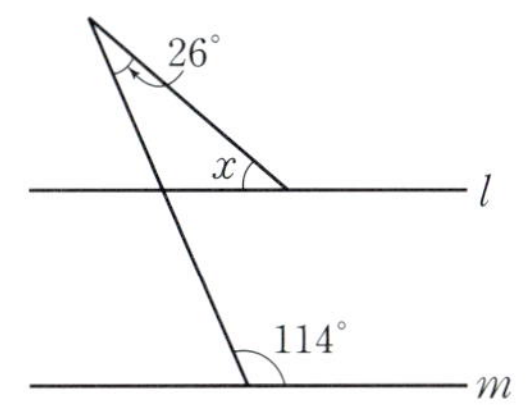

풀이 과정

오른쪽 그림에서 삼각형의 세 각의 크기의
합이 $180°$이므로

$26°+114°+\angle x=180°$

$140°+\angle x=180°$ $\quad\therefore \angle x=40°$

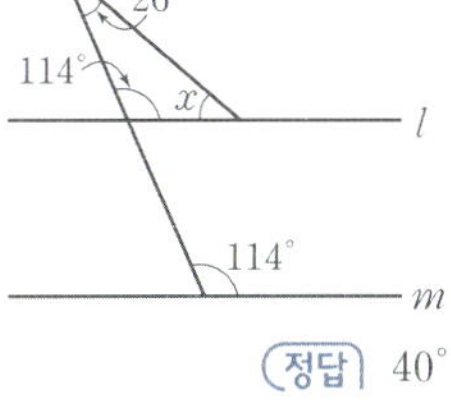

정답 $40°$

05·ⓐ (숫자 Change)

오른쪽 그림에서 $l/\!/m$일 때,
$\angle x$의 크기를 구하시오.

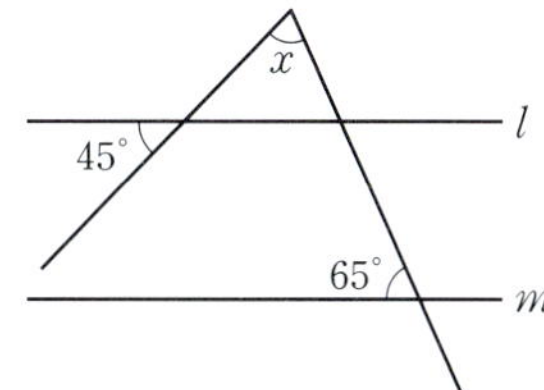

05·ⓑ (표현 Change)

오른쪽 그림에서 $l/\!/m$일 때,
$\angle x$의 크기를 구하시오.

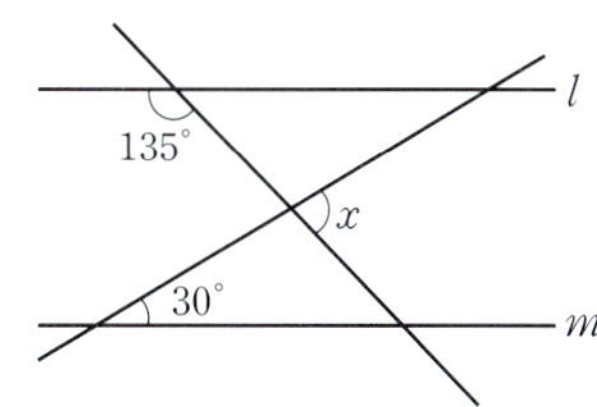

BIBLE SAYS 삼각형의 성질을 이용하여 평행선에서 각의 크기 구하기

(1) 평행선에서 동위각과 엇각의 크기가 각각 같음을 이용한다.

(2) 삼각형의 세 각의 크기의 합이 $180°$임을 이용한다.

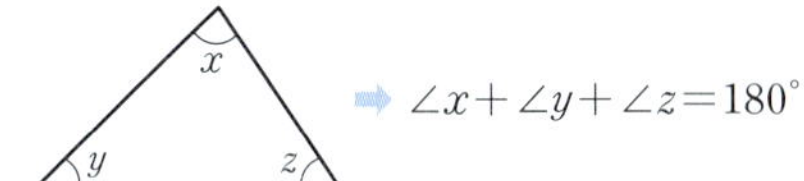

➡ $\angle x+\angle y+\angle z=180°$

대표유형 **06** 평행선에서 각의 크기 구하기 (3) – 보조선 1개 이용하기

유형ON >>> 052쪽

오른쪽 그림에서 $l/\!/m$일 때,
$\angle x$의 크기는?

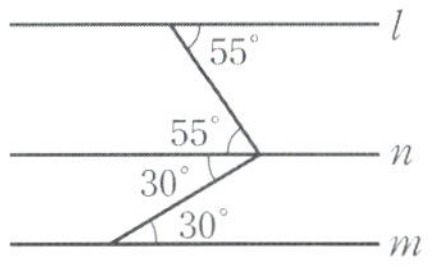

① $75°$ ② $80°$

③ $85°$ ④ $90°$

⑤ $95°$

풀이 과정

오른쪽 그림과 같이 $l/\!/m/\!/n$이 되도록 직선
n을 그으면

$\angle x=55°+30°=85°$

정답 ③

06·ⓐ (숫자 Change)

오른쪽 그림에서 $l/\!/m$일 때,
$\angle x$의 크기는?

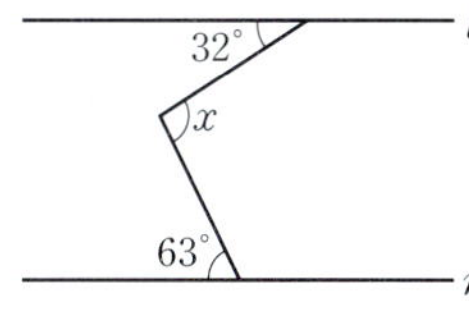

① $91°$ ② $92°$

③ $93°$ ④ $94°$

⑤ $95°$

06·ⓑ (표현 Change)

오른쪽 그림에서 $l/\!/m$일 때,
$\angle x$의 크기를 구하시오.

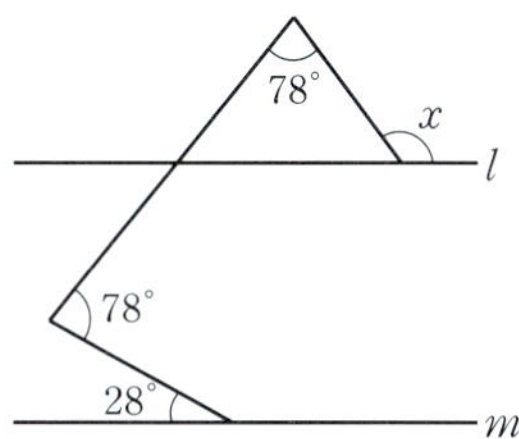

BIBLE SAYS 평행한 보조선을 1개 긋는 경우

꺾인 부분을 지나면서 평행선에 평행한 직선을 긋는다.

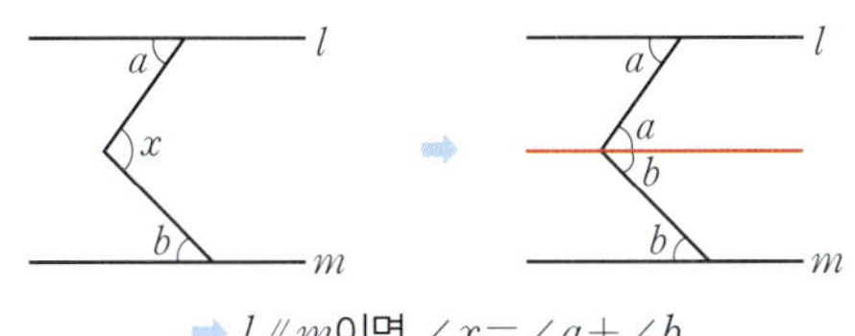

➡ $l/\!/m$이면 $\angle x=\angle a+\angle b$

대표유형 07 평행선에서 각의 크기 구하기 (4) – 보조선 2개 이용하기

오른쪽 그림에서 $l /\!/ m$일 때,
$\angle x$의 크기를 구하시오.

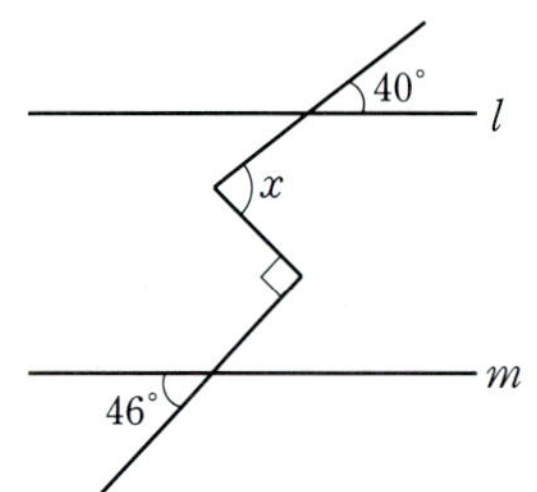

풀이 과정

오른쪽 그림과 같이 $l /\!/ m /\!/ p /\!/ q$가 되도록
두 직선 p, q를 그으면
$\angle x = 40° + 44° = 84°$

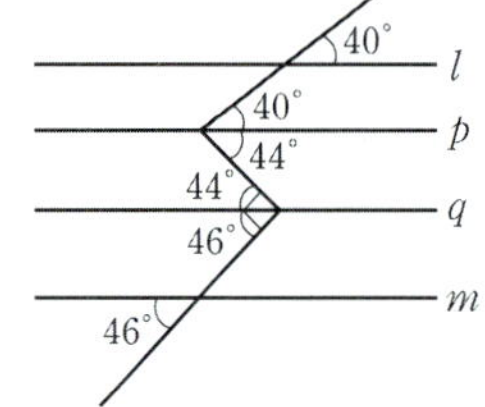

정답 $84°$

참고 꺾인 부분이 2군데이므로 두 직선 l, m에 평행한 보조선 2개를 긋는다.

BIBLE SAYS 평행한 보조선을 2개 긋는 경우 (1)

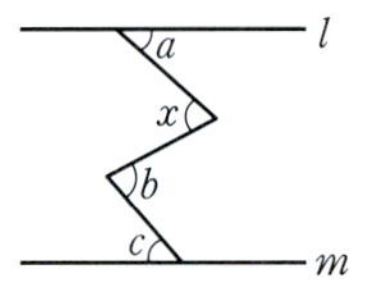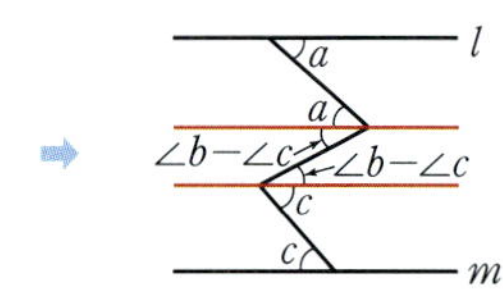

➡ $l /\!/ m$이면 $\angle x = \angle a + \angle b - \angle c$

07·Ⓐ 숫자 Change

오른쪽 그림에서 $l /\!/ m$일 때,
$\angle x$의 크기를 구하시오.

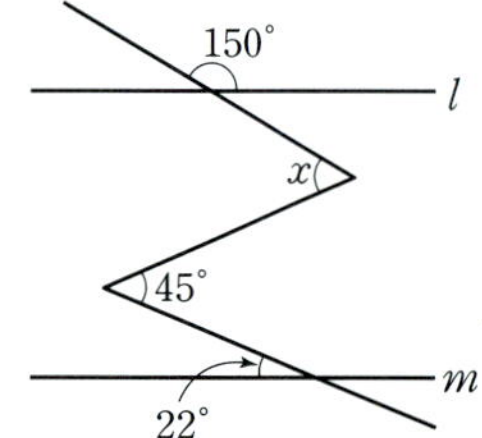

07·Ⓑ 표현 Change

오른쪽 그림에서 $l /\!/ m$일 때,
$\angle x$의 크기는?

① $45°$ ② $50°$
③ $55°$ ④ $60°$
⑤ $65°$

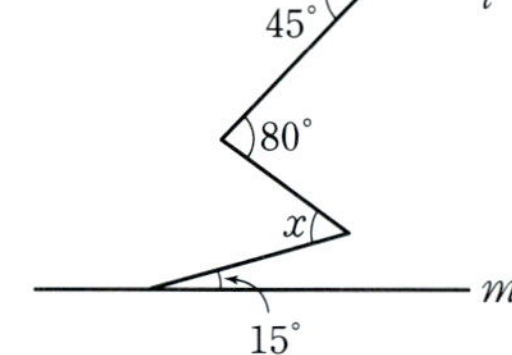

대표유형 08 평행선에서 각의 크기 구하기 (5) – 보조선 2개 이용하기

오른쪽 그림에서 $l /\!/ m$일 때,
$\angle x$의 크기를 구하시오.

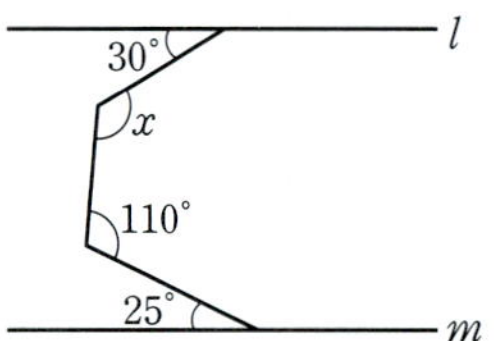

풀이 과정

오른쪽 그림과 같이 $l /\!/ m /\!/ p /\!/ q$가 되도록
두 직선 p, q를 그으면
$(\angle x - 30°) + 85° = 180°$
$\angle x + 55° = 180°$ ∴ $\angle x = 125°$

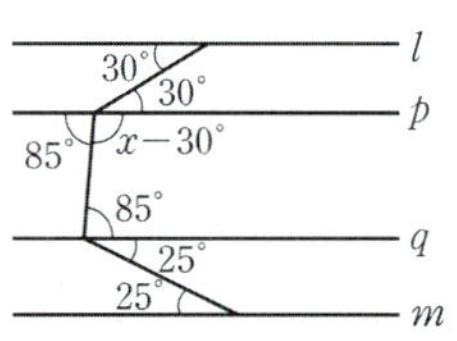

정답 $125°$

BIBLE SAYS 평행한 보조선을 2개 긋는 경우 (2)

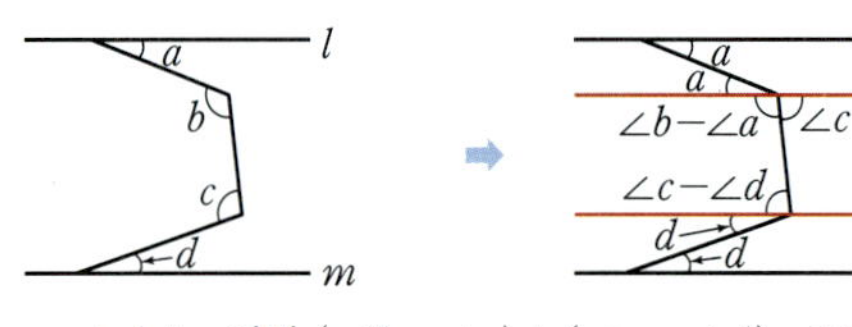

➡ $l /\!/ m$이면 $(\angle b - \angle a) + (\angle c - \angle d) = 180°$

08·Ⓐ 숫자 Change

오른쪽 그림에서 $l /\!/ m$일 때,
$\angle x$의 크기를 구하시오.

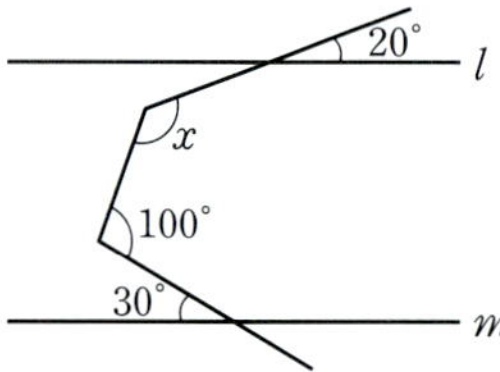

08·Ⓑ 표현 Change

오른쪽 그림에서 $l /\!/ m$일 때,
$\angle x + \angle y$의 크기는?

① $155°$ ② $173°$
③ $190°$ ④ $221°$
⑤ $223°$

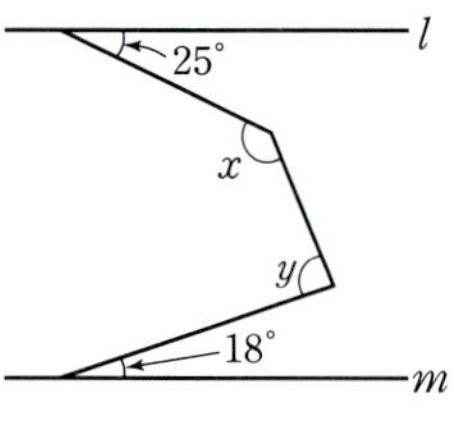

⌒ 유형ON >>> 055쪽

대표유형 **09** 평행선에서의 활용

오른쪽 그림에서 $l \,/\!/\, m$일 때, $\angle x$의 크기를 구하시오.

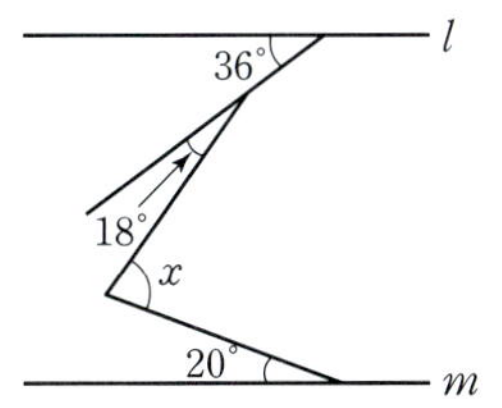

풀이 과정

오른쪽 그림과 같이 $l \,/\!/\, m \,/\!/\, p \,/\!/\, q$가 되도록 두 직선 p, q를 그으면
$\angle x = 54° + 20° = 74°$

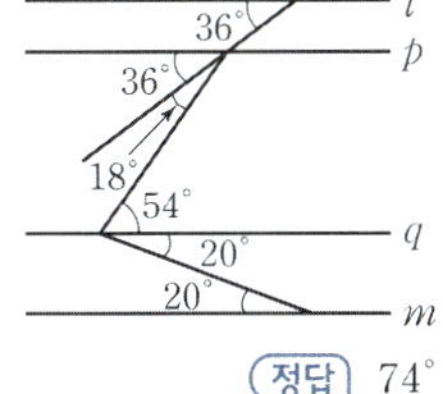

정답 74°

BIBLE SAYS 평행선에서의 활용

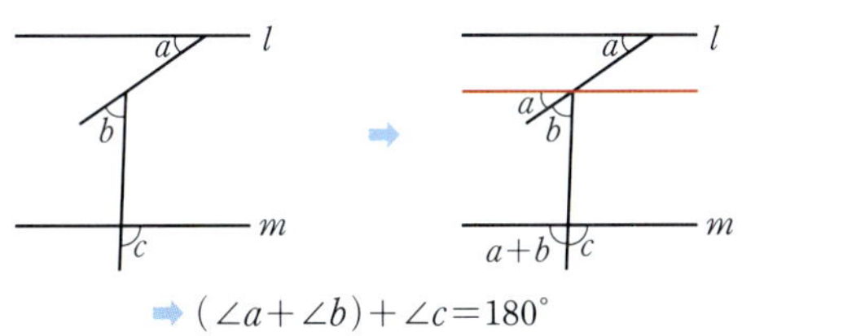

$$\Rightarrow (\angle a + \angle b) + \angle c = 180°$$

09·Ⓐ 숫자 Change

오른쪽 그림에서 $l \,/\!/\, m$일 때, $\angle x$의 크기를 구하시오.

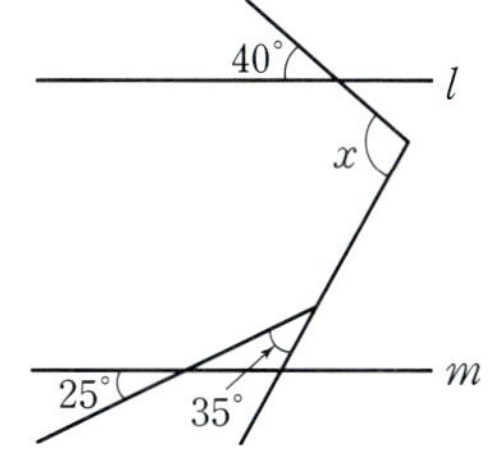

09·Ⓑ 표현 Change

오른쪽 그림에서 $l \,/\!/\, m$일 때, $\angle x$의 크기를 구하시오.

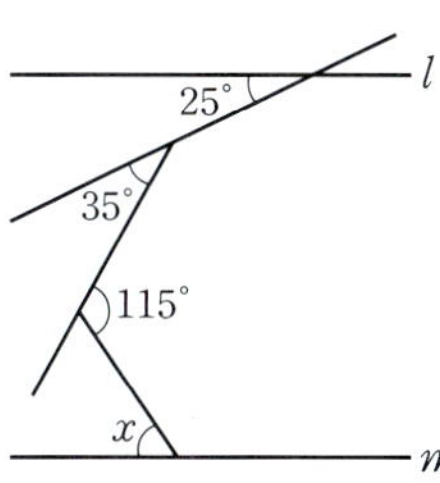

대표유형 **10** 직사각형의 모양의 종이 접기

⌒ 유형ON >>> 057쪽

오른쪽 그림과 같이 직사각형 모양의 종이를 $\overline{EF}$를 접는 선으로 하여 접었을 때, $\angle x$의 크기를 구하시오.

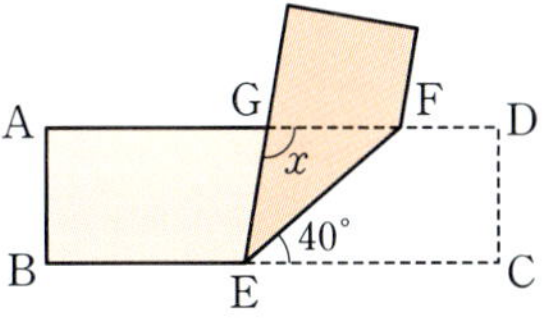

풀이 과정

오른쪽 그림에서
$\angle GEF = \angle FEC = 40°$ (접은 각)
$\overline{AD} \,/\!/\, \overline{BC}$이므로
$\angle GFE = \angle FEC = 40°$ (엇각)
따라서 삼각형 GEF에서
$\angle x + 40° + 40° = 180°$이므로
$\angle x + 80° = 180°$ $\therefore \angle x = 100°$

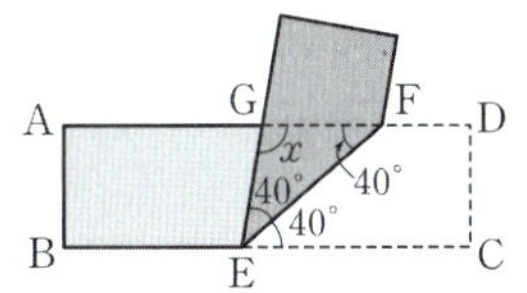

정답 100°

BIBLE SAYS 직사각형 모양의 종이 접기

오른쪽 그림과 같이 직사각형 모양의 종이를 접으면
(1) 접은 각의 크기가 같다.
(2) 엇각의 크기가 같다.

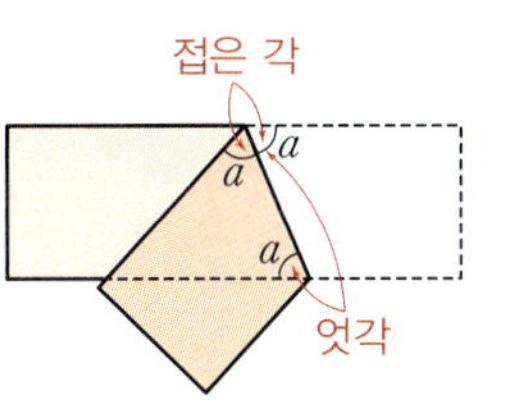

10·Ⓐ 숫자 Change

오른쪽 그림과 같이 직사각형 모양의 종이를 $\overline{EF}$를 접는 선으로 하여 접었을 때, $\angle x$의 크기를 구하시오.

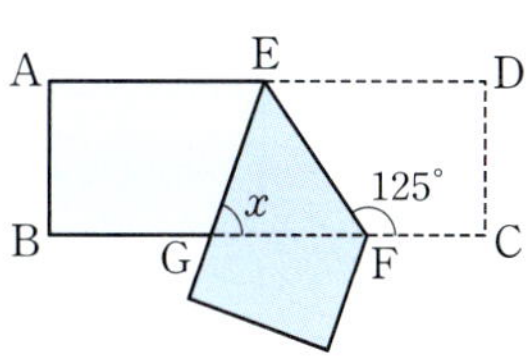

10·Ⓑ 표현 Change

오른쪽 그림과 같이 직사각형 모양의 종이를 $\overline{FG}$를 접는 선으로 하여 접었을 때, $\angle x$의 크기를 구하시오.

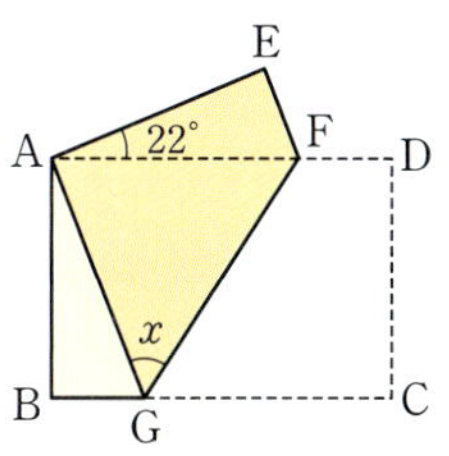

01

오른쪽 그림과 같이 세 직선이 만날 때,
다음 중 옳지 <u>않은</u> 것은?

대표 유형 01 ⊕ 02

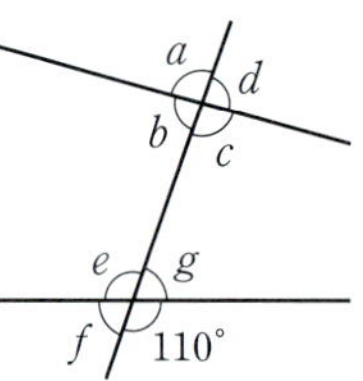

① ∠a의 동위각은 ∠e이다.
② ∠b의 엇각은 ∠g이다.
③ ∠b의 동위각의 크기는 70°이다.
④ ∠c의 엇각의 크기는 110°이다.
⑤ ∠d의 동위각의 크기는 110°이다.

02

대표 유형 03

다음 중 두 직선 l, m이 평행하지 <u>않은</u> 것은?

① 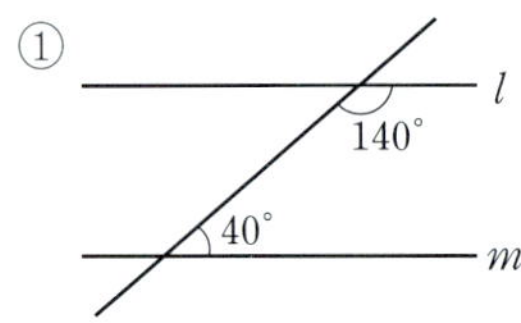
② 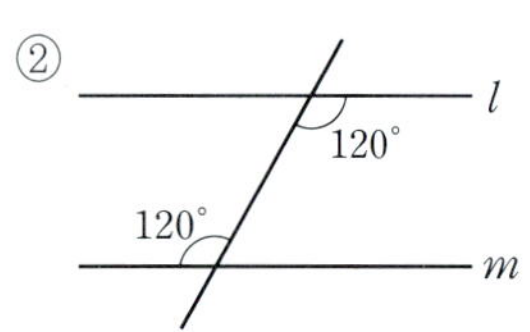
③ 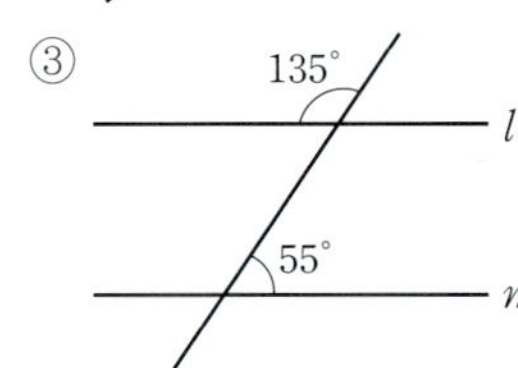
④ 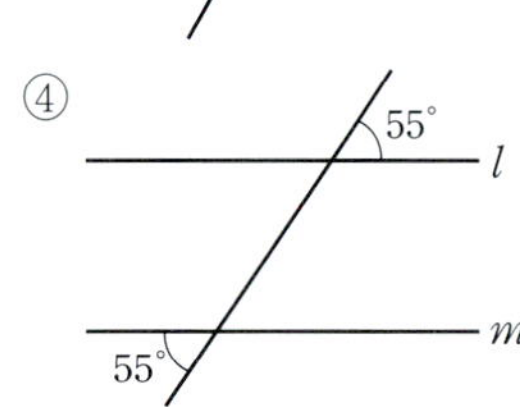
⑤ 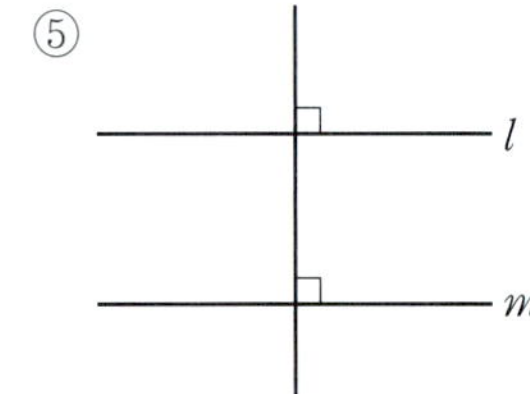

03 생각이 쑥쑥

대표 유형 03

오른쪽 그림에서 서로 평행한 두
직선을 찾아 기호로 바르게 나타낸
것은?

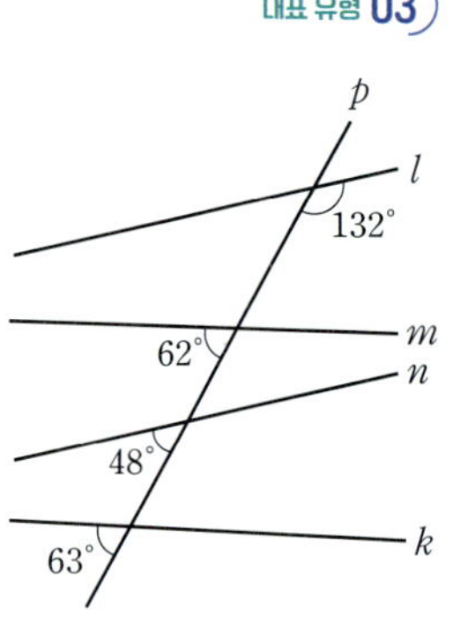

① $l \,/\!/\, m$
② $l \,/\!/\, n$
③ $m \,/\!/\, k$
④ $m \,/\!/\, n$
⑤ $n \,/\!/\, k$

04

대표 유형 04

오른쪽 그림에서 $l \,/\!/\, m$일 때,
∠y − ∠x의 크기는?

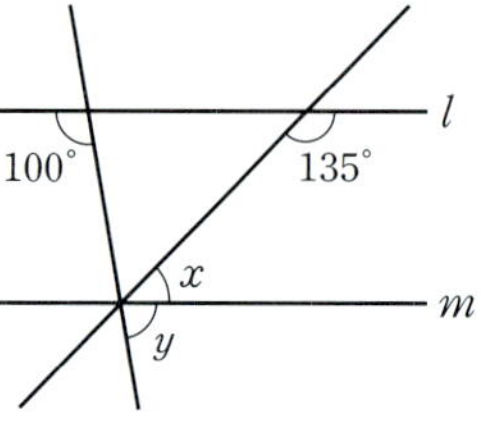

① 20°
② 25°
③ 30°
④ 35°
⑤ 40°

05

대표 유형 05

오른쪽 그림에서 $l \,/\!/\, m$일 때, x의
값은?

① 45
② 50
③ 55
④ 60
⑤ 65

06

대표 유형 06

오른쪽 그림에서 $l \,/\!/\, m$일 때, ∠x
의 크기를 구하시오.

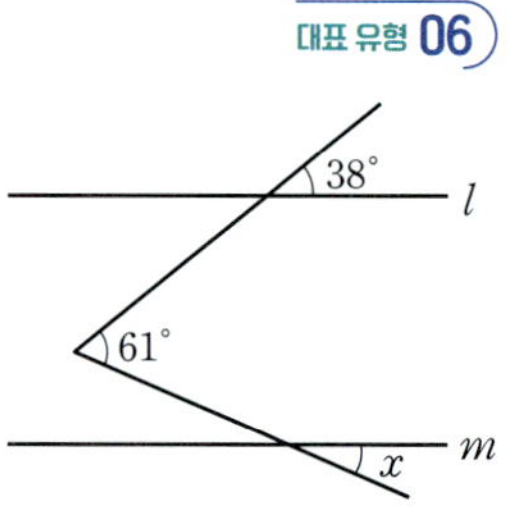

07
대표 유형 **05 ⊕ 06**

오른쪽 그림에서 $l /\!/ m$일 때, $\angle x$ 의 크기를 구하시오.

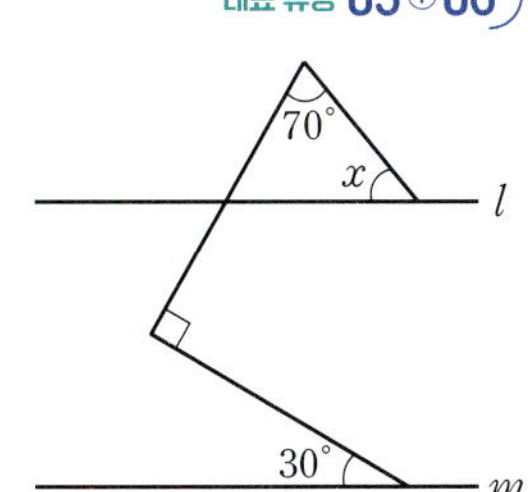

08 생각이 쑥쑥
대표 유형 **07**

오른쪽 그림에서 $l /\!/ m$일 때, x의 값을 구하시오.

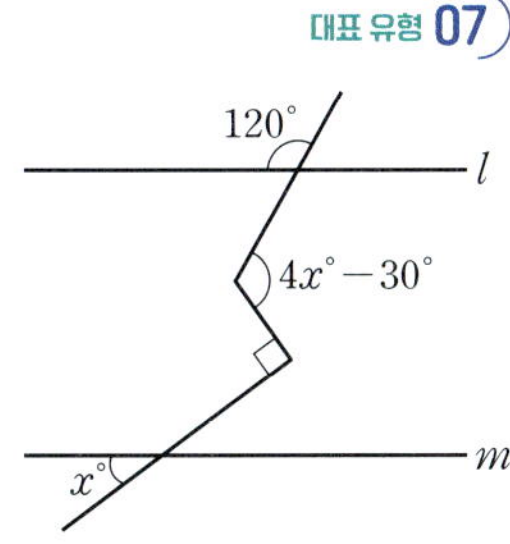

09
대표 유형 **08**

오른쪽 그림에서 $l /\!/ m$일 때, $\angle x$ 의 크기는?

① 115°   ② 120°
③ 125°   ④ 130°
⑤ 135°

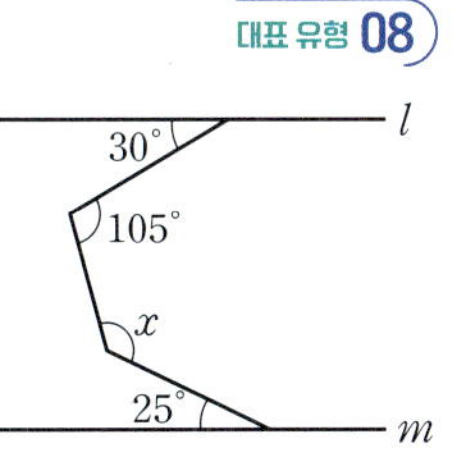

10
대표 유형 **08**

오른쪽 그림에서 $l /\!/ m$일 때, $\angle x + \angle y$의 크기를 구하시오.

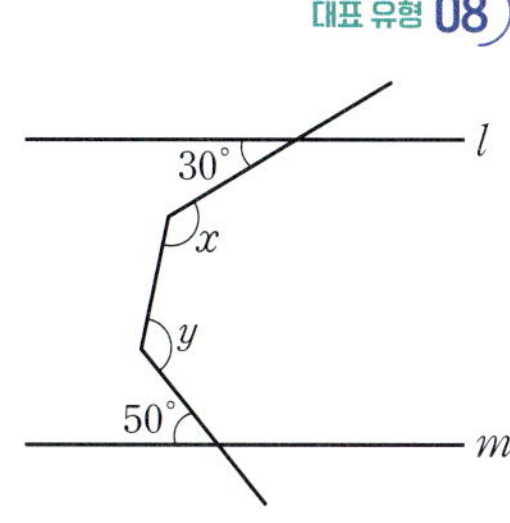

11
대표 유형 **09**

오른쪽 그림에서 $l /\!/ m$일 때, $\angle x$의 크기를 구하시오.

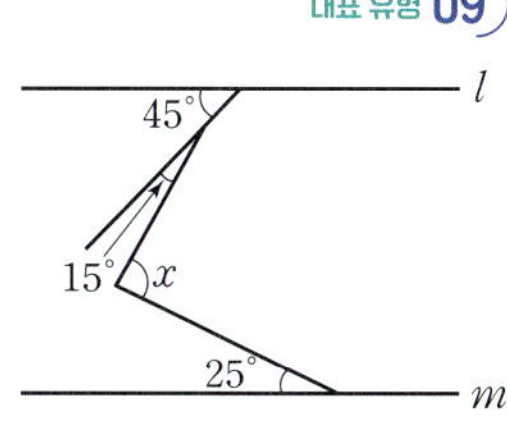

12
대표 유형 **10**

오른쪽 그림과 같이 직사각형 모양의 종이를 $\overline{EF}$를 접는 선으로 하여 접었을 때, $\angle x$의 크기는?

① 50°   ② 55°
③ 60°   ④ 65°
⑤ 70°

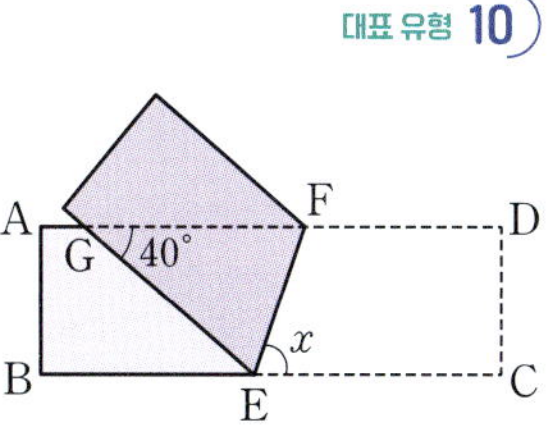

함께 풀기

오른쪽 그림과 같은 직육면체에서 면 AEGC와 평행한 모서리의 개수를 a, 모서리 AB와 수직인 면의 개수를 b라 할 때, $a+b$의 값을 구하시오.

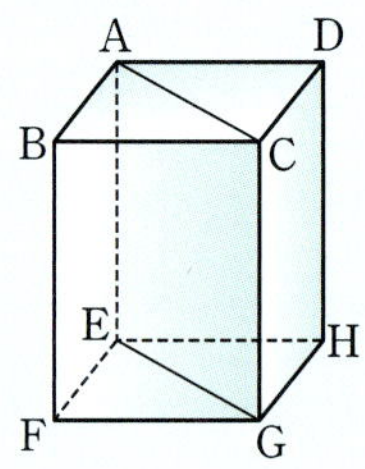

풀이 과정

1단계 a의 값 구하기

면 AEGC와 평행한 모서리는 $\overline{BF}$, $\overline{DH}$의 2개이므로
$a=2$ ····· 50 %

2단계 b의 값 구하기

모서리 AB와 수직인 면은 면 AEHD, 면 BFGC의 2개이므로
$b=2$ ····· 40 %

3단계 $a+b$의 값 구하기
∴ $a+b=2+2=4$ ····· 10 %

정답 ______ 4 ______

따라 풀기

01 오른쪽 그림과 같이 밑면이 정오각형인 오각기둥에서 모서리 AB와 꼬인 위치에 있는 모서리의 개수를 a, 면 AFJE와 평행한 모서리의 개수를 b라 할 때, $a+b$의 값을 구하시오.

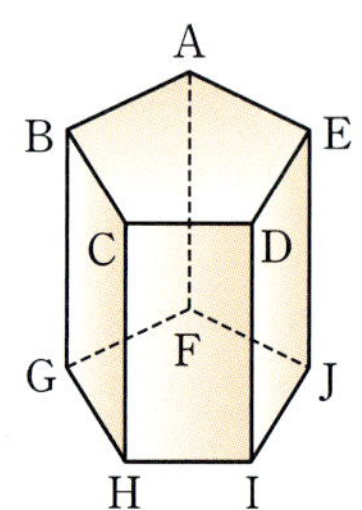

풀이 과정

1단계 a의 값 구하기

2단계 b의 값 구하기

3단계 $a+b$의 값 구하기

정답 ______________

함께 풀기

오른쪽 그림과 같이 직사각형 모양의 종이를 $\overline{EF}$를 접는 선으로 하여 접었을 때, $\angle y - \angle x$의 크기를 구하시오.

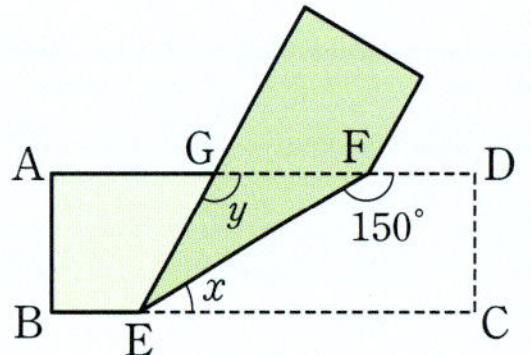

풀이 과정

1단계 $\angle x$의 크기 구하기
오른쪽 그림에서
$\angle GFE = 180° - 150° = 30°$
$\overline{AD} /\!/ \overline{BC}$이므로
$\angle FEC = \angle GFE = 30°$ (엇각)
∴ $\angle x = 30°$ ····· 40 %

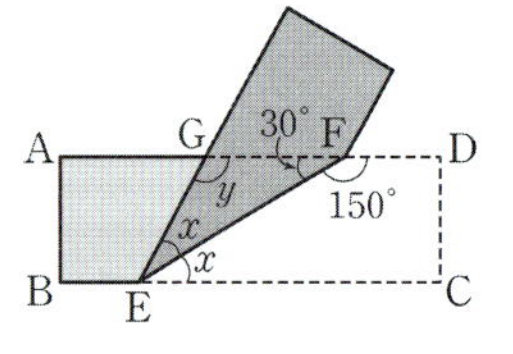

2단계 $\angle y$의 크기 구하기

$\angle GEF = \angle FEC = 30°$ (접은 각)
삼각형 GEF에서 $\angle y + 30° + 30° = 180°$이므로
$\angle y + 60° = 180°$ ∴ $\angle y = 120°$ ····· 50 %

3단계 $\angle y - \angle x$의 크기 구하기
∴ $\angle y - \angle x = 120° - 30° = 90°$ ····· 10 %

정답 ______ 90° ______

따라 풀기

02 오른쪽 그림과 같이 직사각형 모양의 종이를 $\overline{DF}$를 접는 선으로 하여 접었을 때, $\angle y - \angle x$의 크기를 구하시오.

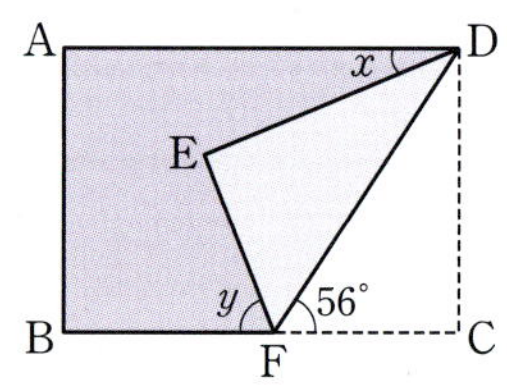

풀이 과정

1단계 $\angle x$의 크기 구하기

2단계 $\angle y$의 크기 구하기

3단계 $\angle y - \angle x$의 크기 구하기

정답 ______________

03 오른쪽 그림과 같이 직육면체를 $\overline{BC}=\overline{GH}$가 되도록 잘라 내고 남은 입체도형에서 면 AFJE와 수직인 면의 개수를 a, 모서리 HI와 수직인 모서리의 개수를 b, 모서리 BC와 꼬인 위치에 있는 모서리의 개수를 c라 할 때, $a+b+c$의 값을 구하시오.

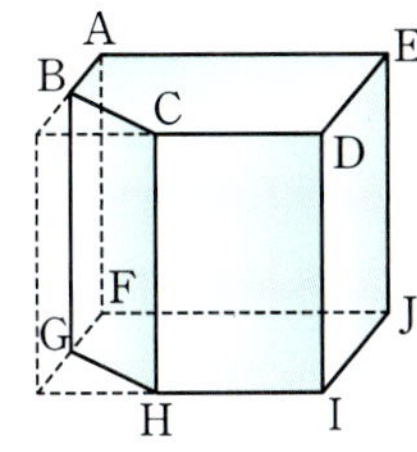

풀이 과정

정답 ________________

04 오른쪽 그림과 같은 전개도를 접어서 정육면체 모양의 주사위를 만들려고 한다. 평행한 두 면에 적힌 숫자의 합이 7일 때, $a+b-c$의 값을 구하시오.

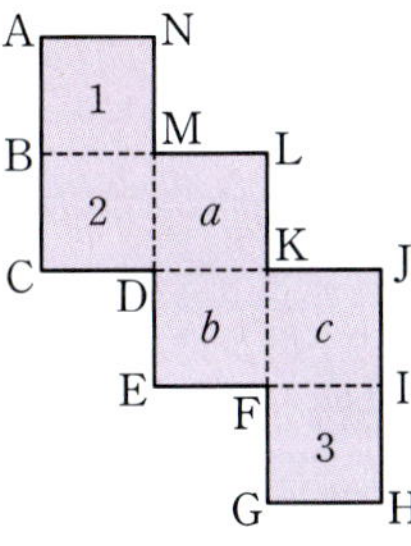

풀이 과정

정답 ________________

05 오른쪽 그림에서 $l /\!/ m$이고 $p /\!/ q$일 때, $\angle x + \angle y$의 크기를 구하시오.

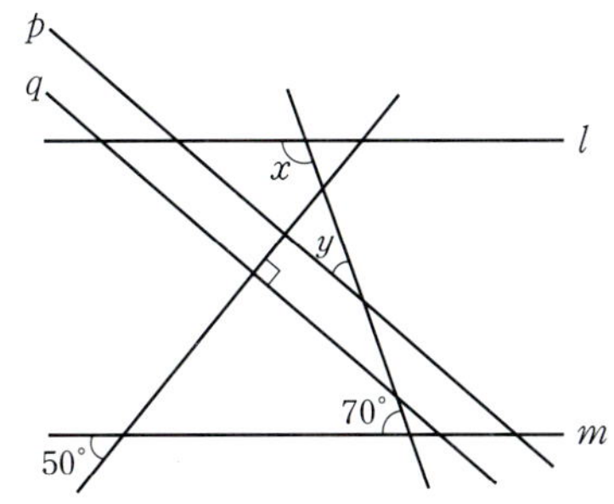

풀이 과정

정답 ________________

06 오른쪽 그림에서 $l /\!/ m$일 때, $\angle x + \angle y$의 크기를 구하시오.

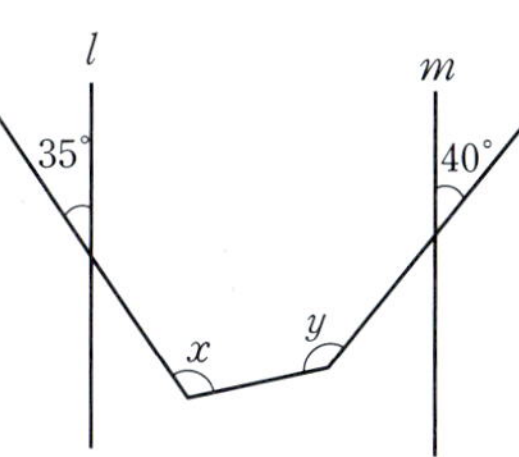

풀이 과정

정답 ________________

⭐ : 중요

STEP 1 기본 다지기

01

다음 보기 중 오른쪽 그림에 대한 설명으로 옳은 것을 모두 고르시오.

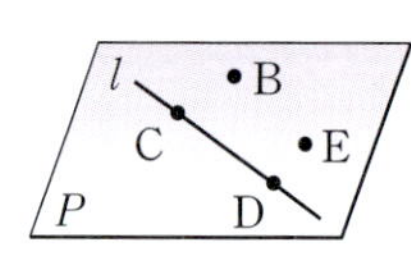

보기

ㄱ. 점 B는 평면 P 위에는 있지만 직선 l 위에는 있지 않다.
ㄴ. 두 점 D, E는 직선 l 위에 있다.
ㄷ. 직선 l 밖에 있는 점은 2개이다.
ㄹ. 평면 P 위에 있는 점은 4개이다.

02

오른쪽 그림은 정육면체의 한 면과 옆면이 모두 정삼각형인 사각뿔의 밑면이 서로 완전히 포개지도록 붙여 놓은 입체도형이다. 이 입체도형에서 모서리 BC와 꼬인 위치에 있는 모서리의 개수를 구하시오.

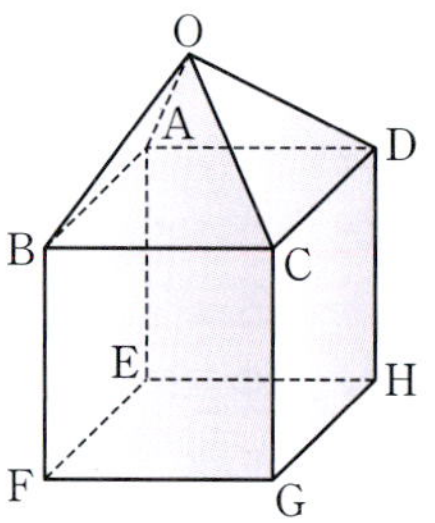

⭐03

다음 중 오른쪽 그림과 같은 직육면체에 대한 설명으로 옳지 <u>않은</u> 것을 모두 고르면? (정답 2개)

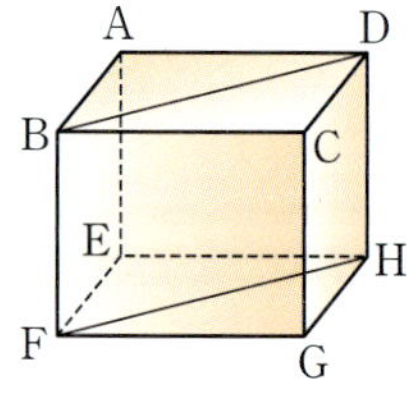

① $\overline{BD}$와 한 점에서 만나는 모서리는 4개이다.
② $\overline{BF}$와 꼬인 위치에 있는 모서리는 4개이다.
③ $\overline{FH}$와 수직인 모서리는 6개이다.
④ $\overline{AB}$와 수직인 면은 2개이다.
⑤ 면 BFHD와 평행한 모서리는 2개이다.

04

오른쪽 그림은 $\overline{AD}=\overline{BC}$가 되도록 직육면체를 잘라서 만든 입체도형이다. 면 ABCD와 평행한 모서리의 개수를 a, 모서리 CG를 포함하는 면의 개수를 b, 모서리 FG와 수직인 면의 개수를 c라 할 때, $a+b-c$의 값은?

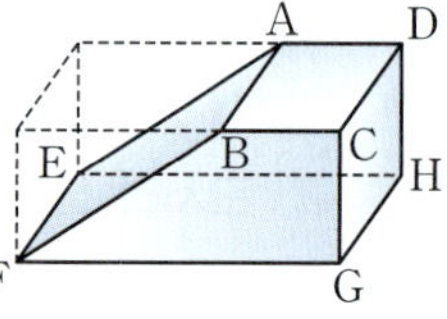

① 2   ② 3   ③ 4
④ 5   ⑤ 6

05

오른쪽 그림은 정육면체에서 삼각뿔을 잘라 내고 남은 입체도형이다. 면 ADGC와 평행한 모서리의 개수를 a, 면 ABHJC와 수직인 면의 개수를 b라 할 때, $a+b$의 값을 구하시오.

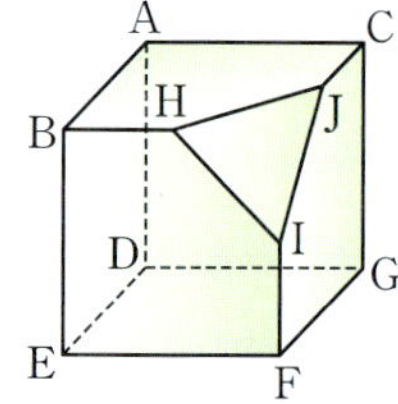

⭐06

다음 보기 중 오른쪽 그림과 같은 전개도를 접어서 만든 삼각기둥에 대한 설명으로 옳은 것을 모두 고르시오.

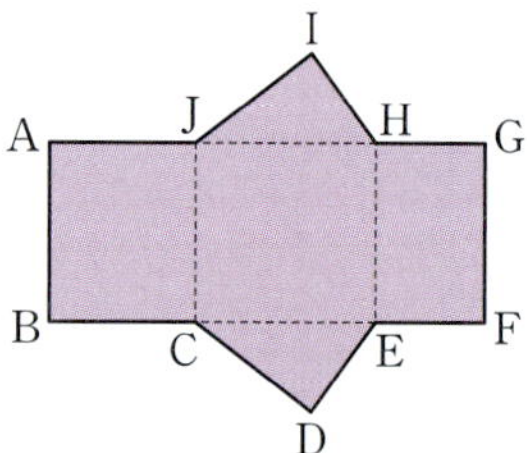

보기

ㄱ. 모서리 AB와 모서리 GF는 평행하다.
ㄴ. 면 HEFG와 모서리 IJ는 평행하다.
ㄷ. 면 ABCJ와 모서리 GH는 한 점에서 만난다.
ㄹ. 모서리 HE와 모서리 CD는 꼬인 위치에 있다.

07

다음 보기 중 공간에서 서로 다른 두 직선 l, m과 서로 다른 세 평면 P, Q, R에 대한 설명으로 항상 옳은 것을 모두 고르시오.

> **보기**
> ㄱ. $l \perp P$, $m \perp P$이면 $l \, / \! / \, m$이다.
> ㄴ. $l \perp P$, $P \, / \! / \, Q$이면 $l \, / \! / \, Q$이다.
> ㄷ. $P \, / \! / \, Q$, $Q \perp R$이면 $P \perp R$이다.
> ㄹ. $P \perp Q$, $R \perp Q$이면 $P \, / \! / \, R$이다.

08

오른쪽 그림과 같이 세 직선이 만날 때, 다음 중 옳지 <u>않은</u> 것은?

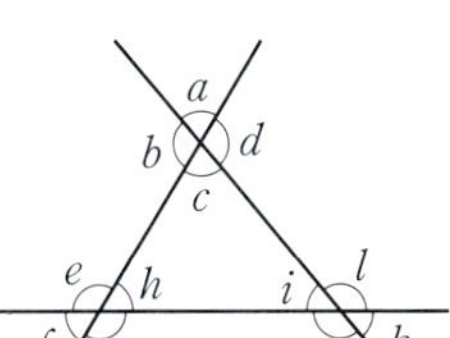

① $\angle a$와 $\angle e$는 동위각이다.
② $\angle b$와 $\angle h$는 엇각이다.
③ $\angle d$의 동위각은 $\angle g$, $\angle k$이다.
④ $\angle i$의 엇각은 $\angle d$, $\angle g$이다.
⑤ $\angle j$와 $\angle l$의 크기는 같다.

09

다음 중 오른쪽 그림에 대한 설명으로 옳지 <u>않은</u> 것은?

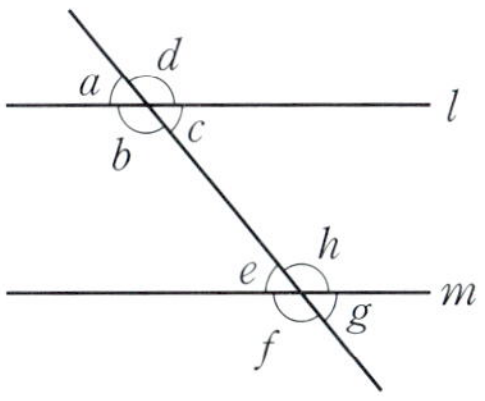

① $\angle a = \angle g$이면 $l \, / \! / \, m$이다.
② $\angle c = \angle e$이면 $l \, / \! / \, m$이다.
③ $\angle b + \angle e = 180°$이면 $l \, / \! / \, m$이다.
④ $l \, / \! / \, m$이면 $\angle b + \angle f = 180°$이다.
⑤ $l \, / \! / \, m$이면 $\angle c = 180° - \angle h$이다.

10

오른쪽 그림에서 $l \, / \! / \, m$일 때, $\angle a$, $\angle b$의 크기를 각각 구하시오.

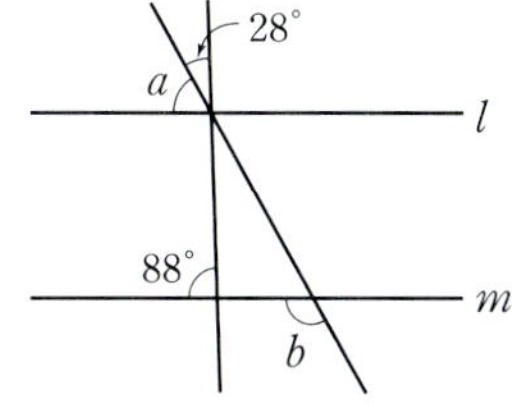

11

오른쪽 그림에서 $l \, / \! / \, m$일 때, $\angle x$의 크기는?

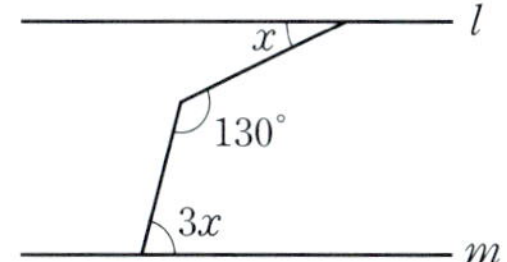

① $15°$　　② $20°$
③ $25°$　　④ $30°$
⑤ $35°$

12

오른쪽 그림에서 $l \, / \! / \, m$일 때, $\angle x$의 크기를 구하시오.

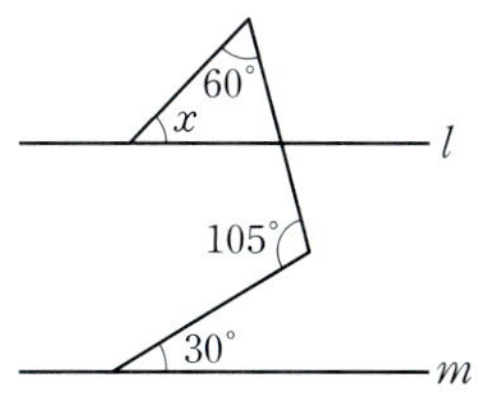

STEP 2 실력 다지기

13

다음 중 오른쪽 그림과 같이 직육면체를 세 꼭짓점 B, F, C를 지나는 평면으로 잘라 내고 남은 입체도형에 대한 설명으로 옳은 것을 모두 고르면?

(정답 2개)

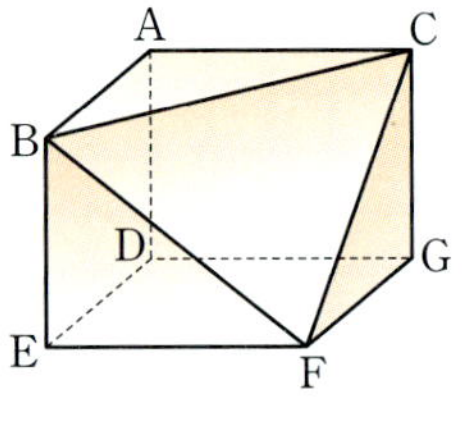

① 모서리 AB와 모서리 CG는 한 점에서 만난다.
② 모서리 AD와 모서리 BF는 평행하다.
③ 모서리 BC와 꼬인 위치에 있는 모서리는 5개이다.
④ 면 BFC와 평행한 모서리는 없다.
⑤ 면 BEF와 수직인 면은 3개이다.

14

다음 중 공간에서 직선과 평면에 대한 설명으로 옳은 것을 모두 고르면? (정답 2개)

① 한 직선에 평행한 서로 다른 두 직선은 평행하다.
② 한 직선에 수직인 서로 다른 두 직선은 평행하다.
③ 한 직선에 평행한 서로 다른 두 평면은 평행하다.
④ 한 평면에 수직인 서로 다른 두 직선은 평행하다.
⑤ 한 평면에 평행한 서로 다른 두 직선은 평행하다.

15

오른쪽 그림에서 $l /\!/ m$일 때, $\angle a + \angle b + \angle c + \angle d$의 크기를 구하시오.

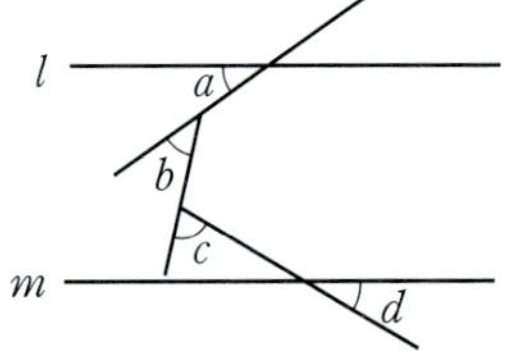

16

오른쪽 그림에서 $l /\!/ m$이고 $\angle DAC = \angle BAC$, $\angle ABC = \angle CBE$일 때, $\angle ACB$의 크기를 구하시오.

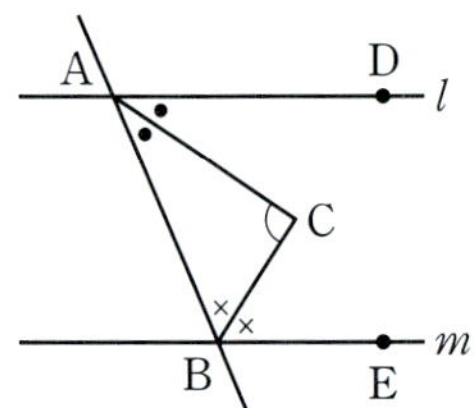

17

오른쪽 그림에서 $l /\!/ m$이고 $\angle ABC = 2\angle CBD$일 때, $\angle CBD$의 크기를 구하시오.

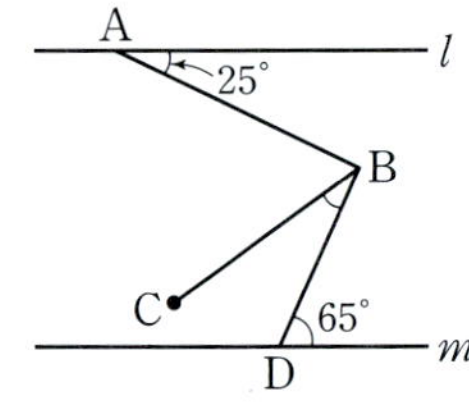

18

오른쪽 그림과 같이 직사각형 모양의 종이를 접었을 때, $\angle x + \angle y$의 크기는?

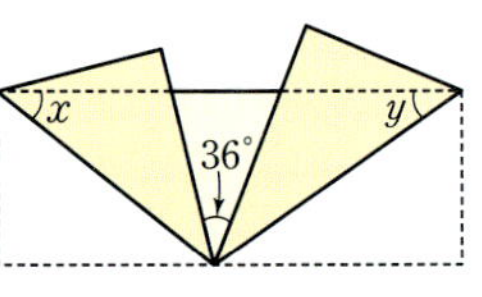

① 70° ② 72° ③ 74°
④ 76° ⑤ 78°

자기평가

정답을 맞힌 문항에 ◯표를 하고 결과를 점검한 다음, 이 단원의 내용을 얼마나 성취했는지 확인하세요.

문항 번호																	
1	2	3	4	5	6	7	8	9	10	11	12	13	14	15	16	17	18

1개~9개 개념 학습이 필요해요! **10개~12개** 부족한 부분을 검토해 봅시다! **13개~15개** 실수를 줄여 봅시다! **16개~18개** 훌륭합니다!

작도와 합동

이 단원의 학습 계획	공부한 날		학습 성취도
개념 01 작도, 길이가 같은 선분의 작도	월	일	◆ ◆ ◆ ◆ ◆
개념 02 크기가 같은 각의 작도	월	일	◆ ◆ ◆ ◆ ◆
개념 03 평행선의 작도	월	일	◆ ◆ ◆ ◆ ◆
배운대로 **학습하기**	월	일	◆ ◆ ◆ ◆ ◆
개념 04 삼각형	월	일	◆ ◆ ◆ ◆ ◆
개념 05 삼각형의 작도	월	일	◆ ◆ ◆ ◆ ◆
개념 06 삼각형이 하나로 정해지는 경우	월	일	◆ ◆ ◆ ◆ ◆
배운대로 **학습하기**	월	일	◆ ◆ ◆ ◆ ◆
개념 07 도형의 합동	월	일	◆ ◆ ◆ ◆ ◆
개념 08 삼각형의 합동 조건	월	일	◆ ◆ ◆ ◆ ◆
배운대로 **학습하기**	월	일	◆ ◆ ◆ ◆ ◆
서술형 **훈련하기**	월	일	◆ ◆ ◆ ◆ ◆
중단원 **마무리하기**	월	일	◆ ◆ ◆ ◆ ◆

01 작도, 길이가 같은 선분의 작도

(1) **작도** : 눈금 없는 자와 컴퍼스만을 사용하여 도형을 그리는 것
　① 눈금 없는 자 : 두 점을 연결하는 선분을 그리거나 선분을 연장할 때 사용
　② 컴퍼스 : 원을 그리거나 선분의 길이를 재어서 다른 직선 위로 옮길 때 사용

(2) **길이가 같은 선분의 작도**
　선분 AB와 길이가 같은 선분은 다음과 같이 작도한다.

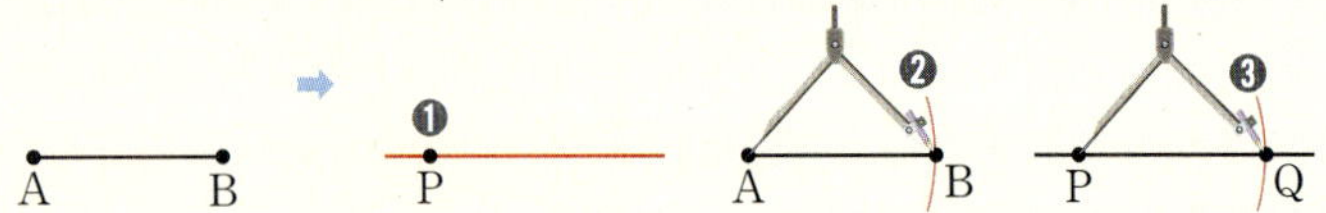

　❶ 눈금 없는 자를 사용하여 직선을 긋고 그 직선 위에 점 P를 잡는다.
　❷ 컴퍼스를 사용하여 $\overline{AB}$의 길이를 잰다.
　❸ 점 P를 중심으로 하고 반지름의 길이가 $\overline{AB}$인 원을 그려 직선과의 교점을 Q라
　　하면 선분 AB와 길이가 같은 선분 PQ가 작도된다. ➡ $\overline{AB}=\overline{PQ}$

> 눈금 없는 자를 사용한다는 것은 눈금을 사용하지 않음을 의미한다.
>
> 선분의 길이를 잴 때 컴퍼스를 사용한다.
>
> 길이가 같은 선분의 작도는 삼각형의 작도에 이용된다.

용어 설명
작도(그릴 作, 도형 圖)
도형을 그리는 것

바이블 POINT　두 점 A, B를 지나는 직선 l 위에 선분 AB의 길이의 2배인 선분 PQ를 작도하는 방법

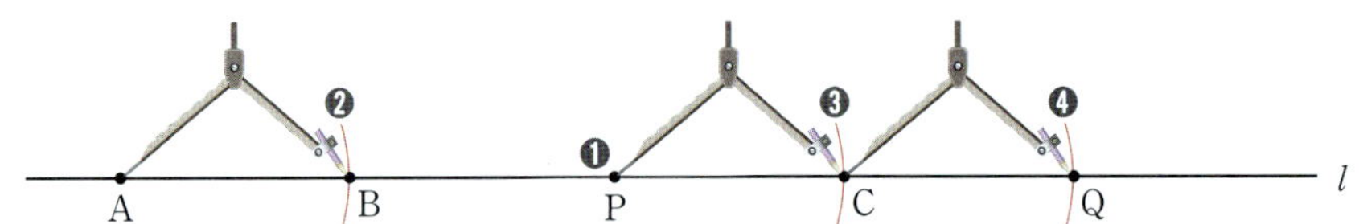

❶ 직선 l 위에 점 P를 잡는다.
❷ 컴퍼스를 사용하여 선분 AB의 길이를 잰다.
❸ 점 P를 중심으로 하고 반지름의 길이가 $\overline{AB}$인 원을 그려 직선 l과의 교점을 C라 한다.
❹ 점 C를 중심으로 하고 반지름의 길이가 $\overline{AB}$인 원을 그려 직선 l과의 교점을 Q라 하면 선분 AB의 길이의 2배인 선분 PQ가
　작도된다. ➡ $2\overline{AB}=\overline{PQ}$

개념 CHECK　01

・눈금 없는 자와 컴퍼스만을 사용하여 도형을 그리는 것을 ⓐ 　　　라 한다.
　(1) ⓑ 　　　: 두 점을 연결하는 선분을 그리거나 선분을 연장할 때 사용한다.
　(2) ⓒ 　　　: 원을 그리거나 선분의 길이를 재어서 다른 직선 위로 옮길 때 사용한다.

다음 작도에 대한 설명 중 옳은 것에는 ○표, 옳지 않은 것에는 ×표를 (　　) 안에 써넣으시오.

(1) 눈금 없는 자와 각도기만을 사용하여 도형을 그리는 것을 작도라 한다.　　　　　　　(　　)

(2) 원을 그릴 때는 컴퍼스를 사용한다.　　　　　　　(　　)

(3) 선분의 길이를 잴 때는 자를 사용한다.　　　　　　　(　　)

(4) 선분의 길이를 재어서 다른 직선 위로 옮길 때는 컴퍼스를 사용한다.　　　　　　　(　　)

(5) 두 점을 지나는 선분을 그릴 때는 눈금 없는 자를 사용한다.　　　　　　　(　　)

개념 CHECK　02

오른쪽 그림의 선분 AB와 길이가 같은 선분 PQ를 작도하시오.

A———————B

답 | ⓐ 작도　ⓑ 눈금 없는 자　ⓒ 컴퍼스

대표유형 **01** 작도

🎧 유형ON >>> 068쪽

다음 중 작도에 대한 설명으로 옳지 <u>않은</u> 것을 모두 고르면? (정답 2개)

① 선분을 연장할 때는 눈금 없는 자를 사용한다.
② 두 점을 지나는 직선을 그릴 때는 컴퍼스를 사용한다.
③ 두 선분의 길이를 비교할 때는 눈금 없는 자를 사용한다.
④ 작도할 때는 눈금 없는 자와 컴퍼스만을 사용한다.
⑤ 선분의 길이를 재어서 다른 직선 위로 옮길 때는 컴퍼스를 사용한다.

풀이 과정

② 두 점을 지나는 직선을 그릴 때는 눈금 없는 자를 사용한다.
③ 두 선분의 길이를 비교할 때는 컴퍼스를 사용한다.

(정답) ②, ③

01 · Ⓐ 표현 Change

작도할 때의 눈금 없는 자와 컴퍼스의 용도를 다음 보기에서 모두 골라 바르게 짝 지은 것은?

보기
ㄱ. 선분의 연장선을 긋는다.
ㄴ. 선분의 길이를 재어서 옮긴다.
ㄷ. 서로 다른 두 점을 연결하여 선분을 그린다.
ㄹ. 원을 그린다.

① 눈금 없는 자 : ㄱ, ㄴ, 컴퍼스 : ㄷ, ㄹ
② 눈금 없는 자 : ㄱ, ㄷ, 컴퍼스 : ㄴ, ㄹ
③ 눈금 없는 자 : ㄱ, ㄹ, 컴퍼스 : ㄴ, ㄷ
④ 눈금 없는 자 : ㄴ, ㄷ, 컴퍼스 : ㄱ, ㄹ
⑤ 눈금 없는 자 : ㄴ, ㄹ, 컴퍼스 : ㄱ, ㄷ

대표유형 **02** 길이가 같은 선분의 작도

🎧 유형ON >>> 068쪽

다음은 $\overline{AB}$와 길이가 같은 $\overline{CD}$를 작도하는 과정이다. 작도 순서를 바르게 나열한 것은?

㉠ 점 C를 중심으로 하고 반지름의 길이가 $\overline{AB}$인 원을 그려 직선 l과의 교점을 D라 한다.
㉡ 컴퍼스로 $\overline{AB}$의 길이를 잰다.
㉢ 눈금 없는 자를 사용하여 직선 l을 그리고 직선 l 위에 점 C를 잡는다.

① ㉠ → ㉡ → ㉢
② ㉡ → ㉠ → ㉢
③ ㉡ → ㉢ → ㉠
④ ㉢ → ㉠ → ㉡
⑤ ㉢ → ㉡ → ㉠

풀이 과정

작도 순서는 ㉢ → ㉡ → ㉠이다.

(정답) ⑤

02 · Ⓐ 표현 Change

다음 그림과 같이 두 점 A, B를 지나는 직선 l 위에 $\overline{AC}=2\overline{AB}$가 되도록 점 C를 작도할 때 사용하는 도구는?

① 눈금 없는 자
② 눈금 있는 자
③ 컴퍼스
④ 각도기
⑤ 삼각자

02 · Ⓑ 표현 Change

다음 그림은 선분 AB와 길이가 같은 선분 CD를 작도하는 과정이다. 작도 순서를 나열하시오.

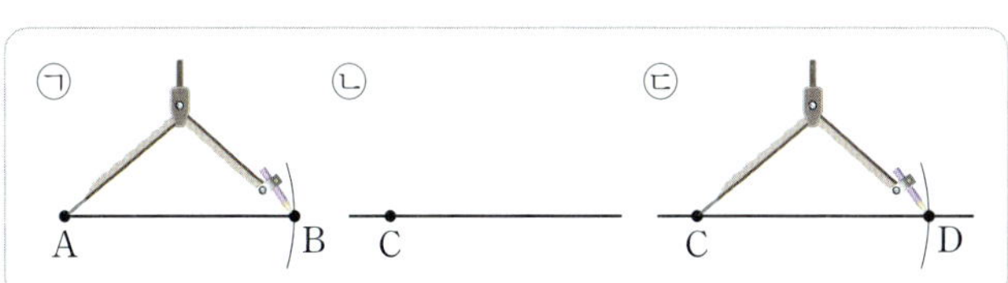

02 크기가 같은 각의 작도

각 AOB와 크기가 같고 반직선 PQ를 한 변으로 하는 각은 다음과 같이 작도한다.

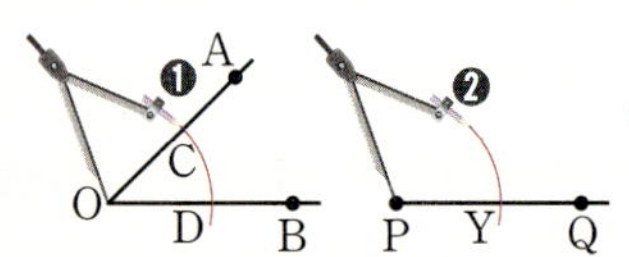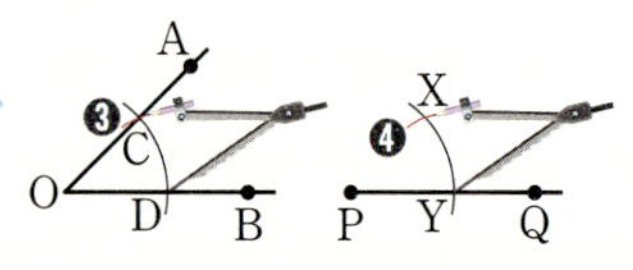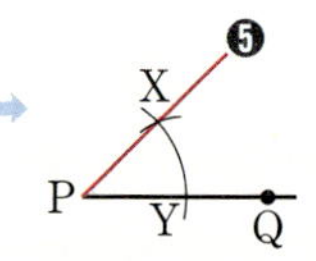

❶ 점 O를 중심으로 하는 원을 그려 $\overrightarrow{OA}$, $\overrightarrow{OB}$와의 교점을 각각 C, D라 한다.

❷ 점 P를 중심으로 하고 반지름의 길이가 $\overline{OC}$인 원을 그려 $\overrightarrow{PQ}$와의 교점을 Y라 한다.

❸ 컴퍼스를 사용하여 $\overline{CD}$의 길이를 잰다.

❹ 점 Y를 중심으로 하고 반지름의 길이가 $\overline{CD}$인 원을 그려 ❷에서 그린 원과의 교점을 X라 한다.

❺ $\overrightarrow{PX}$를 그으면 각 AOB와 크기가 같은 각 XPY가 작도된다. ➡ ∠AOB = ∠XPY

(참고) 크기가 같은 각을 작도할 때, 예각이든 둔각이든 작도 순서는 같다.

> 길이가 같은 선분을 작도할 때 눈금이 있는 자를 사용하지 않는 것과 같이 크기가 같은 각을 작도할 때, 각도기는 사용하지 않는다.
>
> $\overline{OC} = \overline{OD} = \overline{PX} = \overline{PY}$이고 $\overline{CD} = \overline{XY}$이다.

개념 CHECK **01**

· ∠XOY와 크기가 같은 각의 작도

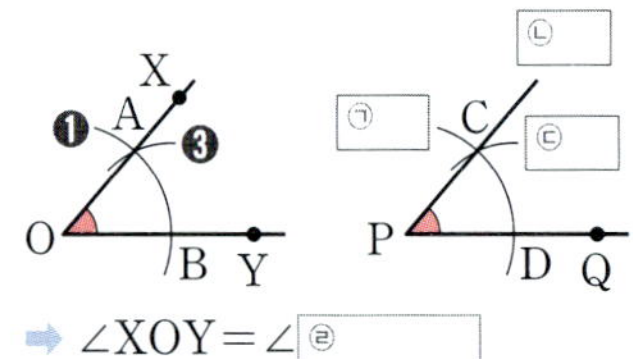

➡ ∠XOY = ∠ ⧠

답 | ㉠ ❷ ㉡ ❺ ㉢ ❹ ㉣ CPD

오른쪽 그림은 ∠XOY와 크기가 같은 각을 $\overrightarrow{PQ}$를 한 변으로 하여 작도하는 과정이다. 다음 □ 안에 알맞은 것을 써넣으시오.

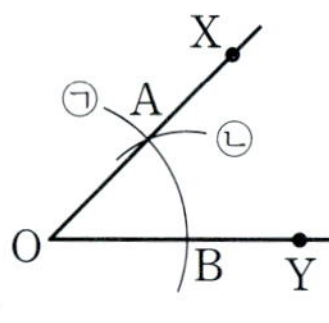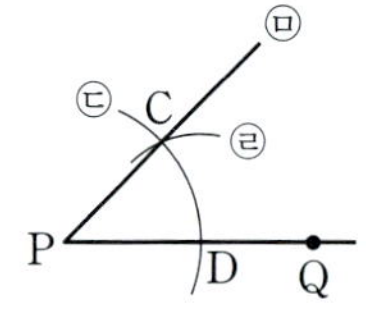

(1) 작도 순서 : ㉠ → □ → □ → □ → □

(2) 길이가 같은 선분 : $\overline{OA}$ = □ = $\overline{PC}$ = □ , $\overline{AB}$ = □

(3) 크기가 같은 각 : ∠XOY = □

• 정답과 풀이 019쪽

대표 유형 **03** 크기가 같은 각의 작도

⋔ 유형ON ⟩⟩⟩ 069쪽

다음 그림은 ∠XOY와 크기가 같은 각을 $\overrightarrow{PQ}$를 한 변으로 하여 작도하는 과정이다. 작도 순서를 바르게 나열하시오.

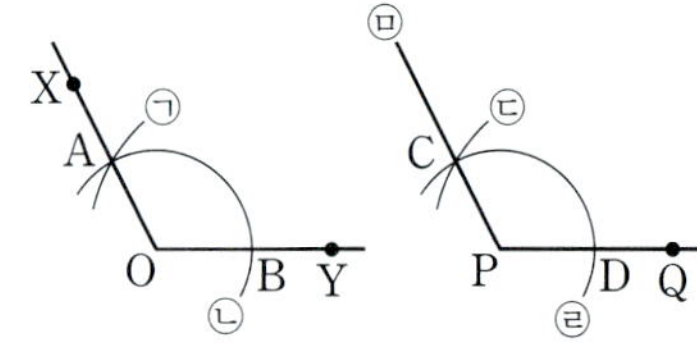

풀이 과정

㉡ 점 O를 중심으로 하는 원을 그려 $\overrightarrow{OX}$, $\overrightarrow{OY}$와의 교점을 각각 A, B라 한다.

㉣ 점 P를 중심으로 하고 반지름의 길이가 $\overline{OA}$인 원을 그려 $\overrightarrow{PQ}$와의 교점을 D라 한다.

㉠ 컴퍼스를 사용하여 $\overline{AB}$의 길이를 잰다.

㉢ 점 D를 중심으로 하고 반지름의 길이가 $\overline{AB}$인 원을 그려 ㉣에서 그린 원과의 교점을 C라 한다.

㉤ $\overline{PC}$를 긋는다.

따라서 작도 순서는 ㉡ → ㉣ → ㉠ → ㉢ → ㉤이다.

(정답) ㉡ → ㉣ → ㉠ → ㉢ → ㉤

03·A (표현 Change)

아래 그림은 ∠XOY와 크기가 같은 각을 $\overrightarrow{PQ}$를 한 변으로 하여 작도한 것이다. 다음 보기 중 옳은 것을 모두 고르시오.

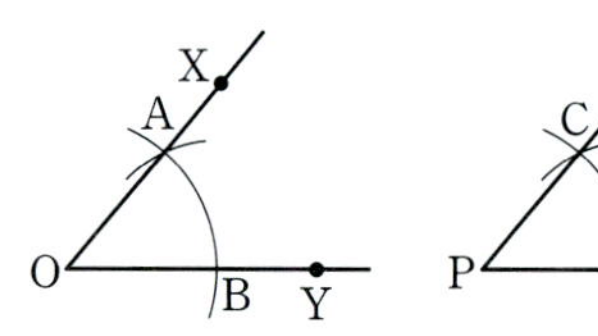

보기

ㄱ. $\overline{OA} = \overline{PC}$ ㄴ. $\overline{OX} = \overline{OY}$

ㄷ. $\overline{AB} = \overline{CD}$ ㄹ. ∠OAB = ∠CPD

03 평행선의 작도

직선 l 위에 있지 않은 한 점 P를 지나면서 직선 l에 평행한 직선은 다음과 같이 작도한다.

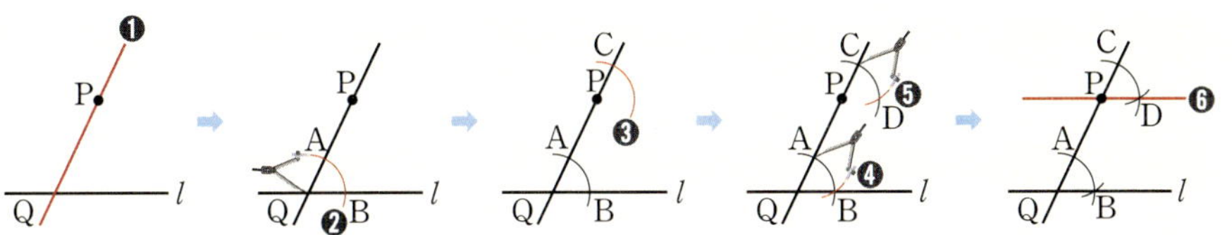

❶ 점 P를 지나는 직선을 그어 직선 l과의 교점을 Q라 한다.

❷ 점 Q를 중심으로 하는 원을 그려 $\overrightarrow{PQ}$, 직선 l과의 교점을 각각 A, B라 한다.

❸ 점 P를 중심으로 하고 반지름의 길이가 $\overline{QA}$인 원을 그려 $\overrightarrow{PQ}$와의 교점을 C라 한다.

❹ 컴퍼스를 사용하여 $\overline{AB}$의 길이를 잰다.

❺ 점 C를 중심으로 하고 반지름의 길이가 $\overline{AB}$인 원을 그려 ❸에서 그린 원과의 교점을 D라 한다.

❻ 두 점 P, D를 잇는 직선을 그으면 직선 l과 평행한 직선 PD가 작도된다. ➡ $l /\!/ \overrightarrow{PD}$

평행선의 작도에서는 크기가 같은 각의 작도를 이용한다.

왼쪽의 평행선의 작도는 '서로 다른 두 직선이 다른 한 직선과 만날 때, 동위각의 크기가 같으면 두 직선은 평행하다.'는 성질을 이용한 것이다.

바이블 POINT **엇각의 성질을 이용한 평행선의 작도**

'서로 다른 두 직선이 다른 한 직선과 만날 때, 엇각의 크기가 같으면 두 직선은 평행하다.'는 성질을 이용하여 평행선을 작도할 수도 있다.

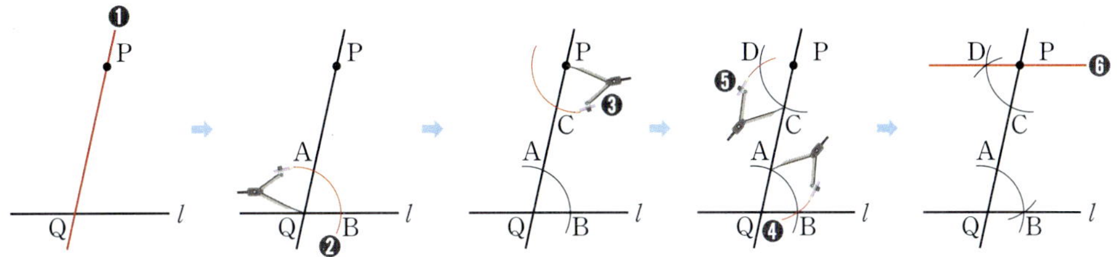

➡ $\angle AQB = \angle CPD$이므로 $l /\!/ \overrightarrow{DP}$

개념 CHECK 01

오른쪽 그림은 직선 l 밖의 한 점 P를 지나고 직선 l에 평행한 직선을 작도하는 과정이다. 다음 ☐ 안에 알맞은 것을 써넣으시오.

(1) 작도 순서 : ☐ → ㉤ → ☐ → ☐ → ☐ → ☐

(2) 길이가 같은 선분 : $\overline{AC}=$☐$=\overline{PQ}=$☐, $\overline{AB}=$☐

(3) 크기가 같은 각 : $\angle ACB=$☐

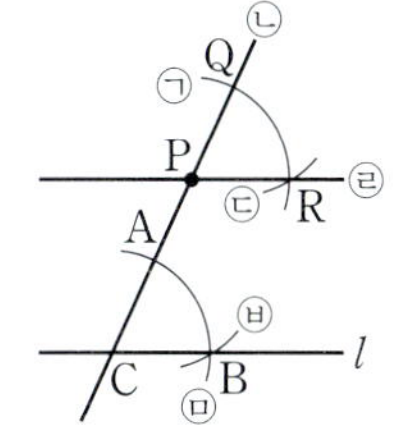

개념 CHECK 02

오른쪽 그림은 직선 l 밖의 한 점 P를 지나고 직선 l에 평행한 직선을 작도하는 과정이다. 다음 ☐ 안에 알맞은 것을 써넣으시오.

(1) 작도 순서 : ☐ → ㉤ → ☐ → ☐ → ☐ → ☐

(2) 길이가 같은 선분 : $\overline{QA}=$☐$=\overline{PC}=$☐, $\overline{AB}=$☐

(3) 크기가 같은 각 : $\angle AQB=$☐

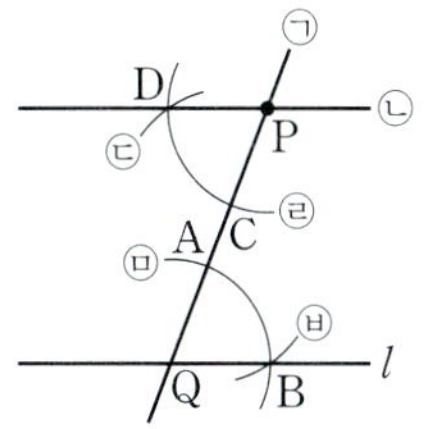

오른쪽 그림은 직선 l 밖의 한 점
P를 지나고 직선 l과 평행한 직선
m을 작도한 것이다. 다음 중 옳지
<u>않은</u> 것을 모두 고르면?

(정답 2개)

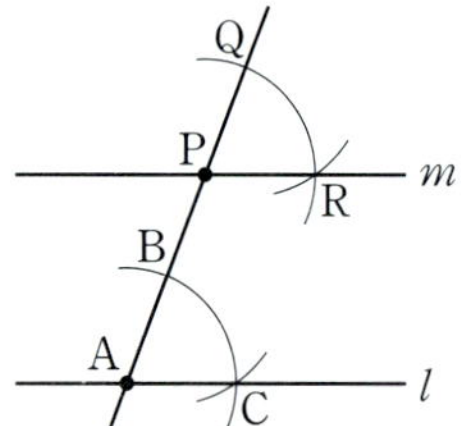

① $\overrightarrow{AC} /\!/ \overrightarrow{PR}$ ② $\overline{AB} = \overline{PR}$

③ $\overline{PB} = \overline{PQ}$ ④ $\overline{PR} = \overline{QR}$

⑤ $\angle BAC = \angle QPR$

풀이 과정

①, ⑤ $\angle BAC = \angle QPR$, 즉 동위각의 크기가 서로 같으므로 $\overrightarrow{AC} /\!/ \overrightarrow{PR}$

② 두 점 A, P를 중심으로 하고 반지름의 길이가 같은 원을 각각 그리므로
   $\overline{AB} = \overline{AC} = \overline{PQ} = \overline{PR}$

③ $\overline{PB} = \overline{PQ}$인지는 알 수 없다.

④ $\overline{PR} = \overline{QR}$인지는 알 수 없다.

따라서 옳지 않은 것은 ③, ④이다.

정답 ③, ④

04·Ⓐ 표현 Change

오른쪽 그림은 직선 l 밖의 한 점 P
를 지나고 직선 l에 평행한 직선을
작도한 것이다. 다음 중 $\overline{AC}$와 길이
가 같은 선분이 <u>아닌</u> 것을 모두 고르
면? (정답 2개)

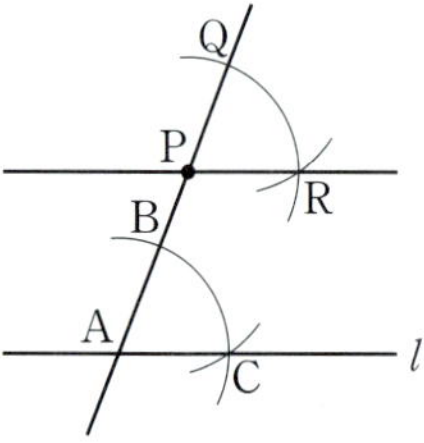

① $\overline{AB}$ ② $\overline{BC}$

③ $\overline{PQ}$ ④ $\overline{PR}$

⑤ $\overline{QR}$

04·Ⓑ 표현 Change

오른쪽 그림은 직선 l 밖의 한 점 P를
지나고 직선 l에 평행한 직선을 작도
하는 과정이다. 다음 중 옳지 <u>않은</u> 것
은?

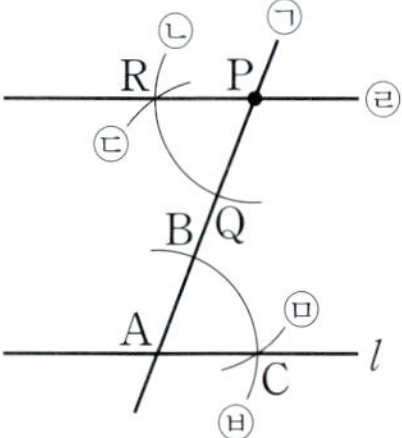

① $\overline{AB} = \overline{PQ}$

② $\overline{BC} = \overline{QR}$

③ $\overrightarrow{AC} /\!/ \overrightarrow{PR}$

④ $\angle ABC = \angle BAC$

⑤ 작도 순서는 ㉠ → ㉫ → ㉡ → ㉭ → ㉢ → ㉣이다.

04·Ⓒ 표현 Change

아래 그림은 직선 $\overrightarrow{PB}$ 위의 한 점 Q를 시작점으로 하고 반
직선 PA와 평행한 반직선 QD를 작도하는 과정이다. 다음
물음에 답하시오.

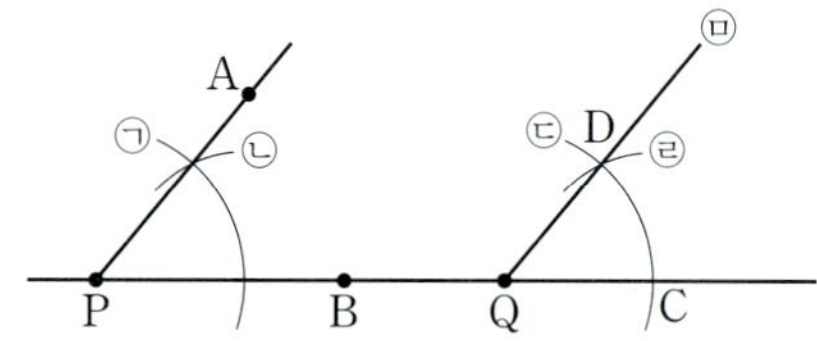

(1) 작도 순서를 나열하시오.

(2) 반직선 PA와 반직선 QD가 평행한 이유를 말하시오.

01

대표 유형 **01**

다음 보기 중 작도에 대한 설명으로 옳은 것을 모두 고른 것은?

> **보기**
> ㄱ. 작도할 때는 눈금 있는 자와 컴퍼스만을 사용한다.
> ㄴ. 원을 그릴 때는 컴퍼스를 사용한다.
> ㄷ. 선분의 길이를 비교할 때는 컴퍼스를 사용한다.
> ㄹ. 주어진 각과 크기가 같은 각을 작도할 때는 각도기를 사용한다.

① ㄱ, ㄴ　　　② ㄱ, ㄷ　　　③ ㄴ, ㄷ
④ ㄴ, ㄹ　　　⑤ ㄷ, ㄹ

02

대표 유형 **02**

아래 그림은 $\overline{AB}$와 길이가 같은 $\overline{CD}$를 작도하는 과정이다. 다음 중 작도 순서를 바르게 나열한 것은?

① ㉠ → ㉡ → ㉢ → ㉣　　② ㉠ → ㉡ → ㉣ → ㉢
③ ㉡ → ㉠ → ㉣ → ㉢　　④ ㉣ → ㉠ → ㉢ → ㉡
⑤ ㉣ → ㉡ → ㉠ → ㉢

03

생각이 쑥쑥

대표 유형 **02**

다음은 선분 AB를 한 변으로 하는 정삼각형 ABC를 작도하는 과정이다. □ 안에 알맞은 것을 써넣으시오.

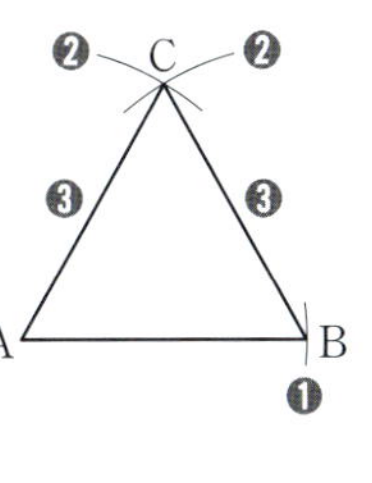

❶ □를 사용하여 $\overline{AB}$의 길이를 잰다.
❷ 컴퍼스를 사용하여 두 점 A, B를 각각 중심으로 하고 반지름의 길이가 □인 원을 그려 그 교점을 C라 한다.
❸ 눈금 없는 자를 사용하여 $\overline{AC}$, $\overline{BC}$를 그으면 $\overline{AB}=\overline{AC}=$ □이므로 삼각형 ABC는 □이다.

04

대표 유형 **03**

아래 그림은 ∠XOY와 크기가 같은 각을 $\overrightarrow{O'Y'}$을 한 변으로 하여 작도하는 과정이다. 다음 중 옳지 <u>않은</u> 것을 모두 고르면? (정답 2개)

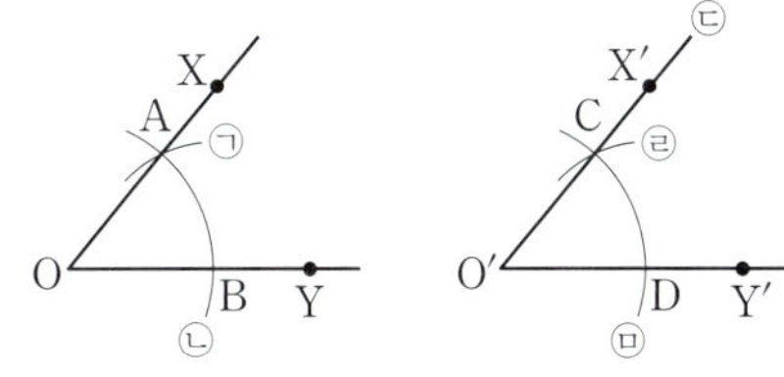

① $\overline{AB}=\overline{CD}$　　　② $\overline{OA}=\overline{CD}$
③ $\overline{OB}=\overline{O'C}$　　　④ ∠XOY = ∠X'O'Y'
⑤ 작도 순서는 ㉤ → ㉥ → ㉣ → ㉠ → ㉢이다.

05

대표 유형 **04**

오른쪽 그림은 직선 l 밖의 한 점 P를 지나고 직선 l에 평행한 직선 m을 작도하는 과정이다. 다음 물음에 답하시오.

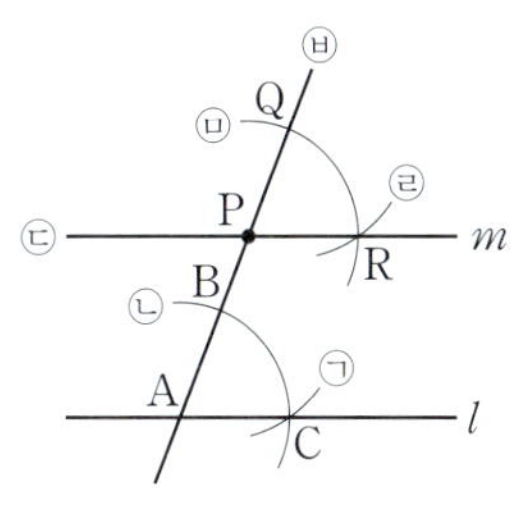

(1) 작도 순서를 나열할 때, ㉠~㉥ 중 네 번째 과정을 구하시오.

(2) 다음 중 옳지 <u>않은</u> 것은?
　① $\overline{AB}=\overline{AC}$　　　② $\overline{AC}=\overline{PQ}$
　③ $\overline{BC}=\overline{QR}$　　　④ ∠QPR = ∠BAC
　⑤ ∠PQR = ∠QPR

06

대표 유형 **04**

다음 중 **05**의 작도에서 이용된 성질은?

① 맞꼭지각의 크기는 서로 같다.
② 동위각의 크기가 같으면 두 직선은 평행하다.
③ 엇각의 크기가 같으면 두 직선은 평행하다.
④ 한 직선에 평행한 서로 다른 두 직선은 평행하다.
⑤ 한 직선에 수직인 서로 다른 두 직선은 평행하다.

04 삼각형

(1) **삼각형** : 세 점 A, B, C를 꼭짓점으로 하는 삼각형을 삼각형 ABC라 하고, 이것을 기호로 △**ABC**와 같이 나타낸다.

① **대변** : 한 각과 마주 보는 변

예시 ∠A의 대변 : $\overline{BC}$, ∠B의 대변 : $\overline{AC}$, ∠C의 대변 : $\overline{AB}$

② **대각** : 한 변과 마주 보는 각

예시 $\overline{BC}$의 대각 : ∠A, $\overline{AC}$의 대각 : ∠B, $\overline{AB}$의 대각 : ∠C

(2) **삼각형의 세 변의 길이 사이의 관계**

삼각형에서 한 변의 길이는 나머지 두 변의 길이의 합보다 작다.

➡ 삼각형 ABC의 세 변의 길이를 a, b, c라 하면 $a < b+c$, $b < c+a$, $c < a+b$

➡ (가장 긴 변의 길이) < (나머지 두 변의 길이의 합)

참고 오른쪽 그림의 삼각형에서 두 점 B, C를 잇는 선 중 길이가 가장 짧은 것은 선분 BC이므로 $\overline{BC} < \overline{AB}+\overline{AC}$이다.

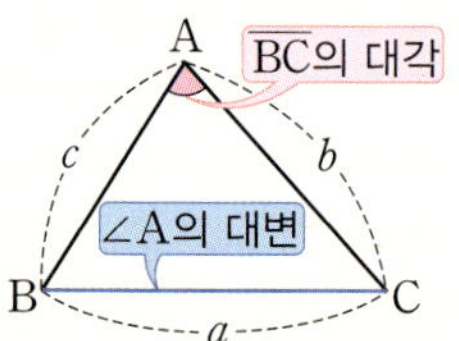

△ABC에서 세 변 AB, BC, CA와 세 각 ∠A, ∠B, ∠C를 삼각형의 6요소라 한다.

도형의 꼭짓점은 대문자 A, B, C, …로, 변의 길이는 소문자 a, b, c, …로 나타낸다.

일반적으로 △ABC에서 ∠A, ∠B, ∠C의 대변의 길이를 각각 a, b, c로 나타낸다.

용어 설명

대변(마주 볼 對, 변 邊)
마주 보는 변
대각(마주 볼 對, 각 角)
마주 보는 각

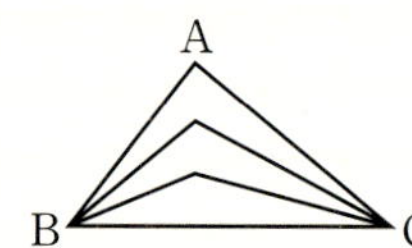

바이블 POINT — 세 변의 길이가 주어졌을 때 삼각형이 될 수 있는 조건

삼각형의 세 변의 길이가 주어질 때 (가장 긴 변의 길이) < (나머지 두 변의 길이의 합)을 확인하면 삼각형이 되는지 알 수 있다.

세 변의 길이	가장 긴 변의 길이와 나머지 두 변의 길이의 합의 크기 비교	삼각형을 만들 수 있는가?
1, 2, 3	3 = 1+2	만들 수 없다.
1, 4, 6	6 > 1+4	만들 수 없다.
2, 3, 4	4 < 2+3	만들 수 있다.

개념 CHECK 01

· 오른쪽 그림과 같은 △ABC에서
(1) ∠A의 대변 : ㉠
(2) ∠C의 대변 : ㉡
(3) 변 AC의 대각 : ㉢
(4) 변 BC의 대각 : ㉣

오른쪽 그림과 같은 △ABC에서 다음을 구하시오.

(1) ∠A의 대변의 길이

(2) ∠C의 대변의 길이

(3) 변 AC의 대각의 크기

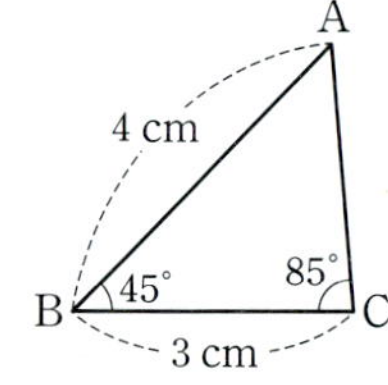

개념 CHECK 02

· 세 변의 길이가 a, b, c이고 c가 가장 긴 변의 길이일 때, 삼각형이 될 수 있는 조건은 c ㉤ $a+b$

세 선분의 길이가 다음과 같을 때, 주어진 세 선분을 이용하여 삼각형을 만들 수 있으면 ○표, 만들 수 없으면 ×표를 (   ) 안에 써넣으시오.

(1) 1 cm, 3 cm, 4 cm (   )   (2) 2 cm, 5 cm, 6 cm (   )

(3) 3 cm, 3 cm, 3 cm (   )   (4) 4 cm, 5 cm, 10 cm (   )

답 | ㉠ $\overline{BC}$ ㉡ $\overline{AB}$ ㉢ ∠B ㉣ ∠A
㉤ <

대표유형 01 삼각형

🎧 유형ON >>> 070쪽

다음 중 오른쪽 그림과 같은 △ABC에 대한 설명으로 옳지 <u>않은</u> 것은?

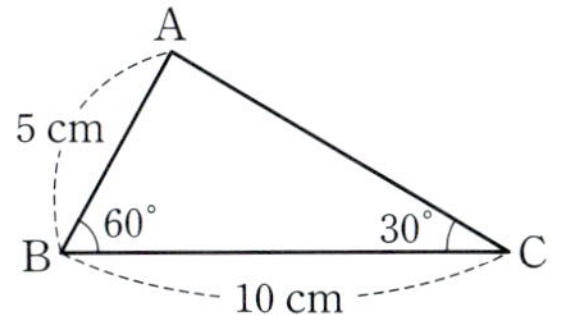

① 변 AB의 대각의 크기는 30°이다.
② 변 BC의 대각의 크기는 80°이다.
③ 변 AC의 대각의 크기는 60°이다.
④ ∠A의 대변의 길이는 10 cm이다.
⑤ ∠C의 대변의 길이는 5 cm이다.

풀이 과정

② 변 BC의 대각은 ∠A이므로
$\angle A = 180° - (60° + 30°) = 90°$

정답 ②

01 · A 표현 Change

오른쪽 그림과 같은 △ABC에서 ∠A의 대변의 길이와 변 AB의 대각의 크기를 차례대로 구하면?

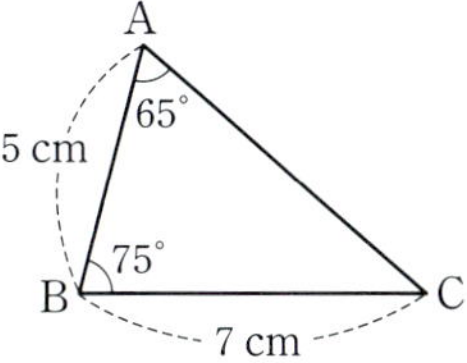

① 5 cm, 40°
② 5 cm, 65°
③ 7 cm, 40°
④ 7 cm, 65°
⑤ 7 cm, 75°

대표유형 02 삼각형의 세 변의 길이 사이의 관계

🎧 유형ON >>> 070쪽

다음 중 삼각형의 세 변의 길이가 될 수 <u>없는</u> 것은?

① 4 cm, 4 cm, 6 cm
② 4 cm, 5 cm, 6 cm
③ 5 cm, 7 cm, 8 cm
④ 6 cm, 7 cm, 13 cm
⑤ 6 cm, 9 cm, 14 cm

풀이 과정

① $6 < 4 + 4$
② $6 < 4 + 5$
③ $8 < 5 + 7$
④ $13 = 6 + 7$
⑤ $14 < 6 + 9$
따라서 삼각형의 세 변의 길이가 될 수 없는 것은 ④이다.

정답 ④

02 · A 숫자 Change

다음 중 삼각형의 세 변의 길이가 될 수 있는 것을 모두 고르면? (정답 2개)

① 5 cm, 8 cm, 14 cm
② 5 cm, 9 cm, 15 cm
③ 7 cm, 8 cm, 12 cm
④ 8 cm, 9 cm, 17 cm
⑤ 9 cm, 12 cm, 20 cm

02 · B 표현 Change

삼각형의 세 변의 길이가 3 cm, 8 cm, a cm일 때, 다음 중 자연수 a의 값이 될 수 <u>없는</u> 것은?

① 5
② 6
③ 7
④ 8
⑤ 9

05 삼각형의 작도

다음과 같은 세 가지 경우에 삼각형을 하나로 작도할 수 있다.

삼각형을 작도할 때는 길이가 같은 선분의 작도와 크기가 같은 각의 작도를 이용한다.

(1) 세 변의 길이 a, b, c가 주어질 때	(2) 두 변의 길이 a, c와 그 끼인각 $\angle B$의 크기가 주어질 때	(3) 한 변의 길이 a와 그 양 끝 각 $\angle B$, $\angle C$의 크기가 주어질 때
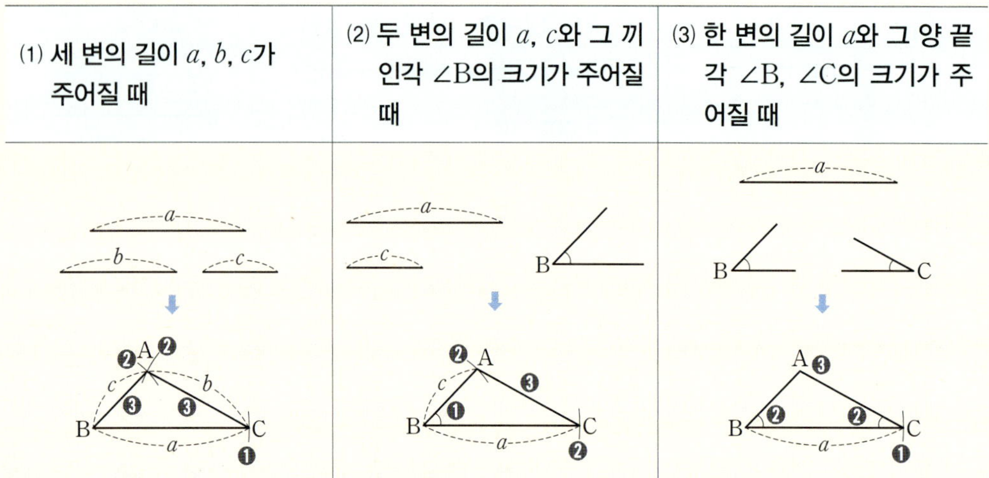		

주의 (1) 세 변의 길이가 주어질 때 삼각형이 될 수 있는 조건을 만족시키는지 먼저 확인해야 한다.

즉, (가장 긴 변의 길이)<(나머지 두 변의 길이의 합)을 만족시켜야 삼각형을 작도할 수 있다.

(2) 한 변의 길이와 그 양 끝 각의 크기가 주어질 때, 두 각의 크기의 합이 180°보다 작아야 삼각형을 작도할 수 있다.

개념 CHECK 01

다음은 길이가 b인 선분을 한 변으로 하고 $\angle A$, $\angle C$를 양 끝 각으로 하는 $\triangle ABC$를 변 AC가 직선 l 위에 있도록 작도하는 과정이다. 작도 순서에 맞게 □ 안에 알맞은 것을 써넣으시오.

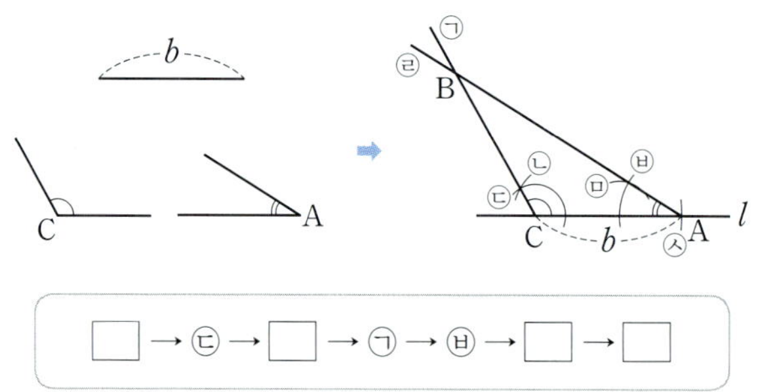

$$\boxed{} \rightarrow ㉢ \rightarrow \boxed{} \rightarrow ㉠ \rightarrow ㉤ \rightarrow \boxed{} \rightarrow \boxed{}$$

개념 CHECK 02

- 다음과 같은 세 가지 경우에 삼각형을 하나로 작도할 수 있다.
  (1) 세 변의 길이가 주어진 경우
  (2) 두 변의 길이와 그 ㉠□□의 크기가 주어진 경우
  (3) 한 변의 길이와 그 양 ㉡□□의 크기가 주어진 경우

다음과 같이 변의 길이와 각의 크기가 주어졌을 때 오른쪽 그림과 같은 삼각형을 하나로 작도할 수 있으면 ○표, 하나로 작도할 수 없으면 ×표를 ( ) 안에 써넣으시오.

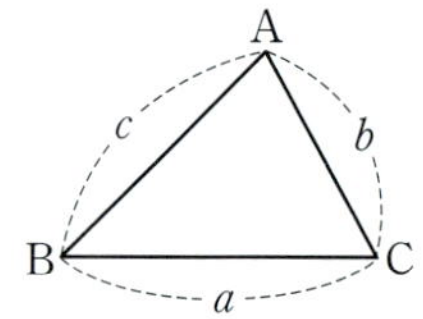

(1)

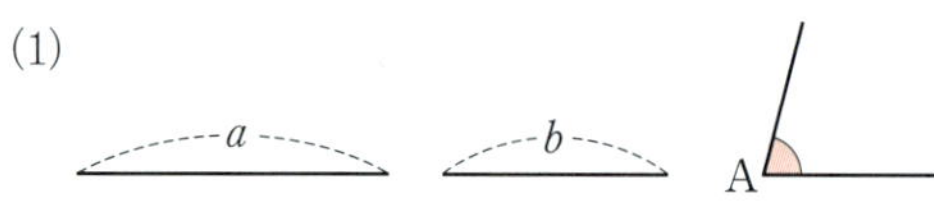

( )

(2)

( )

답 | ㉠ 끼인각 ㉡ 끝 각

바이블 PLUS ⊕ ··· 삼각형의 작도 방법

다음과 같은 세 가지 경우에 삼각형을 하나로 작도할 수 있다.

(1) 세 변의 길이 a, b, c가 주어질 때

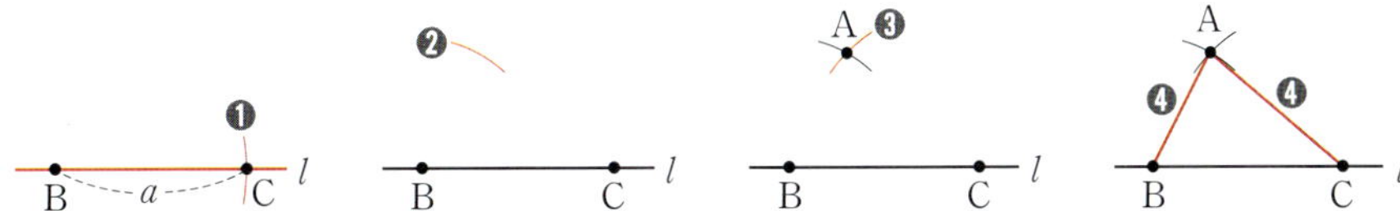

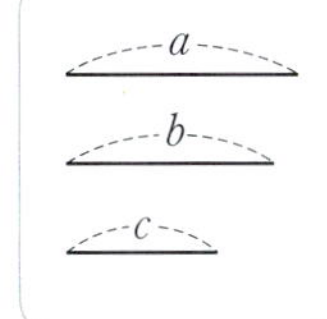

❶ 직선 l을 긋고, 직선 l 위에 길이가 a인 선분 BC를 작도한다.

❷ 점 B를 중심으로 하고 반지름의 길이가 c인 원을 그린다.

❷, ❸의 순서는 바뀌어도 된다.

❸ 점 C를 중심으로 하고 반지름의 길이가 b인 원을 그려 ❷에서 그린 원과의 교점을 A라 한다.

❹ 두 점 A와 B, 두 점 A와 C를 각각 이으면 △ABC가 작도된다.

참고 (1) 직선 l을 그은 후 길이가 b 또는 c인 선분을 먼저 작도할 수도 있다.

(2) 위의 과정 중 ❶, ❷, ❸은 길이가 같은 선분의 작도이다.

(2) 두 변의 길이 a, c와 그 끼인각 ∠B의 크기가 주어질 때

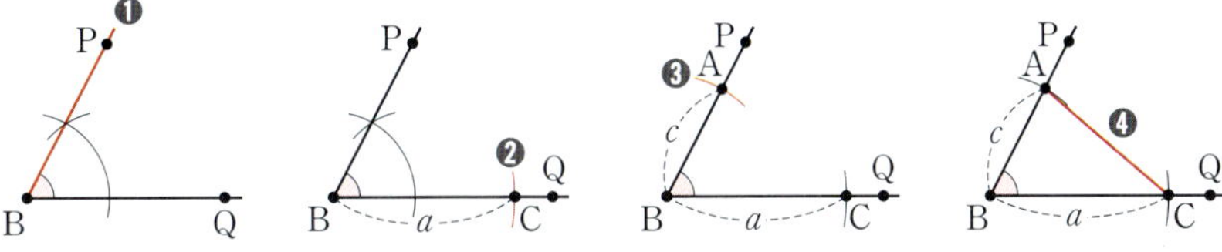

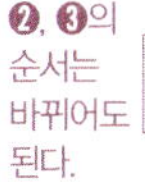

❶ ∠B와 크기가 같은 ∠PBQ를 작도한다.

❷, ❸의 순서는 바뀌어도 된다.

❷ 점 B를 중심으로 하고 반지름의 길이가 a인 원을 그려 $\overrightarrow{BQ}$와의 교점을 C라 한다.

❸ 점 B를 중심으로 하고 반지름의 길이가 c인 원을 그려 $\overrightarrow{BP}$와의 교점을 A라 한다.

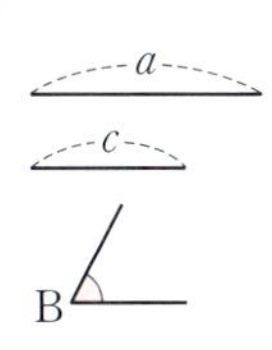

❹ 두 점 A와 C를 이으면 △ABC가 작도된다.

참고 (1) 다음과 같은 순서로 작도할 수도 있다.

① $a \rightarrow$ ∠B $\rightarrow c$ ② $c \rightarrow$ ∠B $\rightarrow a$

(2) 위의 과정 중 ❶은 크기가 같은 각의 작도, ❷, ❸은 길이가 같은 선분의 작도이다.

(3) 한 변의 길이 a와 그 양 끝 각 ∠B, ∠C의 크기가 주어질 때

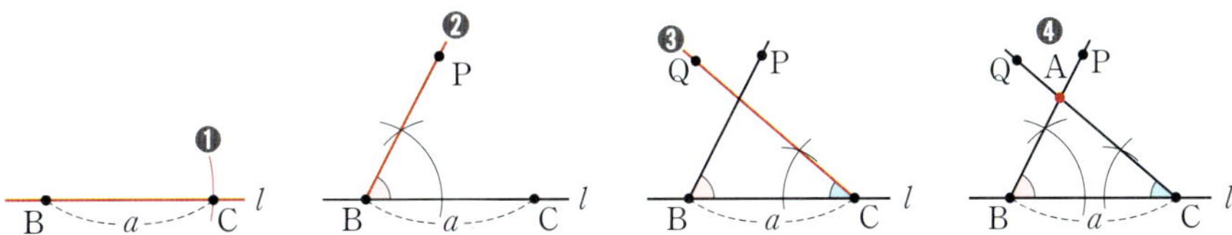

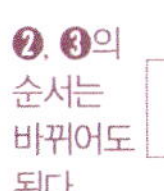

❶ 직선 l을 긋고, 직선 l 위에 길이가 a인 선분 BC를 작도한다.

❷, ❸의 순서는 바뀌어도 된다.

❷ $\overrightarrow{BC}$를 한 변으로 하고 ∠B와 크기가 같은 ∠PBC를 작도한다.

❸ $\overrightarrow{CB}$를 한 변으로 하고 ∠C와 크기가 같은 ∠QCB를 작도한다.

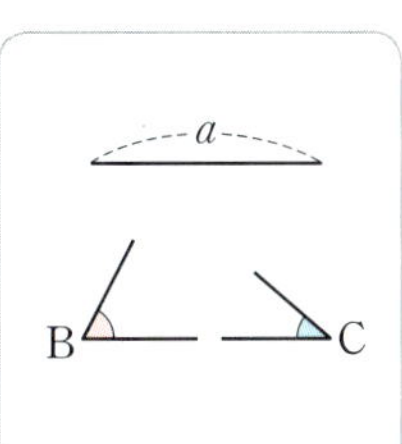

❹ $\overrightarrow{BP}$와 $\overrightarrow{CQ}$의 교점을 A라 하면 △ABC가 작도된다.

참고 (1) 다음과 같은 순서로 작도할 수도 있다.

① ∠B $\rightarrow a \rightarrow$ ∠C   ② ∠C $\rightarrow a \rightarrow$ ∠B

(2) 위의 과정 중 ❶은 길이가 같은 선분의 작도, ❷, ❸은 크기가 같은 각의 작도이다.

다음은 두 변의 길이 b, c와 그 끼인각인 $\angle A$의 크기가 주어졌을 때, $\triangle ABC$를 작도하는 과정이다. □ 안에 알맞은 것을 써넣으시오.

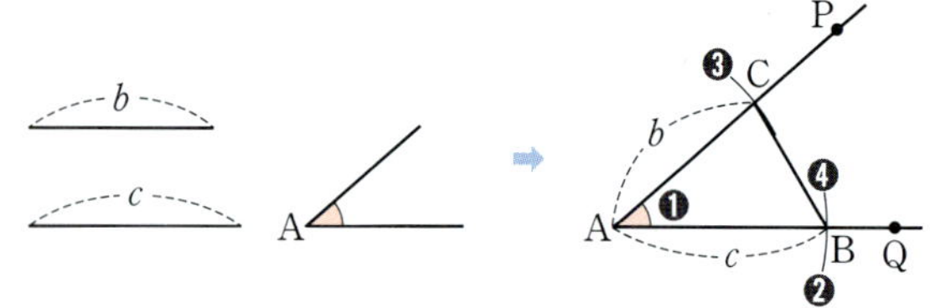

❶ □와 크기가 같은 $\angle PAQ$를 작도한다.
❷ 점 □를 중심으로 하고 반지름의 길이가 □인 원을 그려 $\overrightarrow{AQ}$와의 교점을 □라 한다.
❸ 점 □를 중심으로 하고 반지름의 길이가 □인 원을 그려 $\overrightarrow{AP}$와의 교점을 □라 한다.
❹ 두 점 B, C를 이으면 $\triangle ABC$가 작도된다.

풀이 과정

❶ $\angle A$와 크기가 같은 $\angle PAQ$를 작도한다.
❷ 점 A를 중심으로 하고 반지름의 길이가 c인 원을 그려 $\overrightarrow{AQ}$와의 교점을 B라 한다.
❸ 점 A를 중심으로 하고 반지름의 길이가 b인 원을 그려 $\overrightarrow{AP}$와의 교점을 C라 한다.
❹ 두 점 B, C를 이으면 $\triangle ABC$가 작도된다.

정답 $\angle A$, A, c, B, A, b, C

03·Ⓐ 표현 Change

아래 그림은 세 변의 길이가 주어졌을 때, $\overline{BC}$가 직선 l 위에 있도록 $\triangle ABC$를 작도하는 과정이다. 다음 중 작도 순서를 바르게 나열한 것은?

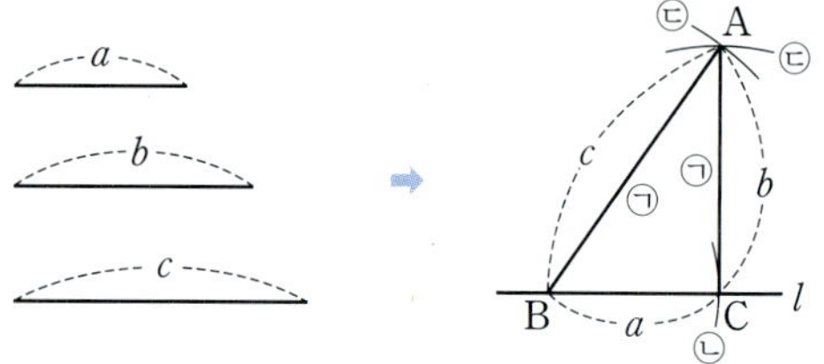

① ㉠ → ㉡ → ㉢　　　② ㉠ → ㉢ → ㉡
③ ㉡ → ㉠ → ㉢　　　④ ㉡ → ㉢ → ㉠
⑤ ㉢ → ㉡ → ㉠

03·Ⓑ 표현 Change

오른쪽 그림과 같이 주어진 선분 3개를 세 변으로 하는 $\triangle ABC$를 작도할 때 이용되는 작도 방법을 다음 보기에서 고르시오.

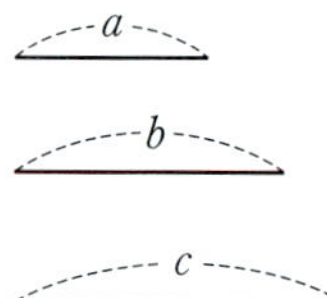

보기

ㄱ. 길이가 같은 선분의 작도
ㄴ. 크기가 같은 각의 작도
ㄷ. 평행선의 작도

03·Ⓒ 표현 Change

오른쪽 그림과 같이 $\overline{AB}$의 길이와 $\angle A$, $\angle B$의 크기가 주어졌을 때, 다음 중 $\triangle ABC$를 작도하는 순서로 옳지 <u>않은</u> 것은?

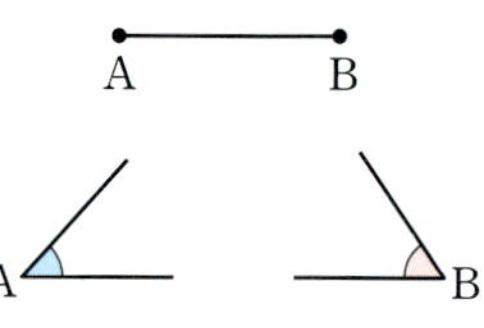

① $\overline{AB} \to \angle A \to \angle B$　　　② $\overline{AB} \to \angle B \to \angle A$
③ $\angle A \to \overline{AB} \to \angle B$　　　④ $\angle B \to \overline{AB} \to \angle A$
⑤ $\angle A \to \angle B \to \overline{AB}$

06 삼각형이 하나로 정해지는 경우

(1) 삼각형이 하나로 정해지는 경우

① 세 변의 길이가 주어진 경우
➡ (가장 긴 변의 길이)<(두 변의 길이의 합)이어야 한다.
② 두 변의 길이와 그 끼인각의 크기가 주어진 경우
③ 한 변의 길이와 그 양 끝 각의 크기가 주어진 경우
➡ (양 끝 각의 크기의 합)<180°이어야 한다.

(2) 삼각형이 하나로 정해지지 않는 경우

① 가장 긴 변의 길이가 나머지 두 변의 길이의 합보다 크거나 같은 경우
➡ 삼각형이 그려지지 않는다.

(예시)
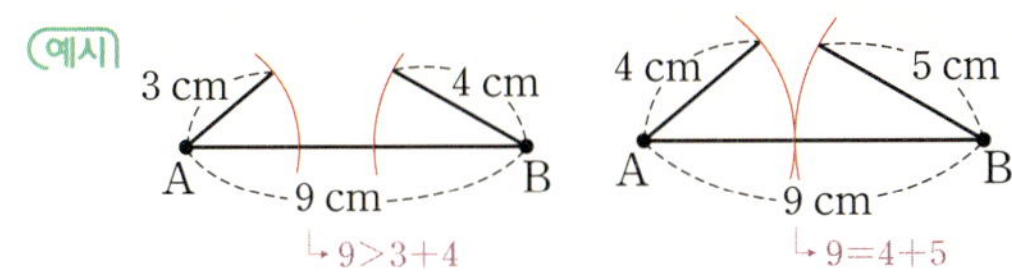

② 두 변의 길이와 그 끼인각이 아닌 다른 한 각의 크기가 주어진 경우
➡ 삼각형이 그려지지 않거나, 1개 또는 2개의 삼각형이 그려진다.

(예시)
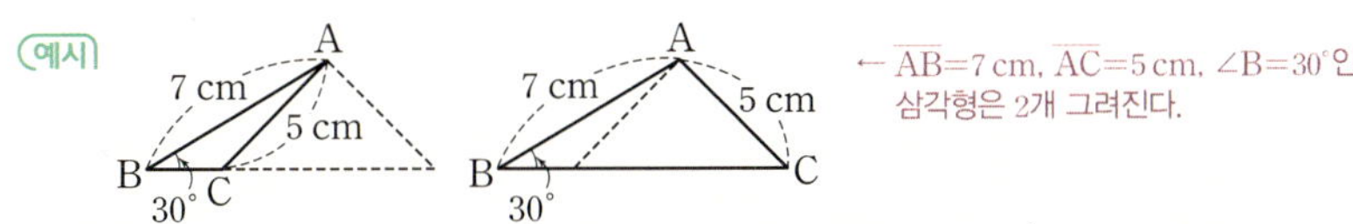

← $\overline{AB}=7$ cm, $\overline{AC}=5$ cm, ∠B=30°인 삼각형은 2개 그려진다.

③ 세 각의 크기가 주어진 경우
➡ 모양은 같고 크기가 다른 삼각형이 무수히 많이 그려진다.

(예시)
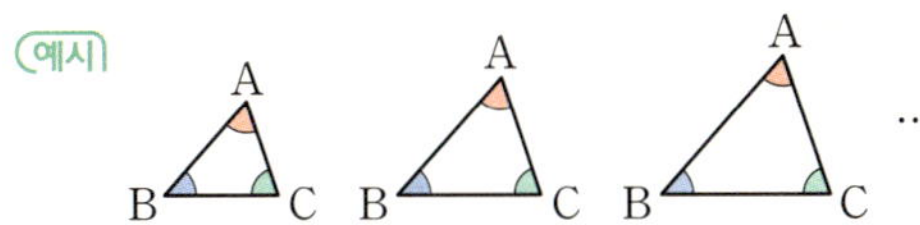

△ABC에서 $\overline{AB}$의 길이와
∠A, ∠C의 크기가 주어질 때,
∠B=180°-(∠A+∠C)이므로
삼각형이 하나로 정해진다.

한 변의 길이와 두 각의 크기가 주어진 경우에도 삼각형이 하나로 정해지지 않는다.
➡ 1개 또는 2개 또는 3개의 삼각형이 그려질 수도 있다.

(예시) 한 변의 길이가 4 cm이고, 두 각의 크기가 45°, 60°일 때
└ 나머지 한 각의 크기는 75°이다.

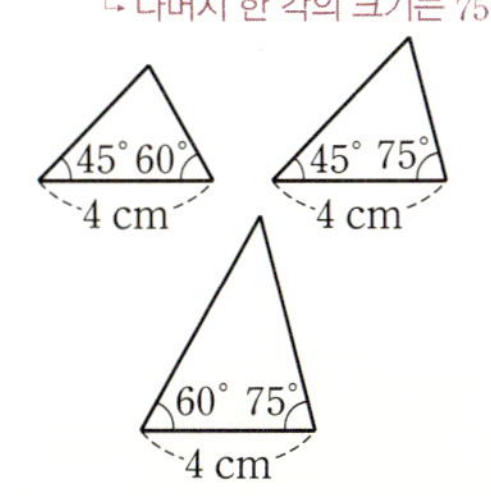

두 각의 크기의 합이 180°보다 크거나 같으면 삼각형이 그려지지 않는다.

(예시)
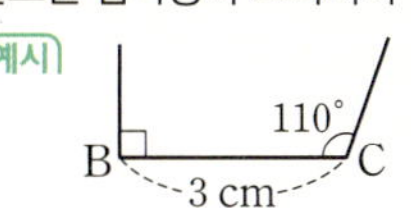

개념 CHECK 01

· 다음과 같은 경우에 삼각형이 하나로 정해진다.
(1) 세 ⓐ 의 길이가 주어진 경우
(2) 두 변의 길이와 그 ⓑ 의 크기가 주어진 경우
(3) 한 변의 길이와 그 양 ⓒ 의 크기가 주어진 경우

다음과 같은 조건이 주어질 때, △ABC가 하나로 정해지면 ○표, 하나로 정해지지 않으면 ×표를 ( ) 안에 써넣으시오.

(1) $\overline{AB}=8$ cm, $\overline{BC}=6$ cm, $\overline{CA}=2$ cm (　　)

(2) $\overline{AB}=5$ cm, $\overline{BC}=8$ cm, ∠B=60° (　　)

(3) $\overline{AB}=4$ cm, $\overline{BC}=6$ cm, ∠C=40° (　　)

(4) $\overline{BC}=8$ cm, ∠B=70°, ∠C=110° (　　)

(5) $\overline{AB}=3$ cm, ∠A=60°, ∠B=30° (　　)

(6) ∠A=85°, ∠B=60°, ∠C=35° (　　)

(7) $\overline{AC}=4$ cm, ∠B=30°, ∠C=40° (　　)

답 | ⓐ 변 ⓑ 끼인각 ⓒ 끝 각

대표유형 **04** 삼각형이 하나로 정해지는 경우

⋔ 유형ON >>> 072쪽

다음 중 △ABC가 하나로 정해지는 것은?

① $\overline{AB}$=15 cm, $\overline{BC}$=7 cm, $\overline{CA}$=7 cm
② $\overline{AB}$=3 cm, $\overline{AC}$=4 cm, ∠C=30°
③ $\overline{AB}$=7 cm, $\overline{BC}$=9 cm, ∠B=100°
④ $\overline{BC}$=5 cm, ∠B=50°, ∠C=130°
⑤ ∠A=50°, ∠B=50°, ∠C=80°

풀이 과정

① 15>7+7이므로 △ABC가 그려지지 않는다.
② ∠C는 $\overline{AB}$, $\overline{AC}$의 끼인각이 아니므로 △ABC가 하나로 정해지지 않는다.
③ 두 변의 길이와 그 끼인각의 크기가 주어졌으므로 △ABC가 하나로 정해진다.
④ ∠B+∠C=180°이므로 △ABC가 그려지지 않는다.
⑤ 모양은 같지만 크기가 다른 △ABC가 무수히 많이 그려진다.
따라서 △ABC가 하나로 정해지는 것은 ③이다.

정답 ③

04·Ⓐ 숫자 Change

다음 보기 중 △ABC가 하나로 정해지는 것을 모두 고르시오.

보기
ㄱ. ∠A=30°, ∠B=70°, ∠C=80°
ㄴ. $\overline{AC}$=4 cm, $\overline{BC}$=7 cm, ∠C=35°
ㄷ. $\overline{BC}$=5 cm, ∠A=60°, ∠C=80°
ㄹ. $\overline{AB}$=3 cm, $\overline{BC}$=6 cm, $\overline{CA}$=9 cm

대표유형 **05** 삼각형이 하나로 정해지기 위하여 추가되어야 하는 조건

⋔ 유형ON >>> 072쪽

오른쪽 그림과 같은 △ABC에서 ∠A의 크기가 주어졌을 때, △ABC가 하나로 정해지기 위하여 필요한 조건으로 알맞은 것을 다음 보기에서 모두 고르시오.

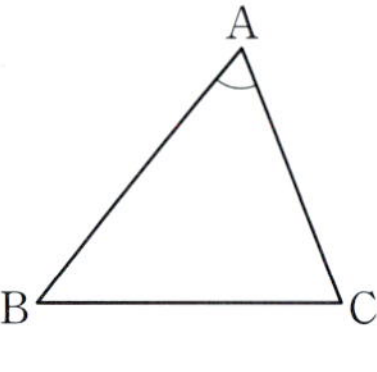

보기
ㄱ. $\overline{AB}$의 길이, ∠B의 크기
ㄴ. $\overline{AC}$의 길이, $\overline{BC}$의 길이
ㄷ. $\overline{AC}$의 길이, ∠B의 크기
ㄹ. ∠B의 크기, ∠C의 크기

풀이 과정

ㄱ. 한 변의 길이와 그 양 끝 각의 크기가 주어졌으므로 △ABC가 하나로 정해진다.
ㄴ. ∠A는 $\overline{AC}$, $\overline{BC}$의 끼인각이 아니므로 △ABC가 하나로 정해지지 않는다.
ㄷ. ∠A, ∠B의 크기가 주어지면 ∠C의 크기를 알 수 있다.
　즉, 한 변의 길이와 그 양 끝 각의 크기가 주어졌으므로 △ABC가 하나로 정해진다.
ㄹ. 모양은 같지만 크기가 다른 △ABC가 무수히 많이 그려진다.
따라서 필요한 조건은 ㄱ, ㄷ이다.

정답 ㄱ, ㄷ

05·Ⓐ 숫자 Change

$\overline{AB}$의 길이가 주어졌을 때, △ABC가 하나로 정해지기 위하여 필요한 조건으로 알맞은 것을 다음 보기에서 모두 고르시오.

보기
ㄱ. ∠A의 크기, ∠B의 크기　ㄴ. $\overline{AC}$의 길이, ∠B의 크기
ㄷ. ∠B의 크기, ∠C의 크기　ㄹ. $\overline{BC}$의 길이, ∠A의 크기

05·Ⓑ 표현 Change

$\overline{AB}$=10 cm, $\overline{BC}$=13 cm일 때, △ABC가 하나로 정해지기 위하여 필요한 나머지 한 조건을 다음 보기에서 모두 고르시오.

보기
ㄱ. $\overline{AC}$=2 cm　　ㄴ. $\overline{AC}$=13 cm
ㄷ. ∠B=50°　　ㄹ. ∠C=40°

BIBLE SAYS 한 변의 길이와 두 각의 크기가 주어질 때

△ABC에서 $\overline{AB}$의 길이와 ∠A, ∠C의 크기가 주어질 때
∠B=180°−(∠A+∠C)이므로 한 변의 길이와 양 끝 각의 크기가 주어진 경우이다. 즉, △ABC가 하나로 정해진다.

배운대로 학습하기

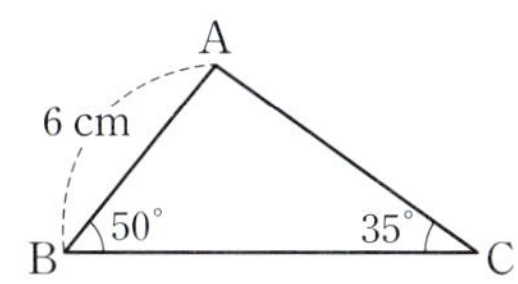

01

다음 중 오른쪽 그림과 같은 △ABC에 대한 설명으로 옳은 것은?

① ∠A의 대변은 변 AC이다.
② 변 AB의 대각은 ∠A이다.
③ ∠B의 대변의 길이는 6 cm이다.
④ 변 BC의 대각의 크기는 95°이다.
⑤ 변 AC의 대각의 크기는 35°이다.

02

다음 중 삼각형의 세 변의 길이가 될 수 <u>없는</u> 것은?

① 3 cm, 7 cm, 9 cm   ② 4 cm, 5 cm, 5 cm
③ 4 cm, 6 cm, 10 cm   ④ 6 cm, 7 cm, 8 cm
⑤ 7 cm, 7 cm, 12 cm

03

삼각형의 세 변의 길이가 6 cm, a cm, 12 cm일 때, 다음 중 자연수 a의 값이 될 수 <u>없는</u> 것은?

① 6   ② 8   ③ 10
④ 12   ⑤ 14

04

길이가 2 cm, 3 cm, 4 cm, 5 cm인 네 개의 선분 중 세 개의 선분으로 만들 수 있는 서로 다른 삼각형의 개수를 구하시오.

05

오른쪽 그림과 같이 $\overline{AB}$, $\overline{BC}$의 길이와 ∠B의 크기가 주어졌을 때, 다음 중 △ABC를 작도하는 순서로 옳지 <u>않은</u> 것은?

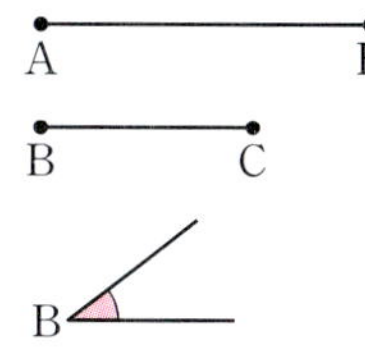

① $\overline{AB}$ → ∠B → $\overline{BC}$ ② $\overline{AB}$ → $\overline{BC}$ → ∠B
③ ∠B → $\overline{AB}$ → $\overline{BC}$ ④ ∠B → $\overline{BC}$ → $\overline{AB}$
⑤ $\overline{BC}$ → ∠B → $\overline{AB}$

06

다음 중 △ABC가 하나로 정해지는 것을 모두 고르면?

(정답 2개)

① $\overline{AB}=10$ cm, $\overline{BC}=12$ cm, $\overline{CA}=10$ cm
② $\overline{AB}=9$ cm, $\overline{BC}=10$ cm, ∠C=60°
③ $\overline{AC}=6$ cm, $\overline{BC}=7$ cm, ∠B=50°
④ $\overline{AB}=10$ cm, ∠A=30°, ∠C=90°
⑤ ∠A=40°, ∠B=70°, ∠C=70°

07

$\overline{AC}=7$ cm, ∠C=70°일 때, △ABC가 하나로 정해지기 위하여 필요한 나머지 한 조건을 다음 보기에서 모두 고르시오.

보기
ㄱ. $\overline{AB}=5$ cm   ㄴ. $\overline{BC}=6$ cm
ㄷ. ∠A=110°   ㄹ. ∠B=60°

07 도형의 합동

(1) 합동 : 한 도형을 모양이나 크기를 바꾸지 않고 옮겨서 다른 도형에 완전히 포갤 수 있을 때, 이 두 도형을 서로 **합동**이라 하고, 기호 ≡를 사용하여 나타낸다.

(2) 대응 : 합동인 두 도형에서 포개어지는 꼭짓점과 꼭짓점, 변과 변, 각과 각은 서로 대응한다고 한다.

(3) 삼각형의 합동 : △ABC와 △DEF가 서로 합동일 때, 이것을 기호로 △ABC≡△DEF와 같이 나타낸다.

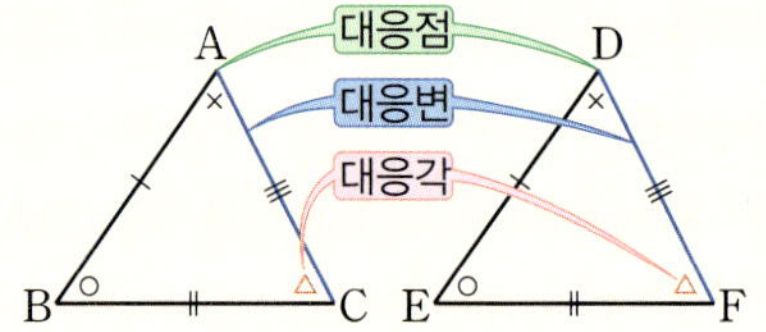

서로 대응하는 꼭짓점을 대응점, 대응하는 변을 대응변, 대응하는 각을 대응각이라 한다.

합동인 두 도형을 기호로 나타낼 때는 대응점끼리 같은 순서대로 쓴다.

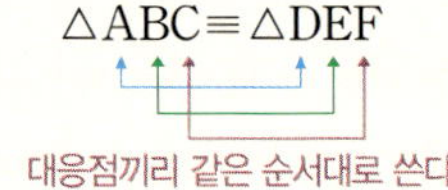
$$△ABC≡△DEF$$
대응점끼리 같은 순서대로 쓴다.

용어 설명

합동(하나될 合, 같을 同)
위치만 변화시켜 포개었을 때 같아지는 것
대응(대할 對, 응할 應)
서로 짝을 이루는 관계

(4) 합동인 도형의 성질

두 도형이 서로 합동이면
① 대응변의 길이가 같다.　　② 대응각의 크기가 같다.

(참고) △ABC≡△DEF이면
① $\overline{AB}=\overline{DE}$, $\overline{BC}=\overline{EF}$, $\overline{AC}=\overline{DF}$
② $∠A=∠D$, $∠B=∠E$, $∠C=∠F$

바이블 POINT　＝과 ≡의 비교

△ABC＝△DEF	△ABC≡△DEF
➡ △ABC와 △DEF의 넓이가 같다.	➡ △ABC와 △DEF가 서로 합동이다.
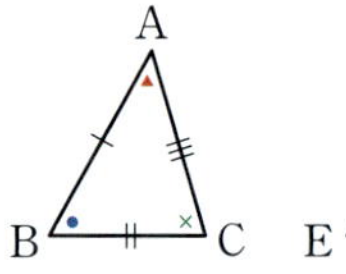 ➡ 넓이가 같은 두 도형은 합동이 아닐 수도 있다.	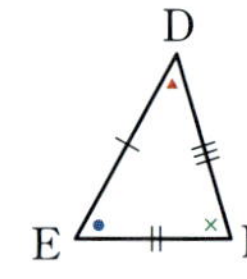 ➡ 합동인 두 도형의 넓이는 항상 같다.

➡ 합동인 두 도형의 넓이는 항상 같지만 두 도형의 넓이가 같다고 해서 반드시 합동인 것은 아니다.

개념 CHECK　01

• 합동인 두 도형에서 포개어지는 꼭짓점과 꼭짓점, 변과 변, 각과 각은 서로 ⓐ 　 한다고 한다.

오른쪽 그림에서 △ABC≡△DEF일 때, 다음을 구하시오.

(1) 점 B의 대응점

(2) 변 EF의 대응변

(3) ∠A의 대응각

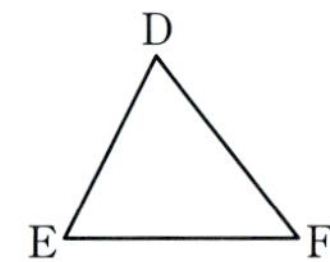

개념 CHECK　02

• 두 도형이 서로 합동이면
(1) ⓑ 　 의 길이가 같다.
(2) ⓒ 　 의 크기가 같다.

오른쪽 그림에서 △ABC≡△DEF일 때, 다음을 구하시오.

(1) $\overline{AB}$의 길이

(2) ∠E의 크기

(3) ∠F의 크기

답 | ⓐ 대응 ⓑ 대응변 ⓒ 대응각

대표유형 **01** 도형의 합동

∩ 유형ON >>> 073쪽

다음 중 두 도형이 서로 합동이 <u>아닌</u> 것을 모두 고르면?

(정답 2개)

① 한 변의 길이가 같은 두 마름모
② 한 변의 길이가 같은 두 정사각형
③ 둘레의 길이가 같은 두 정삼각형
④ 넓이가 같은 두 원
⑤ 넓이가 같은 두 직사각형

풀이 과정

① 오른쪽 그림과 같은 두 마름모는 한 변의 길이가 같지만 합동이 아니다.

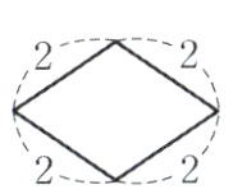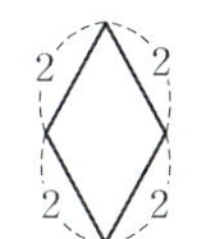

⑤ 오른쪽 그림과 같은 두 직사각형은 넓이가 같지만 합동이 아니다.

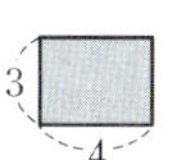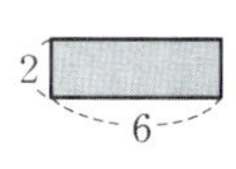

따라서 두 도형이 서로 합동이 아닌 것은 ①, ⑤이다.

(정답) ①, ⑤

---

01 · A 표현 Change

다음 보기 중 두 도형이 서로 합동인 것을 모두 고른 것은?

> **보기**
> ㄱ. 모든 변의 길이가 같은 두 사각형
> ㄴ. 반지름의 길이가 같은 두 원
> ㄷ. 둘레의 길이가 같은 두 이등변삼각형
> ㄹ. 넓이가 같은 두 정삼각형

① ㄱ, ㄴ ② ㄱ, ㄷ ③ ㄴ, ㄷ
④ ㄴ, ㄹ ⑤ ㄷ, ㄹ

대표유형 **02** 합동인 도형의 성질

∩ 유형ON >>> 073쪽

아래 그림에서 △ABC≡△DEF일 때, 다음 중 옳지 <u>않은</u> 것을 모두 고르면? (정답 2개)

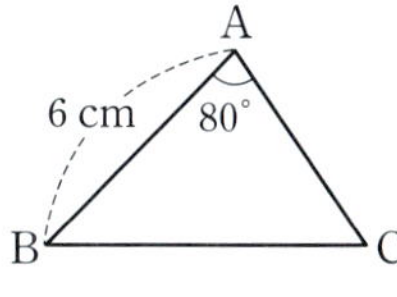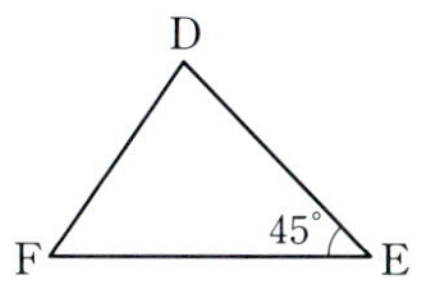

① $\overline{BC}$=7 cm ② $\overline{DE}$=6 cm ③ ∠B=45°
④ ∠D=80° ⑤ ∠F=65°

풀이 과정

① $\overline{BC}$=$\overline{EF}$이지만 $\overline{BC}$의 길이는 알 수 없다.
② $\overline{DE}$=$\overline{AB}$=6 cm
③ ∠B=∠E=45°
④ ∠D=∠A=80°
⑤ ∠D=∠A=80°이므로 △DEF에서
  ∠F=180°−(80°+45°)=55°
따라서 옳지 않은 것은 ①, ⑤이다.

(정답) ①, ⑤

---

02 · A 숫자 Change

아래 그림에서 사각형 ABCD와 사각형 EFGH가 서로 합동일 때, 다음 중 옳은 것을 모두 고르면? (정답 2개)

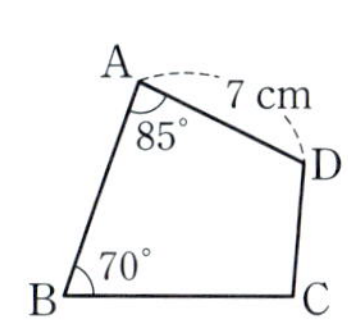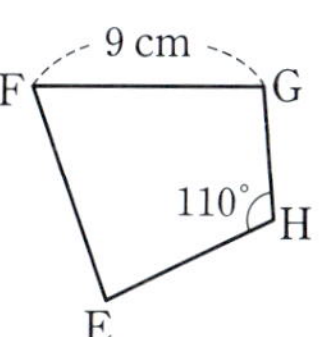

① $\overline{BC}$=7 cm ② $\overline{EF}$=9 cm ③ $\overline{EH}$=7 cm
④ ∠C=85° ⑤ ∠F=70°

---

02 · B 표현 Change

다음 그림에서 △ABC≡△DEF일 때, $x+y$의 값을 구하시오.

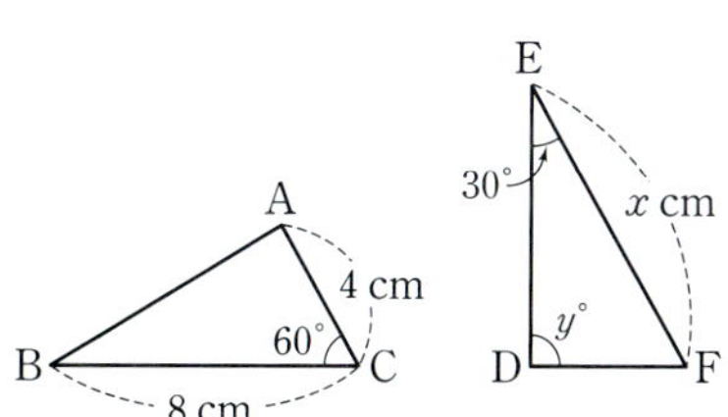

08 삼각형의 합동 조건

두 삼각형 ABC와 DEF는 다음의 각 경우에 서로 합동이다.

(1) **대응하는 세 변의 길이가 각각 같을 때** (SSS 합동)
➡ $\overline{AB}=\overline{DE}$, $\overline{BC}=\overline{EF}$, $\overline{AC}=\overline{DF}$

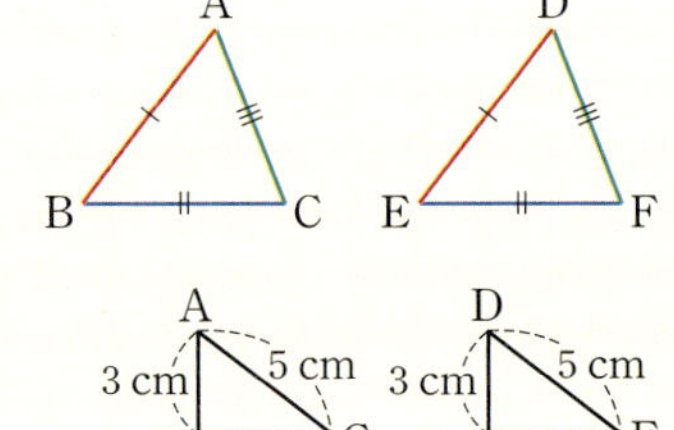

(예시) 오른쪽 그림의 △ABC와 △DEF에서
$\overline{AB}=\overline{DE}=3$ cm, $\overline{BC}=\overline{EF}=4$ cm,
$\overline{AC}=\overline{DF}=5$ cm이므로
△ABC≡△DEF (SSS 합동)

두 삼각형이 서로 합동인지 알아보기 위해서는 모든 요소를 비교할 필요없이 삼각형의 세 합동 조건 중 한 가지를 만족시키는지만 확인하면 된다.

(2) **대응하는 두 변의 길이가 각각 같고 그 끼인각의 크기가 같을 때** (SAS 합동)
➡ $\overline{AB}=\overline{DE}$, $\overline{BC}=\overline{EF}$, $\angle B=\angle E$

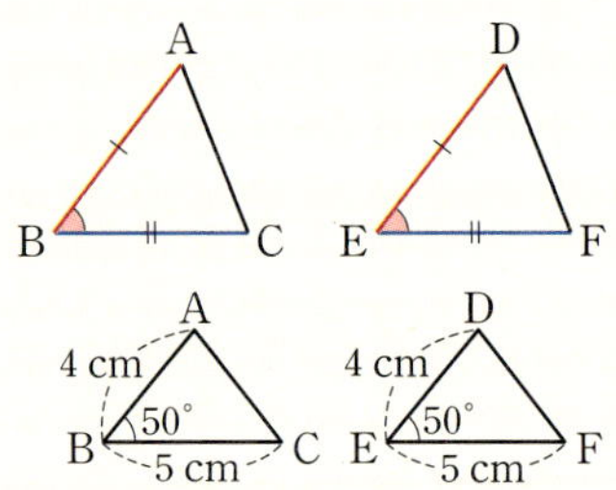

(예시) 오른쪽 그림의 △ABC와 △DEF에서
$\overline{AB}=\overline{DE}=4$ cm, $\overline{BC}=\overline{EF}=5$ cm, $\angle B=\angle E=50°$이므로
△ABC≡△DEF (SAS 합동)

SSS 합동, SAS 합동, ASA 합동에서 S는 변(Side), A는 각(Angle)을 의미한다.

세 변   끼인각
       두 변
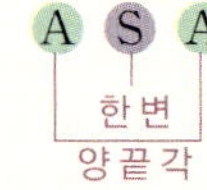
한 변
양 끝 각

(3) **대응하는 한 변의 길이가 같고 그 양 끝 각의 크기가 각각 같을 때** (ASA 합동)
➡ $\overline{BC}=\overline{EF}$, $\angle B=\angle E$, $\angle C=\angle F$

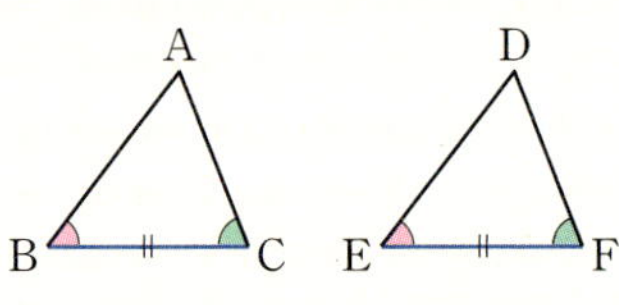

(예시) 오른쪽 그림의 △ABC와 △DEF에서
$\overline{BC}=\overline{EF}=7$ cm, $\angle B=\angle E=60°$, $\angle C=\angle F=30°$이므로
△ABC≡△DEF (ASA 합동)

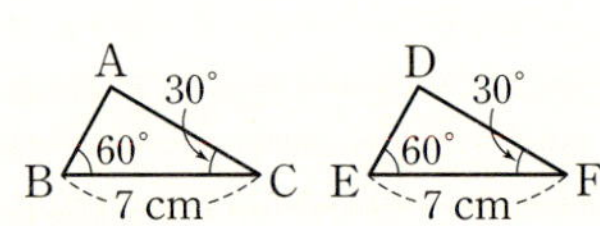

개념 CHECK 01

• 삼각형의 합동 조건
(1) 대응하는 세 변의 길이가 각각 같을 때
➡ ㉠ [ ] 합동
(2) 대응하는 두 변의 길이가 각각 같고 그 끼인각의 크기가 같을 때
➡ ㉡ [ ] 합동
(3) 대응하는 한 변의 길이가 같고 그 양 끝 각의 크기가 각각 같을 때
➡ ㉢ [ ] 합동

다음 보기에서 서로 합동인 삼각형을 찾아 기호 ≡를 사용하여 나타내고, 이때 이용된 합동 조건을 구하려고 한다. □ 안에 알맞은 것을 써넣으시오.

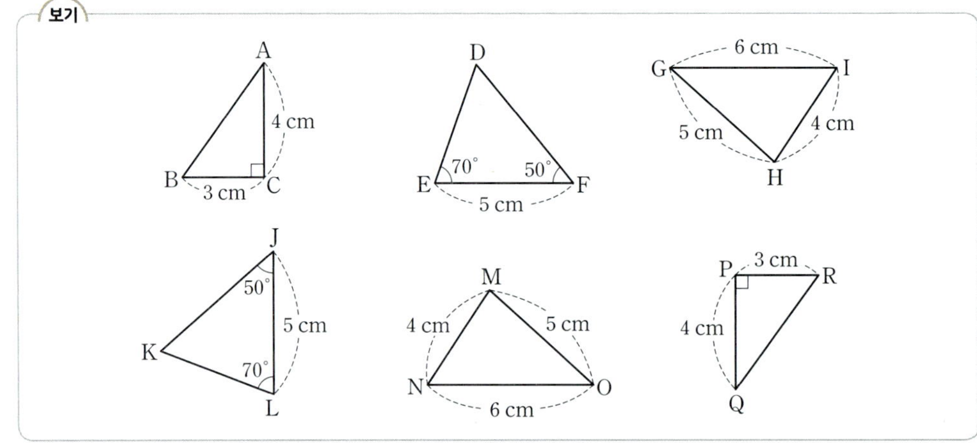

(1) △ABC≡[ ] ➡ [ ] 합동

(2) △DEF≡[ ] ➡ [ ] 합동

(3) △GHI≡[ ] ➡ [ ] 합동

답 | ㉠ SSS ㉡ SAS ㉢ ASA

대표유형 **03** 합동인 삼각형 찾기

〔↑〕유형ON >>> 073쪽

다음 보기 중 서로 합동인 삼각형끼리 짝 지으시오.

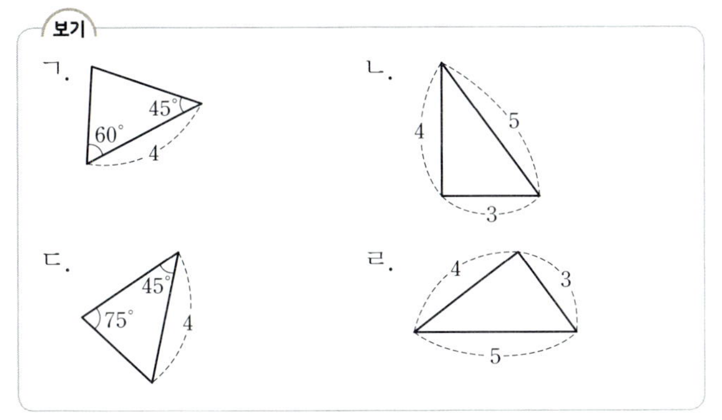

03·Ⓐ (숫자 Change)

다음 보기 중 서로 합동인 삼각형끼리 바르게 짝 지은 것은?

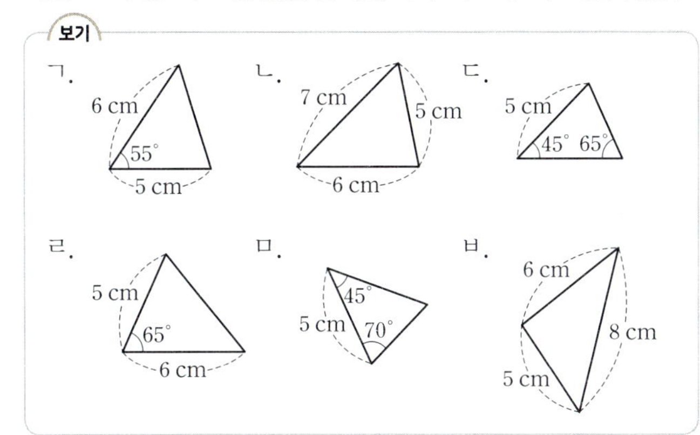

① ㄱ과 ㄴ ② ㄱ과 ㄹ ③ ㄴ과 ㅂ
④ ㄷ과 ㅁ ⑤ ㄹ과 ㅂ

풀이 과정

ㄱ과 ㄷ : ㄷ의 삼각형에서 나머지 한 각의 크기는
$$180° - (75° + 45°) = 60°$$
따라서 대응하는 한 변의 길이가 같고 그 양 끝 각의 크기가 각각 같으므로 ASA 합동이다.

ㄴ과 ㄹ : 대응하는 세 변의 길이가 각각 같으므로 SSS 합동이다.

(정답) ㄱ과 ㄷ, ㄴ과 ㄹ

(참고) 두 각의 크기가 주어진 삼각형에서 삼각형의 세 각의 크기의 합이 180°임을 이용하면 나머지 한 각의 크기를 구할 수 있다.

03·Ⓑ (표현 Change)

다음 중 △ABC≡△DEF가 되기 위한 조건이 <u>아닌</u> 것은?

① $\overline{AB}=\overline{DE}$, $\overline{BC}=\overline{EF}$, $\overline{AC}=\overline{DF}$
② $\angle A=\angle D$, $\overline{AB}=\overline{DE}$, $\overline{AC}=\overline{DF}$
③ $\angle A=\angle D$, $\angle B=\angle E$, $\overline{AB}=\overline{DE}$
④ $\angle A=\angle D$, $\angle C=\angle F$, $\overline{BC}=\overline{EF}$
⑤ $\angle B=\angle E$, $\overline{BC}=\overline{EF}$, $\overline{AC}=\overline{DF}$

대표유형 **04** 두 삼각형이 합동이 되기 위한 조건

〔↑〕유형ON >>> 074쪽

오른쪽 그림의 △ABC와 △DEF에서 $\overline{AB}=\overline{DE}$, $\angle A=\angle D$ 일 때, 다음 중 △ABC≡△DEF가 되기 위하여 필요한 나머지 한 조건을 모두 고르면? (정답 2개)

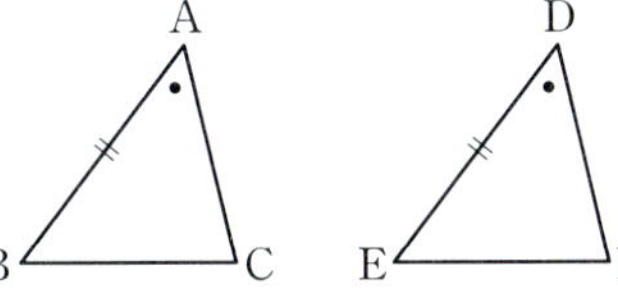

① $\overline{AC}=\overline{DF}$ ② $\overline{BC}=\overline{EF}$ ③ $\angle B=\angle E$
④ $\angle B=\angle F$ ⑤ $\angle C=\angle E$

04·Ⓐ (숫자 Change)

오른쪽 그림의 △ABC와 △DEF에서 $\overline{AB}=\overline{DE}$, $\overline{BC}=\overline{EF}$일 때, 다음 중 △ABC≡△DEF가 되기 위하여 필요한 나머지 한 조건을 모두 고르면? (정답 2개)

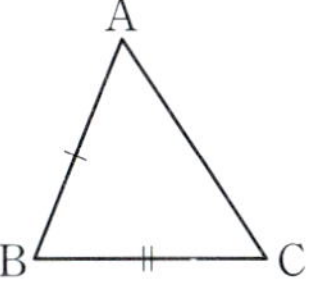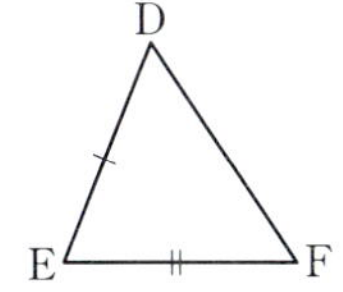

① $\angle A=\angle D$ ② $\angle B=\angle E$ ③ $\angle C=\angle F$
④ $\overline{AB}=\overline{EF}$ ⑤ $\overline{AC}=\overline{DF}$

풀이 과정

① 대응하는 두 변의 길이가 각각 같고 그 끼인각의 크기가 같으므로 SAS 합동이다.
③ 대응하는 한 변의 길이가 같고 그 양 끝 각의 크기가 각각 같으므로 ASA 합동이다.

따라서 필요한 나머지 한 조건은 ①, ③이다. (정답) ①, ③

오른쪽 그림과 같은 사각형 ABCD에서 $\overline{AB}=\overline{CB}$, $\overline{AD}=\overline{CD}$일 때, 다음 보기 중 옳은 것을 모두 고르시오.

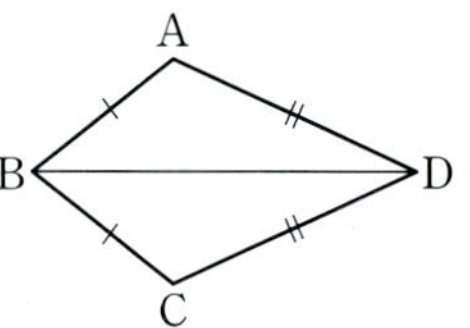

보기

ㄱ. $\angle BAD=\angle BCD$ ㄴ. $\angle ABD=\angle CDB$

ㄷ. $\angle ADB=\angle CDB$ ㄹ. $\angle ABC=2\angle CBD$

풀이 과정

$\triangle ABD$와 $\triangle CBD$에서

$\overline{AB}=\overline{CB}$, $\overline{AD}=\overline{CD}$, $\overline{BD}$는 공통

∴ $\triangle ABD \equiv \triangle CBD$ (SSS 합동)

ㄱ. $\angle BAD=\angle BCD$ ㄷ. $\angle ADB=\angle CDB$

ㄹ. $\angle ABD=\angle CBD$이므로 $\angle ABC=\angle ABD+\angle CBD=2\angle CBD$

따라서 옳은 것은 ㄱ, ㄷ, ㄹ이다.

(정답) ㄱ, ㄷ, ㄹ

---

05 · A (표현 Change)

다음은 $\angle XOY$와 크기가 같고 $\overrightarrow{PQ}$를 한 변으로 하는 각을 작도하였을 때, $\triangle AOB \equiv \triangle CPD$임을 보이는 과정이다. ㈎~㈑에 알맞은 것을 써넣으시오.

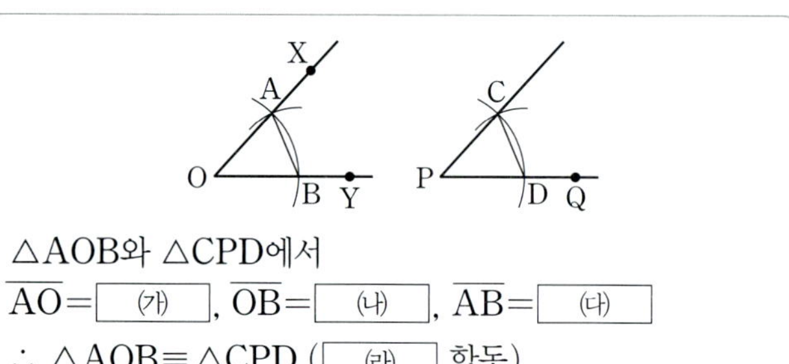

$\triangle AOB$와 $\triangle CPD$에서

$\overline{AO}=\boxed{\text{㈎}}$, $\overline{OB}=\boxed{\text{㈏}}$, $\overline{AB}=\boxed{\text{㈐}}$

∴ $\triangle AOB \equiv \triangle CPD$ ($\boxed{\text{㈑}}$ 합동)

다음은 점 O가 $\overline{AC}$, $\overline{BD}$의 중점일 때, $\triangle OAB \equiv \triangle OCD$임을 보이는 과정이다. □ 안에 알맞은 것으로 옳지 <u>않은</u> 것은?

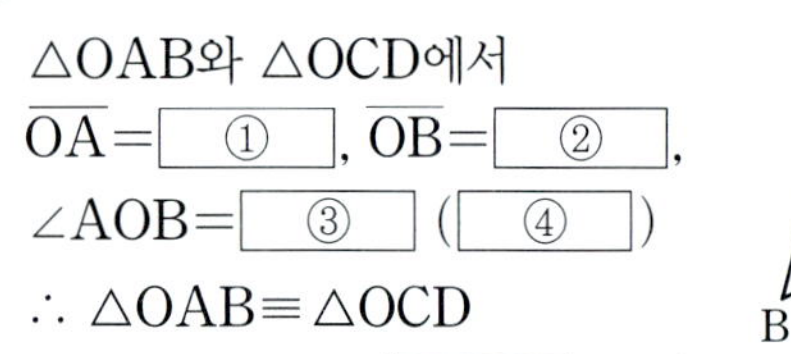

$\triangle OAB$와 $\triangle OCD$에서

$\overline{OA}=\boxed{①}$, $\overline{OB}=\boxed{②}$,

$\angle AOB=\boxed{③}$ ($\boxed{④}$)

∴ $\triangle OAB \equiv \triangle OCD$

($\boxed{⑤}$ 합동)

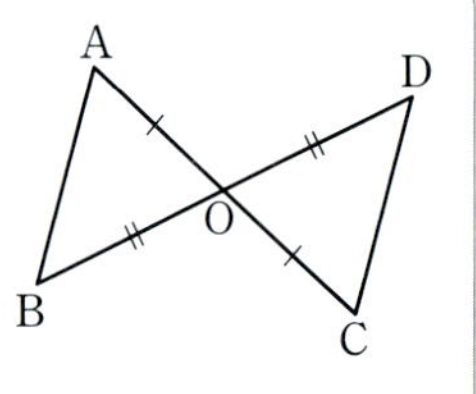

① $\overline{OC}$ ② $\overline{OD}$ ③ $\angle COD$

④ 맞꼭지각   ⑤ ASA

풀이 과정

⑤ SAS

(정답) ⑤

---

06 · A (표현 Change)

다음은 사각형 ABCD에서 $\angle CAD=\angle ACB$, $\overline{AD}=\overline{BC}$일 때, $\triangle ABC \equiv \triangle CDA$임을 보이는 과정이다. ㈎, ㈏에 알맞은 것을 써넣으시오.

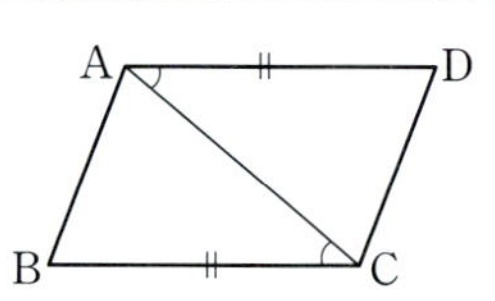

$\triangle ABC$와 $\triangle CDA$에서

$\overline{BC}=\overline{AD}$, $\angle ACB=\angle CAD$,

$\boxed{\text{㈎}}$ 는 공통

∴ $\triangle ABC \equiv \triangle CDA$

($\boxed{\text{㈏}}$ 합동)

---

06 · B (표현 Change)

다음은 $\overline{OA}=\overline{OC}$, $\overline{AB}=\overline{CD}$일 때, $\triangle AOD \equiv \triangle COB$임을 보이는 과정이다. ㈎~㈑에 알맞은 것을 써넣으시오.

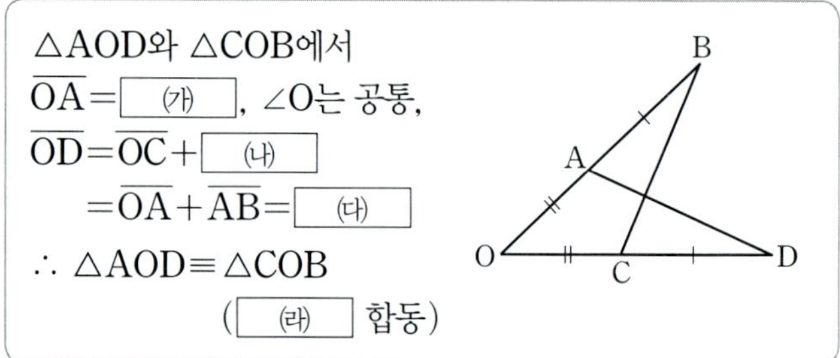

$\triangle AOD$와 $\triangle COB$에서

$\overline{OA}=\boxed{\text{㈎}}$, $\angle O$는 공통,

$\overline{OD}=\overline{OC}+\boxed{\text{㈏}}$

$=\overline{OA}+\overline{AB}=\boxed{\text{㈐}}$

∴ $\triangle AOD \equiv \triangle COB$

($\boxed{\text{㈑}}$ 합동)

유형ON >>> 077쪽

대표유형 **07** 삼각형의 합동 조건 – ASA 합동

오른쪽 그림과 같은 사각형 ABCD에서
$$\overline{AB}\;/\!/\;\overline{DC},\; \overline{AD}\;/\!/\;\overline{BC}$$
일 때, 서로 합동인 두 삼각형을
찾아 기호 ≡를 사용하여 나타내고, 이때 이용된 합동 조건
을 말하시오.

풀이 과정

△ABD와 △CDB에서
$\overline{AB}\;/\!/\;\overline{DC}$이므로 ∠ABD=∠CDB (엇각),
$\overline{AD}\;/\!/\;\overline{BC}$이므로 ∠ADB=∠CBD (엇각),
$\overline{BD}$는 공통
∴ △ABD≡△CDB (ASA 합동)

정답 △ABD≡△CDB, ASA 합동

07·**A** 표현 Change

다음은 평행사변형 ABCD에서 $\overline{BC}$의 중점을 E, $\overline{AE}$의 연
장선과 $\overline{DC}$의 연장선의 교점을 F라 할 때,
△ABE≡△FCE임을 보이는 과정이다. ㈎~㈐에 알맞은
것을 써넣으시오.

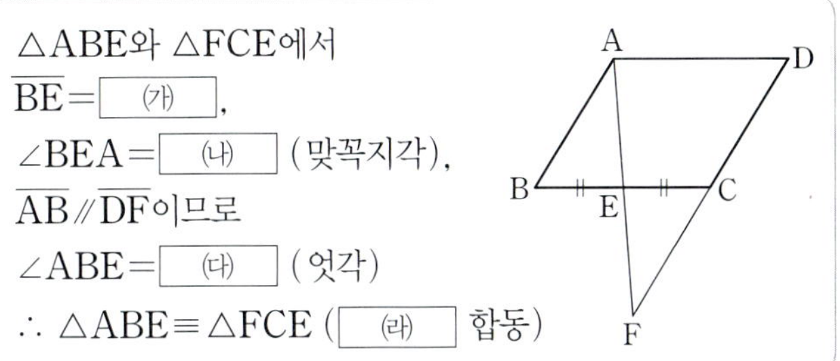

△ABE와 △FCE에서
$\overline{BE}=$ ☐ ㈎ ,
∠BEA= ☐ ㈏ (맞꼭지각),
$\overline{AB}\;/\!/\;\overline{DF}$이므로
∠ABE= ☐ ㈐ (엇각)
∴ △ABE≡△FCE (☐ ㈑ 합동)

07·**B** 표현 Change

오른쪽 그림과 같이 ∠XOY의 이
등분선 위의 한 점 P에서 $\overrightarrow{OX}$, $\overrightarrow{OY}$
에 내린 수선의 발을 각각 A, B라 할
때, 다음 중 △AOP≡△BOP임을
보이는 데 이용되는 조건이 <u>아닌</u>
것을 모두 고르면? (정답 2개)

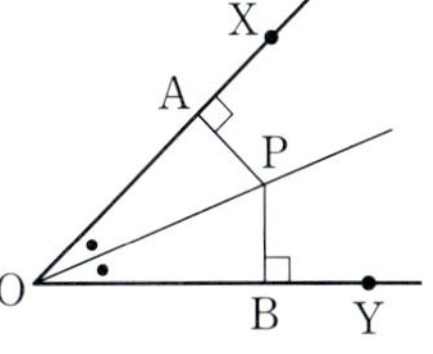

① $\overline{AP}=\overline{BP}$ ② $\overline{OP}$는 공통
③ $\overline{OA}=\overline{OB}$ ④ ∠OPA=∠OPB
⑤ ∠AOP=∠BOP

대표유형 **08** 삼각형의 합동의 활용 – 실생활

유형ON >>> 076쪽

오른쪽 그림과 같이 호수의 둘
레 위에 있는 두 나무의 위치를
각각 A, B라 하고 $\overline{AD}$, $\overline{BE}$의
교점을 C라 하자. 이때 두 지점
A, B 사이의 거리를 구하시오.

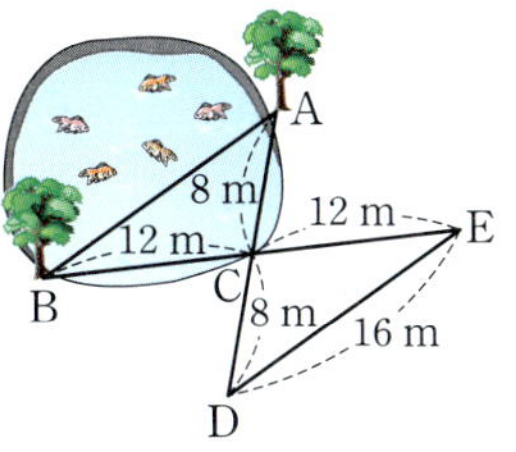

풀이 과정

△ABC와 △DEC에서
$\overline{AC}=\overline{DC}=8$ m, $\overline{BC}=\overline{EC}=12$ m, ∠ACB=∠DCE (맞꼭지각)이므로
△ABC≡△DEC (SAS 합동)
∴ $\overline{AB}=\overline{DE}=16$ m
따라서 두 지점 A, B 사이의 거리는 16 m이다.

정답 16 m

08·**A** 표현 Change

오른쪽 그림은 어느 해안
가에서 배와 섬, 등대의 위
치를 나타낸 것이다.
$\overline{PQ}=6$ km,
$\overline{AR}=\overline{PR}=1$ km이고
∠BAR=∠QPR일 때,
두 지점 A, B 사이의 거리를 구하시오.
(단, R은 $\overline{AQ}$와 $\overline{BP}$의 교점이다.)

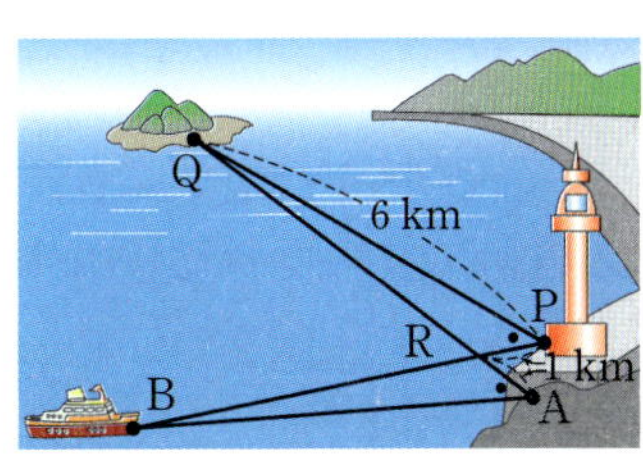

다음은 정삼각형 ABC에서 $\overline{BD}=\overline{CE}$일 때,
△ABD≡△BCE임을 보이는 과정이다. ㈎~㈐에 알맞은
것을 써넣으시오.

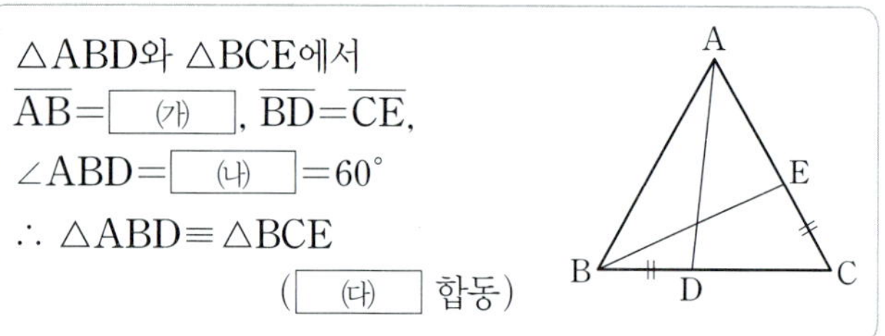

△ABD와 △BCE에서
$\overline{AB}=$ ㈎ , $\overline{BD}=\overline{CE}$,
∠ABD= ㈏ =60°
∴ △ABD≡△BCE
　　　　(㈐ 　합동)

09·Ⓐ 표현 Change

다음은 △ABC와 △ADE가 정삼각형일 때,
△ABD≡△ACE임을 보이는 과정이다. ㈎~㈐에 알맞
은 것을 써넣으시오.

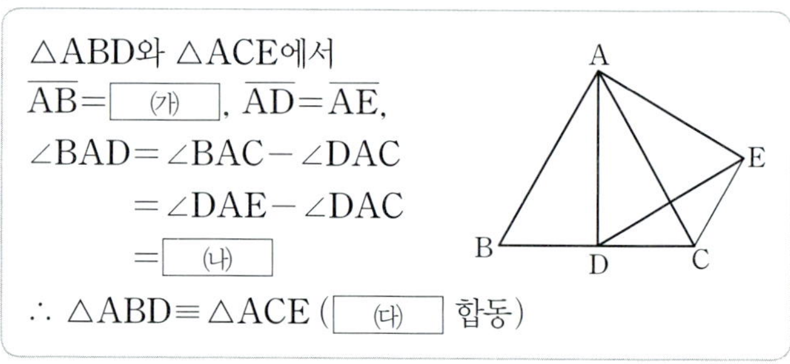

△ABD와 △ACE에서
$\overline{AB}=$ ㈎ , $\overline{AD}=\overline{AE}$,
∠BAD=∠BAC−∠DAC
　　　　=∠DAE−∠DAC
　　　　= ㈏
∴ △ABD≡△ACE (㈐ 　합동)

풀이 과정

△ABD와 △BCE에서

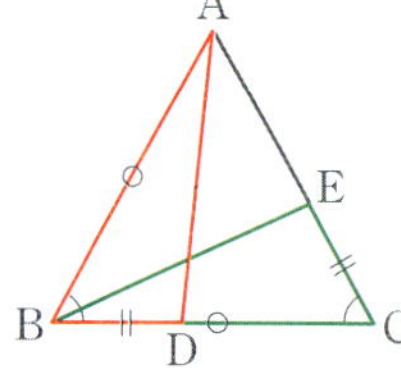

$\overline{AB}=$ $\overline{BC}$, $\overline{BD}=\overline{CE}$,
∠ABD= ∠BCE =60°
∴ △ABD≡△BCE (SAS 합동)

정답 ㈎ $\overline{BC}$ ㈏ ∠BCE ㈐ SAS

BIBLE SAYS　정삼각형의 성질

(1) 정삼각형의 세 변의 길이는 모두 같다.

(2) 정삼각형의 세 각의 크기는 모두 60°이다.

다음은 정사각형 ABCD에서 $\overline{BE}=\overline{CF}$일 때,
△ABE≡△BCF임을 보이는 과정이다. ㈎~㈐에 알맞은
것을 써넣으시오.

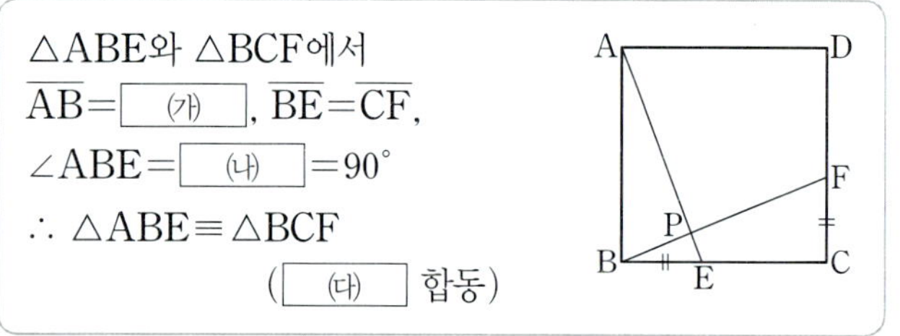

△ABE와 △BCF에서
$\overline{AB}=$ ㈎ , $\overline{BE}=\overline{CF}$,
∠ABE= ㈏ =90°
∴ △ABE≡△BCF
　　　　(㈐ 　합동)

10·Ⓐ 표현 Change

다음은 정사각형 ABCD에서 $\overline{BC}$의 연장선 위에 점 E를 잡
아 정사각형 GCEF를 만들 때, △GBC≡△EDC임을 보
이는 과정이다. ㈎~㈐에 알맞은 것을 써넣으시오.

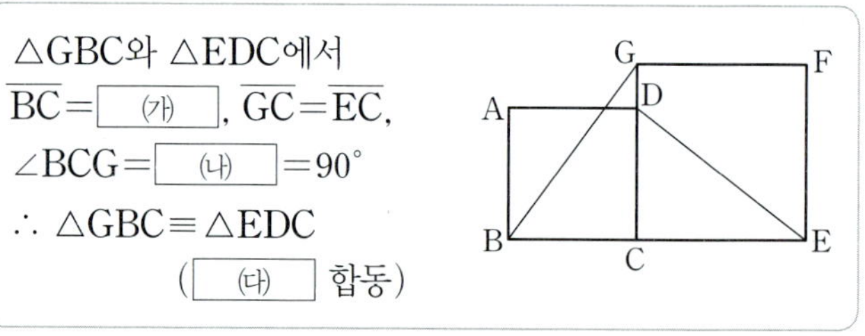

△GBC와 △EDC에서
$\overline{BC}=$ ㈎ , $\overline{GC}=\overline{EC}$,
∠BCG= ㈏ =90°
∴ △GBC≡△EDC
　　　　(㈐ 　합동)

풀이 과정

△ABE와 △BCF에서

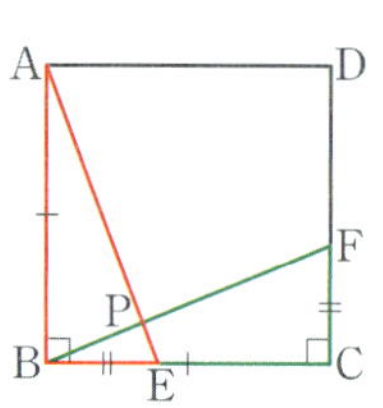

$\overline{AB}=$ $\overline{BC}$, $\overline{BE}=\overline{CF}$,
∠ABE= ∠BCF =90°
∴ △ABE≡△BCF (SAS 합동)

정답 ㈎ $\overline{BC}$ ㈏ ∠BCF ㈐ SAS

BIBLE SAYS　정사각형의 성질

(1) 정사각형의 네 변의 길이는 모두 같다.

(2) 정사각형의 네 각의 크기는 모두 90°이다.

01

대표 유형 01

다음 중 두 도형이 서로 합동인 것을 모두 고르면? (정답 2개)

① 한 변의 길이가 같은 두 삼각형
② 세 각의 크기가 각각 같은 두 삼각형
③ 둘레의 길이가 같은 두 직사각형
④ 둘레의 길이가 같은 두 원
⑤ 넓이가 같은 두 정사각형

02

대표 유형 02

다음 그림에서 사각형 ABCD와 사각형 EFGH가 서로 합동일 때, $x+y$의 값을 구하시오.

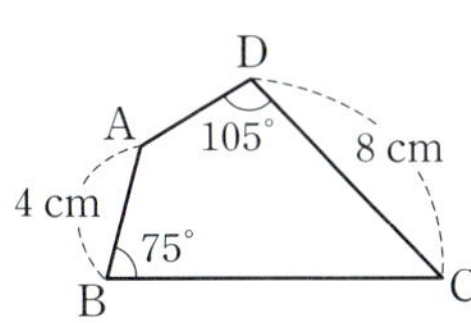
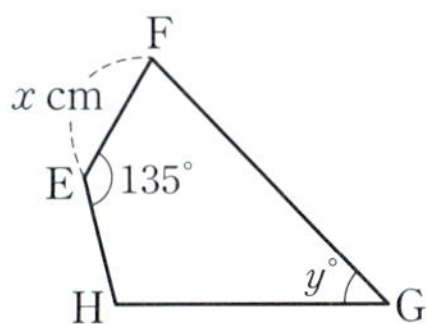

03

대표 유형 03

다음 보기 중 서로 합동인 삼각형끼리 바르게 짝 지은 것을 모두 고르면? (정답 2개)

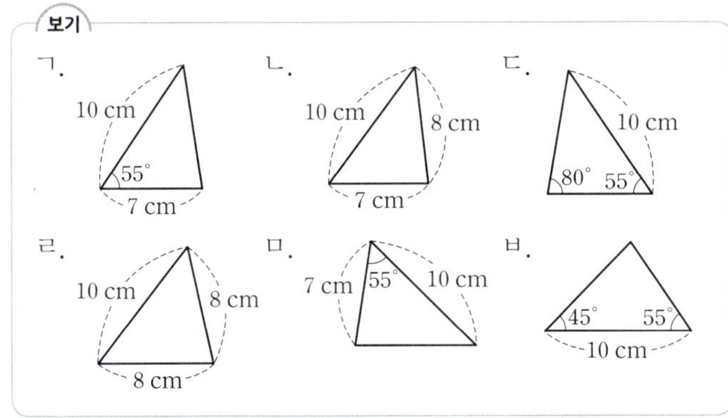

① ㄱ과 ㄷ 　② ㄱ과 ㅁ 　③ ㄴ과 ㄹ
④ ㄷ과 ㅁ 　⑤ ㄷ과 ㅂ

04

대표 유형 04

오른쪽 그림의 △ABC와 △DEF에서 ∠A=∠D일 때, 다음 중 △ABC≡△DEF가 되기 위하여 필요한 조건이 <u>아닌</u> 것을 모두 고르면? (정답 2개)

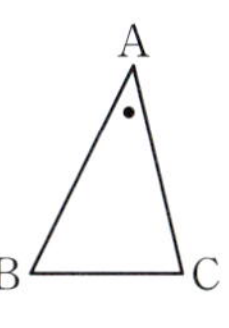
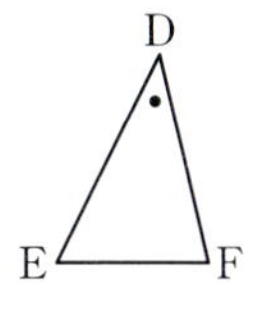

① $\overline{AB}=\overline{DE}$, $\overline{AC}=\overline{DF}$ 　② $\overline{AB}=\overline{DE}$, $\overline{BC}=\overline{EF}$
③ $\overline{AC}=\overline{DF}$, ∠C=∠F 　④ $\overline{BC}=\overline{EF}$, ∠B=∠E
⑤ ∠B=∠E, ∠C=∠F

05

대표 유형 05

다음은 삼각형 ABC에서 $\overline{AB}=\overline{AC}$이고 점 D는 $\overline{BC}$의 중점일 때, △ABD≡△ACD임을 보이는 과정이다. (가)~(라)에 알맞은 것을 써넣으시오.

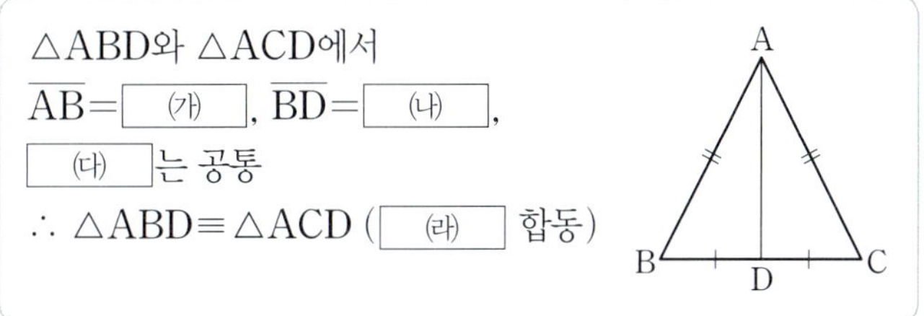

△ABD와 △ACD에서
$\overline{AB}=$ (가) , $\overline{BD}=$ (나) ,
(다) 는 공통
∴ △ABD≡△ACD ((라) 합동)

06

대표 유형 07 ⊕ 08

오른쪽 그림과 같이 $\overline{AC}$와 $\overline{BD}$의 교점을 O라 할 때, 두 지점 C, D 사이의 거리를 구하시오.

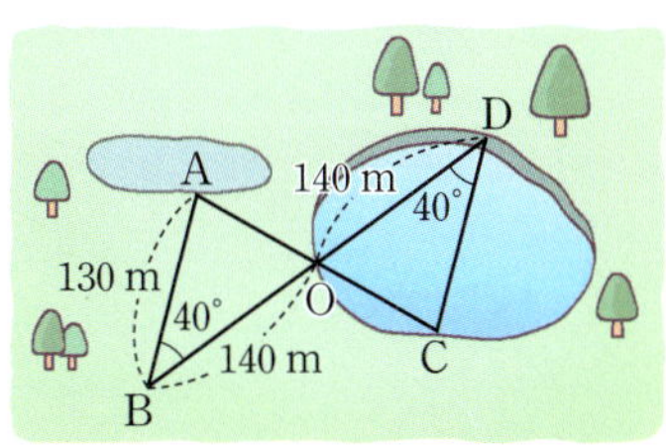

07 생각이 쑥쑥

대표 유형 06 ⊕ 09

오른쪽 그림에서 △ABC와 △ADE가 정삼각형일 때, 다음 중 옳지 <u>않은</u> 것은?

① $\overline{BD}=\overline{CE}$
② $\overline{AE}=\overline{BE}$
③ ∠ACE=∠ABD
④ ∠AEC=∠ADB
⑤ ∠CAE=∠BAD

함께 풀기

다음 그림에서 두 사각형 ABCD와 EFGH가 서로 합동일 때, $x+y$의 값을 구하시오.

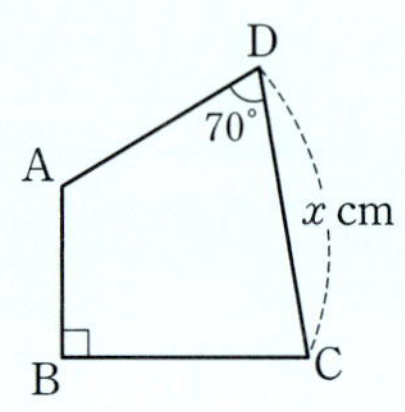
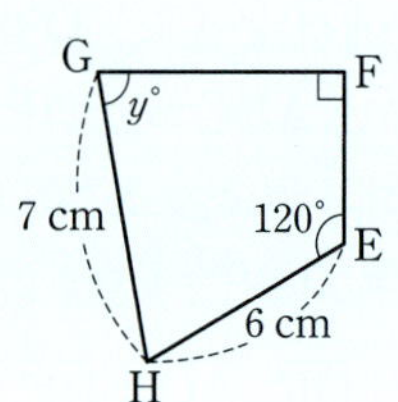

풀이 과정

1단계 x의 값 구하기

$\overline{CD}=\overline{GH}=7$ cm이므로 $x=7$ ····· 40%

2단계 y의 값 구하기

∠H=∠D=70°이므로 사각형 EFGH에서
∠G=360°−(70°+120°+90°)=80° ∴ $y=80$ ····· 40%

3단계 $x+y$의 값 구하기

∴ $x+y=7+80=87$ ····· 20%

정답   87

따라 풀기

01 다음 그림에서 두 사각형 ABCD와 EFGH가 서로 합동일 때, $x+y+z$의 값을 구하시오.

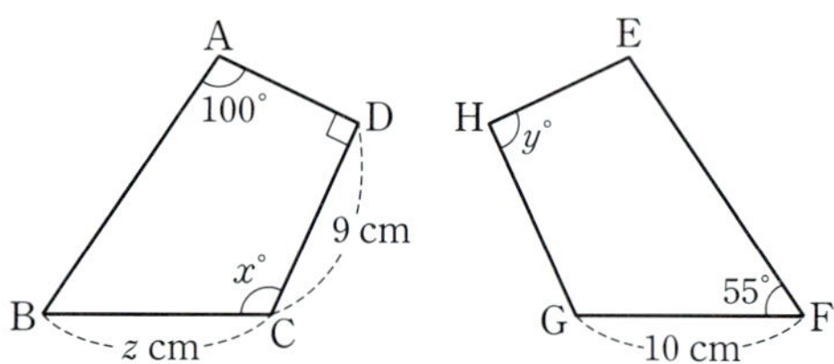

풀이 과정

1단계 x의 값 구하기

2단계 y의 값 구하기

3단계 z의 값 구하기

4단계 $x+y+z$의 값 구하기

정답 _____________

함께 풀기

오른쪽 그림에서 점 C는 $\overline{AD}$와 $\overline{BE}$의 교점일 때, $\overline{AB}$의 길이를 구하시오.

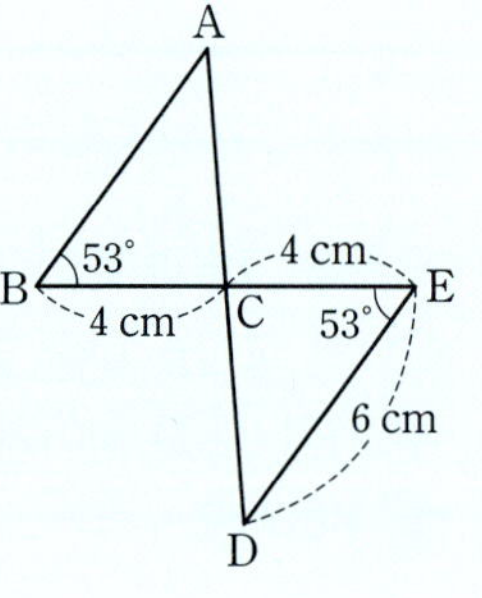

풀이 과정

1단계 △ABC와 △DEC가 합동임을 설명하기

△ABC와 △DEC에서
∠B=∠E=53°, $\overline{BC}=\overline{EC}=4$ cm, ∠ACB=∠DCE (맞꼭지각)
∴ △ABC≡△DEC (ASA 합동) ····· 60%

2단계 $\overline{AB}$의 길이 구하기

∴ $\overline{AB}=\overline{DE}=6$ cm ····· 40%

정답 _______ 6 cm

따라 풀기

02 오른쪽 그림에서 점 O는 $\overline{AC}$와 $\overline{BD}$의 교점일 때, 두 지점 A, B 사이의 거리를 구하시오.

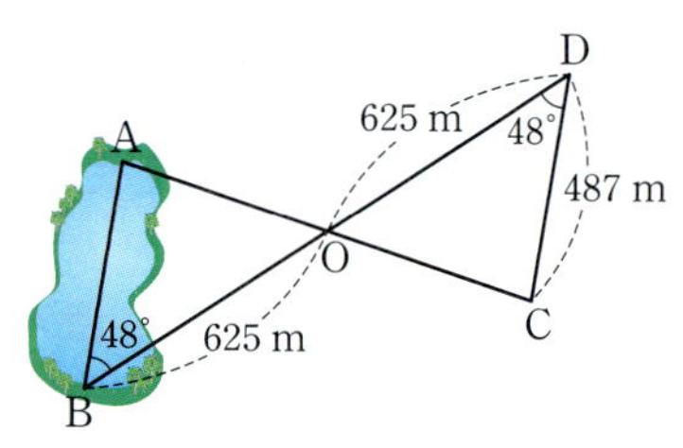

풀이 과정

1단계 △ABO와 △CDO가 합동임을 설명하기

2단계 두 지점 A, B 사이의 거리 구하기

정답 _____________

03 오른쪽 그림은 직선 l 밖의 한 점 P를 지나고 직선 l에 평행한 직선을 작도하는 과정이다. 다음 물음에 답하시오.

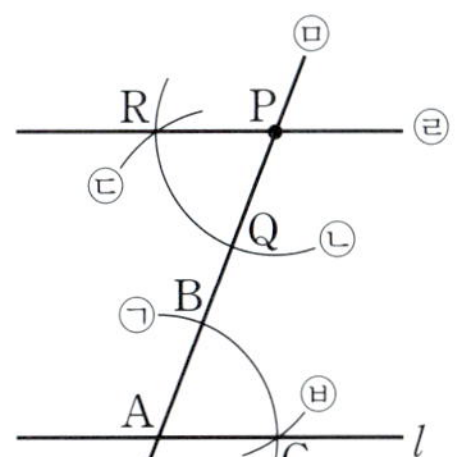

(1) 작도 순서를 나열하시오.

(2) 작도 과정에서 이용된 평행선의 성질을 말하시오.

(3) $\overline{AB}$와 길이가 같은 선분을 모두 구하시오.

`풀이 과정`

`정답` ________________________________

04 삼각형의 세 변의 길이가 $9\,\mathrm{cm}$, $11\,\mathrm{cm}$, $x\,\mathrm{cm}$일 때, 자연수 x의 개수를 구하시오.

`풀이 과정`

`정답` ________________________________

05 오른쪽 그림에서 $\triangle ABC$와 $\triangle ADE$가 정삼각형일 때, 다음 물음에 답하시오.
  (단, 점 D는 $\overline{BC}$ 위의 점이다.)

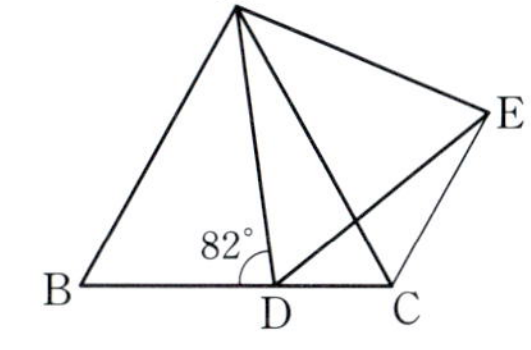

(1) 합동인 두 삼각형을 찾아 기호 $\equiv$를 사용하여 나타내시오.

(2) $\angle ADB = 82°$일 때, $\angle CED$의 크기를 구하시오.

`풀이 과정`

`정답` ________________________________

06 오른쪽 그림과 같이 정사각형 ABCD의 대각선 BD 위에 점 E를 잡아 $\overline{AE}$의 연장선과 $\overline{BC}$의 연장선의 교점을 F라 하자. $\angle AFC = 35°$일 때, $\angle BCE$의 크기를 구하시오.

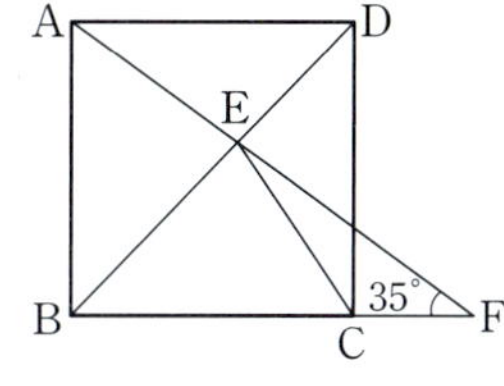

`풀이 과정`

`정답` ________________________________

⭐ : 중요

STEP 1 기본 다지기

01

다음 중 작도에 대한 설명으로 옳은 것을 모두 고르면?

(정답 2개)

① 선분을 연장할 때는 컴퍼스를 사용한다.
② 원을 그릴 때는 각도기를 사용한다.
③ 선분의 길이를 잴 때는 자를 사용한다.
④ 선분의 길이를 옮길 때는 컴퍼스를 사용한다.
⑤ 눈금 없는 자와 컴퍼스만으로 도형을 그리는 것을 작도라 한다.

[**02 ~ 03**] 아래 그림은 $\angle XOY$와 크기가 같은 각을 $\overrightarrow{PQ}$를 한 변으로 하여 작도하는 과정이다. 다음 물음에 답하시오.

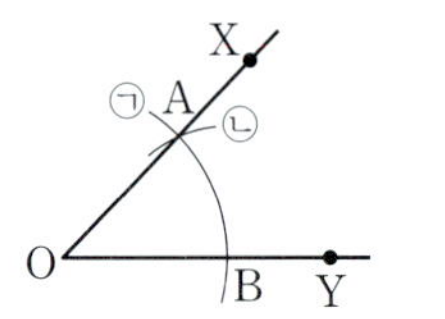 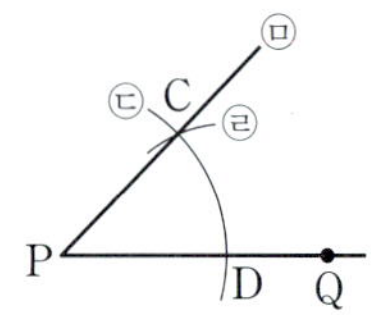

02

작도 순서에서 ⓒ 다음에 바로 작도해야 하는 것을 구하시오.

03

$\overline{PC}$와 길이가 같은 선분의 개수를 a, $\overline{CD}$와 길이가 같은 선분의 개수를 b라 할 때, $a+b$의 값을 구하시오.

04

오른쪽 그림은 직선 l 밖의 한 점 P를 지나고 직선 l과 평행한 직선을 작도하는 과정이다. 다음 보기 중 옳은 것을 모두 고르시오.

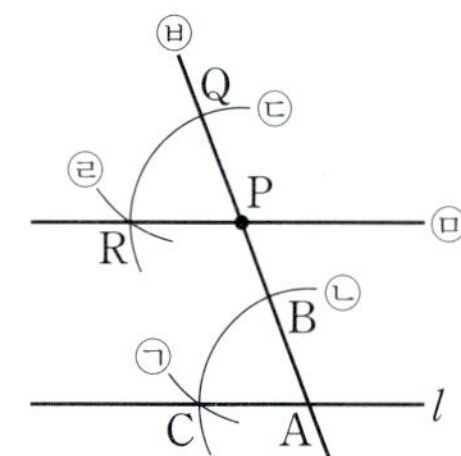

보기

ㄱ. $\overline{AB}=\overline{AC}=\overline{PQ}=\overline{PR}$
ㄴ. 작도 순서는 ⓑ → ⓛ → ⓒ → ⓖ → ⓔ → ⓜ이다.
ㄷ. 크기가 같은 각의 작도를 이용한다.
ㄹ. 눈금 없는 자는 1번, 컴퍼스는 5번 사용한다.

05

길이가 3 cm, 5 cm, 6 cm, 9 cm인 네 개의 선분 중 세 개의 선분으로 만들 수 있는 서로 다른 삼각형의 개수를 구하시오.

06

삼각형의 세 변의 길이가 4, 6, $3x-5$일 때, 다음 중 x의 값이 될 수 있는 것을 모두 고르면? (정답 2개)

① 2   ② 3   ③ 4
④ 5   ⑤ 6

07

다음은 한 변의 길이와 그 양 끝 각의 크기가 주어졌을 때, 삼각형을 작도하는 과정이다. (가)~(다)에 알맞은 것을 써넣으시오.

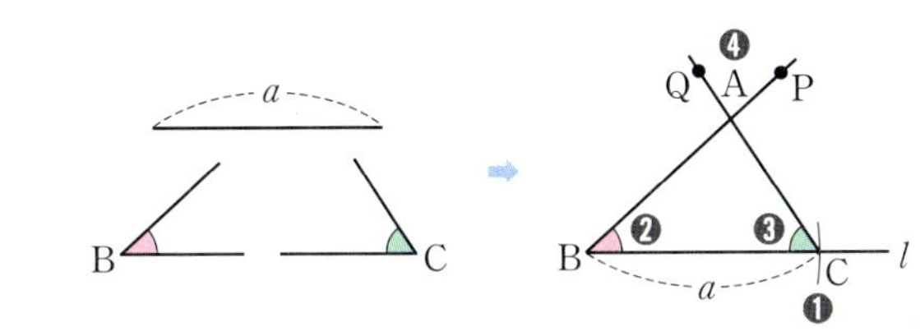

❶ 직선 l을 긋고 그 위에 길이가 □(가)□ 인 선분 BC를 작도한다.

❷ ∠B와 크기가 같은 ∠PBC를 작도한다.

❸ ∠C와 크기가 같은 □(나)□ 를 작도한다.

❹ $\overrightarrow{BP}$와 $\overrightarrow{CQ}$의 교점을 □(다)□ 라 하면 △ABC가 작도된다.

08

다음 중 △ABC가 하나로 정해지는 것을 모두 고르면?

(정답 2개)

① $\overline{AB}=16\ cm$, $\overline{BC}=14\ cm$, $\overline{AC}=13\ cm$
② $\overline{AB}=7\ cm$, $\overline{BC}=4\ cm$, ∠A=25°
③ $\overline{AC}=15\ cm$, $\overline{BC}=16\ cm$, ∠C=120°
④ $\overline{BC}=25\ cm$, ∠B=88°, ∠C=95°
⑤ ∠A=75°, ∠B=20°, ∠C=85°

09

$\overline{BC}=6\ cm$일 때, 다음 중 △ABC가 하나로 정해지기 위하여 필요한 조건으로 옳은 것은?

① $\overline{AB}=6\ cm$, $\overline{AC}=12\ cm$
② $\overline{AB}=5\ cm$, ∠C=50°
③ $\overline{AC}=7\ cm$, ∠A=50°
④ ∠A=70°, ∠C=40°
⑤ ∠B=40°, ∠C=140°

10

다음 중 오른쪽 그림의 삼각형과 합동인 삼각형을 모두 고르면? (정답 2개)

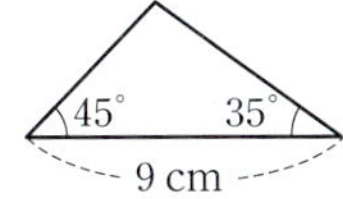

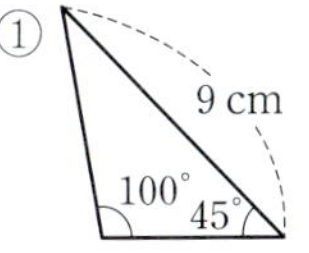 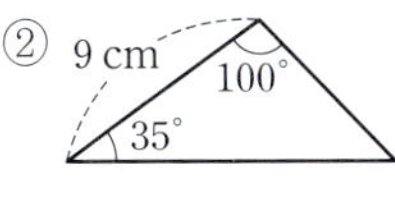

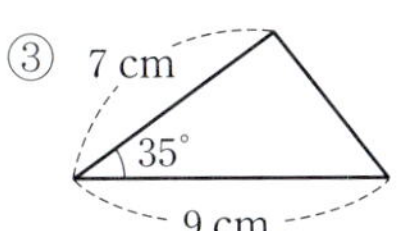 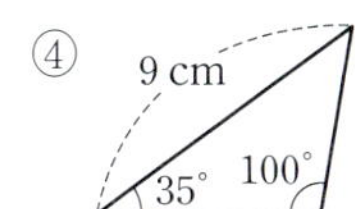

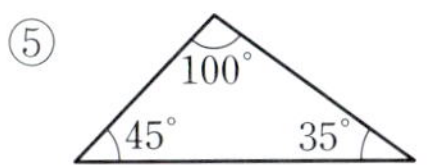

11

오른쪽 그림의 △ABC와 △DEF에서 $\overline{AB}=\overline{DE}$일 때, 다음 중 △ABC≡△DEF가 되기 위하여 더 필요한 조건이 <u>아닌</u> 것은?

① $\overline{BC}=\overline{EF}$, $\overline{AC}=\overline{DF}$
② $\overline{BC}=\overline{EF}$, ∠B=∠E
③ $\overline{AC}=\overline{DF}$, ∠C=∠F
④ ∠A=∠D, ∠B=∠E
⑤ ∠B=∠E, ∠C=∠F

12

다음은 $\overline{AB}$의 수직이등분선 위에 있는 한 점 P에 대하여 $\overline{PA}=\overline{PB}$임을 보이는 과정이다. □ 안에 알맞은 것으로 옳지 <u>않은</u> 것을 모두 고르면? (정답 2개)

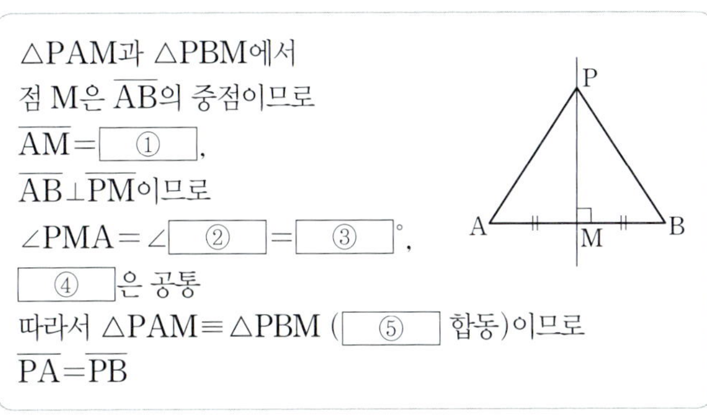

△PAM과 △PBM에서
점 M은 $\overline{AB}$의 중점이므로
$\overline{AM}=$ □①□ ,
$\overline{AB}⊥\overline{PM}$이므로
∠PMA=∠ □②□ = □③□ °,
□④□ 은 공통
따라서 △PAM≡△PBM (□⑤□ 합동)이므로
$\overline{PA}=\overline{PB}$

① $\overline{BM}$ ② PMB ③ 180
④ $\overline{PM}$ ⑤ ASA

13

오른쪽 그림에서 $\overline{BC} /\!/ \overline{FE}$, $\overline{BC}=\overline{FE}$이고 $\overline{AF}=\overline{CD}$일 때, 다음 중 옳지 <u>않은</u> 것은?

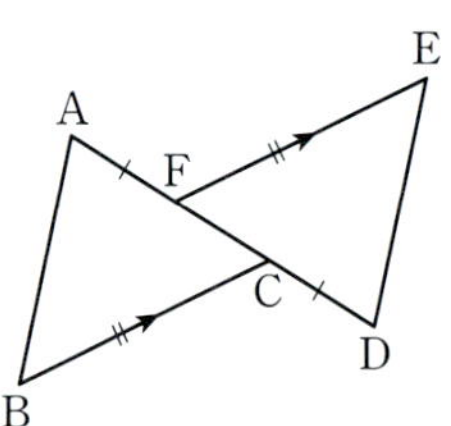

① $\overline{AB}=\overline{DE}$
② $\overline{AC}=\overline{DF}$
③ $\overline{AB} /\!/ \overline{ED}$
④ $\angle ACB=\angle DFE$
⑤ $\angle BAC=\angle DEF$

14

오른쪽 그림에서 $\overline{AB}=\overline{AD}$, $\angle C=\angle E$일 때, 다음 중 옳지 <u>않은</u> 것은?

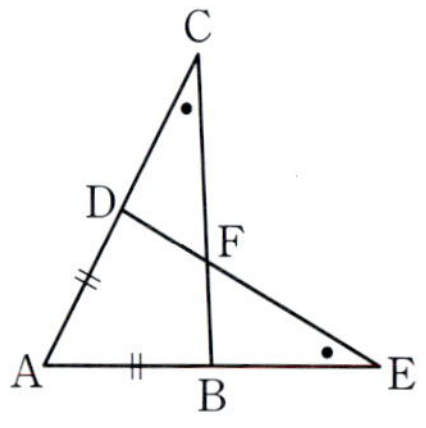

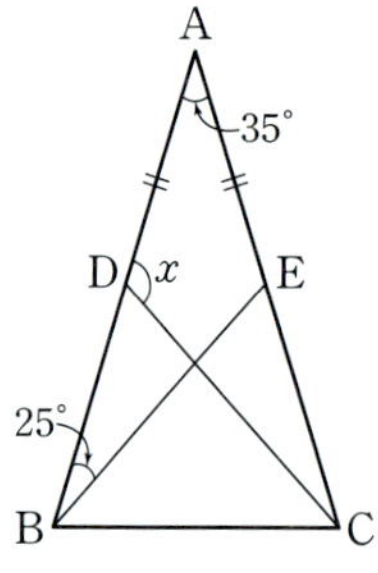

① $\overline{BC}=\overline{DE}$
② $\overline{BE}=\overline{DC}$
③ $\angle ABC=\angle CDE$
④ $\angle FBE=\angle FDC$
⑤ $\triangle ABC$와 $\triangle ADE$의 넓이는 같다.

15

오른쪽 그림과 같이 $\overline{AB}=\overline{AC}$인 이등변삼각형 ABC에서 $\overline{AD}=\overline{AE}$이고 $\angle A=35°$, $\angle ABE=25°$일 때, $\angle x$의 크기를 구하시오.

16

오른쪽 그림과 같이 $\overline{AD}$와 $\overline{BC}$의 교점을 O라 하자. $\angle BAO=\angle DCO$, $\overline{AB}=10$ km, $\overline{AO}=\overline{CO}=3$ km일 때, 두 지점 C, D 사이의 거리를 구하시오.

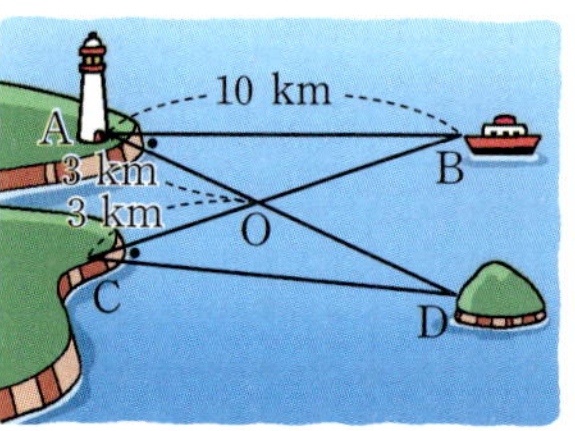

17

오른쪽 그림과 같은 정삼각형 ABC에서 $\overline{AD}=\overline{BE}=\overline{CF}$일 때, 다음 중 옳지 <u>않은</u> 것은?

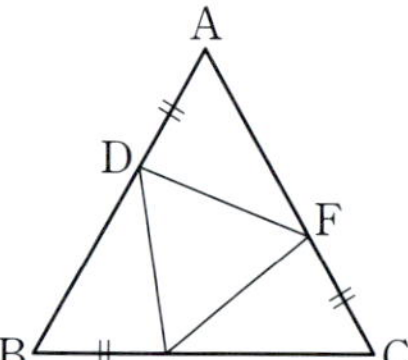

① $\overline{BD}=\overline{CE}$
② $\overline{DE}=\overline{EC}$
③ $\overline{DF}=\overline{EF}$
④ $\angle DEF=60°$
⑤ $\angle ADF=\angle BED$

18

오른쪽 그림에서 사각형 $ABCD$와 사각형 $CEFG$가 모두 정사각형일 때, $\overline{DE}$의 길이를 구하시오.

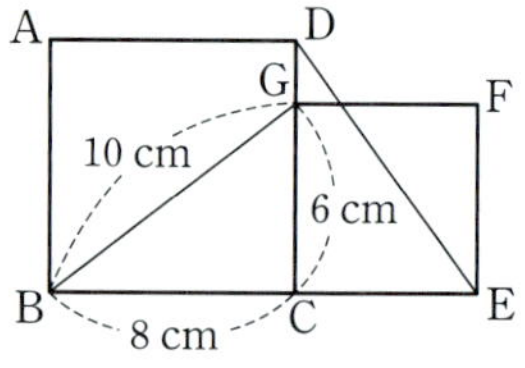

STEP 2 실력 다지기

19

아래 그림은 ∠AOB의 크기의 2배가 되는 각을 작도하는 과정이다. 다음 물음에 답하시오.

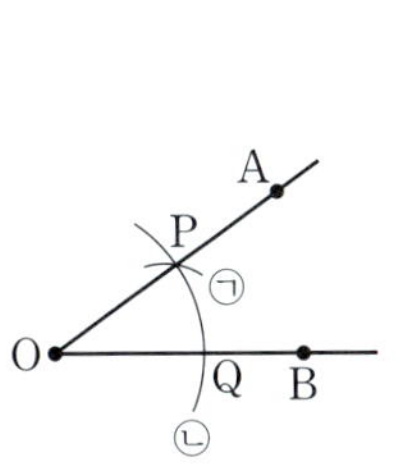 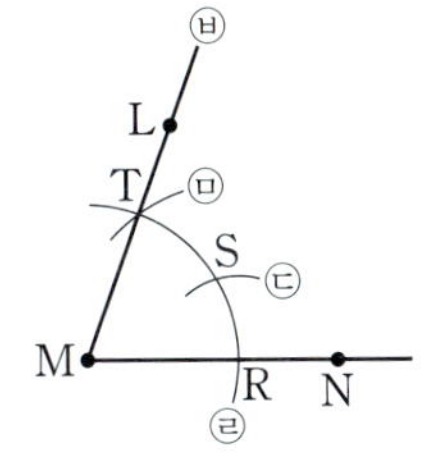

(1) 작도 순서를 나열하시오.

(2) 다음 중 $\overline{\text{OP}}$와 길이가 같은 선분이 <u>아닌</u> 것을 모두 고르면? (정답 2개)

① $\overline{\text{OQ}}$　　② $\overline{\text{PQ}}$　　③ $\overline{\text{MT}}$
④ $\overline{\text{MR}}$　　⑤ $\overline{\text{TR}}$

20

오른쪽 그림에서 사각형 ABCD는 직사각형이고 $\overline{\text{PA}}=\overline{\text{PD}}$, ∠ABP=28°일 때, ∠BPC의 크기를 구하시오.

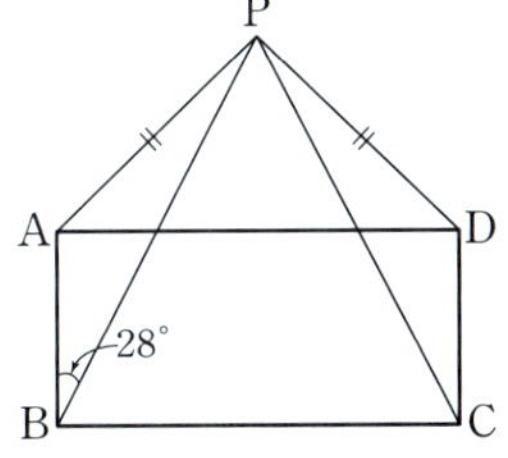

21

오른쪽 그림은 △ABC의 두 변 AB, AC를 각각 한 변으로 하는 정삼각형 DBA와 ACE를 그린 것이다. 다음 중 옳지 <u>않은</u> 것은?

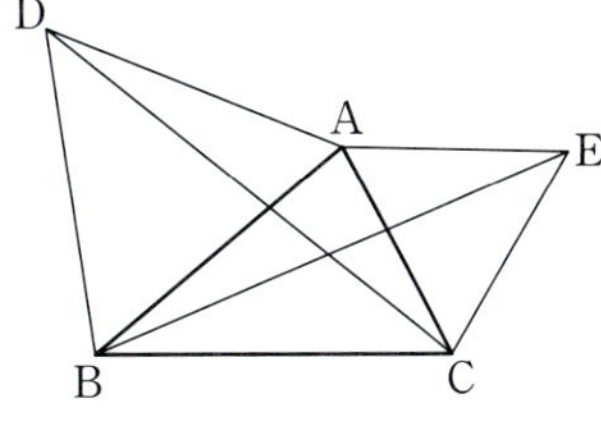

① $\overline{\text{AB}}=\overline{\text{BC}}$
② $\overline{\text{DC}}=\overline{\text{BE}}$
③ ∠ACD=∠AEB
④ ∠DAC=∠BAE
⑤ △ADC≡△ABE

22

오른쪽 그림과 같이 정사각형 ABCD에서 두 변 BC, CD 위에 $\overline{\text{BE}}=\overline{\text{CF}}$가 되도록 두 점 E, F를 각각 잡고 $\overline{\text{AE}}$와 $\overline{\text{BF}}$의 교점을 P라 할 때, ∠APF의 크기를 구하시오.

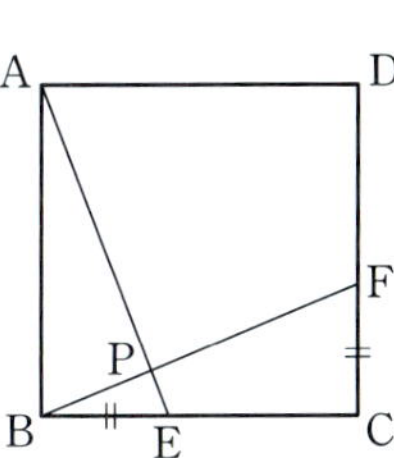

자기 평가

정답을 맞힌 문항에 ○표를 하고 결과를 점검한 다음, 이 단원의 내용을 얼마나 성취했는지 확인하세요.

문항 번호																					
1	2	3	4	5	6	7	8	9	10	11	12	13	14	15	16	17	18	19	20	21	22

1개 ~**11**개 개념 학습이 필요해요!　　**12**개 ~**15**개 부족한 부분을 검토해 봅시다!　　**16**개 ~**20**개 실수를 줄여 봅시다!　　**21**개 ~**22**개 훌륭합니다!

Ⅱ 평면도형

이 단원에서는

다각형의 내각과 외각의 뜻을 이해하고, 다각형의 내각과 외각의 크기의 합을 구하는 것을 배웁니다.
한 원에서 부채꼴의 중심각의 크기와 호의 길이, 넓이 사이의 관계를 알고, 부채꼴의 호의 길이와 넓이를 구하는 것을 배웁니다.

이 단원에서의 내용

04 다각형

이 단원의 학습 계획	공부한 날		학습 성취도
개념 01 다각형	월	일	
개념 02 정다각형	월	일	
개념 03 다각형의 대각선의 개수	월	일	
배운대로 **학습하기**	월	일	
개념 04 삼각형의 내각의 크기의 합	월	일	
개념 05 삼각형의 내각과 외각 사이의 관계	월	일	
배운대로 **학습하기**	월	일	
개념 06 다각형의 내각의 크기의 합	월	일	
개념 07 다각형의 외각의 크기의 합	월	일	
개념 08 정다각형의 한 내각과 한 외각의 크기	월	일	
배운대로 **학습하기**	월	일	
서술형 **훈련하기**	월	일	
중단원 **마무리하기**	월	일	

01 다각형

(1) 다각형 : 3개 이상의 선분으로 둘러싸인 평면도형

　① **변** : 다각형을 이루는 선분

　② **꼭짓점** : 다각형에서 변과 변이 만나는 점

(2) 내각과 외각

　① **내각** : 다각형에서 이웃하는 두 변이 이루는 내부의 각

　② **외각** : 다각형의 각 꼭짓점에서 한 변과 그 변에 이웃한 변의 연장선이 이루는 각

　(참고) 다각형에서 한 내각에 대한 외각은 2개이지만 맞꼭지각으로 그 크기가 같으므로 하나만 생각한다.

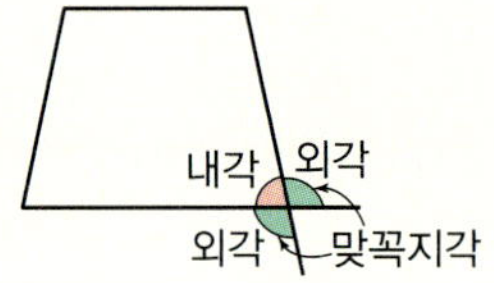

　③ 다각형의 한 꼭짓점에서 (내각의 크기)+(외각의 크기)=180°이다.

> 변이 3개, 4개, 5개, …, n개인 다각형을 각각 삼각형, 사각형, 오각형, …, n각형이라 한다.
>
> 어느 한 부분이라도 곡선으로 되어 있거나 선분이 끊어져 있으면 다각형이 아니다.

용어 설명

다각형(많을 多, 각 角, 모양 形)
여러 개의 각이 있는 도형
내각(안 內, 각 角)
다각형에서 안쪽에 있는 각
외각(바깥 外, 각 角)
다각형에서 바깥쪽에 있는 각

바이블 POINT

다각형이 아닌 경우

3개 이상의 선분으로 둘러싸여 있지 않은 경우	도형의 일부가 곡선인 경우	입체도형인 경우
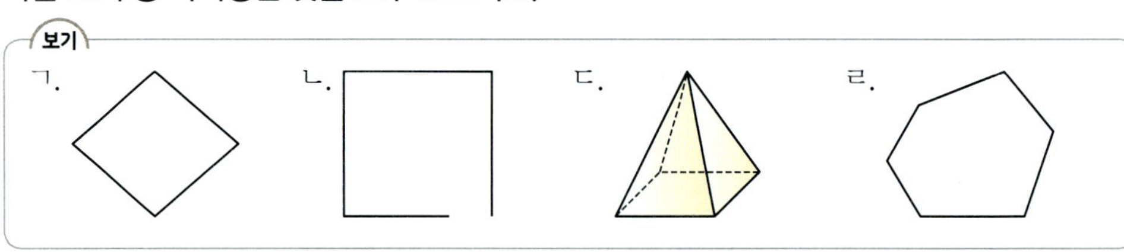		

개념 CHECK　01

- ⑨ [　] : 3개 이상의 선분으로 둘러싸인 평면도형

다음 보기 중 다각형인 것을 모두 고르시오.

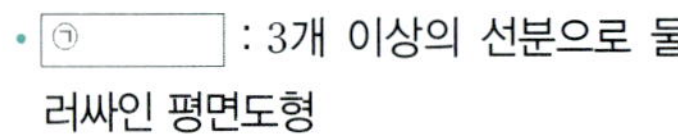

보기

ㄱ. ㄴ. ㄷ. ㄹ.

개념 CHECK　02

- 다각형의 한 꼭짓점에서 내각과 외각의 크기의 합은 ⑥ [　]°이다.

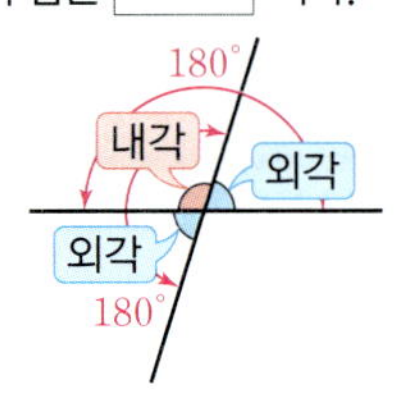

다음 그림에서 ∠x의 크기를 구하시오.

(1)

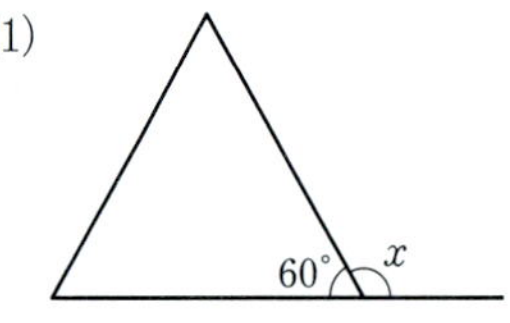

(2)

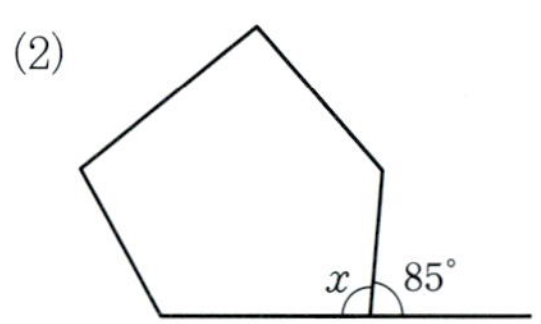

답 | ⑨ 다각형 ⑥ 180

대표유형 01 다각형

유형ON >>> 089쪽

다음 중 다각형인 것을 모두 고르면? (정답 2개)

① 팔각형   ② 직육면체   ③ 반원
④ 평행사변형   ⑤ 원기둥

풀이 과정

②, ⑤ 입체도형이므로 다각형이 아니다.
③ 선분과 곡선으로 둘러싸여 있으므로 다각형이 아니다.
따라서 다각형인 것은 ①, ④이다.

정답 ①, ④

BIBLE SAYS **다각형이 아닌 경우**

도형에서 어느 한 부분이라도 곡선으로 되어 있거나 연결되어 있지 않으면 다각형이 아니다.

01·Ⓐ 숫자 Change

다음 중 다각형이 <u>아닌</u> 것을 모두 고르면? (정답 2개)

①   ②   ③
④   ⑤

01·Ⓑ 표현 Change

다음 중 다각형에 대한 설명으로 옳지 <u>않은</u> 것은?

① 다각형은 3개 이상의 선분으로 둘러싸여 있다.
② 변의 개수가 9인 다각형은 구각형이다.
③ 십각형의 꼭짓점은 10개이다.
④ 모든 평면도형은 다각형이다.
⑤ 선분이 끊어져 있는 도형은 다각형이 아니다.

대표유형 02 다각형의 내각과 외각

유형ON >>> 089쪽

오른쪽 그림에서 $\angle x + \angle y$의 크기를 구하시오.

풀이 과정

$\angle x = 180° - 130° = 50°$
$\angle y = 180° - 65° = 115°$
$\therefore \angle x + \angle y = 50° + 115° = 165°$

정답 165°

02·Ⓐ 숫자 Change

오른쪽 그림에서 $\angle x - \angle y$의 크기는?

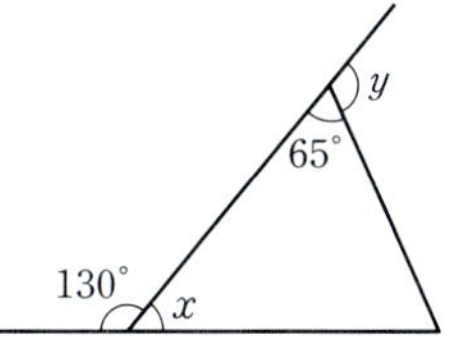

① 15°   ② 20°
③ 25°   ④ 30°
⑤ 35°

02·Ⓑ 표현 Change

오른쪽 그림과 같은 사각형 ABCD에서 $\angle B$의 외각의 크기와 $\angle C$의 외각의 크기의 합을 구하시오.

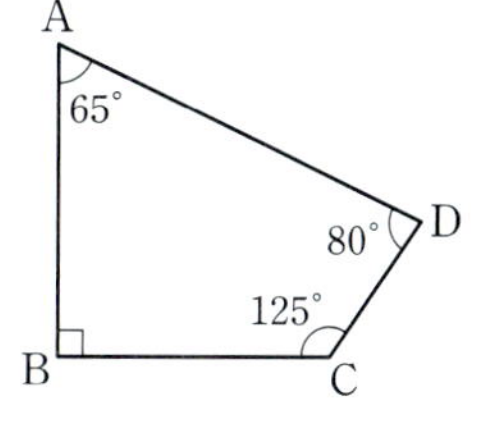

02 정다각형

정다각형 : 모든 변의 길이가 같고 모든 내각의 크기가 같은 다각형

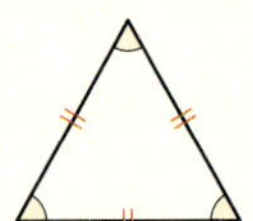
정삼각형

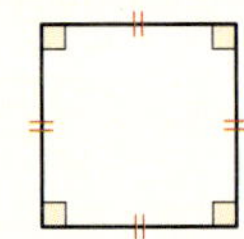
정사각형

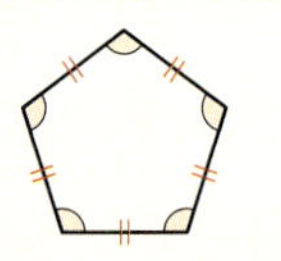
정오각형

...

변이 3개, 4개, 5개, ⋯, n개인 정다각형을 각각 정삼각형, 정사각형, 정오각형, ⋯, 정n각형이라 한다.

주의 정다각형이 아닌 경우

(1) 모든 변의 길이가 같아도 내각의 크기가 다르면 정다각형이 아니다.

예시 오른쪽 그림과 같은 마름모는 네 변의 길이는 모두 같지만 네 내각의 크기가 같지 않으므로 정사각형이 아니다.

(2) 모든 내각의 크기가 같아도 변의 길이가 다르면 정다각형이 아니다.

예시 오른쪽 그림과 같은 직사각형은 네 내각의 크기는 모두 같지만 네 변의 길이가 같지 않으므로 정사각형이 아니다.

삼각형은 세 변의 길이가 같거나 세 내각의 크기만 같아도 정삼각형이 된다.

• 정답과 풀이 **029**쪽

대표유형 03 정다각형

유형ON >>> **090**쪽

다음 조건을 모두 만족시키는 다각형을 구하시오.

> (개) 모든 변의 길이가 같다.
> (내) 모든 내각의 크기가 같다.
> (대) 8개의 선분으로 둘러싸여 있다.

풀이 과정

(개), (내)를 만족시키는 다각형은 정다각형이고 (대)를 만족시키는 다각형은 팔각형이다.
따라서 조건을 모두 만족시키는 다각형은 정팔각형이다.

정답 정팔각형

03·A 숫자 Change

다음 조건을 모두 만족시키는 다각형을 구하시오.

> (개) 모든 변의 길이가 같다.
> (내) 모든 내각의 크기가 같다.
> (대) 내각의 개수는 10이다.

03·B 표현 Change

다음 중 옳은 것은?

① 꼭짓점이 7개인 다각형은 구각형이다.
② 어떤 다각형에서 한 내각의 크기가 62°일 때, 이 각의 외각의 크기는 128°이다.
③ 정다각형은 모든 내각의 크기가 같다.
④ 모든 변의 길이가 같은 다각형을 정다각형이라 한다.
⑤ 네 내각의 크기가 같은 사각형은 정사각형이다.

03 다각형의 대각선의 개수

(1) **대각선** : 다각형에서 이웃하지 않는 두 꼭짓점을 이은 선분

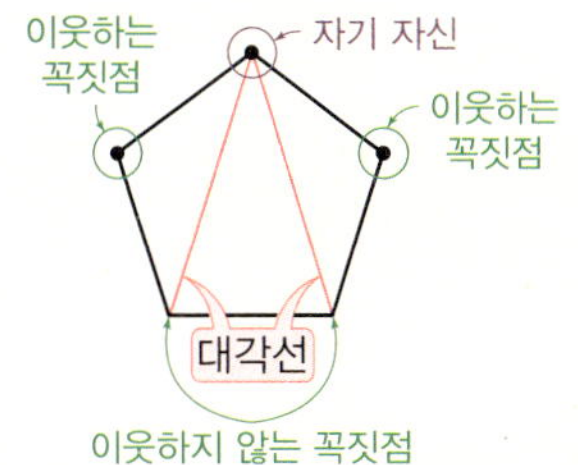

(2) **대각선의 개수**

① n각형의 한 꼭짓점에서 그을 수 있는 대각선의 개수

  ➡ $n-3$

    └ 한 꼭짓점에서 자기 자신과 이웃하는 두 꼭짓점에는 대각선을 그을 수 없으므로 3을 뺀다.

② n각형의 대각선의 개수 ➡ $\dfrac{n(n-3)}{2}$

    꼭짓점의 개수 ┘   └ 한 꼭짓점에서 그을 수 있는 대각선의 개수

    └ 꼭짓점마다 대각선을 그으면 한 대각선이 두 번씩 그어지므로 2로 나눈다.

삼각형에서는 꼭짓점이 모두 서로 이웃하므로 대각선을 그을 수 없다.

(예시) 오각형의 대각선의 개수를 구해 보자.

❶ 한 꼭짓점에서 그을 수 있는 대각선의 개수는 $5-3=2$

❷ 오각형의 5개의 꼭짓점에서 그을 수 있는 대각선의 개수의 합은

  $5\times(5-3)=5\times2=10$

❸ 각각의 대각선은 두 꼭짓점에 연결되어 있어 두 번씩 세어진 것이므로 오각형의 대각선의 개수는

  $\dfrac{5\times(5-3)}{2}=\dfrac{10}{2}=5$

(참고) (1) n각형의 한 꼭짓점에서 대각선을 모두 그었을 때 생기는 삼각형의 개수 ➡ $n-2$

     (2) n각형의 내부의 한 점에서 각 꼭짓점에 선분을 그었을 때 생기는 삼각형의 개수 ➡ n

용어 설명

대각선(마주 볼 對, 각 角, 선 線)
마주 보는 각을 이은 선분

바이블 POINT

다각형의 대각선의 개수

다각형	사각형	오각형	육각형	…	n각형
꼭짓점의 개수	4	5	6	…	n
한 꼭짓점에서 그을 수 있는 대각선의 개수	$4-3=1$	$5-3=2$	$6-3=3$	…	$n-3$
대각선의 개수	$\dfrac{4\times1}{2}=2$	$\dfrac{5\times2}{2}=5$	$\dfrac{6\times3}{2}=9$	…	$\dfrac{n(n-3)}{2}$

개념 CHECK   **01**

- n각형의 한 꼭짓점에서 그을 수 있는 대각선의 개수는 ㉠ 이다.

- n각형의 대각선의 개수는 $\dfrac{㉡(n-㉢)}{2}$ 이다.

다음은 칠각형의 대각선의 개수를 구하는 과정이다. ☐ 안에 알맞은 수를 써넣으시오.

칠각형의 꼭짓점은 7개이고, 칠각형의 한 꼭짓점에서 그을 수 있는 대각선은 ☐개이므로 각 꼭짓점에서 그을 수 있는 대각선은 모두 ☐개이다. 그런데 각각의 대각선은 두 번씩 중복하여 세었으므로 2로 나누면 칠각형의 대각선의 개수는 ☐이다.

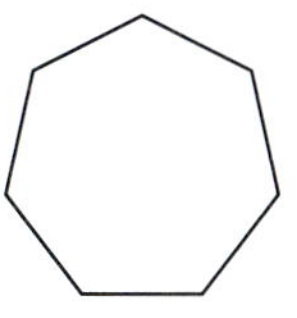

개념 CHECK   **02**

팔각형에 대하여 다음을 구하시오.

(1) 한 꼭짓점에서 그을 수 있는 대각선의 개수

(2) 대각선의 개수

답 | ㉠ $n-3$ ㉡ n ㉢ 3

대표유형 **04** 다각형의 한 꼭짓점에서 그을 수 있는 대각선의 개수

유형ON >>> 091쪽

한 꼭짓점에서 그을 수 있는 대각선의 개수가 7인 다각형은?

① 칠각형   ② 팔각형   ③ 구각형
④ 십각형   ⑤ 십일각형

풀이 과정

구하는 다각형을 n각형이라 하면
$n-3=7$ $\therefore n=10$
따라서 구하는 다각형은 십각형이다.

정답 ④

04·A (숫자 Change)

한 꼭짓점에서 그을 수 있는 대각선의 개수가 10인 다각형은?

① 구각형   ② 십각형   ③ 십일각형
④ 십이각형   ⑤ 십삼각형

04·B (표현 Change)

구각형의 한 꼭짓점에서 그을 수 있는 대각선의 개수를 a, 이때 생기는 삼각형의 개수를 b라 할 때, $a+b$의 값을 구하시오.

대표유형 **05** 다각형의 대각선의 개수

유형ON >>> 091쪽

한 꼭짓점에서 그을 수 있는 대각선의 개수가 8인 다각형의 대각선의 개수는?

① 27   ② 35   ③ 44
④ 54   ⑤ 65

풀이 과정

주어진 다각형을 n각형이라 하면
$n-3=8$ $\therefore n=11$
따라서 십일각형의 대각선의 개수는
$$\frac{11\times(11-3)}{2}=44$$

정답 ③

05·A (숫자 Change)

한 꼭짓점에서 그을 수 있는 대각선의 개수가 12인 다각형의 대각선의 개수를 구하시오.

05·B (표현 Change)

대각선의 개수가 27인 다각형의 변의 개수는?

① 6   ② 7   ③ 8
④ 9   ⑤ 10

배운대로 학습하기

01

대표 유형 02

오른쪽 그림에서 $\angle x + \angle y$의 크기는?

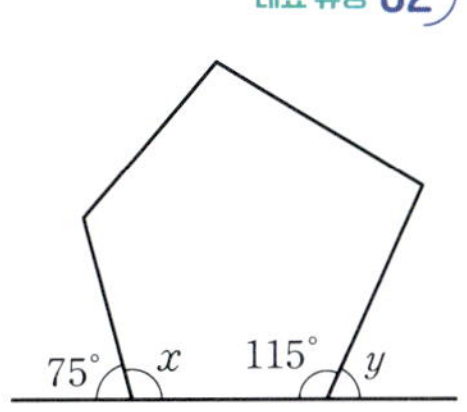

① 155°　　② 160°
③ 165°　　④ 170°
⑤ 175°

02

대표 유형 03

다음 보기 중 옳은 것을 모두 고른 것은?

보기
ㄱ. 정다각형은 모든 변의 길이가 같다.
ㄴ. 모든 내각의 크기가 같은 다각형은 정다각형이다.
ㄷ. 정육각형은 내각의 크기가 모두 같다.
ㄹ. 네 변의 길이가 같은 사각형은 정사각형이다.

① ㄱ, ㄴ　　② ㄱ, ㄷ　　③ ㄴ, ㄷ
④ ㄴ, ㄹ　　⑤ ㄷ, ㄹ

03

대표 유형 04

십일각형의 한 꼭짓점에서 그을 수 있는 대각선의 개수를 a, 이때 생기는 삼각형의 개수를 b라 할 때, $a+b$의 값은?

① 17　　② 18　　③ 19
④ 20　　⑤ 21

04

대표 유형 03 ⊕ 04

다음 조건을 모두 만족시키는 다각형을 구하시오.

(가) 모든 변의 길이가 같고, 모든 내각의 크기가 같다.
(나) 한 꼭짓점에서 그을 수 있는 대각선의 개수는 9이다.

05

대표 유형 04 ⊕ 05

한 꼭짓점에서 대각선을 모두 그었을 때 생기는 삼각형의 개수가 11인 다각형의 대각선의 개수는?

① 54　　② 65　　③ 77
④ 108　　⑤ 135

06

대표 유형 05

대각선의 개수가 35인 다각형의 꼭짓점의 개수는?

① 6　　② 7　　③ 8
④ 9　　⑤ 10

07

대표 유형 05

어떤 다각형의 내부의 한 점에서 각 꼭짓점에 선분을 그었을 때 생기는 삼각형의 개수가 14일 때, 이 다각형의 대각선의 개수를 구하시오.

08 생각이 쑥쑥

대표 유형 05

오른쪽 그림과 같이 원탁에 8명의 학생이 앉아 있다. 자신의 양옆에 앉은 두 학생을 제외한 모든 학생들과 서로 한 번씩 악수를 할 때, 악수는 모두 몇 번 하게 되는지 구하시오.

04 삼각형의 내각의 크기의 합

삼각형의 세 내각의 크기의 합은 180°이다.

➡ △ABC에서 ∠A+∠B+∠C=180°

참고 다음과 같이 여러 가지 방법으로 삼각형의 세 내각의 크기의 합이 180°임을 알 수 있다.

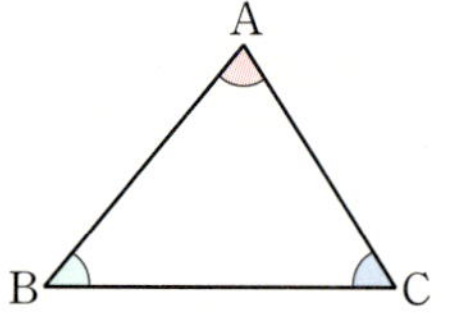

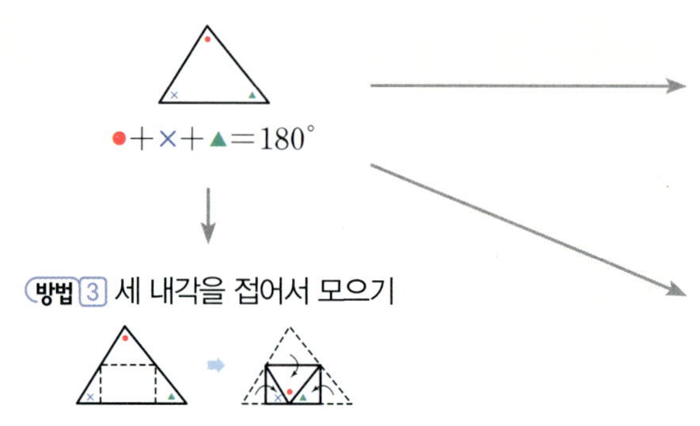

●+×+▲=180°

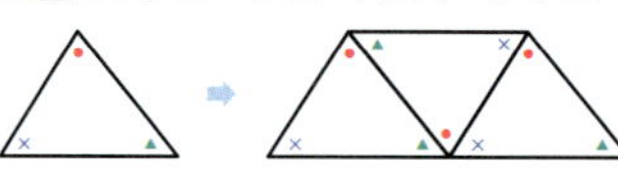
방법 1 합동인 세 삼각형을 이어 붙이기

방법 3 세 내각을 접어서 모으기

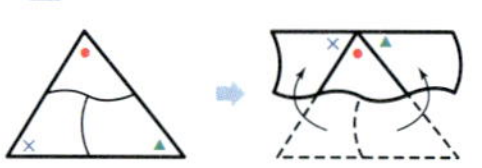
방법 2 세 내각을 오려 붙이기

삼각형의 세 내각 중 두 내각의 크기가 주어지면 나머지 한 내각의 크기를 구할 수 있다.

△ABC에서
∠A : ∠B : ∠C=a : b : c이면

$$\angle A=180° \times \frac{a}{a+b+c}$$

$$\angle B=180° \times \frac{b}{a+b+c}$$

$$\angle C=180° \times \frac{c}{a+b+c}$$

바이블 POINT 평행선의 성질을 이용하여 삼각형의 세 내각의 크기의 합이 180°임을 설명하기

오른쪽 그림과 같이 △ABC에서 변 BC의 연장선 위에 점 D를 잡고, $\overline{BA} /\!/ \overline{CE}$가 되도록 반직선 CE를 그으면

∠A=∠ACE (엇각), ∠B=∠ECD (동위각)

∴ ∠A+∠B+∠C=∠ACE+∠ECD+∠ACB

　　　　　　＝∠BCD=180°

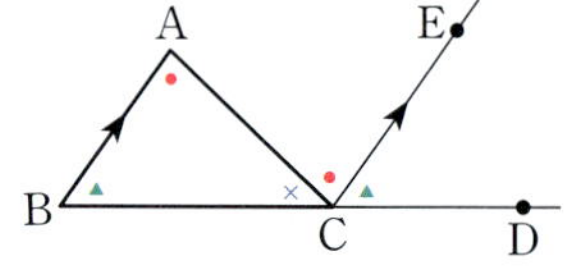

→ 평행한 두 직선이 다른 한 직선과 만날 때
(1) 동위각의 크기는 같다.
(2) 엇각의 크기는 같다.

→ 평각의 크기

개념 CHECK **01**

• 삼각형 ABC의 세 내각의 크기의 합은 ㉠ °이다.

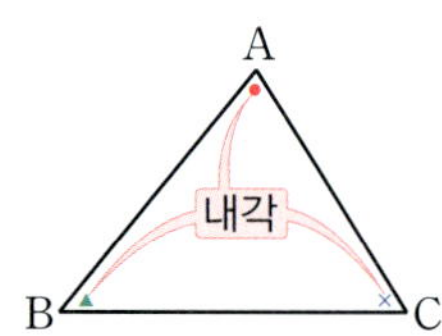

다음은 △ABC의 세 내각의 크기의 합이 180°임을 보이는 과정이다. □ 안에 알맞은 것을 써넣으시오.

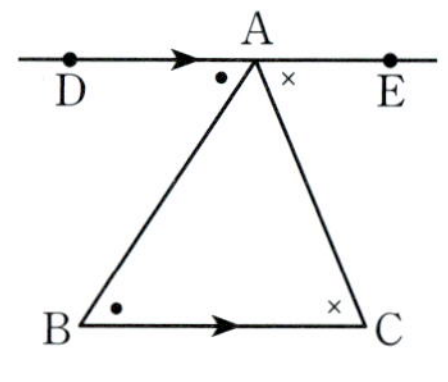

오른쪽 그림과 같이 △ABC의 꼭짓점 A를 지나고 □에 평행한 직선 DE를 그으면

∠B=∠□ (엇각), ∠C=∠□ (엇각)

∴ ∠A+∠B+∠C=∠BAC+∠□+∠□

　　　　　　＝∠DAE=□°

개념 CHECK **02**

다음 그림에서 ∠x의 크기를 구하시오.

(1) 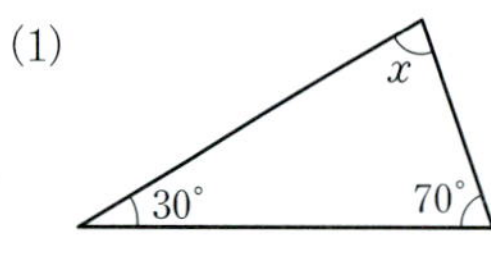

(2) 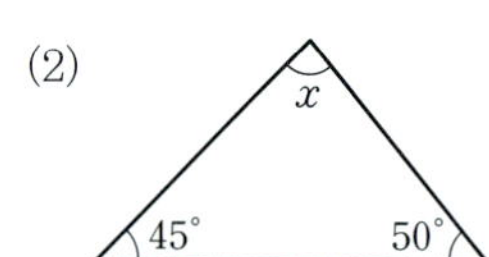

(3) 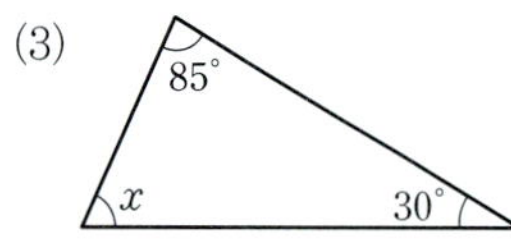

(4) 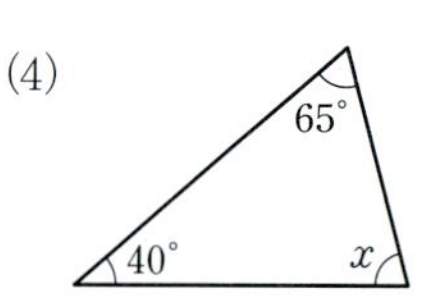

답 | ㉠ 180

대표유형 **01** 삼각형의 세 내각의 크기의 합

⌂ 유형ON >>> 093쪽

오른쪽 그림과 같은 △ABC 에서 ∠x의 크기는?

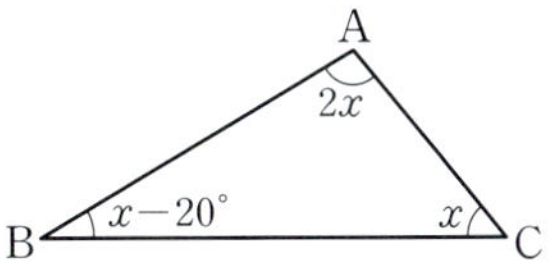

① 40° ② 45°

③ 50° ④ 55°

⑤ 60°

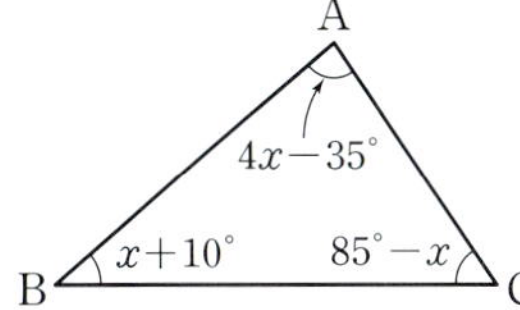

풀이 과정

$2\angle x+(\angle x-20°)+\angle x=180°$이므로

$4\angle x-20°=180°$, $4\angle x=200°$

∴ $\angle x=50°$

정답 ③

01 · A 숫자 Change

오른쪽 그림과 같은 △ABC에서 ∠x의 크기는?

① 15° ② 20°

③ 25° ④ 30°

⑤ 35°

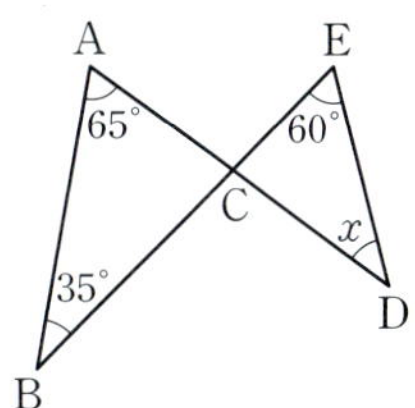

01 · B 표현 Change

오른쪽 그림과 같이 $\overline{AD}$와 $\overline{BE}$의 교점을 C라 할 때, ∠x의 크기는?

① 35° ② 40°

③ 45° ④ 50°

⑤ 55°

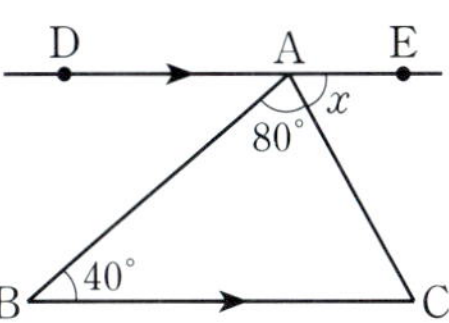

01 · C 표현 Change

오른쪽 그림에서 $\overleftrightarrow{DE}\,/\!/\,\overline{BC}$일 때, ∠$x$의 크기를 구하시오.

대표유형 **02** 삼각형의 세 내각의 크기의 비

⌂ 유형ON >>> 093쪽

삼각형의 세 내각의 크기의 비가 $1:2:3$일 때, 가장 작은 내각의 크기는?

① 15° ② 20° ③ 25°

④ 30° ⑤ 35°

풀이 과정

삼각형의 세 내각의 크기의 합은 180°이므로 가장 작은 내각의 크기는

$180°\times\dfrac{1}{1+2+3}=180°\times\dfrac{1}{6}=30°$

정답 ④

02 · A 숫자 Change

삼각형의 세 내각의 크기의 비가 $2:3:7$일 때, 가장 큰 내각의 크기는?

① 100° ② 105° ③ 110°

④ 115° ⑤ 120°

05 삼각형의 내각과 외각 사이의 관계

삼각형의 한 외각의 크기는 그와 이웃하지 않는 두 내각의 크기의 합과 같다.

➡ △ABC에서 $\angle\text{ACD}=\angle\text{A}+\angle\text{B}$
      └→ ∠C의 외각   └→ ∠ACD와 이웃하지 않는
               두 내각의 크기의 합

(예시) 오른쪽 그림과 같은 △ABC에서 삼각형의 한 외각의 크기는 그와 이웃하지
않는 두 내각의 크기의 합과 같으므로
$$\angle x=\angle\text{A}+\angle\text{B}$$
$$=85°+30°=115°$$

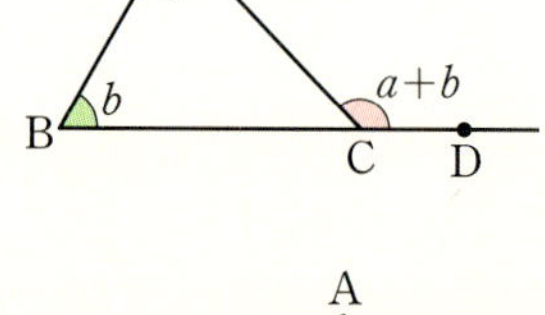

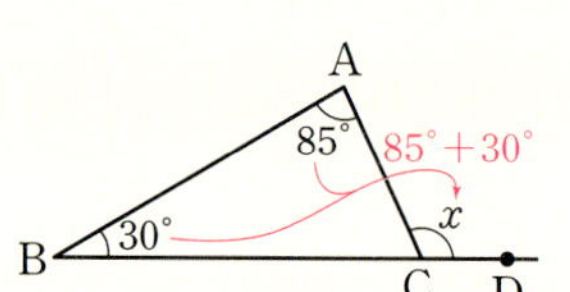

다음 그림과 같이 △ABC를 오려
붙이면 $\angle\text{ACD}=\angle\text{A}+\angle\text{B}$임을
알 수 있다.

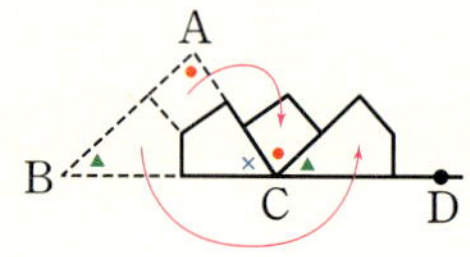

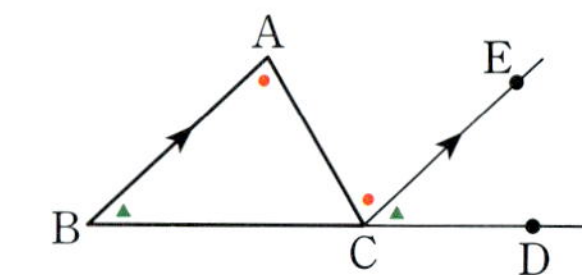

바이블 POINT 평행선의 성질을 이용하여 △ABC의 한 외각의 크기는 그와 이웃하지 않는 두 내각의 크기의 합과 같음을 설명하기

오른쪽 그림과 같이 △ABC에서 변 BC의 연장선 위에 점 D를 잡고 $\overline{\text{BA}}/\!/\overline{\text{CE}}$가 되도록 반직선
CE를 그으면
$$\angle\text{ACE}=\angle\text{A} \text{ (엇각)}, \quad \angle\text{ECD}=\angle\text{B} \text{ (동위각)}$$
$$\therefore \ \angle\text{ACD}=\angle\text{ACE}+\angle\text{ECD}=\angle\text{A}+\angle\text{B}$$
     └→ ∠C의 외각   └→ ∠ACD와 이웃하지 않는 두 내각의 크기의 합

개념 CHECK **01**

· △ABC에서
 $\angle\text{ACD}=$ ⑦ $+\angle\text{B}$

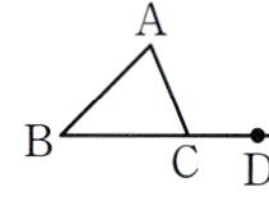

다음 그림에서 $\angle x$의 크기를 구하시오.

(1) 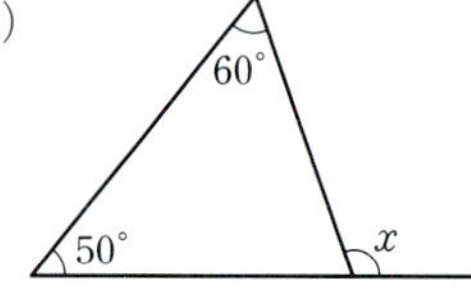

(2) 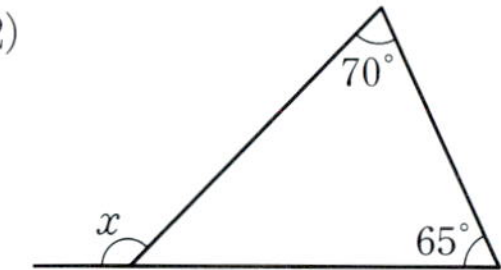

(3) 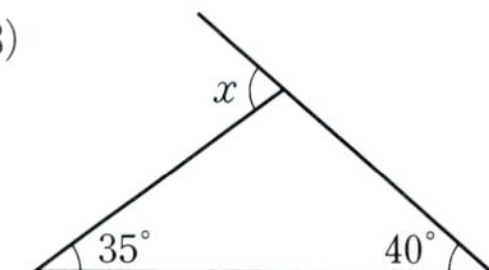

(4) 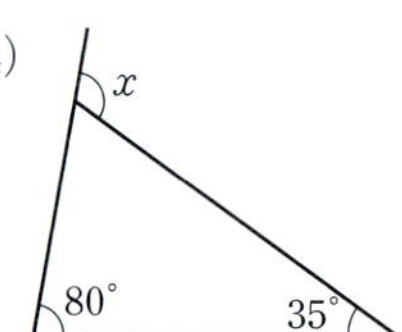

개념 CHECK **02**

다음 그림에서 $\angle x$의 크기를 구하시오.

(1) 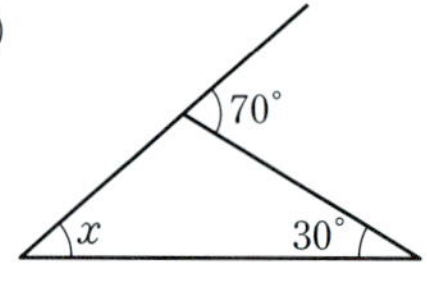

(2) 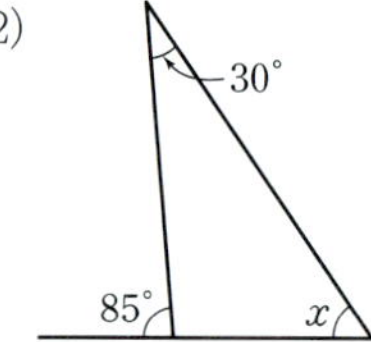

답 | ⑦ ∠A

대표유형 **03** 삼각형의 내각과 외각 사이의 관계 (1)

⌂ 유형ON >>> 094쪽

오른쪽 그림에서 $\angle x$의 크기는?

① $25\degree$ ② $30\degree$

③ $35\degree$ ④ $40\degree$

⑤ $45\degree$

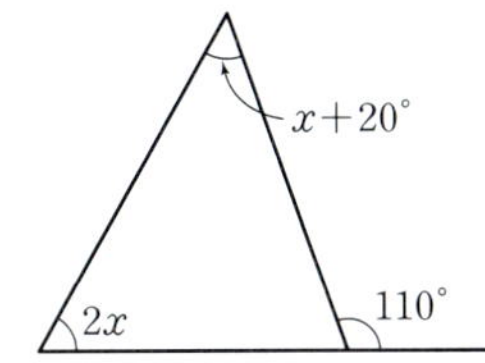

풀이 과정

$2\angle x+(\angle x+20\degree)=110\degree$이므로

$3\angle x+20\degree=110\degree,\ 3\angle x=90\degree$

$\therefore \angle x=30\degree$

정답 ②

03 · Ⓐ 숫자 Change

오른쪽 그림에서 $\angle x$의 크기는?

① $25\degree$ ② $30\degree$

③ $35\degree$ ④ $40\degree$

⑤ $45\degree$

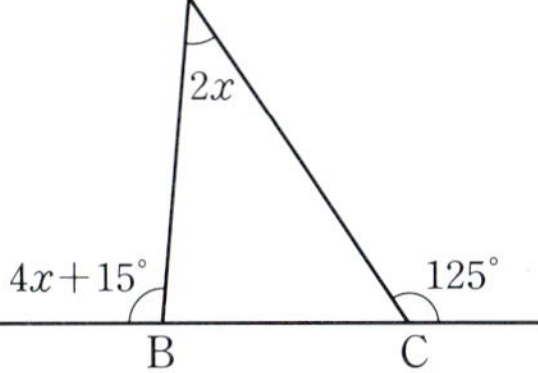

03 · Ⓑ 표현 Change

오른쪽 그림과 같은 △ABC에서 $\angle x$의 크기는?

① $20\degree$ ② $25\degree$

③ $30\degree$ ④ $35\degree$

⑤ $40\degree$

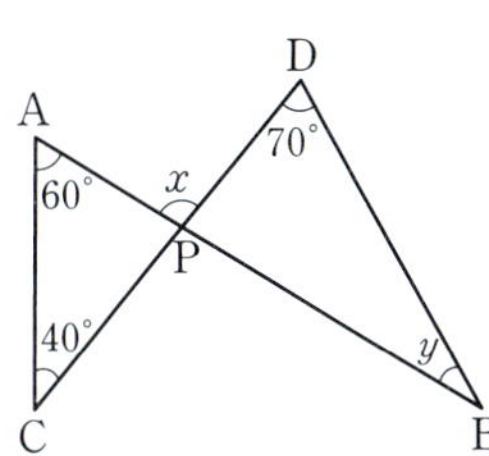

BIBLE SAYS   삼각형의 내각과 외각 사이의 관계 (1)

삼각형의 한 외각의 크기는 그와 이웃하지 않는 두 내각의 크기의 합과 같다.

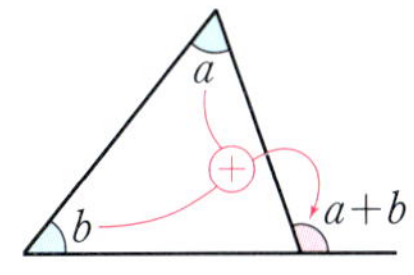

대표유형 **04** 삼각형의 내각과 외각 사이의 관계 (2)

⌂ 유형ON >>> 094쪽

오른쪽 그림과 같이 $\overline{AB}$와 $\overline{CD}$의 교점을 P라 할 때, $\angle x$, $\angle y$의 크기를 각각 구하시오.

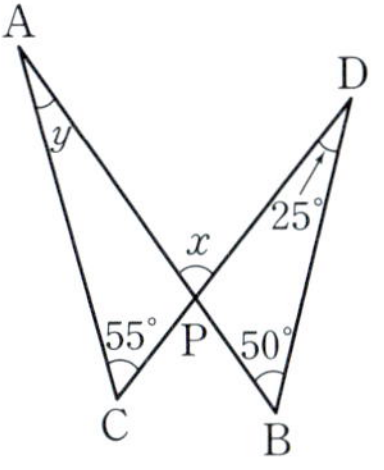

풀이 과정

△PBD에서 $\angle x=25\degree+50\degree=75\degree$

△ACP에서 $\angle y+55\degree=75\degree$이므로

$\angle y=75\degree-55\degree=20\degree$

정답 $\angle x=75\degree$, $\angle y=20\degree$

04 · Ⓐ 숫자 Change

오른쪽 그림과 같이 $\overline{AB}$와 $\overline{CD}$의 교점을 P라 할 때, $\angle x+\angle y$의 크기를 구하시오.

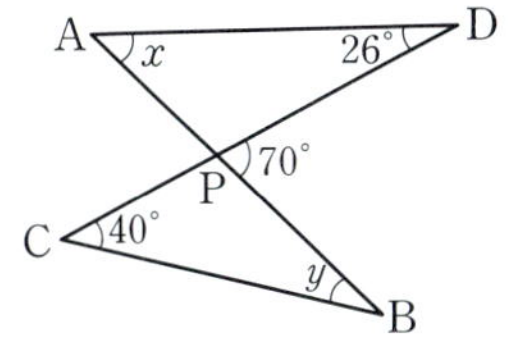

04 · Ⓑ 표현 Change

오른쪽 그림과 같이 $\overline{AB}$와 $\overline{CD}$의 교점을 P라 할 때, $\angle x$, $\angle y$의 크기를 각각 구하시오.

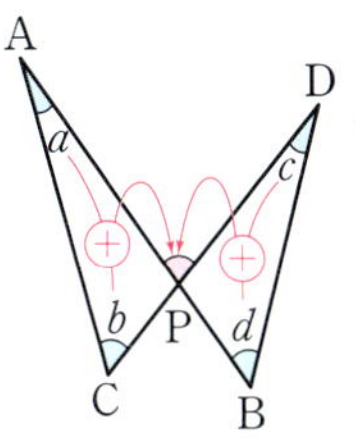

BIBLE SAYS   삼각형의 내각과 외각 사이의 관계 (2)

△ACP에서 $\angle APD=\angle a+\angle b$ …… ㉠

△PBD에서 $\angle APD=\angle c+\angle d$ …… ㉡

㉠, ㉡에서

$\angle a+\angle b=\angle c+\angle d$

대표유형 05 삼각형의 한 내각의 이등분선이 이루는 각

오른쪽 그림과 같은 △ABC에서 ∠ABD=∠DBC이고 ∠A=75°, ∠BDC=105°일 때, ∠x의 크기는?

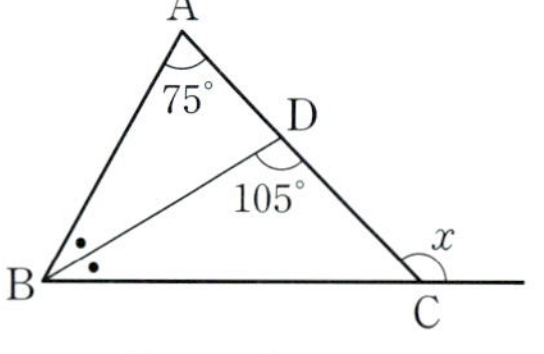

① 120° ② 125° ③ 130°
④ 135° ⑤ 140°

△ABD에서 ∠ABD=105°−75°=30°이므로
∠DBC=∠ABD=30°
따라서 △DBC에서 ∠x=105°+30°=135°

정답 ④

BIBLE SAYS 삼각형의 한 내각의 이등분선이 이루는 각

(1) △ABD에서 ∠y=∠x+●
(2) △ADC에서 ∠z=∠y+●

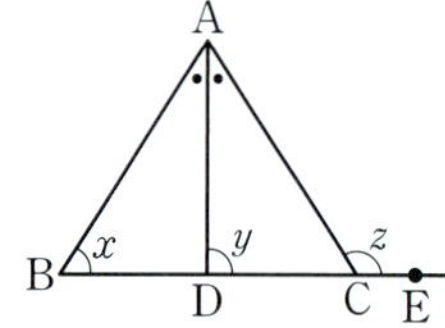

05·Ⓐ 숫자 Change

오른쪽 그림과 같은 △ABC에서 ∠BAD=∠CAD이고 ∠B=30°, ∠ADC=65°일 때, ∠x의 크기를 구하시오.

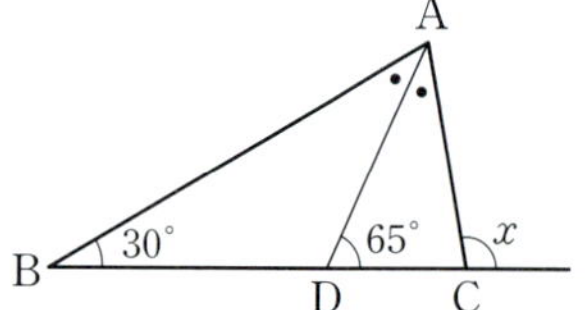

05·Ⓑ 표현 Change

오른쪽 그림과 같은 △ABC에서 $\overline{AD}$가 ∠BAC의 이등분선일 때, ∠x의 크기를 구하시오.

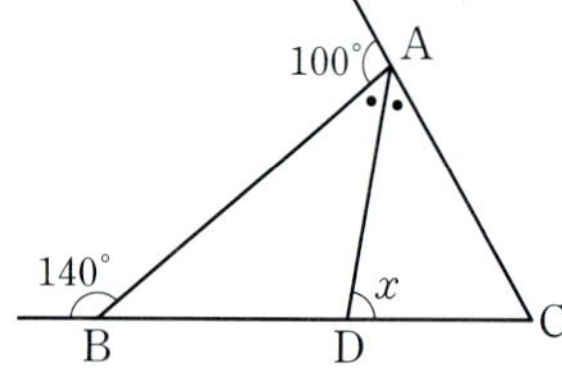

대표유형 06 삼각형의 두 내각의 이등분선이 이루는 각

오른쪽 그림과 같은 △ABC에서 ∠B와 ∠C의 이등분선의 교점을 I라 하자. ∠A=50°일 때, ∠x의 크기를 구하시오.

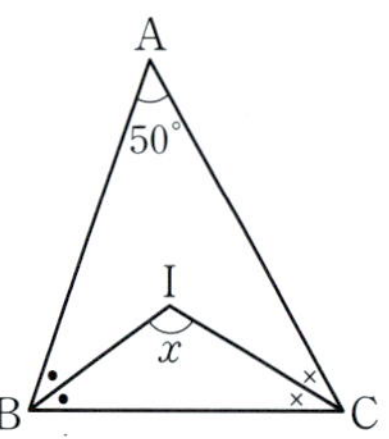

풀이 과정

△ABC에서 50°+∠ABC+∠ACB=180°이므로
∠ABC+∠ACB=180°−50°=130°

∴ ∠IBC+∠ICB=$\frac{1}{2}$(∠ABC+∠ACB)=$\frac{1}{2}$×130°=65°

따라서 △IBC에서
∠x=180°−(∠IBC+∠ICB)=180°−65°=115°

다른 풀이

∠x=90°+$\frac{1}{2}$×50°=90°+25°=115°

정답 115°

BIBLE SAYS 삼각형의 두 내각의 이등분선이 이루는 각

△ABC에서 2●+2×=180°−∠A

∴ ●+×=90°−$\frac{1}{2}$∠A ······ ㉠

△IBC에서 ●+×=180°−∠x ······ ㉡

㉠, ㉡에서 ∠x=90°+$\frac{1}{2}$∠A

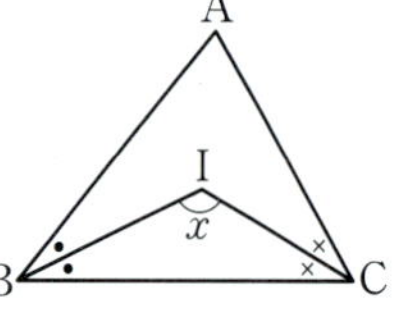

06·Ⓐ 숫자 Change

오른쪽 그림과 같은 △ABC에서 ∠B와 ∠C의 이등분선의 교점을 I라 하자. ∠A=60°일 때, ∠x의 크기를 구하시오.

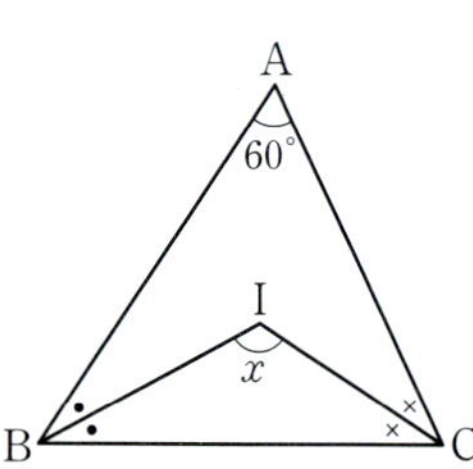

06·Ⓑ 표현 Change

오른쪽 그림과 같은 △ABC에서 ∠B와 ∠C의 이등분선의 교점을 I라 하자. ∠BIC=130°일 때, ∠x의 크기를 구하시오.

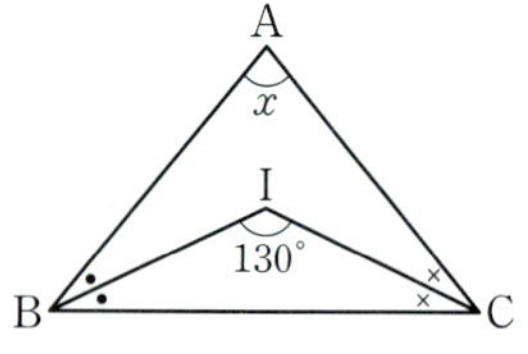

대표 유형 07 삼각형의 한 내각의 이등분선과 한 외각의 이등분선이 이루는 각

대표 유형 07 삼각형의 한 내각의 이등분선과 한 외각의 이등분선이 이루는 각　　　🎧 유형ON >>> 096쪽

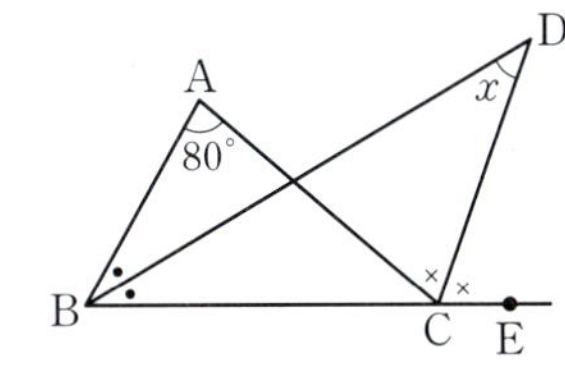

오른쪽 그림과 같은 △ABC에서 ∠B의 이등분선과 ∠C의 외각의 이등분선의 교점을 D라 하자. ∠A=80°일 때, ∠x의 크기를 구하시오.

풀이 과정

∠ABD=∠DBC=∠a, ∠ACD=∠DCE=∠b라 하면

△ABC에서 $2\angle b=80°+2\angle a$이므로 $\angle b=40°+\angle a$　　…… ㉠

△DBC에서 $\angle b=\angle x+\angle a$　　…… ㉡

㉠, ㉡에서 $\angle x=40°$

다른 풀이

$\angle x=\dfrac{1}{2}\times80°=40°$　　　（정답） 40°

BIBLE SAYS　삼각형의 한 내각의 이등분선과 한 외각의 이등분선이 이루는 각

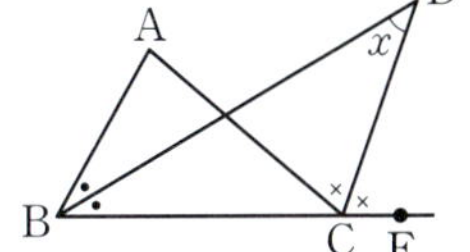

△ABC에서

$2\times=\angle A+2●$

∴ $\times=\dfrac{1}{2}\angle A+●$　　…… ㉠

△DBC에서

$\times=\angle x+●$　　…… ㉡

㉠, ㉡에서 $\angle x=\dfrac{1}{2}\angle A$

07·A （숫자 Change）

오른쪽 그림과 같은 △ABC에서 ∠B의 이등분선과 ∠C의 외각의 이등분선의 교점을 D라 하자. ∠A=70°일 때, ∠x의 크기를 구하시오.

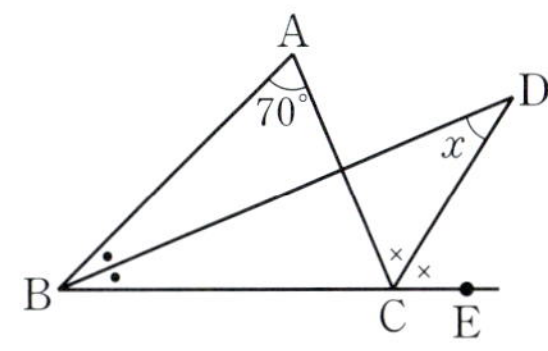

07·B （표현 Change）

오른쪽 그림과 같은 △ABC에서 ∠B의 이등분선과 ∠C의 외각의 이등분선의 교점을 D라 하자. ∠D=25°일 때, ∠x의 크기를 구하시오.

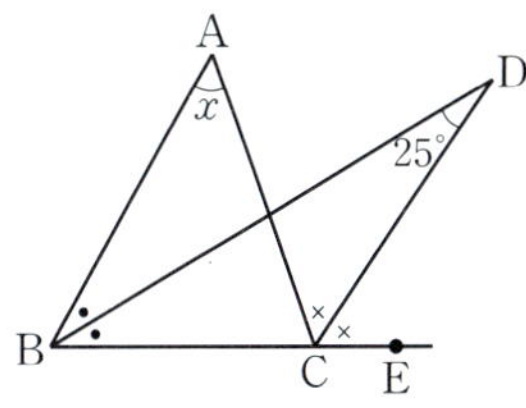

대표 유형 08 이등변삼각형의 성질을 이용하여 각의 크기 구하기　　　🎧 유형ON >>> 097쪽

오른쪽 그림에서 $\overline{AB}=\overline{AC}=\overline{CD}$이고 ∠B=25°일 때, ∠DCE의 크기를 구하시오.

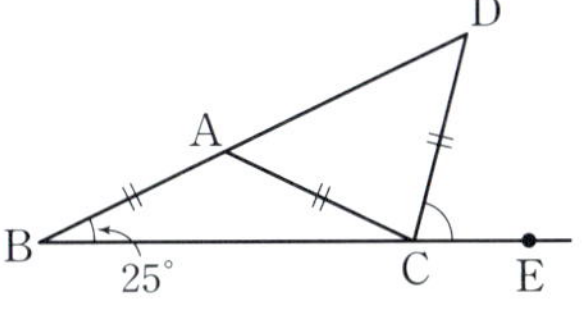

풀이 과정

△ABC는 $\overline{AB}=\overline{AC}$인 이등변삼각형이므로

∠ACB=∠ABC=25°

∴ ∠CAD=25°+25°=50°

△ACD는 $\overline{CA}=\overline{CD}$인 이등변삼각형이므로

∠CDA=∠CAD=50°

따라서 △DBC에서 ∠DCE=25°+50°=75°

（정답） 75°

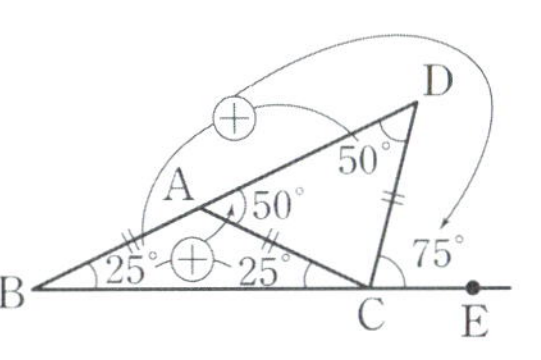

BIBLE SAYS　이등변삼각형의 성질을 이용하여 각의 크기 구하기

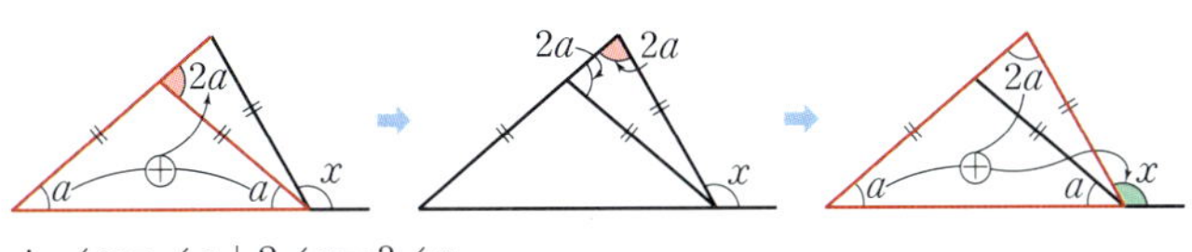

∴ $\angle x=\angle a+2\angle a=3\angle a$

08·A （숫자 Change）

오른쪽 그림에서 $\overline{AB}=\overline{AC}=\overline{CD}$이고 ∠B=40°일 때, ∠$x$의 크기를 구하시오.

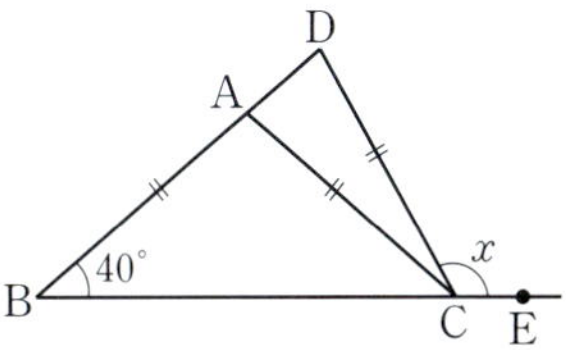

08·B （표현 Change）

오른쪽 그림에서 $\overline{AB}=\overline{AC}=\overline{CD}$이고 ∠DCE=105°일 때, ∠$x$의 크기를 구하시오.

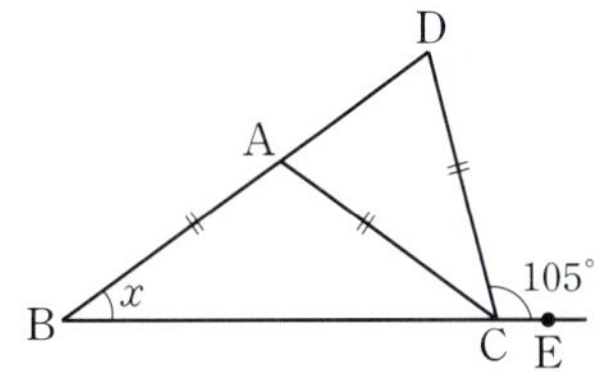

대표유형 **09** ⟨△⟩ 모양의 도형에서 각의 크기 구하기

⌂ 유형ON >>> 098쪽

오른쪽 그림에서 $\angle x$의 크기를 구하시오.

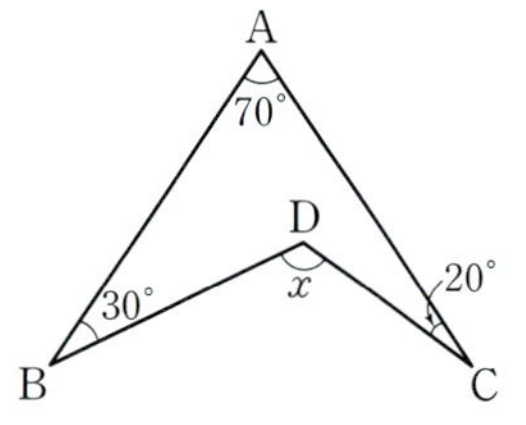

풀이 과정

오른쪽 그림과 같이 $\overline{BC}$를 긋고
$\angle DBC=\angle a$, $\angle DCB=\angle b$라 하면
$\triangle ABC$에서
$70^\circ+(30^\circ+\angle a)+(20^\circ+\angle b)=180^\circ$
$120^\circ+\angle a+\angle b=180^\circ$
$\therefore \angle a+\angle b=60^\circ$
따라서 $\triangle DBC$에서
$\angle x=180^\circ-(\angle a+\angle b)=180^\circ-60^\circ=120^\circ$

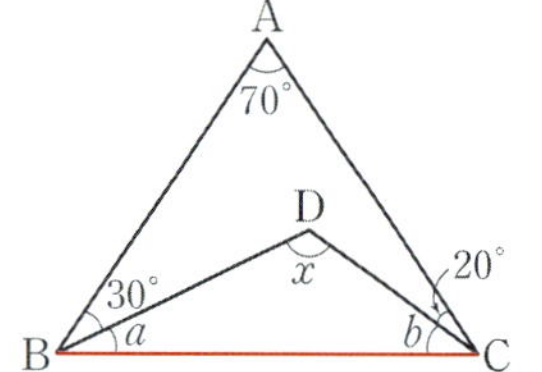

정답 120°

BIBLE SAYS ⟨△⟩ 모양의 도형에서 각의 크기 구하는 방법

보조선을 다양한 방법으로 그어 생각할 수 있다.

방법 1 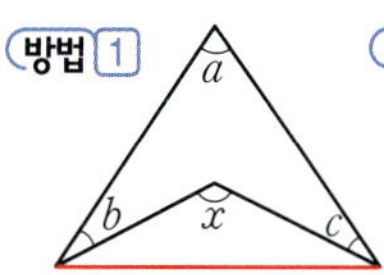　**방법 2** 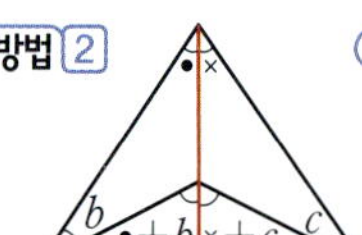　**방법 3** 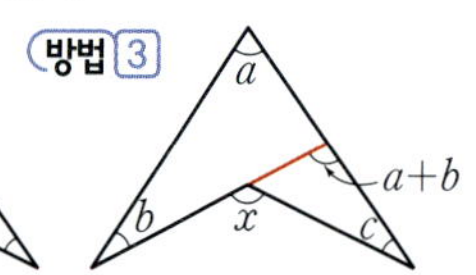

09·Ⓐ 숫자 Change

오른쪽 그림에서 $\angle x$의 크기를 구하시오.

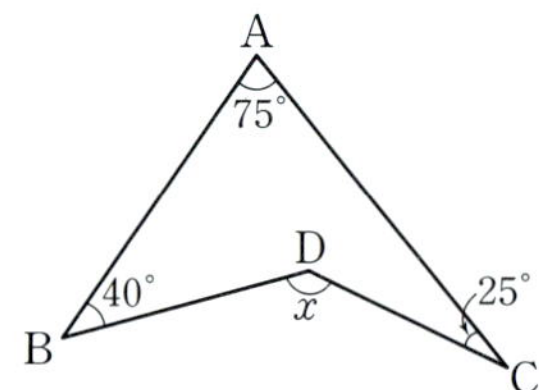

09·Ⓑ 숫자 Change

오른쪽 그림에서 $\angle x$의 크기를 구하시오.

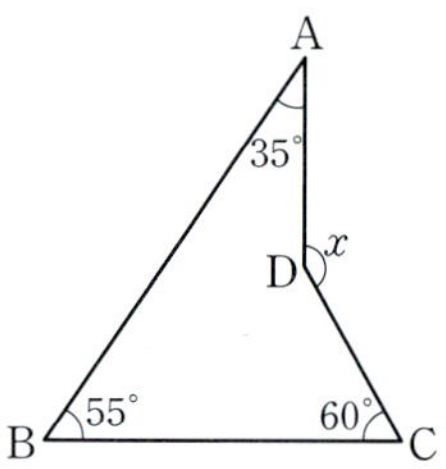

대표유형 **10** ⟨☆⟩ 모양의 도형에서 각의 크기 구하기

⌂ 유형ON >>> 099쪽

오른쪽 그림에서 $\angle x$의 크기를 구하시오.

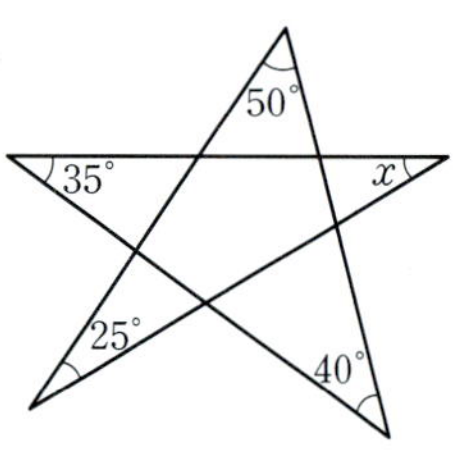

풀이 과정

[그림 1]의 $\triangle FBD$에서 $\angle EFG=35^\circ+40^\circ=75^\circ$
[그림 2]의 $\triangle GAC$에서 $\angle FGE=50^\circ+25^\circ=75^\circ$
[그림 3]의 $\triangle FGE$에서 $\angle x+\angle EFG+\angle FGE=180^\circ$이므로
$\angle x+75^\circ+75^\circ=180^\circ$　　$\therefore \angle x=30^\circ$

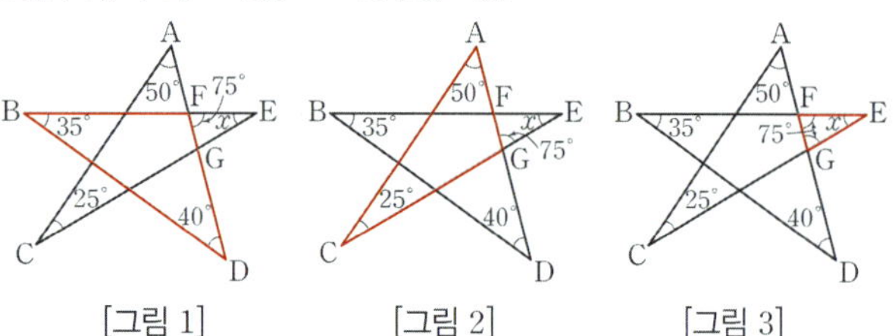

[그림 1]　　[그림 2]　　[그림 3]

정답 30°

10·Ⓐ 숫자 Change

오른쪽 그림에서 $\angle x$의 크기를 구하시오.

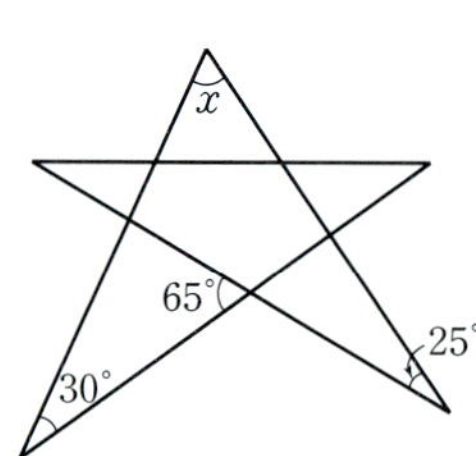

10·Ⓑ 표현 Change

오른쪽 그림에서 $\angle x$와 크기가 같은 것은?

① $\angle a+\angle b+\angle c$
② $\angle a+\angle b+\angle d$
③ $\angle a+\angle c+\angle d$
④ $\angle a+\angle c+\angle e$
⑤ $\angle b+\angle c+\angle e$

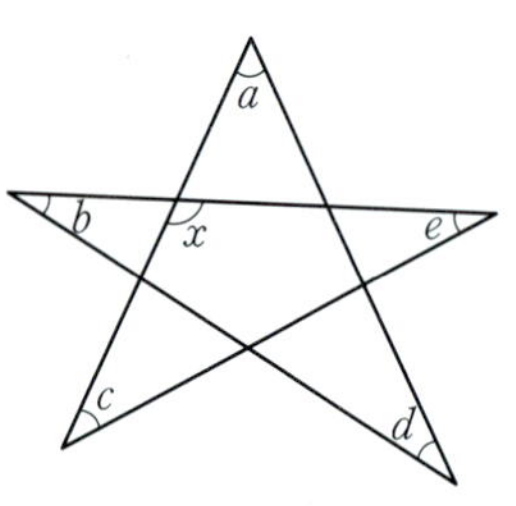

⊕ ··· 삼각형의 내각과 외각 사이의 관계의 활용

(1) 삼각형의 두 내각의 이등분선이 이루는 각의 크기 구하기

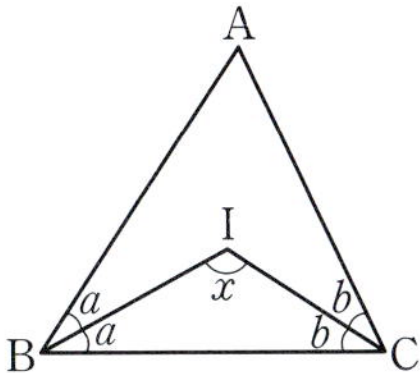

$\triangle ABC$에서 $2\angle a+2\angle b=180°-\angle A$

$\therefore \angle a+\angle b=90°-\dfrac{1}{2}\angle A$ ······ ㉠

$\triangle IBC$에서 $\angle a+\angle b=180°-\angle x$ ······ ㉡

㉠, ㉡에서 $90°-\dfrac{1}{2}\angle A=180°-\angle x$

$\therefore \angle x=90°+\dfrac{1}{2}\angle A$

(2) 삼각형의 한 내각의 이등분선과 한 외각의 이등분선이 이루는 각의 크기 구하기

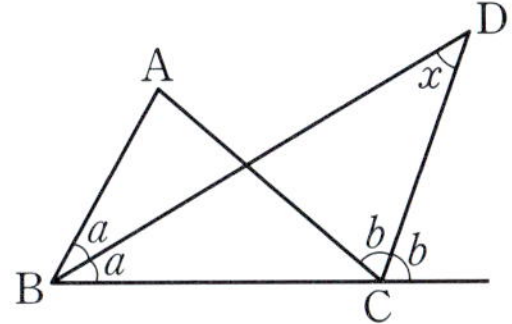

$\triangle ABC$에서 $2\angle b=\angle A+2\angle a$

$\therefore \angle b=\dfrac{1}{2}\angle A+\angle a$ ······ ㉠

$\triangle DBC$에서 $\angle b=\angle x+\angle a$ ······ ㉡

㉠, ㉡에서 $\angle x=\dfrac{1}{2}\angle A$

(3) 이등변삼각형의 성질을 이용하여 각의 크기 구하기

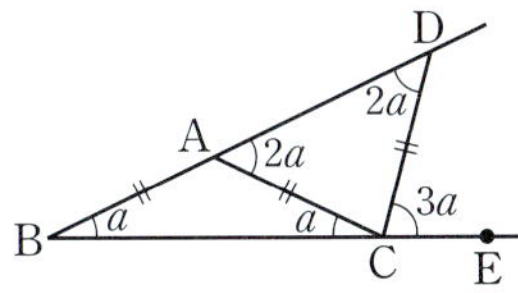

① $\triangle ABC$에서 $\overline{AB}=\overline{AC}$이므로

$\quad \angle B=\angle ACB=\angle a$

$\quad \therefore \angle CAD=\angle B+\angle ACB$

$\qquad\qquad\quad =\angle a+\angle a=2\angle a$

② $\triangle CDA$에서 $\overline{CA}=\overline{CD}$이므로

$\quad \angle CDA=\angle CAD=2\angle a$

③ $\triangle DBC$에서

$\quad \angle DCE=\angle B+\angle CDA$

$\qquad\qquad\quad =\angle a+2\angle a=3\angle a$

(4) △ **모양의 도형에서 각의 크기 구하기**

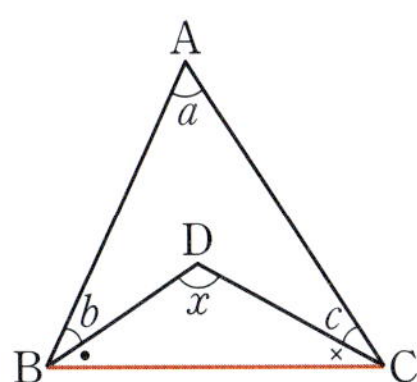

위의 그림과 같이 $\overline{BC}$를 그으면 $\triangle ABC$에서

$\angle a+(\angle b+\bullet)+(\angle c+\times)=180°$

$\therefore \bullet+\times=180°-(\angle a+\angle b+\angle c)$ ······ ㉠

$\triangle DBC$에서

$\bullet+\times=180°-\angle x$ ······ ㉡

㉠, ㉡에서 $\angle x=\angle a+\angle b+\angle c$

(5) ☆ **모양의 도형에서 각의 크기 구하기**

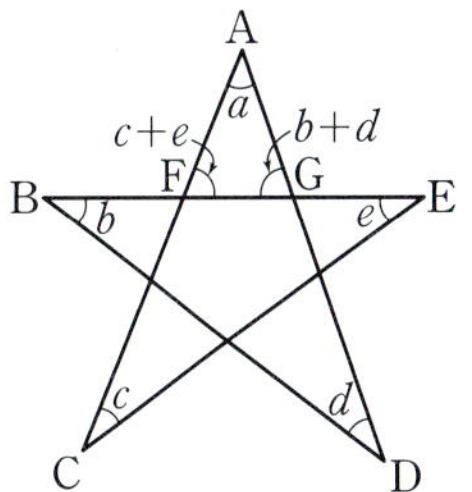

① $\triangle FCE$에서 $\angle AFG=\angle c+\angle e$

② $\triangle BDG$에서 $\angle AGF=\angle b+\angle d$

③ $\triangle AFG$에서

$\quad \angle a+\angle b+\angle c+\angle d+\angle e=180°$

(6) 삼각형의 두 외각의 이등분선이 이루는 각의 크기 구하기

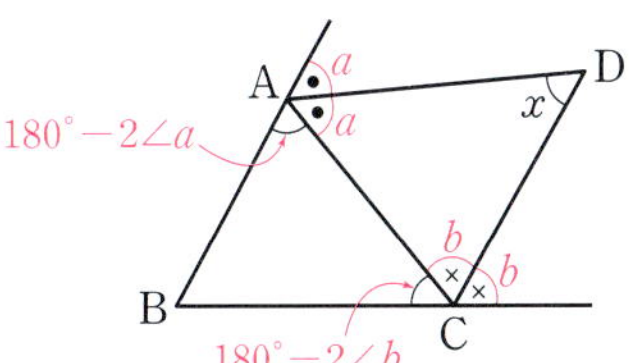

$\triangle ACD$에서

$\angle x=180°-(\angle a+\angle b)$ ······ ㉠

$\triangle ABC$에서

$(180°-2\angle a)+(180°-2\angle b)+\angle B=180°$

$\therefore \angle a+\angle b=90°+\dfrac{1}{2}\angle B$ ······ ㉡

㉠, ㉡에서 $\angle x=180°-\left(90°+\dfrac{1}{2}\angle B\right)$

$\qquad\qquad\quad =90°-\dfrac{1}{2}\angle B$

01

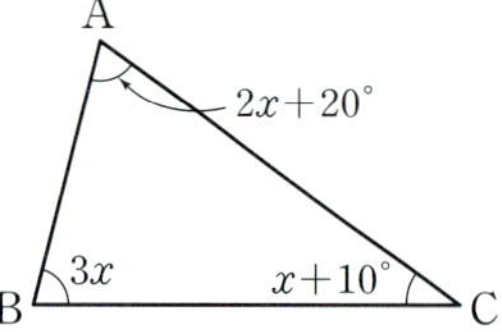

오른쪽 그림과 같은 △ABC에서 ∠x의 크기는?

① 15° ② 20°
③ 25° ④ 30°
⑤ 35°

02

대표 유형 **02**

삼각형의 세 내각의 크기의 비가 2 : 3 : 4일 때, 가장 큰 내각의 크기는?

① 65° ② 70° ③ 75°
④ 80° ⑤ 85°

03

생각이 쑥쑥

대표 유형 **03**

오른쪽 그림에서 ∠x의 크기는?

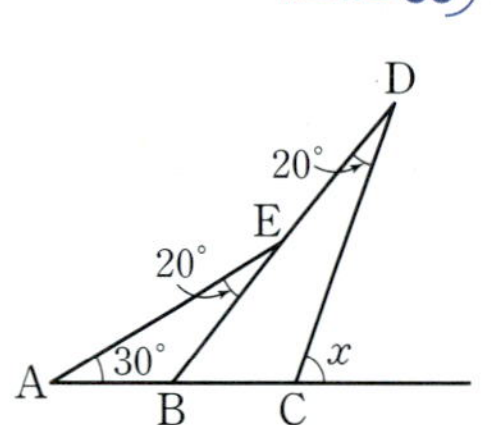

① 55° ② 60°
③ 65° ④ 70°
⑤ 75°

04

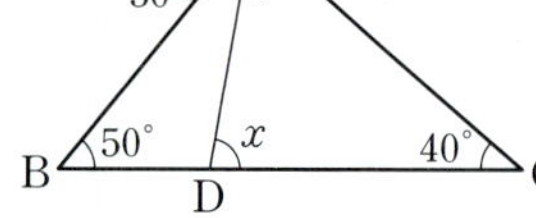

오른쪽 그림과 같은 △ABC에서 ∠x－∠y의 크기는?

① 10° ② 15°
③ 20° ④ 25°
⑤ 30°

05

대표 유형 **04**

오른쪽 그림과 같이 $\overline{AB}$와 $\overline{CD}$의 교점을 P라 할 때, ∠x＋∠y의 크기를 구하시오.

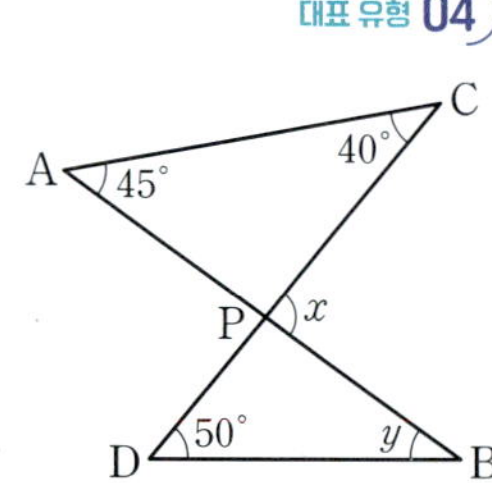

06

대표 유형 **05**

오른쪽 그림과 같은 △ABC에서 $\overline{AD}$가 ∠BAC의 이등분선이고 ∠B＝50°, ∠ACE＝120°일 때, ∠x의 크기를 구하시오.

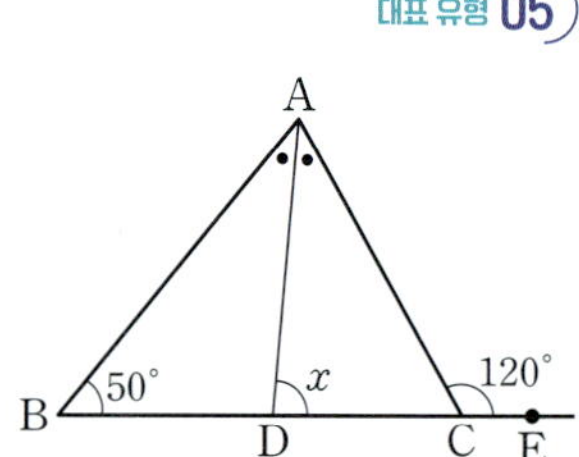

07

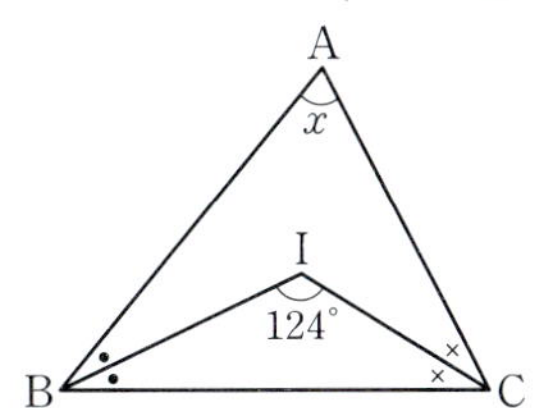

오른쪽 그림과 같은 △ABC에서 ∠B와 ∠C의 이등분선의 교점을 I라 하자. ∠BIC=124°일 때, ∠x의 크기를 구하시오.

대표 유형 **06**

08

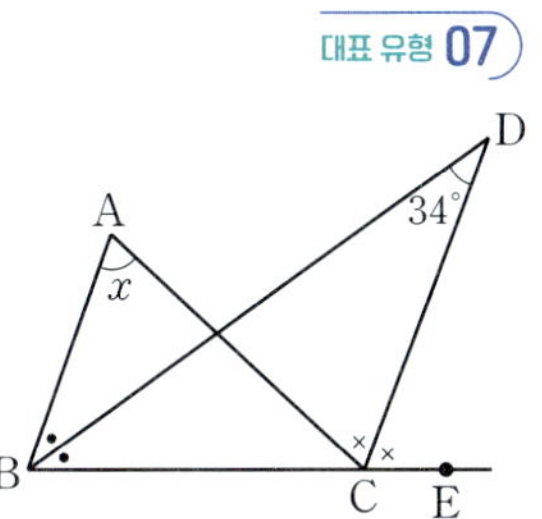

오른쪽 그림과 같은 △ABC에서 ∠B의 이등분선과 ∠C의 외각의 이등분선의 교점을 D라 하자. ∠D=34°일 때, ∠x의 크기를 구하시오.

대표 유형 **07**

09

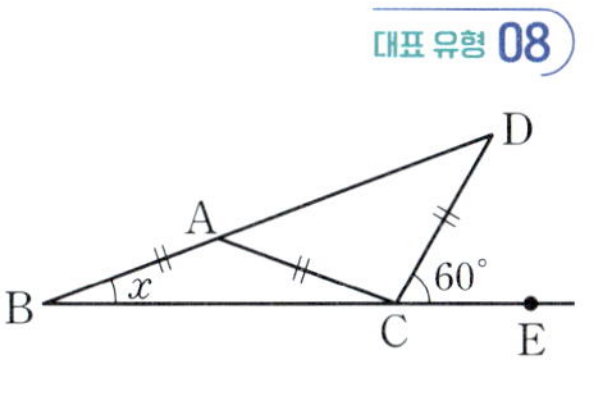

오른쪽 그림에서 $\overline{AB}=\overline{AC}=\overline{CD}$이고 ∠DCE=60°일 때, ∠$x$의 크기는?

대표 유형 **08**

① 10° ② 15° ③ 20°
④ 25° ⑤ 30°

10

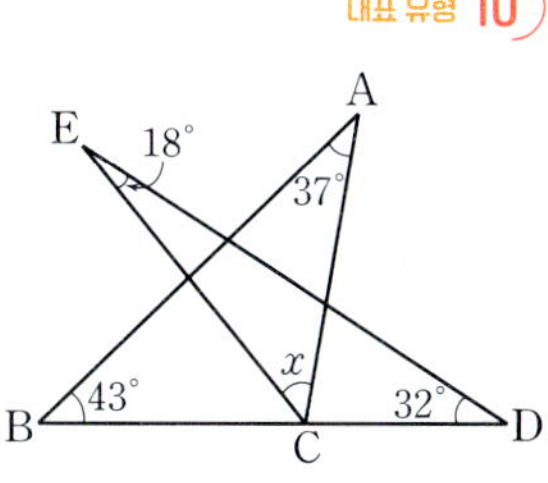

오른쪽 그림에서 ∠x의 크기는?

대표 유형 **09**

① 130° ② 135°
③ 140° ④ 145°
⑤ 150°

11

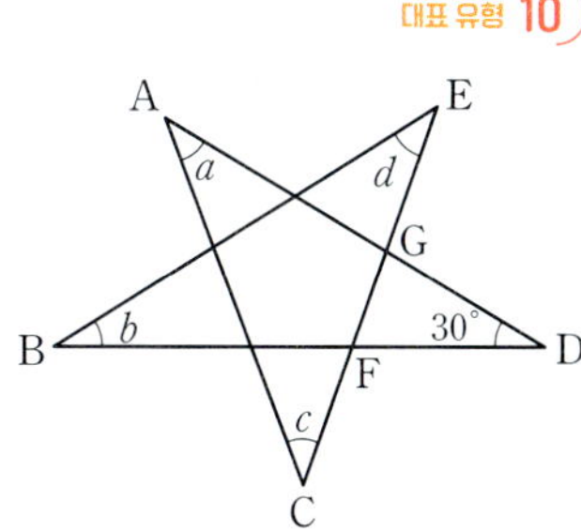

오른쪽 그림에서 ∠x의 크기를 구하시오.

대표 유형 **10**

12

생각이 쑥쑥

오른쪽 그림에서
$$∠a+∠b+∠c+∠d$$
의 크기는?

대표 유형 **10**

① 130° ② 135°
③ 140° ④ 145°
⑤ 150°

06 다각형의 내각의 크기의 합

$(n$각형의 내각의 크기의 합$)=180°×(n-2)$

n각형의 한 꼭짓점에서 대각선을 모두 그으면 $(n-2)$개의
삼각형으로 나누어지므로
$(n$각형의 내각의 크기의 합$)$
$=($삼각형의 내각의 크기의 합$)×($나누어지는 삼각형의 개수$)$
$=180°×(n-2)$

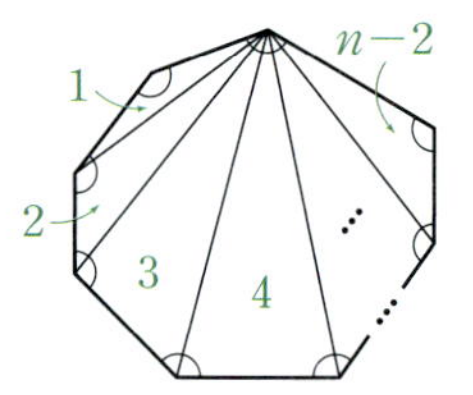

(참고) 내각의 크기의 합을 설명하기 위하여 다각형을 삼각형으로 나누는 방법은 여러 가지가 있다.

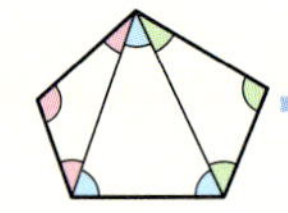 ➡ $180°×3=540°$

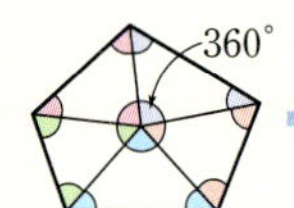 ➡ $180°×5-360°=540°$

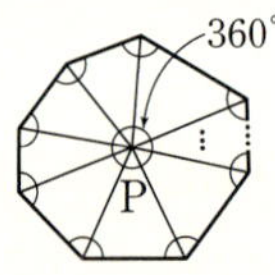

오른쪽 그림과 같이 n각형의 내부에 한 점 P를 잡고, 점 P와 각 꼭짓점을 연결하면 n개의 삼각형이 만들어진다.
∴ $(n$각형의 내각의 크기의 합$)$
$=180°×n-360°$
$=180°×n-180°×2$
$=180°×(n-2)$

바이블 POINT

다각형의 내각의 크기의 합

다각형	사각형	오각형	육각형	⋯	n각형
꼭짓점의 개수	4	5	6	⋯	n
한 꼭짓점에서 대각선을 모두 그었을 때 생기는 삼각형의 개수	$4-2=2$	$5-2=3$	$6-2=4$	⋯	$n-2$
내각의 크기의 합	$180°×2=360°$	$180°×3=540°$	$180°×4=720°$	⋯	$180°×(n-2)$

↳ 삼각형의 내각의 크기의 합

개념 CHECK 01

• n각형의 내각의 크기의 합은 $180°×($ ⑤ ________ $)$이다.

다음은 칠각형의 내각의 크기의 합을 구하는 과정이다. ☐ 안에 알맞은 수를 써넣으시오.

칠각형의 한 꼭짓점에서 그을 수 있는 대각선은 ☐개이고,
이 대각선에 의하여 생기는 삼각형은 ☐개이다.
따라서 칠각형의 내각의 크기의 합은
$180°×$ ☐ $=$ ☐ $°$

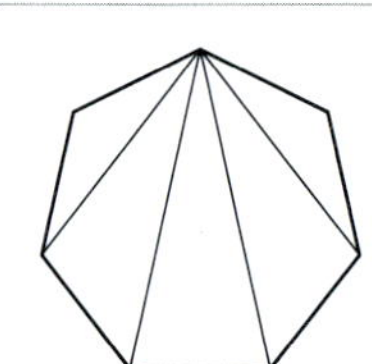

개념 CHECK 02

다음 다각형의 내각의 크기의 합을 구하시오.

(1) 팔각형

(2) 구각형

개념 CHECK 03

오른쪽 그림과 같은 오각형에 대하여 다음을 구하시오.

(1) 오각형의 내각의 크기의 합

(2) $\angle x$의 크기

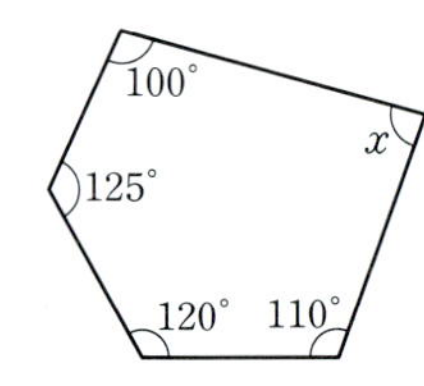

답 | ⑤ $n-2$

대표유형 01 다각형의 내각의 크기의 합

유형ON >>> 099쪽

내각의 크기의 합이 $1980°$인 다각형은?

① 십각형　　② 십일각형　　③ 십이각형
④ 십삼각형　　⑤ 십사각형

풀이 과정

구하는 다각형을 n각형이라 하면
$180° \times (n-2) = 1980°$
$n-2 = 11$　　$\therefore n = 13$
따라서 구하는 다각형은 십삼각형이다.

정답 ④

BIBLE SAYS

n각형에서
(1) 내각의 크기의 합 ➡ $180° \times (n-2)$
(2) 한 꼭짓점에서 그을 수 있는 대각선의 개수 ➡ $n-3$
(3) 대각선의 총 개수 ➡ $\dfrac{n(n-3)}{2}$

01 · A 〔숫자 Change〕

내각의 크기의 합이 $2340°$인 다각형은?

① 십이각형　　② 십삼각형　　③ 십사각형
④ 십오각형　　⑤ 십육각형

01 · B 〔표현 Change〕

한 꼭짓점에서 그을 수 있는 대각선의 개수가 7인 다각형의 내각의 크기의 합을 구하시오.

대표유형 02 다각형의 내각의 크기 구하기

유형ON >>> 100쪽

오른쪽 그림에서 $\angle x$의 크기는?

① $110°$　　② $115°$
③ $120°$　　④ $125°$
⑤ $130°$

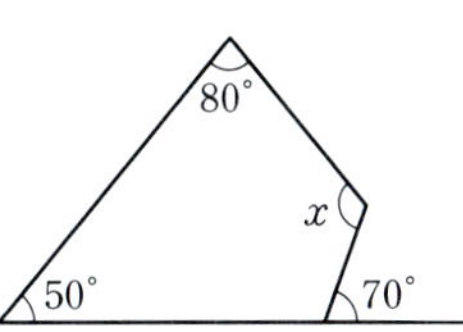

풀이 과정

사각형의 내각의 크기의 합은 $180° \times (4-2) = 360°$이므로
$80° + 50° + (180° - 70°) + \angle x = 360°$
$\angle x + 240° = 360°$　　$\therefore \angle x = 120°$

정답 ③

02 · A 〔숫자 Change〕

오른쪽 그림에서 $\angle x$의 크기는?

① $110°$　　② $115°$
③ $120°$　　④ $125°$
⑤ $130°$

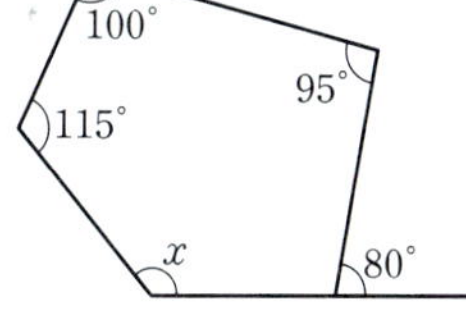

02 · B 〔표현 Change〕

오른쪽 그림에서 $\angle x - \angle y$의 크기를 구하시오.

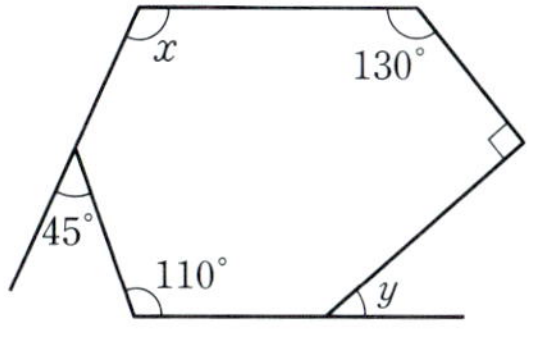

대표유형 **03** 다각형의 내각의 크기의 합의 활용 - 보조선

유형ON >>> 102쪽

오른쪽 그림에서 $\angle x$의 크기를 구하시오.

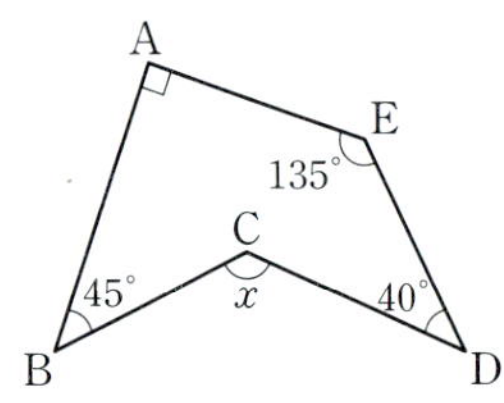

풀이 과정

오른쪽 그림과 같이 $\overline{BD}$를 그으면 사각형의
내각의 크기의 합은 $180° \times (4-2) = 360°$
이므로

$90° + (45° + \angle CBD)$
$+ (\angle CDB + 40°) + 135° = 360°$
$310° + \angle CBD + \angle CDB = 360°$ ∴ $\angle CBD + \angle CDB = 50°$
따라서 $\triangle CBD$에서
$\angle x = 180° - (\angle CBD + \angle CDB) = 180° - 50° = 130°$

정답 $130°$

BIBLE SAYS 다각형의 내각의 크기의 합의 활용 – 보조선

오른쪽 그림과 같이 적당한 곳에 보조선을 그
어 다각형을 만든다.

(1) $\underline{\angle a + \angle b + ● + × + \angle c + \angle d} = 360°$
    └→ 사각형의 내각의 크기의 합
(2) $\angle x = 180° - (● + ×)$

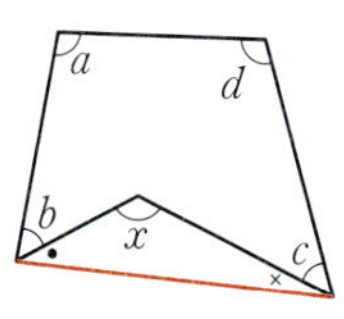

---

03 · Ⓐ 숫자 Change

오른쪽 그림에서 $\angle x$의 크기를 구
하시오.

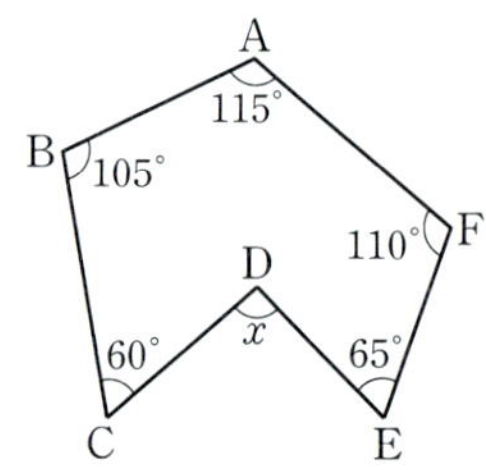

03 · Ⓑ 표현 Change

오른쪽 그림에서 $\angle x + \angle y$의 크기
를 구하시오.

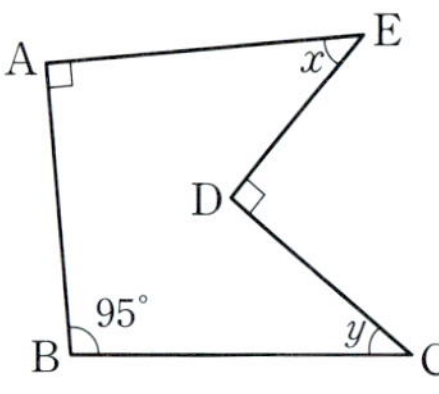

대표유형 **04** 다각형의 내각의 크기의 합의 활용 - 맞꼭지각의 성질, 보조선

유형ON >>> 102쪽

오른쪽 그림에서 $\angle x$의 크기를 구
하시오.

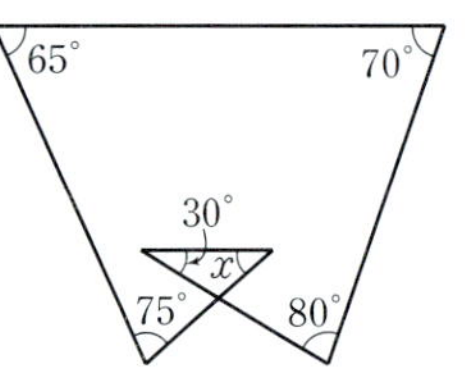

풀이 과정

오른쪽 그림과 같이 보조선을 그으면
$\angle a + \angle b = 30° + \angle x$
이때 사각형의 내각의 크기의 합은
$180° \times (4-2) = 360°$이므로
$65° + (75° + \angle a) + (\angle b + 80°) + 70° = 360°$
$290° + \angle a + \angle b = 360°$ ∴ $\angle a + \angle b = 70°$
즉, $30° + \angle x = 70°$이므로 $\angle x = 40°$

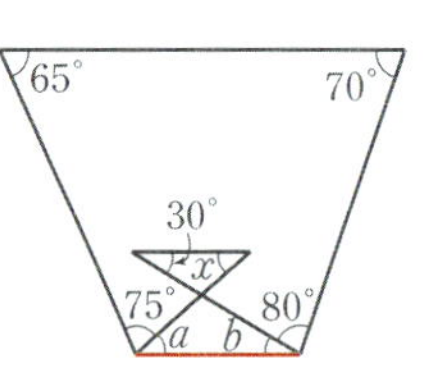

정답 $40°$

BIBLE SAYS 다각형의 내각의 크기의 합의 활용 – 맞꼭지각의 성질

오른쪽 그림과 같이 적당한 곳에 보조선을 그어
다각형을 만든다.

(1) $\angle e + \angle f = \angle g + \angle h$
    └→ 맞꼭지각의 크기는 서로 같다.
(2) $\angle a + \angle b + \angle c + \angle d + \angle e + \angle f$
$= \underline{\angle a + \angle b + \angle c + \angle d + \angle g + \angle h} = 360°$
    └→ 사각형의 내각의 크기의 합

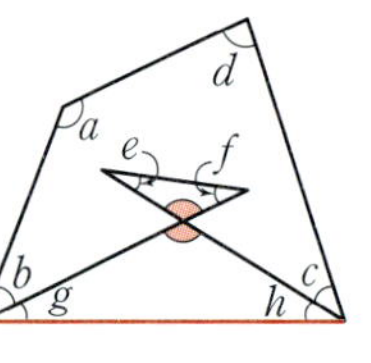

---

04 · Ⓐ 숫자 Change

오른쪽 그림에서 $\angle x$의 크기를
구하시오.

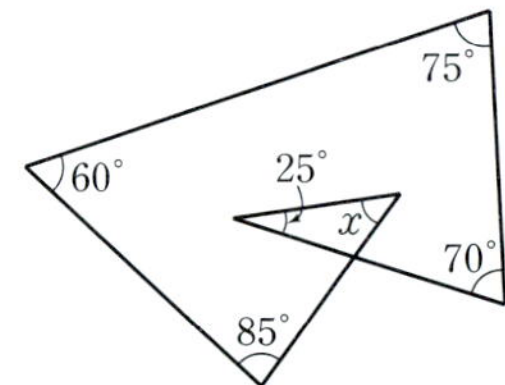

04 · Ⓑ 표현 Change

오른쪽 그림에서 $\angle x$의 크기를
구하시오.

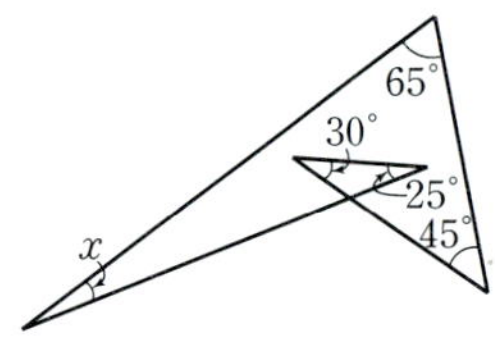

07 다각형의 외각의 크기의 합

n각형의 외각의 크기의 합은 항상 **360°**이다.

다각형의 한 꼭짓점에서 내각과 외각의 크기의 합은 180°이고
n각형의 꼭짓점은 n개이므로
(내각의 크기의 합)＋(외각의 크기의 합)＝$180° \times n$
∴ (n각형의 외각의 크기의 합)
$= 180° \times n - (n$각형의 내각의 크기의 합$)$
$= 180° \times n - 180° \times (n-2)$
$= 180° \times n - 180° \times n + 180° \times 2$
$= 360°$

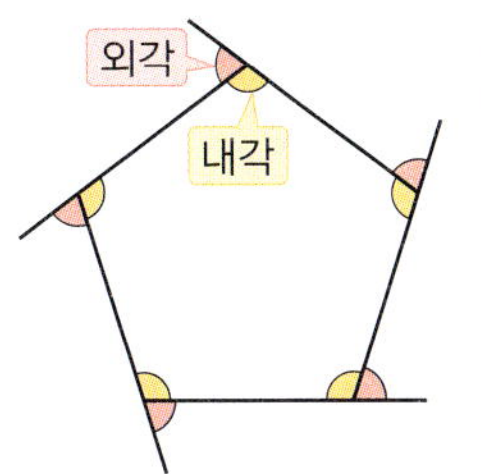

> n각형의 내각의 크기의 합은 변의 개수에 따라 달라지지만 외각의 크기의 합은 변의 개수에 관계없이 항상 360°이다.
>
> 다음 그림과 같이 카메라의 조리개가 닫히는 모양에서 다각형의 외각의 크기의 합이 360°임을 알 수 있다.

바이블 POINT

다각형의 외각의 크기의 합

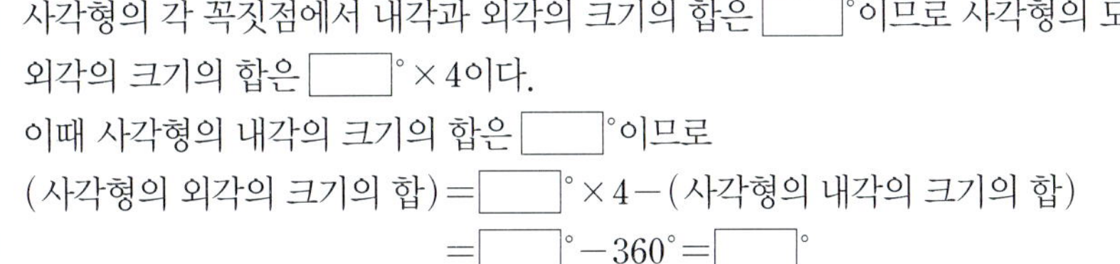

다각형	삼각형	사각형	오각형	…	n각형
꼭짓점의 개수	3	4	5	…	n
(내각의 크기의 합) ＋(외각의 크기의 합) ⌐㉠	$180° \times 3$	$180° \times 4$	$180° \times 5$	…	$180° \times n$
내각의 크기의 합 ⌐㉡	$180° \times 1$	$180° \times 2$	$180° \times 3$	…	$180° \times (n-2)$
외각의 크기의 합 ⌐㉠－㉡	$360°$	$360°$	$360°$	…	$360°$

⌐ $180° \times 3 - 180° \times 1 = 540° - 180° = 360°$

개념 CHECK 01

- n각형의 한 꼭짓점에서 내각과 외각의 크기의 합은 ㉠ [ ]°이다.

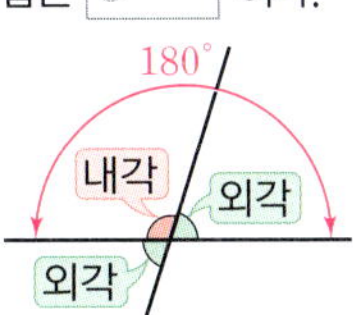

다음은 사각형의 외각의 크기의 합을 구하는 과정이다. ☐ 안에 알맞은 수를 써넣으시오.

사각형의 각 꼭짓점에서 내각과 외각의 크기의 합은 [ ]°이므로 사각형의 모든 내각과 외각의 크기의 합은 [ ]°×4이다.
이때 사각형의 내각의 크기의 합은 [ ]°이므로
(사각형의 외각의 크기의 합)＝[ ]°×4－(사각형의 내각의 크기의 합)
＝[ ]°－360°＝[ ]°

개념 CHECK 02

- n각형의 외각의 크기의 합은 항상 ㉡ [ ]°이다.

다음 그림에서 ∠x의 크기를 구하시오.

(1)
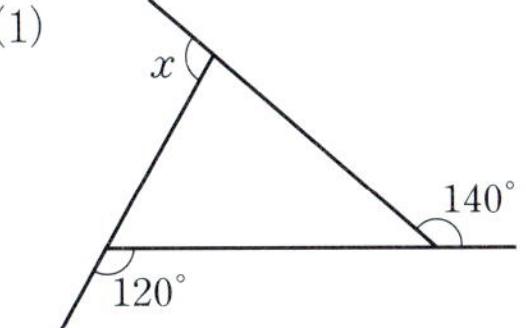

(2)
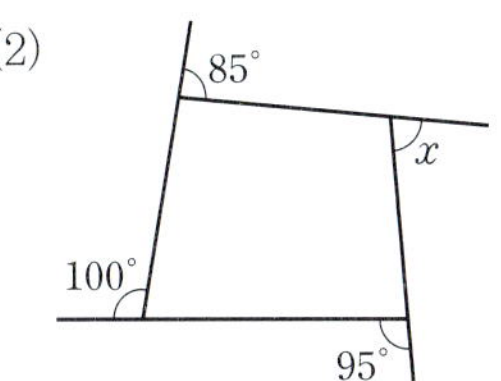

(3)
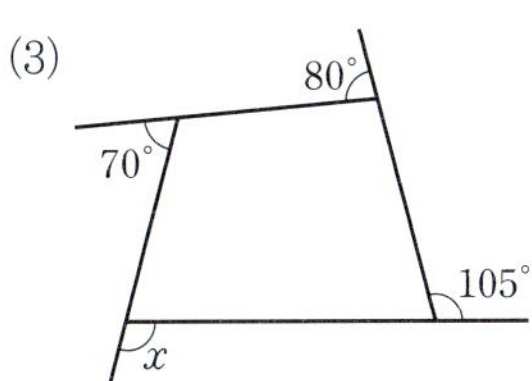

(4)
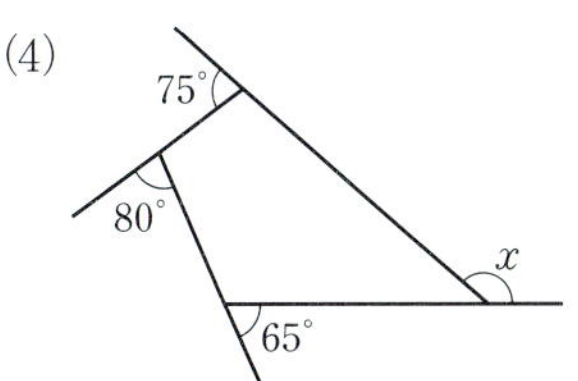

답 | ㉠ 180 ㉡ 360

오른쪽 그림에서 $\angle x$의 크기는?

① 50° ② 55°
③ 60° ④ 65°
⑤ 70°

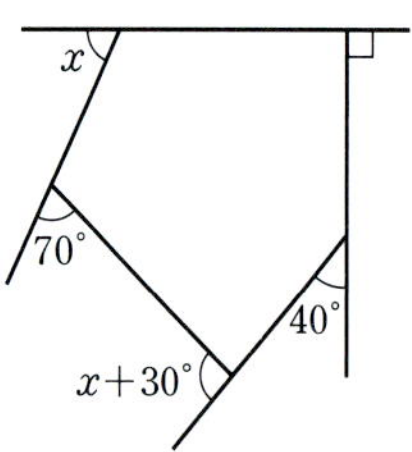

풀이 과정

다각형의 외각의 크기의 합은 360°이므로
$\angle x+70°+(\angle x+30°)+40°+90°=360°$
$2\angle x+230°=360°,\ 2\angle x=130°$
$\therefore \angle x=65°$

정답 ④

참고 오각형의 내각의 크기의 합을 이용하여 $\angle x$의 크기를 구할 수도 있다.

05·A 숫자 Change

오른쪽 그림에서 $\angle x$의 크기는?

① 75° ② 80°
③ 85° ④ 90°
⑤ 95°

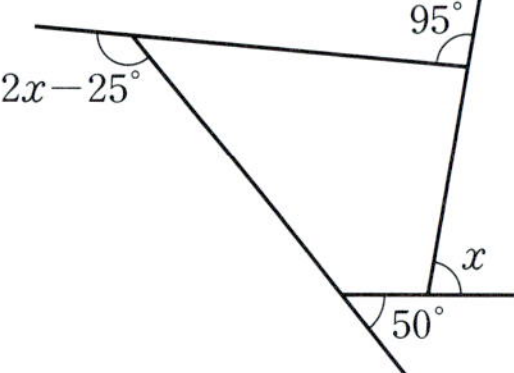

05·B 숫자 Change

오른쪽 그림에서 $\angle x$의 크기를 구하시오.

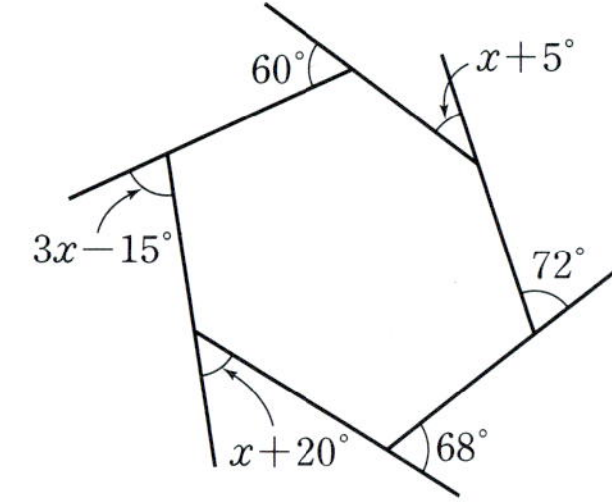

오른쪽 그림에서 $\angle x$의 크기는?

① 45° ② 50°
③ 55° ④ 60°
⑤ 65°

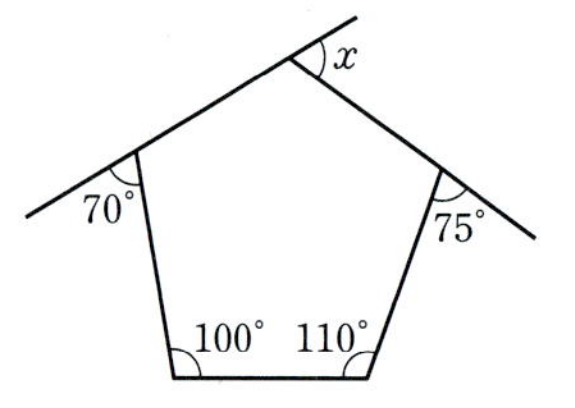

풀이 과정

다각형의 외각의 크기의 합은 360°이므로
$\angle x+70°+(180°-100°)+(180°-110°)+75°=360°$
$\angle x+295°=360°$ $\therefore \angle x=65°$

정답 ⑤

06·A 숫자 Change

오른쪽 그림에서 $\angle x$의 크기는?

① 50° ② 60°
③ 70° ④ 80°
⑤ 90°

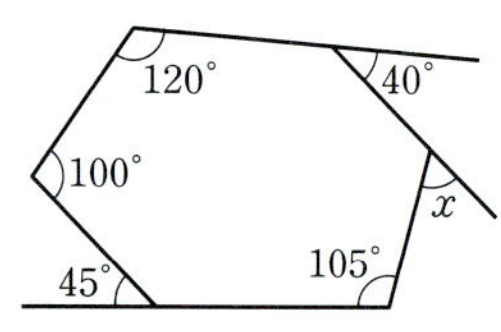

06·B 표현 Change

오른쪽 그림에서 $\angle x+\angle y$의 크기를 구하시오.

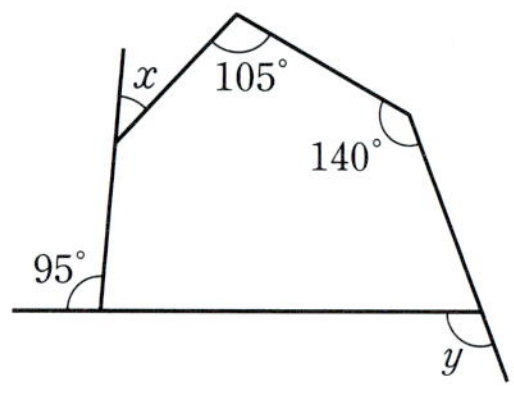

08 정다각형의 한 내각과 한 외각의 크기

(1) 정다각형의 한 내각의 크기

정다각형은 모든 내각의 크기가 같으므로 정n각형의 한 내각의 크기는 내각의 크기의 합 $180° \times (n-2)$를 꼭짓점의 개수 n으로 나눈 것과 같다.

$$(\text{정}n\text{각형의 한 내각의 크기}) = \frac{180° \times (n-2)}{n}$$

→ 정n각형의 내각의 크기의 합
→ 꼭짓점의 개수

(2) 정다각형의 한 외각의 크기

정다각형의 모든 외각의 크기가 같으므로 정n각형의 한 외각의 크기는 외각의 크기의 합 $360°$를 꼭짓점의 개수 n으로 나눈 것과 같다.

$$(\text{정}n\text{각형의 한 외각의 크기}) = \frac{360°}{n}$$

→ 정n각형의 외각의 크기의 합
→ 꼭짓점의 개수

예시 정오각형에서 $(\text{한 내각의 크기}) = \frac{180° \times (5-2)}{5} = 108°$, $(\text{한 외각의 크기}) = \frac{360°}{5} = 72°$

> 정n각형의 모든 외각의 크기는 같고 외각의 개수는 꼭짓점의 개수와 같은 n이다.
>
> 정다각형의 한 외각의 크기를 알면
> $(\text{한 내각의 크기}) + (\text{한 외각의 크기}) = 180°$
> 임을 이용하여 한 내각의 크기를 구할 수도 있다.

개념 CHECK 01

• 정n각형에서
(1) 한 내각의 크기는
$\dfrac{180° \times (n-2)}{\boxed{\text{⊙}}}$ 이다.

(2) 한 외각의 크기는 $\dfrac{\boxed{\text{⊙}}}{n}$ 이다.

(3) 한 내각의 크기와 한 외각의 크기의 합은 $\boxed{\text{⊙}}$° 이다.

다음은 정육각형의 한 내각의 크기와 한 외각의 크기를 두 가지 방법으로 구하는 과정이다. ☐ 안에 알맞은 수를 써넣으시오.

방법 1

정육각형의 내각의 크기의 합은 $180° \times (\boxed{} - 2) = \boxed{}°$이므로

한 내각의 크기는 $\dfrac{\boxed{}°}{6} = \boxed{}°$

이때 정육각형의 외각의 크기의 합은 $\boxed{}°$이므로

한 외각의 크기는 $\dfrac{\boxed{}°}{6} = \boxed{}°$

방법 2

정육각형의 외각의 크기의 합은 $\boxed{}°$이므로

한 외각의 크기는 $\dfrac{\boxed{}°}{6} = \boxed{}°$

이때 정육각형에서 $(\text{한 내각의 크기}) + (\text{한 외각의 크기}) = \boxed{}°$이므로

한 내각의 크기는 $\boxed{}° - (\text{한 외각의 크기}) = \boxed{}° - \boxed{}° = \boxed{}°$

개념 CHECK 02

다음 정다각형의 한 내각의 크기와 한 외각의 크기를 차례대로 구하시오.

(1) 정팔각형

(2) 정십각형

답 | ⊙ n ⓛ 360 ⓒ 180

다음 물음에 답하시오.

(1) 한 내각의 크기가 $150°$인 정다각형을 구하시오.

(2) 한 외각의 크기가 $45°$인 정다각형의 내각의 크기의 합을 구하시오.

풀이 과정

(1) 구하는 정다각형을 정n각형이라 하면

$$\frac{180° \times (n-2)}{n} = 150°, \quad 180° \times n - 360° = 150° \times n$$

$$30° \times n = 360° \quad \therefore n = 12$$

따라서 구하는 정다각형은 정십이각형이다.

(2) 주어진 정다각형을 정n각형이라 하면

$$\frac{360°}{n} = 45° \quad \therefore n = 8$$

따라서 정팔각형의 내각의 크기의 합은

$$180° \times (8-2) = 1080°$$

정답 (1) 정십이각형　(2) $1080°$

참고 (1)에서 정다각형의 한 내각의 크기와 한 외각의 크기의 합은 $180°$임을 이용하여 한 외각의 크기를 구한 후 정다각형을 구할 수도 있다.

➡ 한 외각의 크기는 $180° - 150° = 30°$이므로

$$\frac{360°}{n} = 30° \quad \therefore n = 12$$

07·A (숫자 Change)

한 외각의 크기가 $18°$인 정다각형의 내각의 크기의 합을 구하시오.

07·B (표현 Change)

한 내각의 크기가 $156°$인 정다각형의 변의 개수는?

① 12　　　② 13　　　③ 14

④ 15　　　⑤ 16

한 내각의 크기와 한 외각의 크기의 비가 $3 : 2$인 정다각형은?

① 정사각형　　② 정오각형　　③ 정육각형

④ 정팔각형　　⑤ 정십각형

풀이 과정

정다각형의 한 내각의 크기와 한 외각의 크기의 합은 $180°$이므로 주어진 정다각형의 한 외각의 크기는

$$180° \times \frac{2}{3+2} = 180° \times \frac{2}{5} = 72°$$

구하는 정다각형을 정n각형이라 하면

$$\frac{360°}{n} = 72° \quad \therefore n = 5$$

따라서 구하는 정다각형은 정오각형이다.

정답 ②

BIBLE SAYS **정다각형의 내각과 외각의 크기의 비가 주어질 때**

정n각형의 한 내각의 크기와 한 외각의 크기의 비가 $a : b$이면

(한 내각의 크기)$+$(한 외각의 크기)$=180°$이므로

(1) (한 내각의 크기)$=180° \times \dfrac{a}{a+b}$

(2) (한 외각의 크기)$=180° \times \dfrac{b}{a+b}$

08·A (숫자 Change)

한 내각의 크기와 한 외각의 크기의 비가 $7 : 2$인 정다각형은?

① 정팔각형　　② 정구각형　　③ 정십각형

④ 정십이각형　　⑤ 정십오각형

08·B (표현 Change)

한 내각의 크기와 한 외각의 크기의 비가 $4 : 1$인 정다각형의 대각선의 개수는?

① 9　　　② 14　　　③ 20

④ 27　　　⑤ 35

대표유형 **09** 조건을 만족시키는 다각형

유형ON >>> 104쪽

다음 조건을 모두 만족시키는 다각형을 구하시오.

> (가) 모든 변의 길이가 같고, 모든 내각의 크기가 같다.
> (나) 한 내각의 크기가 $144°$이다.

풀이 과정

(가)를 만족시키는 다각형은 정다각형이므로 구하는 다각형을 정n각형이라 하면 (나)에서 (한 외각의 크기)$=180°-144°=36°$이므로

$$\frac{360°}{n}=36° \qquad \therefore n=10$$

따라서 조건을 모두 만족시키는 다각형은 정십각형이다.

정답 정십각형

09·A (숫자 Change)

다음 조건을 모두 만족시키는 다각형을 구하시오.

> (가) 모든 변의 길이가 같고, 모든 내각의 크기가 같다.
> (나) 한 내각의 크기가 $140°$이다.

09·B (표현 Change)

다음 조건을 모두 만족시키는 다각형을 구하시오.

> (가) 모든 변의 길이가 같고, 모든 내각의 크기가 같다.
> (나) 한 내각과 한 외각의 크기의 비가 $2:1$이다.

대표유형 **10** 정다각형에서 각의 크기 구하기

유형ON >>> 105쪽

오른쪽 그림과 같은 정오각형에서 $\angle x$의 크기를 구하시오.

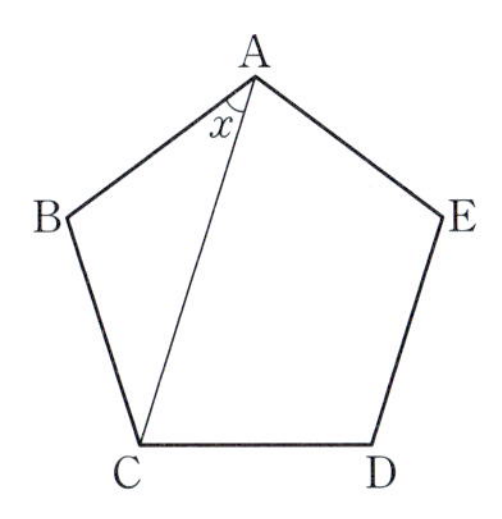

풀이 과정

정오각형의 한 내각의 크기는

$$\frac{180°\times(5-2)}{5}=108°$$

$\triangle ABC$는 $\overline{BC}=\overline{BA}$인 이등변삼각형이므로

$$\angle x=\frac{1}{2}\times(180°-108°)=36°$$

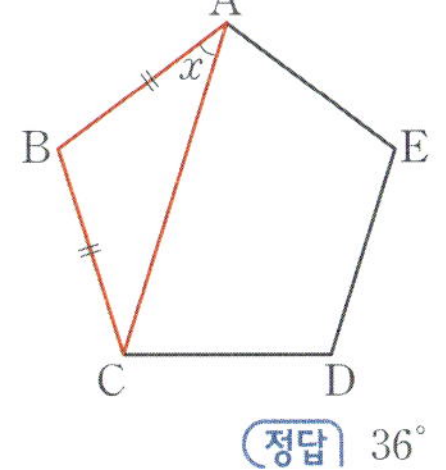

정답 $36°$

참고 이등변삼각형의 두 내각의 크기는 같다.

10·A (숫자 Change)

오른쪽 그림과 같은 정오각형에서 $\overline{AC}$와 $\overline{BE}$의 교점을 F라 할 때, $\angle x$의 크기를 구하시오.

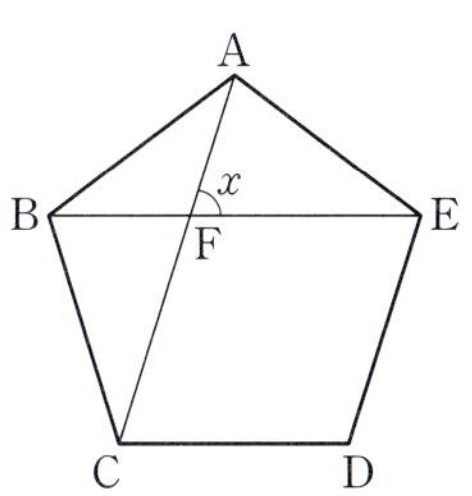

10·B (표현 Change)

오른쪽 그림과 같은 정육각형에서 $\overline{AC}$와 $\overline{BF}$의 교점을 G라 할 때, $\angle x$의 크기를 구하시오.

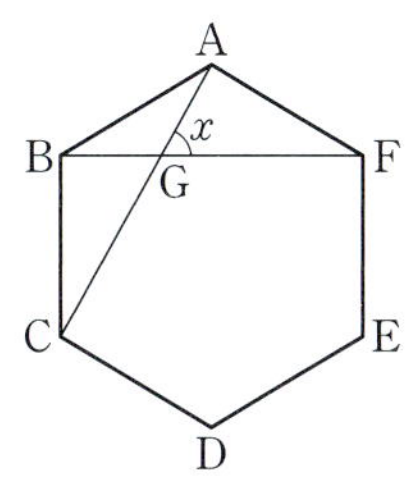

01

대표 유형 01

내각의 크기의 합이 1620°인 다각형의 꼭짓점의 개수는?

① 10   ② 11   ③ 12

④ 13   ⑤ 14

02

대표 유형 01

한 꼭짓점에서 그을 수 있는 대각선의 개수가 5인 다각형의 내각의 크기의 합은?

① 720°   ② 900°   ③ 1080°

④ 1260°   ⑤ 1440°

03

대표 유형 02

오른쪽 그림에서 $\angle x$의 크기를 구하시오.

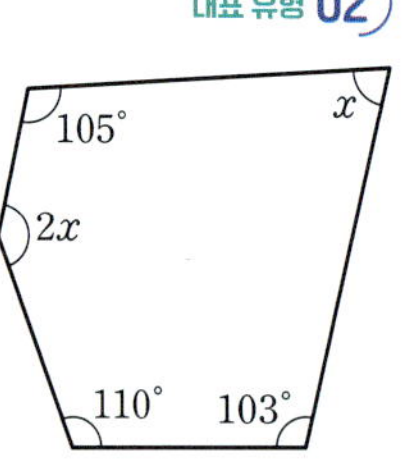

04

대표 유형 02

오른쪽 그림에서 $\angle x - \angle y$의 크기는?

① 75°   ② 80°

③ 85°   ④ 90°

⑤ 95°

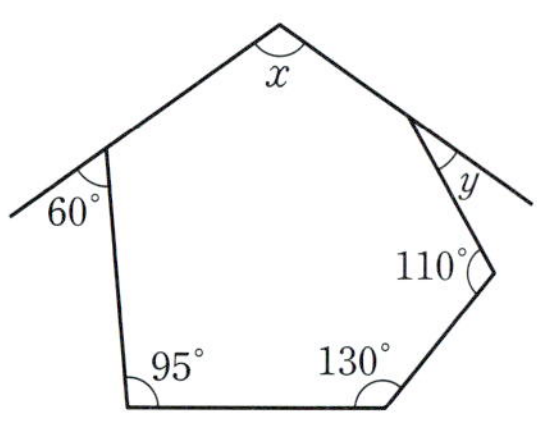

05

생각이 쑥쑥

대표 유형 04

오른쪽 그림에서
$$\angle a + \angle b + \angle c + \angle d + \angle e$$
의 크기는?

① 390°   ② 400°

③ 410°   ④ 420°

⑤ 430°

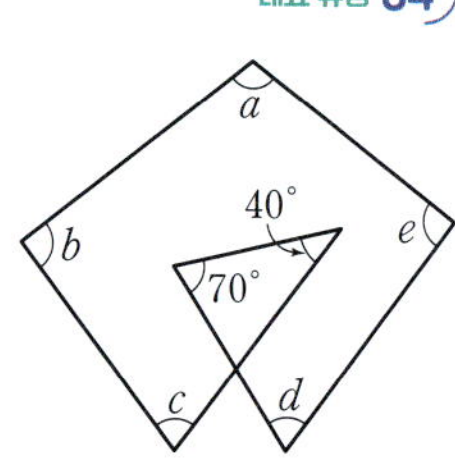

06

대표 유형 05

오른쪽 그림에서 $\angle x$, $\angle y$의 크기를 각각 구하면?

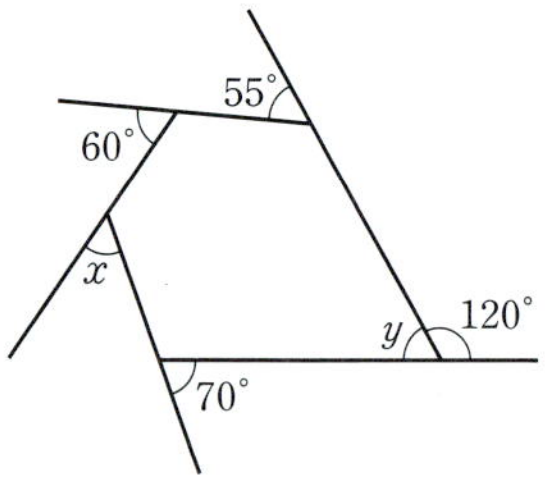

① $\angle x = 55°$, $\angle y = 50°$

② $\angle x = 55°$, $\angle y = 60°$

③ $\angle x = 65°$, $\angle y = 50°$

④ $\angle x = 65°$, $\angle y = 60°$

⑤ $\angle x = 75°$, $\angle y = 60°$

07
대표 유형 **06**

오른쪽 그림에서 $\angle x$의 크기를 구하시오.

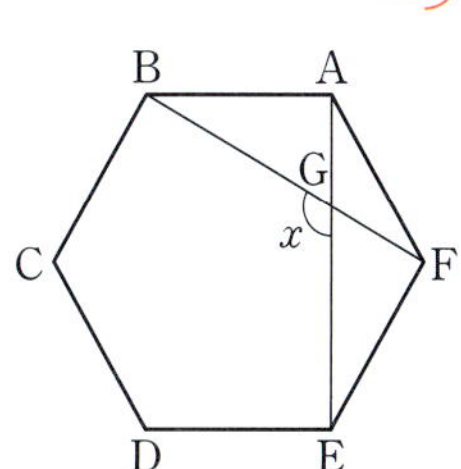

08
대표 유형 **07**

대각선의 개수가 27인 정다각형의 한 내각의 크기는?

① 135°　　② 140°　　③ 144°
④ 150°　　⑤ 156°

09
대표 유형 **07**

한 내각의 크기가 135°인 정다각형은?

① 정팔각형　　② 정구각형　　③ 정십각형
④ 정십이각형　　⑤ 정십오각형

10
대표 유형 **01 ⊕ 07**

다음 중 정십오각형에 대한 설명으로 옳지 <u>않은</u> 것은?

① 한 꼭짓점에서 그을 수 있는 대각선의 개수는 12이다.
② 대각선의 개수는 90이다.
③ 내각의 크기의 합은 2160°이다.
④ 한 내각의 크기는 156°이다.
⑤ 한 외각의 크기는 24°이다.

11
대표 유형 **08**

한 내각의 크기와 한 외각의 크기의 비가 8 : 1인 정다각형의 한 꼭짓점에서 그을 수 있는 대각선의 개수를 구하시오.

12
대표 유형 **09**

다음 조건을 모두 만족시키는 다각형을 구하시오.

> ㈎ 모든 변의 길이가 같고, 모든 내각의 크기가 같다.
> ㈏ 한 내각의 크기는 한 외각의 크기의 5배이다.

13
대표 유형 **10**

오른쪽 그림과 같은 정육각형에서 $\overline{AE}$와 $\overline{BF}$의 교점을 G라 할 때, $\angle x$의 크기를 구하시오.

14
대표 유형 **10**

오른쪽 그림과 같이 한 변의 길이가 같은 정팔각형과 정오각형의 한 변을 붙였을 때, $\angle x$의 크기는?

① 111°　　② 113°
③ 115°　　④ 117°
⑤ 119°

함께 풀기

어떤 다각형의 대각선의 개수가 십이각형의 한 꼭짓점에서 그을 수 있는 대각선의 개수와 같을 때, 이 다각형을 구하시오.

풀이 과정

1단계 십이각형의 한 꼭짓점에서 그을 수 있는 대각선의 개수 구하기

십이각형의 한 꼭짓점에서 그을 수 있는 대각선의 개수는
$12-3=9$ ······ 40 %

2단계 다각형 구하기

구하는 다각형을 n각형이라 하면
$$\frac{n(n-3)}{2}=9,\ n(n-3)=18$$
이때 $18=6\times3$이므로 $n=6$
따라서 구하는 다각형은 육각형이다. ······ 60 %

정답 육각형

따라 풀기

01 어떤 다각형의 대각선의 개수가 십칠각형의 한 꼭짓점에서 그을 수 있는 대각선의 개수와 같을 때, 이 다각형을 구하시오.

풀이 과정

1단계 십칠각형의 한 꼭짓점에서 그을 수 있는 대각선의 개수 구하기

2단계 다각형 구하기

정답

함께 풀기

오른쪽 그림에서
$\overline{AB}=\overline{AC}=\overline{CD}$이고
$\angle ADE=152°$일 때, $\angle x$
의 크기를 구하시오.

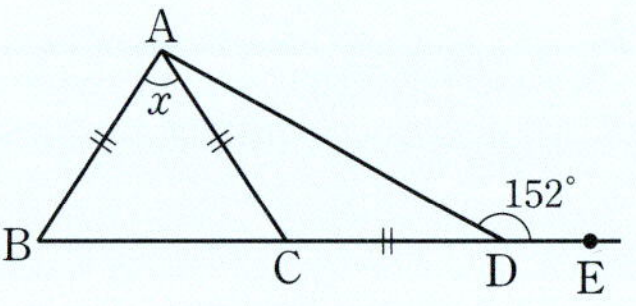

풀이 과정

1단계 $\angle ACB$의 크기 구하기

$\triangle ACD$는 $\overline{CA}=\overline{CD}$인 이등변삼각형이므로
$\angle CAD=\angle CDA=180°-152°=28°$
$\therefore \angle ACB=28°+28°=56°$ ······ 40 %

2단계 $\angle x$의 크기 구하기

$\triangle ABC$는 $\overline{AB}=\overline{AC}$인 이등변삼각형이므로
$\angle B=\angle ACB=56°$
$\therefore \angle x=180°-(56°+56°)=68°$ ······ 60 %

정답 $68°$

따라 풀기

02 오른쪽 그림에서
$\overline{AB}=\overline{AC}=\overline{CD}$이고
$\angle ADE=149°$일 때, $\angle x$의
크기를 구하시오.

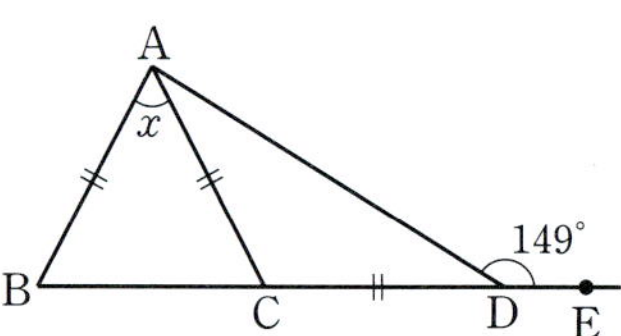

풀이 과정

1단계 $\angle ACB$의 크기 구하기

2단계 $\angle x$의 크기 구하기

정답

03 오른쪽 그림에서 $\angle A=33°$, $\angle ACB=\angle BED=\angle DGF=17°$일 때, $\angle x$의 크기를 구하시오.

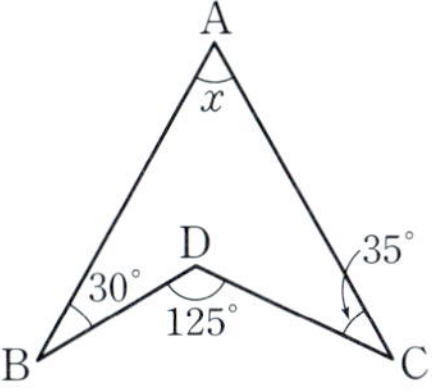

풀이 과정

정답 ______________

04 오른쪽 그림에서 $\angle x$의 크기를 구하시오.

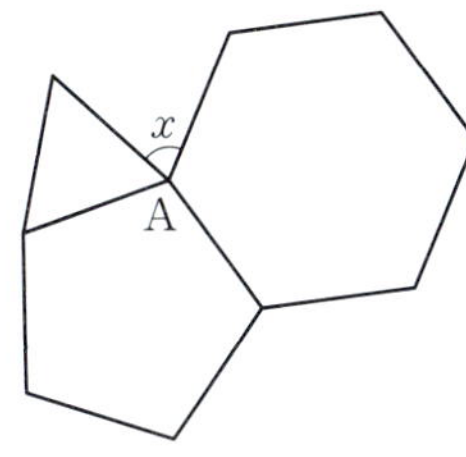

풀이 과정

정답 ______________

05 내각의 크기의 합이 $3240°$인 정다각형의 한 외각의 크기를 구하시오.

풀이 과정

정답 ______________

06 오른쪽 그림은 한 변의 길이가 같은 정삼각형, 정오각형, 정육각형을 점 A에서 만나도록 붙여 놓은 것이다. 이때 $\angle x$의 크기를 구하시오.

풀이 과정

정답 ______________

★ : 중요

STEP 1 기본 다지기

01

다음 중 옳지 <u>않은</u> 것을 모두 고르면? (정답 2개)

① 한 다각형에서 변의 개수와 꼭짓점의 개수는 같다.
② 다각형에서 이웃하는 두 변이 이루는 내부의 각을 내각이라 한다.
③ 다각형의 한 꼭짓점에서 내각의 크기와 외각의 크기의 합은 $180°$이다.
④ 삼각형의 대각선의 개수는 3이다.
⑤ 다각형의 변의 개수와 한 꼭짓점에서 그을 수 있는 대각선의 개수는 같다.

02

대각선의 개수가 54인 다각형의 한 꼭짓점에서 대각선을 모두 그었을 때 생기는 삼각형의 개수는?

① 9　　　　② 10　　　　③ 11
④ 12　　　　⑤ 13

03

오른쪽 그림과 같은 $\triangle$ABC에서 $3\angle$A$=2\angle$C이고 $\angle$B$=40°$일 때, $\angle$A의 크기를 구하시오.

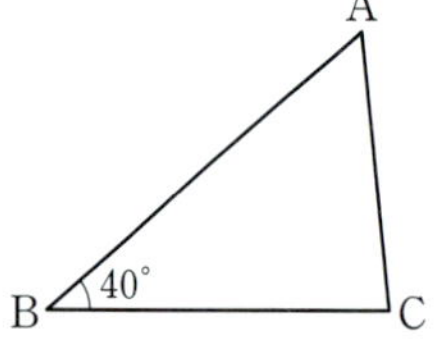

04

오른쪽 그림에서 $\angle x$의 크기는?

① $10°$　　　② $15°$
③ $20°$　　　④ $25°$
⑤ $30°$

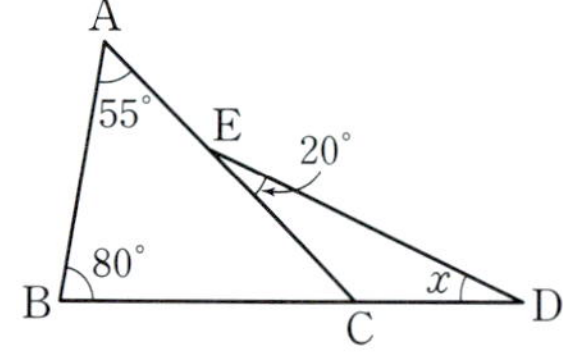

05

오른쪽 그림과 같은 $\triangle$ABC에서 점 I는 $\angle$B와 $\angle$C의 이등분선의 교점이고 $\angle$A$=70°$일 때, $\angle x$의 크기를 구하시오.

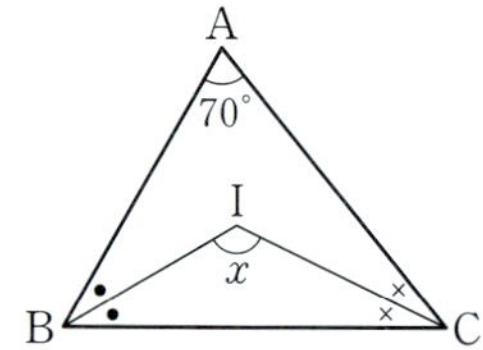

06

오른쪽 그림과 같은 $\triangle$ABC에서 점 D는 $\angle$B의 이등분선과 $\angle$C의 외각의 이등분선의 교점이다. $\angle$A$=64°$, $\angle$ACB$=46°$일 때, $\angle x$의 크기를 구하시오.

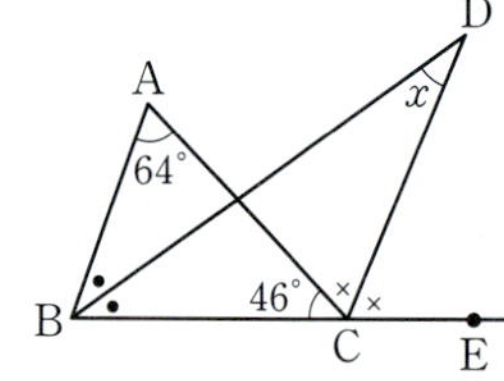

07

오른쪽 그림에서 $\overline{AD}=\overline{BD}=\overline{BC}$이고
$\angle A=40°$일 때, $\angle x$의 크기는?

① $10°$ ② $15°$

③ $20°$ ④ $25°$

⑤ $30°$

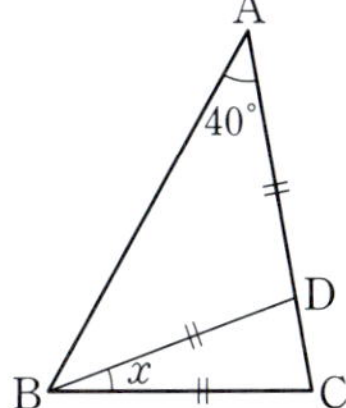

08

내각의 크기의 합이 $1260°$인 다각형의 대각선의 개수는?

① 9 ② 14 ③ 20

④ 27 ⑤ 35

09

오른쪽 그림에서 $\angle x$의 크기는?

① $60°$ ② $65°$

③ $70°$ ④ $75°$

⑤ $80°$

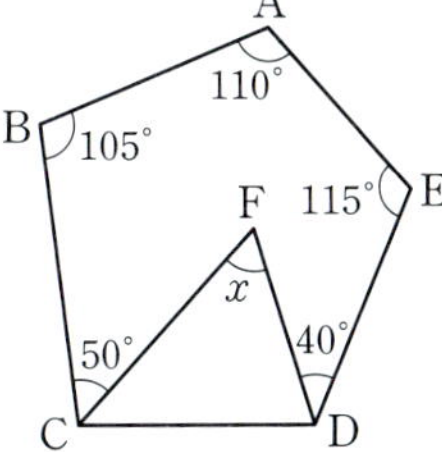

10

오른쪽 그림에서
$$\angle a+\angle b+\angle c+\angle d$$
$$+\angle e+\angle f+\angle g+\angle h$$
의 크기를 구하시오.

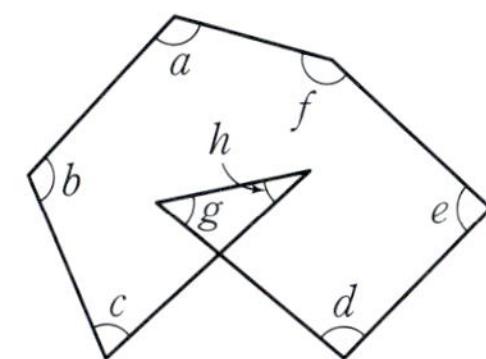

11

오른쪽 그림에서 $\angle x$, $\angle y$의 크기
를 각각 구하시오.

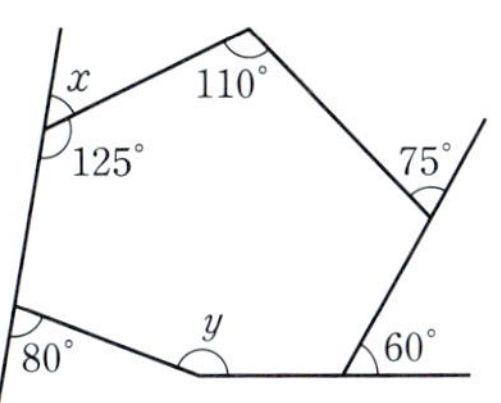

12

한 내각의 크기가 $162°$인 정다각형의 꼭짓점의 개수는?

① 18 ② 19 ③ 20

④ 21 ⑤ 22

STEP **2** 실력 다지기

13

오른쪽 그림과 같은 △ABC에서 ∠B와 ∠C의 외각의 이등분선의 교점을 P라 하자. ∠A＝70°일 때, ∠x의 크기를 구하시오.

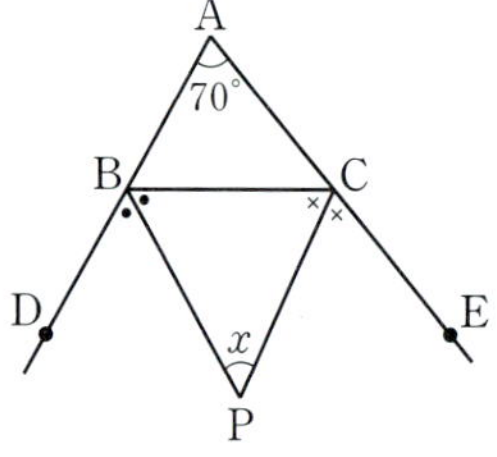

14

오른쪽 그림에서
$$\angle a + \angle b + \angle c + \angle d + \angle e$$
의 크기를 구하시오.

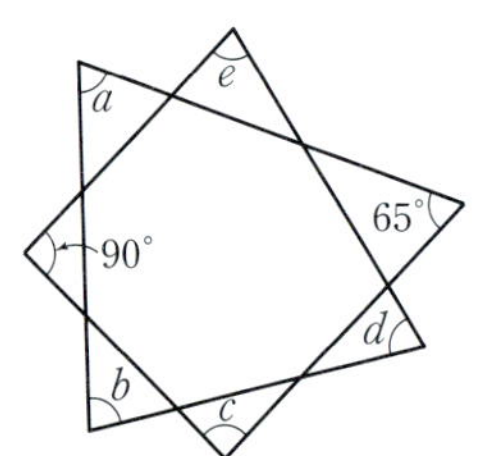

15

모든 내각의 크기와 모든 외각의 크기의 합이 1080°인 정다각형의 한 외각의 크기를 구하시오.

16

한 내각의 크기와 한 외각의 크기의 비가 3 : 1인 정다각형과 이 정다각형의 대각선의 개수를 바르게 짝 지은 것은?

① 정팔각형 － 20 　　② 정팔각형 － 24

③ 정구각형 － 27 　　④ 정십각형 － 35

⑤ 정십각형 － 40

17

다음 조건을 모두 만족시키는 다각형을 구하시오.

> ㈎ 모든 변의 길이가 같고, 모든 내각의 크기가 같다.
> ㈏ 한 외각의 크기는 40°이다.

18

오른쪽 그림과 같은 정팔각형에서 $\overline{BD}$와 $\overline{CE}$의 교점을 I라 할 때, ∠x의 크기를 구하시오.

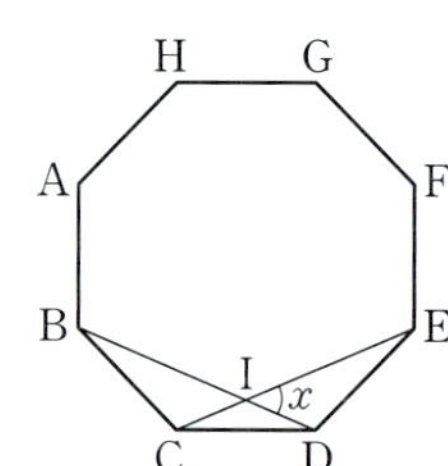

자기 평가

정답을 맞힌 문항에 ○표를 하고 결과를 점검한 다음, 이 단원의 내용을 얼마나 성취했는지 확인하세요.

문항 번호

1	2	3	4	5	6	7	8	9	10	11	12	13	14	15	16	17	18

1개 ~9개 개념 학습이 필요해요!　　**10개 ~12개** 부족한 부분을 검토해 봅시다!　　**13개 ~15개** 실수를 줄여 봅시다!　　**16개 ~18개** 훌륭합니다!

05

원과 부채꼴

이 단원의 학습 계획	공부한 날		학습 성취도
개념 01 원과 부채꼴	월	일	◆◆◆◆◆
개념 02 부채꼴의 성질	월	일	◆◆◆◆◆
배운대로 학습하기	월	일	◆◆◆◆◆
개념 03 원의 둘레의 길이와 넓이	월	일	◆◆◆◆◆
개념 04 부채꼴의 호의 길이와 넓이	월	일	◆◆◆◆◆
배운대로 학습하기	월	일	◆◆◆◆◆
서술형 훈련하기	월	일	◆◆◆◆◆
중단원 마무리하기	월	일	◆◆◆◆◆

01 원과 부채꼴

(1) 원

① 원 : 평면 위의 한 점 O로부터 일정한 거리에 있는 모든 점으로 이루어진 도형

② 반지름 : 원의 중심 O에서 원 위의 한 점을 이은 선분

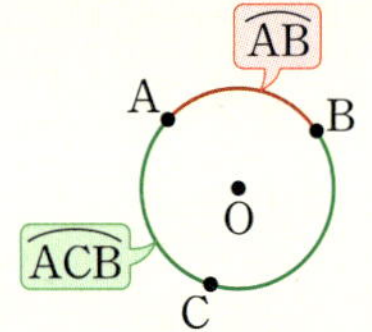

(2) 호와 현

① 호 : 원 위의 두 점을 잡았을 때 나누어지는 원의 두 부분을 각각 호라 한다. 두 점 A, B를 양 끝 점으로 하는 원의 일부분을 호 AB라 하고, 이것을 기호로 $\overset{\frown}{AB}$와 같이 나타낸다.

② 현 : 원 위의 두 점을 이은 선분을 현이라 하고, 두 점 C, D를 양 끝 점으로 하는 현을 현 CD라 한다.

③ 할선 : 원 위의 두 점을 지나는 직선

참고 호는 곡선으로 원의 일부이고 현은 선분으로 원의 일부가 아니다.

원 위의 두 점 A, B를 양 끝 점으로 하는 호는 2개가 있다. $\overset{\frown}{AB}$는 보통 길이가 짧은 쪽의 호를 나타내고, 길이가 긴 쪽의 호는 그 호 위에 한 점 C를 잡아 $\overset{\frown}{ACB}$와 같이 나타낸다.

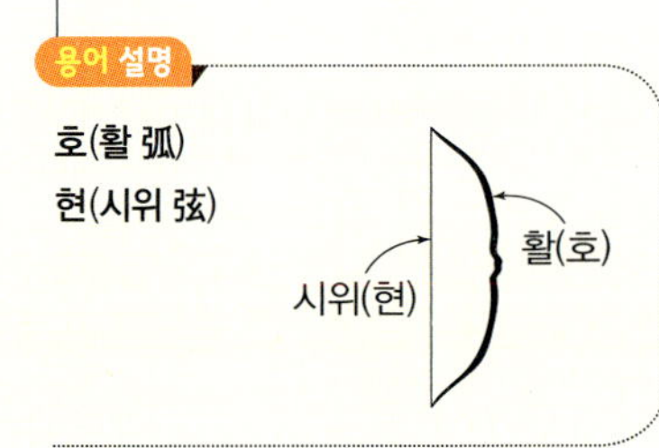

원의 중심을 지나는 현은 그 원의 지름이고, 지름은 한 원에서 길이가 가장 긴 현이다.

원 O에서 $\overset{\frown}{AB}$는 ∠AOB에 대한 호라 하고, $\overline{AB}$는 ∠AOB에 대한 현이라 한다.

(3) 부채꼴과 활꼴

① 부채꼴 AOB : 원 O에서 두 반지름 OA, OB와 호 AB로 이루어진 도형

② 중심각 : 부채꼴 AOB에서 두 반지름 OA, OB가 이루는 ∠AOB를 부채꼴 AOB의 중심각 또는 호 AB에 대한 중심각이라 한다.

③ 활꼴 : 원 O에서 현 CD와 호 CD로 이루어진 도형

참고 반원은 활꼴이면서 동시에 중심각의 크기가 180°인 부채꼴이다.

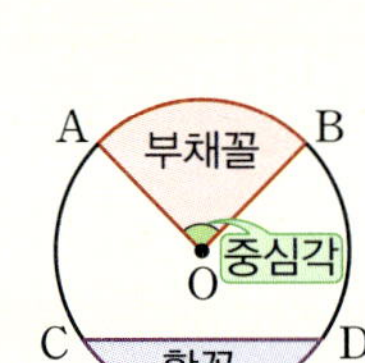

용어 설명

호(활 弧)
현(시위 弦)

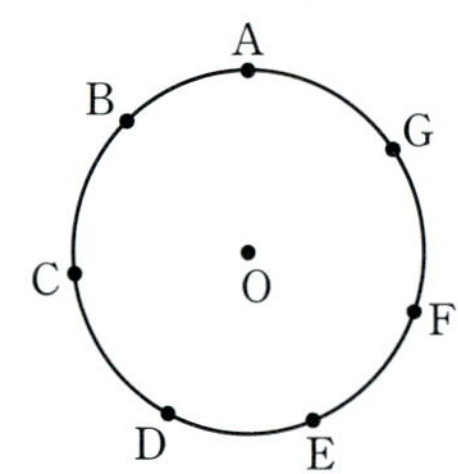

개념 CHECK **01**

- (1) ㉠   : 원 위의 두 점을 양 끝 점으로 하는 원의 일부분
- (2) ㉡   : 원 위의 두 점을 이은 선분
- (3) 부채꼴 : 원의 두 반지름과 ㉢ 로 이루어진 도형

오른쪽 그림의 원 O 위에 다음을 나타내시오.

(1) 호 AB

(2) 현 AC

(3) 부채꼴 COD

(4) $\overset{\frown}{GF}$에 대한 중심각

(5) 현 DF와 호 DF로 이루어진 활꼴

개념 CHECK **02**

- (1) ㉣   : 부채꼴에서 두 반지름이 이루는 각
- (2) 활꼴 : 원에서 ㉤ 과 호로 이루어진 도형

다음 중 옳은 것에는 ○표, 옳지 않은 것에는 ×표를 (   ) 안에 써넣으시오.

(1) 호는 원 위의 두 점을 이은 선분이다. (   )

(2) 활꼴은 원 위의 두 점을 양 끝 점으로 하는 원의 일부분이다. (   )

(3) 부채꼴은 원의 두 반지름과 호로 이루어진 도형이다. (   )

(4) 한 원에서 길이가 가장 긴 현은 지름이다. (   )

답 | ㉠ 호 ㉡ 현 ㉢ 호 ㉣ 중심각 ㉤ 현

대표유형 **01** 원과 부채꼴의 이해 (1)

유형ON >>> 116쪽

다음 중 오른쪽 그림과 같은 원 O에 대한 설명으로 옳지 <u>않은</u> 것은?

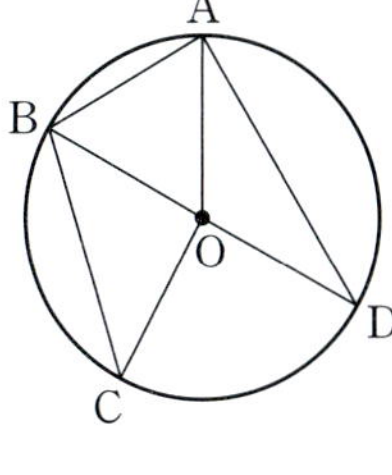

① $\overline{AO}$, $\overline{BO}$, $\overline{CO}$, $\overline{DO}$는 원 O의 반지름이다.

② $\overline{AB}$와 $\overarc{AB}$로 둘러싸인 도형은 활꼴이다.

③ ∠BOC에 대한 호는 $\overline{BC}$이다.

④ ∠AOD에 대한 현은 $\overline{AD}$이다.

⑤ 부채꼴 AOB에 대한 중심각은 ∠AOB이다.

풀이 과정

③ ∠BOC에 대한 호는 $\overarc{BC}$이다.

정답 ③

---

01 · Ⓐ 숫자 Change

다음 중 오른쪽 그림과 같은 원 O에 대한 설명으로 옳지 <u>않은</u> 것은?

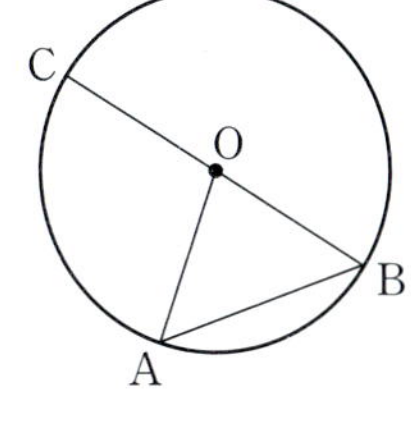

① $\overline{AB}$는 현이다.

② ∠AOB에 대한 호는 $\overarc{AB}$이다.

③ 원 위의 두 점 A, C를 양 끝 점으로 하는 호는 1개이다.

④ $\overarc{AB}$와 반지름 OA, OB로 둘러싸인 도형은 부채꼴이다.

⑤ $\overarc{CA}$에 대한 중심각은 ∠COA이다.

01 · Ⓑ 표현 Change

다음 중 옳지 <u>않은</u> 것은?

① 원은 평면 위의 한 점으로부터 일정한 거리에 있는 모든 점으로 이루어진 도형이다.

② 원의 중심과 원 위의 한 점을 이은 선분은 원의 반지름이다.

③ 한 원에서 길이가 가장 긴 현은 지름이다.

④ 원에서 현과 호로 이루어진 도형은 부채꼴이다.

⑤ 부채꼴에서 두 반지름이 이루는 각을 중심각이라 한다.

대표유형 **02** 원과 부채꼴의 이해 (2)

유형ON >>> 116쪽

한 원에서 부채꼴과 활꼴이 같을 때, 부채꼴의 중심각의 크기는?

① 60° ② 90° ③ 120°

④ 150° ⑤ 180°

풀이 과정

한 원에서 부채꼴과 활꼴이 같아지는 경우는 부채꼴이 반원일 때이다.
따라서 중심각의 크기는 180°이다.

정답 ⑤

---

02 · Ⓐ 표현 Change

오른쪽 그림과 같이 반지름의 길이가 3 cm인 원 O에서 가장 긴 현의 길이를 구하시오.

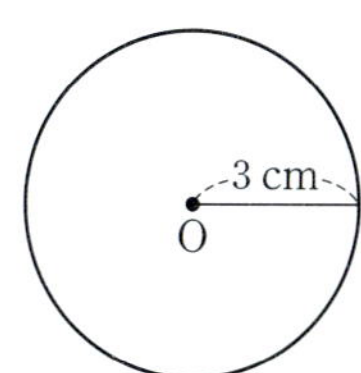

02 · Ⓑ 표현 Change

오른쪽 그림의 원 O에서 현 AB의 길이가 반지름의 길이와 같을 때, 다음 물음에 답하시오.

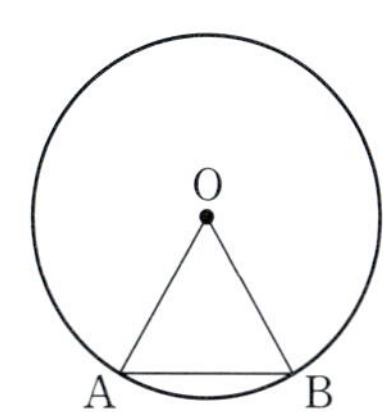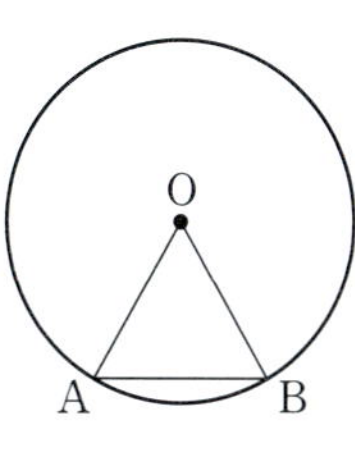

(1) △OAB는 어떤 삼각형인지 말하시오.

(2) $\overarc{AB}$에 대한 중심각의 크기를 구하시오.

02 부채꼴의 성질

(1) 중심각의 크기와 호의 길이, 부채꼴의 넓이 사이의 관계

한 원에서

① 중심각의 크기가 같은 두 부채꼴의 호의 길이와 넓이는 각각 같다.

  ➡ $\angle AOB = \angle COD$이면 $\overset{\frown}{AB} = \overset{\frown}{CD}$

  $\angle AOB = \angle COD$이면

  (부채꼴 AOB의 넓이)=(부채꼴 COD의 넓이)

② 부채꼴의 호의 길이와 넓이는 각각 중심각의 크기에 정비례한다.

  ➡ $\angle COE = 2\angle AOB$이면 $\overset{\frown}{CE} = 2\overset{\frown}{AB}$

  $\angle COE = 2\angle AOB$이면 (부채꼴 COE의 넓이)$=2\times$(부채꼴 AOB의 넓이)

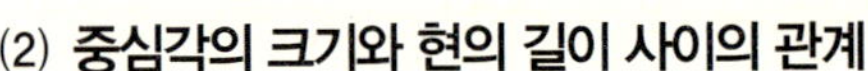

(2) 중심각의 크기와 현의 길이 사이의 관계

한 원에서

① 중심각의 크기가 같은 두 현의 길이는 같다.

  ➡ $\angle AOB = \angle BOC$이면 $\overline{AB} = \overline{BC}$

② 길이가 같은 두 현에 대한 중심각의 크기는 같다.

  ➡ $\overline{AB} = \overline{BC}$이면 $\angle AOB = \angle BOC$

③ 현의 길이는 중심각의 크기에 정비례하지 않는다.

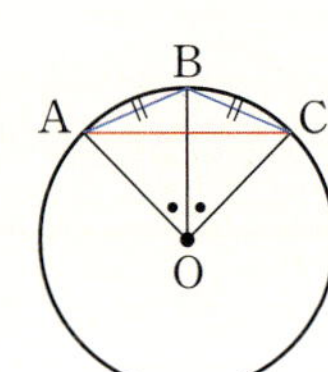

한 원에서와 마찬가지로 합동인 두 원에서도 부채꼴의 성질이 성립한다.

중심각의 크기와 호의 길이, 부채꼴의 넓이

한 원에서 중심각의 크기가 2배, 3배, 4배, …가 되면 호의 길이와 부채꼴의 넓이도 각각 2배, 3배, 4배, …가 된다.

➡ 호의 길이, 부채꼴의 넓이는 중심각의 크기에 정비례한다.

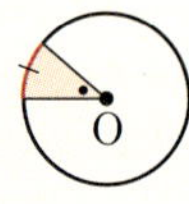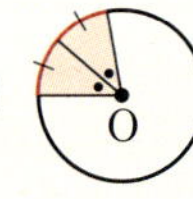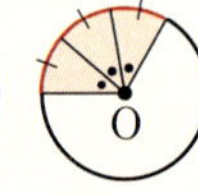

부채꼴의 호의 길이와 넓이는 중심각의 크기에 정비례하지만 현의 길이는 중심각의 크기에 정비례하지 않는다.

바이블 POINT **중심각의 크기와 현의 길이 사이의 관계**

오른쪽 그림과 같은 △ACB에서 가장 긴 변의 길이는 나머지 두 변의 길이의 합보다 작으므로

$\overline{AC} < \overline{AB} + \overline{BC}$

이때 $\overline{AB} = \overline{BC}$이므로 $\overline{AC} < 2\overline{AB}$

즉, $\angle AOC = 2\angle AOB$이지만 $\overline{AC} \neq 2\overline{AB}$

따라서 한 원에서 현의 길이는 중심각의 크기에 정비례하지 않는다.

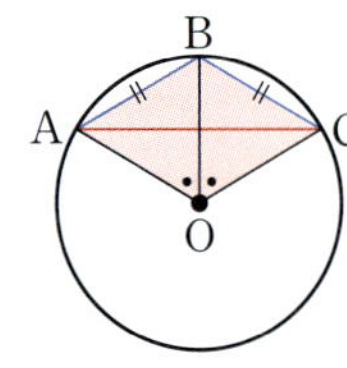

개념 CHECK 01   다음 그림의 원 O에서 x의 값을 구하시오.

• 한 원에서

(1) 중심각의 크기가 같은 두 부채꼴의 호의 길이는 ㉠ [   ].

(2) 부채꼴의 호의 길이는 중심각의 크기에 ㉡ [   ] 한다.

(1)
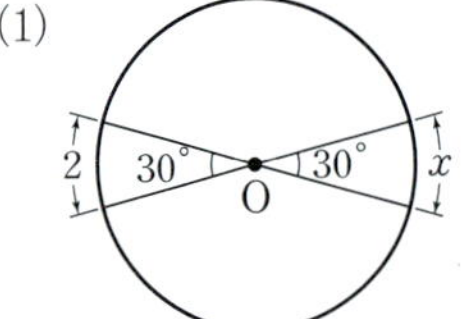

(2)
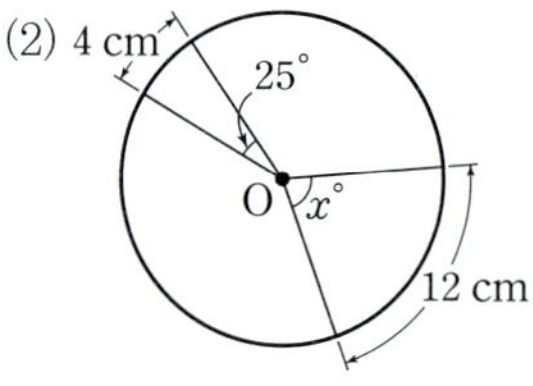

개념 CHECK 02   다음 그림의 원 O에서 x의 값을 구하시오.

• 한 원에서 부채꼴의 넓이는 중심각의 크기에 ㉢ [   ] 한다.

(1)
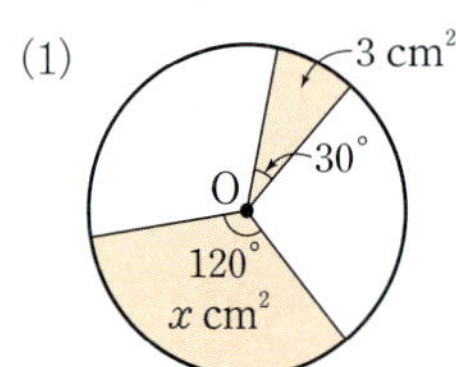

(2)
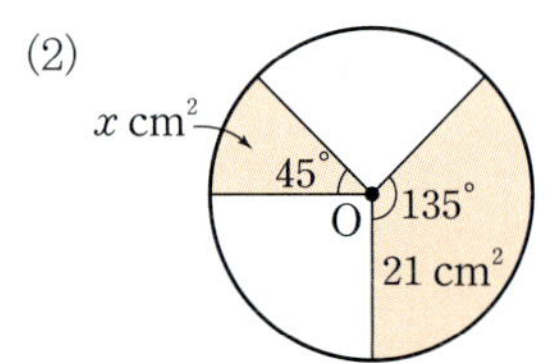

답 | ㉠ 같다 ㉡ 정비례 ㉢ 정비례

00

대표유형 **03** 중심각의 크기와 호의 길이

🎧 유형ON >>> 116쪽

오른쪽 그림의 원 O에서 x, y의 값을 각각 구하시오.

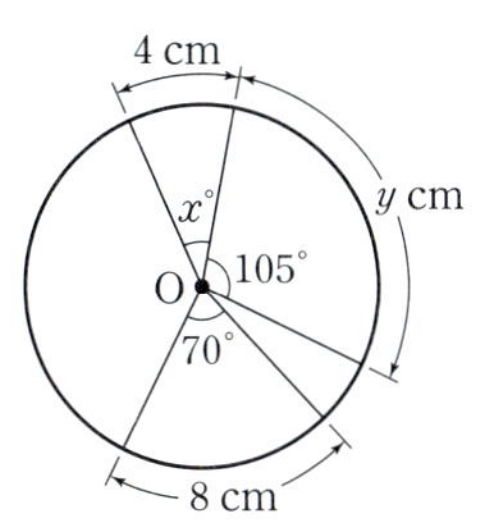

풀이 과정

$x° : 70° = 4 : 8$이므로 $x : 70 = 1 : 2$

$2x = 70$　　∴ $x = 35$

$70° : 105° = 8 : y$이므로 $2 : 3 = 8 : y$

$2y = 24$　　∴ $y = 12$

정답 $x = 35$, $y = 12$

03·Ⓐ （숫자 Change）

오른쪽 그림의 원 O에서 x, y의 값을 각각 구하시오.

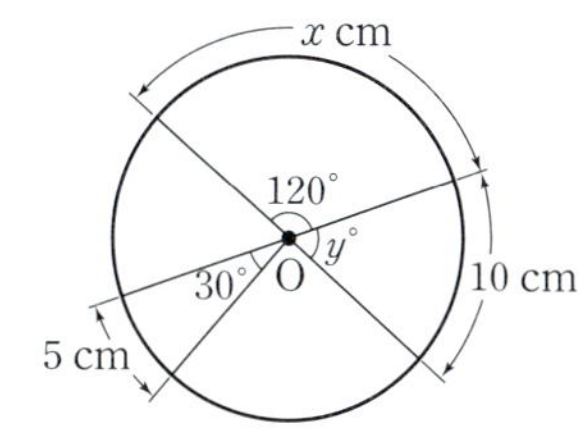

03·Ⓑ （표현 Change）

오른쪽 그림의 원 O에서 x의 값을 구하시오.

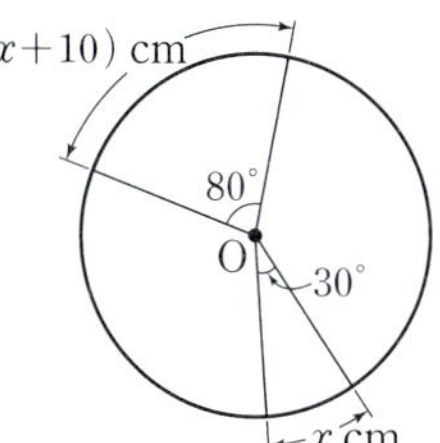

대표유형 **04** 호의 길이의 비가 주어질 때 중심각의 크기 구하기

🎧 유형ON >>> 117쪽

오른쪽 그림의 원 O에서
$\overarc{AB} : \overarc{BC} : \overarc{CA} = 1 : 3 : 5$일 때,
$\angle x$의 크기를 구하시오.

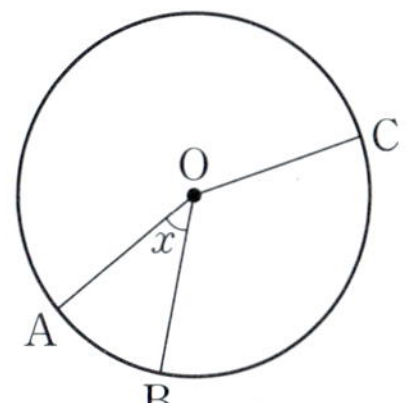

풀이 과정

한 원에서 부채꼴의 호의 길이는 중심각의 크기에 정비례하므로

$\angle AOB : \angle BOC : \angle COA = \overarc{AB} : \overarc{BC} : \overarc{CA} = 1 : 3 : 5$

$\therefore \angle x = 360° \times \dfrac{1}{1+3+5} = 360° \times \dfrac{1}{9} = 40°$

정답 $40°$

BIBLE SAYS

한 원에서 부채꼴의 호의 길이는 중심각의 크기에 정비례하므로 오른쪽 그림에서

$\overarc{AB} : \overarc{BC} : \overarc{CA} = a : b : c$이면

$\angle AOB : \angle BOC : \angle COA = a : b : c$

➡ $\angle AOB = 360° \times \dfrac{a}{a+b+c}$

　$\angle BOC = 360° \times \dfrac{b}{a+b+c}$

　$\angle COA = 360° \times \dfrac{c}{a+b+c}$

04·Ⓐ （숫자 Change）

오른쪽 그림의 원 O에서
$\overarc{AB} : \overarc{BC} : \overarc{CA} = 2 : 3 : 4$일 때,
$\angle BOC$의 크기는?

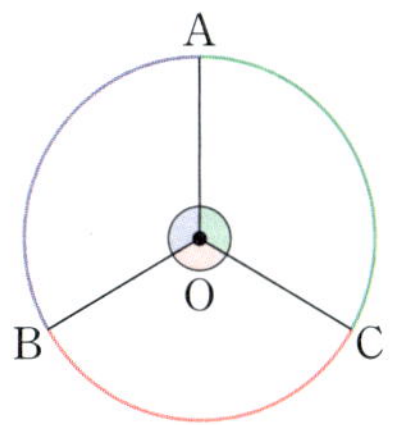

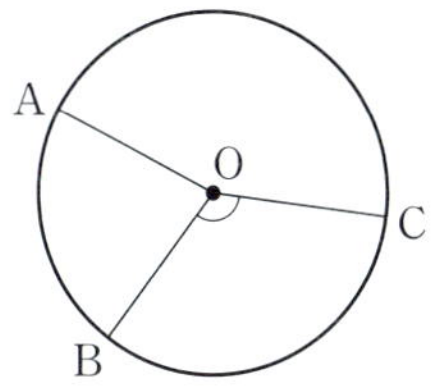

① $110°$　　② $120°$

③ $130°$　　④ $140°$

⑤ $150°$

04·Ⓑ （표현 Change）

오른쪽 그림에서 $\overline{AB}$는 원 O의 중심을 지나는 가장 긴 현이고
$\overarc{AC} : \overarc{CB} = 5 : 1$일 때, $\angle AOC$의 크기를 구하시오.

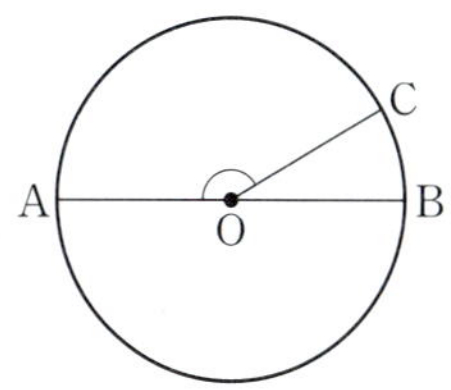

오른쪽 그림의 원 O에서 $\overline{AB}/\!/\overline{CD}$
이고 $\angle AOB=120°$, $\overset{\frown}{AB}=8$ cm
일 때, $\overset{\frown}{AC}$의 길이는?

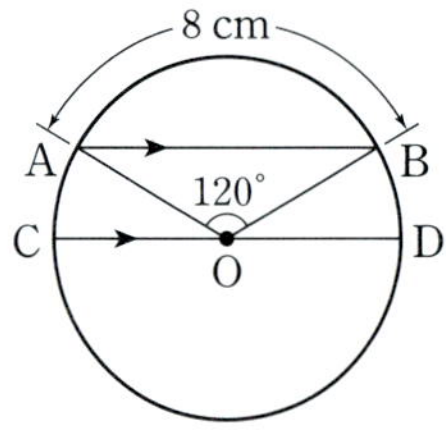

① 1 cm   ② 2 cm

③ 3 cm   ④ 4 cm

⑤ 5 cm

풀이 과정

△AOB에서 $\overline{OA}=\overline{OB}$이므로

$\angle OAB=\angle OBA=\dfrac{1}{2}\times(180°-120°)=30°$

$\overline{AB}/\!/\overline{CD}$이므로 $\angle AOC=\angle OAB=30°$ (엇각)

따라서 $30°:120°=\overset{\frown}{AC}:\overset{\frown}{AB}$이므로 $1:4=\overset{\frown}{AC}:8$

$4\overset{\frown}{AC}=8$ $\therefore \overset{\frown}{AC}=2\,(\text{cm})$ 정답 ②

BIBLE SAYS 호의 길이 구하기 ― 평행선과 이등변삼각형의 성질

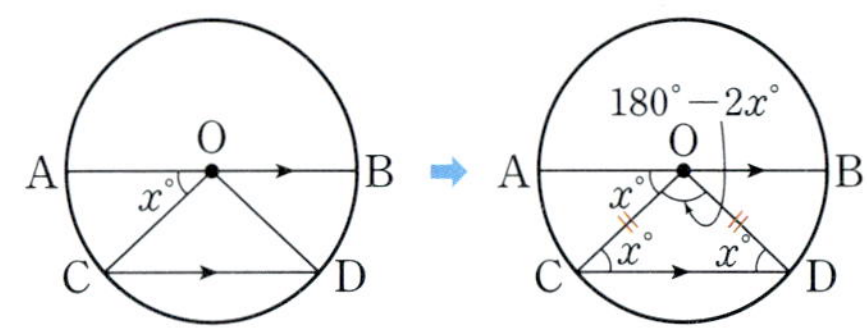

(1) $\overline{AB}/\!/\overline{CD}$이므로 $\angle OCD=\angle AOC=x°$ (엇각)

(2) △OCD는 $\overline{OC}=\overline{OD}$인 이등변삼각형 ➡ $\angle ODC=\angle OCD=x°$

(3) $\overset{\frown}{AC}:\overset{\frown}{CD}=\angle AOC:\angle COD=x°:(180°-2x°)$

05·A 숫자 Change

오른쪽 그림의 원 O에서 $\overline{AB}/\!/\overline{OC}$
이고 $\angle BOC=40°$, $\overset{\frown}{BC}=6$ cm일
때, $\overset{\frown}{AB}$의 길이는?

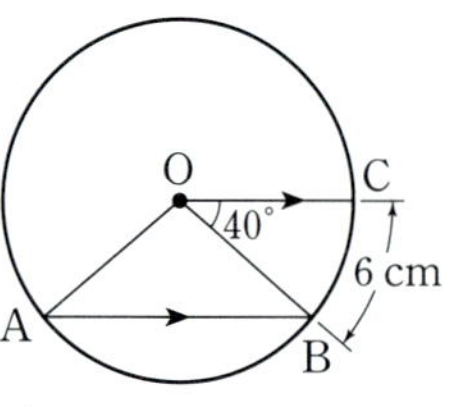

① 12 cm   ② 15 cm

③ 18 cm   ④ 21 cm

⑤ 24 cm

05·B 표현 Change

오른쪽 그림의 원 O에서 $\overline{AB}/\!/\overline{CD}$이
고 $\angle BAO=54°$일 때, $\overset{\frown}{AC}$의 길이는
$\overset{\frown}{AB}$의 길이의 몇 배인지 구하시오.

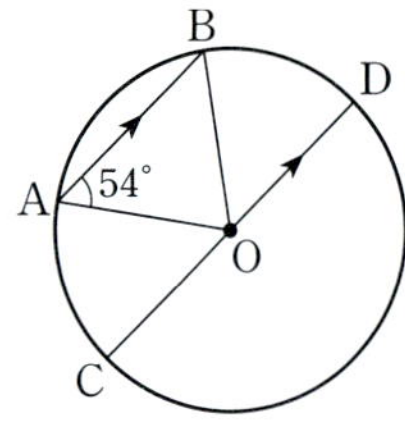

오른쪽 그림의 원 O에서
$\overline{AD}/\!/\overline{OC}$이고 $\angle BOC=40°$,
$\overset{\frown}{BC}=4$ cm일 때, $\overset{\frown}{AD}$의 길이를
구하시오.

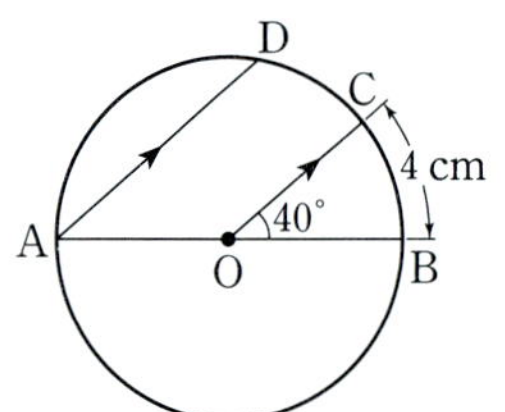

풀이 과정

$\overline{AD}/\!/\overline{OC}$이므로 $\angle OAD=\angle BOC=40°$ (동위각)

오른쪽 그림과 같이 $\overline{OD}$를 그으면

△ODA에서 $\overline{OA}=\overline{OD}$이므로

$\angle ODA=\angle OAD=40°$

$\therefore \angle AOD=180°-(40°+40°)=100°$

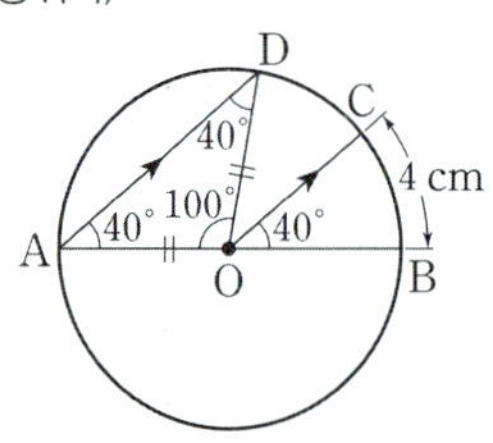

따라서 $100°:40°=\overset{\frown}{AD}:\overset{\frown}{BC}$이므로

$5:2=\overset{\frown}{AD}:4$, $2\overset{\frown}{AD}=20$

$\therefore \overset{\frown}{AD}=10\,(\text{cm})$ 정답 10 cm

06·A 숫자 Change

오른쪽 그림의 반원 O에서
$\overline{AD}/\!/\overline{OC}$이고 $\angle BOC=20°$,
$\overset{\frown}{AD}=21$ cm일 때, $\overset{\frown}{BC}$의 길이
를 구하시오.

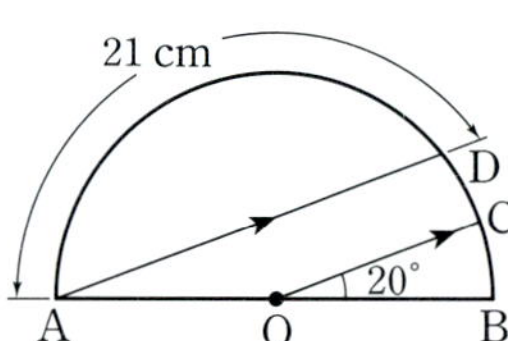

06·B 표현 Change

오른쪽 그림과 같이 지름이 $\overline{AB}$
인 원 O에서 $\overline{AD}/\!/\overline{CO}$이고
$\overset{\frown}{AC}=5$ cm, $\angle AOC=36°$일
때, $\overset{\frown}{AD}$의 길이를 구하시오.

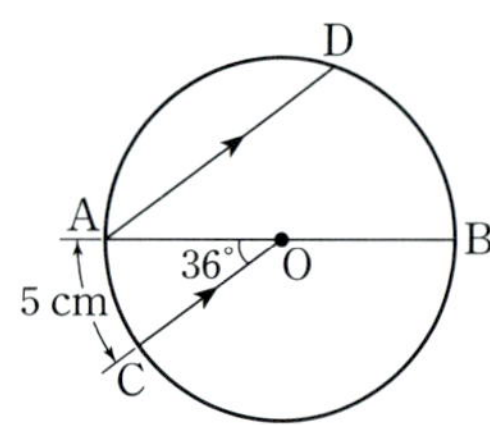

유형ON >>> 121쪽

대표유형 07 중심각의 크기와 부채꼴의 넓이

오른쪽 그림의 원 O에서 부채꼴 AOB의 넓이가 10 cm²이고 부채꼴 COD의 넓이가 50 cm²일 때, x의 값은?

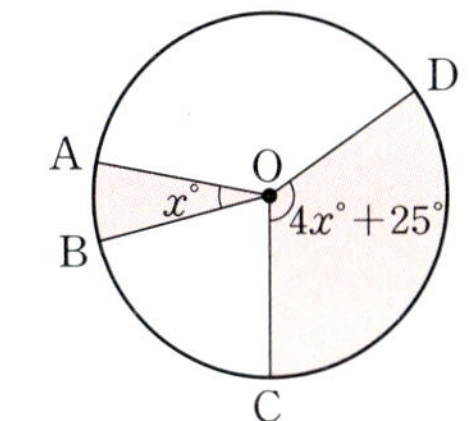

① 5 ② 10
③ 15 ④ 20
⑤ 25

풀이 과정

$x° : (4x°+25°)=10 : 50$이므로 $x : (4x+25)=1 : 5$
$5x=4x+25$ ∴ $x=25$

정답 ⑤

07·Ⓐ 숫자 Change

오른쪽 그림의 원 O에서 부채꼴 AOB의 넓이가 8 cm²이고 부채꼴 COD의 넓이가 32 cm²일 때, x의 값은?

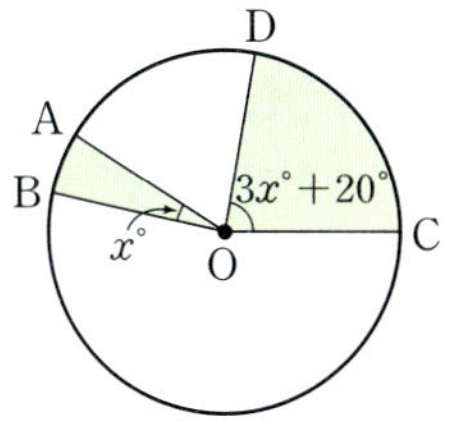

① 10 ② 15
③ 20 ④ 25
⑤ 30

07·Ⓑ 표현 Change

오른쪽 그림의 원 O에서
$\angle AOB : \angle BOC : \angle COA=4 : 5 : 6$
이고 원 O의 넓이가 180 cm²일 때, 부채꼴 AOB의 넓이를 구하시오.

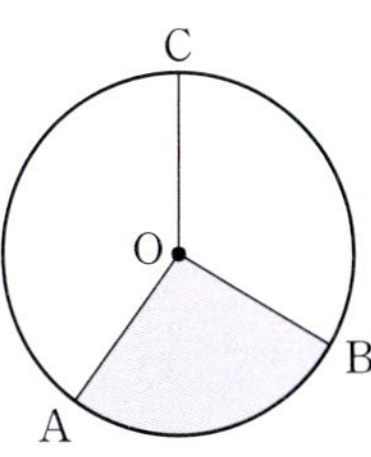

대표유형 08 호의 길이의 비가 주어질 때 부채꼴의 넓이 구하기

유형ON >>> 121쪽

오른쪽 그림의 원 O에서
$\overarc{AB} : \overarc{CD}=4 : 3$이다. 부채꼴 COD의 넓이가 24 cm²일 때, 부채꼴 AOB의 넓이를 구하시오.

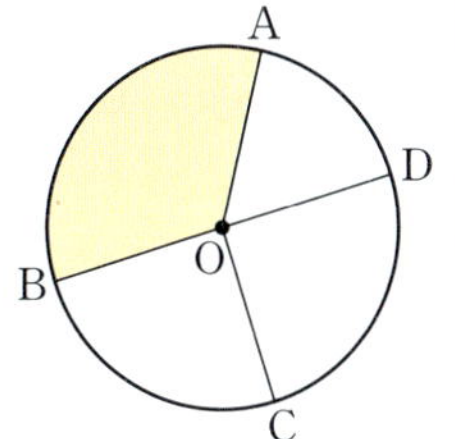

풀이 과정

호의 길이는 중심각의 크기에 정비례하므로
$\angle AOB : \angle COD=\overarc{AB} : \overarc{CD}=4 : 3$
부채꼴 AOB의 넓이를 x cm²라 하면
부채꼴의 넓이는 중심각의 크기에 정비례하므로
$4 : 3=x : 24$, $3x=96$ ∴ $x=32$
따라서 부채꼴 AOB의 넓이는 32 cm²이다.

정답 32 cm²

BIBLE SAYS 호의 길이의 비가 주어질 때 부채꼴의 넓이 구하기

한 원에서 부채꼴의 넓이는 중심각의 크기에 정비례한다.
➡ (호의 길이의 비)=(중심각의 크기의 비)
　　　　　　　　=(부채꼴의 넓이의 비)

08·Ⓐ 표현 Change

오른쪽 그림에서 원 O의 넓이는 36 cm²이고 $\overline{AB}$는 지름이다.
$\overarc{AC} : \overarc{CB}=2 : 7$일 때,
부채꼴 AOC의 넓이를 구하시오.

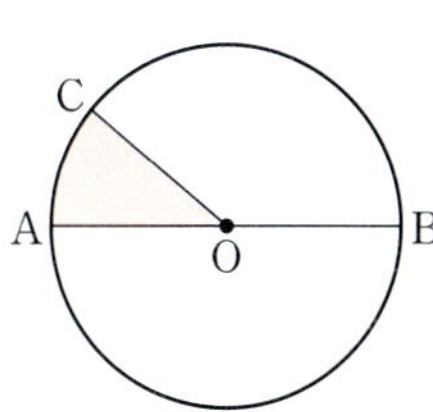

 **09** 중심각의 크기와 현의 길이

유형ON >>> 122쪽

오른쪽 그림의 원 O에서
$\overline{AB}=\overline{CD}=\overline{DE}$이고
$\angle COE=120°$일 때, $\angle AOB$의 크기는?

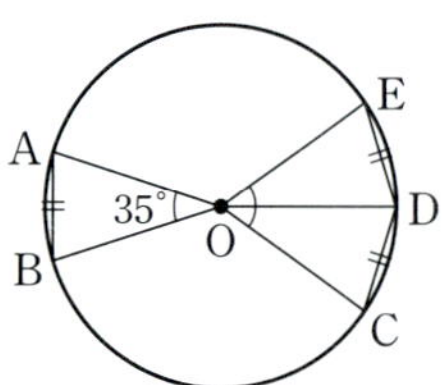

① 40°　　　② 45°
③ 50°　　　④ 55°
⑤ 60°

 **풀이 과정**

한 원에서 길이가 같은 두 현에 대한 중심각의 크기는 같다.
즉, $\overline{CD}=\overline{DE}$이므로
$\angle COD=\angle DOE=\dfrac{1}{2}\angle COE=\dfrac{1}{2}\times120°=60°$
따라서 $\overline{AB}=\overline{CD}$이므로 $\angle AOB=\angle COD=60°$

(정답) ⑤

---

09 · A (숫자 Change)

오른쪽 그림의 원 O에서
$\overline{AB}=\overline{CD}=\overline{DE}$이고
$\angle AOB=35°$일 때, $\angle COE$의 크기를 구하시오.

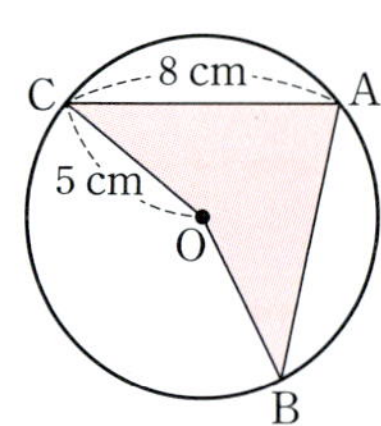

09 · B (표현 Change)

오른쪽 그림과 같이 반지름의 길이가
5 cm인 원 O에서 $\overset{\frown}{AB}=\overset{\frown}{AC}$이고
$\overline{AC}=8$ cm일 때, 색칠한 부분의 둘레의 길이를 구하시오.

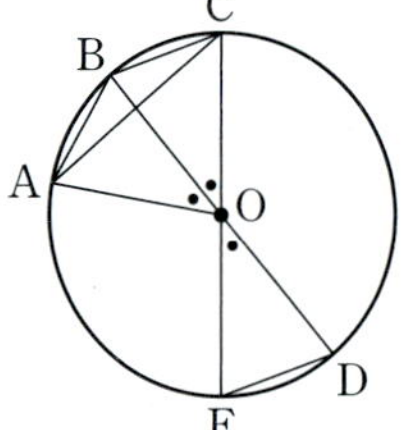

---

10 중심각의 크기에 정비례하는 것

유형ON >>> 123쪽

오른쪽 그림의 원 O에서
$\angle AOB=\angle BOC=\angle DOE$일 때,
다음 중 옳지 <u>않은</u> 것은?

① $\overline{AB}=\overline{DE}$　　② $\overset{\frown}{AB}=\overset{\frown}{BC}$
③ $\overline{AC}=2\overline{DE}$　　④ $\overset{\frown}{AC}=2\overset{\frown}{DE}$
⑤ (부채꼴 AOC의 넓이)
　　$=2\times$(부채꼴 DOE의 넓이)

풀이 과정

①, ② $\angle AOB=\angle BOC=\angle DOE$이므로 $\overset{\frown}{AB}=\overset{\frown}{BC}=\overset{\frown}{DE}$이고
　　$\overline{AB}=\overline{BC}=\overline{DE}$
③ 현의 길이는 중심각의 크기에 정비례하지 않으므로 $\overline{AC}\ne2\overline{DE}$
　　이때 $\overline{AC}<2\overline{DE}$이다.
④, ⑤ 호의 길이와 부채꼴의 넓이는 중심각의 크기에 정비례하므로
　　$\angle AOC=2\angle DOE$에서 $\overset{\frown}{AC}=2\overset{\frown}{DE}$,
　　(부채꼴 AOC의 넓이)$=2\times$(부채꼴 DOE의 넓이)
따라서 옳지 않은 것은 ③이다.

(정답) ③

---

10 · A (숫자 Change)

오른쪽 그림의 원 O에서
$\angle AOB=72°$, $\angle COD=24°$일 때,
다음 중 옳은 것을 모두 고르면?

(정답 2개)

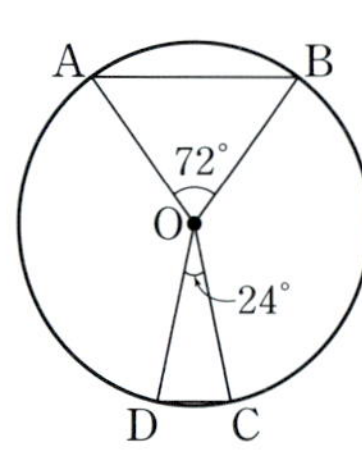

① $\overline{AB}=3\overline{CD}$
② $\overset{\frown}{AB}=3\overset{\frown}{CD}$
③ △OAB는 정삼각형이다.
④ △OAB의 넓이는 △OCD의 넓이의 3배이다.
⑤ 부채꼴 COD의 넓이는 부채꼴 AOB의 넓이의 $\dfrac{1}{3}$배이다.

01

대표 유형 **01**

다음 중 오른쪽 그림과 같은 원 O에 대한 설명으로 옳지 <u>않은</u> 것은? (단, 세 점 A, O, C는 한 직선 위에 있다.)

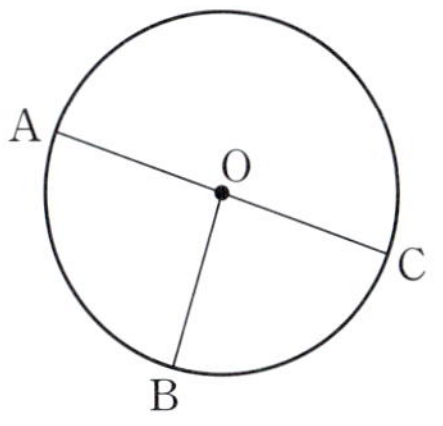

① ∠AOC의 크기는 180°이다.
② $\overline{AC}$는 원 O의 가장 긴 현이다.
③ $\overline{OA}$, $\overline{OB}$, $\overline{OC}$는 원 O의 반지름이다.
④ $\overparen{AB}$에 대한 중심각은 ∠AOB이다.
⑤ $\overparen{BC}$와 두 반지름 OB, OC로 둘러싸인 도형은 활꼴이다.

02

대표 유형 **02**

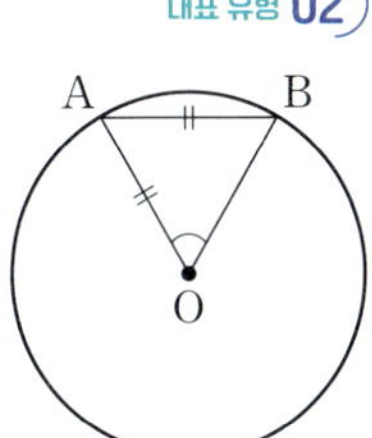

오른쪽 그림의 원 O에서 $\overline{OA}=\overline{AB}$일 때, ∠AOB의 크기는?

① 55°   ② 60°
③ 65°   ④ 70°
⑤ 75°

03

대표 유형 **03**

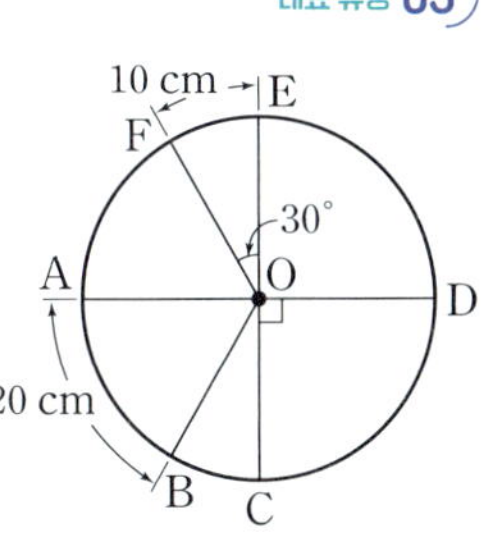

오른쪽 그림의 원 O에서 다음을 구하시오.

(1) $\overparen{AB}$에 대한 중심각의 크기

(2) $\overparen{CD}$의 길이

04

대표 유형 **03**

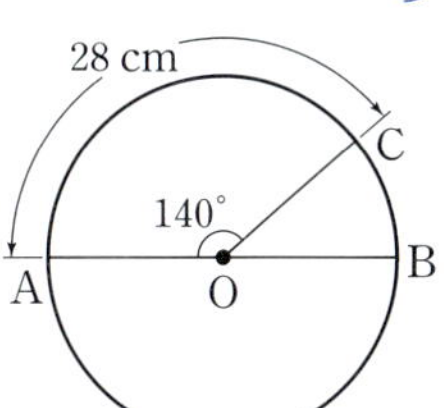

오른쪽 그림의 원 O에서 $\overline{AB}$는 지름이고 ∠AOC=140°, $\overparen{AC}$=28 cm일 때, $\overparen{BC}$의 길이를 구하시오.

05

대표 유형 **03**

원 O에서 중심각의 크기가 45°인 부채꼴의 호의 길이가 7 cm일 때, 원 O의 둘레의 길이는?

① 35 cm   ② 42 cm   ③ 49 cm
④ 56 cm   ⑤ 63 cm

06

대표 유형 **04**

오른쪽 그림의 반원 O에서 $\overparen{AC} : \overparen{BC}=3 : 1$일 때, ∠AOC의 크기는?

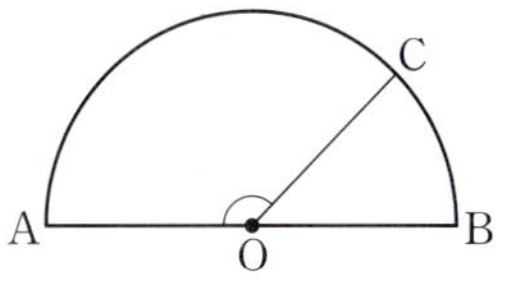

① 105°   ② 120°   ③ 135°
④ 150°   ⑤ 165°

07 생각이 쑥쑥

대표 유형 **05**

오른쪽 그림과 같이 원 O의 지름 AB의 연장선과 현 CD의 연장선의 교점을 P라 하자. $\overline{DO}=\overline{DP}$, ∠P=25°, $\overparen{AC}$=18 cm일 때, $\overparen{BD}$의 길이를 구하시오.

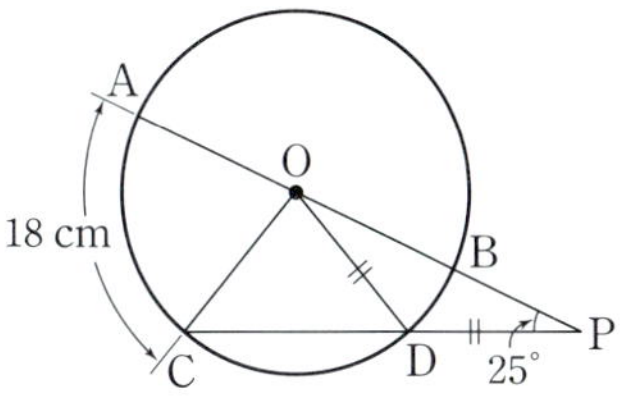

08

오른쪽 그림의 반원 O에서 $\overline{AD}\,/\!/\,\overline{OC}$이고 $\angle BOC=45°$, $\overset{\frown}{BC}=6$ cm일 때, $\overset{\frown}{AD}$의 길이를 구하시오.

대표 유형 **06**

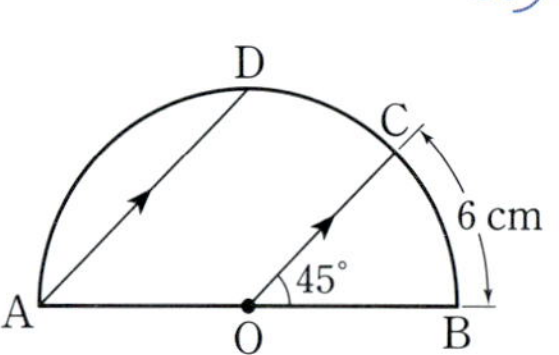

09

오른쪽 그림의 원 O에서 부채꼴 AOB의 넓이가 15 cm², 부채꼴 COD의 넓이가 6 cm²이고 $\angle COD=50°$일 때, $\angle AOB$의 크기는?

대표 유형 **07**

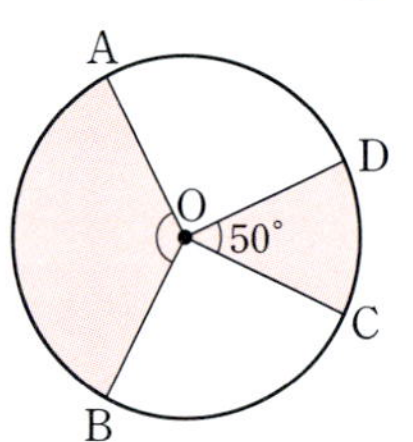

① 115°
② 120°
③ 125°
④ 130°
⑤ 135°

10

오른쪽 그림의 원 O에서 $\overset{\frown}{AB}:\overset{\frown}{CD}=2:3$이고 부채꼴 AOB의 넓이가 40 cm²일 때, 부채꼴 COD의 넓이를 구하시오.

대표 유형 **08**

11

오른쪽 그림의 원 O에서
$$\angle AOB=\angle COD=\angle DOE$$
$$=\angle EOF=30°$$
이고 $\overline{AB}=4$ cm일 때, 다음 중 옳지 않은 것은?

대표 유형 **09**

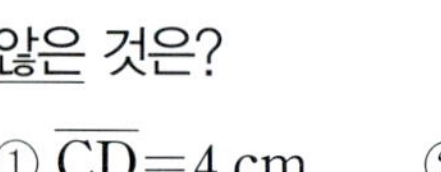

① $\overline{CD}=4$ cm
② $\overline{DE}=4$ cm
③ $\overline{EF}=4$ cm
④ $\overline{CE}=\overline{DF}$
⑤ $\overline{DF}=8$ cm

12

오른쪽 그림의 반원 O에서 $\overline{AD}\,/\!/\,\overline{OC}$이고 $\overline{CD}=8$ cm일 때, $\overset{\frown}{BC}$의 길이를 구하시오.

대표 유형 **05** ⊕ **09**

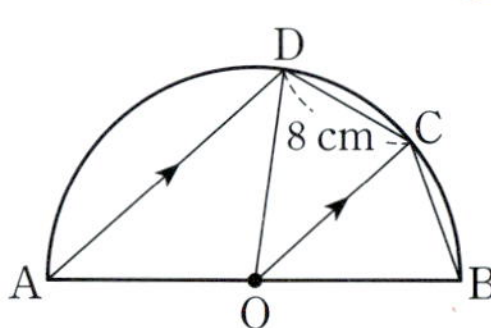

13

오른쪽 그림의 원 O에서 $\angle AOB=\angle BOC$일 때, 다음 중 옳지 않은 것을 모두 고르면? (정답 2개)

대표 유형 **10**

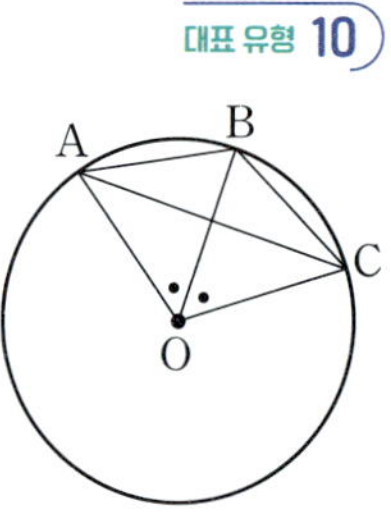

① $\overset{\frown}{AB}=\dfrac{1}{2}\overset{\frown}{AC}$
② $\overline{AB}=\overline{BC}$
③ $\overline{AC}=2\overline{AB}$
④ (부채꼴 AOB의 넓이) = (부채꼴 BOC의 넓이)
⑤ (△AOC의 넓이) = 2 × (△AOB의 넓이)

03 원의 둘레의 길이와 넓이

(1) 원주율 : 원의 지름의 길이에 대한 <u>원의 둘레의 길이</u>의 비율을 원주율이라 하고, 이것을
기호로 π와 같이 나타낸다.

$$\Rightarrow \text{(원주율)}=\frac{\text{(원의 둘레의 길이)}}{\text{(원의 지름의 길이)}}=\pi$$

(참고) 원주율은 원의 크기에 관계없이 항상 일정하고, 그 값은 3.141592…로 불규칙하게 무한히 계속되는 소수
이다.

π는 '파이'라 읽는다.

원주율은 특정한 값으로 주어지지 않
으면 π를 사용하여 나타낸다.

(2) 원의 둘레의 길이와 넓이

반지름의 길이가 r인 원의 둘레의 길이를 l, 넓이를 S라 하면

① (원의 둘레의 길이)=(지름의 길이)×(원주율)

$$\Rightarrow l=2r\times\pi=2\pi r$$

② (원의 넓이)=(반지름의 길이)×(반지름의 길이)×(원주율)

$$\Rightarrow S=r\times r\times\pi=\pi r^2$$

(예시) 반지름의 길이가 2 cm인 원의 둘레의 길이를 l, 넓이를 S라 하면
$$l=2\pi\times2=4\pi(\text{cm}),\ S=\pi\times2^2=4\pi(\text{cm}^2)$$
→ π는 계산할 때 문자로 취급한다.

바이블 POINT

원의 넓이

다음 그림과 같이 반지름의 길이가 r인 원을 중심각의 크기가 같은 부채꼴로 잘게 잘라 엇갈리게 붙이면 직사각형의 넓이와 같
아진다.

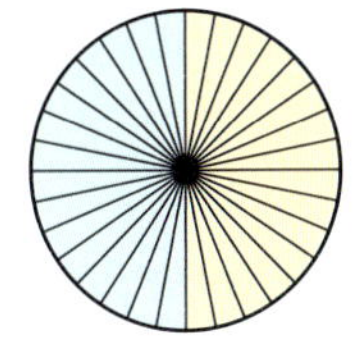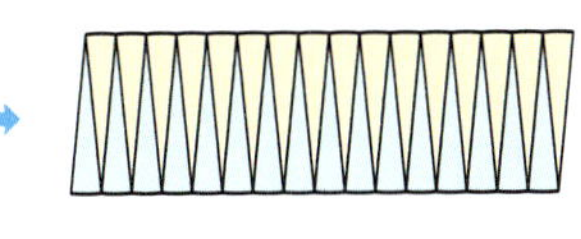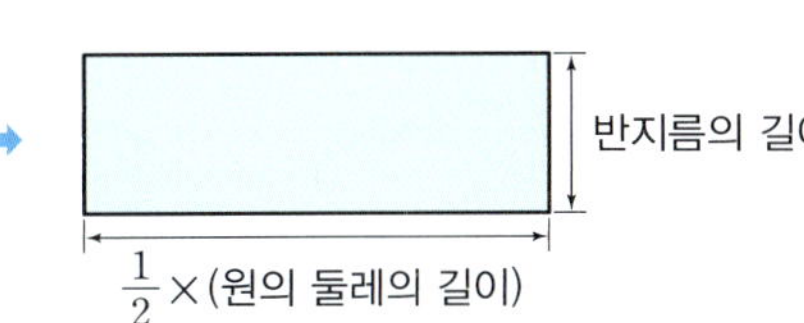

$$\Rightarrow \text{(원의 넓이)}=\text{(직사각형의 넓이)}=\left\{\frac{1}{2}\times\text{(원의 둘레의 길이)}\right\}\times\text{(반지름의 길이)}=\frac{1}{2}\times2\pi r\times r=\pi r^2$$

개념 CHECK 01

• 반지름의 길이가 r인 원의 둘레의 길이
를 l, 넓이를 S라 하면
(1) $l=$ ㉠
(2) $S=$ ㉡

다음 그림과 같은 원의 둘레의 길이 l과 넓이 S를 각각 구하시오.

(1)
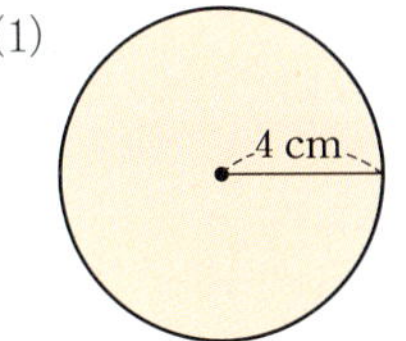

(2)
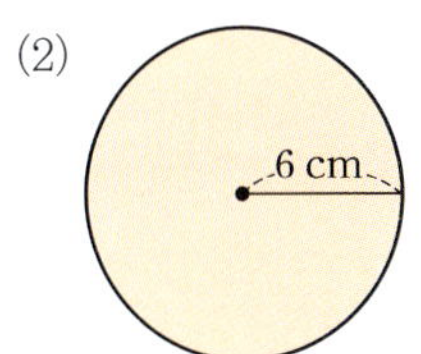

(3)
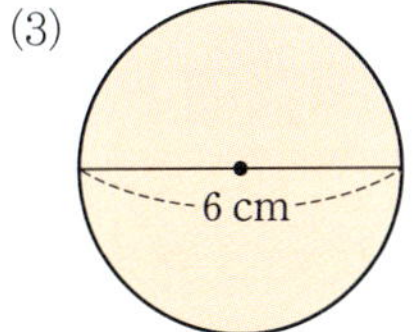

(4)
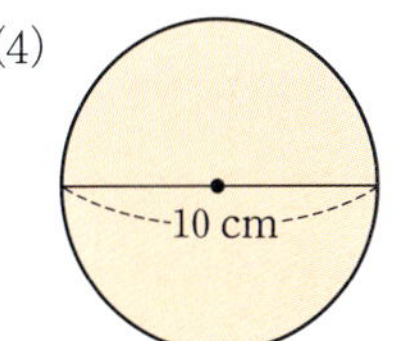

답 | ㉠ $2\pi r$ ㉡ πr^2

대표유형 **01** 원의 둘레의 길이와 넓이 (1)

유형ON >>> 124쪽

둘레의 길이가 16π cm인 원의 넓이는?

① 25π cm^2　　② 36π cm^2　　③ 49π cm^2

④ 64π cm^2　　⑤ 81π cm^2

풀이 과정

원의 반지름의 길이를 r cm라 하면

$2\pi r=16\pi$　　∴ $r=8$

따라서 원의 반지름의 길이가 8 cm이므로 원의 넓이는

$\pi\times 8^2=64\pi(\text{cm}^2)$

정답 ④

01 · A 숫자 Change

둘레의 길이가 40π cm인 원의 넓이는?

① 256π cm^2　　② 289π cm^2　　③ 324π cm^2

④ 361π cm^2　　⑤ 400π cm^2

01 · B 표현 Change

넓이가 81π cm^{2}인 원의 둘레의 길이는?

① 18π cm　　② 20π cm　　③ 22π cm

④ 24π cm　　⑤ 26π cm

대표유형 **02** 원의 둘레의 길이와 넓이 (2)

유형ON >>> 124쪽

오른쪽 그림에 대하여 다음을 구하시오.

(1) 색칠한 부분의 둘레의 길이

(2) 색칠한 부분의 넓이

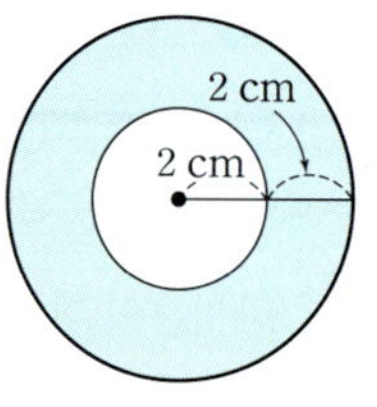

풀이 과정

큰 원의 반지름의 길이는 4 cm, 작은 원의 반지름의 길이는 2 cm이므로

(1) (색칠한 부분의 둘레의 길이)

　　=(큰 원의 둘레의 길이)+(작은 원의 둘레의 길이)

　　=$2\pi\times 4+2\pi\times 2$

　　=$8\pi+4\pi$

　　=$12\pi(\text{cm})$

(2) (색칠한 부분의 넓이)=(큰 원의 넓이)-(작은 원의 넓이)

　　　　=$\pi\times 4^2-\pi\times 2^2$

　　　　=$16\pi-4\pi$

　　　　=$12\pi(\text{cm}^2)$

정답 (1) 12π cm (2) 12π cm^2

02 · A 숫자 Change

오른쪽 그림에 대하여 다음을 구하시오.

(1) 색칠한 부분의 둘레의 길이

(2) 색칠한 부분의 넓이

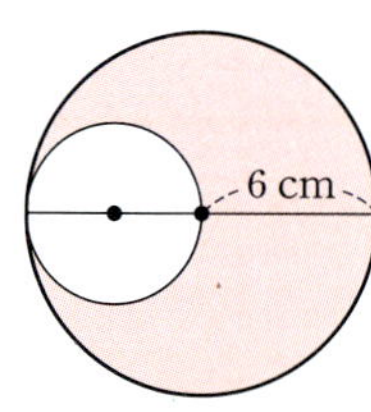

02 · B 표현 Change

오른쪽 그림에서 색칠한 부분의 둘레의 길이와 넓이를 각각 구하시오.

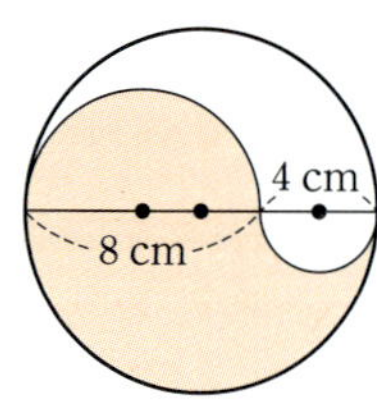

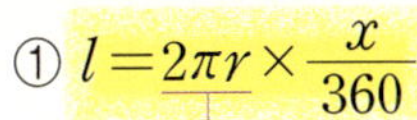

04 부채꼴의 호의 길이와 넓이

(1) 부채꼴의 호의 길이와 넓이

반지름의 길이가 r, 중심각의 크기가 $x°$인 부채꼴의 호의 길이를 l, 넓이를 S라 하면

① $l=2\pi r \times \dfrac{x}{360}$ ② $S=\pi r^2 \times \dfrac{x}{360}$

원의 둘레의 길이   원의 넓이

(예시) 반지름의 길이가 6 cm, 중심각의 크기가 30°인 부채꼴의 호의 길이를 l, 넓이를 S라 하면
$$l=2\pi \times 6 \times \dfrac{30}{360}=\pi(\text{cm}), \quad S=\pi \times 6^2 \times \dfrac{30}{360}=3\pi(\text{cm}^2)$$

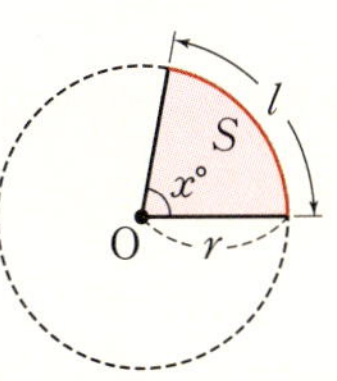

(부채꼴의 둘레의 길이)
=(호의 길이)+(반지름의 길이)×2

(2) 부채꼴의 호의 길이와 넓이 사이의 관계

반지름의 길이가 r, 호의 길이가 l인 부채꼴의 넓이를 S라 하면

$$S=\dfrac{1}{2}rl$$

(예시) 반지름의 길이가 4 cm, 호의 길이가 3π cm인 부채꼴의 넓이는
$$\dfrac{1}{2} \times 4 \times 3\pi = 6\pi(\text{cm}^2)$$

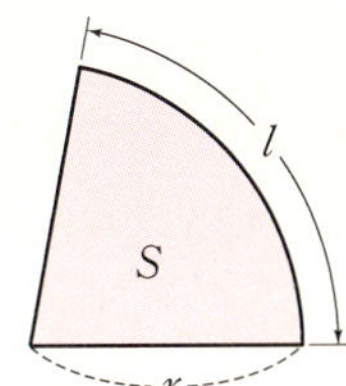

부채꼴의 넓이 S를 구할 때

(1) 중심각의 크기 $x°$가 주어진 경우
➡ $S=\pi r^2 \times \dfrac{x}{360}$를 이용

(2) 중심각의 크기가 주어지지 않은 경우
➡ $S=\dfrac{1}{2}rl$을 이용

바이블 POINT   **부채꼴의 호의 길이와 넓이**

오른쪽 그림과 같이 반지름의 길이가 r, 중심각의 크기가 $x°$인 부채꼴의 호의 길이를 l, 넓이를 S라 하면

(1) 부채꼴의 호의 길이와 넓이는 각각 중심각의 크기에 정비례하므로

① $360° : x° =$ (원의 둘레의 길이) : (부채꼴의 호의 길이)

$\quad 360 : x = 2\pi r : l \qquad \therefore l=2\pi r \times \dfrac{x}{360}$

② $360° : x° =$ (원의 넓이) : (부채꼴의 넓이)

$\quad 360 : x = \pi r^2 : S \qquad \therefore S=\pi r^2 \times \dfrac{x}{360}$

(2) $l=2\pi r \times \dfrac{x}{360}$이므로 $\dfrac{x}{360}=\dfrac{l}{2\pi r} \qquad \therefore S=\pi r^2 \times \dfrac{x}{360}=\pi r^2 \times \dfrac{l}{2\pi r}=\dfrac{1}{2}rl$

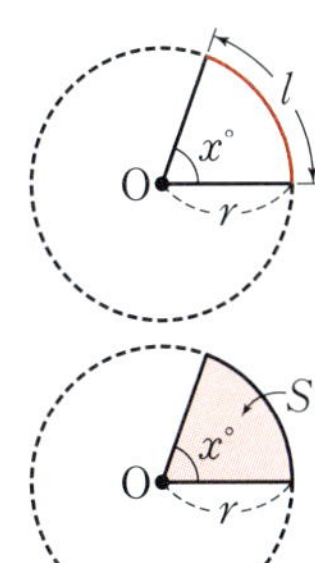

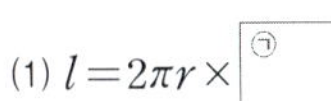 **개념 CHECK**   **01**

· 반지름의 길이가 r, 중심각의 크기가 $x°$인 부채꼴의 호의 길이를 l, 넓이를 S라 하면

(1) $l=2\pi r \times \boxed{\phantom{\text{㉠}}}$

(2) $S=\boxed{\phantom{\text{㉡}}}$

다음 그림과 같은 부채꼴의 호의 길이 l과 넓이 S를 각각 구하시오.

(1) 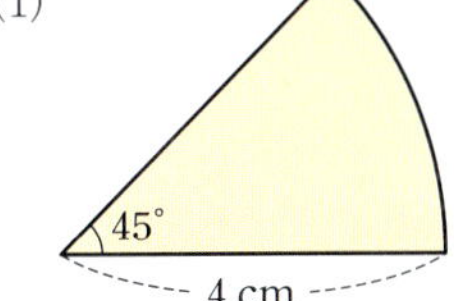

(2) 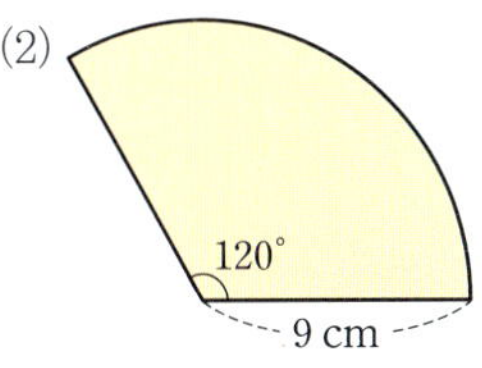

개념 CHECK   **02**

· 반지름의 길이가 r, 호의 길이가 l인 부채꼴의 넓이를 S라 하면

$S=\boxed{\phantom{\text{㉢}}}$

다음 그림과 같은 부채꼴의 넓이를 구하시오.

(1) 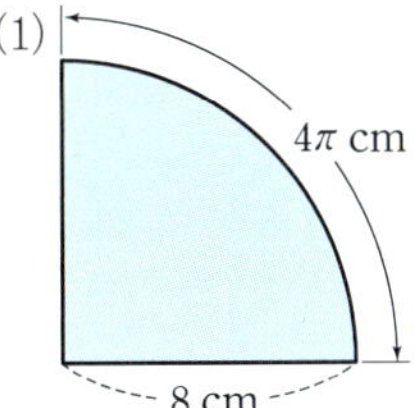

(2) 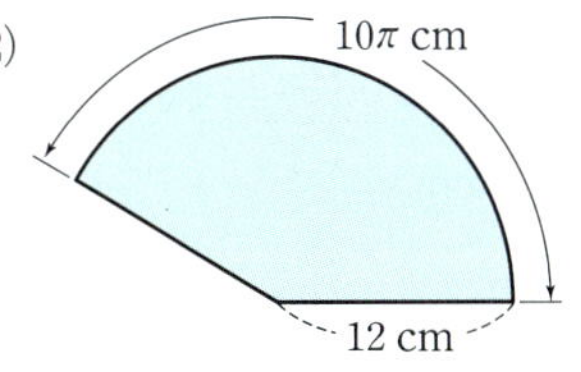

답 | ㉠ $\dfrac{x}{360}$ ㉡ $\pi r^2 \times \dfrac{x}{360}$ ㉢ $\dfrac{1}{2}rl$

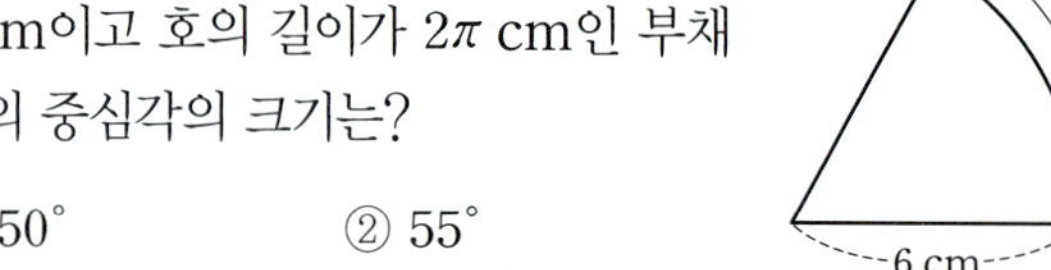

오른쪽 그림과 같이 반지름의 길이가 6 cm이고 호의 길이가 2π cm인 부채꼴의 중심각의 크기는?

① 50° ② 55°
③ 60° ④ 65°
⑤ 70°

풀이 과정

부채꼴의 중심각의 크기를 $x°$라 하면

$$2\pi \times 6 \times \frac{x}{360} = 2\pi \qquad \therefore x = 60$$

따라서 부채꼴의 중심각의 크기는 60°이다.

(정답) ③

03·Ⓐ (숫자 Change)

오른쪽 그림과 같이 반지름의 길이가 4 cm이고 호의 길이가 3π cm인 부채꼴의 중심각의 크기는?

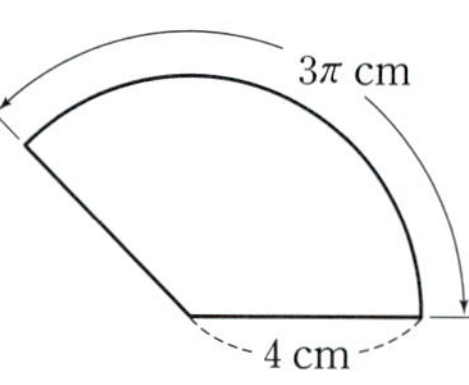

① 115° ② 120° ③ 125°
④ 130° ⑤ 135°

03·Ⓑ (표현 Change)

중심각의 크기가 75°이고 호의 길이가 5π cm인 부채꼴의 넓이는?

① 18π cm^2 ② 22π cm^2 ③ 26π cm^2
④ 30π cm^2 ⑤ 34π cm^2

반지름의 길이가 10 cm이고 넓이가 20π cm^{2}인 부채꼴의 호의 길이는?

① 2π cm ② 4π cm ③ 6π cm
④ 8π cm ⑤ 10π cm

풀이 과정

부채꼴의 호의 길이를 l cm라 하면

$$\frac{1}{2} \times 10 \times l = 20\pi \qquad \therefore l = 4\pi$$

따라서 부채꼴의 호의 길이는 4π cm이다.

다른 풀이

부채꼴의 중심각의 크기를 $x°$라 하면

$$\pi \times 10^2 \times \frac{x}{360} = 20\pi \qquad \therefore x = 72$$

따라서 중심각의 크기가 72°이므로 부채꼴의 호의 길이는

$$2\pi \times 10 \times \frac{72}{360} = 4\pi \, (\text{cm})$$

(정답) ②

04·Ⓐ (숫자 Change)

반지름의 길이가 18 cm이고 넓이가 36π cm^{2}인 부채꼴의 호의 길이는?

① 2π cm ② 3π cm ③ 4π cm
④ 5π cm ⑤ 6π cm

04·Ⓑ (표현 Change)

호의 길이가 2π cm이고 넓이가 4π cm^{2}인 부채꼴에 대하여 다음을 구하시오.

(1) 반지름의 길이

(2) 중심각의 크기

대표유형 05 색칠한 부분의 둘레의 길이와 넓이 (1)

유형ON >>> 126쪽

오른쪽 그림에 대하여 다음을 구하시오.

(1) 색칠한 부분의 둘레의 길이

(2) 색칠한 부분의 넓이

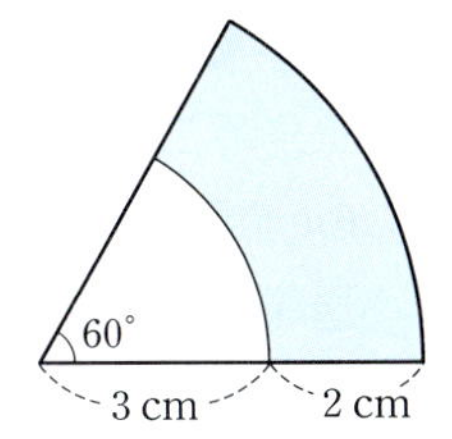

풀이 과정

(1) (색칠한 부분의 둘레의 길이)

$= ❶ + ❷ + ❸ \times 2$

$= 2\pi \times 5 \times \dfrac{60}{360} + 2\pi \times 3 \times \dfrac{60}{360} + 2 \times 2$

$= \dfrac{5}{3}\pi + \pi + 4 = \dfrac{8}{3}\pi + 4 \, (\text{cm})$

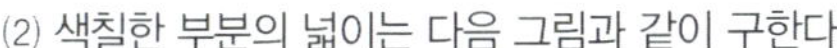

(2) 색칠한 부분의 넓이는 다음 그림과 같이 구한다.

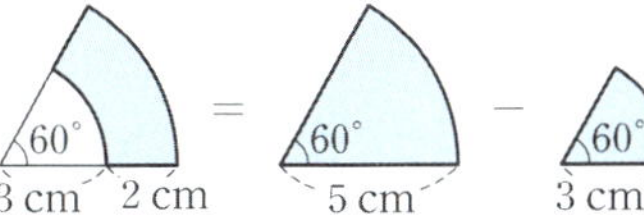

$\therefore$ (색칠한 부분의 넓이) $= \pi \times 5^2 \times \dfrac{60}{360} - \pi \times 3^2 \times \dfrac{60}{360}$

$= \dfrac{25}{6}\pi - \dfrac{3}{2}\pi = \dfrac{8}{3}\pi \, (\text{cm}^2)$

정답 (1) $\left(\dfrac{8}{3}\pi + 4\right)$ cm (2) $\dfrac{8}{3}\pi$ cm^2

05 · A 숫자 Change

오른쪽 그림에 대하여 다음을 구하시오.

(1) 색칠한 부분의 둘레의 길이

(2) 색칠한 부분의 넓이

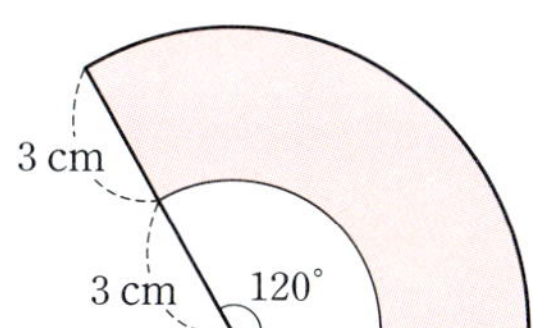

05 · B 표현 Change

오른쪽 그림에서 색칠한 부분의 둘레의 길이와 넓이를 각각 구하시오.

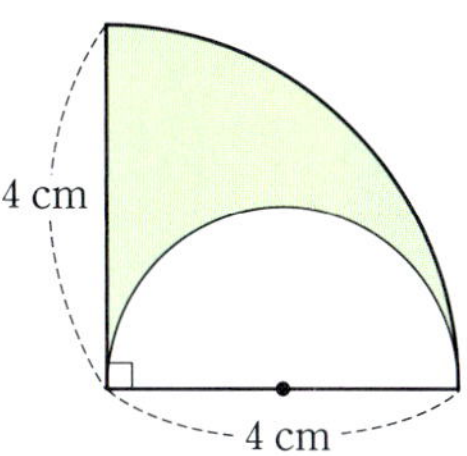

대표유형 06 색칠한 부분의 둘레의 길이와 넓이 (2)

유형ON >>> 128쪽

오른쪽 그림과 같이 한 변의 길이가 8 cm인 정사각형에서 색칠한 부분의 둘레의 길이와 넓이를 각각 구하시오.

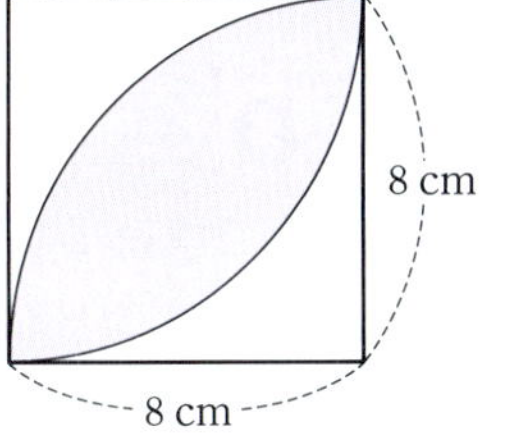

풀이 과정

(색칠한 부분의 둘레의 길이)

$= ❶ \times 2$

$= \left(2\pi \times 8 \times \dfrac{90}{360}\right) \times 2 = 8\pi \, (\text{cm})$

색칠한 부분의 넓이는 다음 그림과 같이 구한다.

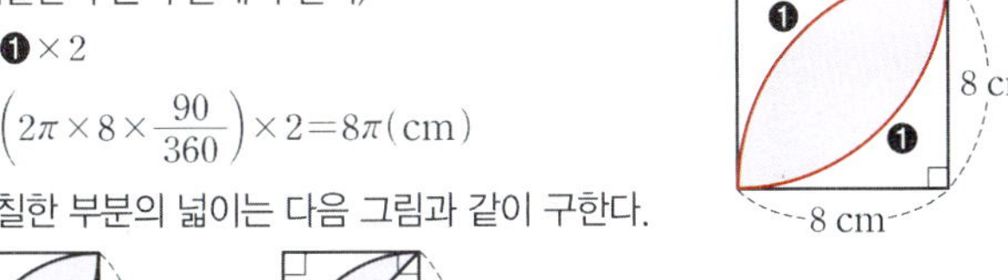

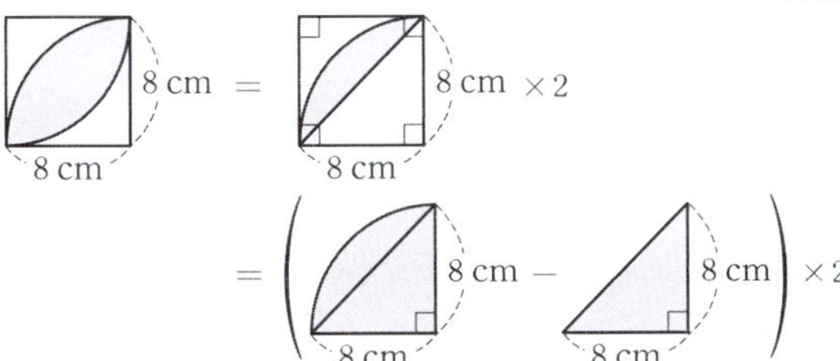

$\therefore$ (색칠한 부분의 넓이) $= \left(\pi \times 8^2 \times \dfrac{90}{360} - \dfrac{1}{2} \times 8 \times 8\right) \times 2$

$= (16\pi - 32) \times 2 = 32\pi - 64 \, (\text{cm}^2)$

정답 둘레의 길이 : 8π cm, 넓이 : $(32\pi - 64)$ cm^2

06 · A 숫자 Change

오른쪽 그림과 같이 한 변의 길이가 4 cm인 정사각형에서 색칠한 부분의 둘레의 길이와 넓이를 각각 구하시오.

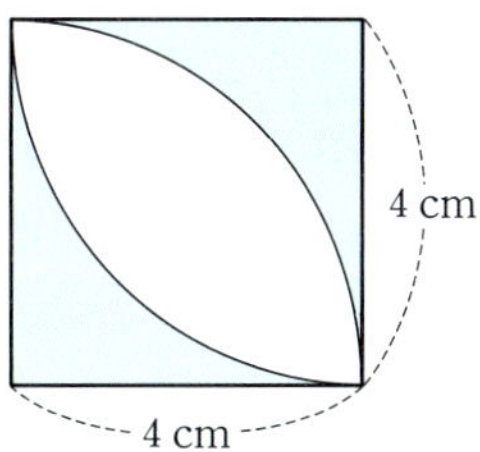

06 · B 표현 Change

오른쪽 그림과 같이 한 변의 길이가 8 cm인 정사각형에서 색칠한 부분의 넓이를 구하시오.

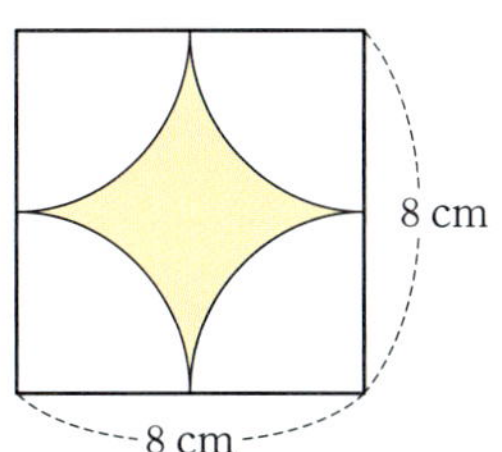

 색칠한 부분의 둘레의 길이와 넓이 (3) – 도형의 이동   유형ON >>> 128쪽

오른쪽 그림에서 색칠한 부분의 둘레의 길이와 넓이를 각각 구하시오.

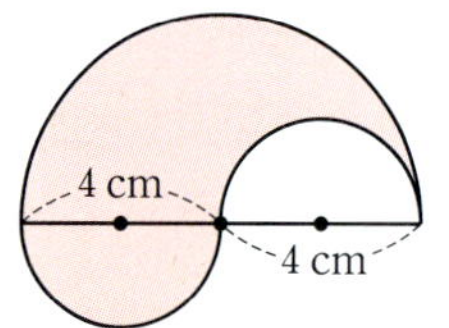

풀이 과정

(색칠한 부분의 둘레의 길이)$=2\pi\times4\times\dfrac{1}{2}+\left(2\pi\times2\times\dfrac{1}{2}\right)\times2$

$=4\pi+4\pi=8\pi\,(\mathrm{cm})$

색칠한 부분의 넓이는 다음 그림과 같이 주어진 도형의 일부를 이동하여 구할 수 있다.

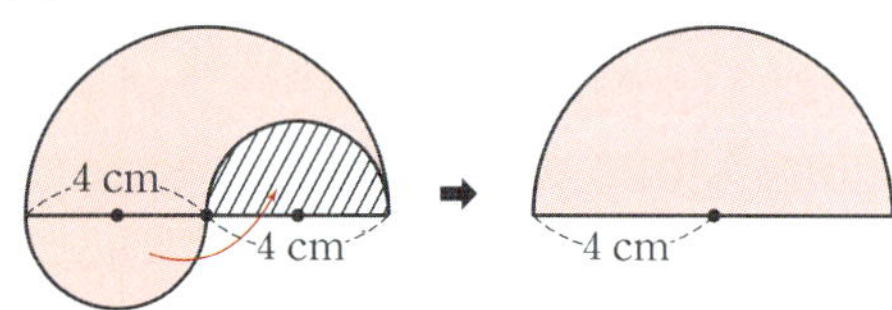

∴ (색칠한 부분의 넓이)$=\pi\times4^2\times\dfrac{1}{2}=8\pi\,(\mathrm{cm}^2)$

정답 둘레의 길이 : 8π cm, 넓이 : 8π cm^2

07 · A 표현 Change

오른쪽 그림과 같이 한 변의 길이가 6 cm인 정사각형에서 색칠한 부분의 둘레의 길이와 넓이를 각각 구하시오.

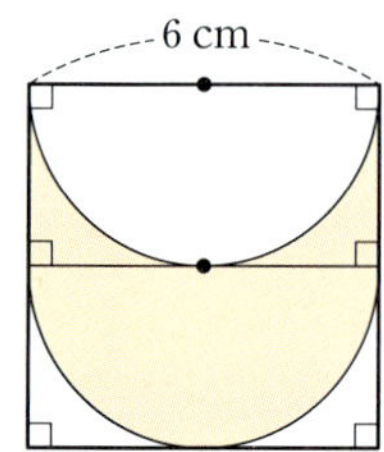

07 · B 표현 Change

오른쪽 그림과 같이 한 변의 길이가 12 cm인 정사각형에서 색칠한 부분의 둘레의 길이와 넓이를 각각 구하시오.

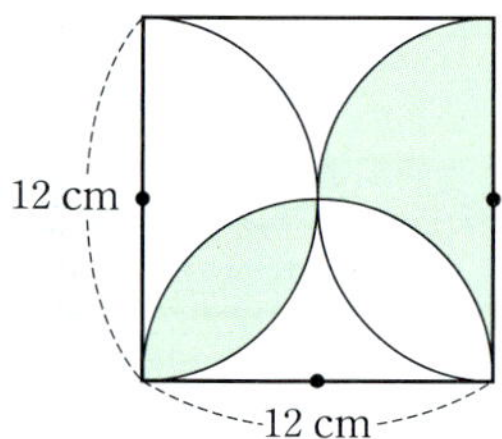

 색칠한 부분의 넓이 – 보조선, 도형의 이동   유형ON >>> 128쪽

오른쪽 그림과 같이 한 변의 길이가 8 cm인 정사각형에서 색칠한 부분의 넓이를 구하시오.

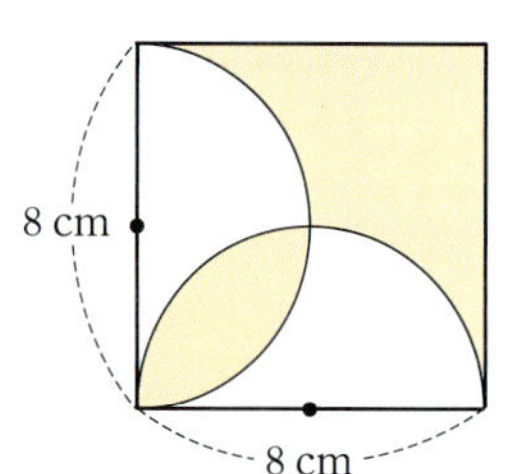

풀이 과정

색칠한 부분의 넓이는 다음 그림과 같이 보조선을 긋고 주어진 도형의 일부를 이동하여 구할 수 있다.

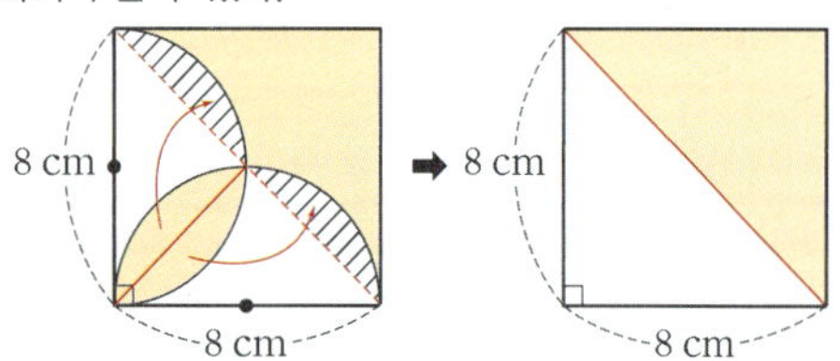

∴ (색칠한 부분의 넓이)$=$(직각삼각형의 넓이)

$=\dfrac{1}{2}\times8\times8=32\,(\mathrm{cm}^2)$

정답 32 cm^2

08 · A 숫자 Change

오른쪽 그림과 같이 한 변의 길이가 10 cm인 정사각형에서 색칠한 부분의 넓이를 구하시오.

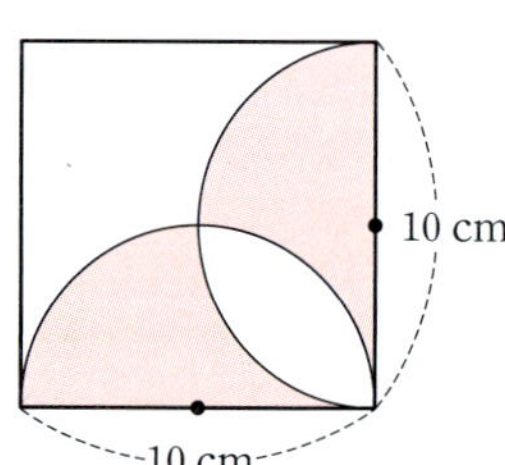

08 · B 표현 Change

오른쪽 그림에서 색칠한 부분의 넓이를 구하시오.

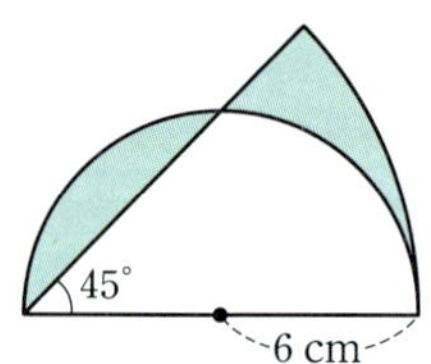

바이블 PLUS ⊕ … 원과 부채꼴의 둘레의 길이와 넓이의 활용

(1) 주어진 도형을 몇 개의 도형으로 나누어 색칠한 부분의 넓이 구하기

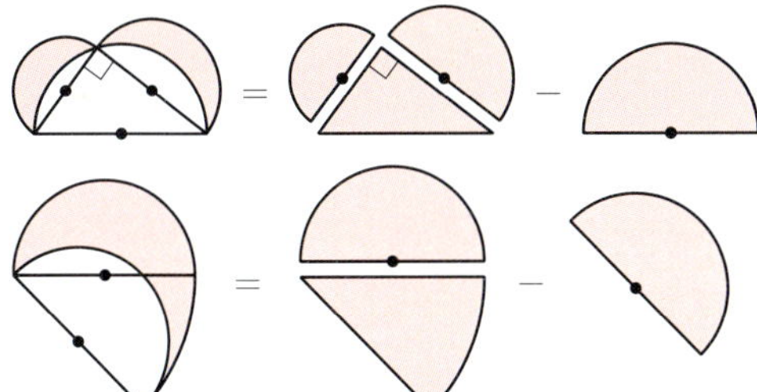

(2) 넓이가 같은 두 부분이 주어졌을 때 선분의 길이 또는 각의 크기 구하기

오른쪽 그림에서 색칠한 두 부분의 넓이가 같으면, 즉

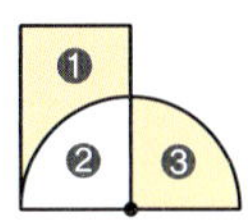

❶=❸이면 ❶+❷=❷+❸

➡ (사각형의 넓이)=(반원의 넓이)임을 이용하여 원하는 값을 구한다.

(3) 원을 묶은 끈의 최소의 길이 구하기

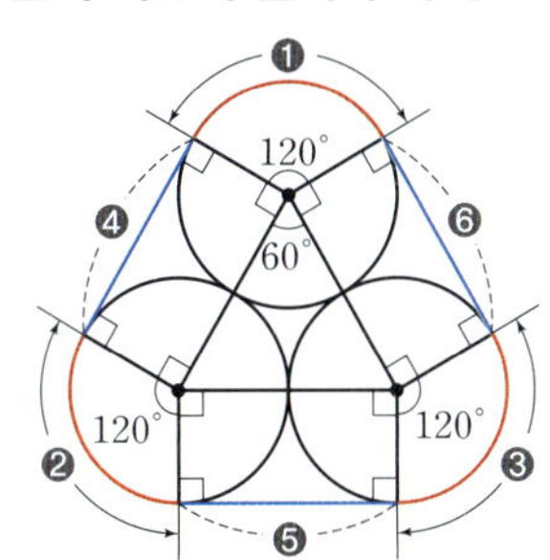

세 원을 묶은 끈의 최소 길이는

$$\underset{\text{곡선 부분}}{\underline{❶+❷+❸}}+\underset{\text{직선 부분}}{\underline{❹+❺+❻}}$$

=(원의 둘레의 길이)+❹×3

참고 원을 묶은 끈의 최소 길이를 구하는 문제에서 원의 개수, 묶는 방법에 관계없이 곡선 부분의 길이의 합은 한 원의 둘레의 길이와 같다.

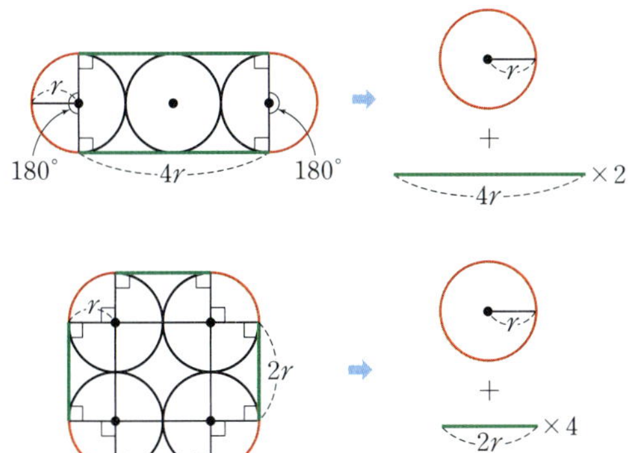

(4) 원이 지나간 자리의 넓이 구하기

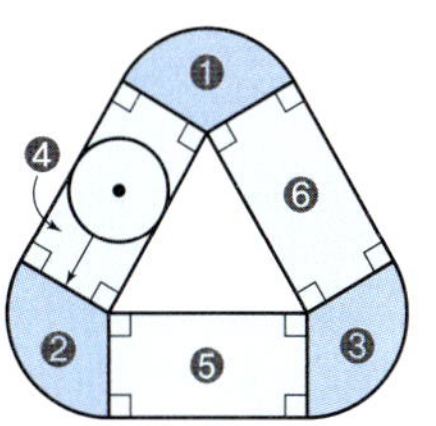

원이 삼각형의 둘레를 따라 지나간 자리의 넓이는

$$\underset{\text{부채꼴 부분}}{\underline{❶+❷+❸}}+\underset{\text{직사각형 부분}}{\underline{❹+❺+❻}}$$

=(원의 넓이)+❹+❺+❻

참고 원이 지나간 부분의 넓이를 구하는 문제에서 원이 지나간 도형의 모양에 관계없이 부채꼴 부분의 넓이의 합은 한 원의 넓이와 같다.

(5) 도형을 회전시켰을 때 점이 움직인 거리 구하기

도형을 회전시켰을 때 점이 움직인 거리는 부채꼴의 호의 길이와 같다.

예시 다음 그림에서 점 A가 점 A′에 오도록 △ABC를 회전시켰을 때 점 A가 움직인 거리는 $\overset{\frown}{AA'}$의 길이와 같다.

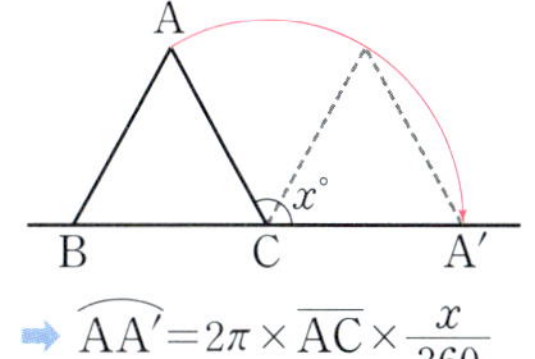

➡ $\overset{\frown}{AA'}=2\pi\times\overline{AC}\times\dfrac{x}{360}$

(6) 움직일 수 있는 영역의 최대 넓이 구하기

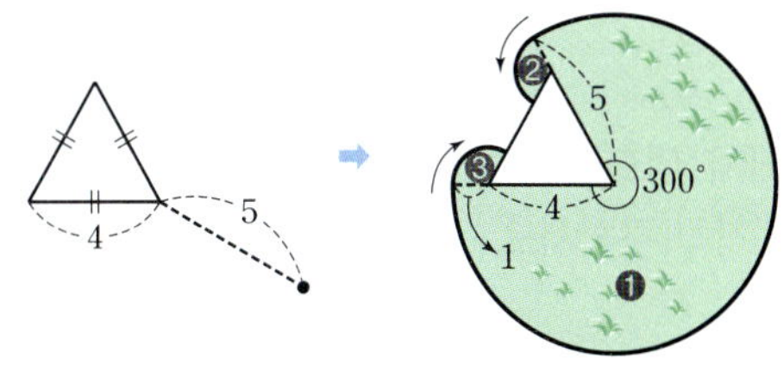

최대로 움직일 수 있는 영역을 그린 후, 다각형의 내각의 크기를 이용하여 부채꼴의 중심각의 크기를 구한다.

따라서 움직일 수 있는 영역의 최대 넓이는 부채꼴의 넓이의 합과 같다.

➡ ❶+❷+❸

주의 주어진 도형의 변의 길이보다 끈의 길이가 길면 두 변 이상에 걸쳐 움직일 수 있음에 주의한다.

01

오른쪽 그림에서 원 O의 넓이는?

① 49π cm²   ② 64π cm²

③ 81π cm²   ④ 100π cm²

⑤ 121π cm²

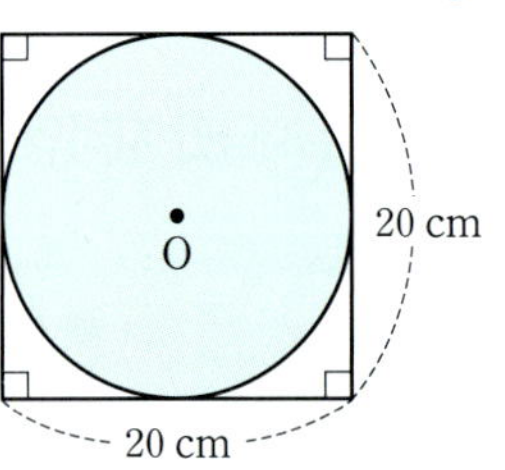

02

넓이가 225π cm²인 원의 지름의 길이는?

① 26 cm   ② 28 cm   ③ 30 cm

④ 32 cm   ⑤ 34 cm

03

오른쪽 그림에서 색칠한 부분의 둘레의 길이와 넓이를 각각 구하시오.

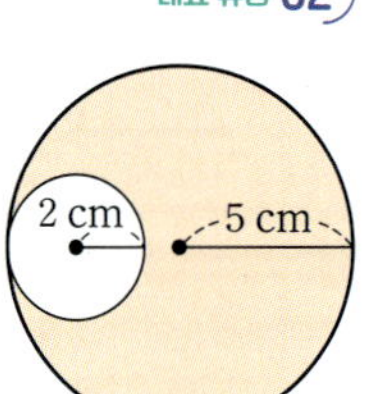

04

오른쪽 그림에서 색칠한 부분의 넓이는?

① 4π cm²   ② $\dfrac{9}{2}\pi$ cm²

③ 5π cm²   ④ $\dfrac{11}{2}\pi$ cm²

⑤ 6π cm²

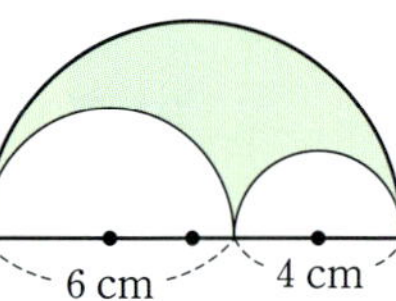

05

오른쪽 그림에서 $\overline{AB}=\overline{BC}=\overline{CD}$이고 $\overline{AD}$는 원의 지름이다. $\overline{AD}=12$ cm일 때, 색칠한 부분의 둘레의 길이를 구하시오.

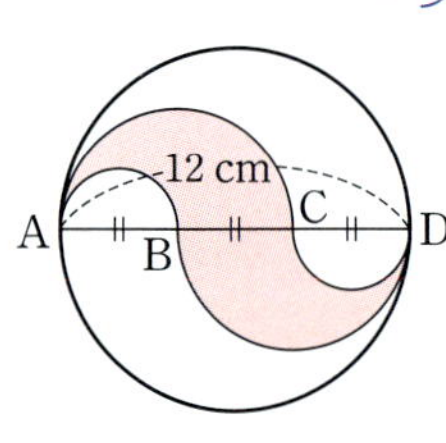

06

반지름의 길이가 15 cm이고 넓이가 45π cm²인 부채꼴의 중심각의 크기는?

① 48°   ② 56°   ③ 64°

④ 72°   ⑤ 80°

07

호의 길이가 12π cm이고 넓이가 96π cm^{2}인 부채꼴의 중심각의 크기를 구하시오.

08

오른쪽 그림에서 색칠한 부분의 둘레의 길이는?

① $(6\pi+8)$ cm   ② $(6\pi+16)$ cm
③ $(7\pi+8)$ cm   ④ $(7\pi+16)$ cm
⑤ $(8\pi+8)$ cm

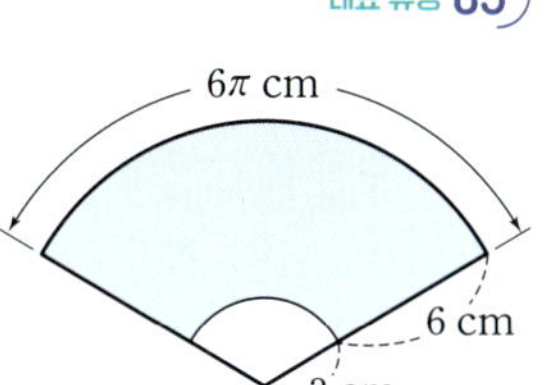

09

오른쪽 그림에서 색칠한 부분의 넓이는?

① 20π cm^2 ② 22π cm^2
③ 24π cm^2 ④ 26π cm^2
⑤ 28π cm^2

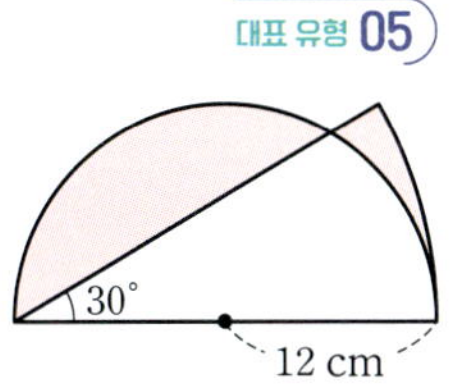

10

오른쪽 그림에서 색칠한 부분의 둘레의 길이를 구하시오.

11

오른쪽 그림은 $\angle A = 90°$인 직각삼각형 ABC의 각 변을 지름으로 하는 반원을 그린 것이다. $\overline{AB}=3$ cm, $\overline{BC}=5$ cm, $\overline{CA}=4$ cm일 때, 색칠한 부분의 넓이는?

① 6 cm^2 ② 9 cm^2 ③ 12 cm^2
④ 6π cm^2 ⑤ 9π cm^2

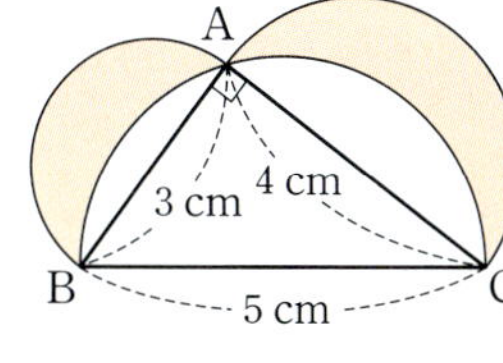

12

오른쪽 그림과 같이 한 변의 길이가 5 cm인 정사각형에서 색칠한 부분의 둘레의 길이는?

① 5π cm   ② $\dfrac{15}{2}\pi$ cm
③ 10π cm   ④ $\dfrac{25}{2}\pi$ cm
⑤ 15π cm

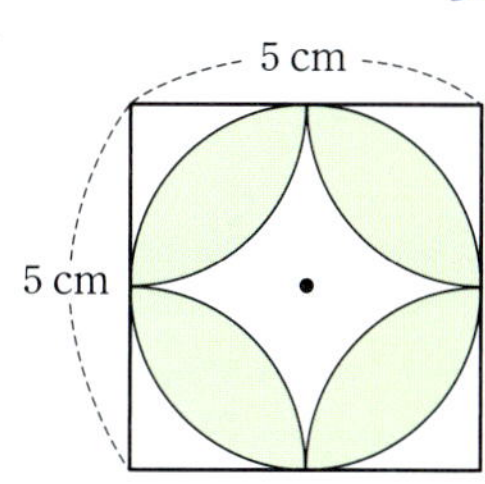

13

오른쪽 그림에서 색칠한 부분의 넓이는?

① 64 cm^2 ② 128 cm^2
③ 32π cm^2 ④ 64π cm^2
⑤ 128π cm^2

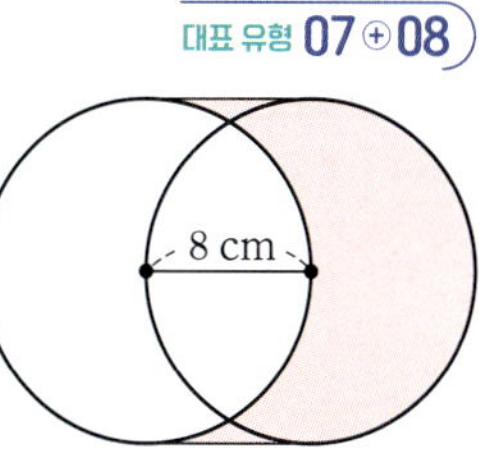

함께 풀기

오른쪽 그림의 원 O에서
$\angle AOB : \angle BOC : \angle COA = 5 : 4 : 6$
이고 원 O의 넓이가 $120\pi \ cm^2$일 때, 부채꼴 AOB의 넓이를 구하시오.

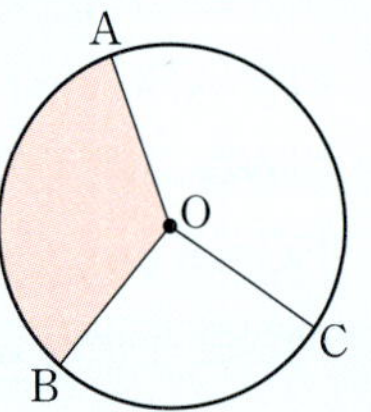

풀이 과정

1단계 부채꼴 AOB, 부채꼴 BOC, 부채꼴 COA의 넓이의 비 구하기

부채꼴의 넓이는 중심각의 크기에 정비례하고
$\angle AOB : \angle BOC : \angle COA = 5 : 4 : 6$이므로
(부채꼴 AOB의 넓이) : (부채꼴 BOC의 넓이) : (부채꼴 COA의 넓이)
$= 5 : 4 : 6$ ······ 50%

2단계 부채꼴 AOB의 넓이 구하기

$\therefore$ (부채꼴 AOB의 넓이)$= 120\pi \times \dfrac{5}{5+4+6}$
$\qquad\qquad = 120\pi \times \dfrac{1}{3} = 40\pi (cm^2)$ ······ 50%

정답 ___ $40\pi \ cm^2$ ___

따라 풀기

01 오른쪽 그림의 원 O에서
$\angle AOB : \angle BOC : \angle COA = 3 : 1 : 4$
이고 원 O의 넓이가 $112\pi \ cm^2$일 때, 부채꼴 AOB의 넓이를 구하시오.

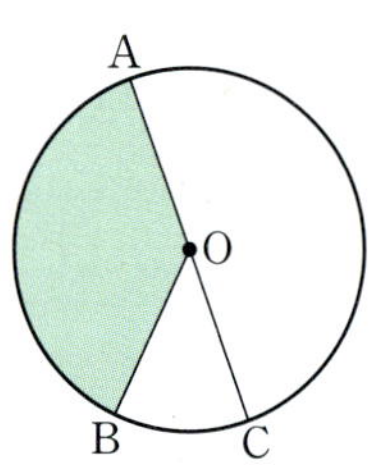

풀이 과정

1단계 부채꼴 AOB, 부채꼴 BOC, 부채꼴 COA의 넓이의 비 구하기

2단계 부채꼴 AOB의 넓이 구하기

정답 ___

함께 풀기

오른쪽 그림과 같이 한 변의 길이가 3 cm인 정육각형에서 색칠한 부채꼴의 넓이를 구하시오.

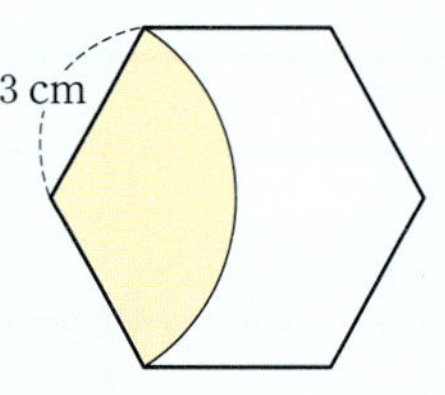

풀이 과정

1단계 정육각형의 한 내각의 크기 구하기

정육각형의 한 내각의 크기는
$\dfrac{180° \times (6-2)}{6} = 120°$ ······ 40%

2단계 색칠한 부채꼴의 넓이 구하기

따라서 색칠한 부채꼴의 중심각의 크기가 $120°$이므로 그 넓이는
$\pi \times 3^2 \times \dfrac{120}{360} = 3\pi (cm^2)$ ······ 60%

정답 ___ $3\pi \ cm^2$ ___

따라 풀기

02 오른쪽 그림과 같이 한 변의 길이가 10 cm인 정오각형에서 색칠한 부채꼴의 넓이를 구하시오.

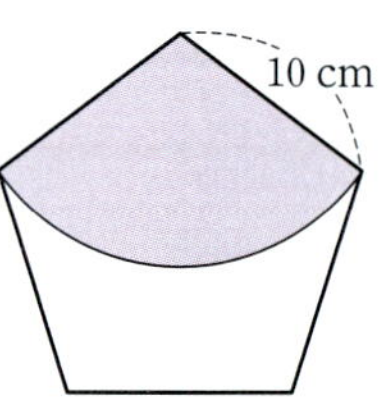

풀이 과정

1단계 정오각형의 한 내각의 크기 구하기

2단계 색칠한 부채꼴의 넓이 구하기

정답 ___

03 오른쪽 그림의 원 O에서
$4\angle AOC = 5\angle BOC$이고
$\overgroup{BC} = 12$ cm일 때, $\overgroup{AC}$의 길이를
구하시오.

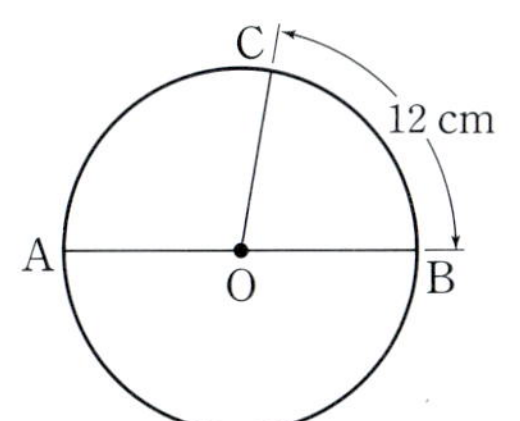

풀이 과정

정답 ______________________

04 오른쪽 그림에서 색칠한
부분의 둘레의 길이와 넓이를 각
각 구하시오.

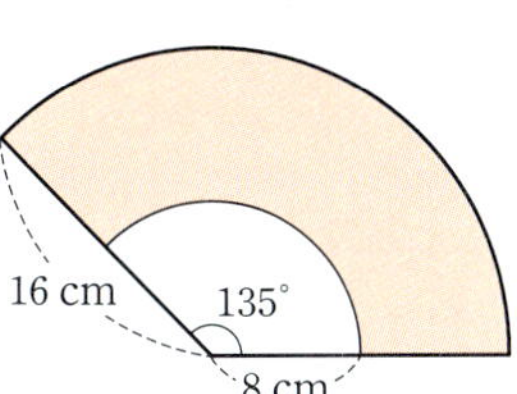

풀이 과정

정답 ______________________

05 오른쪽 그림과 같이 한 변
의 길이가 6 cm인 정사각형
ABCD에서 색칠한 부분의 둘레
의 길이를 구하시오.

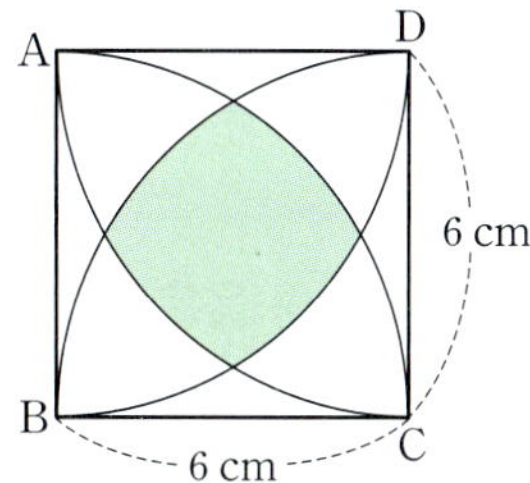

풀이 과정

정답 ______________________

06 오른쪽 그림에서 색칠한 부
분의 둘레의 길이와 넓이를 각각
구하시오.

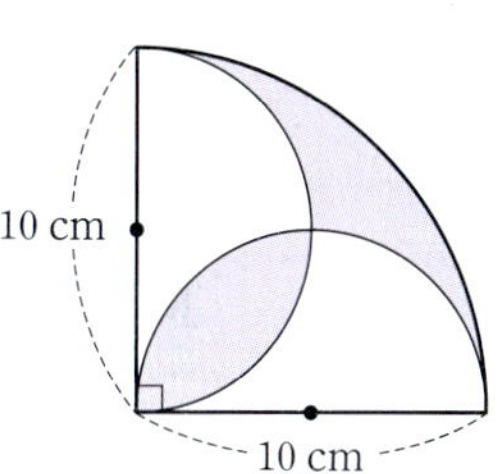

풀이 과정

정답 ______________________

★ : 중요

STEP 1 기본 다지기

01

다음 보기 중 옳은 것을 모두 고른 것은?

> **보기**
> ㄱ. 원 위의 두 점을 이은 선분은 현이다.
> ㄴ. 한 원에서 길이가 가장 긴 현은 반지름이다.
> ㄷ. 부채꼴과 활꼴이 같아지는 경우는 반원일 때이다.
> ㄹ. 원의 중심을 지나는 현은 그 원의 지름이다.

① ㄱ, ㄴ　　　② ㄴ, ㄷ　　　③ ㄷ, ㄹ
④ ㄱ, ㄷ, ㄹ　　⑤ ㄴ, ㄷ, ㄹ

02

오른쪽 그림의 원 O에서 x, y의 값을 각각 구하시오.

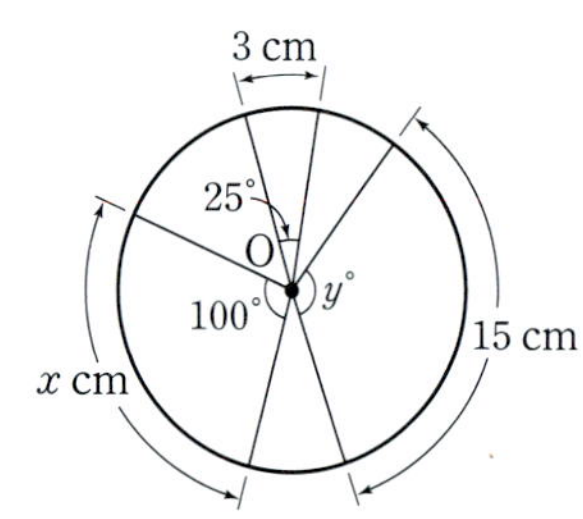

03

오른쪽 그림의 원 O에서 $\overline{AB}$는 지름이고 $\angle CBO = 40°$일 때, $\widehat{AC} : \widehat{BC}$는?

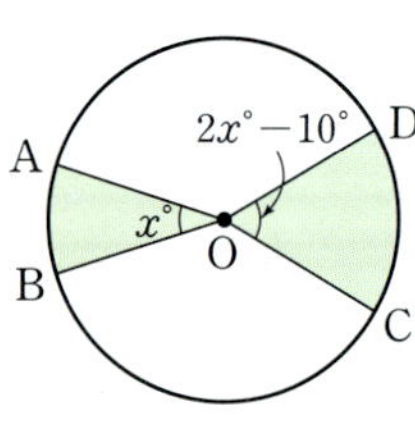

① 2 : 3　　　② 3 : 4
③ 4 : 5　　　④ 5 : 6
⑤ 6 : 7

04

오른쪽 그림의 원 O에서 $\widehat{AB} : \widehat{BC} : \widehat{CA} = 3 : 4 : 5$일 때, $\angle AOC$의 크기는?

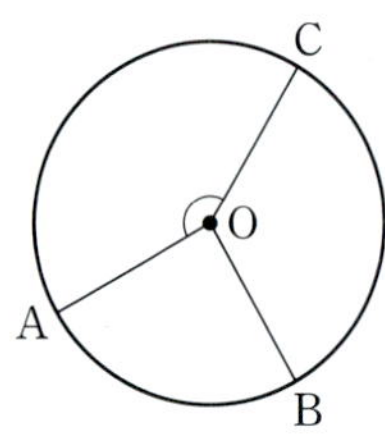

① 120°　　　② 130°
③ 140°　　　④ 150°
⑤ 160°

05

오른쪽 그림의 원 O에서 $\overline{AB} /\!/ \overline{CD}$이고 $\angle AOC = 50°$, $\widehat{AC} = 10$ cm일 때, $\widehat{CD}$의 길이는?

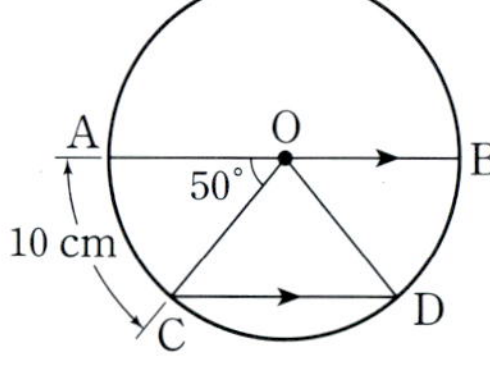

① 12 cm　　　② 13 cm
③ 14 cm　　　④ 15 cm
⑤ 16 cm

06

오른쪽 그림의 원 O에서 부채꼴 AOB의 넓이가 14 cm²이고 부채꼴 COD의 넓이가 24 cm²일 때, x의 값은?

① 15　　　② 20
③ 25　　　④ 30
⑤ 35

07

오른쪽 그림과 같이 지름이 $\overline{AB}$인 원 O에서 $\overline{AC}\,/\!/\,\overline{OD}$이고 $\overline{CD}=6$ cm일 때, $\overline{BD}$의 길이를 구하시오.

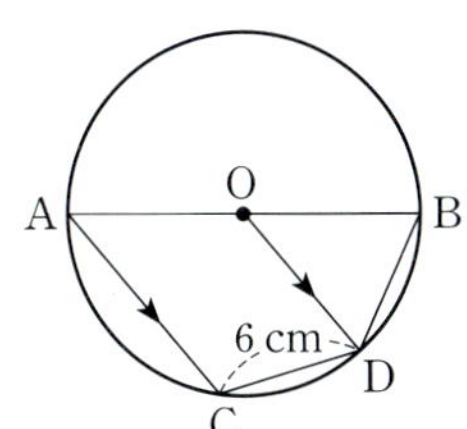

08

오른쪽 그림에서 색칠한 부분의 둘레의 길이는?

① 20π cm ② 22π cm
③ 24π cm ④ 26π cm
⑤ 28π cm

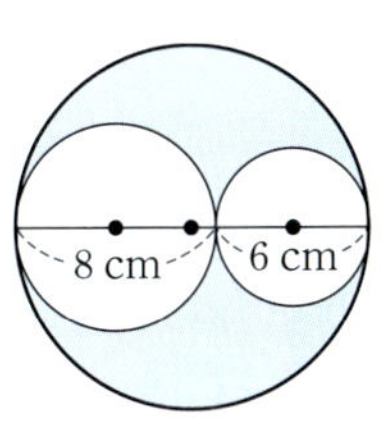

09

오른쪽 그림에서 색칠한 부분의 넓이를 구하시오.

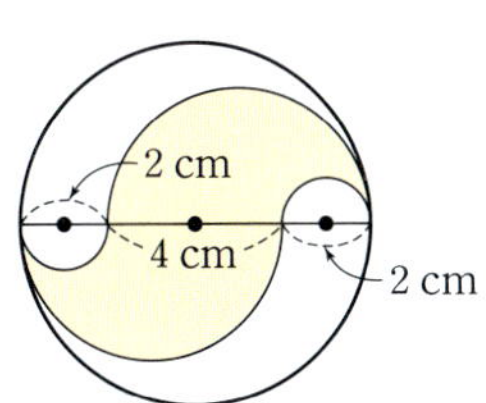

10

다음 그림과 같이 공원에 직선과 곡선으로 둘러싸인 인공 호수가 있다. 이 호수의 넓이를 구하시오.

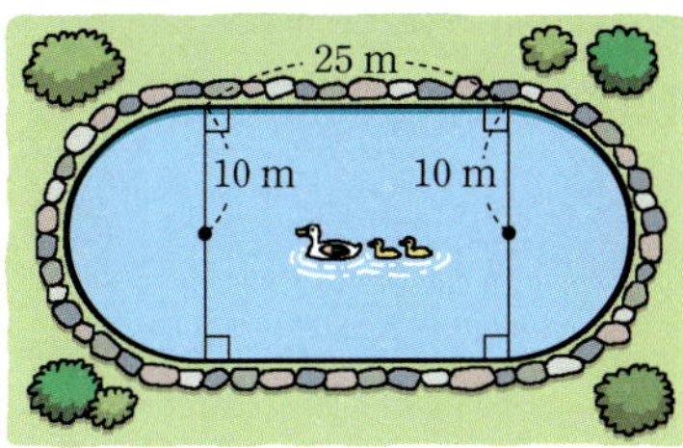

11

반지름의 길이가 6 cm이고 넓이가 12π cm²인 부채꼴의 호의 길이는?

① 4π cm ② $\dfrac{9}{2}\pi$ cm ③ 5π cm
④ $\dfrac{11}{2}\pi$ cm ⑤ 6π cm

12

오른쪽 그림에서 색칠한 부분의 둘레의 길이를 구하시오.

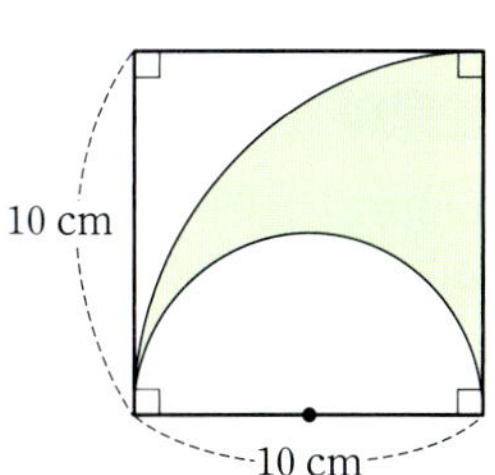

13

오른쪽 그림과 같이 지름의 길이가
8 cm인 반원을 점 A를 중심으로
45°만큼 회전시켰을 때, 색칠한 부분
의 넓이를 구하시오.

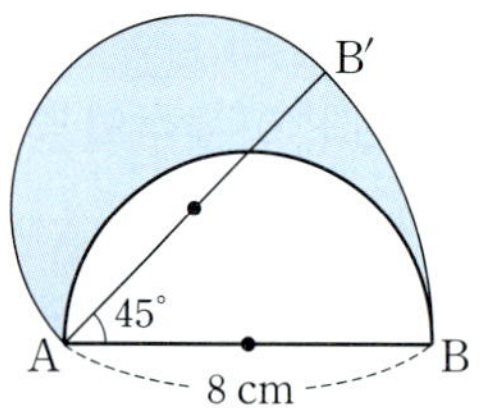

14

오른쪽 그림과 같이 한 변의 길이가
12 cm인 정사각형에서 색칠한 부
분의 넓이는?

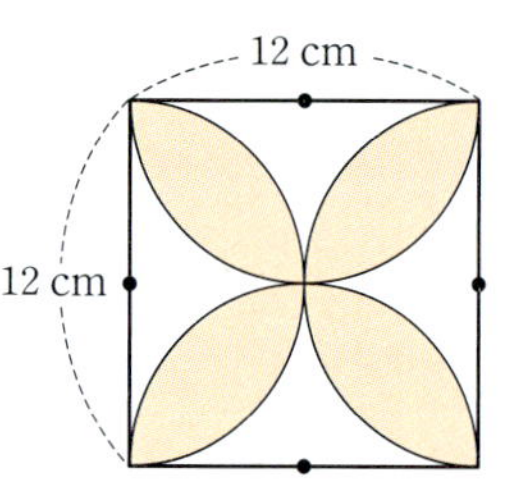

① $(36\pi-72)\,\text{cm}^2$
② $(54\pi-108)\,\text{cm}^2$
③ $(72\pi-144)\,\text{cm}^2$
④ $(144\pi-288)\,\text{cm}^2$
⑤ $(288\pi-576)\,\text{cm}^2$

15

오른쪽 그림과 같이 반지름의 길이가
6 cm인 원에서 색칠한 부분의 넓이를 구
하시오.

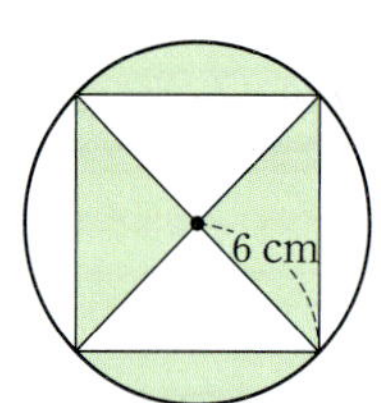

STEP 2 실력 다지기

16

오른쪽 그림과 같이 부채꼴 AOB
에서 $\overline{\text{AO}}\,/\!/\,\overline{\text{CB}}$이고
$\angle\text{AOB}=120°$, $\overparen{\text{BC}}=10$ cm일
때, $\overparen{\text{AC}}$의 길이를 구하시오.

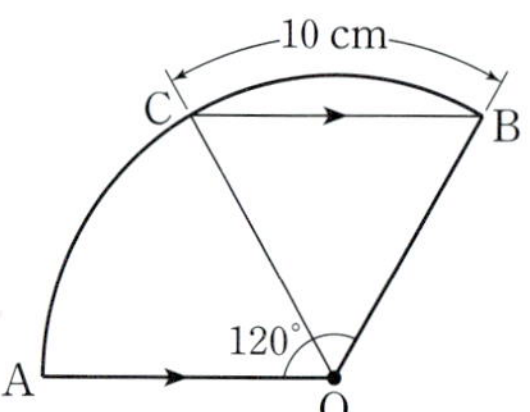

17

오른쪽 그림과 같이 원 O의 지
름 AB의 연장선과 현 CD의
연장선의 교점을 P라 하자.
$\overline{\text{DO}}=\overline{\text{DP}}$이고 $\angle\text{AOC}=72°$,
$\overparen{\text{AC}}=30$ cm일 때, $\overparen{\text{CD}}$의 길
이를 구하시오.

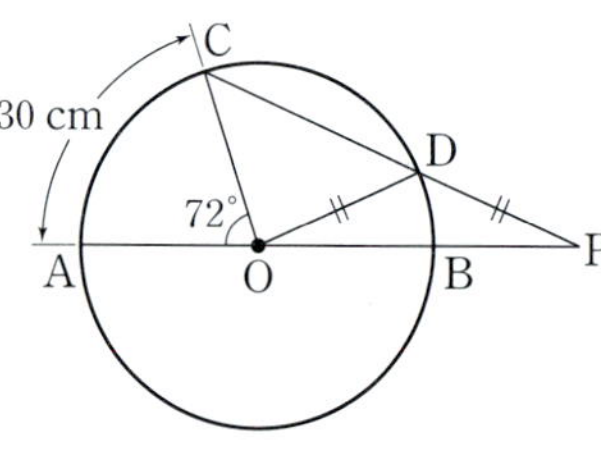

18

오른쪽 그림은 한 변의 길이가
6 cm인 정사각형 ABCD에서 점
B와 점 C를 중심으로 하고 반지름
의 길이가 6 cm인 부채꼴을 각각
그린 것이다. 이때 색칠한 부분의
넓이를 구하시오.

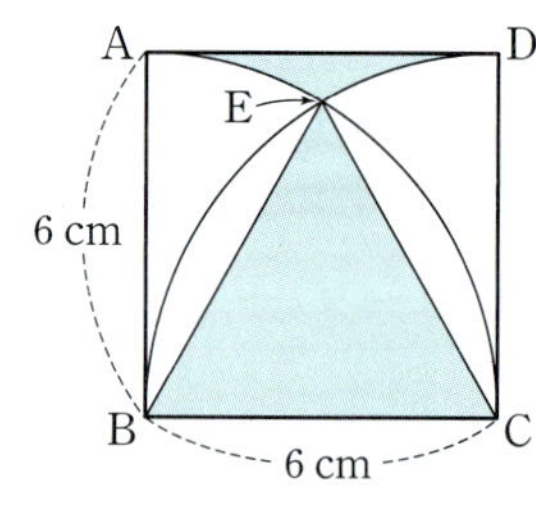

19

오른쪽 그림과 같이 밑면인 원의 반지름의 길이가 4 cm인 원기둥 모양의 통나무 3개를 끈으로 묶으려고 한다. 이때 필요한 끈의 최소 길이를 구하시오. (단, 끈의 두께와 매듭의 길이는 생각하지 않는다.)

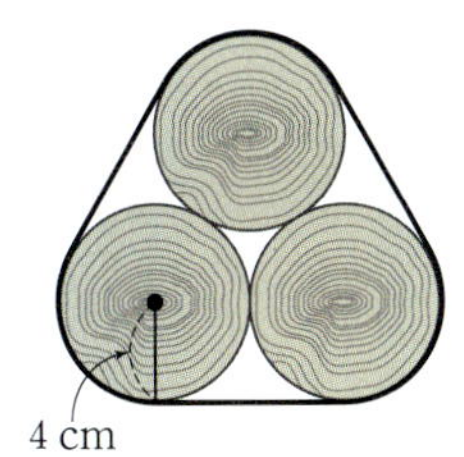

20

오른쪽 그림과 같이 반지름의 길이가 1 cm인 원 O를 가로의 길이가 10 cm이고 세로의 길이가 6 cm인 직사각형의 변을 따라 한 바퀴 돌렸을 때, 원 O가 지나간 부분의 넓이를 구하시오.

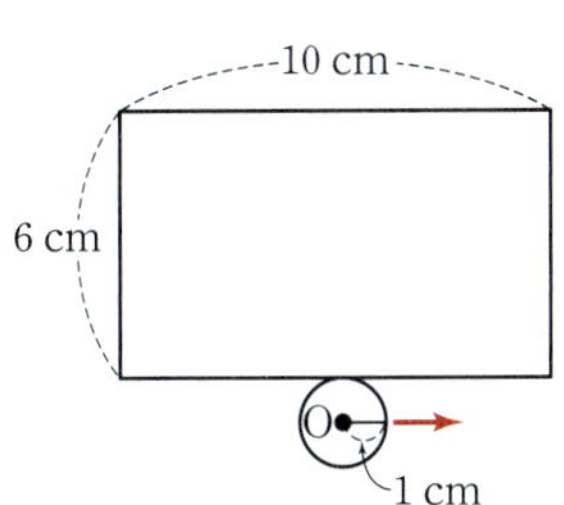

21

오른쪽 그림과 같이 $\angle A = 90°$인 직각삼각형 ABC를 직선 l 위에서 꼭짓점 C를 중심으로 하여 꼭짓점 A가 점 A′에 오도록 회전시켰다. $\overline{AC} = 6$ cm, $\angle ACB = 60°$일 때, 점 A가 움직인 거리를 구하시오.

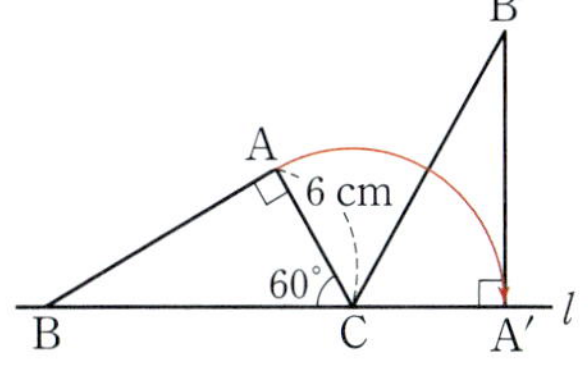

22

오른쪽 그림과 같이 가로의 길이가 8 m, 세로의 길이가 6 m인 직사각형 모양의 울타리의 A 지점에 길이가 10 m인 끈으로 강아지를 묶어 놓았을 때, 강아지가 울타리 밖에서 움직일 수 있는 영역의 최대 넓이를 구하시오.
(단, 강아지의 크기와 매듭의 길이는 생각하지 않는다.)

III

입체도형

이 단원에서의 내용

06

다면체와 회전체

이 단원의 학습 계획	공부한 날		학습 성취도
개념 01 다면체	월	일	◆◆◆◆◆
개념 02 다면체의 종류	월	일	◆◆◆◆◆
배운대로 학습하기	월	일	◆◆◆◆◆
개념 03 정다면체	월	일	◆◆◆◆◆
배운대로 학습하기	월	일	◆◆◆◆◆
개념 04 회전체	월	일	◆◆◆◆◆
개념 05 회전체의 성질	월	일	◆◆◆◆◆
개념 06 회전체의 전개도	월	일	◆◆◆◆◆
배운대로 학습하기	월	일	◆◆◆◆◆
서술형 훈련하기	월	일	◆◆◆◆◆
중단원 마무리하기	월	일	◆◆◆◆◆

01 다면체

(1) **다면체** : 다각형 모양의 면으로만 둘러싸인 입체도형

　① 면 : 다면체를 둘러싸고 있는 다각형

　② 모서리 : 면을 이루는 다각형의 변

　③ 꼭짓점 : 면을 이루는 다각형의 꼭짓점

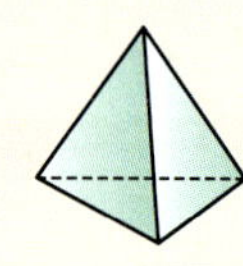

다각형과 다면체의 비교

다각형	다면체
3개 이상의 선분으로 둘러싸인 평면도형	4개 이상의 면으로 둘러싸인 입체도형

（예시） ➡ 면이 6개이므로 육면체
　　　　　꼭짓점의 개수는 8
　　　　　모서리의 개수는 12

（주의） 원기둥, 원뿔과 같이 원이나 곡면으로 둘러싸인 입체도형은 다면체가 아니다.

(2) 다면체는 둘러싸인 면의 개수에 따라 사면체, 오면체, 육면체, …라 한다.

（참고） (1) 다음 그림의 두 다면체는 모양은 다르지만 면의 개수가 6으로 같으므로 모두 육면체이다.

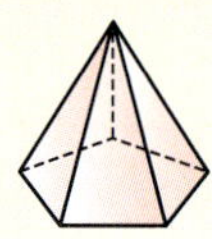 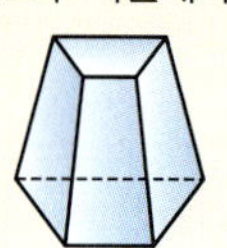

(2) 다면체 중에서 면의 개수가 가장 적은 것은 오른쪽 그림과 같은 사면체이고, 각 면의 모양은 삼각형이다.

（용어 설명）

다면체(많을 多, 면 面, 몸 體)
여러 개의 면으로 둘러싸인 입체도형

바이블 POINT　다면체가 아닌 도형

(1) 면의 개수가 1인 평면도형

 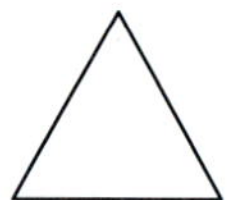

(2) 곡면으로 둘러싸인 부분이 있는 입체도형

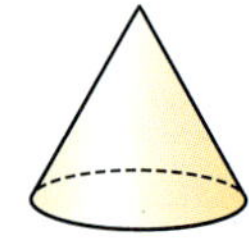  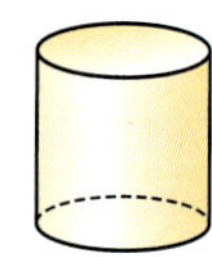 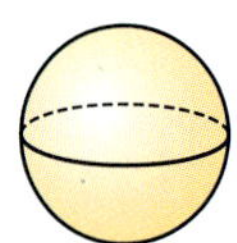

개념 CHECK　01

다음 보기 중 다면체를 모두 고르시오.

보기

ㄱ. 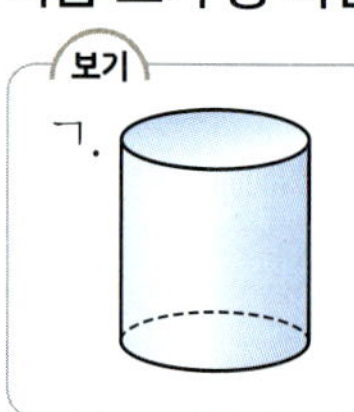　ㄴ. 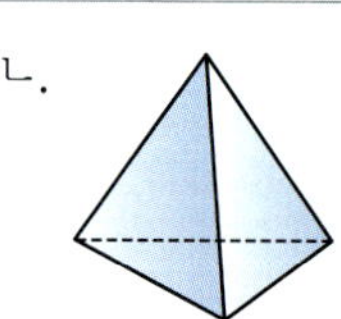　ㄷ. 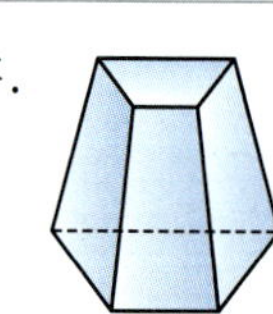　ㄹ. 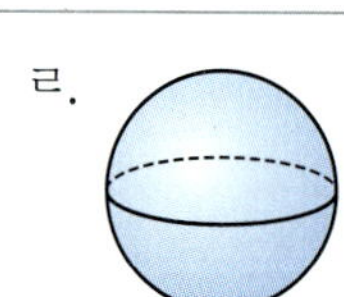　ㅁ. 

개념 CHECK　02

다음 다면체는 몇 면체인지 말하고, 꼭짓점의 개수와 모서리의 개수를 각각 구하시오.

(1) 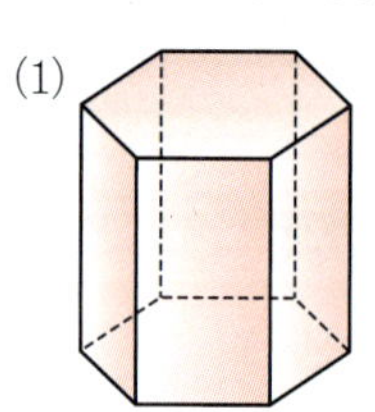

(2) 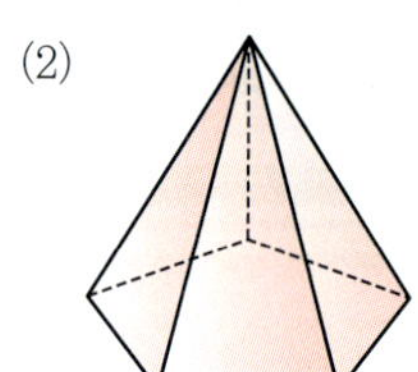

대표유형 01 다면체 (1)

∩ 유형ON >>> 144쪽

다음 보기의 입체도형 중 다면체를 모두 고르시오.

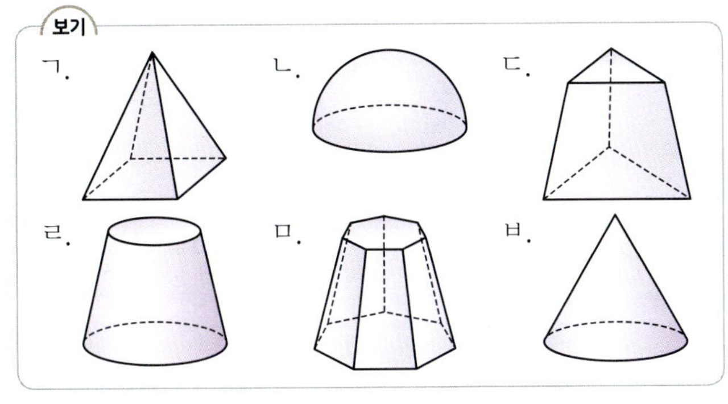

풀이 과정

ㄴ, ㄹ, ㅂ은 다각형이 아닌 원이나 곡면으로 둘러싸인 입체도형이므로 다면체가 아니다.
따라서 다면체인 것은 ㄱ, ㄷ, ㅁ이다.

정답 ㄱ, ㄷ, ㅁ

01 · A 숫자 Change

다음 중 다면체가 <u>아닌</u> 것은?

① 육각기둥   ② 직육면체   ③ 구각뿔
④ 정사각형   ⑤ 팔각기둥

01 · B 표현 Change

다음 보기의 입체도형 중 다면체가 <u>아닌</u> 것은 모두 몇 개인가?

보기
ㄱ. 삼각기둥	ㄴ. 육각뿔	ㄷ. 원기둥
ㄹ. 구	ㅁ. 정육면체	ㅂ. 사면체

① 2개   ② 3개   ③ 4개
④ 5개   ⑤ 6개

대표유형 02 다면체 (2)

∩ 유형ON >>> 144쪽

다음 중 육면체를 모두 고르면? (정답 2개)

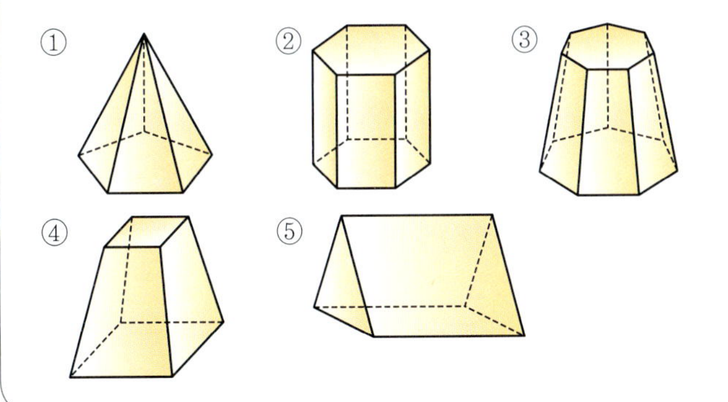

풀이 과정

① 육면체 ② 팔면체 ③ 구면체 ④ 육면체 ⑤ 오면체
따라서 육면체는 ①, ④이다.

정답 ①, ④

02 · A 숫자 Change

오른쪽 그림의 다면체는 몇 면체인지 말하시오.

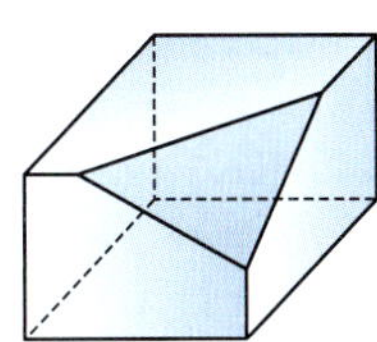

02 · B 표현 Change

다음 중 오른쪽 그림의 다면체에 대한 설명으로 옳지 <u>않은</u> 것은?

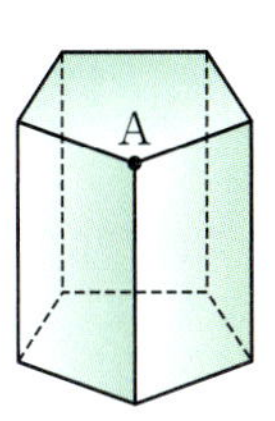

① 칠면체이다.
② 면의 개수는 7이다.
③ 꼭짓점의 개수는 10이다.
④ 모서리의 개수는 10이다.
⑤ 꼭짓점 A에 모인 면의 개수는 3이다.

02 다면체의 종류

(1) **각기둥** : 두 밑면이 서로 평행하면서 합동인 다각형이고, 옆면이 모두 직사각형인 다면체

(2) **각뿔** : 밑면이 다각형이고 옆면이 모두 삼각형인 다면체

(3) **각뿔대** : 각뿔을 밑면에 평행한 평면으로 자를 때 생기는 두 입체도형 중 각뿔이 아닌 쪽의 다면체

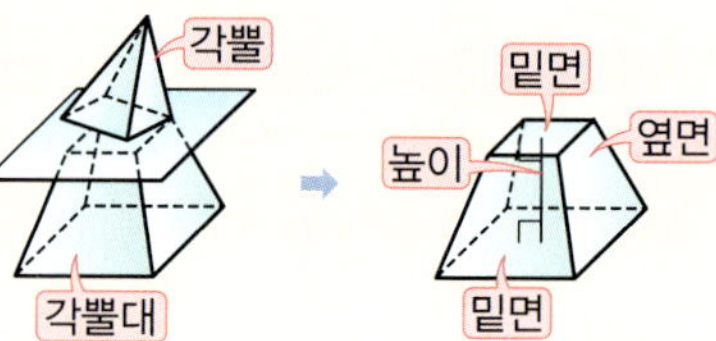

① 밑면 : 각뿔대에서 평행한 두 면
② 옆면 : 각뿔대에서 밑면이 아닌 면
③ 높이 : 각뿔대에서 두 밑면 사이의 거리

각뿔대의 옆면은 모두 사다리꼴이다.

각뿔대는 밑면의 모양에 따라 삼각뿔대, 사각뿔대, 오각뿔대, …라 한다.

각뿔대의 두 밑면은 서로 평행하고 모양은 같지만 크기가 다른 다각형이다.

(4) **다면체의 면, 모서리, 꼭짓점의 개수**

(다면체의 면의 개수)
＝(옆면의 개수)＋(밑면의 개수)

n각기둥과 n각뿔대의 면, 모서리, 꼭짓점의 개수는 각각 같다.

다면체	n각기둥		n각뿔		n각뿔대	
겨냥도	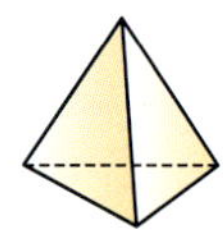 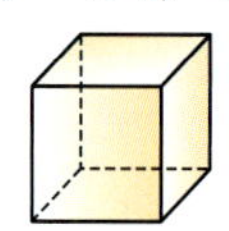 삼각기둥 사각기둥 …		삼각뿔 사각뿔 …		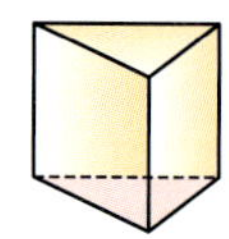 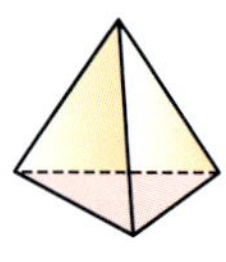 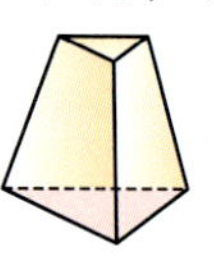 삼각뿔대 사각뿔대 …	
밑면의 모양	n각형		n각형		n각형	
밑면의 개수	2		1		2	
옆면의 모양	직사각형		삼각형		사다리꼴	
면의 개수 ➡ 몇 면체	$n+2$ ➡ $(n+2)$면체		$n+1$ ➡ $(n+1)$면체		$n+2$ ➡ $(n+2)$면체	
모서리의 개수	$3n$		$2n$		$3n$	
꼭짓점의 개수	$2n$		$n+1$		$2n$	

바이블 POINT **다면체의 이름**

(1) 면의 개수에 따라 사면체, 오면체, 육면체, …라 부른다.

사면체   오면체   육면체

(2) 밑면과 옆면의 모양에 따라 각기둥, 각뿔, 각뿔대라 부른다.

삼각기둥   삼각뿔   삼각뿔대

개념 CHECK **01**

다음 표를 완성하시오.

• 각기둥 : 두 밑면이 서로 평행하면서 합동인 다각형이고 옆면이 모두 ⑦ [   ] 인 다면체

• 각뿔 : 밑면이 다각형이고 옆면이 모두 ⓒ [   ] 인 다면체

• ⓒ [   ] : 각뿔을 밑면에 평행한 평면으로 자를 때 생기는 두 입체도형 중 각뿔이 아닌 쪽의 다면체

겨냥도			
이름			
옆면의 모양			
면의 개수			
꼭짓점의 개수			
모서리의 개수			

답 | ⑦ 직사각형　ⓒ 삼각형　ⓒ 각뿔대

대표유형 **03** 다면체의 면의 개수

⌒유형ON >>> 144쪽

다음 다면체 중 면의 개수가 가장 많은 것은?

① 사각기둥 ② 오각뿔 ③ 육각기둥
④ 칠각뿔대 ⑤ 육각뿔

풀이 과정

각 다면체의 면의 개수를 구하면 다음과 같다.
① $4+2=6$ ② $5+1=6$ ③ $6+2=8$
④ $7+2=9$ ⑤ $6+1=7$
따라서 면의 개수가 가장 많은 다면체는 ④이다.

정답 ④

03·Ⓐ 숫자 Change

다음 다면체 중 면의 개수가 같은 것끼리 짝 지어진 것은?

① 오면체, 사각기둥 ② 사각뿔, 사각뿔대
③ 육각뿔, 팔각기둥 ④ 칠각뿔, 정팔면체
⑤ 직육면체, 육각기둥

03·Ⓑ 표현 Change

다음 보기의 다면체 중 팔면체인 것을 모두 고르시오.

보기

ㄱ. 사각기둥 ㄴ. 오각뿔 ㄷ. 육각기둥
ㄹ. 육각뿔대 ㅁ. 칠각뿔 ㅂ. 팔각기둥

BIBLE SAYS 다면체의 면의 개수

다면체	n각기둥	n각뿔	n각뿔대
면의 개수	$n+2$	$n+1$	$n+2$

대표유형 **04** 다면체의 모서리의 개수

⌒유형ON >>> 145쪽

다음 다면체 중 모서리의 개수가 가장 많은 것은?

① 사각뿔 ② 칠각뿔 ③ 오각기둥
④ 칠각기둥 ⑤ 육각뿔대

풀이 과정

각 다면체의 모서리의 개수를 구하면 다음과 같다.
① $2\times4=8$ ② $2\times7=14$ ③ $3\times5=15$
④ $3\times7=21$ ⑤ $3\times6=18$
따라서 모서리의 개수가 가장 많은 것은 ④이다.

정답 ④

04·Ⓐ 표현 Change

다음 중 짝 지어진 두 다면체의 모서리의 개수의 합이 가장 큰 것은?

① 사각뿔, 육각뿔대 ② 육각뿔, 오각뿔대
③ 사각뿔대, 사각기둥 ④ 칠각뿔, 삼각기둥
⑤ 오각뿔대, 오각뿔

04·Ⓑ 표현 Change

모서리의 개수가 27인 각뿔대의 밑면의 모양을 구하시오.

BIBLE SAYS 다면체의 모서리의 개수

다면체	n각기둥	n각뿔	n각뿔대
모서리의 개수	$3n$	$2n$	$3n$

다음 중 오른쪽 그림의 다면체와 꼭짓점의 개수가 같은 것은?

① 삼각뿔 ② 오각뿔 ③ 삼각뿔대
④ 육각뿔 ⑤ 사각기둥

풀이 과정

주어진 다면체의 꼭짓점의 개수는 $2 \times 4 = 8$

각 다면체의 꼭짓점의 개수를 구하면 다음과 같다.

① $3 + 1 = 4$ ② $5 + 1 = 6$ ③ $2 \times 3 = 6$
④ $6 + 1 = 7$ ⑤ $2 \times 4 = 8$

따라서 꼭짓점의 개수가 같은 것은 ⑤이다.

정답 ⑤

BIBLE SAYS 다면체의 꼭짓점의 개수

다면체	n각기둥	n각뿔	n각뿔대
꼭짓점의 개수	$2n$	$n+1$	$2n$

05·A 숫자 Change

다음 중 오른쪽 그림의 다면체와 꼭짓점의 개수가 같은 것은?

① 사각뿔 ② 사각기둥
③ 오각뿔 ④ 육각뿔대
⑤ 육각기둥

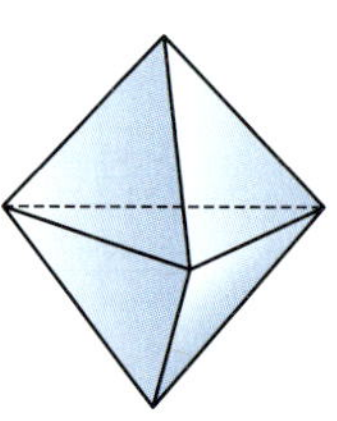

05·B 표현 Change

팔면체인 각기둥, 각뿔, 각뿔대의 꼭짓점의 개수의 합을 구하시오.

다음 다면체 중 꼭짓점의 개수와 면의 개수가 같은 것은?

① 육각뿔대 ② 칠각기둥 ③ 칠각뿔
④ 팔각뿔대 ⑤ 구각기둥

풀이 과정

각 다면체의 꼭짓점의 개수와 면의 개수를 차례대로 구하면 다음과 같다.

① $2 \times 6 = 12$, $6 + 2 = 8$ ② $2 \times 7 = 14$, $7 + 2 = 9$
③ $7 + 1 = 8$, $7 + 1 = 8$ ④ $2 \times 8 = 16$, $8 + 2 = 10$
⑤ $2 \times 9 = 18$, $9 + 2 = 11$

따라서 꼭짓점의 개수와 면의 개수가 같은 것은 ③이다.

정답 ③

06·A 숫자 Change

다음 다면체 중 꼭짓점의 개수와 면의 개수의 차가 6인 것은?

① 오각기둥 ② 육각뿔대 ③ 육각뿔
④ 팔각기둥 ⑤ 팔각뿔

06·B 표현 Change

면의 개수가 9인 각뿔대의 꼭짓점의 개수를 a, 모서리의 개수를 b라 할 때, $a+b$의 값을 구하시오.

대표유형 07 다면체의 옆면의 모양

유형ON >>> 147쪽

다음 중 다면체와 그 옆면의 모양이 바르게 짝 지어지지 <u>않은</u> 것은?

① 삼각기둥 — 직사각형 　② 사각뿔대 — 사다리꼴
③ 오각뿔 — 오각형 　④ 육각기둥 — 직사각형
⑤ 칠각뿔대 — 사다리꼴

풀이 과정

③ 오각뿔 — 삼각형

정답 ③

07·A 숫자 Change

다음 중 다면체와 그 옆면의 모양이 바르게 짝 지어진 것은?

① 사각기둥 — 사다리꼴 　② 육각뿔대 — 삼각형
③ 육각뿔 — 사다리꼴 　④ 칠각기둥 — 직사각형
⑤ 팔각뿔 — 사다리꼴

07·B 표현 Change

다음 다면체 중 옆면의 모양이 사각형이 <u>아닌</u> 것은?

① 삼각뿔대 　② 사각뿔 　③ 직육면체
④ 팔각기둥 　⑤ 구각뿔대

대표유형 08 다면체의 이해

유형ON >>> 148쪽

다음 중 각뿔대에 대한 설명으로 옳은 것은?

① 옆면의 모양은 직사각형이다.
② 두 밑면은 서로 평행하고 합동이다.
③ 사각뿔대는 사각뿔보다 면이 1개 더 많다.
④ 각뿔대는 옆면의 모양에 따라 삼각뿔대, 사각뿔대, 오각뿔대, …라 한다.
⑤ 각뿔대를 밑면에 평행한 평면으로 자를 때 생기는 단면의 모양은 사다리꼴이다.

풀이 과정

① 옆면의 모양은 사다리꼴이다.
② 두 밑면은 서로 평행하지만 합동은 아니다.
③ 사각뿔대의 면의 개수는 6, 사각뿔의 면의 개수는 5이므로 사각뿔대는 사각뿔보다 면이 1개 더 많다.
④ 각뿔대는 밑면의 모양에 따라 이름이 결정된다.
⑤ n각뿔대를 밑면에 평행한 평면으로 자를 때 생기는 단면의 모양은 n각형이다.
따라서 옳은 것은 ③이다.

정답 ③

08·A 숫자 Change

다음 중 각뿔에 대한 설명으로 옳은 것은?

① 두 밑면은 합동이다.
② 두 밑면은 서로 평행하다.
③ 옆면의 모양은 사다리꼴이다.
④ 꼭짓점의 개수는 면의 개수와 같다.
⑤ n각뿔의 모서리의 개수는 $n+1$이다.

08·B 숫자 Change

육각뿔대에 대한 설명으로 보기에서 옳은 것을 모두 고르시오.

보기

ㄱ. 오각뿔대보다 면이 1개 더 많다.
ㄴ. 육각뿔과 꼭짓점의 개수가 같다.
ㄷ. 밑면에 수직인 평면으로 자를 때 생기는 단면의 모양은 육각형이다.
ㄹ. 꼭짓점의 개수와 모서리의 개수의 차는 6이다.

대표유형 **09** 주어진 조건을 만족시키는 다면체

⋔ 유형ON >>> 148쪽

다음 조건을 모두 만족시키는 다면체는?

> ㈎ 두 밑면은 서로 평행하다.
> ㈏ 옆면의 모양은 모두 사다리꼴이다.
> ㈐ 팔면체이다.

① 육각기둥   ② 칠각기둥   ③ 육각뿔대
④ 칠각뿔대   ⑤ 팔각뿔

풀이 과정

㈎, ㈏에 의하여 구하는 다면체는 각뿔대이다.
구하는 각뿔대를 n각뿔대라 하면 면의 개수는 $n+2$이므로 ㈐에 의하여
$n+2=8$ ∴ $n=6$
따라서 조건을 모두 만족시키는 다면체는 육각뿔대이다.

정답 ③

09 · A 숫자 Change

다음 조건을 모두 만족시키는 다면체는?

> ㈎ 두 밑면은 서로 평행하고 합동인 다각형이다.
> ㈏ 옆면의 모양은 모두 직사각형이다.
> ㈐ 칠면체이다.

① 오각기둥   ② 육각뿔   ③ 육각기둥
④ 오각뿔대   ⑤ 칠각뿔

09 · B 표현 Change

다음 조건을 모두 만족시키는 다면체는?

> ㈎ 모서리의 개수는 10이다.
> ㈏ 꼭짓점의 개수와 면의 개수가 같다.
> ㈐ 옆면의 모양은 모두 삼각형이다.

① 사각뿔   ② 사각뿔대   ③ 오각뿔
④ 오각뿔대   ⑤ 육각기둥

대표유형 **10** 다면체의 면, 모서리, 꼭짓점의 개수 사이의 관계

⋔ 유형ON >>> 148쪽

오른쪽 그림과 같은 입체도형의 꼭짓점의 개수를 v, 모서리의 개수를 e, 면의 개수를 f라 할 때, $v-e+f$의 값을 구하시오.

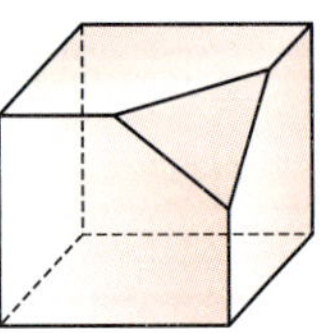

풀이 과정

주어진 입체도형에서 $v=10$, $e=15$, $f=7$이므로
$v-e+f=10-15+7=2$

정답 2

10 · A 숫자 Change

오른쪽 그림과 같은 입체도형의 꼭짓점의 개수를 v, 모서리의 개수를 e, 면의 개수를 f라 할 때, $v-e+f$의 값을 구하시오.

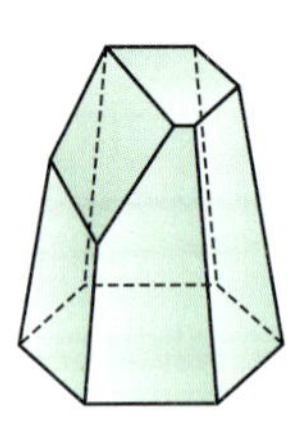

배운대로 학습하기

01
대표 유형 **01 ⊕ 02**

다음 보기의 입체도형 중 다면체가 <u>아닌</u> 것을 모두 고른 것은?

보기

ㄱ. 직육면체 ㄴ. 구 ㄷ. 오각뿔대
ㄹ. 사각뿔 ㅁ. 원뿔 ㅂ. 팔각기둥

① ㄱ, ㄴ ② ㄴ, ㄹ ③ ㄴ, ㅁ
④ ㄷ, ㅁ ⑤ ㄷ, ㅂ

02
대표 유형 **03**

다음 다면체 중 오른쪽 그림과 같은 다면체와 면의 개수가 같은 것은?

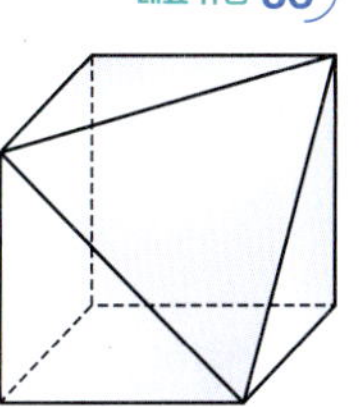

① 삼각기둥 ② 오각뿔
③ 오각뿔대 ④ 육각뿔대
⑤ 칠각기둥

03
대표 유형 **04**

모서리의 개수가 21인 각기둥을 구하시오.

04
대표 유형 **05**

다음 다면체 중 꼭짓점의 개수가 나머지 넷과 <u>다른</u> 하나는?

① 사각기둥 ② 사각뿔 ③ 사각뿔대
④ 직육면체 ⑤ 칠각뿔

05
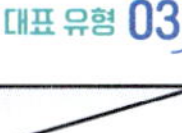 생각이 쑥쑥

대표 유형 **06**

칠각뿔의 면의 개수를 a, 육각기둥의 모서리의 개수를 b, 오각뿔대의 꼭짓점의 개수를 c라 할 때, $a+b-c$의 값을 구하시오.

06
대표 유형 **06**

꼭짓점의 개수가 20인 각뿔대의 면의 개수를 a, 모서리의 개수를 b라 할 때, $a+b$의 값은?

① 36 ② 38 ③ 40
④ 42 ⑤ 44

07 생각이 쑥쑥 대표 유형 06

어떤 각기둥의 모서리가 꼭짓점보다 9개 많을 때, 이 각기둥의 면의 개수를 구하시오.

08 대표 유형 07

다음 중 다면체와 그 옆면의 모양이 바르게 짝 지어진 것을 모두 고르면? (정답 2개)

① 삼각뿔 − 직사각형 ② 오각기둥 − 삼각형
③ 오각뿔대 − 사다리꼴 ④ 칠각뿔 − 삼각형
⑤ 십각기둥 − 십각형

09 대표 유형 08

다음 중 구각뿔대에 대한 설명으로 옳은 것을 모두 고르면?

(정답 2개)

① 두 밑면은 서로 합동이다.
② 두 밑면은 서로 평행하다.
③ 옆면의 모양은 직사각형이다.
④ 모서리의 개수는 27이다.
⑤ 십각뿔대보다 꼭짓점이 3개 적다.

10 대표 유형 08

다음 중 보기의 입체도형에 대한 설명으로 옳은 것은?

> **보기**
>
> 오각뿔대, 정육면체, 구, 오각기둥
> 사각뿔, 삼각뿔, 원뿔, 삼각기둥

① 다면체인 것은 모두 2개이다.
② 평행한 면이 있는 다면체는 모두 4개이다.
③ 삼각형 모양인 면을 갖는 다면체는 모두 4개이다.
④ 옆면의 모양이 사각형인 다면체는 모두 2개이다.
⑤ 모든 면의 모양이 정사각형인 다면체는 2개이다.

11 대표 유형 09

다음 조건을 모두 만족시키는 다면체의 꼭짓점의 개수를 구하시오.

> (개) 밑면의 모양은 다각형이다.
> (내) 옆면의 모양은 모두 삼각형이다.
> (대) 모서리의 개수는 24이다.

12 대표 유형 10

오른쪽 그림과 같은 입체도형의 꼭짓점의 개수를 v, 모서리의 개수를 e, 면의 개수를 f라 할 때, $v-e+f$의 값을 구하시오.

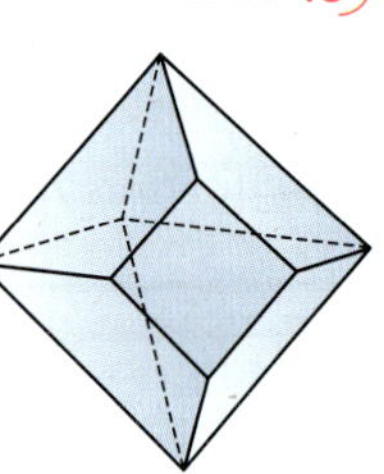

03 정다면체

(1) **정다면체** : 다음 조건을 모두 만족시키는 다면체를 **정다면체**라 한다.
　① 모든 면이 합동인 정다각형이다.
　② 각 꼭짓점에 모인 면의 개수가 같다.

　두 조건 중 어느 한 가지만을 만족시키는 다면체는 정다면체가 아니다.

(2) **정다면체의 종류** : **정사면체**, **정육면체**, **정팔면체**, **정십이면체**, **정이십면체**의 5가지뿐이다.

정다면체	정사면체	정육면체	정팔면체	정십이면체	정이십면체
겨냥도					
면의 모양	정삼각형	정사각형	정삼각형	정오각형	정삼각형
한 꼭짓점에 모인 면의 개수	3	3	4	3	5
면의 개수	4	6	8	12	20
모서리의 개수	6	12	12	30	30
꼭짓점의 개수	4	8	6	20	12
전개도					

다음 그림의 두 입체도형을 혼동하지 않도록 한다.

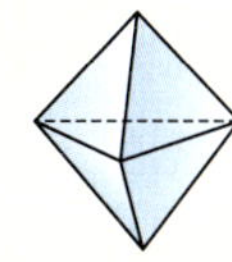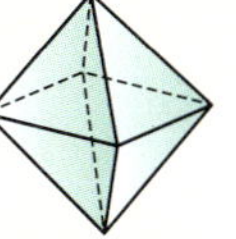

면의 모양에 따른 정다면체의 분류

면의 모양	정다면체
정삼각형	정사면체, 정팔면체, 정이십면체
정사각형	정육면체
정오각형	정십이면체

한 꼭짓점에 모인 면의 개수에 따른 정다면체의 분류

개수	정다면체
3	정사면체, 정육면체, 정십이면체
4	정팔면체
5	정이십면체

개념 CHECK　01

오른쪽 그림의 입체도형은 합동인 6개의 정삼각형으로 이루어진 다면체이다. 다음은 이 다면체가 정다면체가 아닌 이유를 설명하는 과정이다. 빈 칸에 알맞은 말 또는 수를 써넣으시오.

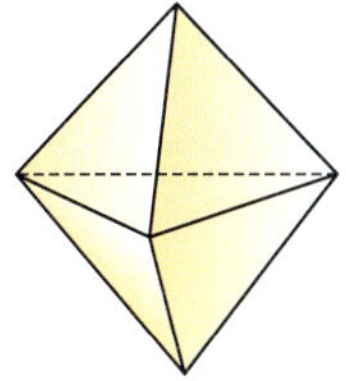

각 꼭짓점에 모인 면의 개수를 써넣으면 오른쪽 그림과 같다.
따라서 주어진 입체도형은 각 꼭짓점에 모인 ☐의 개수가 같지 않으므로 정다면체가 아니다.

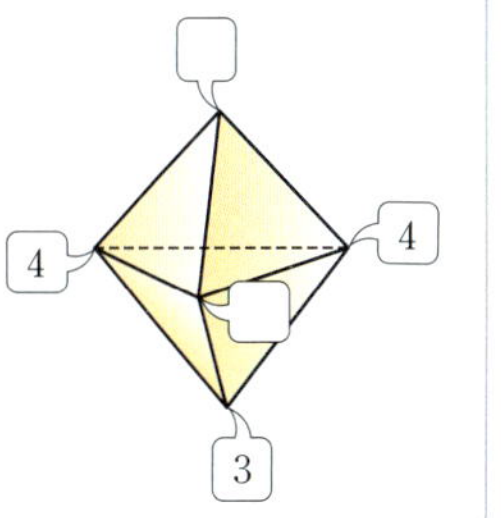

개념 CHECK　02

• ㉠ ☐ : 각 면이 모두 합동인 정다각형이고 각 꼭짓점에 모인 면의 개수가 모두 같은 다면체

다음을 만족시키는 정다면체를 보기에서 모두 고르시오.

　보기
　ㄱ. 정사면체　　ㄴ. 정육면체　　ㄷ. 정팔면체　　ㄹ. 정십이면체　　ㅁ. 정이십면체

(1) 면의 모양이 정삼각형인 정다면체

(2) 한 꼭짓점에 모인 면의 개수가 3인 정다면체

답 | ㉠ 정다면체

정다면체가 다섯 가지뿐인 이유

정다면체는 입체도형이므로
한 꼭짓점에 모인 면이 3개 이상이어야 하고,
한 꼭짓점에 모인 각의 크기의 합이 360°보다 작아야 한다.

이때 정다면체가 되는 경우를 면의 모양과 한 꼭짓점에 모인 면의 개수에 따라 확인해 보자.

(1) 면의 모양이 정삼각형인 경우

한 꼭짓점에 면이 3개가 모인 경우	한 꼭짓점에 면이 4개가 모인 경우	한 꼭짓점에 면이 5개가 모인 경우
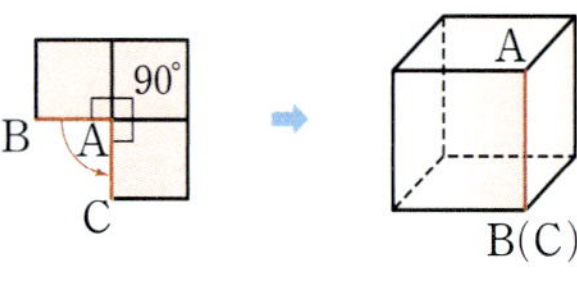 정사면체	정팔면체	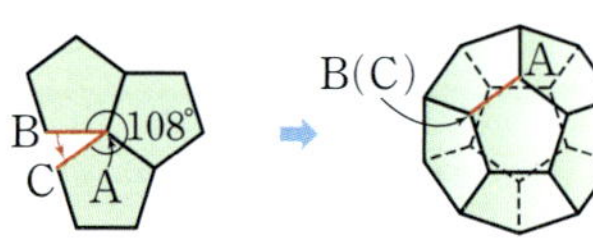 정이십면체

➡ 한 꼭짓점에 6개 이상의 정삼각형이 모이면 그 꼭짓점에 모인 각의 크기의 합이 360° 이거나 360°보다 크게 되어 입체도형을 만들 수 없다. 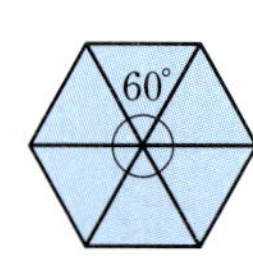

(2) 면의 모양이 정사각형인 경우

한 꼭짓점에 면이 3개가 모인 경우
정육면체

➡ 한 꼭짓점에 4개 이상의 정사각형이 모이면 그 꼭짓점에 모인 각의 크기의 합이 360° 이거나 360°보다 크게 되어 입체도형을 만들 수 없다. 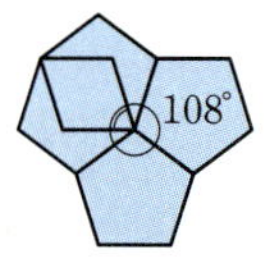

(3) 면의 모양이 정오각형인 경우

한 꼭짓점에 면이 3개가 모인 경우
정십이면체

➡ 한 꼭짓점에 4개 이상의 정오각형이 모이면 그 꼭짓점에 모인 각의 크기의 합이 360°보다 크게 되어 입체도형을 만들 수 없다.

(4) 한 꼭짓점에 3개의 정육각형이 모이면 그 꼭짓점에 모인 각의 크기의 합이 360°가 되어 평면이 되므로 입체도형을 만들 수 없다. 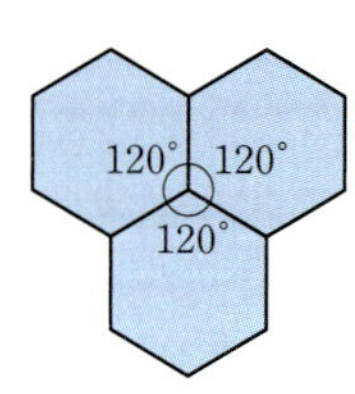

따라서 정다면체의 면이 될 수 있는 다각형은 정삼각형, 정사각형, 정오각형뿐이고, 이 도형으로 만들 수 있는 정다면체는 정사면체, 정육면체, 정팔면체, 정십이면체, 정이십면체의 다섯 가지뿐이다.

대표유형 **01** 정다면체

⌂ 유형ON >>> 149쪽

다음 보기 중 옳지 않은 것을 모두 고르시오.

> **보기**
> ㄱ. 정다면체는 모든 모서리의 길이가 같다.
> ㄴ. 모든 정다면체는 평행한 면이 있다.
> ㄷ. 모든 면이 합동인 정다각형이면 정다면체이다.
> ㄹ. 정다면체의 면의 모양은 정삼각형, 정사각형, 정오각형 뿐이다.

풀이 과정

ㄴ. 정사면체는 평행한 면이 없다.
ㄷ. 모든 면이 합동인 정다각형이고, 각 꼭짓점에 모인 면의 개수가 같은 다면체가 정다면체이다.

정답 ㄴ, ㄷ

01 · **A** 숫자 Change

다음 보기 중 옳은 것을 모두 고르시오.

> **보기**
> ㄱ. 정다면체의 종류는 모두 5가지이다.
> ㄴ. 모든 정다면체는 평행한 모서리가 있다.
> ㄷ. 정다면체의 각 꼭짓점에 모인 면의 개수는 같다.
> ㄹ. 정십이면체의 면의 모양은 정삼각형이다.

01 · **B** 표현 Change

다음 중 정다면체와 그 면의 모양, 한 꼭짓점에 모인 면의 개수를 바르게 짝 지은 것은?

	정다면체	면의 모양	한 꼭짓점에 모인 면의 개수
①	정사면체	정사각형	3
②	정육면체	정삼각형	3
③	정팔면체	정삼각형	4
④	정십이면체	정삼각형	3
⑤	정이십면체	정삼각형	4

대표유형 **02** 정다면체의 면, 모서리, 꼭짓점의 개수

⌂ 유형ON >>> 150쪽

정팔면체의 모서리의 개수를 a, 정십이면체의 꼭짓점의 개수를 b라 할 때, $a+b$의 값은?

① 18   ② 20   ③ 32
④ 36   ⑤ 42

풀이 과정

정팔면체의 모서리의 개수는 12이므로 $a=12$
정십이면체의 꼭짓점의 개수는 20이므로 $b=20$
$\therefore a+b=12+20=32$

정답 ③

02 · **A** 숫자 Change

정사면체의 꼭짓점의 개수를 a, 정이십면체의 한 꼭짓점에 모인 면의 개수를 b라 할 때, $a+b$의 값을 구하시오.

02 · **B** 표현 Change

정십이면체의 꼭짓점의 개수를 a, 면의 개수를 b라 할 때, 꼭짓점의 개수가 b, 면의 개수가 a인 정다면체는?

① 정사면체   ② 정육면체   ③ 정팔면체
④ 정십이면체   ⑤ 정이십면체

다음 중 정사면체에 대한 설명으로 옳지 <u>않은</u> 것은?

① 면의 개수는 4이다.
② 각 면은 모두 합동인 정삼각형이다.
③ 모서리의 개수는 정육면체의 꼭짓점의 개수와 같다.
④ 한 꼭짓점에 모인 면의 개수는 3이다.
⑤ 정다면체 중 꼭짓점의 개수가 가장 적다.

풀이 과정

③ 정사면체의 모서리의 개수는 6, 정육면체의 꼭짓점의 개수는 8이므로 같지 않다.

정답 ③

03·Ⓐ (숫자 Change)

다음 중 정다면체에 대한 설명으로 옳은 것은?

① 정사면체의 꼭짓점의 개수는 5이다.
② 정이십면체의 모서리의 개수는 20이다.
③ 정십이면체에서 한 꼭짓점에 모인 면의 개수는 3이다.
④ 정오각형을 한 면으로 하는 정다면체는 없다.
⑤ 정사면체, 정팔면체, 정십이면체의 면의 모양은 서로 같다.

03·Ⓑ (표현 Change)

다음 조건을 모두 만족시키는 정다면체의 꼭짓점의 개수를 x, 모서리의 개수를 y라 할 때, $x+y$의 값을 구하시오.

(가) 모든 면은 합동인 정삼각형이다.
(나) 한 꼭짓점에 모인 면의 개수는 5이다.

오른쪽 그림과 같은 전개도로 만들어지는 정다면체에 대하여 다음을 구하시오.

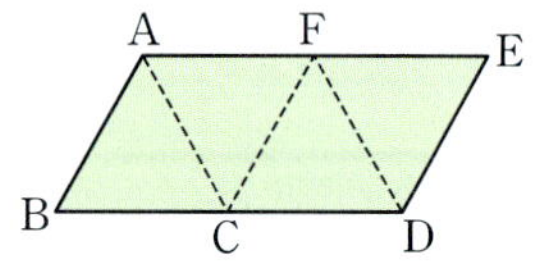

(1) 정다면체의 이름

(2) 점 A와 겹치는 꼭짓점

(3) 모서리 BC와 겹치는 모서리

(4) 모서리 AB와 꼬인 위치에 있는 모서리

풀이 과정

주어진 전개도로 만들어지는 정다면체는 오른쪽 그림과 같다.

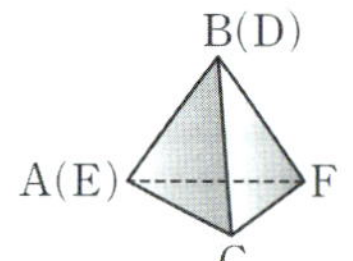

정답 (1) 정사면체 (2) 점 E (3) 모서리 DC (4) 모서리 CF

04·Ⓐ (숫자 Change)

오른쪽 그림과 같은 전개도로 만들어지는 정다면체에 대하여 다음을 구하시오.

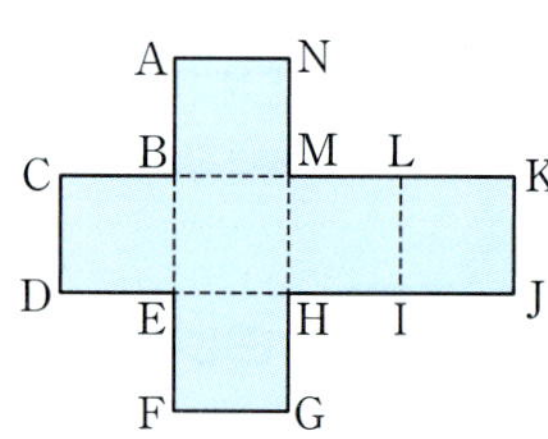

(1) 정다면체의 이름

(2) 점 A와 겹치는 꼭짓점

(3) 모서리 AN과 겹치는 모서리

(4) 모서리 CD와 평행한 모서리

04·Ⓑ (표현 Change)

오른쪽 그림과 같은 전개도로 정팔면체를 만들 때, 다음 중 $\overline{AJ}$와 꼬인 위치에 있는 모서리가 <u>아닌</u> 것은?

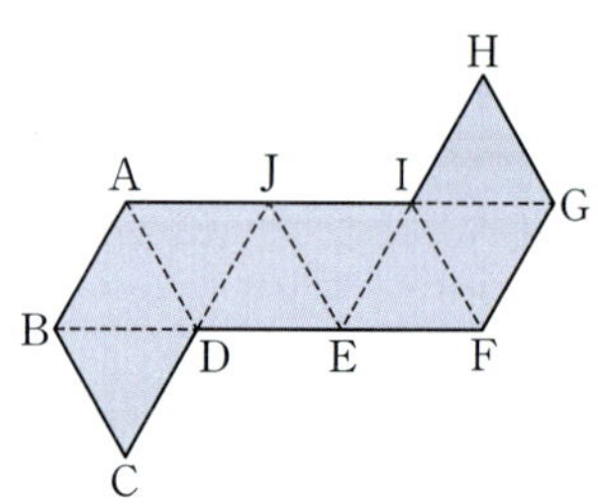

① $\overline{FI}$ ② $\overline{DE}$
③ $\overline{IE}$ ④ $\overline{DB}$
⑤ $\overline{EF}$

대표유형 **05** 정다면체의 단면

유형ON >>> 154쪽

다음 중 정육면체를 한 평면으로 자를 때 생기는 단면의 모양이 될 수 <u>없는</u> 것은?

① 삼각형 ② 직사각형 ③ 오각형
④ 육각형 ⑤ 칠각형

풀이 과정

① 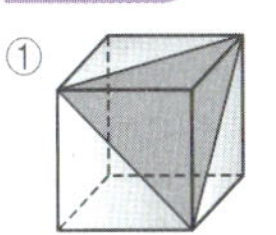 ② 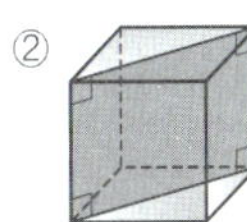 ③ 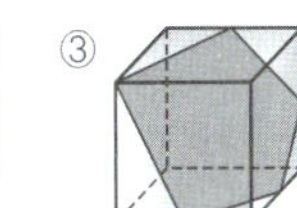 ④ 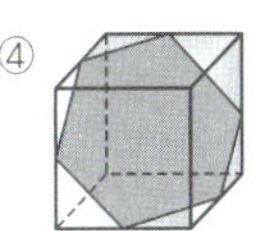

따라서 정육면체를 한 평면으로 자를 때 생기는 단면의 모양이 될 수 없는 것은 ⑤이다.

정답 ⑤

05·Ⓐ 숫자 Change

오른쪽 그림과 같은 정육면체를 세 꼭짓점 A, B, H를 지나는 평면으로 자를 때 생기는 단면의 모양은?

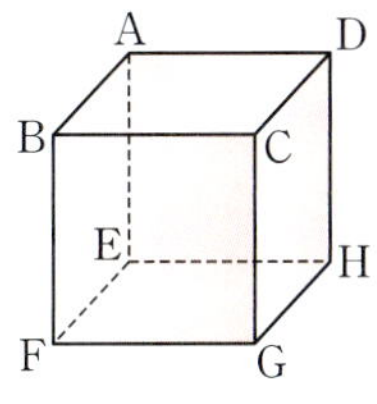

① 정삼각형 ② 직각삼각형
③ 직사각형 ④ 마름모
⑤ 정오각형

05·Ⓑ 표현 Change

오른쪽 그림은 정육면체를 세 꼭짓점 B, C, F를 지나는 평면으로 잘라 만든 입체도형이다. ∠BFC의 크기를 구하시오.

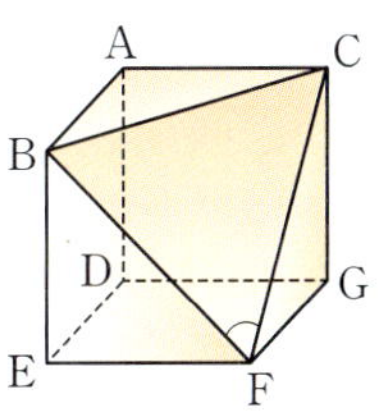

대표유형 **06** 정다면체의 각 면의 한가운데 점을 연결하여 만든 입체도형

유형ON >>> 153쪽

오른쪽 그림과 같은 정팔면체의 각 면의 한가운데 점을 연결하여 만든 정다면체는?

① 정사면체 ② 정육면체
③ 정팔면체 ④ 정십이면체
⑤ 정이십면체

풀이 과정

정팔면체의 면의 개수는 8이므로 구하는 정다면체의 꼭짓점의 개수는 8이다.
따라서 구하는 정다면체는 정육면체이다.

정답 ②

06·Ⓐ 숫자 Change

오른쪽 그림과 같은 정십이면체의 각 면의 한가운데 점을 연결하여 만든 정다면체는?

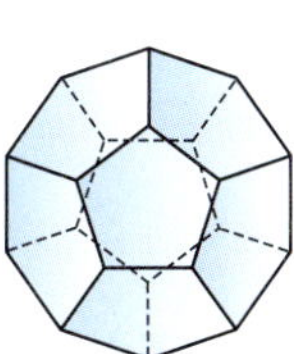

① 정사면체 ② 정육면체
③ 정팔면체 ④ 정십이면체
⑤ 정이십면체

06·Ⓑ 표현 Change

정이십면체의 각 면의 한가운데 점을 연결하여 만든 입체도형의 모서리의 개수를 구하시오.

01

대표 유형 **02**

다음 보기 중 그 값이 큰 것부터 차례대로 나열하시오.

> **보기**
> ㄱ. 정사면체의 꼭짓점의 개수
> ㄴ. 정육면체의 면의 개수
> ㄷ. 정팔면체의 면의 개수
> ㄹ. 정십이면체의 모서리의 개수
> ㅁ. 정이십면체의 꼭짓점의 개수

02

대표 유형 **02**

한 꼭짓점에 모인 면의 개수가 4인 정다면체의 꼭짓점의 개수를 a, 면의 모양이 정사각형인 정다면체의 모서리의 개수를 b라 할 때, $a+b$의 값을 구하시오.

03

대표 유형 **01** ⊕ **03**

다음 조건을 모두 만족시키는 정다면체는?

> ㈎ 각 면의 모양은 모두 합동인 정삼각형이다.
> ㈏ 모서리의 개수는 30이다.

① 정사면체 ② 정육면체 ③ 정팔면체
④ 정십이면체 ⑤ 정이십면체

04

대표 유형 **01** ⊕ **02** ⊕ **03**

다음 중 정다면체에 대한 설명으로 옳지 <u>않은</u> 것을 모두 고르면? (정답 2개)

① 각 면이 모두 합동인 정다각형으로 이루어진 다면체를 정다면체라 한다.
② 면의 모양은 정삼각형, 정사각형, 정오각형 중 하나이다.
③ 삼각뿔대는 정다면체이다.
④ 한 꼭짓점에 모인 면의 개수가 가장 많은 것은 정이십면체이다.
⑤ 정육면체와 정팔면체의 모서리의 개수는 같다.

05

대표 유형 **03**

다음 중 정다면체에서 한 꼭짓점에 모인 면의 개수가 같은 것끼리 짝 지어진 것은?

① 정사면체, 정육면체, 정팔면체
② 정사면체, 정육면체, 정십이면체
③ 정사면체, 정팔면체, 정십이면체
④ 정육면체, 정팔면체, 정이십면체
⑤ 정육면체, 정십이면체, 정이십면체

06 생각이 쑥쑥

대표 유형 **04**

다음 중 오른쪽 그림과 같은 전개도로 만들어지는 정다면체에 대한 설명으로 옳은 것을 모두 고르면? (정답 2개)

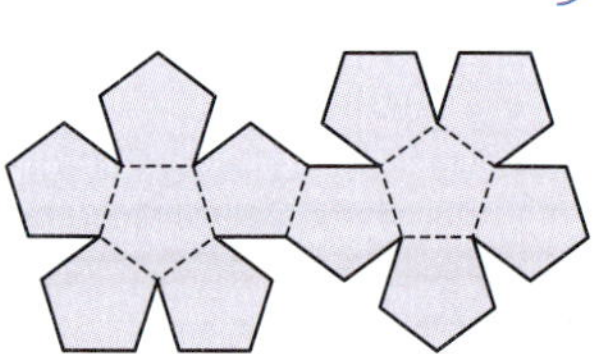

① 면의 개수는 12이다.
② 정다면체 중 면이 가장 많다.
③ 꼭짓점의 개수는 12이다.
④ 모서리의 개수는 30이다.
⑤ 한 꼭짓점에 모인 면의 개수는 4이다.

07

대표 유형 04

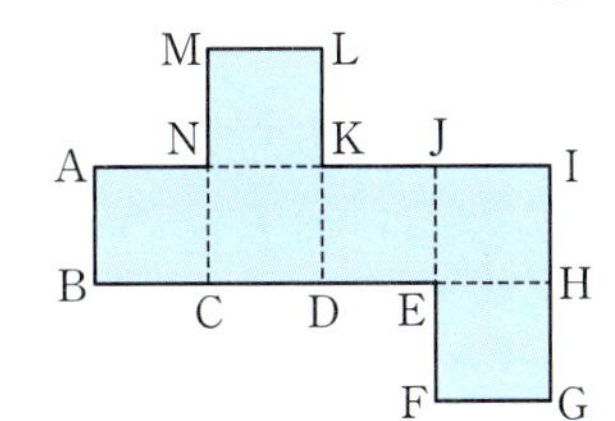

다음 중 오른쪽 그림과 같은 전개도로 만들어지는 정육면체에 대한 설명으로 옳지 않은 것을 모두 고르면? (정답 2개)

① $\overline{KJ}$와 겹치는 모서리는 $\overline{KL}$이다.
② 꼭짓점 B와 겹치는 점은 점 G이다.
③ $\overline{BC}$와 $\overline{LK}$는 평행하다.
④ $\overline{DK}$와 $\overline{GH}$는 평행하다.
⑤ $\overline{MN}$과 $\overline{JE}$는 꼬인 위치에 있다.

08

대표 유형 05

다음 중 정사면체를 한 평면으로 잘랐을 때 생길 수 있는 단면의 모양이 아닌 것은?

① 이등변삼각형 ② 직사각형 ③ 사다리꼴
④ 정삼각형 ⑤ 직각삼각형

09

대표 유형 05

오른쪽 그림과 같은 정육면체를 세 꼭짓점 B, D, G를 지나는 평면으로 자를 때 생기는 단면의 모양은?

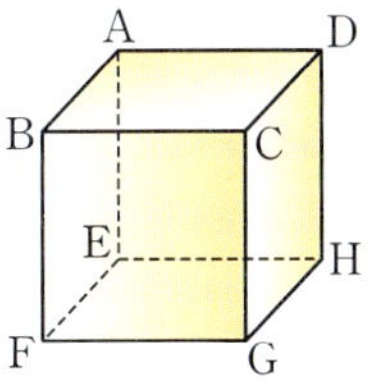

① 직각삼각형 ② 정삼각형
③ 정사각형 ④ 오각형
⑤ 육각형

10

생각이 쑥쑥

대표 유형 05

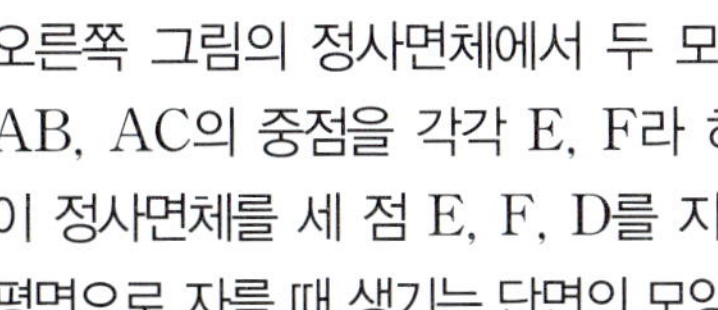

오른쪽 그림의 정사면체에서 두 모서리 AB, AC의 중점을 각각 E, F라 하자. 이 정사면체를 세 점 E, F, D를 지나는 평면으로 자를 때 생기는 단면의 모양은?

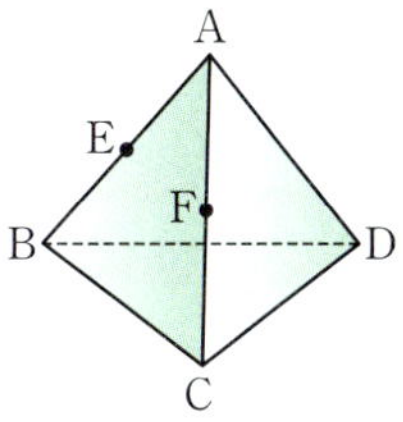

① 이등변삼각형 ② 정삼각형
③ 직사각형 ④ 오각형
⑤ 육각형

11

대표 유형 06

정육면체의 각 면의 한가운데 점을 연결하여 만든 정다면체는?

① 정사면체 ② 정육면체 ③ 정팔면체
④ 정십이면체 ⑤ 정이십면체

12

대표 유형 06

다음 중 정십이면체의 각 면의 한가운데 점을 연결하여 만든 다면체에 대한 설명으로 옳지 않은 것은?

① 면의 개수는 20이다.
② 모서리의 개수는 30이다.
③ 꼭짓점의 개수는 12이다.
④ 한 꼭짓점에 모인 면의 개수는 4이다.
⑤ 각 면의 모양은 합동인 정삼각형이다.

04 회전체

(1) **회전체** : 평면도형을 한 직선을 축으로 하여 1회전 시킬 때 생기는 입체도형
  ① **회전축** : 회전시킬 때 축으로 사용한 직선
  ② 모선 : 회전시킬 때 옆면을 만드는 선분

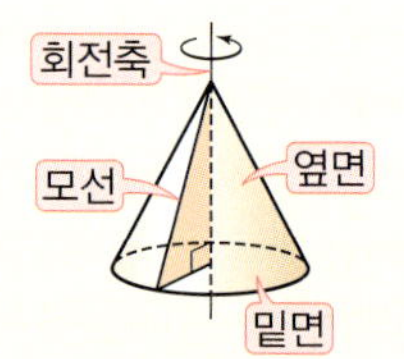

(2) **원뿔대** : 원뿔을 밑면에 평행한 평면으로 자를 때 생기는 두 입체도형 중 원뿔이 아닌 것
  ① 밑면 : 원뿔대에서 평행한 두 면
  ② 옆면 : 원뿔대에서 밑면이 아닌 면
  ③ 높이 : 원뿔대에서 두 밑면 사이의 거리

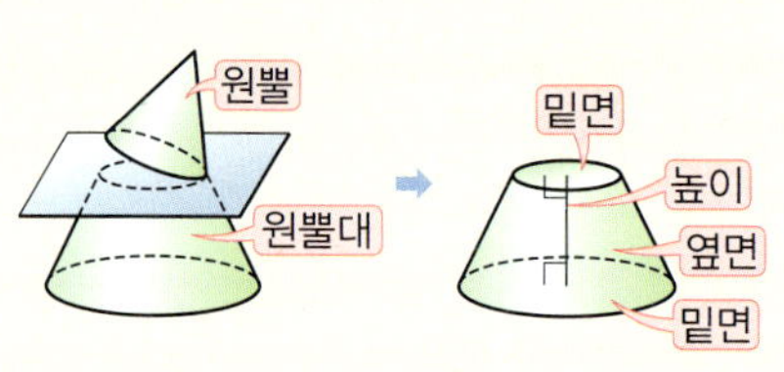

(3) **회전체의 종류** : 원기둥, 원뿔, 원뿔대, 구 등

회전체	원기둥	원뿔	원뿔대	구
겨냥도	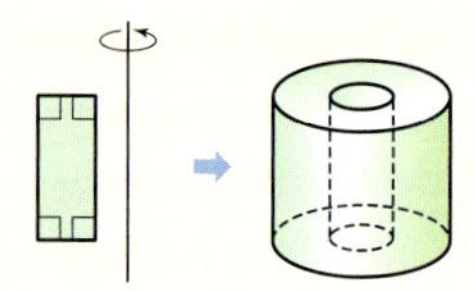			
회전시키는 평면도형	직사각형	직각삼각형	두 각이 직각인 사다리꼴	반원

구의 특징
(1) 옆면이 없으므로 모선을 생각하지 않는다.
(2) 회전축이 무수히 많다.

평면도형이 회전축에서 떨어져 있으면 가운데가 비어 있는 회전체가 된다.

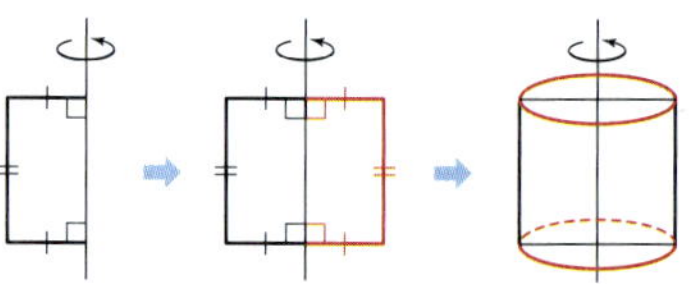

> **용어 설명**
> 회전체(돌아올 回, 구를 轉, 몸 體)
> 회전하여 생긴 입체도형

바이블 POINT 회전체를 그리는 방법

❶ 회전축을 대칭축으로 하는 선대칭도형을 그린다.
❷ 회전축을 포함한 단면의 모양이 ❶에서 그린 도형이 되도록 겨냥도를 그린다.
(참고) 선대칭도형 : 한 평면도형을 어떤 직선을 따라 접었을 때 완전히 겹쳐지는 도형

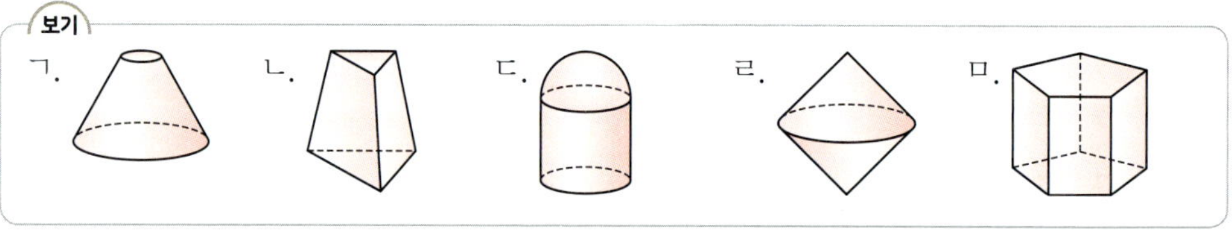

개념 CHECK 01

· ㉠ 　　　 : 평면도형을 한 직선을 축으로 하여 1회전 시킬 때 생기는 입체도형

다음 보기 중 회전체를 모두 고르시오.

보기
ㄱ. ㄴ. ㄷ. ㄹ. ㅁ.

개념 CHECK 02

· 회전체를 그리는 방법
❶ 회전축을 대칭축으로 하는 ㉡ 　　　 을 그린다.
❷ ㉢ 　　　 을 포함한 단면의 모양이 ❶에서 그린 도형이 되도록 겨냥도를 그린다.

다음 그림과 같은 평면도형을 직선 l 을 회전축으로 하여 1회전 시킬 때 생기는 회전체를 그리시오.

(1) 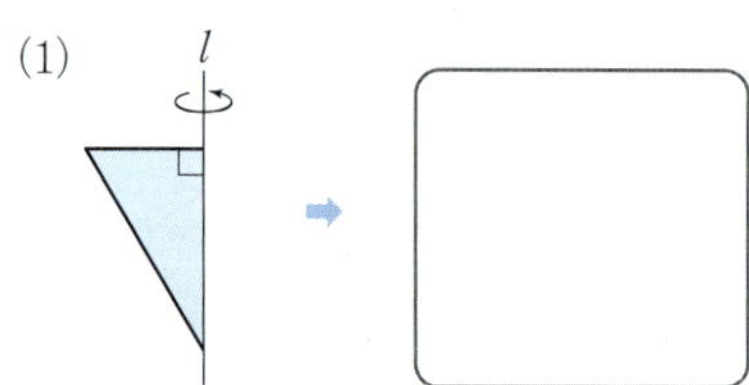

(2) 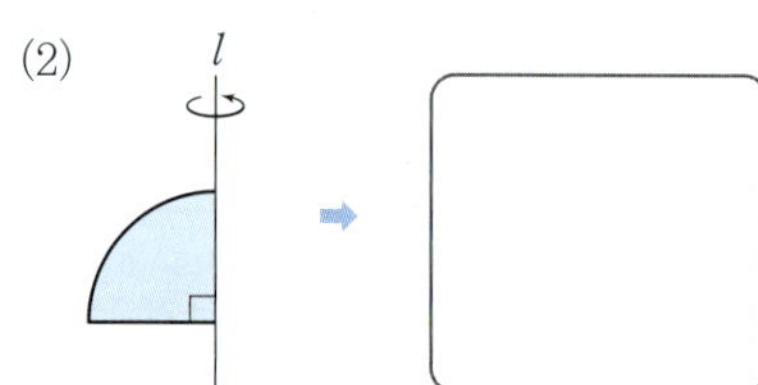

답 | ㉠ 회전체 ㉡ 선대칭도형 ㉢ 회전축

대표유형 **01** 회전체

유형ON >>> 155쪽

다음 중 회전체를 모두 고르면? (정답 2개)

① 정육면체　　② 원뿔　　③ 사각뿔대
④ 구　　　　　⑤ 오각뿔

풀이 과정

①, ③, ⑤는 다면체이다.
따라서 회전체는 ②, ④이다.

(정답) ②, ④

01 · Ⓐ (숫자 Change)

다음 보기의 입체도형 중 회전체는 모두 몇 개인지 구하시오.

보기

ㄱ. 오각뿔대　ㄴ. 삼각뿔　ㄷ. 원기둥　ㄹ. 반구
ㅁ. 정팔면체　ㅂ. 원뿔대　ㅅ. 사각기둥　ㅇ. 정십이면체

대표유형 **02** 평면도형을 회전시킬 때 생기는 회전체

유형ON >>> 156쪽

다음 중 주어진 평면도형을 직선 l을 회전축으로 하여 1회전 시킬 때 생기는 회전체로 옳은 것은?

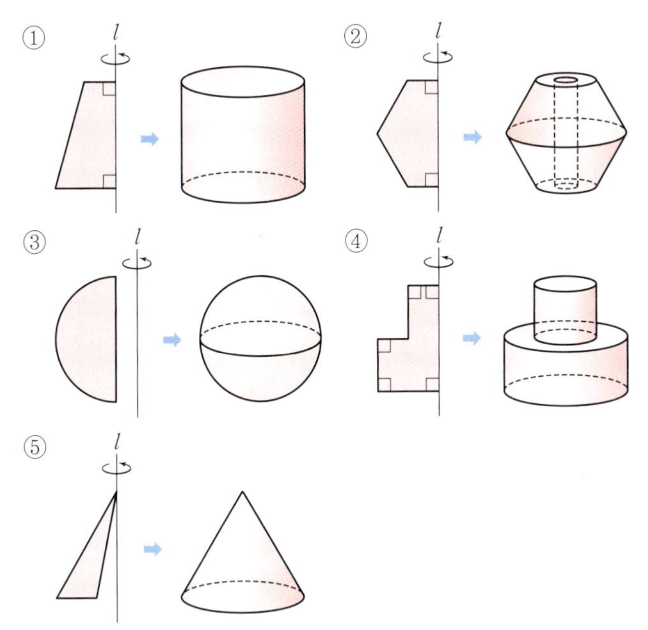

풀이 과정

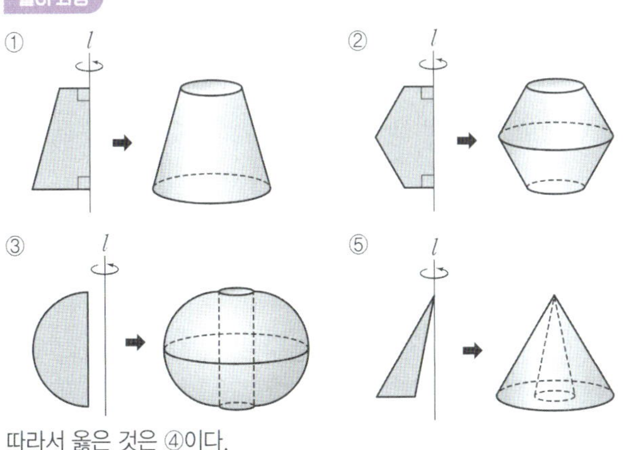

따라서 옳은 것은 ④이다.

(정답) ④

02 · Ⓐ (숫자 Change)

다음 중 주어진 평면도형을 직선 l을 회전축으로 하여 1회전 시킬 때 생기는 회전체로 옳지 <u>않은</u> 것은?

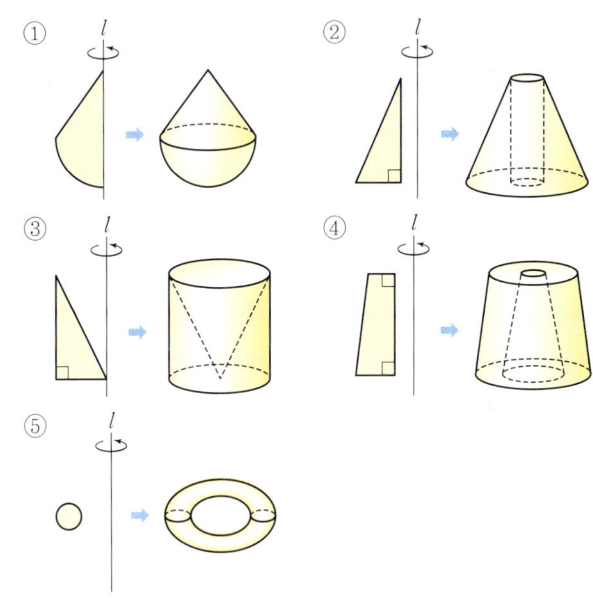

02 · Ⓑ (표현 Change)

다음 중 오른쪽 그림과 같은 평면도형을 직선 l을 회전축으로 하여 1회전 시킬 때 생기는 회전체는?

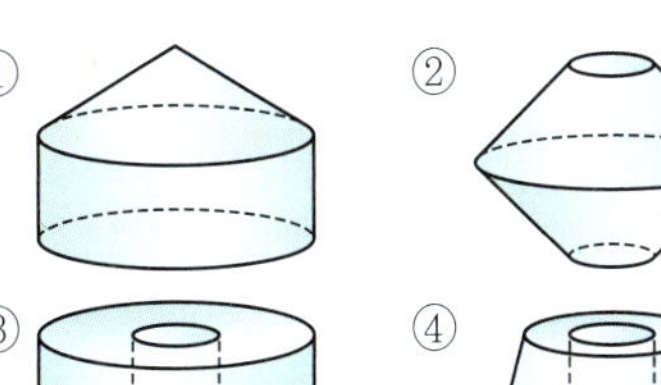

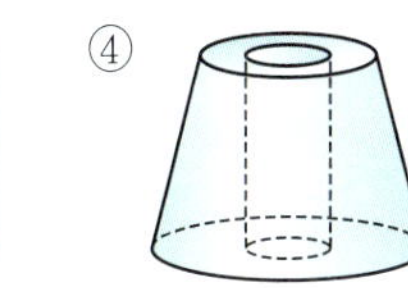

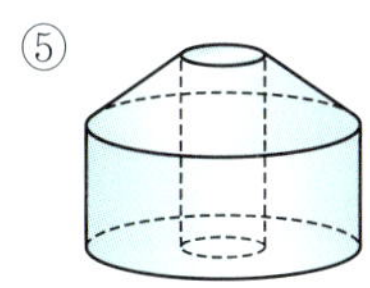

05 회전체의 성질

(1) 회전체를 회전축에 수직인 평면으로 자를 때 생기는 단면의 경계는 항상 **원**이다.

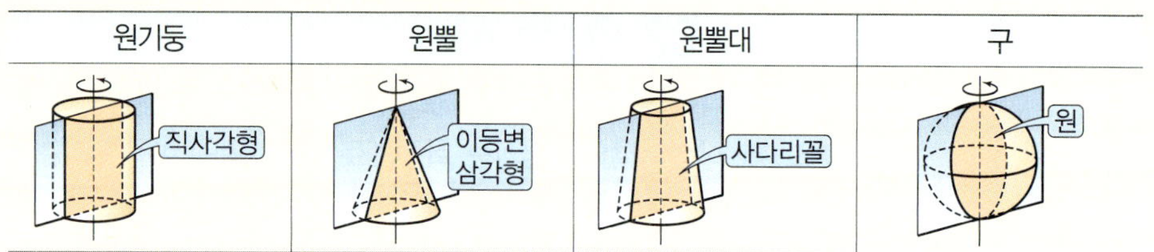

(주의) 원뿔, 원뿔대, 구에서 회전축에 수직인 평면으로 자를 때 생기는 단면은 항상 원이지만 그 크기는 다르다.

(2) 회전체를 회전축을 포함하는 평면으로 자를 때 생기는 단면은

① 모두 합동이다.

② 회전축을 대칭축으로 하는 **선대칭도형**이다.

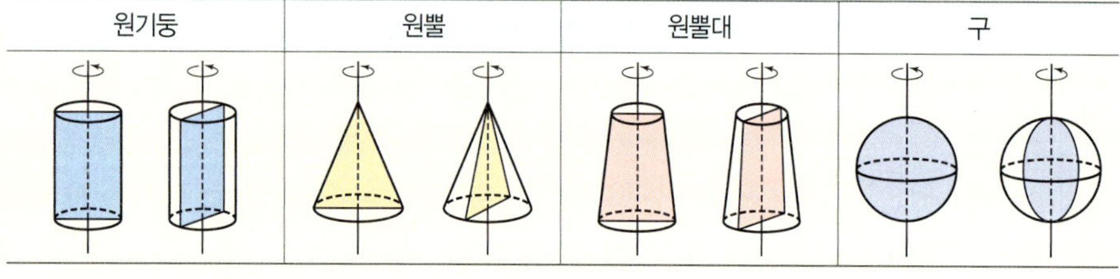

(참고) 다음 회전체를 회전축을 포함하는 평면으로 자를 때 생기는 단면의 모양은 회전체를 정면에서 본 모양과 같다.

한 평면도형을 어떤 직선을 따라 접었을 때 완전히 겹쳐지는 도형을 선대칭도형이라 하고, 이때 그 직선을 **대칭축**이라 한다.

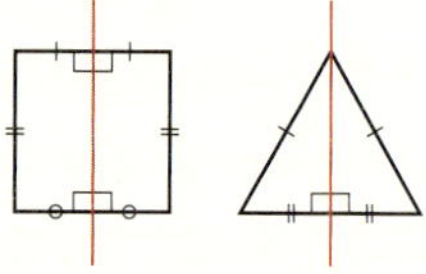

▶ **구의 단면**
(1) 어느 방향으로 잘라도 그 단면은 항상 원이다.
(2) 단면이 가장 큰 경우는 구의 중심을 지나는 평면으로 자를 때이다.

개념 CHECK 01

- 회전체를 회전축에 수직인 평면으로 자를 때 생기는 단면의 경계는 항상 ⑦ 이다.

- 회전체를 회전축을 포함하는 평면으로 자를 때 생기는 단면은 모두 합동이고 회전축을 대칭축으로 하는 ⓒ 이다.

다음 중 회전체에 대한 설명으로 옳은 것에는 ○표, 옳지 않은 것에는 ×표를 (   ) 안에 써넣으시오.

(1) 회전체를 회전축에 수직인 평면으로 자를 때 생기는 단면은 모두 합동이다. (   )

(2) 회전체를 회전축을 포함하는 평면으로 자를 때 생기는 단면의 경계는 항상 원이다.
(   )

(3) 회전체를 회전축을 포함하는 평면으로 자를 때 생기는 단면은 회전축을 대칭축으로 하는 선대칭도형이다. (   )

개념 CHECK 02

다음 회전체를 주어진 평면으로 자를 때 생기는 단면의 모양을 빈칸에 써넣으시오.

회전체	구	원뿔	원기둥	원뿔대
회전축에 수직인 평면			원	
회전축을 포함하는 평면	원			

답 | ⑦ 원 ⓒ 선대칭도형

⋂ 유형ON >>> 158쪽

대표유형 **03** 회전체의 단면의 모양

다음 중 회전체와 그 회전체를 회전축을 포함하는 평면으로 자를 때 생기는 단면의 모양을 짝 지은 것으로 옳지 <u>않은</u> 것은?

① 원기둥 — 직사각형　　② 원뿔 — 직각삼각형
③ 원뿔대 — 사다리꼴　　④ 구 — 원
⑤ 반구 — 반원

풀이 과정

② 원뿔 — 이등변삼각형

（정답） ②

03·Ⓐ 　숫자 Change

다음 회전체 중 회전축에 수직인 평면으로 자를 때 생기는 단면이 모두 합동인 것은?

① 구　　　　　② 반구　　　　　③ 원기둥
④ 원뿔　　　　⑤ 원뿔대

03·Ⓑ 　표현 Change

오른쪽 그림은 어떤 회전체를 회전축에 수직인 평면으로 자른 단면과 회전축을 포함하는 평면으로 자른 단면을 차례대로 나타낸 것이다. 이 회전체의 이름을 구하시오.

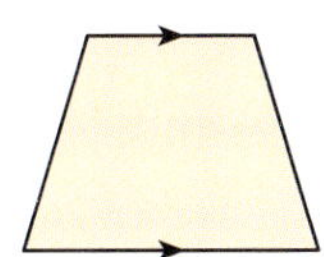

대표유형 **04** 회전체의 단면의 넓이

⋂ 유형ON >>> 160쪽

오른쪽 그림과 같은 원뿔을 회전축을 포함하는 평면으로 자를 때 생기는 단면의 넓이는?

① 10 cm^2　　② 14 cm^2
③ 18 cm^2　　④ 22 cm^2
⑤ 26 cm^2

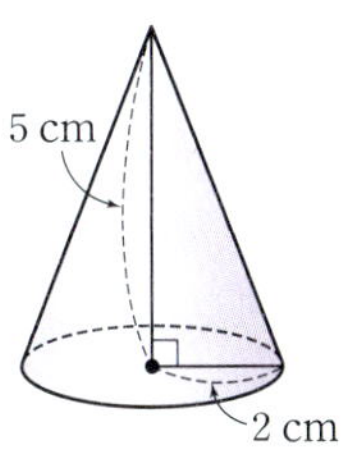

풀이 과정

주어진 회전체를 회전축을 포함하는 평면으로 자를 때 생기는 단면은 오른쪽 그림과 같이 밑변의 길이가 4 cm이고 높이가 5 cm인 이등변삼각형이다. 따라서 구하는 단면의 넓이는

$$\frac{1}{2} \times 4 \times 5 = 10 \, (\text{cm}^2)$$

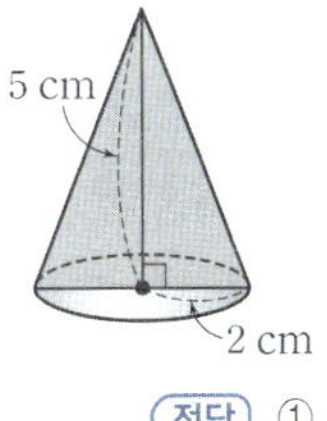

（정답） ①

04·Ⓐ 　숫자 Change

오른쪽 그림과 같은 원뿔대를 회전축을 포함하는 평면으로 자를 때 생기는 단면의 넓이는?

① 32 cm^2　　② 48 cm^2
③ 64 cm^2　　④ 66 cm^2
⑤ 68 cm^2

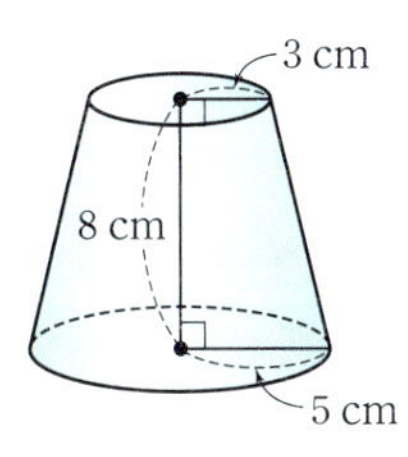

04·Ⓑ 　표현 Change

오른쪽 그림과 같은 직사각형을 직선 l을 회전축으로 하여 1회전 시킬 때 생기는 회전체를 회전축을 포함하는 평면으로 잘랐다. 이때 생기는 단면의 넓이를 구하시오.

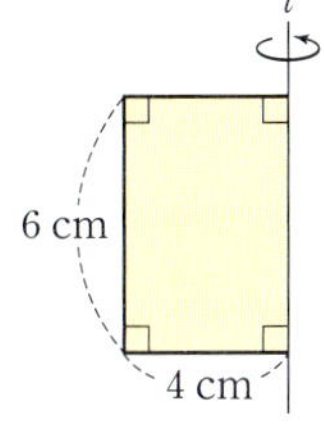

06 회전체의 전개도

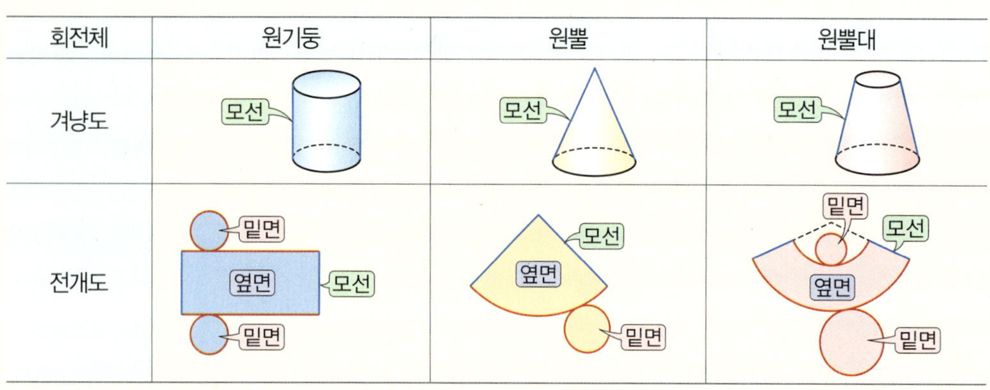

회전체	원기둥	원뿔	원뿔대
겨냥도	모선	모선	모선
전개도	밑면 / 옆면 — 모선 / 밑면	모선 / 옆면 / 밑면	밑면 / 모선 / 옆면 / 밑면

구의 전개도는 그릴 수 없다.

(참고) (1) 원기둥의 전개도에서

　① (직사각형의 가로의 길이) = (밑면인 원의 둘레의 길이)

　② (직사각형의 세로의 길이) = (원기둥의 높이)

(2) 원뿔의 전개도에서

　① (부채꼴의 호의 길이) = (밑면인 원의 둘레의 길이)

　② (부채꼴의 반지름의 길이) = (원뿔의 모선의 길이)

(3) 원뿔대의 전개도에서

　① (작은 부채꼴의 호의 길이) = (밑면 중 작은 원의 둘레의 길이)

　② (큰 부채꼴의 호의 길이) = (밑면 중 큰 원의 둘레의 길이)

개념 CHECK 01

다음은 오른쪽 그림과 같은 원기둥의 전개도에서 옆면이 되는 직사각형의 가로의 길이를 구하는 과정이다. 빈칸에 알맞은 것을 써넣으시오.

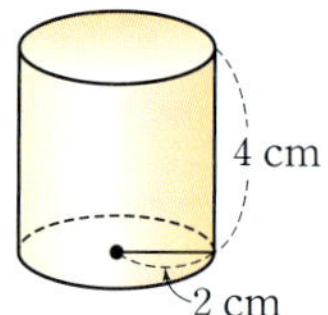

주어진 원기둥의 전개도는 오른쪽 그림과 같다.

이때 옆면인 직사각형의 가로의 길이는 밑면인 원의 둘레의 길이와 같으므로

$2\pi \times \boxed{} = \boxed{}$ (cm)

개념 CHECK 02

다음은 오른쪽 그림과 같은 원뿔의 전개도에서 옆면이 되는 부채꼴의 호의 길이를 구하는 과정이다. 빈칸에 알맞은 것을 써넣으시오.

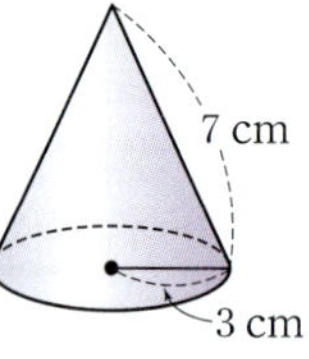

주어진 원뿔의 전개도는 오른쪽 그림과 같다. 이때 옆면인 부채꼴의 호의 길이는 밑면인 원의 둘레의 길이와 같으므로

$2\pi \times \boxed{} = \boxed{}$ (cm)

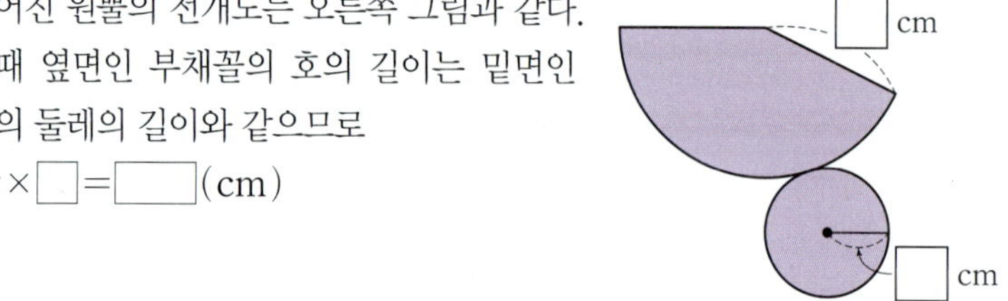

대표유형 **05** 회전체의 전개도

유형ON >>> 161쪽

오른쪽 그림과 같은 원뿔의 전개도에서 옆면인 부채꼴의 호의 길이는?

① 10π cm 　② 12π cm

③ 14π cm 　④ 16π cm

⑤ 18π cm

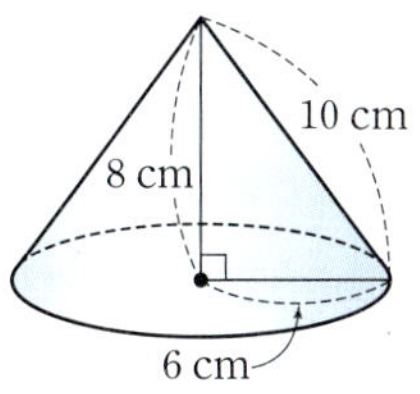

풀이 과정

주어진 원뿔의 전개도는 오른쪽 그림과 같다.
이때 옆면인 부채꼴의 호의 길이는 밑면인 원의 둘레의 길이와 같으므로

$2\pi \times 6 = 12\pi \,(\text{cm})$

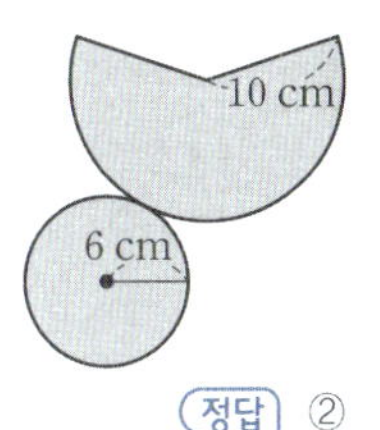

정답 ②

05·ⓐ 숫자 Change

오른쪽 그림과 같은 원기둥의 전개도에서 옆면인 직사각형의 넓이는?

① 40π cm^2 　② 60π cm^2

③ 80π cm^2 　④ 100π cm^2

⑤ 120π cm^2

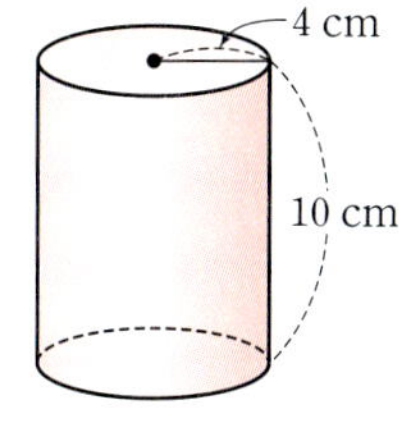

대표유형 **06** 회전체의 이해

유형ON >>> 163쪽

다음 중 오른쪽 그림과 같은 직각삼각형을 직선 l을 회전축으로 하여 1회전 시킬 때 생기는 회전체에 대한 설명으로 옳지 <u>않은</u> 것은?

① 회전체는 원뿔이다.
② 회전체의 전개도에서 옆면인 부채꼴의 호의 길이는 밑면인 원의 둘레의 길이와 같다.
③ 회전체를 회전축에 수직인 평면으로 자를 때 생기는 단면은 모두 합동이다.
④ 회전체를 회전축에 수직인 평면으로 자를 때 생기는 단면은 모두 원이다.
⑤ 회전체를 회전축을 포함하는 평면으로 자를 때 생기는 단면은 이등변삼각형이다.

풀이 과정

③ 회전체를 회전축에 수직인 평면으로 자를 때 생기는 단면은 항상 원이지만 그 크기는 다를 수 있으므로 합동은 아니다.

정답 ③

06·ⓐ 숫자 Change

다음 중 구에 대한 설명으로 옳은 것을 모두 고르면?

(정답 2개)

① 전개도를 그릴 수 있다.
② 구의 회전축은 하나뿐이다.
③ 구를 회전축을 포함하는 평면으로 자를 때 생기는 단면은 항상 원이다.
④ 구를 회전축에 수직인 평면으로 자를 때 생기는 단면은 모두 합동이다.
⑤ 구의 중심을 지나는 평면으로 자를 때 생기는 단면의 크기가 가장 크다.

06·ⓑ 표현 Change

다음 보기 중 옳은 것을 모두 고르시오.

보기

ㄱ. 원기둥, 원뿔대, 구는 모두 회전체이다.
ㄴ. 모든 회전체의 회전축은 하나뿐이다.
ㄷ. 원기둥을 회전축에 수직인 평면으로 자를 때 생기는 단면은 모두 합동이다.
ㄹ. 원뿔대를 회전축을 포함하는 평면으로 자를 때 생기는 단면은 직사각형이다.

01

다음 보기의 입체도형 중 회전체를 모두 고르시오.

보기
ㄱ. 정사면체 　　ㄴ. 원뿔 　　ㄷ. 직육면체
ㄹ. 삼각뿔대 　　ㅁ. 반구 　　ㅂ. 정이십면체

02

오른쪽 그림과 같은 회전체는 다음 중 어느 평면도형을 직선 l을 회전축으로 하여 1회전 시킨 것인가?

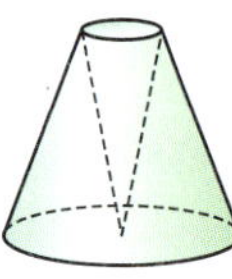

① 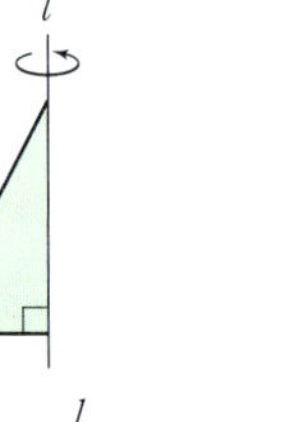　② 　③ 　④ 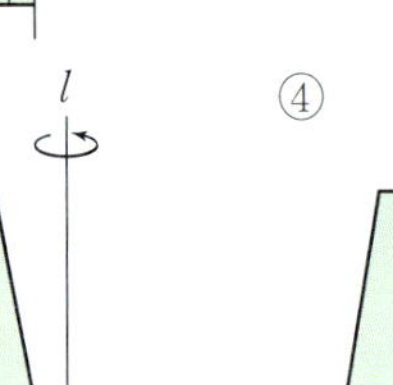　⑤ 

03

다음 중 오른쪽 그림과 같은 직각삼각형 ABC를 $\overline{\text{AB}}$를 회전축으로 하여 1회전 시킬 때 생기는 회전체는?

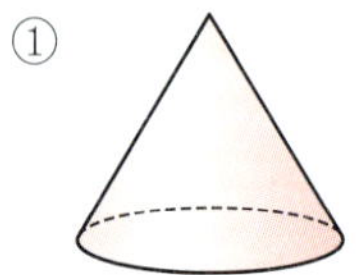

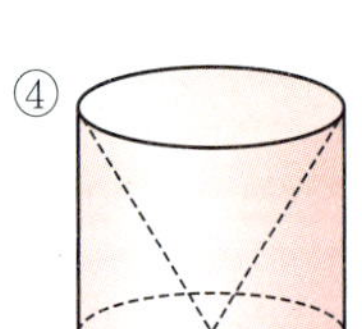
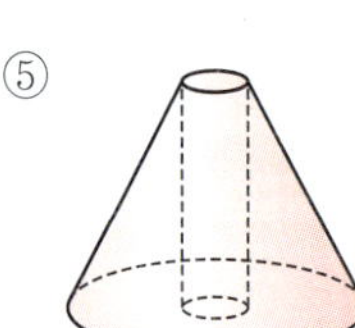

① ② ③ ④ ⑤

04

다음 중 원기둥을 회전축을 포함하는 평면과 회전축에 수직인 평면으로 자를 때 생기는 단면의 모양을 차례대로 구한 것은?

① 직사각형, 원　　　② 원, 직사각형
③ 등변사다리꼴, 원　④ 원, 등변사다리꼴
⑤ 이등변삼각형, 원

05

다음 회전체 중 어떤 평면으로 어느 방향으로 잘라도 그 단면의 모양이 항상 원이 되는 것은?

① 원기둥　　② 원뿔　　③ 원뿔대
④ 구　　　　⑤ 반구

06 생각이 쑥쑥

다음 중 오른쪽 그림과 같은 원뿔을 한 평면으로 자를 때 생기는 단면의 모양이 될 수 <u>없는</u> 것은?

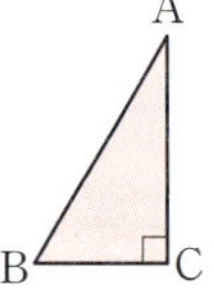

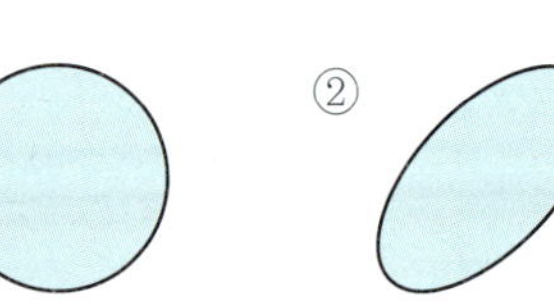
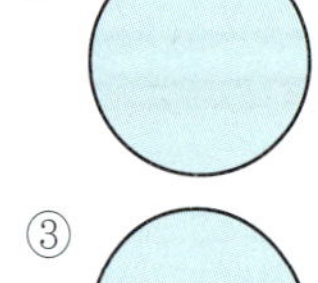
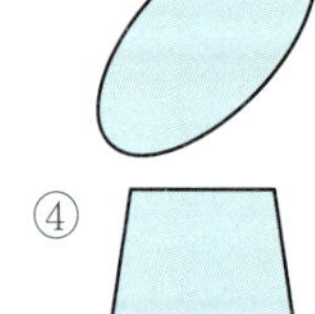
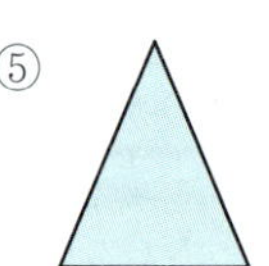

① ② ③ ④ ⑤

07

오른쪽 그림과 같은 직각삼각형을 직선 l을 회전축으로 하여 1회전 시킬 때 생기는 회전체를 회전축을 포함하는 평면으로 잘랐다. 이때 생기는 단면의 넓이는?

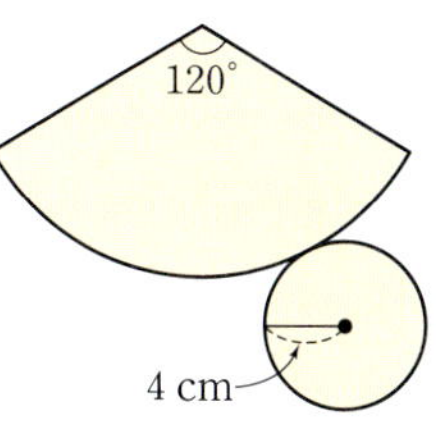

① 6 cm^2 ② 8 cm^2

③ 10 cm^2 ④ 12 cm^2

⑤ 14 cm^2

08

오른쪽 그림과 같은 직사각형을 직선 l을 회전축으로 하여 1회전 시킬 때 생기는 회전체를 회전축에 수직인 평면으로 잘랐다. 이때 생기는 단면의 넓이를 구하시오.

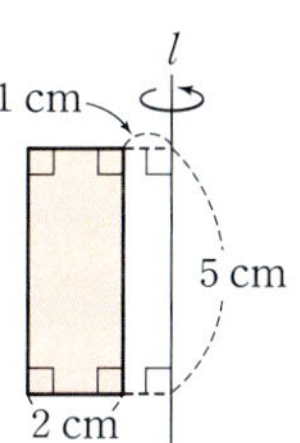

09

아래 그림은 원뿔대와 그 전개도이다. 다음 중 색칠한 밑면의 둘레의 길이와 그 길이가 같은 것은?

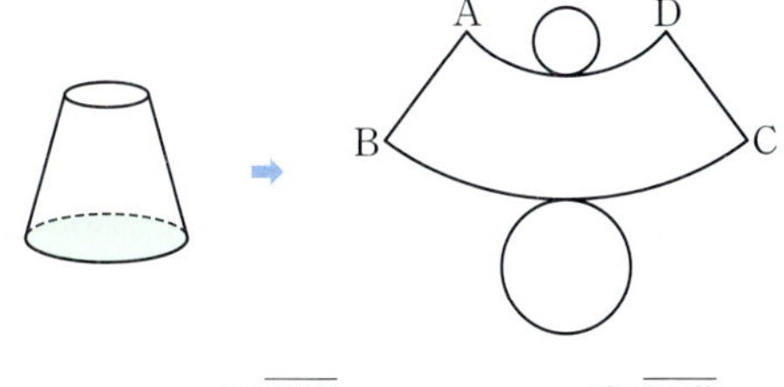

① $\overline{AB}$ ② $\overline{BC}$ ③ $\overline{DC}$

④ $\overparen{AD}$ ⑤ $\overparen{BC}$

10

오른쪽 그림과 같은 전개도로 만들어지는 원뿔의 모선의 길이는?

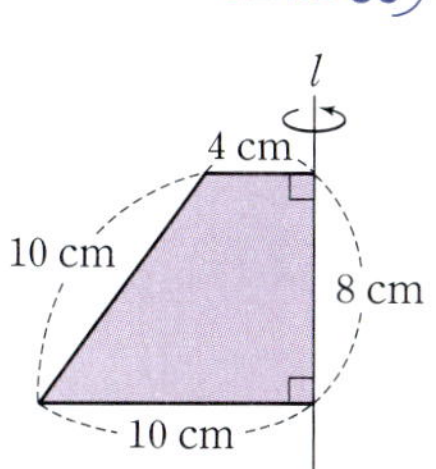

① 8 cm ② 10 cm

③ 12 cm ④ 14 cm

⑤ 16 cm

11

다음 중 오른쪽 그림과 같은 사다리꼴을 직선 l을 회전축으로 하여 1회전 시킬 때 생기는 회전체에 대한 설명으로 옳은 것은?

① 회전체는 원뿔이다.

② 회전체의 모선의 길이는 8 cm이다.

③ 회전체를 회전축에 수직인 평면으로 자를 때 생기는 단면은 모두 합동이다.

④ 회전체를 회전축을 포함하는 평면으로 자를 때 생기는 단면의 넓이는 56 cm^{2}이다.

⑤ 회전체를 회전축을 포함하는 평면으로 자를 때 생기는 단면은 회전축을 대칭축으로 하는 선대칭도형이다.

12

다음 중 회전체에 대한 설명으로 옳지 <u>않은</u> 것을 모두 고르면? (정답 2개)

① 원뿔은 회전체이다.

② 구는 지름을 지나는 평면으로 자를 때 생기는 단면인 원의 넓이가 가장 크다.

③ 회전체를 회전축에 수직인 평면으로 자를 때 생기는 단면의 경계는 항상 원이다.

④ 회전체를 회전축을 포함하는 평면으로 자를 때 생기는 단면은 모두 직사각형이다.

⑤ 원기둥을 회전축에 평행한 평면으로 자를 때 생기는 단면은 모두 합동이다.

서술형 훈련하기

함께 풀기

모서리의 개수가 18인 각뿔대의 꼭짓점의 개수를 a, 면의 개수를 b라 할 때, $a+b$의 값을 구하시오.

풀이 과정

[1단계] 모서리의 개수가 18인 각뿔대 구하기

구하는 각뿔대를 n각뿔대라 하면
$3n=18$ $\therefore n=6$, 즉 육각뿔대 $\cdots\cdots 30\%$

[2단계] a의 값 구하기

육각뿔대의 꼭짓점의 개수는 $2\times6=12$이므로 $a=12$ $\cdots\cdots 30\%$

[3단계] b의 값 구하기

육각뿔대의 면의 개수는 $6+2=8$이므로 $b=8$ $\cdots\cdots 30\%$

[4단계] $a+b$의 값 구하기

$\therefore a+b=12+8=20$ $\cdots\cdots 10\%$

정답 _______ 20 _______

따라 풀기

01 모서리의 개수가 24인 각기둥의 꼭짓점의 개수를 a, 면의 개수를 b라 할 때, $a+b$의 값을 구하시오.

풀이 과정

[1단계] 모서리의 개수가 24인 각기둥 구하기

[2단계] a의 값 구하기

[3단계] b의 값 구하기

[4단계] $a+b$의 값 구하기

정답 _______________

함께 풀기

오른쪽 그림과 같은 전개도로 만든 원뿔의 밑면의 넓이를 구하시오.

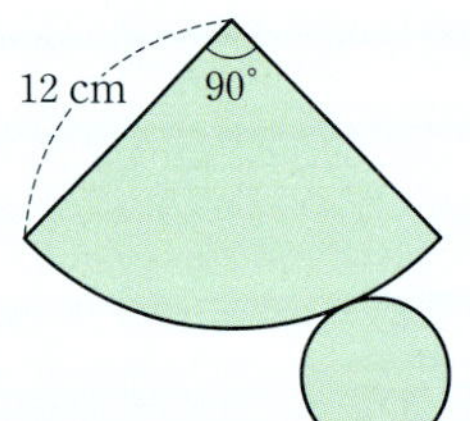

풀이 과정

[1단계] 밑면인 원의 반지름의 길이 구하기

밑면인 원의 반지름의 길이를 r cm라 하면
(부채꼴의 호의 길이)=(밑면인 원의 둘레의 길이)이므로
$2\pi\times12\times\dfrac{90}{360}=2\pi r$, $6\pi=2\pi r$ $\therefore r=3$
즉, 밑면인 원의 반지름의 길이는 3 cm이다. $\cdots\cdots 60\%$

[2단계] 밑면인 원의 넓이 구하기

따라서 전개도로 만든 원뿔의 밑면인 원의 넓이는
$\pi\times3^2=9\pi(\text{cm}^2)$ $\cdots\cdots 40\%$

정답 _______ 9π cm^2 _______

따라 풀기

02 오른쪽 그림과 같은 전개도로 만든 원뿔의 밑면의 넓이를 구하시오.

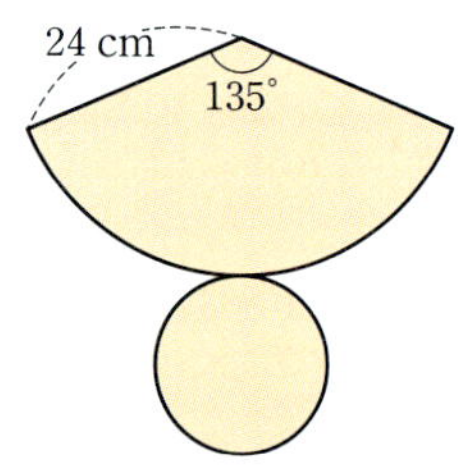

풀이 과정

[1단계] 밑면인 원의 반지름의 길이 구하기

[2단계] 밑면인 원의 넓이 구하기

정답 _______________

03 다음 조건을 모두 만족시키는 다면체의 모서리의 개수와 꼭짓점의 개수의 합을 구하시오.

> ㈎ 각 면의 모양이 모두 합동인 정삼각형이다.
> ㈏ 각 꼭짓점에 모인 면의 개수가 모두 5인 다면체이다.

풀이 과정

정답 ____________________

04 오른쪽 그림과 같은 전개도로 만든 정육면체를 세 점 A, B, C를 지나는 평면으로 자를 때 생기는 단면에서 ∠ABC의 크기를 구하시오.

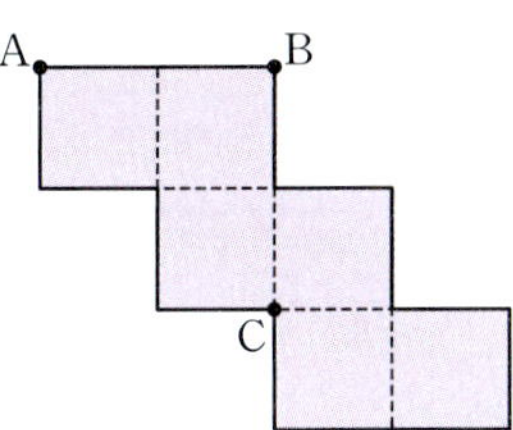

풀이 과정

정답 ____________________

05 오른쪽 그림과 같이 가운데가 비어 있는 회전체를 회전축 l을 포함하는 평면으로 자른 단면의 넓이를 구하시오.

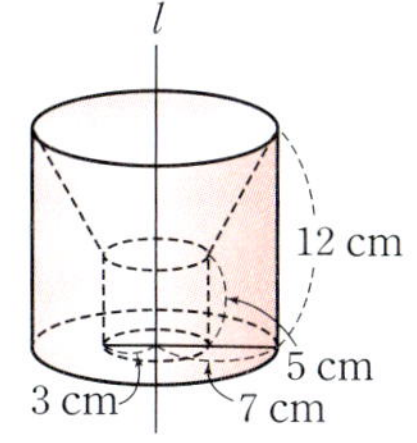

풀이 과정

정답 ____________________

06 오른쪽 그림과 같은 원뿔의 전개도의 둘레의 길이를 구하시오.

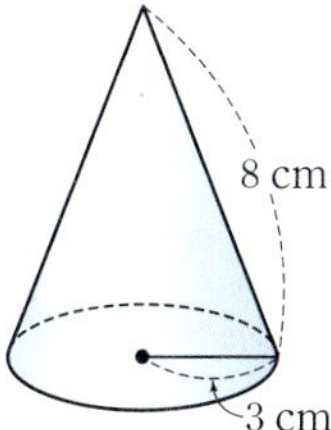

풀이 과정

정답 ____________________

⭐ : 중요

STEP 1 기본 다지기

01
다음 다면체 중 면의 개수가 나머지 넷과 <u>다른</u> 하나는?

① 육각기둥　　② 육각뿔대　　③ 칠각뿔
④ 칠각뿔대　　⑤ 정팔면체

02
모서리의 개수가 36인 각기둥의 꼭짓점의 개수를 a, 면의 개수를 b라 할 때, $a+b$의 값을 구하시오.

03
다음 중 다면체에 대한 설명으로 옳은 것을 모두 고르면?

(정답 2개)

① 각뿔의 밑면의 개수는 1이다.
② 각뿔대의 옆면의 모양은 모두 직사각형이다.
③ 각뿔대의 두 밑면은 서로 평행하고 합동인 다각형이다.
④ 각뿔대의 모서리의 개수는 한 밑면인 다각형의 꼭짓점의 개수의 2배이다.
⑤ 오각기둥과 구각뿔의 꼭짓점의 개수는 같다.

04
한 꼭짓점에 모인 면의 개수가 4인 정다면체의 꼭짓점의 개수를 v, 모서리의 개수를 e, 면의 개수를 f라 할 때, $v-e+f$의 값은?

① 0　　　　② 1　　　　③ 2
④ 3　　　　⑤ 4

05
각 면의 모양이 합동인 정삼각형이고, 모서리의 개수가 6인 정다면체의 꼭짓점의 개수를 구하시오.

06
다음 중 오른쪽 그림과 같은 전개도로 만들어지는 정다면체에 대한 설명으로 옳지 <u>않은</u> 것은?

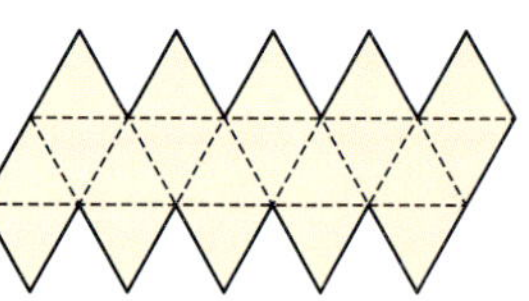

① 정이십면체이다.
② 면은 모두 합동인 정삼각형이다.
③ 꼭짓점의 개수는 20이다.
④ 모서리의 개수는 30이다.
⑤ 한 꼭짓점에 모인 면의 개수는 5이다.

07

다음 중 주어진 평면도형을 직선 *l*을 회전축으로 하여 1회전 시킬 때 생기는 회전체로 옳은 것은?

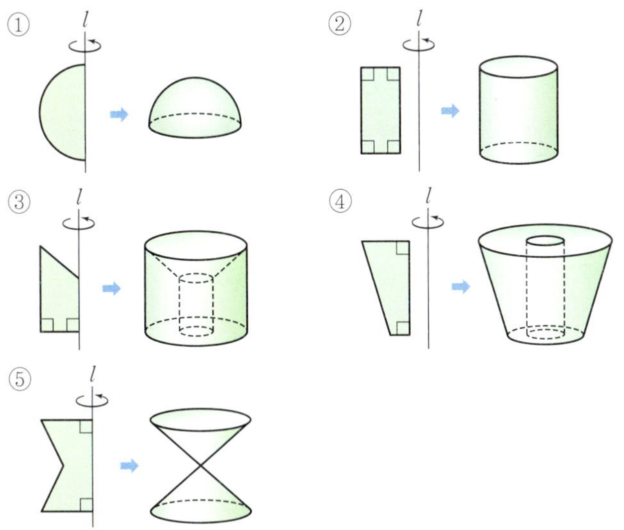

08

오른쪽 그림과 같은 사다리꼴을 직선 *l*을 회전축으로 하여 1회전 시킬 때 생기는 회전체를 밑면에 수직인 평면으로 자르려고 한다. 다음 중 그 단면의 모양이 될 수 있는 것을 모두 고르면? (정답 2개)

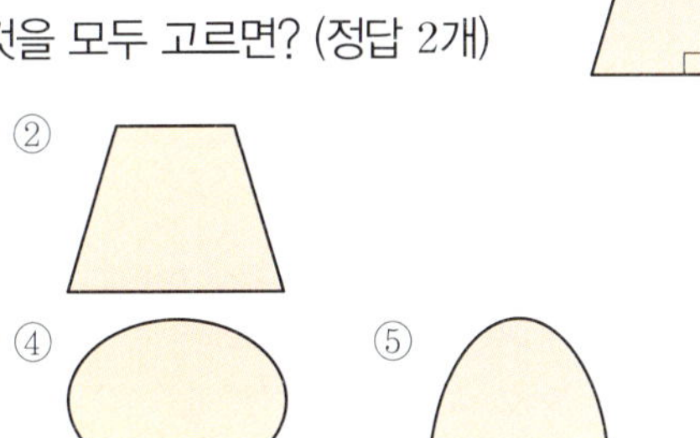

09

오른쪽 그림과 같은 도형을 직선 *l*을 회전축으로 하여 1회전 시킬 때 생기는 회전체를 회전축을 포함하는 평면으로 잘랐다. 이때 생기는 단면의 넓이를 구하시오.

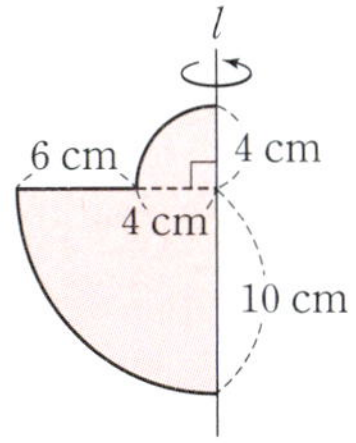

10

오른쪽 그림과 같은 전개도로 만들어지는 원뿔의 밑면인 원의 반지름의 길이를 구하시오.

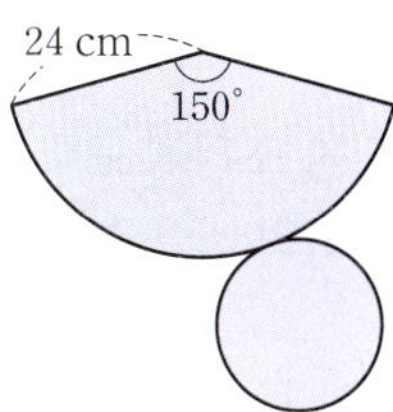

11

오른쪽 그림과 같이 원뿔의 밑면의 둘레 위의 한 점 A에서 끈으로 이 원뿔의 옆면을 한 바퀴 팽팽하게 감았다. 다음 중 실의 길이가 가장 짧게 되는 경로를 전개도 위에 바르게 나타낸 것은?

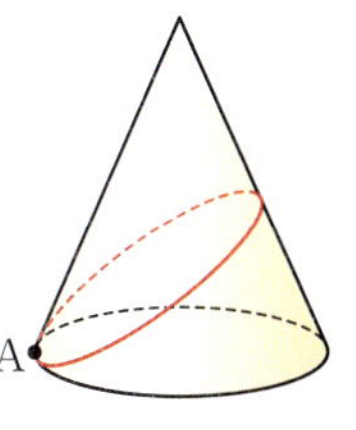

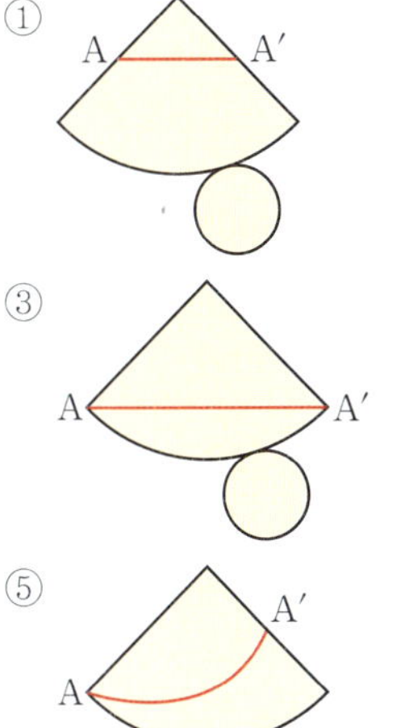

12

다음 중 회전체에 대한 설명으로 옳지 <u>않은</u> 것은?

① 평면도형을 한 직선을 축으로 하여 1회전 시킬 때 생기는 입체도형을 회전체라 한다.

② 회전체를 회전축을 포함하는 평면으로 자를 때 생기는 단면은 모두 합동이다.

③ 회전체는 곡면으로만 구성되어 있다.

④ 구의 회전축은 구의 중심을 지나는 지름이다.

⑤ 원기둥의 회전축과 모선은 항상 평행하다.

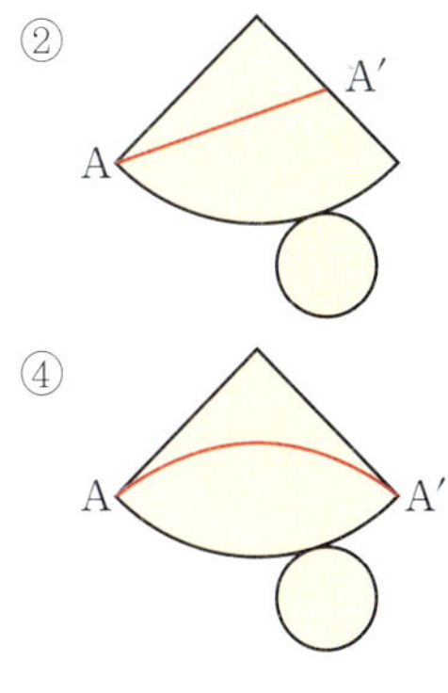

STEP 2 실력 다지기

13

다음 조건을 모두 만족시키는 다면체의 꼭짓점의 개수를 a, 모서리의 개수를 b라 할 때, $a+b$의 값을 구하시오.

> (개) 두 밑면은 서로 평행하다.
> (내) 옆면의 모양은 모두 사다리꼴이다.
> (대) 면의 개수는 7이다.

14

오른쪽 그림과 같이 정육면체에서 각 모서리를 삼등분한 점을 이어서 만들어지는 삼각뿔을 각 꼭짓점에서 잘라 냈다. 남은 입체도형의 면의 개수를 a, 꼭짓점의 개수를 b, 모서리의 개수를 c라 할 때, $a+b-c$의 값을 구하시오.

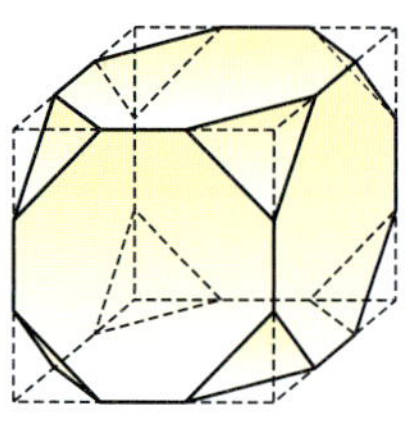

15

오른쪽 그림과 같은 전개도로 정다면체를 만들 때, 모서리 BC와 겹치는 모서리와 평행한 모서리를 차례대로 구하면?

① 모서리 AJ, 모서리 DI
② 모서리 DE, 모서리 IH
③ 모서리 IE, 모서리 GF
④ 모서리 HG, 모서리 ID
⑤ 모서리 GF, 모서리 AJ

16

정다면체의 한 꼭짓점을 A, 한 모서리의 길이를 l이라 하자. 꼭짓점 A에 모인 모든 모서리에 대하여 점 A로부터 $\frac{1}{3}l$만큼 떨어진 모서리 위의 점들을 모두 지나는 평면으로 정다면체를 자를 때, 생기는 단면의 모양이 바르게 짝 지어진 것은?

① 정사면체 — 정사각형
② 정육면체 — 정육각형
③ 정팔면체 — 정삼각형
④ 정십이면체 — 정사각형
⑤ 정이십면체 — 정오각형

17

오른쪽 그림과 같은 평면도형을 직선 l을 회전축으로 하여 1회전 시킬 때 생기는 회전체에 대하여 다음 물음에 답하시오.

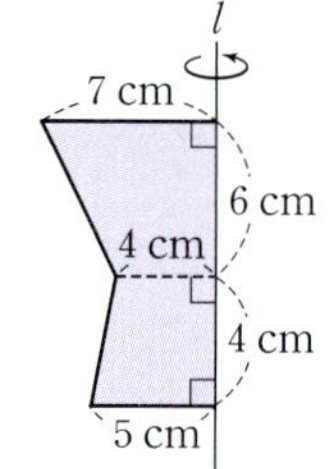

① 회전체를 회전축을 포함하는 평면으로 자를 때 생기는 단면의 넓이를 구하시오.

② 회전체를 회전축에 수직인 평면으로 자를 때 생기는 단면 중 넓이가 가장 작은 단면의 넓이를 구하시오.

18

오른쪽 그림과 같은 전개도로 만들어지는 원기둥의 한 밑면의 넓이를 구하시오.

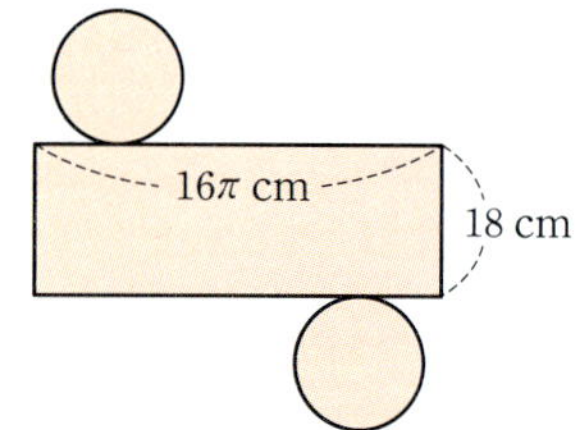

자기 평가

정답을 맞힌 문항에 ○표를 하고 결과를 점검한 다음, 이 단원의 내용을 얼마나 성취했는지 확인하세요.

문항 번호

1	2	3	4	5	6	7	8	9	10	11	12	13	14	15	16	17	18

1개 ~**9**개 개념 학습이 필요해요! | **10**개 ~**12**개 부족한 부분을 검토해 봅시다! | **13**개 ~**15**개 실수를 줄여 봅시다! | **16**개 ~**18**개 훌륭합니다!

07

입체도형의 겉넓이와 부피

01 기둥의 겉넓이

(1) 각기둥의 겉넓이

➡ **(각기둥의 겉넓이)=(밑넓이)×2+(옆넓이)**
(밑면의 둘레의 길이)×(높이)

(참고) 기둥의 겉넓이를 구할 때는 다음과 같은 기둥의 성질을 이용한다.
(1) 두 밑면은 서로 합동이다.
(2) 전개도에서 옆면 전체를 하나의 직사각형으로 나타낼 수 있다.

(2) 원기둥의 겉넓이 : 밑면의 반지름의 길이가 r, 높이가 h인 원기둥의 겉넓이 S는

➡ $S=$(밑넓이)×2+(옆넓이)
$=\pi r^2 \times 2 + 2\pi r \times h$
$=2\pi r^2 + 2\pi rh$

(참고) 원기둥의 전개도에서
(1) 옆면은 항상 직사각형이다.
(2) (옆면의 가로의 길이)=(밑면인 원의 둘레의 길이)
(3) (옆면의 세로의 길이)=(원기둥의 높이)

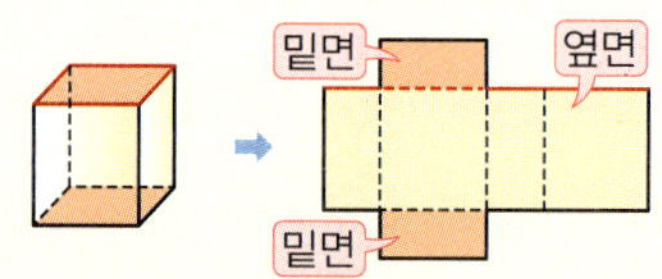

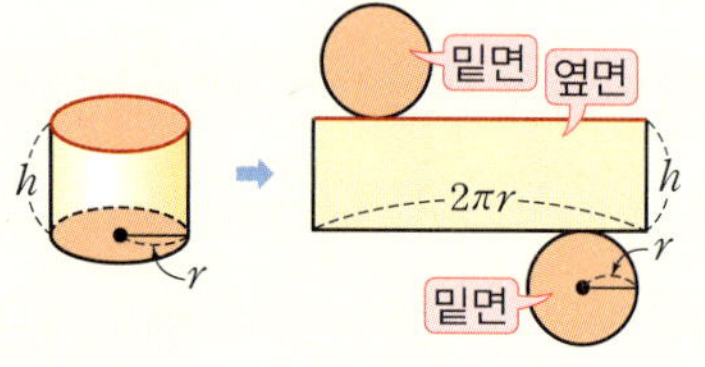

> 기둥의 겉넓이는 전개도를 이용하면 편리하다.
>
> 입체도형에서
> 한 밑면의 넓이 ➡ 밑넓이
> 옆면 전체의 넓이 ➡ 옆넓이
> 겉면 전체의 넓이 ➡ 겉넓이
>
> 기둥에는 서로 합동인 면이 2개 있다. 이때 위에 있는 면을 윗면, 아래에 있는 면을 밑면이라 하지 않도록 주의한다. 즉, 위, 아래의 평행한 두 면을 모두 밑면이라 한다.

용어 설명

h height(높이)의 첫 글자
S square(넓이)의 첫 글자

바이블 POINT **여러 가지 다각형의 넓이**

다각형	삼각형	직각삼각형	직사각형	사다리꼴	평행사변형	마름모
그림	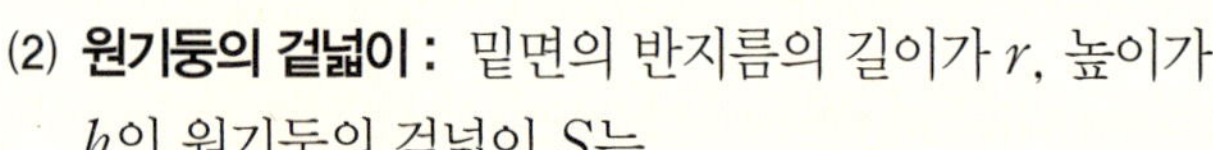					
넓이 S	$S=\dfrac{1}{2}ah$	$S=\dfrac{1}{2}ab$	$S=ab$	$S=\dfrac{1}{2}(a+b)h$	$S=ah$	$S=\dfrac{1}{2}ab$

개념 CHECK 01

• (각기둥의 겉넓이)
 =(밑넓이)× ⑦ +(옆넓이)

오른쪽 그림과 같은 사각기둥과 그 전개도에서 □ 안에 알맞은 수를 써넣고 다음을 구하시오.

(1) 밑넓이　　(2) 옆넓이

(3) 겉넓이

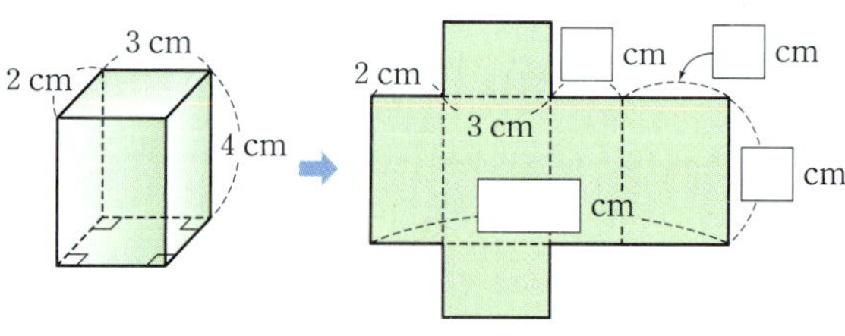

개념 CHECK 02

• 밑면인 원의 반지름의 길이가 r이고 높이가 h인 원기둥의 겉넓이 S는
 $S=2\pi r^2 +$ ⓒ

오른쪽 그림과 같은 원기둥과 그 전개도에서 □ 안에 알맞은 것을 써넣고 다음을 구하시오.

(1) 밑넓이　　(2) 옆넓이

(3) 겉넓이

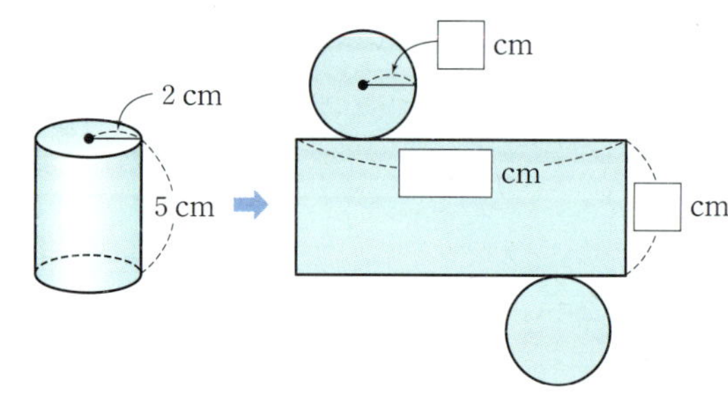

답 | ⑦ 2　ⓒ $2\pi rh$

대표유형 **01** 각기둥의 겉넓이

유형ON >>> 175쪽

오른쪽 그림과 같은 사각기둥의 겉넓이는?

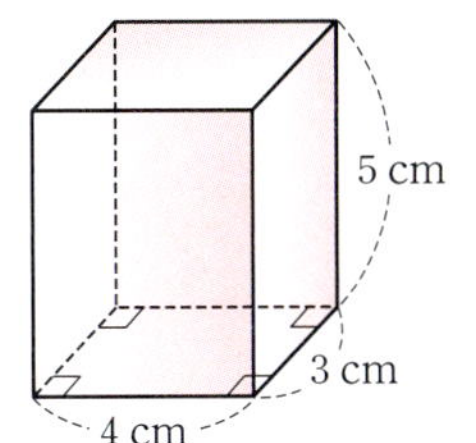

① 88 cm² ② 90 cm²

③ 92 cm² ④ 94 cm²

⑤ 96 cm²

풀이 과정

(밑넓이)$=4\times3=12(\text{cm}^2)$

(옆넓이)$=(4+3+4+3)\times5=70(\text{cm}^2)$

$\therefore$ (겉넓이)$=$(밑넓이)$\times2+$(옆넓이)

$\qquad\qquad=12\times2+70=94(\text{cm}^2)$

정답 ④

01·Ⓐ 숫자 Change

오른쪽 그림과 같은 사각기둥의 겉넓이를 구하시오.

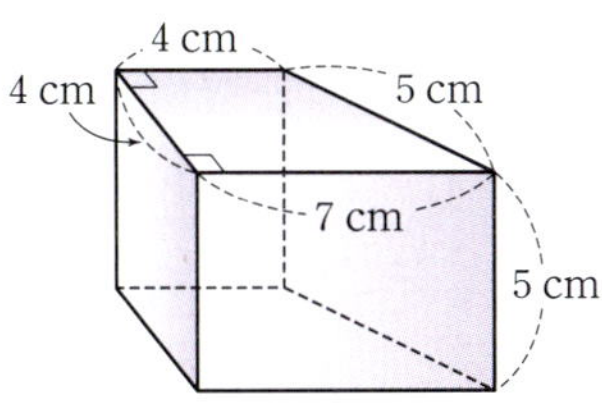

01·Ⓑ 표현 Change

오른쪽 그림과 같은 전개도로 만들어지는 삼각기둥의 겉넓이를 구하시오.

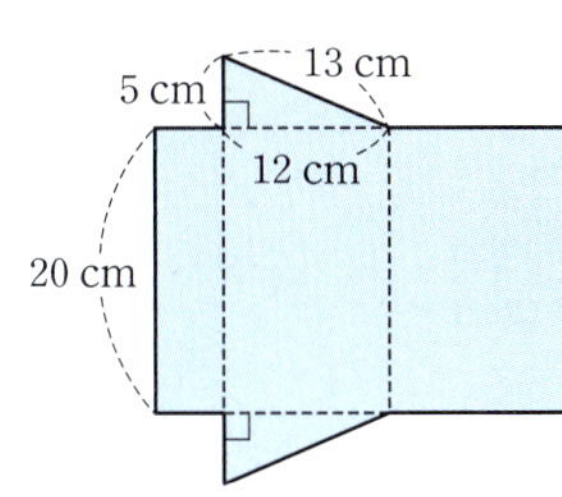

대표유형 **02** 원기둥의 겉넓이

유형ON >>> 175쪽

오른쪽 그림과 같은 원기둥의 겉넓이는?

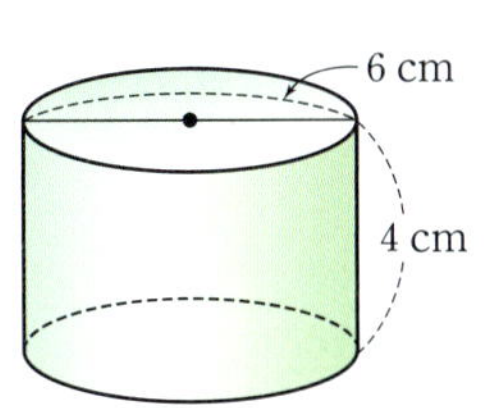

① 36π cm² ② 38π cm²

③ 40π cm² ④ 42π cm²

⑤ 44π cm²

풀이 과정

밑면의 반지름의 길이가 $\frac{1}{2}\times6=3(\text{cm})$이므로

(밑넓이)$=\pi\times3^2=9\pi(\text{cm}^2)$

(옆넓이)$=(2\pi\times3)\times4=24\pi(\text{cm}^2)$

$\therefore$ (겉넓이)$=$(밑넓이)$\times2+$(옆넓이)

$\qquad\qquad=9\pi\times2+24\pi=42\pi(\text{cm}^2)$

정답 ④

02·Ⓐ 표현 Change

오른쪽 그림과 같은 원기둥의 겉넓이가 80π cm²일 때, 이 원기둥의 높이를 구하시오.

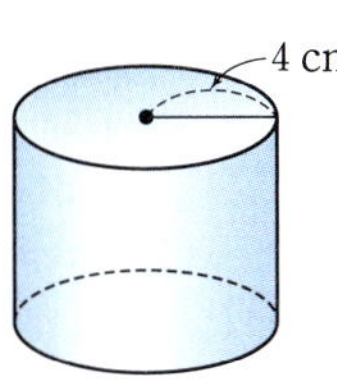

02·Ⓑ 표현 Change

오른쪽 그림은 밑면의 반지름의 길이가 3 cm이고 높이가 10 cm인 원기둥을 회전축을 포함하는 평면으로 잘라서 만든 입체도형이다. 이 입체도형의 겉넓이를 구하시오.

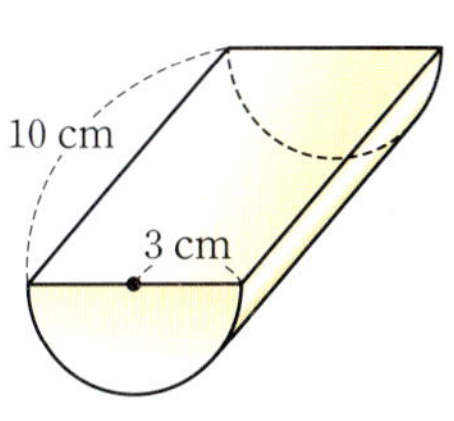

02 기둥의 부피

(1) 각기둥의 부피

밑넓이가 S, 높이가 h인 각기둥의 부피 V는

➡ $V =$ (밑넓이) × (높이)

$= Sh$

(참고) 한 모서리의 길이가 a인 정육면체의 부피는 a^3이다.

(2) 원기둥의 부피

밑면의 반지름의 길이가 r, 높이가 h인 원기둥의 부피 V는

➡ $V =$ (밑넓이) × (높이)

$= \pi r^2 \times h$

$= \pi r^2 h$

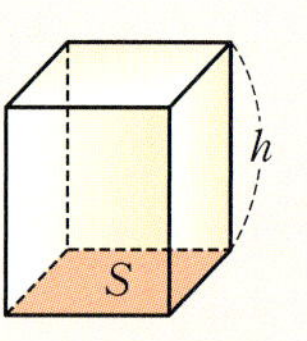

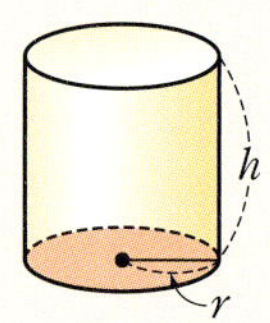

겉넓이와 부피의 단위를 혼동하지 않도록 주의한다.

(1) 길이 : cm, m, ⋯

(2) 넓이 : cm², m², ⋯

(3) 부피 : cm³, m³, ⋯

용어 설명

V volume(부피)의 첫 글자

바이블 POINT

각기둥에서 가운데가 비어 있는 입체도형의 부피

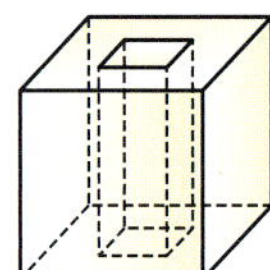 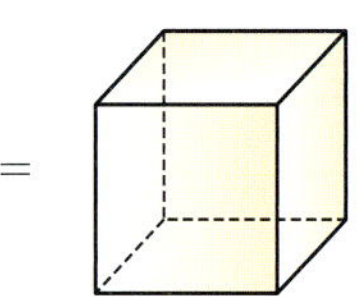 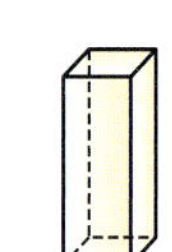

➡ (가운데가 비어 있는 입체도형의 부피)
= (큰 각기둥의 부피) − (작은 각기둥의 부피)

원기둥에서 가운데가 비어 있는 입체도형의 부피

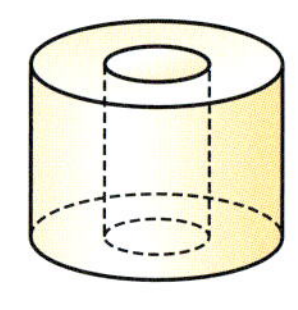 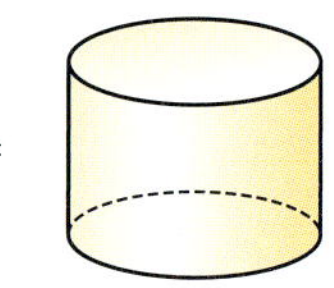 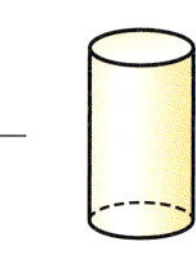

➡ (가운데가 비어 있는 입체도형의 부피)
= (큰 원기둥의 부피) − (작은 원기둥의 부피)

개념 CHECK 01

• (각기둥의 부피)
= (밑넓이) × (㉠   )

오른쪽 그림과 같은 삼각기둥에 대하여 다음을 구하시오.

(1) 밑넓이

(2) 높이

(3) 부피

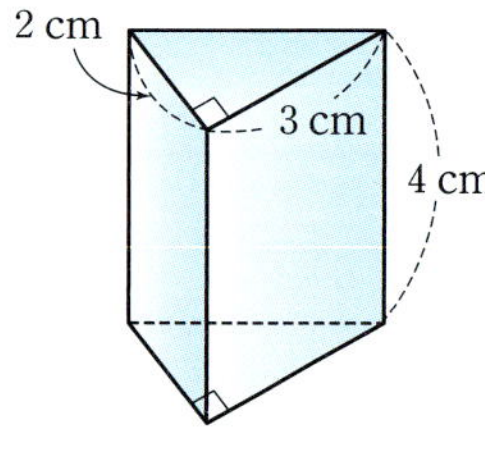

개념 CHECK 02

• 밑면인 원의 반지름의 길이가 r이고 높이가 h인 원기둥의 부피 V는

$V = $ ㉡

오른쪽 그림과 같은 원기둥에 대하여 다음을 구하시오.

(1) 밑넓이

(2) 높이

(3) 부피

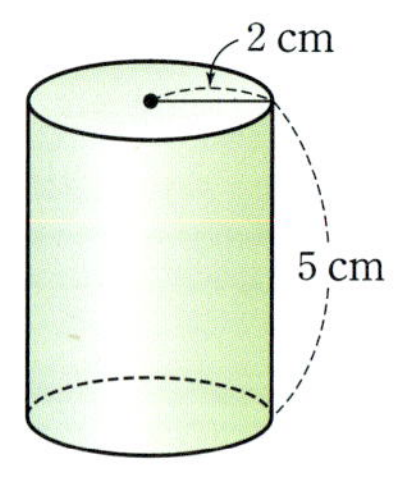

답 | ㉠ 높이 ㉡ $\pi r^2 h$

대표유형 **03** 각기둥의 부피

유형ON >>> 176쪽

오른쪽 그림과 같은 사각기둥의 부피를 구하시오.

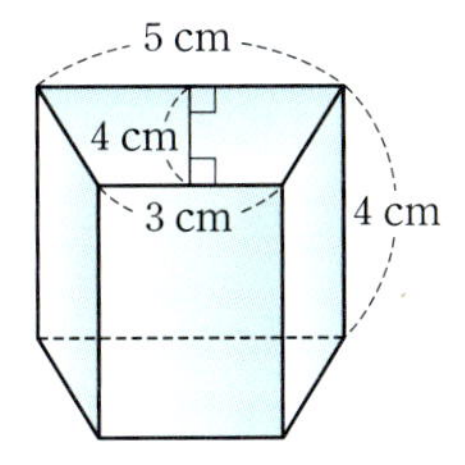

풀이 과정

$(밑넓이) = \dfrac{1}{2} \times (3+5) \times 4 = 16\,(cm^2)$

$(높이) = 4\,cm$

$\therefore (부피) = (밑넓이) \times (높이)$
$\qquad\quad = 16 \times 4 = 64\,(cm^3)$

정답 $64\,cm^3$

---

03 · A 숫자 Change

오른쪽 그림과 같은 사각기둥의 부피는?

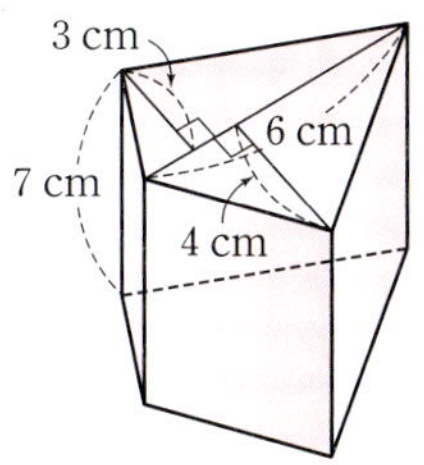

① $145\,cm^3$ ② $147\,cm^3$

③ $149\,cm^3$ ④ $151\,cm^3$

⑤ $153\,cm^3$

03 · B 표현 Change

밑넓이가 $32\,cm^2$인 오각기둥의 부피가 $192\,cm^3$일 때, 이 오각기둥의 높이는?

① $4\,cm$ ② $5\,cm$ ③ $6\,cm$

④ $7\,cm$ ⑤ $8\,cm$

대표유형 **04** 원기둥의 부피

유형ON >>> 177쪽

오른쪽 그림과 같은 원기둥의 부피는?

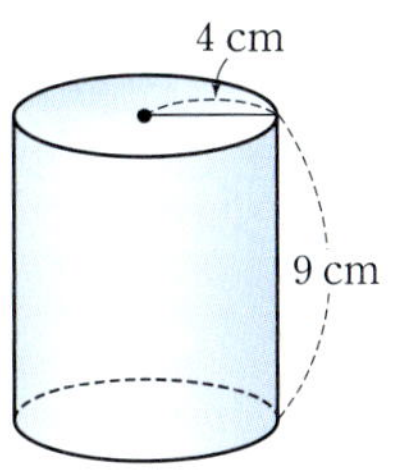

① $120\pi\,cm^3$ ② $128\pi\,cm^3$

③ $136\pi\,cm^3$ ④ $144\pi\,cm^3$

⑤ $152\pi\,cm^3$

풀이 과정

$(밑넓이) = \pi \times 4^2 = 16\pi\,(cm^2)$

$(높이) = 9\,cm$

$\therefore (부피) = (밑넓이) \times (높이)$
$\qquad\quad = 16\pi \times 9 = 144\pi\,(cm^3)$

정답 ④

---

04 · A 표현 Change

오른쪽 그림과 같이 밑면의 반지름의 길이가 $5\,cm$인 원기둥의 부피가 $200\pi\,cm^3$일 때, 이 원기둥의 높이를 구하시오.

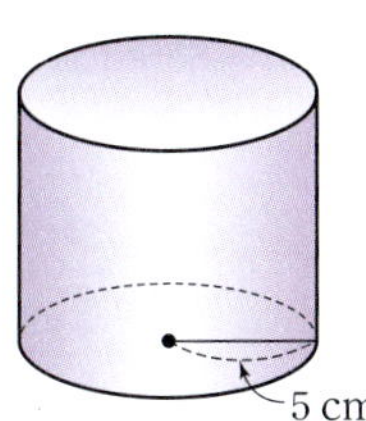

04 · B 표현 Change

오른쪽 그림과 같은 전개도로 만들어지는 원기둥의 부피를 구하시오.

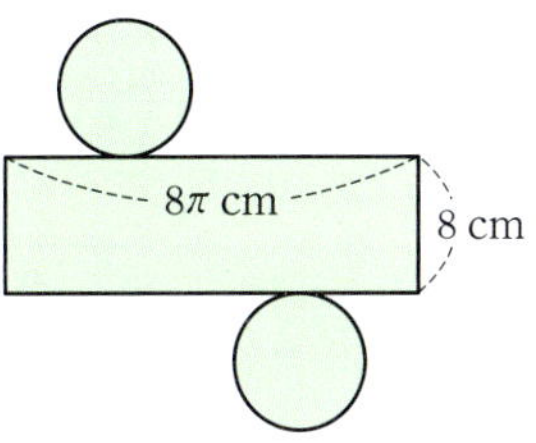

대표유형 05 밑면이 부채꼴인 기둥의 겉넓이와 부피

오른쪽 그림과 같이 밑면이 부채꼴인 기둥의 겉넓이와 부피를 각각 구하시오.

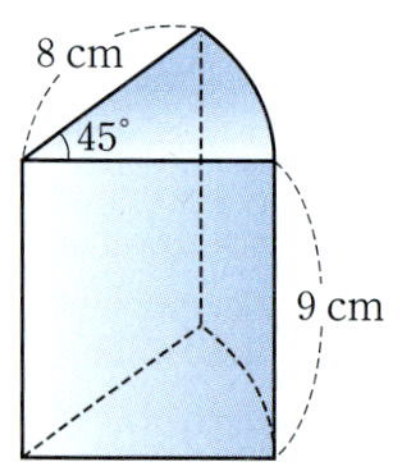

풀이 과정

$(밑넓이)=\pi\times 8^2\times\dfrac{45}{360}=8\pi\,(cm^2)$

$(옆넓이)=\left(2\pi\times 8\times\dfrac{45}{360}+8\times 2\right)\times 9$

$\qquad\quad=(2\pi+16)\times 9=18\pi+144\,(cm^2)$

$\therefore\ (겉넓이)=8\pi\times 2+18\pi+144$

$\qquad\qquad\quad=34\pi+144\,(cm^2)$

$\quad(부피)=8\pi\times 9=72\pi\,(cm^3)$

정답 겉넓이 : $(34\pi+144)\,cm^2$, 부피 : $72\pi\,cm^3$

05·A 숫자 Change

오른쪽 그림과 같이 밑면이 부채꼴인 기둥의 부피는?

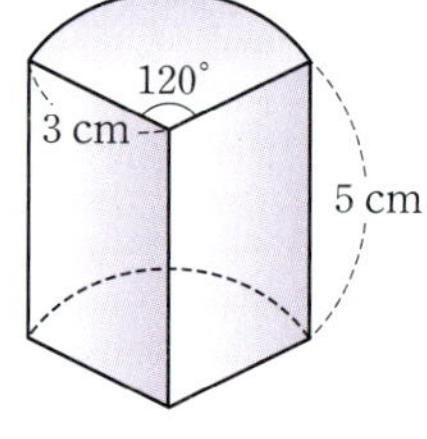

① $15\pi\,cm^3$ ② $20\pi\,cm^3$

③ $25\pi\,cm^3$ ④ $30\pi\,cm^3$

⑤ $35\pi\,cm^3$

05·B 숫자 Change

오른쪽 그림과 같이 밑면이 부채꼴인 기둥의 겉넓이를 구하시오.

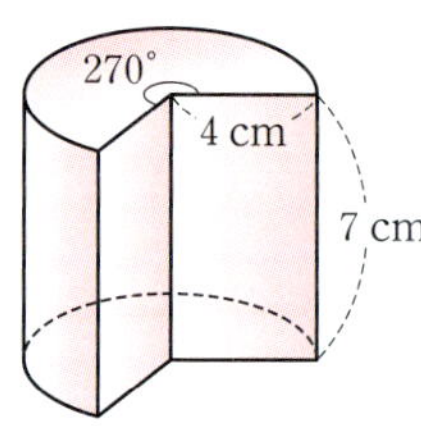

대표유형 06 가운데가 비어 있는 입체도형의 겉넓이와 부피

오른쪽 그림과 같이 가운데가 비어 있는 입체도형의 겉넓이와 부피를 각각 구하시오.

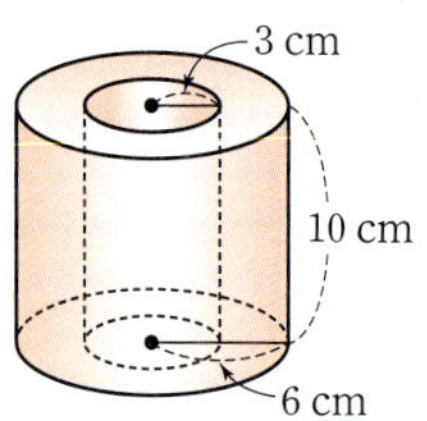

풀이 과정

$(겉넓이)=(밑넓이)\times 2+(큰\ 원기둥의\ 옆넓이)+(작은\ 원기둥의\ 옆넓이)$

$\qquad\quad=(\pi\times 6^2-\pi\times 3^2)\times 2+(2\pi\times 6)\times 10+(2\pi\times 3)\times 10$

$\qquad\quad=54\pi+120\pi+60\pi=234\pi\,(cm^2)$

$(부피)=(큰\ 원기둥의\ 부피)-(작은\ 원기둥의\ 부피)$

$\qquad\ =(\pi\times 6^2)\times 10-(\pi\times 3^2)\times 10$

$\qquad\ =360\pi-90\pi=270\pi\,(cm^3)$

다른 풀이

$(부피)=(밑넓이)\times(높이)$

$\qquad\ =(\pi\times 6^2-\pi\times 3^2)\times 10=270\pi\,(cm^3)$

정답 겉넓이 : $234\pi\,cm^2$, 부피 : $270\pi\,cm^3$

06·A 숫자 Change

오른쪽 그림과 같이 가운데가 비어 있는 입체도형의 부피를 구하시오.

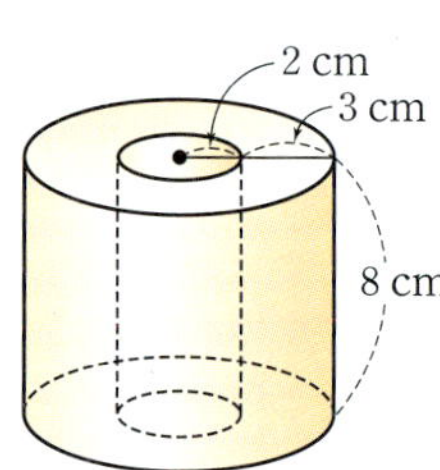

06·B 표현 Change

오른쪽 그림과 같이 가운데가 비어 있는 입체도형의 겉넓이를 $a\,cm^2$, 부피를 $b\,cm^3$라 할 때, $a-b$의 값을 구하시오.

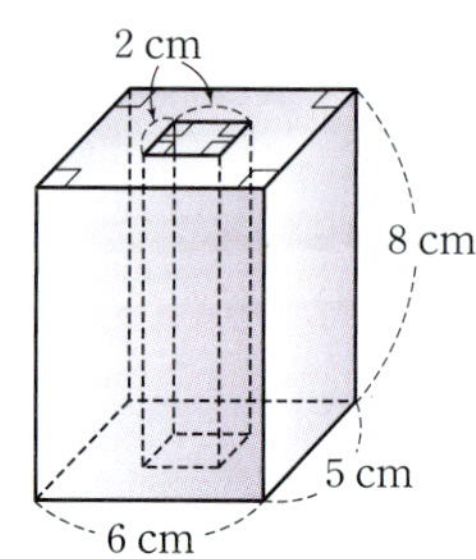

대표유형 07 일부를 잘라 낸 입체도형의 겉넓이와 부피

⋂ 유형ON >>> 180쪽

오른쪽 그림은 직육면체에서 작은 직육면체를 잘라 내고 남은 입체도형이다. 이 입체도형의 겉넓이와 부피를 각각 구하시오.

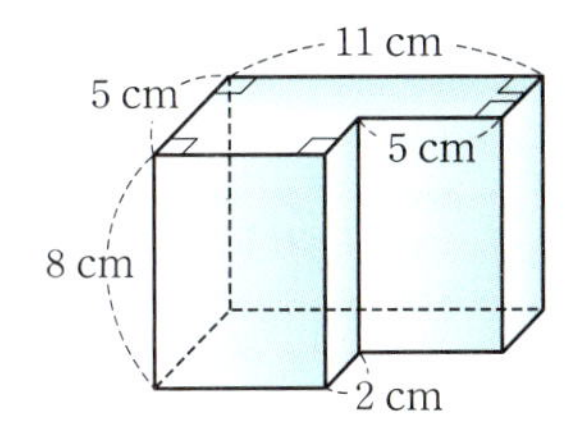

풀이 과정

(밑넓이)$=11\times5-5\times2=45\,(cm^2)$
(옆넓이)$=(6+2+5+3+11+5)\times8=256\,(cm^2)$
$\therefore$ (겉넓이)$=45\times2+256=346\,(cm^2)$
　(부피)$=45\times8=360\,(cm^3)$

정답 겉넓이 : 346 cm², 부피 : 360 cm³

참고 잘린 부분의 면을 이동하여 생각하면 주어진 입체도형의 옆넓이는 가로의 길이가 11 cm, 세로의 길이가 5 cm, 높이가 8 cm인 직육면체의 옆넓이와 같다.

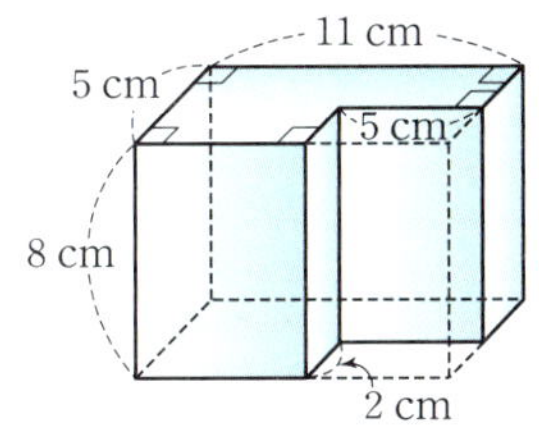

07·A 숫자 Change

오른쪽 그림은 직육면체에서 작은 직육면체를 잘라 내고 남은 입체도형이다. 이 입체도형의 겉넓이를 구하시오.

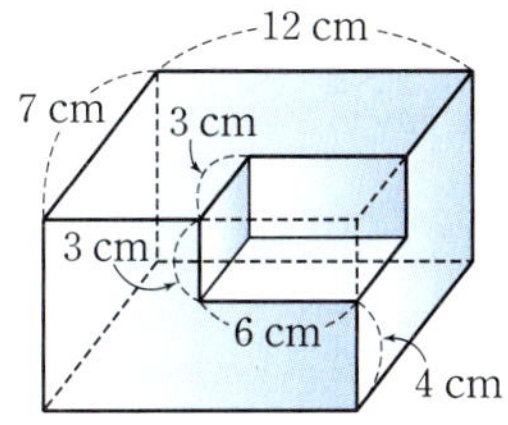

07·B 표현 Change

오른쪽 그림은 직육면체에서 작은 직육면체를 잘라 내고 남은 입체도형이다. 이 입체도형의 겉넓이와 부피를 각각 구하시오.

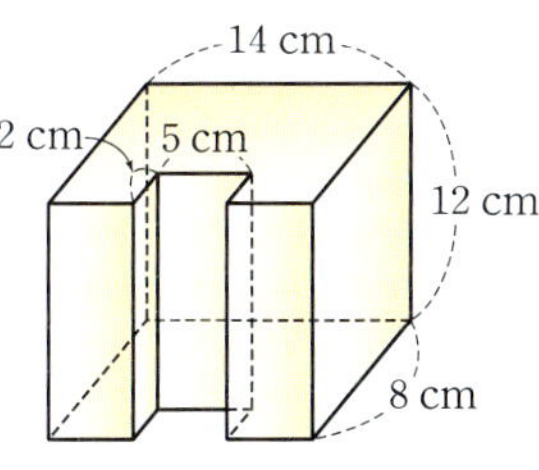

대표유형 08 회전체의 겉넓이와 부피 - 원기둥

⋂ 유형ON >>> 181쪽

오른쪽 그림과 같은 직사각형을 직선 l을 회전축으로 하여 1회전 시킬 때 생기는 회전체의 겉넓이와 부피를 각각 구하시오.

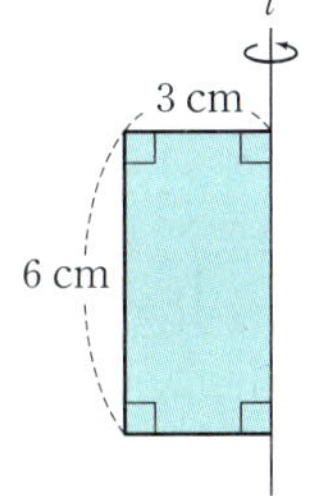

풀이 과정

주어진 직사각형을 직선 l을 회전축으로 하여 1회전 시키면 오른쪽 그림과 같은 원기둥이 생기므로
(겉넓이)$=(\pi\times3^2)\times2+(2\pi\times3)\times6$
　　　$=18\pi+36\pi=54\pi\,(cm^2)$
(부피)$=(\pi\times3^2)\times6=54\pi\,(cm^3)$

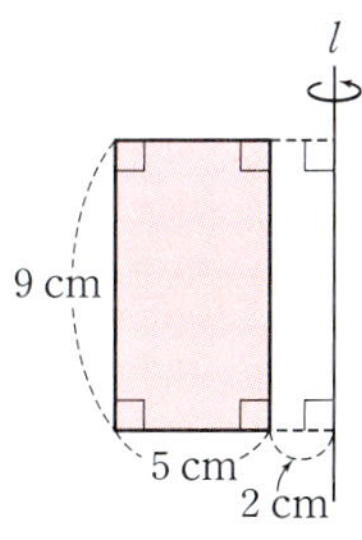

정답 겉넓이 : 54π cm², 부피 : 54π cm³

08·A 숫자 Change

오른쪽 그림과 같은 직사각형을 직선 l을 회전축으로 하여 1회전 시킬 때 생기는 회전체의 겉넓이와 부피를 각각 구하시오.

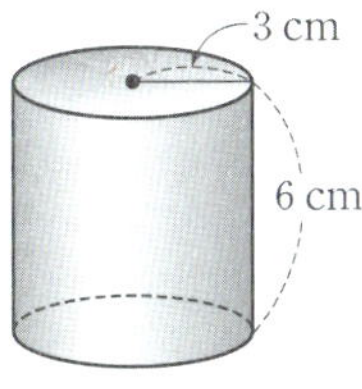

08·B 표현 Change

오른쪽 그림과 같은 평면도형을 직선 l을 회전축으로 하여 1회전 시킬 때 생기는 회전체의 겉넓이와 부피를 각각 구하시오.

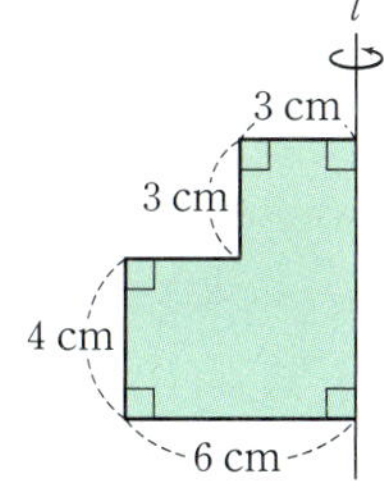

01

겉넓이가 150 cm²인 정육면체의 한 모서리의 길이는?

① 4 cm ② 5 cm ③ 6 cm
④ 10 cm ⑤ 12 cm

04

오른쪽 그림과 같은 기둥의 겉넓이를 구하시오.

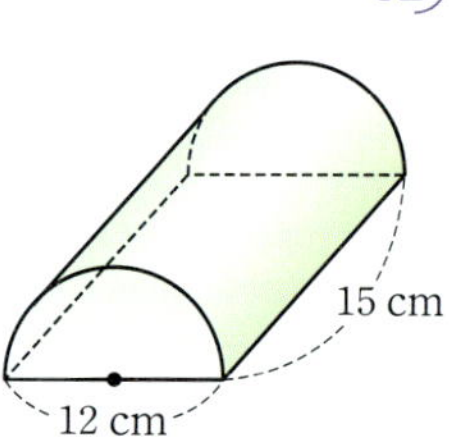

02

오른쪽 그림과 같은 오각기둥의 겉넓이를 구하시오.

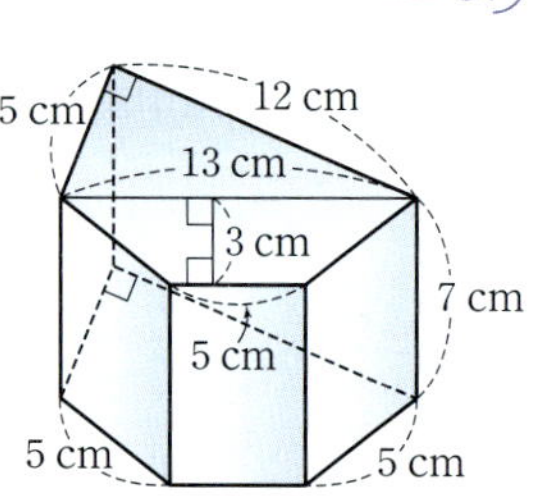

05

오른쪽 그림과 같은 삼각기둥의 부피가 216 cm³일 때, 이 삼각기둥의 높이는?

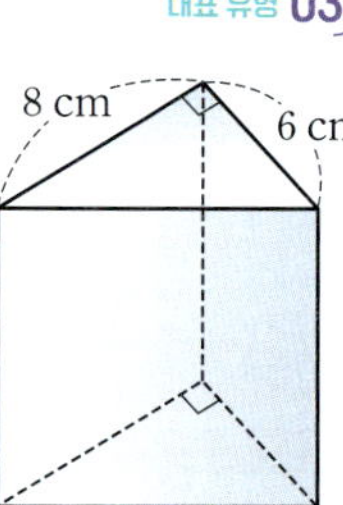

① 6 cm ② 7 cm
③ 8 cm ④ 9 cm
⑤ 10 cm

03

오른쪽 그림과 같은 전개도로 만들어지는 원기둥의 겉넓이를 구하시오.

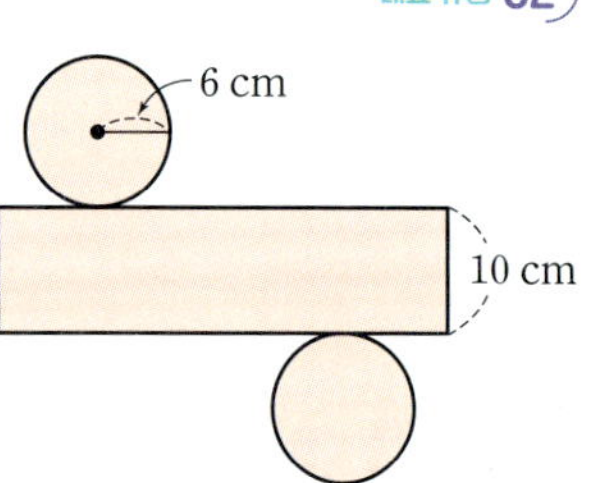

06

생각이 쑥쑥

오른쪽 그림과 같은 입체도형의 겉넓이를 $a\pi$ cm², 부피를 $b\pi$ cm³라 할 때, $a+b$의 값을 구하시오.

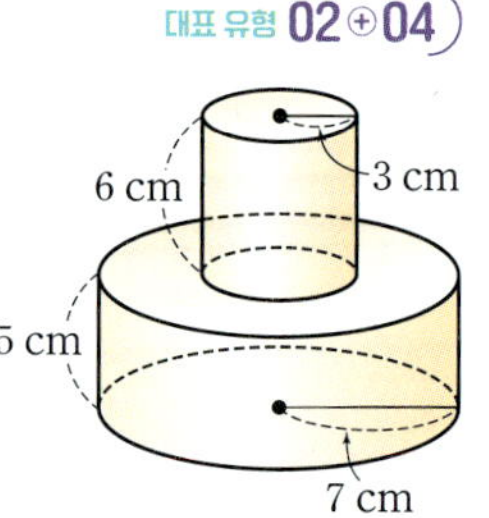

07

오른쪽 그림과 같이 밑면이 부채꼴인 기둥의 부피가 $378\pi \ \text{cm}^3$일 때, h의 값은?

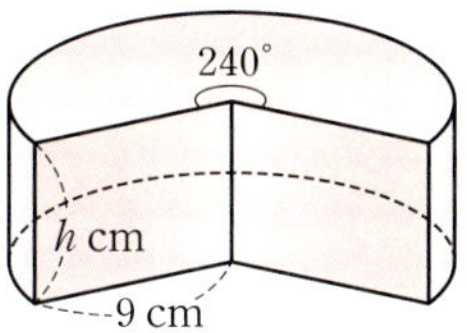

① 5   ② 6
③ 7   ④ 8
⑤ 9

대표 유형 05

10

오른쪽 그림은 한 모서리의 길이가 11 cm인 정육면체에서 작은 직육면체를 잘라 내고 남은 입체도형이다. 이 입체도형의 겉넓이를 $a \ \text{cm}^2$, 부피를 $b \ \text{cm}^3$라 할 때, $b-a$의 값을 구하시오.

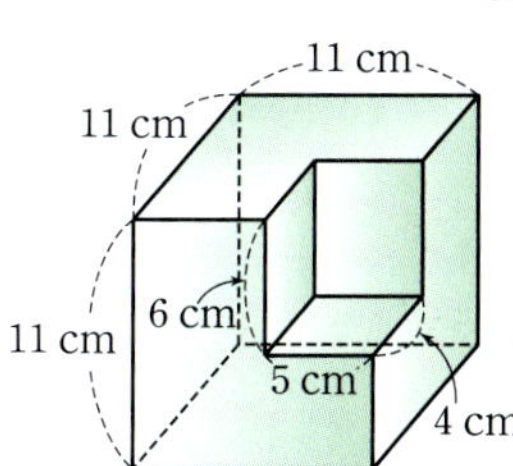

대표 유형 07

08

다음 그림과 같이 가운데가 비어 있는 입체도형의 겉넓이와 부피를 각각 구하시오.

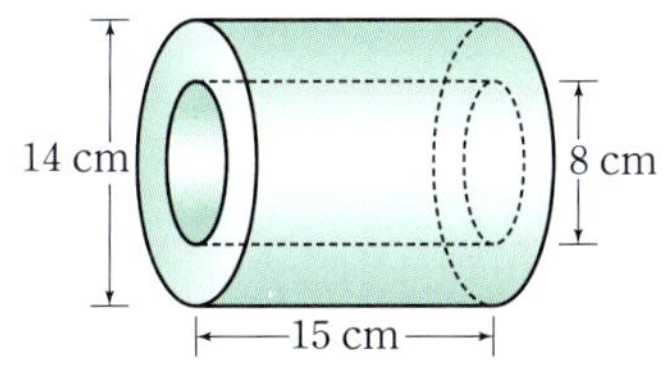

대표 유형 06

11

오른쪽 그림은 반지름의 길이가 10 cm인 부채꼴을 밑면으로 하는 기둥에서 반지름의 길이가 4 cm인 부채꼴을 밑면으로 하는 기둥을 잘라 내고 남은 입체도형이다. 이 입체도형의 부피를 구하시오.

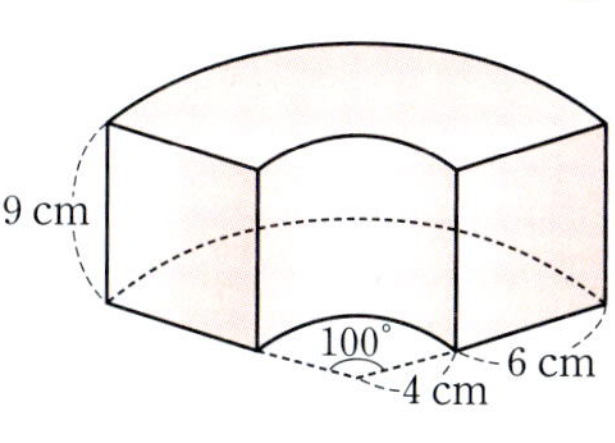

대표 유형 07

09

오른쪽 그림과 같이 가운데가 비어 있는 입체도형의 겉넓이는?

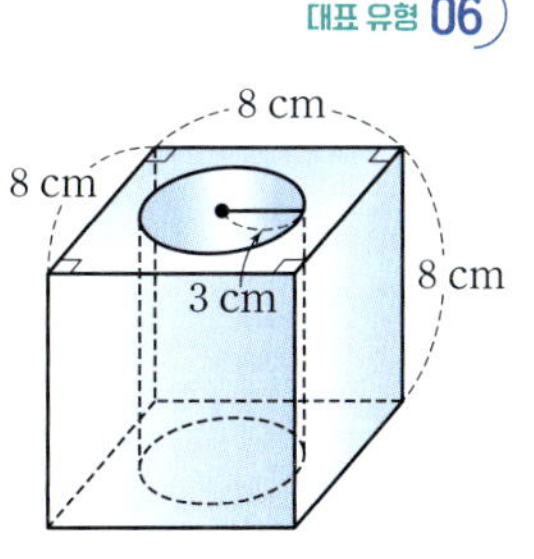

① $(320+18\pi) \ \text{cm}^2$
② $(320+28\pi) \ \text{cm}^2$
③ $(320+30\pi) \ \text{cm}^2$
④ $(384+30\pi) \ \text{cm}^2$
⑤ $(384+32\pi) \ \text{cm}^2$

대표 유형 06

12   생각이 쑥쑥

오른쪽 그림과 같은 직사각형을 직선 l을 회전축으로 하여 1회전 시킬 때 생기는 입체도형의 겉넓이와 부피를 각각 구하면?

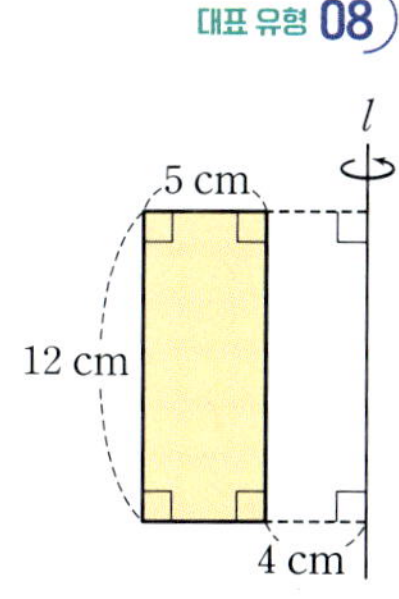

① 겉넓이 : $440\pi \ \text{cm}^2$, 부피 : $780\pi \ \text{cm}^3$
② 겉넓이 : $440\pi \ \text{cm}^2$, 부피 : $800\pi \ \text{cm}^3$
③ 겉넓이 : $442\pi \ \text{cm}^2$, 부피 : $780\pi \ \text{cm}^3$
④ 겉넓이 : $442\pi \ \text{cm}^2$, 부피 : $800\pi \ \text{cm}^3$
⑤ 겉넓이 : $442\pi \ \text{cm}^2$, 부피 : $820\pi \ \text{cm}^3$

대표 유형 08

03 뿔의 겉넓이

(1) 각뿔의 겉넓이

➡ **(각뿔의 겉넓이)=(밑넓이)+(옆넓이)**

(참고) (1) 뿔의 밑면은 1개이다.

(2) 각뿔의 옆면이 모두 합동인 것은 아니다.

① 정사각뿔 : 옆면이 모두 합동인 이등변삼각형이다.

② 사각뿔 : 옆면이 모두 합동인 것은 아니다.

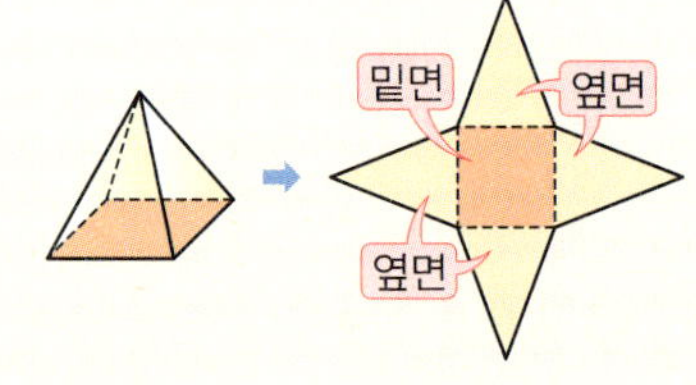

각뿔의 옆면을 이루는 도형은 모두 삼각형이다.

(1) 정사각뿔

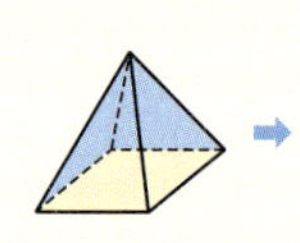

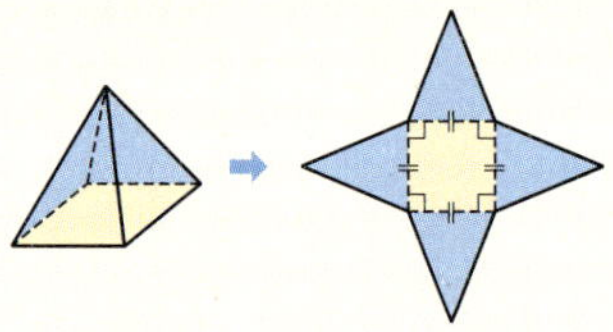

(2) 사각뿔

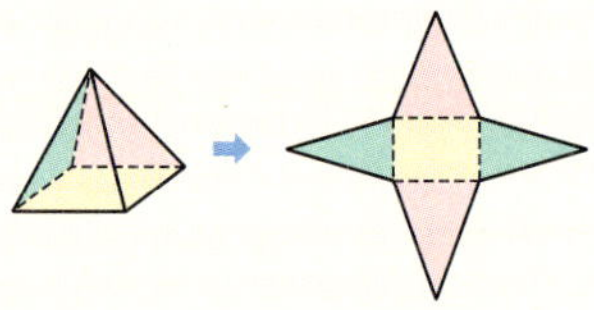

(2) 원뿔의 겉넓이 : 밑면의 반지름의 길이가 r, 모선의 길이가 l인 원뿔의 겉넓이 S는

➡ $S=($ 밑넓이 $)+($ 옆넓이 $)$

$$=\pi r^2+\frac{1}{2}\times l\times 2\pi r$$

$$=\pi r^2+\pi r l$$

(옆넓이)=(부채꼴의 넓이)

$=\frac{1}{2}\times($ 부채꼴의 반지름의 길이 $)\times($ 부채꼴의 호의 길이 $)$

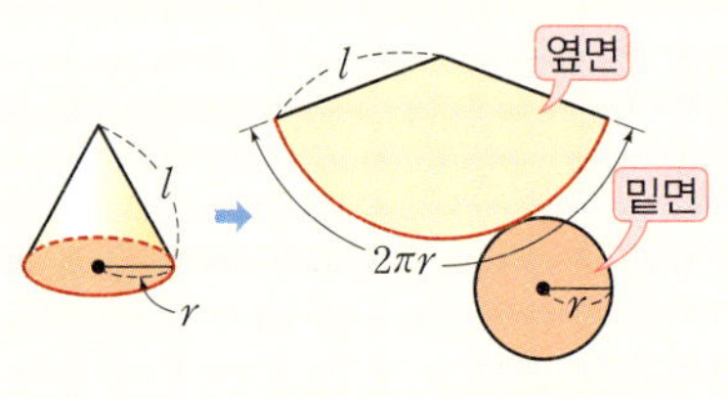

(참고) 원뿔의 전개도에서

(1) (부채꼴의 호의 길이)=(밑면인 원의 둘레의 길이)

(2) (부채꼴의 반지름의 길이)=(원뿔의 모선의 길이)

바이블 POINT

각뿔대의 겉넓이

(각뿔대의 겉넓이)

=(두 밑넓이의 합)+(옆넓이)

=(작은 밑면의 넓이)

　+(큰 밑면의 넓이)

　+(옆면인 사다리꼴의 넓이의 합)

원뿔대의 겉넓이

(원뿔대의 겉넓이)

=(두 밑넓이의 합)+(옆넓이)

=(작은 밑면의 넓이)

　+(큰 밑면의 넓이)

　+(큰 부채꼴의 넓이)−(작은 부채꼴의 넓이)

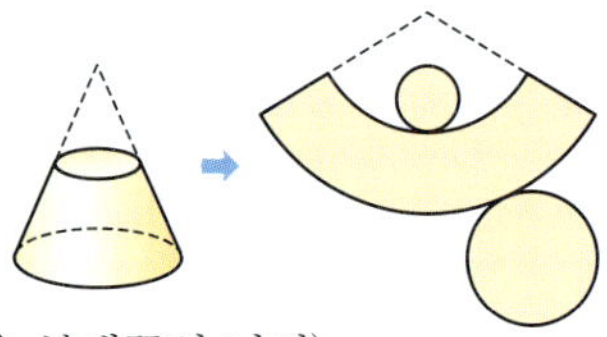

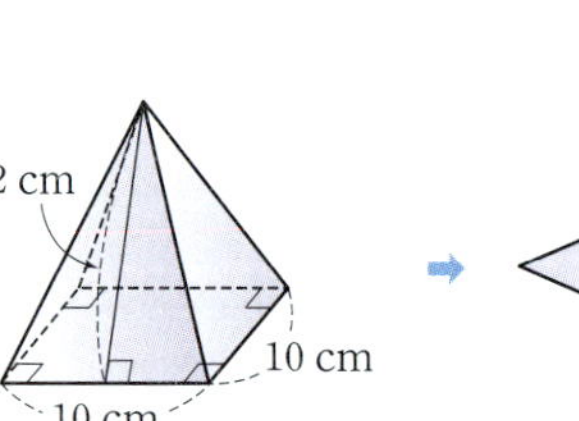

개념 CHECK　01

• (각뿔의 겉넓이)

　=(밑넓이)+(㉠　　　)

오른쪽 그림과 같은 사각뿔과 그 전개도에서 □ 안에 알맞은 수를 써넣고 다음을 구하시오.

(단, 삼각형은 모두 합동이다.)

(1) 밑넓이　　　(2) 옆넓이

(3) 겉넓이

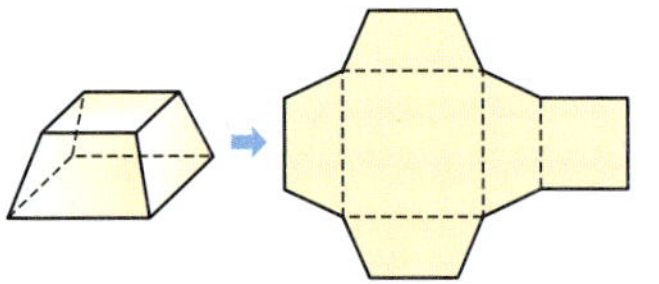

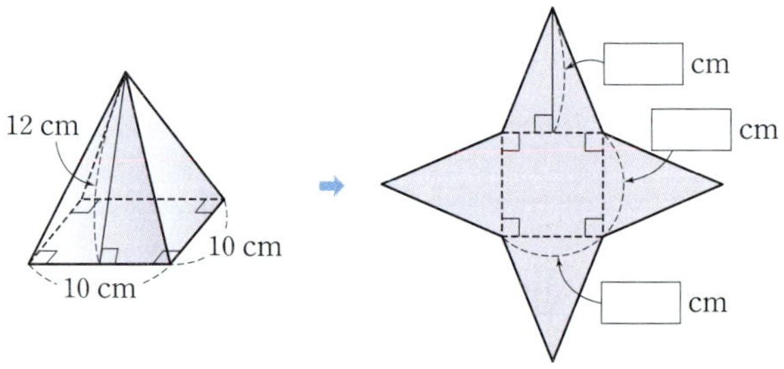

개념 CHECK　02

• 밑면인 원의 반지름의 길이가 r이고 모선의 길이가 l인 원뿔의 겉넓이 S는
$S=\pi r^2+$ ㉡

오른쪽 그림과 같은 원뿔과 그 전개도에서 □ 안에 알맞은 수를 써넣고 다음을 구하시오.

(1) 밑넓이　　　(2) 옆넓이

(3) 겉넓이

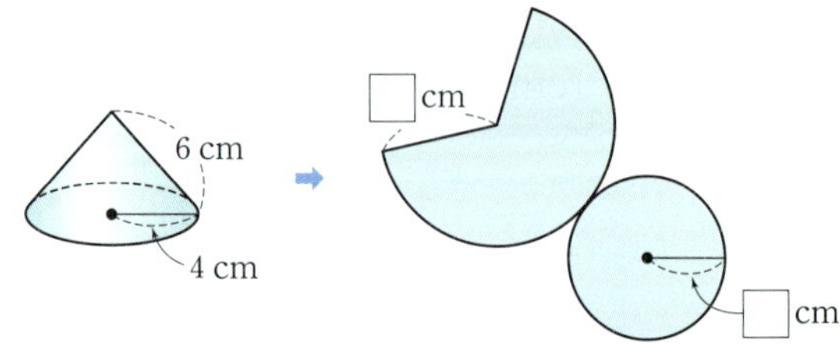

답 | ㉠ 옆넓이　㉡ $\pi r l$

⋂ 유형ON >>> 182쪽

대표유형 **01** 각뿔의 겉넓이

오른쪽 그림과 같이 밑면은 한 변의 길이가 6 cm인 정사각형이고 옆면은 높이가 9 cm인 이등변삼각형인 사각뿔의 겉넓이는?

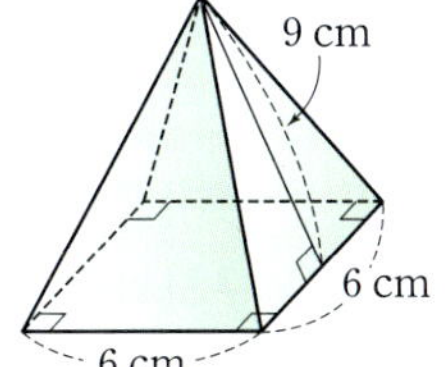

① 72 cm² ② 108 cm²
③ 144 cm² ④ 180 cm²
⑤ 216 cm²

풀이 과정

$(밑넓이)=6\times6=36(\text{cm}^2)$

$(옆넓이)=\left(\dfrac{1}{2}\times6\times9\right)\times4=108(\text{cm}^2)$

$\therefore (겉넓이)=(밑넓이)+(옆넓이)$
$=36+108=144(\text{cm}^2)$

정답 ③

01 · A 표현 Change

오른쪽 그림과 같은 전개도로 만들어지는 입체도형의 겉넓이를 구하시오.
(단, 삼각형은 모두 합동이다.)

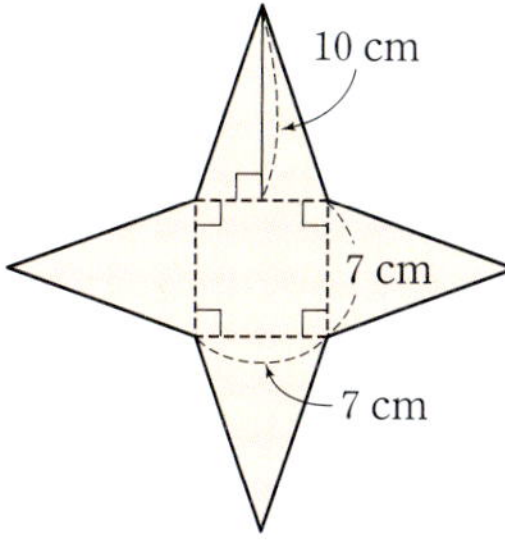

01 · B 표현 Change

오른쪽 그림과 같은 전개도로 만들어지는 입체도형의 겉넓이가 85 cm²일 때, x의 값을 구하시오.
(단, 삼각형은 모두 합동이다.)

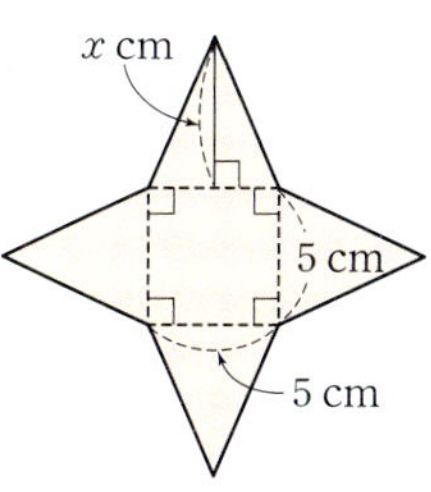

대표유형 **02** 원뿔의 겉넓이

⋂ 유형ON >>> 183쪽

오른쪽 그림과 같은 원뿔의 겉넓이는?

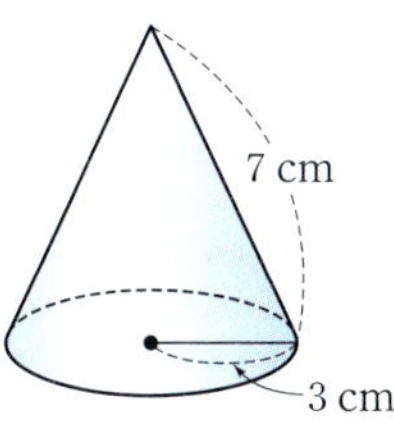

① 25π cm² ② 30π cm²
③ 35π cm² ④ 40π cm²
⑤ 45π cm²

풀이 과정

$(밑넓이)=\pi\times3^2=9\pi(\text{cm}^2)$

$(옆넓이)=\pi\times3\times7=21\pi(\text{cm}^2)$

$\therefore (겉넓이)=(밑넓이)+(옆넓이)$
$=9\pi+21\pi=30\pi(\text{cm}^2)$

정답 ②

BIBLE SAYS 원뿔의 전개도에서 부채꼴의 중심각의 크기와 겉넓이

밑면인 원의 반지름의 길이가 r, 모선의 길이가 l, 옆면인 부채꼴의 중심각의 크기가 $x°$인 원뿔의 전개도에서

$(밑면인 원의 둘레의 길이)=(옆면인 부채꼴의 호의 길이)$이므로

$2\pi r=2\pi l\times\dfrac{x}{360}$에서 $\dfrac{x}{360}=\dfrac{r}{l}\left(또는 x=\dfrac{r}{l}\times360\right)$

$\therefore (겉넓이)=\pi r^2+\pi l^2\times\dfrac{x}{360}=\pi r^2+\pi l^2\times\dfrac{r}{l}=\pi r^2+\pi rl$

02 · A 숫자 Change

오른쪽 그림과 같은 원뿔의 겉넓이를 구하시오.

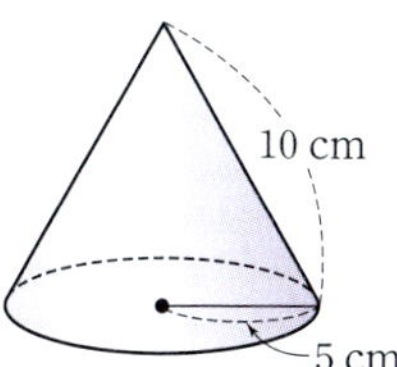

02 · B 표현 Change

오른쪽 그림과 같은 원뿔의 옆넓이가 84π cm²일 때, 이 원뿔의 겉넓이를 구하시오.

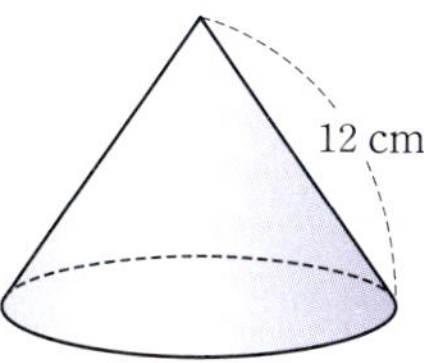

⌒ 유형ON >>> 184쪽

대표유형 **03** 전개도가 주어진 원뿔의 겉넓이

오른쪽 그림과 같은 전개도로 만든 원뿔의 겉넓이를 구하시오.

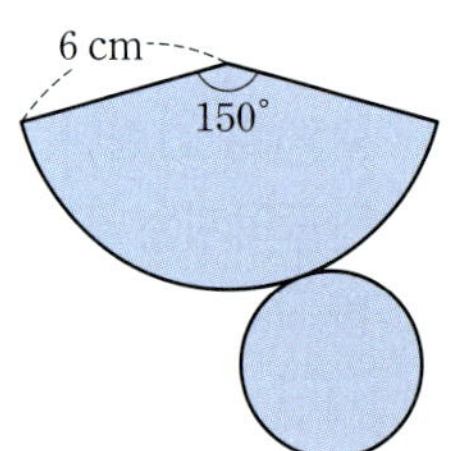

풀이 과정

밑면의 반지름의 길이를 r cm라 하면

$2\pi \times 6 \times \dfrac{150}{360} = 2\pi r$ $\therefore r = \dfrac{5}{2}$

$\therefore$ (겉넓이)=(밑넓이)+(옆넓이)

$\qquad = \pi \times \left(\dfrac{5}{2}\right)^2 + \pi \times \dfrac{5}{2} \times 6$

$\qquad = \dfrac{25}{4}\pi + 15\pi = \dfrac{85}{4}\pi \,(\text{cm}^2)$

(정답) $\dfrac{85}{4}\pi \text{ cm}^2$

03 · ⓐ (숫자 Change)

오른쪽 그림과 같은 전개도로 만들어지는 원뿔에 대하여 다음을 구하시오.

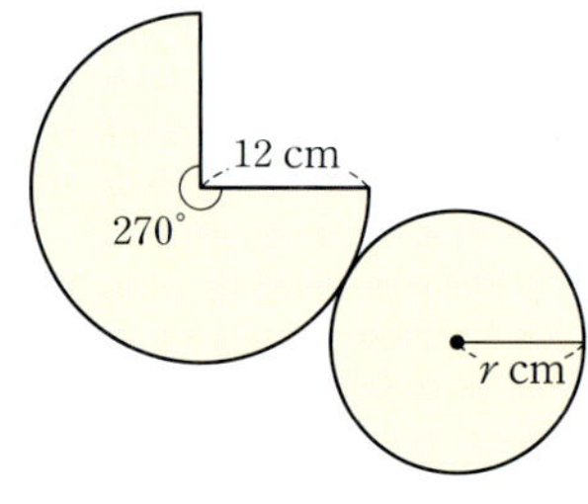

(1) r의 값

(2) 원뿔의 겉넓이

03 · ⓑ (표현 Change)

오른쪽 그림과 같은 부채꼴을 옆면으로 하는 원뿔의 겉넓이를 구하시오.

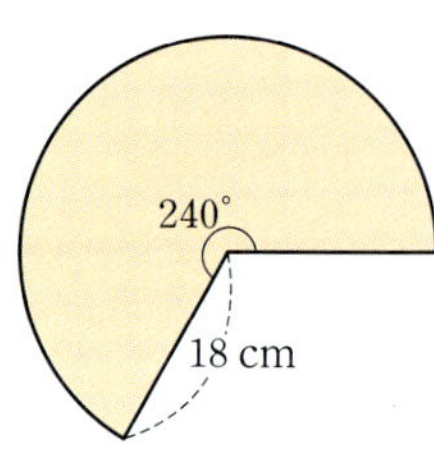

대표유형 **04** 뿔대의 겉넓이

⌒ 유형ON >>> 184쪽

오른쪽 그림과 같은 원뿔대에서 다음을 구하시오.

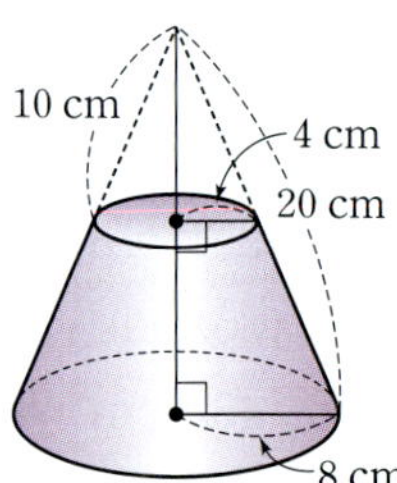

(1) 작은 밑면의 넓이

(2) 큰 밑면의 넓이

(3) 옆넓이

(4) 겉넓이

풀이 과정

(1) $\pi \times 4^2 = 16\pi \,(\text{cm}^2)$

(2) $\pi \times 8^2 = 64\pi \,(\text{cm}^2)$

(3) (옆넓이)=(큰 부채꼴의 넓이)−(작은 부채꼴의 넓이)

$\qquad = \pi \times 8 \times 10 - \pi \times 4 \times 5$

$\qquad = 80\pi - 20\pi = 60\pi \,(\text{cm}^2)$

(4) (겉넓이)$= 16\pi + 64\pi + 60\pi = 140\pi \,(\text{cm}^2)$

(정답) (1) $16\pi \text{ cm}^2$ (2) $64\pi \text{ cm}^2$ (3) $60\pi \text{ cm}^2$ (4) $140\pi \text{ cm}^2$

04 · ⓐ (숫자 Change)

오른쪽 그림과 같은 원뿔대의 겉넓이를 구하시오.

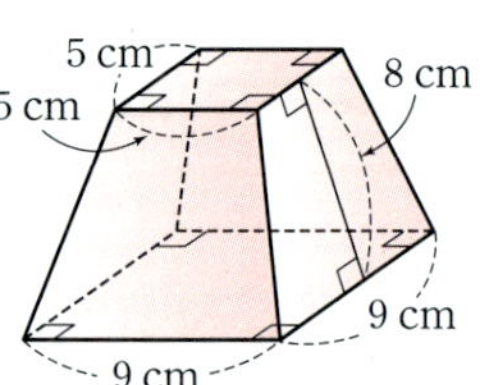

04 · ⓑ (표현 Change)

오른쪽 그림과 같은 사각뿔대의 겉넓이를 구하시오.
(단, 옆면은 모두 합동이다.)

04 뿔의 부피

(1) **각뿔의 부피** : 밑넓이가 S, 높이가 h인 각뿔의 부피 V는

➡ $V = \dfrac{1}{3} \times (밑넓이) \times (높이)$

$\quad = \dfrac{1}{3} Sh$

(2) **원뿔의 부피** : 밑면의 반지름의 길이가 r, 높이가 h인 원뿔의 부피 V는

➡ $V = \dfrac{1}{3} \times (밑넓이) \times (높이)$

$\quad = \dfrac{1}{3} \times \pi r^2 \times h$

$\quad = \dfrac{1}{3} \pi r^2 h$ ← 원기둥의 부피

주의 모선의 길이를 원뿔의 높이로 착각하지 않도록 주의한다.

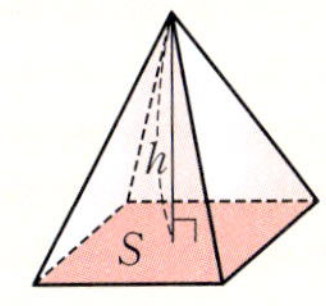
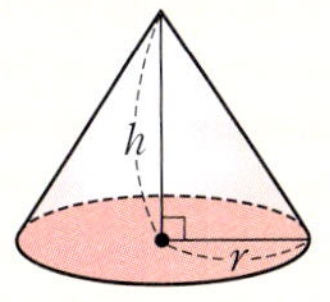

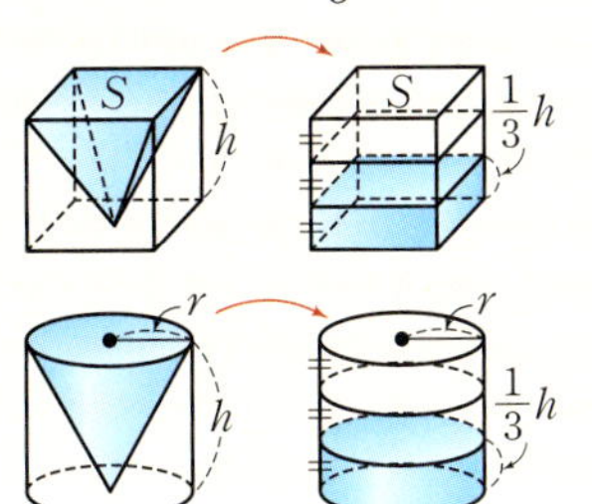
뿔의 부피가 기둥의 부피의 $\dfrac{1}{3}$인 이유

뿔 모양의 그릇에 가득 채운 물을 밑면이 합동이고 높이가 같은 기둥 모양의 그릇에 부으면 물의 높이는 기둥의 높이의 $\dfrac{1}{3}$이 된다. 즉, 뿔의 부피는 기둥의 부피의 $\dfrac{1}{3}$이다.

바이블 POINT

각뿔대의 부피

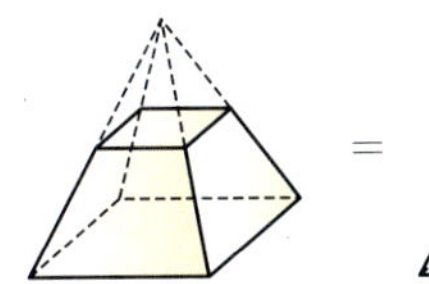 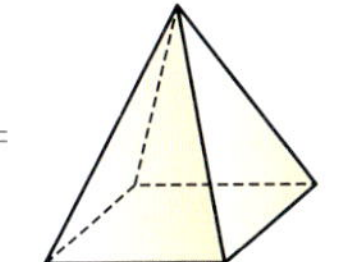 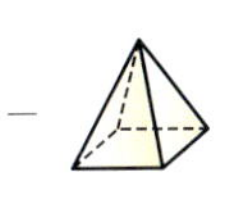

➡ (각뿔대의 부피)＝(큰 각뿔의 부피)－(작은 각뿔의 부피)

원뿔대의 부피

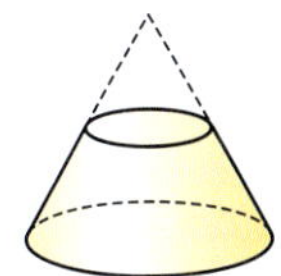 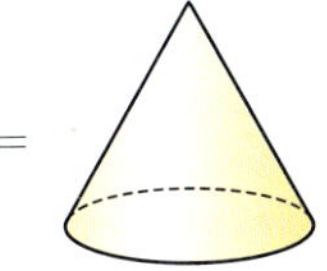 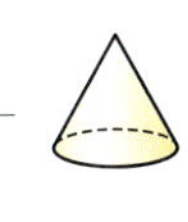

➡ (원뿔대의 부피)＝(큰 원뿔의 부피)－(작은 원뿔의 부피)

개념 CHECK `01`

• (각뿔의 부피)＝$\boxed{}^{\text{⊙}} \times (밑넓이) \times (높이)$

오른쪽 그림과 같은 사각뿔에 대하여 다음을 구하시오.

(1) 밑넓이

(2) 높이

(3) 부피

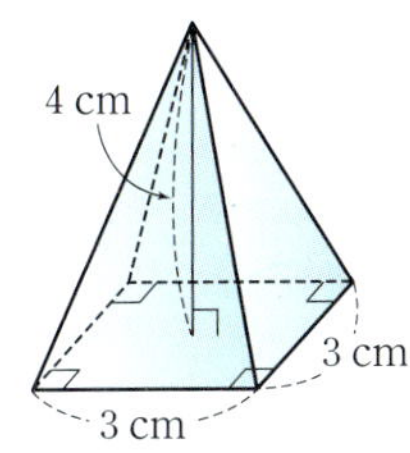

개념 CHECK `02`

• 밑면인 원의 반지름의 길이가 r이고 높이가 h인 원뿔의 부피 V는

$V = \boxed{}^{\text{⊙}}$

오른쪽 그림과 같은 원뿔에 대하여 다음을 구하시오.

(1) 밑넓이

(2) 높이

(3) 부피

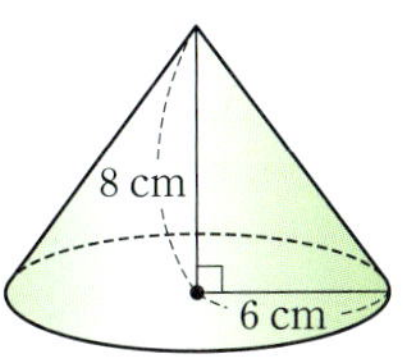

답 | ⊙ $\dfrac{1}{3}$ ⓒ $\dfrac{1}{3} \pi r^2 h$

대표유형 05 각뿔의 부피

유형ON >>> 185쪽

밑면이 한 변의 길이가 6 cm인 정사각형인 사각뿔의 부피가 60 cm^3일 때, 이 사각뿔의 높이는?

① 5 cm ② 8 cm ③ 10 cm
④ 13 cm ⑤ 15 cm

풀이 과정

사각뿔의 높이를 h cm라 하면

$\frac{1}{3}\times(6\times6)\times h=60$ $\quad\therefore h=5$

따라서 사각뿔의 높이는 5 cm이다.

정답 ①

05·A 숫자 Change

오른쪽 그림과 같은 삼각뿔의 부피가 63 cm^3일 때, 이 삼각뿔의 높이를 구하시오.

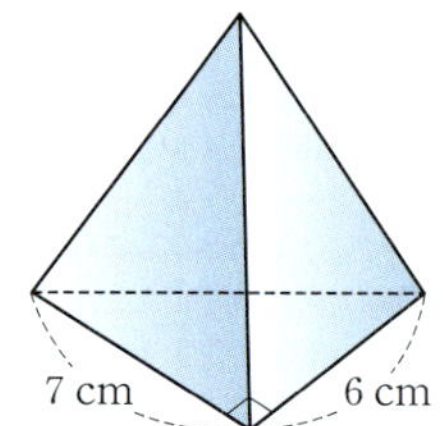

05·B 표현 Change

오른쪽 그림은 밑면의 넓이가 32 cm^2인 오각뿔이다. 이 오각뿔의 부피가 96 cm^3일 때, 높이는?

① 9 cm ② 8 cm
③ 7 cm ④ 6 cm
⑤ 5 cm

대표유형 06 원뿔의 부피

유형ON >>> 186쪽

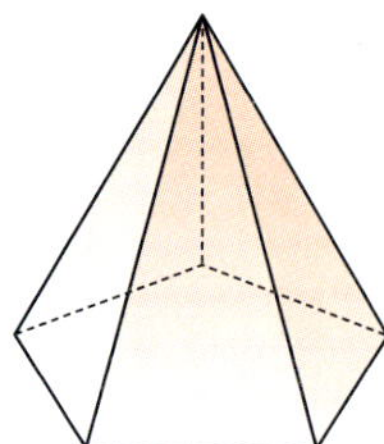

오른쪽 그림과 같은 원뿔의 부피를 구하시오.

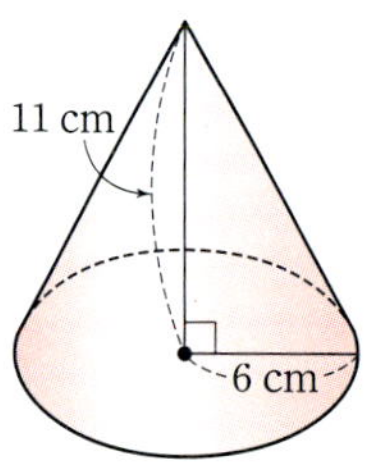

풀이 과정

(밑넓이)$=\pi\times6^2=36\pi(cm^2)$

$\therefore$ (부피)$=\frac{1}{3}\times36\pi\times11=132\pi(cm^3)$

정답 $132\pi\ cm^3$

06·A 숫자 Change

오른쪽 그림과 같은 원뿔의 부피는?

① $75\pi\ cm^3$ ② $78\pi\ cm^3$
③ $80\pi\ cm^3$ ④ $82\pi\ cm^3$
⑤ $87\pi\ cm^3$

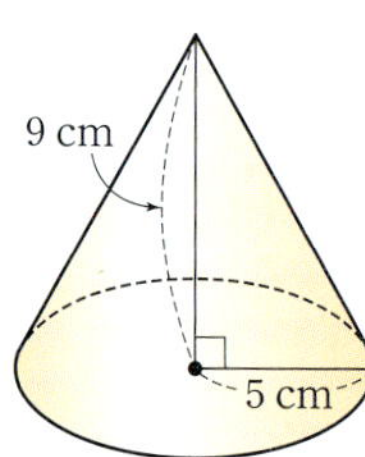

06·B 표현 Change

오른쪽 그림은 밑면인 원의 반지름의 길이가 5 cm이고 높이가 각각 8 cm, 7 cm인 두 원뿔을 붙여 놓은 것이다. 이 입체도형의 부피를 구하시오.

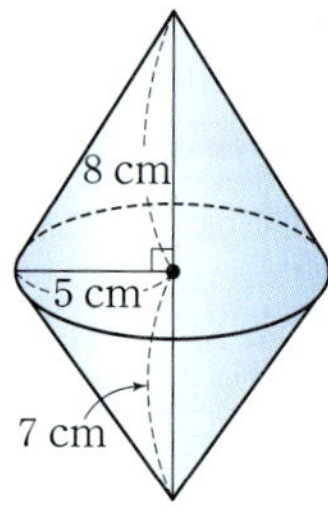

대표유형 **07** 뿔대의 부피

⑪유형ON >>> 187쪽

오른쪽 그림과 같은 원뿔대의 부피를 구하시오.

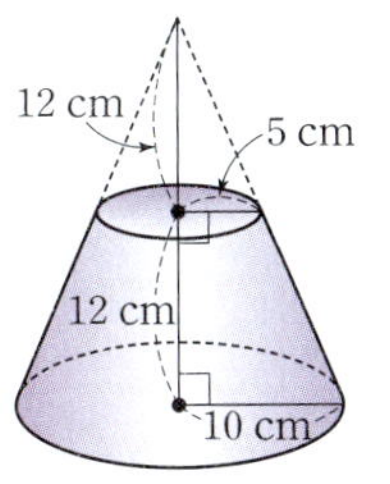

풀이 과정

(부피)=(큰 원뿔의 부피)−(작은 원뿔의 부피)

$$=\frac{1}{3}\times(\pi\times10^2)\times24-\frac{1}{3}\times(\pi\times5^2)\times12$$

$$=800\pi-100\pi=700\pi\,(\text{cm}^3)$$

정답 $700\pi\ \text{cm}^3$

07·A 숫자 Change

오른쪽 그림과 같은 원뿔대의 부피를 구하시오.

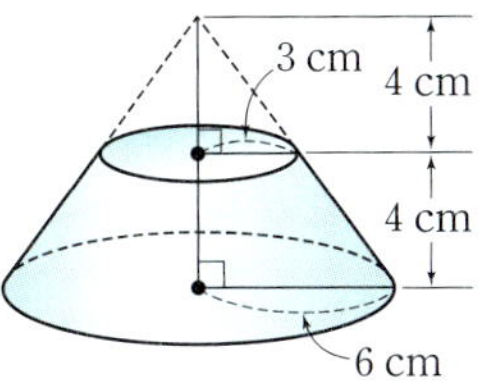

07·B 표현 Change

오른쪽 그림과 같은 사각뿔대의 부피를 구하시오.

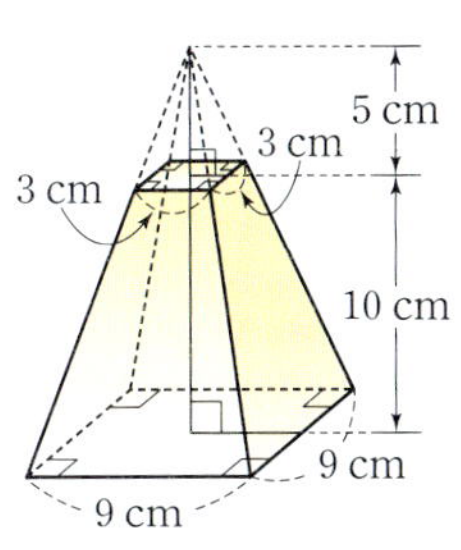

대표유형 **08** 잘라 낸 또는 내부에 있는 삼각뿔의 부피

⑪유형ON >>> 188쪽

오른쪽 그림과 같이 한 모서리의 길이가 6 cm인 정육면체를 세 꼭짓점 B, G, D를 지나는 평면으로 자를 때 생기는 삼각뿔 C−BGD의 부피를 구하시오.

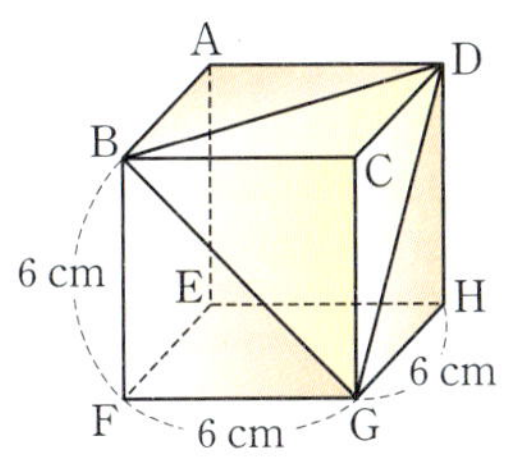

풀이 과정

△BCD를 삼각뿔의 밑면으로 생각하면 높이는 $\overline{\text{CG}}$이므로

$$(\text{부피})=\frac{1}{3}\times\triangle\text{BCD}\times\overline{\text{CG}}$$

$$=\frac{1}{3}\times\left(\frac{1}{2}\times6\times6\right)\times6$$

$$=36\,(\text{cm}^3)$$

정답 $36\ \text{cm}^3$

08·A 숫자 Change

오른쪽 그림과 같이 한 모서리의 길이가 6 cm인 정육면체에서 모서리 BC, CG, CD의 중점을 각각 P, Q, R이라 하자. 세 점 P, Q, R을 지나는 평면으로 자를 때 생기는 삼각뿔 C−PQR의 부피를 구하시오.

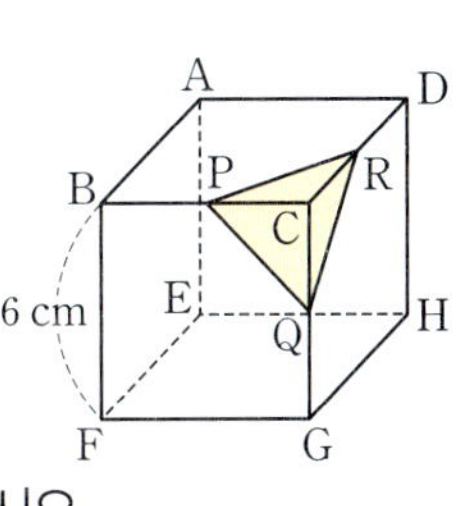

08·B 표현 Change

오른쪽 그림과 같이 한 모서리의 길이가 6 cm인 정육면체의 네 꼭짓점 A, C, F, H를 꼭짓점으로 하는 삼각뿔의 부피를 구하시오.

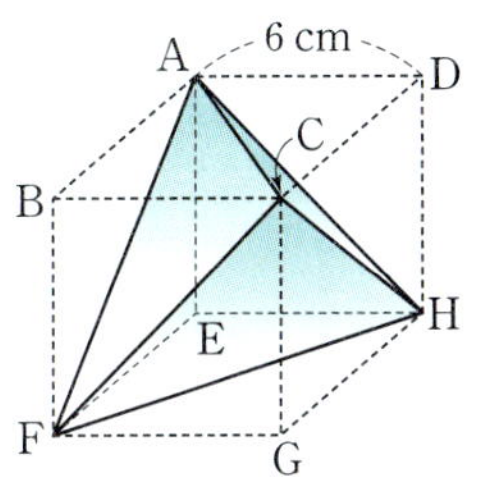

대표유형 09 기울어진 그릇에 담긴 물의 부피

오른쪽 그림과 같이 직육면체 모양의 그릇에 물을 담아 그릇을 기울였을 때, 그릇에 담긴 물의 부피를 구하시오.
(단, 그릇의 두께는 생각하지 않는다.)

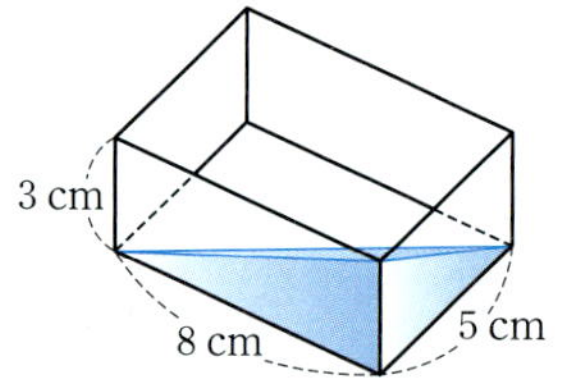

풀이 과정

(물의 부피)=(삼각뿔의 부피)
$$= \frac{1}{3} \times \left(\frac{1}{2} \times 8 \times 5 \right) \times 3$$
$$= 20 (cm^3)$$

정답 $20 \ cm^3$

09 · A 숫자 Change

직육면체 모양의 그릇에 물을 담은 후 기울였더니 오른쪽 그림과 같았다. 그릇에 담긴 물의 부피를 구하시오.
(단, 그릇의 두께는 생각하지 않는다.)

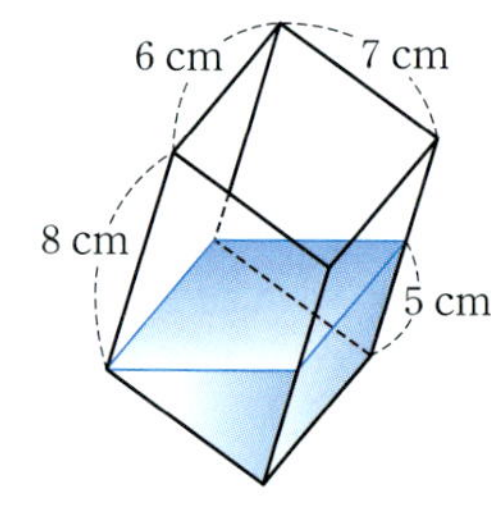

09 · B 표현 Change

다음 그림과 같이 두 직육면체 모양의 그릇에 물이 담겨 있다. 두 직육면체 모양의 그릇에 들어 있는 물의 양이 서로 같을 때, x의 값을 구하시오.
(단, 그릇의 두께는 생각하지 않는다.)

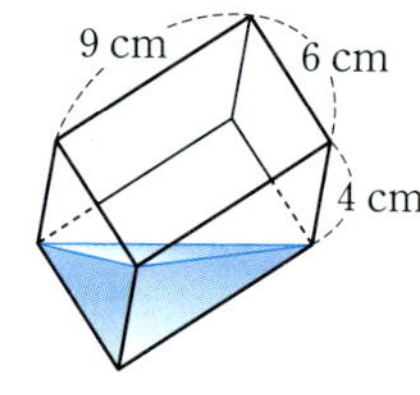

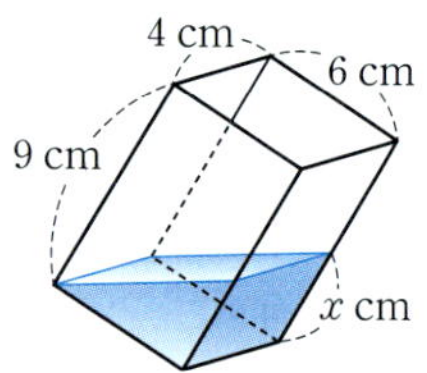

대표유형 10 회전체의 겉넓이와 부피 – 원뿔

오른쪽 그림과 같은 직각삼각형을 직선 l을 회전축으로 하여 1회전 시킬 때 생기는 입체도형의 부피를 구하시오.

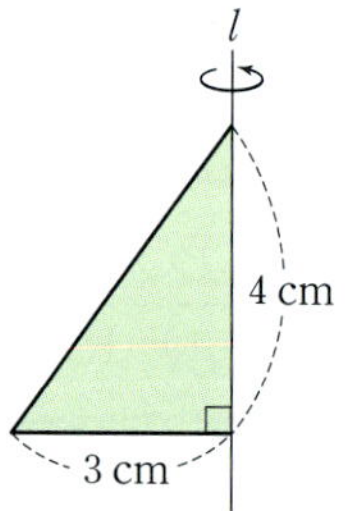

풀이 과정

주어진 직각삼각형을 직선 l을 회전축으로 하여 1회전 시키면 오른쪽 그림과 같은 원뿔이 생기므로

$$(부피) = \frac{1}{3} \times (\pi \times 3^2) \times 4$$
$$= 12\pi (cm^3)$$

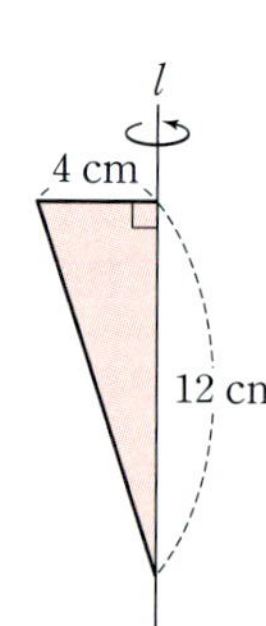

정답 $12\pi \ cm^3$

10 · A 숫자 Change

오른쪽 그림과 같은 직각삼각형을 직선 l을 회전축으로 하여 1회전 시킬 때 생기는 입체도형의 부피를 구하시오.

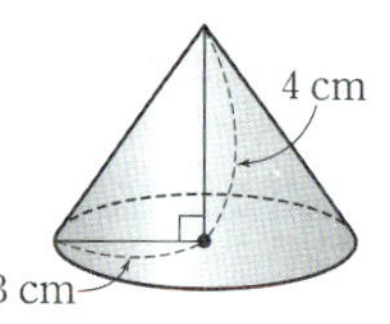

10 · B 표현 Change

오른쪽 그림과 같은 평면도형을 직선 l을 회전축으로 하여 1회전 시킬 때 생기는 회전체의 겉넓이를 구하시오.

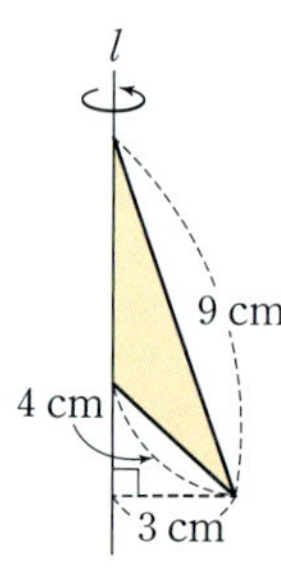

배운대로 학습하기

01

오른쪽 그림과 같이 밑면은 한 변의 길이가 4 cm인 정사각형이고 옆면은 높이가 8 cm인 이등변삼각형인 사각뿔의 겉넓이를 구하시오.

대표 유형 **01**

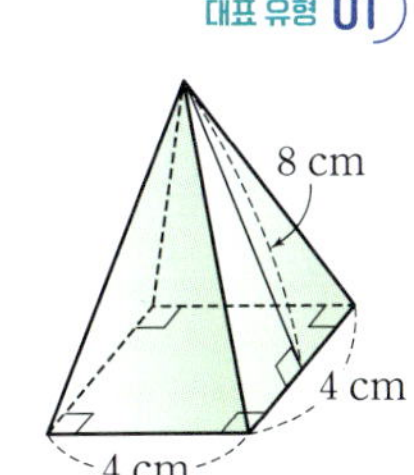

04

오른쪽 그림과 같은 전개도로 만든 원뿔의 겉넓이는?

① $84\pi \ \text{cm}^2$ ② $96\pi \ \text{cm}^2$
③ $108\pi \ \text{cm}^2$ ④ $126\pi \ \text{cm}^2$
⑤ $144\pi \ \text{cm}^2$

대표 유형 **03**

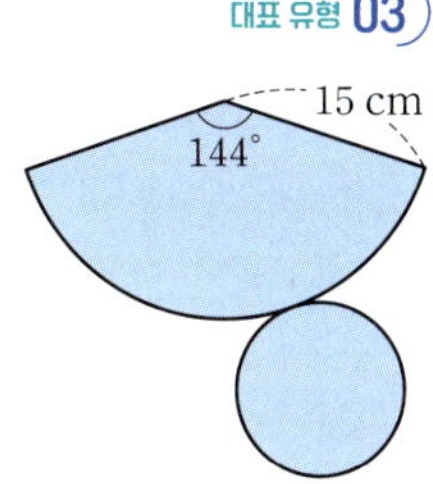

02

오른쪽 그림과 같은 전개도로 만들어지는 입체도형의 부피는?

① $\dfrac{5}{3} \ \text{cm}^3$ ② $2 \ \text{cm}^3$
③ $\dfrac{7}{3} \ \text{cm}^3$ ④ $\dfrac{8}{3} \ \text{cm}^3$
⑤ $3 \ \text{cm}^3$

대표 유형 **01**

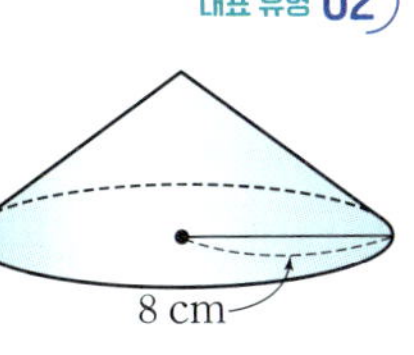

05

오른쪽 그림과 같은 원뿔대의 옆넓이가 $72\pi \ \text{cm}^2$일 때, x의 값을 구하시오.

대표 유형 **04**

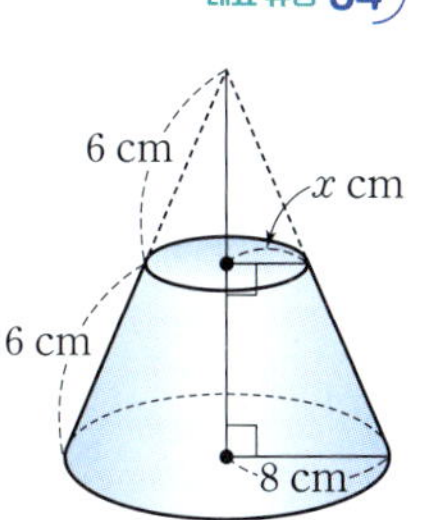

03

오른쪽 그림과 같은 원뿔의 겉넓이가 $144\pi \ \text{cm}^2$일 때, 이 원뿔의 모선의 길이를 구하시오.

대표 유형 **02**

06

오른쪽 그림과 같은 삼각뿔의 부피를 구하시오.

대표 유형 **05**

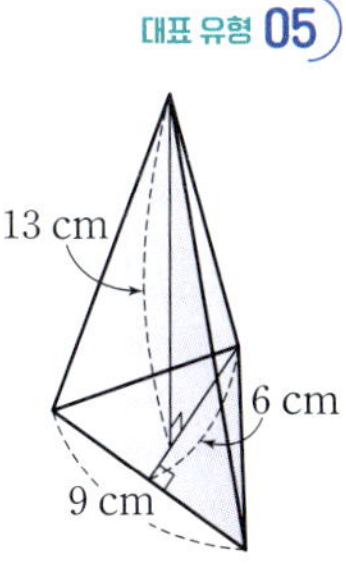

● 워크북 078쪽 ● 정답과 풀이 068쪽

07

오른쪽 그림과 같은 입체도형의 부피를 구하시오.

대표 유형 06

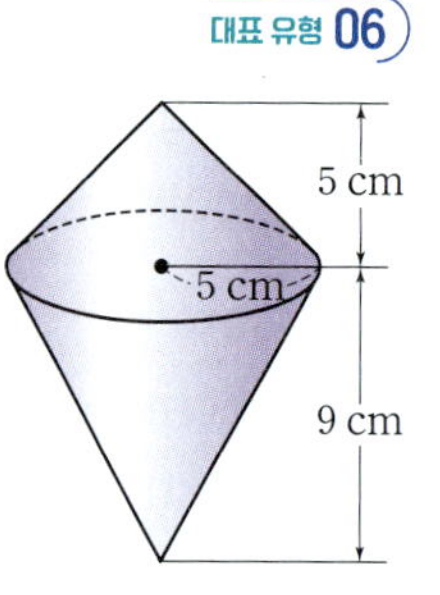

10

오른쪽 그림과 같이 직육면체의 내부에 있는 사각뿔 C−EFGH 의 부피를 구하시오.

대표 유형 08

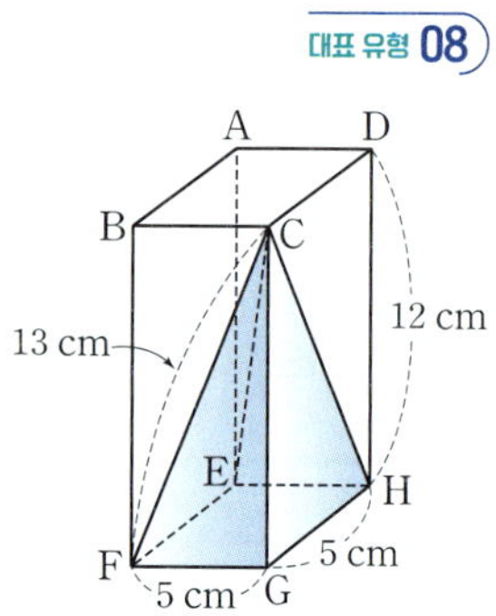

08

오른쪽 그림에서 위쪽 사각뿔과 아래쪽 사각뿔대의 부피의 비는?

대표 유형 07

① 1 : 3　　② 1 : 4

③ 1 : 5　　④ 1 : 7

⑤ 1 : 8

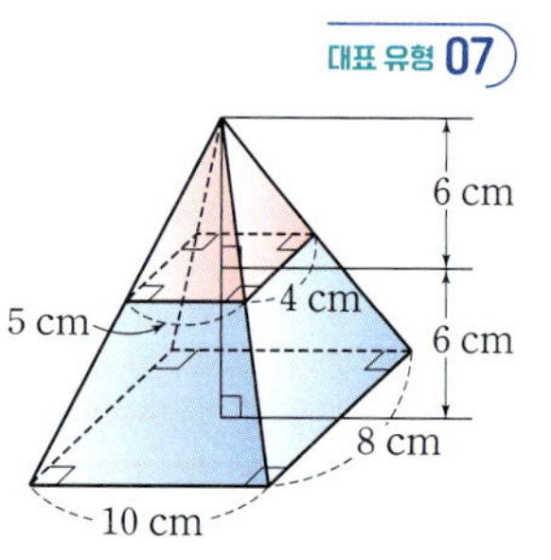

11 생각이 쑥쑥

오른쪽 그림과 같은 원뿔 모양의 그릇에 1분에 4π cm³씩 물을 넣을 때, 빈 그릇을 가득 채우려면 몇 분 동안 물을 넣어야 하는가?

(단, 그릇의 두께는 생각하지 않는다.)

대표 유형 09

① 25분　　② 27분

③ 29분　　④ 31분

⑤ 33분

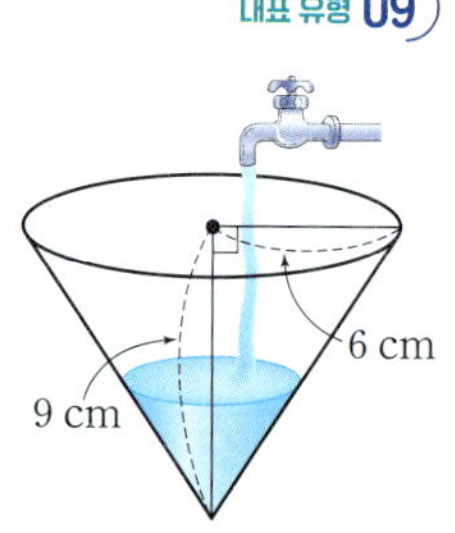

09

오른쪽 그림은 한 모서리의 길이가 3 cm인 정육면체에서 삼각뿔을 잘라 내고 남은 입체도형이다. 이 입체도형의 부피를 구하시오.

대표 유형 08

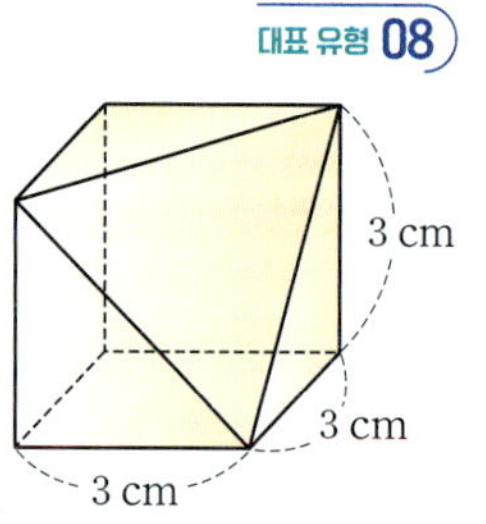

12

오른쪽 그림과 같은 평면도형을 직선 l 을 회전축으로 하여 1회전 시킬 때 생기는 입체도형의 부피를 구하시오.

대표 유형 10

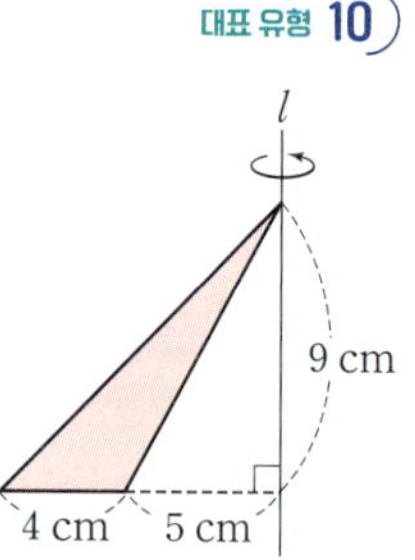

05 구의 겉넓이와 부피

(1) 구의 겉넓이

반지름의 길이가 r인 구의 겉넓이 S는

$$\Rightarrow\ S=4\pi r^2$$

(2) 구의 부피

반지름의 길이가 r인 구의 부피 V는

$$\Rightarrow\ V=\frac{4}{3}\pi r^3$$

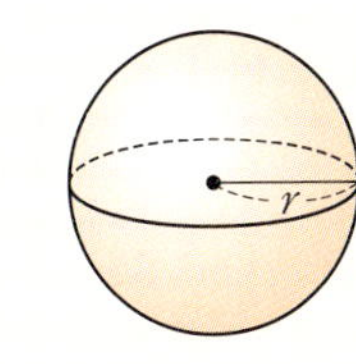

(3) 원기둥에 꼭 맞게 들어가는 원뿔, 구, 원기둥의 부피 사이의 관계

오른쪽 그림과 같이 원기둥 안에 구와 원뿔이 꼭 맞게 들어 있을 때, 구의 반지름의 길이를 r이라 하면 원뿔과 원기둥의 높이는 각각 $2r$이다.

(원뿔의 부피) : (구의 부피) : (원기둥의 부피)$=\dfrac{2}{3}\pi r^3 : \dfrac{4}{3}\pi r^3 : 2\pi r^3$

$$=1:2:3$$

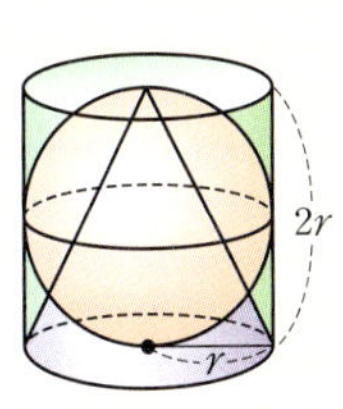

(반구의 겉넓이)

$=$(구의 겉넓이)$\times\dfrac{1}{2}+$(원의 넓이)

이때 원의 넓이를 빠뜨리지 않도록 주의한다.

(반구의 부피)$=$(구의 부피)$\times\dfrac{1}{2}$

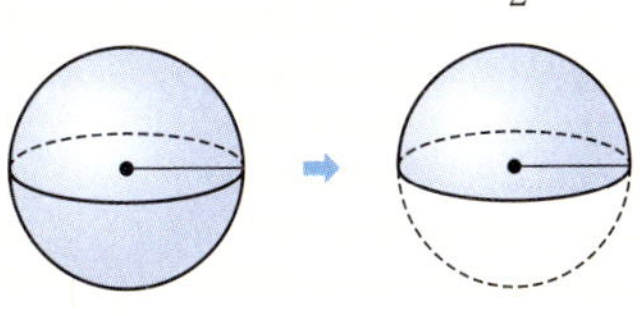

바이블 POINT

구의 겉넓이 : 반지름의 길이가 r인 구의 겉면을 감은 끈으로 평면 위에 원을 만들어 보면 이 원의 반지름의 길이는 $2r$이 된다.

$$\Rightarrow\ (구의\ 겉넓이)=\pi\times(2r)^2=4\pi r^2$$

구의 부피 : 밑면의 반지름의 길이가 r, 높이가 $2r$인 원기둥 모양의 그릇에 물을 가득 채우고, 반지름의 길이가 r인 구를 물 속에 완전히 잠기도록 넣었다가 꺼내면 그릇에 남아 있는 물의 높이는 원기둥의 높이의 $\dfrac{1}{3}$이므로 구의 부피는 원기둥의 부피의 $\dfrac{2}{3}$이다.

$$\Rightarrow\ (구의\ 부피)=(\underbrace{\pi r^2\times 2r}_{원기둥의\ 부피})\times\frac{2}{3}=\frac{4}{3}\pi r^3$$

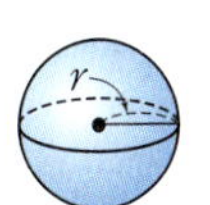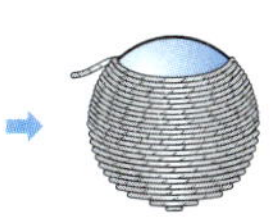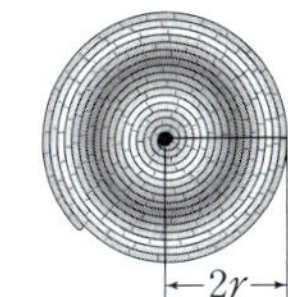

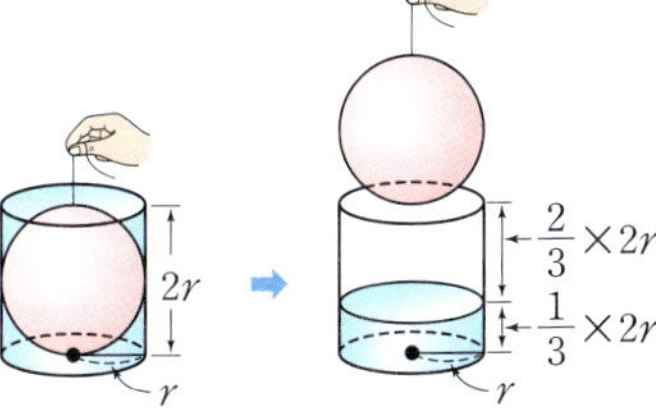

개념 CHECK 01

다음 그림과 같은 구의 겉넓이와 부피를 각각 구하시오.

- 반지름의 길이가 r인 구의 겉넓이를 S, 부피를 V라 하면

  (1) $S=\boxed{\ \ ⊙\ \ }\pi r^2$

  (2) $V=\boxed{\ \ ⓒ\ \ }\pi r^3$

(1) 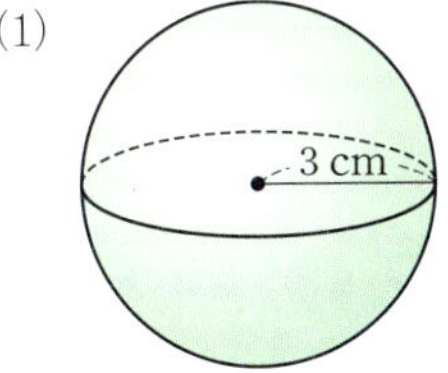

(2) 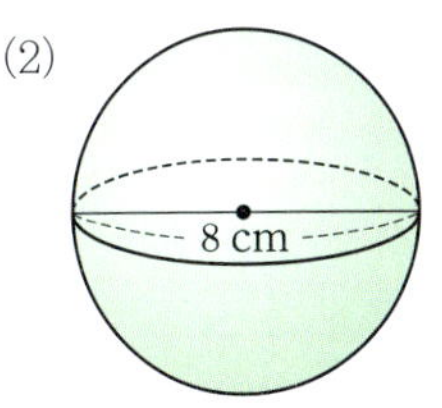

개념 CHECK 02

다음 그림과 같은 반구의 겉넓이와 부피를 각각 구하시오.

- (반구의 겉넓이)

  $=$(구의 겉넓이)$\times\boxed{\ ⓒ\ }+(\boxed{\ ⓔ\ }$의 넓이$)$

- (반구의 부피)$=$(구의 부피)$\times\boxed{\ ⑩\ }$

(1) 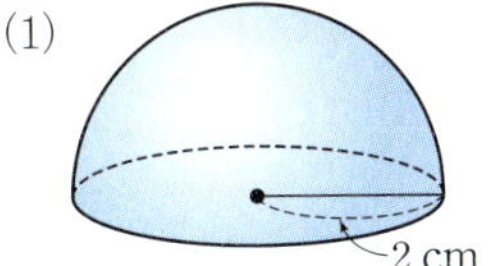

(2) 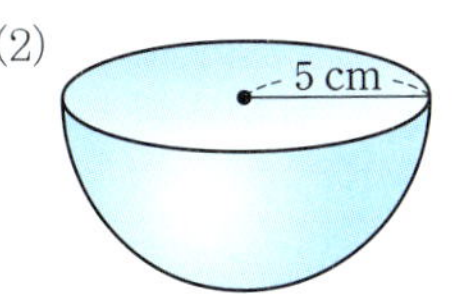

답 | ㉠ 4 ㉡ $\dfrac{4}{3}$ ㉢ $\dfrac{1}{2}$ ㉣ 원 ㉤ $\dfrac{1}{2}$

겉넓이가 $196\pi \text{ cm}^2$인 구의 반지름의 길이는?

① 7 cm ② 8 cm ③ 9 cm
④ 10 cm ⑤ 11 cm

풀이 과정

구의 반지름의 길이를 r cm라 하면
$4\pi r^2 = 196\pi$, $r^2 = 49$ ∴ $r = 7$
따라서 구의 반지름의 길이는 7 cm이다.

정답 ①

01 · A 숫자 Change

겉넓이가 $144\pi \text{ cm}^2$인 구의 반지름의 길이는?

① 4 cm ② 6 cm ③ 8 cm
④ 10 cm ⑤ 12 cm

01 · B 표현 Change

오른쪽 그림은 원뿔과 반구를 붙여서 만든 입체도형이다. 이 입체도형의 겉넓이는?

① $120\pi \text{ cm}^2$ ② $124\pi \text{ cm}^2$
③ $128\pi \text{ cm}^2$ ④ $132\pi \text{ cm}^2$
⑤ $136\pi \text{ cm}^2$

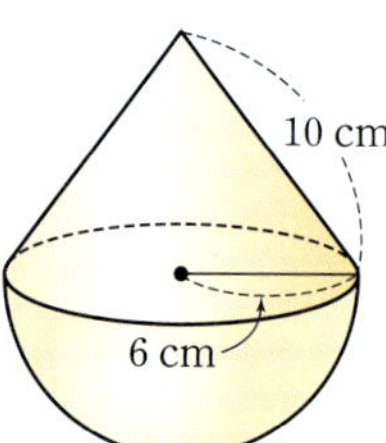

겉넓이가 $324\pi \text{ cm}^2$인 구의 부피는?

① $970\pi \text{ cm}^3$ ② $972\pi \text{ cm}^3$ ③ $974\pi \text{ cm}^3$
④ $976\pi \text{ cm}^3$ ⑤ $978\pi \text{ cm}^3$

풀이 과정

구의 반지름의 길이를 r cm라 하면
$4\pi r^2 = 324\pi$, $r^2 = 81$ ∴ $r = 9$
따라서 반지름의 길이가 9 cm인 구의 부피는
$\dfrac{4}{3}\pi \times 9^3 = 972\pi \text{ (cm}^3)$

정답 ②

02 · A 숫자 Change

겉넓이가 $100\pi \text{ cm}^2$인 구의 부피를 구하시오.

02 · B 표현 Change

오른쪽 그림은 반구와 원기둥을 붙여서 만든 입체도형이다. 이 입체도형의 부피는?

① $66\pi \text{ cm}^3$ ② $68\pi \text{ cm}^3$
③ $70\pi \text{ cm}^3$ ④ $72\pi \text{ cm}^3$
⑤ $74\pi \text{ cm}^3$

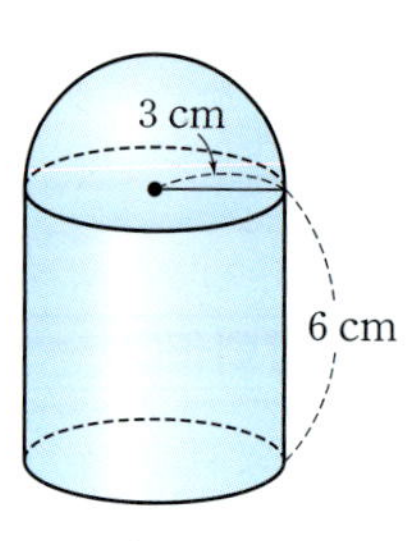

대표유형 **03** 구의 일부분을 잘라 낸 입체도형의 겉넓이와 부피

⋂ 유형ON >>> 192쪽

오른쪽 그림은 반지름의 길이가 3 cm 인 구의 $\dfrac{1}{4}$ 을 잘라 내고 남은 입체도형이다. 이 입체도형의 겉넓이와 부피를 각각 구하시오.

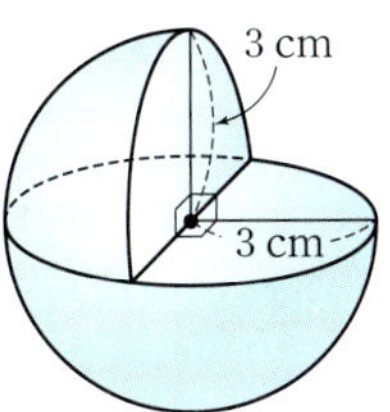

풀이 과정

주어진 입체도형은 구의 $\dfrac{1}{4}$ 을 잘라 내고 남은 것이므로

$(겉넓이)=(구의 겉넓이)\times\dfrac{3}{4}+(반원의 넓이)\times 2$

$\qquad = (4\pi\times 3^2)\times\dfrac{3}{4}+\left(\pi\times 3^2\times\dfrac{1}{2}\right)\times 2$

$\qquad = 27\pi+9\pi=36\pi\,(\mathrm{cm}^2)$

$(부피)=(구의 부피)\times\dfrac{3}{4}=\left(\dfrac{4}{3}\pi\times 3^3\right)\times\dfrac{3}{4}=27\pi\,(\mathrm{cm}^3)$

정답 겉넓이 : 36π cm², 부피 : 27π cm³

참고

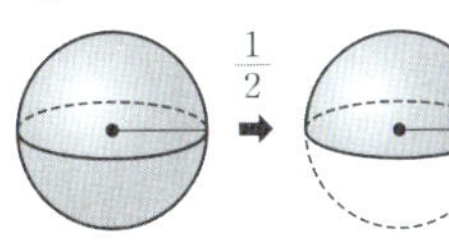 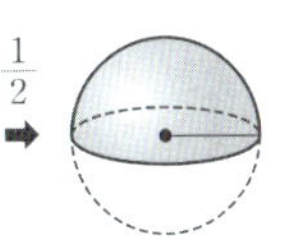 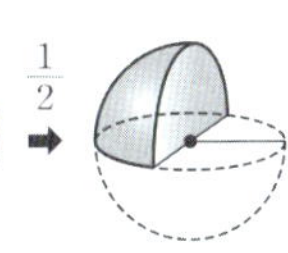 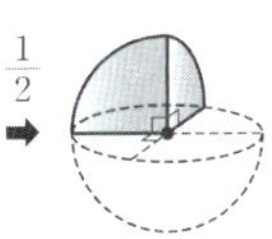

03·Ⓐ 숫자 Change

오른쪽 그림은 반지름의 길이가 6 cm 인 구의 $\dfrac{1}{8}$ 을 잘라 내고 남은 입체도형이다. 이 입체도형의 겉넓이와 부피를 각각 구하시오.

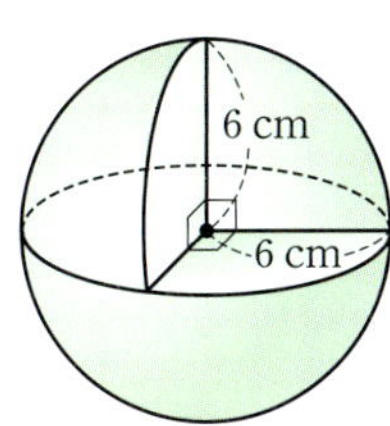

03·Ⓑ 표현 Change

오른쪽 그림과 같이 구의 $\dfrac{1}{4}$ 을 잘라 내고 남은 입체도형의 부피가 125π cm³일 때, 구의 반지름의 길이를 구하시오.

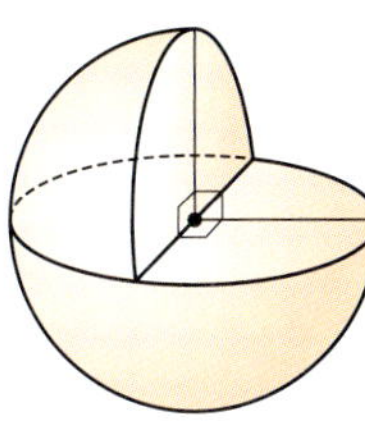

대표유형 **04** 회전체의 겉넓이와 부피 - 구

⋂ 유형ON >>> 192쪽

오른쪽 그림과 같은 평면도형을 직선 l 을 회전축으로 하여 1회전 시킬 때 생기는 회전체의 겉넓이와 부피를 각각 구하시오.

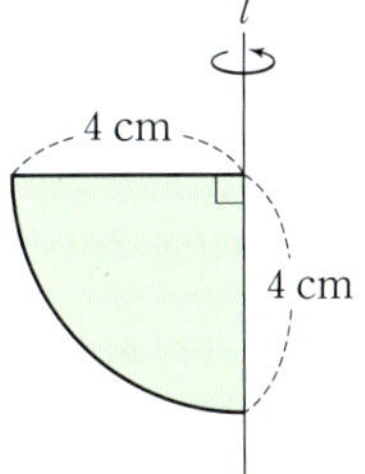

풀이 과정

주어진 평면도형을 직선 l 을 회전축으로 하여 1회전 시키면 오른쪽 그림과 같은 반구가 생기므로

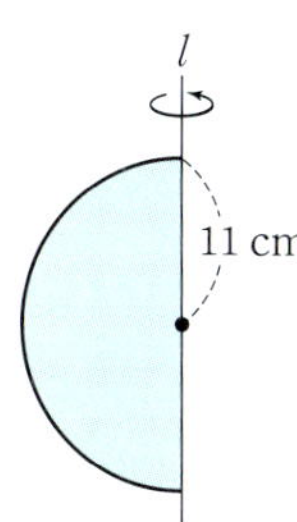

$(겉넓이)=(4\pi\times 4^2)\times\dfrac{1}{2}+\pi\times 4^2$

$\qquad = 32\pi+16\pi=48\pi\,(\mathrm{cm}^2)$

$(부피)=\left(\dfrac{4}{3}\pi\times 4^3\right)\times\dfrac{1}{2}=\dfrac{128}{3}\pi\,(\mathrm{cm}^3)$

정답 겉넓이 : 48π cm², 부피 : $\dfrac{128}{3}\pi$ cm³

04·Ⓐ 숫자 Change

오른쪽 그림과 같이 반지름의 길이가 11 cm인 반원을 직선 l 을 회전축으로 하여 1회전 시킬 때 생기는 입체도형의 겉넓이를 구하시오.

04·Ⓑ 표현 Change

오른쪽 그림과 같은 평면도형을 직선 l 을 회전축으로 하여 1회전 시킬 때 생기는 회전체의 부피를 구하시오.

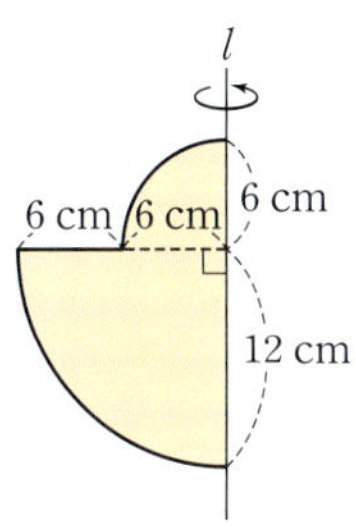

대표
유형 **05** **원기둥에 꼭 맞게 들어가는 원뿔, 구**

유형ON >>> 193쪽

오른쪽 그림과 같이 원기둥 안에 구가 꼭 맞게 들어 있다. 원기둥의 부피가 54π cm^{3}일 때, 구의 부피를 구하시오.

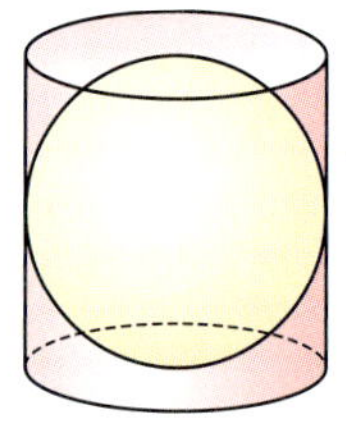

풀이 과정

원기둥의 밑면의 반지름의 길이를 r cm라 하면 높이는 $2r$ cm이므로
$$\pi r^2 \times 2r = 54\pi \qquad \therefore r^3 = 27$$
따라서 반지름의 길이가 r cm인 구의 부피는
$$(\text{부피}) = \frac{4}{3}\pi r^3 = \frac{4}{3}\pi \times 27 = 36\pi \, (\text{cm}^3)$$

다른 풀이

(구의 부피) : (원기둥의 부피) = 2 : 3이므로
(구의 부피) : 54π = 2 : 3 $\qquad \therefore$ (구의 부피) = 36π (cm^3)

정답 36π cm^3

05·A 숫자 Change

오른쪽 그림과 같이 원기둥 안에 구가 꼭 맞게 들어 있다. 구의 부피가 42π cm^{3}일 때, 원기둥의 부피를 구하시오.

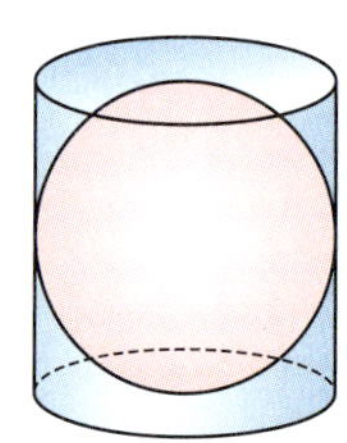

05·B 표현 Change

오른쪽 그림과 같이 원기둥 안에 구와 원뿔이 꼭 맞게 들어 있다. 구의 부피가 16π cm^{3}일 때, 원기둥의 부피를 a cm^3, 원뿔의 부피를 b cm^{3}라 하자. 이때 $a+b$ 의 값을 구하시오.

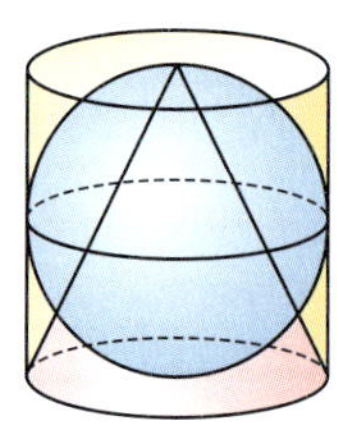

대표
유형 **06** **입체도형에 꼭 맞게 들어가는 입체도형**

유형ON >>> 194쪽

오른쪽 그림과 같이 반지름의 길이가 6 cm인 구에 정팔면체가 꼭 맞게 들어 있다. 이 정팔면체의 부피는?

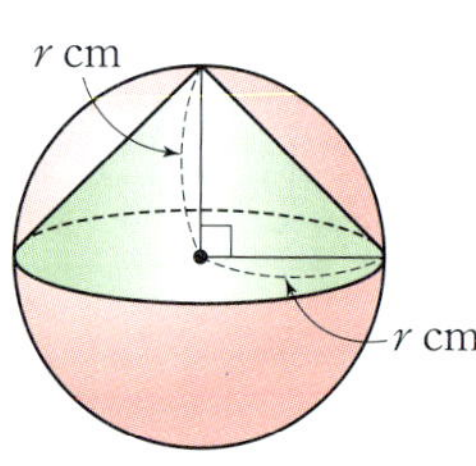

① 144 cm^3 ② 240 cm^3
③ 256 cm^3 ④ 288 cm^3
⑤ 296 cm^3

풀이 과정

주어진 정팔면체는 대각선의 길이가 12 cm인 정사각형을 밑면으로 하고 높이가 6 cm인 사각뿔 2개를 붙인 입체도형이므로
$$(\text{부피}) = \left\{ \frac{1}{3} \times \left(\frac{1}{2} \times 12 \times 12 \right) \times 6 \right\} \times 2 = 288 \, (\text{cm}^3)$$

정답 ④

06·A 숫자 Change

오른쪽 그림과 같이 반지름의 길이가 r cm인 구에 밑면의 반지름의 길이와 높이가 모두 r cm인 원뿔이 꼭 맞게 들어 있다. 이 원뿔의 부피가 9π cm^{3}일 때, 구의 부피를 구하시오.

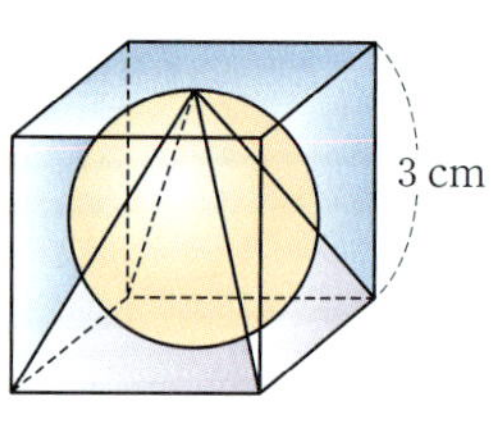

06·B 표현 Change

오른쪽 그림과 같이 한 모서리의 길이가 3 cm인 정육면체에 구와 사각뿔이 꼭 맞게 들어 있다. 이때 정육면체, 구, 사각뿔의 부피의 비는?

① 3 : π : 1 ② 3 : π : 2 ③ 6 : 2 : π
④ 6 : 3 : π ⑤ 6 : π : 2

01

대표 유형 **01**

어떤 구를 회전축을 포함하는 평면으로 잘랐더니 이때 생기는 단면의 넓이가 64π cm²이었다. 자르기 전의 구의 겉넓이는?

① 64π cm² ② 100π cm² ③ 144π cm²
④ 196π cm² ⑤ 256π cm²

02

대표 유형 **02**

오른쪽 그림은 원뿔, 원기둥, 반구를 붙여서 만든 입체도형이다. 이 입체도형의 부피를 구하시오.

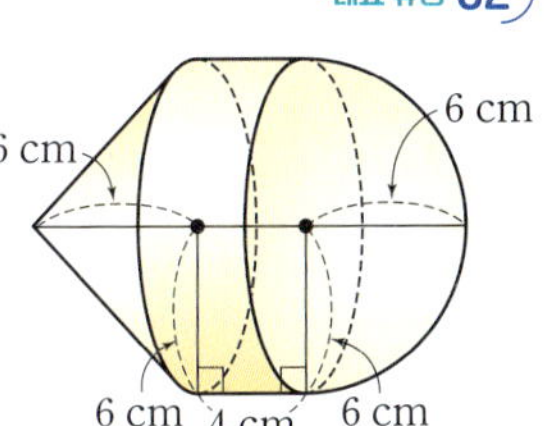

03

대표 유형 **03**

오른쪽 그림은 반지름의 길이가 5 cm인 구를 사등분한 것이다. 이 입체도형의 겉넓이는?

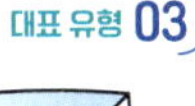
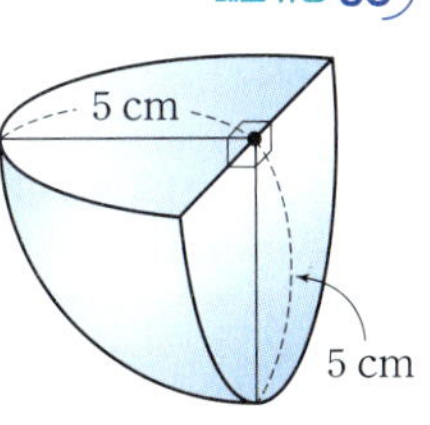

① 48π cm² ② 50π cm²
③ 52π cm² ④ 54π cm²
⑤ 56π cm²

04

대표 유형 **04**

오른쪽 그림과 같은 평면도형을 직선 l을 회전축으로 하여 1회전 시킬 때 생기는 입체도형의 부피를 구하시오.

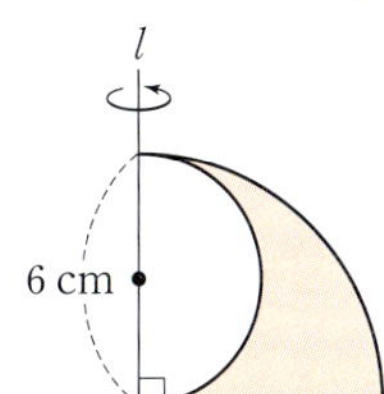

05

대표 유형 **05**

오른쪽 그림과 같이 원기둥 안에 구와 원뿔이 꼭 맞게 들어 있다. 원뿔의 부피가 12π cm³일 때, 구의 부피는?

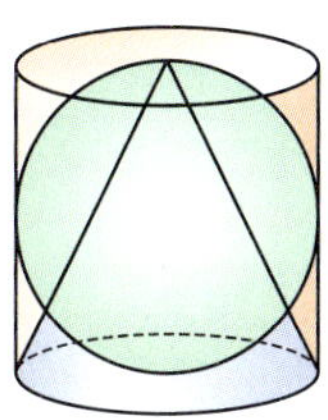

① 12π cm³ ② 18π cm³
③ 24π cm³ ④ 30π cm³
⑤ 36π cm³

06

생각이 쑥쑥

대표 유형 **06**

오른쪽 그림과 같이 반지름의 길이가 2 cm인 2개의 구가 원기둥 모양의 통 안에 꼭 맞게 들어 있다. 이때 2개의 구를 제외한 통의 빈 공간의 부피를 구하시오.
(단, 통의 두께는 생각하지 않는다.)

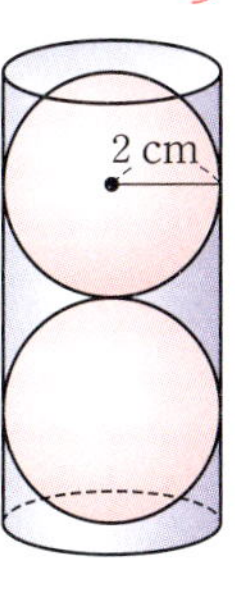

함께 풀기

오른쪽 그림은 한 모서리의 길이가 9 cm인 정육면체에서 삼각기둥을 잘라 낸 입체도형이다. 이 입체도형의 부피를 구하시오.

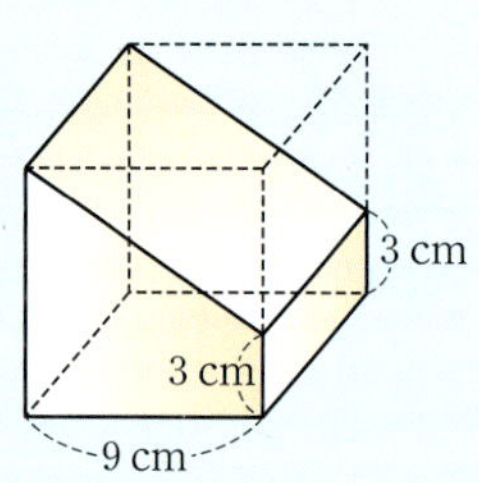

풀이 과정

1단계 정육면체의 부피 구하기

(정육면체의 부피)$=(9\times9)\times9=729(\text{cm}^3)$ ····· 40 %

2단계 잘라 낸 삼각기둥의 부피 구하기

(삼각기둥의 부피)$=\left(\dfrac{1}{2}\times9\times6\right)\times9=243(\text{cm}^3)$ ····· 40 %

3단계 입체도형의 부피 구하기

∴ (입체도형의 부피)=(정육면체의 부피)-(삼각기둥의 부피)
$$=729-243=486(\text{cm}^3)$$ ····· 20 %

정답 ___________ 486 cm³

따라 풀기

01 오른쪽 그림은 한 모서리의 길이가 8 cm인 정육면체에서 직육면체를 잘라 낸 입체도형이다. 이 입체도형의 부피를 구하시오.

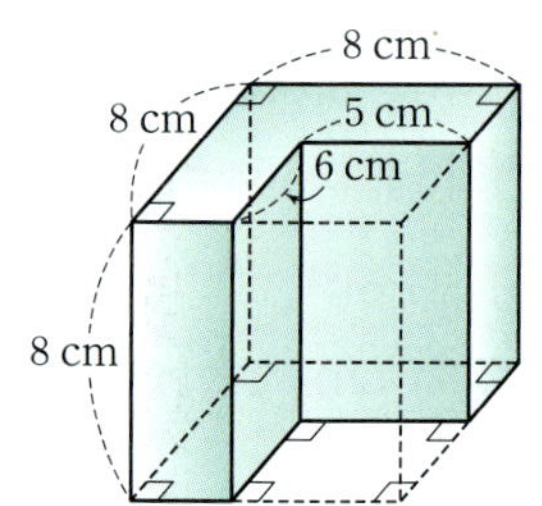

풀이 과정

1단계 정육면체의 부피 구하기

2단계 잘라 낸 직육면체의 부피 구하기

3단계 입체도형의 부피 구하기

정답 ___________

함께 풀기

오른쪽 그림과 같은 평면도형을 직선 l을 회전축으로 하여 1회전 시킬 때 생기는 회전체의 부피를 구하시오.

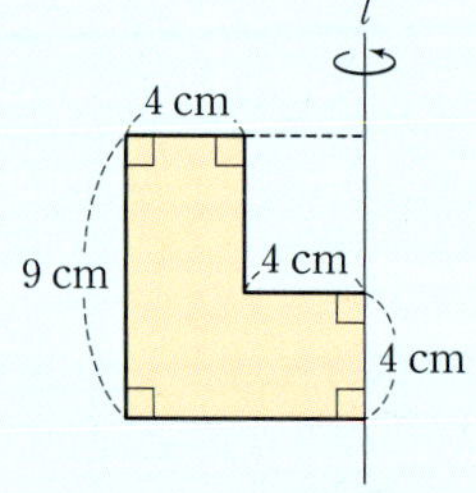

풀이 과정

1단계 큰 원기둥의 부피 구하기

주어진 평면도형을 직선 l을 회전축으로 하여 1회전 시키면 오른쪽 그림과 같은 입체도형이 생기므로

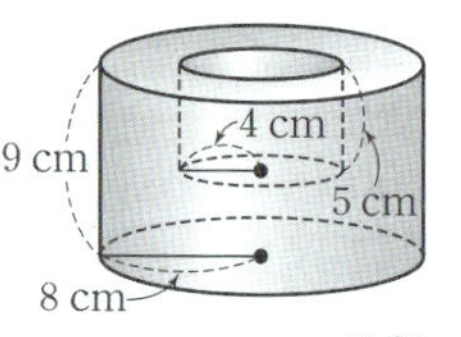

(큰 원기둥의 부피)$=(\pi\times8^2)\times9$
$$=576\pi(\text{cm}^3)$$ ····· 40 %

2단계 작은 원기둥의 부피 구하기

(작은 원기둥의 부피)$=(\pi\times4^2)\times5=80\pi(\text{cm}^3)$ ····· 40 %

3단계 회전체의 부피 구하기

∴ (회전체의 부피)=(큰 원기둥의 부피)-(작은 원기둥의 부피)
$$=576\pi-80\pi=496\pi(\text{cm}^3)$$ ····· 20 %

정답 ___________ 496π cm³

따라 풀기

02 오른쪽 그림과 같은 평면도형을 직선 l을 회전축으로 하여 1회전 시킬 때 생기는 회전체의 부피를 구하시오.

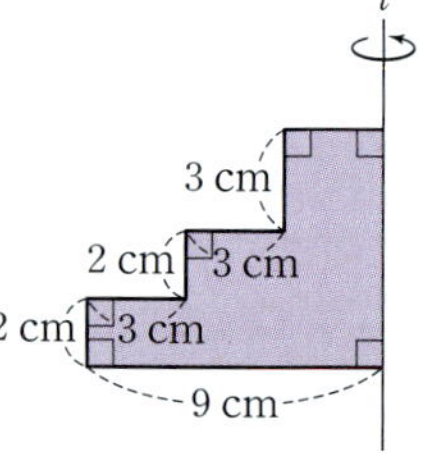

풀이 과정

1단계 가장 작은 원기둥의 부피 구하기

2단계 두 번째로 작은 원기둥의 부피 구하기

3단계 가장 큰 원기둥의 부피 구하기

4단계 회전체의 부피 구하기

정답 ___________

03 오른쪽 그림은 원기둥과 원뿔대를 붙여서 만든 입체도형이다. 이 입체도형의 겉넓이를 구하시오.

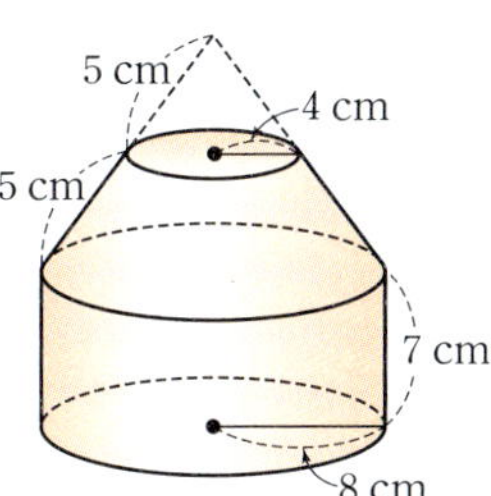

풀이 과정

정답 ___________________

04 오른쪽 그림은 직육면체에서 삼각뿔을 잘라 내고 남은 입체도형이다. 이 입체도형의 부피를 구하시오.

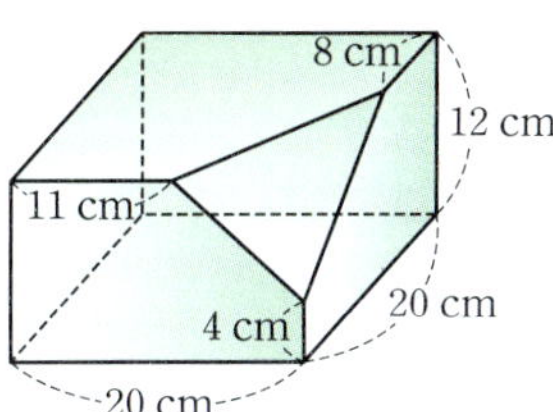

풀이 과정

정답 ___________________

05 오른쪽 그림과 같은 평면도형을 직선 l을 회전축으로 하여 1회전 시킬 때 생기는 회전체의 겉넓이를 $a\ \mathrm{cm}^2$, 부피를 $b\ \mathrm{cm}^3$라 할 때, $a+3b$의 값을 구하시오.

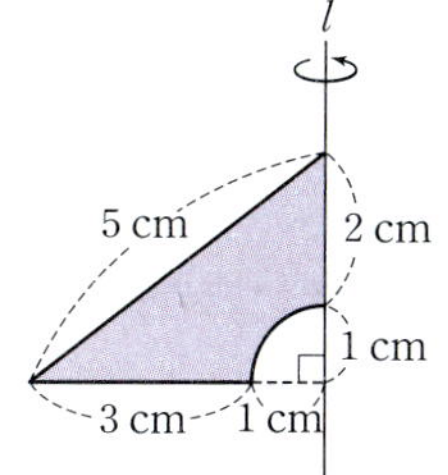

풀이 과정

정답 ___________________

06 오른쪽 그림과 같이 부피가 $252\pi\ \mathrm{cm}^3$인 원기둥 모양의 통에 크기가 같은 3개의 구가 꼭 맞게 들어 있다. 이때 빈 공간의 부피를 구하시오.
(단, 통의 두께는 생각하지 않는다.)

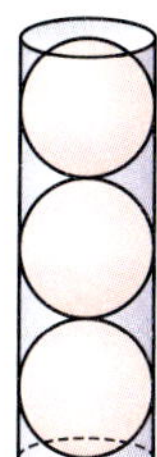

풀이 과정

정답 ___________________

★ : 중요

STEP 1 기본 다지기

01

오른쪽 그림과 같은 사각기둥의 겉넓이가 $180\ \text{cm}^2$일 때, 이 사각기둥의 높이를 구하시오.

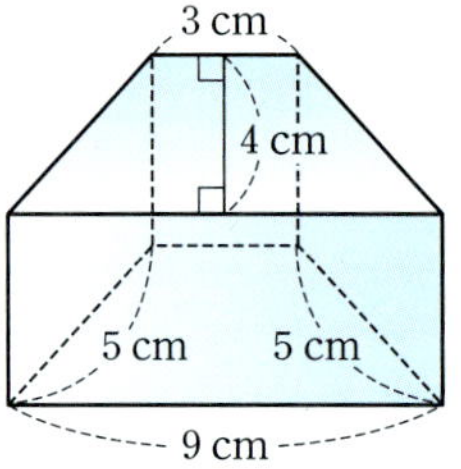

02

다음 그림과 같은 두 원기둥 모양의 그릇 A, B에 물을 담으려고 한다. 두 그릇 A, B 중 어느 그릇에 더 많은 물을 담을 수 있는지 구하시오. (단, 그릇의 두께는 생각하지 않는다.)

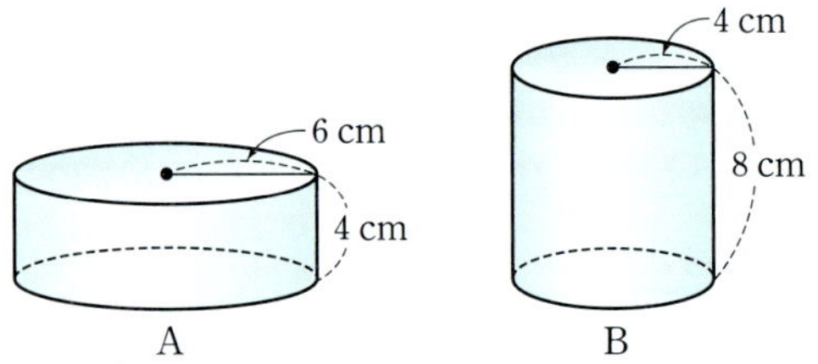

03

오른쪽 그림은 직육면체에서 작은 직육면체를 잘라 내고 남은 입체도형이다. 이 입체도형의 부피는?

① $216\ \text{cm}^3$　　② $230\ \text{cm}^3$
③ $254\ \text{cm}^3$　　④ $288\ \text{cm}^3$
⑤ $306\ \text{cm}^3$

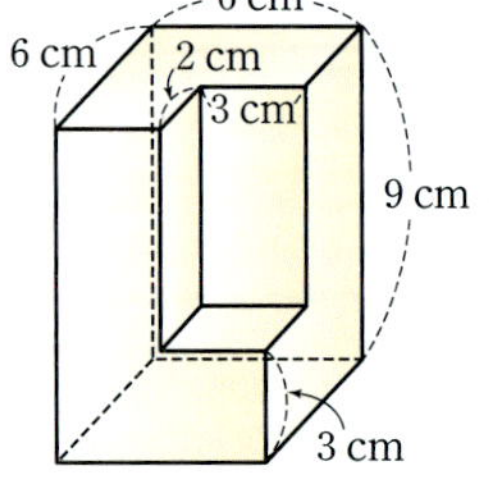

04

오른쪽 그림은 밑면의 반지름의 길이가 $4\ \text{cm}$, 높이가 $8\ \text{cm}$인 원기둥을 비스듬히 잘라 내고 남은 입체도형이다. 이 입체도형의 부피를 구하시오.

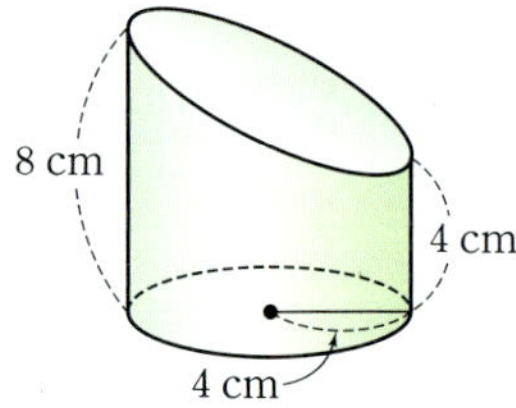

05

오른쪽 그림과 같은 직사각형을 직선 l을 회전축으로 하여 1회전 시킬 때 생기는 입체도형의 겉넓이는?

① $161\pi\ \text{cm}^2$　　② $165\pi\ \text{cm}^2$
③ $182\pi\ \text{cm}^2$　　④ $190\pi\ \text{cm}^2$
⑤ $194\pi\ \text{cm}^2$

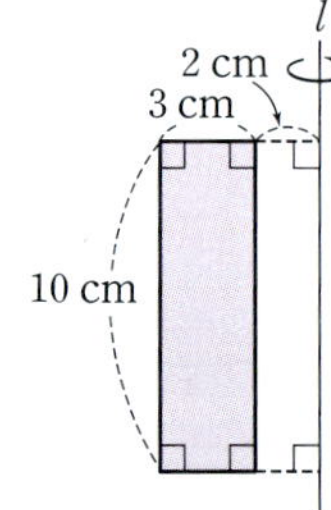

06

오른쪽 그림과 같이 밑면의 반지름의 길이가 $5\ \text{cm}$인 원뿔의 겉넓이가 $65\pi\ \text{cm}^2$일 때, 이 원뿔의 모선의 길이를 구하시오.

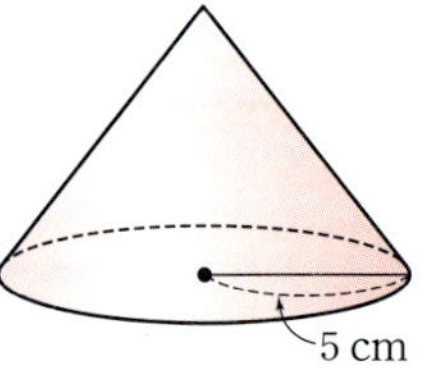

07

오른쪽 그림과 같은 전개도로 만들어지는 원뿔의 겉넓이는?

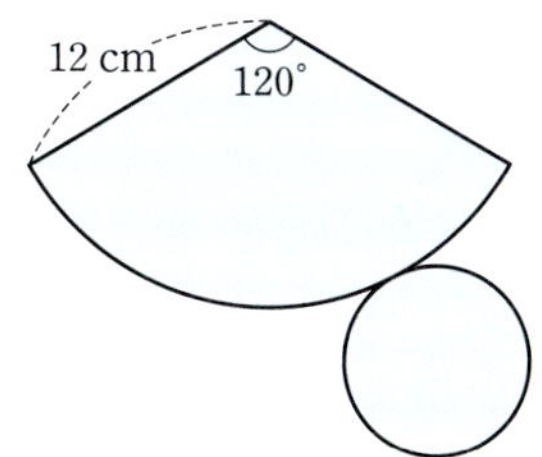

① 36π cm^2 ② 40π cm^2
③ 52π cm^2 ④ 64π cm^2
⑤ 72π cm^2

08

오른쪽 그림과 같이 한 변의 길이가 18 cm인 정사각형 모양의 색종이를 점선을 따라 접었을 때 만들어지는 입체도형의 부피는?

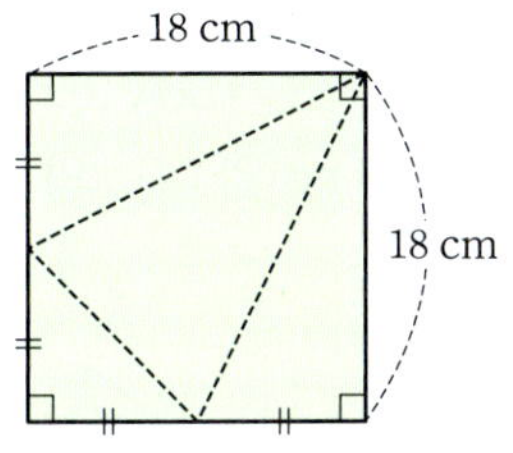

① 81 cm^3 ② 243 cm^3
③ 324 cm^3 ④ 486 cm^3
⑤ 729 cm^3

09

오른쪽 그림과 같은 사각뿔대의 겉넓이는? (단, 옆면은 모두 합동이다.)

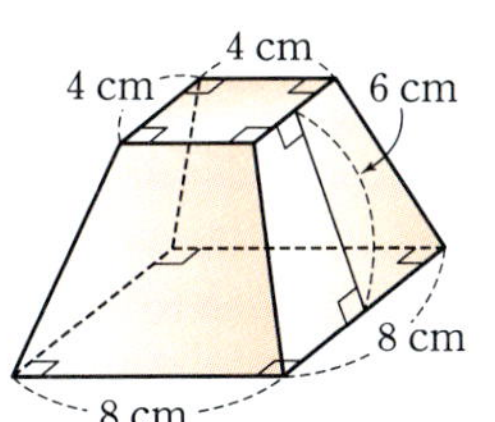

① 160 cm^2 ② 184 cm^2
③ 208 cm^2 ④ 212 cm^2
⑤ 224 cm^2

10

오른쪽 그림과 같이 밑면의 반지름의 길이가 4 cm이고 높이가 6 cm인 원뿔을 밑면에 평행한 평면으로 잘랐을 때 생기는 두 입체도형 A, B의 부피의 비는?

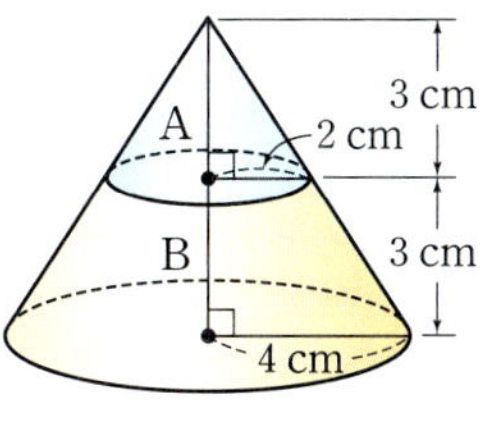

① 1 : 3   ② 1 : 5   ③ 1 : 7
④ 2 : 5   ⑤ 2 : 7

11

오른쪽 그림과 같은 직육면체를 세 꼭짓점 B, G, D를 지나는 평면으로 자를 때 생기는 삼각뿔 C−BGD의 부피를 구하시오.

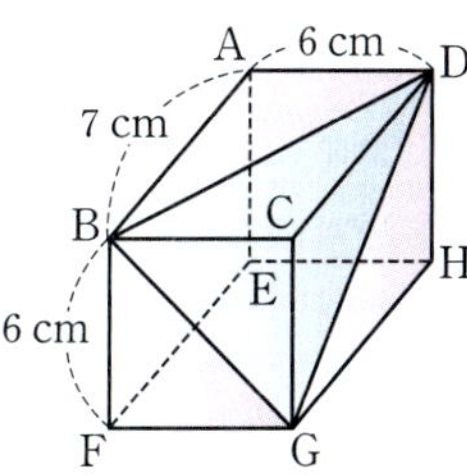

12

반지름의 길이가 6 cm인 쇠구슬을 녹여서 반지름의 길이가 2 cm인 쇠구슬을 몇 개까지 만들 수 있는가?

① 18개   ② 21개   ③ 24개
④ 27개   ⑤ 30개

13

오른쪽 그림과 같은 평면도형을 직선 l을 회전축으로 하여 1회전 시킬 때 생기는 입체도형의 겉넓이를 구하시오.

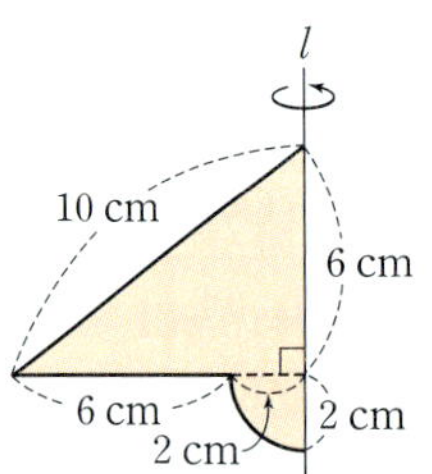

14

오른쪽 그림과 같은 평면도형을 직선 l을 회전축으로 하여 1회전 시킬 때 생기는 입체도형의 겉넓이는?

① $36\pi \ \mathrm{cm}^2$ ② $48\pi \ \mathrm{cm}^2$
③ $56\pi \ \mathrm{cm}^2$ ④ $60\pi \ \mathrm{cm}^2$
⑤ $72\pi \ \mathrm{cm}^2$

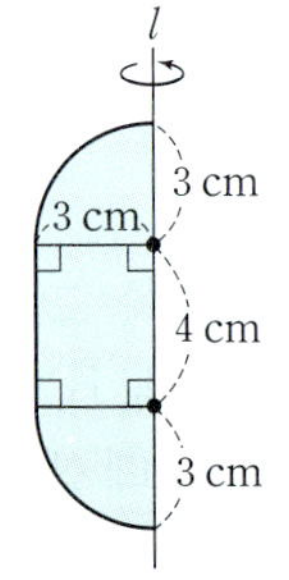

15

오른쪽 그림과 같이 반지름의 길이가 $r \ \mathrm{cm}$인 구 안에 밑면의 반지름의 길이가 $r \ \mathrm{cm}$인 원뿔이 꼭 맞게 들어 있다. 구의 부피가 $36\pi \ \mathrm{cm}^3$일 때, 원뿔의 부피는?

① $9\pi \ \mathrm{cm}^3$ ② $12\pi \ \mathrm{cm}^3$ ③ $18\pi \ \mathrm{cm}^3$
④ $24\pi \ \mathrm{cm}^3$ ⑤ $27\pi \ \mathrm{cm}^3$

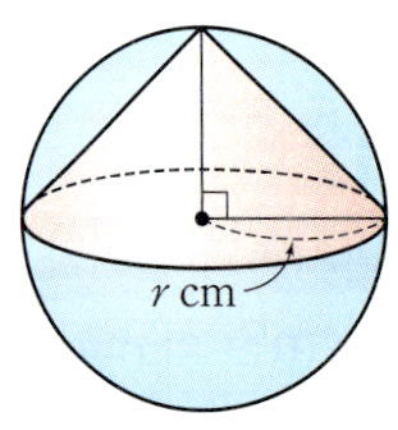

STEP 2 실력 다지기

16

오른쪽 그림은 밑면이 사다리꼴인 사각기둥의 전개도이다. 이 전개도로 만든 사각기둥의 겉넓이가 $176 \ \mathrm{cm}^2$일 때, 이 사각기둥의 부피를 구하시오.

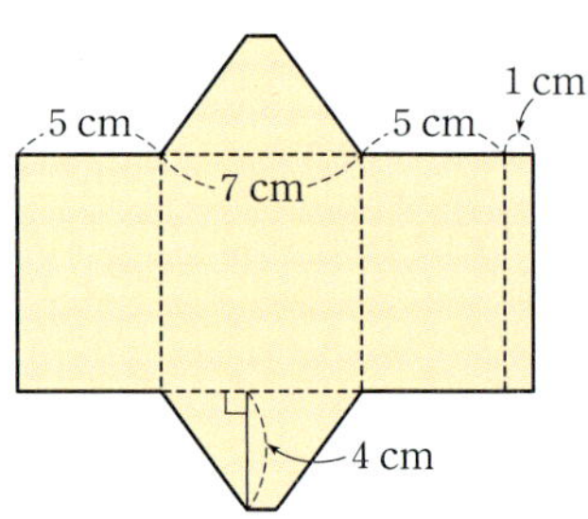

17

다음 [그림 1]과 같이 팩 안에 높이가 $3 \ \mathrm{cm}$만큼 물이 담겨 있다. 이 팩을 [그림 2]와 같이 거꾸로 하면 물이 없는 부분의 높이가 $6 \ \mathrm{cm}$일 때, x의 값을 구하시오.

(단, 팩의 두께는 생각하지 않는다.)

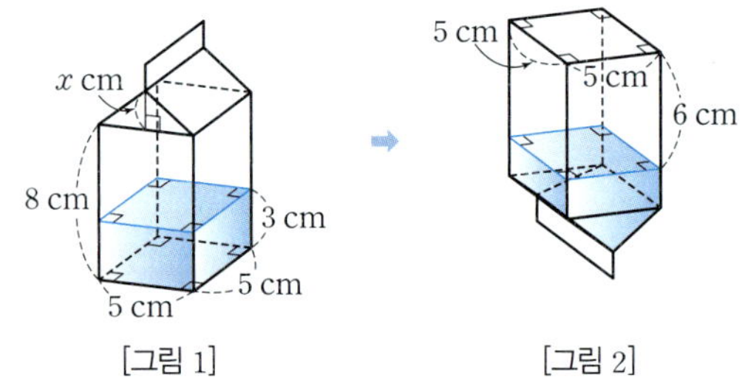

18

다음 그림과 같이 직육면체 모양의 어항에 칸막이가 설치되어 있다. 칸막이를 치웠을 때, 물의 높이를 구하시오.

(단, 어항과 칸막이의 두께는 생각하지 않는다.)

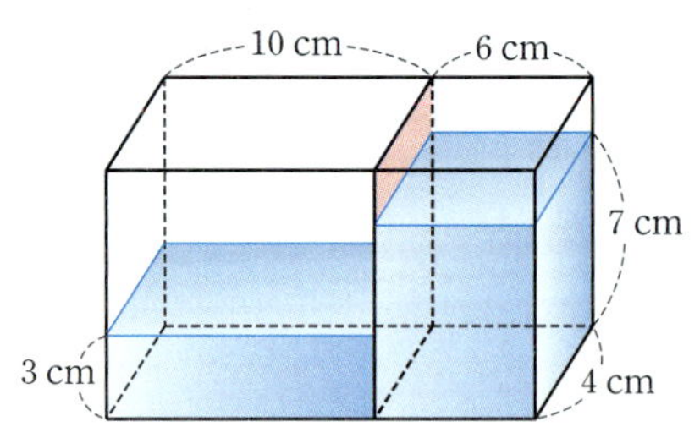

19

오른쪽 그림과 같이 밑면인 원의 반지름의 길이가 3 cm인 원뿔을 꼭짓점 O를 중심으로 굴리면 4회전하고 처음 있던 자리로 되돌아온다. 이때 원뿔의 겉넓이를 구하시오.

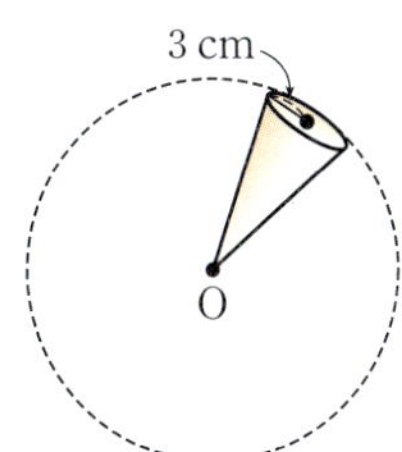

20

오른쪽 그림과 같이 밑면의 반지름의 길이가 12 cm인 원기둥 모양의 그릇에 물의 높이가 18 cm가 되도록 물을 넣었다. 이 그릇에 반지름의 길이가 6 cm인 구를 넣었을 때, 더 올라간 물의 높이를 구하시오.

(단, 그릇의 두께는 생각하지 않는다.)

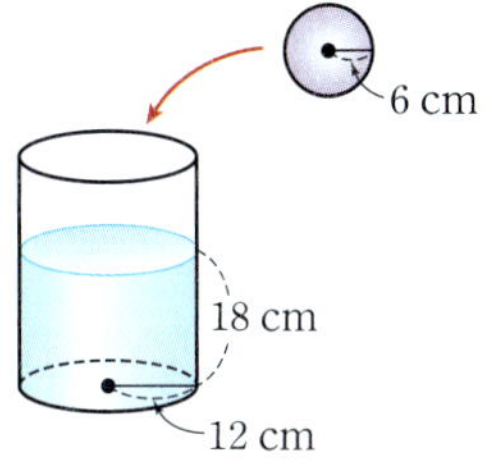

21

다음 그림과 같이 밑면의 반지름의 길이가 6 cm인 원기둥 모양의 그릇 A에 물을 가득 채우고 그릇 A에 꼭 맞는 공을 넣은 후 넘친 물을 밑면의 반지름의 길이가 4 cm인 원기둥 모양의 그릇 B에 넘치지 않게 모두 담으려고 한다. 이때 그릇 B의 높이는 최소 몇 cm이어야 하는지 구하시오.

(단, 그릇의 두께는 생각하지 않는다.)

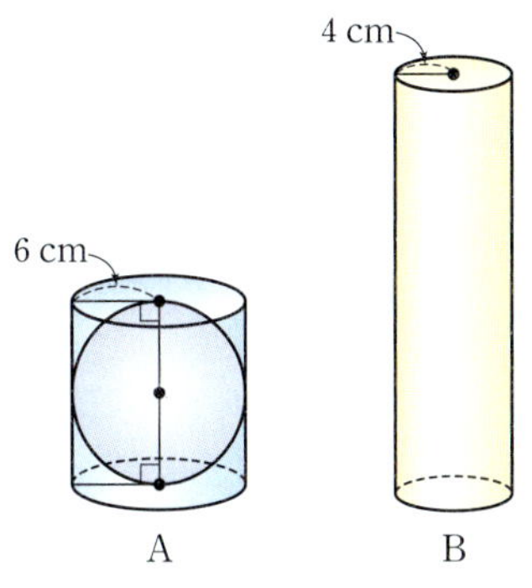

22

오른쪽 그림과 같이 한 모서리의 길이가 18 cm인 정육면체의 각 면의 한가운데에 있는 점을 연결하여 입체도형을 만들었다. 이 입체도형의 부피를 구하시오.

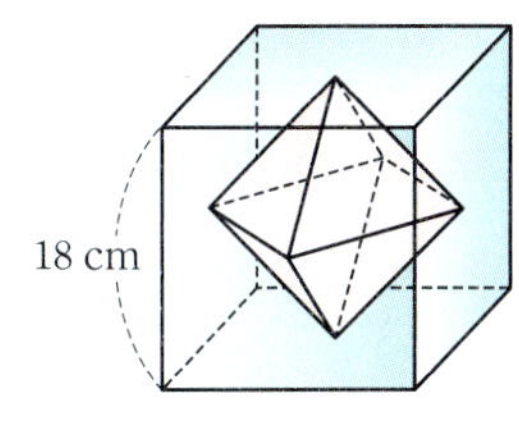

정답을 맞힌 문항에 ◯표를 하고 결과를 점검한 다음, 이 단원의 내용을 얼마나 성취했는지 확인하세요.

문항 번호

1	2	3	4	5	6	7	8	9	10	11	12	13	14	15	16	17	18	19	20	21	22

1개~11개 개념 학습이 필요해요!　**12개~15개** 부족한 부분을 검토해 봅시다!　**16개~19개** 실수를 줄여 봅시다!　**20개~22개** 훌륭합니다!

IV

통계

이 단원에서는

대푯값, 중앙값, 최빈값의 뜻을 알고 자료를 줄기와 잎 그림, 도수분포표, 히스토그램, 도수분포다각형으로 나타내어 해석하는 것을 배웁니다. 또 상대도수를 구한 후 상대도수의 분포를 표나 그래프로 나타내어 해석하는 것을 배웁니다.

이 단원에서의 내용

배운 내용

초등학교 수학 3~4 학년군
· 자료의 정리
· 막대그래프와 꺾은선그래프

초등학교 수학 5~6 학년군
· 평균
· 띠그래프와 원그래프

08 자료의 정리와 해석

01 대푯값
02 줄기와 잎 그림
03 도수분포표
04 히스토그램
05 도수분포다각형

09 상대도수

01 상대도수
02 상대도수의 분포를 나타낸 그래프
03 도수의 총합이 다른 두 집단의 분포 비교

배울 내용

중학교 수학 2
· 경우의 수와 확률

중학교 수학 3
· 산포도
· 상자그림과 산점도

IV

08

자료의 정리와 해석

이 단원의 학습 계획	공부한 날		학습 성취도
개념 01 대푯값	월	일	
배운대로 **학습하기**	월	일	
개념 02 줄기와 잎 그림	월	일	
개념 03 도수분포표	월	일	
배운대로 **학습하기**	월	일	
개념 04 히스토그램	월	일	
개념 05 도수분포다각형	월	일	
배운대로 **학습하기**	월	일	
서술형 **훈련하기**	월	일	
중단원 **마무리하기**	월	일	

01 대푯값

(1) 대푯값 : 자료 전체의 중심 경향이나 특징을 대표적으로 나타내는 값

(2) 평균 : 전체 변량의 총합을 변량의 개수로 나눈 값 ➡ $(평균) = \dfrac{(변량의\ 총합)}{(변량의\ 개수)}$

└ 자료를 수량으로 나타낸 것

(3) 중앙값 : 자료의 변량을 작은 값부터 크기순으로 나열했을 때, 한가운데 있는 값

└ 자료에 극단적인 값이 있는 경우에는 중앙값을 대푯값으로 하는 것이 더 적절하다.

  ① 변량의 개수가 홀수이면 한가운데 있는 값이 중앙값이다.

  ② 변량의 개수가 짝수이면 한가운데 있는 두 값의 평균이 중앙값이다.

└ 신발의 크기와 같이 규격화된 자료에서는 최빈값을 대푯값으로 하는 것이 더 적절하다.

(4) 최빈값 : 자료의 변량 중에서 가장 많이 나타난 값

  (참고) (1) 최빈값은 자료에 따라 2개 이상일 수도 있다.

        (2) 최빈값은 자료가 수치로 주어지지 않은 경우에도 사용할 수 있다.

  (예시) 자료 $\boxed{3,\ 5,\ 6,\ 14,\ 5,\ 5,\ 3,\ 7}$ 에서

    (1) $(평균) = \dfrac{3+5+6+14+5+5+3+7}{8} = \dfrac{48}{8} = 6$

    (2) 작은 값부터 크기순으로 나열하면 3, 3, 5, 5, 5, 6, 7, 14 ➡ $(중앙값) = \dfrac{5+5}{2} = 5$

    (3) 5가 가장 많이 나타나므로 최빈값은 5이다.

> 대푯값에는 평균, 중앙값, 최빈값 등이 있고, 가장 많이 쓰이는 것은 평균이다.
>
> 자료의 변량 중에서 매우 크거나 매우 작은 값, 즉 극단적인 값이 있는 경우에는 평균보다 중앙값이 그 자료의 중심 경향을 더 잘 나타낸다.
>
> 수가 아닌 자료에서도 빈도가 가장 많은 자료가 최빈값이 될 수 있다.
> (예시) 가장 좋아하는 음식,
>   가장 좋아하는 운동 종목 등

용어 설명

변량(변할 變, 양 量)
변하는 양
중앙(가운데 中, 가운데 央)값
한가운데 있는 값
최빈(가장 最, 자주 頻)값
가장 자주 나타나는 값

바이블 POINT

중앙값을 구하는 방법 : n개의 변량을 작은 값부터 크기순으로 나열했을 때, 중앙값은

(1) n이 홀수인 경우 : $\dfrac{n+1}{2}$번째 자료의 값

  (예시) 자료가 1, 2, 3, 4, 5이면 중앙값은 3이다.

(2) n이 짝수인 경우 : $\dfrac{n}{2}$번째와 $\left(\dfrac{n}{2}+1\right)$번째 자료의 값의 평균

  (예시) 자료가 1, 2, 3, 4이면 중앙값은 $\dfrac{2+3}{2} = 2.5$이다.

개념 CHECK 01

• $(\boxed{㉠\ \ }) = \dfrac{(변량의\ 총합)}{(변량의\ 개수)}$

다음 자료의 평균을 구하시오.

(1) 2, 3, 6, 6, 8

(2) 11, 13, 15, 17, 19, 21

개념 CHECK 02

• 자료의 변량을 작은 값부터 크기순으로 나열했을 때, 한가운데에 있는 값을 $\boxed{㉡\ \ }$이라 한다.

다음은 주어진 자료의 중앙값을 구하는 과정이다. □ 안에 알맞은 수를 써넣으시오.

(1) 10, 13, 18, 15, 11
➡ 주어진 자료를 작은 값부터 크기순으로 나열하면
10, 11, □, □, 18
따라서 중앙값은 □이다.

(2) 22, 30, 23, 30, 24, 26
➡ 주어진 자료를 작은 값부터 크기순으로 나열하면
22, 23, □, □, 30, 30
따라서 중앙값은
$\dfrac{\boxed{\ } + \boxed{\ }}{2} = \boxed{\ }$

개념 CHECK 03

• 자료의 변량 중 가장 많이 나타난 값을 $\boxed{㉢\ \ }$이라 한다.

다음 자료의 최빈값을 구하시오.

(1) 1, 2, 3, 3, 4, 5

(2) 1, 2, 2, 3, 3, 4

(3) 1, 1, 2, 2, 2, 3

답 | ㉠ 평균 ㉡ 중앙값 ㉢ 최빈값

대표유형 **01** 평균

다음 표는 학생 6명의 몸무게를 조사하여 나타낸 것이다. 몸무게의 평균을 구하시오.

학생	진우	기정	수진	상아	미리	태후
몸무게(kg)	41	44	38	50	63	52

풀이 과정

$$(\text{평균}) = \frac{41+44+38+50+63+52}{6}$$
$$= \frac{288}{6} = 48(\text{kg})$$

정답 48 kg

01 · A 숫자 Change

다음 표는 재민이가 일주일 동안 받은 문자 메시지의 개수를 조사하여 나타낸 것이다. 받은 문자 메시지의 개수의 평균을 구하시오.

요일	월	화	수	목	금	토	일
개수(개)	4	3	2	5	4	2	1

01 · B 표현 Change

다음 표는 영은이의 과목별 기말고사 성적을 조사하여 나타낸 것이다. 이 자료의 평균이 87점일 때, x의 값은?

과목	국어	영어	수학	과학	사회
성적(점)	80	87	x	93	85

① 84　　② 86　　③ 88
④ 90　　⑤ 92

대표유형 **02** 평균의 활용

3개의 변량 a, b, c의 평균이 6일 때, 5개의 변량 a, b, c, 10, 12의 평균은?

① 5　　② 6　　③ 7
④ 8　　⑤ 9

풀이 과정

a, b, c의 평균이 6이므로
$$\frac{a+b+c}{3} = 6 \qquad \therefore a+b+c = 18$$
따라서 a, b, c, 10, 12의 평균은
$$\frac{a+b+c+10+12}{5} = \frac{18+10+12}{5} = \frac{40}{5} = 8$$

정답 ④

02 · A 숫자 Change

3개의 변량 a, b, c의 평균이 5일 때, 5개의 변량 2, $3a$, $3b$, $3c$, 8의 평균을 구하시오.

02 · B 표현 Change

5개의 변량 x_1, x_2, x_3, x_4, x_5의 평균이 4일 때, 5개의 변량 $2x_1+1$, $2x_2+1$, $2x_3+1$, $2x_4+1$, $2x_5+1$의 평균은?

① 8　　② 9　　③ 10
④ 11　　⑤ 12

다음 자료는 지후네 반 학생 9명이 통학하는 데 걸리는 시간을 조사하여 나타낸 것이다. 이 자료의 중앙값을 구하시오.

(단위 : 분)

> 13, 24, 17, 22, 10, 6, 28, 13, 21

풀이 과정

자료를 작은 값부터 크기순으로 나열하면
6, 10, 13, 13, 17, 21, 22, 24, 28
이므로 중앙값은 17분이다.

정답 17분

03·Ⓐ 숫자 Change

다음 자료는 은진이네 반 학생 8명의 운동화의 크기를 조사하여 나타낸 것이다. 이 자료의 중앙값을 구하시오.

(단위 : mm)

> 250, 230, 240, 235, 250, 255, 250, 235

03·Ⓑ 표현 Change

다음 자료는 두 야구팀 A, B의 타자들이 한 달 동안 친 안타 수를 조사하여 나타낸 것이다. 두 야구팀 A, B의 안타 수를 섞은 전체 안타 수의 중앙값을 구하시오.

(단위 : 개)

> A팀 : 4, 9, 8, 7, 6
> B팀 : 7, 5, 9, 8, 9

오른쪽은 준희네 반 학생 22명이 선호하는 영화의 장르를 조사하여 나타낸 표이다. 이 자료의 최빈값은?

① 액션   ② SF
③ 코미디   ④ 멜로
⑤ 스릴러

영화	학생 수(명)
액션	5
SF	3
코미디	8
멜로	4
스릴러	2

풀이 과정

코미디를 선호하는 학생이 가장 많으므로 주어진 자료의 최빈값은
③ 코미디이다.

정답 ③

04·Ⓐ 숫자 Change

오른쪽은 보라네 반 학생 25명이 선호하는 운동의 종류를 조사하여 나타낸 표이다. 이 자료의 최빈값은?

① 농구   ② 축구
③ 야구   ④ 수영
⑤ 태권도

운동	학생 수(명)
농구	6
축구	4
야구	4
수영	9
태권도	2

04·Ⓑ 표현 Change

다음 자료는 현우네 중학교 1학년 9개의 학급에서 안경을 낀 학생 수를 조사하여 나타낸 것이다. 이 자료의 중앙값을 a명, 최빈값을 b명이라 할 때, $a+b$의 값을 구하시오.

(단위 : 명)

> 10, 15, 13, 14, 15, 12, 15, 14, 13

BIBLE SAYS 최빈값

최빈값은 평균이나 중앙값과 달리 자료가 문자 또는 기호로 주어진 경우에도 구할 수 있다.

대표유형 05 적절한 대푯값 찾기

⌂ 유형ON >>> 208쪽

아래 자료는 학생 7명의 여름 방학 동안의 봉사 활동 시간을 조사하여 나타낸 것이다. 다음 물음에 답하시오.

(단위 : 시간)

$$3, \quad 2, \quad 1, \quad 23, \quad 1, \quad 3, \quad 2$$

(1) 봉사 활동 시간의 평균과 중앙값을 각각 구하시오.

(2) (1)에서 구한 평균과 중앙값 중 자료의 대푯값으로 더 적절한 것은 어느 것인지 말하시오.

풀이 과정

(1) (평균)$=\dfrac{3+2+1+23+1+3+2}{7}=\dfrac{35}{7}=5$(시간)

자료를 작은 값부터 크기순으로 나열하면

1, 1, 2, 2, 3, 3, 23

이므로 중앙값은 2시간이다.

(2) 자료에 23시간과 같은 극단적인 값이 있으므로 중앙값이 대푯값으로 더 적절하다.

정답 (1) 평균 : 5시간, 중앙값 : 2시간 (2) 중앙값

BIBLE SAYS 적절한 대푯값 찾기

(1) 자료의 변량 중 극단적인 값이 있는 경우에는 평균보다 중앙값이 대푯값으로 더 적절하다.

(2) 변량의 개수가 많거나 변량이 중복되어 나타나는 자료, 수량으로 나타나지 않는 자료의 대푯값으로는 최빈값을 많이 이용한다.

05·Ⓐ 숫자 Change

아래 자료는 핸드볼 경기에서 선수 6명의 득점을 조사하여 나타낸 것이다. 다음 물음에 답하시오.

(단위 : 점)

$$6, \quad 11, \quad 4, \quad 8, \quad 10, \quad 45$$

(1) 득점의 평균과 중앙값을 각각 구하시오.

(2) (1)에서 구한 평균과 중앙값 중 자료의 대푯값으로 더 적절한 것은 어느 것인지 말하시오.

05·Ⓑ 표현 Change

다음은 어느 스포츠 용품점에서 한 달 동안 판매한 운동화의 치수를 조사하여 나타낸 막대그래프이다. 이 스포츠 용품점에서 가장 많이 준비해야 할 운동화의 치수를 정하려고 할 때, 평균, 중앙값, 최빈값 중 가장 적절한 대푯값을 말하고, 그 값을 구하시오.

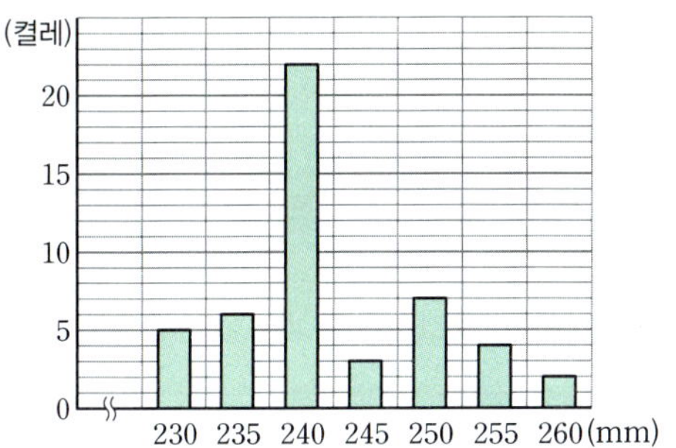

대표유형 06 평균이 주어질 때, 대푯값 구하기

⌂ 유형ON >>> 208쪽

다음 자료는 우진이가 1학기 기말고사에서 얻은 5과목의 성적을 조사하여 나타낸 것이다. 성적의 평균이 90점일 때, 중앙값을 구하시오.

(단위 : 점)

$$87, \quad 88, \quad 90, \quad x, \quad 93$$

풀이 과정

평균이 90점이므로 $\dfrac{87+88+90+x+93}{5}=90$

$358+x=450$ $\quad$ $\therefore x=92$

자료를 작은 값부터 크기순으로 나열하면

87, 88, 90, 92, 93

이므로 중앙값은 90점이다.

정답 90점

06·Ⓐ 숫자 Change

다음 자료의 평균이 10일 때, 중앙값을 구하시오.

$$6, \quad x, \quad 12, \quad 10, \quad 8, \quad 8$$

06·Ⓑ 표현 Change

다음 자료의 평균이 6일 때, 최빈값을 구하시오.

$$5, \quad 3, \quad x, \quad 10, \quad 1, \quad 7, \quad 7, \quad 9$$

대표유형 **07** 평균과 최빈값이 같을 때, 변량 구하기

🎧 유형ON >>> 208쪽

다음 자료의 평균과 최빈값이 서로 같을 때, x의 값을 구하시오.

$$8, \quad 7, \quad 10, \quad 8, \quad x, \quad 8, \quad 9$$

풀이 과정

x를 제외한 자료에서 8이 가장 많이 나오므로 최빈값은 8이다.

$$(평균) = \frac{8+7+10+8+x+8+9}{7} = \frac{50+x}{7}$$

이때 평균과 최빈값이 서로 같으므로

$$\frac{50+x}{7} = 8에서 50+x = 56$$

$$\therefore x = 6$$

정답 6

07·Ⓐ 숫자 Change

다음 자료의 평균과 최빈값이 서로 같을 때, x의 값을 구하시오.

$$9, \quad 7, \quad 11, \quad x, \quad 9, \quad 9, \quad 8$$

07·Ⓑ 숫자 Change

다음 자료의 평균과 최빈값이 서로 같을 때, x의 값을 구하시오.

$$11, \quad x, \quad 9, \quad 12, \quad 10, \quad 13, \quad 11, \quad 11$$

대표유형 **08** 중앙값이 주어질 때, 변량 구하기

🎧 유형ON >>> 208쪽

다음 자료의 중앙값이 8일 때, x의 값을 구하시오.

$$4, \quad 4, \quad 10, \quad 12, \quad 13, \quad x$$

풀이 과정

x를 제외한 자료를 작은 값부터 크기순으로 나열하면

4, 4, 10, 12, 13

이때 중앙값이 8이므로 $4 < x < 10$

6개의 자료를 작은 값부터 크기순으로 나열하면

4, 4, x, 10, 12, 13

이므로 $\dfrac{x+10}{2} = 8$

$x+10 = 16$ $\quad \therefore x = 6$

정답 6

08·Ⓐ 숫자 Change

다음 자료의 중앙값이 20일 때, x의 값을 구하시오.

$$x, \quad 6, \quad 10, \quad 26, \quad 38, \quad 22$$

08·Ⓑ 표현 Change

다음 자료는 다은이네 반 학생 8명의 1분 동안의 맥박 수를 조사하여 작은 값부터 크기순으로 나열한 것이다. 이 자료의 중앙값이 72회일 때, 최빈값을 구하시오.

(단위 : 회)

$$63, \quad 65, \quad 68, \quad 70, \quad x, \quad 74, \quad 75, \quad 78$$

배운대로 학습하기

01
대표 유형 01

다음 표는 학생 10명의 미술 실기 성적을 조사하여 나타낸 것이다. 미술 실기 성적의 평균을 구하시오.

성적(점)	6	7	8	9	10
학생 수(명)	1	2	3	3	1

02
대표 유형 01

주형이의 4회에 걸친 국어 성적이 87점, 91점, 89점, 94점이다. 5회의 시험에서 몇 점을 받아야 5회까지의 평균이 91점이 되는가?

① 91점 ② 92점 ③ 93점
④ 94점 ⑤ 95점

03
대표 유형 02

3개의 변량 a, b, 3의 평균이 4이고, 3개의 변량 c, d, 5의 평균이 8일 때, 4개의 변량 a, b, c, d의 평균을 구하시오.

04
생각이 쑥쑥
대표 유형 03

어느 동아리 학생 8명의 윗몸일으키기 횟수를 작은 값부터 크기순으로 나열하면 4번째 학생의 윗몸일으키기 횟수는 23회이고, 중앙값은 25회이다. 이 동아리에 윗몸일으키기 횟수가 28회인 학생이 가입했을 때, 학생 9명의 윗몸일으키기 횟수의 중앙값을 구하시오.

05
대표 유형 03 ⊕ 04

오른쪽은 승진이네 반 학생 17명의 수면 시간을 조사하여 나타낸 막대그래프이다. 이 자료의 중앙값과 최빈값이 각각 a시간, b시간일 때, $a+b$의 값을 구하시오.

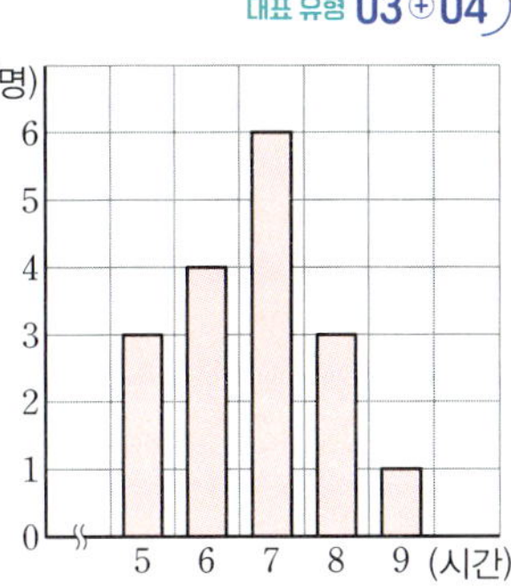

06
대표 유형 05

다음 자료 중 평균을 대푯값으로 하기에 가장 적절하지 <u>않은</u> 것은?

① 2, 4, 6, 8, 10 ② 11, 12, 13, 14, 15
③ 20, 20, 20, 20, 20 ④ 15, 16, 15, 16, 17
⑤ 3, 6, 9, 12, 800

07
대표 유형 06

다음 자료는 학생 8명의 일주일 동안의 TV 시청 시간을 조사하여 나타낸 것이다. 이 자료의 평균이 8시간일 때, 최빈값을 구하시오.

(단위 : 시간)

$$7, \quad 7, \quad 9, \quad x, \quad 6, \quad 9, \quad 5, \quad 14$$

08
대표 유형 08

다음 자료는 6개의 변량을 작은 값부터 크기순으로 나열한 것이다. 이 자료의 중앙값이 22일 때, x의 값을 구하시오.

$$15, \quad 18, \quad x, \quad 24, \quad 26, \quad 27$$

02 줄기와 잎 그림

(1) 줄기와 잎 그림 : 줄기와 잎을 이용하여 자료를 나타낸 그림

(2) 줄기와 잎 그림을 그리는 순서

❶ 변량을 줄기와 잎으로 구분한다.

❷ 세로선을 긋고, 세로선의 왼쪽에 줄기에 해당하는 수를 작은 수부터 세로로 쓴다.

❸ 세로선의 오른쪽에 각 줄기에 해당하는 잎을 작은 수부터 가로로 쓴다.

　이때 중복되는 잎이 있으면 중복된 횟수만큼 나열한다.

❹ 그림의 오른쪽 위에 '줄기 | 잎'을 설명한다.

〈자료〉　　　　　〈줄기와 잎 그림〉

(단위 : 점)

96	81	70	64	76
81	75	68	87	89

(6 | 4는 64점)

줄기	잎
6	4　8
7	0　5　6
8	1　1　7　9
9	6

→ (6 | 4는 64점)은 줄기가 6이고 잎이 4일 때 64점임을 뜻한다.

→ 일의 자리의 숫자
→ 십의 자리의 숫자

잎의 개수는 자료의 개수와 같다.

줄기와 잎 그림의 특징

(1) 잎의 개수를 통해 자료의 분포 상태를 편리하게 파악할 수 있다.

(2) 원래의 자료의 값을 알 수 있다.

(3) 자료의 값을 크기순으로 나열할 수 있으므로 어떤 특정한 위치에 있는 값을 쉽게 구할 수 있다.

(4) 줄기와 잎 그림은 변량이 많으면 잎을 일일이 나열하기가 어려우므로 변량이 적은 자료를 정리할 때 유용하다.

줄기와 잎 그림에서
(전체 변량의 개수)
=(전체 잎의 개수)

주의 줄기는 중복되는 수를 한 번만 쓰고, 잎은 중복되는 수를 모두 쓴다.

바이블 POINT　**두 집단의 자료를 하나의 줄기와 잎 그림으로 나타내기**

오른쪽과 같이 표의 가운데에 줄기를 쓰고 잎을 줄기의 왼쪽과 오른쪽에 각각 나타낸다.

(1 | 3은 13)

잎(집단 1)			줄기	잎(집단 2)			
6	4	3	1	3	8		
7　5	3	0	2	1	2	2	6

오른쪽에서 왼쪽으로 잎을 나열한다.　　표의 가운데에 줄기를 쓴다.　　왼쪽에서 오른쪽으로 잎을 나열한다.

개념 CHECK　**01**

• 줄기와 잎 그림을 그리는 순서

❶ 변량을 줄기와 잎으로 구분한다.

❷ 세로선을 긋고, 세로선의 왼쪽에 ㉠ 에 해당하는 수를 작은 수부터 세로로 쓴다.

❸ 세로선의 오른쪽에 각 줄기에 해당하는 ㉡ 을 작은 수부터 가로로 쓴다.

❹ 그림의 오른쪽 위에 '줄기 | 잎'을 설명한다.

아래는 은율이네 반 학생 20명의 1분 동안 맥박 수를 조사한 자료이다. 이 자료에 대한 줄기와 잎 그림을 완성하고, 다음 □ 안에 알맞은 것을 써넣으시오.

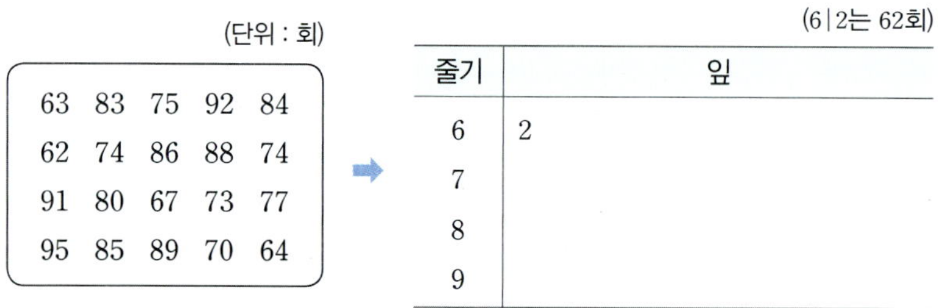

(단위 : 회)

63	83	75	92	84
62	74	86	88	74
91	80	67	73	77
95	85	89	70	64

(6 | 2는 62회)

줄기	잎
6	2
7	
8	
9	

(1) 줄기와 잎 그림에서 줄기는 □의 자리의 숫자, 잎은 □의 자리의 숫자이다.

(2) 줄기는 6, □, □, □이다.

(3) 줄기가 6인 잎은 2, □, □, □이다.

(4) 잎이 가장 많은 줄기는 □이다.

답 | ㉠ 줄기　㉡ 잎

대표유형 01 줄기와 잎 그림 나타내기

유형ON >>> 210쪽

아래는 어느 동호회 회원 12명의 나이를 조사한 자료이다. 이 자료에 대한 줄기와 잎 그림을 완성하고 다음 물음에 답하시오.

(단위 : 세)

22	30	18	32
27	24	17	33
22	38	15	25

(1|5는 15세)

줄기	잎
1	5
2	
3	

(1) 잎이 가장 적은 줄기를 구하시오.

(2) 나이가 25세 이상인 회원은 몇 명인지 구하시오.

풀이 과정

줄기와 잎 그림으로 나타내면 오른쪽과 같다.

(2) 나이가 25세 이상인 회원은
25세, 27세, 30세, 32세, 33세, 38세
의 6명이다.

(1|5는 15세)

줄기	잎
1	5 7 8
2	2 2 4 5 7
3	0 2 3 8

정답 (1) 1 (2) 6명

01 · A 숫자 Change

아래는 성진이네 반 학생 16명의 수학 성적을 조사한 자료이다. 이 자료에 대한 줄기와 잎 그림을 완성하고 다음 물음에 답하시오.

(단위 : 점)

62	63	80	72
88	75	86	84
92	74	98	80
68	89	74	96

(6|2는 62점)

줄기	잎
6	2
7	
8	
9	

(1) 잎이 가장 많은 줄기를 구하시오.

(2) 수학 성적이 가장 높은 학생의 수학 점수를 구하시오.

(3) 수학 성적이 80점 미만인 학생은 몇 명인지 구하시오.

(4) 수학 성적의 중앙값, 최빈값을 각각 구하시오.

대표유형 02 줄기와 잎 그림의 이해

유형ON >>> 210쪽

오른쪽은 현우네 반 학생들의 봉사 활동 시간을 조사하여 나타낸 줄기와 잎 그림이다. 다음 물음에 답하시오.

(1|4는 14시간)

줄기	잎
1	4 6
2	1 2 5 5
3	0 1 1 3 4
4	2 2 3 6

(1) 봉사 활동 시간이 5번째로 많은 학생의 봉사 활동 시간을 구하시오.

(2) 봉사 활동 시간이 30시간 미만인 학생은 전체의 몇 % 인지 구하시오.

풀이 과정

(1) 봉사 활동 시간이 많은 학생의 봉사 활동 시간부터 차례대로 나열하면
46시간, 43시간, 42시간, 42시간, 34시간, …이다.
따라서 봉사 활동 시간이 5번째로 많은 학생의 봉사 활동 시간은 34시간이다.

(2) 현우네 반의 전체 학생은 $2+4+5+4=15$(명)
봉사 활동 시간이 30시간 미만인 학생은 14시간, 16시간, 21시간, 22시간, 25시간, 25시간의 6명이므로 전체의 $\dfrac{6}{15}\times100=40(\%)$이다.

정답 (1) 34시간 (2) 40 %

02 · A 표현 Change

다음은 지민이네 반 학생들의 하루 동안의 인터넷 사용 시간을 조사하여 나타낸 줄기와 잎 그림이다. 다음 중 옳지 **않은** 것은?

(0|6은 6분)

줄기	잎
0	6 8 9 9
1	0 3 5 7 8 9
2	1 2 5 6 7 8 8
3	3 5 6 7
4	2 3 5

① 지민이네 반의 전체 학생은 24명이다.
② 줄기가 3인 잎은 4개이다.
③ 인터넷 사용 시간이 20분대인 학생이 가장 많다.
④ 인터넷 사용 시간이 5번째로 짧은 학생의 인터넷 사용 시간은 13분이다.
⑤ 인터넷 사용 시간이 35분 이상인 학생은 전체의 25 % 이다.

대표유형 **03** 서로 다른 두 집단의 자료를 나타낸 줄기와 잎 그림

유형ON >>> 211쪽

아래는 진서네 반 학생들의 몸무게를 조사하여 나타낸 줄기와 잎 그림이다. 다음 물음에 답하시오.

(4 | 3은 43 kg)

잎(남학생)						줄기	잎(여학생)					
				9	8	4	3	4	5	7		
		8	5	2	0	5	1	3	5	6	7	9
9	8	7	7	5	3	6	0	3	4	8		
			7	3	0	7	0					

(1) 진서네 반의 남학생과 여학생은 각각 몇 명인지 구하시오.

(2) 몸무게가 가장 많이 나가는 학생과 가장 적게 나가는 학생의 몸무게의 차를 구하시오.

(3) 남학생의 몸무게의 중앙값을 a kg, 여학생의 몸무게의 중앙값을 b kg이라 할 때, $a+b$의 값을 구하시오.

(4) 몸무게가 50 kg 미만인 학생은 전체의 몇 %인지 구하시오.

풀이 과정

(1) 남학생은 $2+4+6+3=15$(명)
여학생은 $4+6+4+1=15$(명)

(2) 몸무게가 가장 많이 나가는 학생의 몸무게는 77 kg이고, 몸무게가 가장 적게 나가는 학생의 몸무게는 43 kg이므로 구하는 차는
$77-43=34$(kg)

(3) 남학생은 15명이므로 변량을 작은 값부터 크기순으로 나열하면 8번째 자료의 값이 중앙값이다.
즉, 남학생의 몸무게의 중앙값은 65 kg이므로 $a=65$
마찬가지로 여학생의 몸무게의 중앙값은 56 kg이므로 $b=56$
$\therefore a+b=65+56=121$

(4) 전체 학생은 $15+15=30$(명)
몸무게가 50 kg 미만인 학생은 43 kg, 44 kg, 45 kg, 47 kg, 48 kg, 49 kg의 6명이므로 전체의 $\dfrac{6}{30}\times100=20$(%)이다.

정답 (1) 남학생 : 15명, 여학생 : 15명 (2) 34 kg (3) 121 (4) 20 %

03 · Ⓐ 숫자 Change

아래는 성훈이네 반 학생들의 사회 성적을 조사하여 나타낸 줄기와 잎 그림이다. 다음 물음에 답하시오.

(6 | 0은 60점)

잎(남학생)				줄기	잎(여학생)				
		6	5	6	0	4			
	8	5	2	7	2	5	5	6	9
7	7	6	5	3	8	3	2	7	9
	8	2	0	9	3				

(1) 성훈이네 반의 전체 학생은 몇 명인지 구하시오.

(2) 사회 성적이 가장 좋은 학생의 성적을 구하시오.

03 · Ⓑ 표현 Change

아래는 주영이네 반 학생들의 통학 시간을 조사하여 나타낸 줄기와 잎 그림이다. 다음 중 옳지 않은 것은?

(0 | 5는 5분)

잎(남학생)					줄기	잎(여학생)						
			9	8	0	5	8					
	7	6	5	0	1	2	4	5	6			
9	8	7	6	4	2	2	0	2	5	5	7	8
	9	5	3	1	3	2	5	8				

① 주영이네 반은 남학생이 여학생보다 1명 더 많다.
② 잎이 가장 많은 줄기는 2이다.
③ 통학 시간이 30분 이상인 여학생은 3명이다.
④ 남학생 중 통학 시간이 5번째로 긴 학생의 통학 시간은 28분이다.
⑤ 남학생의 통학 시간의 중앙값이 여학생의 통학 시간의 중앙값보다 더 크다.

03 · Ⓒ 표현 Change

다음은 어느 중학교 1학년 1반과 2반의 학생들의 키를 조사하여 나타낸 줄기와 잎 그림이다. 키가 165 cm 이상 175 cm 미만인 학생은 전체의 몇 %인지 구하시오.

(14 | 7은 147 cm)

잎(1반)					줄기	잎(2반)					
					14	7	9				
		8	8	7	15	0	2	3	7	8	
9	6	5	3	0	16	1	1	2	3	5	
	8	6	5	0	17	0					

03 도수분포표

(1) **계급** : 변량을 일정한 간격으로 나눈 구간
  ① **계급의 크기** : 변량을 나눈 구간의 너비(폭), 즉 계급의 양 끝 값의 차
  ② 계급의 개수 : 변량을 나눈 구간의 수

> → a 이상 b 미만인 계급에서
> (계급의 크기)$=b-a$

(2) **도수** : 각 계급에 속하는 자료의 개수

(3) **도수분포표** : 자료를 몇 개의 계급으로 나누고, 각 계급에 속하는 도수를 조사하여 나타낸 표

(4) **도수분포표를 만드는 순서**
  ❶ 주어진 자료에서 가장 작은 변량과 가장 큰 변량을 찾는다.
  ❷ 계급의 크기를 정하여 계급을 나눈다.
  ❸ 각 계급에 속하는 변량의 개수를 세어 계급의 도수를 구한다.

> (참고) 계급의 크기는 모두 같게 하고, 계급의 개수는 보통 5~15개가 되도록 한다.

〈자료〉

(단위 : 점)

| 67 | 76 | 75 | 82 | 98 | 84 |
| 91 | 79 | 68 | 83 | 71 | 99 |

가장 작은 변량 / 가장 큰 변량

〈도수분포표〉

수학 성적(점)		도수(명)
$60^{이상} \sim 70^{미만}$	//	2
$70 \sim 80$	////	4
$80 \sim 90$	///	3
$90 \sim 100$	///	3
합계		12

(계급의 크기)$=100-90=10$(점)   도수의 총합

오른쪽 설명

계급값 : 도수분포표에서 각 계급의 가운데 값

➡ (계급값)$=\dfrac{(계급의 양 끝 값의 합)}{2}$

도수분포표를 이용하면 어떤 자료가 전체에서 차지하는 위치를 파악하는 데 편리하다. 그러나 자료의 실제 값을 알 수 없으므로 자료 하나하나의 특성을 알아보기는 어렵다.

계급, 계급의 크기, 계급값, 도수는 항상 단위를 붙여 쓴다.

도수분포표를 만들기 위하여 자료의 수를 셀 때는 /, //, ///, ////, //// 또는 一, 丁, 下, 正, 正을 사용하면 편리하다.

용어 설명

계급(나눌 階, 등급 級)
나누어진 등급
도수(횟수 度, 수 數)
횟수를 기록한 수

개념 CHECK ── **01**

• 도수분포표
(1) 계급 : 변량을 일정한 간격으로 나눈 구간
(2) ⑦ ▢ : 변량을 나눈 구간의 너비(폭)
(3) 계급의 개수 : 변량을 나눈 구간의 수
(4) ⑥ ▢ : 각 계급에 속하는 자료의 개수

아래는 우진이네 반 학생 20명이 일주일 동안 받은 이메일의 수를 조사한 자료이다. 이 자료에 대한 도수분포표를 완성하고, 다음 물음에 답하시오.

(단위 : 통)

7	15	18	10	24
19	18	6	13	22
16	24	17	20	11
21	14	23	8	15

이메일의 수(통)		도수(명)
$5^{이상} \sim 10^{미만}$	///	3
$10 \sim 15$		
합계		20

(1) 계급의 크기를 구하시오.

(2) 계급의 개수를 구하시오.

(3) 도수가 가장 큰 계급을 구하시오.

(4) 일주일 동안 받은 이메일의 수가 10통인 우진이가 속하는 계급을 구하시오.

답 | ⑦ 계급의 크기 ⑥ 도수

⌂ 유형ON >>> 212쪽

대표유형 **04** 도수분포표로 나타내기

아래는 솔빈이네 반 학생들의 오래 매달리기 기록을 조사한 자료이다. 다음 물음에 답하시오.

(단위 : 초)

2	9	8	4
12	12	19	18
24	7	5	1
2	3	12	17
13	11	14	20

기록(초)	도수(명)
$0^{이상} \sim 5^{미만}$	
합계	

(1) 이 자료를 도수분포표로 나타내시오.

(2) 기록이 18초인 학생이 속하는 계급의 도수를 구하시오.

풀이 과정

(1) 도수분포표로 나타내면 오른쪽과 같다.

(2) 오래 매달리기 기록이 18초인 학생이 속하는 계급은 15초 이상 20초 미만 이므로 구하는 도수는 3명이다.

기록(초)	도수(명)
$0^{이상} \sim 5^{미만}$	5
5 $\sim$ 10	4
10 $\sim$ 15	6
15 $\sim$ 20	3
20 $\sim$ 25	2
합계	20

정답 (1) 풀이 참조 (2) 3명

04·A 숫자 Change

아래는 주현이네 반 학생들의 도덕 성적을 조사한 자료이다. 다음 물음에 답하시오.

(단위 : 점)

51	53	62	68
88	85	89	76
80	84	83	97
92	73	79	76
75	82	65	74
65	88	58	80

도덕 성적(점)	도수(명)
$50^{이상} \sim 60^{미만}$	
합계	

(1) 이 자료를 도수분포표로 나타내시오.

(2) 도수가 가장 작은 계급을 구하시오.

(3) 도덕 성적이 70점인 학생이 속하는 계급의 도수를 구하시오.

(4) 도덕 성적이 5번째로 높은 학생이 속하는 계급을 구하시오.

⌂ 유형ON >>> 213쪽

대표유형 **05** 계급의 도수가 주어지지 않은 경우의 도수분포표

오른쪽은 현석이네 반 학생 30명의 키를 조사하여 나타낸 도수분포표이다. 다음 물음에 답하시오.

(1) A의 값을 구하시오.

(2) 키가 150 cm 미만인 학생은 몇 명인지 구하시오.

(3) 키가 160 cm 이상 170 cm 미만인 학생은 전체의 몇 %인지 구하시오.

키(cm)	도수(명)
$130^{이상} \sim 140^{미만}$	4
140 $\sim$ 150	A
150 $\sim$ 160	10
160 $\sim$ 170	6
170 $\sim$ 180	2
합계	30

풀이 과정

(1) $A = 30 - (4 + 10 + 6 + 2) = 8$

(2) 키가 150 cm 미만인 학생은 $4 + 8 = 12$(명)

(3) 키가 160 cm 이상 170 cm 미만인 학생은 6명이므로 전체의 $\dfrac{6}{30} \times 100 = 20$(%)이다.

정답 (1) 8 (2) 12명 (3) 20 %

05·A 표현 Change

오른쪽은 혜인이네 반 학생 25명의 국어 성적을 조사하여 나타낸 도수분포표이다. 다음 중 옳지 <u>않은</u> 것은?

① 계급의 크기는 10점이다.
② 계급의 개수는 5이다.
③ A의 값은 4이다.
④ 도수가 가장 작은 계급은 90점 이상 100점 미만이다.
⑤ 국어 성적이 70점 이상 80점 미만인 학생은 전체의 28 %이다.

국어 성적(점)	도수(명)
$50^{이상} \sim 60^{미만}$	A
60 $\sim$ 70	5
70 $\sim$ 80	9
80 $\sim$ 90	4
90 $\sim$ 100	3
합계	25

배운대로 학습하기

01

대표 유형 01 ⊕ 02

아래는 어느 농장에서 생산한 귤의 무게를 조사한 자료이다. 이 자료를 줄기와 잎 그림으로 나타낼 때, 다음 중 옳지 <u>않은</u> 것은?

(단위 : g)

93	105	100	113
105	97	107	109
110	121	118	117
116	102	124	127

(9|3은 93 g)

줄기	잎
9	3
10	
11	
12	

① 잎은 모두 16개이다.
② 줄기가 11인 잎은 0, 3, 6, 7, 8이다.
③ 잎이 가장 적은 줄기는 9이다.
④ 무게가 110 g 이상인 귤은 8개이다.
⑤ 무게가 가장 많이 나가는 귤의 무게는 124 g이다.

[**02 ~ 03**] 오른쪽은 혜수네 반 학생들의 윗몸일으키기 기록을 조사하여 나타낸 줄기와 잎 그림이다. 다음 물음에 답하시오.

(1|1은 11회)

줄기	잎					
1	1	2	4			
2	0	1	1	3	5	
3	1	2	5	5	7	8
4	2	3	3	5	8	
5	4	6	7			

02

대표 유형 02

다음 중 옳지 <u>않은</u> 것은?

① 줄기가 2인 잎은 5개이다.
② 잎이 가장 많은 줄기는 3이다.
③ 혜수네 반의 전체 학생은 22명이다.
④ 윗몸일으키기 기록이 32회 이하인 학생은 9명이다.
⑤ 혜수의 윗몸일으키기 기록이 38회일 때, 혜수의 기록은 9번째로 높다.

03

대표 유형 02

윗몸일으키기 기록이 가장 높은 학생과 가장 낮은 학생의 기록의 차를 구하시오.

[**04 ~ 05**] 아래는 어느 동네에서 지난 달 헌혈에 참가한 사람들의 나이를 조사하여 나타낸 줄기와 잎 그림이다. 다음 물음에 답하시오.

(2|0은 20세)

줄기	잎							
2	0	1	1	3	4	5	7	8
3	1	1	3	4	5	7	7	9	9
4	0	5						
5	2							

04

대표 유형 02

헌혈에 참가한 사람 중 나이가 7번째로 적은 사람의 나이를 구하시오.

05

대표 유형 02

헌혈에 참가한 사람 중 나이가 40세 이상인 사람은 전체의 몇 %인가?

① 9 %　　② 12 %　　③ 15 %
④ 18 %　　⑤ 21 %

06

대표 유형 03

다음은 은주네 반 학생들의 하루 동안의 독서 시간을 조사하여 나타낸 줄기와 잎 그림이다. 독서 시간이 15분 이상 25분 미만인 학생은 몇 명인지 구하시오.

(1|0은 10분)

잎(남학생)				줄기	잎(여학생)			
		9	8	6	1	0	5		
		6	5	0	2	2	4	6	7
8	7	7	4	3	3	0	2	5	8
	9	5	4	2	4	1	6	9	
		6	3	1	5	3			

[07 ~ 08] 아래는 어느 반 학생 20명의 키를 조사한 자료이다. 다음 물음에 답하시오.

(단위 : cm)

132	156	172	142	165	148	153	144	155	140
158	149	152	159	138	160	167	156	168	135

07
대표 유형 04

이 자료를 계급의 크기를 10 cm로 하여 도수분포표를 완성하시오.

키(cm)	도수(명)
$130^{이상} \sim \quad ^{미만}$	
합계	20

08
대표 유형 04

07의 도수분포표에서 도수가 가장 큰 계급의 도수를 a명, 도수가 가장 작은 계급의 도수를 b명이라 할 때, $a+b$의 값을 구하시오.

09
대표 유형 05

오른쪽은 준호네 반 학생 35명의 과학 성적을 조사하여 나타낸 도수분포표이다. 다음 중 옳지 <u>않은</u> 것은?

과학 성적(점)	도수(명)
$40^{이상} \sim 50^{미만}$	2
$50 \quad \sim 60$	4
$60 \quad \sim 70$	A
$70 \quad \sim 80$	11
$80 \quad \sim 90$	9
$90 \quad \sim 100$	5
합계	35

① 계급의 크기는 10점이다.
② 계급의 개수는 6이다.
③ A의 값은 4이다.
④ 과학 성적이 70점 미만인 학생은 12명이다.
⑤ 과학 성적이 6번째로 높은 학생이 속하는 계급은 80점 이상 90점 미만이다.

[10 ~ 11] 오른쪽은 윤영이네 반 학생 25명의 하루 수면 시간을 조사하여 나타낸 도수분포표이다. 다음 물음에 답하시오.

수면 시간(시간)	도수(명)
$4^{이상} \sim 5^{미만}$	2
$5 \quad \sim 6$	3
$6 \quad \sim 7$	
$7 \quad \sim 8$	8
$8 \quad \sim 9$	5
합계	25

10
대표 유형 05

수면 시간이 6시간 이상 7시간 미만인 학생은 전체의 몇 %인지 구하시오.

11
대표 유형 05

수면 시간이 10번째로 긴 학생이 속하는 계급의 도수를 구하시오.

[12 ~ 13] 오른쪽은 선미네 반 학생 30명의 몸무게를 조사하여 나타낸 도수분포표이다. 몸무게가 60 kg 이상인 학생이 전체의 20 %일 때, 다음 물음에 답하시오.

몸무게(kg)	도수(명)
$40^{이상} \sim 45^{미만}$	2
$45 \quad \sim 50$	A
$50 \quad \sim 55$	7
$55 \quad \sim 60$	8
$60 \quad \sim 65$	B
합계	30

12 생각이 쑥쑥
대표 유형 05

A, B의 값을 각각 구하시오.

13
대표 유형 05

몸무게가 50 kg 미만인 학생은 전체의 몇 %인지 구하시오.

04 히스토그램

(1) **히스토그램** : 도수분포표의 각 계급의 크기를 가로로, 그 계급의 도수를 세로로 하는 직사각형으로 나타낸 그래프를 **히스토그램**이라 한다.

(2) **히스토그램을 그리는 순서**
❶ 가로축에 각 계급의 양 끝 값을 차례대로 표시한다.
❷ 세로축에 도수를 적는다.
❸ 각 계급의 크기를 가로로, 그 계급의 도수를 세로로 하는 직사각형을 차례대로 그린다.

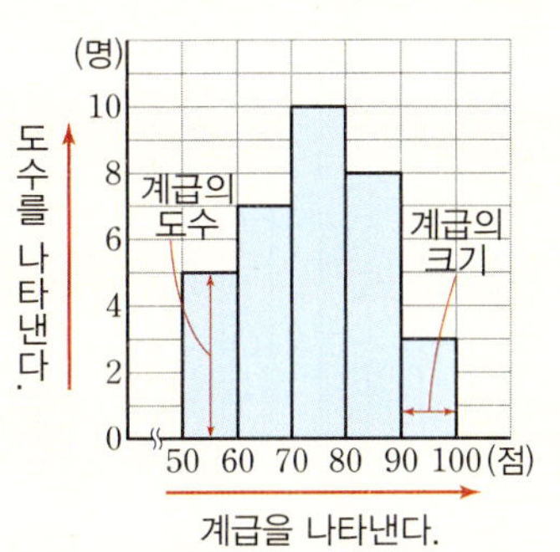

도수분포표의 계급이 연속되어 있으므로 히스토그램에서 직사각형은 서로 붙여 그린다.

각 직사각형의 윗변의 중앙에 있는 점의 좌표는 (계급값, 도수)이다.

히스토그램에서
(1) (직사각형의 가로의 길이)
　　＝(계급의 크기)
(2) (직사각형의 세로의 길이)＝(도수)
(3) (직사각형의 개수)＝(계급의 개수)

(3) **히스토그램의 특징**
① 각 계급의 도수를 직사각형의 세로의 길이로 나타내므로 자료의 분포 상태를 한눈에 알아볼 수 있다.
② (직사각형의 넓이)＝(계급의 크기)×(그 계급의 도수)
　➡ 각 직사각형의 넓이는 각 계급의 도수에 정비례한다.
③ (직사각형의 넓이의 합)＝{(계급의 크기)×(그 계급의 도수)}의 총합
　　　　　　　　　　　　＝(계급의 크기)×(도수의 총합)

(참고) 막대그래프와 히스토그램의 차이
막대그래프는 가로축에 변량을 표시하고, 히스토그램은 가로축에 계급을 표시하므로 변량이 시간, 무게 등과 같이 연속적인 값일 때는 히스토그램을 이용하는 것이 적절하다.

용어 설명
히스토그램(histogram)
역사를 뜻하는 history와 그림을 뜻하는 접미어 ―gram의 합성어이다.

개념 CHECK 01

· 히스토그램을 그리는 순서
❶ 가로축에 각 계급의 양 끝 값을 차례대로 표시한다.
❷ 세로축에 ⑦ 를 적는다.
❸ 각 계급의 크기를 가로로, 그 계급의 도수를 세로로 하는 ⓒ 을 차례대로 그린다.

다음은 상훈이네 반 학생 28명의 통학 시간을 조사하여 나타낸 도수분포표이다. 이 도수분포표를 히스토그램으로 나타내시오.

통학 시간(분)	도수(명)
5^{이상} ~ 10^{미만}	3
10　~ 15	6
15　~ 20	10
20　~ 25	5
25　~ 30	4
합계	28

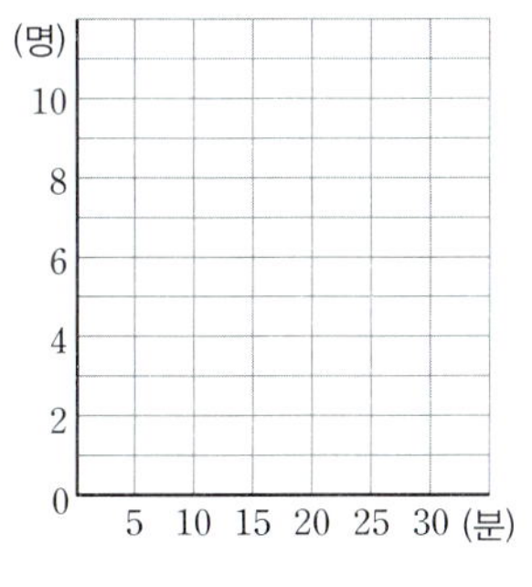

개념 CHECK 02

· 히스토그램에서
(1) (직사각형의 가로의 길이)
　　＝(계급의 ⓒ)
(2) (직사각형의 세로의 길이)
　　＝(ⓔ)
(3) (직사각형의 개수)
　　＝(계급의 ⓜ)

오른쪽은 지수네 반 학생들의 몸무게를 조사하여 나타낸 히스토그램이다. 다음 물음에 답하시오.

(1) 계급의 크기를 구하시오.

(2) 계급의 개수를 구하시오.

(3) 도수가 가장 작은 계급을 구하시오.

(4) 몸무게가 48 kg인 지수가 속하는 계급의 도수를 구하시오.

(5) 지수네 반의 전체 학생은 몇 명인지 구하시오.

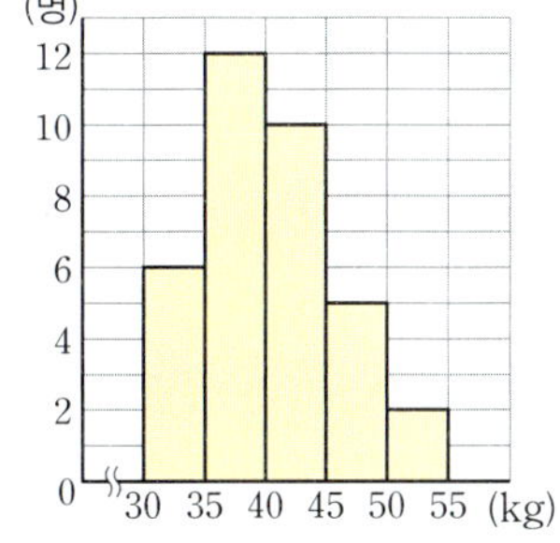

답 | ⑦ 도수　ⓒ 직사각형　ⓒ 크기
　　ⓔ 도수　ⓜ 개수

 히스토그램의 이해　　　　　　　　　유형ON >>> 214쪽

오른쪽은 미연이네 반 학생들의 일주일 동안의 운동 시간을 조사하여 나타낸 히스토그램이다. 다음 물음에 답하시오.

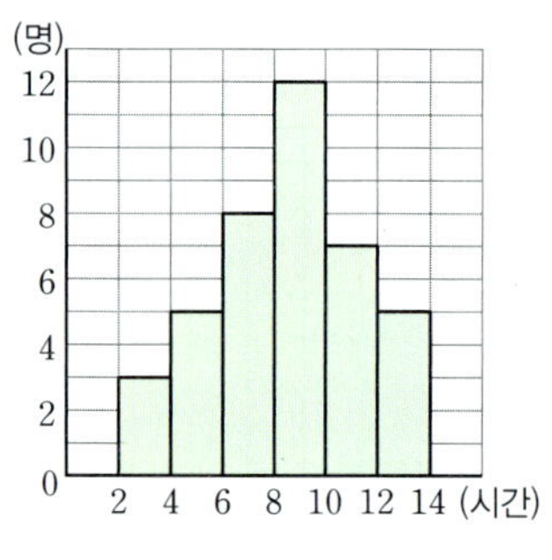

(1) 운동 시간이 5번째로 적은 학생이 속하는 계급을 구하시오.

(2) 운동 시간이 8시간 이상인 학생은 전체의 몇 %인지 구하시오.

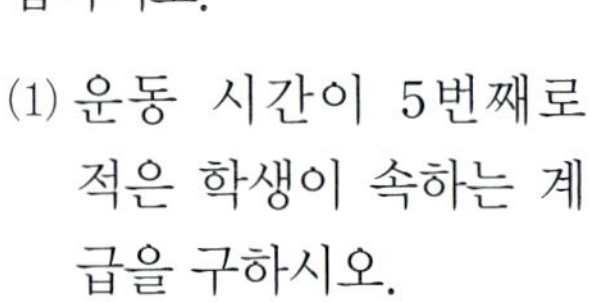

(1) 운동 시간이 4시간 미만인 학생은 3명, 6시간 미만인 학생은 $3+5=8$(명)이므로 운동 시간이 5번째로 적은 학생이 속하는 계급은 4시간 이상 6시간 미만이다.
(2) 미연이네 반의 전체 학생은 $3+5+8+12+7+5=40$(명)
운동 시간이 8시간 이상인 학생은 $12+7+5=24$(명)이므로 전체의
$\dfrac{24}{40}\times100=60(\%)$이다.

정답 (1) 4시간 이상 6시간 미만 (2) 60 %

01·Ⓐ 표현 Change

오른쪽은 하늘이네 반 학생들이 1년 동안 읽은 책의 수를 조사하여 나타낸 히스토그램이다. 다음 중 옳지 <u>않은</u> 것은?

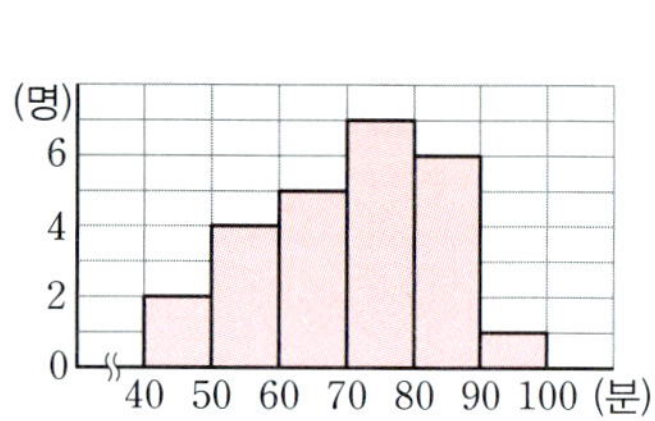

① 계급의 크기는 3권이다.
② 하늘이네 반의 전체 학생은 36명이다.
③ 도수가 8명인 계급은 9권 이상 12권 미만이다.
④ 읽은 책의 수가 12권 이상인 학생은 12명이다.
⑤ 읽은 책의 수가 6권 미만인 학생은 전체의 25 %이다.

01·Ⓑ 표현 Change

오른쪽은 지후네 반 학생들의 하루 동안의 컴퓨터 사용 시간을 조사하여 나타낸 히스토그램이다. 모든 직사각형의 넓이의 합을 구하시오.

 찢어진 히스토그램　　　　　　　　　유형ON >>> 216쪽

오른쪽은 어느 과수원에서 수확한 복숭아 25개의 무게를 조사하여 나타낸 히스토그램인데 일부가 찢어져 보이지 않는다. 다음을 구하시오.

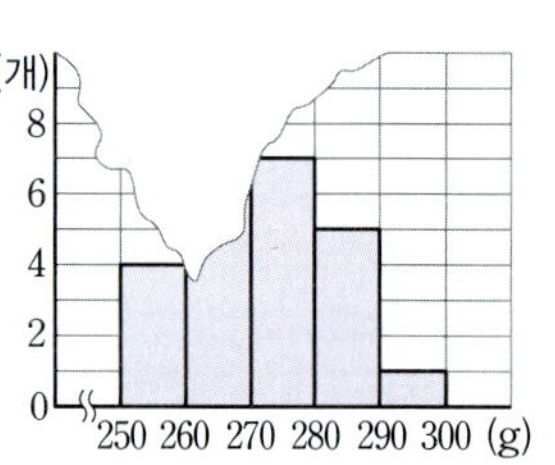

(1) 무게가 260 g 이상 270 g 미만인 복숭아의 개수

(2) 무게가 15번째로 가벼운 복숭아가 속하는 계급의 도수

풀이 과정

(1) 무게가 260 g 이상 270 g 미만인 복숭아는
$25-(4+7+5+1)=8$(개)
(2) 무게가 260 g 미만인 복숭아는 4개, 270 g 미만인 복숭아는 $4+8=12$(개), 280 g 미만인 복숭아는 $4+8+7=19$(개)이므로 무게가 15번째로 가벼운 복숭아가 속하는 계급은 270 g 이상 280 g 미만이다.
따라서 구하는 도수는 7개이다.

정답 (1) 8 (2) 7개

참고 찢어진 히스토그램에서 도수의 총합이 주어진 경우
➡ 도수의 총합을 이용하여 찢어진 부분의 도수를 구한다.

02·Ⓐ 숫자 Change

오른쪽은 정훈이네 반 학생 20명의 줄넘기 기록을 조사하여 나타낸 히스토그램인데 잉크가 떨어져 일부가 보이지 않는다. 다음 물음에 답하시오.

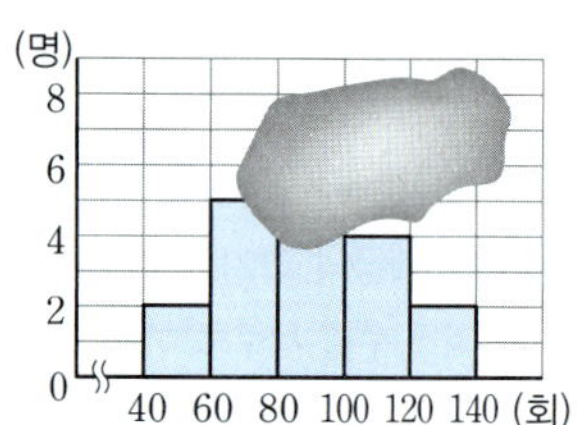

(1) 기록이 80회 이상 100회 미만인 학생은 몇 명인지 구하시오.

(2) 기록이 80회 이상인 학생은 전체의 몇 %인지 구하시오.

05 도수분포다각형

(1) **도수분포다각형** : (2)와 같은 방법으로 나타낸 그래프를 **도수분포다각형**이라 한다.

(2) **도수분포다각형을 그리는 순서**

❶ 히스토그램에서 각 직사각형의 윗변의 중앙에 점을 찍는다.

❷ 그래프의 양 끝에 도수가 0인 계급이 하나씩 더 있는 것으로 생각하고 그 중앙에 점을 찍는다.

❸ ❶, ❷에서 찍은 점들을 선분으로 연결한다.

(3) **도수분포다각형의 특징**

① 자료의 분포 상태를 연속적으로 알아볼 수 있다.

② 두 개 이상의 자료의 분포 상태를 동시에 나타내어 비교하는 데 편리하다.

③ (도수분포다각형과 가로축으로 둘러싸인 부분의 넓이)
＝(히스토그램의 각 직사각형의 넓이의 합)

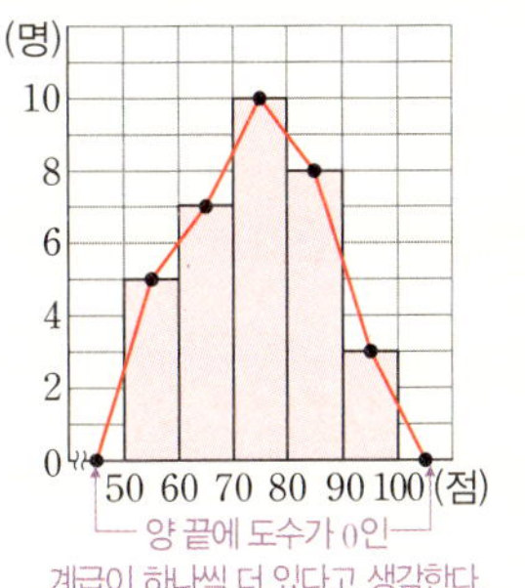

도수분포다각형은 히스토그램을 그리지 않고 도수분포표로부터 직접 그릴 수도 있다.

도수분포다각형에서 계급의 개수를 셀 때 양 끝에 있는 도수가 0인 계급은 세지 않는다.

두 개 이상의 자료에 대한 도수분포다각형을 동시에 나타내면 자료의 분포 상태를 비교하기가 히스토그램보다 편리하다.

바이블 POINT 도수분포다각형과 가로축으로 둘러싸인 부분의 넓이

오른쪽 그림에서 두 삼각형은 서로 합동이므로 그 넓이는 같다.

따라서 도수분포다각형과 가로축으로 둘러싸인 부분의 넓이는 히스토그램의 각 직사각형의 넓이의 합과 같다.

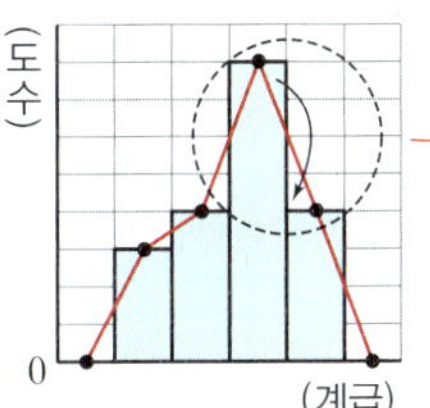

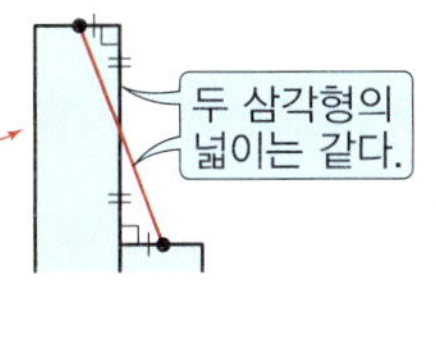

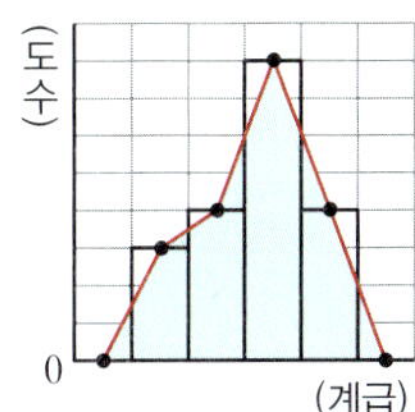

개념 CHECK 01

· 도수분포다각형을 그리는 순서

❶ 히스토그램의 각 직사각형의 윗변의 ⓐ 에 점을 찍는다.

❷ 양 끝에 도수가 ⓑ 인 계급이 하나씩 더 있는 것으로 생각하고 그 중앙에 점을 찍는다.

❸ ❶, ❷에서 찍은 점들을 선분으로 연결한다.

다음은 어느 반 학생들의 팔굽혀펴기 기록을 조사하여 나타낸 도수분포표이다. 이 도수분포표를 히스토그램으로 나타내고, 그 위에 다시 도수분포다각형을 그리시오.

기록(회)	도수(명)
2이상 ~ 4미만	2
4 ~ 6	6
6 ~ 8	11
8 ~ 10	4
10 ~ 12	3
합계	26

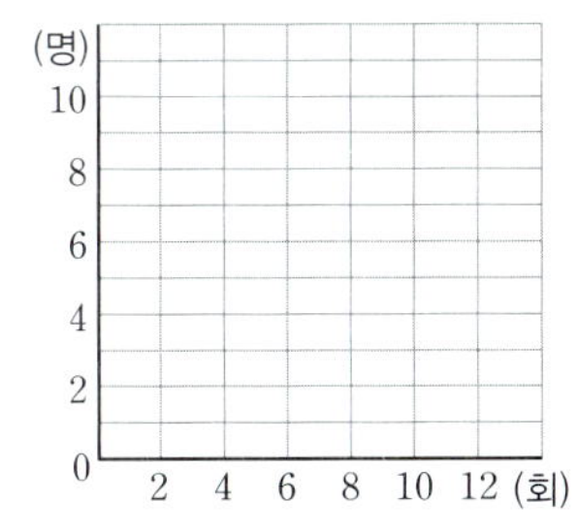

개념 CHECK 02

오른쪽은 경민이네 반 학생들의 제자리멀리뛰기 기록을 조사하여 나타낸 도수분포다각형이다. 다음을 구하시오.

(1) 계급의 크기

(2) 계급의 개수

(3) 도수가 가장 큰 계급

(4) 경민이네 반의 전체 학생 수

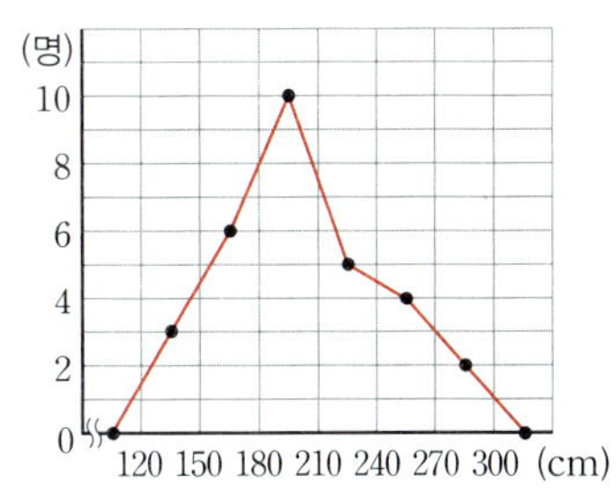

답 | ⓐ 중앙 ⓑ 0

대표유형 03 도수분포다각형의 이해

오른쪽은 지수네 반 학생들의 미술 성적을 조사하여 나타낸 도수분포다각형이다. 다음 물음에 답하시오.

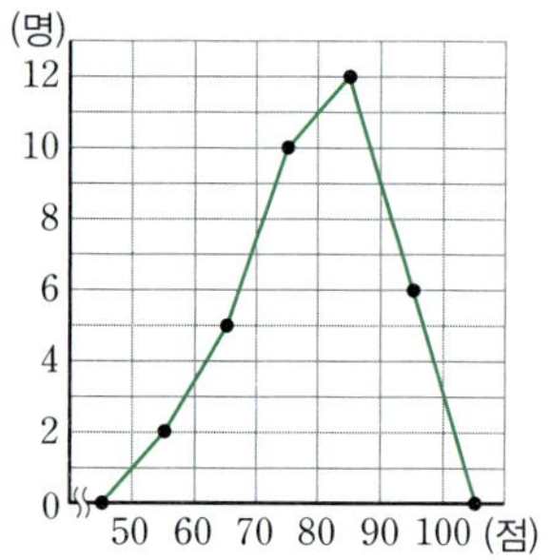

(1) 미술 성적이 70점 이상 90점 미만인 학생은 몇 명인지 구하시오.

(2) 미술 성적이 70점 미만인 학생은 전체의 몇 %인지 구하시오.

풀이 과정

(1) 미술 성적이 70점 이상 90점 미만인 학생은 $10+12=22$(명)

(2) 지수네 반의 전체 학생은 $2+5+10+12+6=35$(명)

미술 성적이 70점 미만인 학생은 $2+5=7$(명)이므로 전체의

$\dfrac{7}{35} \times 100 = 20$(%)이다.

정답 (1) 22명 (2) 20 %

03 · A 표현 Change

오른쪽은 은수네 반 학생들의 수면 시간을 조사하여 나타낸 도수분포다각형이다. 다음 중 옳지 않은 것은?

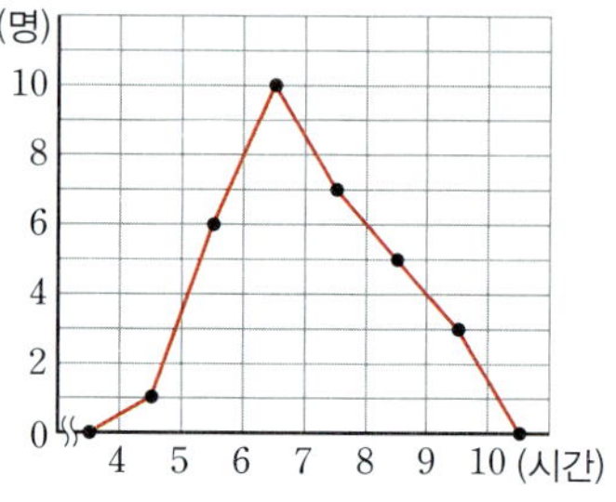

① 은수네 반의 전체 학생은 32명이다.

② 도수가 가장 작은 계급은 4시간 이상 5시간 미만이다.

③ 수면 시간이 5시간 이상 7시간 미만인 학생은 16명이다.

④ 수면 시간이 8시간 이상인 학생은 전체의 25 %이다.

⑤ 수면 시간이 12번째로 긴 학생이 속하는 계급의 도수는 5명이다.

대표유형 04 도수분포다각형과 가로축으로 둘러싸인 부분의 넓이

오른쪽은 수진이네 반 학생들이 등교하는 데 걸리는 시간을 조사하여 나타낸 도수분포다각형이다. 도수분포다각형과 가로축으로 둘러싸인 부분의 넓이를 구하시오.

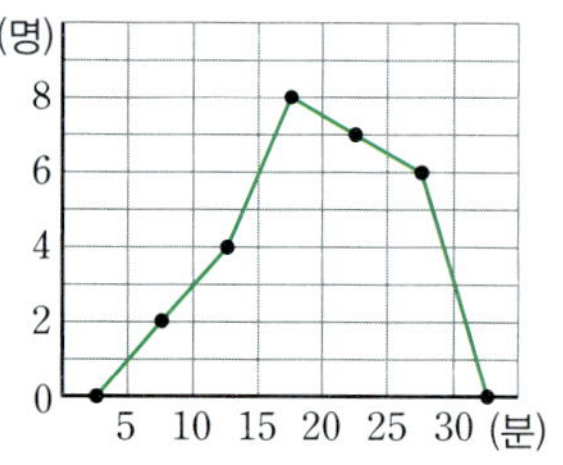

풀이 과정

계급의 크기는 5분이고 도수의 총합은 $2+4+8+7+6=27$(명)이므로

(도수분포다각형과 가로축으로 둘러싸인 부분의 넓이)

=(계급의 크기)×(도수의 총합)

=$5 \times 27 = 135$

정답 135

04 · A 표현 Change

오른쪽은 영호네 반 학생들이 한 달 동안 마신 물의 양을 조사하여 나타낸 도수분포다각형이다. 다음 중 옳지 않은 것은?

① 계급의 크기는 5 L이고, 계급의 개수는 7이다.

② 도수가 가장 큰 계급은 35 L 이상 40 L 미만이다.

③ 마신 물의 양이 40 L 이상인 학생은 전체의 36 %이다.

④ 마신 물의 양이 4번째로 적은 학생이 속하는 계급의 도수는 3명이다.

⑤ 도수분포다각형과 가로축으로 둘러싸인 부분의 넓이는 200이다.

BIBLE SAYS 도수분포다각형과 가로축으로 둘러싸인 부분의 넓이

(도수분포다각형과 가로축으로 둘러싸인 부분의 넓이)

=(히스토그램의 각 직사각형의 넓이의 합)

=(계급의 크기)×(도수의 총합)

대표유형 05 찢어진 도수분포다각형

〔유형ON 〉〉〉 218쪽〕

오른쪽은 유진이네 반 학생 30명이 놀이공원에서 어떤 놀이기구를 타기 위하여 기다린 시간을 조사하여 나타낸 도수분포다각형인데 일부가 찢어져 보이지 않는다. 다음을 구하시오.

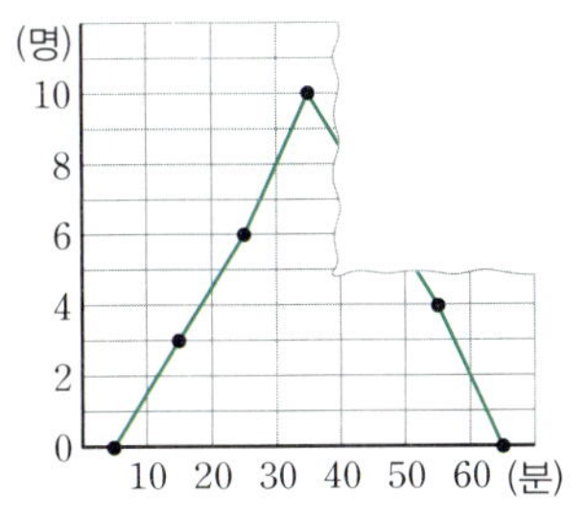

(1) 기다린 시간이 40분 이상 50분 미만인 학생 수

(2) 기다린 시간이 10번째로 긴 학생이 속하는 계급

풀이 과정

⑴ 기다린 시간이 40분 이상 50분 미만인 학생은
  $30-(3+6+10+4)=7$(명)

⑵ 기다린 시간이 50분 이상인 학생은 4명, 40분 이상인 학생은
  $7+4=11$(명)이므로 기다린 시간이 10번째로 긴 학생이 속하는 계급은
  40분 이상 50분 미만이다.

〔정답〕 ⑴ 7 ⑵ 40분 이상 50분 미만

05·A 표현 Change

오른쪽은 서연이네 반 학생 20명이 1년 동안 본 영화의 수를 조사하여 나타낸 도수분포다각형인데 일부가 찢어져 보이지 않는다. 다음 물음에 답하시오.

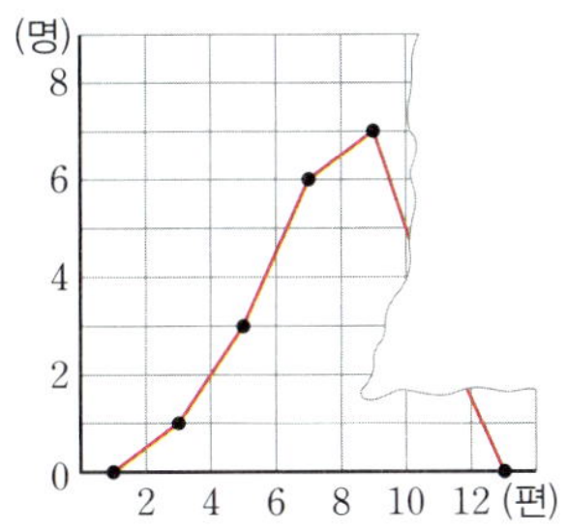

(1) 1년 동안 본 영화가 10편 이상 12편 미만인 학생은 몇 명인지 구하시오.

(2) 1년 동안 본 영화가 8편 이상인 학생은 전체의 몇 %인지 구하시오.

대표유형 06 두 집단의 도수분포다각형의 비교

〔유형ON 〉〉〉 219쪽〕

오른쪽은 형준이네 반 남학생과 여학생의 1년 동안 자란 키를 조사하여 나타낸 도수분포다각형이다. 다음 보기 중 옳은 것을 모두 고르시오.

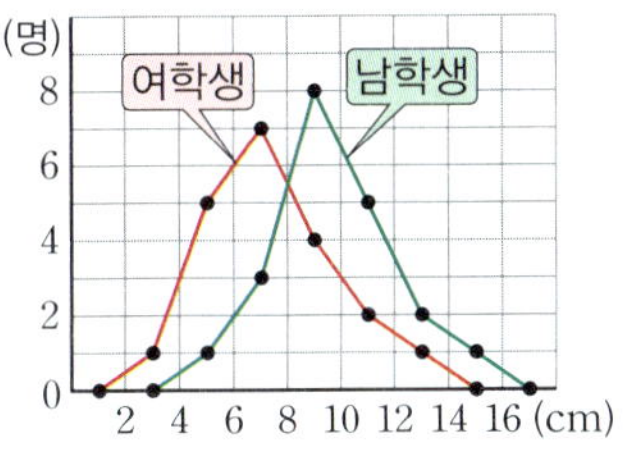

보기

ㄱ. 여학생 수는 남학생 수보다 많다.

ㄴ. 1년 동안 남학생이 여학생보다 키가 더 많이 자란 편이다.

ㄷ. 1년 동안 자란 키가 6 cm 이상 8 cm 미만인 학생은 여학생이 남학생보다 4명 더 많다.

ㄹ. 각각의 그래프와 가로축으로 둘러싸인 부분의 넓이는 남학생의 그래프보다 여학생의 그래프가 더 넓다.

풀이 과정

ㄱ. 남학생은 $1+3+8+5+2+1=20$(명)이고 여학생은
  $1+5+7+4+2+1=20$(명)이므로 남학생 수와 여학생 수는 같다.

ㄴ. 남학생의 그래프가 여학생의 그래프보다 전체적으로 오른쪽으로 치우쳐 있으므로 1년 동안 남학생이 여학생보다 키가 더 많이 자란 편이다.

ㄷ. 1년 동안 자란 키가 6 cm 이상 8 cm 미만인 여학생은 7명, 남학생은 3명이므로 여학생이 남학생보다 $7-3=4$(명) 더 많다.

ㄹ. 계급의 크기가 같고, 남학생 수와 여학생 수가 같으므로 각각의 그래프와 가로축으로 둘러싸인 부분의 넓이는 서로 같다.

따라서 옳은 것은 ㄴ, ㄷ이다.

〔정답〕 ㄴ, ㄷ

06·A 숫자 Change

오른쪽은 A, B 두 중학교 1학년 1반 학생들의 통학 시간을 조사하여 나타낸 도수분포다각형이다. 다음 보기 중 옳지 않은 것을 모두 고르시오.

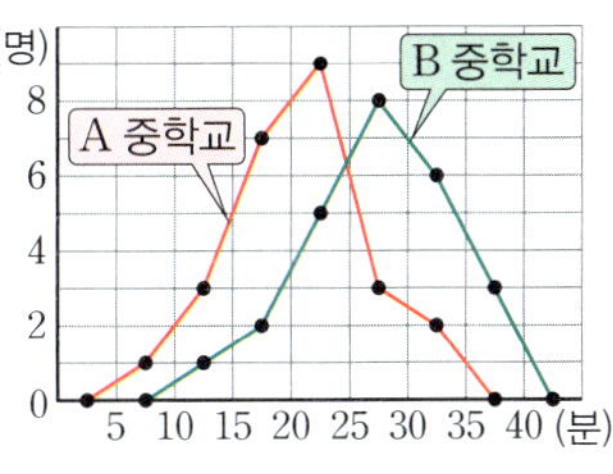

보기

ㄱ. A 중학교 1학년 1반의 학생 수와 B 중학교 1학년 1반의 학생 수는 같다.

ㄴ. B 중학교 학생이 A 중학교 학생보다 통학 시간이 더 긴 편이다.

ㄷ. A 중학교와 B 중학교의 도수의 합이 가장 큰 계급은 25분 이상 30분 미만이다.

ㄹ. 통학 시간이 가장 짧은 학생은 B 중학교에 있다.

[**01~03**] 오른쪽은 성주네 반 학생들의 수학 성적을 조사하여 나타낸 히스토그램이다. 다음 물음에 답하시오.

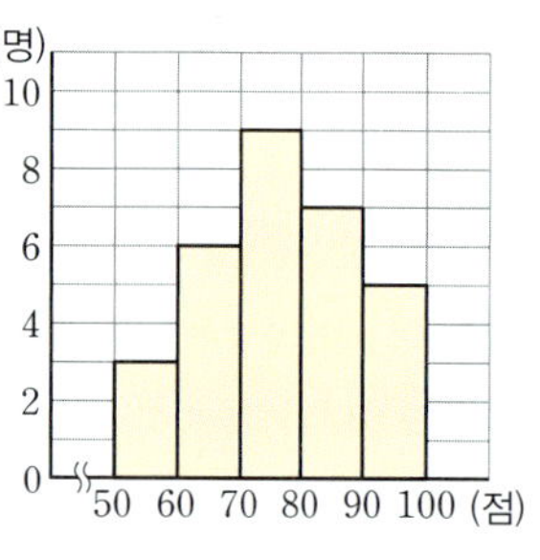

01
대표 유형 01

다음 중 옳은 것을 모두 고르면? (정답 2개)

① 계급의 크기는 5점이다.
② 계급의 개수는 6이다.
③ 성주네 반의 전체 학생은 35명이다.
④ 도수가 7명인 계급은 80점 이상 90점 미만이다.
⑤ 수학 성적이 70점 이상인 학생은 21명이다.

02
대표 유형 01

수학 성적이 60점 이상 70점 미만인 학생은 전체의 몇 %인지 구하시오.

03
대표 유형 01

도수가 가장 큰 계급의 직사각형의 넓이는 도수가 가장 작은 계급의 직사각형의 넓이의 몇 배인지 구하시오.

04 생각이 쑥쑥
대표 유형 01

오른쪽은 태준이네 반 학생들의 키를 조사하여 나타낸 히스토그램이다. 키가 상위 15 % 이내에 속하는 학생들의 키는 적어도 몇 cm 이상인지 구하시오.

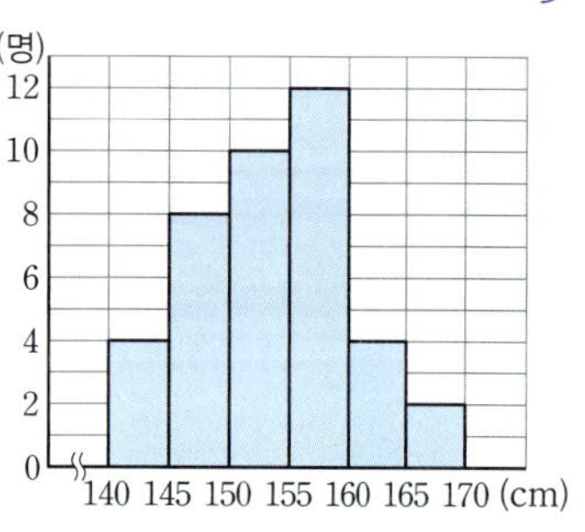

05
대표 유형 02

오른쪽은 미령이네 반 학생들의 일주일 동안의 컴퓨터 사용 시간을 조사하여 나타낸 히스토그램인데 일부가 찢어져 보이지 않는다. 컴퓨터 사용 시간이 7시간 이상인 학생이 전체의 40 %일 때, 컴퓨터 사용 시간이 5시간 이상 7시간 미만인 학생은 몇 명인지 구하시오.

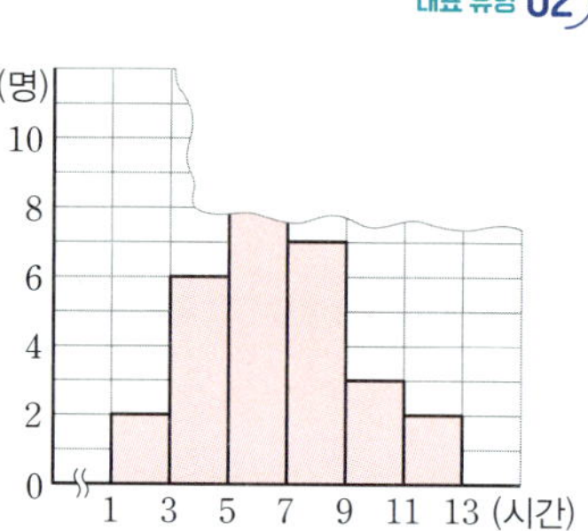

[**06~07**] 오른쪽은 세훈이네 반 학생들의 제기차기 기록을 조사하여 나타낸 도수분포다각형이다. 다음 물음에 답하시오.

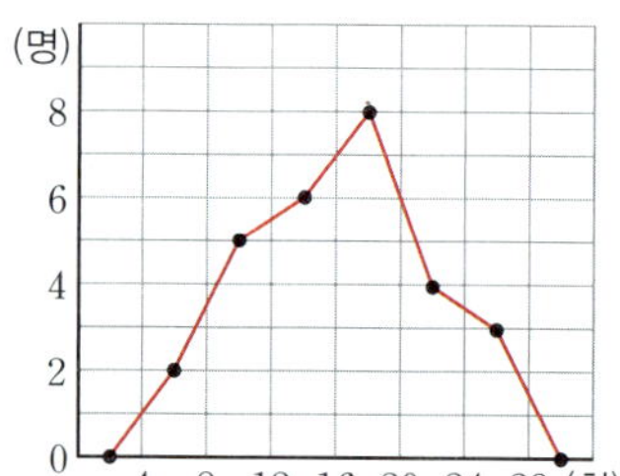

06
대표 유형 03

세훈이의 제기차기 기록이 22회일 때, 세훈이가 속하는 계급의 도수는?

① 3명　　　② 4명　　　③ 5명
④ 6명　　　⑤ 8명

07
대표 유형 03

제기차기 기록이 12회 미만인 학생은 전체의 몇 %인가?

① 5 %　　　② 10 %　　　③ 15 %
④ 20 %　　　⑤ 25 %

08 대표 유형 **04**

오른쪽은 미진이네 반 학생들의 국어 수행평가 점수를 조사하여 나타낸 도수분포다각형이다. 도수분포다각형과 가로축으로 둘러싸인 부분의 넓이가 200일 때, $a+b+c+d+e+f$의 값을 구하시오.

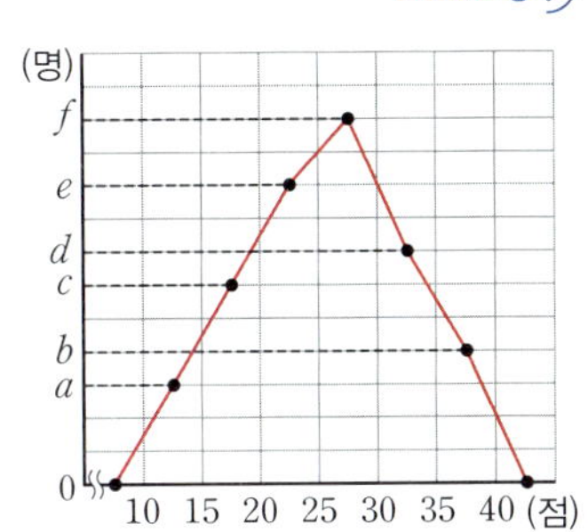

[**09 ~ 10**] 오른쪽은 현아네 반 학생 40명의 던지기 기록을 조사하여 나타낸 도수분포다각형인데 일부가 찢어져 보이지 않는다. 다음 물음에 답하시오.

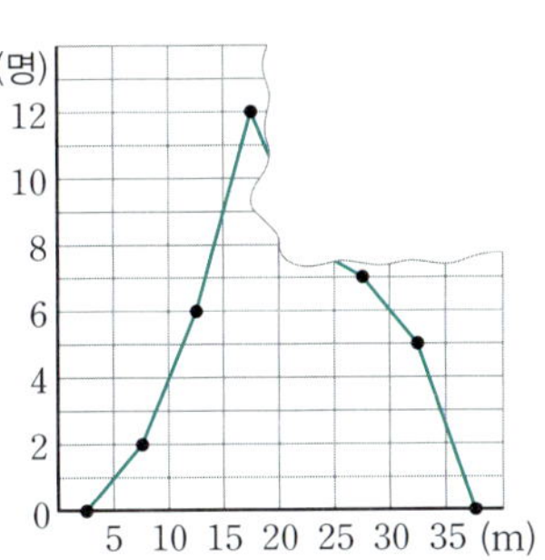

09 대표 유형 **05**

던지기 기록이 15번째로 좋은 학생이 속하는 계급을 구하시오.

10 대표 유형 **05**

던지기 기록이 25 m 미만인 학생은 전체의 몇 %인가?

① 30 %   ② 40 %   ③ 50 %
④ 60 %   ⑤ 70 %

11 생각이 쑥쑥 대표 유형 **05**

오른쪽은 어느 오디션 참가자 50명의 나이를 조사하여 나타낸 도수분포다각형인데 일부가 찢어져 보이지 않는다. 나이가 24세 이상 27세 미만인 참가자가 전체의 26 %일 때, 나이가 27세 이상 30세 미만인 참가자는 몇 명인지 구하시오.

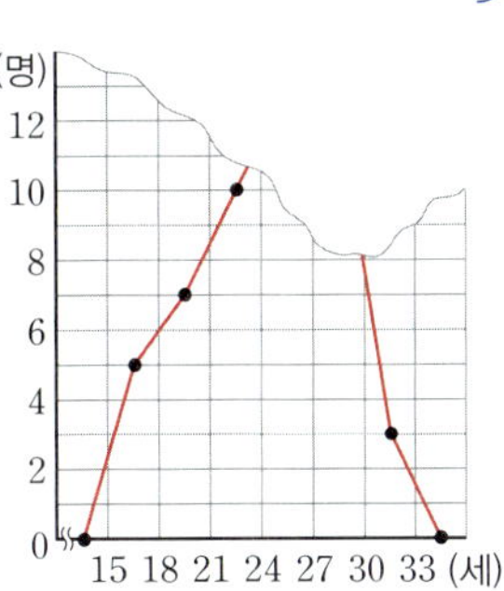

12 대표 유형 **06**

오른쪽은 민수네 중학교 남학생과 여학생의 몸무게를 조사하여 나타낸 도수분포다각형이다. 다음 중 옳은 것을 모두 고르면? (정답 2개)

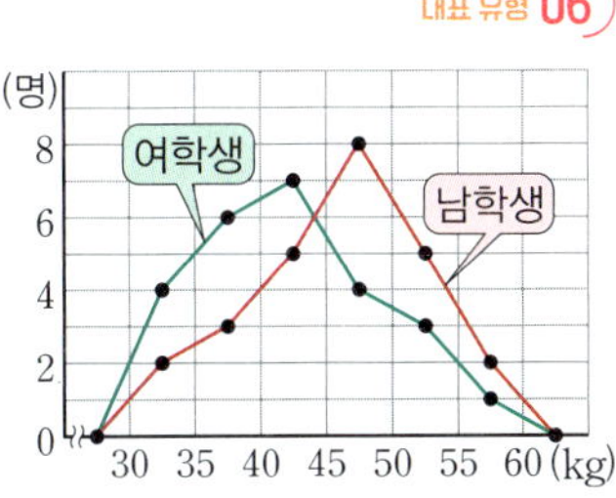

① 남학생 수가 여학생 수보다 많다.
② 몸무게가 가장 무거운 남학생의 몸무게는 59 kg이다.
③ 남학생이 여학생보다 몸무게가 더 무거운 편이다.
④ 몸무게가 40 kg 이상 45 kg 미만인 계급에 속하는 학생은 여학생이 남학생보다 3명 더 많다.
⑤ 여학생 중 몸무게가 10번째로 가벼운 학생이 속하는 계급은 35 kg 이상 40 kg 미만이다.

13 대표 유형 **06**

오른쪽은 어느 중학교 1학년 1반과 2반 학생들의 과학 성적을 조사하여 나타낸 도수분포다각형이다. 다음 보기 중 옳은 것을 모두 고르시오.

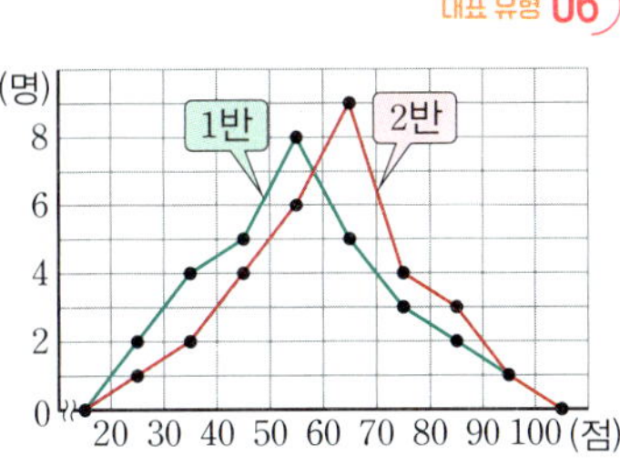

보기

ㄱ. 성적이 40점 이상 70점 미만인 학생은 1반보다 2반이 1명 더 많다.
ㄴ. 2반의 성적이 1반의 성적보다 더 좋은 편이다.
ㄷ. 성적이 가장 우수한 학생은 2반에 있다.

함께 풀기

다음 자료의 평균이 8일 때, 중앙값과 최빈값을 각각 구하시오.

> 5, 9, a, 13, 1, 11, 8

풀이 과정

1단계 a의 값 구하기

평균이 8이므로
$$\frac{5+9+a+13+1+11+8}{7}=8$$
$47+a=56$ ∴ $a=9$ ······ 40 %

2단계 중앙값 구하기

자료를 작은 값부터 크기순으로 나열하면
1, 5, 8, 9, 9, 11, 13
이므로 중앙값은 9이다. ······ 30 %

3단계 최빈값 구하기

자료에서 9가 가장 많이 나오므로 최빈값은 9이다. ······ 30 %

정답 중앙값 : 9 최빈값 : 9

따라 풀기

01 다음 자료의 평균이 6일 때, 중앙값과 최빈값을 각각 구하시오.

> 4, 5, 11, 5, a, 6, 8, 3

풀이 과정

1단계 a의 값 구하기

2단계 중앙값 구하기

3단계 최빈값 구하기

정답

함께 풀기

오른쪽은 합창부 학생들의 하루 동안의 연습 시간을 조사하여 나타낸 도수분포표이다. 연습 시간이 60분 이상인 학생이 전체의 60 %일 때, $A+B$의 값을 구하시오.

연습 시간(분)	도수(명)
0 이상 ~ 20 미만	3
20 ~ 40	A
40 ~ 60	14
60 ~ 80	22
80 ~ 100	9
100 ~ 120	5
합계	B

풀이 과정

1단계 B의 값 구하기

연습 시간이 60분 이상인 학생은 $22+9+5=36$(명)이므로
$$\frac{36}{B}\times100=60 \quad ∴ B=60$$ ······ 50 %

2단계 A의 값 구하기

$A=60-(3+14+22+9+5)=7$ ······ 30 %

3단계 $A+B$의 값 구하기

∴ $A+B=7+60=67$ ······ 20 %

정답 67

따라 풀기

02 오른쪽은 어느 중학교 1학년 학생들의 영어 성적을 조사하여 나타낸 도수분포표이다. 영어 성적이 70점 미만인 학생이 전체의 30 %일 때, $A+B$의 값을 구하시오.

영어 성적(점)	도수(명)
50 이상 ~ 60 미만	16
60 ~ 70	32
70 ~ 80	58
80 ~ 90	A
90 ~ 100	12
합계	B

풀이 과정

1단계 B의 값 구하기

2단계 A의 값 구하기

3단계 $A+B$의 값 구하기

정답

03 오른쪽은 어느 해 우리나라 프로 야구에서 투수 20명의 자책점을 조사하여 나타낸 줄기와 잎 그림이다. 자책점의 중앙값을 a점, 최빈값을 b점, 자책점이 4번째로 낮은 투수의 점수를 c점이라 할 때, $2a-b-c$의 값을 구하시오.

(5 | 0은 50점)

줄기			잎			
5	0	8				
6	2					
7	1	3	7	8	9	
8	1	2	3	3	3	7
9	2	2	2	2	2	4

풀이 과정

정답 ______________

04 오른쪽은 전국의 몇 개 도시의 4월 한 달 동안 비가 온 날수를 조사하여 나타낸 히스토그램이다. 직사각형 A와 B의 넓이의 비가 8 : 5일 때, 직사각형 전체의 넓이의 합을 구하시오.

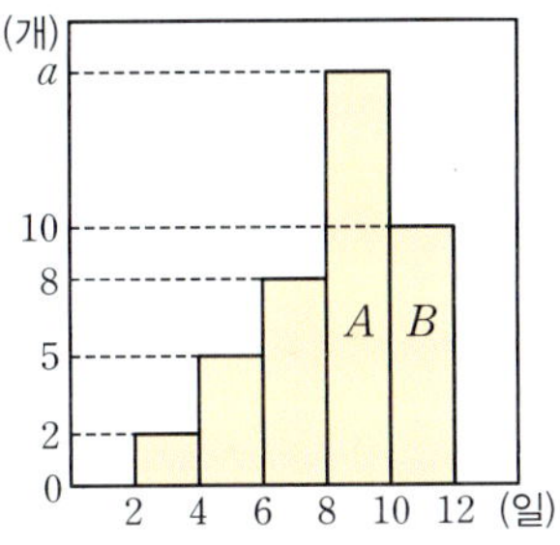

풀이 과정

정답 ______________

05 오른쪽은 세찬이네 반 학생들의 던지기 기록을 조사하여 나타낸 히스토그램인데 일부가 찢어져 보이지 않는다. 기록이 13 m 이상 17 m 미만인 학생이 전체의 60 %일 때, 세찬이네 반의 전체 학생은 몇 명인지 구하시오.

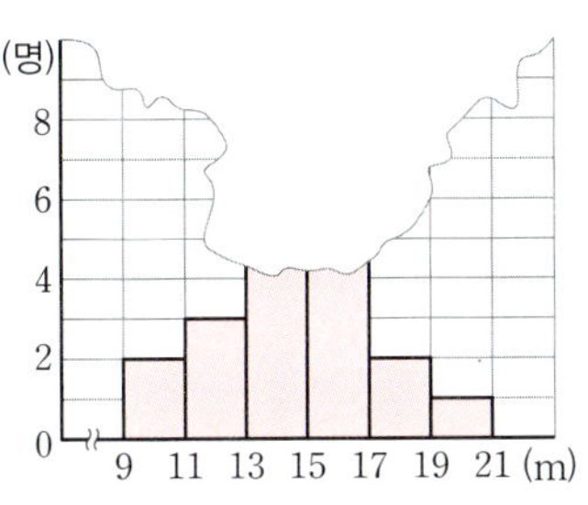

풀이 과정

정답 ______________

06 오른쪽은 지영이네 반 학생 40명의 영어 성적을 조사하여 나타낸 도수분포다각형인데 일부가 찢어져 보이지 않는다. 영어 성적이 70점 이상 80점 미만인 학생은 전체의 몇 %인지 구하시오.

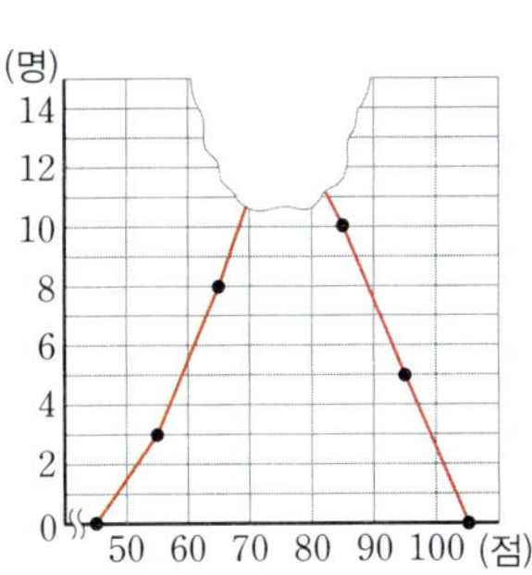

풀이 과정

정답 ______________

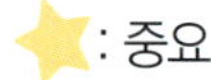

STEP 1　기본 다지기

01

다음 중 옳지 <u>않은</u> 것은?

① 대푯값은 자료 전체의 특징을 대표하는 값이다.
② 중앙값은 자료에 있는 값이 아닐 수도 있다.
③ 최빈값은 항상 1개만 존재한다.
④ 평균은 극단적인 값에 영향을 받는다.
⑤ 자료가 수치로 주어지지 않을 때에는 최빈값을 대푯값으로 하는 것이 적절하다.

02

어느 모임 회원 21명의 키의 평균은 165 cm이었다. 이 모임에서 회원 한 명이 탈퇴하여 키의 평균이 164.5 cm가 되었을 때, 탈퇴한 회원의 키를 구하시오.

03

8명의 학생으로 구성된 어느 모둠의 수학 점수를 작은 값부터 크기순으로 나열할 때, 4번째 학생의 점수는 80점이고, 중앙값은 82점이다. 이 모둠에 수학 점수가 85점인 학생이 추가되어 9명이 되었을 때, 수학 점수의 중앙값을 구하시오.

04

아래 표는 두 모둠 A와 B에 속한 학생들의 통학 시간을 조사하여 나타낸 것이다. 다음 중 옳지 <u>않은</u> 것은?

(단위 : 분)

A 모둠	17	15	9	11	18
B 모둠	45	10	16	12	12

① B 모둠 자료의 최빈값은 12분이다.
② A 모둠 자료는 최빈값을 대푯값으로 할 수 없다.
③ A 모둠 자료의 중앙값이 B 모둠 자료의 중앙값보다 더 작다.
④ B 모둠의 평균 통학 시간이 A 모둠의 평균 통학 시간보다 5분 더 걸린다.
⑤ B 모둠 자료는 중앙값이 평균보다 자료의 중심적인 경향을 더 잘 나타낸다.

05

다음 자료의 평균과 최빈값이 서로 같을 때, x의 값은?

$$23,\quad 20,\quad 23,\quad 28,\quad x,\quad 23$$

① 20　　　　② 21　　　　③ 22
④ 23　　　　⑤ 24

06

다음 자료의 중앙값이 8일 때, a의 값을 구하시오.

$$5,\quad 2,\quad 14,\quad 10,\quad 7,\quad a$$

07

두 자연수 a, b에 대하여 변량 4, a, b, 7, 7의 중앙값이 5이고, 변량 4, a, b, 6의 평균이 4.5일 때, $b-a$의 값을 구하시오. (단, $a<b$)

[**08 ~ 10**] 오른쪽은 어느 도서관 회원 14명이 일 년 동안 빌린 책의 수를 조사하여 나타낸 줄기와 잎 그림이다. 다음 물음에 답하시오.

(0|1은 1권)

줄기	잎
0	1　2　3　8
1	0　4　4　6　9
2	3　7
3	1　4　6

08

이 자료의 중앙값을 a권, 최빈값을 b권이라 할 때, $a+b$의 값은?

① 26　　② 27　　③ 28
④ 29　　⑤ 30

09

가장 많이 빌린 회원의 책의 수와 세 번째로 적게 빌린 회원의 책의 수의 차를 구하시오.

10

도서관 회원 중 지은이가 빌린 책의 수가 잎이 가장 많은 줄기에 속할 때, 지은이보다 책을 적게 빌린 회원은 적어도 몇 명인지 구하시오.

11

아래는 진기네 반 학생들의 영어 성적을 조사하여 나타낸 줄기와 잎 그림이다. 다음 중 옳지 <u>않은</u> 것은?

(6|3은 63점)

줄기	잎
6	3　6　6　7　8
7	0　3　7　8
8	1　4　5　7　8　9
9	0　2　4　5　5　8　9

① 줄기가 7인 잎은 4개이다.
② 잎이 가장 많은 줄기는 9이다.
③ 진기네 반의 전체 학생은 22명이다.
④ 영어 성적이 11번째로 높은 학생의 점수는 84점이다.
⑤ 진기의 영어 성적이 92점일 때, 진기보다 영어 성적이 높은 학생은 5명이다.

12

아래는 슬기네 반 학생들의 하루 동안의 인터넷 사용 시간을 조사하여 나타낸 줄기와 잎 그림이다. 다음 중 옳지 <u>않은</u> 것을 모두 고르면? (정답 2개)

(1|0은 10분)

줄기	잎
1	0　2　5　6　9　9
2	3　4　4　5　7　8　9
3	0　2　2　3　3　6　7　8　9
4	1　2　3　5　5　5　6　9

① 슬기네 반의 전체 학생은 30명이다.
② 인터넷 사용 시간의 중앙값과 최빈값은 각각 32분, 45분이다.
③ 인터넷 사용 시간이 24분 이상 36분 미만인 학생은 11명이다.
④ 인터넷 사용 시간이 23분 미만인 학생은 전체의 15 %이다.
⑤ 인터넷 사용 시간이 7번째로 긴 학생의 인터넷 사용 시간은 41분이다.

13

아래는 어느 동호회 회원들의 나이를 조사하여 나타낸 줄기와 잎 그림이다. 다음 보기 중 옳은 것을 모두 고른 것은?

(2|1은 21세)

잎(남자)	줄기	잎(여자)
9　5　3	2	1　4　5　8　8
8　7　4　1	3	0　2　6
7　3　0	4	1　5

> **보기**
>
> ㄱ. 전체 회원은 20명이다.
> ㄴ. 나이가 가장 많은 회원과 나이가 가장 적은 회원의 나이의 차는 25세이다.
> ㄷ. 나이가 10번째로 많은 회원의 나이는 31세이다.
> ㄹ. 남자 회원이 여자 회원보다 대체로 나이가 더 많은 편이다.

① ㄱ, ㄴ　　② ㄱ, ㄹ　　③ ㄴ, ㄷ
④ ㄴ, ㄹ　　⑤ ㄷ, ㄹ

14

오른쪽은 창민이네 반 학생 30명의 하루 동안의 휴대폰 사용 시간을 조사하여 나타낸 도수분포표이다. 다음 보기 중 옳은 것을 모두 고르시오.

사용 시간(분)	도수(명)
0 이상 ~ 30 미만	5
30 ~ 60	13
60 ~ 90	8
90 ~ 120	3
120 ~ 150	1
합계	30

보기

ㄱ. 휴대폰 사용 시간이 90분인 학생이 속하는 계급의 도수는 8명이다.

ㄴ. 도수가 두 번째로 큰 계급은 60분 이상 90분 미만이다.

ㄷ. 휴대폰 사용 시간이 60분 미만인 학생은 전체의 60 %이다.

15

오른쪽은 현민이네 중학교 학생 50명이 일주일 동안 수업 시간에 질문한 횟수를 조사하여 나타낸 도수분포표이다. 질문한 횟수가 8회 이상 12회 미만인 학생 수는 질문한 횟수가 4회 미만인 학생 수의 4배일 때, $B-A$의 값을 구하시오.

질문한 횟수(회)	도수(명)
0 이상 ~ 4 미만	3
4 ~ 8	10
8 ~ 12	A
12 ~ 16	B
16 ~ 20	5
합계	50

16

오른쪽은 은선이네 중학교 학생 40명의 1분당 한글 입력 타자 수를 조사하여 나타낸 도수분포표이다. 타자 수가 240타 이상 260타 미만인 학생이 전체의 30 %일 때, 타자 수가 260타 이상 280타 미만인 학생은 몇 명인지 구하시오.

타자 수(타)	도수(명)
200 이상 ~ 220 미만	4
220 ~ 240	8
240 ~ 260	
260 ~ 280	
280 ~ 300	6
합계	40

17

오른쪽은 진영이네 반 학생들의 국어 성적을 조사하여 나타낸 히스토그램이다. 다음 중 옳지 않은 것은?

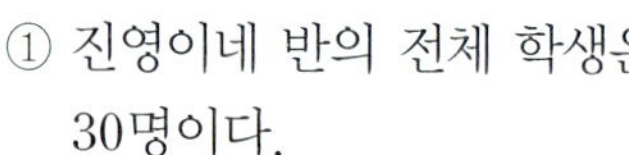

① 진영이네 반의 전체 학생은 30명이다.

② 국어 성적이 70점 이상 90점 미만인 학생은 16명이다.

③ 국어 성적이 5번째로 높은 학생이 속하는 계급은 80점 이상 90점 미만이다.

④ 국어 성적이 70점 미만인 학생은 전체의 35 %이다.

⑤ 도수가 가장 큰 계급의 직사각형의 넓이는 도수가 가장 작은 계급의 직사각형의 넓이의 6배이다.

18

오른쪽은 세현이네 반 학생들의 여름 방학 동안의 봉사 활동 시간을 조사하여 나타낸 히스토그램이다. 봉사 활동 시간이 하위 20 % 이내에 해당하는 학생들은 개학날 교실 청소를 한다고 할 때, 다음 물음에 답하시오.

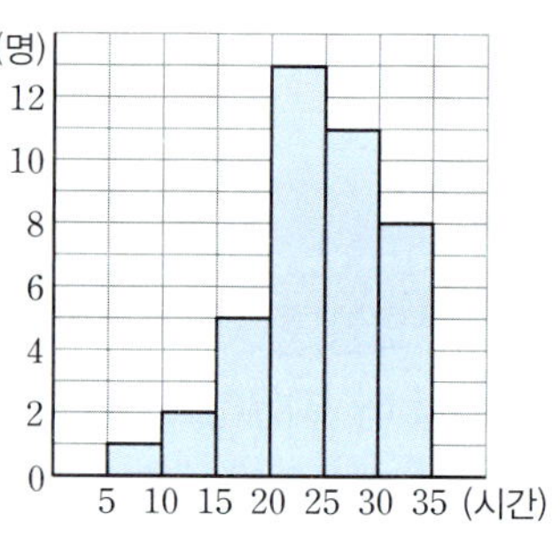

⑴ 교실 청소를 하는 학생은 몇 명인지 구하시오.

⑵ 세현이는 교실 청소를 하지 않는다고 할 때, 세현이의 봉사 활동 시간은 적어도 몇 시간 이상인지 구하시오.

19

오른쪽은 승완이네 반 학생들의 윗몸일으키기 기록을 조사하여 나타낸 히스토그램인데 일부가 찢어져 보이지 않는다. 기록이 40회 이상 60회 미만인 학생이 전체의 30 %일 때, 다음 물음에 답하시오.

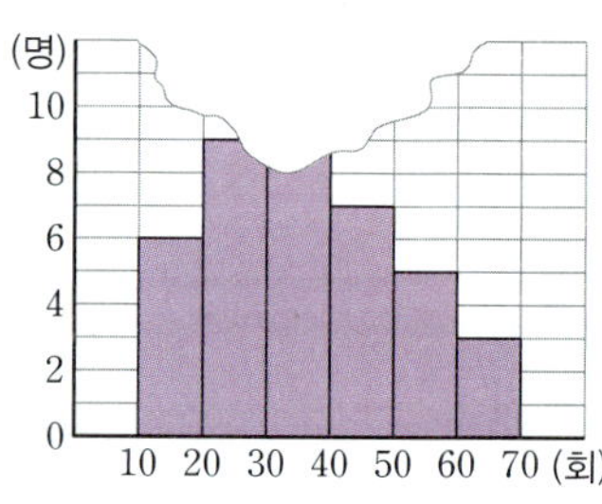

⑴ 승완이네 반의 전체 학생은 몇 명인지 구하시오.

⑵ 기록이 30회 이상 40회 미만인 학생은 몇 명인지 구하시오.

20

오른쪽은 서울 시내 45곳의 소음도를 조사하여 나타낸 히스토그램인데 잉크가 묻어 일부가 보이지 않는다. 두 직사각형 A, B의 넓이의 비가 4 : 5일 때, 소음도가 55 dB 이상 60 dB 미만인 지역 수는 몇 곳인지 구하시오.

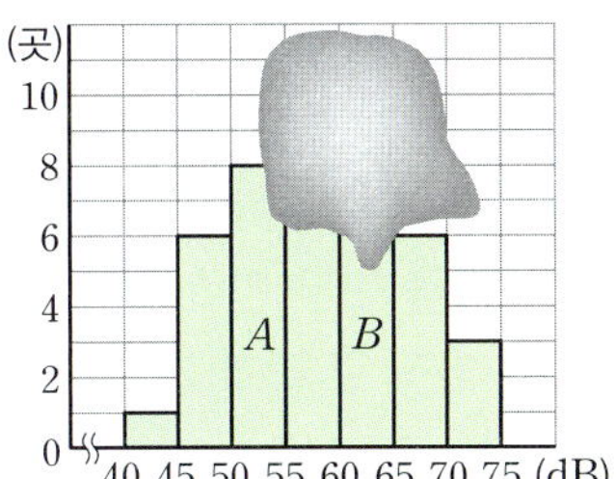

21

오른쪽은 요섭이네 반 학생들의 사회 성적을 조사하여 나타낸 도수분포다각형이다. 사회 성적이 70점 이상인 학생은 전체의 몇 %인지 구하시오.

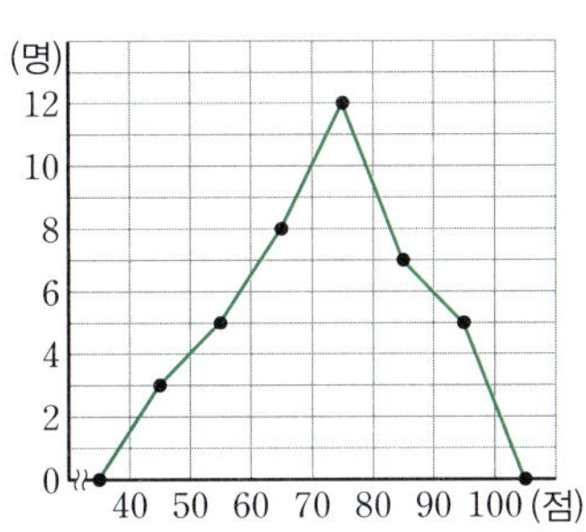

22

오른쪽은 나은이네 반 학생들의 일주일 동안의 라디오 청취 시간을 조사하여 나타낸 도수분포다각형이다. 다음 중 옳지 않은 것은?

① 계급의 개수는 5이다.
② 계급의 크기는 1시간이다.
③ 도수가 가장 작은 계급은 5시간 이상 6시간 미만이다.
④ 라디오 청취 시간이 3시간 미만인 학생은 전체의 12 %이다.
⑤ 라디오 청취 시간이 10번째로 긴 학생이 속하는 계급의 도수는 10명이다.

23

오른쪽은 현식이네 반 학생들의 제자리멀리뛰기 기록을 조사하여 나타낸 도수분포다각형인데 일부가 찢어져 보이지 않는다. 기록이 130 cm 미만인 학생이 전체의 36 %일 때, 기록이 130 cm 이상 140 cm 미만인 학생은 몇 명인지 구하시오.

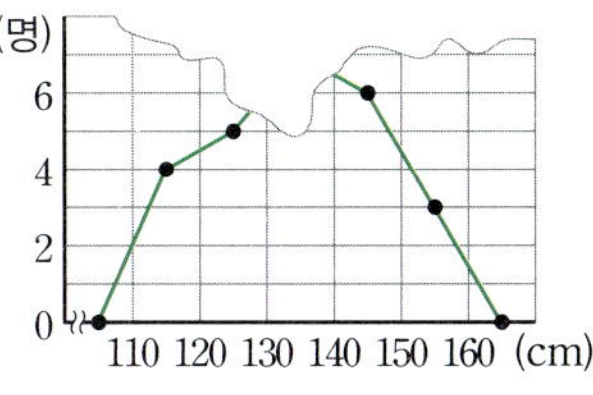

24

오른쪽은 우진이네 반 학생들의 통학 시간을 조사하여 나타낸 도수분포다각형인데 일부가 찢어져 보이지 않는다. 도수분포다각형과 가로축으로 둘러싸인 부분의 넓이가 200일 때, 통학 시간이 20분 이상 25분 미만인 학생은 전체의 몇 %인지 구하시오.

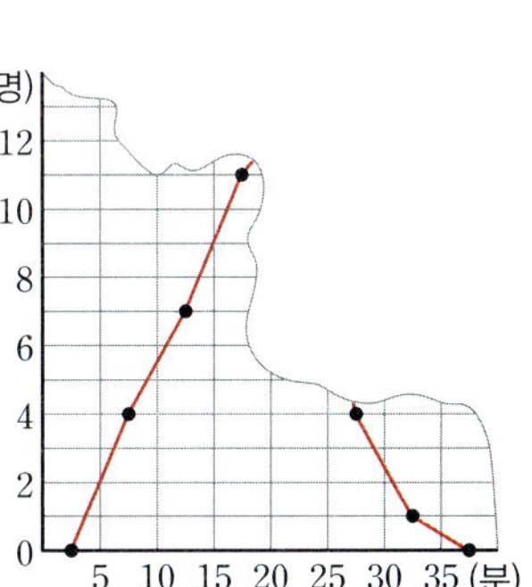

25

오른쪽은 어느 중학교 1학년 1반과 2반의 영어 성적을 조사하여 나타낸 도수분포다각형이다. 다음 중 옳은 것을 모두 고르면? (정답 2개)

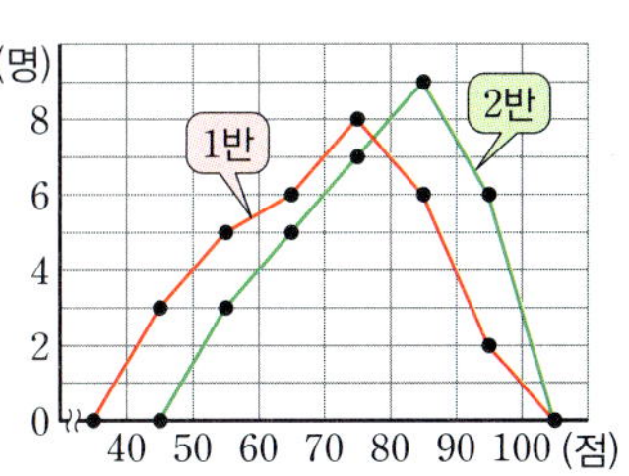

① 2반이 1반보다 영어 성적이 더 좋은 편이다.
② 영어 성적이 가장 우수한 학생은 2반에 있다.
③ 2반이 1반보다 전체 학생 수가 더 많다.
④ 영어 성적이 70점 이상인 학생은 2반이 1반보다 5명 더 많다.
⑤ 각각의 그래프와 가로축으로 둘러싸인 부분의 넓이는 같다.

STEP 2 실력 다지기

26

다음 자료의 중앙값이 8, 최빈값이 10일 때, $a+b+c$의 값을 구하시오.

$$3, \ 6, \ 6, \ 10, \ 7, \ a, \ b, \ c$$

27

아래는 예진이네 반 학생들의 1분 동안의 줄넘기 기록을 조사하여 나타낸 줄기와 잎 그림이다. 다음 중 옳지 <u>않은</u> 것은?

(7|1은 71회)

잎(남학생)					줄기	잎(여학생)					
				8	7	1	5	6			
	7	6	3	1	8	2	3	3	5	7	8
	8	4	2	1	9	0	1	2	4	6	6
9	8	5	5	2	10	1	2	5	8		
			5	3	11	0					

① 줄넘기 기록이 10번째로 적은 학생의 기록은 85회이다.
② 예진이네 반 학생들의 줄넘기 기록의 중앙값은 92회, 최빈값은 83회, 105회이다.
③ 줄넘기 기록이 105회 이상인 학생은 전체의 25 %이다.
④ 남학생 중에서 기록이 4번째로 좋은 학생의 기록은 여학생 중에서는 3번째로 좋은 기록이다.
⑤ 남학생과 여학생 중 기록이 같은 경우는 8가지이다.

28

오른쪽은 선영이네 반 학생들의 일주일 동안의 운동 시간을 조사하여 나타낸 도수분포표이다. 다음 조건을 모두 만족시키는 A의 값 중 가장 큰 값과 가장 작은 값의 차를 구하시오.

운동 시간(시간)	도수(명)
0 이상 ~ 2 미만	6
2 ~ 4	10
4 ~ 6	A
6 ~ 8	
8 ~ 10	3
합계	

(개) 운동 시간이 4시간 미만인 학생은 전체의 50 %이다.
(내) 운동 시간이 10번째로 긴 학생이 속하는 계급은 4시간 이상 6시간 미만이다.

29

오른쪽은 A, B 두 중학교 학생들의 과학 성적을 조사하여 나타낸 도수분포다각형이다. A 중학교에서 상위 30 % 이내에 속하는 학생의 과학 성적은 B 중학교에서 상위 몇 % 이내에 속하는지 구하시오.

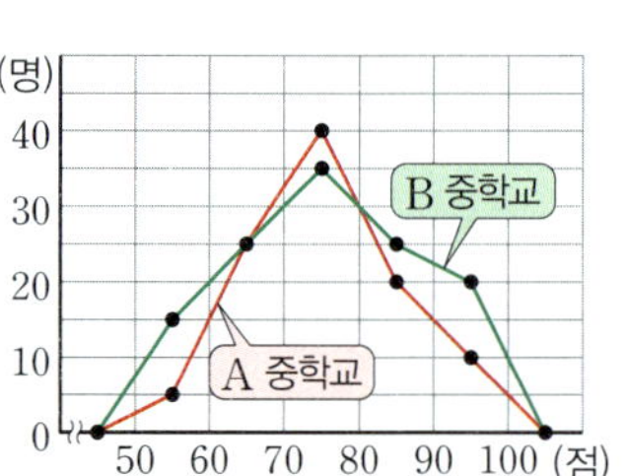

IV 09

상대도수

01 상대도수

(1) **상대도수** : 도수분포표에서 전체 도수에 대한 각 계급의 도수의 비율

➡ $$(어떤\ 계급의\ 상대도수)=\frac{(그\ 계급의\ 도수)}{(도수의\ 총합)}$$

(참고) $(어떤\ 계급의\ 도수)=(그\ 계급의\ 상대도수)\times(도수의\ 총합)$, $(도수의\ 총합)=\dfrac{(그\ 계급의\ 도수)}{(어떤\ 계급의\ 상대도수)}$

(2) **상대도수의 분포표** : 각 계급의 상대도수를 나타낸 표

〈상대도수의 분포표〉

수학 성적(점)	도수(명)	상대도수
60^{이상} ~ 70^{미만}	2	0.1 ← $\frac{2}{20}$
70 ~ 80	4	0.2 ← $\frac{4}{20}$
80 ~ 90	8	0.4 ← $\frac{8}{20}$
90 ~ 100	6	0.3 ← $\frac{6}{20}$
합계	20	1

(3) **상대도수의 특징**

① 각 계급의 상대도수는 0 이상 1 이하이고, 총합은 항상 1이다.

② 각 계급의 상대도수는 그 계급의 도수에 정비례한다. ⟶ (도수가 가장 큰 계급) = (상대도수가 가장 큰 계급)

③ 도수의 총합이 다른 두 자료의 분포 상태를 비교할 때 편리하다.

④ 각 계급의 도수가 전체에서 차지하는 비율을 쉽게 알 수 있다.

(참고) 각 계급의 도수나 도수의 총합이 매우 큰 경우에는 각 계급의 도수를 비교하는 것보다 상대도수를 비교하는 것이 더 편리하다.

상대도수는 일반적으로 각 계급에 해당하는 도수의 비율을 소수로 나타낸다.

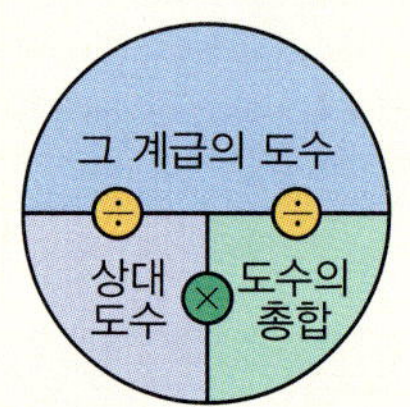

상대도수와 백분율

$(백분율)=(상대도수)\times100\,(\%)$

바이블 POINT 상대도수의 특징

(1) 상대도수의 총합은 항상 1이다.

➡ $$(상대도수의\ 총합)=\frac{(각\ 계급의\ 도수의\ 합)}{(도수의\ 총합)}=\frac{(도수의\ 총합)}{(도수의\ 총합)}=1$$

(2) 상대도수는 각 계급의 도수에 정비례하므로 도수가 2배, 3배, 4배, …가 되면 상대도수도 2배, 3배, 4배, …가 된다.

➡ 도수가 가장 큰 계급이 상대도수도 가장 크고, 도수가 가장 작은 계급이 상대도수도 가장 작다.

개념 CHECK **01**

・(어떤 계급의 상대도수)

$=\dfrac{(그\ 계급의\ 도수)}{(\ ⑤\ )}$

・상대도수의 총합은 항상 ⓛ 이다.

오른쪽은 지선이네 반 학생들의 하루 동안의 TV 시청 시간을 조사하여 나타낸 상대도수의 분포표이다. 다음 물음에 답하시오.

TV 시청 시간(분)	도수(명)	상대도수
0^{이상} ~ 30^{미만}	2	0.1
30 ~ 60	5	A
60 ~ 90	7	B
90 ~ 120	6	0.3
합계	20	C

(1) 다음 ☐ 안에 알맞은 수를 써넣으시오.

・$A=\dfrac{(그\ 계급의\ 도수)}{(도수의\ 총합)}$

$=\dfrac{\Box}{20}=\Box$

・$B=\dfrac{(그\ 계급의\ 도수)}{(도수의\ 총합)}=\dfrac{\Box}{\Box}=\Box$

・상대도수의 총합은 항상 $\Box$이므로 $C=\Box$

(2) 상대도수가 가장 큰 계급을 구하시오.

(3) 상대도수가 가장 작은 계급의 도수를 구하시오.

답 | ⑤ 도수의 총합 ⓛ 1

대표유형 **01** 상대도수

⌂ 유형ON >>> 226쪽

오른쪽은 찬영이네 반 학생 25명이 가지고 다니는 필기구의 수를 조사하여 나타낸 도수분포표이다. 필기구가 10개 이상 14개 미만인 계급의 상대도수를 구하시오.

필기구의 수(개)	도수(명)
2^{이상} ～ 6^{미만}	5
6 ～ 10	9
10 ～ 14	
14 ～ 18	3
합계	25

풀이 과정

필기구가 10개 이상 14개 미만인 계급의 도수는
$25-(5+9+3)=8$(명)
따라서 전체 학생은 25명이고, 필기구가 10개 이상 14개 미만인 계급의
도수는 8명이므로 구하는 상대도수는 $\dfrac{8}{25}=0.32$

정답 0.32

01 · Ⓐ 표현 Change

오른쪽은 미혜네 반 학생들의 국어 성적을 조사하여 나타낸 히스토그램이다. 도수가 가장 큰 계급의 상대도수를 구하시오.

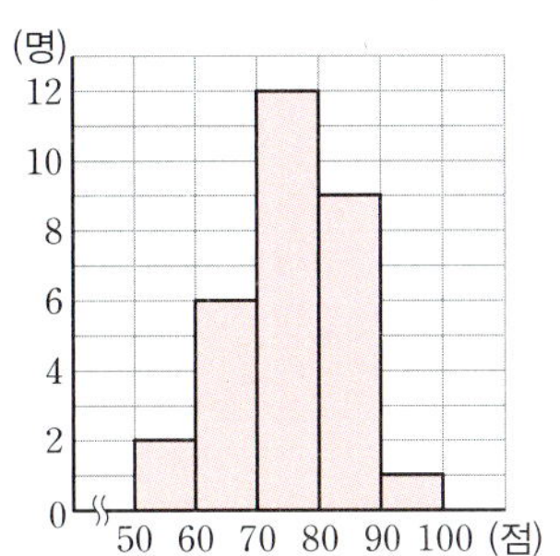

01 · Ⓑ 표현 Change

오른쪽은 어느 과수원의 자두의 무게를 조사하여 나타낸 도수분포다각형이다. 무게가 105 g인 자두가 속하는 계급의 상대도수를 구하시오.

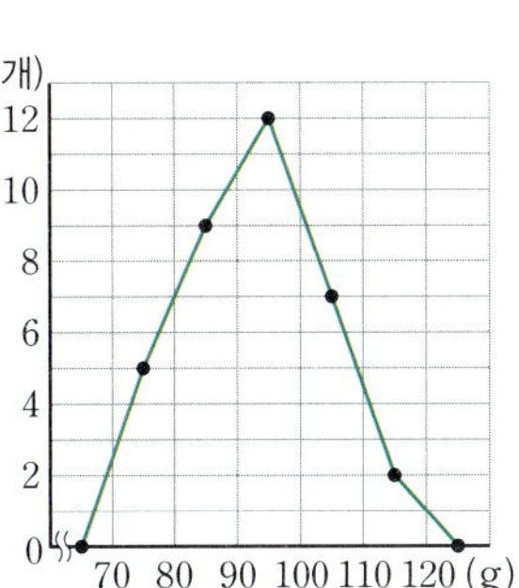

BIBLE SAYS 상대도수 구하기

도수분포표, 히스토그램, 도수분포다각형이 주어진 경우 도수의 총합과 계급의 도수를 이용하여 상대도수를 구한다.

대표유형 **02** 상대도수, 도수, 도수의 총합 사이의 관계

⌂ 유형ON >>> 226쪽

어떤 상대도수의 분포표에서 도수가 15인 계급의 상대도수가 0.3일 때, 상대도수가 0.22인 계급의 도수를 구하시오.

풀이 과정

$(도수의 총합)=\dfrac{15}{0.3}=50$이므로 상대도수가 0.22인 계급의 도수는
$0.22\times50=11$

정답 11

02 · Ⓐ 숫자 Change

상대도수가 0.05인 계급의 도수가 2명일 때, 상대도수가 0.125인 계급의 도수를 구하시오.

02 · Ⓑ 표현 Change

도수가 9명인 계급의 상대도수가 0.18일 때, 도수가 5명인 계급의 상대도수는?

① 0.08　　　② 0.1　　　③ 0.14
④ 0.2　　　⑤ 0.24

BIBLE SAYS 상대도수, 도수, 도수의 총합 사이의 관계

(1) $(어떤\ 계급의\ 상대도수)=\dfrac{(그\ 계급의\ 도수)}{(도수의\ 총합)}$

(2) $(어떤\ 계급의\ 도수)=(그\ 계급의\ 상대도수)\times(도수의\ 총합)$

(3) $(도수의\ 총합)=\dfrac{(그\ 계급의\ 도수)}{(어떤\ 계급의\ 상대도수)}$

대표유형 **03** 상대도수의 분포표

유형ON >>> 227쪽

아래는 성은이네 중학교 학생들의 일주일 동안의 운동 시간을 조사하여 나타낸 상대도수의 분포표이다. 다음 물음에 답하시오.

운동 시간(시간)	도수(명)	상대도수
$0^{이상} \sim 2^{미만}$	8	0.2
$2 \quad \sim 4$	A	0.4
$4 \quad \sim 6$	12	B
$6 \quad \sim 8$		
합계	C	D

(1) A, B, C, D의 값을 각각 구하시오.

(2) 운동 시간이 2시간 이상 6시간 미만인 학생은 전체의 몇 %인지 구하시오.

풀이 과정

(1) $C = \dfrac{8}{0.2} = 40$, $A = 0.4 \times 40 = 16$, $B = \dfrac{12}{40} = 0.3$, $D = 1$

(2) 운동 시간이 2시간 이상 6시간 미만인 계급의 상대도수의 합은
$0.4 + B = 0.4 + 0.3 = 0.7$이므로 전체의 $0.7 \times 100 = 70\,(\%)$이다.

정답 (1) $A = 16$, $B = 0.3$, $C = 40$, $D = 1$ (2) 70 %

03 · A 숫자 Change

아래는 어느 중학교 학생들이 1학기 동안 읽은 책의 수를 조사하여 나타낸 상대도수의 분포표이다. 다음 물음에 답하시오.

책의 수(권)	도수(명)	상대도수
$0^{이상} \sim 4^{미만}$	10	0.1
$4 \quad \sim 8$	25	A
$8 \quad \sim 12$	30	
$12 \quad \sim 16$	B	0.2
$16 \quad \sim 20$		0.15
합계	C	D

(1) A, B, C, D의 값을 각각 구하시오.

(2) 읽은 책이 8권 미만인 학생은 전체의 몇 %인지 구하시오.

대표유형 **04** 찢어진 상대도수의 분포표

유형ON >>> 228쪽

다음은 지우네 중학교 학생들의 키를 조사하여 나타낸 상대도수의 분포표인데 일부가 찢어져 보이지 않는다. 키가 145 cm 이상 150 cm 미만인 계급의 상대도수를 구하시오.

키(cm)	도수(명)	상대도수
$140^{이상} \sim 145^{미만}$	3	0.05
$145 \quad \sim 150$	15	

풀이 과정

전체 학생은 $\dfrac{3}{0.05} = 60$(명)이므로

키가 145 cm 이상 150 cm 미만인 계급의 상대도수는 $\dfrac{15}{60} = 0.25$

다른 풀이

상대도수는 그 계급의 도수에 정비례하므로
키가 145 cm 이상 150 cm 미만인 계급의 상대도수를 x라 하면
$3 : 15 = 0.05 : x$, $3x = 0.75$ $\quad \therefore x = 0.25$

정답 0.25

BIBLE SAYS 찢어진 상대도수의 분포표에서 보이지 않는 부분 구하기

먼저 $(도수의 총합) = \dfrac{(그 계급의 도수)}{(어떤 계급의 상대도수)}$임을 이용하여 도수의 총합을 구한 후, 보이지 않는 부분의 도수 또는 상대도수를 구한다.

04 · A 숫자 Change

다음은 현정이네 반 학생들의 매달리기 기록을 조사하여 나타낸 상대도수의 분포표인데 일부가 찢어져 보이지 않는다. 매달리기 기록이 10초 이상 20초 미만인 계급의 상대도수를 구하시오.

매달리기 기록(초)	도수(명)	상대도수
$0^{이상} \sim 10^{미만}$	3	0.15
$10 \quad \sim 20$	4	

04 · B 표현 Change

다음은 한 상자에 들어 있는 귤의 무게를 조사하여 나타낸 상대도수의 분포표인데 일부가 찢어져 보이지 않는다. 무게가 35 g 이상 40 g 미만인 귤은 몇 개인지 구하시오.

귤의 무게(g)	도수(개)	상대도수
$30^{이상} \sim 35^{미만}$	9	0.15
$35 \quad \sim 40$		0.25

02 상대도수의 분포를 나타낸 그래프

(1) **상대도수의 분포를 나타낸 그래프** : 상대도수의 분포표를
히스토그램이나 도수분포다각형 모양으로 나타낸 그래프

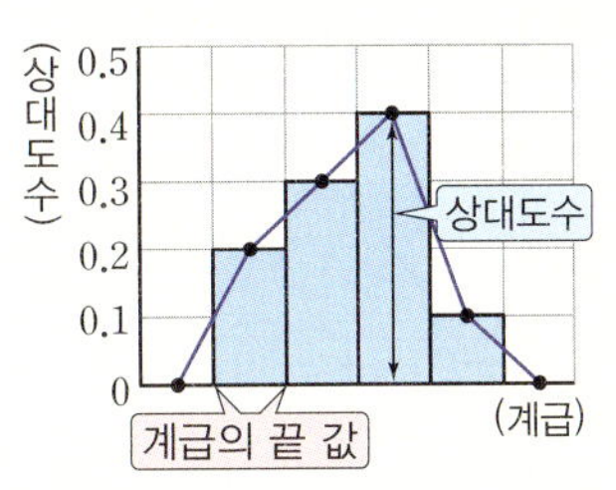

(2) **상대도수의 분포를 나타낸 그래프를 그리는 방법**

❶ 가로축에 각 계급의 끝 값을 적는다.

❷ 세로축에 상대도수를 적는다.

❸ 히스토그램이나 도수분포다각형과 같은 방법으로 그린다.

(참고) 상대도수의 분포를 나타낸 그래프와 가로축으로 둘러싸인 부분의 넓이는 계급의 크기와 같다.

➡ (그래프와 가로축으로 둘러싸인 부분의 넓이) = (계급의 크기) × (상대도수의 총합)
$\underset{=1}{\qquad}$

= (계급의 크기)

상대도수의 분포를 나타낸 그래프에서는 각 계급의 도수는 알 수 없다.

개념 CHECK 01

• 상대도수의 분포를 나타낸 그래프를 그리는 방법

❶ 가로축에 각 계급의 끝 값을 적는다.

❷ 세로축에 ㉠ ☐ 를 적는다.

❸ 히스토그램이나 도수분포다각형과 같은 방법으로 그린다.

다음은 은진이네 중학교 학생들의 몸무게를 조사하여 나타낸 상대도수의 분포표이다. 이 표를 이용하여 상대도수의 분포를 나타낸 그래프에서 ☐ 안에 알맞은 수를 써넣고, 그래프를 완성하시오.

몸무게(kg)	상대도수
35 이상 ~ 40 미만	0.16
40 ~ 45	0.2
45 ~ 50	0.3
50 ~ 55	0.22
55 ~ 60	0.12
합계	1

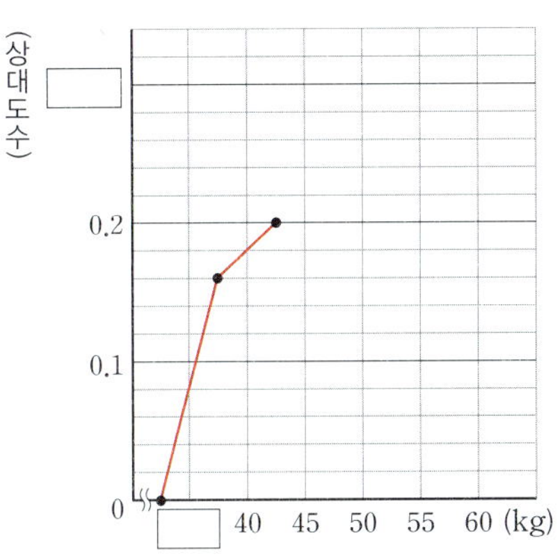

개념 CHECK 02

다음은 어느 중학교 학생 50명의 한문 성적을 조사하여 나타낸 상대도수의 분포표이다. 이 표를 완성하고, 이를 도수분포다각형 모양의 그래프로 나타내시오.

한문 성적(점)	도수(명)	상대도수
50 이상 ~ 60 미만	7	
60 ~ 70	9	
70 ~ 80	16	
80 ~ 90	14	
90 ~ 100	4	
합계	50	1

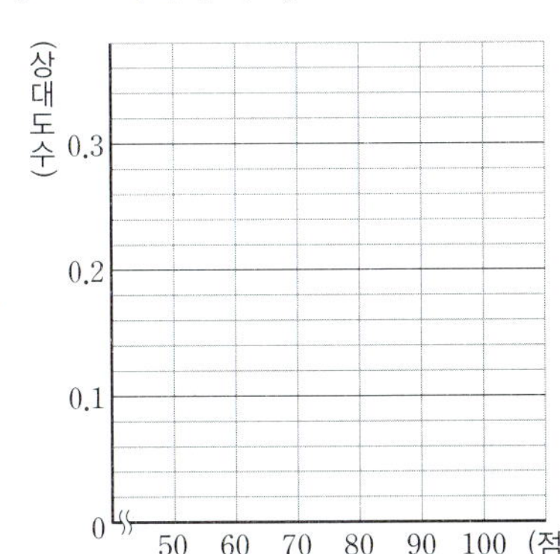

답 | ㉠ 상대도수

대표유형 05 상대도수의 분포를 나타낸 그래프

유형ON >>> 230쪽

오른쪽은 어느 중학교 학생 200명의 윗몸일으키기 기록에 대한 상대도수의 분포를 나타낸 그래프이다. 다음 물음에 답하시오.

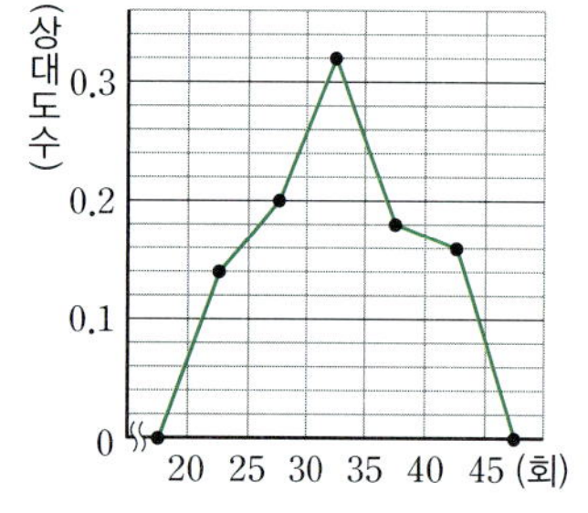

(1) 도수가 가장 큰 계급을 구하시오.

(2) 윗몸일으키기 기록이 30회 이상 40회 미만인 학생은 전체의 몇 %인지 구하시오.

(3) 윗몸일으키기 기록이 20회 이상 25회 미만인 학생은 몇 명인지 구하시오.

05·A 표현 Change

오른쪽은 어느 중학교 학생 150명의 영어 성적에 대한 상대도수의 분포를 나타낸 그래프이다. 다음 물음에 답하시오.

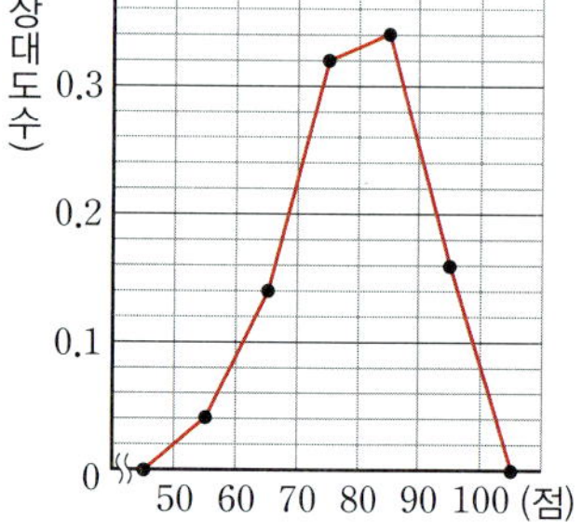

(1) 도수가 가장 작은 계급의 상대도수를 구하시오.

(2) 영어 성적이 70점 미만인 학생은 전체의 몇 %인지 구하시오.

(3) 영어 성적이 30번째로 높은 학생이 속하는 계급의 도수를 구하시오.

풀이 과정

(1) 도수가 가장 큰 계급은 상대도수가 가장 큰 계급인 30회 이상 35회 미만이다.

(2) 윗몸일으키기 기록이 30회 이상 40회 미만인 계급의 상대도수의 합은 $0.32+0.18=0.5$이므로 전체의 $0.5\times100=50(\%)$이다.

(3) 윗몸일으키기 기록이 20회 이상 25회 미만인 계급의 상대도수는 0.14이므로 학생은 $0.14\times200=28$(명)

정답 (1) 30회 이상 35회 미만 (2) 50 % (3) 28명

대표유형 06 찢어진 상대도수의 분포를 나타낸 그래프

유형ON >>> 232쪽

오른쪽은 혁준이네 반 학생 25명의 하루 동안의 공부 시간에 대한 상대도수의 분포를 나타낸 그래프인데 일부가 찢어져 보이지 않는다. 다음 물음에 답하시오.

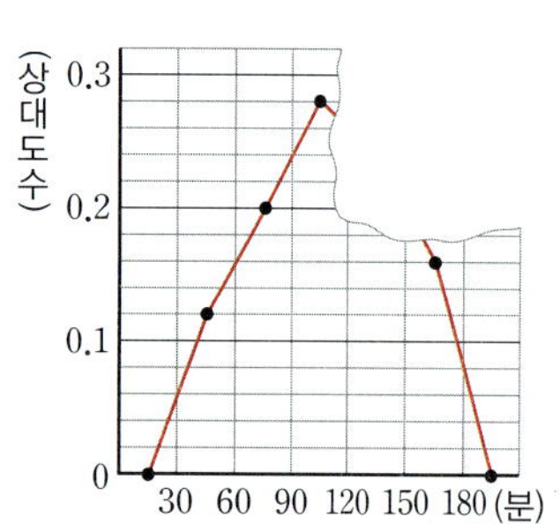

(1) 공부 시간이 120분 이상 150분 미만인 계급의 상대도수를 구하시오.

(2) 공부 시간이 90분 이상 150분 미만인 학생은 몇 명인지 구하시오.

06·A 숫자 Change

오른쪽은 연주네 중학교 학생 50명의 키에 대한 상대도수의 분포를 나타낸 그래프인데 일부가 찢어져 보이지 않는다. 다음 물음에 답하시오.

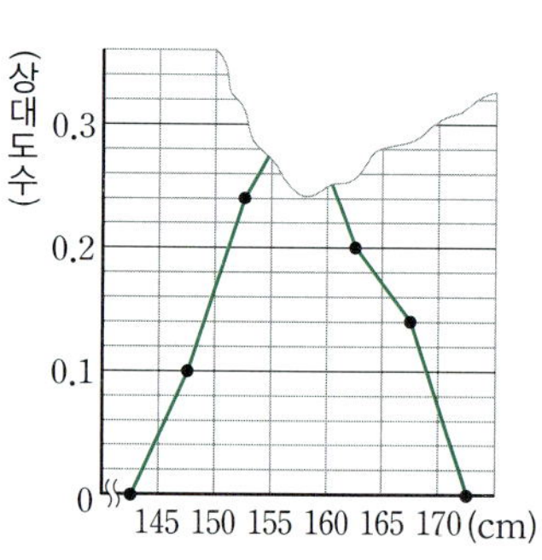

(1) 키가 155 cm 이상 160 cm 미만인 계급의 상대도수를 구하시오.

(2) 키가 150 cm 이상 160 cm 미만인 학생은 몇 명인지 구하시오.

풀이 과정

(1) 공부 시간이 120분 이상 150분 미만인 계급의 상대도수는
$$1-(0.12+0.2+0.28+0.16)=0.24$$

(2) 공부 시간이 90분 이상 150분 미만인 계급의 상대도수의 합은 $0.28+0.24=0.52$이므로 학생은 $0.52\times25=13$(명)

정답 (1) 0.24 (2) 13명

03 도수의 총합이 다른 두 자료의 분포

도수의 총합이 다른 두 자료의 분포를 비교할 때는
(1) 각 계급의 도수를 그대로 비교하는 것보다 상대도수를 구하여 비교하는 것이 더 편리하다.
(2) 두 자료에 대한 상대도수의 분포를 그래프로 함께 나타내면 두 자료의 분포 상태를 한
  눈에 비교할 수 있다.

주의 (1) 상대도수는 도수의 총합에 대한 비율이므로 도수의 총합을 모르는 경우 상대도수만으로는 도수의 총합이 다른
  두 자료의 도수를 비교할 수 없다.
  (2) 계급의 크기가 같은 상대도수의 분포를 나타낸 각각의 그래프에서 두 그래프와 가로축으로 둘러싸인 부분의
  넓이는 서로 같다.
  (3) 도수의 총합이 같은 두 자료에서 상대도수가 같으면 그 계급의 도수도 같지만, 도수의 총합이 다른 두 자료에
  서는 상대도수가 같아도 그 계급의 도수는 같지 않다.

> 도수의 총합이 다른 두 자료의 분포를 비교할 때는 상대도수의 분포를 나타낸 그래프를 도수분포다각형 모양으로 함께 나타내면 쉽게 비교할 수 있다.

바이블 POINT — 도수의 총합이 다른 두 자료의 분포의 비교

오른쪽과 같이 A, B 두 중학교 학생들의 일주일 동안의 인터넷 사용 시간에 대한 상대도수의
분포를 나타낸 그래프에서
(1) B 중학교의 그래프가 A 중학교의 그래프보다 전체적으로 오른쪽으로 치우쳐 있으므로
  B 중학교 학생들의 인터넷 사용 시간이 A 중학교 학생들의 인터넷 사용 시간보다 상대적
  으로 더 긴 편이라고 말할 수 있다.
(2) 인터넷 사용 시간이 2시간 이상 3시간 미만인 계급에서 A 중학교의 상대도수가 B 중학교
  의 상대도수보다 크므로 인터넷 사용 시간이 2시간 이상 3시간 미만인 학생의 비율은
  A 중학교가 B 중학교보다 더 높다고 할 수 있다.

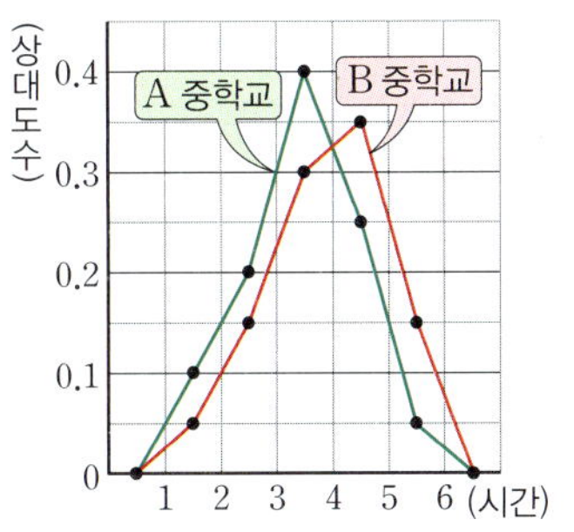

개념 CHECK 01

· 도수의 총합이 다른 두 자료의 분포를 비교할 때는 도수를 그대로 비교하지 않고 ⑦ □□□ 를 구하여 비교하는 것이 더 편리하다.

아래는 시현이네 중학교 1학년 1반과 2반 학생들의 스마트폰에 설치된 앱의 수를 조사하여 나타낸 것이다. 다음 물음에 답하시오.

앱의 수(개)	1반		2반	
	도수(명)	상대도수	도수(명)	상대도수
10 이상 ~ 20 미만		0.2		0.1
20 ~ 30	12			
30 ~ 40			20	
40 ~ 50	3		8	
합계	30		40	

(1) 위의 표를 완성하시오.

(2) 위의 1반과 2반에 대한 상대도수의 분포표를 도수분포다각형 모양의 그래프로 각각 나타내시오.

(3) 1반과 2반 중 앱의 수가 20개 이상 30개 미만인 학생의 비율은 어느 반이 더 높은지 구하시오.

(4) 1반과 2반 중 앱의 수가 상대적으로 더 많은 쪽을 말하시오.

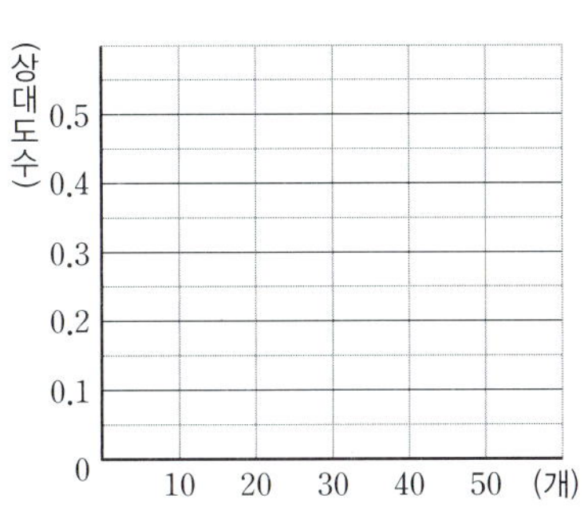

답 | ㉠ 상대도수

다음은 어느 중학교 학생들을 A, B 두 모둠으로 나누어 수학 성적을 조사하여 나타낸 도수분포표이다. A 모둠보다 B 모둠의 상대도수가 더 큰 계급을 구하시오.

수학 성적(점)	도수(명)	
	A 모둠	B 모둠
$60^{이상} \sim 70^{미만}$	10	16
70 $\sim$ 80	19	28
80 $\sim$ 90	13	24
90 $\sim$ 100	8	12
합계	50	80

풀이 과정

각 계급의 상대도수를 구하여 상대도수의 분포표를 만들면 오른쪽과 같으므로 A 모둠보다 B 모둠의 상대도수가 더 큰 계급은 80점 이상 90점 미만이다.

수학 성적(점)	상대도수	
	A 모둠	B 모둠
$60^{이상} \sim 70^{미만}$	0.2	0.2
70 $\sim$ 80	0.38	0.35
80 $\sim$ 90	0.26	0.3
90 $\sim$ 100	0.16	0.15
합계	1	1

정답 80점 이상 90점 미만

---

07 · A 표현 Change

아래는 민희네 중학교 1학년과 2학년 학생들의 제자리멀리뛰기 기록을 조사하여 나타낸 도수분포표이다. 다음 물음에 답하시오.

제자리멀리뛰기 기록(cm)	도수(명)	
	1학년	2학년
$160^{이상} \sim 170^{미만}$	10	18
170 $\sim$ 180	17	B
180 $\sim$ 190	12	9
190 $\sim$ 200	A	15
200 $\sim$ 210	5	6
합계	50	60

(1) A, B의 값을 각각 구하시오.

(2) 1학년과 2학년의 상대도수가 같은 계급을 구하시오.

(3) 1학년이 2학년보다 상대도수가 더 큰 계급의 개수를 구하시오.

A, B 두 반의 전체 학생 수의 비가 5 : 4이고 어떤 계급의 도수의 비가 3 : 2일 때, 이 계급의 상대도수의 비를 가장 간단한 자연수의 비로 나타내시오.

풀이 과정

A, B 두 반의 전체 학생을 각각 $5a$명, $4a$명이라 하고, 어떤 계급의 도수를 각각 $3b$명, $2b$명이라 하면 이 계급의 상대도수의 비는

$$\frac{3b}{5a} : \frac{2b}{4a} = \frac{3}{5} : \frac{1}{2} = 6 : 5$$

정답 6 : 5

BIBLE SAYS 도수의 총합이 다른 두 자료의 상대도수의 비

A, B 두 자료의 도수의 총합의 비가 4 : 3이고 어떤 계급의 도수의 비가 2 : 5일 때, 이 계급의 상대도수의 비 구하기

	A	B
도수의 총합	$4a$	$3a$
도수	$2b$	$5b$

➡ A, B 두 자료의 이 계급의 상대도수의 비는

$$\frac{2b}{4a} : \frac{5b}{3a} = \frac{1}{2} : \frac{5}{3} = 3 : 10$$

---

08 · A 숫자 Change

A, B 두 반의 전체 학생 수의 비가 3 : 2이고 어떤 계급의 도수의 비가 7 : 5일 때, 이 계급의 상대도수의 비를 가장 간단한 자연수의 비로 나타내시오.

---

08 · B 표현 Change

어느 중학교 1학년과 2학년의 전체 학생 수의 비가 6 : 5이고 어떤 계급의 상대도수의 비가 3 : 2일 때, 이 계급의 도수의 비를 가장 간단한 자연수의 비로 나타내시오.

대표유형 **09** 도수의 총합이 다른 두 자료의 비교

유형ON >>> 233쪽

오른쪽은 어느 중학교 1학년 남학생과 여학생의 100 m 달리기 기록에 대한 상대도수의 분포를 나타낸 그래프이다. 다음 물음에 답하시오.

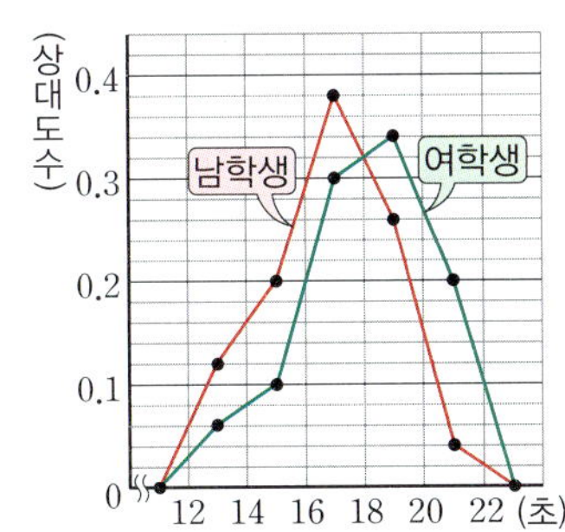

(1) 남학생과 여학생의 기록에서 도수가 가장 큰 계급의 상대도수를 각각 구하시오.

(2) 남학생보다 여학생의 상대도수가 더 큰 계급의 개수를 구하시오.

(3) 남학생이 200명, 여학생이 300명일 때, 기록이 16초 이상 18초 미만인 남학생과 여학생은 각각 몇 명인지 구하시오.

(4) 남학생과 여학생 중 기록이 상대적으로 더 좋은 쪽을 말하시오.

풀이 과정

(1) 도수는 그 계급의 상대도수에 정비례하므로 도수가 가장 큰 계급은 상대도수가 가장 큰 계급이다.
남학생의 기록 중 도수가 가장 큰 계급은 16초 이상 18초 미만이므로 상대도수는 0.38이고, 여학생의 기록 중 도수가 가장 큰 계급은 18초 이상 20초 미만이므로 상대도수는 0.34이다.

(2) 남학생보다 여학생의 상대도수가 더 큰 계급은 18초 이상 20초 미만, 20초 이상 22초 미만의 2개이다.

(3) 기록이 16초 이상 18초 미만인
남학생은 $0.38 \times 200 = 76$(명),
여학생은 $0.3 \times 300 = 90$(명)

(4) 상대도수의 분포를 나타낸 그래프에서 남학생의 그래프가 여학생의 그래프보다 전체적으로 왼쪽으로 치우쳐 있으므로 남학생의 기록이 여학생의 기록보다 상대적으로 더 좋다.

정답 (1) 남학생 : 0.38, 여학생 : 0.34 (2) 2
(3) 남학생 : 76명, 여학생 : 90명
(4) 남학생

09·A 표현 Change

오른쪽은 어느 중학교 1학년 남학생과 여학생의 과학 성적에 대한 상대도수의 분포를 나타낸 그래프이다. 다음 중 옳은 것을 모두 고르면? (정답 2개)

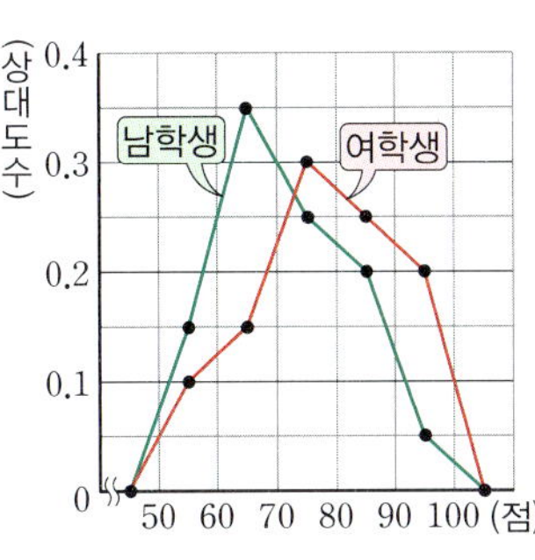

① 남학생 수와 여학생 수는 같다.

② 남학생의 과학 성적이 여학생의 과학 성적보다 상대적으로 더 좋은 편이다.

③ 각각의 그래프와 가로축으로 둘러싸인 부분의 넓이는 같다.

④ 남학생의 과학 성적 중 도수가 가장 큰 계급은 60점 이상 70점 미만이다.

⑤ 과학 성적이 80점 이상 90점 미만인 학생은 여학생이 남학생보다 많다.

09·B 표현 Change

오른쪽은 어느 중학교 남학생과 여학생이 여름 방학 동안 읽은 책의 수에 대한 상대도수의 분포를 나타낸 그래프이다. 다음 중 옳은 것은?

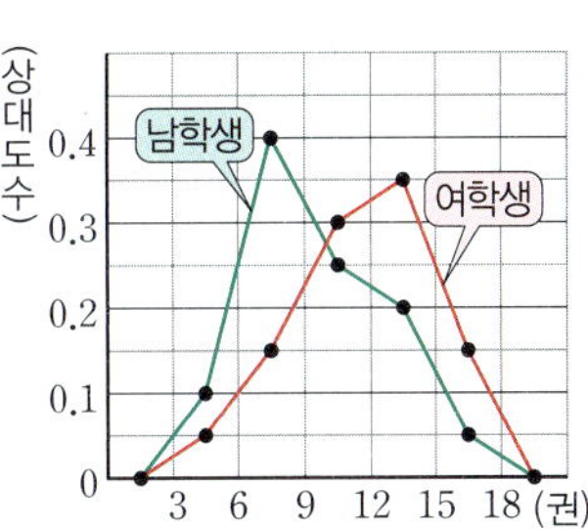

① 상대도수의 총합은 여학생이 남학생보다 크다.

② 전체 남학생이 40명이면 책을 12권 이상 읽은 남학생은 8명이다.

③ 여학생 중 책을 12권 이상 읽은 학생은 여학생 전체의 50 %이다.

④ 책을 9권 이상 12권 미만 읽은 학생은 여학생이 남학생보다 많다.

⑤ 남학생이 여학생보다 읽은 책의 수가 상대적으로 더 많은 편이다.

01

오른쪽은 어느 은행의 고객 20명의 대기 시간을 조사하여 나타낸 도수분포표이다. 대기 시간이 5분 이상 10분 미만인 계급의 상대도수를 구하시오.

대기 시간(분)	도수(명)
0이상 ~ 5미만	2
5 ~ 10	
10 ~ 15	7
15 ~ 20	5
20 ~ 25	2
합계	20

02

어떤 도수분포표에서 도수가 8인 계급의 상대도수가 0.2일 때, 상대도수가 0.45인 계급의 도수를 구하시오.

03

아래는 정훈이네 반 학생들의 통학 시간을 조사하여 나타낸 상대도수의 분포표이다. 다음 물음에 답하시오.

통학 시간(분)	도수(명)	상대도수
5이상 ~ 10미만	6	0.15
10 ~ 15	A	0.25
15 ~ 20	14	B
20 ~ 25	8	
25 ~ 30		0.05
합계		

(1) $A+B$의 값을 구하시오.

(2) 통학 시간이 5번째로 긴 학생이 속하는 계급의 상대도수를 구하시오.

04

오른쪽은 정민이네 반 학생 25명의 줄넘기 기록을 조사하여 나타낸 상대도수의 분포표이다. 줄넘기 기록이 30회 미만인 학생이 전체의 40 %일 때, 줄넘기 기록이 35회 이상 40회 미만인 학생은 몇 명인지 구하시오.

줄넘기 기록(회)	상대도수
20이상 ~ 25미만	0.12
25 ~ 30	
30 ~ 35	0.36
35 ~ 40	
40 ~ 45	0.08
합계	

05

다음은 지현이네 학교 학생들의 매달리기 기록을 조사하여 나타낸 상대도수의 분포표인데 일부가 찢어져 보이지 않는다. 매달리기 기록이 10초 이상 20초 미만인 계급의 상대도수를 구하시오.

매달리기 기록(초)	도수(명)	상대도수
0이상 ~ 10미만	4	0.08
10 ~ 20	7	
20 ~ 30		

06

오른쪽은 하준이네 중학교 학생 75명의 하루 동안 사용한 이모티콘의 개수에 대한 상대도수의 분포를 나타낸 그래프이다. 사용한 이모티콘이 13번째로 많은 학생이 속하는 계급의 도수를 구하시오.

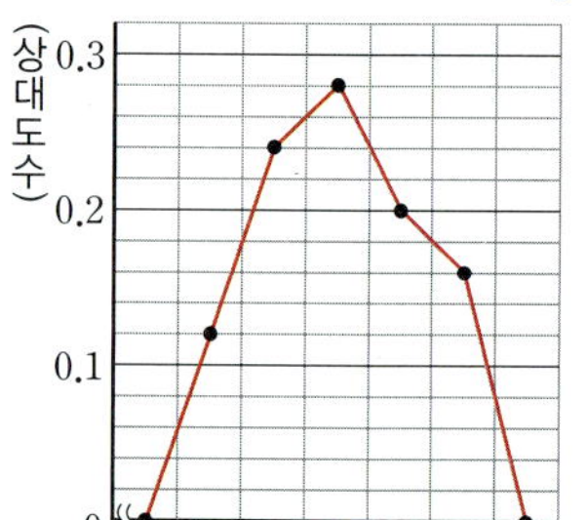

07

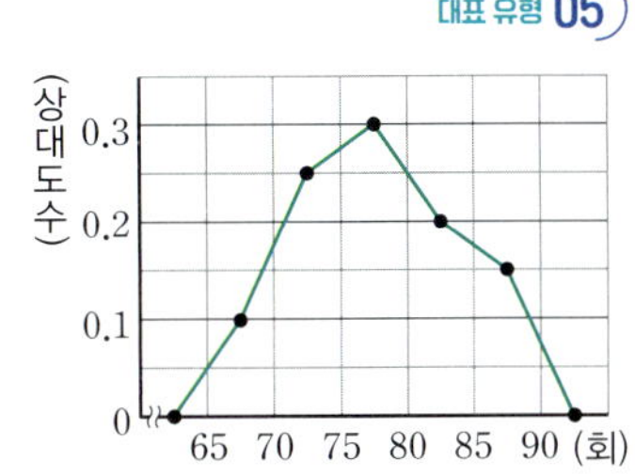

대표 유형 **05**

오른쪽은 어느 중학교 1학년 학생들의 1분당 맥박 수에 대한 상대도수의 분포를 나타낸 그래프이다. 1분당 맥박 수가 75회 이상 80회 미만인 학생이 24명일 때, 다음 중 옳은 것은?

① 계급의 개수는 7이다.
② 전체 학생은 50명이다.
③ 1분당 맥박 수가 85회 이상 90회 미만인 학생은 9명이다.
④ 1분당 맥박 수가 80회 이상인 학생은 전체의 30 %이다.
⑤ 1분당 맥박 수가 10번째로 적은 학생이 속하는 계급의 도수는 20명이다.

08 생각이 쑥쑥

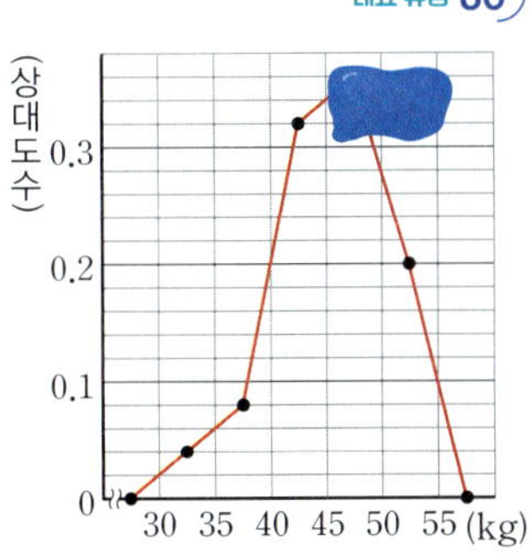

대표 유형 **06**

오른쪽은 종원이네 반 학생들의 몸무게에 대한 상대도수의 분포를 나타낸 그래프인데 잉크가 떨어져 일부가 보이지 않는다. 몸무게가 40 kg 미만인 학생이 3명일 때, 몸무게가 45 kg 이상 50 kg 미만인 학생은 몇 명인지 구하시오.

09

대표 유형 **07**

다음은 경수네 중학교 1학년 1반과 2반 학생들의 키를 조사하여 나타낸 도수분포표이다. 1반보다 2반의 상대도수가 더 작은 계급을 구하시오.

키(cm)	도수(명)	
	1반	2반
150 이상 ~ 155 미만	1	1
155 ~ 160	6	5
160 ~ 165	11	8
165 ~ 170	5	4
170 ~ 175	2	2
합계	25	20

10

대표 유형 **08**

A, B 두 학교의 전체 학생은 각각 400명, 300명이고 어떤 계급의 도수의 비가 8 : 7일 때, 이 계급의 상대도수의 비는?

① 5 : 6   ② 6 : 5   ③ 6 : 7
④ 7 : 6   ⑤ 8 : 9

11

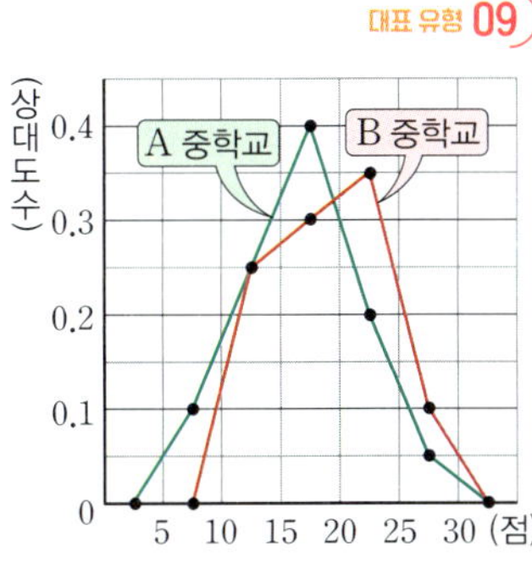

대표 유형 **09**

오른쪽은 A, B 두 중학교 학생들의 미술 실기 점수에 대한 상대도수의 분포를 나타낸 그래프이다. 다음 중 옳지 <u>않은</u> 것을 모두 고르면? (정답 2개)

① 계급의 개수는 모두 5이다.
② A 중학교에서 도수가 가장 큰 계급의 상대도수는 0.4이다.
③ 점수가 20점 이상인 학생의 비율은 B 중학교가 더 높다.
④ 점수가 20점 미만인 학생은 A 중학교가 더 많다.
⑤ B 중학교 학생들의 점수가 A 중학교 학생들의 점수보다 상대적으로 더 높은 편이다.

함께 풀기

다음은 민석이네 반 학생들의 1분당 칠 수 있는 한글 타자 수를 조사하여 나타낸 상대도수의 분포표이다. 1분당 한글 타자 수가 250타 이상인 학생은 전체의 몇 %인지 구하시오.

한글 타자 수(타)	도수(명)	상대도수
$100^{이상} \sim 150^{미만}$	4	0.1
$150 \quad \sim 200$		0.2
$200 \quad \sim 250$	16	
$250 \quad \sim 300$	10	
$300 \quad \sim 350$		0.05
합계		1

풀이 과정

1단계 타자 수가 250타 이상 300타 미만인 계급의 상대도수 구하기

전체 학생은 $\dfrac{4}{0.1}=40$(명)이므로

타자 수가 250타 이상 300타 미만인 계급의 상대도수는 $\dfrac{10}{40}=0.25$
······ 50 %

2단계 타자 수가 250타 이상인 학생은 전체의 몇 %인지 구하기

타자 수가 250타 이상인 계급의 상대도수의 합은 $0.25+0.05=0.3$
따라서 타자 수가 250타 이상인 학생은 전체의 $0.3\times100=30$(%)이다.
······ 50 %

정답 ____ 30 % ____

따라 풀기

01 다음은 현진이네 중학교 학생들의 한 달 용돈을 조사하여 나타낸 상대도수의 분포표이다. 한 달 용돈이 3만 원 이상인 학생은 전체의 몇 %인지 구하시오.

용돈(만 원)	도수(명)	상대도수
$0^{이상} \sim 1^{미만}$	3	0.06
$1 \quad \sim 2$		
$2 \quad \sim 3$		0.34
$3 \quad \sim 4$		0.22
$4 \quad \sim 5$	5	
합계		1

풀이 과정

1단계 용돈이 4만 원 이상 5만 원 미만인 계급의 상대도수 구하기

2단계 용돈이 3만 원 이상인 학생은 전체의 몇 %인지 구하기

정답 ________________

함께 풀기

오른쪽은 어느 중학교 학생들의 하루 동안 통화 시간에 대한 상대도수의 분포를 나타낸 그래프이다. 상대도수가 가장 큰 계급의 도수가 30명일 때, 통화 시간이 50분 이상인 학생은 몇 명인지 구하시오.

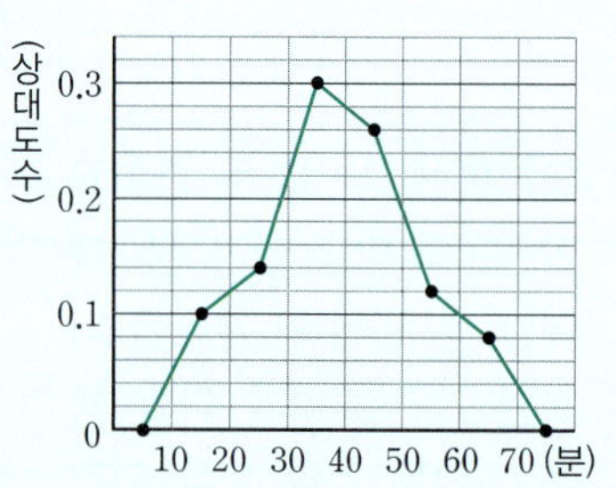

풀이 과정

1단계 전체 학생은 몇 명인지 구하기

상대도수가 가장 큰 계급은 30분 이상 40분 미만이므로

전체 학생은 $\dfrac{30}{0.3}=100$(명)
······ 50 %

2단계 통화 시간이 50분 이상인 학생은 몇 명인지 구하기

통화 시간이 50분 이상인 계급의 상대도수의 합 $0.12+0.08=0.2$
따라서 통화 시간이 50분 이상인 학생은 $0.2\times100=20$(명)
······ 50 %

정답 ____ 20명 ____

따라 풀기

02 오른쪽은 진영이네 반 학생들의 원반 던지기 기록에 대한 상대도수의 분포를 나타낸 그래프이다. 기록이 15 m 이상 20 m 미만인 학생이 6명일 때, 기록이 20 m 미만인 학생은 몇 명인지 구하시오.

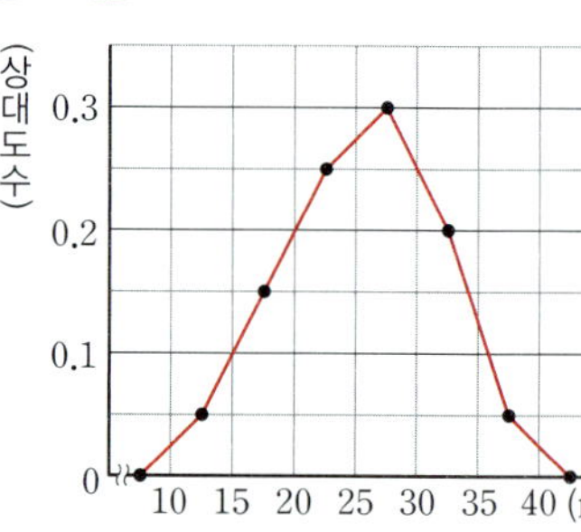

풀이 과정

1단계 전체 학생은 몇 명인지 구하기

2단계 기록이 20 m 미만인 학생은 몇 명인지 구하기

정답 ________________

03 오른쪽은 어느 동호회 회원 80명의 나이를 조사하여 나타낸 상대도수의 분포표이다. 나이가 40세 이상 50세 미만인 회원은 몇 명인지 구하시오.

나이(세)	상대도수
10 이상 ~ 20 미만	0.1
20 ~ 30	0.25
30 ~ 40	0.3
40 ~ 50	
50 ~ 60	0.1
합계	

풀이 과정

정답 ＿＿＿＿＿＿＿＿＿＿

04 다음은 지연이네 포도 농장의 포도의 당도를 조사하여 나타낸 상대도수의 분포표인데 일부가 찢어져 보이지 않는다. 당도가 14 Brix 이상인 포도가 전체의 55 %일 때, 당도가 10 Brix 이상 14 Brix 미만인 포도는 몇 송이인지 구하시오.

당도(Brix)	도수(송이)	상대도수
6 이상 ~ 10 미만	9	0.15
10 ~ 14		
14 ~ 18		

풀이 과정

정답 ＿＿＿＿＿＿＿＿＿＿

05 오른쪽은 성현이네 반 학생들의 통학 시간을 조사하여 나타낸 상대도수의 그래프인데 일부가 찢어져 보이지 않는다. 통학 시간이 10분 이상 20분 미만인 학생이 4명일 때, 통학 시간이 30분 이상 40분 미만인 학생은 몇 명인지 구하시오.

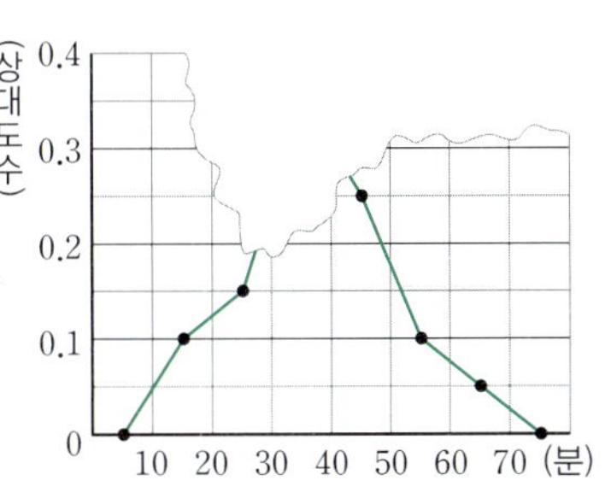

풀이 과정

정답 ＿＿＿＿＿＿＿＿＿＿

06 오른쪽은 지민이네 중학교 1학년 남학생 100명과 여학생의 100 m 달리기 기록에 대한 상대도수의 분포를 나타낸 그래프이다. 기록이 18초 이상 20초 미만인 여학생이 72명일 때, 기록이 16초 미만인 남학생은 기록이 16초 미만인 여학생보다 몇 명 더 많은지 구하시오.

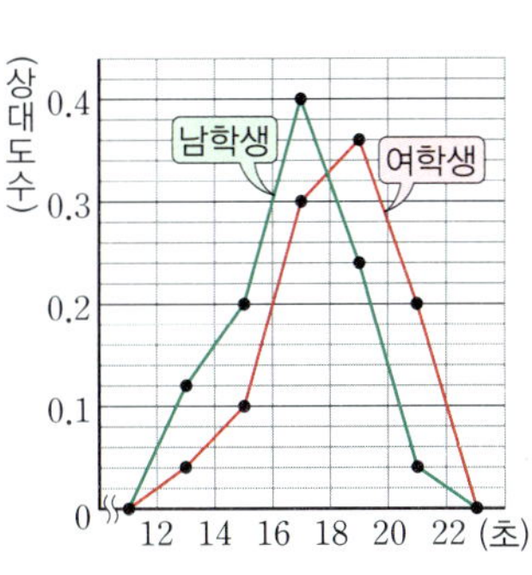

풀이 과정

정답 ＿＿＿＿＿＿＿＿＿＿

⭐ : 중요

STEP 1 기본 다지기

01

아래는 윤기네 반 학생들의 일주일 동안의 인터넷 사용 시간을 조사하여 나타낸 상대도수의 분포표이다. 다음 중 $A \sim E$의 값으로 옳지 <u>않은</u> 것은?

사용 시간(시간)	도수(명)	상대도수
0이상 ~ 2미만	2	0.05
2 ~ 4	8	C
4 ~ 6	A	0.35
6 ~ 8	12	D
8 ~ 10	4	0.1
합계	B	E

① $A=14$　　② $B=40$　　③ $C=0.15$
④ $D=0.3$　　⑤ $E=1$

02

오른쪽은 정윤이네 반 학생들의 음악 실기 점수를 조사하여 나타낸 히스토그램이다. 음악 실기 점수가 27점인 학생이 속하는 계급의 상대도수를 구하시오.

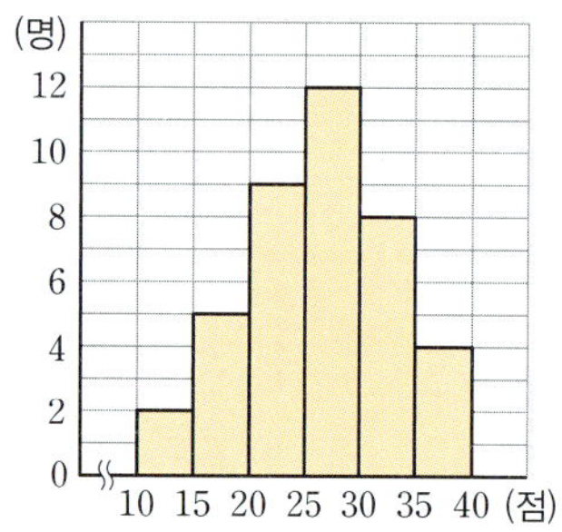

03

오른쪽은 석진이네 반 학생 20명의 사회 성적을 조사하여 나타낸 상대도수의 분포표이다. 사회 성적이 70점 이상 80점 미만인 학생은 몇 명인지 구하시오.

사회 성적(점)	상대도수
50이상 ~ 60미만	0.1
60 ~ 70	0.15
70 ~ 80	
80 ~ 90	0.25
90 ~ 100	0.05
합계	

04

다음은 민지네 중학교 학생들의 윗몸일으키기 기록을 조사하여 나타낸 상대도수의 분포표인데 일부가 찢어져 보이지 않는다. 기록이 40회 이상인 학생이 전체의 60 %일 때, 기록이 30회 이상 40회 미만인 학생은 몇 명인지 구하시오.

윗몸일으키기 기록(회)	도수(명)	상대도수
10이상 ~ 20미만	4	0.08
20 ~ 30		0.18
30 ~ 40		

05

오른쪽은 호석이네 중학교 학생 150명의 한 달 용돈에 대한 상대도수의 분포를 나타낸 그래프이다. 한 달 용돈이 50번째로 많은 학생이 속하는 계급의 상대도수를 구하시오.

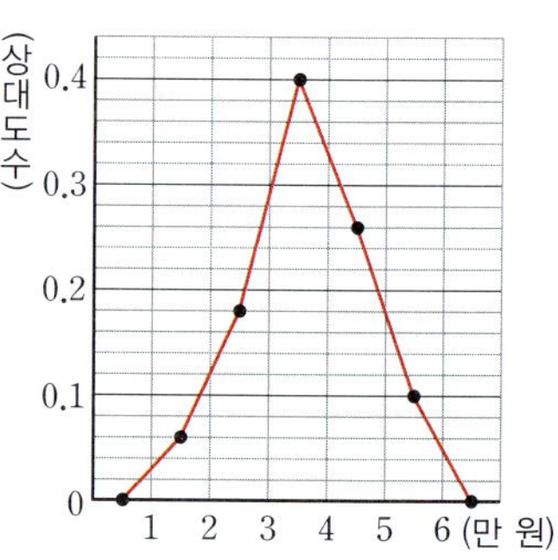

06

오른쪽은 나은이네 중학교 1학년 학생들의 일주일 동안의 TV 시청 시간에 대한 상대도수의 분포를 나타낸 그래프인데 일부가 찢어져 보이지 않는다. TV 시청 시간이 2시간 이상 4시간 미만인 학생이 30명일 때, TV 시청 시간이 6시간 이상 8시간 미만인 학생은 몇 명인지 구하시오.

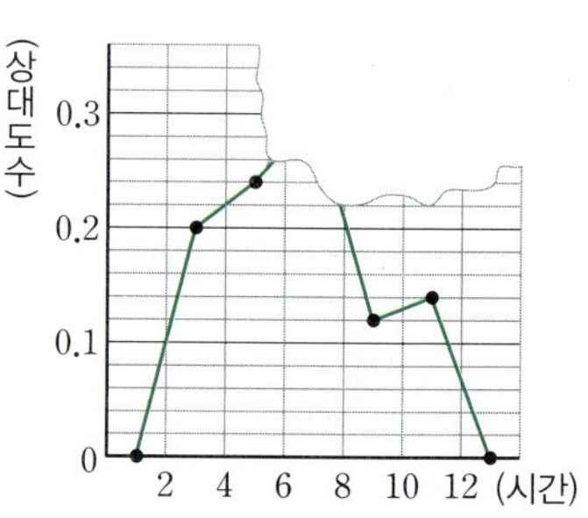

07

오른쪽은 진호네 중학교 학생 300명의 일주일 동안의 컴퓨터 사용 시간에 대한 상대도수의 분포를 나타낸 그래프인데 일부가 찢어져 보이지 않는다. 컴퓨터 사용 시간이 18시간 이상 21

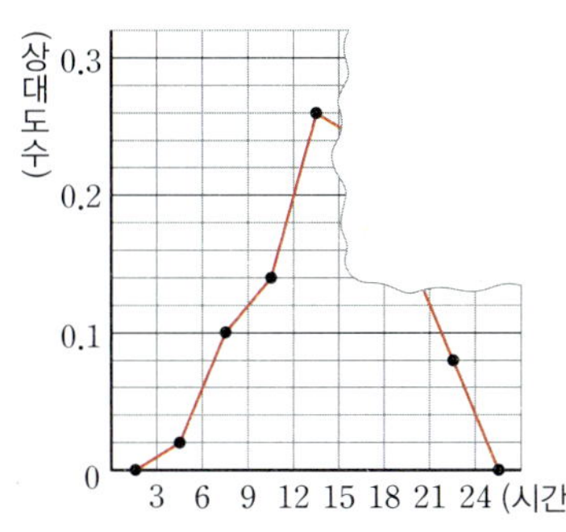

시간 미만인 계급의 도수가 21시간 이상 24시간 미만인 계급의 도수의 2배일 때, 다음 물음에 답하시오.

(1) 컴퓨터 사용 시간이 18시간 이상 21시간 미만인 계급의 상대도수를 구하시오.

(2) 컴퓨터 사용 시간이 15시간 이상 18시간 미만인 학생은 몇 명인지 구하시오.

08

오른쪽은 정안이네 중학교 학생들의 수학 성적에 대한 상대도수의 분포를 그래프로 나타낸 것인데 잉크가 떨어져 일부가 보이지 않는다. 수학 성적이 70점 미만인 학생이 전체

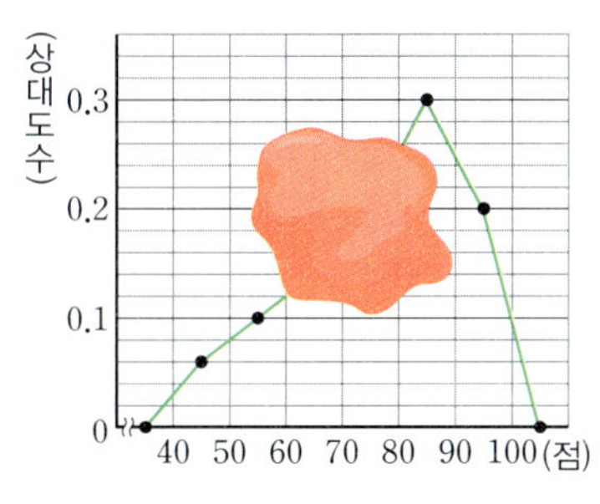

의 30 %이고 80점 이상 90점 미만인 학생이 60명일 때, 수학 성적이 70점 이상 80점 미만인 학생은 몇 명인지 구하시오.

09

오른쪽은 효정이네 중학교 1학년과 2학년 영화 동아리 학생들이 한 달 동안 관람한 영화의 수를 조사하여 나타낸 도수분포표이다. 다음 물음에 답하시오.

영화의 수(편)	도수(명)	
	1학년	2학년
0 이상 ~ 2 미만	4	9
2 ~ 4	8	10
4 ~ 6	10	8
6 ~ 8	14	17
8 ~ 10	4	6
합계	40	50

(1) 1학년보다 2학년의 상대도수가 더 큰 계급의 개수를 구하시오.

(2) 1학년과 2학년 중 관람한 영화가 4편 이상 8편 미만인 학생의 비율은 어느 학년이 더 높은지 말하시오.

10

A 동호회의 전체 회원 수는 B 동호회의 전체 회원 수의 4배이다. 두 동호회 A, B의 여성 회원의 상대도수의 비가 3 : 8일 때, 두 동호회 A, B의 여성 회원 수의 비를 가장 간단한 자연수의 비로 나타내시오.

11

오른쪽은 어느 중학교 남학생 50명과 여학생 100명의 하루 통화 시간에 대한 상대도수의 분포를 나타낸 그래프이다. 다음 보기 중 옳은 것을 모두 고르시오.

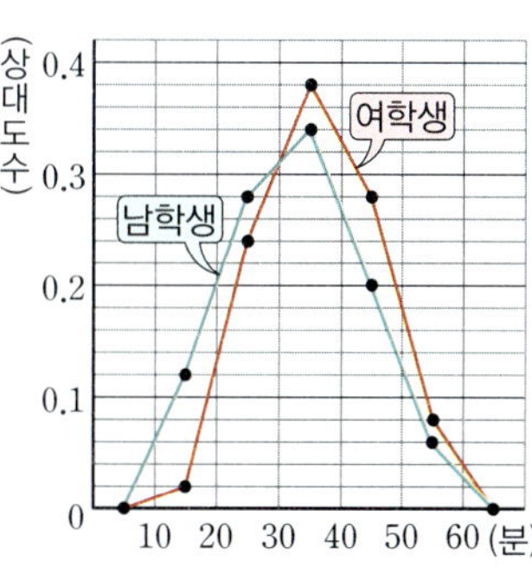

보기

ㄱ. 여학생의 통화 시간이 남학생의 통화 시간보다 상대적으로 더 긴 편이다.

ㄴ. 통화 시간이 40분 이상인 학생의 비율은 남학생이 더 높다.

ㄷ. 통화 시간이 20분 이상 30분 미만인 학생은 남학생이 여학생보다 더 많다.

ㄹ. 각각의 그래프와 가로축으로 둘러싸인 부분의 넓이는 서로 같다.

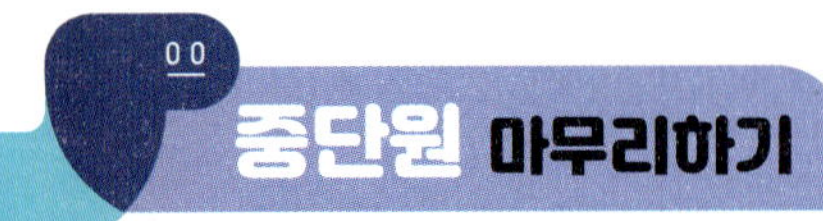

STEP 2 실력 다지기

12

오른쪽은 지훈이네 반 학생들의 혈액형을 조사하여 나타낸 상대도수의 분포표이다. 혈액형이 O형인 학생과 A형인 학생의 도수의 비가 5 : 7일 때, $b-a$의 값을 구하시오.

혈액형	상대도수
O형	a
A형	b
B형	0.24
AB형	0.16
합계	

13

오른쪽은 다정이네 반 학생들의 음악 성적에 대한 상대도수의 분포를 나타낸 그래프인데 일부가 찢어져 보이지 않는다. 음악 성적이 70점 이상 80점 미만인 학생이 8명이고, 90점 미만인 학생 수와 90점 이상인 학생 수의 비가 4 : 1일 때, 음악 성적이 80점 이상 90점 미만인 학생은 몇 명인지 구하시오.

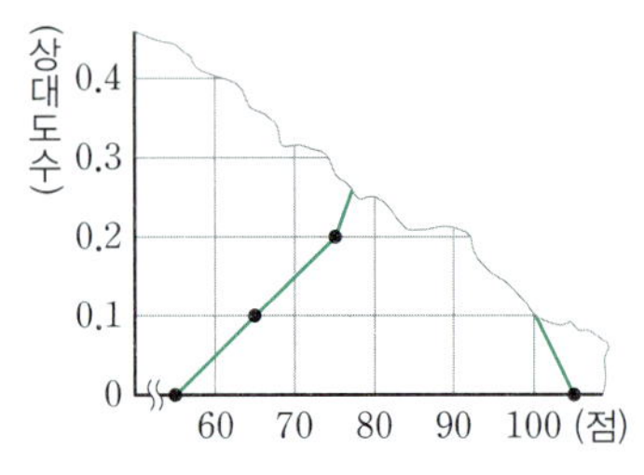

14

오른쪽은 어느 중학교 1학년 학생 500명의 과학 성적에 대한 상대도수의 분포를 나타낸 그래프인데 일부가 찢어져 보이지 않는다. 과학 성적이 70점 이상 80점 미만인 계급의 상대도수가 60점 이상 70점 미만인 계급의 상대도수의 3배일 때, 과학 성적이 70점 미만인 학생은 몇 명인지 구하시오.

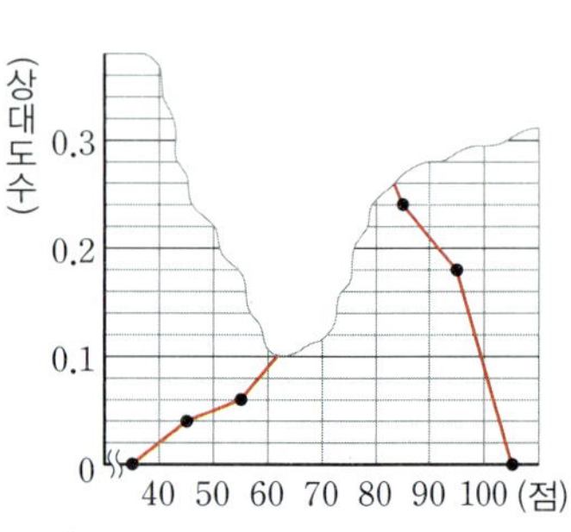

15

오른쪽은 어느 중학교 1학년 1반 학생들과 1학년 전체 학생들의 사회 성적에 대한 상대도수의 분포를 나타낸 그래프이다. 사회 성적이 70점 이상 80점 미만인 학생이 1반에서는 9명, 전체에서는 128명일 때, 1반에서 11등인 학생은 전체에서 적어도 몇 등을 한다고 할 수 있는지 구하시오.

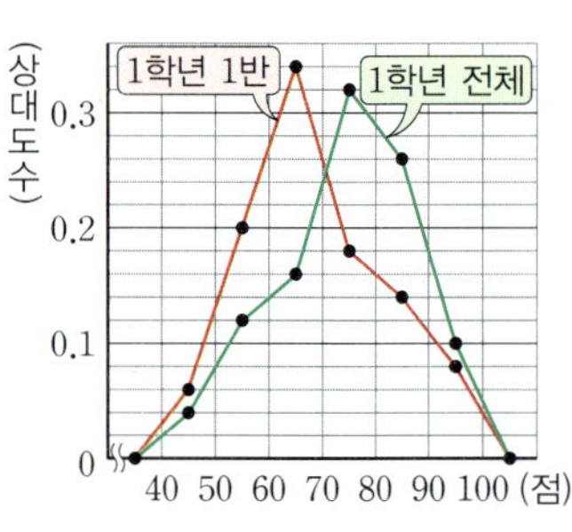

MEMO

본책

I. 기본 도형

I 01 기본 도형

01 점, 선, 면

개념 CHECK • 본책 008쪽

01 (1) × (2) ○ (3) × **02** (1) 8 (2) 12

대표 유형 • 본책 009쪽

01·Ⓐ 3 **Ⓑ** ③ **02·Ⓐ** ④

02 직선, 반직선, 선분

개념 CHECK • 본책 010쪽

01 (1) $\overrightarrow{PQ}$ (2) $\overline{PQ}$ (3) $\overrightarrow{QP}$ (4) $\overline{PQ}$

02 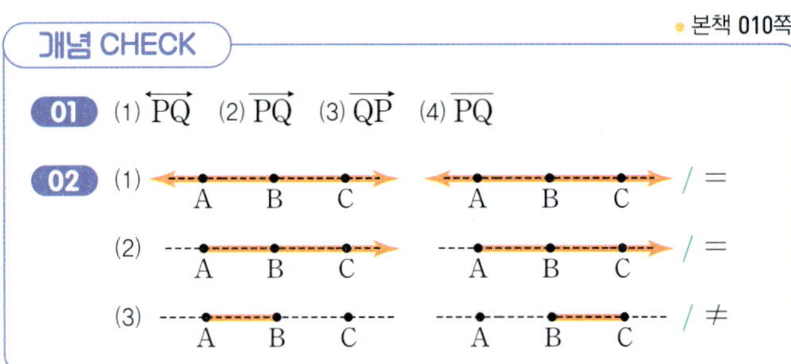

대표 유형 • 본책 011~012쪽

03·Ⓐ ①, ④ **Ⓑ** 2개 **04·Ⓐ** (1) 6 (2) 12 (3) 6
05·Ⓐ (1) 1 (2) 6 (3) 6 (4) 13
Ⓑ (1) 4 (2) 10 (3) 6

03 두 점 사이의 거리

개념 CHECK • 본책 013쪽

01 (1) 7 cm (2) 6 cm (3) 4 cm

02 (1) 2, 2 (2) $\frac{1}{2}$, 4 (3) $\frac{1}{2}$, 2

대표 유형 • 본책 014~015쪽

06·Ⓐ ② **Ⓑ** ③ **07·Ⓐ** ③
08·Ⓐ 20 cm **09·Ⓐ** 12 cm **Ⓑ** 5 cm

01 ② **02** $\overrightarrow{BC}$와 $\overrightarrow{BD}$, $\overline{CD}$와 $\overline{DC}$, $\overrightarrow{DB}$와 $\overrightarrow{DA}$
03 10 **04** ④ **05** 7 cm **06** ③

04 각

개념 CHECK • 본책 017쪽

01 (1) ∠BAC (또는 ∠CAB) (2) ∠ABC (또는 ∠CBA)
02 (1) 37°, 89°, 10° (2) 90° (3) 120°, 172° (4) 180°
03 (1) 50° (2) 40°

대표 유형 • 본책 018~019쪽

01·Ⓐ ④ **Ⓑ** ∠x=55°, ∠y=35°
02·Ⓐ ⑤ **Ⓑ** 33° **03·Ⓐ** ② **Ⓑ** 70°
04·Ⓐ ③ **Ⓑ** ∠AOB=54°, ∠BOC=36°

05 맞꼭지각

개념 CHECK • 본책 020쪽

01 (1) ∠DOE (또는 ∠EOD) (2) ∠EOF (또는 ∠FOE)
(3) ∠AOF (또는 ∠FOA) (4) ∠AOE (또는 ∠EOA)
02 (1) 40° (2) 20° (3) 65°
03 (1) ∠x=140°, ∠y=40° (2) ∠x=55°, ∠y=60°
(3) ∠x=35°, ∠y=95°

대표 유형 • 본책 021쪽

05·Ⓐ ⑤ **Ⓑ** 38°
06·Ⓐ ③ **Ⓑ** ∠x=15°, ∠y=75°

06 수직과 수선

개념 CHECK • 본책 022쪽

01 (1) ⊥ (2) 수선 (3) O (4) $\overline{CO}$
02 (1) 변 AB (2) 점 B (3) 4 cm (4) 5 cm

대표 유형 • 본책 023쪽

07·Ⓐ ㄱ, ㄷ **08·Ⓐ** 21.6 **Ⓑ** ③

Ⅰ. 기본 도형

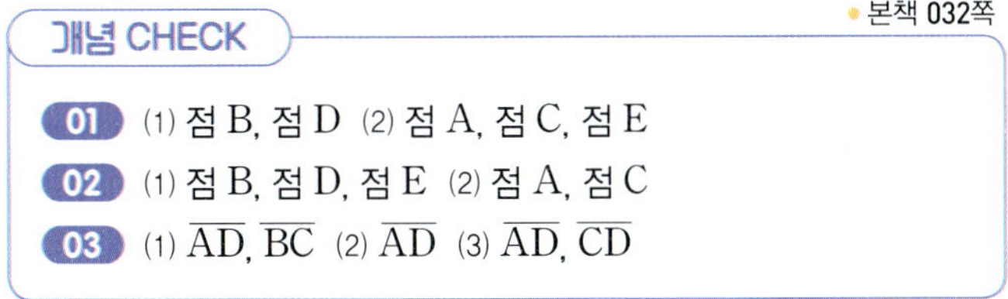

Ⅰ 02 위치 관계

01 평면에서 위치 관계

개념 CHECK • 본책 032쪽

01 (1) 점 B, 점 D (2) 점 A, 점 C, 점 E
02 (1) 점 B, 점 D, 점 E (2) 점 A, 점 C
03 (1) $\overline{AD}$, $\overline{BC}$ (2) $\overline{AD}$ (3) $\overline{AD}$, $\overline{CD}$

대표 유형 • 본책 033쪽

01 · A ②, ⑤ **B** ㄱ, ㄷ **02 · A** ③ **B** 4

02 공간에서 두 직선의 위치 관계

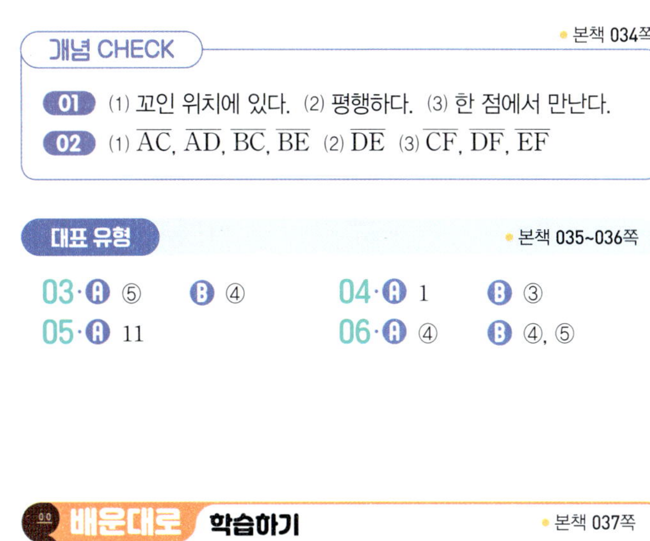

개념 CHECK • 본책 034쪽

01 (1) 꼬인 위치에 있다. (2) 평행하다. (3) 한 점에서 만난다.
02 (1) $\overline{AC}$, $\overline{AD}$, $\overline{BC}$, $\overline{BE}$ (2) $\overline{DE}$ (3) $\overline{CF}$, $\overline{DF}$, $\overline{EF}$

대표 유형 • 본책 035~036쪽

03 · A ⑤ **B** ④ **04 · A** 1 **B** ③
05 · A 11 **06 · A** ④ **B** ④, ⑤

배운대로 **학습하기** • 본책 037쪽

01 ⑤ **02** 6 **03** ③ **04** ③
05 5 **06** ④

03 공간에서 직선과 평면의 위치 관계

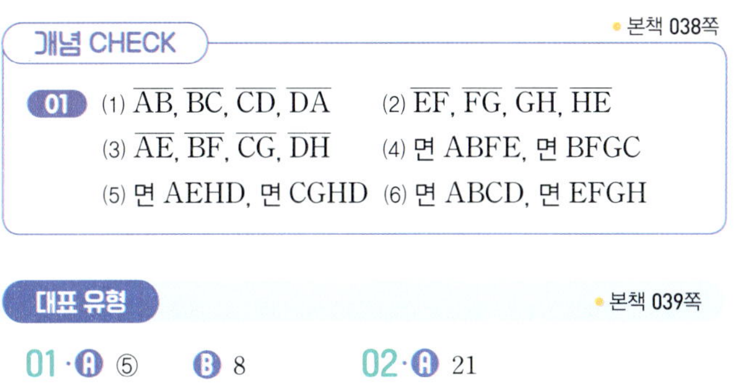

개념 CHECK • 본책 038쪽

01 (1) $\overline{AB}$, $\overline{BC}$, $\overline{CD}$, $\overline{DA}$ (2) $\overline{EF}$, $\overline{FG}$, $\overline{GH}$, $\overline{HE}$
(3) $\overline{AE}$, $\overline{BF}$, $\overline{CG}$, $\overline{DH}$ (4) 면 ABFE, 면 BFGC
(5) 면 AEHD, 면 CGHD (6) 면 ABCD, 면 EFGH

대표 유형 • 본책 039쪽

01 · A ⑤ **B** 8 **02 · A** 21

04 공간에서 두 평면의 위치 관계

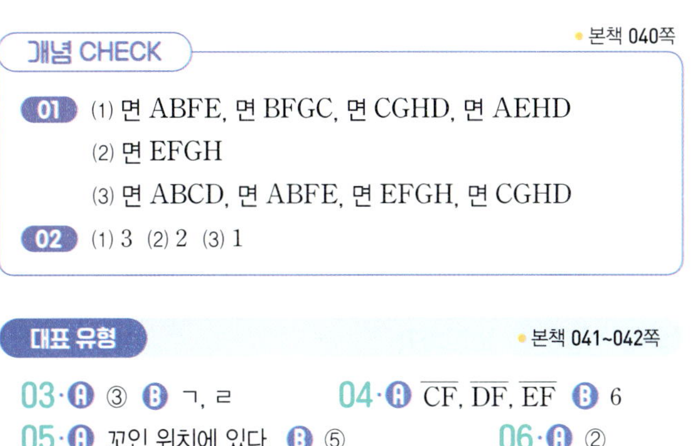

개념 CHECK • 본책 040쪽

01 (1) 면 ABFE, 면 BFGC, 면 CGHD, 면 AEHD
(2) 면 EFGH
(3) 면 ABCD, 면 ABFE, 면 EFGH, 면 CGHD
02 (1) 3 (2) 2 (3) 1

대표 유형 • 본책 041~042쪽

03 · A ③ **B** ㄱ, ㄹ **04 · A** $\overline{CF}$, $\overline{DF}$, $\overline{EF}$ **B** 6
05 · A 꼬인 위치에 있다. **B** ⑤ **06 · A** ②

배운대로 학습하기
본책 044쪽

01 ③ 02 ④ 03 1 04 ①, ③
05 ② 06 ①

05 동위각과 엇각

개념 CHECK
본책 045쪽

01 (1) $\angle e$ (2) $\angle c$ (3) $\angle e$ (4) $\angle d$
02 (1) $110°$ (2) $70°$ (3) $110°$ (4) $95°$

대표 유형
본책 046쪽

01·Ⓐ ②, ④ Ⓑ ㄱ, ㄷ 02·Ⓐ ③ Ⓑ $155°$

06 평행선의 성질

개념 CHECK
본책 047쪽

01 (1) $\angle x=40°$, $\angle y=40°$ (2) $\angle x=65°$, $\angle y=115°$
02 (1) 80 / 같다, 평행하다 (2) 55 / 같지 않다, 평행하지 않다

대표 유형
본책 048~051쪽

03·Ⓐ ③ Ⓑ $l /\!/ m$, $p /\!/ q$ 04·Ⓐ ④
05·Ⓐ $70°$ Ⓑ $75°$ 06·Ⓐ ⑤ Ⓑ $128°$
07·Ⓐ $53°$ Ⓑ ② 08·Ⓐ $130°$ Ⓑ ⑤
09·Ⓐ $100°$ Ⓑ $55°$ 10·Ⓐ $70°$ Ⓑ $56°$

배운대로 학습하기
본책 052~053쪽

01 ⑤ 02 ③ 03 ② 04 ④
05 ④ 06 $23°$ 07 $50°$ 08 36
09 ④ 10 $260°$ 11 $85°$ 12 ⑤

서술형 훈련하기
본책 054~055쪽

01 10 02 $46°$ 03 14 04 5
05 $140°$ 06 $255°$

중단원 마무리하기
본책 056~058쪽

01 ㄱ, ㄹ 02 6 03 ①, ③ 04 ④
05 9 06 ㄷ, ㄹ 07 ㄱ, ㄷ 08 ③
09 ④ 10 $\angle a=60°$, $\angle b=120°$ 11 ③
12 $45°$ 13 ③, ④ 14 ①, ④ 15 $180°$
16 $90°$ 17 $30°$ 18 ②

Ⅰ. 기본 도형

03 작도와 합동

01 작도, 길이가 같은 선분의 작도

개념 CHECK
본책 060쪽

01 (1) × (2) ○ (3) × (4) ○ (5) ○
02 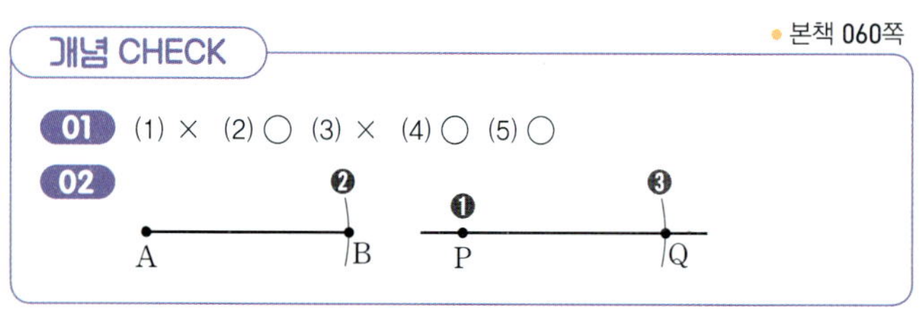

대표 유형
본책 061쪽

01·Ⓐ ② 02·Ⓐ ③ Ⓑ ㄴ → ㄱ → ㄷ

02 크기가 같은 각의 작도

개념 CHECK
본책 062쪽

01 (1) ㉢, ㉡, ㉣, ㉤ (2) $\overline{OB}$, $\overline{PD}$, $\overline{CD}$ (3) $\angle CPD$

대표 유형
본책 062쪽

03·Ⓐ ㄱ, ㄷ

03 평행선의 작도

개념 CHECK
본책 063쪽

01 (1) ㉡, ㉠, ㉦, ㉢, ㉣ (2) $\overline{BC}$, $\overline{PR}$, $\overline{QR}$ (3) $\angle QPR$
02 (1) ㉠, ㉣, ㉦, ㉢, ㉡ (2) $\overline{QB}$, $\overline{PD}$, $\overline{CD}$ (3) $\angle CPD$

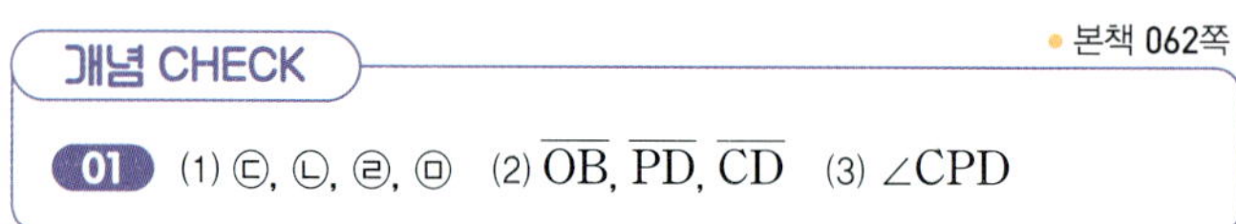
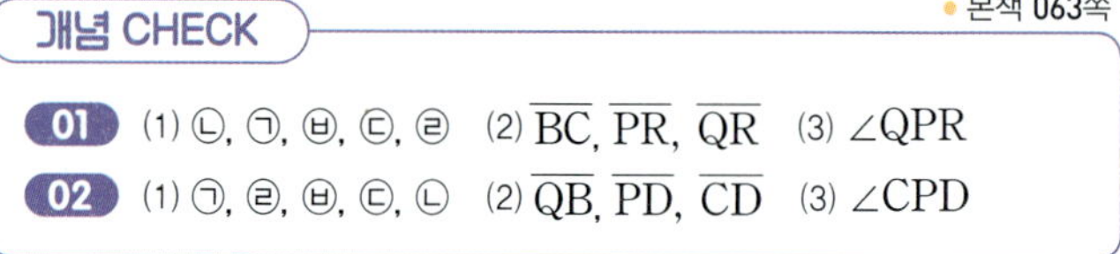

대표 유형 • 본책 064쪽

04 · Ⓐ ②, ⑤ **Ⓑ** ④

Ⓒ (1) ㉠ → ㉢ → ㉡ → ㉣ → ㉤
(2) ∠APB=∠DQC, 즉 동위각의 크기가 같으므로
$\overrightarrow{PA} /\!/ \overrightarrow{QD}$

배운대로 학습하기 • 본책 065쪽

01 ③ **02** ⑤ **03** 컴퍼스, $\overline{AB}$, $\overline{BC}$, 정삼각형
04 ②, ⑤ **05** (1) ㉠ (2) ⑤ **06** ②

04 삼각형

개념 CHECK • 본책 066쪽

01 (1) 3 cm (2) 4 cm (3) 45°
02 (1) × (2) ○ (3) ○ (4) ×

대표 유형 • 본책 067쪽

01 · Ⓐ ③   **02 · Ⓐ** ③, ⑤   **Ⓑ** ①

05 삼각형의 작도

개념 CHECK • 본책 068쪽

01 ㉠, ㉡, ㉢, ㉣   **02** (1) × (2) ○

대표 유형 • 본책 070쪽

03 · Ⓐ ④   **Ⓑ** ㄱ   **Ⓒ** ⑤

06 삼각형이 하나로 정해지는 경우

개념 CHECK • 본책 071쪽

01 (1) × (2) ○ (3) × (4) × (5) ○ (6) × (7) ○

대표 유형 • 본책 072쪽

04 · Ⓐ ㄴ, ㄷ   **05 · Ⓐ** ㄱ, ㄷ   **Ⓑ** ㄴ, ㄷ

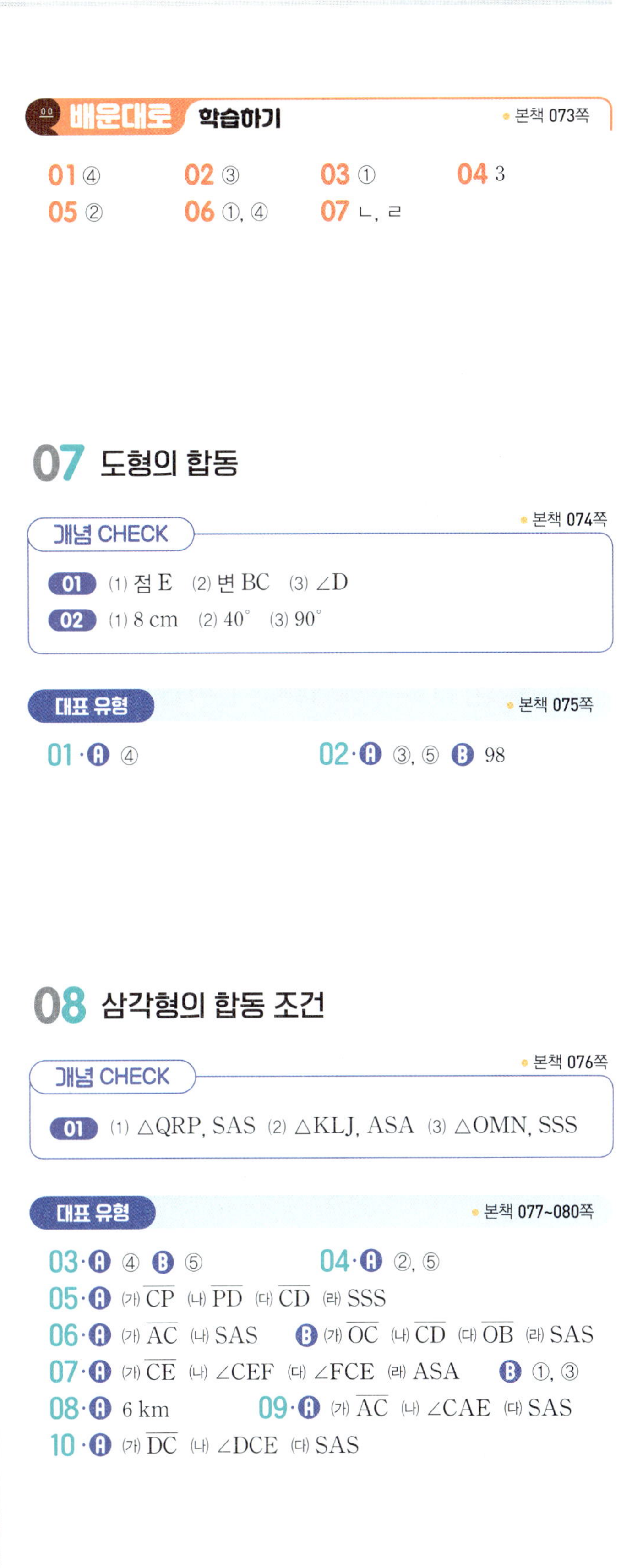

배운대로 학습하기 • 본책 073쪽

01 ④ **02** ③ **03** ① **04** 3
05 ② **06** ①, ④ **07** ㄴ, ㄹ

07 도형의 합동

개념 CHECK • 본책 074쪽

01 (1) 점 E (2) 변 BC (3) ∠D
02 (1) 8 cm (2) 40° (3) 90°

대표 유형 • 본책 075쪽

01 · Ⓐ ④   **02 · Ⓐ** ③, ⑤ **Ⓑ** 98

08 삼각형의 합동 조건

개념 CHECK • 본책 076쪽

01 (1) △QRP, SAS (2) △KLJ, ASA (3) △OMN, SSS

대표 유형 • 본책 077~080쪽

03 · Ⓐ ④ **Ⓑ** ⑤   **04 · Ⓐ** ②, ⑤
05 · Ⓐ (가) $\overline{CP}$ (나) $\overline{PD}$ (다) $\overline{CD}$ (라) SSS
06 · Ⓐ (가) $\overline{AC}$ (나) SAS   **Ⓑ** (가) $\overline{OC}$ (나) $\overline{CD}$ (다) $\overline{OB}$ (라) SAS
07 · Ⓐ (가) $\overline{CE}$ (나) ∠CEF (다) ∠FCE (라) ASA   **Ⓑ** ①, ③
08 · Ⓐ 6 km   **09 · Ⓐ** (가) $\overline{AC}$ (나) ∠CAE (다) SAS
10 · Ⓐ (가) $\overline{DC}$ (나) ∠DCE (다) SAS

배운대로 학습하기 • 본책 081쪽

01 ④, ⑤ **02** 49 **03** ②, ⑤ **04** ②, ⑤
05 (가) $\overline{AC}$ (나) $\overline{CD}$ (다) $\overline{AD}$ (라) SSS   **06** 130 m
07 ②

서술형 훈련하기
●본책 082~083쪽

01 215 **02** 487 m

03 (1) ㅁ → ㄱ → ㄴ → ㅂ → ㄷ → ㄹ
(2) 엇각의 크기가 같으면 두 직선은 평행하다.
(3) $\overline{AC}$, $\overline{PQ}$, $\overline{PR}$

04 17 **05** (1) $\triangle ABD \equiv \triangle ACE$ (2) 22°

06 55°

중단원 마무리하기
●본책 084~087쪽

01 ④, ⑤ **02** ㉢ **03** 4 **04** ㄱ, ㄴ, ㄷ
05 2 **06** ②, ③ **07** ⑺ a ⑷ ∠QCB ⒟ A
08 ①, ③ **09** ④ **10** ①, ④ **11** ③
12 ③, ⑤ **13** ⑤ **14** ③ **15** 120°
16 10 km **17** ② **18** 10 cm
19 (1) ㄴ → ㄹ → ㄱ → ㄷ → ㅁ → ㅂ (2) ②, ⑤ **20** 56°
21 ① **22** 90°

●Ⅱ. 평면도형

Ⅱ 04 다각형

01 다각형

개념 CHECK
●본책 090쪽

01 ㄱ, ㄹ **02** (1) 120° (2) 95°

대표 유형
●본책 091쪽

01·Ⓐ ②, ⑤ **Ⓑ** ④ **02·Ⓐ** ④ **Ⓑ** 145°

02 정다각형

대표 유형
●본책 092쪽

03·Ⓐ 정십각형 **Ⓑ** ③

03 다각형의 대각선의 개수

개념 CHECK
●본책 093쪽

01 4, 28, 14 **02** (1) 5 (2) 20

대표 유형
●본책 094쪽

04·Ⓐ ⑤ **Ⓑ** 13 **05·Ⓐ** 90 **Ⓑ** ④

배운대로 학습하기
●본책 095쪽

01 ④ **02** ② **03** ① **04** 정십이각형
05 ② **06** ⑤ **07** 77 **08** 20번

04 삼각형의 내각의 크기의 합

개념 CHECK
●본책 096쪽

01 $\overline{BC}$, DAB, EAC, DAB, EAC, 180
02 (1) 80° (2) 85° (3) 65° (4) 75°

대표 유형
●본책 097쪽

01·Ⓐ ④ **Ⓑ** ② **Ⓒ** 60° **02·Ⓐ** ②

05 삼각형의 내각과 외각 사이의 관계

개념 CHECK
●본책 098쪽

01 (1) 110° (2) 135° (3) 75° (4) 115°
02 (1) 40° (2) 55°

대표 유형
●본책 099~102쪽

03·Ⓐ ③ **Ⓑ** ① **04·Ⓐ** 130° **Ⓑ** $\angle x = 44°$, $\angle y = 30°$
05·Ⓐ 100° **Ⓑ** 80° **06·Ⓐ** 120° **Ⓑ** 80°
07·Ⓐ 35° **Ⓑ** 50° **08·Ⓐ** 120° **Ⓑ** 35°
09·Ⓐ 140° **Ⓑ** 150° **10·Ⓐ** 60° **Ⓑ** ②

배운대로 학습하기

• 본책 104~105쪽

01 ③ 02 ④ 03 ④ 04 ③
05 120° 06 85° 07 68° 08 68°
09 ③ 10 ④ 11 50° 12 ⑤

06 다각형의 내각의 크기의 합

개념 CHECK

• 본책 106쪽

01 4, 5, 5, 900
02 (1) 1080° (2) 1260°
03 (1) 540° (2) 85°

대표 유형

• 본책 107~108쪽

01-Ⓐ ④ Ⓑ 1440° 02-Ⓐ ⑤ Ⓑ 75°
03-Ⓐ 95° Ⓑ 85° 04-Ⓐ 45° Ⓑ 15°

07 다각형의 외각의 크기의 합

개념 CHECK

• 본책 109쪽

01 180, 180, 360, 180, 720, 360
02 (1) 100° (2) 80° (3) 105° (4) 140°

대표 유형

• 본책 110쪽

05-Ⓐ ② Ⓑ 30° 06-Ⓐ ② Ⓑ 150°

08 정다각형의 한 내각과 한 외각의 크기

개념 CHECK

• 본책 111쪽

01 방법 1 6, 720, 720, 120, 360, 360, 60
방법 2 360, 360, 60, 180, 180, 180, 60, 120
02 (1) 135°, 45° (2) 144°, 36°

대표 유형

• 본책 112~113쪽

07-Ⓐ 3240° Ⓑ ④ 08-Ⓐ ② Ⓑ ⑤
09-Ⓐ 정구각형 Ⓑ 정육각형 10-Ⓐ 72° Ⓑ 60°

배운대로 학습하기

• 본책 114~115쪽

01 ② 02 ③ 03 74° 04 ③
05 ⑤ 06 ② 07 30° 08 ②
09 ① 10 ③ 11 15 12 정십이각형
13 120° 14 ④

서술형 훈련하기

• 본책 116~117쪽

01 칠각형 02 56° 03 84° 04 60°
05 18° 06 72°

중단원 마무리하기

• 본책 118~120쪽

01 ④, ⑤ 02 ② 03 56° 04 ④
05 125° 06 32° 07 ③ 08 ④
09 ① 10 720° 11 $\angle x=55°$, $\angle y=160°$
12 ③ 13 55° 14 385° 15 60°
16 ① 17 정구각형 18 45°

Ⅱ. 평면도형

Ⅱ 05 원과 부채꼴

01 원과 부채꼴

개념 CHECK

• 본책 122쪽

01
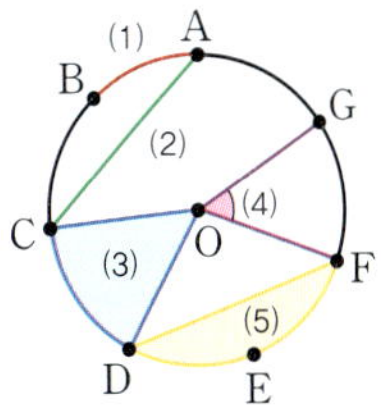

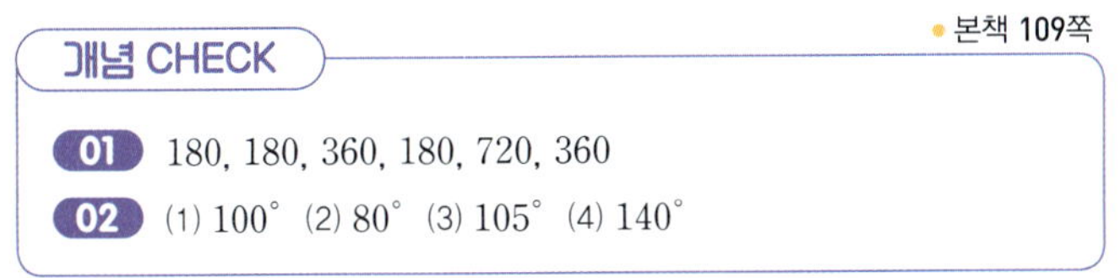

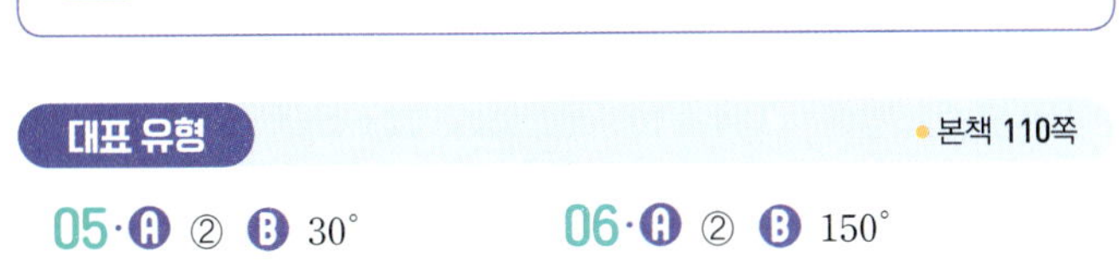

02 (1) × (2) × (3) ○ (4) ○

대표 유형

• 본책 123쪽

01-Ⓐ ③ Ⓑ ④
02-Ⓐ 6 cm Ⓑ (1) 정삼각형 (2) 60°

02 부채꼴의 성질

개념 CHECK
● 본책 124쪽

01 (1) 2 (2) 75　　**02** (1) 12 (2) 7

대표 유형
● 본책 125~128쪽

03·Ⓐ $x=20,\ y=60$ **Ⓑ** 6　**04·Ⓐ** ② **Ⓑ** 150°

05·Ⓐ ② **Ⓑ** $\dfrac{3}{4}$배　**06·Ⓐ** 3 cm **Ⓑ** 15 cm

07·Ⓐ ③ **Ⓑ** 48 cm² **08·Ⓐ** 4 cm²

09·Ⓐ 70° **Ⓑ** 26 cm　**10·Ⓐ** ②, ⑤

배운대로 학습하기
● 본책 129~130쪽

01 ⑤　**02** ②　**03** (1) 60° (2) 30 cm

04 8 cm　**05** ④　**06** ③　**07** 6 cm

08 12 cm　**09** ③　**10** 60 cm²　**11** ⑤

12 8 cm　**13** ③, ⑤

03 원의 둘레의 길이와 넓이

개념 CHECK
● 본책 131쪽

01 (1) $l=8\pi$ cm, $S=16\pi$ cm² (2) $l=12\pi$ cm, $S=36\pi$ cm²
　　(3) $l=6\pi$ cm, $S=9\pi$ cm² (4) $l=10\pi$ cm, $S=25\pi$ cm²

대표 유형
● 본책 132쪽

01·Ⓐ ⑤ **Ⓑ** ①

02·Ⓐ (1) 18π cm (2) 27π cm²
　　Ⓑ 둘레의 길이 : 12π cm, 넓이 : 24π cm²

04 부채꼴의 호의 길이와 넓이

개념 CHECK
● 본책 133쪽

01 (1) $l=\pi$ cm, $S=2\pi$ cm² (2) $l=6\pi$ cm, $S=27\pi$ cm²
02 (1) 16π cm² (2) 60π cm²

대표 유형
● 본책 134~136쪽

03·Ⓐ ⑤ **Ⓑ** ④　　**04·Ⓐ** ③ **Ⓑ** (1) 4 cm (2) 90°

05·Ⓐ (1) $(6\pi+6)$ cm (2) 9π cm²
　　Ⓑ 둘레의 길이 : $(4\pi+4)$ cm, 넓이 : 2π cm²

06·Ⓐ 둘레의 길이 : $(4\pi+16)$ cm, 넓이 : $(32-8\pi)$ cm²
　　Ⓑ $(64-16\pi)$ cm²

07·Ⓐ 둘레의 길이 : $(6\pi+6)$ cm, 넓이 : 18 cm²
　　Ⓑ 둘레의 길이 : $(12\pi+12)$ cm, 넓이 : 18π cm²

08·Ⓐ 50 cm² **Ⓑ** $(18\pi-36)$ cm²

배운대로 학습하기
● 본책 138~139쪽

01 ④　　**02** ③
03 둘레의 길이 : 14π cm, 넓이 : 21π cm²　**04** ⑤
05 12π cm　**06** ④　　**07** 135°　**08** ④
09 ③　　**10** $(16\pi+24)$ cm　　**11** ①
12 ③　　**13** ②

서술형 훈련하기
● 본책 140~141쪽

01 42π cm²　**02** 30π cm²　**03** 15 cm
04 둘레의 길이 : $(18\pi+16)$ cm, 넓이 : 72π cm²
05 4π cm
06 둘레의 길이 : 15π cm, 넓이 : $(25\pi-50)$ cm²

중단원 마무리하기
● 본책 142~145쪽

01 ④　　**02** $x=12,\ y=125$　　**03** ③
04 ④　　**05** ⑤　　**06** ⑤　　**07** 6 cm
08 ⑤　　**09** 8π cm²　**10** $(100\pi+500)$ m²
11 ①　　**12** $(10\pi+10)$ cm　　**13** 8 cm²
14 ③　　**15** 18π cm²　**16** 10 cm　**17** 35 cm
18 $(36-6\pi)$ cm²　　**19** $(8\pi+24)$ cm
20 $(4\pi+64)$ cm²　　**21** 4π cm　　**22** 80π m²

06 다면체와 회전체

01 다면체

● 본책 148쪽

개념 CHECK

01 ㄴ, ㄷ
02 ⑴ 팔면체, 꼭짓점의 개수 : 12, 모서리의 개수 : 18
⑵ 육면체, 꼭짓점의 개수 : 6, 모서리의 개수 : 10

대표 유형

● 본책 149쪽

01 · Ⓐ ④ Ⓑ ①   **02** · Ⓐ 칠면체 Ⓑ ④

02 다면체의 종류

개념 CHECK

● 본책 150쪽

01

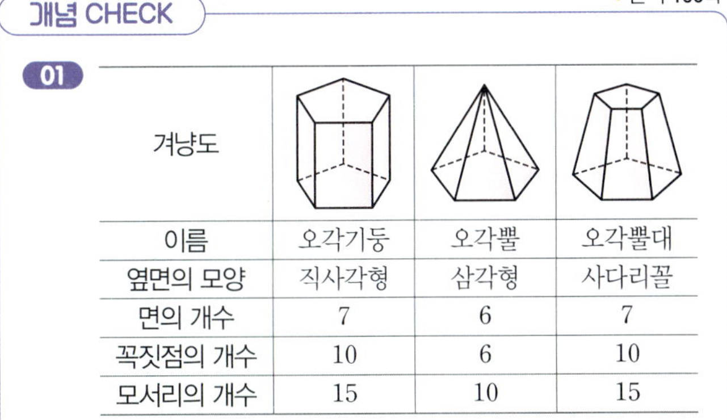

겨냥도			
이름	오각기둥	오각뿔	오각뿔대
옆면의 모양	직사각형	삼각형	사다리꼴
면의 개수	7	6	7
꼭짓점의 개수	10	6	10
모서리의 개수	15	10	15

대표 유형

● 본책 151~154쪽

03 · Ⓐ ④ Ⓑ ㄷ, ㄹ, ㅁ   **04** · Ⓐ ② Ⓑ 구각형
05 · Ⓐ ① Ⓑ 32   **06** · Ⓐ ④ Ⓑ 35
07 · Ⓐ ④ Ⓑ ②   **08** · Ⓐ ④ Ⓑ ㄱ, ㄹ
09 · Ⓐ ① Ⓑ ③   **10** · Ⓐ 2

배운대로 학습하기

● 본책 155~156쪽

01 ③   **02** ③   **03** 칠각기둥   **04** ②
05 16   **06** ④   **07** 11   **08** ③, ④
09 ②, ④   **10** ②   **11** 13   **12** 2

03 정다면체

개념 CHECK

● 본책 157쪽

01 면 / 3, 4   **02** ⑴ ㄱ, ㄷ, ㅁ ⑵ ㄱ, ㄴ, ㄹ

대표 유형

● 본책 159~161쪽

01 · Ⓐ ㄱ, ㄷ Ⓑ ③   **02** · Ⓐ 9 Ⓑ ⑤
03 · Ⓐ ③ Ⓑ 42
04 · Ⓐ ⑴ 정육면체 ⑵ 점 C, 점 K ⑶ 모서리 KL
⑷ 모서리 BE, 모서리 MH, 모서리 LI Ⓑ ⑤
05 · Ⓐ ③ Ⓑ 60°   **06** · Ⓐ ⑤ Ⓑ 30

배운대로 학습하기

● 본책 162~163쪽

01 ㄹ, ㅁ, ㄷ, ㄴ, ㄱ   **02** 18   **03** ⑤
04 ①, ③   **05** ②   **06** ①, ④   **07** ②, ④
08 ⑤   **09** ②   **10** ①   **11** ③
12 ④

04 회전체

개념 CHECK

● 본책 164쪽

01 ㄱ, ㄷ, ㄹ   **02** ⑴ 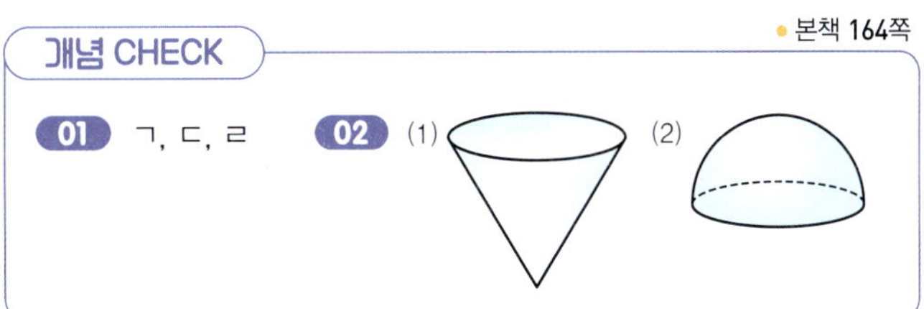 ⑵

대표 유형

● 본책 165쪽

01 · Ⓐ 3개   **02** · Ⓐ ④ Ⓑ ⑤

05 회전체의 성질

개념 CHECK

● 본책 166쪽

01 ⑴ × ⑵ × ⑶ ○

02

회전체	구	원뿔	원기둥	원뿔대
회전축에 수직인 평면	원	원	원	원
회전축을 포함하는 평면	원	이등변 삼각형	직사각형	사다리꼴

대표 유형
• 본책 167쪽

03·Ⓐ ③　Ⓑ 원뿔대　　04·Ⓐ ③　Ⓑ 48 cm²

06 회전체의 전개도

개념 CHECK
• 본책 168쪽

01 (왼쪽부터) 2, 4π, 4, 2　　02 (왼쪽부터) 3, 6π, 7, 3

대표 유형
• 본책 169쪽

05·Ⓐ ③　　　　　06·Ⓐ ③, ⑤　Ⓑ ㄱ, ㄷ

배운대로 학습하기
• 본책 170~171쪽

01 ㄴ, ㅁ　02 ②　03 ③　04 ①
05 ④　06 ④　07 ④　08 8π cm²
09 ⑤　10 ③　11 ⑤　12 ④, ⑤

서술형 훈련하기
• 본책 172~173쪽

01 26　02 81π cm²　03 42　04 60°
05 68 cm²　06 (12π+16) cm

중단원 마무리하기
• 본책 174~176쪽

01 ④　02 38　03 ①, ⑤　04 ③
05 4　06 ③　07 ④　08 ②, ⑤
09 58π cm²　10 10 cm　11 ③　12 ③
13 25　14 2　15 ④　16 ⑤
17 (1) 102 cm² (2) 16π cm²　18 64π cm²

▥ 07 입체도형의 겉넓이와 부피

01 기둥의 겉넓이

개념 CHECK
• 본책 178쪽

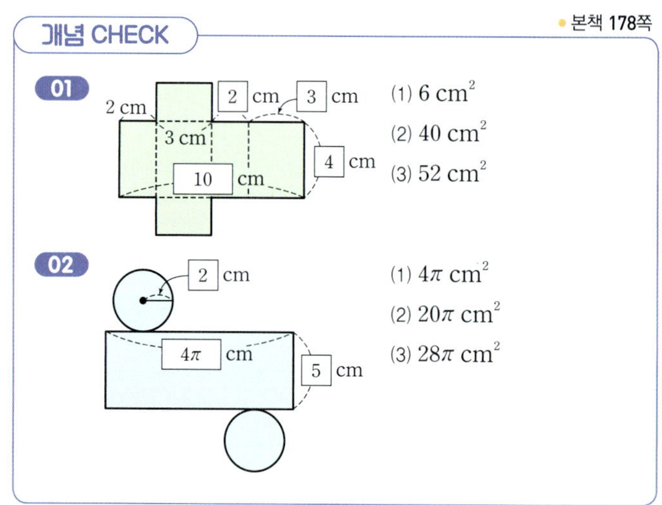

01　(1) 6 cm²　(2) 40 cm²　(3) 52 cm²

02　(1) 4π cm²　(2) 20π cm²　(3) 28π cm²

대표 유형
• 본책 179쪽

01·Ⓐ 144 cm²　Ⓑ 660 cm²
02·Ⓐ 6 cm　Ⓑ (39π+60) cm²

02 기둥의 부피

개념 CHECK
• 본책 180쪽

01 (1) 3 cm² (2) 4 cm (3) 12 cm³
02 (1) 4π cm² (2) 5 cm (3) 20π cm³

대표 유형
• 본책 181~183쪽

03·Ⓐ ②　Ⓑ ③　　　　04·Ⓐ 8 cm　Ⓑ 128π cm³
05·Ⓐ ①　Ⓑ (66π+56) cm²
06·Ⓐ 168π cm³　Ⓑ 84
07·Ⓐ 434 cm²　Ⓑ 겉넓이 : 780 cm², 부피 : 1224 cm³
08·Ⓐ 겉넓이 : 252π cm², 부피 : 405π cm³
　　Ⓑ 겉넓이 : 138π cm², 부피 : 171π cm³

배운대로 학습하기
• 본책 184~185쪽

01 ②　　　02 338 cm²　03 192π cm²
04 (126π+180) cm²　05 ④　06 503
07 ③　　　08 겉넓이 : 396π cm², 부피 : 495π cm³
09 ④　　　10 485　11 210π cm³　12 ③

03 뿔의 겉넓이

개념 CHECK
• 본책 186쪽

01

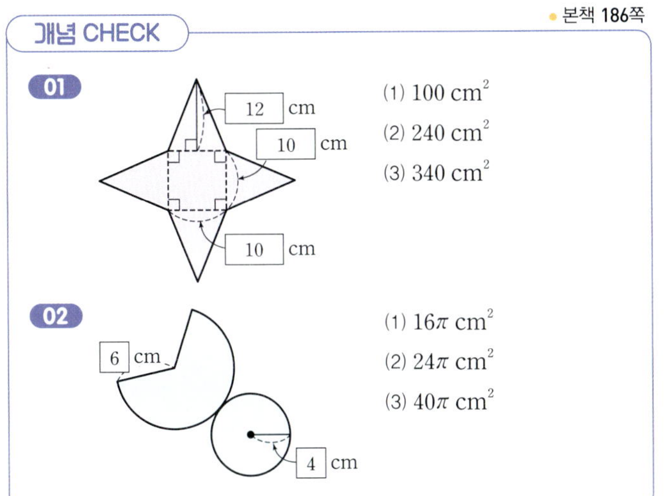

(1) 100 cm²
(2) 240 cm²
(3) 340 cm²

02

(1) 16π cm²
(2) 24π cm²
(3) 40π cm²

대표 유형
• 본책 187~188쪽

01 · A 189 cm² **B** 6 **02 · A** 75π cm² **B** 133π cm²

03 · A (1) 9 (2) 189π cm² **B** 360π cm²

04 · A 200π cm² **B** 330 cm²

04 뿔의 부피

개념 CHECK
• 본책 189쪽

01 (1) 9 cm² (2) 4 cm (3) 12 cm³
02 (1) 36π cm² (2) 8 cm (3) 96π cm³

대표 유형
• 본책 190~192쪽

05 · A 9 cm **B** ① **06 · A** ① **B** 125π cm³

07 · A 84π cm³ **B** 390 cm³ **08 · A** $\frac{9}{2}$ cm³ **B** 72 cm³

09 · A 105 cm³ **B** 3 **10 · A** 64π cm³ **B** 39π cm²

배운대로 학습하기
• 본책 193~194쪽

01 80 cm² **02** ④ **03** 10 cm **04** ④

05 4 **06** 117 cm³ **07** $\frac{350}{3}$π cm³ **08** ④

09 $\frac{45}{2}$ cm³ **10** 100 cm³ **11** ② **12** 168π cm³

05 구의 겉넓이와 부피

개념 CHECK
• 본책 195쪽

01 (1) 겉넓이 : 36π cm², 부피 : 36π cm³

(2) 겉넓이 : 64π cm², 부피 : $\frac{256}{3}$π cm³

02 (1) 겉넓이 : 12π cm², 부피 : $\frac{16}{3}$π cm³

(2) 겉넓이 : 75π cm², 부피 : $\frac{250}{3}$π cm³

대표 유형
• 본책 196~198쪽

01 · A ② **B** ④ **02 · A** $\frac{500}{3}$π cm³ **B** ④

03 · A 겉넓이 : 153π cm², 부피 : 252π cm³ **B** 5 cm

04 · A 484π cm² **B** 1296π cm³

05 · A 63π cm³ **B** 32π **06 · A** 36π cm³ **B** ⑤

배운대로 학습하기
• 본책 199쪽

01 ⑤ **02** 360π cm³ **03** ② **04** 108π cm³

05 ③ **06** $\frac{32}{3}$π cm³

서술형 훈련하기
• 본책 200~201쪽

01 272 cm³ **02** 261π cm³ **03** 252π cm² **04** 4656 cm³

05 83π **06** 84π cm³

중단원 마무리하기
• 본책 202~205쪽

01 6 cm **02** 그릇 A **03** ④ **04** 96π cm³

05 ③ **06** 8 cm **07** ④ **08** ②

09 ⑤ **10** ③ **11** 42 cm³ **12** ④

13 148π cm² **14** ④ **15** ① **16** 128 cm³

17 2 **18** 4.5 cm **19** 45π cm² **20** 2 cm

21 18 cm **22** 972 cm³

Ⅳ 08 자료의 정리와 해석

01 대푯값

개념 CHECK
● 본책 208쪽

01 (1) 5 (2) 16 **02** (1) 13, 15, 13 (2) 24, 26, 24, 26, 25
03 (1) 3 (2) 2, 3 (3) 2

대표 유형
● 본책 209~212쪽

01·A 3개 **B** ④ **02·A** 11 **B** ②
03·A 245 mm **B** 7.5개 **04·A** ④ **B** 29
05·A (1) 평균 : 14점, 중앙값 : 9점 (2) 중앙값
　　 B 최빈값, 240 mm
06·A 9 **B** 7 **07·A** 10 **B** 11
08·A 18 **B** 74회

배운대로 학습하기
● 본책 213쪽

01 8.1점 **02** ④ **03** 7 **04** 27회
05 14 **06** ⑤ **07** 7시간 **08** 20

02 줄기와 잎 그림

개념 CHECK
● 본책 214쪽

01
(6 | 2는 62회)

줄기	잎
6	2　3　4　7
7	0　3　4　4　5　7
8	0　3　4　5　6　8　9
9	1　2　5

(1) 십, 일
(2) 7, 8, 9
(3) 3, 4, 7
(4) 8

대표 유형
● 본책 215~216쪽

01·A
(6 | 2는 62점)

줄기	잎
6	2　3　8
7	2　4　4　5
8	0　0　4　6　8　9
9	2　6　8

(1) 8 (2) 98점
(3) 7명
(4) 중앙값 : 80점,
　 최빈값 : 74점, 80점

02·A ④
03·A (1) 25명 (2) 98점 **B** ④ **C** 24 %

03 도수분포표

개념 CHECK
● 본책 217쪽

01

이메일의 수(통)	도수(명)	
5^{이상} ~ 10^{미만}	///	3
10　~ 15	////	4
15　~ 20	///// //	7
20　~ 25	///// /	6
합계	20	

(1) 5통 (2) 4
(3) 15통 이상 20통 미만
(4) 10통 이상 15통 미만

대표 유형
● 본책 218쪽

04·A (1)

도덕 성적(점)	도수(명)
50^{이상} ~ 60^{미만}	3
60　~ 70	4
70　~ 80	6
80　~ 90	9
90　~ 100	2
합계	24

(2) 90점 이상 100점 미만
(3) 6명
(4) 80점 이상 90점 미만

05·A ⑤

배운대로 학습하기
● 본책 219~220쪽

01 ⑤ **02** ④ **03** 46회 **04** 27세 **05** ③
06 7명 **07**

키(cm)	도수(명)
130^{이상} ~ 140^{미만}	3
140　~ 150	5
150　~ 160	7
160　~ 170	4
170　~ 180	1
합계	20

08 8 **09** ④ **10** 28 % **11** 8명
12 $A=7$, $B=6$ **13** 30 %

04 히스토그램

개념 CHECK
● 본책 221쪽

01 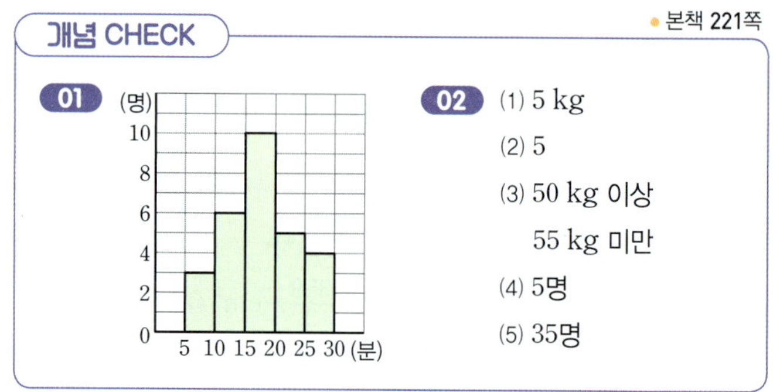

02 (1) 5 kg
(2) 5
(3) 50 kg 이상
　 55 kg 미만
(4) 5명
(5) 35명

대표 유형 ● 본책 222쪽

01·Ⓐ ④ Ⓑ 250   02·Ⓐ (1) 7명 (2) 65 %

05 도수분포다각형

개념 CHECK ● 본책 223쪽

01 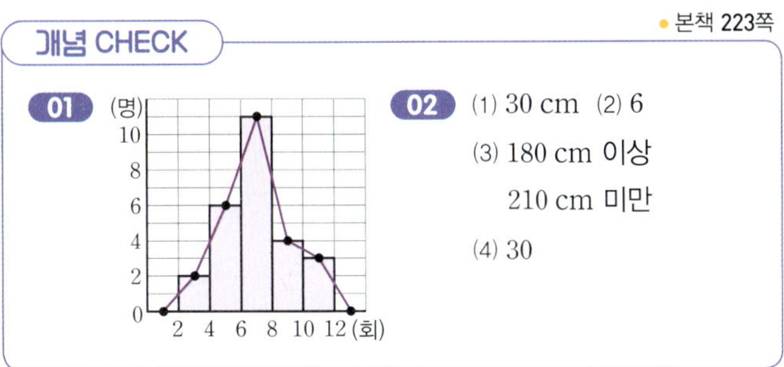

02 (1) 30 cm (2) 6
(3) 180 cm 이상 210 cm 미만
(4) 30

대표 유형 ● 본책 224~225쪽

03·Ⓐ ⑤   04·Ⓐ ③
05·Ⓐ (1) 3명 (2) 50 %   06·Ⓐ ㄷ, ㄹ

배운대로 학습하기 ● 본책 226~227쪽

01 ④, ⑤   02 20 %   03 3배   04 160 cm
05 10명   06 ②   07 ⑤   08 40
09 20 m 이상 25 m 미만   10 ⑤   11 12명
12 ③, ⑤   13 ㄱ, ㄴ

서술형 훈련하기 ● 본책 228~229쪽

01 중앙값 : $\dfrac{11}{2}$, 최빈값 : 5, 6   02 202
03 2   04 82   05 20명   06 35 %

중단원 마무리하기 ● 본책 230~234쪽

01 ③   02 175 cm   03 84점   04 ③
05 ②   06 9   07 2   08 ④
09 33권   10 4명   11 ④   12 ④, ⑤
13 ②   14 ㄴ, ㄷ   15 8   16 10명
17 ④   18 (1) 8명 (2) 20시간
19 (1) 40명 (2) 10명   20 11곳   21 60 %
22 ④   23 7명   24 32.5 %   25 ①, ⑤
26 29   27 ④   28 6   29 37.5 %

Ⅳ 09 상대도수

01 상대도수

개념 CHECK ● 본책 236쪽

01 (1) 5, 0.25, 7, 20, 0.35, 1, 1 (2) 60분 이상 90분 미만 (3) 2명

대표 유형 ● 본책 237~238쪽

01·Ⓐ 0.4 Ⓑ 0.2   02·Ⓐ 5명 Ⓑ ②
03·Ⓐ (1) $A=0.25$, $B=20$, $C=100$, $D=1$ (2) 35 %
04·Ⓐ 0.2 Ⓑ 15개

02 상대도수의 분포를 나타낸 그래프

개념 CHECK ● 본책 239쪽

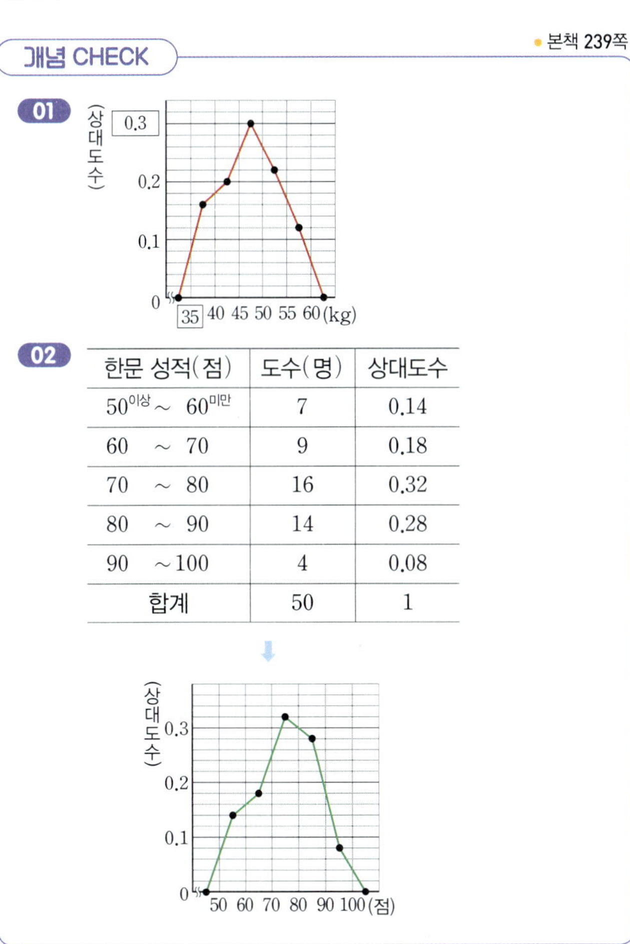

01

02

한문 성적(점)	도수 (명)	상대도수
50이상 ∼ 60미만	7	0.14
60 ∼ 70	9	0.18
70 ∼ 80	16	0.32
80 ∼ 90	14	0.28
90 ∼ 100	4	0.08
합계	50	1

대표 유형 ● 본책 240쪽

05·Ⓐ (1) 0.04 (2) 18 % (3) 51명
06·Ⓐ (1) 0.32 (2) 28명

03 도수의 총합이 다른 두 자료의 분포

개념 CHECK
● 본책 241쪽

01 (1)

앱의 수(개)	1반		2반	
	도수(명)	상대도수	도수(명)	상대도수
10이상 ~ 20미만	6	0.2	4	0.1
20 ~ 30	12	0.4	8	0.2
30 ~ 40	9	0.3	20	0.5
40 ~ 50	3	0.1	8	0.2
합계	30	1	40	1

(2) 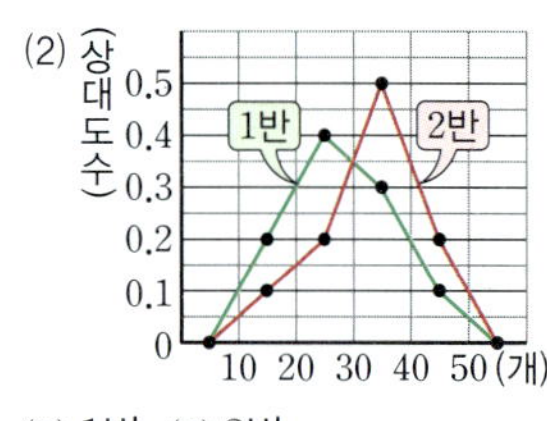

(3) 1반 (4) 2반

대표 유형
● 본책 242~243쪽

07·Ⓐ (1) $A=6$, $B=12$ (2) 200 cm 이상 210 cm 미만 (3) 2
08·Ⓐ 14 : 15   Ⓑ 9 : 5   **09·Ⓐ** ③, ④   Ⓑ ③

배운대로 학습하기
● 본책 244~245쪽

01 0.2   **02** 18   **03** (1) 10.35 (2) 0.2
04 4명   **05** 0.14   **06** 15개   **07** ⑤
08 9명   **09** 160 cm 이상 165 cm 미만   **10** ③
11 ①, ④

서술형 훈련하기
● 본책 246~247쪽

01 32 %   **02** 8명   **03** 20명   **04** 18송이
05 14명   **06** 4명

중단원 마무리하기
● 본책 248~250쪽

01 ③   **02** 0.3   **03** 9명   **04** 7명
05 0.26   **06** 45명   **07** (1) 0.16 (2) 72명
08 40명   **09** (1) 2 (2) 1학년   **10** 3 : 2
11 ㄱ, ㄹ   **12** 0.1   **13** 20명   **14** 110명
15 144등

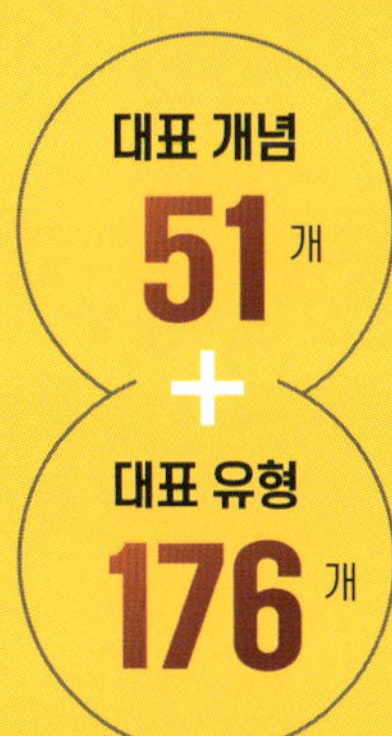

2022 개정 교육과정

수학의 바이블

개념 ON

정답과 풀이

ON [켜다]
실력의 불을 켜다

온 [모두의]
모든 개념을 담다

중학 1·2

이투스북

수학의 바이블

개념 ON

정답과 풀이

| 본책 |

중학 1·2

B 정답과 풀이

I 01 기본 도형

01 점, 선, 면

개념 CHECK
● 본책 008쪽

01 (1) × (2) ○ (3) × **02** (1) 8 (2) 12

01 (1) 도형의 기본 요소는 점, 선, 면이다.
(3) 직육면체와 같이 한 평면 위에 있지 않은 도형을 입체도형이라 한다.

02 (1) 교점의 개수는 직육면체의 꼭짓점의 개수와 같으므로 8이다.
(2) 교선의 개수는 직육면체의 모서리의 개수와 같으므로 12이다.

대표 유형
● 본책 009쪽

01·A 3 **B** ③ **02·A** ④

01·A 　　　　　　　　　　　　　　정답 3
교점의 개수는 꼭짓점의 개수와 같으므로 $a=6$
교선의 개수는 모서리의 개수와 같으므로 $b=9$
∴ $b-a=9-6=3$

01·B 　　　　　　　　　　　　　　정답 ③
주어진 입체도형의 면의 개수는 6이므로 $a=6$
교점의 개수는 꼭짓점의 개수와 같으므로 $b=8$
교선의 개수는 모서리의 개수와 같으므로 $c=12$
∴ $a-b+c=6-8+12=10$

02·A 　　　　　　　　　　　　　　정답 ④
④ 교선은 직선일 수도 있고 곡선일 수도 있다.
참고 평면과 평면의 교선은 직선이다.

02 직선, 반직선, 선분

개념 CHECK
● 본책 010쪽

01 (1) $\overrightarrow{PQ}$ (2) $\overrightarrow{PQ}$ (3) $\overrightarrow{QP}$ (4) $\overline{PQ}$

02
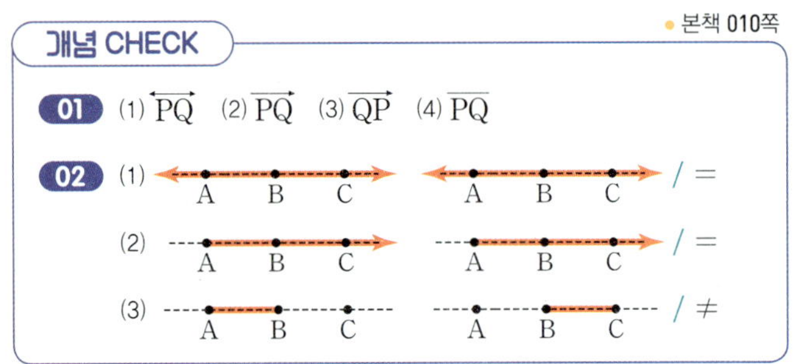

대표 유형
● 본책 011~012쪽

03·A ①, ④ **B** 2개 **04·A** (1) 6 (2) 12 (3) 6
05·A (1) 1 (2) 6 (3) 6 (4) 13
B (1) 4 (2) 10 (3) 6

03·A 　　　　　　　　　　　　　　정답 ①, ④
② $\overrightarrow{AC}$와 $\overrightarrow{BD}$는 시작점이 다르므로 $\overrightarrow{AC} \neq \overrightarrow{BD}$
③ $\overrightarrow{AC}$와 $\overrightarrow{BC}$는 한쪽 끝 점이 다르므로 $\overrightarrow{AC} \neq \overrightarrow{BC}$
⑤ $\overrightarrow{CB}$와 $\overrightarrow{CD}$는 방향이 다르므로 $\overrightarrow{CB} \neq \overrightarrow{CD}$
따라서 옳은 것은 ①, ④이다.

03·B 　　　　　　　　　　　　　　정답 2개
$\overrightarrow{AC}$와 시작점과 방향이 모두 같은 것은 $\overrightarrow{AD}$, $\overrightarrow{AB}$의 2개이다.

04·A 　　　　　　　　　　　　정답 (1) 6 (2) 12 (3) 6
(1) 직선은 $\overleftrightarrow{AB}$, $\overleftrightarrow{AC}$, $\overleftrightarrow{AD}$, $\overleftrightarrow{BC}$, $\overleftrightarrow{BD}$, $\overleftrightarrow{CD}$의 6개이다.
(2) 반직선은 $\overrightarrow{AB}$, $\overrightarrow{AC}$, $\overrightarrow{AD}$, $\overrightarrow{BA}$, $\overrightarrow{BC}$, $\overrightarrow{BD}$, $\overrightarrow{CA}$, $\overrightarrow{CB}$, $\overrightarrow{CD}$, $\overrightarrow{DA}$, $\overrightarrow{DB}$, $\overrightarrow{DC}$의 12개이다.
(3) 선분은 $\overline{AB}$, $\overline{AC}$, $\overline{AD}$, $\overline{BC}$, $\overline{BD}$, $\overline{CD}$의 6개이다.

다른 풀이
(1) (직선의 개수)$=\dfrac{4 \times (4-1)}{2}=6$
(2) $\overrightarrow{AB}$와 $\overrightarrow{BA}$는 서로 다른 반직선이므로 반직선의 개수는 직선의 개수의 2배이다.
∴ (반직선의 개수)$=6 \times 2=12$
(3) (선분의 개수)=(직선의 개수)$=6$

05·A 　　　　　　　　　정답 (1) 1 (2) 6 (3) 6 (4) 13
(1) 직선은 $\overleftrightarrow{AB}$의 1개이므로
$a=1$
(2) 반직선은 $\overrightarrow{AB}$, $\overrightarrow{BA}$, $\overrightarrow{BC}$, $\overrightarrow{CB}$, $\overrightarrow{CD}$, $\overrightarrow{DC}$의 6개이므로
$b=6$
(3) 선분은 $\overline{AB}$, $\overline{AC}$, $\overline{AD}$, $\overline{BC}$, $\overline{BD}$, $\overline{CD}$의 6개이므로
$c=6$
(4) $a+b+c=1+6+6=13$

05·B 　　　　　　　　　　　정답 (1) 4 (2) 10 (3) 6
(1) 직선은 $\overleftrightarrow{PA}$, $\overleftrightarrow{PB}$, $\overleftrightarrow{PC}$, $\overleftrightarrow{AB}$의 4개이다.
(2) 반직선은 $\overrightarrow{PA}$, $\overrightarrow{PB}$, $\overrightarrow{PC}$, $\overrightarrow{AP}$, $\overrightarrow{AB}$, $\overrightarrow{BP}$, $\overrightarrow{BA}$, $\overrightarrow{BC}$, $\overrightarrow{CP}$, $\overrightarrow{CB}$의 10개이다.
(3) 선분은 $\overline{PA}$, $\overline{PB}$, $\overline{PC}$, $\overline{AB}$, $\overline{AC}$, $\overline{BC}$의 6개이다.

03 두 점 사이의 거리

개념 CHECK

01 (1) 7 cm (2) 6 cm (3) 4 cm

02 (1) 2, 2 (2) $\frac{1}{2}$, 4 (3) $\frac{1}{2}$, 2

대표 유형

● 본책 014~015쪽

06·A ② **B** ③ **07·A** ③
08·A 20 cm **09·A** 12 cm **B** 5 cm

06·A

정답 ②

① $\overline{AM}=\overline{MB}=2\overline{NB}$

② $\overline{AN}=\overline{AM}+\overline{MN}=2\overline{MN}+\overline{MN}=3\overline{MN}$

④ $\overline{NB}=\frac{1}{2}\overline{MB}=\frac{1}{2}\overline{AM}$

⑤ $\overline{MN}+\overline{NB}=\overline{MB}=\overline{AM}$

따라서 옳지 않은 것은 ②이다.

06·B

정답 ③

① $\overline{AB}=\overline{CD}=2\overline{MD}$

③ $\overline{AC}=2\overline{AB}=2\overline{CD}=2\times2\overline{CM}=4\overline{CM}$

⑤ $\overline{BD}=\overline{BC}+\overline{CD}=\frac{1}{3}\overline{AD}+\frac{1}{3}\overline{AD}=\frac{2}{3}\overline{AD}$

따라서 옳지 않은 것은 ③이다.

07·A

정답 ③

점 M이 $\overline{AB}$의 중점이므로

$\overline{AM}=\overline{MB}=\frac{1}{2}\overline{AB}=\frac{1}{2}\times24=12\,(cm)$

점 N이 $\overline{MB}$의 중점이므로

$\overline{MN}=\frac{1}{2}\overline{MB}=\frac{1}{2}\times12=6\,(cm)$

$\therefore \overline{AN}=\overline{AM}+\overline{MN}=12+6=18\,(cm)$

08·A

정답 20 cm

두 점 M, N은 각각 $\overline{AB}$, $\overline{BC}$의 중점이므로

$\overline{AB}=2\overline{MB}$, $\overline{BC}=2\overline{BN}$

$\therefore \overline{AC}=\overline{AB}+\overline{BC}=2\overline{MB}+2\overline{BN}=2(\overline{MB}+\overline{BN})$
$\qquad=2\overline{MN}=2\times10=20\,(cm)$

09·A

정답 12 cm

점 M이 $\overline{AB}$의 중점이므로 $\overline{AB}=2\overline{MB}$
점 N이 $\overline{BC}$의 중점이므로 $\overline{BC}=2\overline{BN}$

$\therefore \overline{AC}=\overline{AB}+\overline{BC}=2\overline{MB}+2\overline{BN}=2(\overline{MB}+\overline{BN})$
$\qquad=2\overline{MN}=2\times8=16\,(cm)$

$3\overline{AB}=\overline{BC}$이므로 $\overline{AB}:\overline{BC}=1:3$

$\therefore \overline{BC}=\frac{3}{1+3}\overline{AC}=\frac{3}{4}\times16=12\,(cm)$

09·B

정답 5 cm

$\overline{AB}:\overline{BC}=1:2$이므로 $\overline{BC}=2\overline{AB}$

$\overline{AC}=\overline{AB}+\overline{BC}=\overline{AB}+2\overline{AB}=3\overline{AB}$이므로

$\overline{AB}=\frac{1}{3}\overline{AC}=\frac{1}{3}\times6=2\,(cm)$

$\therefore \overline{BC}=2\overline{AB}=2\times2=4\,(cm)$

이때 점 M이 $\overline{AB}$의 중점이므로

$\overline{MB}=\frac{1}{2}\overline{AB}=\frac{1}{2}\times2=1\,(cm)$

$\therefore \overline{MC}=\overline{MB}+\overline{BC}=1+4=5\,(cm)$

배운대로 학습하기

● 본책 016쪽

01 ② **02** $\overrightarrow{BC}$와 $\overrightarrow{BD}$, $\overline{CD}$와 $\overline{DC}$, $\overrightarrow{DB}$와 $\overrightarrow{DA}$
03 10 **04** ④ **05** 7 cm **06** ③

01

정답 ②

② 면 ABCDEF와 면 CIJD의 교선은 모서리 CD이다.

02

정답 $\overrightarrow{BC}$와 $\overrightarrow{BD}$, $\overline{CD}$와 $\overline{DC}$, $\overrightarrow{DB}$와 $\overrightarrow{DA}$

$\overrightarrow{BC}$와 $\overrightarrow{BD}$: 양쪽 방향으로 한없이 뻗은 직선이므로 $\overleftrightarrow{BC}=\overleftrightarrow{BD}$
$\overline{CD}$와 $\overline{DC}$: 양 끝 점이 같으므로 $\overline{CD}=\overline{DC}$
$\overrightarrow{DB}$와 $\overrightarrow{DA}$: 시작점과 방향이 모두 같으므로 $\overrightarrow{DB}=\overrightarrow{DA}$

03

정답 10

직선은 $\overleftrightarrow{AB}$, $\overleftrightarrow{AC}$, $\overleftrightarrow{AD}$, $\overleftrightarrow{AE}$, $\overleftrightarrow{BC}$, $\overleftrightarrow{BD}$, $\overleftrightarrow{BE}$, $\overleftrightarrow{CD}$, $\overleftrightarrow{CE}$, $\overleftrightarrow{DE}$의 10개이다.

04

정답 ④

두 점 B, C는 $\overline{AD}$를 삼등분하는 점이므로

$\overline{AB}=\overline{BC}=\overline{CD}=\frac{1}{3}\overline{AD}$

④ $\overline{AD}=\overline{AC}+\overline{CD}=\overline{AC}+\overline{AB}=\overline{AC}+\frac{1}{2}\overline{AC}=\frac{3}{2}\overline{AC}$

⑤ $\overline{CD}=\overline{AB}=\frac{1}{2}\overline{AC}$

따라서 옳지 않은 것은 ④이다.

05

정답 7 cm

두 점 M, N은 각각 $\overline{AB}$, $\overline{BC}$의 중점이므로

$\overline{MB}=\frac{1}{2}\overline{AB}$, $\overline{BN}=\frac{1}{2}\overline{BC}$

$$\therefore \overline{MN}=\overline{MB}+\overline{BN}=\frac{1}{2}\overline{AB}+\frac{1}{2}\overline{BC}=\frac{1}{2}(\overline{AB}+\overline{BC})$$
$$=\frac{1}{2}\overline{AC}=\frac{1}{2}\times14=7\,(\text{cm})$$

06 〔정답〕 ③

점 M이 $\overline{AB}$의 중점이므로
$\overline{MB}=\overline{AM}=9\ \text{cm},\ \overline{AB}=2\overline{AM}=2\times9=18\,(\text{cm})$
이때 $\overline{AB}=3\overline{BC}$이므로
$$\overline{BC}=\frac{1}{3}\overline{AB}=\frac{1}{3}\times18=6\,(\text{cm})$$
점 N이 $\overline{BC}$의 중점이므로
$$\overline{BN}=\frac{1}{2}\overline{BC}=\frac{1}{2}\times6=3\,(\text{cm})$$
$$\therefore \overline{MN}=\overline{MB}+\overline{BN}=9+3=12\,(\text{cm})$$

04 각

개념 CHECK ● 본책 017쪽

01 (1) ∠BAC (또는 ∠CAB) (2) ∠ABC (또는 ∠CBA)
02 (1) 37°, 89°, 10° (2) 90° (3) 120°, 172° (4) 180°
03 (1) 50° (2) 40°

03 (1) $130°+\angle x=180°$이므로 $\angle x=50°$
(2) $90°+\angle x+50°=180°$이므로
$140°+\angle x=180°$ $\therefore \angle x=40°$

대표 유형 ● 본책 018~019쪽

01·Ⓐ ④ **Ⓑ** $\angle x=55°,\ \angle y=35°$
02·Ⓐ ⑤ **Ⓑ** 33° **03·Ⓐ** ② **Ⓑ** 70°
04·Ⓐ ③ **Ⓑ** $\angle AOB=54°,\ \angle BOC=36°$

01·Ⓐ 〔정답〕 ④

$(4\angle x-30°)+(\angle x+25°)=90°$이므로
$5\angle x-5°=90°,\ 5\angle x=95°$ $\therefore \angle x=19°$

01·Ⓑ 〔정답〕 $\angle x=55°,\ \angle y=35°$

$35°+\angle x=90°$이므로 $\angle x=55°$
$\angle x+\angle y=90°$이므로 $55°+\angle y=90°$ $\therefore \angle y=35°$

02·Ⓐ 〔정답〕 ⑤

$3\angle x+90°+(\angle x+22°)=180°$이므로
$4\angle x+112°=180°,\ 4\angle x=68°$ $\therefore \angle x=17°$

02·Ⓑ 〔정답〕 33°

$(\angle x+27°)+\angle x+(3\angle x-12°)=180°$이므로
$5\angle x+15°=180°,\ 5\angle x=165°$ $\therefore \angle x=33°$

03·Ⓐ 〔정답〕 ②

$\angle AOC+\angle COD+\angle DOE+\angle EOB=180°$이므로
$2\angle COD+\angle COD+\angle DOE+2\angle DOE=180°$
$3(\angle COD+\angle DOE)=180°,\ 3\angle COE=180°$
$\therefore \angle COE=60°$

03·Ⓑ 〔정답〕 70°

$\angle AOF=180°-40°=140°$이므로
$\angle AOC+\angle COD+\angle DOE+\angle EOF=140°$
$\angle COD+\angle COD+\angle DOE+\angle DOE=140°$
$2(\angle COD+\angle DOE)=140°,\ 2\angle COE=140°$
$\therefore \angle COE=70°$

04·Ⓐ 〔정답〕 ③

$$\angle y=180°\times\frac{5}{4+5+6}=180°\times\frac{1}{3}=60°$$

04·Ⓑ 〔정답〕 $\angle AOB=54°,\ \angle BOC=36°$

$$\angle AOB=90°\times\frac{3}{3+2}=90°\times\frac{3}{5}=54°$$
$$\angle BOC=90°\times\frac{2}{3+2}=90°\times\frac{2}{5}=36°$$

05 맞꼭지각

개념 CHECK ● 본책 020쪽

01 (1) ∠DOE (또는 ∠EOD) (2) ∠EOF (또는 ∠FOE)
(3) ∠AOF (또는 ∠FOA) (4) ∠AOE (또는 ∠EOA)
02 (1) 40° (2) 20° (3) 65°
03 (1) $\angle x=140°,\ \angle y=40°$ (2) $\angle x=55°,\ \angle y=60°$
(3) $\angle x=35°,\ \angle y=95°$

02 (2) $3\angle x=60°$이므로 $\angle x=20°$
(3) $2\angle x+15°=145°$이므로 $2\angle x=130°$ $\therefore \angle x=65°$

03 (3) $\angle x=35°$ (맞꼭지각)
$35°+\angle y+50°=180°$이므로
$85°+\angle y=180°$ $\therefore \angle y=95°$

대표 유형 ● 본책 021쪽

05·Ⓐ ⑤ **Ⓑ** 38°
06·Ⓐ ③ **Ⓑ** $\angle x=15°,\ \angle y=75°$

본책

05·Ⓐ
정답 ⑤

$3\angle x+40°=5\angle x+20°$이므로

$2\angle x=20°$ $\quad\therefore \angle x=10°$

05·Ⓑ
정답 38°

$(\angle x+26°)+90°=40°+3\angle x$이므로

$\angle x+116°=40°+3\angle x,\ 2\angle x=76°$ $\quad\therefore \angle x=38°$

06·Ⓐ
정답 ③

오른쪽 그림에서

$(4\angle x-10°)+2\angle x+(3\angle x+10°)=180°$

이므로

$9\angle x=180°$ $\quad\therefore \angle x=20°$

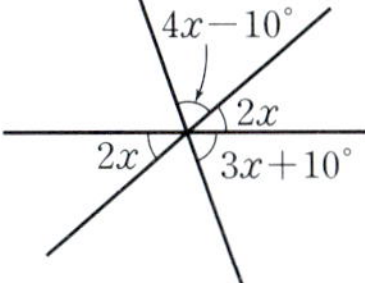

06·Ⓑ
정답 $\angle x=15°,\ \angle y=75°$

오른쪽 그림에서

$3\angle x+60°+(7\angle x-30°)=180°$이므로

$10\angle x+30°=180°,\ 10\angle x=150°$

$\therefore \angle x=15°$

$\therefore \angle y=7\angle x-30°=7\times15°-30°=75°$

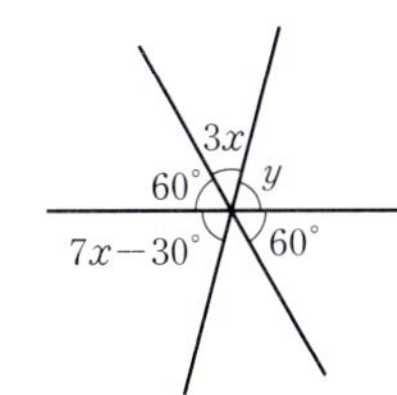

06 수직과 수선

개념 CHECK
● 본책 022쪽

01 (1) ⊥ (2) 수선 (3) O (4) $\overline{\mathrm{CO}}$

02 (1) 변 AB (2) 점 B (3) 4 cm (4) 5 cm

02 (3) 점 A와 $\overline{\mathrm{BC}}$ 사이의 거리는 $\overline{\mathrm{AB}}$의 길이와 같으므로 4 cm
이다.

(4) 점 D와 $\overline{\mathrm{AB}}$ 사이의 거리는 $\overline{\mathrm{AD}}$의 길이와 같으므로 5 cm
이다.

대표 유형
● 본책 023쪽

07·Ⓐ ㄱ, ㄷ **08·Ⓐ** 21.6 **Ⓑ** ③

07·Ⓐ
정답 ㄱ, ㄷ

ㄴ. $\overleftrightarrow{\mathrm{AC}}$와 $\overleftrightarrow{\mathrm{BC}}$는 수직으로 만나지 않으므로 $\overleftrightarrow{\mathrm{AC}}$는 $\overleftrightarrow{\mathrm{BC}}$의 수선이
아니다.

ㄹ. 점 B와 $\overline{\mathrm{CD}}$ 사이의 거리는 $\overline{\mathrm{BC}}$의 길이이다.

따라서 옳은 것은 ㄱ, ㄷ이다.

08·Ⓐ
정답 21.6

점 A와 $\overline{\mathrm{BC}}$ 사이의 거리는 $\overline{\mathrm{AD}}$의 길이와 같으므로 $x=9.6$

점 C와 $\overline{\mathrm{AB}}$ 사이의 거리는 $\overline{\mathrm{AC}}$의 길이와 같으므로 $y=12$

$\therefore x+y=9.6+12=21.6$

08·Ⓑ
정답 ③

오른쪽 그림과 같이 점 A에서 $\overline{\mathrm{BC}}$에 내린
수선의 발을 H라 하면 점 A와 $\overline{\mathrm{BC}}$ 사이의
거리는 $\overline{\mathrm{AH}}$의 길이와 같으므로
점 A와 $\overline{\mathrm{BC}}$ 사이의 거리는

$\overline{\mathrm{AH}}=\overline{\mathrm{DC}}=10\ \mathrm{cm}$

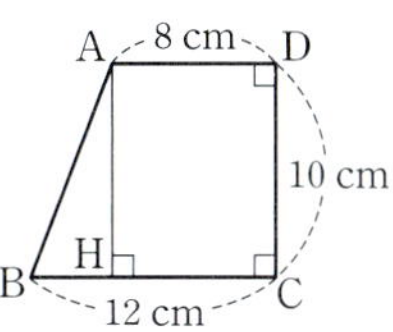

배운대로 학습하기
● 본책 024~025쪽

01 ② **02** ① **03** 27° **04** ④

05 ④ **06** 6쌍 **07** 162° **08** ⑤

09 145° **10** ③ **11** ㄱ, ㄴ, ㄹ **12** 5 cm

01
정답 ②

$48°+\angle x=90°$이므로 $\angle x=42°$

$\angle x+\angle y=90°$이므로 $42°+\angle y=90°$ $\quad\therefore \angle y=48°$

$\therefore \angle y-\angle x=48°-42°=6°$

참고 오른쪽 그림에서 $\angle \mathrm{AOC}=\angle \mathrm{BOD}$이면

$\angle \mathrm{AOB}=\angle \mathrm{AOC}-\angle \mathrm{BOC}$

$=\angle \mathrm{BOD}-\angle \mathrm{BOC}$

$=\angle \mathrm{COD}$

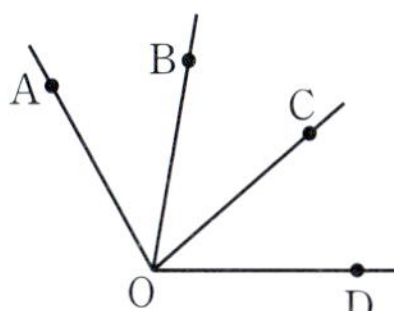

02
정답 ①

$(2\angle x+14°)+\angle x+(3\angle x+16°)=180°$이므로

$6\angle x+30°=180°,\ 6\angle x=150°$ $\quad\therefore \angle x=25°$

03
정답 27°

$\angle \mathrm{AOF}=180°-72°=108°$

이때 $\angle \mathrm{AOC}=\angle \mathrm{COD}=\angle \mathrm{DOE}=\angle \mathrm{EOF}$이므로

$\angle \mathrm{COD}=\dfrac{1}{4}\angle \mathrm{AOF}=\dfrac{1}{4}\times108°=27°$

04
정답 ④

$\angle \mathrm{COD}=3\angle \mathrm{AOC}$이므로 $\angle \mathrm{AOC}=\dfrac{1}{3}\angle \mathrm{COD}$

$\angle \mathrm{DOE}=3\angle \mathrm{EOB}$이므로 $\angle \mathrm{EOB}=\dfrac{1}{3}\angle \mathrm{DOE}$

이때 $\angle \mathrm{AOC}+\angle \mathrm{COD}+\angle \mathrm{DOE}+\angle \mathrm{EOB}=180°$이므로

$\dfrac{1}{3}\angle \mathrm{COD}+\angle \mathrm{COD}+\angle \mathrm{DOE}+\dfrac{1}{3}\angle \mathrm{DOE}=180°$

$\dfrac{4}{3}(\angle \mathrm{COD}+\angle \mathrm{DOE})=180°,\ \dfrac{4}{3}\angle \mathrm{COE}=180°$

$\therefore \angle \mathrm{COE}=135°$

05
정답 ④

$$\angle z = 180° \times \frac{8}{5+7+8} = 180° \times \frac{2}{5} = 72°$$

06
정답 6쌍

$\overleftrightarrow{AB}$와 $\overleftrightarrow{CD}$로 만들어지는 맞꼭지각은
$\angle AOC$와 $\angle BOD$, $\angle AOD$와 $\angle COB$의 2쌍
$\overleftrightarrow{AB}$와 $\overleftrightarrow{EF}$로 만들어지는 맞꼭지각은
$\angle AOE$와 $\angle BOF$, $\angle AOF$와 $\angle EOB$의 2쌍
$\overleftrightarrow{CD}$와 $\overleftrightarrow{EF}$로 만들어지는 맞꼭지각은
$\angle COE$와 $\angle FOD$, $\angle EOD$와 $\angle COF$의 2쌍
따라서 구하는 맞꼭지각은 모두 6쌍이다.

참고 서로 다른 n개의 직선이 한 점에서 만날 때, 생기는 맞꼭지각은 모두 $n(n-1)$쌍이다.

07
정답 162°

$5\angle x - 30° = 2\angle x + 6°$이므로
$3\angle x = 36°$ $\therefore \angle x = 12°$
또한 $(5\angle x - 30°) + \angle y = 180°$이므로
$(5 \times 12° - 30°) + \angle y = 180°$
$30° + \angle y = 180°$ $\therefore \angle y = 150°$
$\therefore \angle x + \angle y = 12° + 150° = 162°$

08
정답 ⑤

$4\angle x - 45° = 120° - \angle x$이므로
$5\angle x = 165°$ $\therefore \angle x = 33°$
또한 $(3\angle y + 15°) + (120° - \angle x) = 180°$이므로
$3\angle y + 15° + 120° - 33° = 180°$, $3\angle y + 102° = 180°$
$3\angle y = 78°$ $\therefore \angle y = 26°$
$\therefore \angle x + \angle y = 33° + 26° = 59°$

09
정답 145°

$(\angle x + 10°) + (3\angle x - 20°) + 90° = 180°$이므로
$4\angle x + 80° = 180°$, $4\angle x = 100°$ $\therefore \angle x = 25°$
$\therefore \angle y = (3\angle x - 20°) + 90°$
$\qquad = 3 \times 25° - 20° + 90° = 145°$

10
정답 ③

오른쪽 그림에서
$(6\angle x - 15°) + \angle x + (3\angle x - 5°) = 180°$
이므로
$10\angle x - 20° = 180°$, $10\angle x = 200°$
$\therefore \angle x = 20°$

11
정답 ㄱ, ㄴ, ㄹ

ㄷ. $\overleftrightarrow{DE}$는 $\overline{BC}$의 수직이등분선이다.
ㅁ. 점 D와 $\overline{BC}$ 사이의 거리는 $\overline{DE}$의 길이이다.
따라서 옳은 것은 ㄱ, ㄴ, ㄹ이다.

12
정답 5 cm

점 A와 직선 l 사이의 거리는 $\overline{AM}$의 길이와 같다.
이때 직선 l은 $\overline{AB}$의 수직이등분선이므로 점 A와 직선 l 사이의 거리는
$$\overline{AM} = \frac{1}{2}\overline{AB} = \frac{1}{2} \times 10 = 5(\text{cm})$$

서술형 훈련하기
● 본책 026~027쪽

01 8 cm	**02** 19°	**03** 19	**04** 12 cm
05 75°	**06** 62°		

01
정답 8 cm

1단계 $\overline{AN}$의 길이 구하기
$\overline{AN} = \frac{1}{2}\overline{AC} = \frac{1}{2}(\overline{AB} + \overline{BC})$
$\qquad = \frac{1}{2} \times (24 + 16) = 20(\text{cm})$ …… 50 %

2단계 $\overline{AM}$의 길이 구하기
$\overline{AM} = \frac{1}{2}\overline{AB} = \frac{1}{2} \times 24 = 12(\text{cm})$ …… 30 %

3단계 $\overline{MN}$의 길이 구하기
$\therefore \overline{MN} = \overline{AN} - \overline{AM} = 20 - 12 = 8(\text{cm})$ …… 20 %

02
정답 19°

1단계 $\angle x$의 크기 구하기
$24° + \angle x = 90°$이므로 $\angle x = 66°$ …… 40 %

2단계 $\angle y$의 크기 구하기
$\angle y + 24° + 109° = 180°$이므로 $\angle y + 133° = 180°$
$\therefore \angle y = 47°$ …… 40 %

3단계 $\angle x - \angle y$의 크기 구하기
$\therefore \angle x - \angle y = 66° - 47° = 19°$ …… 20 %

03
정답 19

1단계 a의 값 구하기
직선은 $\overleftrightarrow{AB}$, $\overleftrightarrow{AE}$, $\overleftrightarrow{BE}$, $\overleftrightarrow{CE}$, $\overleftrightarrow{DE}$의 5개이므로 $a = 5$ …… 30 %

2단계 b의 값 구하기
반직선은 $\overrightarrow{AB}$, $\overrightarrow{AE}$, $\overrightarrow{BA}$, $\overrightarrow{BC}$, $\overrightarrow{BE}$, $\overrightarrow{CB}$, $\overrightarrow{CD}$, $\overrightarrow{CE}$, $\overrightarrow{DC}$, $\overrightarrow{DE}$, $\overrightarrow{EA}$, $\overrightarrow{EB}$, $\overrightarrow{EC}$, $\overrightarrow{ED}$의 14개이므로 $b = 14$ …… 50 %

[3단계] $a+b$의 값 구하기
$\therefore a+b=5+14=19$ 20%

04
<정답> 12 cm

[1단계] $\overline{BC}$와 $\overline{AB}$의 관계 구하기
$\overline{AB}:\overline{BC}=3:2$이므로 $2\overline{AB}=3\overline{BC}$
$\therefore \overline{BC}=\dfrac{2}{3}\overline{AB}$ 30%

[2단계] $\overline{MN}$과 $\overline{AB}$의 관계 구하기
$\overline{MN}=\overline{MB}+\overline{BN}=\dfrac{1}{2}\overline{AB}+\dfrac{1}{2}\overline{BC}$
$=\dfrac{1}{2}\overline{AB}+\dfrac{1}{2}\times\dfrac{2}{3}\overline{AB}=\dfrac{5}{6}\overline{AB}$ 40%

[3단계] $\overline{AB}$의 길이 구하기
$\therefore \overline{AB}=\dfrac{6}{5}\overline{MN}=\dfrac{6}{5}\times10=12(cm)$ 30%

05
<정답> 75°

[1단계] ∠COD와 ∠DOB의 크기 구하기
∠AOC+∠COD+∠DOB=180°이고
∠AOC=∠COD=∠DOB이므로
∠COD=∠DOB=180°×$\dfrac{1}{3}$=60° 50%

[2단계] ∠DOE의 크기 구하기
∠DOB=∠DOE+∠EOB이고
3∠DOE=∠EOB이므로
∠DOE+∠EOB=60°, ∠DOE+3∠DOE=60°
4∠DOE=60°
$\therefore$ ∠DOE=15° 40%

[3단계] ∠COE의 크기 구하기
$\therefore$ ∠COE=∠COD+∠DOE=60°+15°=75° 10%

06
<정답> 62°

[1단계] $\angle x$의 크기 구하기
오른쪽 그림에서
$(2\angle x-26°)+\angle x+(3\angle x+38°)=180°$
이므로
$6\angle x+12°=180°$, $6\angle x=168°$
$\therefore \angle x=28°$ 60%

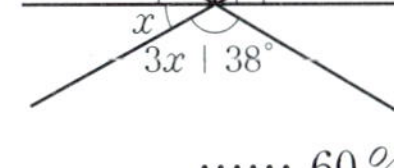

[2단계] $\angle a$의 크기 구하기
이때 $\angle a+\angle x=90°$이므로
$\angle a+28°=90°$
$\therefore \angle a=62°$ 40%

---

01 ③	**02** ⑤	**03** ②, ④	**04** ②
05 ③	**06** 5 cm	**07** 65°	**08** ④
09 ⑤	**10** ⑤	**11** ③	**12** 18
13 10	**14** 28 cm	**15** 36 cm	**16** 40°
17 135°	**18** 100°		

01
<정답> ③

오각뿔의 면의 개수는 6이므로 $a=6$
교점의 개수는 꼭짓점의 개수와 같으므로 $b=6$
교선의 개수는 모서리의 개수와 같으므로 $c=10$
$\therefore a+b+c=6+6+10=22$

02
<정답> ⑤

⑤ 서로 다른 두 점을 지나는 직선은 오직 하나뿐이다.

03
<정답> ②, ④

② $\overrightarrow{AC}$와 $\overrightarrow{BC}$는 한쪽 끝 점이 다르므로 $\overrightarrow{AC}\neq\overrightarrow{BC}$
④ $\overrightarrow{BA}$와 $\overrightarrow{BC}$는 방향이 다르므로 $\overrightarrow{BA}\neq\overrightarrow{BC}$

04
<정답> ②

$\overline{AM}=\overline{MN}=\overline{NB}=2\overline{NP}=2\overline{PB}$, $\overline{AM}=\overline{MN}=\overline{NB}=\dfrac{1}{3}\overline{AB}$
① $\overline{AB}=3\overline{NB}=3\times2\overline{NP}=6\overline{NP}$
② $\overline{AN}=\overline{AM}+\overline{MN}=\dfrac{1}{3}\overline{AB}+\dfrac{1}{3}\overline{AB}=\dfrac{2}{3}\overline{AB}$이므로
$3\overline{AN}=2\overline{AB}$
③ $\overline{AP}=\overline{AM}+\overline{MN}+\overline{NP}=2\overline{PB}+2\overline{PB}+\overline{PB}=5\overline{PB}$
따라서 옳지 않은 것은 ②이다.

05
<정답> ③

두 점 M, N은 각각 $\overline{AB}$, $\overline{BC}$의 중점이므로
$\overline{MB}=\dfrac{1}{2}\overline{AB}$, $\overline{BN}=\dfrac{1}{2}\overline{BC}$
$\therefore \overline{MN}=\overline{MB}+\overline{BN}=\dfrac{1}{2}\overline{AB}+\dfrac{1}{2}\overline{BC}=\dfrac{1}{2}(\overline{AB}+\overline{BC})$
$=\dfrac{1}{2}\overline{AC}=\dfrac{1}{2}\times26=13(cm)$

06
<정답> 5 cm

$\overline{AC}:\overline{CD}=2:1$이므로 $\overline{AC}=\dfrac{2}{3}\overline{AD}=\dfrac{2}{3}\times30=20(cm)$
$\overline{AB}:\overline{BC}=3:1$이므로 $\overline{BC}=\dfrac{1}{4}\overline{AC}=\dfrac{1}{4}\times20=5(cm)$

07
정답 65°

$\angle AOB = 90° - \angle BOC = \angle COD$이고
$\angle AOB + \angle COD = 50°$이므로
$\angle AOB = \dfrac{1}{2} \times 50° = 25°$
$\therefore \angle BOC = 90° - 25° = 65°$

08
정답 ④

$(3\angle x + 10°) + (80° - 2\angle x) + (5\angle x - 6°) = 180°$이므로
$6\angle x + 84° = 180°$, $6\angle x = 96°$ $\therefore \angle x = 16°$
$\therefore \angle DOB = 5 \times 16° - 6° = 74°$

09
정답 ⑤

$\angle COE = \angle COD + \angle DOE$
$\qquad = \dfrac{1}{4}\angle AOD + \dfrac{1}{4}\angle DOB$
$\qquad = \dfrac{1}{4}(\angle AOD + \angle DOB)$
$\qquad = \dfrac{1}{4} \times 180° = 45°$

10
정답 ⑤

$2\angle x + 20° = 90° + 40°$이므로
$2\angle x = 110°$ $\therefore \angle x = 55°$
$(3\angle y - 10°) + 90° + 40° = 180°$이므로
$3\angle y + 120° = 180°$, $3\angle y = 60°$ $\therefore \angle y = 20°$
$\therefore \angle x + \angle y = 55° + 20° = 75°$

11
정답 ③

오른쪽 그림에서
$(\angle x + 5°) + 95° + (2\angle x - 10°) = 180°$
이므로

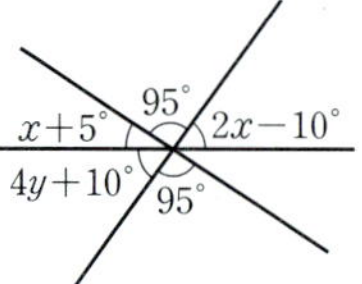

$3\angle x + 90° = 180°$, $3\angle x = 90°$
$\therefore \angle x = 30°$
$4\angle y + 10° = 2\angle x - 10°$이므로
$4\angle y + 10° = 2 \times 30° - 10°$
$4\angle y = 40°$
$\therefore \angle y = 10°$

12
정답 18

오른쪽 그림과 같이 점 A에서 $\overline{BC}$에
내린 수선의 발을 H라 하면 점 A와
$\overline{BC}$ 사이의 거리는 $\overline{AH}$의 길이와 같
으므로
$\overline{AH} = \overline{DE} = 8\,\text{cm}$ $\therefore x = 8$

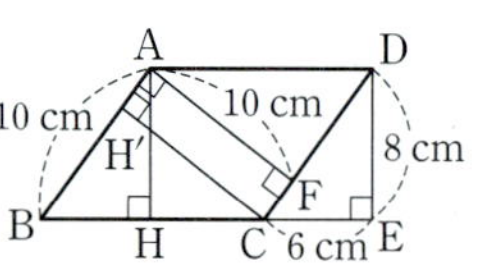

점 C에서 $\overline{AB}$에 내린 수선의 발을 H′이라 하면 점 C와 $\overline{AB}$ 사이의
거리는 $\overline{CH′}$의 길이와 같으므로
$\overline{CH′} = \overline{AF} = 10\,\text{cm}$ $\therefore y = 10$
$\therefore x + y = 8 + 10 = 18$

13
정답 10

직선은 $\overleftrightarrow{AC}$, $\overleftrightarrow{AD}$, $\overleftrightarrow{AE}$, $\overleftrightarrow{BD}$, $\overleftrightarrow{BE}$, $\overleftrightarrow{CD}$, $\overleftrightarrow{CE}$, $\overleftrightarrow{DE}$의 8개이므로
$a = 8$
반직선은 $\overrightarrow{AC}$, $\overrightarrow{AD}$, $\overrightarrow{AE}$, $\overrightarrow{BA}$, $\overrightarrow{BC}$, $\overrightarrow{BD}$, $\overrightarrow{BE}$, $\overrightarrow{CA}$, $\overrightarrow{CD}$, $\overrightarrow{CE}$,
$\overrightarrow{DA}$, $\overrightarrow{DB}$, $\overrightarrow{DC}$, $\overrightarrow{DE}$, $\overrightarrow{EA}$, $\overrightarrow{EB}$, $\overrightarrow{EC}$, $\overrightarrow{ED}$의 18개이므로
$b = 18$
$\therefore b - a = 18 - 8 = 10$

14
정답 28 cm

$\overline{PF} = 6\overline{PA}$에서 $\overline{PA} = \dfrac{1}{6}\overline{PF} = \dfrac{1}{6} \times 48 = 8\,(\text{cm})$이므로
$\overline{AF} = \overline{PF} - \overline{PA} = 48 - 8 = 40\,(\text{cm})$
$\overline{AB} = \overline{BC} = \overline{CD} = \overline{DE} = \overline{EF}$에서
$\overline{AC} = \dfrac{2}{5}\overline{AF} = \dfrac{2}{5} \times 40 = 16\,(\text{cm})$
$\overline{CF} = \dfrac{3}{5}\overline{AF} = \dfrac{3}{5} \times 40 = 24\,(\text{cm})$이므로
$\overline{CM} = \dfrac{1}{2}\overline{CF} = \dfrac{1}{2} \times 24 = 12\,(\text{cm})$
$\therefore \overline{AM} = \overline{AC} + \overline{CM} = 16 + 12 = 28\,(\text{cm})$

15
정답 36 cm

$\overline{AP} = \overline{PQ} = \overline{QB}$, $\overline{AL} = \overline{LM} = \overline{MN} = \overline{NB}$이므로
$\overline{AP} = \dfrac{1}{3}\overline{AB}$, $\overline{AL} = \dfrac{1}{4}\overline{AB}$
$\overline{LP} = \overline{AP} - \overline{AL} = \dfrac{1}{3}\overline{AB} - \dfrac{1}{4}\overline{AB} = \dfrac{1}{12}\overline{AB}$이므로
$\overline{AB} = 12\overline{LP} = 12 \times 3 = 36\,(\text{cm})$

16
정답 40°

$\angle AOD = 7\angle COD$이고 $\angle AOC + \angle COD = \angle AOD$이므로
$90° + \angle COD = 7\angle COD$, $6\angle COD = 90°$
$\therefore \angle COD = 15°$
이때 $\angle DOB = 180° - (90° + 15°) = 75°$이고
$\angle DOB = 3\angle DOE$이므로 $75° = 3\angle DOE$
$\therefore \angle DOE = 25°$
$\therefore \angle COE = \angle COD + \angle DOE = 15° + 25° = 40°$

17
정답 135°

$\angle DOE = \dfrac{1}{4}\angle COE$이므로 $\angle DOE = \dfrac{1}{3}\angle COD$

$\angle \text{BOC}=3\angle \text{AOB}$이므로 $\angle \text{AOB}=\dfrac{1}{3}\angle \text{BOC}$

$\angle \text{AOB}+\angle \text{BOC}+\angle \text{COD}+\angle \text{DOE}=180°$이므로

$\dfrac{1}{3}\angle \text{BOC}+\angle \text{BOC}+\angle \text{COD}+\dfrac{1}{3}\angle \text{COD}=180°$

$\dfrac{4}{3}(\angle \text{BOC}+\angle \text{COD})=180°$, $\dfrac{4}{3}\angle \text{BOD}=180°$

$\therefore \angle \text{BOD}=135°$

$\therefore \angle \text{GOF}=\angle \text{BOD}=135°$ (맞꼭지각)

(참고) $\angle \text{DOE}=\dfrac{1}{4}\angle \text{COE}$이므로 $\angle \text{COE}=4\angle \text{DOE}$

$\angle \text{COD}=\angle \text{COE}-\angle \text{DOE}=4\angle \text{DOE}-\angle \text{DOE}=3\angle \text{DOE}$

$\therefore \angle \text{DOE}=\dfrac{1}{3}\angle \text{COD}$

18   (정답) $100°$

시계의 시침은 1시간에 $360°\div12=30°$만큼, 1분에 $30°\div60=0.5°$ 만큼 움직이고, 분침은 1분에 $360°\div60=6°$만큼 움직인다.

시침이 시계의 12를 가리킬 때부터 4시간 40분 동안 움직인 각의 크기는 $30°\times4+0.5°\times40=140°$

분침이 시계의 12를 가리킬 때부터 40분 동안 움직인 각의 크기는 $6°\times40=240°$

따라서 구하는 각의 크기는 $240°-140°=100°$

(참고) 시침과 분침이 움직이는 각의 크기

(1) 시침 : 1시간에 $360°\div12=30°$만큼 움직이고 1분에 $30°\div60=0.5°$ 만큼 움직인다.

(2) 분침 : 1시간에 $360°$만큼 움직이므로 1분에 $360°\div60=6°$만큼 움직인다.

Ⅰ 02 위치 관계

01 평면에서 위치 관계

개념 CHECK   ● 본책 032쪽

- **01** (1) 점 B, 점 D   (2) 점 A, 점 C, 점 E
- **02** (1) 점 B, 점 D, 점 E   (2) 점 A, 점 C
- **03** (1) $\overline{\text{AD}}$, $\overline{\text{BC}}$ (2) $\overline{\text{AD}}$ (3) $\overline{\text{AD}}$, $\overline{\text{CD}}$

대표 유형   ● 본책 033쪽

01·Ⓐ ②, ⑤   Ⓑ ㄱ, ㄷ   02·Ⓐ ③   Ⓑ 4

01·Ⓐ   (정답) ②, ⑤

① 점 A는 직선 l 위에 있다.

③ 직선 l은 점 D를 지난다.

④ 두 점 A, D는 같은 직선 l 위에 있다.

01·Ⓑ   (정답) ㄱ, ㄷ

ㄴ. 점 C는 평면 P 위에 있다.

ㄷ. 직선 l 위에 있지 않은 점은 점 A, 점 C의 2개이다.

ㄹ. 평면 P 위에 있는 점은 점 B, 점 C, 점 D의 3개이다.

따라서 옳은 것은 ㄱ, ㄷ이다.

02·Ⓐ   (정답) ③

③ $\overleftrightarrow{\text{AB}}$와 $\overleftrightarrow{\text{DC}}$는 한 점에서 만난다.

(참고) 평면도형이나 입체도형에서 두 직선의 위치 관계는 변 또는 모서리를 직선으로 연장하여 생각한다.

02·Ⓑ   (정답) 4

$\overleftrightarrow{\text{AB}}$와 한 점에서 만나는 직선은 $\overleftrightarrow{\text{AF}}$, $\overleftrightarrow{\text{BC}}$, $\overleftrightarrow{\text{CD}}$, $\overleftrightarrow{\text{EF}}$의 4개이다.

02 공간에서 두 직선의 위치 관계

개념 CHECK   ● 본책 034쪽

- **01** (1) 꼬인 위치에 있다.   (2) 평행하다.   (3) 한 점에서 만난다.
- **02** (1) $\overline{\text{AC}}$, $\overline{\text{AD}}$, $\overline{\text{BC}}$, $\overline{\text{BE}}$ (2) $\overline{\text{DE}}$ (3) $\overline{\text{CF}}$, $\overline{\text{DF}}$, $\overline{\text{EF}}$

02 (3) 모서리 AB와 만나지도 않고 평행하지도 않은 모서리는 $\overline{\text{CF}}$, $\overline{\text{DF}}$, $\overline{\text{EF}}$이다.

03·Ⓐ
정답 ⑤

모서리 EH와 꼬인 위치에 있는 모서리는 $\overline{AB}$, $\overline{CD}$, $\overline{BF}$, $\overline{CG}$이다.
따라서 모서리 EH와 꼬인 위치에 있는 모서리가 아닌 것은 ⑤이다.

03·Ⓑ
정답 ④

$\overline{BD}$와 꼬인 위치에 있는 모서리는 $\overline{AE}$, $\overline{CG}$, $\overline{EF}$, $\overline{FG}$, $\overline{GH}$, $\overline{EH}$의
6개이다.

04·Ⓐ
정답 1

한 직선과 그 직선 밖의 한 점이 주어지면 하나의 평면이 정해진다.
따라서 정해지는 서로 다른 평면은 1개이다.

04·Ⓑ
정답 ③

(i) 세 점 B, C, D로 정해지는 평면은 평면 P의 1개
(ii) 점 A와 세 점 B, C, D 중 두 개의 점으로 정해지는 평면은 평면
　　 ABC, 평면 ABD, 평면 ACD의 3개
(i), (ii)에서 구하는 평면의 개수는 $1+3=4$

05·Ⓐ
정답 11

모서리 AF와 평행한 모서리는 $\overline{BG}$, $\overline{CH}$, $\overline{DI}$, $\overline{EJ}$의 4개이므로
$a=4$
모서리 AE와 꼬인 위치에 있는 모서리는 $\overline{BG}$, $\overline{CH}$, $\overline{DI}$, $\overline{FG}$, $\overline{GH}$,
$\overline{HI}$, $\overline{IJ}$의 7개이므로
$b=7$
$\therefore a+b=4+7=11$

06·Ⓐ
정답 ④

④ 모서리 AB와 모서리 CG는 꼬인 위치에 있다.

06·Ⓑ
정답 ④, ⑤

① 모서리 AB와 모서리 DE는 평행하므로 만나지 않는다.
④ 모서리 BE와 모서리 DF는 꼬인 위치에 있다.
⑤ 모서리 DE와 수직으로 만나는 모서리는 $\overline{AD}$, $\overline{BE}$, $\overline{EF}$의 3개
　 이다.
따라서 옳지 않은 것은 ④, ⑤이다.

01
정답 ⑤

⑤ 두 직선 l과 n의 교점은 점 D의 1개이다.

02
정답 6

$\overleftrightarrow{AH}$와 한 점에서 만나는 직선은 $\overleftrightarrow{AB}$, $\overleftrightarrow{BC}$, $\overleftrightarrow{CD}$, $\overleftrightarrow{EF}$, $\overleftrightarrow{FG}$, $\overleftrightarrow{GH}$의
6개이다.

03
정답 ③

ㄱ. 오른쪽 그림과 같이 $l /\!/ m$, $m /\!/ n$이면
　 $l /\!/ n$이다.

ㄴ. 오른쪽 그림과 같이 $l /\!/ m$, $l \perp n$이면
　 $m \perp n$이다.

ㄷ. 오른쪽 그림과 같이 $l \perp m$, $l \perp n$이면
　 $m /\!/ n$이다.

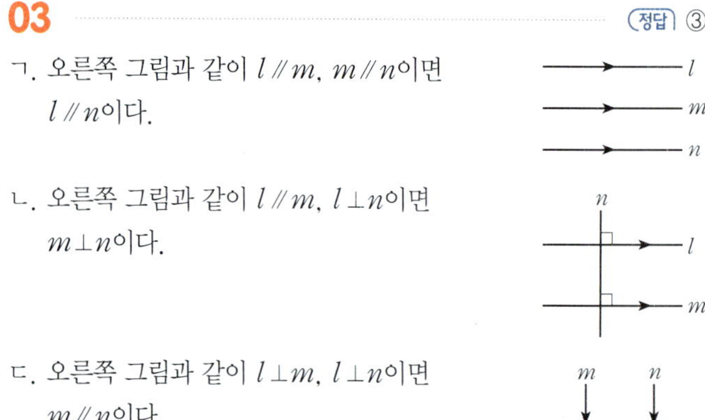

따라서 옳은 것은 ㄱ, ㄷ이다.

04
정답 ③

①, ②, ④, ⑤ 한 점에서 만난다.
③ 꼬인 위치에 있다.

05
정답 5

모서리 BC와 만나는 모서리는 $\overline{AB}$, $\overline{AC}$, $\overline{BE}$, $\overline{CD}$의 4개이므로
$a=4$
모서리 BC와 평행한 모서리는 $\overline{ED}$의 1개이므로
$b=1$
모서리 BC와 꼬인 위치에 있는 모서리는 $\overline{AD}$, $\overline{AE}$의 2개이므로
$c=2$
$\therefore a-b+c=4-1+2=5$

06
정답 ④

③ 모서리 DE와 수직으로 만나는 모서리는 $\overline{DJ}$, $\overline{EK}$의 2개이다.
④ 모서리 DE와 평행한 모서리는 $\overline{AB}$, $\overline{GH}$, $\overline{JK}$의 3개이다.
따라서 옳지 않은 것은 ④이다.

대표 유형 • 본책 041~042쪽

03 공간에서 직선과 평면의 위치 관계

개념 CHECK • 본책 038쪽

01 (1) $\overline{AB}$, $\overline{BC}$, $\overline{CD}$, $\overline{DA}$ (2) $\overline{EF}$, $\overline{FG}$, $\overline{GH}$, $\overline{HE}$
(3) $\overline{AE}$, $\overline{BF}$, $\overline{CG}$, $\overline{DH}$ (4) 면 ABFE, 면 BFGC
(5) 면 AEHD, 면 CGHD (6) 면 ABCD, 면 EFGH

대표 유형 • 본책 039쪽

01 · A ⑤   B 8   02 · A 21

01 · A ──────────── 정답 ⑤

④ 면 ADEB와 평행한 모서리는 $\overline{CF}$의 1개이다.
⑤ 면 DEF와 수직인 모서리는 $\overline{AD}$, $\overline{BE}$, $\overline{CF}$의 3개이다.
따라서 옳지 않은 것은 ⑤이다.

01 · B ──────────── 정답 8

면 GHIJKL과 평행한 모서리는 $\overline{AB}$, $\overline{BC}$, $\overline{CD}$, $\overline{DE}$, $\overline{EF}$, $\overline{FA}$의
6개이므로 $a=6$
모서리 AG와 수직인 면은 면 ABCDEF, 면 GHIJKL의 2개이므로 $b=2$
$\therefore a+b=6+2=8$

02 · A ──────────── 정답 21

점 A에서 면 CGHD에 내린 수선의 발이 점 D이므로 점 A와
면 CGHD 사이의 거리는
$\overline{AD}=\overline{FG}=9\,(cm)$ $\therefore a=9$
점 F에서 면 ABCD에 내린 수선의 발이 점 B이므로 점 F와
면 ABCD 사이의 거리는
$\overline{BF}=\overline{DH}=12\,(cm)$ $\therefore b=12$
$\therefore a+b=9+12=21$

04 공간에서 두 평면의 위치 관계

개념 CHECK • 본책 040쪽

01 (1) 면 ABFE, 면 BFGC, 면 CGHD, 면 AEHD
(2) 면 EFGH
(3) 면 ABCD, 면 ABFE, 면 EFGH, 면 CGHD
02 (1) 3 (2) 2 (3) 1

02 (1) 면 ABC와 한 모서리에서 만나는 면은
면 ABED, 면 BEFC, 면 ADFC의 3개
(2) 면 ABED와 수직인 면은 면 ABC, 면 DEF의 2개
(3) 면 DEF와 평행한 면은 면 ABC의 1개

대표 유형 • 본책 041~042쪽

03 · A ③   B ㄱ, ㄹ   04 · A $\overline{CF}$, $\overline{DF}$, $\overline{EF}$ B 6
05 · A 꼬인 위치에 있다.   B ⑤   06 · A ②

03 · A ──────────── 정답 ③

③ 면 BFGC와 면 AEHD는 평행하다.

03 · B ──────────── 정답 ㄱ, ㄹ

ㄴ. 면 ABGF와 면 BGHC는 수직이 아니다.
ㄷ. 면 CHID와 면 FGHIJ의 교선은 모서리 HI이다.
ㄹ. 면 AFJE와 수직인 면은 면 ABCDE, 면 FGHIJ의 2개이다.
따라서 옳은 것은 ㄱ, ㄹ이다.

04 · A ──────────── 정답 $\overline{CF}$, $\overline{DF}$, $\overline{EF}$

04 · B ──────────── 정답 6

모서리 AD와 평행한 면은 면 BFGC, 면 EFGH의 2개이므로
$a=2$
모서리 BC와 꼬인 위치에 있는 모서리는 $\overline{AE}$, $\overline{DH}$, $\overline{EF}$, $\overline{GH}$의
4개이므로 $b=4$
$\therefore a+b=2+4=6$

05 · A ──────────── 정답 꼬인 위치에 있다.

주어진 전개도를 접어서 만든 정육면체
는 오른쪽 그림과 같다.
따라서 모서리 GH와 모서리 JK는 꼬인
위치에 있다.

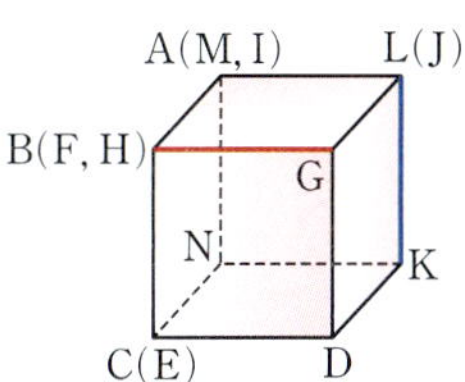

05 · B ──────────── 정답 ⑤

주어진 전개도로 삼각뿔을 만들면 오른쪽 그림
과 같다.
따라서 모서리 AB와 꼬인 위치에 있는 모서리
는 $\overline{DF}$이다.

참고 ①, ②, ③, ④ 한 점에서 만난다.

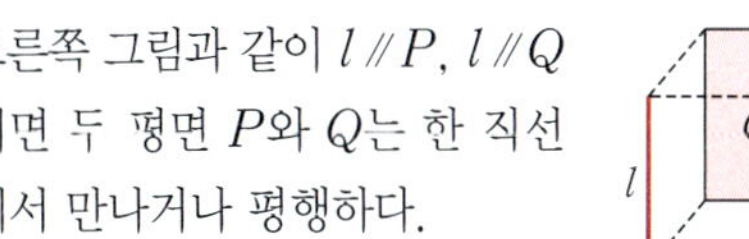

06 · A ──────────── 정답 ②

ㄱ. 오른쪽 그림과 같이 $l/\!/P$, $l/\!/Q$
이면 두 평면 P와 Q는 한 직선
에서 만나거나 평행하다.

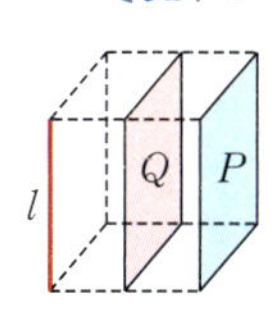

ㄴ. 오른쪽 그림과 같이 $l \perp P$,
$m/\!/P$이면 두 직선 l과 m은 한
점에서 만나거나 꼬인 위치에
있다.

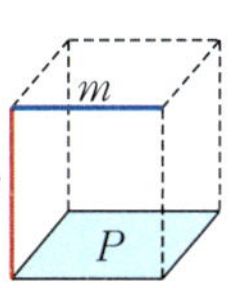

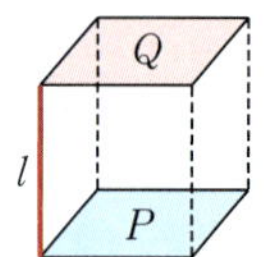

ㄷ. 오른쪽 그림과 같이 $l \perp P$, $P /\!/ Q$이면 직선 l과
　평면 Q는 수직이다. 즉, $l \perp Q$이다.
따라서 옳은 것은 ㄷ이다.

배운대로 학습하기
　● 본책 044쪽

01 ③	**02** ④	**03** 1	**04** ①, ③
05 ②	**06** ①		

01
（정답）③

① 대각선 BD와 평행한 면은 면 EFGH의 1개이다.
② 모서리 BC와 수직인 면은 면 ABFE, 면 CGHD의 2개이다.
③ 면 BFHD와 평행한 모서리는 $\overline{AE}$, $\overline{CG}$의 2개이다.
④ 면 EFGH와 수직인 모서리는 $\overline{AE}$, $\overline{BF}$, $\overline{CG}$, $\overline{DH}$의 4개이다.
⑤ 대각선 FH와 꼬인 위치에 있는 모서리는 $\overline{AB}$, $\overline{BC}$, $\overline{CD}$, $\overline{DA}$, $\overline{AE}$, $\overline{CG}$의 6개이다.
따라서 옳지 않은 것은 ③이다.

02
（정답）④

점 A에서 면 EFGH에 내린 수선의 발이 점 E이므로 점 A와
면 EFGH 사이의 거리는 $\overline{AE} = \overline{BF} = 14(\text{cm})$　　∴ $a = 14$
점 E에서 면 CGHD에 내린 수선의 발이 점 H이므로 점 E와
면 CGHD 사이의 거리는 $\overline{EH} = \overline{AD} = 7(\text{cm})$　　∴ $b = 7$
∴ $a + b = 14 + 7 = 21$

03
（정답）1

면 BHIC와 평행한 면은 면 FLKE의 1개이므로 $a = 1$
면 BHIC와 수직인 면은 면 ABCDEF, 면 GHIJKL의 2개이므로
$b = 2$
∴ $b - a = 2 - 1 = 1$

04
（정답）①, ③

① 모서리 AB와 모서리 CD는 꼬인 위치에 있다.
③ 면 ABC와 모서리 AD는 한 점에서 만나지만 수직은 아니다.

05
（정답）②

주어진 전개도를 접어서 만든 삼각기둥은 오른
쪽 그림과 같다.
면 CDE와 한 점에서 만나는 모서리는 $\overline{JC}$,
$\overline{AB}$, $\overline{HE}$의 3개이므로 $a = 3$
모서리 AB와 평행한 면은 면 JCEH의 1개이
므로 $b = 1$
∴ $2a + b = 2 \times 3 + 1 = 7$

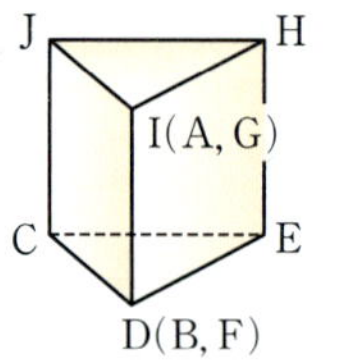

06
（정답）①

주어진 전개도를 접어서 만든 정육면체
는 오른쪽 그림과 같다.
②, ③ 평행하다.
④, ⑤ 한 점에서 만난다.

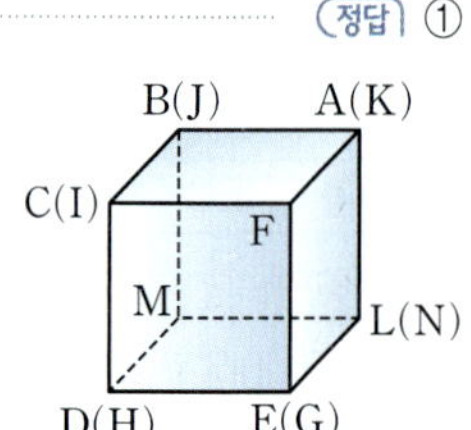

05 동위각과 엇각

개념 CHECK
　● 본책 045쪽

01 (1) $\angle e$ (2) $\angle c$ (3) $\angle e$ (4) $\angle d$
02 (1) $110°$ (2) $70°$ (3) $110°$ (4) $95°$

02 (1) $\angle b$의 동위각은 $\angle e$이고 $\angle e = 110°$ (맞꼭지각)
　　(2) $\angle c$의 동위각은 $\angle f$이고 $\angle f = 180° - 110° = 70°$
　　(4) $\angle d$의 엇각은 $\angle c$이고 $\angle c = 95°$ (맞꼭지각)

대표 유형
　● 본책 046쪽

01·Ⓐ ②, ④　**Ⓑ** ㄱ, ㄷ　　**02·Ⓐ** ③　**Ⓑ** $155°$

01·Ⓐ
（정답）②, ④

① $\angle a$의 엇각은 존재하지 않고, $\angle f$의 엇각은 $\angle l$이다.
③ $\angle c$의 엇각은 $\angle e$, $\angle i$이다.
⑤ $\angle h$의 엇각은 $\angle b$이고, $\angle k$의 엇각은 존재하지 않는다.
따라서 엇각끼리 짝 지어진 것은 ②, ④이다.

01·Ⓑ
（정답）ㄱ, ㄷ

ㄴ. $\angle b$의 동위각은 $\angle f$, $\angle i$이다.
ㄹ. $\angle h$의 엇각은 $\angle b$, $\angle j$이다.
따라서 옳은 것은 ㄱ, ㄷ이다.

02·Ⓐ
（정답）③

① $\angle a$의 동위각은 $\angle e$이고 $\angle e = 180° - 105° = 75°$
③ $\angle c$의 동위각은 $\angle f$이고 $\angle f = 180° - 105° = 75°$
④ $\angle d$의 엇각은 $\angle b$이고 $\angle b = 130°$ (맞꼭지각)
⑤ $\angle f$의 엇각은 $\angle a$이고 $\angle a = 180° - 130° = 50°$
따라서 옳지 않은 것은 ③이다.

02·Ⓑ
（정답）$155°$

$\angle x$의 엇각의 크기는 $180° - 120° = 60°$
$\angle y$의 동위각의 크기는 $180° - 85° = 95°$
따라서 구하는 각의 크기의 합은 $60° + 95° = 155°$

06 평행선의 성질

● 본책 047쪽

01 (1) $\angle x=40°$, $\angle y=40°$ (2) $\angle x=65°$, $\angle y=115°$
02 (1) 80 / 같다, 평행하다 (2) 55 / 같지 않다, 평행하지 않다

01 (1) $\angle x=40°$ (엇각), $\angle y=40°$ (동위각)
(2) $\angle x=65°$ (엇각), $\angle y=180°-\angle x=180°-65°=115°$

● 본책 048~051쪽

03·Ⓐ ③ **Ⓑ** $l/\!/m$, $p/\!/q$ **04·Ⓐ** ④
05·Ⓐ 70° **Ⓑ** 75° **06·Ⓐ** ⑤ **Ⓑ** 128°
07·Ⓐ 53° **Ⓑ** ② **08·Ⓐ** 130° **Ⓑ** ⑤
09·Ⓐ 100° **Ⓑ** 55° **10·Ⓐ** 70° **Ⓑ** 56°

03·Ⓐ (정답) ③

ㄱ. 오른쪽 그림에서 동위각의 크기가 같지 않으
므로 두 직선 l, m은 평행하지 않다.

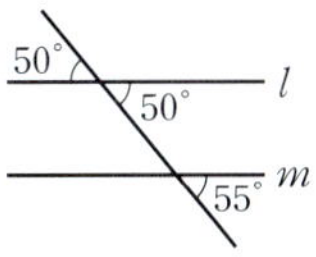

ㄴ. 오른쪽 그림에서 동위각의 크기가 같으므로
$l/\!/m$

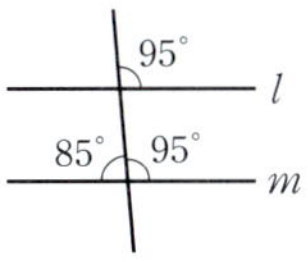

ㄷ. 오른쪽 그림에서 엇각의 크기가 같으므로
$l/\!/m$

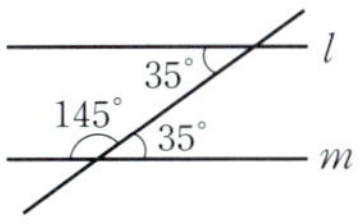

ㄹ. 오른쪽 그림에서 동위각의 크기가 같지 않
으므로 두 직선 l, m은 평행하지 않다.

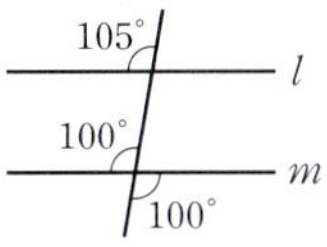

따라서 두 직선 l, m이 평행한 것은 ㄴ, ㄷ이다.

03·Ⓑ (정답) $l/\!/m$, $p/\!/q$

오른쪽 그림에서 두 직선 l, m이 직선 q와
만날 때, 엇각의 크기가 65°로 같으므로
$l/\!/m$
두 직선 p, q가 직선 n과 만날 때, 동위각
의 크기가 120°로 같으므로 $p/\!/q$

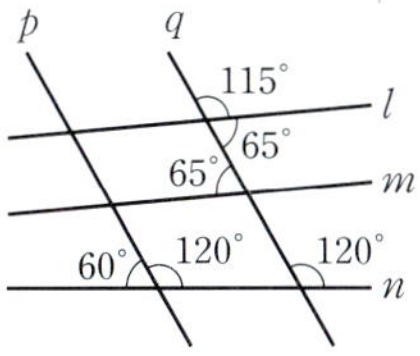

04·Ⓐ (정답) ④

오른쪽 그림에서 $l/\!/m$이므로
$(6x-40)+(x+10)=180$
$7x-30=180$, $7x=210$
$\therefore x=30$

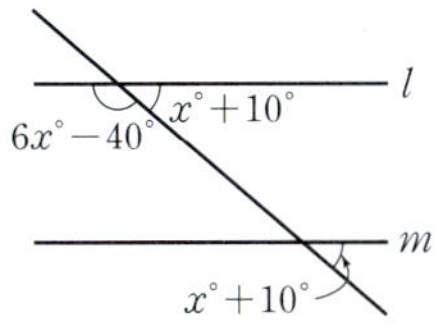

05·Ⓐ (정답) 70°

오른쪽 그림에서 삼각형의 세 각의 크기의
합이 180°이므로
$\angle x+45°+65°=180°$
$\angle x+110°=180°$ $\quad\therefore \angle x=70°$

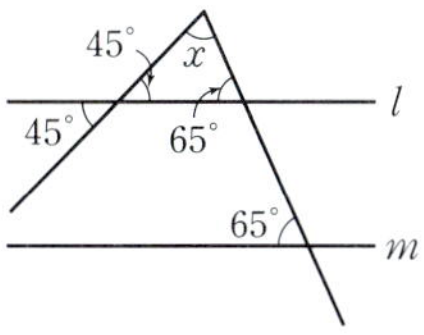

05·Ⓑ (정답) 75°

오른쪽 그림에서 삼각형의 세 각의 크기
의 합이 180°이므로
$45°+(180°-\angle x)+30°=180°$
$255°-\angle x=180°$ $\quad\therefore \angle x=75°$

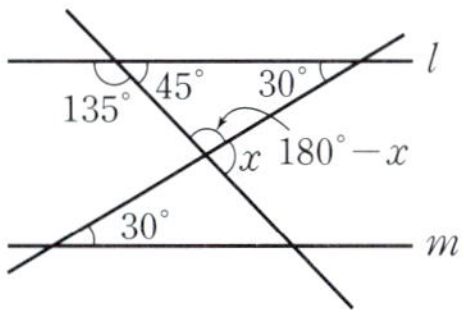

06·Ⓐ (정답) ⑤

오른쪽 그림과 같이 $l/\!/m/\!/n$이 되도록 직
선 n을 그으면
$\angle x=32°+63°=95°$

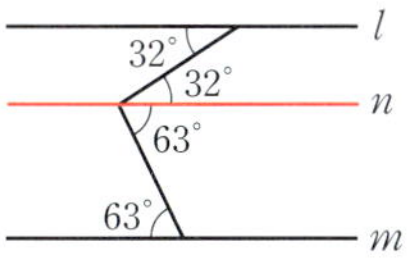

06·Ⓑ (정답) 128°

오른쪽 그림과 같이 $l/\!/m/\!/n$이 되도
록 직선 n을 그으면 삼각형의 세 각의
크기의 합이 180°이므로
$78°+50°+(180°-\angle x)=180°$
$308°-\angle x=180°$ $\quad\therefore \angle x=128°$

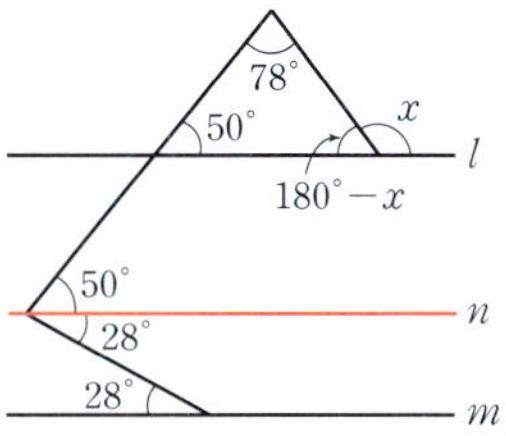

07·Ⓐ (정답) 53°

오른쪽 그림과 같이 $l/\!/m/\!/p/\!/q$가 되도
록 두 직선 p, q를 그으면
$\angle x=30°+23°=53°$

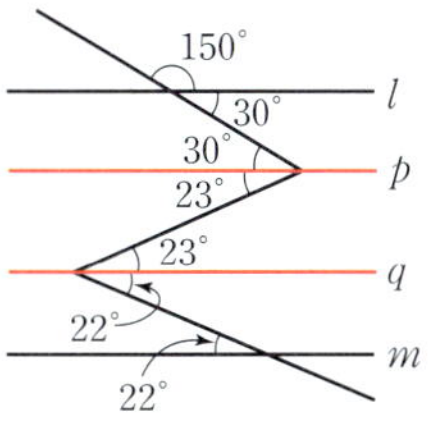

07·Ⓑ (정답) ②

오른쪽 그림과 같이 $l/\!/m/\!/p/\!/q$가 되도록
두 직선 p, q를 그으면
$\angle x=35°+15°=50°$

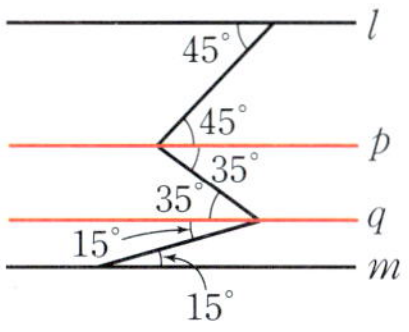

08·Ⓐ (정답) 130°

오른쪽 그림과 같이 $l/\!/m/\!/p/\!/q$가
되도록 두 직선 p, q를 그으면
$(\angle x-20°)+70°=180°$
$\angle x+50°=180°$
$\therefore \angle x=130°$

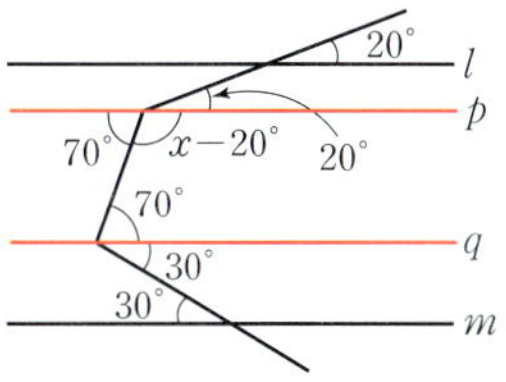

08·Ⓑ
정답 ⑤

오른쪽 그림과 같이 $l /\!/ m /\!/ p /\!/ q$가 되도록
두 직선 p, q를 그으면
$(\angle x - 25°) + (\angle y - 18°) = 180°$
$(\angle x + \angle y) - 43° = 180°$
$\therefore \angle x + \angle y = 223°$

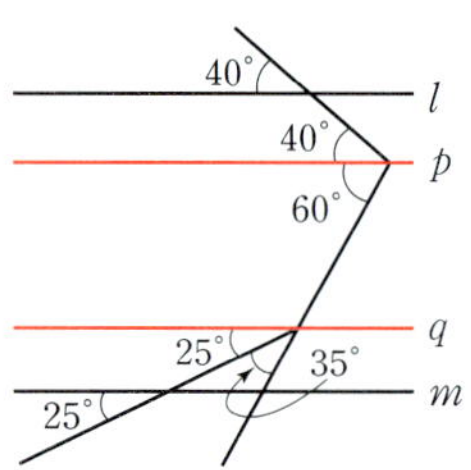

09·Ⓐ
정답 100°

오른쪽 그림과 같이 $l /\!/ m /\!/ p /\!/ q$가 되도
록 두 직선 p, q를 그으면
$\angle x = 40° + 60° = 100°$

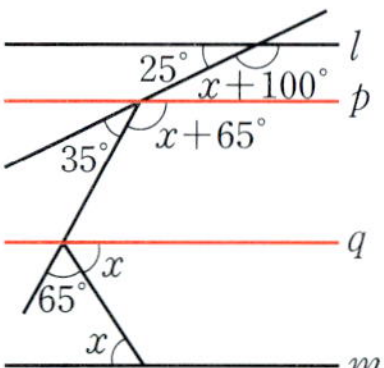

09·Ⓑ
정답 55°

오른쪽 그림과 같이 $l /\!/ m /\!/ p /\!/ q$가 되도록
두 직선 p, q를 그으면
$25° + (\angle x + 100°) = 180°$
$\therefore \angle x = 55°$

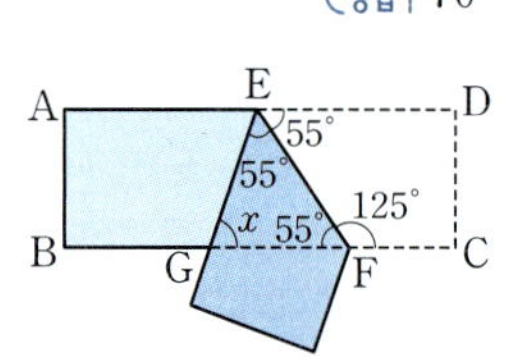

10·Ⓐ
정답 70°

오른쪽 그림에서
$\angle GFE = 180° - 125° = 55°$
$\overline{AD} /\!/ \overline{BC}$이므로
$\angle DEF = \angle GFE = 55°$ (엇각)
$\angle GEF = \angle DEF = 55°$ (접은 각)
따라서 삼각형 EGF에서
$55° + \angle x + 55° = 180°$이므로
$\angle x + 110° = 180°$　　$\therefore \angle x = 70°$

10·Ⓑ
정답 56°

오른쪽 그림에서
$\angle EAG = 90°$이므로
$\angle FAG = 90° - 22° = 68°$
$\angle FGC = \angle AGF = \angle x$ (접은 각)
$\overline{AD} /\!/ \overline{BC}$이므로
$\angle AFG = \angle FGC = \angle x$ (엇각)
따라서 삼각형 AGF에서
$68° + \angle x + \angle x = 180°$이므로
$2\angle x = 112°$　　$\therefore \angle x = 56°$

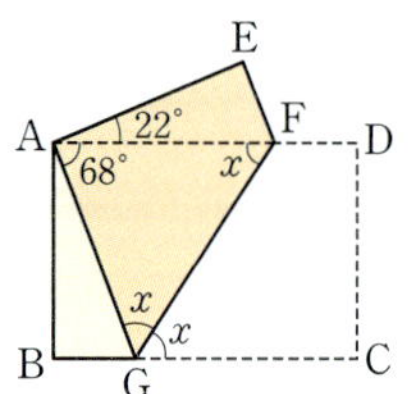

배운대로 학습하기
● 본책 052~053쪽

01 ⑤	**02** ③	**03** ②	**04** ④
05 ④	**06** 23°	**07** 50°	**08** 36
09 ④	**10** 260°	**11** 85°	**12** ⑤

01
정답 ⑤

③ $\angle b$의 동위각은 $\angle f$이고 $\angle f = 180° - 110° = 70°$
④ $\angle c$의 엇각은 $\angle e$이고 $\angle e = 110°$ (맞꼭지각)
⑤ $\angle d$의 동위각은 $\angle g$이고 $\angle g = 180° - 110° = 70°$
따라서 옳지 않은 것은 ⑤이다.

02
정답 ③

① 오른쪽 그림에서 동위각의 크기가 같으
므로 $l /\!/ m$

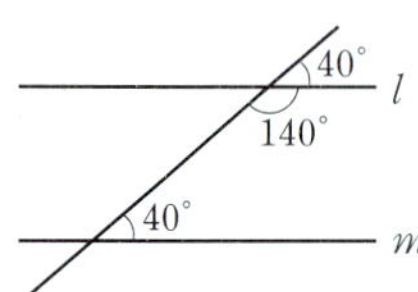

② 엇각의 크기가 같으므로 $l /\!/ m$
③ 오른쪽 그림에서 동위각의 크기가 같지
않으므로 두 직선 l, m은 평행하지 않다.

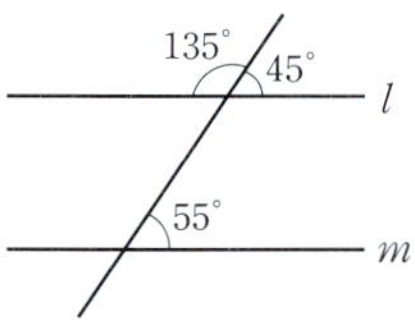

④ 오른쪽 그림에서 동위각의 크기가 같으
므로 $l /\!/ m$

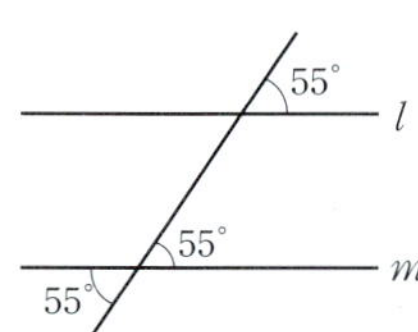

⑤ 동위각의 크기가 같으므로 $l /\!/ m$
따라서 두 직선 l, m이 평행하지 않은 것은 ③이다.

03
정답 ②

오른쪽 그림에서 두 직선 l, n이 직선 p와
만날 때, 엇각의 크기가 132°로 같으므로
$l /\!/ n$

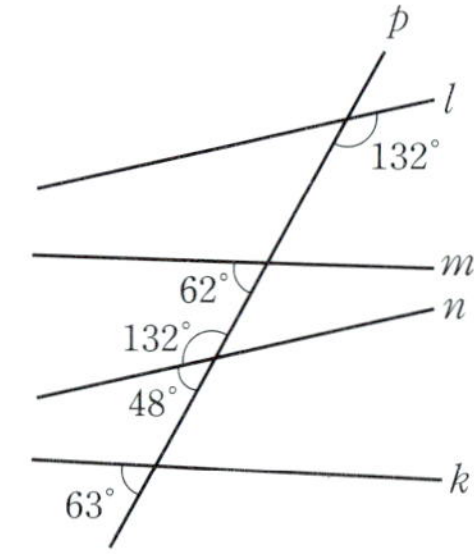

04
정답 ④

오른쪽 그림에서
$\angle x = 45°$ (엇각), $\angle y = 80°$ (동위각)
$\therefore \angle y - \angle x = 80° - 45° = 35°$

05

오른쪽 그림에서 삼각형의 세 각의 크
기의 합이 180°이므로

$75+x+(x-15)=180$

$2x+60=180,\ 2x=120$

$\therefore x=60$

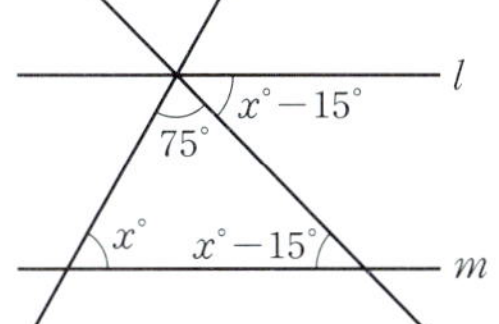

06

오른쪽 그림과 같이 $l\,/\!/\,m\,/\!/\,n$이 되도
록 직선 n을 그으면

$38°+\angle x=61°$ $\therefore \angle x=23°$

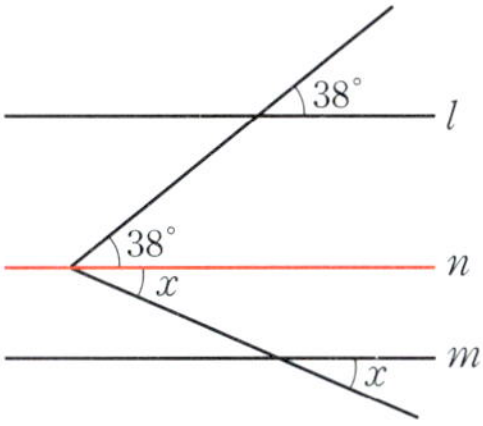

07

오른쪽 그림과 같이 $l\,/\!/\,m\,/\!/\,n$이 되도
록 직선 n을 그으면 삼각형의 세 각의
크기의 합이 180°이므로

$70°+60°+\angle x=180°$

$130°+\angle x=180°$

$\therefore \angle x=50°$

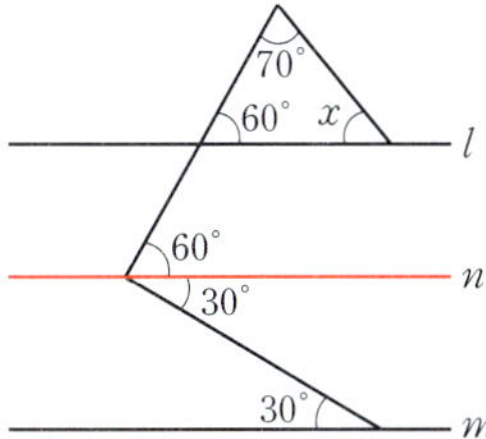

08

오른쪽 그림과 같이 $l\,/\!/\,m\,/\!/\,p\,/\!/\,q$가 되
도록 두 직선 p, q를 그으면

$60+(90-x)=4x-30$

$150-x=4x-30$

$5x=180$ $\therefore x=36$

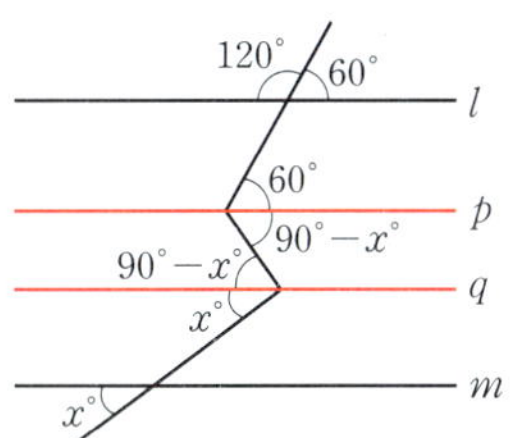

09

오른쪽 그림과 같이 $l\,/\!/\,m\,/\!/\,p\,/\!/\,q$가 되
도록 두 직선 p, q를 그으면

$75°+(\angle x-25°)=180°$

$\angle x+50°=180°$ $\therefore \angle x=130°$

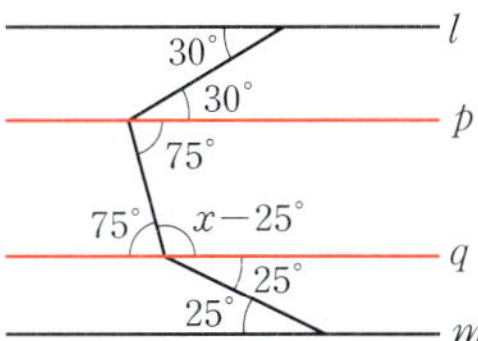

10

오른쪽 그림과 같이 $l\,/\!/\,m\,/\!/\,p\,/\!/\,q$가 되
도록 두 직선 p, q를 그으면

$(\angle x-30°)+(\angle y-50°)=180°$

$\angle x+\angle y-80°=180°$

$\therefore \angle x+\angle y=260°$

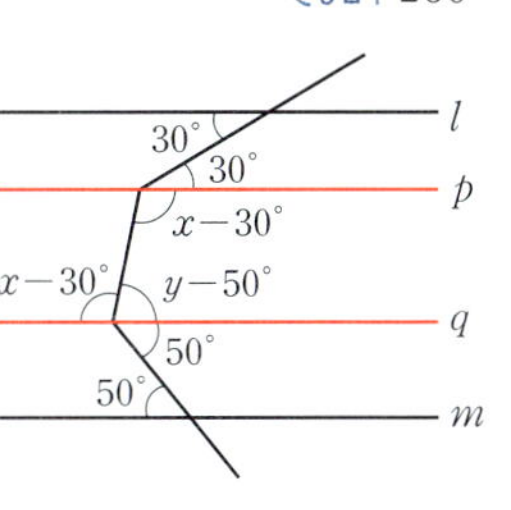

11

오른쪽 그림과 같이 $l\,/\!/\,m\,/\!/\,p\,/\!/\,q$가 되
도록 두 직선 p, q를 그으면

$\angle x=60°+25°=85°$

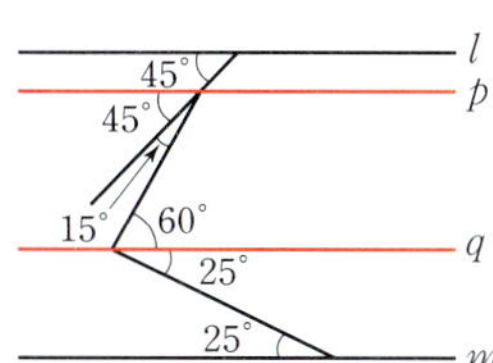

12

오른쪽 그림에서

$\angle GEF=\angle FEC=\angle x$ (접은 각)

$\overline{AD}\,/\!/\,\overline{BC}$이므로

$\angle GFE=\angle FEC=\angle x$ (엇각)

따라서 삼각형 GEF에서

$40°+\angle x+\angle x=180°$이므로

$2\angle x=140°$ $\therefore \angle x=70°$

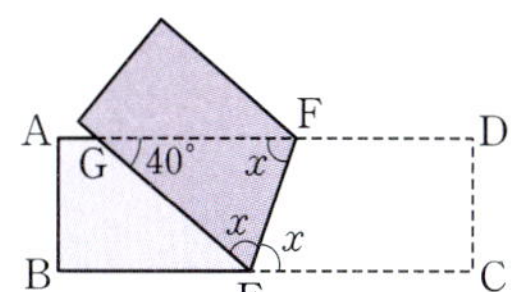

01 10   **02** 46°   **03** 14   **04** 5

05 140°   **06** 255°

01

1단계 a의 **값 구하기**

모서리 AB와 꼬인 위치에 있는 모서리는 $\overline{CH}$, $\overline{DI}$, $\overline{EJ}$, $\overline{GH}$, $\overline{HI}$,
$\overline{IJ}$, $\overline{JF}$의 7개이므로 $a=7$ ······ 50%

2단계 b의 **값 구하기**

면 AFJE와 평행한 모서리는 $\overline{BG}$, $\overline{CH}$, $\overline{DI}$의 3개이므로 $b=3$

······ 40%

3단계 $a+b$의 **값 구하기**

$\therefore a+b=7+3=10$ ······ 10%

02

1단계 $\angle x$의 **크기 구하기**

$\angle DCF=90°$이므로 삼각형 DFC에서

$\angle FDC=180°-(56°+90°)=34°$

$\angle EDF=\angle FDC=34°$ (접은 각)

$\overline{AD}\,/\!/\,\overline{BC}$에서

$\angle ADF=\angle DFC=56°$ (엇각)이므로

$\angle x+34°=56°$

$\therefore \angle x=22°$ ······ 50%

2단계 $\angle y$의 **크기 구하기**

$\angle EFD=\angle DFC=56°$ (접은 각)이므로

$\angle y+56°+56°=180°$, $\angle y+112°=180°$

$\therefore \angle y=68°$ ······ 40%

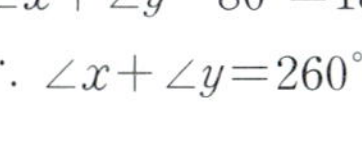

[3단계] $\angle y - \angle x$의 크기 구하기

$\therefore \angle y - \angle x = 68° - 22° = 46°$ ...... 10 %

[참고] [1단계]에서 $\angle ADC = 90°$이므로

$\angle x + 34° + 34° = 90°$

$\angle x + 68° = 90°$ $\therefore \angle x = 22°$

03
[정답] 14

[1단계] a의 값 구하기

면 AFJE와 수직인 면은 면 ABCDE, 면 FGHIJ, 면 ABGF, 면 DIJE의 4개이므로 $a=4$ ...... 30 %

[2단계] b의 값 구하기

모서리 HI와 수직인 모서리는 $\overline{CH}$, $\overline{DI}$, $\overline{IJ}$의 3개이므로 $b=3$ ...... 30 %

[3단계] c의 값 구하기

모서리 BC와 꼬인 위치에 있는 모서리는 $\overline{AF}$, $\overline{EJ}$, $\overline{DI}$, $\overline{FG}$, $\overline{HI}$, $\overline{IJ}$, $\overline{JF}$의 7개이므로 $c=7$ ...... 30 %

[4단계] $a+b+c$의 값 구하기

$\therefore a+b+c = 4+3+7 = 14$ ...... 10 %

04
[정답] 5

[1단계] 정육면체 모양의 주사위의 겨냥도를 그리고 a의 값 구하기

주어진 전개도를 접어서 만든 정육면체 모양의 주사위는 오른쪽 그림과 같다.

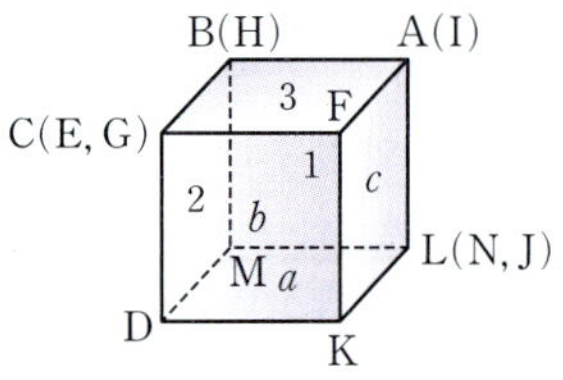

a가 적힌 면과 평행한 면은 면 FGHI이므로

$a+3=7$ $\therefore a=4$ ...... 40 %

[2단계] b의 값 구하기

b가 적힌 면과 평행한 면은 면 ABMN이므로

$b+1=7$ $\therefore b=6$ ...... 20 %

[3단계] c의 값 구하기

c가 적힌 면과 평행한 면은 면 BCDM이므로

$c+2=7$ $\therefore c=5$ ...... 20 %

[4단계] $a+b-c$의 값 구하기

$\therefore a+b-c = 4+6-5 = 5$ ...... 20 %

05
[정답] 140°

[1단계] $\angle x$의 크기 구하기

오른쪽 그림에서 $l /\!/ m$이므로

$\angle x = 180° - 70°$

$\quad = 110°$ ...... 30 %

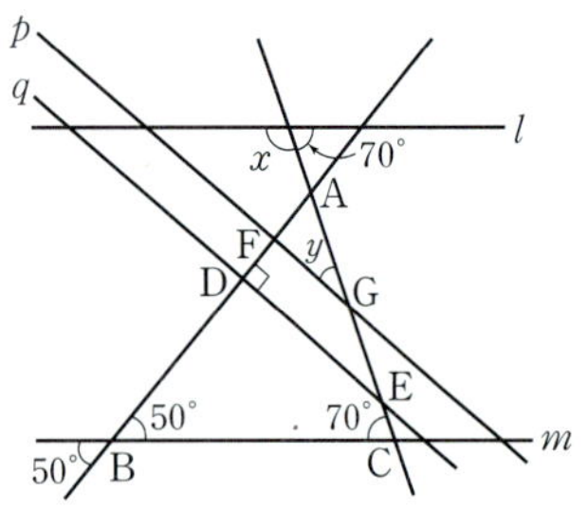

[2단계] $\angle BAC$, $\angle AED$의 크기 구하기

$\angle ABC = 50°$ (맞꼭지각)

삼각형 ABC에서

$\angle BAC = 180° - (50° + 70°) = 60°$

삼각형 ADE에서

$\angle AED = 180° - (60° + 90°) = 30°$ ...... 50 %

[3단계] $\angle y$의 크기 구하기

이때 $p /\!/ q$이므로

$\angle y = \angle AED = 30°$ (동위각) ...... 10 %

[4단계] $\angle x + \angle y$의 크기 구하기

$\therefore \angle x + \angle y = 110° + 30° = 140°$ ...... 10 %

06
[정답] 255°

[1단계] $l /\!/ m /\!/ p /\!/ q$가 되도록 두 직선 p, q를 긋고 평행선의 성질을 이용하여 $\angle x$, $\angle y$에 대한 식 세우기

오른쪽 그림과 같이 $l /\!/ m /\!/ p /\!/ q$가 되도록 두 직선 p, q를 그으면

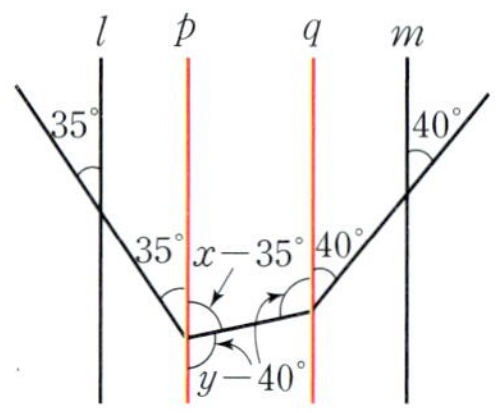

$(\angle x - 35°) + (\angle y - 40°) = 180°$ ...... 80 %

[2단계] $\angle x + \angle y$의 크기 구하기

$\angle x + \angle y - 75° = 180°$

$\therefore \angle x + \angle y = 255°$ ...... 20 %

중단원 마무리하기
● 본책 056~058쪽

01 ㄱ, ㄹ **02** 6 **03** ①, ③ **04** ④

05 9 **06** ㄷ, ㄹ **07** ㄱ, ㄷ **08** ③

09 ④ **10** $\angle a = 60°$, $\angle b = 120°$ **11** ③

12 45° **13** ③, ④ **14** ①, ④ **15** 180°

16 90° **17** 30° **18** ②

01
[정답] ㄱ, ㄹ

ㄴ. 점 D는 직선 l 위에 있지만 점 E는 직선 l 위에 있지 않다.

ㄷ. 직선 l 밖에 있는 점은 점 A, 점 B, 점 E의 3개이다.

ㄹ. 평면 P 위에 있는 점은 점 B, 점 C, 점 D, 점 E의 4개이다.

따라서 옳은 것은 ㄱ, ㄹ이다.

02
[정답] 6

모서리 BC와 꼬인 위치에 있는 모서리는 $\overline{OA}$, $\overline{OD}$, $\overline{AE}$, $\overline{DH}$, $\overline{EF}$, $\overline{GH}$의 6개이다.

03
[정답] ①, ③

① $\overline{BD}$와 한 점에서 만나는 모서리는 $\overline{AB}$, $\overline{BC}$, $\overline{CD}$, $\overline{DA}$, $\overline{BF}$, $\overline{DH}$의 6개이다.

② $\overline{BF}$와 꼬인 위치에 있는 모서리는 $\overline{AD}$, $\overline{CD}$, $\overline{EH}$, $\overline{GH}$의 4개이다.

③ $\overline{FH}$와 수직인 모서리는 $\overline{BF}$, $\overline{DH}$의 2개이다.

④ $\overline{AB}$와 수직인 면은 면 AEHD, 면 BFGC의 2개이다.

⑤ 면 BFHD와 평행한 모서리는 $\overline{AE}$, $\overline{CG}$의 2개이다.

따라서 옳지 않은 것은 ①, ③이다.

04 정답 ④

면 ABCD와 평행한 모서리는 $\overline{EF}$, $\overline{FG}$, $\overline{GH}$, $\overline{HE}$의 4개이므로
$a=4$

모서리 CG를 포함하는 면은 면 BFGC, 면 CGHD의 2개이므로
$b=2$

모서리 FG와 수직인 면은 면 CGHD의 1개이므로 $c=1$

$\therefore a+b-c=4+2-1=5$

05 정답 9

면 ADGC와 평행한 모서리는 $\overline{BE}$, $\overline{EF}$, $\overline{FI}$, $\overline{IH}$, $\overline{HB}$의 5개이므로
$a=5$

면 ABHJC와 수직인 면은 면 ABED, 면 BEFIH, 면 JIFGC, 면 ADGC의 4개이므로 $b=4$

$\therefore a+b=5+4=9$

06 정답 ㄷ, ㄹ

주어진 전개도를 접어서 만든 삼각기둥은 오른쪽 그림과 같다.

ㄱ. 모서리 AB와 모서리 GF는 일치한다.

ㄴ. 면 HEFG와 모서리 IJ는 한 점에서 만난다.

따라서 옳은 것은 ㄷ, ㄹ이다.

07 정답 ㄱ, ㄷ

ㄱ. 오른쪽 그림과 같이 $l\perp P$, $m\perp P$이면 $l/\!/m$이다.

ㄴ. 오른쪽 그림과 같이 $l\perp P$, $P/\!/Q$이면 $l\perp Q$이다.

ㄷ. 오른쪽 그림과 같이 $P/\!/Q$, $Q\perp R$이면 $P\perp R$이다.

ㄹ. 오른쪽 그림과 같이 $P\perp Q$, $R\perp Q$ 이면 두 평면 P, R은 한 직선에서 만나거나 평행하다.

따라서 옳은 것은 ㄱ, ㄷ이다.

08 정답 ③

③ $\angle d$의 동위각은 $\angle h$, $\angle k$이다.

09 정답 ④

① $\angle a=\angle c$ (맞꼭지각)이므로 $\angle a=\angle g$이면 $\angle c=\angle g$
즉, 동위각의 크기가 같으므로 $l/\!/m$

② $\angle c=\angle e$이면 엇각의 크기가 같으므로 $l/\!/m$

③ $\angle a+\angle b=180°$이므로 $\angle b+\angle e=180°$이면 $\angle a=\angle e$
즉, 동위각의 크기가 같으므로 $l/\!/m$

④ $l/\!/m$이면 $\angle b=\angle f$ (동위각)
즉, $\angle b\neq90°$이면 $\angle b+\angle f\neq180°$

⑤ $l/\!/m$이면 $\angle c=\angle g=180°-\angle h$

따라서 옳지 않은 것은 ④이다.

10 정답 $\angle a=60°$, $\angle b=120°$

오른쪽 그림에서
$\angle a+28°=88°$ (동위각)이므로
$\angle a=60°$
이때 $\angle a+\angle b=180°$이므로
$60°+\angle b=180°$　　$\therefore \angle b=120°$

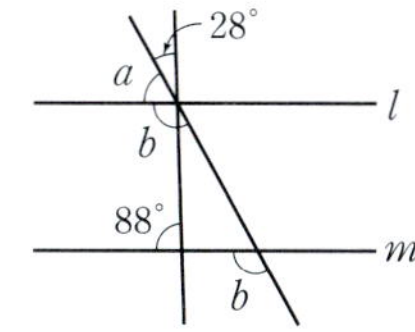

11 정답 ③

오른쪽 그림과 같이 $l/\!/m/\!/n$이 되도록 직선 n을 그으면
$3\angle x+(130°-\angle x)=180°$
$2\angle x=50°$　　$\therefore \angle x=25°$

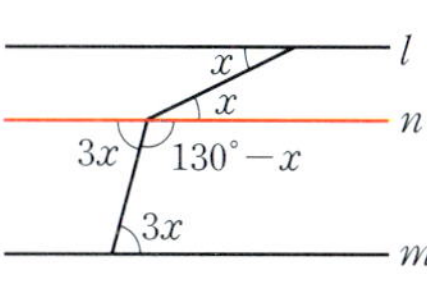

12 정답 45°

오른쪽 그림과 같이 $l/\!/m/\!/n$이 되도록 직선 n을 그으면 삼각형의 세 각의 크기의 합이 $180°$이므로
$60°+\angle x+75°=180°$
$\angle x+135°=180°$　　$\therefore \angle x=45°$

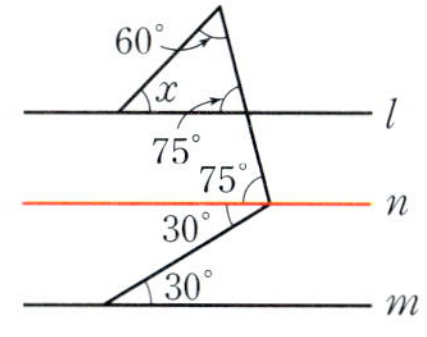

13 정답 ③, ④

① 모서리 AB와 모서리 CG는 꼬인 위치에 있다.

② 모서리 AD와 모서리 BF는 꼬인 위치에 있다.

③ 모서리 BC와 꼬인 위치에 있는 모서리는 $\overline{AD}$, $\overline{DE}$, $\overline{EF}$, $\overline{FG}$, $\overline{GD}$의 5개이다.

⑤ 면 BEF와 수직인 면은 면 ABC, 면 CFG, 면 ABED, 면 DEFG의 4개이다.

따라서 옳은 것은 ③, ④이다.

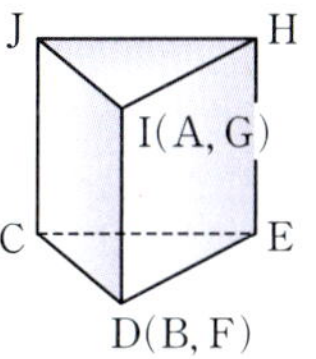
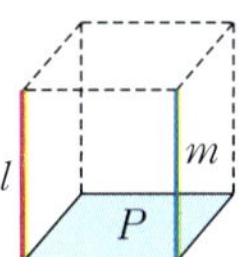
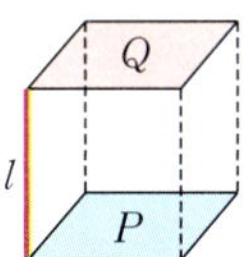
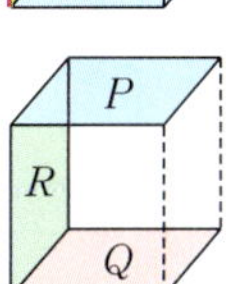
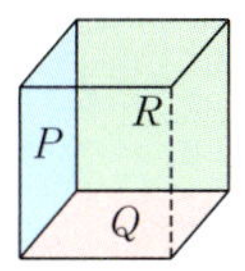
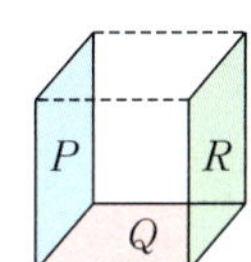

14

<정답> ①, ④

② 다음 그림과 같이 공간에서 한 직선에 수직인 서로 다른 두 직선
은 한 점에서 만나거나 평행하거나 꼬인 위치에 있다.

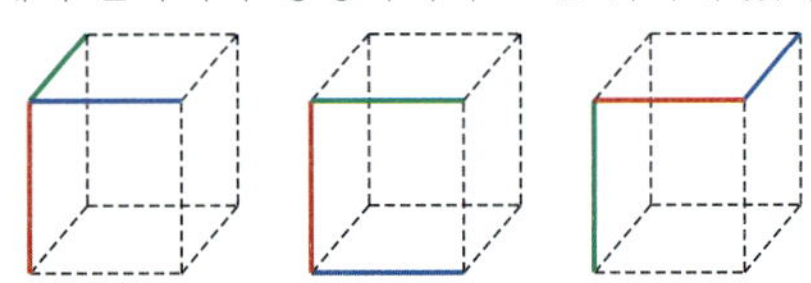

③ 오른쪽 그림과 같이 공간에서 한
직선에 평행한 서로 다른 두 평면
은 한 직선에서 만나거나 평행하
다.

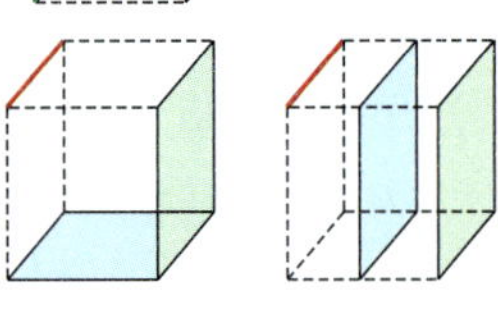

⑤ 다음 그림과 같이 공간에서 한 평면에 평행한 서로 다른 두 직선
은 한 점에서 만나거나 평행하거나 꼬인 위치에 있다.

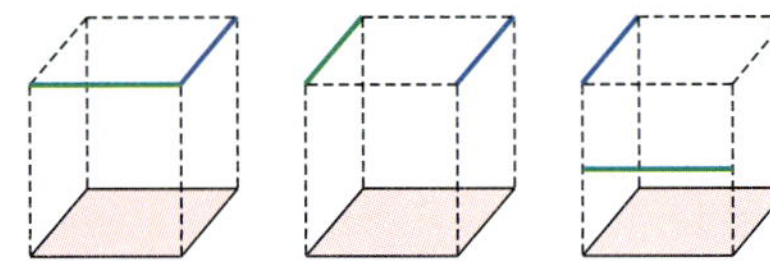

따라서 옳은 것은 ①, ④이다.

15

<정답> $180°$

오른쪽 그림과 같이 $l \parallel m \parallel p \parallel q$가 되도
록 두 직선 p, q를 그으면
$\angle a + \angle b + \angle c + \angle d = 180°$

16

<정답> $90°$

오른쪽 그림과 같이 $l \parallel m \parallel n$이 되도록
직선 n을 긋고 $\angle DAC = \angle BAC = \angle a$,
$\angle ABC = \angle CBE = \angle b$라 하면
$\angle ACF = \angle DAC = \angle a$ (엇각),
$\angle FCB = \angle CBE = \angle b$ (엇각)
$\therefore \angle ACB = \angle ACF + \angle FCB$
$\qquad = \angle a + \angle b$
삼각형 ABC에서 $\angle a + \angle b + (\angle a + \angle b) = 180°$이므로
$2(\angle a + \angle b) = 180°$　　$\therefore \angle a + \angle b = 90°$
$\therefore \angle ACB = \angle a + \angle b = 90°$

17

<정답> $30°$

오른쪽 그림과 같이 $l \parallel m \parallel n$이 되도록
직선 n을 그으면
$\angle ABD = 25° + 65° = 90°$
$\angle CBD = \angle x$라 하면
$\angle ABC = 2\angle CBD$이므로
$\angle ABC = 2\angle x$
$\angle ABD = \angle ABC + \angle CBD$
$\qquad = 2\angle x + \angle x = 3\angle x$

즉, $3\angle x = 90°$이므로 $\angle x = 30°$
$\therefore \angle CBD = 30°$

18

<정답> ②

오른쪽 그림에서
$\overline{AD} \parallel \overline{BC}$이므로
$\angle AGB = \angle EAG = \angle x$ (엇각),
$\angle DGC = \angle FDG = \angle y$ (엇각)
이때 $\angle EGA = \angle AGB = \angle x$ (접은 각),
$\angle FGD = \angle DGC = \angle y$ (접은 각)이므로
$2\angle x + 36° + 2\angle y = 180°$
$2(\angle x + \angle y) = 144°$　　$\therefore \angle x + \angle y = 72°$

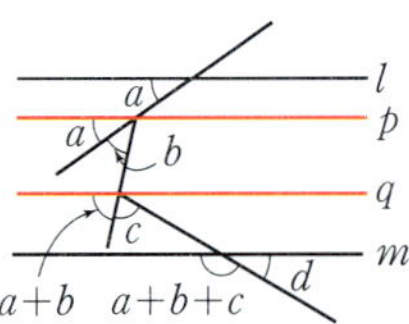

Ⅰ 03 작도와 합동

01 작도, 길이가 같은 선분의 작도

개념 CHECK ● 본책 060쪽

01 (1) × (2) ○ (3) × (4) ○ (5) ○

02

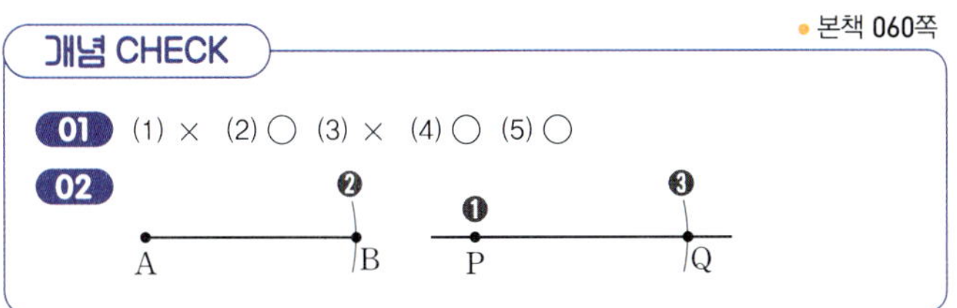

01 (1) 눈금 없는 자와 컴퍼스만을 사용하여 도형을 그리는 것을 작도라 한다.
(3) 선분의 길이를 잴 때는 컴퍼스를 사용한다.

대표 유형 ● 본책 061쪽

01·Ⓐ ② **02·Ⓐ** ③ **Ⓑ** ㉡ → ㉠ → ㉢

01·Ⓐ 정답 ②

눈금 없는 자는 두 점을 연결하는 선분을 그리거나 선분을 연장할 때 사용하고, 컴퍼스는 원을 그리거나 선분의 길이를 재어서 다른 직선 위로 옮길 때 사용한다.

02·Ⓐ 정답 ③

컴퍼스를 사용하여 $\overline{AB}$의 길이를 잰 후 점 B를 중심으로 하고 반지름의 길이가 $\overline{AB}$인 원을 그려 직선 l과의 두 교점 중 점 A가 아닌 점을 C라 하면 $\overline{AC}=2\overline{AB}$이다.
따라서 이때 사용하는 도구는 컴퍼스이다.

02·Ⓑ 정답 ㉡ → ㉠ → ㉢

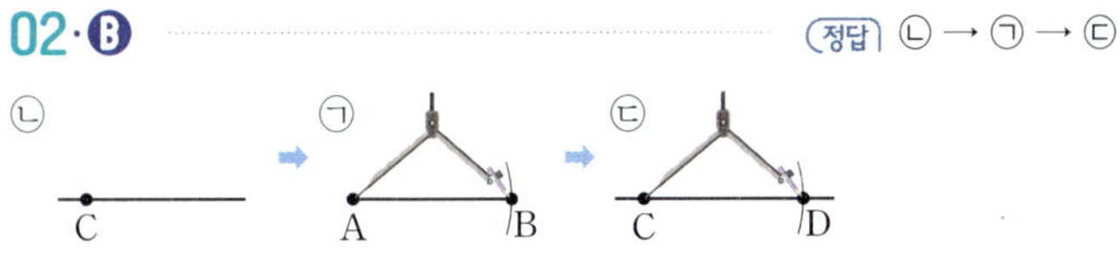

㉡ 자로 직선을 긋고, 이 직선 위에 점 C를 잡는다.
㉠ 컴퍼스를 사용하여 $\overline{AB}$의 길이를 잰다.
㉢ 점 C를 중심으로 하고 반지름의 길이가 $\overline{AB}$인 원을 그려 직선과의 교점을 D라 한다.
따라서 작도 순서는 ㉡ → ㉠ → ㉢이다.

02 크기가 같은 각의 작도

개념 CHECK ● 본책 062쪽

01 (1) ㉢, ㉡, ㉣, ㉤ (2) $\overline{OB}$, $\overline{PD}$, $\overline{CD}$ (3) ∠CPD

대표 유형 ● 본책 062쪽

03·Ⓐ ㄱ, ㄷ

03·Ⓐ 정답 ㄱ, ㄷ

ㄱ. 두 점 O, P를 중심으로 하고 반지름의 길이가 같은 원을 각각 그리므로 $\overline{OA}=\overline{PC}$
ㄴ. $\overline{OX}=\overline{OY}$인지는 알 수 없다.
ㄷ. 두 점 B, D를 중심으로 하고 반지름의 길이가 같은 원을 각각 그리므로 $\overline{AB}=\overline{CD}$
ㄹ. ∠OAB=∠CPD인지는 알 수 없다.
따라서 옳은 것은 ㄱ, ㄷ이다.

03 평행선의 작도

개념 CHECK ● 본책 063쪽

01 (1) ㉡, ㉠, ㉥, ㉣, ㉣ (2) $\overline{BC}$, $\overline{PR}$, $\overline{QR}$ (3) ∠QPR
02 (1) ㉠, ㉣, ㉥, ㉢, ㉡ (2) $\overline{QB}$, $\overline{PD}$, $\overline{CD}$ (3) ∠CPD

대표 유형 ● 본책 064쪽

04·Ⓐ ②, ⑤ **Ⓑ** ④
Ⓒ (1) ㉠ → ㉢ → ㉡ → ㉣ → ㉤
(2) ∠APB=∠DQC, 즉 동위각의 크기가 같으므로 $\overrightarrow{PA}/\!/\overrightarrow{QD}$

04·Ⓐ 정답 ②, ⑤

두 점 A, P를 중심으로 하고 반지름의 길이가 같은 원을 각각 그리므로 $\overline{AB}=\overline{AC}=\overline{PQ}=\overline{PR}$
따라서 $\overline{AC}$와 길이가 같은 선분이 아닌 것은 ②, ⑤이다.

04·Ⓑ 정답 ④

① 두 점 A, P를 중심으로 하고 반지름의 길이가 같은 원을 각각 그리므로 $\overline{AB}=\overline{AC}=\overline{PQ}=\overline{PR}$
② 두 점 B, Q를 중심으로 하고 반지름의 길이가 같은 원을 각각 그리므로 $\overline{BC}=\overline{QR}$
③ ∠BAC=∠QPR, 즉 엇각의 크기가 같으므로 $\overrightarrow{AC}/\!/\overrightarrow{PR}$
④ ∠ABC=∠BAC인지는 알 수 없다.
따라서 옳지 않은 것은 ④이다.

04·Ⓒ 정답 (1) ㉠ → ㉢ → ㉡ → ㉣ → ㉤
(2) ∠APB=∠DQC, 즉 동위각의 크기가 같으므로 $\overrightarrow{PA}/\!/\overrightarrow{QD}$

배운대로 학습하기

• 본책 065쪽

01 ③ 02 ⑤ 03 컴퍼스, $\overline{AB}$, $\overline{BC}$, 정삼각형
04 ②, ⑤ 05 (1) ㉠ (2) ⑤ 06 ②

01

정답 ③

ㄱ. 작도할 때는 눈금 없는 자와 컴퍼스만을 사용한다.
ㄹ. 주어진 각과 크기가 같은 각을 작도할 때는 눈금 없는 자와 컴퍼스를 사용한다.
따라서 옳은 것은 ㄴ, ㄷ이다.

02

정답 ⑤

㉣ 눈금 없는 자를 사용하여 직선을 긋는다.
㉡ 직선 위에 점 C를 잡는다.
㉠ 컴퍼스를 사용하여 $\overline{AB}$의 길이를 잰다.
㉢ 점 C를 중심으로 하고 반지름의 길이가 $\overline{AB}$인 원을 그려 직선과의 교점을 D라 한다.
따라서 작도 순서는 ㉣ → ㉡ → ㉠ → ㉢이다.

03

정답 컴퍼스, $\overline{AB}$, $\overline{BC}$, 정삼각형

❶ 컴퍼스를 사용하여 $\overline{AB}$의 길이를 잰다.
❷ 컴퍼스를 사용하여 두 점 A, B를 각각 중심으로 하고 반지름의 길이가 $\overline{AB}$인 원을 그려 그 교점을 C라 한다.
❸ 눈금 없는 자를 사용하여 $\overline{AC}$, $\overline{BC}$를 그으면 $\overline{AB}=\overline{AC}=\overline{BC}$이므로 삼각형 ABC는 정삼각형이다.

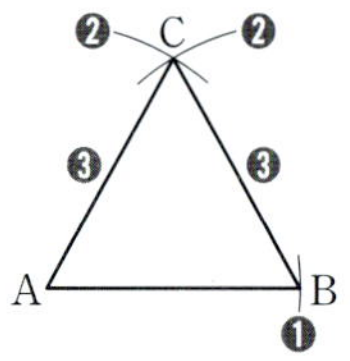

04

정답 ②, ⑤

① 두 점 B, D를 중심으로 하고 반지름의 길이가 같은 원을 각각 그리므로 $\overline{AB}=\overline{CD}$
② $\overline{OA}=\overline{CD}$인지는 알 수 없다.
③ 두 점 O, O'을 중심으로 하고 반지름의 길이가 같은 원을 각각 그리므로 $\overline{OA}=\overline{OB}=\overline{O'C}=\overline{O'D}$
④ 크기가 같은 각을 작도한 것이므로 $\angle XOY=\angle X'O'Y'$
⑤ ㉡ 점 O를 중심으로 하는 원을 그려 $\overrightarrow{OX}$, $\overrightarrow{OY}$와의 교점을 각각 A, B라 한다.
㉤ 점 O'을 중심으로 하고 반지름의 길이가 $\overline{OA}$인 원을 그려 $\overrightarrow{O'Y'}$과의 교점을 D라 한다.
㉠ 컴퍼스를 사용하여 $\overline{AB}$의 길이를 잰다.
㉣ 점 D를 중심으로 반지름의 길이가 $\overline{AB}$인 원을 그려 ㉤에서 그린 원과의 교점을 C라 한다.
㉢ $\overrightarrow{O'C}$를 긋는다.
즉, 작도 순서는 ㉡ → ㉤ → ㉠ → ㉣ → ㉢이다.
이때 ㉡과 ㉤의 순서를 바꾸어 작도해도 된다.
따라서 옳지 않은 것은 ②, ⑤이다.

05

정답 (1) ㉠ (2) ⑤

(1) ㉥ 점 P를 지나는 직선을 그어 직선 l과의 교점을 A라 한다.
㉡ 점 A를 중심으로 하는 원을 그려 $\overrightarrow{AP}$, 직선 l과의 교점을 각각 B, C라 한다.
㉤ 점 P를 중심으로 하고 반지름의 길이가 $\overline{AB}$인 원을 그려 $\overrightarrow{AP}$와의 교점을 Q라 한다.
㉠ 컴퍼스를 사용하여 $\overline{BC}$의 길이를 잰다.
㉣ 점 Q를 중심으로 하고 반지름의 길이가 $\overline{BC}$인 원을 그려 ㉤에서 그린 원과의 교점을 R이라 한다.
㉢ $\overleftrightarrow{PR}$을 긋는다.
따라서 작도 순서는 ㉥ → ㉡ → ㉤ → ㉠ → ㉣ → ㉢이므로 네 번째 과정은 ㉠이다.
(2) ①, ② 두 점 A, P를 중심으로 하고 반지름의 길이가 같은 원을 각각 그리므로
$\overline{AB}=\overline{AC}=\overline{PQ}=\overline{PR}$
③ 두 점 B, Q를 중심으로 하고 반지름의 길이가 같은 원을 각각 그리므로 $\overline{BC}=\overline{QR}$
④ 크기가 같은 각을 작도한 것이므로 $\angle QPR=\angle BAC$
⑤ $\angle PQR=\angle QPR$인지는 알 수 없다.
따라서 옳지 않은 것은 ⑤이다.

06

정답 ②

② $\angle QPR=\angle BAC$, 즉 동위각의 크기가 같으므로 두 직선 l, m은 평행하다.

04 삼각형

개념 CHECK

• 본책 066쪽

01 (1) 3 cm (2) 4 cm (3) 45°
02 (1) × (2) ○ (3) ○ (4) ×

01 (1) $\angle A$의 대변은 변 BC이므로 $\overline{BC}=3$ cm
(2) $\angle C$의 대변은 변 AB이므로 $\overline{AB}=4$ cm
(3) 변 AC의 대각은 $\angle B$이므로 $\angle B=45°$

02 (1) $4=1+3$이므로 삼각형을 만들 수 없다.
(2) $6<2+5$이므로 삼각형을 만들 수 있다.
(3) $3<3+3$이므로 삼각형을 만들 수 있다.
(4) $10>4+5$이므로 삼각형을 만들 수 없다.

대표 유형

01·Ⓐ ③   **02·Ⓐ** ③, ⑤   **Ⓑ** ①

01·Ⓐ 　　　　　　　　　　　정답 ③

∠A의 대변은 변 BC이므로 $\overline{BC}=7$ cm
변 AB의 대각은 ∠C이므로
$\angle C=180°-(65°+75°)=40°$

02·Ⓐ 　　　　　　　　　　　정답 ③, ⑤

① $14>5+8$　　② $15>5+9$　　③ $12<7+8$
④ $17=8+9$　　⑤ $20<9+12$
따라서 삼각형의 세 변의 길이가 될 수 있는 것은 ③, ⑤이다.

02·Ⓑ 　　　　　　　　　　　정답 ①

(ⅰ) 가장 긴 변의 길이가 a cm일 때
　　$a<3+8$　　∴ $a<11$
　　이때 $a>8$이므로 자연수 a는 9, 10이다.
(ⅱ) 가장 긴 변의 길이가 8 cm일 때
　　$8<3+a$
　　이때 $a\leq8$이므로 자연수 a는 6, 7, 8이다.
(ⅰ), (ⅱ)에서 자연수 a의 값이 될 수 없는 것은 ①이다.

---

05 삼각형의 작도

개념 CHECK　　　　　　　• 본책 068쪽

01 ㉠, ㉡, ㉢, ㉣　　　　**02** (1) × (2) ○

02 (1) ∠A는 $\overline{AC}$, $\overline{BC}$의 끼인각이 아니므로 삼각형을 하나로 작도할 수 없다.
　　(2) 한 변의 길이와 그 양 끝 각의 크기가 주어졌으므로 삼각형을 하나로 작도할 수 있다.

대표 유형　　　　　　　• 본책 070쪽

03·Ⓐ ④　　**Ⓑ** ㄱ　　**Ⓒ** ⑤

03·Ⓐ 　　　　　　　　　　　정답 ④

㉡ 직선 l 위에 한 점 B를 잡고 점 B를 중심으로 하고 반지름의 길이가 a인 원을 그려 직선 l과의 교점을 C라 한다.
㉢ 두 점 B, C를 중심으로 하고 반지름의 길이가 각각 c, b인 원을 그려 두 원의 교점을 A라 한다.

㉠ 두 점 A와 B, 두 점 A와 C를 각각 이으면 △ABC가 작도된다.
따라서 작도 순서는 ㉡ → ㉢ → ㉠이다.

03·Ⓑ 　　　　　　　　　　　정답 ㄱ

세 변의 길이를 그대로 옮기는 작도만 하면 되므로 이용되는 작도 방법은 길이가 같은 선분의 작도이다.

03·Ⓒ 　　　　　　　　　　　정답 ⑤

한 변의 길이와 그 양 끝 각의 크기가 주어진 경우 삼각형의 작도는 다음과 같은 순서로 한다.
(ⅰ) 한 변의 길이 → 한 각의 크기 → 다른 한 각의 크기 (①, ②)
(ⅱ) 한 각의 크기 → 한 변의 길이 → 다른 한 각의 크기 (③, ④)
따라서 △ABC를 작도하는 순서로 옳지 않은 것은 ⑤이다.

---

06 삼각형이 하나로 정해지는 경우

개념 CHECK　　　　　　　• 본책 071쪽

01 (1) × (2) ○ (3) × (4) × (5) ○ (6) × (7) ○

01 (1) $8=6+2$이므로 △ABC가 그려지지 않는다.
　　(2) 두 변의 길이와 그 끼인각의 크기가 주어졌으므로 △ABC가 하나로 정해진다.
　　(3) ∠C는 $\overline{AB}$, $\overline{BC}$의 끼인각이 아니므로 △ABC가 하나로 정해지지 않는다.
　　(4) $\angle B+\angle C=180°$이므로 △ABC가 그려지지 않는다.
　　(5) 한 변의 길이와 그 양 끝 각의 크기가 주어졌으므로 △ABC가 하나로 정해진다.
　　(6) 모양은 같지만 크기가 다른 △ABC가 무수히 많이 그려진다.
　　(7) $\angle A=180°-(\angle B+\angle C)$
　　　　$=180°-(30°+40°)=110°$
　　즉, 한 변의 길이와 그 양 끝 각의 크기가 주어졌으므로 △ABC가 하나로 정해진다.

대표 유형　　　　　　　• 본책 072쪽

04·Ⓐ ㄴ, ㄷ　　**05·Ⓐ** ㄱ, ㄷ　　**Ⓑ** ㄴ, ㄷ

04·Ⓐ 　　　　　　　　　　　정답 ㄴ, ㄷ

ㄱ. 모양은 같지만 크기가 다른 △ABC가 무수히 많이 그려진다.
ㄴ. 두 변의 길이와 그 끼인각의 크기가 주어졌으므로 △ABC가 하나로 정해진다.

ㄷ. $\angle B = 180° - (\angle A + \angle C) = 180° - (60° + 80°) = 40°$
즉, 한 변의 길이와 그 양 끝 각의 크기가 주어졌으므로 △ABC가 하나로 정해진다.

ㄹ. $9 = 3 + 6$이므로 △ABC가 그려지지 않는다.

따라서 △ABC가 하나로 정해지는 것은 ㄴ, ㄷ이다.

05·Ⓐ

정답 ㄱ, ㄷ

ㄱ. 한 변의 길이와 그 양 끝 각의 크기가 주어졌으므로 △ABC가 하나로 정해진다.

ㄴ. $\angle B$는 $\overline{AB}$, $\overline{AC}$의 끼인각이 아니므로 △ABC가 하나로 정해지지 않는다.

ㄷ. $\angle B$, $\angle C$의 크기가 주어지면 $\angle A$의 크기를 알 수 있다.
즉, 한 변의 길이와 그 양 끝 각의 크기가 주어졌으므로 △ABC가 하나로 정해진다.

ㄹ. $\angle A$는 $\overline{AB}$, $\overline{BC}$의 끼인각이 아니므로 △ABC가 하나로 정해지지 않는다.

따라서 필요한 조건은 ㄱ, ㄷ이다.

05·Ⓑ

정답 ㄴ, ㄷ

ㄱ. $13 > 10 + 2$이므로 △ABC가 그려지지 않는다.

ㄴ. $13 < 10 + 13$이므로 △ABC가 하나로 정해진다.

ㄷ. 두 변의 길이와 그 끼인각의 크기가 주어졌으므로 △ABC가 하나로 정해진다.

ㄹ. $\angle C$는 $\overline{AB}$, $\overline{BC}$의 끼인각이 아니므로 △ABC가 하나로 정해지지 않는다.

따라서 필요한 나머지 한 조건은 ㄴ, ㄷ이다.

배운대로 학습하기

● 본책 073쪽

01 ④	**02** ③	**03** ①	**04** 3
05 ②	**06** ①, ④	**07** ㄴ, ㄹ	

01

정답 ④

① $\angle A$의 대변은 변 BC이다.

② 변 AB의 대각은 $\angle C$이다.

③ $\angle B$의 대변은 변 AC이고 그 길이는 알 수 없다.

④ 변 BC의 대각은 $\angle A$이므로
$\angle A = 180° - (50° + 35°) = 95°$

⑤ 변 AC의 대각은 $\angle B$이므로 $\angle B = 50°$

따라서 옳은 것은 ④이다.

02

정답 ③

① $9 < 3 + 7$ ② $5 < 4 + 5$ ③ $10 = 4 + 6$
④ $8 < 6 + 7$ ⑤ $12 < 7 + 7$

따라서 삼각형의 세 변의 길이가 될 수 없는 것은 ③이다.

03

정답 ①

(i) 가장 긴 변의 길이가 a cm일 때
$a < 6 + 12$ ∴ $a < 18$
이때 $a > 12$이므로 자연수 a는 13, 14, 15, 16, 17이다.

(ii) 가장 긴 변의 길이가 12 cm일 때
$12 < 6 + a$
이때 $a \leq 12$이므로 자연수 a는 7, 8, 9, 10, 11, 12이다.

(i), (ii)에서 자연수 a의 값이 될 수 없는 것은 ①이다.

04

정답 3

$4 < 2 + 3$, $5 < 2 + 4$, $5 < 3 + 4$이므로
만들 수 있는 삼각형의 세 변의 길이의 쌍은
(2 cm, 3 cm, 4 cm), (2 cm, 4 cm, 5 cm),
(3 cm, 4 cm, 5 cm)
따라서 만들 수 있는 서로 다른 삼각형은 3개이다.

05

정답 ②

두 변의 길이와 그 끼인각의 크기가 주어진 경우 삼각형의 작도는 다음과 같은 순서로 한다.
(i) 한 변의 길이 → 끼인각의 크기 → 다른 한 변의 길이(①, ⑤)
(ii) 끼인각의 크기 → 한 변의 길이 → 다른 한 변의 길이(③, ④)
따라서 △ABC를 작도하는 순서로 옳지 않은 것은 ②이다.

06

정답 ①, ④

① $12 < 10 + 10$이므로 △ABC가 하나로 정해진다.

② $\angle C$는 $\overline{AB}$, $\overline{BC}$의 끼인각이 아니므로 △ABC가 하나로 정해지지 않는다.

③ $\angle B$는 $\overline{AC}$, $\overline{BC}$의 끼인각이 아니므로 △ABC가 하나로 정해지지 않는다.

④ $\angle B = 180° - (\angle A + \angle C) = 180° - (30° + 90°) = 60°$
즉, 한 변의 길이와 그 양 끝 각의 크기가 주어졌으므로 △ABC가 하나로 정해진다.

⑤ 모양은 같지만 크기가 다른 △ABC가 무수히 많이 그려진다.

따라서 △ABC가 하나로 정해지는 것은 ①, ④이다.

07

정답 ㄴ, ㄹ

ㄱ. $\angle C$는 $\overline{AB}$, $\overline{AC}$의 끼인각이 아니므로 △ABC가 하나로 정해지지 않는다.

ㄴ. 두 변의 길이와 그 끼인각의 크기가 주어졌으므로 △ABC가 하나로 정해진다.

ㄷ. ∠A+∠C=180°이므로 △ABC가 그려지지 않는다.

ㄹ. ∠A=180°-(∠B+∠C)=180°-(60°+70°)=50°

즉, 한 변의 길이와 그 양 끝 각의 크기가 주어졌으므로 △ABC가 하나로 정해진다.

따라서 필요한 나머지 한 조건은 ㄴ, ㄹ이다.

07 도형의 합동

● 본책 074쪽

개념 CHECK

01 (1) 점 E (2) 변 BC (3) ∠D

02 (1) 8 cm (2) 40° (3) 90°

02 (1) $\overline{AB}=\overline{DE}=8$ cm

(2) ∠E=∠B=40°

(3) ∠F=∠C=180°-(50°+40°)=90°

대표 유형

● 본책 075쪽

01·Ⓐ ④　　　　**02·Ⓐ** ③, ⑤　Ⓑ 98

01·Ⓐ 정답 ④

ㄱ. 오른쪽 그림과 같은 두 사각형은 모든 변의 길이가 같지만 합동이 아니다.

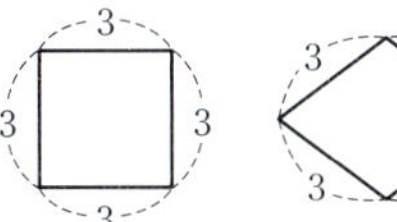

ㄷ. 오른쪽 그림과 같은 두 이등변삼각형은 둘레의 길이가 같지만 합동이 아니다.

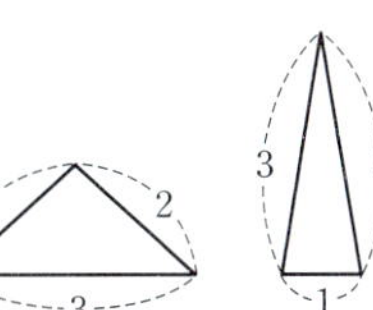

따라서 두 도형이 서로 합동인 것은 ㄴ, ㄹ이다.

02·Ⓐ 정답 ③, ⑤

① $\overline{BC}=\overline{FG}=9$ cm

② $\overline{EF}=\overline{AB}$이지만 EF의 길이는 알 수 없다.

③ $\overline{EH}=\overline{AD}=7$ cm

④ ∠D=∠H=110°이므로 사각형 ABCD에서

∠C=360°-(85°+70°+110°)=95°

⑤ ∠F=∠B=70°

따라서 옳은 것은 ③, ⑤이다.

08 삼각형의 합동 조건

● 본책 076쪽

개념 CHECK

01 (1) △QRP, SAS (2) △KLJ, ASA (3) △OMN, SSS

01 (1) △ABC와 △QRP에서

$\overline{BC}=\overline{RP}=3$ cm, $\overline{AC}=\overline{QP}=4$ cm, ∠C=∠P=90°

∴ △ABC≡△QRP (SAS 합동)

(2) △DEF와 △KLJ에서

$\overline{EF}=\overline{LJ}=5$ cm, ∠E=∠L=70°, ∠F=∠J=50°

∴ △DEF≡△KLJ (ASA 합동)

(3) △GHI와 △OMN에서

$\overline{GH}=\overline{OM}=5$ cm, $\overline{HI}=\overline{MN}=4$ cm,

$\overline{GI}=\overline{ON}=6$ cm

∴ △GHI≡△OMN (SSS 합동)

대표 유형

● 본책 077~080쪽

03·Ⓐ ④　Ⓑ ⑤　　**04·Ⓐ** ②, ⑤

05·Ⓐ (가) $\overline{CP}$ (나) $\overline{PD}$ (다) $\overline{CD}$ (라) SSS

06·Ⓐ (가) $\overline{AC}$ (나) SAS　Ⓑ (가) $\overline{OC}$ (나) $\overline{CD}$ (다) $\overline{OB}$ (라) SAS

07·Ⓐ (가) $\overline{CE}$ (나) ∠CEF (다) ∠FCE (라) ASA　Ⓑ ①, ③

08·Ⓐ 6 km　　**09·Ⓐ** (가) $\overline{AC}$ (나) ∠CAE (다) SAS

10·Ⓐ (가) $\overline{DC}$ (나) ∠DCE (다) SAS

03·Ⓐ 정답 ④

ㄷ과 ㅁ : ㄷ의 삼각형에서 나머지 한 각의 크기는

180°-(45°+65°)=70°

따라서 대응하는 한 변의 길이가 같고 그 양 끝 각의 크기가 각각 같으므로 ASA 합동이다.

03·Ⓑ 정답 ⑤

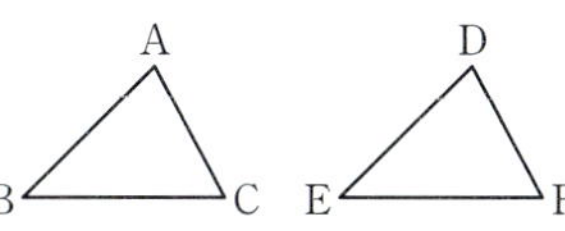

① SSS 합동

② SAS 합동

③ ASA 합동

④ ∠A=∠D, ∠C=∠F이면 ∠B=∠E이므로 ASA 합동

04·Ⓐ
정답 ②, ⑤

② 대응하는 두 변의 길이가 각각 같고 그 끼인각의 크기가 같으므로 SAS 합동이다.
⑤ 대응하는 세 변의 길이가 각각 같으므로 SSS 합동이다.
따라서 필요한 나머지 한 조건은 ②, ⑤이다.

05·Ⓐ
정답 (가) $\overline{CP}$ (나) $\overline{PD}$ (다) $\overline{CD}$ (라) SSS

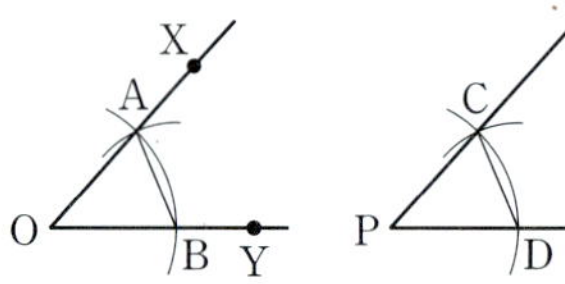

△AOB와 △CPD에서
$\overline{AO}=$ $\overline{CP}$, $\overline{OB}=$ $\overline{PD}$, $\overline{AB}=$ $\overline{CD}$
∴ △AOB≡△CPD (SSS 합동)

06·Ⓐ
정답 (가) $\overline{AC}$ (나) SAS

△ABC와 △CDA에서
$\overline{BC}=\overline{AD}$, ∠ACB=∠CAD, $\overline{AC}$ 는 공통
∴ △ABC≡△CDA (SAS 합동)

06·Ⓑ
정답 (가) $\overline{OC}$ (나) $\overline{CD}$ (다) $\overline{OB}$ (라) SAS

△AOD와 △COB에서
$\overline{OA}=$ $\overline{OC}$, ∠O는 공통,
$\overline{OD}=\overline{OC}+$ $\overline{CD}$ $=\overline{OA}+\overline{AB}=$ $\overline{OB}$
∴ △AOD≡△COB (SAS 합동)

07·Ⓐ
정답 (가) $\overline{CE}$ (나) ∠CEF (다) ∠FCE (라) ASA

△ABE와 △FCE에서
$\overline{BE}=$ $\overline{CE}$, ∠BEA$=$ ∠CEF (맞꼭지각),
$\overline{AB}$∥$\overline{DF}$이므로 ∠ABE$=$ ∠FCE (엇각)
∴ △ABE≡△FCE (ASA 합동)

07·Ⓑ
정답 ①, ③

△AOP와 △BOP에서
∠AOP=∠BOP (⑤),
∠OAP=∠OBP=90°이므로
∠OPA=90°−∠AOP=90°−∠BOP=∠OPB (④),
$\overline{OP}$는 공통 (②)
∴ △AOP≡△BOP (ASA 합동)
따라서 이용되는 조건이 아닌 것은 ①, ③이다.

08·Ⓐ
정답 6 km

△RAB와 △RPQ에서
∠BAR=∠QPR, $\overline{AR}=\overline{PR}=1$ km, ∠ARB=∠PRQ (맞꼭지각)
이므로
△RAB≡△RPQ (ASA 합동)
∴ $\overline{AB}=\overline{PQ}=6$ km
따라서 두 지점 A, B 사이의 거리는 6 km이다.

09·Ⓐ
정답 (가) $\overline{AC}$ (나) ∠CAE (다) SAS

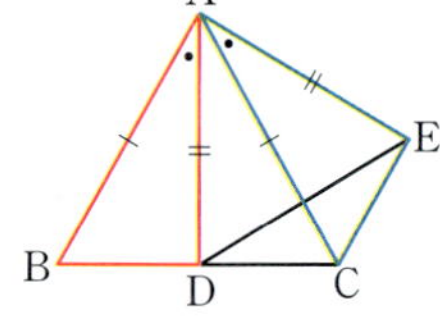

△ABD와 △ACE에서
$\overline{AB}=$ $\overline{AC}$, $\overline{AD}=\overline{AE}$,
∠BAD=∠BAC−∠DAC
　　　=∠DAE−∠DAC
　　　=∠CAE
∴ △ABD≡△ACE (SAS 합동)

10·Ⓐ
정답 (가) $\overline{DC}$ (나) ∠DCE (다) SAS

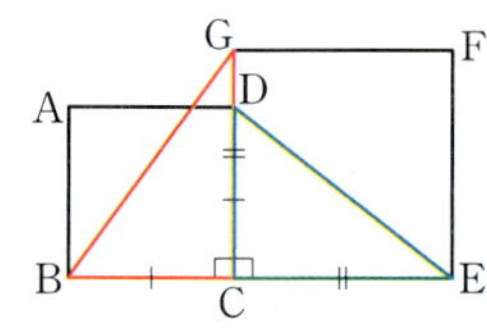

△GBC와 △EDC에서
$\overline{BC}=$ $\overline{DC}$, $\overline{GC}=\overline{EC}$,
∠BCG$=$ ∠DCE $=90°$
∴ △GBC≡△EDC (SAS 합동)

배운대로 학습하기
● 본책 081쪽

01 ④, ⑤	**02** 49	**03** ②, ⑤	**04** ②, ⑤
05 (가) $\overline{AC}$ (나) $\overline{CD}$ (다) $\overline{AD}$ (라) SSS			**06** 130 m
07 ②			

01
정답 ④, ⑤

① 오른쪽 그림과 같은 두 삼각형은 한 변의 길이가 같지만 합동이 아니다.

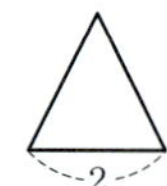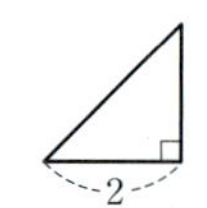

② 오른쪽 그림과 같은 두 삼각형은 세 각의 크기가 각각 같지만 합동이 아니다.

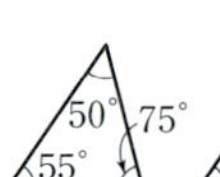

③ 오른쪽 그림과 같은 두 직사각형은 둘레의 길이가 같지만 합동이 아니다.

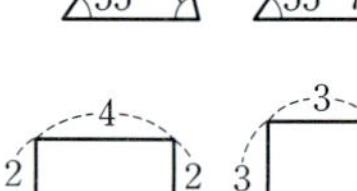

따라서 두 도형이 서로 합동인 것은 ④, ⑤이다.

02

정답 49

$\overline{EF}=\overline{AB}=4$ cm이므로 $x=4$

$\angle F=\angle B=75°$, $\angle H=\angle D=105°$이므로 사각형 EFGH에서

$\angle G=360°-(135°+75°+105°)=45°$ $\therefore y=45$

$\therefore x+y=4+45=49$

03

정답 ②, ⑤

② ㄱ과 ㅁ은 대응하는 두 변의 길이가 각각 같고 그 끼인각의 크기가 같으므로 SAS 합동이다.

⑤ ㄷ의 삼각형에서 나머지 한 각의 크기는

$180°-(55°+80°)=45°$

즉, ㄷ과 ㅂ은 대응하는 한 변의 길이가 같고 그 양 끝 각의 크기가 각각 같으므로 ASA 합동이다.

따라서 서로 합동인 삼각형끼리 바르게 짝 지은 것은 ②, ⑤이다.

04

정답 ②, ⑤

① 대응하는 두 변의 길이가 각각 같고 그 끼인각의 크기가 같으므로 SAS 합동이다.

③ 대응하는 한 변의 길이가 같고 그 양 끝 각의 크기가 각각 같으므로 ASA 합동이다.

④ $\angle A=\angle D$, $\angle B=\angle E$이면 $\angle C=\angle F$

즉, 대응하는 한 변의 길이가 같고 그 양 끝 각의 크기가 각각 같으므로 ASA 합동이다.

따라서 필요한 조건이 아닌 것은 ②, ⑤이다.

05

정답 ㈎ $\overline{AC}$ ㈏ $\overline{CD}$ ㈐ $\overline{AD}$ ㈑ SSS

$\triangle ABD$와 $\triangle ACD$에서

$\overline{AB}=\boxed{\overline{AC}}$, $\overline{BD}=\boxed{\overline{CD}}$, $\boxed{\overline{AD}}$는 공통

$\therefore \triangle ABD\equiv\triangle ACD$ ($\boxed{SSS}$ 합동)

06

정답 130 m

$\triangle AOB$와 $\triangle COD$에서

$\overline{OB}=\overline{OD}=140$ m, $\angle ABO=\angle CDO=40°$,

$\angle AOB=\angle COD$ (맞꼭지각)

$\therefore \triangle AOB\equiv\triangle COD$ (ASA 합동)

따라서 $\overline{CD}=\overline{AB}=130$ m이므로 두 지점 C, D 사이의 거리는 130 m이다.

07

정답 ②

$\triangle CAE$와 $\triangle BAD$에서

$\overline{CA}=\overline{BA}$, $\overline{AE}=\overline{AD}$,

$\angle CAE=60°-\angle EAB=\angle BAD$ (⑤)

따라서 $\triangle CAE\equiv\triangle BAD$ (SAS 합동)이므로

$\overline{BD}=\overline{CE}$ (①), $\angle ACE=\angle ABD$ (③), $\angle AEC=\angle ADB$ (④)

따라서 옳지 않은 것은 ②이다.

서술형 훈련하기　　● 본책 082~083쪽

01 215　　　**02** 487 m

03 (1) ㅁ → ㄱ → ㄴ → ㅂ → ㄷ → ㄹ

　　(2) 엇각의 크기가 같으면 두 직선은 평행하다.

　　(3) $\overline{AC}$, $\overline{PQ}$, $\overline{PR}$

04 17　　　**05** (1) $\triangle ABD\equiv\triangle ACE$ (2) 22°

06 55°

01

정답 215

1단계 x의 값 구하기

$\angle B=\angle F=55°$이므로 사각형 ABCD에서

$\angle C=360°-(100°+55°+90°)=115°$

$\therefore x=115$　　　　……30 %

2단계 y의 값 구하기

$\angle H=\angle D=90°$이므로

$y=90$　　　　……30 %

3단계 z의 값 구하기

$\overline{BC}=\overline{FG}=10$(cm)이므로

$z=10$　　　　……30 %

4단계 $x+y+z$의 값 구하기

$\therefore x+y+z=115+90+10=215$　　　　……10 %

02

정답 487 m

1단계 $\triangle ABO$와 $\triangle CDO$가 합동임을 설명하기

$\triangle ABO$와 $\triangle CDO$에서

$\overline{BO}=\overline{DO}=625$ m,

$\angle ABO=\angle CDO=48°$,

$\angle AOB=\angle COD$ (맞꼭지각)

$\therefore \triangle ABO\equiv\triangle CDO$ (ASA 합동)　　　　……60 %

2단계 두 지점 A, B 사이의 거리 구하기

따라서 $\overline{AB}=\overline{CD}=487$ m이므로 두 지점 A, B 사이의 거리는 487 m이다.　　　　……40 %

03

정답 (1) ㅁ → ㄱ → ㄴ → ㅂ → ㄷ → ㄹ
(2) 엇각의 크기가 같으면 두 직선은 평행하다.
(3) $\overline{AC}$, $\overline{PQ}$, $\overline{PR}$

(1) **1단계** 작도 순서 나열하기

ㅁ → ㄱ → ㄴ → ㅂ → ㄷ → ㄹ　　　　……40 %

(2) **2단계** 작도 과정에서 이용된 평행선의 성질 말하기

$\angle BAC=\angle QPR$, 즉 엇각의 크기가 같으면 두 직선은 평행하다는 성질이 이용되었다.　　　　……30 %

(3) **3단계** $\overline{AB}$와 길이와 같은 선분 구하기

두 점 A, P를 중심으로 하고 반지름의 길이가 같은 원을 각각 그리므로

$$\overline{AB}=\overline{AC}=\overline{PQ}=\overline{PR}$$

따라서 $\overline{AB}$와 길이가 같은 선분은 $\overline{AC}$, $\overline{PQ}$, $\overline{PR}$이다.

······ 30 %

04

(정답) 17

1단계 가장 긴 변의 길이가 x cm일 때, 자연수 x 구하기

(ⅰ) 가장 긴 변의 길이가 x cm일 때

$$x<9+11 \quad \therefore x<20$$

이때 $x>11$이므로 자연수 x는 12, 13, 14, $\cdots$, 19이다.

······ 40 %

2단계 가장 긴 변의 길이가 11 cm일 때, 자연수 x 구하기

(ⅱ) 가장 긴 변의 길이가 11 cm일 때

$$11<9+x$$

이때 $x\leq11$이므로 자연수 x는 3, 4, 5, $\cdots$, 11이다.

······ 40 %

3단계 자연수 x의 개수 구하기

(ⅰ), (ⅱ)에서 자연수 x는 3, 4, 5, $\cdots$, 19의 17개이다. ······ 20 %

05

(정답) (1) △ABD≡△ACE (2) 22°

(1) **1단계** △ABD와 △ACE가 합동임을 찾고 설명하기

△ABD와 △ACE에서

$$\overline{AB}=\overline{AC}, \overline{AD}=\overline{AE},$$

$$\angle BAD=60°-\angle DAC=\angle CAE$$

$$\therefore △ABD≡△ACE \text{ (SAS 합동)} \quad ······ 60\%$$

(2) **2단계** ∠CED의 크기 구하기

$$\angle AEC=\angle ADB=82°\text{이므로}$$

$$\angle CED=\angle AEC-\angle AED$$

$$=82°-60°=22° \quad ······ 40\%$$

06

(정답) 55°

1단계 △ABE와 △CBE가 합동임을 설명하기

△ABE와 △CBE에서

$$\overline{AB}=\overline{CB}, \overline{BE}\text{는 공통}, \angle ABE=\angle CBE=45°$$

$$\therefore △ABE≡△CBE \text{ (SAS 합동)} \quad ······ 60\%$$

2단계 ∠BCE의 크기 구하기

△ABF에서 $\angle BAE=180°-(90°+35°)=55°$이므로

$$\angle BCE=\angle BAE=55° \quad ······ 40\%$$

<table>
<tr><td colspan="4">중단원 마무리하기 ● 본책 084~087쪽</td></tr>
</table>

01 ④, ⑤ **02** ㄹ **03** 4 **04** ㄱ, ㄴ, ㄷ

05 2 **06** ②, ③ **07** (개) a (내) ∠QCB (대) A

08 ①, ③ **09** ④ **10** ①, ④ **11** ③

12 ③, ⑤ **13** ⑤ **14** ③ **15** 120°

16 10 km **17** ② **18** 10 cm

19 (1) ㉡ → ㉣ → ㉠ → ㉢ → ㉤ → ㉥ (2) ②, ⑤ **20** 56°

21 ① **22** 90°

01

(정답) ④, ⑤

① 선분을 연장할 때는 눈금 없는 자를 사용한다.

② 원을 그릴 때는 컴퍼스를 사용한다.

③ 선분의 길이를 잴 때는 컴퍼스를 사용한다.

따라서 옳은 것은 ④, ⑤이다.

02

(정답) ㉣

작도 순서는 ㉠ → ㉢ → ㉡ → ㉣ → ㉤이므로 ㉡ 다음에 바로 작도해야 하는 것은 ㉣이다.

03

(정답) 4

$\overline{PC}$와 길이가 같은 선분은 $\overline{OA}$, $\overline{OB}$, $\overline{PD}$의 3개이므로

$$a=3$$

$\overline{CD}$와 길이가 같은 선분은 $\overline{AB}$의 1개이므로

$$b=1$$

$$\therefore a+b=3+1=4$$

04

(정답) ㄱ, ㄴ, ㄷ

ㄹ. ㉤, ㉥에서 눈금 없는 자를 각각 1번씩 사용하고, ㉠, ㉡, ㉢, ㉣에서 컴퍼스를 각각 1번씩 사용한다.

즉, 눈금 없는 자는 2번, 컴퍼스는 4번 사용한다.

따라서 옳은 것은 ㄱ, ㄴ, ㄷ이다.

05

(정답) 2

$6<3+5$, $9<5+6$이므로

만들 수 있는 삼각형의 세 변의 길이의 쌍은

$(3 \text{ cm}, 5 \text{ cm}, 6 \text{ cm})$, $(5 \text{ cm}, 6 \text{ cm}, 9 \text{ cm})$

따라서 만들 수 있는 삼각형은 2개이다.

06

(정답) ②, ③

$3x-5$의 x에 2, 3, 4, 5, 6을 각각 대입하면 1, 4, 7, 10, 13이다.

① $6>1+4$ ② $6<4+4$ ③ $7<4+6$

④ $10=4+6$ ⑤ $13>4+6$

따라서 x의 값이 될 수 있는 것은 ②, ③이다.

07

정답 (가) a (나) ∠QCB (다) A

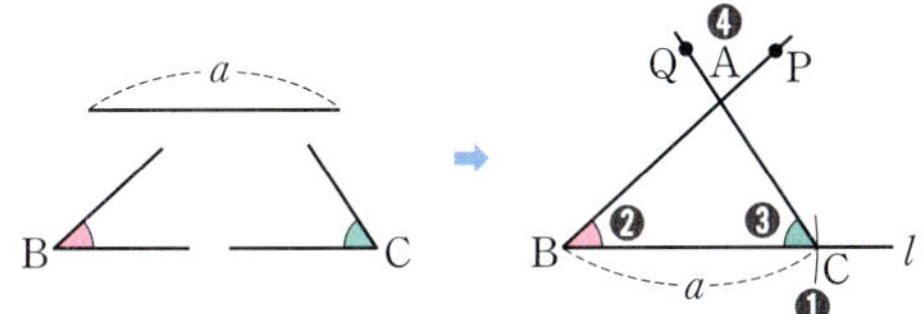

❶ 직선 l을 긋고 그 위에 길이가 $\boxed{a}$ 인 선분 BC를 작도한다.

❷ ∠B와 크기가 같은 ∠PBC를 작도한다.

❸ ∠C와 크기가 같은 $\boxed{∠QCB}$ 를 작도한다.

❹ $\overrightarrow{BP}$와 $\overrightarrow{CQ}$의 교점을 $\boxed{A}$ 라 하면 △ABC가 작도된다.

08

정답 ①, ③

① $16 < 14 + 13$이므로 △ABC가 하나로 정해진다.

② ∠A는 $\overline{AB}$, $\overline{BC}$의 끼인각이 아니므로 △ABC가 하나로 정해지지 않는다.

③ 두 변의 길이와 그 끼인각의 크기가 주어졌으므로 △ABC가 하나로 정해진다.

④ $∠B + ∠C = 183°$이므로 △ABC가 그려지지 않는다.

⑤ 모양은 같지만 크기가 다른 △ABC가 무수히 많이 그려진다.

따라서 △ABC가 하나로 정해지는 것은 ①, ③이다.

09

정답 ④

① $12 = 6 + 6$이므로 △ABC가 그려지지 않는다.

② ∠C는 $\overline{AB}$, $\overline{BC}$의 끼인각이 아니므로 △ABC가 하나로 정해지지 않는다.

③ ∠A는 $\overline{AC}$, $\overline{BC}$의 끼인각이 아니므로 △ABC가 하나로 정해지지 않는다.

④ $∠B = 180° - (∠A + ∠C) = 180° - (70° + 40°) = 70°$
즉, 한 변의 길이와 그 양 끝 각의 크기가 주어졌으므로 △ABC가 하나로 정해진다.

⑤ $∠B + ∠C = 180°$이므로 △ABC가 그려지지 않는다.

따라서 필요한 조건은 ④이다.

10

정답 ①, ④

① 나머지 한 각의 크기는 $180° - (100° + 45°) = 35°$
즉, 대응하는 한 변의 길이가 같고 그 양 끝 각의 크기가 각각 같으므로 ASA 합동이다.

④ 나머지 한 각의 크기는 $180° - (100° + 35°) = 45°$
즉, 대응하는 한 변의 길이가 같고 그 양 끝 각의 크기가 각각 같으므로 ASA 합동이다.

따라서 주어진 삼각형과 합동인 삼각형은 ①, ④이다.

11

정답 ③

① 대응하는 세 변의 길이가 각각 같으므로 SSS 합동이다.

② 대응하는 두 변의 길이가 각각 같고 그 끼인각의 크기가 같으므로 SAS 합동이다.

④ 대응하는 한 변의 길이가 같고 그 양 끝 각의 크기가 각각 같으므로 ASA 합동이다.

⑤ $∠B = ∠E$, $∠C = ∠F$이면 $∠A = ∠D$
즉, 대응하는 한 변의 길이가 같고 그 양 끝 각의 크기가 각각 같으므로 ASA 합동이다.

따라서 필요한 조건이 아닌 것은 ③이다.

12

정답 ③, ⑤

③ 90　　⑤ SAS

13

정답 ⑤

△ABC와 △DEF에서
$\overline{AC} = \overline{AF} + \overline{FC} = \overline{CD} + \overline{FC} = \overline{DF}$ (②),
$∠ACB = ∠DFE$ (엇각), $\overline{BC} = \overline{EF}$

따라서 △ABC ≡ △DEF (SAS 합동)이므로
$\overline{AB} = \overline{DE}$ (①), $∠ACB = ∠DFE$ (④)

이때 $∠BAC = ∠EDF$, 즉 엇각의 크기가 같으므로 $\overline{AB} /\!/ \overline{ED}$ (③)

따라서 옳지 않은 것은 ⑤이다.

14

정답 ③

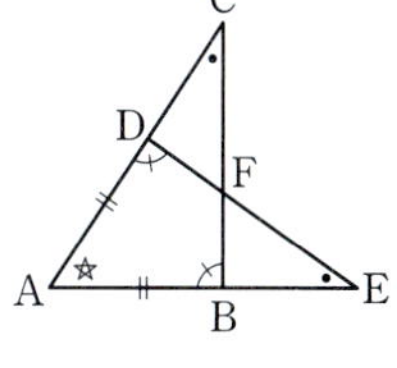

△ABC와 △ADE에서
$\overline{AB} = \overline{AD}$,
$∠C = ∠E$, ∠A는 공통이므로
$∠ABC = ∠ADE$

따라서 △ABC ≡ △ADE (ASA 합동)이므로
$\overline{BC} = \overline{DE}$ (①), $\overline{AC} = \overline{AE}$

$\overline{BE} = \overline{AE} - \overline{AB} = \overline{AC} - \overline{AD} = \overline{DC}$ (②)

③ $∠ABC = ∠CDE$인지는 알 수 없다.

④ $∠FBE = 180° - ∠ABC = 180° - ∠ADE = ∠FDC$

⑤ △ABC ≡ △ADE이므로 △ABC와 △ADE의 넓이는 같다.

따라서 옳지 않은 것은 ③이다.

15

정답 120°

△ABE와 △ACD에서
$\overline{AB} = \overline{AC}$, $\overline{AE} = \overline{AD}$, ∠A는 공통

∴ △ABE ≡ △ACD (SAS 합동)

따라서 $∠ACD = ∠ABE = 25°$이므로 △ADC에서
$∠x = 180° - (35° + 25°) = 120°$

16
정답 10 km

△AOB와 △COD에서
$\overline{AO}=\overline{CO}=3\ km$, ∠BAO=∠DCO,
∠AOB=∠COD (맞꼭지각)
∴ △AOB≡△COD (ASA 합동)
따라서 $\overline{CD}=\overline{AB}=10\ km$이므로 두 지점 C, D 사이의 거리는
10 km이다.

17
정답 ②

△ADF와 △BED와 △CFE에서
$\overline{AD}=\overline{BE}=\overline{CF}$, ∠A=∠B=∠C=60°,
$\overline{AF}=\overline{BD}=\overline{CE}$ (①)
따라서 △ADF≡△BED≡△CFE
(SAS 합동)이므로
$\overline{DF}=\overline{ED}=\overline{FE}$ (③), ∠ADF=∠BED=∠CFE (⑤)
이때 △DEF는 정삼각형이므로
∠DEF=60° (④)
따라서 옳지 않은 것은 ②이다.

18
정답 10 cm

△BCG와 △DCE에서
$\overline{BC}=\overline{DC}=8\ cm$, ∠BCG=∠DCE=90°, $\overline{CG}=\overline{CE}=6\ cm$
따라서 △BCG≡△DCE (SAS 합동)이므로
$\overline{DE}=\overline{BG}=10\ cm$

19
정답 (1) ㉢ → ㉣ → ㉠ → ㉢ → ㉤ → ㉥ (2) ②, ⑤

(2) ㉢, ㉣에서 두 점 O, M을 중심으로 하고 반지름의 길이가 같은
  원을 각각 그리므로 $\overline{OP}=\overline{OQ}=\overline{MT}=\overline{MR}$

참고

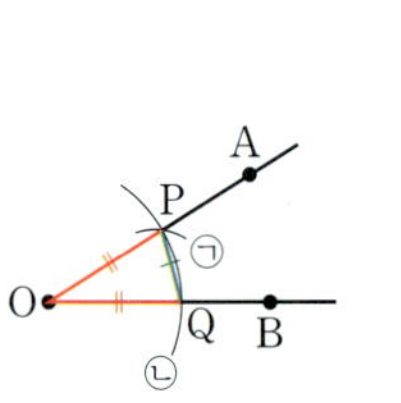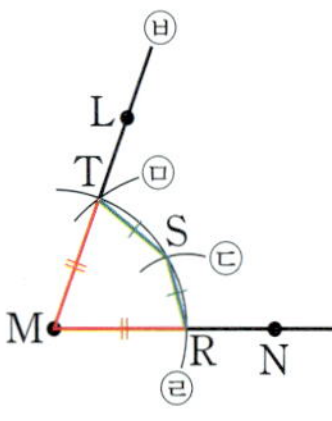

㉠, ㉢, ㉤에서 세 점 Q, R, S를 중심으로 하고 반지름의 길이가 같은 원
을 각각 그리므로 $\overline{PQ}=\overline{SR}=\overline{TS}$

20
정답 56°

△PAD는 $\overline{PA}=\overline{PD}$인 이등변삼각형이므로
∠PAD=∠PDA
△PAB와 △PDC에서
$\overline{PA}=\overline{PD}$, $\overline{AB}=\overline{DC}$,
∠PAB=∠PAD+90°=∠PDA+90°=∠PDC
∴ △PAB≡△PDC (SAS 합동)

따라서 $\overline{PB}=\overline{PC}$이므로 △PBC는 이등변삼각형이다.
이때 ∠PBC=90°−28°=62°이므로
∠BPC=180°−2×62°=56°

21
정답 ①

△ADC와 △ABE에서
△DBA가 정삼각형이므로
$\overline{AD}=\overline{AB}$
△ACE가 정삼각형이므로
$\overline{AC}=\overline{AE}$
∠DAC=∠DAB+∠BAC
　　　=∠CAE+∠BAC
　　　=∠BAE (④)
따라서 △ADC≡△ABE (SAS 합동) (⑤)이므로
$\overline{DC}=\overline{BE}$ (②), ∠ACD=∠AEB (③)
따라서 옳지 않은 것은 ①이다.

22
정답 90°

△ABE와 △BCF에서
사각형 ABCD가 정사각형이므로
$\overline{AB}=\overline{BC}$, ∠ABE=∠BCF=90°,
$\overline{BE}=\overline{CF}$
∴ △ABE≡△BCF (SAS 합동)
따라서 ∠BAE=∠CBF이고
∠BAE+∠AEB=90°이므로 ∠CBF+∠AEB=90°
△PBE에서
∠BPE=180°−(∠PBE+∠PEB)
　　　=180°−90°=90°
∴ ∠APF=∠BPE=90° (맞꼭지각)

04 다각형

01 다각형

개념 CHECK ● 본책 090쪽

01 ㄱ, ㄹ **02** (1) 120° (2) 95°

01 ㄴ. 선분으로 둘러싸여 있지 않으므로 다각형이 아니다.
ㄷ. 입체도형이므로 다각형이 아니다.
따라서 다각형인 것은 ㄱ, ㄹ이다.

02 (1) $\angle x = 180° - 60° = 120°$
(2) $\angle x = 180° - 85° = 95°$

대표 유형 ● 본책 091쪽

01·A ②, ⑤ **B** ④   **02·A** ④ **B** 145°

01·A 정답 ②, ⑤

② 선분으로 둘러싸여 있지 않으므로 다각형이 아니다.
⑤ 선분과 곡선으로 둘러싸여 있으므로 다각형이 아니다.

01·B 정답 ④

④ 원은 평면도형이지만 다각형이 아니다.

02·A 정답 ④

$\angle x = 180° - 80° = 100°$
$\angle y = 180° - 110° = 70°$
$\therefore \angle x - \angle y = 100° - 70° = 30°$

02·B 정답 145°

($\angle$B의 외각의 크기) $= 180° - 90° = 90°$
($\angle$C의 외각의 크기) $= 180° - 125° = 55°$
따라서 구하는 합은 $90° + 55° = 145°$

02 정다각형

대표 유형 ● 본책 092쪽

03·A 정십각형 **B** ③

03·A 정답 정십각형

㈎, ㈏를 만족시키는 다각형은 정다각형이고 ㈐를 만족시키는 다각형은 십각형이다.
따라서 조건을 모두 만족시키는 다각형은 정십각형이다.

03·B 정답 ③

① 꼭짓점이 7개인 다각형은 칠각형이다.
② 어떤 다각형에서 한 내각의 크기가 62°일 때, 이 각의 외각의 크기는 $180° - 62° = 118°$
④ 정다각형은 모든 변의 길이가 같고 모든 내각의 크기가 같은 다각형이다.
⑤ 네 내각의 크기가 같은 사각형은 직사각형이다.

주의 삼각형을 제외한 다각형에서 모든 변의 길이가 같아도 내각의 크기가 다르면 정다각형이 아니다.

03 다각형의 대각선의 개수

개념 CHECK ● 본책 093쪽

01 4, 28, 14 **02** (1) 5 (2) 20

01 (칠각형의 대각선의 개수)
$$= \frac{7 \times (7-3)}{2}$$
$$= 14$$

02 (1) $8 - 3 = 5$
(2) $\dfrac{8 \times (8-3)}{2} = 20$

대표 유형 ● 본책 094쪽

04·A ⑤ **B** 13   **05·A** 90 **B** ④

04·A 정답 ⑤

구하는 다각형을 n각형이라 하면
$n - 3 = 10$ $\therefore n = 13$
따라서 구하는 다각형은 십삼각형이다.

04·B 정답 13

구각형의 한 꼭짓점에서 그을 수 있는 대각선의 개수는
$9 - 3 = 6$이므로 $a = 6$
이때 생기는 삼각형의 개수는 $9 - 2 = 7$이므로 $b = 7$
$\therefore a + b = 6 + 7 = 13$

05·Ⓐ
정답 90

주어진 다각형을 n각형이라 하면
$n-3=12$　　∴ $n=15$
따라서 십오각형의 대각선의 개수는
$$\frac{15\times(15-3)}{2}=90$$

05·Ⓑ
정답 ④

주어진 다각형을 n각형이라 하면
$$\frac{n(n-3)}{2}=27,\ n(n-3)=54$$
이때 $9\times6=54$이므로 $n=9$
따라서 구각형의 변의 개수는 9이다.

배운대로 학습하기
● 본책 095쪽

| 01 ④ | 02 ② | 03 ① | 04 정십이각형 |
| 05 ② | 06 ⑤ | 07 77 | 08 20번 |

01
정답 ④

$\angle x=180^\circ-75^\circ=105^\circ$
$\angle y=180^\circ-115^\circ=65^\circ$
∴ $\angle x+\angle y=105^\circ+65^\circ=170^\circ$

02
정답 ②

ㄴ. 정다각형은 모든 변의 길이가 같고 모든 내각의 크기가 같은 다각형이다.
ㄹ. 네 변의 길이가 같은 사각형은 마름모이다.
따라서 옳은 것은 ㄱ, ㄷ이다.

03
정답 ①

십일각형의 한 꼭짓점에서 그을 수 있는 대각선의 개수는
$11-3=8$이므로 $a=8$
이때 생기는 삼각형의 개수는 $11-2=9$이므로 $b=9$
∴ $a+b=8+9=17$

04
정답 정십이각형

㈎를 만족시키는 다각형은 정다각형이다.
구하는 다각형을 정n각형이라 하면 ㈏에서
$n-3=9$　　∴ $n=12$
따라서 조건을 모두 만족시키는 다각형은 정십이각형이다.

05
정답 ②

주어진 다각형을 n각형이라 하면
$n-2=11$　　∴ $n=13$
따라서 십삼각형의 대각선의 개수는
$$\frac{13\times(13-3)}{2}=65$$

06
정답 ⑤

주어진 다각형을 n각형이라 하면
$$\frac{n(n-3)}{2}=35,\ n(n-3)=70$$
이때 $10\times7=70$이므로 $n=10$
따라서 십각형의 꼭짓점의 개수는 10이다.

07
정답 77

다각형의 내부의 한 점에서 각 꼭짓점에 선분을 그으면 꼭짓점의 개수만큼 삼각형이 생기므로 이 다각형은 십사각형이다.
따라서 십사각형의 대각선의 개수는
$$\frac{14\times(14-3)}{2}=77$$

08
정답 20번

양옆에 앉은 학생을 제외한 모든 학생들과 서로 한 번씩 악수를 하므로 악수를 하는 횟수는 팔각형의 대각선의 개수와 같다.
∴ $\dfrac{8\times(8-3)}{2}=20$(번)

04 삼각형의 내각의 크기의 합

개념 CHECK
● 본책 096쪽

01 $\overline{BC}$, DAB, EAC, DAB, EAC, 180
02 (1) 80°　(2) 85°　(3) 65°　(4) 75°

01 오른쪽 그림과 같이 $\triangle ABC$의 꼭짓점 A를 지나고 $\overline{BC}$에 평행한 직선 DE를 그으면 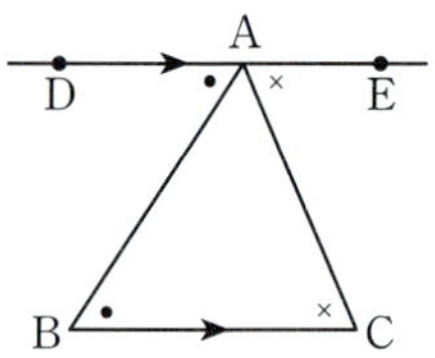
　$\angle B=\angle\boxed{DAB}$ (엇각),
　$\angle C=\angle\boxed{EAC}$ (엇각)
∴ $\angle A+\angle B+\angle C=\angle BAC+\angle\boxed{DAB}+\angle\boxed{EAC}$
　　　$=\angle DAE=\boxed{180}^\circ$

02 (1) $\angle x=180^\circ-(30^\circ+70^\circ)=80^\circ$
　(2) $\angle x=180^\circ-(45^\circ+50^\circ)=85^\circ$
　(3) $\angle x=180^\circ-(85^\circ+30^\circ)=65^\circ$
　(4) $\angle x=180^\circ-(65^\circ+40^\circ)=75^\circ$

대표 유형

01·Ⓐ ④ **Ⓑ** ② **Ⓒ** $60°$ **02·Ⓐ** ②

01·Ⓐ 〔정답〕 ④

$(4\angle x-35°)+(\angle x+10°)+(85°-\angle x)=180°$이므로
$4\angle x+60°=180°,\ 4\angle x=120°$
$\therefore \angle x=30°$

01·Ⓑ 〔정답〕 ②

$\triangle ABC$에서 $\angle ACB=180°-(65°+35°)=80°$
이때 맞꼭지각의 크기는 서로 같으므로
$\angle ECD=\angle ACB=80°$
따라서 $\triangle CDE$에서
$\angle x=180°-(60°+80°)=40°$

01·Ⓒ 〔정답〕 $60°$

$\overleftrightarrow{DE}/\!/\overleftrightarrow{BC}$이므로 $\angle C=\angle x$ (엇각)
따라서 $\triangle ABC$에서
$\angle x=\angle C=180°-(80°+40°)$
$\qquad=60°$

다른 풀이

$\overleftrightarrow{DE}/\!/\overleftrightarrow{BC}$이므로 $\angle DAB=\angle ABC=40°$ (엇각)
이때 평각의 크기는 $180°$이므로
$40°+80°+\angle x=180°$　　$\therefore \angle x=60°$

02·Ⓐ 〔정답〕 ②

삼각형의 세 내각의 크기의 합은 $180°$이므로 가장 큰 내각의 크기는
$180°\times\dfrac{7}{2+3+7}=180°\times\dfrac{7}{12}=105°$

보충 설명

$\triangle ABC$에서 $\angle A:\angle B:\angle C=a:b:c$이면
$\angle A=180°\times\dfrac{a}{a+b+c}$
$\angle B=180°\times\dfrac{b}{a+b+c}$
$\angle C=180°\times\dfrac{c}{a+b+c}$

05 삼각형의 내각과 외각 사이의 관계

개념 CHECK
● 본책 098쪽

01 (1) $110°$ (2) $135°$ (3) $75°$ (4) $115°$
02 (1) $40°$ (2) $55°$

---

01 (1) $\angle x=60°+50°=110°$
(2) $\angle x=70°+65°=135°$
(3) $\angle x=35°+40°=75°$
(4) $\angle x=80°+35°=115°$

02 (1) $\angle x+30°=70°$ 　 $\therefore \angle x=40°$
(2) $30°+\angle x=85°$ 　 $\therefore \angle x=55°$

대표 유형
● 본책 099~102쪽

03·Ⓐ ③ **Ⓑ** ① **04·Ⓐ** $130°$ **Ⓑ** $\angle x=44°,\ \angle y=30°$
05·Ⓐ $100°$ **Ⓑ** $80°$ **06·Ⓐ** $120°$ **Ⓑ** $80°$
07·Ⓐ $35°$ **Ⓑ** $50°$ **08·Ⓐ** $120°$ **Ⓑ** $35°$
09·Ⓐ $140°$ **Ⓑ** $150°$ **10·Ⓐ** $60°$ **Ⓑ** ②

03·Ⓐ 〔정답〕 ③

$(\angle x+15°)+30°=2\angle x+10°$이므로
$\angle x+45°=2\angle x+10°$ 　 $\therefore \angle x=35°$

03·Ⓑ 〔정답〕 ①

$\angle ACB=180°-125°=55°$
$\triangle ABC$에서 $2\angle x+55°=4\angle x+15°$이므로
$2\angle x=40°$ 　 $\therefore \angle x=20°$

04·Ⓐ 〔정답〕 $130°$

$\triangle ACP$에서 $\angle x=60°+40°=100°$
$\triangle PBD$에서 $70°+\angle y=100°$이므로
$\angle y=100°-70°=30°$
$\therefore \angle x+\angle y=100°+30°=130°$

04·Ⓑ 〔정답〕 $\angle x=44°,\ \angle y=30°$

$\triangle APD$에서 $\angle x+26°=70°$이므로
$\angle x=70°-26°=44°$
$\triangle PCB$에서 $40°+\angle y=70°$이므로
$\therefore \angle y=70°-40°=30°$

05·Ⓐ 〔정답〕 $100°$

$\triangle ABD$에서 $\angle BAD=65°-30°=35°$이므로
$\angle DAC=\angle BAD=35°$
따라서 $\triangle ADC$에서 $\angle x=35°+65°=100°$

05·Ⓑ 〔정답〕 $80°$

$\triangle ABC$에서 $\angle ABC=180°-140°=40°$
$\angle BAC=180°-100°=80°$이므로

$\angle \mathrm{BAD}=\dfrac{1}{2}\angle \mathrm{BAC}=\dfrac{1}{2}\times 80^\circ=40^\circ$

따라서 $\triangle \mathrm{ABD}$에서 $\angle x=40^\circ+40^\circ=80^\circ$

06·Ⓐ
정답 120°

$\triangle \mathrm{ABC}$에서 $60^\circ+\angle \mathrm{ABC}+\angle \mathrm{ACB}=180^\circ$이므로

$\angle \mathrm{ABC}+\angle \mathrm{ACB}=180^\circ-60^\circ=120^\circ$

$\therefore \angle \mathrm{IBC}+\angle \mathrm{ICB}=\dfrac{1}{2}(\angle \mathrm{ABC}+\angle \mathrm{ACB})$

$\qquad\qquad\qquad\quad =\dfrac{1}{2}\times 120^\circ=60^\circ$

따라서 $\triangle \mathrm{IBC}$에서

$\angle x=180^\circ-(\angle \mathrm{IBC}+\angle \mathrm{ICB})$

$\qquad =180^\circ-60^\circ=120^\circ$

다른 풀이

$\angle x=90^\circ+\dfrac{1}{2}\times 60^\circ=90^\circ+30^\circ=120^\circ$

06·Ⓑ
정답 80°

$\triangle \mathrm{IBC}$에서 $130^\circ+\angle \mathrm{IBC}+\angle \mathrm{ICB}=180^\circ$이므로

$\angle \mathrm{IBC}+\angle \mathrm{ICB}=180^\circ-130^\circ=50^\circ$

$\triangle \mathrm{ABC}$에서 $\angle x+2\angle \mathrm{IBC}+2\angle \mathrm{ICB}=180^\circ$이므로

$\angle x+2(\angle \mathrm{IBC}+\angle \mathrm{ICB})=180^\circ$

$\angle x+2\times 50^\circ=180^\circ$, $\angle x+100^\circ=180^\circ$ $\therefore \angle x=80^\circ$

다른 풀이

$130^\circ=90^\circ+\dfrac{1}{2}\angle x$, $\dfrac{1}{2}\angle x=40^\circ$

$\therefore \angle x=80^\circ$

07·Ⓐ
정답 35°

$\angle \mathrm{ABD}=\angle \mathrm{DBC}=\angle a$, $\angle \mathrm{ACD}=\angle \mathrm{DCE}=\angle b$라 하면

$\triangle \mathrm{ABC}$에서 $2\angle b=70^\circ+2\angle a$이므로 $\angle b=35^\circ+\angle a$ ⋯⋯ ㉠

$\triangle \mathrm{DBC}$에서 $\angle b=\angle x+\angle a$ ⋯⋯ ㉡

㉠, ㉡에서 $\angle x=35^\circ$

다른 풀이

$\angle x=\dfrac{1}{2}\times 70^\circ=35^\circ$

07·Ⓑ
정답 50°

$\angle \mathrm{ABD}=\angle \mathrm{DBC}=\angle a$, $\angle \mathrm{ACD}=\angle \mathrm{DCE}=\angle b$라 하면

$\triangle \mathrm{ABC}$에서 $2\angle b=\angle x+2\angle a$이므로

$\angle b=\dfrac{1}{2}\angle x+\angle a$ ⋯⋯ ㉠

$\triangle \mathrm{DBC}$에서 $\angle b=25^\circ+\angle a$ ⋯⋯ ㉡

㉠, ㉡에서 $\dfrac{1}{2}\angle x=25^\circ$

$\therefore \angle x=50^\circ$

08·Ⓐ
정답 120°

$\triangle \mathrm{ABC}$는 $\overline{\mathrm{AB}}=\overline{\mathrm{AC}}$인 이등변삼각형이므로

$\angle \mathrm{ACB}=\angle \mathrm{ABC}=40^\circ$

$\therefore \angle \mathrm{CAD}=40^\circ+40^\circ=80^\circ$

$\triangle \mathrm{ACD}$는 $\overline{\mathrm{CA}}=\overline{\mathrm{CD}}$인 이등변삼각형이므로

$\angle \mathrm{CDA}=\angle \mathrm{CAD}=80^\circ$

따라서 $\triangle \mathrm{DBC}$에서 $\angle x=40^\circ+80^\circ=120^\circ$

08·Ⓑ
정답 35°

$\triangle \mathrm{ABC}$는 $\overline{\mathrm{AB}}=\overline{\mathrm{AC}}$인 이등변삼각형이므로

$\angle \mathrm{ACB}=\angle \mathrm{ABC}=\angle x$

$\therefore \angle \mathrm{CAD}=\angle x+\angle x=2\angle x$

$\triangle \mathrm{ACD}$는 $\overline{\mathrm{CA}}=\overline{\mathrm{CD}}$인 이등변삼각형이므로

$\angle \mathrm{CDA}=\angle \mathrm{CAD}=2\angle x$

따라서 $\triangle \mathrm{DBC}$에서 $\angle x+2\angle x=105^\circ$이므로

$3\angle x=105^\circ$ $\therefore \angle x=35^\circ$

09·Ⓐ
정답 140°

오른쪽 그림과 같이 $\overline{\mathrm{BC}}$를 긋고

$\angle \mathrm{DBC}=\angle a$, $\angle \mathrm{DCB}=\angle b$라 하면

$\triangle \mathrm{ABC}$에서

$75^\circ+(40^\circ+\angle a)+(25^\circ+\angle b)=180^\circ$

$140^\circ+\angle a+\angle b=180^\circ$

$\therefore \angle a+\angle b=40^\circ$

따라서 $\triangle \mathrm{DBC}$에서

$\angle x=180^\circ-(\angle a+\angle b)=180^\circ-40^\circ=140^\circ$

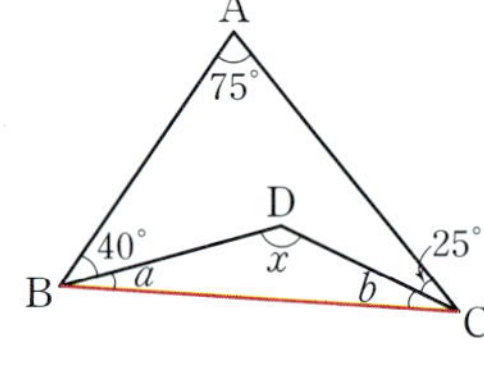

다른 풀이 1

오른쪽 그림과 같이 $\overline{\mathrm{AD}}$의 연장선 위에

점 E를 잡고 $\angle \mathrm{BAD}=\angle a$,

$\angle \mathrm{CAD}=\angle b$라 하면

$\angle a+\angle b=75^\circ$

$\triangle \mathrm{ABD}$에서 $\angle \mathrm{BDE}=\angle a+40^\circ$

$\triangle \mathrm{ADC}$에서 $\angle \mathrm{CDE}=\angle b+25^\circ$

$\therefore \angle x=\angle \mathrm{BDE}+\angle \mathrm{CDE}$

$\qquad =(\angle a+40^\circ)+(\angle b+25^\circ)$

$\qquad =\angle a+\angle b+65^\circ$

$\qquad =75^\circ+65^\circ=140^\circ$

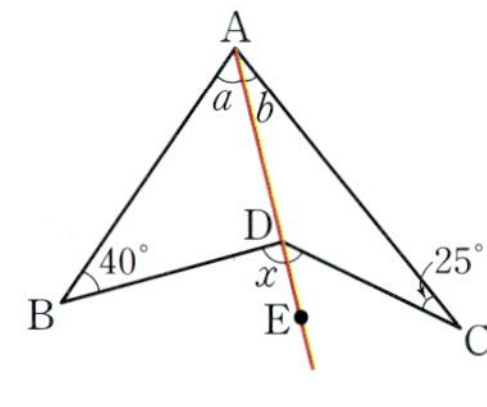

다른 풀이 2

오른쪽 그림과 같이 $\overline{\mathrm{BD}}$의 연장선을 그어 $\overline{\mathrm{AC}}$와 만나는 점을 E라 하면

$\triangle \mathrm{ABE}$에서

$\angle \mathrm{BEC}=75^\circ+40^\circ=115^\circ$

따라서 $\triangle \mathrm{EDC}$에서

$\angle x=115^\circ+25^\circ=140^\circ$

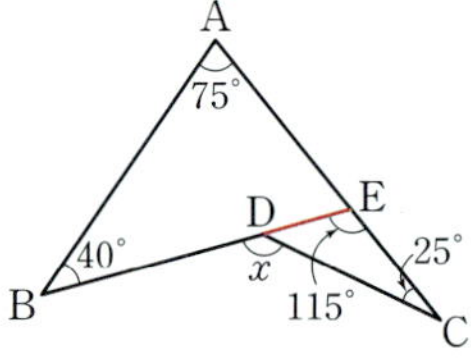

09 · B

정답 150°

오른쪽 그림과 같이 $\overline{AC}$를 긋고
$\angle DCA = \angle a$, $\angle DAC = \angle b$라 하면
△ABC에서
$55° + (60° + \angle a) + (35° + \angle b) = 180°$
$150° + \angle a + \angle b = 180°$
$\therefore \angle a + \angle b = 30°$
따라서 △DCA에서
$\angle x = 180° - (\angle a + \angle b) = 180° - 30° = 150°$

다른 풀이

오른쪽 그림과 같이 $\overline{AD}$의 연장선을 그어
$\overline{BC}$와 만나는 점을 E라 하면
△ABE에서
$\angle AEC = 35° + 55° = 90°$
따라서 △DEC에서
$\angle x = 90° + 60° = 150°$

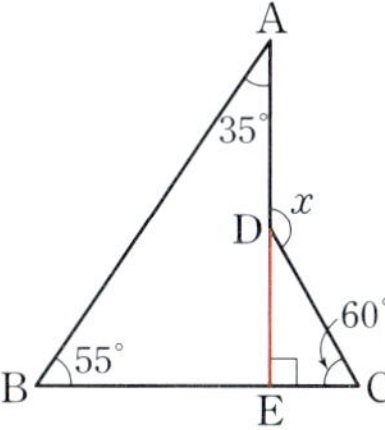

10 · A

정답 60°

오른쪽 그림의 △FCG에서
$\angle AFD = 30° + 65° = 95°$
△AFD에서
$\angle x + 95° + 25° = 180°$
$\therefore \angle x = 60°$

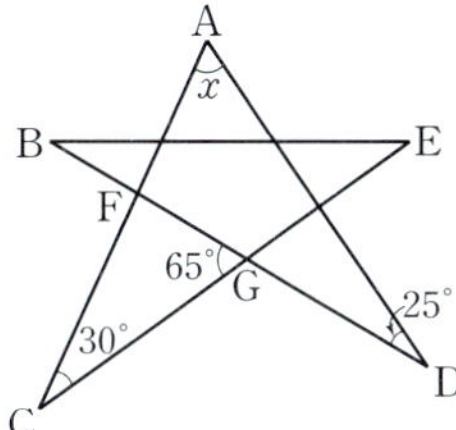

10 · B

정답 ②

[그림 1]의 △GDA에서
$\angle BGF = \angle a + \angle d$
따라서 [그림 2]의 △BGF에서
$\angle x = \angle b + (\angle a + \angle d) = \angle a + \angle b + \angle d$

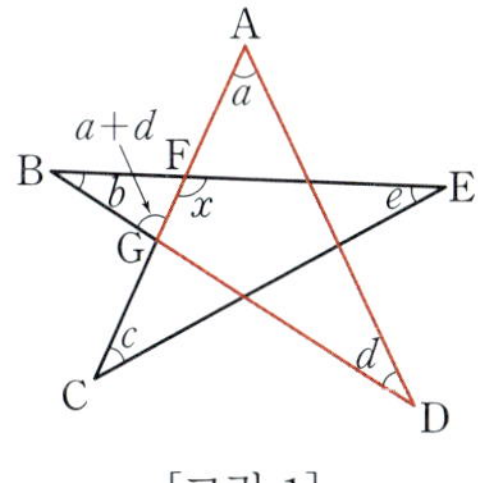

[그림 1]

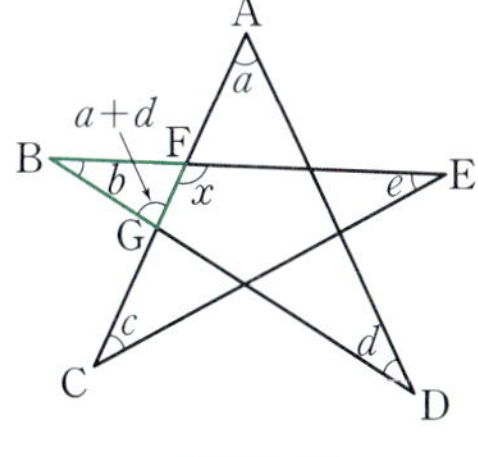

[그림 2]

주어진 각을 내각 또는 외각으로 갖는 삼각형을 찾아 삼각형의 내각과
외각 사이의 관계를 이용한다.

배운대로 학습하기 ● 본책 104~105쪽

01 ③	**02** ④	**03** ④	**04** ③
05 120°	**06** 85°	**07** 68°	**08** 68°
09 ③	**10** ④	**11** 50°	**12** ⑤

01

정답 ③

$(2\angle x + 20°) + 3\angle x + (\angle x + 10°) = 180°$이므로
$6\angle x + 30° = 180°$, $6\angle x = 150°$
$\therefore \angle x = 25°$

02

정답 ④

삼각형의 세 내각의 크기의 합은 180°이므로 가장 큰 내각의 크기는
$180° \times \dfrac{4}{2+3+4} = 180° \times \dfrac{4}{9} = 80°$

03

정답 ④

△ABE에서 $\angle DBC = 30° + 20° = 50°$
따라서 △BCD에서
$\angle x = 20° + 50° = 70°$

04

정답 ③

△ABD에서 $\angle x = 30° + 50° = 80°$
△ADC에서
$\angle y = 180° - (\angle x + 40°) = 180° - (80° + 40°) = 60°$
$\therefore \angle x - \angle y = 80° - 60° = 20°$

05

정답 120°

△APC에서 $\angle x = 45° + 40° = 85°$
△PBD에서 $50° + \angle y = 85°$이므로 $\angle y = 85° - 50° = 35°$
$\therefore \angle x + \angle y = 85° + 35° = 120°$

06

정답 85°

△ABC에서 $\angle BAC + 50° = 120°$이므로
$\angle BAC = 120° - 50° = 70°$
$\therefore \angle BAD = \dfrac{1}{2}\angle BAC = \dfrac{1}{2} \times 70° = 35°$
따라서 △ABD에서
$\angle x = \angle ABD + \angle BAD = 50° + 35° = 85°$

07

정답 68°

△IBC에서 $124° + \angle IBC + \angle ICB = 180°$이므로
$\angle IBC + \angle ICB = 180° - 124° = 56°$
△ABC에서 $\angle x + 2\angle IBC + 2\angle ICB = 180°$이므로
$\angle x + 2(\angle IBC + \angle ICB) = 180°$
$\angle x + 2 \times 56° = 180°$, $\angle x + 112° = 180°$ $\quad \therefore \angle x = 68°$

다른 풀이

$124° = 90° + \dfrac{1}{2}\angle x, \quad \dfrac{1}{2}\angle x = 34°$

$\therefore \angle x = 68°$

08   정답) 68°

$\angle ABD = \angle DBC = \angle a, \ \angle ACD = \angle DCE = \angle b$라 하면

$\triangle ABC$에서 $2\angle b = \angle x + 2\angle a$이므로

$\angle b = \dfrac{1}{2}\angle x + \angle a \qquad \cdots\cdots \ \bigcirc$

$\triangle DBC$에서 $\angle b = 34° + \angle a \qquad \cdots\cdots \ \bigcirc\!\!\bigcirc$

$\bigcirc$, $\bigcirc\!\!\bigcirc$에서 $\dfrac{1}{2}\angle x = 34°$

$\therefore \angle x = 68°$

09   정답) ③

$\triangle ABC$는 $\overline{AB} = \overline{AC}$인 이등변삼각형이므로

$\angle ACB = \angle B = \angle x$

$\therefore \angle CAD = \angle x + \angle x = 2\angle x$

$\triangle ACD$는 $\overline{CA} = \overline{CD}$인 이등변삼각형이므로

$\angle CDA = \angle CAD = 2\angle x$

$\triangle DBC$에서 $\angle x + 2\angle x = 60°$이므로

$3\angle x = 60° \qquad \therefore \angle x = 20°$

10   정답) ④

오른쪽 그림과 같이 $\overline{BC}$를 긋고

$\angle DBC = \angle a, \ \angle DCB = \angle b$라 하면

$\triangle ABC$에서

$85° + (25° + \angle a) + (35° + \angle b) = 180°$

$145° + \angle a + \angle b = 180°$

$\therefore \angle a + \angle b = 35°$

따라서 $\triangle DBC$에서

$\angle x = 180° - (\angle a + \angle b)$

$\qquad = 180° - 35° = 145°$

다른 풀이

오른쪽 그림과 같이 $\overline{BD}$의 연장선과 $\overline{AC}$

의 교점을 E라 하면 $\triangle ABE$에서

$\angle DEC = 85° + 25° = 110°$

따라서 $\triangle DCE$에서

$\angle x = 110° + 35° = 145°$

11   정답) 50°

$\triangle ABC$에서 $\angle ACD = 37° + 43° = 80°$

따라서 $\triangle ECD$에서

$18° + (\angle x + 80°) + 32° = 180°$

$\angle x + 130° = 180° \qquad \therefore \angle x = 50°$

12   정답) ⑤

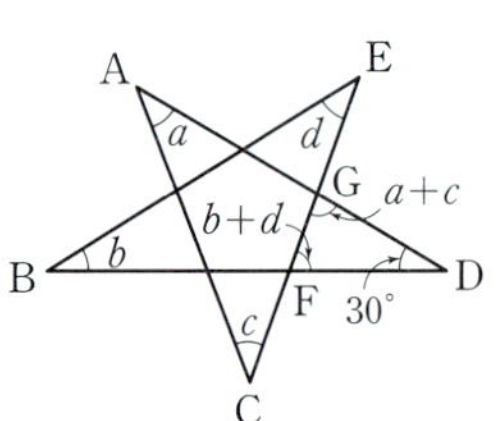

오른쪽 그림의 $\triangle ACG$에서

$\angle FGD = \angle a + \angle c$

$\triangle EBF$에서 $\angle GFD = \angle b + \angle d$

따라서 $\triangle GFD$에서

$(\angle a + \angle c) + (\angle b + \angle d) + 30° = 180°$

$\therefore \angle a + \angle b + \angle c + \angle d = 150°$

06 다각형의 내각의 크기의 합

● 본책 106쪽

개념 CHECK

01   4, 5, 5, 900   **02**   (1) 1080°   (2) 1260°

03   (1) 540°   (2) 85°

01   칠각형의 한 꼭짓점에서 그을 수 있는 대각선은 $\boxed{4}$개이고, 이 대각선에 의하여 생기는 삼각형은 $\boxed{5}$개이다.

따라서 칠각형의 내각의 크기의 합은

$180° \times \boxed{5} = \boxed{900}°$

02   (1) $180° \times (8-2) = 1080°$

(2) $180° \times (9-2) = 1260°$

03   (1) $180° \times (5-2) = 540°$

(2) $100° + 125° + 120° + 110° + \angle x = 540°$이므로

$\angle x + 455° = 540° \qquad \therefore \angle x = 85°$

대표 유형

● 본책 107~108쪽

01 · A ④   **B** 1440°   **02 · A** ⑤   **B** 75°

03 · A 95°   **B** 85°   **04 · A** 45°   **B** 15°

01 · A   정답) ④

구하는 다각형을 n각형이라 하면

$180° \times (n-2) = 2340°$

$n - 2 = 13 \qquad \therefore n = 15$

따라서 구하는 다각형은 십오각형이다.

01 · B   정답) 1440°

주어진 다각형을 n각형이라 하면

$n - 3 = 7 \qquad \therefore n = 10$

따라서 십각형의 내각의 크기의 합은

$180° \times (10-2) = 1440°$

02 · Ⓐ

오각형의 내각의 크기의 합은 $180° \times (5-2) = 540°$이므로
$100° + 115° + \angle x + (180° - 80°) + 95° = 540°$
$\angle x + 410° = 540°$ $\quad \therefore \angle x = 130°$

참고 다각형의 한 꼭짓점에서의 내각과 외각의 크기의 합은 $180°$임을 이용한다.

02 · Ⓑ

육각형의 내각의 크기의 합은 $180° \times (6-2) = 720°$이므로
$\angle x + (180° - 45°) + 110° + (180° - \angle y) + 90° + 130° = 720°$
$\angle x - \angle y + 645° = 720°$ $\quad \therefore \angle x - \angle y = 75°$

03 · Ⓐ

오른쪽 그림과 같이 $\overline{CE}$를 그으면
오각형의 내각의 크기의 합은
$180° \times (5-2) = 540°$이므로
$115° + 105° + (60° + \angle DCE)$
$+ (\angle DEC + 65°) + 110° = 540°$
$455° + \angle DCE + \angle DEC = 540°$
$\therefore \angle DCE + \angle DEC = 85°$
따라서 △DCE에서
$\angle x = 180° - (\angle DCE + \angle DEC) = 180° - 85° = 95°$

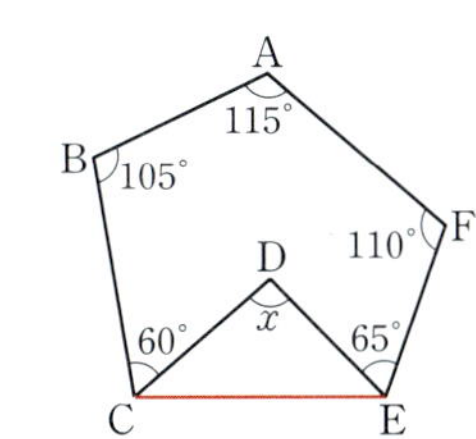

03 · Ⓑ

오른쪽 그림과 같이 $\overline{CE}$를 그으면
삼각형의 내각의 크기의 합은 $180°$이므로
△EDC에서
$\angle DCE + \angle DEC = 180° - 90° = 90°$
이때 사각형의 내각의 크기의 합은
$180° \times (4-2) = 360°$이므로
$90° + 95° + (\angle y + \angle DCE) + (\angle DEC + \angle x) = 360°$
$185° + 90° + \angle x + \angle y = 360°$, $275° + \angle x + \angle y = 360°$
$\therefore \angle x + \angle y = 85°$

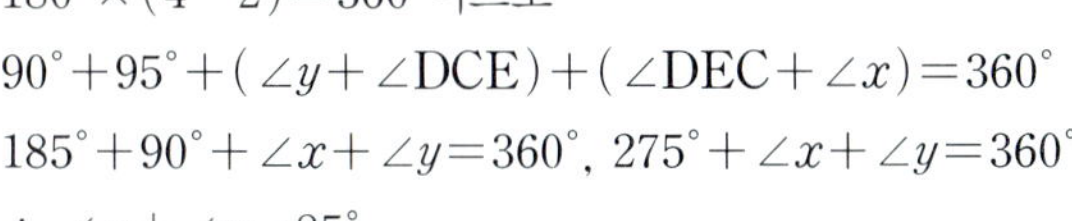

04 · Ⓐ

오른쪽 그림과 같이 보조선을 그으면
$\angle a + \angle b = 25° + \angle x$
이때 사각형의 내각의 크기의 합은
$180° \times (4-2) = 360°$이므로
$60° + (85° + \angle a) + (\angle b + 70°) + 75°$
$= 360°$
$290° + \angle a + \angle b = 360°$ $\quad \therefore \angle a + \angle b = 70°$
즉, $25° + \angle x = 70°$이므로 $\angle x = 45°$

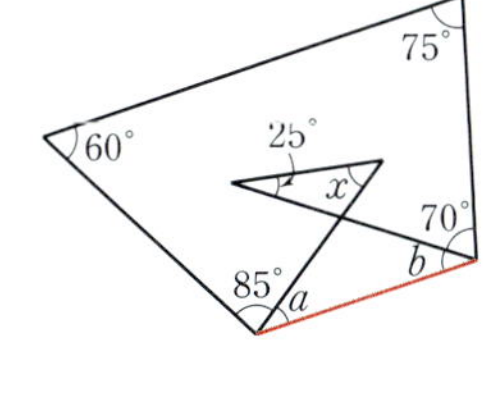

참고 보조선을 그어 다각형을 완성한 후 삼각형의 내각과 외각 사이의 관계와 맞꼭지각의 성질을 이용한다.

04 · Ⓑ

오른쪽 그림과 같이 보조선을 그으면
$\angle a + \angle b = 30° + 25° = 55°$
이때 삼각형의 내각의 크기의 합은 $180°$이므로
$65° + (\angle x + \angle a) + (\angle b + 45°) = 180°$
$110° + \angle x + (\angle a + \angle b) = 180°$
$110° + \angle x + 55° = 180°$
$165° + \angle x = 180°$ $\quad \therefore \angle x = 15°$

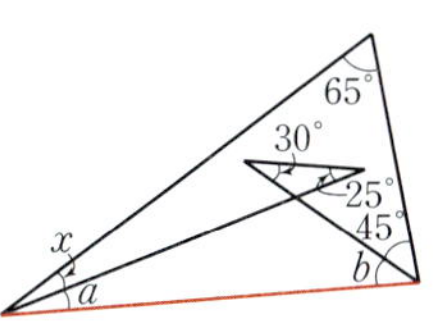

07 다각형의 외각의 크기의 합

개념 CHECK
● 본책 109쪽

01 180, 180, 360, 180, 720, 360
02 (1) 100° (2) 80° (3) 105° (4) 140°

01 사각형의 각 꼭짓점에서 내각과 외각의 크기의 합은 $\boxed{180}$°이 므로 사각형의 모든 내각과 외각의 크기의 합은 $\boxed{180}$° $\times 4$ 이다.
이때 사각형의 내각의 크기의 합은 $\boxed{360}$°이므로
(사각형의 외각의 크기의 합)
$= \boxed{180}$° $\times 4 - $ (사각형의 내각의 크기의 합)
$= \boxed{720}$° $- 360° = \boxed{360}$°

02 (1) 다각형의 외각의 크기의 합은 $360°$이므로
$\quad \angle x + 120° + 140° = 360°$, $\angle x + 260° = 360°$
$\quad \therefore \angle x = 100°$

(2) 다각형의 외각의 크기의 합은 $360°$이므로
$\quad 85° + 100° + 95° + \angle x = 360°$, $\angle x + 280° = 360°$
$\quad \therefore \angle x = 80°$

(3) 다각형의 외각의 크기의 합은 $360°$이므로
$\quad 80° + 70° + \angle x + 105° = 360°$, $\angle x + 255° = 360°$
$\quad \therefore \angle x = 105°$

(4) 다각형의 외각의 크기의 합은 $360°$이므로
$\quad 75° + 80° + 65° + \angle x = 360°$, $\angle x + 220° = 360°$
$\quad \therefore \angle x = 140°$

대표 유형 ● 본책 110쪽

05·Ⓐ ② **Ⓑ** 30°　　**06·Ⓐ** ② **Ⓑ** 150°

05·Ⓐ
정답 ②

다각형의 외각의 크기의 합은 360°이므로
$95° + (2\angle x - 25°) + 50° + \angle x = 360°$
$3\angle x + 120° = 360°,\ 3\angle x = 240°$
$\therefore \angle x = 80°$

05·Ⓑ
정답 30°

다각형의 외각의 크기의 합은 360°이므로
$60° + (3\angle x - 15°) + (\angle x + 20°) + 68° + 72° + (\angle x + 5°) = 360°$
$5\angle x + 210° = 360°,\ 5\angle x = 150°$
$\therefore \angle x = 30°$

06·Ⓐ
정답 ②

다각형의 외각의 크기의 합은 360°이므로
$(180° - 120°) + (180° - 100°) + 45° + (180° - 105°) + \angle x + 40°$
$= 360°$
$\angle x + 300° = 360°$　　$\therefore \angle x = 60°$

06·Ⓑ
정답 150°

다각형의 외각의 크기의 합은 360°이므로
$(180° - 105°) + \angle x + 95° + \angle y + (180° - 140°) = 360°$
$\angle x + \angle y + 210° = 360°$　　$\therefore \angle x + \angle y = 150°$

08 정다각형의 한 내각과 한 외각의 크기

개념 CHECK ● 본책 111쪽

01 방법 1　6, 720, 720, 120, 360, 360, 60
　　　방법 2　360, 360, 60, 180, 180, 180, 60, 120
02 (1) 135°, 45°　(2) 144°, 36°

01 방법 1

정육각형의 내각의 크기의 합은
$180° \times (\boxed{6} - 2) = \boxed{720}°$이므로
한 내각의 크기는 $\dfrac{\boxed{720}°}{6} = \boxed{120}°$

이때 정육각형의 외각의 크기의 합은 $\boxed{360}°$이므로
한 외각의 크기는 $\dfrac{\boxed{360}°}{6} = \boxed{60}°$

방법 2

정육각형의 외각의 크기의 합은 $\boxed{360}°$이므로
한 외각의 크기는 $\dfrac{\boxed{360}°}{6} = \boxed{60}°$

이때 정육각형에서
(한 내각의 크기) + (한 외각의 크기) = $\boxed{180}°$이므로
한 내각의 크기는
$\boxed{180}° - ($한 외각의 크기$) = \boxed{180}° - \boxed{60}° = \boxed{120}°$

02
(1) (한 내각의 크기) = $\dfrac{180° \times (8-2)}{8} = 135°$
　(한 외각의 크기) = $\dfrac{360°}{8} = 45°$

(2) (한 내각의 크기) = $\dfrac{180° \times (10-2)}{10} = 144°$
　(한 외각의 크기) = $\dfrac{360°}{10} = 36°$

대표 유형 ● 본책 112~113쪽

07·Ⓐ 3240°　**Ⓑ** ④　　**08·Ⓐ** ②　**Ⓑ** ⑤
09·Ⓐ 정구각형　**Ⓑ** 정육각형　**10·Ⓐ** 72°　**Ⓑ** 60°

07·Ⓐ
정답 3240°

주어진 정다각형을 정n각형이라 하면
$\dfrac{360°}{n} = 18°$　　$\therefore n = 20$
따라서 정이십각형의 내각의 크기의 합은
$180° \times (20-2) = 3240°$

07·Ⓑ
정답 ④

주어진 정다각형을 정n각형이라 하면
$\dfrac{180° \times (n-2)}{n} = 156°$
$180° \times n - 360° = 156° \times n$
$24° \times n = 360°$　　$\therefore n = 15$
따라서 정십오각형의 변의 개수는 15이다.

다른 풀이

정다각형의 한 내각의 크기와 한 외각의 크기의 합은 180°이므로 한
외각의 크기는
$180° - 156° = 24°$
주어진 정다각형을 정n각형이라 하면
$\dfrac{360°}{n} = 24°$　　$\therefore n = 15$
따라서 정십오각형의 변의 개수는 15이다.

08·Ⓐ

정다각형의 한 내각의 크기와 한 외각의 크기의 합은 $180°$이므로 주어진 정다각형의 한 외각의 크기는

$$180° \times \frac{2}{7+2} = 180° \times \frac{2}{9} = 40°$$

구하는 정다각형을 정 n각형이라 하면

$$\frac{360°}{n} = 40° \qquad \therefore n = 9$$

따라서 구하는 정다각형은 정구각형이다.

08·Ⓑ
정답 ⑤

정다각형의 한 내각의 크기와 한 외각의 크기의 합은 $180°$이므로 주어진 정다각형의 한 외각의 크기는

$$180° \times \frac{1}{4+1} = 180° \times \frac{1}{5} = 36°$$

주어진 정다각형을 정 n각형이라 하면

$$\frac{360°}{n} = 36° \qquad \therefore n = 10$$

따라서 정십각형의 대각선의 개수는

$$\frac{10 \times (10-3)}{2} = 35$$

09·Ⓐ
정답 정구각형

㈎를 만족시키는 다각형은 정다각형이므로 구하는 다각형을 정 n각형이라 하면

㈏에서 (한 외각의 크기) $= 180° - 140° = 40°$이므로

$$\frac{360°}{n} = 40 \qquad \therefore n = 9$$

따라서 조건을 모두 만족시키는 다각형은 정구각형이다.

09·Ⓑ
정답 정육각형

㈎를 만족시키는 다각형은 정다각형이므로 구하는 다각형을 정 n각형이라 하면

㈏에서 (한 외각의 크기) $= 180° \times \frac{1}{2+1} = 180° \times \frac{1}{3} = 60°$이므로

$$\frac{360°}{n} = 60° \qquad \therefore n = 6$$

따라서 조건을 모두 만족시키는 다각형은 정육각형이다.

10·Ⓐ
정답 $72°$

정오각형의 한 내각의 크기는 $\dfrac{180° \times (5-2)}{5} = 108°$

$\triangle ABC$는 $\overline{BC} = \overline{BA}$인 이등변삼각형이므로

$$\angle BAC = \frac{1}{2} \times (180° - 108°) = 36°$$

$\triangle ABE$는 $\overline{AB} = \overline{AE}$인 이등변삼각형이므로

$$\angle ABE = \frac{1}{2} \times (180° - 108°) = 36°$$

따라서 $\triangle ABF$에서 $\angle x = 36° + 36° = 72°$

10·Ⓑ
정답 $60°$

정육각형의 한 내각의 크기는 $\dfrac{180° \times (6-2)}{6} = 120°$

$\triangle ABC$는 $\overline{BC} = \overline{BA}$인 이등변삼각형이므로

$$\angle BAC = \frac{1}{2} \times (180° - 120°) = 30°$$

$\triangle ABF$는 $\overline{AB} = \overline{AF}$인 이등변삼각형이므로

$$\angle ABF = \frac{1}{2} \times (180° - 120°) = 30°$$

따라서 $\triangle ABG$에서 $\angle x = 30° + 30° = 60°$

배운대로 학습하기
● 본책 114~115쪽

01 ②	**02** ③	**03** 74°	**04** ③
05 ⑤	**06** ②	**07** 30°	**08** ②
09 ①	**10** ③	**11** 15	**12** 정십이각형
13 120°	**14** ④		

01
정답 ②

주어진 다각형을 n각형이라 하면

$$180° \times (n-2) = 1620°$$

$$n-2 = 9 \qquad \therefore n = 11$$

따라서 십일각형의 꼭짓점의 개수는 11이다.

02
정답 ③

주어진 다각형을 n각형이라 하면

$$n-3 = 5 \qquad \therefore n = 8$$

따라서 팔각형의 내각의 크기의 합은

$$180° \times (8-2) = 1080°$$

03
정답 74°

오각형의 내각의 크기의 합은 $180° \times (5-2) = 540°$이므로

$$105° + 2\angle x + 110° + 103° + \angle x = 540°$$

$$3\angle x + 318° = 540°, \ 3\angle x = 222°$$

$$\therefore \angle x = 74°$$

04
정답 ③

육각형의 내각의 크기의 합은 $180° \times (6-2) = 720°$이므로

$$\angle x + (180° - 60°) + 95° + 130° + 110° + (180° - \angle y) = 720°$$

$$\angle x - \angle y + 635° = 720°$$

$$\therefore \angle x - \angle y = 85°$$

05 　　정답 ⑤

오른쪽 그림과 같이 보조선을 그으면
$\angle f + \angle g = 70° + 40° = 110°$
오각형의 내각의 크기의 합은
$180° \times (5-2) = 540°$이므로
$\angle a + \angle b + \angle c + \angle f + \angle g + \angle d + \angle e$
$= 540°$
$\angle a + \angle b + \angle c + \angle d + \angle e + 110° = 540°$
$\therefore \angle a + \angle b + \angle c + \angle d + \angle e = 430°$

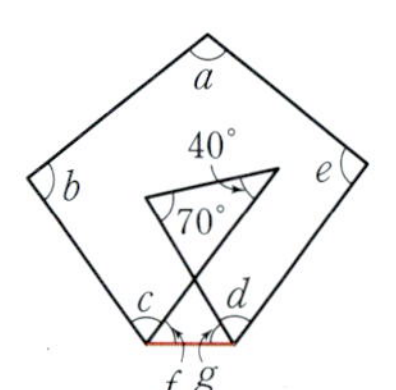

06 　　정답 ②

다각형의 외각의 크기의 합은 $360°$이므로
$55° + 60° + \angle x + 70° + 120° = 360°$
$\angle x + 305° = 360°$　　$\therefore \angle x = 55°$
$\angle y = 180° - 120° = 60°$

07 　　정답 $30°$

다각형의 외각의 크기의 합은 $360°$이므로
$65° + (180° - 150°) + 80° + 60° + \angle x + (180° - 110°)$
$+ (180° - 155°) = 360°$
$\angle x + 330° = 360°$　　$\therefore \angle x = 30°$

08 　　정답 ②

주어진 정다각형을 정 n각형이라 하면
$\dfrac{n(n-3)}{2} = 27,\ n(n-3) = 54$
이때 $54 = 9 \times 6$이므로 $n = 9$
따라서 정구각형의 한 내각의 크기는
$\dfrac{180° \times (9-2)}{9} = 140°$

09 　　정답 ①

구하는 정다각형을 정 n각형이라 하면
$\dfrac{180° \times (n-2)}{n} = 135°,\ 180° \times n - 360° = 135° \times n$
$45° \times n = 360°$　　$\therefore n = 8$
따라서 구하는 정다각형은 정팔각형이다.

다른 풀이

정다각형의 한 내각의 크기와 한 외각의 크기의 합은 $180°$이므로 한 외각의 크기는
$180° - 135° = 45°$
구하는 정다각형을 정 n각형이라 하면
$\dfrac{360°}{n} = 45°$　　$\therefore n = 8$
따라서 구하는 정다각형은 정팔각형이다.

10 　　정답 ③

① 한 꼭짓점에서 그을 수 있는 대각선의 개수는 $15 - 3 = 12$
② 대각선의 개수는 $\dfrac{15 \times (15-3)}{2} = 90$
③ 내각의 크기의 합은 $180° \times (15-2) = 2340°$
④ 한 내각의 크기는 $\dfrac{180° \times (15-2)}{15} = 156°$
⑤ 한 외각의 크기는 $\dfrac{360°}{15} = 24°$
따라서 옳지 않은 것은 ③이다.

11 　　정답 15

정다각형의 한 내각의 크기와 한 외각의 크기의 합은 $180°$이므로 주어진 정다각형의 한 외각의 크기는
$180° \times \dfrac{1}{8+1} = 180° \times \dfrac{1}{9} = 20°$
주어진 정다각형을 정 n각형이라 하면
$\dfrac{360°}{n} = 20°$　　$\therefore n = 18$
따라서 정십팔각형의 한 꼭짓점에서 그을 수 있는 대각선의 개수는
$18 - 3 = 15$

12 　　정답 정십이각형

㈎를 만족시키는 다각형은 정다각형이다.
㈏에서 한 내각의 크기와 한 외각의 크기의 비가 $5 : 1$이고, 정다각형의 한 내각의 크기와 한 외각의 크기의 합은 $180°$이므로 한 외각의 크기는
$180° \times \dfrac{1}{5+1} = 180° \times \dfrac{1}{6} = 30°$
구하는 정다각형을 정 n각형이라 하면
$\dfrac{360°}{n} = 30°$　　$\therefore n = 12$
따라서 조건을 모두 만족시키는 다각형은 정십이각형이다.

13 　　정답 $120°$

정육각형의 한 내각의 크기는
$\dfrac{180° \times (6-2)}{6} = 120°$
$\triangle ABF$는 $\overline{AB} = \overline{AF}$인 이등변삼각형이므로
$\angle BFA = \dfrac{1}{2} \times (180° - 120°) = 30°$
$\triangle AEF$는 $\overline{FA} = \overline{FE}$인 이등변삼각형이므로
$\angle EAF = \dfrac{1}{2} \times (180° - 120°) = 30°$
$\therefore \angle x = \angle AGF = 180° - (30° + 30°) = 120°$

본책

14

$\angle x$는 정팔각형의 한 외각의 크기와 정오각형의 한 외각의 크기의 합이므로

$$\angle x=\frac{360^\circ}{8}+\frac{360^\circ}{5}$$
$$=45^\circ+72^\circ=117^\circ$$

다른 풀이

정팔각형의 한 내각의 크기는

$$\frac{180^\circ\times(8-2)}{8}=135^\circ$$

정오각형의 한 내각의 크기는

$$\frac{180^\circ\times(5-2)}{5}=108^\circ$$

$$\therefore\ \angle x=360^\circ-(135^\circ+108^\circ)=117^\circ$$

서술형 훈련하기

● 본책 116~117쪽

01 칠각형 **02** 56° **03** 84° **04** 60°
05 18° **06** 72°

01

정답 칠각형

1단계 십칠각형의 한 꼭짓점에서 그을 수 있는 대각선의 개수 구하기

십칠각형의 한 꼭짓점에서 그을 수 있는 대각선의 개수는

$$17-3=14 \qquad \cdots\cdots\ 40\,\%$$

2단계 다각형 구하기

구하는 다각형을 n각형이라 하면

$$\frac{n(n-3)}{2}=14,\ n(n-3)=28$$

이때 $28=7\times4$이므로 $n=7$

따라서 구하는 다각형은 칠각형이다. $\qquad \cdots\cdots\ 60\,\%$

02

정답 56°

1단계 $\angle ACB$의 크기 구하기

$\triangle ACD$는 $\overline{CA}=\overline{CD}$인 이등변삼각형이므로

$$\angle CAD=\angle CDA=180^\circ-149^\circ=31^\circ$$

$$\therefore\ \angle ACB=31^\circ+31^\circ=62^\circ \qquad \cdots\cdots\ 40\,\%$$

2단계 $\angle x$의 크기 구하기

$\triangle ABC$는 $\overline{AB}=\overline{AC}$인 이등변삼각형이므로

$$\angle B=\angle ACB=62^\circ$$

$$\therefore\ \angle x=180^\circ-(62^\circ+62^\circ)=56^\circ \qquad \cdots\cdots\ 60\,\%$$

03

정답 84°

1단계 $\angle EBD$의 크기 구하기

$\triangle ABC$에서 $\angle EBD=33^\circ+17^\circ=50^\circ \qquad \cdots\cdots\ 30\,\%$

2단계 $\angle GDF$의 크기 구하기

$\triangle BDE$에서 $\angle GDF=50^\circ+17^\circ=67^\circ \qquad \cdots\cdots\ 30\,\%$

3단계 $\angle x$의 크기 구하기

$\triangle DFG$에서 $\angle x=67^\circ+17^\circ=84^\circ \qquad \cdots\cdots\ 40\,\%$

04

정답 60°

1단계 $\overline{BC}$를 긋고 $\angle DBC+\angle DCB$의 크기 구하기

오른쪽 그림과 같이 $\overline{BC}$를 그으면

$\triangle DBC$에서

$$\angle DBC+\angle DCB=180^\circ-125^\circ$$
$$=55^\circ \qquad \cdots\cdots\ 40\,\%$$

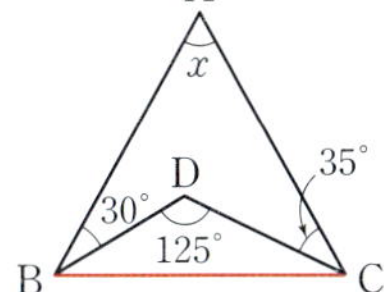

2단계 $\angle x$의 크기 구하기

따라서 $\triangle ABC$에서

$$\angle x=180^\circ-(30^\circ+\angle DBC+\angle DCB+35^\circ)$$
$$=180^\circ-(30^\circ+55^\circ+35^\circ)=60^\circ \qquad \cdots\cdots\ 60\,\%$$

05

정답 18°

1단계 주어진 정다각형 구하기

주어진 정다각형을 정n각형이라 하면 $180^\circ\times(n-2)=3240^\circ$

$$n-2=18 \qquad \therefore\ n=20$$

즉, 주어진 정다각형은 정이십각형이다. $\qquad \cdots\cdots\ 60\,\%$

2단계 주어진 정다각형의 한 외각의 크기 구하기

따라서 정이십각형의 한 외각의 크기는

$$\frac{360^\circ}{20}=18^\circ \qquad \cdots\cdots\ 40\,\%$$

06

정답 72°

1단계 정삼각형의 한 내각의 크기 구하기

정삼각형의 한 내각의 크기는 $60^\circ \qquad \cdots\cdots\ 20\,\%$

2단계 정오각형의 한 내각의 크기 구하기

정오각형의 한 내각의 크기는

$$\frac{180^\circ\times(5-2)}{5}=108^\circ \qquad \cdots\cdots\ 30\,\%$$

3단계 정육각형의 한 내각의 크기 구하기

정육각형의 한 내각의 크기는

$$\frac{180^\circ\times(6-2)}{6}=120^\circ \qquad \cdots\cdots\ 30\,\%$$

4단계 $\angle x$의 크기 구하기

점 A에 모인 각의 크기의 합이 360°이므로

$$60^\circ+108^\circ+120^\circ+\angle x=360^\circ,\ \angle x+288^\circ=360^\circ$$

$$\therefore\ \angle x=72^\circ \qquad \cdots\cdots\ 20\,\%$$

<table>
<tr><td colspan="4">중단원   마무리하기   ● 본책 118~120쪽</td></tr>
<tr><td>01 ④, ⑤</td><td>02 ②</td><td>03 56°</td><td>04 ④</td></tr>
<tr><td>05 125°</td><td>06 32°</td><td>07 ③</td><td>08 ④</td></tr>
<tr><td>09 ①</td><td>10 720°</td><td>11 $\angle x=55°$, $\angle y=160°$</td><td></td></tr>
<tr><td>12 ③</td><td>13 55°</td><td>14 385°</td><td>15 60°</td></tr>
<tr><td>16 ①</td><td>17 정구각형</td><td>18 45°</td><td></td></tr>
</table>

01 〔정답〕 ④, ⑤

④ 삼각형에서는 대각선을 그을 수 없다.

⑤ 다각형의 변의 개수가 n이면 한 꼭짓점에서 그을 수 있는 대각선의 개수는 $n-3$이다.

02 〔정답〕 ②

주어진 다각형을 n각형이라 하면

$\dfrac{n(n-3)}{2}=54$, $n(n-3)=108$

이때 $108=12\times9$이므로 $n=12$

따라서 십이각형의 한 꼭짓점에서 대각선을 모두 그었을 때 생기는 삼각형의 개수는 $12-2=10$

03 〔정답〕 56°

$\angle A+\angle B+\angle C=180°$이고 $\angle C=\dfrac{3}{2}\angle A$이므로

$\angle A+40°+\dfrac{3}{2}\angle A=180°$, $\dfrac{5}{2}\angle A=140°$

$\therefore \angle A=56°$

04 〔정답〕 ④

$\triangle ABC$에서 $\angle ECD=55°+80°=135°$

따라서 $\triangle ECD$에서

$\angle x=180°-(20°+135°)=25°$

05 〔정답〕 125°

$\triangle ABC$에서 $70°+\angle ABC+\angle ACB=180°$이므로

$\angle ABC+\angle ACB=180°-70°=110°$

$\therefore \angle IBC+\angle ICB=\dfrac{1}{2}(\angle ABC+\angle ACB)$

$\qquad\qquad\qquad\quad =\dfrac{1}{2}\times110°=55°$

따라서 $\triangle IBC$에서

$\angle x=180°-(\angle IBC+\angle ICB)$

$\quad =180°-55°=125°$

06 〔정답〕 32°

$\triangle ABC$에서 $\angle ABC=180°-(64°+46°)=70°$이므로

$\angle DBC=\dfrac{1}{2}\angle ABC=\dfrac{1}{2}\times70°=35°$

$\angle ACE=180°-46°=134°$이므로

$\angle DCE=\dfrac{1}{2}\angle ACE=\dfrac{1}{2}\times134°=67°$

$\triangle BCD$에서 $35°+\angle x=67°$이므로

$\angle x=32°$

07 〔정답〕 ③

$\triangle ABD$는 $\overline{AD}=\overline{BD}$인 이등변삼각형이므로

$\angle ABD=\angle A=40°$

$\therefore \angle BDC=40°+40°=80°$

$\triangle BCD$는 $\overline{BC}=\overline{BD}$인 이등변삼각형이므로

$\angle C=\angle BDC=80°$

$\therefore \angle x=180°-(80°+80°)=20°$

08 〔정답〕 ④

주어진 다각형을 n각형이라 하면

$180°\times(n-2)=1260°$

$n-2=7$ $\therefore n=9$

따라서 구각형의 대각선의 개수는

$\dfrac{9\times(9-3)}{2}=27$

09 〔정답〕 ①

오각형의 내각의 크기의 합은 $180°\times(5-2)=540°$이므로

$110°+105°+(50°+\angle FCD)+(\angle FDC+40°)+115°=540°$

$\angle FCD+\angle FDC+420°=540°$

$\therefore \angle FCD+\angle FDC=120°$

$\triangle FCD$에서 $\angle x+\angle FCD+\angle FDC=180°$이므로

$\angle x+120°=180°$ $\therefore \angle x=60°$

10 〔정답〕 720°

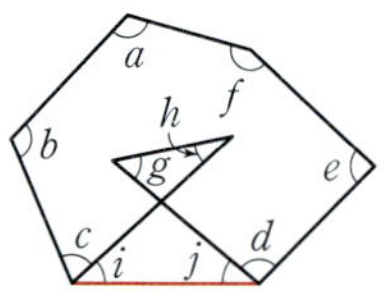

오른쪽 그림과 같이 보조선을 그으면

$\angle i+\angle j=\angle g+\angle h$

$\therefore \angle a+\angle b+\angle c+\angle d+\angle e$

$\quad +\angle f+\angle g+\angle h$

$\quad =\angle a+\angle b+\angle c+\angle d+\angle e+\angle f+\angle i+\angle j$

$\quad =(육각형의 내각의 크기의 합)$

$\quad =180°\times(6-2)$

$\quad =720°$

11 〔정답〕 $\angle x=55°$, $\angle y=160°$

$\angle x=180°-125°=55°$

다각형의 외각의 크기의 합은 $360°$이므로

$55°+80°+(180°-\angle y)+60°+75°+(180°-110°)=360°$

$520°-\angle y=360°$ $\therefore \angle y=160°$

12 정답 ③

주어진 정다각형을 정n각형이라 하면

$$\frac{180° \times (n-2)}{n} = 162°, \quad 180° \times n - 360° = 162° \times n$$

$$18° \times n = 360° \qquad \therefore n = 20$$

따라서 정이십각형의 꼭짓점의 개수는 20이다.

다른 풀이

정다각형의 한 내각의 크기와 한 외각의 크기의 합은 180°이므로 한 외각의 크기는 $180° - 162° = 18°$

주어진 정다각형을 정n각형이라 하면

$$\frac{360°}{n} = 18° \qquad \therefore n = 20$$

따라서 정이십각형의 꼭짓점의 개수는 20이다.

13 정답 55°

△ABC에서

∠ABC + ∠ACB = 180° − 70° = 110°이므로

$$\angle CBD + \angle BCE = (180° - \angle ABC) + (180° - \angle ACB)$$
$$= 360° - (\angle ABC + \angle ACB)$$
$$= 360° - 110° = 250°$$

$$\therefore \angle CBP + \angle BCP = \frac{1}{2}(\angle CBD + \angle BCE)$$
$$= \frac{1}{2} \times 250° = 125°$$

따라서 △BPC에서

$$\angle x = 180° - (\angle CBP + \angle BCP) = 180° - 125° = 55°$$

14 정답 385°

$$\angle a + 90° + \angle b + \angle c + \angle d + 65° + \angle e$$
$$= (7개의 삼각형의 내각의 크기의 합)$$
$$\quad - (칠각형의 외각의 크기의 합) \times 2$$
$$= 180° \times 7 - 360° \times 2$$
$$= 1260° - 720° = 540°$$

$$\therefore \angle a + \angle b + \angle c + \angle d + \angle e = 540° - (90° + 65°) = 385°$$

다른 풀이

오른쪽 그림과 같이 $\overline{AB}$, $\overline{GC}$를 그으면

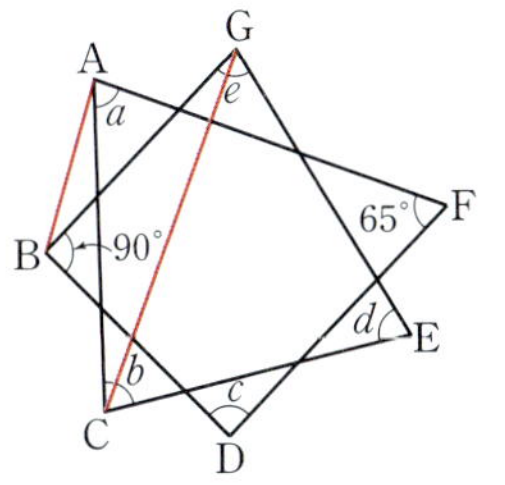

$$\angle BGC + \angle ACG$$
$$= \angle CAB + \angle GBA$$

이므로

$$\angle a + 90° + \angle b + \angle c + \angle d + 65° + \angle e$$
$$= (사각형 ABDF의 내각의 크기의 합)$$
$$\quad + (△GCE의 내각의 크기의 합)$$
$$= 360° + 180° = 540°$$

$$\therefore \angle a + \angle b + \angle c + \angle d + \angle e = 540° - (90° + 65°)$$
$$= 385°$$

15 정답 60°

다각형의 외각의 크기의 합은 360°이므로 주어진 정다각형의 내각의 크기의 합은

$$1080° - 360° = 720°$$

주어진 정다각형을 정n각형이라 하면

$$180° \times (n-2) = 720°, \quad n - 2 = 4$$

$$\therefore n = 6$$

따라서 정육각형의 한 외각의 크기는 $\dfrac{360°}{6} = 60°$

16 정답 ①

정다각형의 한 내각의 크기와 한 외각의 크기의 합은 180°이므로 주어진 정다각형의 한 외각의 크기는

$$180° \times \frac{1}{3+1} = 180° \times \frac{1}{4} = 45°$$

구하는 정다각형을 정n각형이라 하면

$$\frac{360°}{n} = 45° \qquad \therefore n = 8$$

따라서 구하는 정다각형은 정팔각형이고 정팔각형의 대각선의 개수는

$$\frac{8 \times (8-3)}{2} = 20$$이므로 바르게 짝 지은 것은 ①이다.

17 정답 정구각형

㈎를 만족시키는 다각형은 정다각형이므로 구하는 정다각형을 정n각형이라 하면 ㈏에서

$$\frac{360°}{n} = 40° \qquad \therefore n = 9$$

따라서 조건을 모두 만족시키는 다각형은 정구각형이다.

18 정답 45°

정팔각형의 한 내각의 크기는

$$\frac{180° \times (8-2)}{8} = 135°$$

△BCD는 $\overline{CB} = \overline{CD}$인 이등변삼각형이므로

$$\angle CDB = \frac{1}{2} \times (180° - 135°) = 22.5°$$

△CDE는 $\overline{DC} = \overline{DE}$인 이등변삼각형이므로

$$\angle DCE = \frac{1}{2} \times (180° - 135°) = 22.5°$$

따라서 △ICD에서 $\angle x = 22.5° + 22.5° = 45°$

Ⅱ 05 원과 부채꼴

01 원과 부채꼴

개념 CHECK ● 본책 122쪽

01

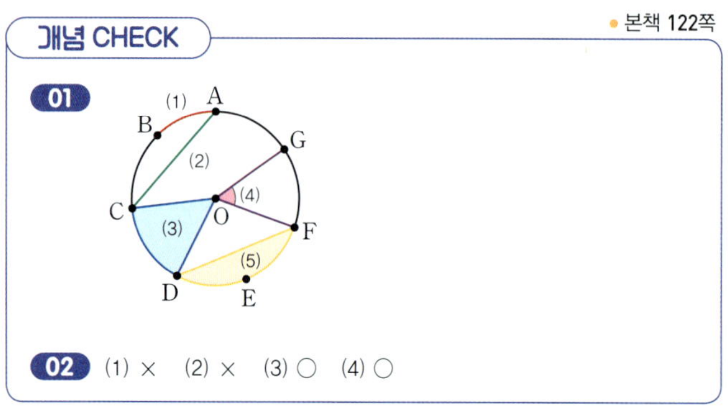

02 (1) × (2) × (3) ○ (4) ○

02 (1) 원 위의 두 점을 이은 선분은 현이다.
(2) 원 위의 두 점을 양 끝 점으로 하는 원의 일부분은 호이다.

대표 유형 ● 본책 123쪽

01·Ⓐ ③ **Ⓑ** ④
02·Ⓐ 6 cm **Ⓑ** (1) 정삼각형 (2) 60°

01·Ⓐ 정답 ③

③ 원 위의 두 점 A, C를 양 끝 점으로 하는 호는 $\overparen{AC}$, $\overparen{ABC}$의 2개이다.

01·Ⓑ 정답 ④

④ 원에서 현과 호로 이루어진 도형은 활꼴이다.

02·Ⓐ 정답 6 cm

원 O에서 길이가 가장 긴 현은 원의 지름이므로 가장 긴 현의 길이는 $2 \times 3 = 6\,(\text{cm})$

02·Ⓑ 정답 (1) 정삼각형 (2) 60°

(1) $\overline{OA}$, $\overline{OB}$는 원 O의 반지름이고 반지름의 길이가 현 AB의 길이와 같으므로 $\overline{OA} = \overline{OB} = \overline{AB}$
따라서 △OAB는 정삼각형이다.
(2) △OAB가 정삼각형이므로 ∠AOB = 60°
따라서 $\overparen{AB}$에 대한 중심각의 크기는 ∠AOB = 60°

02 부채꼴의 성질

개념 CHECK ● 본책 124쪽

01 (1) 2 (2) 75 **02** (1) 12 (2) 7

01 (2) 25° : $x°$ = 4 : 12이므로 25 : x = 1 : 3 ∴ x = 75

02 (1) 30° : 120° = 3 : x이므로 1 : 4 = 3 : x ∴ x = 12
(2) 45° : 135° = x : 21이므로 1 : 3 = x : 21
$3x = 21$ ∴ x = 7

대표 유형 ● 본책 125~128쪽

03·Ⓐ $x = 20, y = 60$ **Ⓑ** 6 **04·Ⓐ** ② **Ⓑ** 150°
05·Ⓐ ② **Ⓑ** $\dfrac{3}{4}$배 **06·Ⓐ** 3 cm **Ⓑ** 15 cm
07·Ⓐ ③ **Ⓑ** 48 cm² **08·Ⓐ** 4 cm²
09·Ⓐ 70° **Ⓑ** 26 cm **10·Ⓐ** ②, ⑤

03·Ⓐ 정답 $x = 20, y = 60$

30° : 120° = 5 : x이므로
1 : 4 = 5 : x ∴ x = 20
30° : $y°$ = 5 : 10이므로
30 : y = 1 : 2 ∴ y = 60

03·Ⓑ 정답 6

80° : 30° = $(x+10)$: x이므로
8 : 3 = $(x+10)$: x, $8x = 3(x+10)$
$8x = 3x + 30$, $5x = 30$
∴ x = 6

04·Ⓐ 정답 ②

∠AOB : ∠BOC : ∠COA = $\overparen{AB}$: $\overparen{BC}$: $\overparen{CA}$ = 2 : 3 : 4
∴ ∠BOC = $360° \times \dfrac{3}{2+3+4}$ = $360° \times \dfrac{1}{3}$ = 120°

04·Ⓑ 정답 150°

$\overline{AB}$는 원 O의 지름이고
∠AOC : ∠COB = $\overparen{AC}$: $\overparen{CB}$ = 5 : 1
∴ ∠AOC = $180° \times \dfrac{5}{5+1}$ = $180° \times \dfrac{5}{6}$ = 150°

05·Ⓐ 정답 ②

오른쪽 그림에서
$\overline{AB} /\!/ \overline{OC}$이므로
∠OBA = ∠BOC = 40° (엇각)
△OAB에서 $\overline{OA} = \overline{OB}$이므로
∠OAB = ∠OBA = 40°
∴ ∠AOB = 180° − (40° + 40°) = 100°
따라서 100° : 40° = $\overparen{AB}$: $\overparen{BC}$이므로 5 : 2 = $\overparen{AB}$: 6
$2\overparen{AB} = 30$ ∴ $\overparen{AB}$ = 15(cm)

05·B

오른쪽 그림의 $\triangle AOB$에서
$\overline{OA}=\overline{OB}$이므로
$\angle ABO=\angle BAO=54^\circ$
$\therefore \angle AOB=180^\circ-(54^\circ+54^\circ)=72^\circ$
$\overline{AB} /\!/ \overline{CD}$이므로
$\angle AOC=\angle BAO=54^\circ$ (엇각)
따라서 $\overset{\frown}{AB} : \overset{\frown}{AC}=72^\circ : 54^\circ=4 : 3$이므로
$$\overset{\frown}{AC}=\frac{3}{4}\overset{\frown}{AB}$$
즉, $\overset{\frown}{AC}$의 길이는 $\overset{\frown}{AB}$의 길이의 $\dfrac{3}{4}$배이다.

06·A

정답 3 cm

오른쪽 그림과 같이 $\overline{OD}$를 그으면
$\overline{AD} /\!/ \overline{OC}$이므로
$\angle OAD=\angle BOC=20^\circ$ (동위각)
$\triangle AOD$에서 $\overline{OA}=\overline{OD}$이므로
$\angle ODA=\angle OAD=20^\circ$
$\therefore \angle AOD=180^\circ-(20^\circ+20^\circ)=140^\circ$
따라서 $140^\circ : 20^\circ=\overset{\frown}{AD} : \overset{\frown}{BC}$이므로 $7 : 1=21 : \overset{\frown}{BC}$
$7\overset{\frown}{BC}=21$　$\therefore \overset{\frown}{BC}=3(\text{cm})$

보충 설명 부채꼴이 주어지지 않은 경우 호의 길이 구하기

부채꼴이 주어지지 않은 경우 호의 길이는 다음과 같은 순서로 구한다.

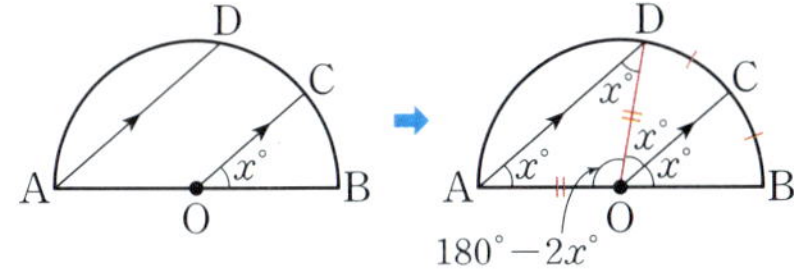

❶ 보조선 $\overline{OD}$를 그어 부채꼴을 만든다.
❷ 이등변삼각형과 평행선의 성질을 이용하여 구하려는 호에 대한 중심
  각의 크기를 구한다.
❸ 부채꼴의 호의 길이는 중심각의 크기에 정비례함을 이용하여 비례식
  을 세운다.

06·B

정답 15 cm

오른쪽 그림과 같이 $\overline{OD}$를 그으면
$\overline{AD} /\!/ \overline{CO}$이므로
$\angle OAD=\angle AOC=36^\circ$ (엇각)
$\triangle AOD$에서 $\overline{OA}=\overline{OD}$이므로
$\angle ODA=\angle OAD=36^\circ$
$\therefore \angle AOD=180^\circ-(36^\circ+36^\circ)=108^\circ$
따라서 $36^\circ : 108^\circ=\overset{\frown}{AC} : \overset{\frown}{AD}$이므로
$1 : 3=5 : \overset{\frown}{AD}$　$\therefore \overset{\frown}{AD}=15(\text{cm})$

07·A

정답 ③

$x^\circ : (3x^\circ+20^\circ)=8 : 32$이므로 $x : (3x+20)=1 : 4$
$4x=3x+20$　$\therefore x=20$

07·B

정답 48 cm²

세 부채꼴 AOB, BOC, COA의 넓이의 비가 $4 : 5 : 6$이므로
부채꼴 AOB의 넓이는
$$180\times\frac{4}{4+5+6}=180\times\frac{4}{15}=48(\text{cm}^2)$$

08·A

정답 4 cm²

$\overline{AB}$가 원 O의 지름이므로 $\angle AOB=180^\circ$
호의 길이는 중심각의 크기에 정비례하므로
$\angle AOC : \angle COB=\overset{\frown}{AC} : \overset{\frown}{CB}=2 : 7$
$\therefore \angle AOC=180^\circ\times\dfrac{2}{2+7}=40^\circ$
부채꼴 AOC의 넓이를 x cm²라 하면
부채꼴의 넓이는 중심각의 크기에 정비례하므로
$360^\circ : 40^\circ=36 : x$
$9 : 1=36 : x$, $9x=36$　$\therefore x=4$
따라서 부채꼴 AOC의 넓이는 4 cm²이다.

09·A

정답 70°

$\overline{AB}=\overline{CD}=\overline{DE}$이므로
$\angle COD=\angle DOE=\angle AOB=35^\circ$
$\therefore \angle COE=\angle COD+\angle DOE=35^\circ+35^\circ=70^\circ$

09·B

정답 26 cm

오른쪽 그림과 같이 $\overline{OA}$를 그으면
$\overset{\frown}{AB}=\overset{\frown}{AC}$이므로 $\angle AOB=\angle AOC$
$\therefore \overline{AB}=\overline{AC}=8(\text{cm})$
반지름의 길이는 같으므로
$\overline{OB}=\overline{OC}=5(\text{cm})$
따라서 색칠한 부분의 둘레의 길이는
$\overline{AC}+\overline{CO}+\overline{OB}+\overline{BA}=8+5+5+8=26(\text{cm})$

10·A

정답 ②, ⑤

① 현의 길이는 중심각의 크기에 정비례하지 않으므로 $\overline{AB}\neq 3\overline{CD}$
  이때 $\overline{AB}<3\overline{CD}$이다.
② 호의 길이는 중심각의 크기에 정비례하므로 $\angle AOB=3\angle COD$
  에서 $\overset{\frown}{AB}=3\overset{\frown}{CD}$
③ $\triangle OAB$는 $\overline{OA}=\overline{OB}$인 이등변삼각형이다.
④ 삼각형의 넓이는 중심각의 크기에 정비례하지 않으므로
  ($\triangle OAB$의 넓이)$\neq 3\times$($\triangle OCD$의 넓이)
  이때 ($\triangle OAB$의 넓이)$<3\times$($\triangle OCD$의 넓이)이다.
⑤ 부채꼴의 넓이는 중심각의 크기에 정비례하므로
  $\angle COD=\dfrac{1}{3}\angle AOB$에서
  (부채꼴 COD의 넓이)$=\dfrac{1}{3}\times$(부채꼴 AOB의 넓이)
따라서 옳은 것은 ②, ⑤이다.

01 ⑤ **02** ② **03** (1) 60° (2) 30 cm

04 8 cm **05** ④ **06** ③ **07** 6 cm

08 12 cm **09** ③ **10** 60 cm² **11** ⑤

12 8 cm **13** ③, ⑤

01
정답 ⑤

⑤ $\overarc{BC}$와 두 반지름 $\overline{OB}$, $\overline{OC}$로 둘러싸인 도형은 부채꼴이다.

02
정답 ②

$\overline{OA}=\overline{OB}$ (반지름)이고 $\overline{OA}=\overline{AB}$이므로 $\overline{OA}=\overline{AB}=\overline{OB}$

따라서 $\triangle AOB$는 정삼각형이므로

$\angle AOB=60°$

03
정답 (1) 60° (2) 30 cm

(1) $\angle AOB : 30°=20 : 10$이므로 $\angle AOB : 30°=2 : 1$

∴ $\angle AOB=60°$

(2) $90° : 30°=\overarc{CD} : \overarc{EF}$이므로 $3 : 1=\overarc{CD} : 10$

∴ $\overarc{CD}=30(\text{cm})$

04
정답 8 cm

$\angle BOC=180°-140°=40°$이므로

$140° : 40°=\overarc{AC} : \overarc{BC}$, $7 : 2=28 : \overarc{BC}$

$7\overarc{BC}=56$ ∴ $\overarc{BC}=8(\text{cm})$

05
정답 ④

원 O의 둘레의 길이를 x cm라 하면

$45° : 360°=7 : x$이므로 $1 : 8=7 : x$

∴ $x=56$

따라서 원 O의 둘레의 길이는 56 cm이다.

06
정답 ③

$\angle AOC : \angle BOC=\overarc{AC} : \overarc{BC}=3 : 1$

∴ $\angle AOC=180° \times \dfrac{3}{3+1}=180° \times \dfrac{3}{4}=135°$

07
정답 6 cm

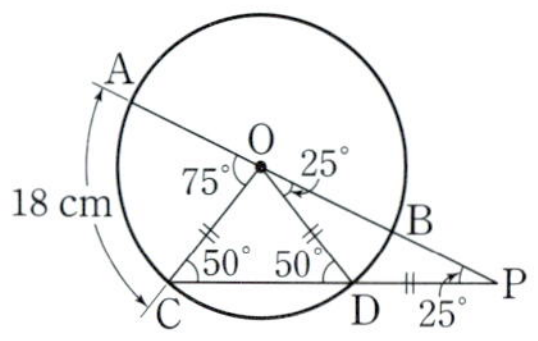

오른쪽 그림의 $\triangle ODP$에서

$\overline{DO}=\overline{DP}$이므로

$\angle DOP=\angle P=25°$

∴ $\angle ODC=25°+25°=50°$

$\triangle OCD$에서 $\overline{OC}=\overline{OD}$이므로

$\angle OCD=\angle ODC=50°$

$\triangle OCP$에서 $\angle AOC=50°+25°=75°$

따라서 $75° : 25°=\overarc{AC} : \overarc{BD}$이므로 $3 : 1=18 : \overarc{BD}$

$3\overarc{BD}=18$ ∴ $\overarc{BD}=6(\text{cm})$

삼각형의 한 외각의 크기는 그와 이웃하지 않는 두 내각의 크기의 합과 같음을 이용하여 호의 중심각의 크기를 구한다.

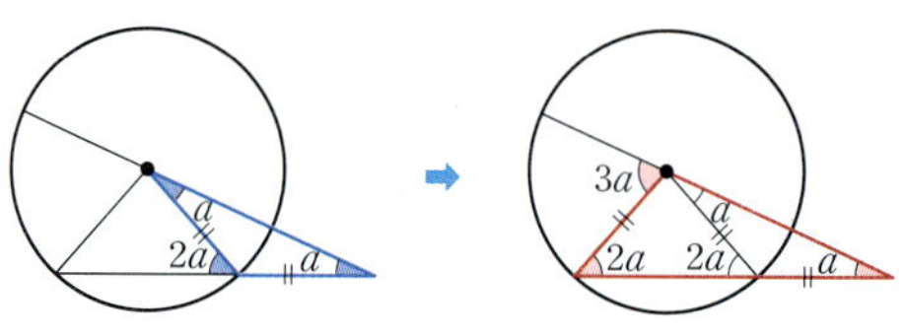

08
정답 12 cm

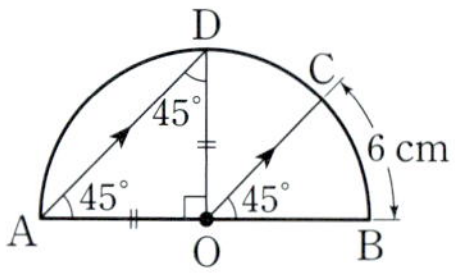

오른쪽 그림과 같이 $\overline{OD}$를 그으면

$\overline{AD} /\!/ \overline{OC}$이므로

$\angle OAD=\angle BOC=45°$ (동위각)

$\triangle AOD$에서 $\overline{OA}=\overline{OD}$이므로

$\angle ODA=\angle OAD=45°$

∴ $\angle AOD=180°-(45°+45°)=90°$

따라서 $90° : 45°=\overarc{AD} : \overarc{BC}$이므로 $2 : 1=\overarc{AD} : 6$

∴ $\overarc{AD}=12(\text{cm})$

09
정답 ③

$\angle AOB : \angle COD=15 : 6$이므로

$\angle AOB : 50°=5 : 2$, $2\angle AOB=250°$

∴ $\angle AOB=125°$

10
정답 60 cm²

$\angle AOB : \angle COD=\overarc{AB} : \overarc{CD}=2 : 3$

부채꼴 COD의 넓이를 x cm²라 하면

$2 : 3=40 : x$, $2x=120$

∴ $x=60$

따라서 부채꼴 COD의 넓이는 60 cm²이다.

11
정답 ⑤

①, ②, ③ $\angle COD=\angle DOE=\angle EOF=\angle AOB=30°$이므로

$\overline{CD}=\overline{DE}=\overline{EF}=\overline{AB}=4(\text{cm})$

④ $\angle COE=\angle COD+\angle DOE=30°+30°=60°$

$\angle DOF=\angle DOE+\angle EOF=30°+30°=60°$

따라서 $\angle COE=\angle DOF$이므로 $\overline{CE}=\overline{DF}$

⑤ 현의 길이는 중심각의 크기에 정비례하지 않으므로

$\overline{DF}\neq 8$ cm

따라서 옳지 않은 것은 ⑤이다.

12
정답 8 cm

오른쪽 그림과 같이 $\angle DOC=\angle x$라 하면

$\overline{AD} /\!/ \overline{OC}$이므로

$\angle ADO=\angle DOC=\angle x$ (엇각)

$\triangle AOD$에서 $\overline{OA}=\overline{OD}$이므로

$\angle DAO=\angle ADO=\angle x$

$\overline{AD} /\!/ \overline{OC}$이므로 $\angle COB=\angle DAO=\angle x$ (동위각)

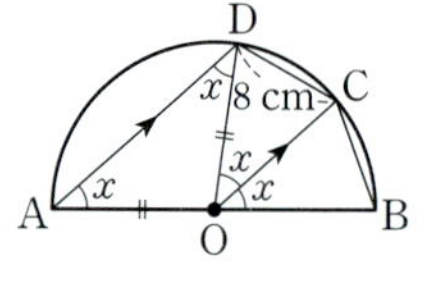

따라서 ∠COB=∠DOC이므로
$\overline{BC}=\overline{CD}=8\,(cm)$

13 정답 ③, ⑤

① ∠AOB=$\frac{1}{2}$∠AOC이므로 $\widehat{AB}=\frac{1}{2}\widehat{AC}$

② ∠AOB=∠BOC이므로 $\overline{AB}=\overline{BC}$

③ 현의 길이는 중심각의 크기에 정비례하지 않으므로 $\overline{AC}\neq2\overline{AB}$
  이때 $\overline{AC}<2\overline{AB}$이다.

④ ∠AOB=∠BOC이므로
  (부채꼴 AOB의 넓이)=(부채꼴 BOC의 넓이)

⑤ 삼각형의 넓이는 중심각의 크기에 정비례하지 않으므로
  (△AOC의 넓이)≠2×(△AOB의 넓이)
  이때 (△AOC의 넓이)<2×(△AOB의 넓이)이다.

따라서 옳지 않은 것은 ③, ⑤이다.

03 원의 둘레의 길이와 넓이

개념 CHECK ● 본책 131쪽

01 (1) $l=8\pi$ cm, $S=16\pi$ cm^2　(2) $l=12\pi$ cm, $S=36\pi$ cm^2
(3) $l=6\pi$ cm, $S=9\pi$ cm^2　(4) $l=10\pi$ cm, $S=25\pi$ cm^2

01 (1) $l=2\pi\times4=8\pi\,(cm)$
　　$S=\pi\times4^2=16\pi\,(cm^2)$

(2) $l=2\pi\times6=12\pi\,(cm)$
　　$S=\pi\times6^2=36\pi\,(cm^2)$

(3) 반지름의 길이가 $\frac{1}{2}\times6=3\,(cm)$이므로
　　$l=2\pi\times3=6\pi\,(cm)$
　　$S=\pi\times3^2=9\pi\,(cm^2)$

(4) 반지름의 길이가 $\frac{1}{2}\times10=5\,(cm)$이므로
　　$l=2\pi\times5=10\pi\,(cm)$
　　$S=\pi\times5^2=25\pi\,(cm^2)$

대표 유형 ● 본책 132쪽

01·Ⓐ ⑤　**Ⓑ** ①
02·Ⓐ (1) 18π cm　(2) 27π cm^2
　　Ⓑ 둘레의 길이 : 12π cm, 넓이 : 24π cm^2

01·Ⓐ 정답 ⑤

원의 반지름의 길이를 r cm라 하면
$2\pi r=40\pi$　∴ $r=20$
따라서 원의 반지름의 길이가 20 cm이므로 원의 넓이는
$\pi\times20^2=400\pi\,(cm^2)$

01·Ⓑ 정답 ①

원의 반지름의 길이를 r cm라 하면
$\pi r^2=81\pi$, $r^2=81=9^2$　∴ $r=9$
따라서 원의 반지름의 길이가 9 cm이므로 원의 둘레의 길이는
$2\pi\times9=18\pi\,(cm)$

02·Ⓐ 정답 (1) 18π cm　(2) 27π cm^2

작은 원의 반지름의 길이는 $\frac{1}{2}\times6=3\,(cm)$

(1) (색칠한 부분의 둘레의 길이)
　　=(큰 원의 둘레의 길이)+(작은 원의 둘레의 길이)
　　=$2\pi\times6+2\pi\times3$
　　=$12\pi+6\pi=18\pi\,(cm)$

(2) (색칠한 부분의 넓이)
　　=(큰 원의 넓이)-(작은 원의 넓이)
　　=$\pi\times6^2-\pi\times3^2$
　　=$36\pi-9\pi=27\pi\,(cm^2)$

02·Ⓑ 정답 둘레의 길이 : 12π cm, 넓이 : 24π cm^2

(색칠한 부분의 둘레의 길이)
=(반지름의 길이가 6 cm인 반원의 호의 길이)
　+(반지름의 길이가 4 cm인 반원의 호의 길이)
　+(반지름의 길이가 2 cm인 반원의 호의 길이)
=$2\pi\times6\times\frac{1}{2}+2\pi\times4\times\frac{1}{2}+2\pi\times2\times\frac{1}{2}$
=$6\pi+4\pi+2\pi=12\pi\,(cm)$
(색칠한 부분의 넓이)
=(반지름의 길이가 6 cm인 반원의 넓이)
　+(반지름의 길이가 4 cm인 반원의 넓이)
　-(반지름의 길이가 2 cm인 반원의 넓이)
=$\pi\times6^2\times\frac{1}{2}+\pi\times4^2\times\frac{1}{2}-\pi\times2^2\times\frac{1}{2}$
=$18\pi+8\pi-2\pi=24\pi\,(cm^2)$

04 부채꼴의 호의 길이와 넓이

개념 CHECK ● 본책 133쪽

01 (1) $l=\pi$ cm, $S=2\pi$ cm^2　(2) $l=6\pi$ cm, $S=27\pi$ cm^2
02 (1) 16π cm^2　(2) 60π cm^2

01 (1) $l=2\pi\times4\times\dfrac{45}{360}=\pi\,(cm)$
　　$S=\pi\times4^2\times\dfrac{45}{360}=2\pi\,(cm^2)$

(2) $l=2\pi\times9\times\dfrac{120}{360}=6\pi\,(cm)$
　　$S=\pi\times9^2\times\dfrac{120}{360}=27\pi\,(cm^2)$

본책

02 (1) (넓이)$=\dfrac{1}{2}\times 8\times 4\pi=16\pi\,(\text{cm}^2)$

  (2) (넓이)$=\dfrac{1}{2}\times 12\times 10\pi=60\pi\,(\text{cm}^2)$

대표 유형 • 본책 134~136쪽

03·Ⓐ ⑤ **Ⓑ** ④   **04·Ⓐ** ③ **Ⓑ** (1) 4 cm (2) 90°
05·Ⓐ (1) $(6\pi+6)$ cm (2) 9π cm²
  Ⓑ 둘레의 길이 : $(4\pi+4)$ cm, 넓이 : 2π cm²
06·Ⓐ 둘레의 길이 : $(4\pi+16)$ cm, 넓이 : $(32-8\pi)$ cm²
  Ⓑ $(64-16\pi)$ cm²
07·Ⓐ 둘레의 길이 : $(6\pi+6)$ cm, 넓이 : 18 cm²
  Ⓑ 둘레의 길이 : $(12\pi+12)$ cm, 넓이 : 18π cm²
08·Ⓐ 50 cm² **Ⓑ** $(18\pi-36)$ cm²

03·Ⓐ 〔정답〕 ⑤

부채꼴의 중심각의 크기를 $x°$라 하면

$2\pi\times 4\times\dfrac{x}{360}=3\pi$ ∴ $x=135$

따라서 부채꼴의 중심각의 크기는 135°이다.

03·Ⓑ 〔정답〕 ④

부채꼴의 반지름의 길이를 r cm라 하면

$2\pi r\times\dfrac{75}{360}=5\pi$ ∴ $r=12$

따라서 부채꼴의 넓이는

$\pi\times 12^2\times\dfrac{75}{360}=30\pi\,(\text{cm}^2)$

04·Ⓐ 〔정답〕 ③

부채꼴의 호의 길이를 l cm라 하면

$\dfrac{1}{2}\times 18\times l=36\pi$ ∴ $l=4\pi$

따라서 부채꼴의 호의 길이는 4π cm이다.

다른 풀이

부채꼴의 중심각의 크기를 $x°$라 하면

$\pi\times 18^2\times\dfrac{x}{360}=36\pi$ ∴ $x=40$

따라서 중심각의 크기가 40°이므로 부채꼴의 호의 길이는

$2\pi\times 18\times\dfrac{40}{360}=4\pi\,(\text{cm})$

04·Ⓑ 〔정답〕 (1) 4 cm (2) 90°

(1) 부채꼴의 반지름의 길이를 r cm라 하면

$\dfrac{1}{2}\times r\times 2\pi=4\pi$ ∴ $r=4$

따라서 부채꼴의 반지름의 길이는 4 cm이다.

(2) 부채꼴의 중심각의 크기를 $x°$라 하면

$2\pi\times 4\times\dfrac{x}{360}=2\pi$ ∴ $x=90$

따라서 부채꼴의 중심각의 크기는 90°이다.

05·Ⓐ 〔정답〕 (1) $(6\pi+6)$ cm (2) 9π cm²

(1) 오른쪽 그림에서

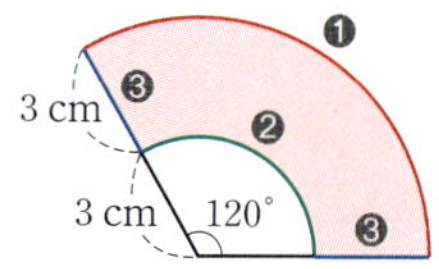

  (색칠한 부분의 둘레의 길이)

  $=❶+❷+❸\times 2$

  $=2\pi\times 6\times\dfrac{120}{360}+2\pi\times 3\times\dfrac{120}{360}$

  $\quad+3\times 2$

  $=4\pi+2\pi+6=6\pi+6\,(\text{cm})$

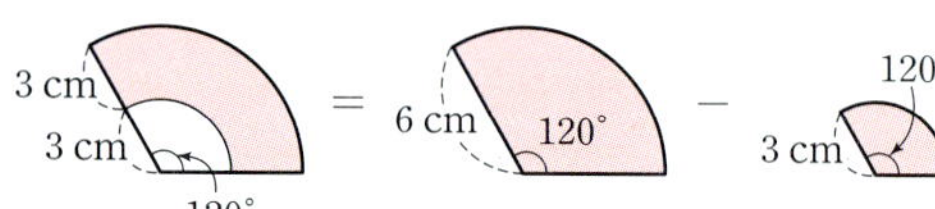

(2) 색칠한 부분의 넓이는 다음 그림과 같이 구한다.

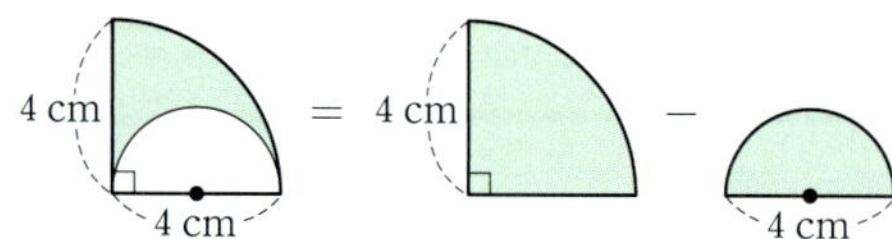

  ∴ (색칠한 부분의 넓이)$=\pi\times 6^2\times\dfrac{120}{360}-\pi\times 3^2\times\dfrac{120}{360}$

  $\qquad\qquad\qquad\qquad\quad =12\pi-3\pi=9\pi\,(\text{cm}^2)$

05·Ⓑ 〔정답〕 둘레의 길이 : $(4\pi+4)$ cm, 넓이 : 2π cm²

오른쪽 그림에서 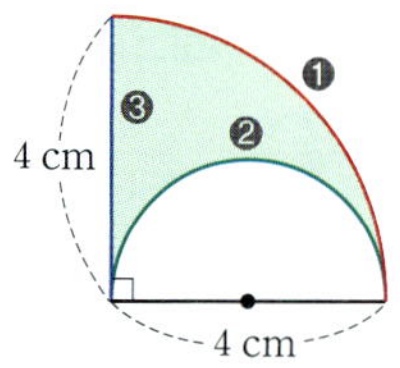
(색칠한 부분의 둘레의 길이)

$=❶+❷+❸$

$=2\pi\times 4\times\dfrac{90}{360}+2\pi\times 2\times\dfrac{1}{2}+4$

$=2\pi+2\pi+4$

$=4\pi+4\,(\text{cm})$

색칠한 부분의 넓이는 다음 그림과 같이 구한다.

∴ (색칠한 부분의 넓이)$=\pi\times 4^2\times\dfrac{90}{360}-\pi\times 2^2\times\dfrac{1}{2}$

$\qquad\qquad\qquad\qquad\quad =4\pi-2\pi=2\pi\,(\text{cm}^2)$

06·Ⓐ 〔정답〕 둘레의 길이 : $(4\pi+16)$ cm, 넓이 : $(32-8\pi)$ cm²

오른쪽 그림에서 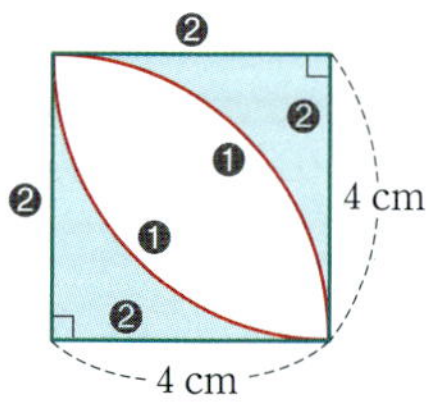
(색칠한 부분의 둘레의 길이)

$=❶\times 2+❷\times 4$

$=\left(2\pi\times 4\times\dfrac{90}{360}\right)\times 2+4\times 4$

$=4\pi+16\,(\text{cm})$

색칠한 부분의 넓이는 다음 그림과 같이 구한다.

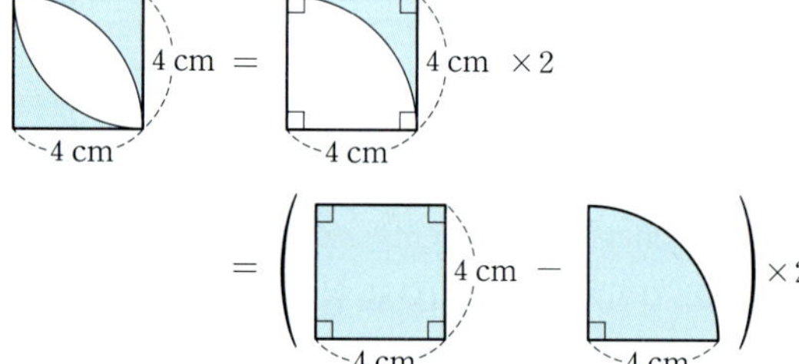

$$\therefore \text{(색칠한 부분의 넓이)} = \left(4 \times 4 - \pi \times 4^2 \times \frac{90}{360}\right) \times 2$$
$$= (16 - 4\pi) \times 2 = 32 - 8\pi \, (\text{cm}^2)$$

06·B

 $(64 - 16\pi) \, \text{cm}^2$

색칠한 부분의 넓이는 다음 그림과 같이 구한다.

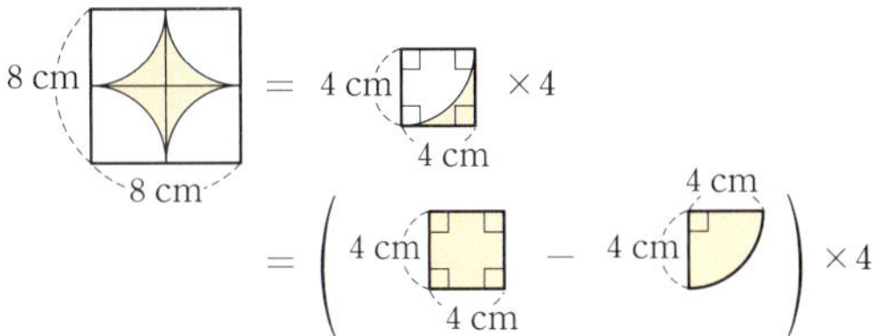

$$\therefore \text{(색칠한 부분의 넓이)} = \left(4 \times 4 - \pi \times 4^2 \times \frac{90}{360}\right) \times 4$$
$$= (16 - 4\pi) \times 4 = 64 - 16\pi \, (\text{cm}^2)$$

다른 풀이

(색칠한 부분의 넓이) = (한 변의 길이가 8 cm인 정사각형의 넓이)
$$- \text{(반지름의 길이가 4 cm인 원의 넓이)}$$
$$= 8 \times 8 - \pi \times 4^2 = 64 - 16\pi \, (\text{cm}^2)$$

07·A

 둘레의 길이 : $(6\pi + 6) \, \text{cm}$, 넓이 : $18 \, \text{cm}^2$

$$\text{(색칠한 부분의 둘레의 길이)} = \left(2\pi \times 3 \times \frac{1}{2}\right) \times 2 + 3 \times 2$$
$$= 6\pi + 6 \, (\text{cm})$$

오른쪽 그림과 같이 주어진 도형의 일부를
이동하면
(색칠한 부분의 넓이) = (직사각형의 넓이)
$$= 6 \times 3 = 18 \, (\text{cm}^2)$$

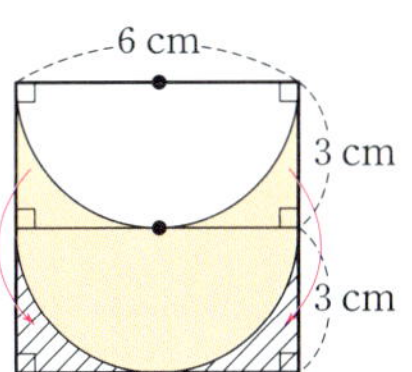

07·B

 둘레의 길이 : $(12\pi + 12) \, \text{cm}$, 넓이 : $18\pi \, \text{cm}^2$

$$\text{(색칠한 부분의 둘레의 길이)} = \left(2\pi \times 6 \times \frac{90}{360}\right) \times 4 + 12$$
$$= 12\pi + 12 \, (\text{cm})$$

오른쪽 그림과 같이 보조선을 긋고 주어진
도형의 일부를 이동하면
(색칠한 부분의 넓이) = (반원의 넓이)
$$= \pi \times 6^2 \times \frac{1}{2}$$
$$= 18\pi \, (\text{cm}^2)$$

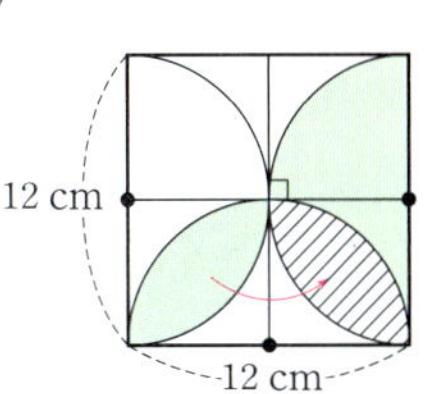

08·A

 $50 \, \text{cm}^2$

오른쪽 그림과 같이 보조선을 긋고 주어진
도형의 일부를 이동하면
(색칠한 부분의 넓이) = (직각삼각형의 넓이)
$$= \frac{1}{2} \times 10 \times 10$$
$$= 50 \, (\text{cm}^2)$$

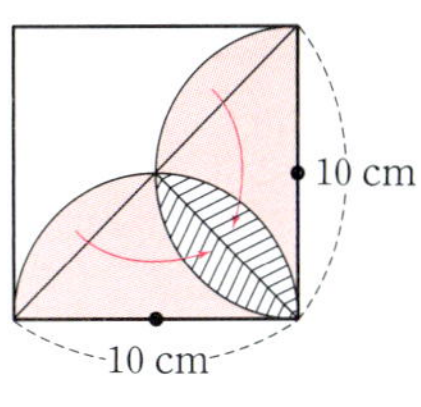

08·B

 $(18\pi - 36) \, \text{cm}^2$

오른쪽 그림과 같이 보조선을 긋고 주어진 도
형의 일부를 이동하면
(색칠한 부분의 넓이)
= (부채꼴의 넓이) − (삼각형의 넓이)
$$= \pi \times 12^2 \times \frac{45}{360} - \frac{1}{2} \times 12 \times 6$$
$$= 18\pi - 36 \, (\text{cm}^2)$$

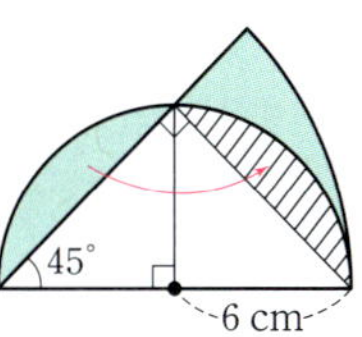

배운대로 학습하기

● 본책 138~139쪽

01 ④	**02** ③	
03 둘레의 길이 : 14π cm, 넓이 : 21π cm²		**04** ⑤
05 12π cm	**06** ④	**07** $135°$
08 ④		
09 ③	**10** $(16\pi + 24)$ cm	**11** ①
12 ③	**13** ②	

01

 ④

원 O의 반지름의 길이는 $\frac{1}{2} \times 20 = 10 \, (\text{cm})$

따라서 원 O의 넓이는
$$\pi \times 10^2 = 100\pi \, (\text{cm}^2)$$

02

 ③

원의 반지름의 길이를 r cm라 하면
$$\pi r^2 = 225\pi, \quad r^2 = 225 = 15^2 \quad \therefore r = 15$$
따라서 원의 반지름의 길이가 15 cm이므로 원의 지름의 길이는
$$2 \times 15 = 30 \, (\text{cm})$$

03

 둘레의 길이 : 14π cm, 넓이 : 21π cm²

(색칠한 부분의 둘레의 길이)
= (큰 원의 둘레의 길이) + (작은 원의 둘레의 길이)
$$= 2\pi \times 5 + 2\pi \times 2$$
$$= 10\pi + 4\pi$$
$$= 14\pi \, (\text{cm})$$
(색칠한 부분의 넓이) = (큰 원의 넓이) − (작은 원의 넓이)
$$= \pi \times 5^2 - \pi \times 2^2$$
$$= 25\pi - 4\pi$$
$$= 21\pi \, (\text{cm}^2)$$

04
정답 ⑤

(색칠한 부분의 넓이)
= (반지름의 길이가 5 cm인 반원의 넓이)
  − (반지름의 길이가 3 cm인 반원의 넓이)
  − (반지름의 길이가 2 cm인 반원의 넓이)
$= \pi \times 5^2 \times \dfrac{1}{2} - \pi \times 3^2 \times \dfrac{1}{2} - \pi \times 2^2 \times \dfrac{1}{2}$
$= \dfrac{25}{2}\pi - \dfrac{9}{2}\pi - 2\pi$
$= 6\pi \, (\text{cm}^2)$

05
정답 12π cm

$\overline{AB} = \overline{BC} = \overline{CD} = \dfrac{1}{3}\overline{AD} = \dfrac{1}{3} \times 12 = 4 \, (\text{cm})$
이때 $\overset{\frown}{AB} = \overset{\frown}{CD}$, $\overset{\frown}{AC} = \overset{\frown}{BD}$이므로
(색칠한 부분의 둘레의 길이) $= \overset{\frown}{AB} + \overset{\frown}{AC} + \overset{\frown}{BD} + \overset{\frown}{CD}$
$= 2(\overset{\frown}{AB} + \overset{\frown}{AC})$
$= 2 \times \left(2\pi \times 2 \times \dfrac{1}{2} + 2\pi \times 4 \times \dfrac{1}{2}\right)$
$= 2 \times 6\pi$
$= 12\pi \, (\text{cm})$

06
정답 ④

부채꼴의 중심각의 크기를 $x°$라 하면
$\pi \times 15^2 \times \dfrac{x}{360} = 45\pi \qquad \therefore x = 72$
따라서 부채꼴의 중심각의 크기는 72°이다.

07
정답 135°

부채꼴의 반지름의 길이를 r cm라 하면
$\dfrac{1}{2} \times r \times 12\pi = 96\pi \qquad \therefore r = 16$
부채꼴의 중심각의 크기를 $x°$라 하면
$2\pi \times 16 \times \dfrac{x}{360} = 12\pi \qquad \therefore x = 135$
따라서 부채꼴의 중심각의 크기는 135°이다.

08
정답 ④

오른쪽 그림에서
(색칠한 부분의 둘레의 길이)
$= ❶ + ❷ + ❸ \times 2$
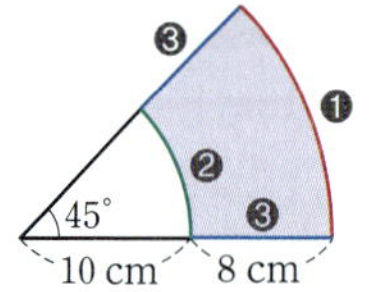
$= 2\pi \times 18 \times \dfrac{45}{360} + 2\pi \times 10 \times \dfrac{45}{360} + 8 \times 2$
$= \dfrac{9}{2}\pi + \dfrac{5}{2}\pi + 16$
$= 7\pi + 16 \, (\text{cm})$

09
정답 ③

부채꼴의 중심각의 크기를 $x°$라 하면
$2\pi \times 9 \times \dfrac{x}{360} = 6\pi \qquad \therefore x = 120$
$\therefore$ (색칠한 부분의 넓이) $= \pi \times 9^2 \times \dfrac{120}{360} - \pi \times 3^2 \times \dfrac{120}{360}$
$= 27\pi - 3\pi = 24\pi \, (\text{cm}^2)$

10
정답 $(16\pi + 24)$ cm

오른쪽 그림에서
(색칠한 부분의 둘레의 길이)
$= ❶ + ❷ + ❸$
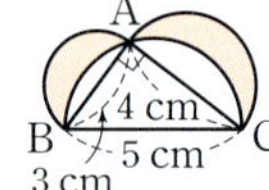
$= 2\pi \times 12 \times \dfrac{1}{2} + 2\pi \times 24 \times \dfrac{30}{360} + 24$
$= 12\pi + 4\pi + 24$
$= 16\pi + 24 \, (\text{cm})$

11
정답 ①

색칠한 부분의 넓이는 다음 그림과 같이 구할 수 있다.

$\therefore$ (색칠한 부분의 넓이)
$= \pi \times \left(\dfrac{3}{2}\right)^2 \times \dfrac{1}{2} + \pi \times 2^2 \times \dfrac{1}{2} + \dfrac{1}{2} \times 3 \times 4 - \pi \times \left(\dfrac{5}{2}\right)^2 \times \dfrac{1}{2}$
$= \dfrac{9}{8}\pi + 2\pi + 6 - \dfrac{25}{8}\pi$
$= 6 \, (\text{cm}^2)$

12
정답 ③

색칠한 부분의 둘레의 길이는 지름의 길이가 5 cm인 원의 둘레의
길이의 2배와 같으므로
(색칠한 부분의 둘레의 길이) $= \left(2\pi \times \dfrac{5}{2}\right) \times 2 = 10\pi \, (\text{cm})$

13
정답 ②

오른쪽 그림과 같이 주어진 도형의 일부를
이동하면
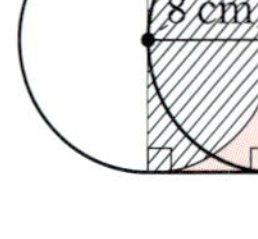
(색칠한 부분의 넓이) = (직사각형의 넓이)
$= 8 \times 16$
$= 128 \, (\text{cm}^2)$

서술형 훈련하기
● 본책 140~141쪽

01 42π cm² **02** 30π cm² **03** 15 cm
04 둘레의 길이 : $(18\pi + 16)$ cm, 넓이 : 72π cm²
05 4π cm
06 둘레의 길이 : 15π cm, 넓이 : $(25\pi - 50)$ cm²

01

1단계 부채꼴 AOB, 부채꼴 BOC, 부채꼴 COA의 넓이의 비 구하기

부채꼴의 넓이는 중심각의 크기에 정비례하고

$\angle \text{AOB} : \angle \text{BOC} : \angle \text{COA} = 3 : 1 : 4$이므로

(부채꼴 AOB의 넓이) : (부채꼴 BOC의 넓이) : (부채꼴 COA의 넓이) $= 3 : 1 : 4$ ······ 50 %

2단계 부채꼴 AOB의 넓이 구하기

$$\therefore \text{(부채꼴 AOB의 넓이)} = 112\pi \times \frac{3}{3+1+4}$$
$$= 112\pi \times \frac{3}{8}$$
$$= 42\pi (\text{cm}^2) \qquad \cdots\cdots 50\,\%$$

02

정답 $30\pi \text{ cm}^2$

1단계 정오각형의 한 내각의 크기 구하기

정오각형의 한 내각의 크기는

$$\frac{180° \times (5-2)}{5} = 108° \qquad \cdots\cdots 40\,\%$$

2단계 색칠한 부채꼴의 넓이 구하기

따라서 색칠한 부채꼴의 중심각의 크기가 $108°$이므로 그 넓이는

$$\pi \times 10^2 \times \frac{108}{360} = 30\pi (\text{cm}^2) \qquad \cdots\cdots 60\,\%$$

보충 설명

정 n각형의 한 내각의 크기 $\Rightarrow \dfrac{180° \times (n-2)}{n}$

03

정답 15 cm

1단계 $\angle \text{AOC}$와 $\angle \text{BOC}$의 크기의 비 구하기

$4\angle \text{AOC} = 5\angle \text{BOC}$이므로 $\angle \text{AOC} : \angle \text{BOC} = 5 : 4$ ······ 40 %

2단계 $\overarc{\text{AC}}$의 길이 구하기

따라서 $5 : 4 = \overarc{\text{AC}} : \overarc{\text{BC}}$이므로 $5 : 4 = \overarc{\text{AC}} : 12$

$4\overarc{\text{AC}} = 60 \qquad \therefore \overarc{\text{AC}} = 15 (\text{cm})$ ······ 60 %

04

정답 둘레의 길이 : $(18\pi + 16) \text{ cm}$, 넓이 : $72\pi \text{ cm}^2$

1단계 색칠한 부분의 둘레의 길이 구하기

오른쪽 그림에서

(색칠한 부분의 둘레의 길이)

$= ❶ + ❷ + ❸ \times 2$

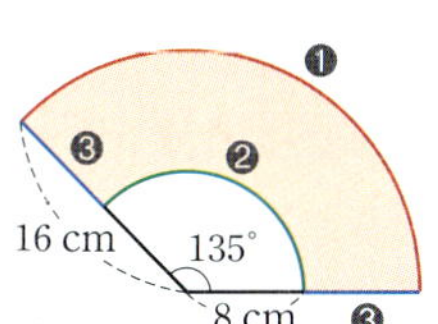

$$= 2\pi \times 16 \times \frac{135}{360} + 2\pi \times 8 \times \frac{135}{360} + 8 \times 2$$
$$= 12\pi + 6\pi + 16$$
$$= 18\pi + 16 (\text{cm}) \qquad \cdots\cdots 50\,\%$$

2단계 색칠한 부분의 넓이 구하기

색칠한 부분의 넓이는 다음 그림과 같이 구한다.

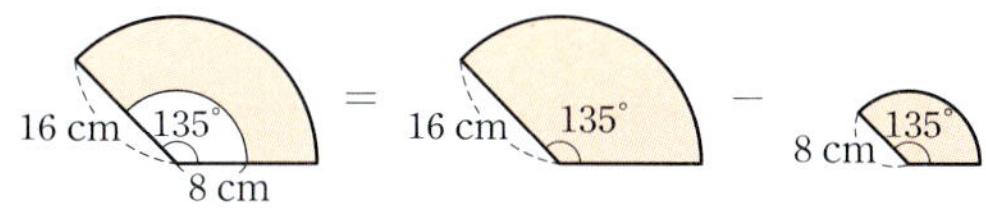

$$\therefore \text{(색칠한 부분의 넓이)} = \pi \times 16^2 \times \frac{135}{360} - \pi \times 8^2 \times \frac{135}{360}$$
$$= 96\pi - 24\pi$$
$$= 72\pi (\text{cm}^2) \qquad \cdots\cdots 50\,\%$$

05

정답 $4\pi \text{ cm}$

1단계 $\overarc{\text{EH}}$의 길이 구하기

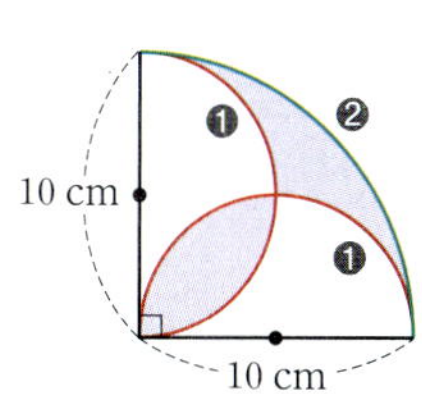

오른쪽 그림과 같이

$\overline{\text{AH}}, \overline{\text{BH}}, \overline{\text{BE}}, \overline{\text{EC}}$를 그으면

$\triangle \text{ABH}$와 $\triangle \text{EBC}$는 정삼각형이므로

$\angle \text{ABH} = \angle \text{EBC} = 60°$

이때 $\angle \text{ABE} = \angle \text{HBC} = 90° - 60° = 30°$

이므로

$\angle \text{EBH} = \angle \text{ABH} - \angle \text{ABE} = 60° - 30° = 30°$

$$\therefore \overarc{\text{EH}} = 2\pi \times 6 \times \frac{30}{360} = \pi (\text{cm}) \qquad \cdots\cdots 60\,\%$$

2단계 색칠한 부분의 둘레의 길이 구하기

마찬가지로 $\overarc{\text{EF}} = \overarc{\text{FG}} = \overarc{\text{GH}} = \overarc{\text{EH}} = \pi (\text{cm})$이므로

색칠한 부분의 둘레의 길이는

$$\pi \times 4 = 4\pi (\text{cm}) \qquad \cdots\cdots 40\,\%$$

06

정답 둘레의 길이 : $15\pi \text{ cm}$, 넓이 : $(25\pi - 50) \text{ cm}^2$

1단계 색칠한 부분의 둘레의 길이 구하기

오른쪽 그림에서

(색칠한 부분의 둘레의 길이)

$= ❶ \times 2 + ❷$

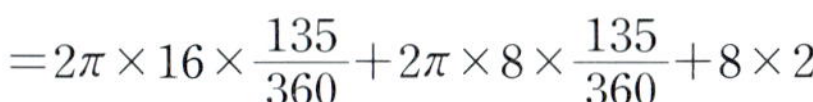

$$= \left(2\pi \times 5 \times \frac{1}{2}\right) \times 2 + 2\pi \times 10 \times \frac{90}{360}$$
$$= 10\pi + 5\pi = 15\pi (\text{cm}) \qquad \cdots\cdots 50\,\%$$

2단계 색칠한 부분의 넓이 구하기

색칠한 부분의 넓이는 다음 그림과 같이 구한다.

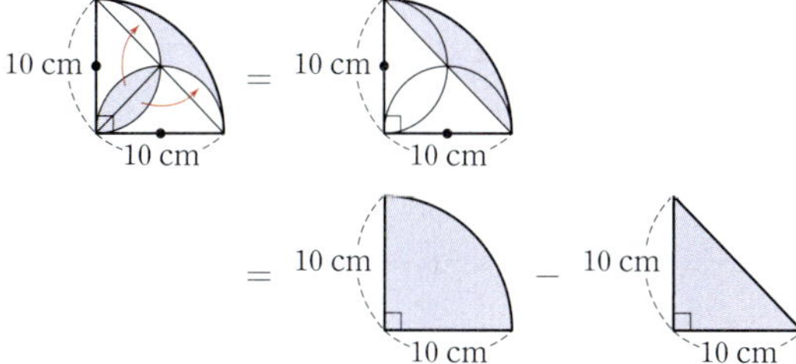

$$\therefore \text{(색칠한 부분의 넓이)} = \pi \times 10^2 \times \frac{90}{360} - \frac{1}{2} \times 10 \times 10$$
$$= 25\pi - 50 (\text{cm}^2) \qquad \cdots\cdots 50\,\%$$

<table>
<tr><td colspan="4">중단원 마무리하기 · 본책 142~145쪽</td></tr>
<tr><td>01 ④</td><td>02 $x=12,\ y=125$</td><td colspan="2">03 ③</td></tr>
<tr><td>04 ④</td><td>05 ⑤</td><td>06 ⑤</td><td>07 6 cm</td></tr>
<tr><td>08 ⑤</td><td>09 8π cm²</td><td colspan="2">10 $(100\pi+500)$ m²</td></tr>
<tr><td>11 ①</td><td>12 $(10\pi+10)$ cm</td><td colspan="2">13 8π cm²</td></tr>
<tr><td>14 ③</td><td>15 18π cm²</td><td>16 10 cm</td><td>17 35 cm</td></tr>
<tr><td colspan="2">18 $(36-6\pi)$ cm²</td><td colspan="2">19 $(8\pi+24)$ cm</td></tr>
<tr><td colspan="2">20 $(4\pi+64)$ cm²</td><td>21 4π cm</td><td>22 80π m²</td></tr>
</table>

01
<정답> ④

ㄴ. 한 원에서 길이가 가장 긴 현은 지름이다.

따라서 옳은 것은 ㄱ, ㄷ, ㄹ이다.

02
<정답> $x=12,\ y=125$

$25°:100°=3:x$이므로 $1:4=3:x$ ∴ $x=12$

$25°:y°=3:15$이므로 $25:y=1:5$ ∴ $y=125$

03
<정답> ③

오른쪽 그림의 △OBC에서

$\overline{OB}=\overline{OC}$이므로

$\angle OCB=\angle OBC=40°$

∴ $\angle BOC=180°-(40°+40°)=100°$

따라서 $\angle AOC=180°-100°=80°$이므로

$\overset{\frown}{AC}:\overset{\frown}{BC}=80°:100°=4:5$

04
<정답> ④

$\angle AOB:\angle BOC:\angle AOC=\overset{\frown}{AB}:\overset{\frown}{BC}:\overset{\frown}{CA}=3:4:5$

∴ $\angle AOC=360°\times\dfrac{5}{3+4+5}=360°\times\dfrac{5}{12}=150°$

05
<정답> ⑤

오른쪽 그림에서 $\overline{AB}\ /\!/\ \overline{CD}$이므로

$\angle OCD=\angle AOC=50°$ (엇각)

△OCD에서 $\overline{OC}=\overline{OD}$이므로

$\angle ODC=\angle OCD=50°$

∴ $\angle COD=180°-(50°+50°)=80°$

따라서 $50°:80°=\overset{\frown}{AC}:\overset{\frown}{CD}$이므로 $5:8=10:\overset{\frown}{CD}$

$5\overset{\frown}{CD}=80$ ∴ $\overset{\frown}{CD}=16(cm)$

06
<정답> ⑤

$x°:(2x°-10°)=14:24$이므로

$x:(2x-10)=7:12$, $14x-70=12x$

$2x=70$ ∴ $x=35$

07
<정답> 6 cm

오른쪽 그림과 같이 $\overline{OC}$를 긋고

$\angle COD=\angle x$라 하면

$\overline{AC}\ /\!/\ \overline{OD}$이므로 $\angle OCA=\angle COD$ (엇각)

△OAC에서 $\overline{OA}=\overline{OC}$이므로

$\angle OAC=\angle OCA=\angle x$

$\overline{AC}\ /\!/\ \overline{OD}$이므로 $\angle BOD=\angle OAC=\angle x$ (동위각)

따라서 $\angle BOD=\angle COD$이므로 $\overline{BD}=\overline{CD}=6(cm)$

08
<정답> ⑤

(가장 큰 원의 반지름의 길이)$=\dfrac{1}{2}\times(8+6)=7(cm)$이므로

(색칠한 부분의 둘레의 길이)

$=$(반지름의 길이가 7 cm인 원의 둘레의 길이)

  $+$(반지름의 길이가 4 cm인 원의 둘레의 길이)

  $+$(반지름의 길이가 3 cm인 원의 둘레의 길이)

$=2\pi\times7+2\pi\times4+2\pi\times3$

$=14\pi+8\pi+6\pi$

$=28\pi(cm)$

09
<정답> 8π cm²

색칠한 부분의 넓이는 다음 그림과 같이 구한다.

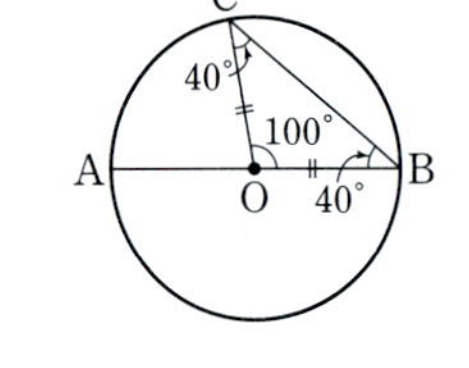
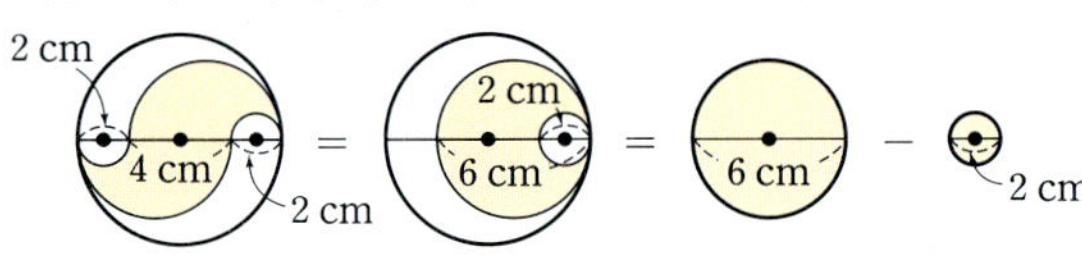

∴ (색칠한 부분의 넓이)$=\pi\times3^2-\pi\times1^2$

$=9\pi-\pi=8\pi(cm^2)$

10
<정답> $(100\pi+500)$ m²

(호수의 넓이)

$=$(반지름의 길이가 10 m인 원의 넓이)

  $+$(가로, 세로의 길이가 각각 25 m, 20 m인 직사각형의 넓이)

$=\pi\times10^2+25\times20$

$=100\pi+500(m^2)$

11
<정답> ①

부채꼴의 호의 길이를 l cm라 하면

$\dfrac{1}{2}\times6\times l=12\pi$ ∴ $l=4\pi$

따라서 부채꼴의 호의 길이는 4π cm이다.

다른 풀이

부채꼴의 중심각의 크기를 $x°$라 하면

$\pi\times6^2\times\dfrac{x}{360}=12\pi$ ∴ $x=120$

따라서 중심각의 크기가 120°이므로 부채꼴의 호의 길이는

$2\pi\times6\times\dfrac{120}{360}=4\pi(cm)$

12 정답 $(10\pi+10)$ cm

오른쪽 그림에서
(색칠한 부분의 둘레의 길이)

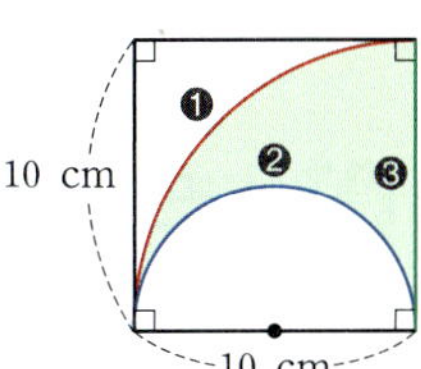

$=\mathbf{0}+\mathbf{2}+\mathbf{3}$

$=2\pi\times10\times\dfrac{90}{360}+2\pi\times5\times\dfrac{1}{2}+10$

$=5\pi+5\pi+10$

$=10\pi+10\,(\text{cm})$

13 정답 8π cm^2

색칠한 부분의 넓이는 다음 그림과 같이 구한다.

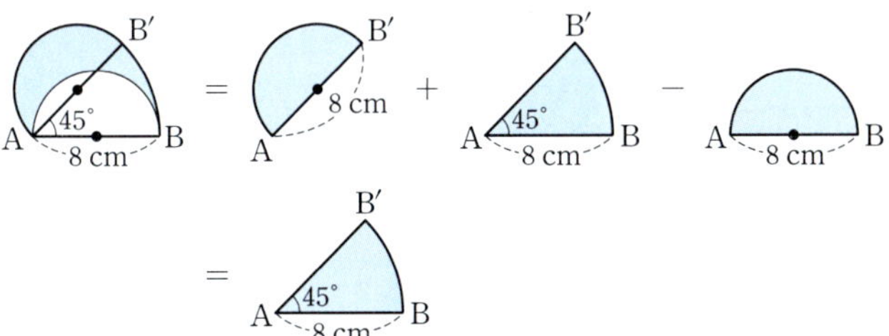

$\therefore$ (색칠한 부분의 넓이)$=$(부채꼴 B$'$AB의 넓이)

$$=\pi\times8^2\times\dfrac{45}{360}$$

$$=8\pi\,(\text{cm}^2)$$

14 정답 ③

색칠한 부분의 넓이는 다음 그림과 같이 구한다.

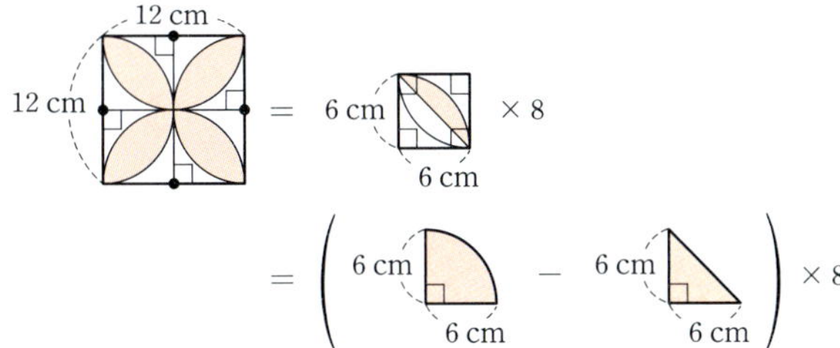

$\therefore$ (색칠한 부분의 넓이)$=\left(\pi\times6^2\times\dfrac{90}{360}-\dfrac{1}{2}\times6\times6\right)\times8$

$$=(9\pi-18)\times8$$

$$=72\pi-144\,(\text{cm}^2)$$

15 정답 18π cm^2

오른쪽 그림과 같이 주어진 도형의 일부를 이동
하면
(색칠한 부분의 넓이)

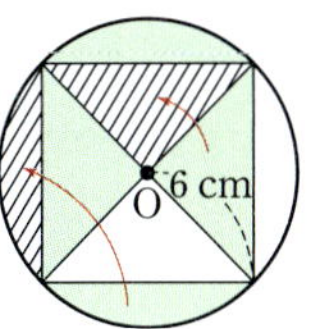

$=$(반원의 넓이)

$=\pi\times6^2\times\dfrac{1}{2}$

$=18\pi\,(\text{cm}^2)$

16 정답 10 cm

오른쪽 그림과 같이 $\angle$AOC$=x^\circ$라 하
면 $\overline{\text{AO}}\,/\!/\,\overline{\text{CB}}$이므로

$\angle$BCO$=\angle$AOC$=x^\circ$ (엇각)

$\triangle$COB에서 $\overline{\text{OB}}=\overline{\text{OC}}$이므로

$\angle$OBC$=\angle$BCO$=x^\circ$

$\therefore$ $\angle$COB$=180^\circ-2x$

따라서 $x+(180-2x)=120$이므로 $x=60$

즉, $\angle$AOC$=60^\circ$, $\angle$BOC$=120^\circ-60^\circ=60^\circ$이므로

$\angle$AOC$=\angle$BOC

$\therefore$ $\overarc{\text{AC}}=\overarc{\text{BC}}=10\,(\text{cm})$

17 정답 35 cm

오른쪽 그림과 같이 $\angle$DOP$=\angle x$라
하면 $\triangle$DOP에서 $\overline{\text{DO}}=\overline{\text{DP}}$이므로

$\angle$DPO$=\angle$DOP$=\angle x$

$\therefore$ $\angle$ODC$=\angle x+\angle x=2\angle x$

$\triangle$COD에서 $\overline{\text{OC}}=\overline{\text{OD}}$이므로

$\angle$OCD$=\angle$ODC$=2\angle x$

$\triangle$COP에서 $\angle$AOC$=2\angle x+\angle x=72^\circ$이므로

$3\angle x=72^\circ$ $\therefore$ $\angle x=24^\circ$

즉, $\angle$DOP$=24^\circ$이므로

$\angle$COD$=180^\circ-(72^\circ+24^\circ)=84^\circ$

따라서 $72^\circ:84^\circ=\overarc{\text{AC}}:\overarc{\text{CD}}$이므로 $6:7=30:\overarc{\text{CD}}$

$6\overarc{\text{CD}}=210$ $\therefore$ $\overarc{\text{CD}}=35\,(\text{cm})$

18 정답 $(36-6\pi)$ cm^2

$\overline{\text{BE}}=\overline{\text{BC}}=\overline{\text{CE}}$이므로 $\triangle$EBC는 정삼각형이다.

$\therefore$ $\angle$ABE$=\angle$ECD$=90^\circ-60^\circ=30^\circ$

색칠한 부분의 넓이는 다음 그림과 같이 구한다.

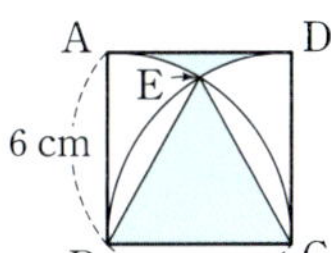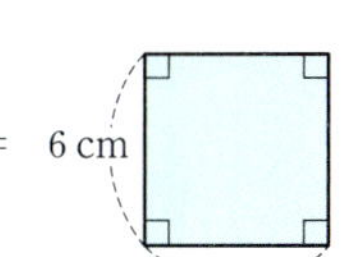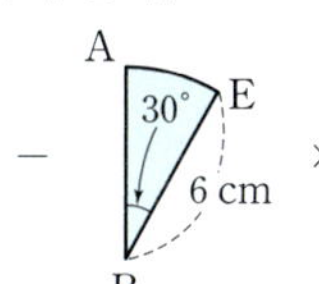

$\therefore$ (색칠한 부분의 넓이)$=6\times6-\left(\pi\times6^2\times\dfrac{30}{360}\right)\times2$

$$=36-6\pi\,(\text{cm}^2)$$

19 정답 $(8\pi+24)$ cm

오른쪽 그림에서
(끈의 최소 길이)

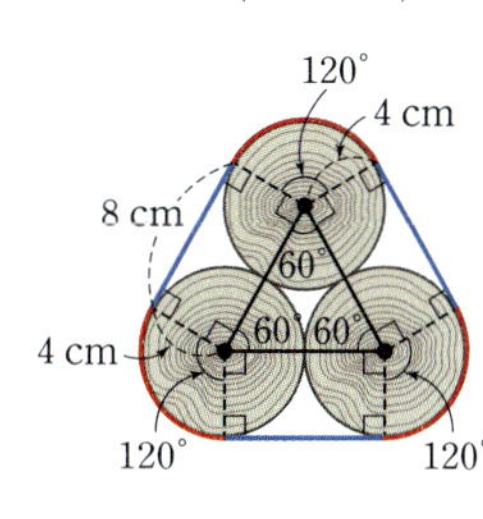

$=$(곡선 부분의 길이)
　$+$(직선 부분의 길이)

$=$(반지름의 길이가 4 cm인 원의 둘레
　의 길이)$+8\times3$

$=2\pi\times4+24$

$=8\pi+24\,(\text{cm})$

20

원 O가 지나간 부분은 오른쪽 그림의
색칠한 부분과 같으므로
(원 O가 지나간 부분의 넓이)

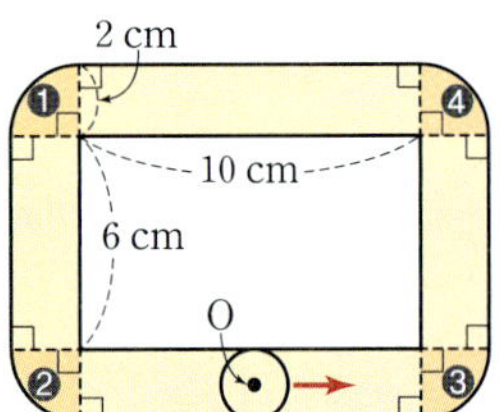

$$=❶+❷+❸+❹+(10\times2+6\times2)\times2$$
$$=\pi\times2^2+64$$
$$=4\pi+64\,(\text{cm}^2)$$

21

오른쪽 그림에서
$\angle\text{ACA}'=180°-60°=120°$
점 A가 움직인 거리는 반지름의 길이
가 $6\ \text{cm}$이고 중심각의 크기가 $120°$
인 부채꼴의 호의 길이와 같다.
따라서 점 A가 움직인 거리는

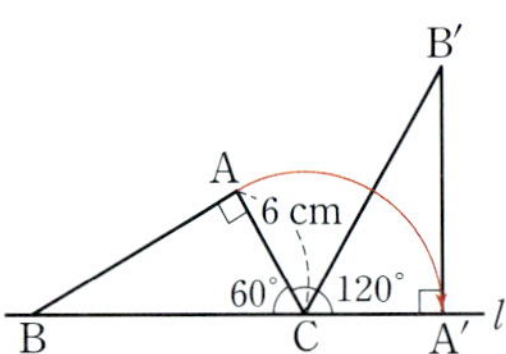

$$2\pi\times6\times\frac{120}{360}=4\pi\,(\text{cm})$$

22

강아지가 움직일 수 있는 영역은 오른쪽
그림의 색칠한 부분과 같다.
따라서 강아지가 움직일 수 있는 영역의
최대 넓이는

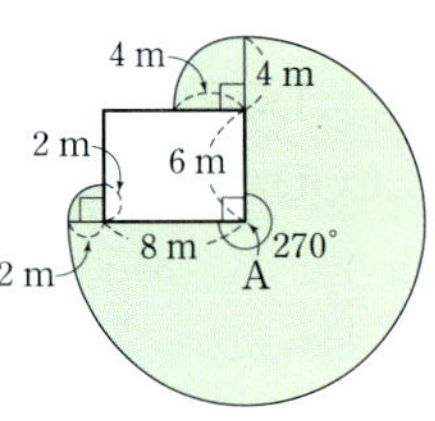

$$\pi\times2^2\times\frac{90}{360}+\pi\times10^2\times\frac{270}{360}$$
$$+\pi\times4^2\times\frac{90}{360}$$
$$=\pi+75\pi+4\pi$$
$$=80\pi\,(\text{m}^2)$$

---

06 다면체와 회전체

01 다면체

개념 CHECK

● 본책 148쪽

- **01**　ㄴ, ㄷ
- **02**　(1) 팔면체, 꼭짓점의 개수 : 12, 모서리의 개수 : 18
　　(2) 육면체, 꼭짓점의 개수 : 6, 모서리의 개수 : 10

01　ㄱ, ㄹ, ㅁ은 다각형이 아닌 원이나 곡면으로 둘러싸여 있으므
로 다면체가 아니다.
따라서 다면체는 ㄴ, ㄷ이다.

대표 유형

● 본책 149쪽

01·Ⓐ ④　**Ⓑ** ①　　**02·Ⓐ** 칠면체　**Ⓑ** ④

01·Ⓐ

정답 ④

④ 정사각형은 평면도형이다.

01·Ⓑ

정답 ①

ㄷ, ㄹ은 다각형이 아닌 원이나 곡면으로 둘러싸인 입체도형이므로
다면체가 아닌 것은 ㄷ, ㄹ의 2개이다.

02·Ⓐ

정답 칠면체

면의 개수가 7이므로 칠면체이다.

02·Ⓑ

정답 ④

①, ② 7개의 면으로 둘러싸여 있으므로 칠면체이다.
④ 모서리의 개수는 15이다.
따라서 옳지 않은 것은 ④이다.

02 다면체의 종류

개념 CHECK

● 본책 150쪽

01

겨냥도			
이름	오각기둥	오각뿔	오각뿔대
옆면의 모양	직사각형	삼각형	사다리꼴
면의 개수	7	6	7
꼭짓점의 개수	10	6	10
모서리의 개수	15	10	15

03·Ⓐ ④ Ⓑ ㄷ, ㄹ, ㅁ   04·Ⓐ ② Ⓑ 구각형
05·Ⓐ ① Ⓑ 32   06·Ⓐ ④ Ⓑ 35
07·Ⓐ ④ Ⓑ ②   08·Ⓐ ④ Ⓑ ㄱ, ㄹ
09·Ⓐ ① Ⓑ ③   10·Ⓐ 2

03·Ⓐ

정답 ④

각 다면체의 면의 개수를 구하면 다음과 같다.

① 5, $4+2=6$ ② $4+1=5$, $4+2=6$
③ $6+1=7$, $8+2=10$ ④ $7+1=8$, 8
⑤ 6, $6+2=8$

따라서 면의 개수가 같은 것끼리 짝 지어진 것은 ④이다.

03·Ⓑ

정답 ㄷ, ㄹ, ㅁ

각 다면체의 면의 개수를 구하면 다음과 같다.

ㄱ. $4+2=6$ ㄴ. $5+1=6$ ㄷ. $6+2=8$
ㄹ. $6+2=8$ ㅁ. $7+1=8$ ㅂ. $8+2=10$

따라서 팔면체인 것은 ㄷ, ㄹ, ㅁ이다.

04·Ⓐ

정답 ②

두 다면체의 모서리의 개수의 합을 구하면 다음과 같다.

① $8+18=26$ ② $12+15=27$ ③ $12+12=24$
④ $14+9=23$ ⑤ $15+10=25$

따라서 두 다면체의 모서리의 개수의 합이 가장 큰 것은 ②이다.

04·Ⓑ

정답 구각형

구하는 각뿔대를 n각뿔대라 하면
n각뿔대의 모서리의 개수는 $3n$이므로
$3n=27$ ∴ $n=9$, 즉 구각뿔대
따라서 구각뿔대의 밑면의 모양은 구각형이다.

05·Ⓐ

정답 ①

주어진 다면체의 꼭짓점의 개수는 5이다.
각 다면체의 꼭짓점의 개수를 구하면 다음과 같다.

① $4+1=5$ ② $2×4=8$ ③ $5+1=6$
④ $2×6=12$ ⑤ $2×6=12$

따라서 꼭짓점의 개수가 같은 것은 ①이다.

05·Ⓑ

정답 32

구하는 각기둥, 각뿔, 각뿔대를 각각 a각기둥, b각뿔, c각뿔대라 하면
각기둥의 면의 개수는 $a+2=8$이므로 $a=6$
각뿔의 면의 개수는 $b+1=8$이므로 $b=7$
각뿔대의 면의 개수는 $c+2=8$이므로 $c=6$

따라서 육각기둥의 꼭짓점의 개수는 $2×6=12$, 칠각뿔의 꼭짓점의 개수는 $7+1=8$, 육각뿔대의 꼭짓점의 개수는 $2×6=12$이므로 구하는 합은 $12+8+12=32$

06·Ⓐ

정답 ④

각 다면체의 꼭짓점의 개수와 면의 개수를 차례대로 구하여 차를 구하면 다음과 같다.

① $2×5=10$, $5+2=7$ ➡ $10-7=3$
② $2×6=12$, $6+2=8$ ➡ $12-8=4$
③ $6+1=7$, $6+1=7$ ➡ $7-7=0$
④ $2×8=16$, $8+2=10$ ➡ $16-10=6$
⑤ $8+1=9$, $8+1=9$ ➡ $9-9=0$

따라서 꼭짓점의 개수와 면의 개수의 차가 6인 것은 ④이다.

06·Ⓑ

정답 35

구하는 각뿔대를 n각뿔대라 하면 면의 개수는 $n+2$이므로
$n+2=9$ ∴ $n=7$, 즉 칠각뿔대
칠각뿔대의 꼭짓점의 개수는 $2×7=14$이므로 $a=14$
칠각뿔대의 모서리의 개수는 $3×7=21$이므로 $b=21$
∴ $a+b=14+21=35$

07·Ⓐ

정답 ④

① 사각기둥 − 직사각형   ② 육각뿔대 − 사다리꼴
③ 육각뿔 − 삼각형   ⑤ 팔각뿔 − 삼각형

07·Ⓑ

정답 ②

각 다면체의 옆면의 모양은 다음과 같다.

①, ⑤ 사다리꼴   ② 삼각형   ③, ④ 직사각형

따라서 옆면의 모양이 사각형이 아닌 것은 ②이다.

08·Ⓐ

정답 ④

①, ② 밑면은 1개이다.   ③ 옆면의 모양은 삼각형이다.
⑤ n각뿔의 모서리의 개수는 $2n$이다.

08·Ⓑ

정답 ㄱ, ㄹ

ㄴ. 육각뿔대의 꼭짓점의 개수는 $2×6=12$, 육각뿔의 꼭짓점의 개수는 $6+1=7$이므로 같지 않다.
ㄷ. 밑면에 수직인 평면으로 자를 때 생기는 단면의 모양은 육각형이 아니다.
ㄹ. 육각뿔대의 모서리의 개수는 $3×6=18$이므로 꼭짓점의 개수와 모서리의 개수의 차는 $18-12=6$이다.

따라서 옳은 것은 ㄱ, ㄹ이다.

09·Ⓐ

정답 ①

㈎, ㈏에 의하여 구하는 다면체는 각기둥이다.
구하는 각기둥을 n각기둥이라 하면 면의 개수는 $n+2$이므로 ㈐에 의하여

$n+2=7$ $\therefore n=5$
따라서 조건을 모두 만족시키는 다면체는 오각기둥이다.

09·B
정답 ③

(나), (다)에 의하여 구하는 다면체는 각뿔이다.
구하는 각뿔을 n각뿔이라 하면 모서리의 개수는 $2n$이므로 (가)에 의하여
$2n=10$ $\therefore n=5$
따라서 조건을 모두 만족시키는 다면체는 오각뿔이다.

10·A
정답 2

주어진 입체도형에서 $v=13$, $e=20$, $f=9$이므로
$v-e+f=13-20+9=2$

배운대로 학습하기
● 본책 155~156쪽

01 ③	**02** ③	**03** 칠각기둥	**04** ②
05 16	**06** ④	**07** 11	**08** ③, ④
09 ②, ④	**10** ②	**11** 13	**12** 2

01
정답 ③

ㄴ, ㅁ은 다각형이 아닌 원이나 곡면으로 둘러싸인 입체도형이므로 다면체가 아니다.

02
정답 ③

주어진 다면체는 면의 개수가 7인 칠면체이다.
각 다면체의 면의 개수를 구하면 다음과 같다.
① $3+2=5$ ② $5+1=6$ ③ $5+2=7$
④ $6+2=8$ ⑤ $7+2=9$
따라서 주어진 다면체와 면의 개수가 같은 것은 ③이다.

03
정답 칠각기둥

구하는 각기둥을 n각기둥이라 하면 모서리의 개수가 21이므로
$3n=21$ $\therefore n=7$
따라서 구하는 각기둥은 칠각기둥이다.

04
정답 ②

각 다면체의 꼭짓점의 개수를 구하면 다음과 같다.
① $2\times4=8$ ② $4+1=5$ ③ $2\times4=8$
④ $2\times4=8$ ⑤ $7+1=8$
따라서 꼭짓점의 개수가 나머지 넷과 다른 하나는 ②이다.

05
정답 16

칠각뿔의 면의 개수는 $7+1=8$이므로 $a=8$
육각기둥의 모서리의 개수는 $3\times6=18$이므로 $b=18$

오각뿔대의 꼭짓점의 개수는 $2\times5=10$이므로 $c=10$
$\therefore a+b-c=8+18-10=16$

06
정답 ④

구하는 각뿔대를 n각뿔대라 하면 꼭짓점의 개수는 $2n$이므로
$2n=20$ $\therefore n=10$, 즉 십각뿔대
십각뿔대의 면의 개수는 $10+2=12$이므로 $a=12$
십각뿔대의 모서리의 개수는 $3\times10=30$이므로 $b=30$
$\therefore a+b=12+30=42$

07
정답 11

구하는 각기둥을 n각기둥이라 하면 모서리의 개수는 $3n$, 꼭짓점의 개수는 $2n$이므로
$3n-2n=9$ $\therefore n=9$, 즉 구각기둥
따라서 구각기둥의 면의 개수는
$9+2=11$

08
정답 ③, ④

① 삼각뿔 — 삼각형 ② 오각기둥 — 직사각형
⑤ 십각기둥 — 직사각형

09
정답 ②, ④

① 두 밑면은 모양은 같지만 크기가 다르므로 합동이 아니다.
③ 옆면의 모양은 사다리꼴이다.
④ 모서리의 개수는 $3\times9=27$
⑤ 구각뿔대의 꼭짓점의 개수는 $2\times9=18$, 십각뿔대의 꼭짓점의 개수는 $2\times10=20$이므로 십각뿔대보다 꼭짓점이 $20-18=2$(개) 적다.
따라서 옳은 것은 ②, ④이다.

10
정답 ②

① 다면체인 것은 오각뿔대, 정육면체, 오각기둥, 사각뿔, 삼각뿔, 삼각기둥의 6개이다.
② 평행한 면이 있는 다면체는 오각뿔대, 정육면체, 오각기둥, 삼각기둥의 4개이다.
③ 삼각형 모양인 면을 갖는 다면체는 사각뿔, 삼각뿔, 삼각기둥의 3개이다.
④ 옆면의 모양이 사각형인 다면체는 오각뿔대, 정육면체, 오각기둥, 삼각기둥의 4개이다.
⑤ 모든 면의 모양이 정사각형인 다면체는 정육면체의 1개이다.
따라서 옳은 것은 ②이다.

11
정답 13

(가), (나)에 의하여 구하는 다면체는 각뿔이다.
구하는 각뿔을 n각뿔이라 하면 모서리의 개수는 $2n$이므로 (다)에 의하여
$2n=24$ $\therefore n=12$, 즉 십이각뿔
따라서 십이각뿔의 꼭짓점의 개수는 $12+1=13$

12

주어진 입체도형에서 $v=9$, $e=16$, $f=9$이므로
$v-e+f=9-16+9=2$

03 정다면체

● 본책 157쪽

01 면 / 3, 4   **02** (1) ㄱ, ㄷ, ㅁ (2) ㄱ, ㄴ, ㄹ

01 각 꼭짓점에 모인 면의 개수를 써넣으면
오른쪽 그림과 같다.
따라서 주어진 입체도형은 각 꼭짓점에
모인 면 의 개수가 같지 않으므로 정다
면체가 아니다.

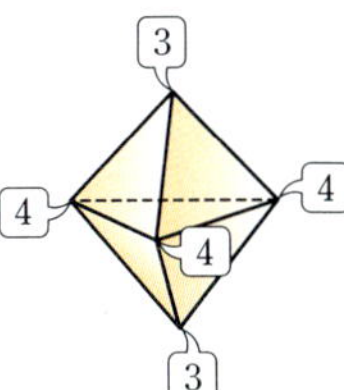

대표 유형

● 본책 159~161쪽

01 · Ⓐ ㄱ, ㄷ **Ⓑ** ③   **02 · Ⓐ** 9 **Ⓑ** ⑤
03 · Ⓐ ③ **Ⓑ** 42
04 · Ⓐ (1) 정육면체 (2) 점 C, 점 K (3) 모서리 KL
    (4) 모서리 BE, 모서리 MH, 모서리 LI **Ⓑ** ⑤
05 · Ⓐ ③ **Ⓑ** 60°   **06 · Ⓐ** ⑤ **Ⓑ** 30

01 · Ⓐ

ㄴ. 정사면체는 평행한 모서리가 없다.
ㄹ. 정십이면체의 면의 모양은 정오각형이다.
따라서 옳은 것은 ㄱ, ㄷ이다.

01 · Ⓑ

정다면체	면의 모양	한 꼭짓점에 모인 면의 개수
① 정사면체	정삼각형	3
② 정육면체	정사각형	3
④ 정십이면체	정오각형	3
⑤ 정이십면체	정삼각형	5

02 · Ⓐ

정사면체의 꼭짓점의 개수는 4이므로 $a=4$
정이십면체의 한 꼭짓점에 모인 면의 개수는 5이므로 $b=5$
$\therefore a+b=4+5=9$

02 · Ⓑ

정십이면체의 꼭짓점의 개수는 20이므로 $a=20$, 면의 개수는 12이
므로 $b=12$

따라서 꼭짓점의 개수가 12이고 면의 개수가 20인 정다면체는 정이
십면체이다.

03 · Ⓐ

① 정사면체의 꼭짓점의 개수는 4이다.
② 정이십면체의 모서리의 개수는 30이다.
④ 정오각형을 한 면으로 하는 정다면체는 정십이면체이다.
⑤ 정사면체, 정팔면체의 면의 모양은 정삼각형이고, 정십이면체의
  면의 모양은 정오각형이다.
따라서 옳은 것은 ③이다.

03 · Ⓑ

㈎, ㈏를 모두 만족시키는 입체도형은 정이십면체이므로
꼭짓점의 개수는 12, 모서리의 개수는 30이다.
따라서 $x=12$, $y=30$이므로 $x+y=42$

04 · Ⓐ

주어진 전개도로 만들어지는 정다면체는
오른쪽 그림과 같다.

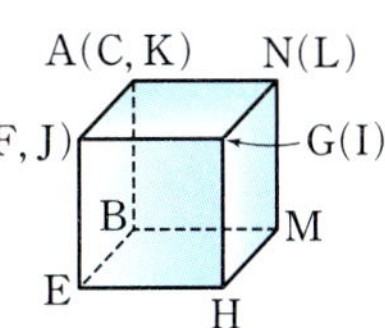

참고 정육면체의 전개도는 다음 그림과 같이 11가지가 있다.

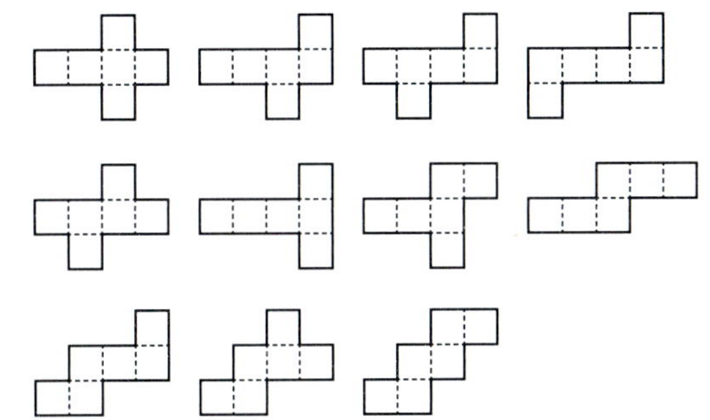

04 · Ⓑ

주어진 전개도로 정팔면체를 만들면 오른
쪽 그림과 같으므로 $\overline{AJ}$와 꼬인 위치에 있
는 모서리가 아닌 것은 $\overline{EF}$이다.

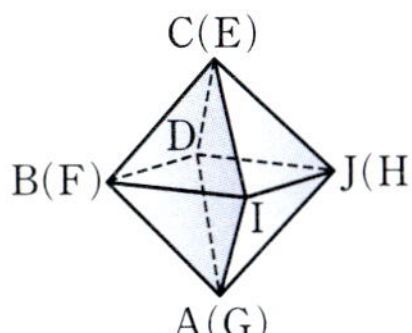

보충 설명

정팔면체의 전개도 문제 풀기

⑴ 만나는 점 확인하기
  정팔면체의 꼭짓점은 6개이고, 전개
  도에서 꼭짓점은 10개이므로 만나는
  꼭짓점이 4쌍 있다. 전개도에서 만나
  는 꼭짓점끼리 나타내면 오른쪽 그림
  과 같다.
  즉, 꼭짓점 A와 G, J와 H, B와 F, C와 E가 만난다.

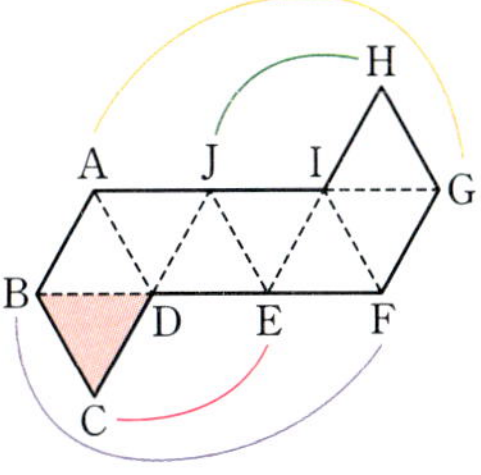

(2) 겨냥도에서 한 면을 옮기기

❶ 전개도에서 임의로 한 면(색칠한 면)을 정해 겨냥도에 나타낸다. 이때 (1)에서 확인한 만나는 점은 함께 나타낸다.

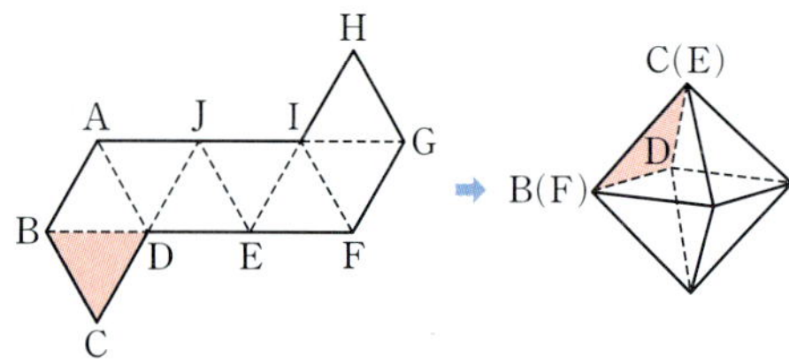

❷ 모서리 AD에서 두 점 A, D가 이웃한 점이므로 면 ABD를 다음 그림과 같이 겨냥도로 옮길 수 있다.

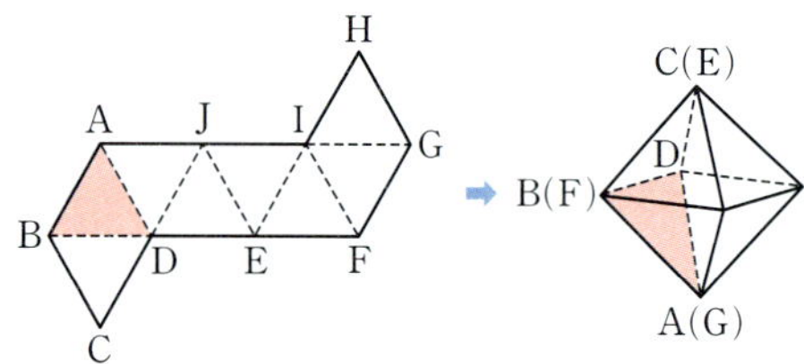

❸ 면 ADJ에서 꼭짓점 J(H)를 다음 그림과 같이 겨냥도로 옮길 수 있다.

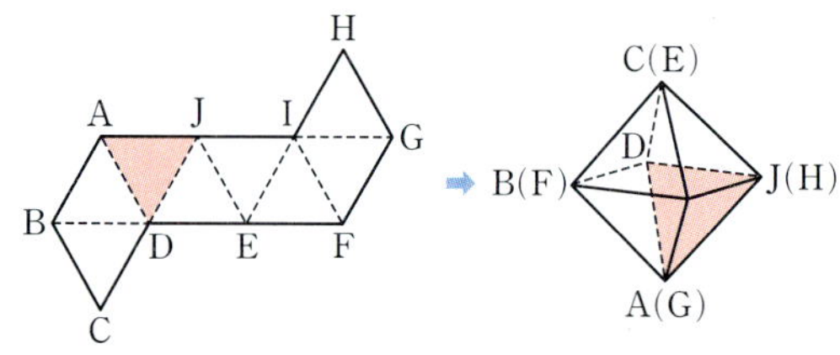

❹ 면 JDE는 ❸에서 겨냥도로 제대로 옮겼음을 확인할 수 있다. 한편 면 JEI에서 꼭짓점 I를 다음 그림과 같이 겨냥도에 나타낼 수 있다.

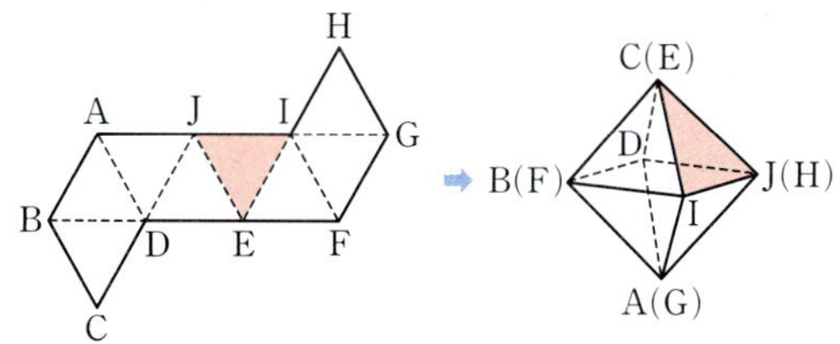

(3) 정팔면체의 전개도에서 만나는 모서리 확인하기

꼭짓점 D를 기준으로 생각하면 오른쪽 그림에서 ❶, ❷로 나타낸 모서리끼리 각각 겹치고, 꼭짓점 I를 기준으로 생각하면 ❸, ❹로 나타낸 모서리끼리 각각 겹친다. 이때 남은 모서리 ❺끼리 겹친다.

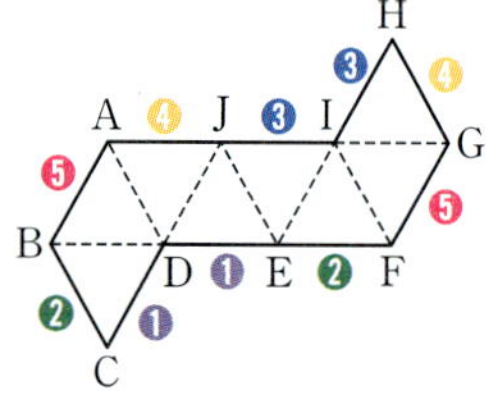

05·Ⓐ

정답 ③

오른쪽 그림과 같이 세 꼭짓점 A, B, H를 지나는 평면으로 자르면 그 단면의 모양은 직사각형이다.

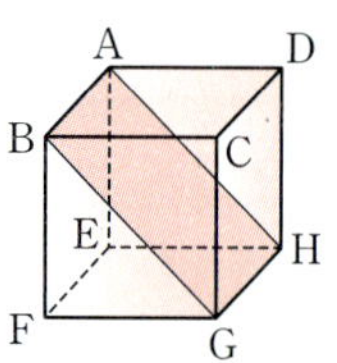

참고 정육면체를 한 평면으로 자를 때 생기는 단면의 모양은 다음 그림과 같이 삼각형, 사각형, 오각형, 육각형의 4가지뿐이다.

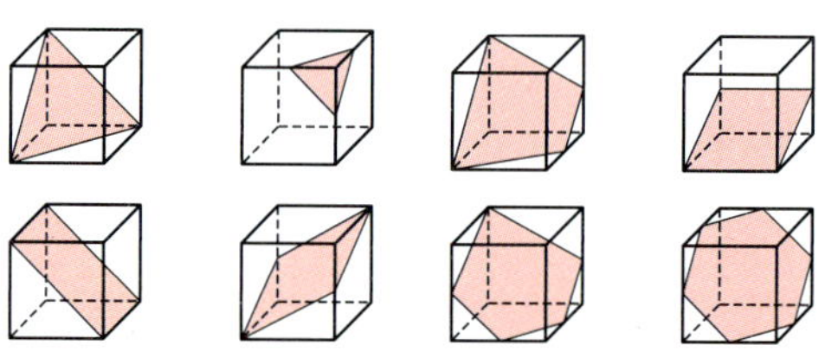

05·Ⓑ

정답 60°

$\overline{BC}=\overline{BF}=\overline{FC}$이므로 △BFC는 정삼각형이다.

∴ ∠BFC=60°

06·Ⓐ

정답 ⑤

정십이면체의 면의 개수는 12이므로
구하는 정다면체의 꼭짓점의 개수는 12이다.
따라서 구하는 정다면체는 정이십면체이다.

06·Ⓑ

정답 30

정이십면체의 면의 개수는 20이므로 구하는 정다면체의 꼭짓점의 개수는 20이다.
따라서 구하는 정다면체는 정십이면체이고, 정십이면체의 모서리의 개수는 30이다.

배운대로 학습하기

● 본책 162~163쪽

01 ㄹ, ㅁ, ㄷ, ㄴ, ㄱ　　**02** 18　　**03** ⑤
04 ①, ③　　**05** ②　　**06** ①, ④　　**07** ②, ④
08 ⑤　　**09** ②　　**10** ①　　**11** ③
12 ④

01

정답 ㄹ, ㅁ, ㄷ, ㄴ, ㄱ

ㄱ. 4　ㄴ. 6　ㄷ. 8　ㄹ. 30　ㅁ. 12
따라서 값이 큰 것부터 차례대로 나열하면 ㄹ, ㅁ, ㄷ, ㄴ, ㄱ이다.

02

정답 18

한 꼭짓점에 모인 면의 개수가 4인 정다면체는 정팔면체이므로 꼭짓점의 개수는 6이다. 　∴ $a=6$
면의 모양이 정사각형인 정다면체는 정육면체이므로 모서리의 개수는 12이다. 　∴ $b=12$
∴ $a+b=6+12=18$

03

정답 ⑤

㈎를 만족시키는 정다면체는 정사면체, 정팔면체, 정이십면체이다.
㈏를 만족시키는 정다면체는 정십이면체, 정이십면체이다.
따라서 조건을 모두 만족시키는 정다면체는 정이십면체이다.

04

정답 ①, ③

① 모든 면이 합동인 정다각형이고, 각 꼭짓점에 모인 면의 개수가 같은 다면체를 정다면체라 한다.

③ 삼각뿔대는 각 면이 합동인 정다각형이 아니므로 정다면체가 아니다.
⑤ 정육면체와 정팔면체의 모서리의 개수는 12로 같다.
따라서 옳지 않은 것은 ①, ③이다.

05
정답 ②

② 한 꼭짓점에 모인 면의 개수가 3으로 모두 같다.

참고 정팔면체에서 한 꼭짓점에 모인 면의 개수는 4, 정이십면체에서 한 꼭짓점에 모인 면의 개수는 5이다.

06
정답 ①, ④

주어진 전개도로 만들어지는 정다면체는 정십이면체이다.
② 정다면체 중 면이 가장 많은 것은 정이십면체이다.
③ 꼭짓점의 개수는 20이다.
⑤ 한 꼭짓점에 모인 면의 개수는 3이다.

07
정답 ②, ④

주어진 전개도로 만들어지는 정육면체는 오른쪽 그림과 같다.
② 꼭짓점 B와 겹치는 점은 점 H이다.
④ $\overline{DK}$와 $\overline{GH}$는 꼬인 위치에 있다.

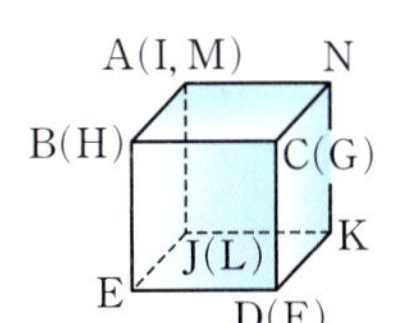

08
정답 ⑤

① 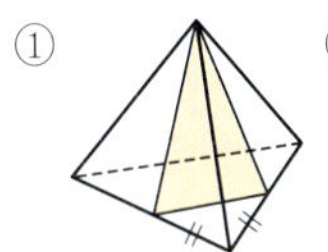 ② 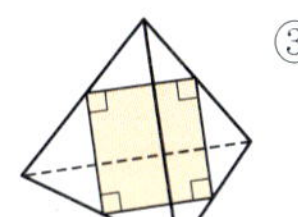 ③ 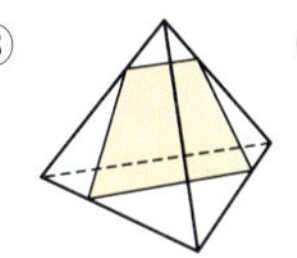 ④ 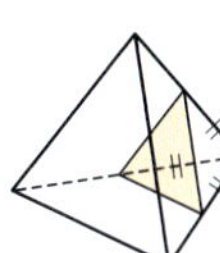

09
정답 ②

오른쪽 그림과 같이 세 꼭짓점 B, D, G를 지나는 평면으로 자르면 그 단면의 모양은 정삼각형이다.

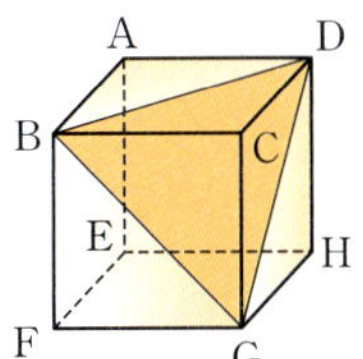

10
정답 ①

세 점 E, F, D를 지나는 평면으로 자를 때 생기는 단면은 △EFD이다.
이때 $\overline{ED}=\overline{FD}$이므로 △EFD는 이등변삼각형이다.

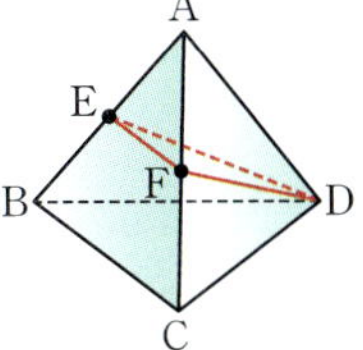

11
정답 ③

정육면체의 면의 개수는 6이므로 구하는 정다면체의 꼭짓점의 개수는 6이다.
따라서 구하는 정다면체는 정팔면체이다.

참고 정다면체의 각 면의 한가운데 점을 꼭짓점으로 하는 다면체 (쌍대다면체)
정다면체의 각 면의 한가운데 점을 꼭짓점으로 하는 다면체는 처음 도형의 면의 개수만큼 꼭짓점이 생긴다.
➡ (바깥쪽 정다면체의 면의 개수)=(안쪽 정다면체의 꼭짓점의 개수)

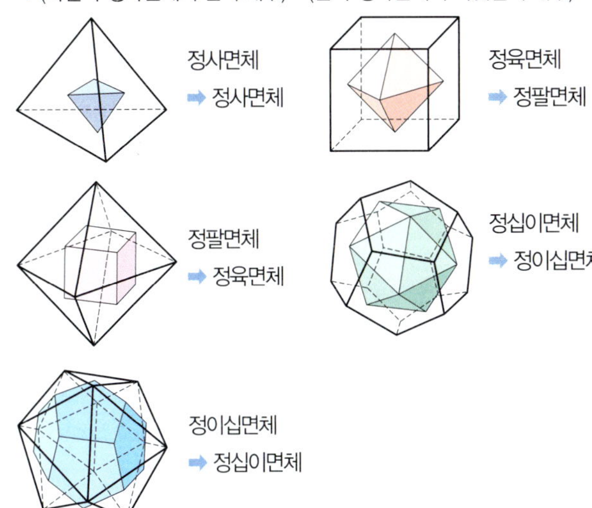

12
정답 ④

정십이면체의 면의 개수는 12이므로 꼭짓점의 개수가 12인 정다면체는 정이십면체이다.
④ 한 꼭짓점에 모인 면의 개수는 5이다.

04 회전체

01 ㄱ, ㄷ, ㄹ   02 (1)   (2)

01·A 3개   02·A ④ B ⑤

01·A
정답 3개

회전체는 ㄷ, ㄹ, ㅂ의 3개이다.

02·A
정답 ④

④ 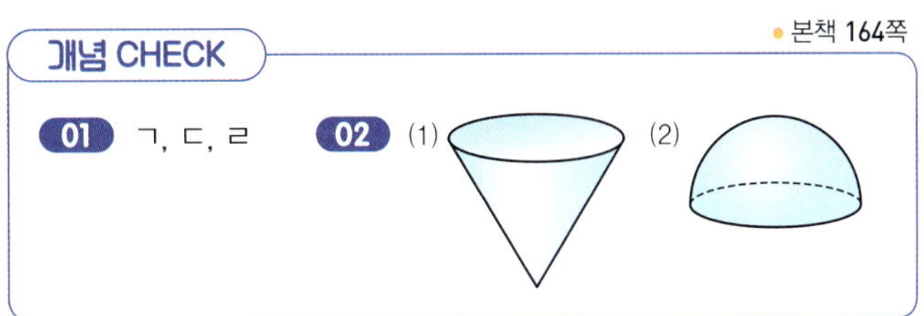

02·Ⓑ 정답 ⑤

⑤

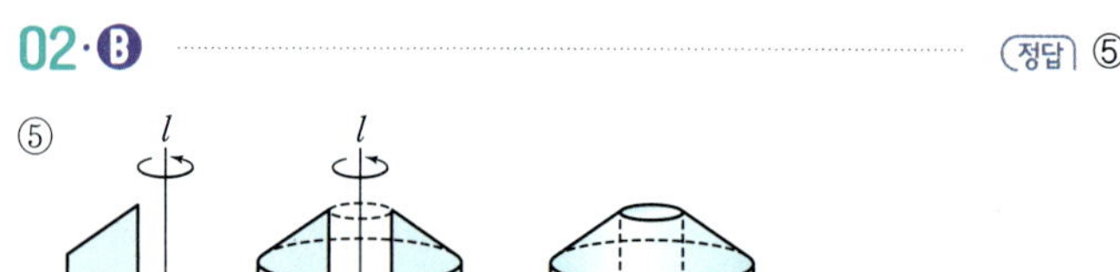

05 회전체의 성질

개념 CHECK ● 본책 166쪽

01 (1) × (2) × (3) ○

02

회전체	구	원뿔	원기둥	원뿔대
회전축에 수직인 평면	원	원	원	원
회전축을 포함하는 평면	원	이등변 삼각형	직사각형	사다리꼴

01 (1) 회전체를 회전축에 수직인 평면으로 자를 때 생기는 단면의 경계는 항상 원이지만 그 크기가 다를 수 있으므로 단면이 모두 합동은 아니다.
(2) 회전체를 회전축을 포함하는 평면으로 자를 때 생기는 단면은 직사각형, 이등변삼각형, 사다리꼴 등 다양하다.

대표 유형 ● 본책 167쪽

03·Ⓐ ③ **Ⓑ** 원뿔대　　**04·Ⓐ** ③ **Ⓑ** 48 cm²

03·Ⓐ 정답 ③

원기둥을 회전축에 수직인 평면으로 자를 때 생기는 단면은 모두 합동인 원이다.

03·Ⓑ 정답 원뿔대

회전체를 회전축에 수직인 평면으로 자른 단면이 원이고, 회전축을 포함하는 평면으로 자른 단면이 사다리꼴인 회전체는 원뿔대이다.

04·Ⓐ 정답 ③

주어진 회전체를 회전축을 포함하는 평면으로 자를 때 생기는 단면은 오른쪽 그림과 같이 윗변의 길이가 6 cm, 아랫변의 길이가 10 cm이고 높이가 8 cm인 사다리꼴이다.

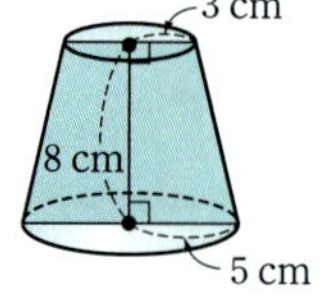

따라서 구하는 단면의 넓이는
$$\frac{1}{2} \times (6+10) \times 8 = 64(cm^2)$$

04·Ⓑ 정답 48 cm²

회전체는 오른쪽 그림과 같은 원기둥이고, 이 원기둥을 회전축을 포함하는 평면으로 자를 때 생기는 단면은 가로의 길이가 8 cm이고 세로의 길이가 6 cm인 직사각형이다.

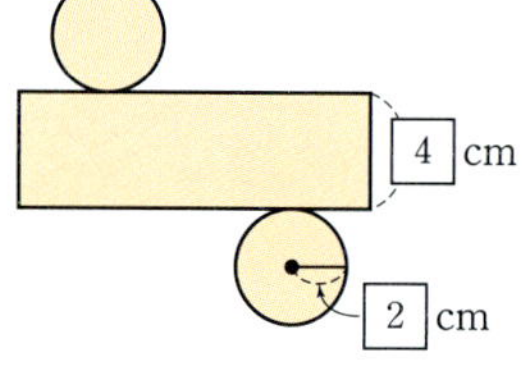

따라서 구하는 단면의 넓이는
$$8 \times 6 = 48(cm^2)$$

06 회전체의 전개도

개념 CHECK ● 본책 168쪽

01 (왼쪽부터) 2, 4π, 4, 2　　**02** (왼쪽부터) 3, 6π, 7, 3

01 주어진 원기둥의 전개도는 오른쪽 그림과 같다.
이때 옆면인 직사각형의 가로의 길이는 밑면인 원의 둘레의 길이와 같으므로

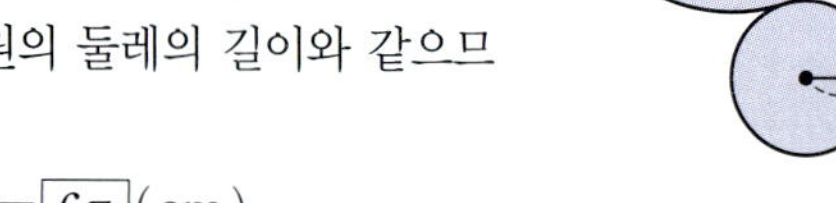

$$2\pi \times \boxed{2} = \boxed{4\pi}(cm)$$

02 주어진 원뿔의 전개도는 오른쪽 그림과 같다.
이때 옆면인 부채꼴의 호의 길이는 밑면인 원의 둘레의 길이와 같으므로

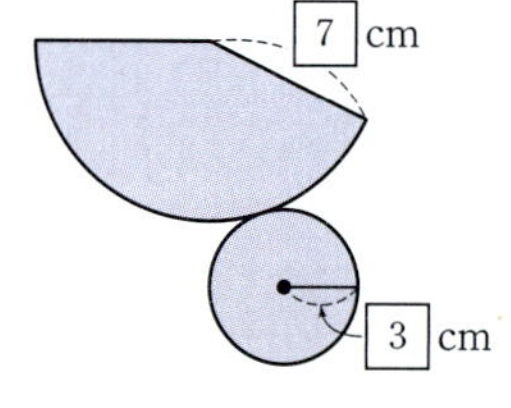

$$2\pi \times \boxed{3} = \boxed{6\pi}(cm)$$

대표 유형 ● 본책 169쪽

05·Ⓐ ③　　　　**06·Ⓐ** ③, ⑤ **Ⓑ** ㄱ, ㄷ

05·Ⓐ 정답 ③

주어진 원기둥의 전개도는 오른쪽 그림과 같다.
이때 옆면인 직사각형의 가로의 길이는 밑면인 원의 둘레의 길이와 같으므로

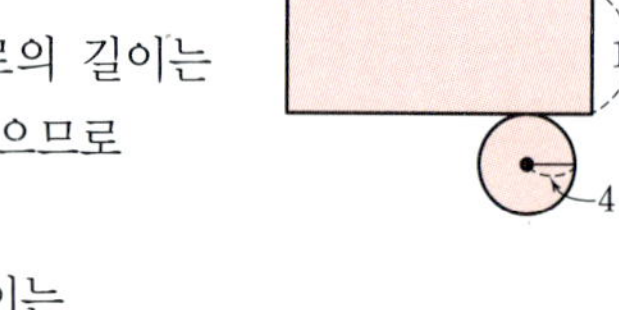

$$2\pi \times 4 = 8\pi(cm)$$
따라서 구하는 직사각형의 넓이는
$$8\pi \times 10 = 80\pi(cm^2)$$

06·Ⓐ

정답 ③, ⑤

① 구의 전개도는 그릴 수 없다.
② 구의 회전축은 무수히 많다.
④ 구를 회전축에 수직인 평면으로 자를 때 생기는 단면은 항상 원
이지만 그 크기는 다를 수 있으므로 합동은 아니다.

06·Ⓑ

정답 ㄱ, ㄷ

ㄴ. 구의 회전축은 무수히 많다.
ㄹ. 원뿔대를 회전축을 포함하는 평면으로 자를 때 생기는 단면은
사다리꼴이다.
따라서 옳은 것은 ㄱ, ㄷ이다.

배운대로 학습하기
● 본책 170~171쪽

01 ㄴ, ㅁ	**02** ②	**03** ③	**04** ①
05 ④	**06** ④	**07** ④	**08** $8\pi\ \mathrm{cm}^2$
09 ⑤	**10** ③	**11** ⑤	**12** ④, ⑤

01

정답 ㄴ, ㅁ

ㄱ, ㄷ, ㄹ, ㅂ은 다면체이다.
따라서 회전체는 ㄴ, ㅁ이다.

02

정답 ②

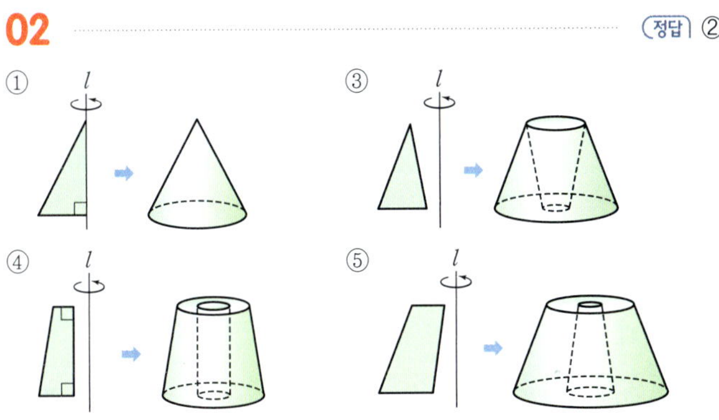

03

정답 ③

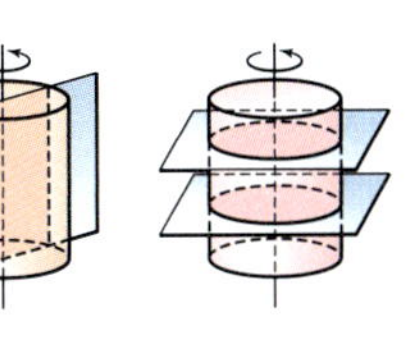

04

정답 ①

오른쪽 그림과 같이 원기둥을 회전축을
포함하는 평면으로 자를 때 생기는 단면
은 직사각형이고, 회전축에 수직인 평면
으로 자를 때 생기는 단면은 항상 원이다.

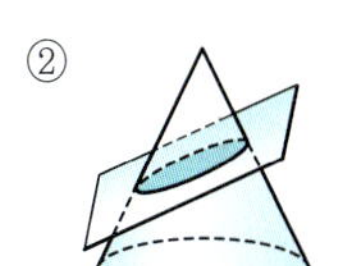

05

정답 ④

④ 구는 어떤 평면으로 어느 방향으로 잘라도 그 단면의 모양이 항
상 원이다.

06

정답 ④

① 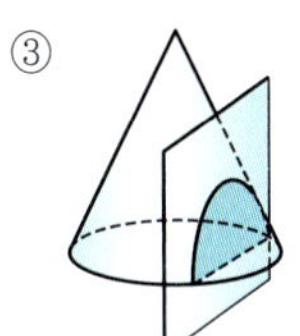 ② 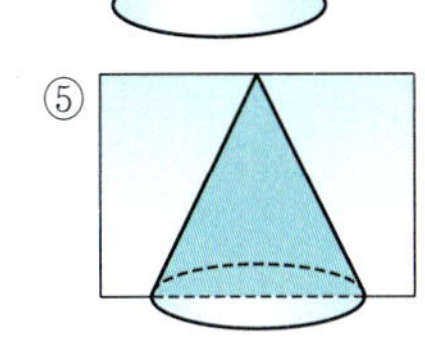
③ ⑤

따라서 단면의 모양이 될 수 없는 것은 ④이다.

07

정답 ④

회전체는 오른쪽 그림과 같은 원뿔이고, 원뿔
을 회전축을 포함하는 평면으로 자를 때 생기
는 단면은 밑변의 길이가 6 cm이고 높이가
4 cm인 이등변삼각형이다.
따라서 구하는 단면의 넓이는

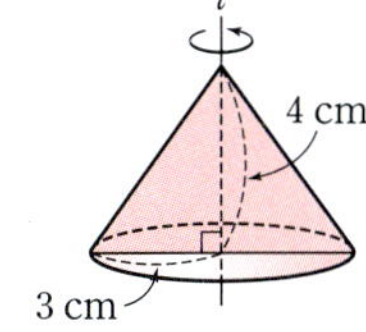

$$\frac{1}{2} \times 6 \times 4 = 12\,(\mathrm{cm}^2)$$

08

정답 $8\pi\ \mathrm{cm}^2$

회전체를 회전축에 수직인 평면으로 자를 때
생기는 단면은 오른쪽 그림과 같다.
따라서 구하는 단면의 넓이는
$$\pi \times 3^2 - \pi \times 1^2 = 9\pi - \pi = 8\pi\,(\mathrm{cm}^2)$$

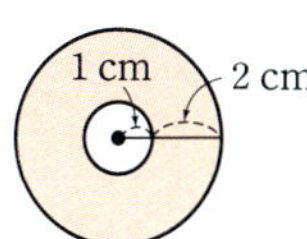

09

정답 ⑤

색칠한 밑면의 둘레의 길이는 전개도에서 큰 부채꼴의 호의 길이와
같으므로 $\overparen{BC}$이다.

10

정답 ③

원뿔의 모선의 길이를 x cm라 하면 부채꼴의 호의 길이는 밑면인
원의 둘레의 길이와 같으므로
$$2\pi \times x \times \frac{120}{360} = 2\pi \times 4 \qquad \therefore x = 12$$
따라서 원뿔의 모선의 길이는 12 cm이다.

11

정답 ⑤

① 회전체는 오른쪽 그림과 같은 원뿔대이다.
② 회전체의 모선의 길이는 10 cm이다.
③ 회전체를 회전축에 수직인 평면으로 자
를 때 생기는 단면은 항상 원이지만 그
크기는 다를 수 있으므로 합동은 아니다.

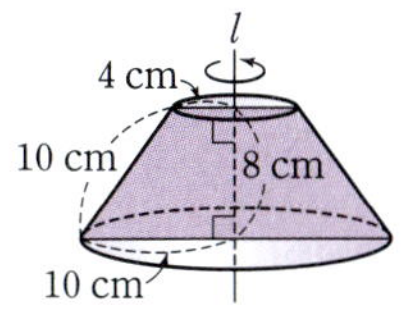

④ 회전체를 회전축을 포함하는 평면으로 자른 단면은 윗변의 길이가 8 cm, 아랫변의 길이가 20 cm이고 높이가 8 cm인 사다리꼴이므로 단면의 넓이는

$$\frac{1}{2} \times (8+20) \times 8 = 112(\text{cm}^2)$$

12
정답 ④, ⑤

④ 회전체를 회전축을 포함하는 평면으로 자를 때 생기는 단면은 직사각형, 이등변삼각형, 사다리꼴 등 다양하다.

⑤ 원기둥을 회전축에 평행한 평면으로 자를 때 생기는 단면은 모양과 크기가 다르므로 합동이 아니다.

서술형 훈련하기
● 본책 172~173쪽

01 26　　**02** 81π cm²　**03** 42　　**04** 60°
05 68 cm²　**06** $(12\pi+16)$ cm

01
정답 26

1단계 모서리의 개수가 24인 각기둥 구하기
구하는 각기둥을 n각기둥이라 하면
$3n = 24$　∴ $n=8$, 즉 팔각기둥　　　…… 30 %

2단계 a의 값 구하기
팔각기둥의 꼭짓점의 개수는 $2 \times 8 = 16$이므로 $a=16$　…… 30 %

3단계 b의 값 구하기
팔각기둥의 면의 개수는 $8+2=10$이므로 $b=10$　…… 30 %

4단계 $a+b$의 값 구하기
∴ $a+b = 16+10 = 26$　　　…… 10 %

02
정답 81π cm²

1단계 밑면인 원의 반지름의 길이 구하기
밑면인 원의 반지름의 길이를 r cm라 하면
(부채꼴의 호의 길이)=(밑면인 원의 둘레의 길이)이므로
$2\pi \times 24 \times \dfrac{135}{360} = 2\pi r$, $18\pi = 2\pi r$　∴ $r=9$
즉, 밑면인 원의 반지름의 길이는 9 cm이다.　…… 60 %

2단계 밑면인 원의 넓이 구하기
따라서 전개도로 만든 원뿔의 밑면인 원의 넓이는
$\pi \times 9^2 = 81\pi(\text{cm}^2)$　　　…… 40 %

03
정답 42

1단계 조건을 모두 만족시키는 다면체 구하기
(가), (나)에서 구하는 다면체는 정다면체이다.
정다면체 중에서 면의 모양이 정삼각형이고 각 꼭짓점에 모인 면의 개수가 모두 5인 것은 정이십면체이다.　…… 30 %

2단계 다면체의 모서리의 개수 구하기
정이십면체의 모서리의 개수는 30이다.　…… 30 %

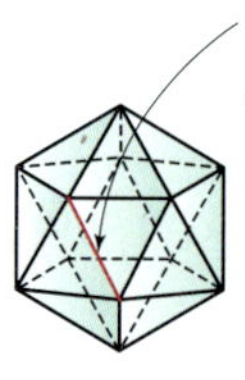

3단계 다면체의 꼭짓점의 개수 구하기
정이십면체의 꼭짓점의 개수는 12이다.　…… 30 %

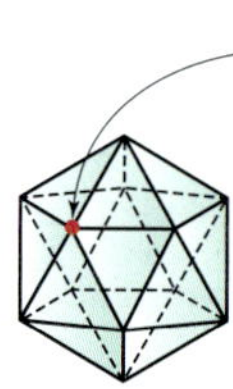

4단계 다면체의 모서리의 개수와 꼭짓점의 개수의 합 구하기
∴ $30+12 = 42$　　　…… 10 %

04
정답 60°

1단계 세 점 A, B, C를 지나는 평면으로 자를 때 생기는 단면 구하기
주어진 전개도로 만든 정육면체는 오른쪽 그림과 같다.
정육면체를 이루는 면은 모두 합동인 정사각형이고, $\overline{AB}$, $\overline{BC}$, $\overline{CA}$는 각각 합동인 정사각형의 대각선이므로 그 길이가 같다.
즉, $\triangle ABC$는 세 변의 길이가 같으므로 정삼각형이다.　…… 60 %

2단계 $\angle ABC$의 크기 구하기
정삼각형의 한 내각의 크기는 60°이므로 $\angle ABC = 60°$　…… 40 %

05
정답 68 cm²

1단계 회전체를 회전축을 포함하는 평면으로 잘랐을 때의 단면 구하기
회전체를 회전축을 포함하는 평면으로 자르면 다음 그림과 같이 합동인 사다리꼴 2개가 나온다.

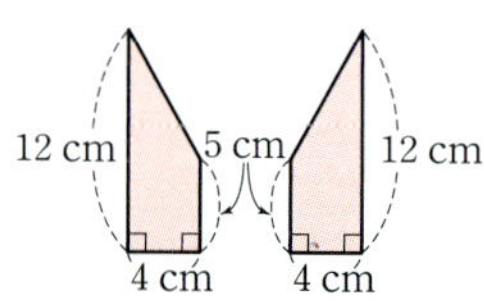

…… 50 %

2단계 단면의 넓이 구하기
(사다리꼴의 넓이)$=\dfrac{1}{2} \times (5+12) \times 4 = 34(\text{cm}^2)$
따라서 구하는 단면의 넓이는 사다리꼴 2개의 넓이이므로
$34 \times 2 = 68(\text{cm}^2)$　　　…… 50 %

06
정답 $(12\pi+16)$ cm

1단계 원뿔의 전개도 그리기
원뿔의 전개도를 그리면 오른쪽 그림과 같다.
전개도에서 부채꼴의 호의 길이는 원의 둘레의 길이와 같으므로 전개도의 둘레의 길이는 원의 둘레의 길이의 2배에 부채꼴의 반지름의 길이를 2번 더한 것과 같다.　…… 60 %

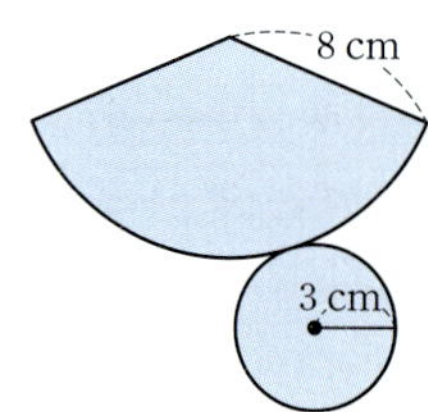

(원뿔의 전개도의 둘레의 길이)
$=2\pi\times3\times2+8+8$
$=12\pi+16\,(\text{cm})$ …… 40 %

중단원 마무리하기   ● 본책 174~176쪽

01 ④	**02** 38	**03** ①, ⑤	**04** ③
05 4	**06** ③	**07** ④	**08** ②, ⑤
09 58π cm²	**10** 10 cm	**11** ③	**12** ③
13 25	**14** 2	**15** ④	**16** ⑤
17 (1) 102 cm² (2) 16π cm²		**18** 64π cm²	

01   정답 ④

각 다면체의 면의 개수를 구하면 다음과 같다.
① $6+2=8$ ② $6+2=8$ ③ $7+1=8$
④ $7+2=9$ ⑤ 8
따라서 면의 개수가 나머지 넷과 다른 하나는 ④이다.

02   정답 38

구하는 각기둥을 n각기둥이라 하면 모서리의 개수는 $3n$이므로
$3n=36$ ∴ $n=12$, 즉 십이각기둥
십이각기둥의 꼭짓점의 개수는 $2\times12=24$이므로 $a=24$
십이각기둥의 면의 개수는 $12+2=14$이므로 $b=14$
∴ $a+b=24+14=38$

03   정답 ①, ⑤

② 각뿔대의 옆면의 모양은 모두 사다리꼴이다.
③ 각뿔대의 두 밑면은 서로 평행하고 모양이 같은 다각형이지만 합동은 아니다.
④ n각뿔대의 모서리의 개수는 $3n$이고, 밑면은 n각형이므로 밑면의 꼭짓점의 개수는 n이다.
　즉, 각뿔대의 모서리의 개수는 한 밑면인 다각형의 꼭짓점의 개수의 3배이다.
⑤ 오각기둥의 꼭짓점의 개수는 $2\times5=10$, 구각뿔의 꼭짓점의 개수는 $9+1=10$이므로 같다.
따라서 옳은 것은 ①, ⑤이다.

04   정답 ③

한 꼭짓점에 모인 면의 개수가 4인 정다면체는 정팔면체이므로
$v=6,\ e=12,\ f=8$
∴ $v-e+f=6-12+8=2$

보충 설명

다면체에서 꼭짓점의 개수를 v, 모서리의 개수를 e, 면의 개수를 f라 하면 $v-e+f=2$가 성립한다.

05   정답 4

각 면의 모양이 합동인 정삼각형인 정다면체는 정사면체, 정팔면체, 정이십면체이다.
이때 모서리의 개수가 6인 정다면체는 정사면체이다.
따라서 정사면체의 꼭짓점의 개수는 4이다.

06   정답 ③

③ 꼭짓점의 개수는 12이다.

07   정답 ④

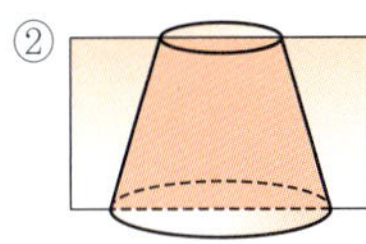
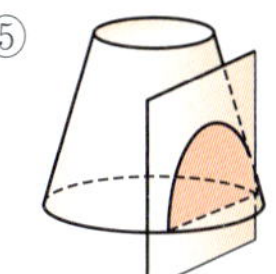

08   정답 ②, ⑤

사다리꼴을 직선 l을 회전축으로 하여 1회전 시킬 때 생기는 회전체는 원뿔대이다.

따라서 단면의 모양이 될 수 있는 것은 ②, ⑤이다.

09   정답 58π cm²

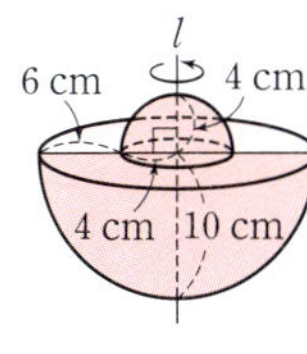

회전체는 오른쪽 그림과 같으므로 회전체를 회전축을 포함하는 평면으로 자를 때 생기는 단면의 넓이는
$\pi\times4^2\times\dfrac{1}{2}+\pi\times10^2\times\dfrac{1}{2}=8\pi+50\pi$
$\qquad\qquad\qquad\qquad\qquad =58\pi\,(\text{cm}^2)$

10   정답 10 cm

밑면인 원의 반지름의 길이를 r cm라 하면 부채꼴의 호의 길이는 밑면인 원의 둘레의 길이와 같으므로
$2\pi\times24\times\dfrac{150}{360}=2\pi r$ ∴ $r=10$
따라서 밑면인 원의 반지름의 길이는 10 cm이다.

11   정답 ③

점 A는 옆면과 밑면이 만나는 부분에 있고, 끈의 길이가 가장 짧아야 하므로 경로는 전개도에서 점 A와 점 A′을 잇는 선분인 ③이다.

12

(정답) ③

③ 원뿔과 원기둥에서 밑면은 평면이다.

13

(정답) 25

㈎, ㈏에 의하여 구하는 다면체는 각뿔대이다.
구하는 각뿔대를 n각뿔대라 하면 면의 개수는 $n+2$이고
㈐에 의하여 $n+2=7$ $\therefore n=5$
따라서 조건을 모두 만족시키는 다면체는 오각뿔대이다.
오각뿔대의 꼭짓점의 개수는 $2 \times 5 = 10$이므로 $a = 10$
오각뿔대의 모서리의 개수는 $3 \times 5 = 15$이므로 $b = 15$
$\therefore a+b = 10+15 = 25$

14

(정답) 2

정육면체의 꼭짓점의 개수만큼 정삼각형이 생기고 면의 개수만큼
정팔각형이 생기므로 면의 개수는
$6+8=14$ $\therefore a=14$
한 꼭짓점에 3개의 면이 모이므로 꼭짓점의 개수는
$$\frac{3 \times 8 + 8 \times 6}{3} = 24 \qquad \therefore b = 24$$
한 모서리에 2개의 면이 모이므로 모서리의 개수는
$$\frac{3 \times 8 + 8 \times 6}{2} = 36 \qquad \therefore c = 36$$
$\therefore a+b-c = 14+24-36 = 2$

> **BIBLE SAYS** **정다면체의 모서리의 개수와 꼭짓점의 개수 구하기**
>
> (1) (모서리의 개수)=(한 면의 변의 개수)×(정다면체의 면의 개수)÷2
> (2) (꼭짓점의 개수)=(한 면의 꼭짓점의 개수)×(정다면체의 면의 개수)
> ÷(한 꼭짓점에 모인 면의 개수)

15

(정답) ④

주어진 전개도로 만들어지는 정다면체는
오른쪽 그림과 같은 정팔면체이다.
따라서 모서리 BC와 겹치는 모서리는 모
서리 HG, 평행한 모서리는 모서리 ID
이다.

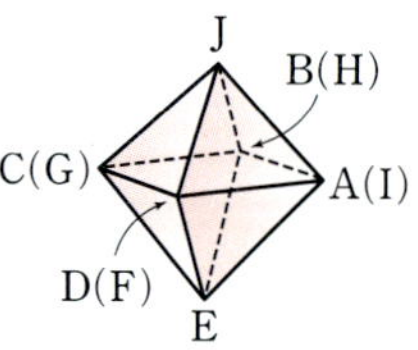

16

(정답) ⑤

정사면체, 정육면체, 정팔면체, 정십이면체, 정이십면체의 한 꼭짓
점에 모인 면의 개수는 각각 3, 3, 4, 3, 5이므로 주어진 조건을 만
족시키는 단면의 모양은 다음 그림과 같다.

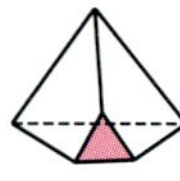  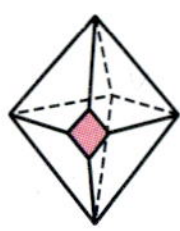 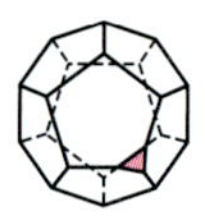 

① 정사면체 - 정삼각형 ② 정육면체 - 정삼각형
③ 정팔면체 - 정사각형 ④ 정십이면체 - 정삼각형
⑤ 정이십면체 - 정오각형
따라서 바르게 짝 지어진 것은 ⑤이다.

17

(정답) (1) 102 cm² (2) 16π cm²

(1) 회전체는 오른쪽 그림과 같으므로 회전체
를 회전축을 포함하는 평면으로 자를 때
생기는 단면의 넓이는
$$\frac{1}{2} \times (14+8) \times 6 + \frac{1}{2} \times (8+10) \times 4$$
$$=66+36$$
$$=102\,(\text{cm}^2)$$

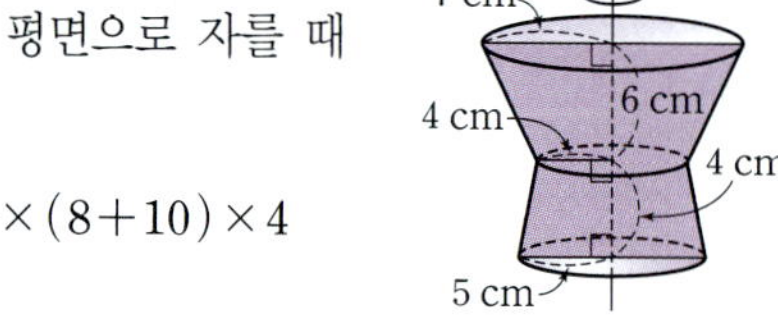

(2) 회전체를 회전축에 수직인 평면으로 자를 때 생기는 단면은 원이
고 가장 작은 단면은 원의 반지름의 길이가 4 cm일 때이므로 구
하는 넓이는
$$\pi \times 4^2 = 16\pi\,(\text{cm}^2)$$

18

(정답) 64π cm²

밑면인 원의 반지름의 길이를 r cm라 하면 직사각형의 가로의 길이
는 밑면인 원의 둘레의 길이와 같으므로
$2\pi r = 16\pi$ $\therefore r = 8$
즉, 밑면의 반지름의 길이는 8 cm이다.
따라서 원기둥의 한 밑면의 넓이는
$$\pi \times 8^2 = 64\pi\,(\text{cm}^2)$$

▌07 입체도형의 겉넓이와 부피

01 기둥의 겉넓이

● 본책 178쪽

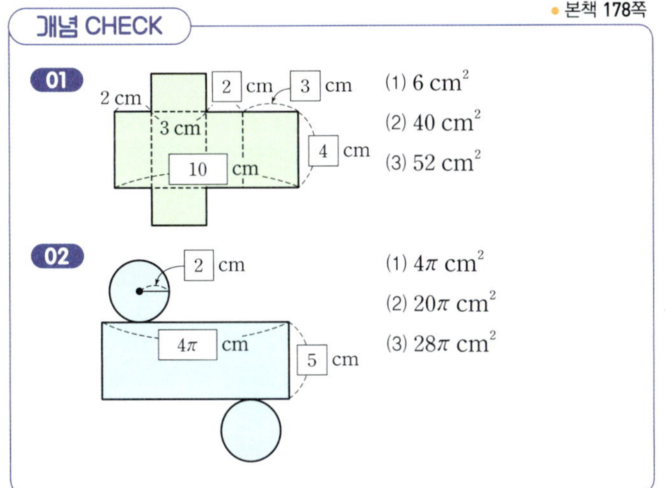

01
(1) 6 cm^2
(2) 40 cm^2
(3) 52 cm^2

02
(1) 4π cm^2
(2) 20π cm^2
(3) 28π cm^2

01
(1) $3 \times 2 = 6 (\text{cm}^2)$
(2) $10 \times 4 = 40 (\text{cm}^2)$
(3) (겉넓이)=(밑넓이)$\times 2$+(옆넓이)
$\qquad = 6 \times 2 + 40 = 52 (\text{cm}^2)$

02
(1) $\pi \times 2^2 = 4\pi (\text{cm}^2)$
(2) $4\pi \times 5 = 20\pi (\text{cm}^2)$
(3) (겉넓이)=(밑넓이)$\times 2$+(옆넓이)
$\qquad = 4\pi \times 2 + 20\pi = 28\pi (\text{cm}^2)$

● 본책 179쪽

01·Ⓐ 144 cm^2 **Ⓑ** 660 cm^2
02·Ⓐ 6 cm **Ⓑ** $(39\pi + 60)$ cm^2

01·Ⓐ ──────────── 정답 144 cm^2

(밑넓이)$= \dfrac{1}{2} \times (4+7) \times 4 = 22 (\text{cm}^2)$

(옆넓이)$= (4+4+7+5) \times 5 = 100 (\text{cm}^2)$

∴ (겉넓이)=(밑넓이)$\times 2$+(옆넓이)
$\qquad = 22 \times 2 + 100 = 144 (\text{cm}^2)$

01·Ⓑ ──────────── 정답 660 cm^2

(밑넓이)$= \dfrac{1}{2} \times 12 \times 5 = 30 (\text{cm}^2)$

(옆넓이)$= (5+12+13) \times 20 = 600 (\text{cm}^2)$

∴ (겉넓이)=(밑넓이)$\times 2$+(옆넓이)
$\qquad = 30 \times 2 + 600 = 660 (\text{cm}^2)$

02·Ⓐ ──────────── 정답 6 cm

원기둥의 높이를 h cm라 하면
(겉넓이)$= (\pi \times 4^2) \times 2 + (2\pi \times 4) \times h$
$\qquad = 32\pi + 8\pi h (\text{cm}^2)$
즉, $32\pi + 8\pi h = 80\pi$이므로
$8\pi h = 48\pi$　∴ $h = 6$
따라서 원기둥의 높이는 6 cm이다.

02·Ⓑ ──────────── 정답 $(39\pi + 60)$ cm^2

(밑넓이)$= \pi \times 3^2 \times \dfrac{1}{2} = \dfrac{9}{2}\pi (\text{cm}^2)$

(옆넓이)$= \left(2\pi \times 3 \times \dfrac{1}{2} + 6\right) \times 10 = 30\pi + 60 (\text{cm}^2)$

∴ (겉넓이)=(밑넓이)$\times 2$+(옆넓이)
$\qquad = \dfrac{9}{2}\pi \times 2 + 30\pi + 60$
$\qquad = 39\pi + 60 (\text{cm}^2)$

02 기둥의 부피

● 본책 180쪽

01 (1) 3 cm^2 (2) 4 cm (3) 12 cm^3
02 (1) 4π cm^2 (2) 5 cm (3) 20π cm^3

01 (1) (밑넓이)$= \dfrac{1}{2} \times 3 \times 2 = 3 (\text{cm}^2)$
(3) (부피)=(밑넓이)$\times$(높이)$= 3 \times 4 = 12 (\text{cm}^3)$

02 (1) (밑넓이)$= \pi \times 2^2 = 4\pi (\text{cm}^2)$
(3) (부피)=(밑넓이)$\times$(높이)$= 4\pi \times 5 = 20\pi (\text{cm}^3)$

● 본책 181~183쪽

03·Ⓐ ② **Ⓑ** ③ 　　　**04·Ⓐ** 8 cm **Ⓑ** 128π cm^3
05·Ⓐ ① **Ⓑ** $(66\pi + 56)$ cm^2
06·Ⓐ 168π cm^3 **Ⓑ** 84
07·Ⓐ 434 cm^2 **Ⓑ** 겉넓이 : 780 cm^2, 부피 : 1224 cm^3
08·Ⓐ 겉넓이 : 252π cm^2, 부피 : 405π cm^3
　　Ⓑ 겉넓이 : 138π cm^2, 부피 : 171π cm^3

03·Ⓐ ──────────── 정답 ②

(밑넓이)$= \dfrac{1}{2} \times 6 \times 3 + \dfrac{1}{2} \times 6 \times 4 = 9 + 12 = 21 (\text{cm}^2)$

(높이)$= 7$ cm

∴ (부피)=(밑넓이)$\times$(높이)
$\qquad = 21 \times 7 = 147 (\text{cm}^3)$

03·B

(정답) ③

오각기둥의 높이를 h cm라 하면
$32 \times h = 192$ $\therefore h = 6$
따라서 오각기둥의 높이는 6 cm이다.

04·A

(정답) 8 cm

원기둥의 높이를 h cm라 하면
$(\pi \times 5^2) \times h = 200\pi$에서 $25\pi h = 200\pi$ $\therefore h = 8$
따라서 원기둥의 높이는 8 cm이다.

04·B

(정답) 128π cm³

원기둥의 밑면의 반지름의 길이를 r cm라 하면
$2\pi r = 8\pi$ $\therefore r = 4$
$\therefore$ (부피)$= (\pi \times 4^2) \times 8 = 128\pi(\mathrm{cm}^3)$

05·A

(정답) ①

(밑넓이)$= \pi \times 3^2 \times \dfrac{120}{360} = 3\pi(\mathrm{cm}^2)$

$\therefore$ (부피)$= 3\pi \times 5 = 15\pi(\mathrm{cm}^3)$

(참고) 이 입체도형의 겉넓이 구하기

(옆넓이)$= \left(2\pi \times 3 \times \dfrac{120}{360} + 3 \times 2\right) \times 5$
$= (2\pi + 6) \times 5 = 10\pi + 30(\mathrm{cm}^2)$
$\therefore$ (겉넓이)$= 3\pi \times 2 + 10\pi + 30 = 16\pi + 30(\mathrm{cm}^2)$

05·B

(정답) $(66\pi + 56)$ cm²

(밑넓이)$= \pi \times 4^2 \times \dfrac{270}{360} = 12\pi(\mathrm{cm}^2)$

(옆넓이)$= \left(2\pi \times 4 \times \dfrac{270}{360} + 4 \times 2\right) \times 7 = 42\pi + 56(\mathrm{cm}^2)$

$\therefore$ (겉넓이)$= 12\pi \times 2 + 42\pi + 56$
$= 66\pi + 56(\mathrm{cm}^2)$

(참고) 이 입체도형의 부피 구하기

(부피)$= 12\pi \times 7 = 84\pi(\mathrm{cm}^3)$

06·A

(정답) 168π cm³

(부피)$=$ (큰 원기둥의 부피)$-$(작은 원기둥의 부피)
$= (\pi \times 5^2) \times 8 - (\pi \times 2^2) \times 8$
$= 200\pi - 32\pi = 168\pi(\mathrm{cm}^3)$

(참고) 이 입체도형의 겉넓이 구하기

(밑넓이)$= \pi \times 5^2 - \pi \times 2^2 = 21\pi(\mathrm{cm}^2)$
(옆넓이)$= (2\pi \times 5) \times 8 + (2\pi \times 2) \times 8 = 112\pi(\mathrm{cm}^2)$
$\therefore$ (겉넓이)$= 21\pi \times 2 + 112\pi = 154\pi(\mathrm{cm}^2)$

06·B

(정답) 84

(밑넓이)$= 6 \times 5 - 2 \times 2 = 26(\mathrm{cm}^2)$
(옆넓이)$= (6 + 5 + 6 + 5) \times 8 + 2 \times 4 \times 8$
$= 176 + 64 = 240(\mathrm{cm}^2)$

$\therefore$ (겉넓이)$= 26 \times 2 + 240 = 292(\mathrm{cm}^2)$
(부피)$=$ (큰 사각기둥의 부피)$-$(작은 사각기둥의 부피)
$= (6 \times 5) \times 8 - (2 \times 2) \times 8$
$= 240 - 32 = 208(\mathrm{cm}^3)$
따라서 $a = 292$, $b = 208$이므로
$a - b = 292 - 208 = 84$

07·A

(정답) 434 cm²

잘린 부분의 면을 이동하여 생각하면 주어진 입체도형의 겉넓이는 가로의 길이가 12 cm, 세로의 길이가 7 cm, 높이가 7 cm인 직육면체의 겉넓이와 같으므로
$(12 \times 7) \times 2 + (12 + 7 + 12 + 7) \times 7 = 168 + 266$
$= 434(\mathrm{cm}^2)$

(참고) 이 입체도형의 부피 구하기

(부피)$= (12 \times 7) \times 7 - (6 \times 3) \times 3$
$= 588 - 54 = 534(\mathrm{cm}^3)$

07·B

(정답) 겉넓이 : 780 cm², 부피 : 1224 cm³

(밑넓이)$= 14 \times 8 - 5 \times 2 = 102(\mathrm{cm}^2)$
(옆넓이)$= (14 \times 2 + 8 \times 2 + 2 \times 2) \times 12 = 576(\mathrm{cm}^2)$
$\therefore$ (겉넓이)$= 102 \times 2 + 576 = 780(\mathrm{cm}^2)$
(부피)$= 102 \times 12 = 1224(\mathrm{cm}^3)$

08·A

(정답) 겉넓이 : 252π cm² 부피 : 405π cm³

주어진 직사각형을 직선 l을 회전축으로 하여 1회전 시키면 오른쪽 그림과 같은 입체도형이 생기므로

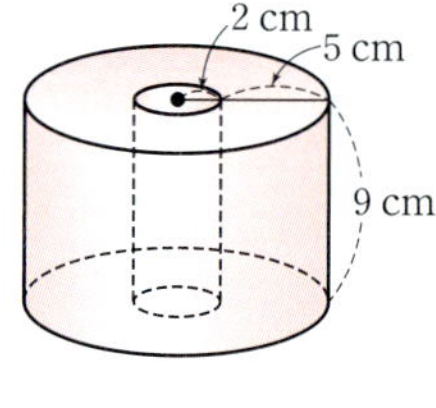

(겉넓이)$= (\pi \times 7^2 - \pi \times 2^2) \times 2$
$+ 2\pi \times 7 \times 9 + 2\pi \times 2 \times 9$
$= 90\pi + 126\pi + 36\pi$
$= 252\pi(\mathrm{cm}^2)$
(부피)$= (\pi \times 7^2) \times 9 - (\pi \times 2^2) \times 9$
$= 441\pi - 36\pi = 405\pi(\mathrm{cm}^3)$

08·B

(정답) 겉넓이 : 138π cm², 부피 : 171π cm³

주어진 평면도형을 직선 l을 회전축으로 하여 1회전 시키면 오른쪽 그림과 같은 입체도형이 생기므로
(겉넓이)$=$ (큰 원기둥의 밑넓이)$\times 2$
$+$ (큰 원기둥의 옆넓이)
$+$ (작은 원기둥의 옆넓이)
$= (\pi \times 6^2) \times 2 + (2\pi \times 6) \times 4 + (2\pi \times 3) \times 3$
$= 72\pi + 48\pi + 18\pi = 138\pi(\mathrm{cm}^2)$
(부피)$=$ (큰 원기둥의 부피)$+$(작은 원기둥의 부피)
$= (\pi \times 6^2) \times 4 + (\pi \times 3^2) \times 3 = 144\pi + 27\pi$
$= 171\pi(\mathrm{cm}^3)$

01 ··· 정답 ②

정육면체의 한 모서리의 길이를 x cm라 하면
$(x\times x)\times 6=150,\ x^2=25$
$\therefore x=5$
따라서 정육면체의 한 모서리의 길이는 5 cm이다.

02 ··· 정답 338 cm^2

(밑넓이)$=\dfrac{1}{2}\times 5\times 12+\dfrac{1}{2}\times(5+13)\times 3=30+27=57(\text{cm}^2)$

(옆넓이)$=(5+5+5+5+12)\times 7=224(\text{cm}^2)$

$\therefore$ (겉넓이)$=57\times 2+224=338(\text{cm}^2)$

03 ··· 정답 192π cm^2

(밑넓이)$=\pi\times 6^2=36\pi(\text{cm}^2)$
(옆넓이)$=(2\pi\times 6)\times 10=120\pi(\text{cm}^2)$
$\therefore$ (겉넓이)$=36\pi\times 2+120\pi=192\pi(\text{cm}^2)$

04 ··· 정답 $(126\pi+180)$ cm^2

밑면인 반원의 반지름의 길이는 $\dfrac{1}{2}\times 12=6(\text{cm})$

(밑넓이)$=\pi\times 6^2\times\dfrac{1}{2}=18\pi(\text{cm}^2)$

(옆넓이)$=\left(2\pi\times 6\times\dfrac{1}{2}+12\right)\times 15=90\pi+180(\text{cm}^2)$

$\therefore$ (겉넓이)$=18\pi\times 2+90\pi+180=126\pi+180(\text{cm}^2)$

05 ··· 정답 ④

삼각기둥의 높이를 h cm라 하면
$\left(\dfrac{1}{2}\times 8\times 6\right)\times h=216$

$24h=216$ $\therefore h=9$
따라서 삼각기둥의 높이는 9 cm이다.

06 ··· 정답 503

(겉넓이)$=$(큰 원기둥의 밑넓이)$\times 2$
$+$(큰 원기둥의 옆넓이)$+$(작은 원기둥의 옆넓이)
$=(\pi\times 7^2)\times 2+(2\pi\times 7)\times 5+(2\pi\times 3)\times 6$
$=98\pi+70\pi+36\pi=204\pi(\text{cm}^2)$

(부피)$=$(큰 원기둥의 부피)$+$(작은 원기둥의 부피)
$=(\pi\times 7^2)\times 5+(\pi\times 3^2)\times 6$
$=245\pi+54\pi=299\pi(\text{cm}^3)$
따라서 $a=204$, $b=299$이므로
$a+b=204+299=503$

07 ··· 정답 ③

$\left(\pi\times 9^2\times\dfrac{240}{360}\right)\times h=378\pi$이므로
$54\pi h=378\pi$ $\therefore h=7$

08 ··· 정답 겉넓이 : 396π cm^2, 부피 : 495π cm^3

(밑넓이)$=$(큰 원의 넓이)$-$(작은 원의 넓이)
$=\pi\times 7^2-\pi\times 4^2=33\pi(\text{cm}^2)$
(옆넓이)$=$(큰 원기둥의 옆넓이)$+$(작은 원기둥의 옆넓이)
$=(2\pi\times 7)\times 15+(2\pi\times 4)\times 15$
$=210\pi+120\pi=330\pi(\text{cm}^2)$
$\therefore$ (겉넓이)$=33\pi\times 2+330\pi=396\pi(\text{cm}^2)$
(부피)$=$(큰 원기둥의 부피)$-$(작은 원기둥의 부피)
$=(\pi\times 7^2)\times 15-(\pi\times 4^2)\times 15$
$=735\pi-240\pi=495\pi(\text{cm}^3)$

다른 풀이

(부피)$=33\pi\times 15=495\pi(\text{cm}^3)$

09 ··· 정답 ④

(밑넓이)$=8\times 8-\pi\times 3^2=64-9\pi(\text{cm}^2)$
(옆넓이)$=(8\times 4)\times 8+(2\pi\times 3)\times 8=256+48\pi(\text{cm}^2)$
$\therefore$ (겉넓이)$=(64-9\pi)\times 2+256+48\pi$
$=384+30\pi(\text{cm}^2)$

10 ··· 정답 485

잘린 부분의 면을 이동하여 생각하면 주어진 입체도형의 겉넓이는
한 모서리의 길이가 11 cm인 정육면체의 겉넓이와 같으므로
(겉넓이)$=(11\times 11)\times 6=726(\text{cm}^2)$
(부피)$=$(큰 정육면체의 부피)$-$(작은 직육면체의 부피)
$=11\times 11\times 11-4\times 5\times 6$
$=1331-120=1211(\text{cm}^3)$
따라서 $a=726$, $b=1211$이므로
$b-a=1211-726=485$

11 ··· 정답 210π cm^3

$\left(\pi\times 10^2\times\dfrac{100}{360}\right)\times 9-\left(\pi\times 4^2\times\dfrac{100}{360}\right)\times 9=250\pi-40\pi$
$=210\pi(\text{cm}^3)$

12

(정답) ③

주어진 직사각형을 직선 l을 회전축으로 하여 1회전 시킬 때 생기는 회전체는 오른쪽 그림과 같으므로

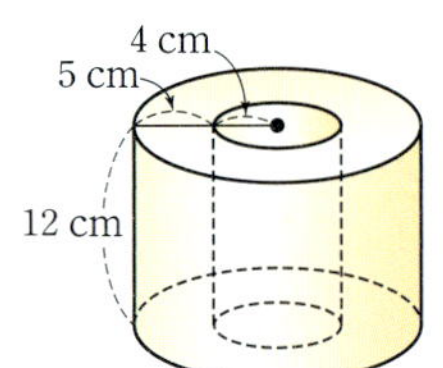

$(겉넓이)$
$= (\pi \times 9^2 - \pi \times 4^2) \times 2$
$\qquad + (2\pi \times 9) \times 12 + (2\pi \times 4) \times 12$
$= 130\pi + 216\pi + 96\pi$
$= 442\pi \, (cm^2)$
$(부피) = (\pi \times 9^2) \times 12 - (\pi \times 4^2) \times 12$
$\qquad = 972\pi - 192\pi$
$\qquad = 780\pi \, (cm^3)$

03 뿔의 겉넓이

● 본책 186쪽

개념 CHECK

01

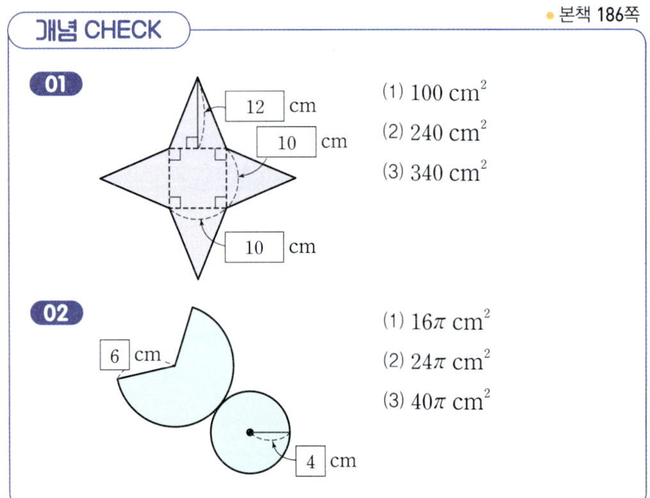

(1) $100 \, cm^2$
(2) $240 \, cm^2$
(3) $340 \, cm^2$

02

(1) $16\pi \, cm^2$
(2) $24\pi \, cm^2$
(3) $40\pi \, cm^2$

01 (1) $10 \times 10 = 100 \, (cm^2)$

(2) $\left(\dfrac{1}{2} \times 10 \times 12 \right) \times 4 = 240 \, (cm^2)$

(3) $(겉넓이) = (밑넓이) + (옆넓이)$
$\qquad = 100 + 240 = 340 \, (cm^2)$

02 (1) $\pi \times 4^2 = 16\pi \, (cm^2)$

(2) $\pi \times 4 \times 6 = 24\pi \, (cm^2)$

(3) $(겉넓이) = (밑넓이) + (옆넓이)$
$\qquad = 16\pi + 24\pi = 40\pi \, (cm^2)$

대표 유형

● 본책 187~188쪽

01 · Ⓐ $189 \, cm^2$ Ⓑ 6 **02** · Ⓐ $75\pi \, cm^2$ Ⓑ $133\pi \, cm^2$
03 · Ⓐ (1) 9 (2) $189\pi \, cm^2$ Ⓑ $360\pi \, cm^2$
04 · Ⓐ $200\pi \, cm^2$ Ⓑ $330 \, cm^2$

01 · Ⓐ

(정답) $189 \, cm^2$

$(밑넓이) = 7 \times 7 = 49 \, (cm^2)$

$(옆넓이) = \left(\dfrac{1}{2} \times 7 \times 10 \right) \times 4 = 140 \, (cm^2)$

$\therefore (겉넓이) = (밑넓이) + (옆넓이)$
$\qquad\qquad = 49 + 140 = 189 \, (cm^2)$

01 · Ⓑ

(정답) 6

$5 \times 5 + \left(\dfrac{1}{2} \times 5 \times x \right) \times 4 = 85$이므로

$25 + 10x = 85, \ 10x = 60$

$\therefore x = 6$

02 · Ⓐ

(정답) $75\pi \, cm^2$

$(밑넓이) = \pi \times 5^2 = 25\pi \, (cm^2)$

$(옆넓이) = \pi \times 5 \times 10 = 50\pi \, (cm^2)$

$\therefore (겉넓이) = (밑넓이) + (옆넓이)$
$\qquad\qquad = 25\pi + 50\pi = 75\pi \, (cm^2)$

BIBLE SAYS 원뿔의 전개도에서 부채꼴의 중심각의 크기와 겉넓이

밑면인 원의 반지름의 길이가 r, 모선의 길이가 l, 옆면인 부채꼴의 중심각의 크기가 $x°$인 원뿔의 전개도에서

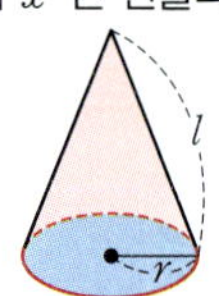
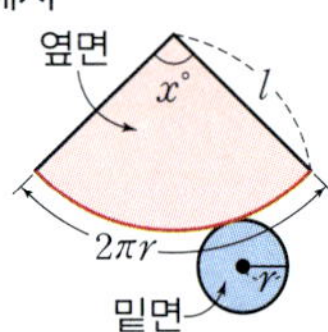

$(밑면인 원의 둘레의 길이) = (옆면인 부채꼴의 호의 길이)$이므로

$2\pi r = 2\pi l \times \dfrac{x}{360}$에서 $\dfrac{x}{360} = \dfrac{r}{l}$ $\left($ 또는 $x = \dfrac{r}{l} \times 360 \right)$

이때 원뿔에서 $(옆넓이) = \pi l^2 \times \dfrac{x}{360}$이므로

중심각의 크기가 주어지지 않은 경우 $\dfrac{x}{360} = \dfrac{r}{l}$을 대입하면

$(옆넓이) = \pi l^2 \times \dfrac{x}{360} = \pi l^2 \times \dfrac{r}{l} = \pi r l$

$\therefore (겉넓이) = (밑넓이) + (옆넓이) = \pi r^2 + \pi r l$

02 · Ⓑ

(정답) $133\pi \, cm^2$

밑면의 반지름의 길이를 $r \, cm$라 하면
$\pi \times r \times 12 = 84\pi$ $\therefore r = 7$
따라서 원뿔의 겉넓이는
$\pi \times 7^2 + 84\pi = 49\pi + 84\pi = 133\pi \, (cm^2)$

03 · Ⓐ

(정답) (1) 9 (2) $189\pi \, cm^2$

(1) 원뿔의 전개도에서 부채꼴의 호의 길이는 밑면인 원의 둘레의 길이와 같으므로

$2\pi \times 12 \times \dfrac{270}{360} = 2\pi r$ $\therefore r = 9$

(2) $(밑넓이)=\pi\times9^2=81\pi\,(cm^2)$

$\quad(옆넓이)=\pi\times9\times12=108\pi\,(cm^2)$

$\quad\therefore\ (겉넓이)=(밑넓이)+(옆넓이)$

$\qquad\qquad\qquad=81\pi+108\pi=189\pi\,(cm^2)$

03·Ⓑ

밑면인 원의 반지름의 길이를 $r\,cm$라 하면

$2\pi\times18\times\dfrac{240}{360}=2\pi r\qquad\therefore\ r=12$

$(밑넓이)=\pi\times12^2=144\pi\,(cm^2)$

$(옆넓이)=\pi\times12\times18=216\pi\,(cm^2)$

$\therefore\ (겉넓이)=(밑넓이)+(옆넓이)$

$\qquad\qquad=144\pi+216\pi=360\pi\,(cm^2)$

04·Ⓐ

$(두\ 밑넓이의\ 합)=\pi\times4^2+\pi\times8^2=16\pi+64\pi=80\pi\,(cm^2)$

$(옆넓이)=\pi\times8\times20-\pi\times4\times10=160\pi-40\pi=120\pi\,(cm^2)$

$\therefore\ (겉넓이)=80\pi+120\pi=200\pi\,(cm^2)$

04·Ⓑ

$(두\ 밑넓이의\ 합)=5\times5+9\times9=25+81=106\,(cm^2)$

$(옆넓이)=\left\{\dfrac{1}{2}\times(5+9)\times8\right\}\times4=224\,(cm^2)$

$\therefore\ (겉넓이)=106+224=330\,(cm^2)$

04 뿔의 부피

01 (1) $9\,cm^2$ (2) $4\,cm$ (3) $12\,cm^3$

02 (1) $36\pi\,cm^2$ (2) $8\,cm$ (3) $96\pi\,cm^3$

01 (1) $(밑넓이)=3\times3=9\,(cm^2)$

(3) $(부피)=\dfrac{1}{3}\times(밑넓이)\times(높이)$

$\qquad\ =\dfrac{1}{3}\times9\times4=12\,(cm^3)$

02 (1) $(밑넓이)=\pi\times6^2=36\pi\,(cm^2)$

(3) $(부피)=\dfrac{1}{3}\times(밑넓이)\times(높이)$

$\qquad\ \ =\dfrac{1}{3}\times36\pi\times8=96\pi\,(cm^3)$

05·Ⓐ 9 cm Ⓑ ①　　06·Ⓐ ① Ⓑ $125\pi\,cm^3$

07·Ⓐ $84\pi\,cm^3$ Ⓑ $390\,cm^3$　　08·Ⓐ $\dfrac{9}{2}\,cm^3$ Ⓑ $72\,cm^3$

09·Ⓐ $105\,cm^3$ Ⓑ 3　　10·Ⓐ $64\,cm^3$ Ⓑ $39\pi\,cm^2$

05·Ⓐ

삼각뿔의 높이를 $h\,cm$라 하면

$\dfrac{1}{3}\times\left(\dfrac{1}{2}\times7\times6\right)\times h=63\qquad\therefore\ h=9$

따라서 삼각뿔의 높이는 $9\,cm$이다.

05·Ⓑ

오각뿔의 높이를 $h\,cm$라 하면

$\dfrac{1}{3}\times32\times h=96\qquad\therefore\ h=9$

따라서 오각뿔의 높이는 $9\,cm$이다.

06·Ⓐ

$(밑넓이)=\pi\times5^2=25\pi\,(cm^2)$

$\therefore\ (부피)=\dfrac{1}{3}\times25\pi\times9=75\pi\,(cm^3)$

06·Ⓑ

$(부피)$

$=(위쪽에\ 있는\ 원뿔의\ 부피)+(아래쪽에\ 있는\ 원뿔의\ 부피)$

$=\dfrac{1}{3}\times(\pi\times5^2)\times8+\dfrac{1}{3}\times(\pi\times5^2)\times7$

$=\dfrac{200}{3}\pi+\dfrac{175}{3}\pi$

$=125\pi\,(cm^3)$

07·Ⓐ

$(부피)=(큰\ 원뿔의\ 부피)-(작은\ 원뿔의\ 부피)$

$\qquad\ =\dfrac{1}{3}\times(\pi\times6^2)\times8-\dfrac{1}{3}\times(\pi\times3^2)\times4$

$\qquad\ =96\pi-12\pi=84\pi\,(cm^3)$

07·Ⓑ

$(부피)=(큰\ 사각뿔의\ 부피)-(작은\ 사각뿔의\ 부피)$

$\qquad\ =\dfrac{1}{3}\times(9\times9)\times15-\dfrac{1}{3}\times(3\times3)\times5$

$\qquad\ =405-15=390\,(cm^3)$

08·Ⓐ

정답 $\dfrac{9}{2}$ cm³

$\overline{PC}=\overline{CQ}=\overline{CR}=\dfrac{1}{2}\times6=3\,(\text{cm})$이므로

(삼각뿔 $C-PQR$의 부피)$=\dfrac{1}{3}\times\left(\dfrac{1}{2}\times3\times3\right)\times3=\dfrac{9}{2}\,(\text{cm}^3)$

08·Ⓑ

정답 72 cm³

구하는 삼각뿔의 부피는 한 모서리의 길이가 6 cm인 정육면체의 부피에서 삼각뿔 $B-AFC$의 부피의 4배를 뺀 것과 같으므로
(부피)$=$(정육면체의 부피)$-$(삼각뿔 $B-AFC$의 부피)$\times4$

$\qquad=6\times6\times6-\left\{\dfrac{1}{3}\times\left(\dfrac{1}{2}\times6\times6\right)\times6\right\}\times4$

$\qquad=216-36\times4=72\,(\text{cm}^3)$

09·Ⓐ

정답 105 cm³

물이 들어 있는 부분은 삼각기둥 모양이므로

(물의 부피)$=\left(\dfrac{1}{2}\times7\times5\right)\times6=105\,(\text{cm}^3)$

09·Ⓑ

정답 3

물이 들어 있는 부분은 각각 삼각뿔과 삼각기둥 모양이다.
물의 양이 서로 같으므로

$\dfrac{1}{3}\times\left(\dfrac{1}{2}\times6\times9\right)\times4=\left(\dfrac{1}{2}\times6\times x\right)\times4$

$36=12x\qquad\therefore x=3$

10·Ⓐ

정답 64π cm³

주어진 직각삼각형을 직선 l을 회전축으로 하여 1회전 시키면 오른쪽 그림과 같은 원뿔이 생기므로

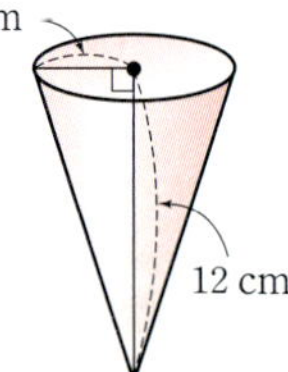

(부피)$=\dfrac{1}{3}\times(\pi\times4^2)\times12$

$\qquad=64\pi\,(\text{cm}^3)$

10·Ⓑ

정답 39π cm²

주어진 평면도형을 직선 l을 회전축으로 하여 1회전 시키면 오른쪽 그림과 같은 입체도형이 생기므로
(겉넓이)

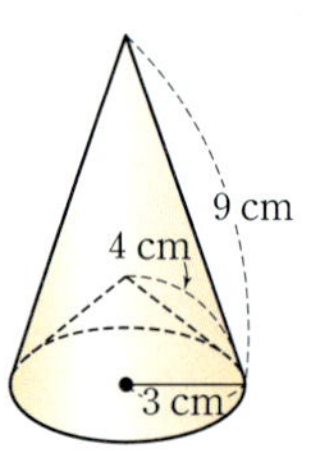

$=$(큰 원뿔의 옆넓이)$+$(작은 원뿔의 옆넓이)
$=\pi\times3\times9+\pi\times3\times4$
$=27\pi+12\pi=39\pi\,(\text{cm}^2)$

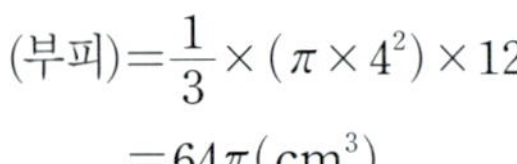

● 본책 193~194쪽

01 80 cm²	**02** ④	**03** 10 cm	**04** ④
05 4	**06** 117 cm³	**07** $\dfrac{350}{3}\pi$ cm³	**08** ④
09 $\dfrac{45}{2}$ cm³	**10** 100 cm³	**11** ②	**12** 168π cm³

01

정답 80 cm²

(밑넓이)$=4\times4=16\,(\text{cm}^2)$

(옆넓이)$=\left(\dfrac{1}{2}\times4\times8\right)\times4=64\,(\text{cm}^2)$

$\therefore$ (겉넓이)$=16+64=80\,(\text{cm}^2)$

02

정답 ④

주어진 전개도로 만들어지는 입체도형은 밑면이 한 변의 길이가 2 cm인 정사각형이고 높이가 2 cm인 사각뿔이므로

(부피)$=\dfrac{1}{3}\times(2\times2)\times2=\dfrac{8}{3}\,(\text{cm}^3)$

03

정답 10 cm

모선의 길이를 l cm라 하면 겉넓이가 144π cm²이므로
$\pi\times8^2+\pi\times8\times l=144\pi$
$8\pi l=80\pi\qquad\therefore l=10$
따라서 모선의 길이는 10 cm이다.

04

정답 ④

밑면의 반지름의 길이를 r cm라 하면

$2\pi\times15\times\dfrac{144}{360}=2\pi r\qquad\therefore r=6$

$\therefore$ (겉넓이)$=\pi\times6^2+\pi\times6\times15=36\pi+90\pi=126\pi\,(\text{cm}^2)$

05

정답 4

(옆넓이)$=\pi\times8\times12-\pi\times x\times6=72\pi$
$96\pi-6\pi x=72\pi,\ 6\pi x=24\pi$
$\therefore x=4$

06

정답 117 cm³

(부피)$=\dfrac{1}{3}\times\left(\dfrac{1}{2}\times9\times6\right)\times13=117\,(\text{cm}^3)$

07

정답 $\dfrac{350}{3}\pi$ cm³

(부피)$=\dfrac{1}{3}\times(\pi\times5^2)\times5+\dfrac{1}{3}\times(\pi\times5^2)\times9$

$\qquad=\dfrac{125}{3}\pi+\dfrac{225}{3}\pi=\dfrac{350}{3}\pi\,(\text{cm}^3)$

08

(큰 사각뿔의 부피)$=\dfrac{1}{3}\times(10\times8)\times12=320(\text{cm}^3)$

(작은 사각뿔의 부피)$=\dfrac{1}{3}\times(5\times4)\times6=40(\text{cm}^3)$

$\therefore$ (사각뿔대의 부피)$=320-40=280(\text{cm}^3)$

따라서 구하는 부피의 비는 $40:280=1:7$

09

(부피)$=$(정육면체의 부피)$-$(삼각뿔의 부피)

$=3\times3\times3-\dfrac{1}{3}\times\left(\dfrac{1}{2}\times3\times3\right)\times3$

$=27-\dfrac{9}{2}=\dfrac{45}{2}(\text{cm}^3)$

10

(부피)$=\dfrac{1}{3}\times(5\times5)\times12=100(\text{cm}^3)$

11

(그릇의 부피)$=\dfrac{1}{3}\times(\pi\times6^2)\times9=108\pi(\text{cm}^3)$

따라서 1분에 4π cm^{3}씩 물을 넣으므로 빈 그릇을 가득 채우려면

$\dfrac{108\pi}{4\pi}=27$(분) 동안 물을 넣어야 한다.

12

주어진 평면도형을 직선 l을 회전축으로 하여 1회전 시키면 오른쪽 그림과 같은 입체도형이 생기므로

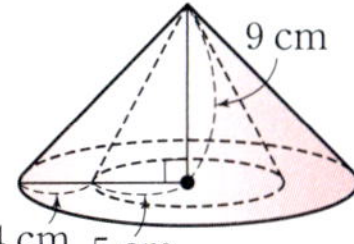

(부피)$=$(큰 원뿔의 부피)$-$(작은 원뿔의 부피)

$=\dfrac{1}{3}\times(\pi\times9^2)\times9-\dfrac{1}{3}\times(\pi\times5^2)\times9$

$=243\pi-75\pi$

$=168\pi(\text{cm}^3)$

05 구의 겉넓이와 부피

개념 CHECK

01 (1) 겉넓이 : 36π cm^2, 부피 : 36π cm^3

(2) 겉넓이 : 64π cm^2, 부피 : $\dfrac{256}{3}\pi$ cm^3

02 (1) 겉넓이 : 12π cm^2, 부피 : $\dfrac{16}{3}\pi$ cm^3

(2) 겉넓이 : 75π cm^2, 부피 : $\dfrac{250}{3}\pi$ cm^3

---

01 (1) (겉넓이)$=4\pi\times3^2=36\pi(\text{cm}^2)$

(부피)$=\dfrac{4}{3}\pi\times3^3=36\pi(\text{cm}^3)$

(2) 반지름의 길이가 $\dfrac{1}{2}\times8=4(\text{cm})$이므로

(겉넓이)$=4\pi\times4^2=64\pi(\text{cm}^2)$

(부피)$=\dfrac{4}{3}\pi\times4^3=\dfrac{256}{3}\pi(\text{cm}^3)$

02 (1) (겉넓이)$=$(구의 겉넓이)$\times\dfrac{1}{2}+$(원의 넓이)

$=(4\pi\times2^2)\times\dfrac{1}{2}+\pi\times2^2=12\pi(\text{cm}^2)$

(부피)$=$(구의 부피)$\times\dfrac{1}{2}=\left(\dfrac{4}{3}\pi\times2^3\right)\times\dfrac{1}{2}$

$=\dfrac{16}{3}\pi(\text{cm}^3)$

(2) (겉넓이)$=$(구의 겉넓이)$\times\dfrac{1}{2}+$(원의 넓이)

$=(4\pi\times5^2)\times\dfrac{1}{2}+\pi\times5^2=75\pi(\text{cm}^2)$

(부피)$=$(구의 부피)$\times\dfrac{1}{2}=\left(\dfrac{4}{3}\pi\times5^3\right)\times\dfrac{1}{2}$

$=\dfrac{250}{3}\pi(\text{cm}^3)$

대표 유형

01 · ④ ② **⑤** ④ **02 · ④** $\dfrac{500}{3}\pi$ cm^3 **⑤** ④

03 · ④ 겉넓이 : 153π cm^2, 부피 : 252π cm^3 **⑤** 5 cm

04 · ④ 484π cm^2 **⑤** 1296π cm^3

05 · ④ 63π cm^3 **⑤** 32π **06 · ④** 36π cm^3 **⑤** ⑤

---

01 · ④

구의 반지름의 길이를 r cm라 하면

$4\pi r^2=144\pi$, $r^2=36$ $\therefore r=6$

따라서 구의 반지름의 길이는 6 cm이다.

01 · ⑤

(겉넓이)$=$(원뿔의 옆넓이)$+$(구의 겉넓이)$\times\dfrac{1}{2}$

$=\pi\times6\times10+(4\pi\times6^2)\times\dfrac{1}{2}$

$=60\pi+72\pi=132\pi(\text{cm}^2)$

02 · ④

구의 반지름의 길이를 r cm라 하면

$4\pi r^2=100\pi$, $r^2=25$ $\therefore r=5$

따라서 반지름의 길이가 5 cm인 구의 부피는

$\dfrac{4}{3}\pi\times5^3=\dfrac{500}{3}\pi(\text{cm}^3)$

02·B
정답 ④

(부피)=(반구의 부피)+(원기둥의 부피)
$$=\left(\frac{4}{3}\pi\times 3^3\right)\times\frac{1}{2}+(\pi\times 3^2)\times 6$$
$$=18\pi+54\pi=72\pi\,(\text{cm}^3)$$

03·A
정답 겉넓이 : 153π cm^2, 부피 : 252π cm^3

주어진 입체도형은 구의 $\frac{1}{8}$을 잘라 내고 남은 것이므로

(겉넓이)=(구의 겉넓이)$\times\frac{7}{8}$+(부채꼴의 넓이)$\times 3$
$$=(4\pi\times 6^2)\times\frac{7}{8}+\left(\pi\times 6^2\times\frac{90}{360}\right)\times 3$$
$$=126\pi+27\pi=153\pi\,(\text{cm}^2)$$

(부피)=(구의 부피)$\times\frac{7}{8}$
$$=\left(\frac{4}{3}\pi\times 6^3\right)\times\frac{7}{8}=252\pi\,(\text{cm}^3)$$

03·B
정답 5 cm

구의 반지름의 길이를 r cm라 하면
$$\frac{4}{3}\pi r^3\times\frac{3}{4}=125\pi,\ r^3=125\qquad\therefore r=5$$
따라서 구의 반지름의 길이는 5 cm이다.

04·A
정답 484π cm^2

주어진 반원을 직선 l을 회전축으로 하여 1회전
시키면 오른쪽 그림과 같은 구가 생기므로
(겉넓이)=$4\pi\times 11^2=484\pi\,(\text{cm}^2)$

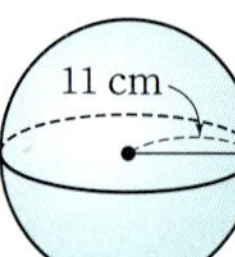

04·B
정답 1296π cm^3

주어진 평면도형을 직선 l을 회전축으로
하여 1회전 시키면 오른쪽 그림과 같은
입체도형이 생기므로

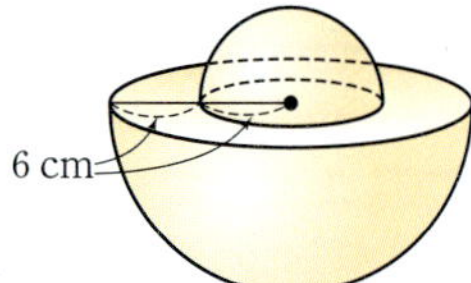

(부피)=$\left(\frac{4}{3}\pi\times 6^3\right)\times\frac{1}{2}+\left(\frac{4}{3}\pi\times 12^3\right)\times\frac{1}{2}$
$$=144\pi+1152\pi$$
$$=1296\pi\,(\text{cm}^3)$$

05·A
정답 63π cm^3

구의 반지름의 길이를 r cm라 하면
$$\frac{4}{3}\pi r^3=42\pi\qquad\therefore r^3=\frac{63}{2}$$

이때 원기둥의 밑면의 반지름의 길이는 r cm, 높이는 $2r$ cm이므로
(원기둥의 부피)=$\pi r^2\times 2r=2\pi r^3=2\pi\times\frac{63}{2}=63\pi\,(\text{cm}^3)$

다른 풀이

(구의 부피) : (원기둥의 부피)=2 : 3이므로
42π : (원기둥의 부피)=2 : 3
$\therefore$ (원기둥의 부피)=$63\pi\,(\text{cm}^3)$

05·B
정답 32π

구의 반지름의 길이를 r cm라 하면
$$\frac{4}{3}\pi r^3=16\pi\qquad\therefore r^3=12$$
이때 원기둥, 원뿔의 밑면의 반지름의 길이는 r cm, 높이는 $2r$ cm이므로
(원기둥의 부피)=$\pi r^2\times 2r=2\pi r^3=2\pi\times 12=24\pi\,(\text{cm}^3)$
(원뿔의 부피)=$\frac{1}{3}\times\pi r^2\times 2r=\frac{2}{3}\pi r^3=\frac{2}{3}\pi\times 12=8\pi\,(\text{cm}^3)$
따라서 $a=24\pi$, $b=8\pi$이므로
$a+b=24\pi+8\pi=32\pi$

다른 풀이

(구의 부피) : (원기둥의 부피)=2 : 3이므로
16π : (원기둥의 부피)=2 : 3
$\therefore$ (원기둥의 부피)=$24\pi\,(\text{cm}^3)$
(구의 부피) : (원뿔의 부피)=2 : 1이므로
16π : (원뿔의 부피)=2 : 1
$\therefore$ (원뿔의 부피)=$8\pi\,(\text{cm}^3)$
따라서 $a=24\pi$, $b=8\pi$이므로
$a+b=24\pi+8\pi=32\pi$

06·A
정답 36π cm^3

원뿔의 부피가 9π cm^{3}이므로
$$\frac{1}{3}\times\pi r^2\times r=9\pi\qquad\therefore r^3=27$$
따라서 구의 부피는
$$\frac{4}{3}\pi\times r^3=\frac{4}{3}\pi\times 27=36\pi\,(\text{cm}^3)$$

06·B
정답 ⑤

(정육면체의 부피)=$3\times 3\times 3=27\,(\text{cm}^3)$
(구의 부피)=$\frac{4}{3}\pi\times\left(\frac{3}{2}\right)^3=\frac{9}{2}\pi\,(\text{cm}^3)$
(사각뿔의 부피)=$\frac{1}{3}\times(3\times 3)\times 3=9\,(\text{cm}^3)$
따라서 정육면체, 구, 사각뿔의 부피의 비는
$27 : \frac{9}{2}\pi : 9=6 : \pi : 2$

배운대로 학습하기

• 본책 199쪽

01 ⑤ **02** 360π cm³ **03** ② **04** 108π cm³

05 ③ **06** $\dfrac{32}{3}\pi$ cm³

01

정답 ⑤

구의 반지름의 길이를 r cm라 하면 구를 회전축을 포함하는 평면으로 잘랐을 때 생기는 단면은 구의 중심을 지나는 원이므로
$\pi r^2 = 64\pi$, $r^2 = 64$ $\therefore r = 8$
따라서 반지름의 길이가 8 cm인 구의 겉넓이는
$4\pi \times 8^2 = 256\pi(\text{cm}^2)$

02

정답 360π cm³

(부피)=(원뿔의 부피)+(원기둥의 부피)+(반구의 부피)
$$= \dfrac{1}{3} \times (\pi \times 6^2) \times 6 + (\pi \times 6^2) \times 4 + \left(\dfrac{4}{3}\pi \times 6^3\right) \times \dfrac{1}{2}$$
$$= 72\pi + 144\pi + 144\pi = 360\pi(\text{cm}^3)$$

03

정답 ②

주어진 입체도형은 구의 $\dfrac{1}{4}$이므로

(겉넓이)=(구의 겉넓이)$\times \dfrac{1}{4}$+(반원의 넓이)$\times 2$
$$= (4\pi \times 5^2) \times \dfrac{1}{4} + \left(\pi \times 5^2 \times \dfrac{1}{2}\right) \times 2$$
$$= 25\pi + 25\pi = 50\pi(\text{cm}^2)$$

04

정답 108π cm³

주어진 평면도형을 직선 l을 회전축으로 하여 1회전 시키면 오른쪽 그림과 같은 입체도형이 생기므로

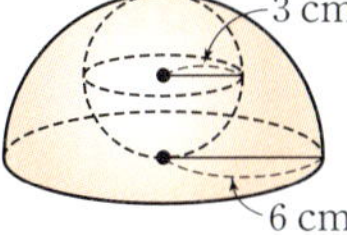

(부피)=(반구의 부피)-(작은 구의 부피)
$$= \left(\dfrac{4}{3}\pi \times 6^3\right) \times \dfrac{1}{2} - \dfrac{4}{3}\pi \times 3^3$$
$$= 144\pi - 36\pi = 108\pi(\text{cm}^3)$$

05

정답 ③

원뿔의 밑면의 반지름의 길이를 r cm라 하면 높이는 $2r$ cm이므로
$\dfrac{1}{3} \times \pi r^2 \times 2r = 12\pi$ $\therefore r^3 = 18$
이때 구의 반지름의 길이는 r cm이므로
(구의 부피)$= \dfrac{4}{3}\pi r^3 = \dfrac{4}{3}\pi \times 18 = 24\pi(\text{cm}^3)$

다른 풀이

(원뿔의 부피):(구의 부피)$= 1 : 2$이므로
$12\pi :$ (구의 부피)$= 1 : 2$
$\therefore$ (구의 부피)$= 24\pi(\text{cm}^3)$

06

정답 $\dfrac{32}{3}\pi$ cm³

원기둥 모양의 통의 밑면의 반지름의 길이는 2 cm, 높이는 8 cm이므로 원기둥의 부피는
$(\pi \times 2^2) \times 8 = 32\pi(\text{cm}^3)$
2개의 구의 부피는
$\left(\dfrac{4}{3}\pi \times 2^3\right) \times 2 = \dfrac{64}{3}\pi(\text{cm}^3)$
따라서 구하는 부피는
$32\pi - \dfrac{64}{3}\pi = \dfrac{32}{3}\pi(\text{cm}^3)$

서술형 훈련하기

• 본책 200~201쪽

01 272 cm³ **02** 261π cm³ **03** 252π cm² **04** 4656 cm³

05 83π **06** 84π cm³

01

정답 272 cm³

1단계 정육면체의 부피 구하기
(정육면체의 부피)$= (8 \times 8) \times 8 = 512(\text{cm}^3)$ ······ 40 %

2단계 잘라 낸 직육면체의 부피 구하기
(직육면체의 부피)$= (6 \times 5) \times 8 = 240(\text{cm}^3)$ ······ 40 %

3단계 입체도형의 부피 구하기
$\therefore$ (입체도형의 부피)=(정육면체의 부피)-(직육면체의 부피)
$$= 512 - 240 = 272(\text{cm}^3)$$ ······ 20 %

02

정답 261π cm³

1단계 가장 작은 원기둥의 부피 구하기
주어진 평면도형을 직선 l을 회전축으로 하여 1회전 시키면 오른쪽 그림과 같은 입체도형이 생기므로

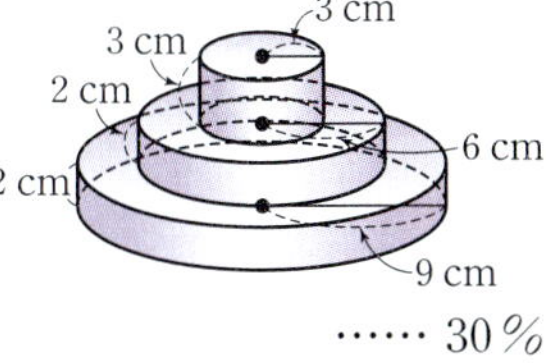

(가장 작은 원기둥의 부피)
$= (\pi \times 3^2) \times 3 = 27\pi(\text{cm}^3)$ ······ 30 %

2단계 두 번째로 작은 원기둥의 부피 구하기
(두 번째로 작은 원기둥의 부피)$= (\pi \times 6^2) \times 2$
$$= 72\pi(\text{cm}^3)$$ ······ 30 %

3단계 가장 큰 원기둥의 부피 구하기
(가장 큰 원기둥의 부피)$= (\pi \times 9^2) \times 2$
$$= 162\pi(\text{cm}^3)$$ ······ 30 %

4단계 회전체의 부피 구하기
$\therefore$ (회전체의 부피)$= 27\pi + 72\pi + 162\pi$
$$= 261\pi(\text{cm}^3)$$ ······ 10 %

03
<정답> $252\pi\ \mathrm{cm}^2$

1단계 반지름의 길이가 $4\ \mathrm{cm}$인 원의 넓이 구하기
(원뿔대의 작은 밑면의 넓이)$=\pi\times 4^2=16\pi(\mathrm{cm}^2)$ …… 20%

2단계 원뿔대의 옆넓이 구하기
(원뿔대의 옆넓이)$=\pi\times 8\times 10-\pi\times 4\times 5$
$\qquad\qquad\qquad=60\pi(\mathrm{cm}^2)$ …… 20%

3단계 원기둥의 옆넓이 구하기
(원기둥의 옆넓이)$=2\pi\times 8\times 7=112\pi(\mathrm{cm}^2)$ …… 20%

4단계 원기둥의 밑넓이 구하기
(원기둥의 밑넓이)$=\pi\times 8^2=64\pi(\mathrm{cm}^2)$ …… 20%

5단계 입체도형의 겉넓이 구하기
$\therefore$ (입체도형의 겉넓이)$=16\pi+60\pi+112\pi+64\pi$
$\qquad\qquad\qquad\qquad=252\pi(\mathrm{cm}^2)$ …… 20%

04
<정답> $4656\ \mathrm{cm}^3$

1단계 직육면체의 부피 구하기
(직육면체의 부피)$=20\times 20\times 12$
$\qquad\qquad\qquad=4800(\mathrm{cm}^3)$ …… 40%

2단계 잘라 낸 삼각뿔의 부피 구하기
(삼각뿔의 부피)$=\dfrac{1}{3}\times\left\{\dfrac{1}{2}\times(20-11)\times(20-8)\right\}\times(12-4)$
$\qquad\qquad\quad=\dfrac{1}{3}\times\left(\dfrac{1}{2}\times 9\times 12\right)\times 8$
$\qquad\qquad\quad=144(\mathrm{cm}^3)$ …… 50%

3단계 입체도형의 부피 구하기
$\therefore$ (입체도형의 부피)$=$(직육면체의 부피)$-$(삼각뿔의 부피)
$\qquad\qquad\qquad\qquad=4800-144$
$\qquad\qquad\qquad\qquad=4656(\mathrm{cm}^3)$ …… 10%

05
<정답> 83π

1단계 a의 값 구하기
주어진 평면도형을 직선 l을 회전축으로 하여 1회전 시키면 오른쪽 그림과 같은 입체도형이 생기므로

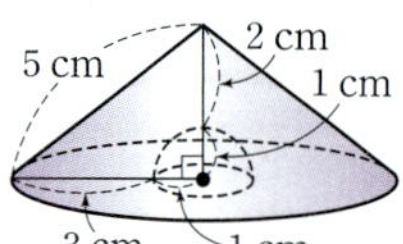

(원뿔의 옆넓이)$=\pi\times 4\times 5=20\pi(\mathrm{cm}^2)$
(밑넓이)$=\pi\times 4^2-\pi\times 1^2=15\pi(\mathrm{cm}^2)$
(반구의 구면의 넓이)$=(4\pi\times 1^2)\times\dfrac{1}{2}=2\pi(\mathrm{cm}^2)$
(회전체의 겉넓이)$=20\pi+15\pi+2\pi$
$\qquad\qquad\qquad=37\pi(\mathrm{cm}^2)$
$\therefore a=37\pi$ …… 45%

2단계 b의 값 구하기
(원뿔의 부피)$=\dfrac{1}{3}\times(\pi\times 4^2)\times 3=16\pi(\mathrm{cm}^3)$
(반구의 부피)$=\left(\dfrac{4}{3}\pi\times 1^3\right)\times\dfrac{1}{2}=\dfrac{2}{3}\pi(\mathrm{cm}^3)$
$\therefore$ (회전체의 부피)$=$(원뿔의 부피)$-$(반구의 부피)
$\qquad\qquad\qquad\quad=16\pi-\dfrac{2}{3}\pi=\dfrac{46}{3}\pi(\mathrm{cm}^3)$
$\therefore b=\dfrac{46}{3}\pi$ …… 45%

3단계 $a+3b$의 값 구하기
$\therefore a+3b=37\pi+3\times\dfrac{46}{3}\pi=83\pi$ …… 10%

06
<정답> $84\pi\ \mathrm{cm}^3$

1단계 원기둥의 부피 구하기
원기둥의 밑면인 원의 반지름의 길이를 $r\ \mathrm{cm}$라 하면 높이는 $6r\ \mathrm{cm}$이므로
(원기둥의 부피)$=\pi r^2\times 6r=6\pi r^3(\mathrm{cm}^3)$ …… 30%

2단계 원기둥의 밑면인 원의 반지름의 길이의 세제곱의 값 구하기
원기둥의 부피가 $252\pi\ \mathrm{cm}^3$이므로
$6\pi r^3=252\pi$ $\therefore r^3=42$ …… 30%

3단계 구 1개의 부피 구하기
반지름의 길이가 $r\ \mathrm{cm}$인 구 1개의 부피는
$\dfrac{4}{3}\pi r^3=\dfrac{4}{3}\pi\times 42=56\pi(\mathrm{cm}^3)$ …… 30%

4단계 빈 공간의 부피 구하기
$\therefore$ (빈 공간의 부피)$=$(원기둥의 부피)$-$(구의 부피)$\times 3$
$\qquad\qquad\qquad\quad=252\pi-56\pi\times 3$
$\qquad\qquad\qquad\quad=84\pi(\mathrm{cm}^3)$ …… 10%

중단원 마무리하기 ● 본책 202~205쪽

01 $6\ \mathrm{cm}$ **02** 그릇 A **03** ④ **04** $96\pi\ \mathrm{cm}^3$
05 ③ **06** $8\ \mathrm{cm}$ **07** ④ **08** ②
09 ⑤ **10** ③ **11** $42\ \mathrm{cm}^3$ **12** ④
13 $148\pi\ \mathrm{cm}^2$ **14** ④ **15** ① **16** $128\ \mathrm{cm}^3$
17 2 **18** $4.5\ \mathrm{cm}$ **19** $45\pi\ \mathrm{cm}^2$ **20** $2\ \mathrm{cm}$
21 $18\ \mathrm{cm}$ **22** $972\ \mathrm{cm}^3$

01
<정답> $6\ \mathrm{cm}$

사각기둥의 높이를 $h\ \mathrm{cm}$라 하면
$\left\{\dfrac{1}{2}\times(3+9)\times 4\right\}\times 2+(3+5+9+5)\times h=180$
$48+22h=180$, $22h=132$ $\therefore h=6$
따라서 사각기둥의 높이는 $6\ \mathrm{cm}$이다.

02

그릇 A의 부피는 $(\pi \times 6^2) \times 4 = 144\pi(\text{cm}^3)$
그릇 B의 부피는 $(\pi \times 4^2) \times 8 = 128\pi(\text{cm}^3)$
따라서 그릇 A에 더 많은 물을 담을 수 있다.

03

(부피)=(큰 직육면체의 부피)−(작은 직육면체의 부피)
$$= (6 \times 6) \times 9 - (3 \times 2) \times (9-6)$$
$$= 324 - 36 = 288(\text{cm}^3)$$

04

오른쪽 그림과 같이 주어진 입체도형 2개
를 붙여 생각하면 구하는 부피는 원기둥의
부피의 $\dfrac{1}{2}$이므로

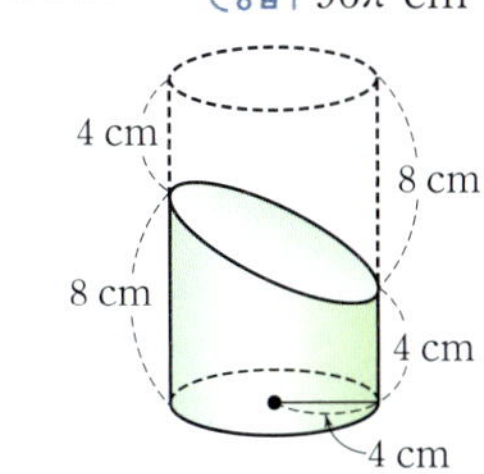

$$(\text{부피}) = \{(\pi \times 4^2) \times 12\} \times \frac{1}{2}$$
$$= 96\pi(\text{cm}^3)$$

다른 풀이

주어진 입체도형을 오른쪽 그림과 같이 두 부
분으로 나누어 생각하면 윗부분은 밑면의 반
지름의 길이가 4 cm, 높이가 4 cm인 원기둥
의 절반이고 아랫부분은 밑면의 반지름의 길
이가 4 cm, 높이가 4 cm인 원기둥이므로

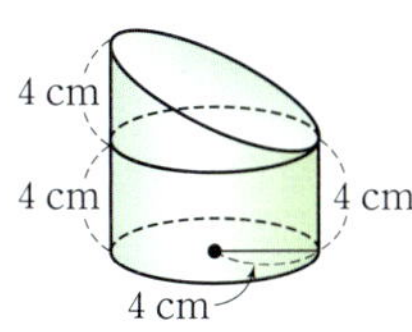

$$(\text{부피}) = \{(\pi \times 4^2) \times 4\} \times \frac{1}{2} + (\pi \times 4^2) \times 4$$
$$= 32\pi + 64\pi = 96\pi(\text{cm}^3)$$

05

주어진 직사각형을 직선 l을 회전축으로 하여
1회전 시키면 오른쪽 그림과 같은 입체도형이
생기므로

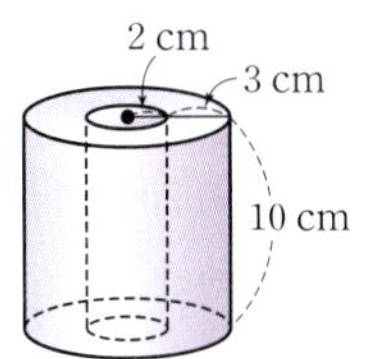

$$(\text{밑넓이}) = \pi \times 5^2 - \pi \times 2^2$$
$$= 25\pi - 4\pi = 21\pi(\text{cm}^2)$$
$$(\text{옆넓이}) = 2\pi \times 5 \times 10 + 2\pi \times 2 \times 10$$
$$= 100\pi + 40\pi = 140\pi(\text{cm}^2)$$
$$\therefore (\text{겉넓이}) = 21\pi \times 2 + 140\pi = 182\pi(\text{cm}^2)$$

06

원뿔의 모선의 길이를 l cm라 하면
$$\pi \times 5^2 + \pi \times 5 \times l = 65\pi$$
$$25\pi + 5l\pi = 65\pi, \ 5l\pi = 40\pi \quad \therefore l = 8$$
따라서 원뿔의 모선의 길이는 8 cm이다.

07

밑면의 반지름의 길이를 r cm라 하면
$$2\pi \times 12 \times \frac{120}{360} = 2\pi r \quad \therefore r = 4$$
따라서 원뿔의 겉넓이는
$$\pi \times 4^2 + \pi \times 4 \times 12 = 16\pi + 48\pi = 64\pi(\text{cm}^2)$$

08

색종이를 점선을 따라 접었을 때 만들어지는 입
체도형은 오른쪽 그림과 같은 삼각뿔이므로

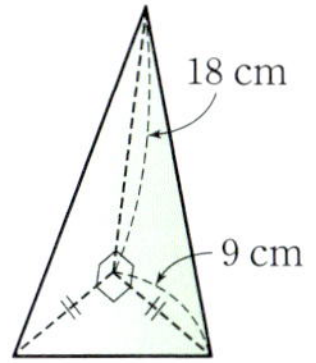

$$(\text{부피}) = \frac{1}{3} \times \left(\frac{1}{2} \times 9 \times 9\right) \times 18$$
$$= 243(\text{cm}^3)$$

09

$$(\text{겉넓이}) = (4 \times 4 + 8 \times 8) + \left\{\frac{1}{2} \times (4+8) \times 6\right\} \times 4$$
$$= 80 + 144 = 224(\text{cm}^2)$$

10

$$(\text{입체도형 A의 부피}) = \frac{1}{3} \times (\pi \times 2^2) \times 3 = 4\pi(\text{cm}^3)$$
$$(\text{입체도형 B의 부피}) = \frac{1}{3} \times (\pi \times 4^2) \times 6 - \frac{1}{3} \times (\pi \times 2^2) \times 3$$
$$= 32\pi - 4\pi = 28\pi(\text{cm}^3)$$
$\therefore$ (입체도형 A의 부피) : (입체도형 B의 부피)$= 4\pi : 28\pi$
$$= 1 : 7$$

11

$\triangle \text{BCD}$를 밑면으로 생각하면 높이는 $\overline{\text{CG}}$이므로
$$(\text{부피}) = \frac{1}{3} \times \triangle \text{BCD} \times \overline{\text{CG}} = \frac{1}{3} \times \left(\frac{1}{2} \times 6 \times 7\right) \times 6$$
$$= 42(\text{cm}^3)$$

12

반지름의 길이가 6 cm인 쇠구슬의 부피는
$$\frac{4}{3}\pi \times 6^3 = 288\pi(\text{cm}^3)$$

반지름의 길이가 2 cm인 쇠구슬의 부피는
$$\frac{4}{3}\pi \times 2^3 = \frac{32}{3}\pi(\text{cm}^3)$$

따라서 $288\pi \div \dfrac{32}{3}\pi = 27$이므로 반지름의 길이가 6 cm인 쇠구슬을
녹여서 반지름의 길이가 2 cm인 쇠구슬을 27개까지 만들 수 있다.

13

(정답) $148\pi \ \text{cm}^2$

주어진 평면도형을 직선 l을 회전축으로 하여 1회전 시키면 오른쪽 그림과 같은 입체도형이 생기므로

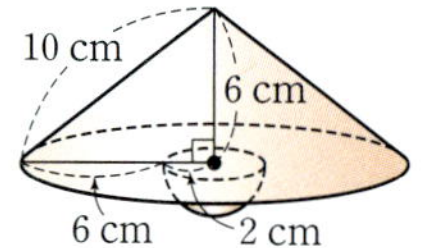

$(\text{밑넓이}) = \pi \times 8^2 - \pi \times 2^2$
$\qquad\quad = 64\pi - 4\pi$
$\qquad\quad = 60\pi(\text{cm}^2)$

$(\text{원뿔의 옆넓이}) = \pi \times 8 \times 10 = 80\pi(\text{cm}^2)$

$(\text{반구의 구면의 넓이}) = (4\pi \times 2^2) \times \dfrac{1}{2} = 8\pi(\text{cm}^2)$

$\therefore (\text{겉넓이}) = 60\pi + 80\pi + 8\pi = 148\pi(\text{cm}^2)$

14

(정답) ④

주어진 평면도형을 직선 l을 회전축으로 하여 1회전 시키면 오른쪽 그림과 같은 입체도형이 생기므로

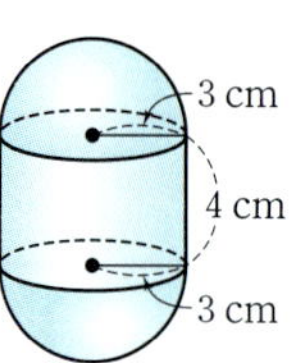

$(\text{겉넓이}) = (\text{구의 겉넓이}) + (\text{원기둥의 옆넓이})$
$\qquad\quad = 4\pi \times 3^2 + 2\pi \times 3 \times 4$
$\qquad\quad = 36\pi + 24\pi = 60\pi(\text{cm}^2)$

15

(정답) ①

$\dfrac{4}{3}\pi \times r^3 = 36\pi$ 이므로

$r^3 = 27 \qquad \therefore r = 3$

$\therefore (\text{원뿔의 부피}) = \dfrac{1}{3} \times (\pi \times 3^2) \times 3 = 9\pi(\text{cm}^3)$

16

(정답) $128 \ \text{cm}^3$

사각기둥의 높이를 $h \ \text{cm}$라 하면

$(\text{밑넓이}) = \dfrac{1}{2} \times (1+7) \times 4 = 16(\text{cm}^2)$

$(\text{옆넓이}) = (5+7+5+1) \times h = 18h(\text{cm}^2)$

겉넓이가 $176 \ \text{cm}^2$이므로

$16 \times 2 + 18h = 176$

$32 + 18h = 176, \ 18h = 144 \qquad \therefore h = 8$

따라서 사각기둥의 높이는 $8 \ \text{cm}$이므로

$(\text{부피}) = 16 \times 8 = 128(\text{cm}^3)$

17

(정답) 2

[그림 1]에서 물의 부피는

$(5 \times 5) \times 3 = 75(\text{cm}^3)$

[그림 2]에서 물이 들어 있지 않은 부분의 부피는

$(5 \times 5) \times 6 = 150(\text{cm}^3)$

따라서 팩의 부피는 $75 + 150 = 225(\text{cm}^3)$이고,

팩의 삼각기둥 부분의 부피는 $225 - (5 \times 5) \times 8 = 25(\text{cm}^3)$이므로

$\left(\dfrac{1}{2} \times 5 \times x\right) \times 5 = 25 \qquad \therefore x = 2$

18

(정답) $4.5 \ \text{cm}$

칸막이의 왼쪽 부분에 들어 있는 물의 부피는

$10 \times 4 \times 3 = 120(\text{cm}^3)$

칸막이의 오른쪽 부분에 들어 있는 물의 부피는

$6 \times 4 \times 7 = 168(\text{cm}^3)$

따라서 물의 부피는 $120 + 168 = 288(\text{cm}^3)$

이때 어항의 밑넓이는 $(10+6) \times 4 = 64(\text{cm}^2)$이므로

칸막이를 치웠을 때 물의 높이는

$288 \div 64 = 4.5(\text{cm})$

19

(정답) $45\pi \ \text{cm}^2$

원뿔의 밑면의 둘레의 길이는 $2\pi \times 3 = 6\pi(\text{cm})$

원뿔의 모선의 길이를 $l \ \text{cm}$라 하면

$2\pi \times l = 6\pi \times 4 \qquad \therefore l = 12$

$(\text{원뿔의 옆넓이}) = \pi \times 3 \times 12 = 36\pi(\text{cm}^2)$

$\therefore (\text{원뿔의 겉넓이}) = \pi \times 3^2 + 36\pi = 45\pi(\text{cm}^2)$

20

(정답) $2 \ \text{cm}$

반지름의 길이가 $6 \ \text{cm}$인 구의 부피는

$\dfrac{4}{3}\pi \times 6^3 = 288\pi(\text{cm}^3)$

더 올라간 물의 높이를 $h \ \text{cm}$라 하면

$(\pi \times 12^2) \times h = 288\pi, \ 144h\pi = 288\pi \qquad \therefore h = 2$

따라서 더 올라간 물의 높이는 $2 \ \text{cm}$이다.

21

(정답) $18 \ \text{cm}$

그릇 A에서 넘친 물의 부피는 $\dfrac{4}{3}\pi \times 6^3 = 288\pi(\text{cm}^3)$

넘친 물을 밑면의 반지름의 길이가 $4 \ \text{cm}$인 원기둥 모양의 그릇에 담았을 때 물의 높이를 $h \ \text{cm}$라 하면

$(\pi \times 4^2) \times h = 288\pi \qquad \therefore h = 18$

따라서 그릇 B의 높이는 최소 $18 \ \text{cm}$이어야 한다.

22

(정답) $972 \ \text{cm}^3$

정육면체의 각 면의 한가운데에 있는 점을 연결하여 만든 입체도형은 정팔면체이다.

따라서 구하는 정팔면체의 부피는 밑면이 대각선의 길이가 $18 \ \text{cm}$인 정사각형이고 높이가 $9 \ \text{cm}$인 사각뿔의 부피의 2배와 같으므로

$\left\{\dfrac{1}{3} \times \left(\dfrac{1}{2} \times 18 \times 18\right) \times 9\right\} \times 2 = 972(\text{cm}^3)$

Ⅳ 08 자료의 정리와 해석

01 대푯값

개념 CHECK ● 본책 208쪽

01 (1) 5 (2) 16 **02** (1) 13, 15, 13 (2) 24, 26, 24, 26, 25
03 (1) 3 (2) 2, 3 (3) 2

01 (1) (평균)$=\dfrac{2+3+6+6+8}{5}=\dfrac{25}{5}=5$

 (2) (평균)$=\dfrac{11+13+15+17+19+21}{6}=\dfrac{96}{6}=16$

대표 유형 ● 본책 209~212쪽

01·Ⓐ 3개 Ⓑ ④ **02·Ⓐ** 11 Ⓑ ②
03·Ⓐ 245 mm Ⓑ 7.5개 **04·Ⓐ** ④ Ⓑ 29
05·Ⓐ (1) 평균 : 14점, 중앙값 : 9점 (2) 중앙값
   Ⓑ 최빈값, 240 mm
06·Ⓐ 9 Ⓑ 7 **07·Ⓐ** 10 Ⓑ 11
08·Ⓐ 18 Ⓑ 74회

01·Ⓐ 정답 3개

(평균)$=\dfrac{4+3+2+5+4+2+1}{7}=\dfrac{21}{7}=3$(개)

01·Ⓑ 정답 ④

평균이 87점이므로
$\dfrac{80+87+x+93+85}{5}=87$
$345+x=435$ ∴ $x=90$

02·Ⓐ 정답 11

a, b, c의 평균이 5이므로
$\dfrac{a+b+c}{3}=5$ ∴ $a+b+c=15$
따라서 2, $3a$, $3b$, $3c$, 8의 평균은
$\dfrac{2+3a+3b+3c+8}{5}=\dfrac{3(a+b+c)+10}{5}$
$=\dfrac{3\times15+10}{5}=\dfrac{55}{5}=11$

02·Ⓑ 정답 ②

x_1, x_2, x_3, x_4, x_5의 평균이 4이므로
$\dfrac{x_1+x_2+x_3+x_4+x_5}{5}=4$
∴ $x_1+x_2+x_3+x_4+x_5=20$

따라서 $2x_1+1$, $2x_2+1$, $2x_3+1$, $2x_4+1$, $2x_5+1$의 평균은
$\dfrac{(2x_1+1)+(2x_2+1)+(2x_3+1)+(2x_4+1)+(2x_5+1)}{5}$
$=\dfrac{2(x_1+x_2+x_3+x_4+x_5)+5}{5}$
$=\dfrac{2\times20+5}{5}=\dfrac{45}{5}=9$

03·Ⓐ 정답 245 mm

자료를 작은 값부터 크기순으로 나열하면
230, 235, 235, 240, 250, 250, 250, 255
이므로 중앙값은 $\dfrac{240+250}{2}=245$(mm)

03·Ⓑ 정답 7.5개

두 야구팀의 안타 수를 섞어서 작은 값부터 크기순으로 나열하면
4, 5, 6, 7, 7, 8, 8, 9, 9, 9
이므로 중앙값은 $\dfrac{7+8}{2}=7.5$(개)

04·Ⓐ 정답 ④

수영을 선호하는 학생이 가장 많으므로 주어진 자료의 최빈값은
④ 수영이다.

04·Ⓑ 정답 29

자료를 작은 값부터 크기순으로 나열하면
10, 12, 13, 13, 14, 14, 15, 15, 15
이므로 중앙값은 14명이다.
∴ $a=14$
9개의 학급에서 안경을 낀 학생 수가 15명이 가장 많으므로 주어진
자료의 최빈값은 15명이다.
∴ $b=15$
∴ $a+b=14+15=29$

05·Ⓐ 정답 (1) 평균 : 14점, 중앙값 : 9점 (2) 중앙값

(1) (평균)$=\dfrac{6+11+4+8+10+45}{6}=\dfrac{84}{6}=14$(점)

 자료를 작은 값부터 크기순으로 나열하면
 4, 6, 8, 10, 11, 45
 이므로 중앙값은 $\dfrac{8+10}{2}=9$(점)

(2) 자료에 45점과 같은 극단적인 값이 있으므로 중앙값이 대푯값으로 더 적절하다.

05·B
<정답> 최빈값, 240 mm

한 달 동안 가장 많이 판매된 치수의 운동화를 가장 많이 준비해야
하므로 대푯값으로 가장 적절한 것은 최빈값이고, 그 값은
240 mm이다.

06·A
<정답> 9

평균이 10이므로
$$\frac{6+x+12+10+8+8}{6}=10$$
$$44+x=60 \quad \therefore x=16$$
자료를 작은 값부터 크기순으로 나열하면
6, 8, 8, 10, 12, 16
이므로 중앙값은 $\frac{8+10}{2}=9$

06·B
<정답> 7

평균이 6이므로
$$\frac{5+3+x+10+1+7+7+9}{8}=6$$
$$42+x=48 \quad \therefore x=6$$
따라서 주어진 자료에서 7이 가장 많이 나오므로 최빈값은 7이다.

07·A
<정답> 10

x를 제외한 자료에서 9가 가장 많이 나오므로 최빈값은 9이다.
$$(평균)=\frac{9+7+11+x+9+9+8}{7}=\frac{53+x}{7}$$
이때 평균과 최빈값이 서로 같으므로
$$\frac{53+x}{7}=9에서 \ 53+x=63 \quad \therefore x=10$$

07·B
<정답> 11

x를 제외한 자료에서 11이 가장 많이 나오므로 최빈값은 11이다.
$$(평균)=\frac{11+x+9+12+10+13+11+11}{8}=\frac{77+x}{8}$$
이때 평균과 최빈값이 서로 같으므로
$$\frac{77+x}{8}=11에서 \ 77+x=88 \quad \therefore x=11$$

08·A
<정답> 18

x를 제외한 자료를 작은 값부터 크기순으로 나열하면
6, 10, 22, 26, 38
이때 중앙값이 20이므로 $10<x<22$
6개의 자료를 작은 값부터 크기순으로 나열하면
6, 10, x, 22, 26, 38
이므로 $\frac{x+22}{2}=20$
$$x+22=40 \quad \therefore x=18$$

08·B
<정답> 74회

중앙값이 72회이므로
$$\frac{70+x}{2}=72에서 \ 70+x=144$$
$$\therefore x=74$$
따라서 주어진 자료에서 74회가 가장 많이 나오므로 최빈값은 74회
이다.

배운대로 학습하기
• 본책 213쪽

01 8.1점　**02** ④　**03** 7　**04** 27회
05 14　**06** ⑤　**07** 7시간　**08** 20

01
<정답> 8.1점

$$(평균)=\frac{6\times1+7\times2+8\times3+9\times3+10\times1}{10}$$
$$=\frac{81}{10}=8.1(점)$$

02
<정답> ④

5회의 국어 성적을 x점이라 하면
$$\frac{87+91+89+94+x}{5}=91$$
$$361+x=455$$
$$\therefore x=94$$
따라서 5회의 시험에서 94점을 받아야 한다.

03
<정답> 7

a, b, 3의 평균이 4이므로
$$\frac{a+b+3}{3}=4, \ a+b+3=12$$
$$\therefore a+b=9$$
c, d, 5의 평균이 8이므로
$$\frac{c+d+5}{3}=8, \ c+d+5=24$$
$$\therefore c+d=19$$
따라서 a, b, c, d의 평균은
$$\frac{a+b+c+d}{4}=\frac{9+19}{4}=\frac{28}{4}=7$$

04
<정답> 27회

윗몸일으키기 횟수를 작은 값부터 크기순으로 나열할 때, 4번째와 5
번째 학생의 윗몸일으키기 횟수의 평균이 중앙값이므로 5번째 학생
의 윗몸일으키기 횟수를 x회라 하면
$$\frac{23+x}{2}=25에서 \ 23+x=50 \quad \therefore x=27$$

이 동아리에 윗몸일으키기 횟수가 28회인 학생이 가입했을 때, 학생 9명의 윗몸일으키기 횟수를 작은 값부터 크기순으로 나열하면 5번째 학생의 윗몸일으키기 횟수가 중앙값이므로 27회이다.

05
정답 14

수면 시간이 5시간인 학생이 3명, 6시간인 학생이 4명, 7시간인 학생이 6명, 8시간인 학생이 3명, 9시간인 학생이 1명이다.
중앙값은 작은 값부터 크기순으로 나열할 때, 9번째 변량이므로 7시간이다.
$\therefore a=7$
가장 많이 나타나는 변량은 7시간이므로 최빈값은 7시간이다.
$\therefore b=7$
$\therefore a+b=7+7=14$

06
정답 ⑤

⑤ 자료에 800과 같은 극단적인 값이 있으므로 평균을 대푯값으로 하기에 적절하지 않다.

07
정답 7시간

평균이 8시간이므로
$$\frac{7+7+9+x+6+9+5+14}{8}=8$$
$57+x=64 \qquad \therefore x=7$
따라서 주어진 자료에서 7시간이 가장 많이 나오므로 최빈값은 7시간이다.

08
정답 20

중앙값이 22이므로
$$\frac{x+24}{2}=22 \text{에서} \quad x+24=44 \qquad \therefore x=20$$

02 줄기와 잎 그림

● 본책 214쪽

개념 CHECK

01 (6 | 2는 62회)

줄기	잎
6	2　3　4　7
7	0　3　4　4　5　7
8	0　3　4　5　6　8　9
9	1　2　5

(1) 십, 일
(2) 7, 8, 9
(3) 3, 4, 7
(4) 8

---

01 · Ⓐ (6 | 2는 62점)

줄기	잎
6	2　3　8
7	2　4　4　5
8	0　0　4　6　8　9
9	2　6　8

(1) 8　(2) 98점
(3) 7명
(4) 중앙값 : 80점,
　　최빈값 : 74점, 80점

02 · Ⓐ ④

03 · Ⓐ (1) 25명　(2) 98점　　　**Ⓑ** ④　　　**Ⓒ** 24 %

---

01 · Ⓐ 정답 (1) 8　(2) 98점　(3) 7명
(4) 중앙값 : 80점, 최빈값 : 74점, 80점

수학 성적에 대한 줄기와 잎 그림을 완성하면 오른쪽과 같다.

(6 | 2는 62점)

줄기	잎
6	2　3　8
7	2　4　4　5
8	0　0　4　6　8　9
9	2　6　8

(3) 수학 성적이 80점 미만인 학생은 62점, 63점, 68점, 72점, 74점, 74점, 75점의 7명이다.
(4) 수학 성적의 중앙값은 8번째 값과 9번째 값의 평균이다.
$$\therefore (\text{중앙값})=\frac{80+80}{2}=80(\text{점})$$
최빈값은 자료에서 가장 많이 나타나는 값이므로 74점, 80점이다.

참고 십의 자리의 숫자를 줄기, 일의 자리의 숫자를 잎으로 하는 줄기와 잎 그림에서 줄기가 a, 잎이 b인 변량은 $10a+b$이다.

---

02 · Ⓐ 정답 ④

① 지민이네 반의 전체 학생은 $4+6+7+4+3=24$(명)
④ 인터넷 사용 시간이 짧은 학생의 인터넷 사용 시간부터 차례대로 나열하면 6분, 8분, 9분, 9분, 10분, …이다.
따라서 인터넷 사용 시간이 5번째로 짧은 학생의 인터넷 사용 시간은 10분이다.
⑤ 인터넷 사용 시간이 35분 이상인 학생은 35분, 36분, 37분, 42분, 43분, 45분의 6명이므로 전체의 $\frac{6}{24}\times100=25(\%)$이다.

따라서 옳지 않은 것은 ④이다.

참고 백분율 : 기준량을 100으로 할 때 비교하는 양의 비율

---

03 · Ⓐ 정답 (1) 25명　(2) 98점

(1) 남학생은 $2+3+5+3=13$(명)
　여학생은 $2+5+4+1=12$(명)
　따라서 전체 학생은 $13+12=25$(명)
(2) 사회 성적이 가장 좋은 학생의 성적은 98점이다.

03·Ⓑ <정답> ④

① 남학생은 $2+4+6+4=16$(명)

여학생은 $2+4+6+3=15$(명)

따라서 남학생이 여학생보다 1명 더 많다.

③ 통학 시간이 30분 이상인 여학생은 32분, 35분, 38분의 3명이다.

④ 남학생 중 통학 시간이 긴 학생의 통학 시간부터 차례대로 나열하면 39분, 35분, 33분, 31분, 29분, …이다.

즉, 남학생 중 통학 시간이 5번째로 긴 학생의 통학 시간은 29분이다.

⑤ 남학생은 16명이므로 변량을 작은 값부터 크기순으로 나열할 때 8번째 자료의 값과 9번째 자료의 값의 평균이 중앙값이다.

$$\therefore (중앙값)=\frac{24+26}{2}=25(분)$$

여학생은 15명이므로 변량을 작은 값부터 크기순으로 나열할 때 8번째 자료의 값이 중앙값이다.

$$\therefore (중앙값)=22(분)$$

즉, 남학생의 통학 시간의 중앙값이 여학생의 통학 시간의 중앙값보다 더 크다.

따라서 옳지 않은 것은 ④이다.

03·Ⓒ <정답> 24 %

1반 학생은 $3+5+4=12$(명)

2반 학생은 $2+5+5+1=13$(명)

따라서 1반과 2반 전체 학생은 $12+13=25$(명)

키가 165 cm 이상 175 cm 미만인 1반 학생은 165 cm, 166 cm, 169 cm, 170 cm의 4명, 2반 학생은 165 cm, 170 cm의 2명이므로 키가 165 cm 이상 175 cm 미만인 학생은 $4+2=6$(명)이다.

따라서 전체의 $\frac{6}{25}\times100=24(\%)$이다.

03 도수분포표

개념 CHECK ● 본책 217쪽

01

이메일의 수(통)		도수(명)
$5^{이상}\sim10^{미만}$	////	3
10 ~ 15	////	4
15 ~ 20	//// //	7
20 ~ 25	//// /	6
합계		20

(1) 5통 (2) 4

(3) 15통 이상 20통 미만

(4) 10통 이상 15통 미만

01 (1) (계급의 크기)$=10-5=15-10=20-15=25-20=5$(통)

(2) 계급은 5통 이상 10통 미만, 10통 이상 15통 미만, 15통 이상 20통 미만, 20통 이상 25통 미만의 4개이다.

04·Ⓐ (1)

도덕 성적(점)		도수(명)
$50^{이상}\sim60^{미만}$		3
60 ~ 70		4
70 ~ 80		6
80 ~ 90		9
90 ~ 100		2
합계		24

(2) 90점 이상 100점 미만

(3) 6명

(4) 80점 이상 90점 미만

05·Ⓐ ⑤

04·Ⓐ <정답> (1) 풀이 참조 (2) 90점 이상 100점 미만 (3) 6명 (4) 80점 이상 90점 미만

(1) 도덕 성적을 도수분포표로 나타내면 오른쪽과 같다.

도덕 성적(점)		도수(명)
$50^{이상}\sim60^{미만}$		3
60 ~ 70		4
70 ~ 80		6
80 ~ 90		9
90 ~ 100		2
합계		24

(3) 도덕 성적이 70점인 학생이 속하는 계급은 70점 이상 80점 미만이므로 구하는 도수는 6명이다.

(4) 도덕 성적이 90점 이상인 학생은 2명, 80점 이상인 학생은 $9+2=11$(명)이므로 도덕 성적이 5번째로 높은 학생이 속하는 계급은 80점 이상 90점 미만이다.

05·Ⓐ <정답> ⑤

③ $A=25-(5+9+4+3)=4$

⑤ 국어 성적이 70점 이상 80점 미만인 학생은 9명이므로 전체의 $\frac{9}{25}\times100=36(\%)$이다.

따라서 옳지 않은 것은 ⑤이다.

배운대로 학습하기 ● 본책 219~220쪽

01 ⑤	**02** ④	**03** 46회	**04** 27세	**05** ③
06 7명	**07** 풀이 참조	**08** 8		**09** ④
10 28 %	**11** 8명	**12** $A=7, B=6$		**13** 30 %

01 <정답> ⑤

줄기와 잎 그림으로 나타내면 오른쪽과 같다.

⑤ 무게가 가장 많이 나가는 귤의 무게는 127 g이다.

(9|3은 93 g)

줄기	잎
9	3 7
10	0 2 5 5 7 9
11	0 3 6 7 8
12	1 4 7

 변량이 세 자리의 수일 때, 줄기는 백의 자리와 십의 자리의 숫자, 잎은 일의 자리의 숫자로 나타낸다.

02
 ④

③ 혜수네 반의 전체 학생은 $3+5+6+5+3=22$(명)

④ 윗몸일으키기 기록이 32회 이하인 학생은 11회, 12회, 14회, 20회, 21회, 21회, 23회, 25회, 31회, 32회의 10명이다.

⑤ 윗몸일으키기 기록이 높은 학생의 기록부터 차례대로 나열하면 57회, 56회, 54회, 48회, 45회, 43회, 43회, 42회, 38회, …이므로 혜수의 기록은 9번째로 높다.

따라서 옳지 않은 것은 ④이다.

03
 46회

윗몸일으키기 기록이 가장 높은 학생의 기록은 57회이고, 가장 낮은 학생의 기록은 11회이므로 구하는 차는

$57-11=46$(회)

04
 27세

나이가 적은 사람의 나이부터 차례대로 나열하면 20세, 21세, 21세, 23세, 24세, 25세, 27세, …이다.

따라서 나이가 7번째로 적은 사람의 나이는 27세이다.

05
 ③

헌혈에 참가한 사람은 $8+9+2+1=20$(명)

나이가 40세 이상인 사람은 40세, 45세, 52세의 3명이므로 전체의 $\dfrac{3}{20}\times100=15(\%)$이다.

06
 7명

독서 시간이 15분 이상 25분 미만인 남학생은 16분, 18분, 19분, 20분의 4명, 여학생은 15분, 22분, 24분의 3명이므로

$4+3=7$(명)

07
 풀이 참조

도수분포표를 완성하면 오른쪽과 같다.

키(cm)	도수(명)
130 이상 ~ 140 미만	3
140 ~ 150	5
150 ~ 160	7
160 ~ 170	4
170 ~ 180	1
합계	20

08
 8

도수가 가장 큰 계급은 150 cm 이상 160 cm 미만이므로 $a=7$

도수가 가장 작은 계급은 170 cm 이상 180 cm 미만이므로 $b=1$

$\therefore a+b=7+1=8$

09
 ④

③ $A=35-(2+4+11+9+5)=4$

④ 과학 성적이 70점 미만인 학생은 $2+4+4=10$(명)

⑤ 과학 성적이 90점 이상인 학생은 5명, 80점 이상인 학생은 $9+5=14$(명)이므로 과학 성적이 6번째로 높은 학생이 속하는 계급은 80점 이상 90점 미만이다.

따라서 옳지 않은 것은 ④이다.

10
 28 %

수면 시간이 6시간 이상 7시간 미만인 학생은

$25-(2+3+8+5)=7$(명)이므로 전체의 $\dfrac{7}{25}\times100=28(\%)$이다.

11
 8명

수면 시간이 8시간 이상인 학생은 5명, 7시간 이상인 학생은

$8+5=13$(명)이므로 수면 시간이 10번째로 긴 학생이 속하는 계급은 7시간 이상 8시간 미만이다.

따라서 이 계급의 도수는 8명이다.

12
 $A=7,\ B=6$

몸무게가 60 kg 이상인 학생이 전체의 20 %이므로

$\dfrac{B}{30}\times100=20 \qquad \therefore B=6$

$\therefore A=30-(2+7+8+6)=7$

BIBLE SAYS

(1) (각 계급의 백분율)$=\dfrac{(\text{그 계급의 도수})}{(\text{도수의 총합})}\times100(\%)$

(2) (각 계급의 도수)$=(\text{도수의 총합})\times\dfrac{(\text{그 계급의 백분율})}{100}$

13
 30 %

몸무게가 50 kg 미만인 학생은 $2+7=9$(명)이므로 전체의 $\dfrac{9}{30}\times100=30(\%)$이다.

04 히스토그램

● 본책 221쪽

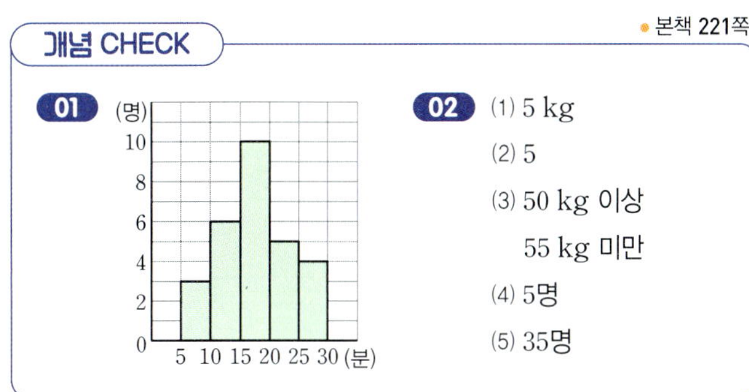

02 (1) 5 kg

(2) 5

(3) 50 kg 이상 55 kg 미만

(4) 5명

(5) 35명

02 (4) 지수가 속하는 계급은 45 kg 이상 50 kg 미만이므로 구하는 도수는 5명이다.

(5) 지수네 반의 전체 학생은
$$6+12+10+5+2=35(명)$$

● 본책 222쪽

대표 유형

01·Ⓐ ④　**Ⓑ** 250　　**02·Ⓐ** (1) 7명　(2) 65 %

01·Ⓐ　　　　　　　　　　　　　　　　정답 ④

② 하늘이네 반의 전체 학생은
$$4+5+13+8+4+2=36(명)$$

④ 읽은 책의 수가 12권 이상인 학생은 $4+2=6$(명)

⑤ 읽은 책의 수가 6권 미만인 학생은 $4+5=9$(명)이므로 전체의
$$\frac{9}{36}\times100=25(\%)이다.$$

따라서 옳지 않은 것은 ④이다.

01·Ⓑ　　　　　　　　　　　　　　　　정답 250

(도수의 총합)$=2+4+5+7+6+1=25$(명)이므로

(직사각형의 넓이의 합)$=$(계급의 크기)$\times$(도수의 총합)
$$=10\times25=250$$

02·Ⓐ　　　　　　　　　　　정답 (1) 7명　(2) 65%

(1) 줄넘기 기록이 80회 이상 100회 미만인 학생은
$$20-(2+5+4+2)=7(명)$$

(2) 줄넘기 기록이 80회 이상인 학생은 $7+4+2=13$(명)이므로 전체의 $\dfrac{13}{20}\times100=65(\%)$이다.

---

05 도수분포다각형

개념 CHECK

● 본책 223쪽

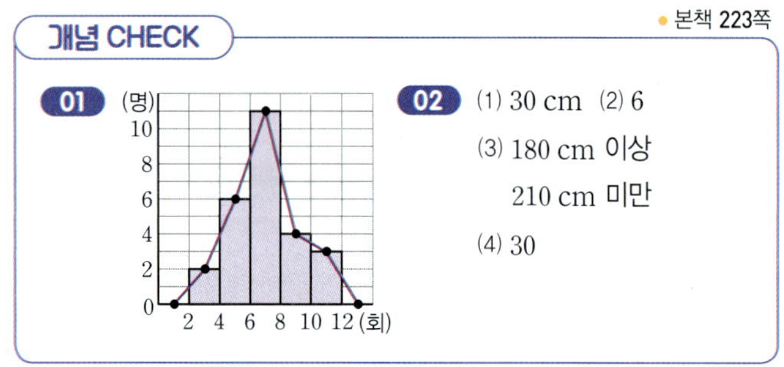

01

02 (1) 30 cm　(2) 6
(3) 180 cm 이상 210 cm 미만
(4) 30

02 (4) 경민이네 반의 전체 학생은
$$3+6+10+5+4+2=30(명)$$

대표 유형

● 본책 224~225쪽

03·Ⓐ ⑤　　　**04·Ⓐ** ③
05·Ⓐ (1) 3명　(2) 50 %　　**06·Ⓐ** ㄷ, ㄹ

03·Ⓐ　　　　　　　　　　　　　　　　정답 ⑤

① 은수네 반의 전체 학생은 $1+6+10+7+5+3=32$(명)

③ 수면 시간이 5시간 이상 7시간 미만인 학생은 $6+10=16$(명)

④ 수면 시간이 8시간 이상인 학생은 $5+3=8$(명)이므로 전체의
$$\frac{8}{32}\times100=25(\%)이다.$$

⑤ 수면 시간이 9시간 이상인 학생은 3명, 8시간 이상인 학생은 $5+3=8$(명), 7시간 이상인 학생은 $7+5+3=15$(명)이므로 수면 시간이 12번째로 긴 학생이 속하는 계급은 7시간 이상 8시간 미만이다.

즉, 구하는 도수는 7명이다.

따라서 옳지 않은 것은 ⑤이다.

04·Ⓐ　　　　　　　　　　　　　　　　정답 ③

③ 영호네 반의 전체 학생은 $1+3+7+13+8+5+3=40$(명)

마신 물의 양이 40 L 이상인 학생은 $8+5+3=16$(명)이므로 전체의 $\dfrac{16}{40}\times100=40(\%)$이다.

④ 마신 물의 양이 25 L 미만인 학생은 1명, 30 L 미만인 학생은 $1+3=4$(명)이므로 마신 물의 양이 4번째로 적은 학생이 속하는 계급은 25 L 이상 30 L 미만이다.

따라서 이 계급의 도수는 3명이다.

⑤ (도수분포다각형과 가로축으로 둘러싸인 부분의 넓이)
$$=(계급의 크기)\times(도수의 총합)$$
$$=5\times40=200$$

따라서 옳지 않은 것은 ③이다.

05·Ⓐ　　　　　　　　　　　정답 (1) 3명　(2) 50%

(1) 1년 동안 본 영화가 10편 이상 12편 미만인 학생은
$$20-(1+3+6+7)=3(명)$$

(2) 1년 동안 본 영화가 8편 이상인 학생은 $7+3=10$(명)이므로 전체의 $\dfrac{10}{20}\times100=50(\%)$이다.

06·Ⓐ　　　　　　　　　　　　　　　　정답 ㄷ, ㄹ

ㄱ. A 중학교 1학년 1반의 학생은
$$1+3+7+9+3+2=25(명)$$
B 중학교 1학년 1반의 학생은
$$1+2+5+8+6+3=25(명)$$
즉, A, B 두 중학교의 1학년 1반의 학생 수는 같다.

ㄴ. B 중학교의 그래프가 A 중학교의 그래프보다 전체적으로 오른쪽으로 치우쳐 있으므로 B 중학교 학생이 A 중학교 학생보다 통학 시간이 더 긴 편이다.

ㄷ. 도수분포다각형을 도수분포표로 나타내면 다음과 같다.

통학 시간(분)	도수(명)		도수의 합(명)
	A 중학교	B 중학교	
5^{이상} ~ 10^{미만}	1		1
10 ~ 15	3	1	4
15 ~ 20	7	2	9
20 ~ 25	9	5	14
25 ~ 30	3	8	11
30 ~ 35	2	6	8
35 ~ 40		3	3
합계	25	25	50

도수의 합이 가장 큰 계급은 20분 이상 25분 미만이다.

ㄹ. A 중학교에서 통학 시간이 가장 짧은 학생의 시간은 5분 이상 10분 미만이고 B 중학교에서 통학 시간이 가장 짧은 학생의 시간은 10분 이상 15분 미만이므로 통학 시간이 가장 짧은 학생은 A 중학교에 있다.

따라서 옳지 않은 것은 ㄷ, ㄹ이다.

배운대로 학습하기 ● 본책 226~227쪽

01 ④, ⑤ **02** 20 % **03** 3배 **04** 160 cm
05 10명 **06** ② **07** ⑤ **08** 40
09 20 m 이상 25 m 미만 **10** ⑤ **11** 12명
12 ③, ⑤ **13** ㄱ, ㄴ

01

정답 ④, ⑤

① 계급의 크기는 10점이다.
② 계급의 개수는 5이다.
③ 성주네 반의 전체 학생은 $3+6+9+7+5=30$(명)
⑤ 수학 성적이 70점 이상인 학생은 $9+7+5=21$(명)
따라서 옳은 것은 ④, ⑤이다.

02

정답 20 %

수학 성적이 60점 이상 70점 미만인 학생은 6명이므로 전체의
$\dfrac{6}{30}\times100=20(\%)$이다.

03

정답 3배

도수가 가장 큰 계급은 70점 이상 80점 미만이고 도수는 9명이다.
또한 도수가 가장 작은 계급은 50점 이상 60점 미만이고 도수는 3명이다.
이때 각 계급의 직사각형의 넓이는 그 계급의 도수에 정비례하므로 도수가 가장 큰 계급의 직사각형의 넓이는 도수가 가장 작은 계급의 직사각형의 넓이의 $9\div3=3$(배)이다.

04

정답 160 cm

태준이네 반의 전체 학생은
$4+8+10+12+4+2=40$(명)
상위 15 % 이내에 속하는 학생은 $40\times\dfrac{15}{100}=6$(명)
이때 키가 165 cm 이상인 학생은 2명, 160 cm 이상인 학생은 $4+2=6$(명)이므로 상위 15 % 이내에 드는 학생들의 키는 적어도 160 cm 이상이다.

05

정답 10명

컴퓨터 사용 시간이 7시간 이상인 학생은 $7+3+2=12$(명)이므로 전체 학생을 n명이라 하면
$\dfrac{12}{n}\times100=40$ ∴ $n=30$
따라서 컴퓨터 사용 시간이 5시간 이상 7시간 미만인 학생은
$30-(2+6+7+3+2)=10$(명)

BIBLE SAYS 찢어진 히스토그램에서 도수의 총합이 주어지지 않은 경우
(1) 도수의 총합을 주어진 조건을 이용하여 구한다.
(2) 도수의 총합을 이용하여 찢어진 부분의 도수를 구한다.

06

정답 ②

세훈이가 속하는 계급은 20회 이상 24회 미만이므로 이 계급의 도수는 4명이다.

07

정답 ⑤

세훈이네 반의 전체 학생은 $2+5+6+8+4+3=28$(명)
제기차기 기록이 12회 미만인 학생은 $2+5=7$(명)이므로 전체의
$\dfrac{7}{28}\times100=25(\%)$이다.

08

정답 40

계급의 크기는 5점이므로
도수분포다각형과 가로축으로 둘러싸인 부분의 넓이는
$5\times(a+b+c+d+e+f)=200$
∴ $a+b+c+d+e+f=40$

09

정답 20 m 이상 25 m 미만

던지기 기록이 20 m 이상 25 m 미만인 학생은
$40-(2+6+12+7+5)=8$(명)
던지기 기록이 30 m 이상인 학생은 5명, 25 m 이상인 학생은 $7+5=12$(명), 20 m 이상인 학생은 $8+7+5=20$(명)이므로 던지기 기록이 15번째로 좋은 학생이 속하는 계급은 20 m 이상 25 m 미만이다.

10

정답 ⑤

던지기 기록이 25 m 미만인 학생은 $2+6+12+8=28$(명)이므로
전체의 $\dfrac{28}{40}\times100=70(\%)$이다.

11
정답 12명

나이가 24세 이상 27세 미만인 참가자를 x명이라 하면
$$\frac{x}{50} \times 100 = 26 \qquad \therefore x = 13$$
따라서 나이가 27세 이상 30세 미만인 참가자는
$$50 - (5 + 7 + 10 + 13 + 3) = 12(\text{명})$$

12
정답 ③, ⑤

① 남학생은 $2+3+5+8+5+2=25$(명)
  여학생은 $4+6+7+4+3+1=25$(명)
  즉, 남학생 수와 여학생 수는 같다.
② 주어진 도수분포다각형만으로는 몸무게가 가장 무거운 남학생의 몸무게는 정확히 알 수 없다.
③ 남학생의 그래프가 여학생의 그래프보다 전체적으로 오른쪽으로 치우쳐 있으므로 남학생이 여학생보다 몸무게가 더 무거운 편이다.
④ 몸무게가 40 kg 이상 45 kg 미만인 계급에 속하는 남학생은 5명, 여학생은 7명이므로 여학생이 남학생보다 $7-5=2$(명) 더 많다.
⑤ 몸무게가 35 kg 미만인 여학생은 4명, 40 kg 미만인 여학생은 $4+6=10$(명)이므로 여학생 중 몸무게가 10번째로 가벼운 학생이 속하는 계급은 35 kg 이상 40 kg 미만이다.
따라서 옳은 것은 ③, ⑤이다.

13
정답 ㄱ, ㄴ

ㄱ. 과학 성적이 40점 이상 70점 미만인 학생은
  1반이 $5+8+5=18$(명), 2반이 $4+6+9=19$(명)
  이므로 과학 성적이 40점 이상 70점 미만인 학생은 1반보다 2반이 1명 더 많다.
ㄴ. 2반의 그래프가 1반의 그래프보다 전체적으로 오른쪽으로 치우쳐 있으므로 2반의 과학 성적이 1반의 과학 성적보다 더 좋은 편이다.
ㄷ. 주어진 도수분포다각형만으로는 성적이 가장 우수한 학생이 어느 반에 있는지 알 수 없다.
따라서 옳은 것은 ㄱ, ㄴ이다.

서술형 훈련하기
● 본책 228~229쪽

01 중앙값 : $\frac{11}{2}$, 최빈값 : 5, 6 　　**02** 202
03 2 　　**04** 82 　　**05** 20명 　　**06** 35 %

01
정답 중앙값 : $\frac{11}{2}$, 최빈값 : 5, 6

[1단계] a의 값 구하기
평균이 6이므로
$$\frac{4+5+11+5+a+6+8+3}{8} = 6$$
$$42 + a = 48 \qquad \therefore a = 6 \qquad \cdots\cdots 40\%$$

[2단계] 중앙값 구하기
자료를 작은 값부터 크기순으로 나열하면
3, 4, 5, 5, 6, 6, 8, 11
이므로 중앙값은 $\frac{5+6}{2} = \frac{11}{2}$ 　　　$\cdots\cdots 30\%$

[3단계] 최빈값 구하기
자료에서 5와 6이 가장 많이 나오므로 최빈값은 5, 6이다.
$$\cdots\cdots 30\%$$

02
정답 202

[1단계] B의 값 구하기
영어 성적이 70점 미만인 학생은 $16+32=48$(명)이므로
$$\frac{48}{B} \times 100 = 30 \qquad \therefore B = 160 \qquad \cdots\cdots 50\%$$

[2단계] A의 값 구하기
$$A = 160 - (16 + 32 + 58 + 12) = 42 \qquad \cdots\cdots 30\%$$

[3단계] $A+B$의 값 구하기
$$\therefore A + B = 42 + 160 = 202 \qquad \cdots\cdots 20\%$$

03
정답 2

[1단계] a의 값 구하기
전체 투수는 20명이므로 변량을 작은 값부터 크기순으로 나열하면 10번째 자료의 값과 11번째 자료의 값의 평균이 중앙값이다.
$$\therefore (\text{중앙값}) = \frac{82+83}{2} = \frac{165}{2}(\text{점})$$
$$\therefore a = \frac{165}{2} \qquad \cdots\cdots 30\%$$

[2단계] b의 값 구하기
최빈값은 가장 많이 나타나는 값이므로 92점이다.
$$\therefore b = 92 \qquad \cdots\cdots 30\%$$

[3단계] c의 값 구하기
자책점이 낮은 투수의 점수부터 차례대로 나열하면
50점, 58점, 62점, 71점, $\cdots$이다.
따라서 자책점이 4번째로 낮은 투수의 점수는 71점이다.
$$\therefore c = 71 \qquad \cdots\cdots 30\%$$

[4단계] $2a-b-c$의 값 구하기
$$\therefore 2a - b - c = 2 \times \frac{165}{2} - 92 - 71 = 2 \qquad \cdots\cdots 10\%$$

04
정답 82

[1단계] a의 값 구하기
히스토그램에서 두 직사각형의 넓이의 비는 두 계급의 도수의 비와 같으므로
$$8 : 5 = a : 10, \; 5a = 80 \qquad \therefore a = 16 \qquad \cdots\cdots 60\%$$

[2단계] 직사각형 전체의 넓이의 합 구하기

따라서 직사각형 전체의 넓이의 합은

$2 \times (2+5+8+16+10)=82$ …… 40 %

05
[정답] 20명

[1단계] 기록이 13 m 미만인 학생과 기록이 17 m 이상인 학생을 합하면 몇 명인지 구하기

기록이 13 m 미만인 학생과 기록이 17 m 이상인 학생을 합하면

$2+3+2+1=8$(명) …… 40 %

[2단계] 세찬이네 반의 전체 학생은 몇 명인지 구하기

기록이 13 m 미만인 학생과 17 m 이상인 학생을 합하면 전체의 40 %이므로 전체 학생을 x명이라 하면

$\dfrac{8}{x} \times 100 = 40$ ∴ $x=20$

따라서 세찬이네 반의 전체 학생은 20명이다. …… 60 %

06
[정답] 35 %

[1단계] 영어 성적이 70점 이상 80점 미만인 학생은 몇 명인지 구하기

영어 성적이 70점 이상 80점 미만인 학생은

$40-(3+8+10+5)=14$(명) …… 40 %

[2단계] 영어 성적이 70점 이상 80점 미만인 학생은 전체의 몇 %인지 구하기

따라서 영어 성적이 70점 이상 80점 미만인 학생은 전체의

$\dfrac{14}{40} \times 100 = 35(\%)$이다. …… 60 %

중단원 마무리하기
● 본책 230~234쪽

01 ③	**02** 175 cm	**03** 84점	**04** ③
05 ②	**06** 9	**07** 2	**08** ④
09 33권	**10** 4명	**11** ④	**12** ④, ⑤
13 ②	**14** ㄴ, ㄷ	**15** 8	**16** 10명
17 ④	**18** (1) 8명 (2) 20시간		
19 (1) 40명 (2) 10명		**20** 11곳	**21** 60 %
22 ④	**23** 7명	**24** 32.5 %	**25** ①, ⑤
26 29	**27** ④	**28** 6	**29** 37.5 %

01
[정답] ③

③ 최빈값은 자료에 따라 2개 이상일 수도 있다.

02
[정답] 175 cm

모임에서 탈퇴한 회원의 키를 x cm라 하면

$\dfrac{21 \times 165 - x}{20} = 164.5$, $3465 - x = 3290$

∴ $x=175$

따라서 탈퇴한 회원의 키는 175 cm이다.

03
[정답] 84점

수학 점수를 작은 값부터 크기순으로 나열할 때, 4번째와 5번째의 점수의 평균이 중앙값이므로 5번째의 수학 점수를 x점이라 하면

$\dfrac{80+x}{2}=82$

$80+x=164$ ∴ $x=84$

이 모둠에 수학 점수가 85점인 학생이 추가되었을 때, 학생 9명의 수학 점수를 작은 값부터 크기순으로 나열하면 5번째 학생의 수학 점수가 중앙값이므로 84점이다.

04
[정답] ③

② A 모둠 자료의 최빈값은 존재하지 않으므로 최빈값을 대푯값으로 할 수 없다.

③ A 모둠 자료의 중앙값은 15분, B 모둠 자료의 중앙값은 12분이므로 A 모둠 자료의 중앙값이 B 모둠 자료의 중앙값보다 더 크다.

④ (A 모둠의 평균)$=\dfrac{17+15+9+11+18}{5}=\dfrac{70}{5}=14$(분)

(B 모둠의 평균)$=\dfrac{45+10+16+12+12}{5}=\dfrac{95}{5}=19$(분)

즉, B 모둠의 평균 통학 시간이 A 모둠의 평균 통학 시간보다 5분 더 걸린다.

⑤ B 모둠 자료의 변량 중 45분과 같은 극단적인 값이 있으므로 대푯값으로 평균보다 중앙값이 더 적절하다.

따라서 옳지 않은 것은 ③이다.

05
[정답] ②

x를 제외한 자료에서 23이 가장 많이 나오므로 최빈값은 23이다.

$(평균)=\dfrac{23+20+23+28+x+23}{6}=\dfrac{117+x}{6}$

이때 평균과 최빈값이 서로 같으므로

$\dfrac{117+x}{6}=23$

$117+x=138$ ∴ $x=21$

06
[정답] 9

a를 제외한 자료를 작은 값부터 크기순으로 나열하면

2, 5, 7, 10, 14

이때 중앙값이 8이므로 $7 < a < 10$

6개의 자료를 작은 값부터 크기순으로 나열하면

2, 5, 7, a, 10, 14이므로

$(중앙값)=\dfrac{7+a}{2}$

따라서 $\dfrac{7+a}{2}=8$이므로

$7+a=16$ ∴ $a=9$

07
[정답] 2

4, a, b, 7, 7의 중앙값이 5이고 $a < b$이므로 $b=5$

네 개의 변량 4, a, 5, 6의 평균이 4.5이므로

$$\frac{4+a+5+6}{4}=4.5$$

$15+a=18$ $\therefore a=3$

$\therefore b-a=5-3=2$

08
〔정답〕 ④

중앙값은 $\frac{14+16}{2}=15$(권)이므로 $a=15$

또한 최빈값은 14권이므로 $b=14$

$\therefore a+b=15+14=29$

〔참고〕 주어진 줄기와 잎 그림에서 중앙값은 작은 값부터 크기순으로 나열하였을 때 7번째 값과 8번째 값의 평균이다.

09
〔정답〕 33권

가장 많이 빌린 회원의 책의 수는 36권, 세 번째로 적게 빌린 회원의 책의 수는 3권이므로 구하는 차는 $36-3=33$(권)

10
〔정답〕 4명

잎이 가장 많은 줄기는 1이므로 지은이가 빌린 책의 수는 10권 이상이다.

따라서 지은이보다 책을 적게 빌린 회원은 적어도 4명이다.

11
〔정답〕 ④

① 줄기가 7인 잎은 0, 3, 7, 8의 4개이다.

③ 진기네 반의 전체 학생은 $5+4+6+7=22$(명)

④ 영어 성적이 높은 학생의 점수부터 차례대로 나열하면
99점, 98점, 95점, 95점, 94점, 92점, 90점, 89점, 88점, 87점, 85점, …이다.
즉, 영어 성적이 11번째로 높은 학생의 점수는 85점이다.

⑤ 진기보다 영어 성적이 높은 학생은 94점, 95점, 95점, 98점, 99점의 5명이다.

따라서 옳지 않은 것은 ④이다.

12
〔정답〕 ④, ⑤

① 슬기네 반의 전체 학생은 $6+7+9+8=30$(명)

③ 인터넷 사용 시간이 24분 이상 36분 미만인 학생은 24분, 24분, 25분, 27분, 28분, 29분, 30분, 32분, 32분, 33분, 33분의 11명이다.

④ 인터넷 사용 시간이 23분 미만인 학생은 10분, 12분, 15분, 16분, 19분, 19분의 6명이므로 전체의 $\frac{6}{30}\times100=20$(%)이다.

⑤ 인터넷 사용 시간이 긴 학생의 시간부터 차례대로 나열하면
49분, 46분, 45분, 45분, 45분, 43분, 42분, …이다.
즉, 인터넷 사용 시간이 7번째로 긴 학생의 인터넷 사용 시간은 42분이다.

따라서 옳지 않은 것은 ④, ⑤이다.

13
〔정답〕 ②

ㄱ. 남자 회원은 $3+4+3=10$(명)
여자 회원은 $5+3+2=10$(명)
따라서 전체 회원은 $10+10=20$(명)

ㄴ. 나이가 가장 많은 회원의 나이는 47세, 나이가 가장 적은 회원의 나이는 21세이므로 구하는 차는 $47-21=26$(세)

ㄷ. 나이가 많은 회원의 나이부터 차례대로 나열하면 47세, 45세, 43세, 41세, 40세, 38세, 37세, 36세, 34세, 32세, …이다.
즉, 나이가 10번째로 많은 회원의 나이는 32세이다.

ㄹ. 남자 회원이 여자 회원보다 줄기의 값이 큰 쪽의 잎의 수가 더 많으므로 남자 회원이 여자 회원보다 대체로 나이가 더 많은 편이다.

따라서 옳은 것은 ㄱ, ㄹ이다.

14
〔정답〕 ㄴ, ㄷ

ㄱ. 휴대폰 사용 시간이 90분인 학생이 속하는 계급은 90분 이상 120분 미만이므로 그 도수는 3명이다.

ㄴ. 도수가 가장 큰 계급은 30분 이상 60분 미만이고, 도수가 두 번째로 큰 계급은 60분 이상 90분 미만이다.

ㄷ. 전체 학생은 30명이고, 휴대폰 사용 시간이 60분 미만인 학생은 $5+13=18$(명)이므로 전체의 $\frac{18}{30}\times100=60$(%)이다.

따라서 옳은 것은 ㄴ, ㄷ이다.

15
〔정답〕 8

질문한 횟수가 4회 미만인 학생은 3명이므로 질문한 횟수 8회 이상 12회 미만인 학생은
$3\times4=12$(명) $\therefore A=12$
$B=50-(3+10+12+5)=20$
$\therefore B-A=20-12=8$

16
〔정답〕 10명

타자 수가 240타 이상 260타 미만인 학생을 x명이라 하면 타자 수가 240타 이상 260타 미만인 학생이 전체의 30 %이므로

$$\frac{x}{40}\times100=30 \quad \therefore x=12$$

따라서 타자 수가 260타 이상 280타 미만인 학생은
$40-(4+8+12+6)=10$(명)

17
〔정답〕 ④

① 진영이네 반의 전체 학생은 $3+9+12+4+2=30$(명)

② 국어 성적이 70점 이상 90점 미만인 학생은 $12+4=16$(명)

③ 국어 성적이 90점 이상인 학생은 2명, 80점 이상인 학생은 $4+2=6$(명)이므로 국어 성적이 5번째로 높은 학생이 속하는 계급은 80점 이상 90점 미만이다.

④ 국어 성적이 70점 미만인 학생은 $3+9=12$(명)이므로 전체의
$\dfrac{12}{30}\times100=40(\%)$이다.

⑤ 도수가 가장 큰 계급은 70점 이상 80점 미만이고 그 도수는 12명
이다. 또한 도수가 가장 작은 계급은 90점 이상 100점 미만이고
그 도수는 2명이다.
이때 각 계급의 직사각형의 넓이는 그 계급의 도수에 정비례하므
로 도수가 가장 큰 계급의 직사각형의 넓이는 도수가 가장 작은
계급의 직사각형의 넓이의 $12\div2=6$(배)이다.

따라서 옳지 않은 것은 ④이다.

18
 (1) 8명 (2) 20시간

(1) 세현이네 반의 전체 학생은 $1+2+5+13+11+8=40$(명)
따라서 교실 청소를 하는 학생은 $40\times\dfrac{20}{100}=8$(명)

(2) 봉사 활동 시간이 10시간 미만인 학생은 1명, 15시간 미만인 학생
은 $1+2=3$(명), 20시간 미만인 학생은 $1+2+5=8$(명)이므로 봉
사 활동 시간이 20시간 미만인 학생들이 교실 청소를 한다.
따라서 세현이의 봉사 활동 시간은 적어도 20시간 이상이다.

19
 (1) 40명 (2) 10명

(1) 기록이 40회 이상 60회 미만인 학생은 $7+5=12$(명)이므로 승
완이네 반의 전체 학생을 n명이라 하면
$\dfrac{12}{n}\times100=30$ $\therefore n=40$
따라서 승완이네 반의 전체 학생은 40명이다.

(2) 기록이 30회 이상 40회 미만인 학생은
$40-(6+9+7+5+3)=10$(명)

20
 11곳

히스토그램에서 두 직사각형의 넓이의 비는 두 계급의 도수의 비와
같으므로 소음도가 60 dB 이상 65 dB 미만인 계급의 도수를 x곳
이라 하면
$4:5=8:x,\ 4x=40$ $\therefore x=10$
따라서 소음도가 55 dB 이상 60 dB 미만인 지역은
$45-(1+6+8+10+6+3)=11$(곳)

21
 60 %

요섭이네 반의 전체 학생은 $3+5+8+12+7+5=40$(명)
사회 성적이 70점 이상인 학생은 $12+7+5=24$(명)이므로 전체의
$\dfrac{24}{40}\times100=60(\%)$이다.

22
 ④

④ 나은이네 반의 전체 학생은 $4+8+10+5+3=30$(명)
라디오 청취 시간이 3시간 미만인 학생은 $4+8=12$(명)이므로
전체의 $\dfrac{12}{30}\times100=40(\%)$이다.

⑤ 라디오 청취 시간이 5시간 이상인 학생은 3명, 4시간 이상인 학
생은 $5+3=8$(명), 3시간 이상인 학생은 $10+5+3=18$(명)이
므로 라디오 청취 시간이 10번째로 긴 학생이 속하는 계급은 3시
간 이상 4시간 미만이다.
즉, 구하는 도수는 10명이다.

따라서 옳지 않은 것은 ④이다.

23
 7명

기록이 130 cm 미만인 학생은 $4+5=9$(명)이므로 전체 학생을 n
명이라 하면
$\dfrac{9}{n}\times100=36$ $\therefore n=25$
따라서 기록이 130 cm 이상 140 cm 미만인 학생은
$25-(4+5+6+3)=7$(명)

24
 32.5 %

계급의 크기가 $10-5=5$(분)이므로 전체 학생을 x명이라 하면
$5x=200$ $\therefore x=40$
따라서 통학 시간이 20분 이상 25분 미만인 학생은
$40-(4+7+11+4+1)=13$(명)이므로 전체의
$\dfrac{13}{40}\times100=32.5(\%)$이다.

25
 ①, ⑤

① 2반의 그래프가 1반의 그래프보다 전체적으로 오른쪽으로 치우
쳐 있으므로 2반이 1반보다 영어 성적이 더 좋은 편이다.

② 주어진 도수분포다각형만으로는 영어 성적이 가장 우수한 학생
이 2반에 있는지 알 수 없다.

③ 1반의 전체 학생은 $3+5+6+8+6+2=30$(명)
2반의 전체 학생은 $3+5+7+9+6=30$(명)
즉, 1반과 2반의 학생 수는 같다.

④ 영어 성적이 70점 이상인 학생은
1반이 $8+6+2=16$(명), 2반이 $7+9+6=22$(명)
즉, 2반이 1반보다 $22-16=6$(명) 더 많다.

⑤ 1반과 2반의 전체 학생 수가 같고, 계급의 크기가 같으므로 각각
의 그래프와 가로축으로 둘러싸인 부분의 넓이는 같다.

따라서 옳은 것은 ①, ⑤이다.

26
 29

$a,\ b,\ c$를 제외한 자료에서 6이 2개, 10이 1개이므로 최빈값이 10이
되려면 $a,\ b,\ c$ 중 적어도 2개는 10이어야 한다.
$a,\ b,\ c$의 값을 10, 10, x라 하자.
주어진 자료를 x를 제외하고 작은 값부터 크기순으로 나열하면
3, 6, 6, 7, 10, 10, 10
이때 중앙값이 8이려면 x를 포함한 자료에서 4번째와 5번째 변량의
평균이 8이어야 한다.

즉, $7<x<10$이어야 하므로

$\dfrac{7+x}{2}=8,\ 7+x=16$ $\quad \therefore x=9$

$\therefore a+b+c=10+10+9=29$

27 (정답) ④

① 줄넘기 기록이 적은 학생부터 차례대로 나열하면 71회, 75회, 76회, 78회, 81회, 82회, 83회, 83회, 83회, 85회, …이다.
따라서 줄넘기 기록이 10번째로 적은 학생의 기록은 85회이다.

② 예진이네 반의 남학생은 $1+4+4+5+2=16$(명)
여학생은 $3+6+6+4+1=20$(명)
예진이네 반의 전체 학생은 $16+20=36$(명)
줄넘기 기록을 작은 값부터 크기순으로 나열할 때, 18번째와 19번째 기록의 평균이 중앙값이므로 중앙값은 $\dfrac{92+92}{2}=92$(회)
줄넘기 기록 중 83회와 105회가 가장 많이 나오므로 최빈값은 83회, 105회이다.

③ 줄넘기 기록이 105회 이상인 남학생은 105회, 105회, 108회, 109회, 113회, 115회의 6명, 여학생은 105회, 108회, 110회의 3명이다.
따라서 줄넘기 기록이 105회 이상인 학생은 $6+3=9$(명)이므로 전체의 $\dfrac{9}{36}\times100=25(\%)$이다.

④ 남학생 중 기록이 4번째로 좋은 학생의 기록은 108회이고, 108회는 여학생 기록 중 2번째로 좋은 기록이다.

⑤ 남학생과 여학생 중 기록이 같은 학생의 기록은 83회, 87회, 91회, 92회, 94회, 102회, 105회, 108회의 8가지이다.

따라서 옳지 않은 것은 ④이다.

28 (정답) 6

㈎에서 운동 시간이 4시간 미만인 학생은 $6+10=16$(명)이고, 운동 시간이 4시간 미만인 학생이 전체의 50 %이므로 전체 학생을 n명이라 하면

$\dfrac{16}{n}\times100=50$ $\quad \therefore n=32$

㈏에서 운동 시간이 10번째로 긴 학생이 속하는 계급이 4시간 이상 6시간 미만이므로 운동 시간이 6시간 이상인 학생이 9명인 경우에 A의 값이 가장 작고, 그때의 A의 값은

$A=32-(6+10+9)=7$

운동 시간이 6시간 이상 8시간 미만인 학생이 0명인 경우에 A의 값이 가장 크고, 그때의 A의 값은

$A=32-(6+10+3)=13$

따라서 구하는 차는 $13-7=6$

29 (정답) 37.5 %

A 중학교의 전체 학생은 $5+25+40+20+10=100$(명)이므로 상위 30 % 이내에 속하는 학생은 $100\times\dfrac{30}{100}=30$(명)

이때 A 중학교에서 과학 성적이 90점 이상인 학생은 10명, 80점 이상인 학생은 $20+10=30$(명)이므로 A 중학교에서 상위 30 % 이내에 속하는 학생의 과학 성적은 80점 이상이다.

따라서 B 중학교의 전체 학생은

$15+25+35+25+20=120$(명)이고,

과학 성적이 80점 이상인 학생은 $25+20=45$(명)이므로 상위

$\dfrac{45}{120}\times100=37.5(\%)$ 이내에 속한다.

IV 09 상대도수

01 상대도수

개념 CHECK ● 본책 236쪽

01 (1) 5, 0.25, 7, 20, 0.35, 1, 1 (2) 60분 이상 90분 미만 (3) 2명

01 (3) 상대도수가 가장 작은 계급은 0분 이상 30분 미만이므로 도수는 2명이다.

대표 유형 ● 본책 237~238쪽

01 · A 0.4 **B** 0.2 **02 · A** 5명 **B** ②
03 · A (1) $A=0.25$, $B=20$, $C=100$, $D=1$ (2) 35 %
04 · A 0.2 **B** 15개

01 · A 〔정답〕 0.4

전체 학생은 $2+6+12+9+1=30$(명)
도수가 가장 큰 계급은 70점 이상 80점 미만이고 이 계급의 도수는
12명이므로 구하는 상대도수는 $\dfrac{12}{30}=0.4$

01 · B 〔정답〕 0.2

전체 자두는 $5+9+12+7+2=35$(개)
무게가 105 g인 자두가 속하는 계급은 100 g 이상 110 g 미만이고
이 계급의 도수는 7개이므로 구하는 상대도수는 $\dfrac{7}{35}=0.2$

02 · A 〔정답〕 5명

(도수의 총합)$=\dfrac{2}{0.05}=40$(명)이므로
상대도수가 0.125인 계급의 도수는 $0.125\times40=5$(명)

02 · B 〔정답〕 ②

(도수의 총합)$=\dfrac{9}{0.18}=50$(명)이므로
도수가 5명인 계급의 상대도수는 $\dfrac{5}{50}=0.1$

03 · A 〔정답〕 (1) $A=0.25$, $B=20$, $C=100$, $D=1$ (2) 35 %

(1) $C=\dfrac{10}{0.1}=100$, $A=\dfrac{25}{100}=0.25$, $B=0.2\times100=20$, $D=1$
(2) 읽은 책이 8권 미만인 계급의 상대도수의 합은
  $0.1+A=0.1+0.25=0.35$
  따라서 읽은 책이 8권 미만인 학생은 전체의
  $0.35\times100=35$(%)이다.

상대도수는 도수의 총합을 1로 보았을 때 각 계급의 도수가 차지하는 비율이고, 백분율은 도수의 총합을 100으로 보았을 때 각 계급의 도수가 차지하는 비율이다.

➡ (백분율)$=\dfrac{(그\ 계급의\ 도수)}{(전체\ 도수)}\times100=$(상대도수)$\times100$(%)

04 · A 〔정답〕 0.2

전체 학생은 $\dfrac{3}{0.15}=20$(명)이므로
매달리기 기록이 10초 이상 20초 미만인 계급의 상대도수는
$\dfrac{4}{20}=0.2$

04 · B 〔정답〕 15개

전체 귤은 $\dfrac{9}{0.15}=60$(개)이므로
무게가 35 g 이상 40 g 미만인 귤은 $0.25\times60=15$(개)

02 상대도수의 분포를 나타낸 그래프

개념 CHECK ● 본책 239쪽

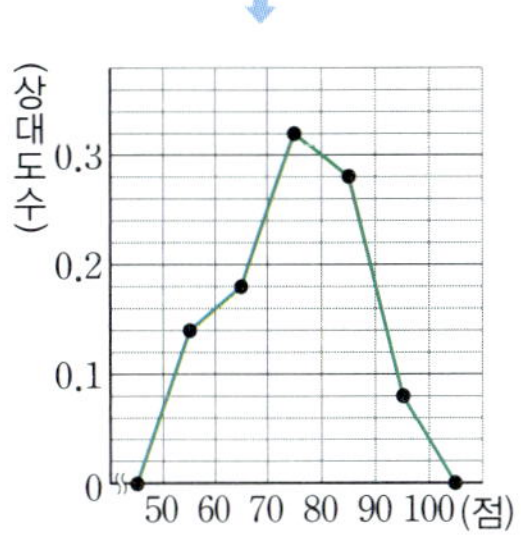

02

한문 성적(점)	도수(명)	상대도수
$50^{이상}\sim60^{미만}$	7	0.14
60 ~ 70	9	0.18
70 ~ 80	16	0.32
80 ~ 90	14	0.28
90 ~100	4	0.08
합계	50	1

 ● 본책 240쪽

05·Ⓐ (1) 0.04 (2) 18 % (3) 51명
06·Ⓐ (1) 0.32 (2) 28명

05·Ⓐ (정답) (1) 0.04 (2) 18 % (3) 51명

(1) 도수가 가장 작은 계급은 50점 이상 60점 미만이므로 상대도수는 0.04이다.
(2) 영어 성적이 70점 미만인 계급의 상대도수의 합은
$0.04+0.14=0.18$
따라서 영어 성적이 70점 미만인 학생은 전체의
$0.18\times100=18(\%)$이다.
(3) 영어 성적이 90점 이상인 학생은
$0.16\times150=24(명)$
영어 성적이 80점 이상인 학생은
$(0.34+0.16)\times150=75(명)$
따라서 영어 성적이 30번째로 높은 학생이 속하는 계급은 80점 이상 90점 미만이므로 이 계급의 도수는
$0.34\times150=51(명)$

06·Ⓐ (정답) (1) 0.32 (2) 28명

(1) 키가 155 cm 이상 160 cm 미만인 계급의 상대도수는
$1-(0.1+0.24+0.2+0.14)=0.32$
(2) 키가 150 cm 이상 160 cm 미만인 계급의 상대도수의 합은
$0.24+0.32=0.56$
따라서 키가 150 cm 이상 160 cm 미만인 학생은
$0.56\times50=28(명)$

03 도수의 총합이 다른 두 자료의 분포

 ● 본책 241쪽

01 (1)

앱의 수(개)	1반		2반	
	도수(명)	상대도수	도수(명)	상대도수
10 이상 ~ 20 미만	6	0.2	4	0.1
20 ~ 30	12	0.4	8	0.2
30 ~ 40	9	0.3	20	0.5
40 ~ 50	3	0.1	8	0.2
합계	30	1	40	1

(2)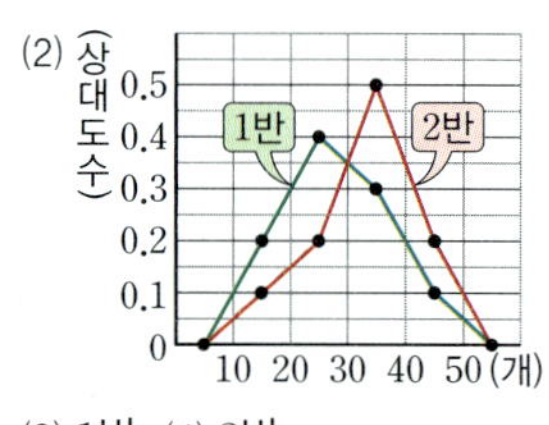

(3) 1반 (4) 2반

01 (3) 앱의 수가 20개 이상 30개 미만인 계급의 상대도수는
1반 : 0.4, 2반 : 0.2
따라서 앱의 수가 20개 이상 30개 미만인 학생의 비율은 1반이 더 높다.
(4) 상대도수의 분포를 나타낸 그래프에서 2반의 그래프가 1반의 그래프보다 전체적으로 오른쪽으로 치우쳐 있으므로 앱의 수가 상대적으로 더 많은 쪽은 2반이다.

 ● 본책 242~243쪽

07·Ⓐ (1) $A=6,\ B=12$ (2) 200 cm 이상 210 cm 미만 (3) 2
08·Ⓐ 14 : 15 **Ⓑ** 9 : 5 **09·Ⓐ** ③, ④ **Ⓑ** ③

07·Ⓐ (정답) (1) $A=6,\ B=12$
(2) 200 cm 이상 210 cm 미만 (3) 2

(1) $A=50-(10+17+12+5)=6$
$B=60-(18+9+15+6)=12$
(2) 각 계급의 상대도수를 구하여 상대도수의 분포표를 만들면 다음과 같다.

제자리멀리뛰기 기록(cm)	상대도수	
	1학년	2학년
160 이상 ~ 170 미만	0.2	0.3
170 ~ 180	0.34	0.2
180 ~ 190	0.24	0.15
190 ~ 200	0.12	0.25
200 ~ 210	0.1	0.1
합계	1	1

따라서 1학년과 2학년의 상대도수가 같은 계급은 200 cm 이상 210 cm 미만이다.
(3) 1학년이 2학년보다 상대도수가 더 큰 계급은 170 cm 이상 180 cm 미만, 180 cm 이상 190 cm 미만의 2개이다.

08·Ⓐ (정답) 14 : 15

A, B 두 반의 전체 학생을 각각 $3a$명, $2a$명이라 하고 어떤 계급의 도수를 각각 $7b$명, $5b$명이라 하면 이 계급의 상대도수의 비는
$$\frac{7b}{3a} : \frac{5b}{2a} = \frac{7}{3} : \frac{5}{2} = 14 : 15$$

08·Ⓑ (정답) 9 : 5

어느 중학교 1학년과 2학년의 전체 학생을 각각 $6a$명, $5a$명이라 하고 어떤 계급의 상대도수를 각각 $3b$, $2b$라 하면 이 계급의 도수의 비는
$$(6a\times3b) : (5a\times2b) = 18ab : 10ab = 9 : 5$$

09·Ⓐ

정답 ③, ④

① 남학생 수와 여학생 수는 알 수 없다.

② 상대도수의 분포를 나타낸 그래프에서 여학생의 그래프가 남학생의 그래프보다 전체적으로 오른쪽으로 치우쳐 있으므로 여학생의 과학 성적이 남학생의 과학 성적보다 상대적으로 더 좋은 편이다.

③ 계급의 크기는 10점으로 같고 상대도수의 총합도 1로 같으므로 각각의 그래프와 가로축으로 둘러싸인 부분의 넓이는 같다.

④ 남학생의 과학 성적 중 도수가 가장 큰 계급은 상대도수가 가장 큰 계급이므로 60점 이상 70점 미만이다.

⑤ 남학생 수와 여학생 수를 알 수 없으므로 비교할 수 없다.

따라서 옳은 것은 ③, ④이다.

09·Ⓑ

정답 ③

① 상대도수의 총합은 항상 1이다.

② 남학생 중 읽은 책이 12권 이상인 계급의 상대도수의 합은 $0.2+0.05=0.25$이므로 전체 남학생이 40명이면 책을 12권 이상 읽은 남학생은 $0.25\times40=10$(명)

③ 여학생 중 읽은 책이 12권 이상인 계급의 상대도수의 합은 $0.35+0.15=0.5$이므로 여학생 전체의 $0.5\times100=50(\%)$이다.

④ 남학생과 여학생 모두 전체 학생 수를 알 수 없으므로 어떤 계급에 속하는 학생 수를 비교할 수 없다.

⑤ 상대도수의 분포를 나타낸 그래프에서 여학생의 그래프가 남학생의 그래프보다 전체적으로 오른쪽으로 치우쳐 있으므로 여학생이 남학생보다 읽은 책의 수가 상대적으로 더 많은 편이다.

따라서 옳은 것은 ③이다.

배운대로 학습하기

● 본책 244~245쪽

01 0.2	**02** 18	**03** (1) 10.35 (2) 0.2
04 4명	**05** 0.14	**06** 15개 **07** ⑤
08 9명	**09** 160 cm 이상 165 cm 미만	**10** ③
11 ①, ④		

01

정답 0.2

대기 시간이 5분 이상 10분 미만인 계급의 도수는

$20-(2+7+5+2)=4$(명)

따라서 대기 시간이 5분 이상 10분 미만인 계급의 상대도수는

$\dfrac{4}{20}=0.2$

02

정답 18

(도수의 총합)$=\dfrac{8}{0.2}=40$이므로

상대도수가 0.45인 계급의 도수는 $0.45\times40=18$

03

정답 (1) 10.35 (2) 0.2

(1) 전체 학생은 $\dfrac{6}{0.15}=40$(명)

$A=0.25\times40=10$, $B=\dfrac{14}{40}=0.35$

$\therefore A+B=10+0.35=10.35$

다른 풀이

상대도수는 그 계급의 도수에 정비례하므로

$6:A=0.15:0.25$에서 $0.15A=1.5$ $\therefore A=10$

$6:14=0.15:B$에서 $6B=2.1$ $\therefore B=0.35$

$\therefore A+B=10+0.35=10.35$

(2) 통학 시간이 25분 이상 30분 미만인 학생은 $0.05\times40=2$(명), 20분 이상인 학생은 $8+2=10$(명)이므로 통학 시간이 5번째로 긴 학생이 속하는 계급은 20분 이상 25분 미만이다.

따라서 구하는 상대도수는 $\dfrac{8}{40}=0.2$

04

정답 4명

줄넘기 기록이 30회 미만인 학생이 전체의 40 %이므로 35회 이상 40회 미만인 계급의 상대도수는 $1-(0.4+0.36+0.08)=0.16$

따라서 줄넘기 기록이 35회 이상 40회 미만인 학생은

$0.16\times25=4$(명)

05

정답 0.14

전체 학생은 $\dfrac{4}{0.08}=50$(명)

따라서 매달리기 기록이 10초 이상 20초 미만인 계급의 상대도수는

$\dfrac{7}{50}=0.14$

다른 풀이

상대도수는 그 계급의 도수에 정비례하므로

매달리기 기록이 10초 이상 20초 미만인 계급의 상대도수를 x라 하면

$4:7=0.08:x$, $4x=0.56$ $\therefore x=0.14$

06

정답 15개

사용한 이모티콘이 18개 이상인 학생은 $0.16\times75=12$(명), 14개 이상인 학생은 $(0.2+0.16)\times75=27$(명)이므로 사용한 이모티콘이 13번째로 많은 학생이 속하는 계급은 14개 이상 18개 미만이다.

따라서 구하는 도수는 $0.2\times75=15$(개)

07

정답 ⑤

① 계급의 개수는 5이다.

② 전체 학생은 $\dfrac{24}{0.3}=80$(명)

③ 1분당 맥박 수가 85회 이상 90회 미만인 학생은 $0.15\times80=12$(명)

④ 1분당 맥박 수가 80회 이상인 계급의 상대도수의 합은
$0.2+0.15=0.35$이므로 전체의 $0.35\times100=35(\%)$이다.
⑤ 1분당 맥박 수가 65회 이상 70회 미만인 학생은
$0.1\times80=8$(명)
1분당 맥박 수가 70회 이상 75회 미만인 학생은
$0.25\times80=20$(명)
따라서 1분당 맥박 수가 10번째로 적은 학생이 속하는 계급은
70회 이상 75회 미만이므로 도수는 20명이다.
따라서 옳은 것은 ⑤이다.

08
(정답) 9명

몸무게가 40 kg 미만인 계급의 상대도수의 합은
$0.04+0.08=0.12$이므로 전체 학생은
$$\frac{3}{0.12}=25(\text{명})$$
몸무게가 45 kg 이상 50 kg 미만인 계급의 상대도수는
$1-(0.04+0.08+0.32+0.2)=0.36$
따라서 몸무게가 45 kg 이상 50 kg 미만인 학생은
$0.36\times25=9$(명)

09
(정답) 160 cm 이상 165 cm 미만

각 계급의 상대도수를 구하여 상대도수의 분포표를 만들면 다음과
같다.

키(cm)	상대도수	
	1반	2반
$150^{이상} \sim 155^{미만}$	0.04	0.05
$155 \sim 160$	0.24	0.25
$160 \sim 165$	0.44	0.4
$165 \sim 170$	0.2	0.2
$170 \sim 175$	0.08	0.1
합계	1	1

따라서 1반보다 2반의 상대도수가 더 작은 계급은 160 cm 이상
165 cm 미만이다.

10
(정답) ③

어떤 계급의 도수를 각각 $8a$명, $7a$명이라 하면 이 계급의 상대도수
의 비는
$$\frac{8a}{400} : \frac{7a}{300} = \frac{1}{50} : \frac{7}{300} = 6:7$$

11
(정답) ①, ④

① A 중학교의 계급의 개수는 5이고, B 중학교의 계급의 개수는 4
이다.
② A 중학교에서 도수가 가장 큰 계급은 상대도수가 가장 큰 계급
인 15점 이상 20점 미만이므로 상대도수는 0.4이다.

③ 점수가 20점 이상인 계급의 상대도수의 합은
A 중학교 : $0.2+0.05=0.25$, B 중학교 : $0.35+0.1=0.45$
즉, 점수가 20점 이상인 학생의 비율은 B 중학교가 더 높다.
④ A, B 두 중학교의 전체 학생 수를 알 수 없으므로 학생 수를 비
교할 수 없다.
⑤ 상대도수의 분포를 나타낸 그래프에서 B 중학교의 그래프가 A
중학교의 그래프보다 전체적으로 오른쪽으로 치우쳐 있으므로 B
중학교 학생들의 점수가 A 중학교 학생들의 점수보다 상대적으
로 더 높은 편이다.
따라서 옳지 않은 것은 ①, ④이다.

서술형 훈련하기
• 본책 246~247쪽

01 32 %	**02** 8명	**03** 20명	**04** 18송이
05 14명	**06** 4명		

01
(정답) 32 %

[1단계] **용돈이 4만 원 이상 5만 원 미만인 계급의 상대도수 구하기**

전체 학생은 $\frac{3}{0.06}=50$(명)이므로

용돈이 4만 원 이상 5만 원 미만인 계급의 상대도수는 $\frac{5}{50}=0.1$
 ⋯⋯ 50 %

[2단계] **용돈이 3만 원 이상인 학생은 전체의 몇 %인지 구하기**

용돈이 3만 원 이상인 계급의 상대도수의 합은
$0.22+0.1=0.32$
따라서 용돈이 3만 원 이상인 학생은 전체의 $0.32\times100=32(\%)$
이다.
 ⋯⋯ 50 %

02
(정답) 8명

[1단계] **전체 학생은 몇 명인지 구하기**

기록이 15 m 이상 20 m 미만인 계급의 상대도수는 0.15이므로

전체 학생은 $\frac{6}{0.15}=40$(명)
 ⋯⋯ 50 %

[2단계] **기록이 20 m 미만인 학생은 몇 명인지 구하기**

기록이 20 m 미만인 계급의 상대도수의 합은
$0.05+0.15=0.2$
따라서 기록이 20 m 미만인 학생은 $0.2\times40=8$(명)
 ⋯⋯ 50 %

03
(정답) 20명

[1단계] **나이가 40세 이상 50세 미만인 계급의 상대도수 구하기**

나이가 40세 이상 50세 미만인 계급의 상대도수는
$1-(0.1+0.25+0.3+0.1)=0.25$
 ⋯⋯ 50 %

[2단계] 나이가 40세 이상 50세 미만인 회원은 몇 명인지 구하기

따라서 나이가 40세 이상 50세 미만인 회원은

$0.25 \times 80 = 20$(명) ····· 50 %

04

정답 18송이

[1단계] 전체 포도는 몇 송이인지 구하기

전체 포도는 $\dfrac{9}{0.15} = 60$(송이) ····· 30 %

[2단계] 당도가 10 Brix 이상 14 Brix 미만인 계급의 상대도수 구하기

당도가 14 Brix 이상인 계급의 상대도수의 합이 0.55이므로

당도가 10 Brix 이상 14 Brix 미만인 계급의 상대도수는

$1 - (0.15 + 0.55) = 0.3$ ····· 40 %

[3단계] 당도가 10 Brix 이상 14 Brix 미만인 포도는 몇 송이인지 구하기

따라서 당도가 10 Brix 이상 14 Brix 미만인 포도는

$0.3 \times 60 = 18$(송이) ····· 30 %

05

정답 14명

[1단계] 전체 학생은 몇 명인지 구하기

전체 학생은 $\dfrac{4}{0.1} = 40$(명) ····· 30 %

[2단계] 통학 시간이 30분 이상 40분 미만인 계급의 상대도수 구하기

통학 시간이 30분 이상 40분 미만인 계급의 상대도수는

$1 - (0.1 + 0.15 + 0.25 + 0.1 + 0.05) = 0.35$ ····· 40 %

[3단계] 통학 시간이 30분 이상 40분 미만인 학생은 몇 명인지 구하기

따라서 통학 시간이 30분 이상 40분 미만인 학생은

$0.35 \times 40 = 14$(명) ····· 30 %

06

정답 4명

[1단계] 전체 여학생은 몇 명인지 구하기

전체 여학생은 $\dfrac{72}{0.36} = 200$(명) ····· 30 %

[2단계] 기록이 16초 미만인 남학생과 여학생의 상대도수 구하기

남학생 중 기록이 16초 미만인 계급의 상대도수의 합은

$0.12 + 0.2 = 0.32$

여학생 중 기록이 16초 미만인 계급의 상대도수의 합은

$0.04 + 0.1 = 0.14$ ····· 30 %

[3단계] 기록이 16초 미만인 남학생이 기록이 16초 미만인 여학생보다 몇 명 더 많은지 구하기

기록이 16초 미만인 남학생은 $0.32 \times 100 = 32$(명)

기록이 16초 미만인 여학생은 $0.14 \times 200 = 28$(명)

따라서 기록이 16초 미만인 남학생은 기록이 16초 미만인 여학생보다 $32 - 28 = 4$(명) 더 많다. ····· 40 %

---

01 ③ **02** 0.3 **03** 9명 **04** 7명

05 0.26 **06** 45명 **07** (1) 0.16 (2) 72명

08 40명 **09** (1) 2 (2) 1학년 **10** 3 : 2

11 ㄱ, ㄹ **12** 0.1 **13** 20명 **14** 110명

15 144등

01

정답 ③

$B = \dfrac{2}{0.05} = 40$, $A = 0.35 \times 40 = 14$, $C = \dfrac{8}{40} = 0.2$,

$D = \dfrac{12}{40} = 0.3$, $E = 1$

02

정답 0.3

전체 학생은 $2 + 5 + 9 + 12 + 8 + 4 = 40$(명)

음악 실기 점수가 27점인 학생이 속하는 계급은 25점 이상 30점 미만이므로 구하는 상대도수는 $\dfrac{12}{40} = 0.3$

03

정답 9명

사회 성적이 70점 이상 80점 미만인 계급의 상대도수는

$1 - (0.1 + 0.15 + 0.25 + 0.05) = 0.45$

따라서 사회 성적이 70점 이상 80점 미만인 학생은

$0.45 \times 20 = 9$(명)

04

정답 7명

전체 학생은 $\dfrac{4}{0.08} = 50$(명)이므로

기록이 20회 이상 30회 미만인 학생은

$0.18 \times 50 = 9$(명)

이때 기록이 40회 이상인 학생이 전체의 60 %이므로

기록이 40회 이상인 학생은 $50 \times \dfrac{60}{100} = 30$(명)

따라서 기록이 30회 이상 40회 미만인 학생은

$50 - (4 + 9 + 30) = 7$(명)

05

정답 0.26

한 달 용돈이 5만 원 이상인 학생은 $0.1 \times 150 = 15$(명)

4만 원 이상인 학생은 $(0.26 + 0.1) \times 150 = 54$(명)

따라서 한 달 용돈이 50번째로 많은 학생이 속하는 계급은 4만 원 이상 5만 원 미만이므로 이 계급의 상대도수는 0.26이다.

06

정답 45명

TV 시청 시간이 2시간 이상 4시간 미만인 계급의 상대도수는 0.2이므로 전체 학생은 $\dfrac{30}{0.2} = 150$(명)

TV 시청 시간이 6시간 이상 8시간 미만인 계급의 상대도수는
$1-(0.2+0.24+0.12+0.14)=0.3$
따라서 TV 시청 시간이 6시간 이상 8시간 미만인 학생은
$0.3 \times 150=45$(명)

07
정답 (1) 0.16 (2) 72명

⑴ 상대도수는 그 계급의 도수에 정비례하므로 컴퓨터 사용 시간이 18시간 이상 21시간 미만인 계급의 상대도수는 21시간 이상 24시간 미만인 계급의 상대도수의 2배이다.
따라서 구하는 상대도수는
$2 \times 0.08=0.16$
⑵ 컴퓨터 사용 시간이 15시간 이상 18시간 미만인 계급의 상대도수는
$1-(0.02+0.1+0.14+0.26+0.16+0.08)=0.24$
따라서 컴퓨터 사용 시간이 15시간 이상 18시간 미만인 학생은
$0.24 \times 300=72$(명)

08
정답 40명

수학 성적이 80점 이상 90점 미만인 계급의 상대도수가 0.3이므로
전체 학생은 $\dfrac{60}{0.3}=200$(명)
수학 성적이 70점 미만인 계급의 상대도수의 합이 0.3이므로 70점 이상 80점 미만인 계급의 상대도수는
$1-(0.3+0.3+0.2)=0.2$
따라서 수학 성적이 70점 이상 80점 미만인 학생은 $0.2 \times 200=40$(명)

09
정답 (1) 2 (2) 1학년

각 계급의 상대도수를 구하여 상대도수의 분포표를 만들면 다음과 같다.

영화의 수(편)	상대도수	
	1학년	2학년
0 이상 ~ 2 미만	0.1	0.18
2 ~ 4	0.2	0.2
4 ~ 6	0.25	0.16
6 ~ 8	0.35	0.34
8 ~ 10	0.1	0.12
합계	1	1

⑴ 1학년보다 2학년의 상대도수가 더 큰 계급은 0편 이상 2편 미만, 8편 이상 10편 미만의 2개이다.
⑵ 관람한 영화가 4편 이상 8편 미만인 계급의 상대도수의 합은
1학년 : $0.25+0.35=0.6$
2학년 : $0.16+0.34=0.5$
따라서 관람한 영화가 4편 이상 8편 미만인 학생의 비율은 1학년이 더 높다.

10
정답 3 : 2

두 동호회 A, B의 전체 회원을 각각 $4a$명, a명이라 하고 여성 회원의 상대도수를 각각 $3b$, $8b$라 하면 두 동호회 A, B의 여성 회원 수의 비는
$(4a \times 3b) : (a \times 8b)=12ab : 8ab=3 : 2$

11
정답 ㄱ, ㄹ

ㄱ. 상대도수의 분포를 나타낸 그래프에서 여학생의 그래프가 남학생의 그래프보다 전체적으로 오른쪽으로 치우쳐 있으므로 여학생의 통화 시간이 남학생의 통화 시간보다 상대적으로 더 긴 편이다.
ㄴ. 통화 시간이 40분 이상인 계급의 상대도수의 합은
남학생 : $0.2+0.06=0.26$
여학생 : $0.28+0.08=0.36$
따라서 통화 시간이 40분 이상인 학생의 비율은 여학생이 더 높다.
ㄷ. 통화 시간이 20분 이상 30분 미만인 학생은
남학생 : $0.28 \times 50=14$(명), 여학생 : $0.24 \times 100=24$(명)
따라서 통화 시간이 20분 이상 30분 미만인 학생은 여학생이 남학생보다 더 많다.
ㄹ. 계급의 크기가 10분으로 같고 상대도수의 총합도 1로 같으므로 각각의 그래프와 가로축으로 둘러싸인 부분의 넓이는 서로 같다.
따라서 옳은 것은 ㄱ, ㄹ이다.

12
정답 0.1

상대도수는 그 계급의 도수에 정비례하므로
$a : b=5 : 7, \ 7a=5b \quad \therefore \ b=\dfrac{7}{5}a$
상대도수의 총합은 1이므로
$a+\dfrac{7}{5}a+0.24+0.16=1$
$\dfrac{12}{5}a=0.6 \quad \therefore \ a=0.25$
$a=0.25$를 $b=\dfrac{7}{5}a$에 대입하면
$b=\dfrac{7}{5} \times 0.25=0.35$
$\therefore \ b-a=0.35-0.25=0.1$

13
정답 20명

음악 성적이 70점 이상 80점 미만인 계급의 상대도수가 0.2이므로
전체 학생은 $\dfrac{8}{0.2}=40$(명)
음악 성적이 90점 미만인 학생은 전체 학생의 $\dfrac{4}{4+1}=\dfrac{4}{5}$이므로
$40 \times \dfrac{4}{5}=32$(명)
음악 성적이 60점 이상 80점 미만인 학생은
$(0.1+0.2) \times 40=12$(명)
따라서 음악 성적이 80점 이상 90점 미만인 학생은
$32-12=20$(명)

14

과학 성적이 60점 이상 70점 미만인 계급의 상대도수를 x라 하면
70점 이상 80점 미만인 계급의 상대도수는 $3x$이므로
$0.04+0.06+x+3x+0.24+0.18=1$
$4x=0.48$ $\therefore x=0.12$
따라서 과학 성적이 70점 미만인 학생은
$(0.04+0.06+0.12)\times500=110$(명)

15

1학년 1반의 전체 학생은 $\dfrac{9}{0.18}=50$(명)이므로 1등부터 11등까지
의 학생들이 1학년 1반에서 차지하는 비율은 $\dfrac{11}{50}=0.22$

1학년 1반에서 사회 성적이 80점 이상인 계급의 상대도수의 합이
$0.14+0.08=0.22$이므로 1학년 1반에서 11등인 학생의 사회 성적
은 80점 이상이다.

이때 1학년 전체 학생은 $\dfrac{128}{0.32}=400$(명)이므로 1학년 전체에서 사
회 성적이 80점 이상인 학생은
$(0.26+0.1)\times400=144$(명)
따라서 1학년 1반에서 11등인 학생은 1학년 전체에서 적어도 144등
을 한다고 할 수 있다.

MEMO

MEMO

MEMO